ANSYS 技术丛书

ANSYS CFD

网格划分技术指南与实例详解

——ANSYS Meshing/ICEM CFD/Fluent Meshing

王　进　王鑫鑫　张　丹　编著

机械工业出版社

本书介绍了 ANSYS CFD 系列网格划分技术，涵盖 ANSYS Meshing、ANSYS ICEM CFD 和 ANSYS Fluent Meshing。其中 ANSYS Meshing 部分共 6 章，分别介绍了 ANSYS Workbench 平台、ANSYS Meshing 网格划分方法、网格控制及其他常用功能；ANSYS ICEM CFD 部分共 9 章，分别介绍了 ICEM 基础、几何处理、面网格、非结构体网格和基于块拓扑的六面体网格等内容；ANSYS Fluent Meshing 部分共 5 章，分别介绍了 Fluent Meshing 界面、传统工作流程、Watertight 工作流程及 Fault-tolerant Meshing（FTM）工作流程。每一部分均解释了常用的概念及关键参数，并辅以丰富的案例介绍具体操作步骤。

本书可供进行 CFD 分析的相关人员使用，也可供高等院校高年级本科生和研究生参考。

图书在版编目（CIP）数据

ANSYS CFD 网格划分技术指南与实例详解：ANSYS Meshing/ICEM CFD/Fluent Meshing/王进，王鑫鑫，张丹编著. —北京：机械工业出版社，2024. 4

（ANSYS 技术丛书）

ISBN 978-7-111-75284-4

Ⅰ. ①A… Ⅱ. ①王… ②王… ③张… Ⅲ. ①有限元分析-应用软件 Ⅳ. ①O241. 82-39

中国国家版本馆 CIP 数据核字（2024）第 050469 号

机械工业出版社（北京市百万庄大街 22 号　邮政编码 100037）

策划编辑：孔　劲　　责任编辑：孔　劲　王春雨

责任校对：张婉茹　张　征　　封面设计：鞠　杨

责任印制：任维东

河北鹏盛贤印刷有限公司印刷

2024 年 7 月第 1 版第 1 次印刷

184mm×260mm · 36. 5 印张 · 905 千字

标准书号：ISBN 978-7-111-75284-4

定价：149. 00 元

电话服务

客服电话：010-88361066

010-88379833

010-68326294

网络服务

机　工　官　网：www. cmpbook. com

机　工　官　博：weibo. com/cmp1952

金　　书　　网：www. golden-book. com

机工教育服务网：www. cmpedu. com

前　言

CFD（Computational Fluid Dynamics，计算流体力学）仿真算法以有限体积法为主，各大主流 CFD 求解器均以网格作为空间离散的载体，所以网格划分是 CFD 分析中必不可少的环节。网格的尺寸、分布、质量及数量等直接关系到求解的稳定性、收敛性、结果精准度和计算速度等，所以掌握网格划分的相关知识是实现 CFD 分析的必备技能。

本书介绍 ANSYS CFD 系列网格划分软件，涵盖了 ANSYS Meshing、ANSYS ICEM CFD 和 ANSYS Fluent Meshing，供读者选择学习。

ANSYS Meshing 是基于 Workbench 平台的综合网格工具，可以为 ANSYS 的结构、流体、显示动力学等多学科分析提供网格。在本书所述的三个软件中，ANSYS Meshing 的自动化程度最高，它融合了早期的 Gambit、ICEM、TGrid、ANSYS Composite Prep Post 等软件的优秀算法，近几年开发力度较大，功能不断完善。除了全自动的网格划分流程，ANSYS Meshing 还具备几何处理、网格编辑等功能。适合对不太复杂、干净度高的几何自动划分 2D 的三角形和四边形网格、3D 的四面体、棱柱层、扫掠六面体等网格及混合网格。另外，ANSYS Meshing 也适用于参数化分析及多物理场仿真的网格生成。

ANSYS ICEM CFD 是历史悠久的网格工具，可以为 100 多种求解器提供网格。在操作的自动化程度方面它虽然不如 ANSYS Meshing，但可以在 Workbench 平台运行或单独启动。ICEM 最具亮点的功能是基于块拓扑的纯六面体网格技术，同时它还具备几何处理、2D 网格、3D 四面体、棱柱层、笛卡儿、六面体核心、六面体占优等功能。对于几何体划分纯六面体网格，ICEM 无疑是首选的工具。此外，对于为非 Fluent 的求解器划分网格，以及对于“脏”几何、小面几何和大型非结构网格，ICEM 也是合适的工具。

ANSYS Fluent Meshing 的前身是 TGrid，其本身的网格功能非常强大，在复杂、大型网格的生成方面独具优势。但由于早期的 TGrid 图形用户界面（Graphical User Interface，GUI）过于简单，多数操作要用快捷键实现，使其曾一度在实际应用中被遗忘。近几年，ANSYS 对 TGrid 的 GUI 进行大力开发，并将其重命名为 Fluent Meshing。新版本在原始网格算法的基础上，逐渐加入新的网格形式，且 GUI 友好、增加了流程化操作、改进了与 CAD 软件的协同性，使用门槛大大降低。Fluent Meshing 的网格形式以非结构网格为主，包括四面体、棱柱层、Cutcell、六面体核心、多面体等网格及混合网格。此外，Fluent Meshing 提供几何处理、网格编辑和完善的包面功能，对于大型、复杂或“脏”几何，以及需要高质量的贴体面网格的 Fluent 用户，Fluent Meshing 都是最佳选择。

这三种软件各有特点及适用范围，但界限并不绝对，实际分析中可以根据项目需求和操作习惯自行选择。

三种软件划分的网格如下：

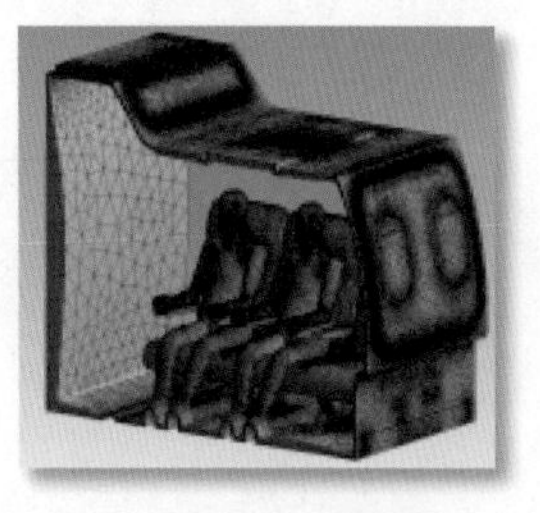		
ANSYS Meshing 网格	ANSYS ICEM CFD 网格	ANSYS Fluent Meshing 网格

本书具有以下特点：

1）内容全面。涵盖了 ANSYS CFD 前处理系列三个软件的内容，每一部分均详细地讲解了相关功能及操作。

2）案例丰富典型。案例由浅入深，既适合入门学习的读者使用，也有高级功能供熟练应用的读者进行拓展学习。

3）条理清晰、重点突出。本书写作过程中融入了作者多年的应用经验和体会，可帮助读者快速掌握功能关键点。

本书适用对象：本书可作为各行各业的 CFD 从业者及高等院校相关专业高年级本科生和研究生的参考工具书。

本书由王进、王鑫鑫、张丹编著，李倩倩、翟郑佳、胡振伟、张福星和田可参与了本书的校对，在此表示衷心的感谢！此外，感谢机械工业出版社为本书出版而付出的辛勤劳动！

由于编著者水平有限，书中难免有不当或疏漏之处，敬请读者朋友批评指正。

编著者

目 录

前言

第1篇 ANSYS Meshing

第1章 ANSYS Workbench 平台介绍 …… 2

1.1 ANSYS Workbench 图形用户界面简介 …… 2
1.2 在 ANSYS Workbench 中创建分析系统 …… 3
1.3 不同分析系统之间的数据连接 …… 4
1.4 Workbench 文件的管理与保存 …… 5

第2章 ANSYS Meshing 简介 …… 6

2.1 ANSYS Meshing 界面 …… 6
2.2 ANSYS Meshing 常用概念 …… 8
2.3 Worksheet 介绍 …… 10
2.4 案例：使用 Worksheet 定义 NS …… 11

第3章 ANSYS Meshing 网格划分方法 …… 13

3.1 网格划分方法总体介绍 …… 13
3.2 四面体网格划分方法 …… 14
3.3 六面体网格划分方法 …… 20
3.4 装配体网格划分方法 …… 33
3.5 二维面体网格划分方法 …… 38
3.6 选择性网格划分方法 …… 42
3.7 阵列网格划分方法 …… 44

第4章 ANSYS Meshing 全局网格控制介绍 …… 51

4.1 Defaults（默认）组的设置 …… 51
4.2 Sizing（尺寸）组的设置 …… 52
4.3 Inflation（膨胀层）组 …… 54
4.4 Quality（网格质量）组 …… 57

第5章 ANSYS Meshing 局部网格控制介绍 …… 65

5.1 Sizing——尺寸控制 …… 65
5.2 Face Meshing——映射面网格 …… 75
5.3 Mesh Copy——网格复制 …… 76
5.4 Match Control——匹配控制 …… 78
5.5 对称控制 …… 80
5.6 Pinch——收缩控制 …… 82
5.7 膨胀层控制 …… 84

第6章 其他常用功能 …… 88

6.1 虚拓扑 …… 88
6.2 Mesh Editing——网格编辑 …… 93
6.3 与 ANSYS ICEM CFD 交互式网格划分 …… 103

第2篇 ANSYS ICEM CFD

第1章 ICEM 功能简介 …… 110

1.1 ICEM 的功能特征 …… 110
1.2 ICEM 界面和工具 …… 111

第2章 几何处理 …… 122

2.1 几何功能概述 …… 122
2.2 导入几何 …… 122
2.3 打开几何 …… 124
2.4 几何设计工具 …… 124
2.5 案例：修补发动机几何 …… 135

第3章 面网格 …… 145

3.1 面网格划分流程 …… 145

3.2　全局网格设置 …… 146
3.3　局部面网格设置 …… 155
3.4　局部线网格设置 …… 158
3.5　计算面网格 …… 160
3.6　案例：飞机面网格划分 …… 161

第 4 章　非结构体网格 …… 168

4.1　划分四面体网格常规流程 …… 168
4.2　网格类型 …… 169
4.3　输入文件类型 …… 170
4.4　创建体（Body） …… 171
4.5　网格方法——Octree …… 172
4.6　其他四面体网格方法 …… 181
4.7　四面体网格方法对比 …… 184
4.8　非结构网格选择 …… 184
4.9　棱柱层网格 …… 185
4.10　案例：划分飞机外流场网格 …… 197
4.11　案例：划分发动机模型四面体网格 …… 202
4.12　案例：对 STL 几何划分四面体网格 …… 209

第 5 章　六面体网格基础 …… 215

5.1　块拓扑技术简介 …… 215
5.2　块划分方法 …… 215
5.3　六面体网格对几何的要求 …… 216
5.4　几何和块的命名 …… 216
5.5　划分六面体网格的步骤 …… 217
5.6　“自顶向下”方法步骤 …… 218

第 6 章　Ogrid …… 225

6.1　Ogrid 定义和作用 …… 225
6.2　创建 Ogrid …… 226
6.3　为 Ogrid 添加面 …… 226
6.4　外 Ogrid …… 228
6.5　缩放 Ogrid …… 228
6.6　索引控制 …… 229
6.7　VORFN …… 231
6.8　检查网格切面 …… 232

6.9 基本块结构 …… 233
6.10 案例：划分四通管六面体网格（一） …… 234
6.11 案例：对 2D 弯管划分映射网格 …… 245

第 7 章 六面体网格顶点操作 …… 258

7.1 合并顶点 …… 258
7.2 根据位置移动顶点 …… 260
7.3 排列顶点 …… 261
7.4 分割顶点 …… 262
7.5 案例：划分四通管六面体网格（二） …… 263
7.6 案例：Ogrid 练习——划分半球面立方体网格 …… 269

第 8 章 六面体网格边操作 …… 276

8.1 设定边的网格参数 …… 276
8.2 创建分布链接 …… 278
8.3 延伸分割 …… 279
8.4 分割边 …… 279
8.5 创建边的链接 …… 281
8.6 匹配边 …… 281
8.7 案例：提高网格质量练习 …… 283
8.8 案例：外 Ogrid 及关联边网格分布练习 …… 292
8.9 案例：划分导弹外流场六面体网格 …… 304

第 9 章 六面体网格面和块的常用操作 …… 308

9.1 创建块——3D Bounding Box …… 308
9.2 创建块——2D Surface Blocking …… 308
9.3 创建块——2D Planar …… 312
9.4 创建块——3D Multizone …… 312
9.5 从顶点或面创建块 …… 314
9.6 由 2D 块创建 3D 块 …… 318
9.7 分割面 …… 320
9.8 合并块 …… 321
9.9 合并面 …… 322
9.10 转变块 …… 323
9.11 拉伸面创建 3D 块 …… 323
9.12 坍塌块 …… 324
9.13 创建周期网格 …… 325

9.14 常见块拓扑结构 …… 327
9.15 案例：用坍塌块技术划分叶片管道 …… 333
9.16 案例：合并块拓扑 …… 338
9.17 案例：创建四面体和六面体的混合网格 …… 341
9.18 案例：对托架划分六面体网格 …… 345
9.19 案例：用自底向上法划分排气歧管网格 …… 355
9.20 案例：用自底向上法生成周期六面体网格 …… 362
9.21 案例：用 MultiZone 方法划分混合网格 …… 373

第 3 篇 ANSYS Fluent Meshing

第 1 章 ANSYS Fluent Meshing 功能简介 …… 382

第 2 章 Fluent Meshing 图形用户界面 …… 385

2.1 功能区 …… 385
2.2 大纲视图 …… 392
2.3 图形窗口 …… 407

第 3 章 传统 Fluent Meshing 工作流程 …… 414

3.1 传统 Fluent Meshing 操作流程 …… 414
3.2 传统 Fluent Meshing 工作流程操作案例 …… 414

第 4 章 Watertight 工作流程 …… 485

4.1 Watertight 支持的 CAD 几何和网格文件 …… 485
4.2 Watertight 在 Fluent Meshing 中的操作流程 …… 487
4.3 Watertight 工作流程操作案例 …… 508

第 5 章 Fault-tolerant Meshing（FTM）工作流程 …… 526

5.1 Fault-tolerant Meshing（FTM）工作流程应用场景 …… 526
5.2 包面技术 …… 527
5.3 FTM 关键技术 …… 528
5.4 FTM 在 Fluent Meshing 中的操作流程 …… 530
5.5 FTM 工作流程操作案例 …… 554

ANSYS CFD

第 1 篇

ANSYS Meshing

第1章 ANSYS Workbench 平台介绍

1.1 ANSYS Workbench 图形用户界面简介

ANSYS Workbench 是一个集成的协同仿真环境，也是一个项目管理工具，是最顶层的界面，将 ANSYS 所有的模块链接在一起，处理几何、网格、求解器和后处理工具之间的数据传递，能够帮助工程师管理整个项目，从图形界面上就能一眼看清整个项目的建立情况，不必为独立文件的保存而烦恼。

ANSYS Workbench 的图形用户界面如图 1-1-1 所示，选项卡是与项目不同部分进行交互的工作区，其中的“Project”为主工作区；属性面板用于设置各分析单元的属性；分析系统是创建的工作流，由一个或多个分析单元组成；数据连接表示各系统之间的数据共享或传输。

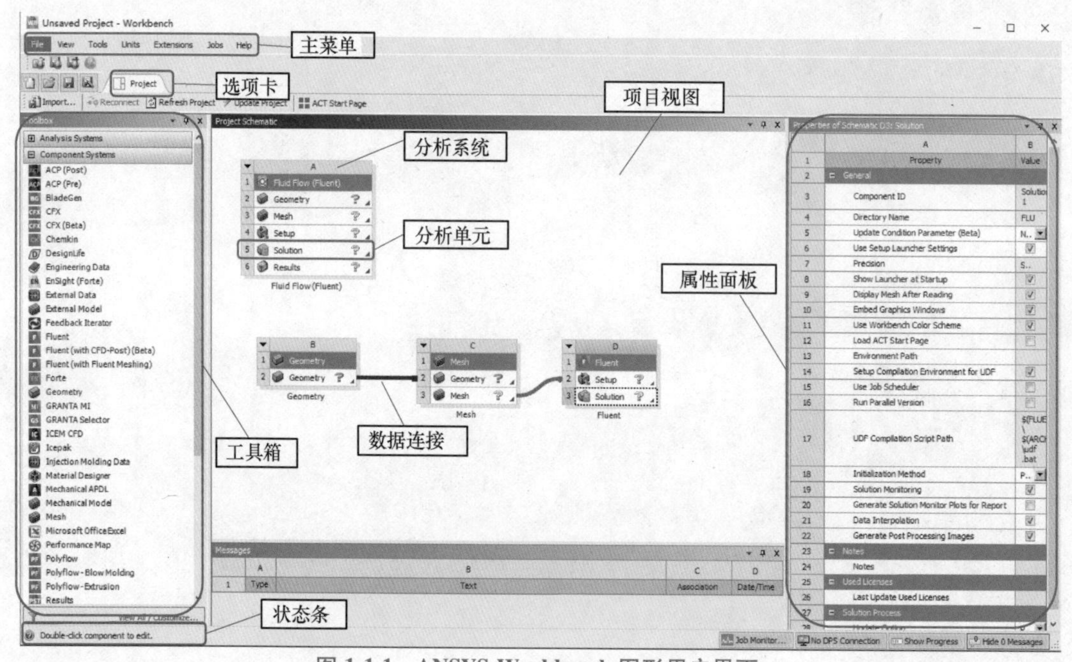

图 1-1-1 ANSYS Workbench 图形用户界面

工具箱包含了所有可用的 ANSYS 软件模块，如图 1-1-2 所示，分为以下四部分：

1）Analysis Systems——分析系统，是预先定义好的模板，包含了常规分析所需要的各个模块，如几何+网格+求解器+后处理，因此可以直接使用。

2）Component Systems——组件系统，包含了仿真分析各个阶段所使用的独立的模块，如几何建模及模型导入模块、网格划分模块、Fluent 流体力学分析模块、工程数据库模块、系统耦合工具模块等。

3）Custom Systems——用户自定义系统，包含了几个默认的多物理场分析系统，如流-固耦合模块、预应力模态分析模块等，用户还可以根据自己的仿真需要定义专属分析系统，便于后续直接调用。

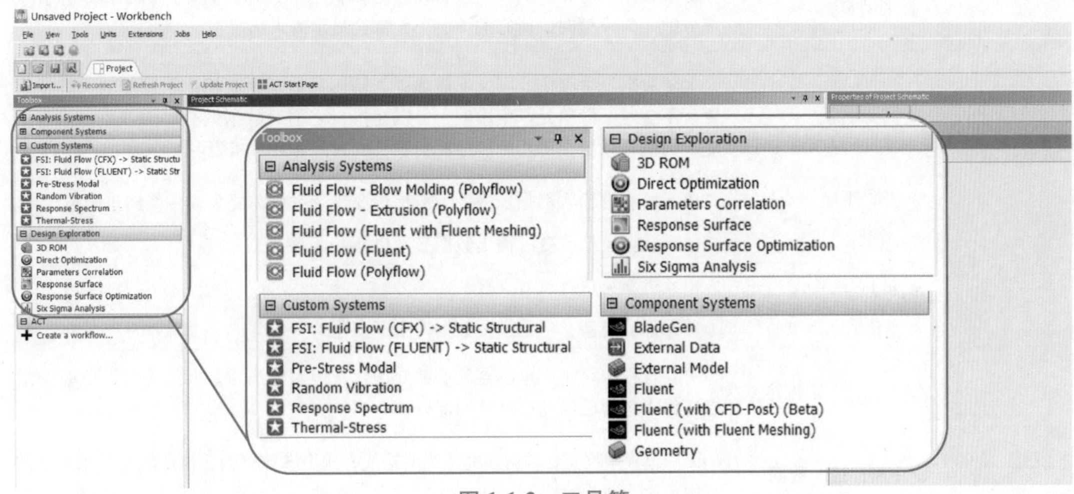

图 1-1-2　工具箱

4）Design Exploration——设计优化，包含了对设计方案进行优化的工具，可以进行多目标确定优化、响应面分析等。

1.2　在 ANSYS Workbench 中创建分析系统

在 Workbench 中创建一个工程分析体系有两种方式，一种方式是直接拖拽一个分析系统放到工程项目管理窗口中，生成一个分析流程图表，按照自顶向下的顺序依次执行每个单元，如图 1-1-3a 所示；另一种方式是在组件系统中分别选择分析项目中所需要的独立的模块，然后通过连接线实现各模块之间的数据共享或传递，如图 1-1-3b 所示。

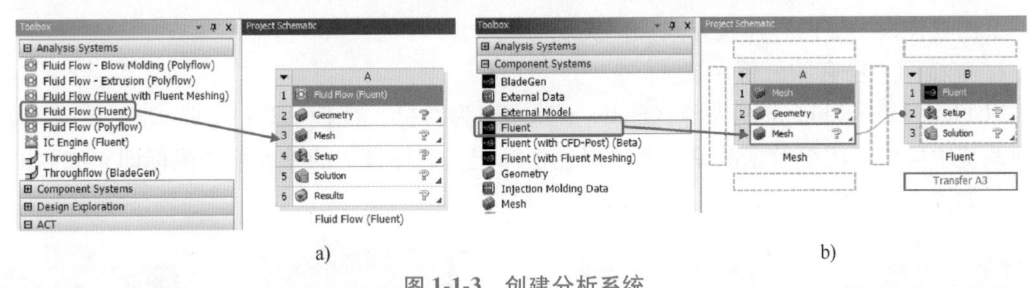

图 1-1-3　创建分析系统

各模块之间连接线的创建有两种方式：

1）通过鼠标直接画线，如拖拽 A3 单元到 B2 单元。

2）直接将新选择的模块拖拽放到上游模块单元（变为红色框显示）上，连接会自动创建。

无论以哪种方式建立的分析系统，每个单元都可以获得数据并将数据传递给其他单元，当项目发生改变时，单元的状态也会相应发生改变，并以图形的方式显示这些变化，下面详细说明各种状态图标的含义（见表 1-1-1）。

表 1-1-1　单元状态说明

单元状态		说明
典型状态	未满足	上游数据不存在，一些模块可以在这种状态下打开。例如，当还未给分析系统分配几何模型时，所有的下游单元都会显示为未满足
	需要刷新	上游数据发生改变，而又不需要更新输出数据。更新相比于刷新的优势在于更新不会对下游单元产生影响，可以在执行之前对数据做必要的调整，但对于复杂的仿真系统，更新可能会耗费很长的时间和计算机资源
	引起注意	单元所有的输入都是正确的，但是想要继续进行需要采取一些纠正措施
	需更新	单元数据已经改变，输出数据必须更新
	最新	单元更新完成且没有失败
	等待输入改变	单元部分更新，但是上游数据发生了变化
求解状态	中断，仍需更新	更新过程中终止，求解器完成部分迭代，但是输出参数并未更新，此时的结果文件中包含已经完成计算的部分
	中断，最新数据	更新过程中终止，求解器完成当前迭代，输出参数更新，也已经写出求解文件可用于后处理
失败状态	刷新失败	刷新单元输入数据失败
	更新失败	单元更新及计算输出数据失败，单元仍处于需更新的状态
	更新失败	单元更新及计算输出数据失败，单元存在问题，需要采取修正措施

1.3 不同分析系统之间的数据连接

当使用 Workbench 进行例如单向流-固耦合计算时，需要将 Fluid Flow（Fluent）的 CFD 仿真数据传递给 Mechanical 完成应力分析，这时就需要使用连接系统来完成，可以在两个已有分析系统之间建立连接，也可以将新的分析系统连接到已有分析系统上。

下面具体说明这两种连接方式如何实现。

1. 连接两个已有的分析系统

以 Fluid Flow（Fluent）为源，Static Structure 为目标，拖拽 A2（Geometry）单元不放，目标系统中可以接收源数据的单元会以绿色框标记，选择合适的单元松开鼠标即完成数据的共享，如图 1-1-4 所示。

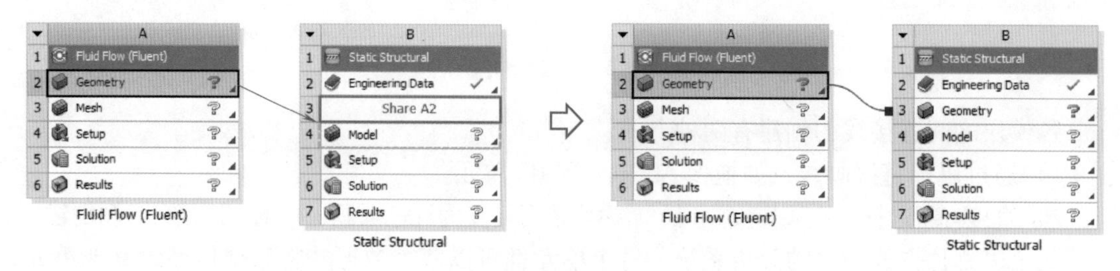

图 1-1-4　数据连接 1

2. 创建一个新的连接系统

同样使用拖拽的方式，在 Analysis Systems 中选择 Static Structural，放到 A5（Solution）单元上，这时 Analysis Systems 会显示 Share A2 Transfer A5 字样区域，松开鼠标即完成数据的共享与传输，如图 1-1-5 所示。

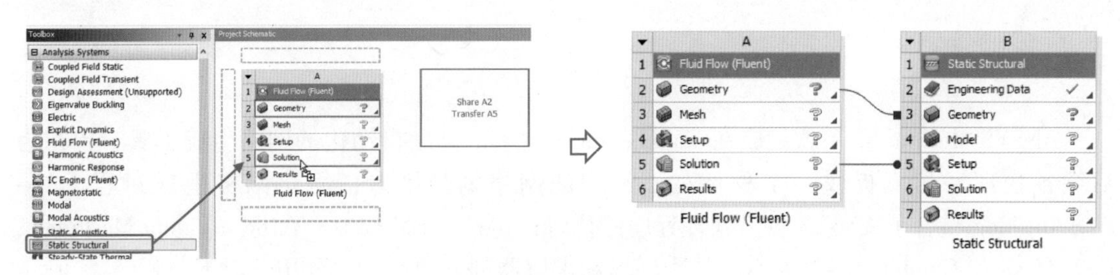

图 1-1-5　数据连接 2

1.4　Workbench 文件的管理与保存

数据管理是 ANSYS Workbench 的一个重要功能，项目文件一旦创建，就会生成一个相应的项目文件夹，包含了所有的项目信息，可以利用 Workbench 的文档管理功能，查看文件明细和路径，在主菜单 View 下，勾选 Files 选项，则图形用户界面将显示 Files 窗口，如图 1-1-6所示。

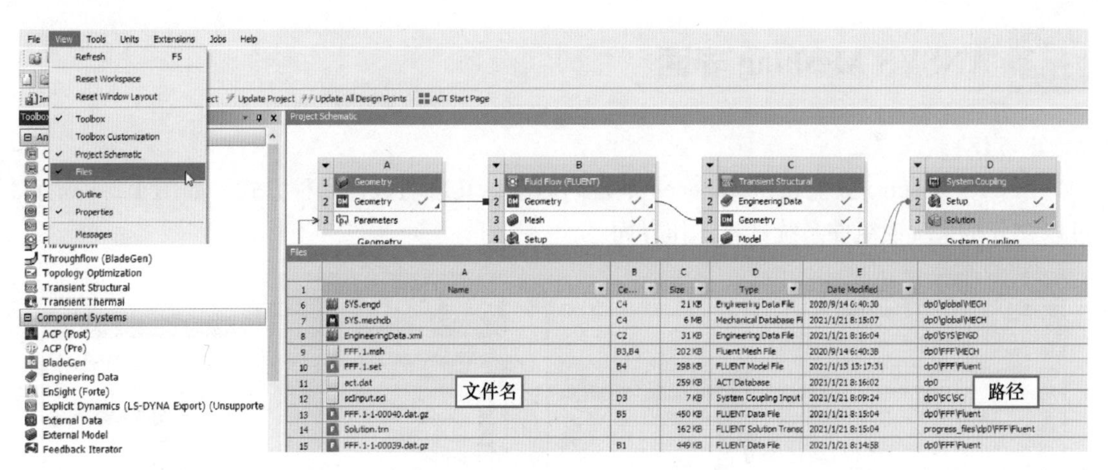

图 1-1-6　Workbench 图形用户界面显示 Files 窗口

第 2 章 ANSYS Meshing 简介

ANSYS Meshing 是一款集成在 Workbench 平台上的高度自动化的网格生成工具，旨在为后续各物理场仿真提供一个稳健的、易用的网格划分平台，简化网格生成过程。ANSYS Meshing 整合了 ANSYS 各前处理程序的优势，包括 ICEM CFD、TGrid（Fluent Meshing）、CFX-Mesh 和 Gambit，能够为不同的物理场和求解器剖分网格，主要用于以下分析。

1）CFD 分析：Fluent、CFX、POLYFLOW。

2）结构力学分析：显示动力学、隐式力学。

3）电磁分析。

划分网格的目的是将计算域分成离散的单元，然后在单元或节点位置求解方程。在划分网格的时候，要兼顾效率和精度，通常这两者是互相矛盾的，因此需要在划分网格之前充分权衡各种因素，如项目周期、计算机硬件资源、流动特征等，得到适当规模和精度的网格，同时网格质量也是需要着重考虑的一方面，CFD 求解的精确性和稳定性都与之密切相关。

2.1 ANSYS Meshing 界面

1. 启动

ANSYS Meshing 只能在 Workbench 平台内启动，其启动包含两种方式，如图 1-2-1 所示，可以在分析系统或组件系统进入工作界面。

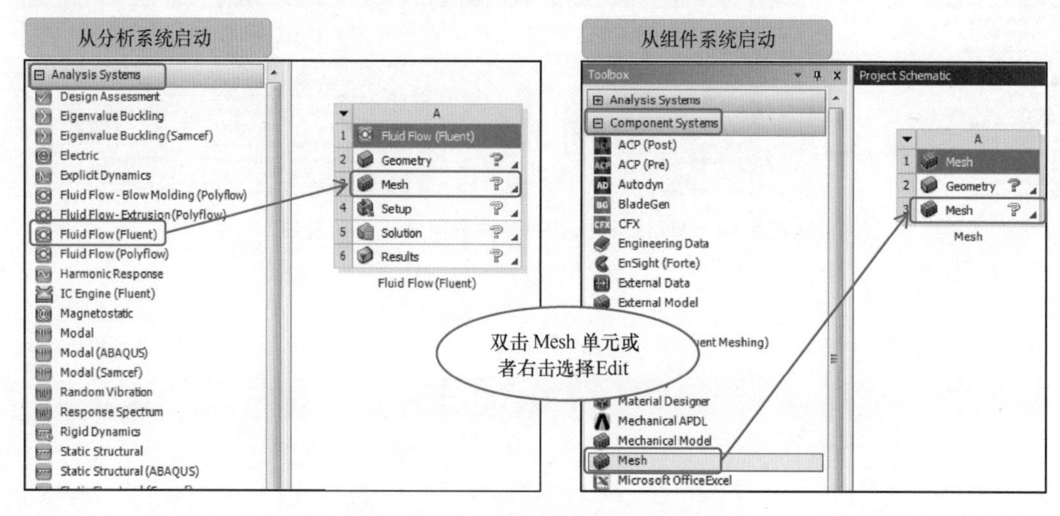

图 1-2-1 ANSYS Meshing 启动方式

2. 图形用户界面

ANSYS Meshing 的图形用户界面如图 1-2-2 所示，包括工具栏、Outline（模型树）、Worksheet（工作表）/图形窗口、细节窗口等。

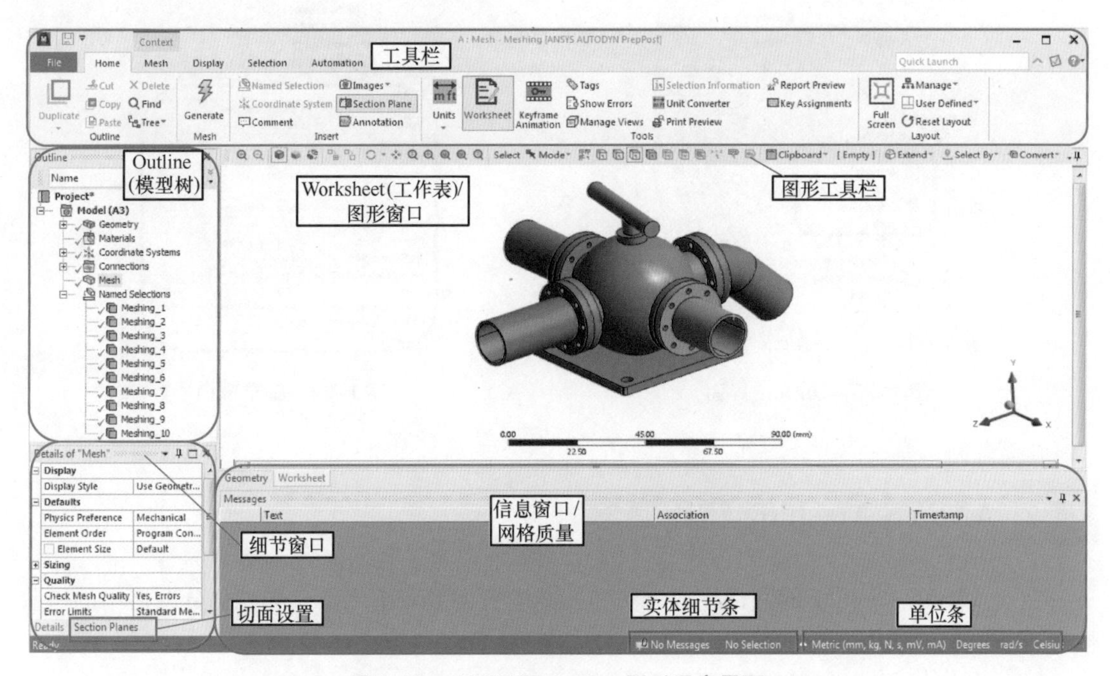

图 1-2-2　ANSYS Meshing 图形用户界面

1）工具栏——提供易于使用的工具选项，按选项卡的方式组织，每个选项卡中的各命令按功能分组。

2）图形工具栏——设置图形窗口中鼠标指针对几何的选择/操作方式。

3）Outline——模型树，界面如图 1-2-3 所示，包含定义网格的“对象”，有以下 4 个“对象”是默认一直存在的：

① Geometry，即几何实体列表。

② Materials，即材料。

③ Coordinate Systems，即默认的全局坐标系和用户定义坐标系。

④ Mesh，即划分网格的操作（控制和方法），按照插入的顺序显示。

右击 Outline 中的任意对象，会弹出相应的快捷菜单，例如右击 Mesh，弹出的快捷菜单中包含生成、预览、清除网格等功能。

4）Details——细节窗口，如图 1-2-4 所示，用于指定 Outline 中选定对象的属性，可以检查、编辑或者输入，选中 Outline 中的一个对象，其相关信息会在细节窗口中显示。例如，选中一个几何体，则该窗口中包含图形和几何信息。

5）图形窗口——用于显示在 Outline 中选中的对象，如几何模型、网格等；当使用 Workshext（工作表）时，也作为工作表的显示窗口。

6）其他区域：切面设置用于设置切面显示状态；信息窗口显示网格划分相关信息；实体细节条显示当前选中实体的信息；单位条显示当前选择的单位。

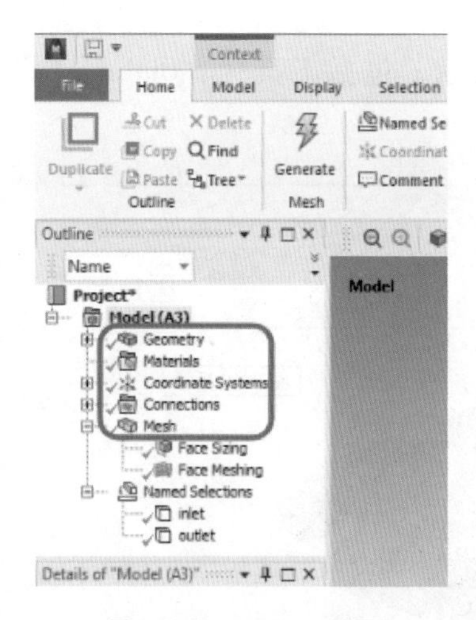

图 1-2-3　Outline 界面

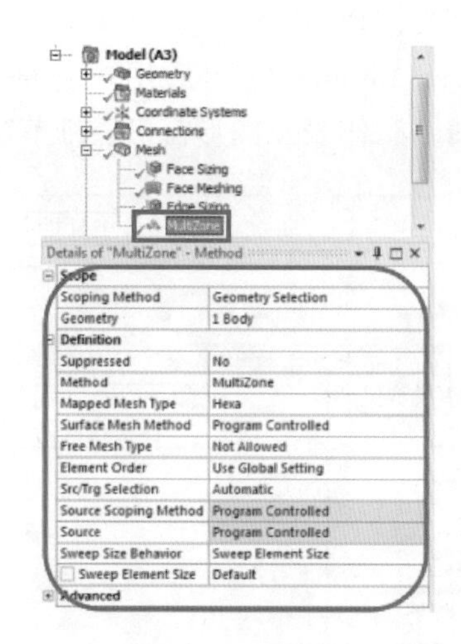

图 1-2-4　细节窗口

2.2　ANSYS Meshing 常用概念

在对 ANSYS Meshing 的网格生成方法和控制进行详细介绍之前，先就划分网格中的一些概念进行简单的说明。

1. 一致网格与非一致网格

对于多体部件，零件与零件之间网格的关系在流体网格划分和 CFD 求解计算中具有重要的意义，各零件之间的几何拓扑关系决定着网格之间的关系，以下举例来说明。

（1）各几何体之间没有关联　如图 1-2-5 所示，模型中包含两个立方体零件，各自独立，此时生成的网格为非一致网格，交界面处的网格节点不连续，并自动生成接触对（Contact Region）。将该网格读入 ANSYS Fluent 之后，需要使用网格交界面来实现网格的连接，如果读入 ANSYS CFX 中，则需要使用通用网格界面，在 Mechanical 中则需要用接触来定义。

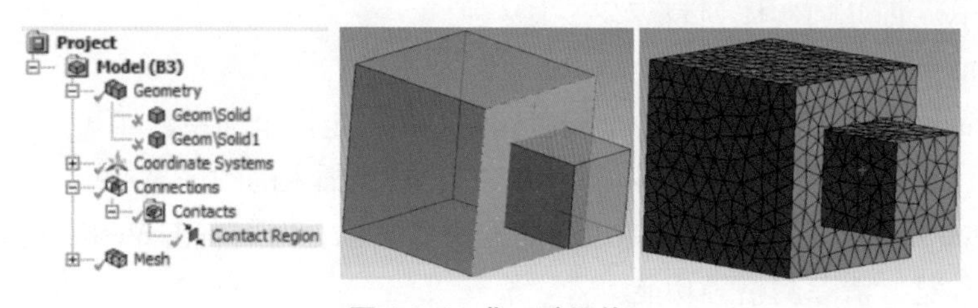

图 1-2-5　非一致网格

（2）各几何体之间共享拓扑　如图 1-2-6 所示，两个体在 CAD 系统中设置为共享拓扑，此时两个体存在一个共享面，生成的网格为一致网格，节点是一一对应连接的。将该网格读入 ANSYS Fluent 之后，不需要使用网格交界面，而是直接形成内部面或者 wall/wall-shadow 边界。

2. 命名组（Named Selection，NS）

NS 是一组几何或者单元实体，必须由相同的实体组成，如全部都是面或者全部都是节点，NS 在网格划分过程中可以用于几何实体的选择、求解器边界和域的输出等。

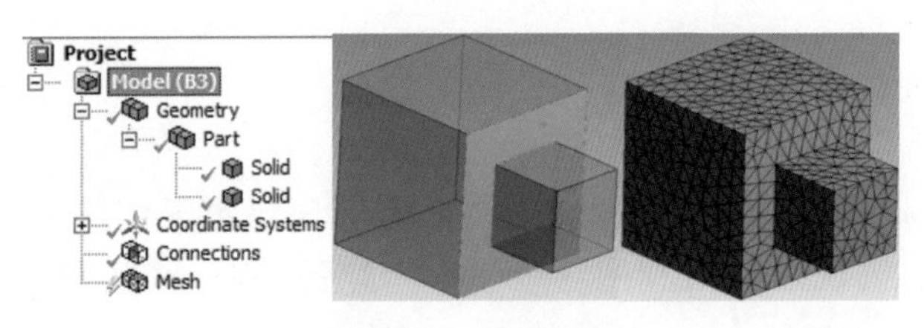

图 1-2-6　一致网格

（1）用于几何实体的选择　很多细节窗口中，都可以将 Scoping Method 由 Geometry Selection 改为 Named Selection，然后从下拉菜单中选择已定义好的 NS，如图 1-2-7所示，用于添加固定支撑（Fixed Support）载荷。

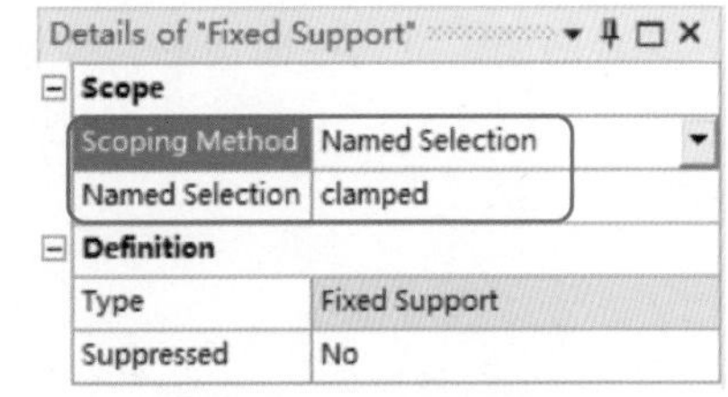

图 1-2-7　NS 选择实体

（2）为求解器输出边界　以 ANSYS Fluent 求解器为例，在 ANSYS Meshing 中定义的 NS 会自动传递到求解器中，并且能够识别关键字，生成相应类型的边界，如图 1-2-8 所示，对于带有 inlet 关键字的 NS，求解器自动分配速度入口，若 NS 包含 pressure-inlet，求解器则会分配压力入口。

NS 的定义方式有以下两种：

1）直接选中所有想要定义的实体，然后单击菜单命令 Home→Named Selection，或者右击鼠标，在弹出的快捷菜单中选择命令 Insert→Named Selection，如图 1-2-9 所示。

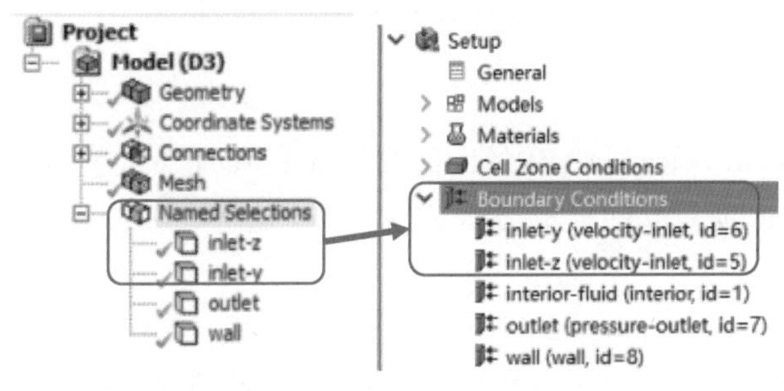

图 1-2-8　NS 定义边界

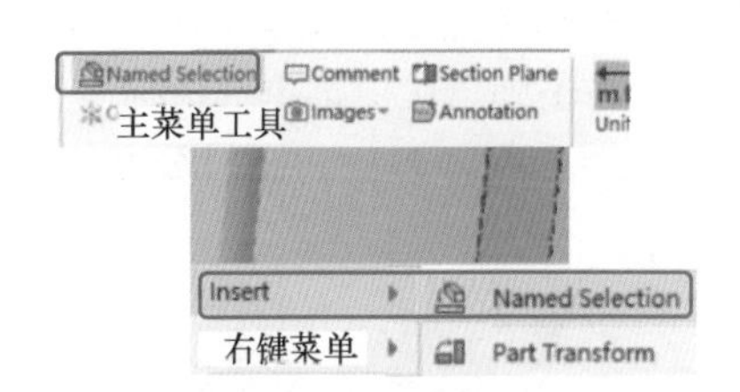

图 1-2-9　直接定义 NS

2）使用工作表（Worksheet），根据一定的标准创建 NS。

如图 1-2-10 所示，在 Outline 中右击 Named Selections，选择命令 Insert→Named Selection，将细节窗口中的 Scoping Method 设置为 Worksheet，也会激活 Worksheet 窗口，继而在工作表中设置定义标准。

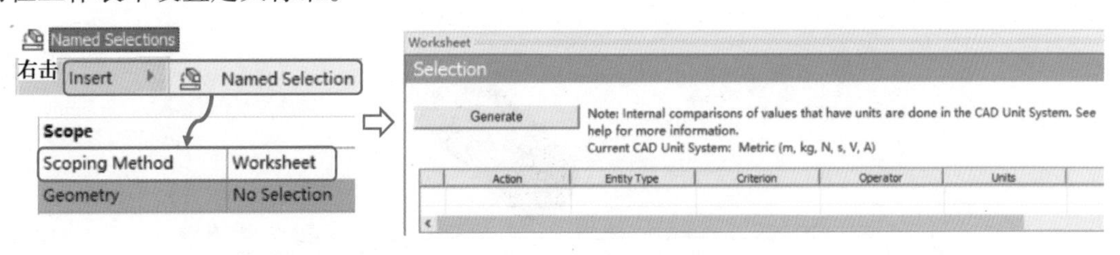

图 1-2-10　Worksheet 定义 NS

2.3 Worksheet 介绍

工作表（Worksheet）以表格、图表和文本的形式来显示工作目标的信息，是图形细节窗口的补充。以下举例说明如何利用 Worksheet 命名边界，并实现模型改变之后的自动更新。

创建 NS 如图 1-2-11 所示，图 1-2-11 所示几何结构需要将两个端面分别定义为入口和出口，其余的面定义为壁面边界，并且在几何拓扑改变后，边界定义仍能自动保持不变。

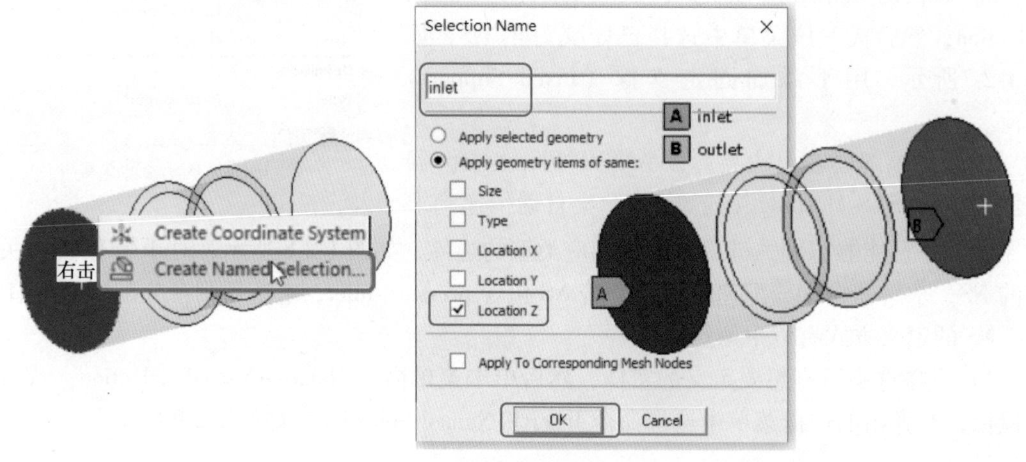

图 1-2-11 创建 NS

步骤 1：选择入口面。

右击弹出快捷菜单选择命令 Create Named Selection，在弹出的 Selection Name 对话框文本框中输入边界名称，同时勾选 Location Z 选项，以同样的方式定义 outlet 边界，如图 1-2-11 所示。

步骤 2：插入 NS。

在 Outline 中右击 Named Selection，选择命令 Insert→Named Selection，将细节窗口中的 Scoping Method 设置为 Worksheet，从而调出 Worksheet 的工作界面（见图 1-2-10）。

步骤 3：在 Worksheet 中定义命名的规则。

在 Worksheet 窗口的空白表格处右击，选择 Add Row 命令，Action 栏选择 Add，其他具体设置如图 1-2-12 所示，完成后单击 Generate 按钮，此时创建的 NS 将实体所有的面(7 个)全部选中（模型最大 Z 坐标为 55mm，该规则选中 Z 坐标小于 55mm 的所有面），还要将已定义好的 inlet 和 outlet 组从中去掉，需要添加额外的规则。

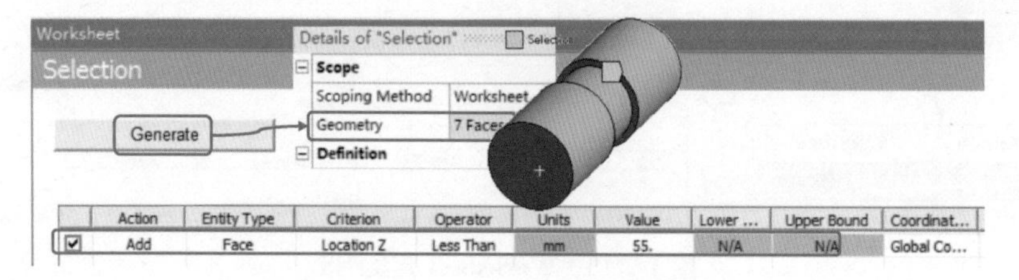

图 1-2-12 Worksheet 中插入规则 1

继续在 Worksheet 窗口的空白表格处右击，选择 Add Row 命令，添加如图 1-2-13 所示的两个 Remove 规则，再次单击 Generate 按钮，此时的 NS 面的数量变为 5。

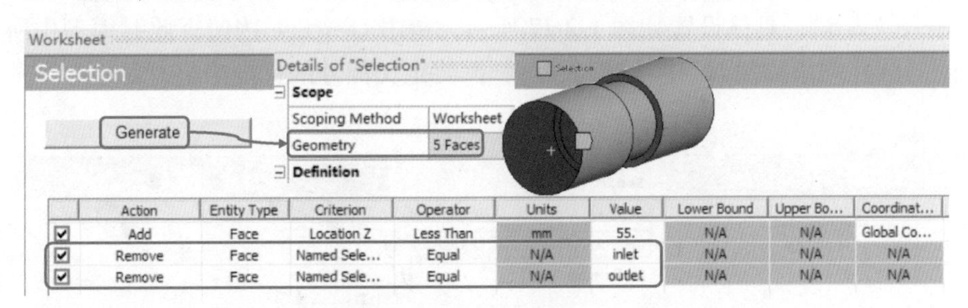

	Action	Entity Type	Criterion	Operator	Units	Value	Lower Bound	Upper Bo...	Coordinat...
☑	Add	Face	Location Z	Less Than	mm	55.	N/A	N/A	Global Co...
☑	Remove	Face	Named Sele...	Equal	N/A	inlet	N/A	N/A	N/A
☑	Remove	Face	Named Sele...	Equal	N/A	outlet	N/A	N/A	N/A

图 1-2-13　Worksheet 中插入规则 2

步骤 4：改变几何，重新更新网格。

如图 1-2-14 所示，改变了几何的尺寸，并增加了小孔特征，重新更新网格单元，此时新增的小孔表面被自动添加到 NS 中，面的数量为 9。

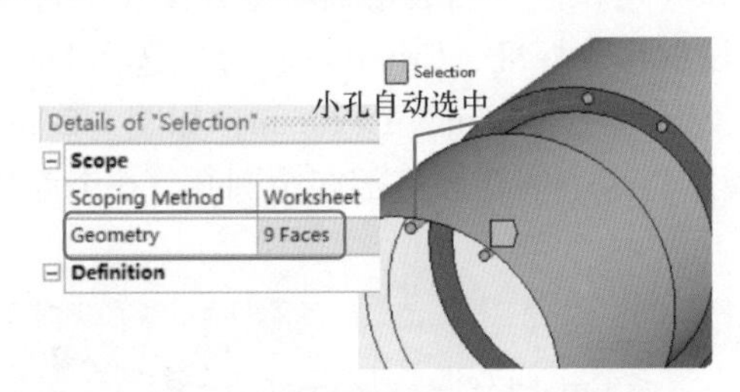

图 1-2-14　更改几何后的 NS 自动更新

2.4　案例：使用 Worksheet 定义 NS

图 1-2-15 所示为一个带孔板结构，本案例的目的是练习使用 Worksheet 定义左侧和底部六个孔为一个 NS，圆孔半径为 2.5mm。

步骤 1：启动 Workbench 2021 R1，打开名为 NS_WS1.wppz 的文件，双击 B3Mesh 单元，进入 ANSYS Meshing 界面，图略。

步骤 2：在 Outline 中右击 Named Selections，选择命令 Insert→Named Selection，在 Selection 的细节窗口，将 Scoping Method 设置为 Worksheet，此时会弹出 Worksheet 窗口，如图 1-2-16 所示。

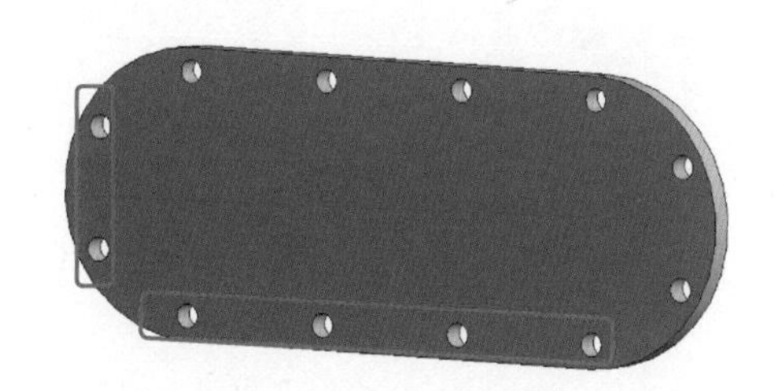

图 1-2-15　带孔板结构

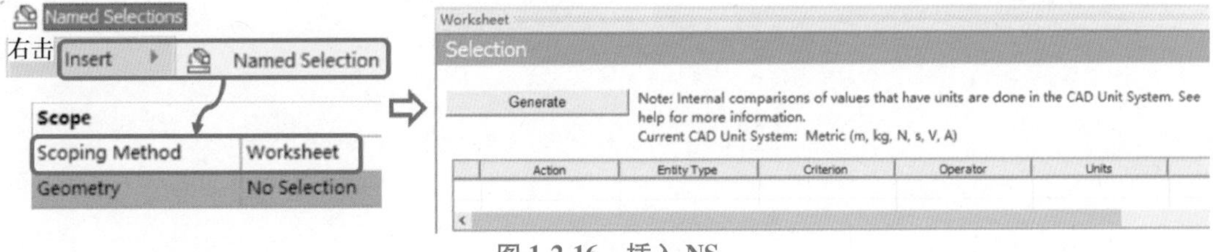

图 1-2-16　插入 NS

步骤 3：在 Worksheet 窗口的空白表格处右击，选择 Add Row 命令，Action 栏选择 Add，Entity Type 栏选择 Face，Criterion 栏选择 Radius，Operator 栏选择 Equal，Units 栏为“mm”，Value 栏输入“2. 5”，具体设置如图 1-2-17 所示，单击 Generate 按钮，此时模型中所有半径为 2. 5mm 的圆孔均添加到 NS 中（12 个面），需要定义额外的标准来进行筛选。

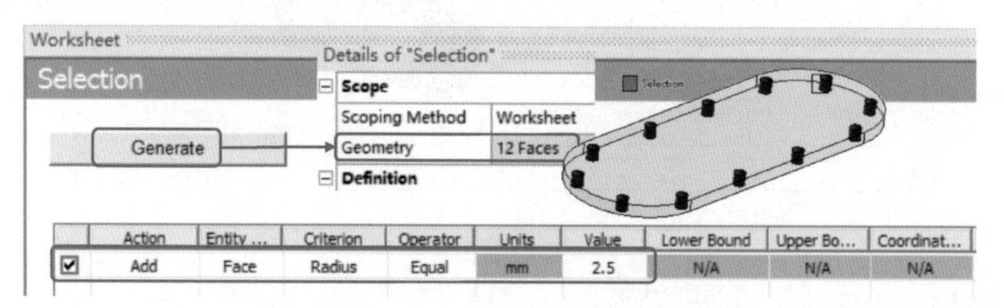

图 1-2-17　添加第一个标准

步骤 4：再次在 Worksheet 窗口的空白表格处右击，添加两行，Action 栏设置为 Remove，分别根据 X 和 Y 坐标信息设置移除标准，Criterion 栏分别选择 Location X、Location Y，Value 栏分别输入“102”“20”，表示 X>102mm，Y>20mm，如图 1-2-18 所示，再次单击 Generate 按钮。此时 NS 中仅包含最左侧两个圆孔和底部四个圆孔（6 个面）。

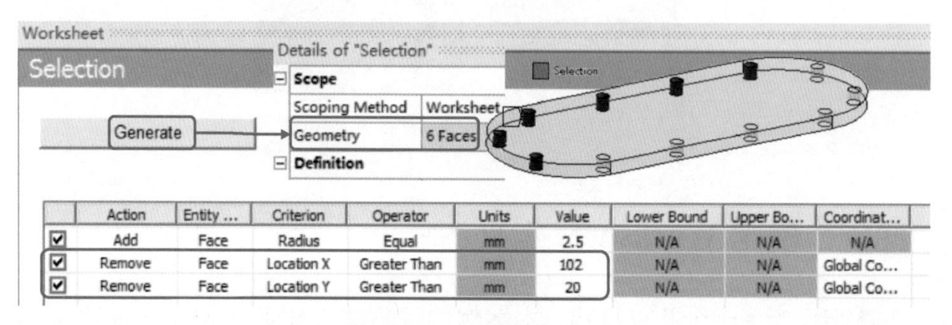

图 1-2-18　添加其他标准

第 3 章 ANSYS Meshing 网格划分方法

3.1 网格划分方法总体介绍

ANSYS Meshing 网格划分的方法分为两大类，分别为基于零件或实体的方法和基于装配体的方法。

1. 基于零件或实体的方法

这种方法的网格划分发生在零件水平，每种方法可以应用于单独的体，主要包括：

1）Tetrahedrons（四面体）法：只生成四面体网格。

2）Sweep（扫掠）法：可以生成六面体和边界层网格。

3）MultiZone（多区）法：生成六面体为主的网格。

4）Hex Dominant 法：生成六面体占优，包含少量的四面体和棱柱形网格，这种方法不适用于 CFD 计算。

5）Automatic 法：生成系统会根据实体模型选择允许的网格生成方法。

2. 基于装配体的方法

这种方法将整个装配体模型作为一个网格进程来处理，不需要预先创建流体域或者共享拓扑，划分网格过程中会进行体积填充、交叉和组合的处理，各零件之间生成一致网格，可以生成六面体网格和四面体网格。

网格划分方法与网格的类型、数量、质量息息相关，需要从 CFD 计算的物理模型、流动现象、几何特征和计算资源等多方面进行综合考虑，对于一个计算模型，可以选择一种方法，也可以将几种方法结合起来使用。

图 1-3-1 所示为流场网格分布，这样一个流场网格分布中，两端区域结构简单且流动平稳，可以使用六面体（3D）或四边形（2D）网格；在实体几何附近区域，存在小的几何细节并且流动较复杂，可以使用四面体（3D）或三角形（2D）网格；在近壁面处，使用长宽比大的网格（膨胀层），用于捕捉边界层变量的梯度。

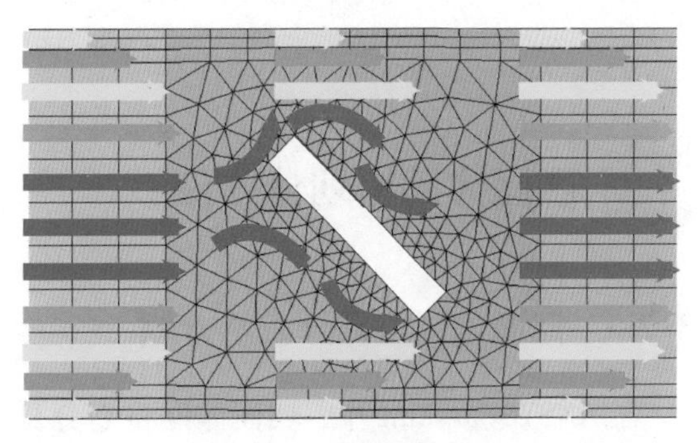

图 1-3-1　流场网格分布

六面体网格相比于四面体网格，在节点数相同的情况下，单元数更少，这样就会降低求解的时间，而且精度也会更好，但是这一优势的前提是结构化的六面体网格与流动的方向需要保持一致。

四面体网格相比于六面体网格，对于复杂的几何体更容易生成，也更容易保证网格的高质量。四面体分割如图 1-3-2 所示，四面体能轻松地转换成六面体网格，但是网格质量却可能变差，主要在于六面体网格过渡容易引起问题。

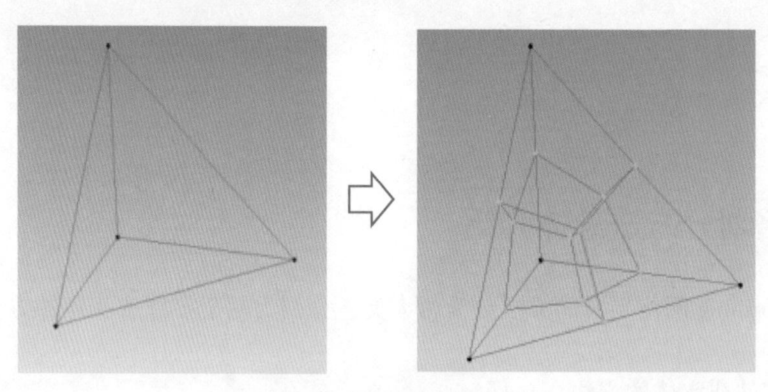

图 1-3-2　四面体分割

在选择网格类型时，需要根据几何的清洁程度、间隙、碎片、台阶等，几何是否有圆角、是否可以划分六面体网格、是否需要大量的几何切割或分解工作，以及计算成本、数值耗散等多方面的因素，最终选择合适的网格类型（见图 1-3-3）。

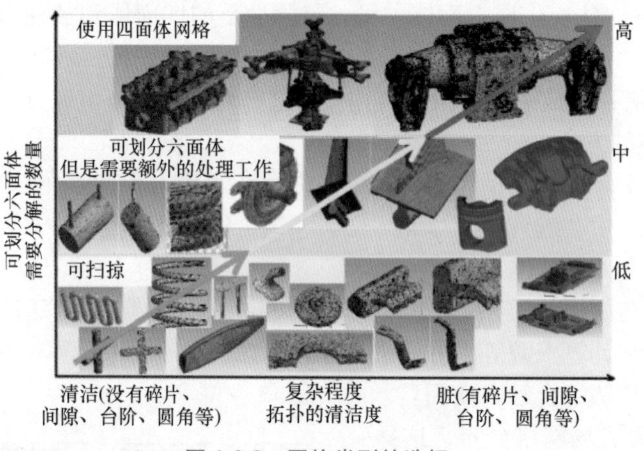

图 1-3-3　网格类型的选择

3.2　四面体网格划分方法

3.2.1　四面体网格划分方法介绍

在 ANSYS Meshing 中，四面体网格划分具有两种算法（见图 1-3-4），Patch Conforming 和 Patch Independent。其中 Patch Conforming 适用于干净的 CAD 模型，能够得到精确的面网格；Patch Independent 适用于脏几何，基于损伤之后的几何模型生成面网格。

1. Patch Conforming

这种方法也称为自底向上的方法，采用 Delaunay 四面体网格生成器、阵面推进技术进行网格细化，生成网格的过程为边→面→体，即先在几何的线上分布节点，然后生成面网格，最后进行填充生成体网格。

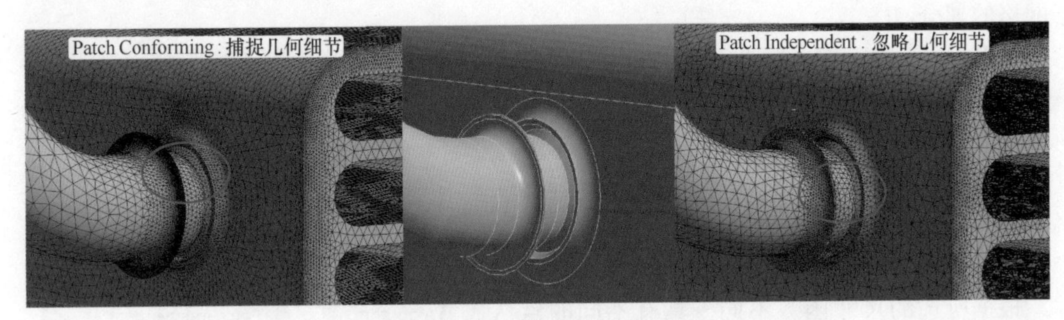

图 1-3-4　四面体两种算法

采用这种方法，几何上所有的面和边界都会考虑到，并且划分网格。如果几何模型本身比较干净，或者经过了清理，那么用这种方法可以得到很好的高质量网格。

Patch Conforming 采用定义的全局和局部网格控制来生成网格。一般情况下推荐使用这种算法结合 Defeature 功能来生成高质量网格，如图 1-3-5 所示，使用 Defeature 功能在网格中去掉了模型上的文字特征。默认 Defeature 尺寸设置为最小尺寸的 1/2，而最小尺寸通常需要小于孔、梁的特征尺寸和其他需要捕捉的特征尺寸。

图 1-3-5　Defeature 功能的应用

使用 Defeature 功能的优势在于，对于结构场计算，如 NVH，可以生成较粗糙的网格；对于复杂的流体模型可以自动生成质量好的网格，而不用手动进行虚拟拓扑的添加等处理。

2. Patch Independent

这种方法也称为自顶向下的方法，其空间分割的算法为，在需要细化的地方确保网格细化，在可以生成较大网格的地方保持较大的网格，实现快速计算。划分网格的过程为：先生成一个包裹整个几何的根四面体，然后再对网格进行分割，直到所有的网格尺寸都满足规定的要求，每一个分割步，四面体边长度都除以 2。图 1-3-6 所示为其网格生成过程。

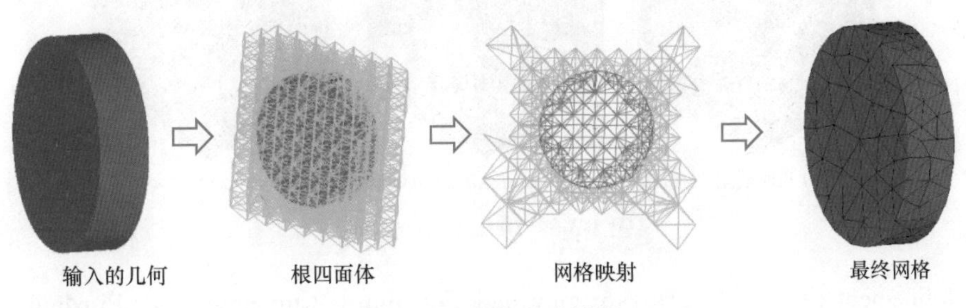

图 1-3-6　网格生成过程

采用这种方法，几何体上的面、线和节点并不是必须分布网格，而是根据规定的容差、NS 设置、载荷与其他一些指定对象来判断，当几何模型质量明显特别差时，用这种方法利于网格的划分。

与 Patch Conforming 方法不同的是，Patch Independent 方法需要一些特殊的设置，如图 1-3-7 所示。

1）Define By 栏可以选择 Max Element Size 或者 Approx Number of Elements 选项。

① Max Element Size 选项——初始单元分割尺寸，根据所选的尺寸函数不同，具有不同的默认值。如果定义了局部体尺寸且小于全局最大尺寸，那么体网格会使用体尺寸；如果全局最大尺寸小于定义的任意体尺寸、面尺寸或者线尺寸，那么全局最大尺寸将会变为网格生成器内的最大尺寸。例如，使用 Patch Independent 方法生成两个体的尺寸，全局最大尺寸为 4，Body1 的局部体尺寸为 8，Body2 没有定义局部尺寸，那么在划分网格时最大尺寸将会变为 8，全局最大尺寸 4 用于划分 Body2 的网格。实际应用中，应尽量避免局部尺寸大于全局最大尺寸。

② Approx Number of Elements 选项——整个网格单元的邻近数值，默认为“5e+5”，即 5×10^5。

Details of "Patch Independent" - Met

Scope	
Scoping Method	Geometry Selection
Geometry	1 Body
Definition	
Suppressed	No
Method	Tetrahedrons
Algorithm	Patch Independent
Element Order	Use Global Setting
Advanced	
Defined By	Max Element Size
Max Element Si...	Default (21.240101 mm)
Feature Angle	30.0°
Mesh Based Defeat...	Off
Refinement	Proximity and Curvature
Min Size Limit	Default
Num Cells Acro...	Default
Curvature Nor...	Default
Smooth Transition	Off
Growth Rate	Default
Minimum Edge Le...	2.7974786e-002 mm
Write ICEM CFD Files	No

图 1-3-7　Patch Independent 设置

2）Feature Angle 复选框——捕捉的几何特征的最小角度。如果两个面之间的角度小于定义的特征角度，两个面之间的边将会被忽略，网格节点被放置在边以外；如果两个面之间的角度大于特征角度，这条边会被保留，网格与之关联。特征角度的范围为 0°～90°。

3）Mesh Based Defeaturing 栏——基于尺寸设置忽略一些小的边。Defeature 的应用如图 1-3-8所示，当打开几何损伤时，几何中>0. 02m 的特征与定义了 NS 的边界被保留。

a) 几何模型

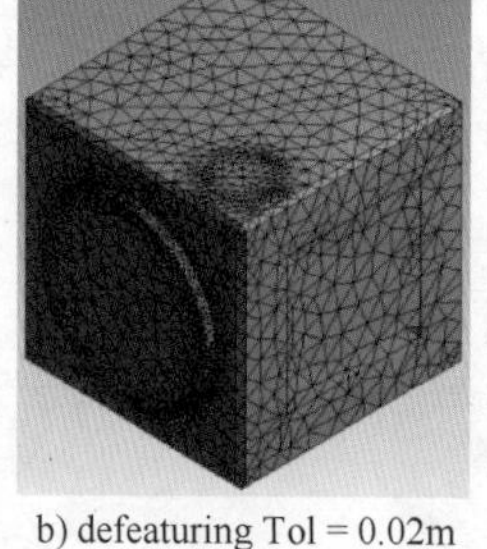
b) defeaturing Tol = 0.02m

c) defeaturing=off

图 1-3-8　Defeature 的应用

4）Refinement 栏——当选择 Proximity and Curvature、Curvature 或者 Proximity 选项时，

网格会在曲率或小间隙结构进行自动加密。

① Min Size Limit 复选框——最小尺寸，尺寸函数对单元进行分割细化，直到单元达到最小尺寸限值。

② Num Cells Across Gap 复选框——定义窄间隙处单元的数量。

③ Curvature Normal Angle 复选框——定义曲率结构的细化角度。

5）Smooth Transition 栏——决定了网格生成的方法，如果选择 On 选项，那么就采用三角剖分（Delaunay）网格，如果选择 Off 选项，那么就采用八叉树（Octree）网格。

6）Growth Rate 栏——增长比，表示每一层单元后续单元边长的增量，默认使用全局增长比。

3.2.2 案例：搅拌槽四面体网格划分

模型说明：搅拌槽几何体如图 1-3-9 所示，该模型为一搅拌槽的流体域模型，包括槽体、叶轮和挡板三个部分，其中挡板使用零厚度面体，在 SCDM 软件中，选中装配体组件“SYS”，在 Properties 选项组中将 Share Topology 设为 Merge。

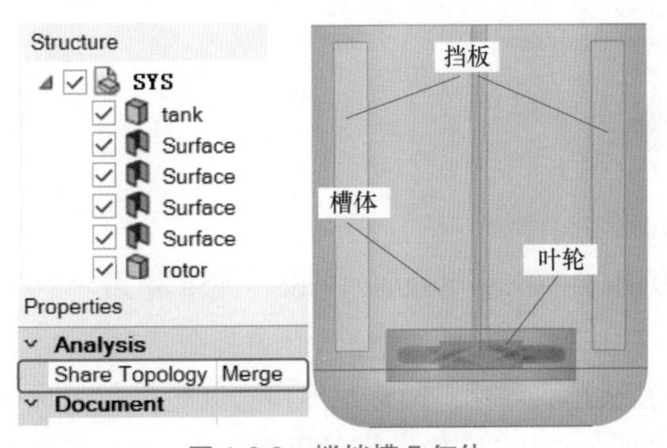

图 1-3-9　搅拌槽几何体

以下介绍使用 ANSYS Meshing 划分四面体网格的方法。

步骤 1： 启动 ANSYS Workbench，创建新的项目。

选择菜单命令 Start→All Programs→ANSYS 2021 R1→Workbench 2021 R1，启动软件后，在主界面选择菜单命令 File→Import 如图 1-3-10所示，修改右下角文件类型为 Importable Mesh File，找到文件夹中的 mix_tank. meshdat 并打开，双击 A3 单元，启动 ANSYS Meshing。

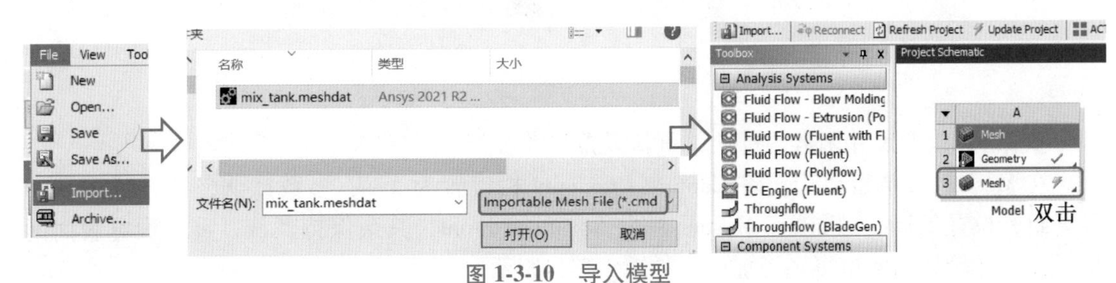

图 1-3-10　导入模型

步骤 2： 设置显示单位。

在 Home 菜单中选择 Units 命令，选择 Metric（mm，kg，N，s，mV，mA）。

步骤 3：设置全局网格选项。

选择 Outline 中的 Mesh，显示细节窗口，设置 Physics Preference 栏为 CFD，Solver Preference 栏为 Fluent，保持 Element Size 复选框为默认值。展开 Sizing 设置组，参数均保持默认设置，如图 1-3-11 所示。

步骤 4：预览表面网格。

选择 Outline 中的 Mesh 右击，在弹出的快捷菜单中选择命令 Preview→Surface Mesh，如图 1-3-12所示，在图形窗口中显示生成的表面网格（若生成成功则显示为粉色，若生成失败则显示为黄色），可以用于检查当前网格设置是否符合预期，表面网格质量是否满足要求等。

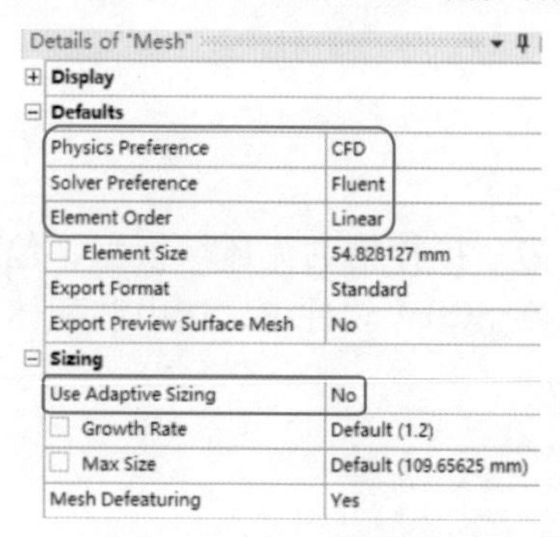

图 1-3-11　全局网格设置

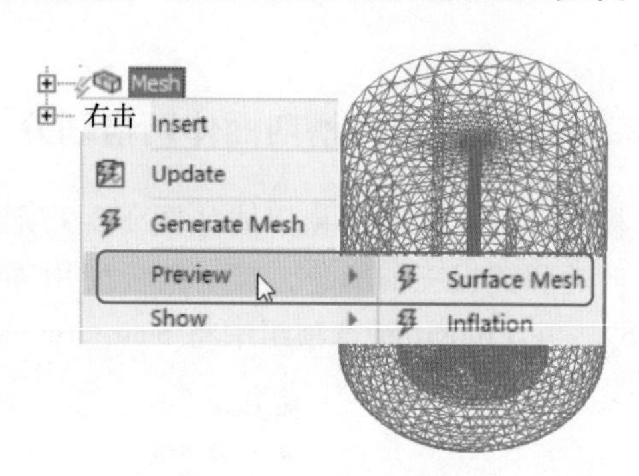

图 1-3-12　预览表面网格

步骤 5：创建切片检查内部网格。

在主菜单栏选择命令 Home→New Section Plane，或单击 Section Plane 按钮，将视图调整为 Top 视图（在图形窗口右击，在弹出的快捷菜单中选择命令 View→Top），按住鼠标左键，沿着模型的中心切割，网格以切面形式显示，调整视图检查叶轮处仅生成了一层网格，如图 1-3-13 所示，网格不满足计算的要求，因此需要进行加密处理。

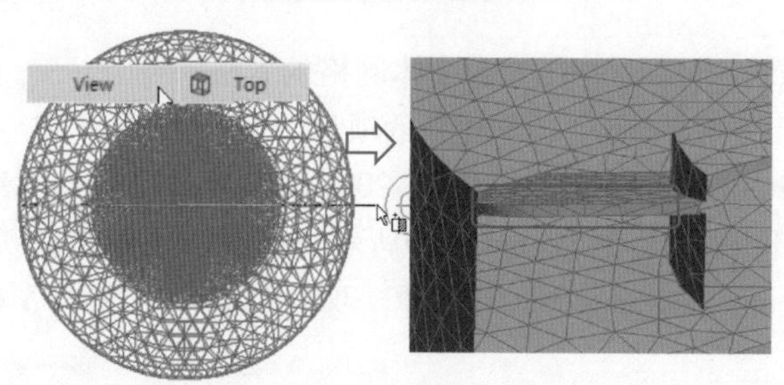

图 1-3-13　创建网格切面

步骤 6：改变尺寸函数的选项并重新设置尺寸。

在 Mesh 的细节窗口中，将 Capture Proximity 栏设置为 Yes，参数默认，展开 Advanced 设置组，设置 Triangle Surface Mesher 栏为 Advanced Front，其余保持默认，重新预览表面网格，此时叶轮处的网格得到了加密，如图 1-3-14所示。

步骤 7：创建 NS。

将选择过滤器设置为面选择状态，并切换为框选 Box Select，选中桨叶和旋转轴的表面，其会以高亮绿色显示，在图形窗口中右击弹出快捷菜单，选择 Create Named Selection，并命名为 wall_impeller，以同样的方式命名槽体外壁面为 wall_tank，挡板为 wall_baffle，如图 1-3-15 所示。

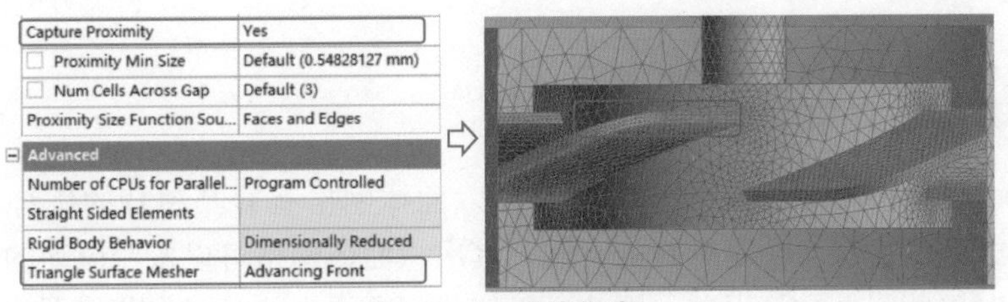

图 1-3-14　网格加密

步骤 8：添加边界层控制。

选择 Outline 中的 Mesh 右击，选择命令 Insert→Inflation，在细节窗口中，以 NS 方式选择添加边界层的面（按<Ctrl>键多选，<Enter>键确认），如图 1-3-16 所示，边界层参数使用默认的选项和数值。

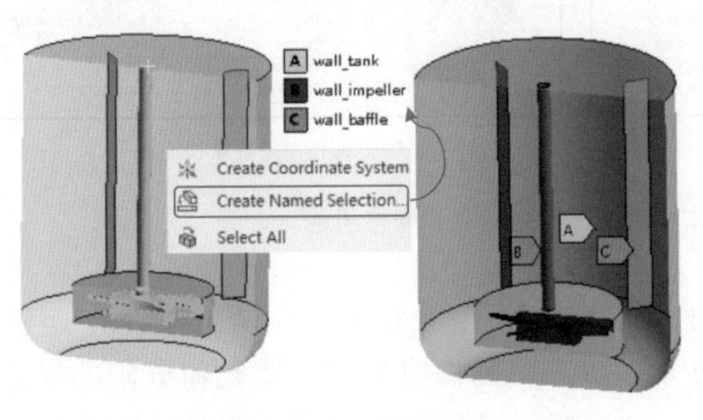

图 1-3-15　创建 NS

图 1-3-16　边界层设置

步骤 9：预览边界层网格。

选择 Outline 中的 Mesh 右击，选择命令 Preview→Inflation。可以通过剖面视图显示内部网格，如图 1-3-17 所示。

步骤 10：生成网格。

选择 Outline 中的 Mesh 右击，选择命令 Generate Mesh，再次以切面形式查看内部体网格分布，如图 1-3-18 所示。

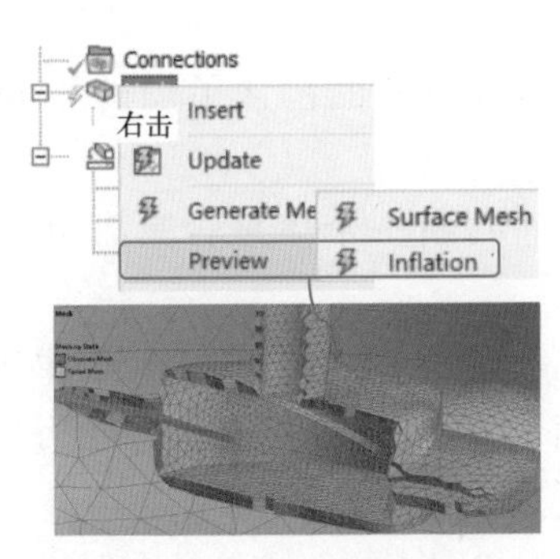

图 1-3-17　边界层预览

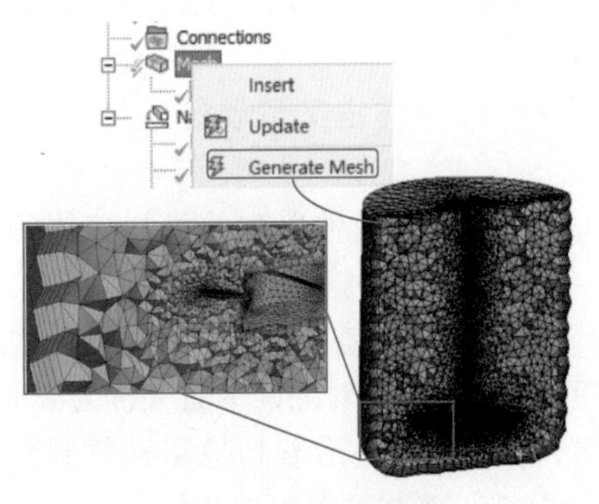

图 1-3-18　体网格

案例总结：本案例针对搅拌槽几何模型，主要演示使用 ANSYS Meshing 划分四面体网格的方法，对于比较薄的叶片结构，采用邻近加密的尺寸控制细化了网格。

3.3 六面体网格划分方法

对于 CFD 分析来说，相比于四面体网格，六面体网格有着其独特的优势，首先单元数量会大大降低，这就能减少仿真计算的时间，其次六面体网格可以按照流动的方向排列，网格质量高，同时又能降低数值误差，因此可以使我们在更少的时间内获得更加准确的计算结果。四面体和六面体网格数量和网格质量对比如图 1-3-19 所示。

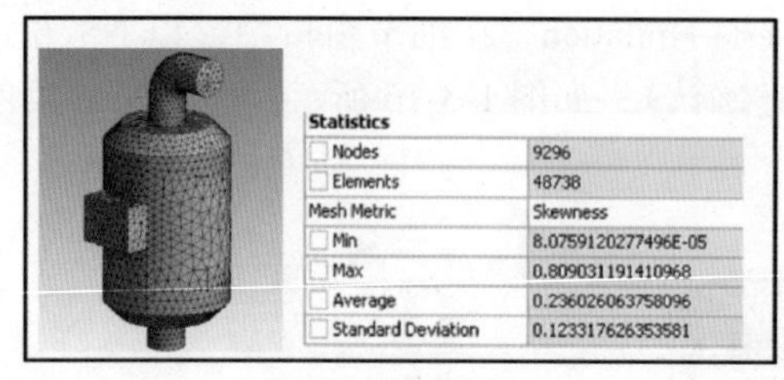

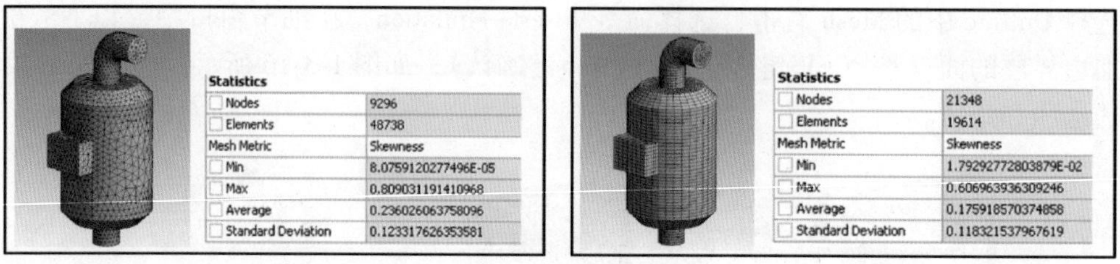

Statistics
Nodes 9296
Elements 48738
Mesh Metric Skewness
Min 8.0759120277496E-05
Max 0.809031191410968
Average 0.236026063758096
Standard Deviation 0.123317626353581
Statistics
Nodes 21348
Elements 19614
Mesh Metric Skewness
Min 1.79292772803879E-02
Max 0.606963936309246
Average 0.175918570374858
Standard Deviation 0.118321537967619

a) 四面体网格数量和质量　　b) 六面体网格数量和质量

图 1-3-19　四面体和六面体网格数量和网格质量对比

但是，六面体网格的划分通常需要花费更多的时间和精力，ANSYS Meshing 划分六面体网格要求有比较干净的几何，对于复杂的模型，则需要进行一些几何分割的操作。ANSYS Meshing 提供的六面体网格划分方法主要包括扫掠和多区，以下内容对这两种方法的特点和应用分别进行详细的介绍。

3.3.1 扫掠方法介绍

如果想采用扫掠方法划分六面体网格，导入的几何模型需要满足一些条件和要求，当模型符合以下任意一项条件时，则不能进行扫掠：

1）几何体包含一个完整的内部空腔。

2）找不到源面和目标面。也就是说扫掠工具找不到边或者封闭的面作为源面和目标面的路径。

3）其中一个实体定义了硬的边尺寸，且源面和目标面上也包含了硬的不同的分割控制。

图 1-3-20 所示为两种典型的可扫掠体的特征。如何判断一个体是否具有可扫掠的特征呢？

ANSYS Meshing 能够自动检查导入的几何实体是否满足扫掠方法的要求，如果满足，软件会选择拓扑结构上相对的两个面（称为源面和目标面），首先在源面上划分四边形或者三角形网格，然后将网格沿着扫掠路径复制到目标面上。识别可扫掠体可以通过在 Outline 的 Mesh 上右击，弹出的菜单中选择命令 Show→Sweepable Bodies，可扫掠体会以高亮绿色显示，如图 1-3-21 所示。

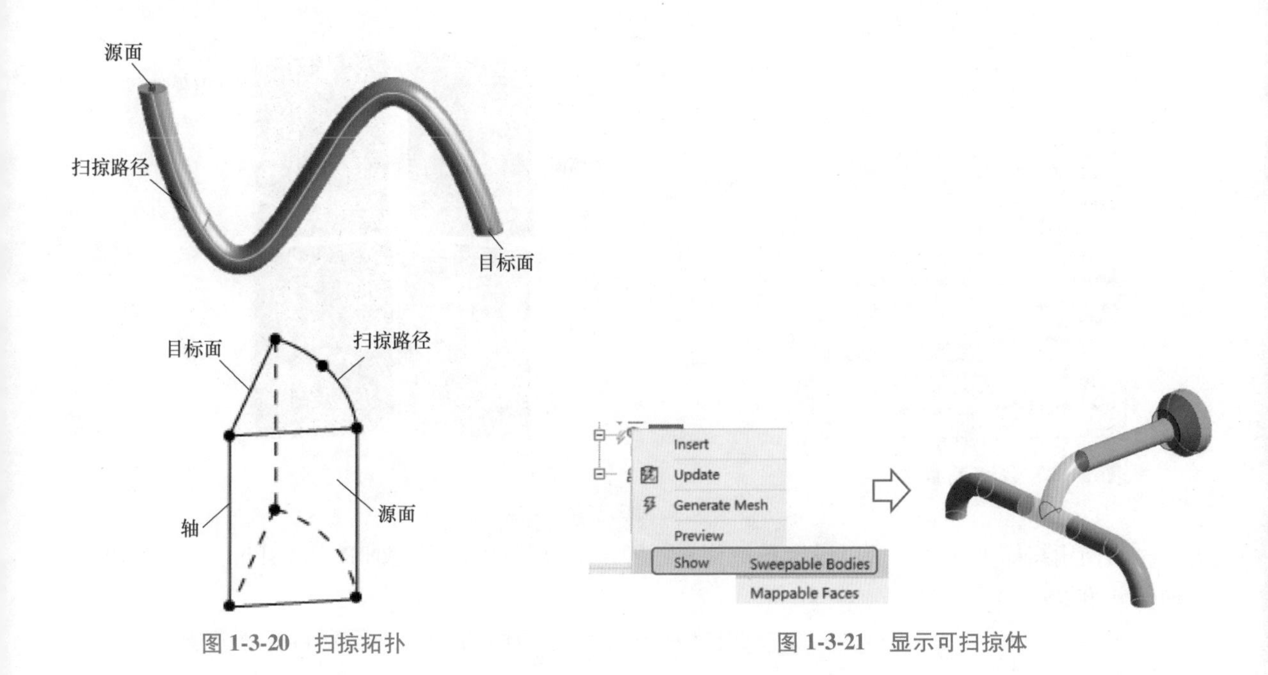

图 1-3-20　扫掠拓扑　　　　图 1-3-21　显示可扫掠体

对于不可扫掠的实体模型，可以通过对几何进行一些切割或者分解的操作，构建可扫掠拓扑，如图 1-3-22 所示。

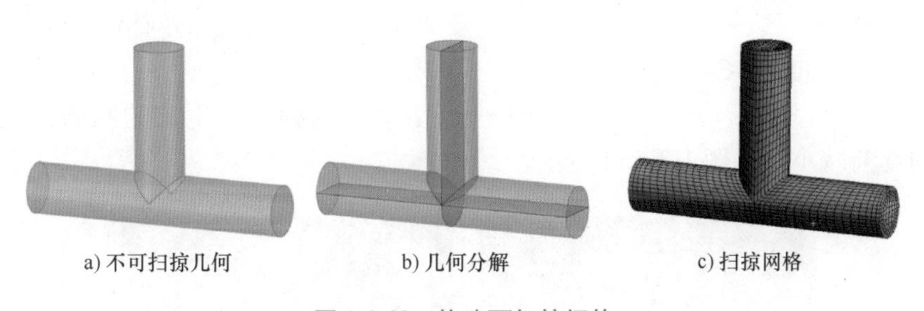

a) 不可扫掠几何　　b) 几何分解　　c) 扫掠网格

图 1-3-22　构建可扫掠拓扑

在确认几何可以采用扫掠方法划分网格之后，需要选择源面和目标面的定义方式，包括 Automatic（自动）、Manual Source（手动源面）、Manual Source and Target（手动源面和目标面）、Automatic Thin（自动薄扫掠）和 Manual Thin（手动薄扫掠）等几种方式，如图 1-3-23 所示。

1）自动：使用这种方法时软件自动识别源面和目标面，并且寻找扫掠路径。

2）手动源面：需要指定扫掠的源面，自动识别目标面。

3）手动源面和目标面：源面和目标面都需要指定，软件自动寻找扫掠路径。选择完成后，源面以红色标识，目标面以蓝色标识，采用这种方法，可以加速网格划分。

4）自动薄扫掠和手动薄扫掠：这两种方法可用于薄模型划分六面体网格，首先在实体的一侧划分网格，然后将此网格扫掠到另一侧，与常规扫掠方法不同的是，薄扫掠不需要源面与目标面的拓扑一一对应，模型可以包含多个源面和多个目标面，图 1-3-24 所示为两个源面对应一个目标面的几何与生成的网格，源面的边界会在目标面上映射。

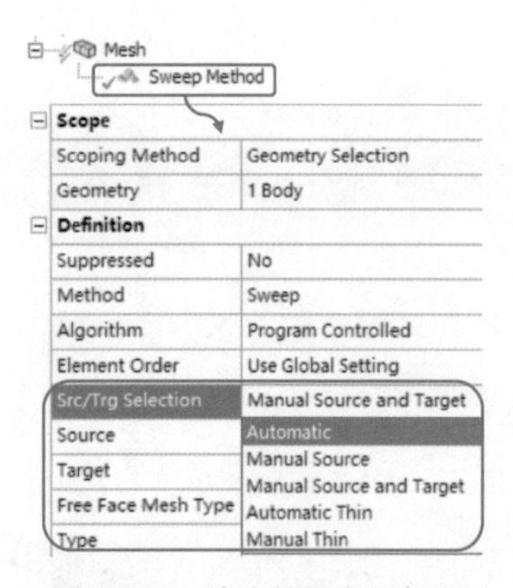

图 1-3-23　定义源面和目标面

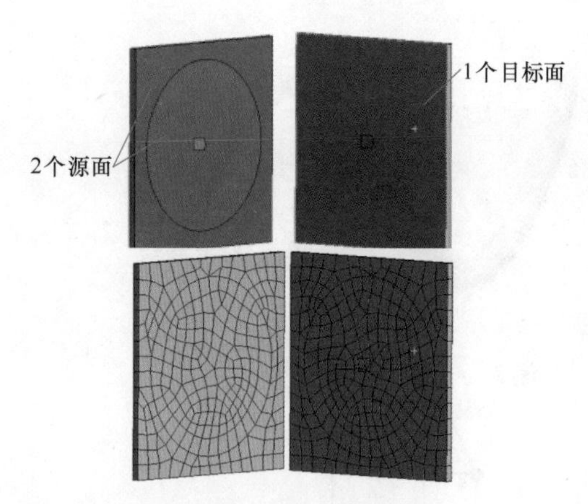

图 1-3-24　薄扫掠

当使用扫掠方法时，可以设置扫掠偏斜，即定义网格的偏斜，ANSYS Meshing 中包含四种偏斜方式：

1）"———　——　–　–"：采用这种方式生成的网格，从源面到目标面逐渐减小，如图 1-3-25a 所示。

2）"–　–　——　———"：采用这种方式生成的网格，从源面到目标面逐渐增大，如图 1-3-25b 所示。

3）"–　——　———　——　–"：采用这种方式生成的网格，从源面和目标面向中间逐渐增大，如图 1-3-25c 所示。

4）"———　——　–　——　———"：采用这种方式生成的网格，从源面和目标面向中间逐渐减小。如图 1-3-25d 所示。

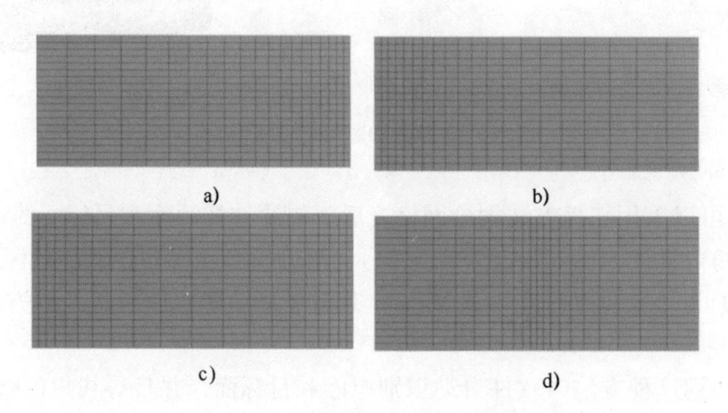

图 1-3-25　不同偏斜方式的网格分布

3.3.2　多区网格划分方法介绍

多区网格划分方法是将几何自动分解成可映射（结构化/可扫掠）区域和自由（非结构化）区域，在能划分六面体的区域自动生成纯六面体网格，然后在其他区域用非结构网格填充，以保证合理捕捉几何的形状特征。

1. 多区网格划分的算法

多区网格划分方法基于 ANSYS ICEM CFD 六面体的分块技术，以下以一个简单实例说明网格生成的过程。

1）首先会对实体的表面进行分析，自动创建 2D 面块，如图 1-3-26b 所示。

2）连接面块创建 3D 体块，如图 1-3-26c 所示，使用结构化、扫掠和非结构化的块解析整个体区域，此时可映射的面成为结构化块，自由面成为非结构化块。

3）使用 O-Grid 创建边界块，拉伸 O-Grid 创建边界层，如图 1-3-26d 所示。

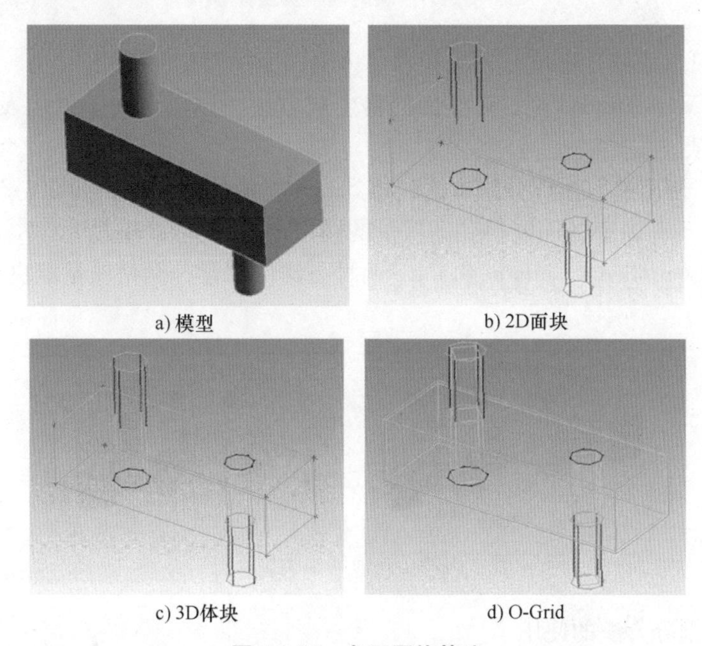

a) 模型　b) 2D面块

c) 3D体块　d) O-Grid

图 1-3-26　多区网格算法

说明：O-Grid 即 ICEM CFD 中的 O 型块技术，一系列块排列成 O 型或环绕型。

多区网格划分方法会将拓扑的尺寸分配到块上，在可映射面上划分结构网格面，在自由面上使用四边形/三角形划分非结构网格面，然后分别对结构化、扫掠和非结构化的块进行插值、扫掠及填充，最终得到体网格。

2. 多区网格的控制

在选择多区网格划分方法后，需要进行一些相关的设置，包括映射网格类型、面网格方法、自由网格类型等，如图 1-3-27 所示。

Scope	
Scoping Method	Geometry Selection
Geometry	1 Body
Definition	
Suppressed	No
Method	MultiZone
Mapped Mesh Type	Hexa
Surface Mesh Method	Program Controlled
Free Mesh Type	Not Allowed
Element Order	Use Global Setting
Src/Trg Selection	Manual Source
Source Scoping Method	Geometry Selection
Source	5 Faces
Sweep Size Behavior	Sweep Element Size
Sweep Element Size	Default
Element Option	Solid
Advanced	
Preserve Boundaries	Protected
Mesh Based Defeaturing	Off
Minimum Edge Length	25.132741 mm
Write ICEM CFD Files	No

图 1-3-27　多区网格设置

（1）Mapped Mesh Type 栏——映射网格类型　该栏决定了使用哪种类型的单元，包括以下三种选项。

1）Hexa：只生成六面体单元，如图 1-3-28a 所示。

2）Hexa/Prism：为了保证网格质量和光顺过渡，会在面网格上插入部分三角形单元，如图 1-3-28b 所示。

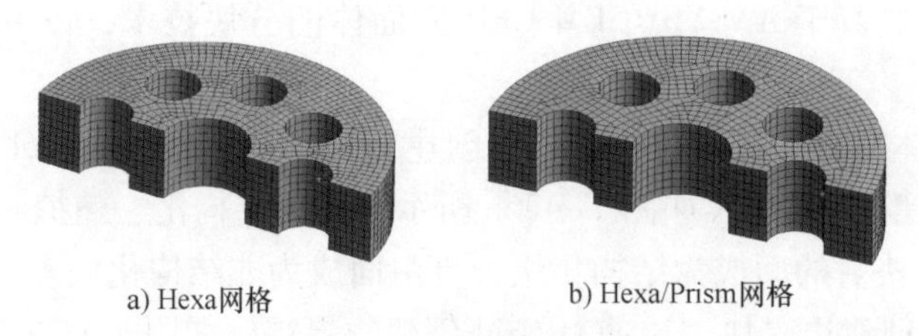

图 1-3-28　映射网格类型比较

3）Prism：只生成棱柱形单元，当相邻的体为四面体网格时使用。

（2）Surface Mesh Method 栏——表面网格生成方法　该栏定义了创建表面网格的方法，包括以下三种选项。

1）Uniform：使用递归循环分割方法，得到高质量的均匀网格，如图 1-3-29a 所示。

2）Pave：对于高曲率的面能得到高质量的网格，如图 1-3-29b 所示。

3）Program Controlled：Uniform 和 Pave 两种方法的结合，网格质量取决于网格尺寸设置和面的属性。

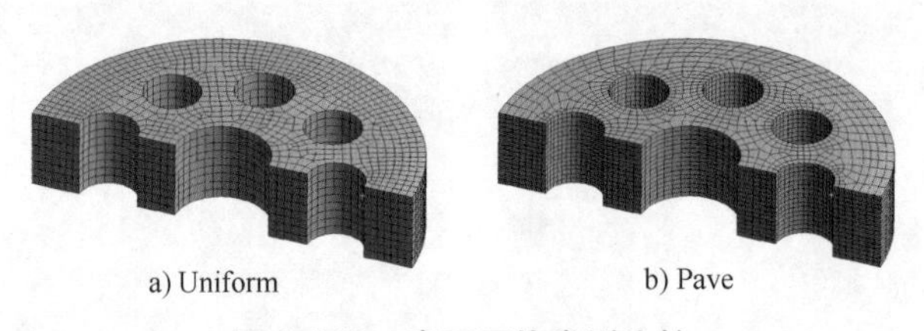

图 1-3-29　表面网格类型比较

3. 多区网格划分方法的使用

多区网格划分方法基于 ANSYS ICEM CFD 的分块法，在可以生成纯六面体网格的区域会自动进行分区操作，而其他区域会用非结构网格填充。为了确定当前的几何模型是否能够应用多区网格划分方法，需要检查以下三个特征：

（1）源面——源　源面会在内部进行自动的分割，也用于映射面（见图 1-3-30）。

（2）扫掠方向——路径　扫掠的方向通过定义源面和目标面来确定，侧面要求必须是可映射面，可以存在一个或多个扫掠路径，但是路径之间不能交叉（见图 1-3-31）。

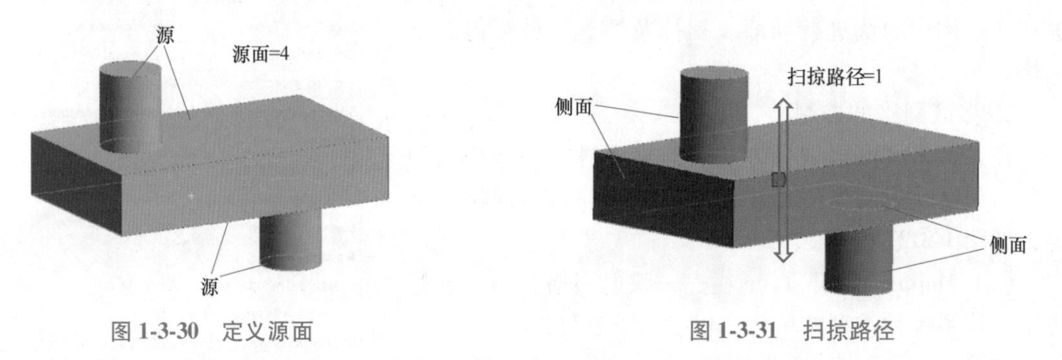

图 1-3-30　定义源面　　图 1-3-31　扫掠路径

（3）层级　在层级的位置，源面发生改变，并在区域内自动进行分割，为了耦合每一个层级，需要表面印记，如指定源面（见图 1-3-32）。

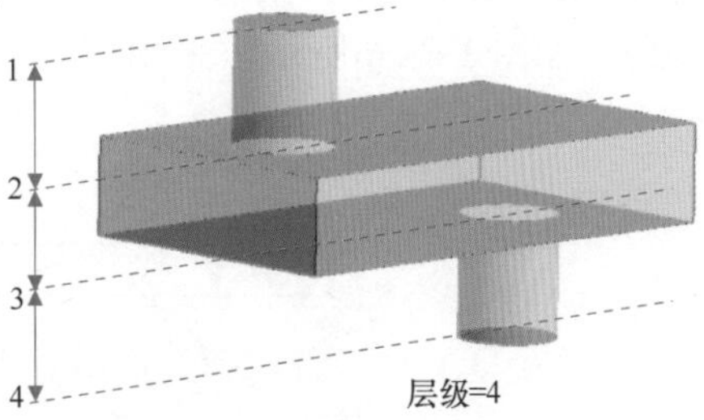

如果采用多区网格划分方法失败，可以考虑如下建议：

1）确保定义的源面没有任何问题。

2）自由网格类型默认是 Not Allowed（即 Hex），尝试改为 Tetra 或者 Hexa-Dominant。

3）尝试将几何或者面进一步分解。

层级=4

图 1-3-32　层级

3.3.3　案例：扫掠方法划分六面体网格

模型说明：图 1-3-33a 所示的模型尽管看起来具有扫掠特征，但是由于扫掠路径上缺少控制点，因此在使用扫掠方法生成网格时往往会出现错误，如图 1-3-33b 所示。

可以通过将实体沿着轴向进行切割操作来解决这个问题，如图 1-3-33c 所示。分割体的操作可以使用 ANSYS DM 模块或者 SCDM 模块来实现。本例中的几何已经完成切割并共享拓扑。

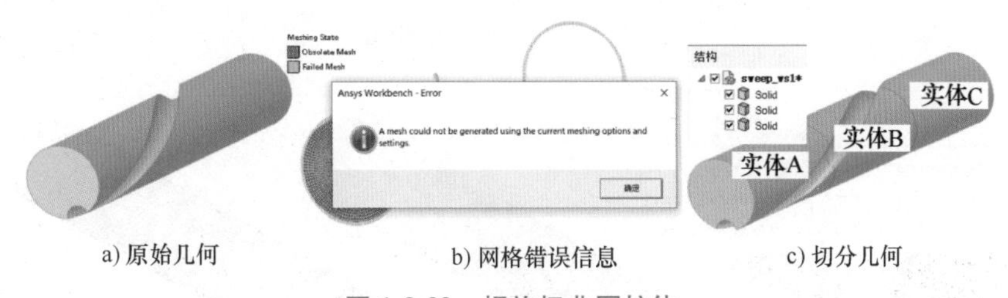

a) 原始几何　　b) 网格错误信息　　c) 切分几何

图 1-3-33　螺旋扭曲圆柱体

步骤 1：启动 ANSYS Workbench，创建新的项目。

选择菜单命令 Start→All Programs→ANSYS 2021 R1→Workbench 2021 R1 启动软件，将 Component Systems 中的 Mesh 拖拽到 Project Schematic 窗口，右击 A2 单元弹出快捷菜单，选择命令 Import Geometry→Browse…，找到“sweep_ws1. scdoc”文件并打开，如图 1-3-34 所示。

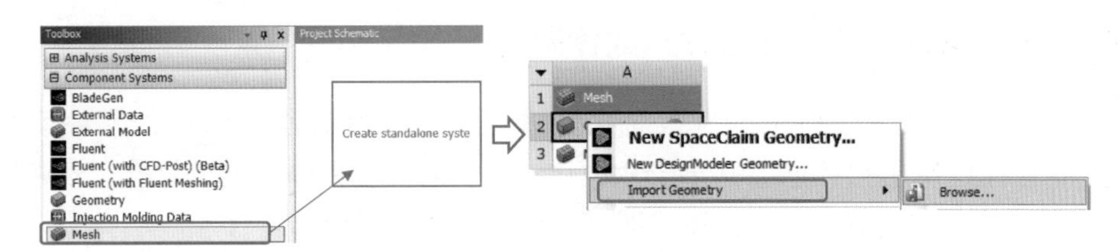

图 1-3-34　Workbench 工程项目

步骤 2：为三个体依次添加扫掠方法。

双击 Mesh 单元（A3），打开 Meshing 界面，右击 Outline 中的 Mesh 弹出快捷菜单，选择命令 Insert→Method，在 Method 的详细设置界面中，Method 栏选择 Sweep 选项，Src/Trg Selection 栏选择 Manual Source 选项，三个体的源面如图 1-3-35所示，其余参数均保持默认。

步骤 3：生成网格。

对于多体模型的网格划分，可以利用 ANSYS Meshing 的 Selective Meshing 功能，逐个体生成网格。单击图形工具栏的图标，将选择过滤器切换到体选择模式，选

中实体 A，在空白处鼠标右击弹出快捷菜单，选择命令 Generate Mesh On Selected Bodies，如图 1-3-36所示。采用同样的方法，逐个生成实体 B 和 C 的网格，得到最终网格。

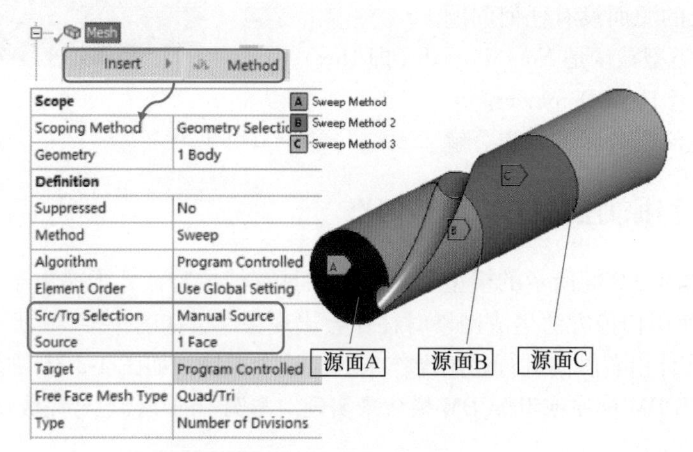

图 1-3-35　扫掠方法设置

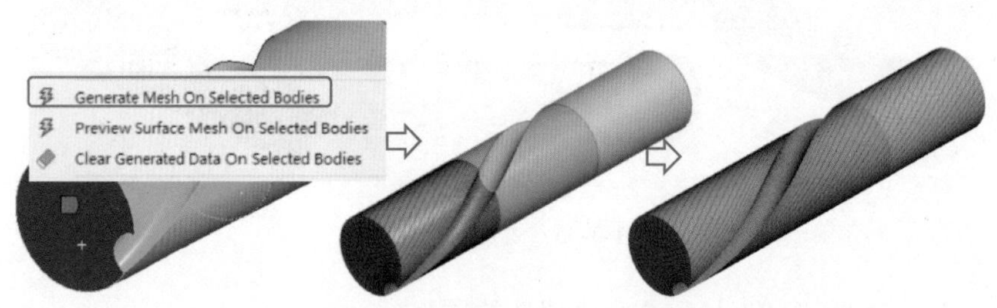

图 1-3-36　逐个体生成网格

案例总结：本案例演示 ANSYS Meshing 中使用扫掠方法划分六面体网格的步骤，针对默认方法划分网格失败的问题，采取了几何体切割依次生成网格的策略。

3.3.4　案例：变截面几何体划分六面体网格

模型说明：图 1-3-37a 所示为变截面几何体，其中一段截面为圆形，另一段截面为正方形，不能直接使用扫掠的方法划分六面体网格，需要辅助体切割的操作。切割的策略如图 1-3-37b 所示，构建五个可扫掠体，即可实现六面体网格划分。

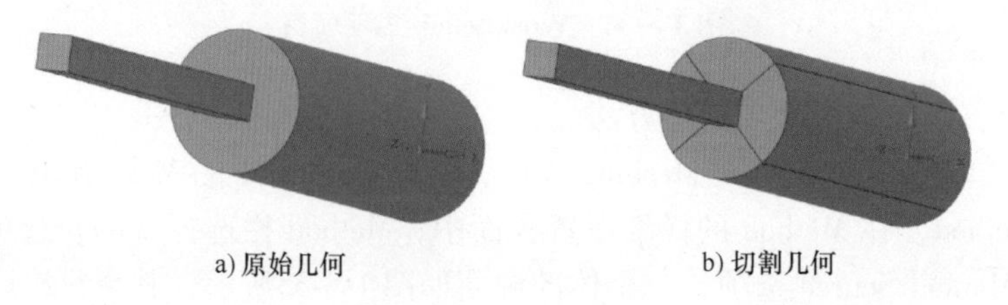

a) 原始几何　　　b) 切割几何

图 1-3-37　几何模型

步骤 1：选择菜单命令 Start→All Programs→ANSYS 2021 R1→Workbench 2021 R1 启动 ANSYS Workbench，将 Component Systems 中的 Mesh 拖拽到 Project Schematic 窗口，右击 A2

单元弹出快捷菜单，选择命令 Import Geometry→Browse…，找到“sweep_ws2. x_t”文件并打开，如图 1-3-38 所示。

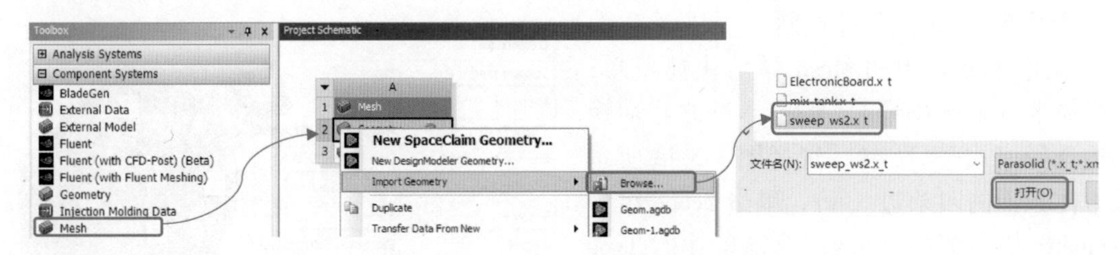

图 1-3-38　Workbench 读入模型

步骤 2：右击 Geometry 单元（A2），选择命令 Edit Geometry in SpaceClaim，启动 SCDM，需要利用共享拓扑功能，实现各个体之间交界面共节点连接。

步骤 3：双击 A2 单元，打开 SCDM，保持所有体全部显示，主菜单切换至 Workbench 组，选择 Share Topology 命令，单击绿色对号完成共享拓扑操作，两个体之间的共享边变为粉色，如图 1-3-39 所示，关闭 SCDM。

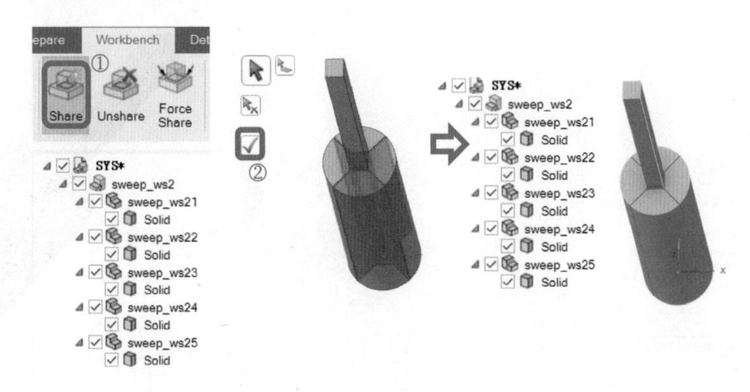

图 1-3-39　几何体共享拓扑

步骤 4：双击 Mesh 单元（A3），打开 Meshing 界面，单击 Outline 中的 Mesh，显示全局参数设置，Physics Preference 栏设置为 CFD，Solver Preference 栏设置为 Fluent，其余均保持默认。

步骤 5：插入扫掠方法。

如图 1-3-40 所示，右击 Outline 中的 Mesh 弹出快捷菜单，选择命令 Insert→Method，显示 Method 细节窗口，此时选择过滤器自动切换为体选择模式，在图形窗口空白处右击，选择命令 Select All，即选中所有几何体，再次单击 Scope 中 Geometry 栏右侧的 Apply，几何体数量为“5”。

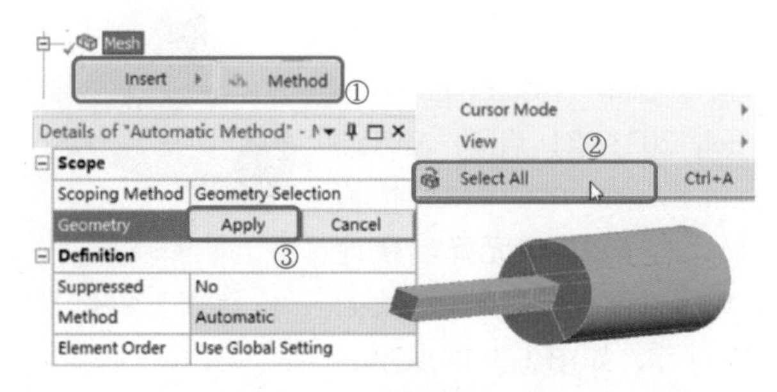

图 1-3-40　选择扫掠几何

在 Method 栏的下拉列表框中选择 Sweep，Src/Trg Selection 栏设置为 Manual Source，选择图 1-3-41 所示的 5 个面（一般情况下选择的源面数量与 Scope 中选择的体的数量应相同）。

步骤 6：添加边尺寸控制。

右击 Outline 中的 Mesh 弹出快捷菜单，选择命令 Insert→Sizing，将选择过滤器切换为边选择模式，选择图 1-3-42 所示长方体顶面的四条边（A），单击 Scope 组中 Geometry 栏右侧的 Apply；设置尺寸的 Type 栏设为 Number of Divisions，数量为“4”。以同样的方法设置其他边尺寸，图 1-3-42 中 A、B、C、D 对应分割数分别为 4、3、6、45。

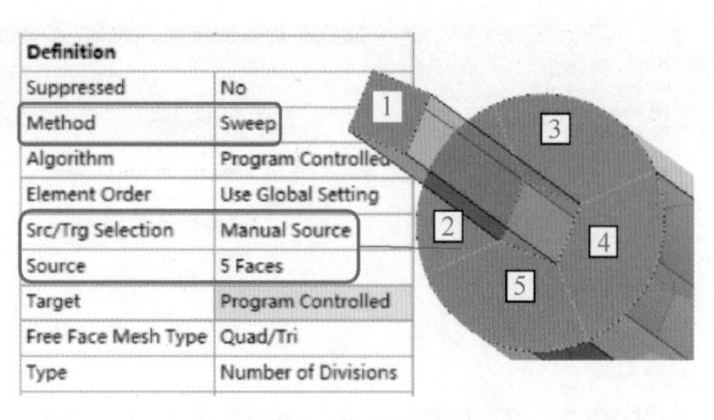

图 1-3-41　扫掠源面设置

步骤 7：生成网格。

右击 Outline 中的 Mesh 弹出快捷菜单，选择命令 Generate Mesh，生成六面体网格，如图 1-3-43所示。

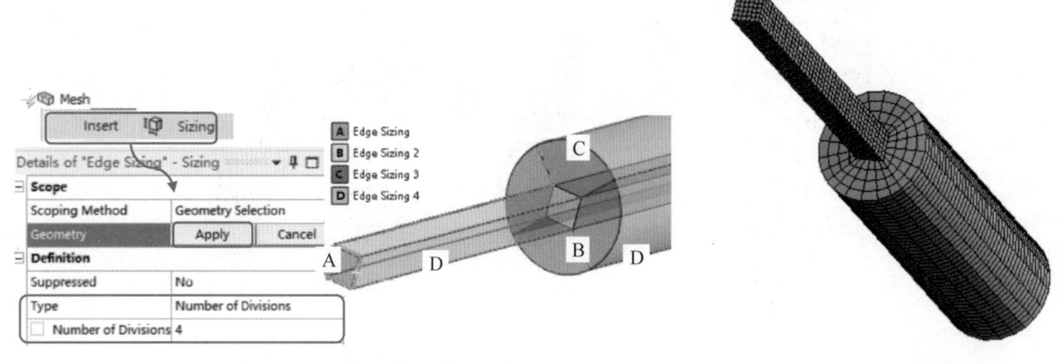

图 1-3-42　定义边尺寸　　图 1-3-43　六面体网格之一

案例总结：实践中所遇到的工程问题往往并不直接具备扫掠拓扑，这个时候可以在 CAD 软件中，根据扫掠的拓扑要求进行适当的分割后再应用扫掠方法。

3.3.5 案例：T 型接头六面体网格划分

模型分析：图 1-3-44a 所示为原始模型，该模型的扫掠路径存在交叉点，不满足多区网格划分的要求，考虑通过面分割的方式构造扫掠拓扑特征，如图 1-3-44b 所示。

步骤 1：选择菜单命令 Start→All Programs→ANSYS 2021→Workbench 2021 R1 启动 ANSYS Workbench，将 Component Systems 中的 Mesh 拖拽到 Project Schematic 窗口，右击 A2 单元弹出快捷菜单，选择命令 Import Geometry→Browse…，找到“T_junction. x_t”文件并打开，如图 1-3-45 所示。

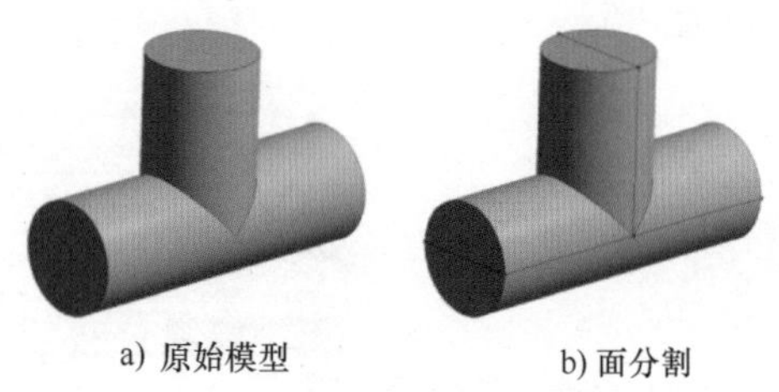

a) 原始模型　　b) 面分割

图 1-3-44　T 型接头几何模型

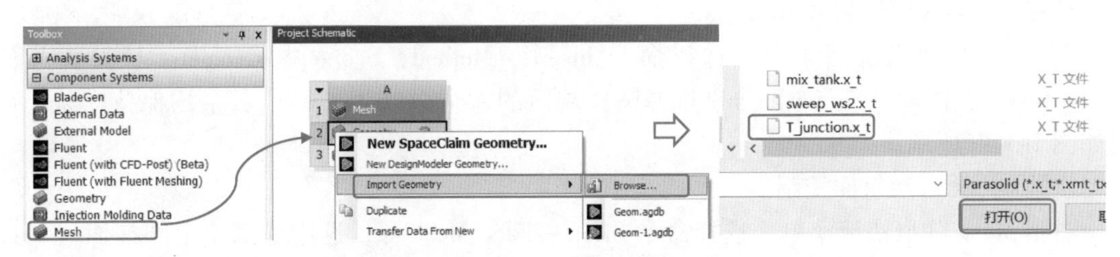

图 1-3-45　Workbench 中导入模型

步骤 2：双击 Mesh 单元（A3），打开 Meshing 界面。右击 Outline 中的 Model（A3），选择命令 Insert→Virtual Topology，在 Outline 中会出现 Virtual Topology 功能，如图 1-3-46 所示。

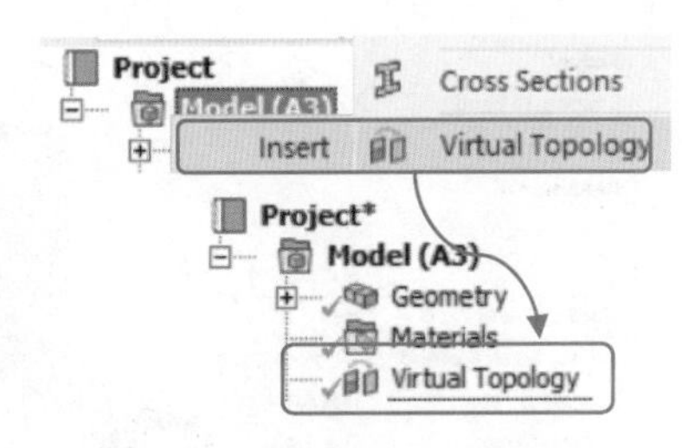

图 1-3-46　插入虚拓扑功能

步骤 3：保持 Outline 中 Virtual Topology 选中的状态，使用<Ctrl+E>组合键，选择过滤器切换到边选择模式，选择圆柱体一侧端面的边，右击弹出菜单，选择命令 Insert→Virtual Split Edge，选择主菜单命令 Display→Show Vertices 显示几何顶点，此时发现圆边被分割成了两段。以同样的方式分割其他两个圆柱端面的边，如图 1-3-47 所示。

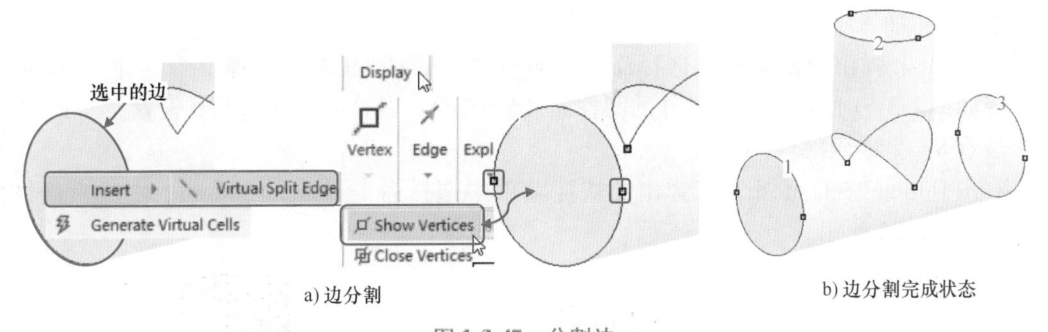

a) 边分割　　b) 边分割完成状态

图 1-3-47　分割边

步骤 4：分割面。

选择过滤器切换到节点选择模式（<Ctrl+P>），选择图 1-3-48 所示的两个节点，右击弹出菜单，选择命令 Insert→Virtual Split Face at Vertices，产生两个节点的连接线用以分割面，用同样的方式分割其他的面。

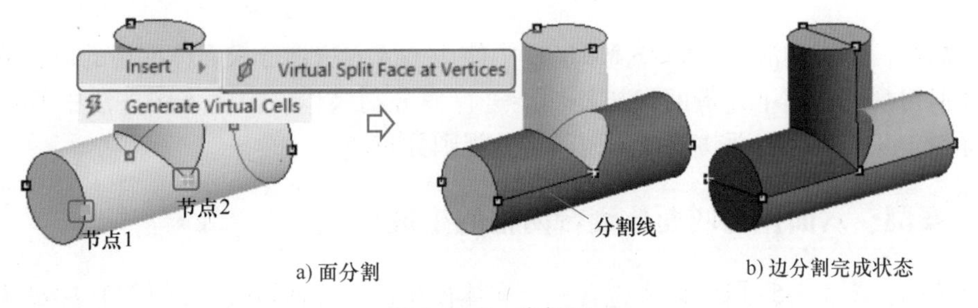

a) 面分割　　b) 边分割完成状态

图 1-3-48　分割面

步骤 5：插入网格划分方法。

右击 Mesh 弹出快捷菜单，选择命令 Insert→Method，Scope 中 Geometry 栏选择几何体（1 Body），源面（Source）分别选择圆柱端面的六个面(6 Faces)，其余均保持默认，设置如图 1-3-49 所示。

步骤 6：插入映射面控制。

右击 Mesh 弹出快捷菜单，选择命令 Insert→Face Meshing，选中底部半个圆柱面（可以单击右下角坐标系的-Y 轴调整视图），其中的 Specified Sides 节点（2 个）和 Specified Ends 节点（4 个）如图 1-3-50 所示。

Scope	
Scoping Method	Geometry Selection
Geometry	1 Body
Definition	
Suppressed	No
Method	MultiZone
Mapped Mesh Type	Hexa
Surface Mesh Method	Program Controlled
Free Mesh Type	Not Allowed
Element Order	Use Global Set
Src/Trg Selection	Manual Sour
Source Scoping Method	Geometry Sele
Source	6 Faces
Sweep Size Behavior	Sweep Element Size

图 1-3-49　选择源面

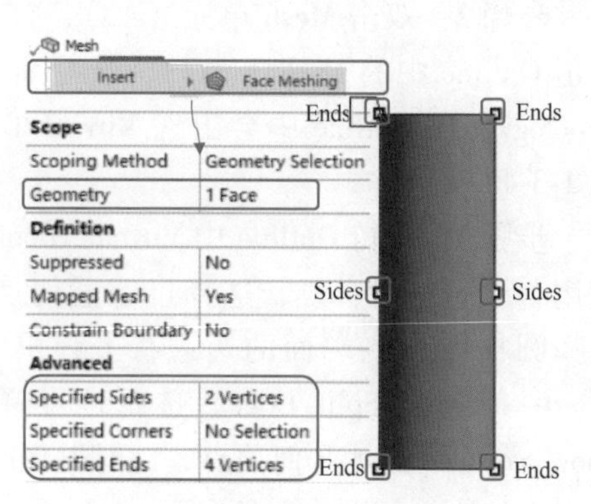

Scope	
Scoping Method	Geometry Selection
Geometry	1 Face
Definition	
Suppressed	No
Mapped Mesh	Yes
Constrain Boundary	No
Advanced	
Specified Sides	2 Vertices
Specified Corners	No Selection
Specified Ends	4 Vertices

图 1-3-50　定义映射面

步骤 7：插入膨胀层。

右击 Mesh 弹出快捷菜单，选择命令 Insert→Inflation，几何体选择整个实体，Boundary 栏选择如图 1-3-51 所示除端面之外的圆柱面（5 个面），其余参数保持默认设置。

步骤 8：生成网格。

右击 Outline 中的 Mesh，在弹出的快捷菜单中选择命令 Generate Mesh，生成六面体网格，如图 1-3-52 所示。

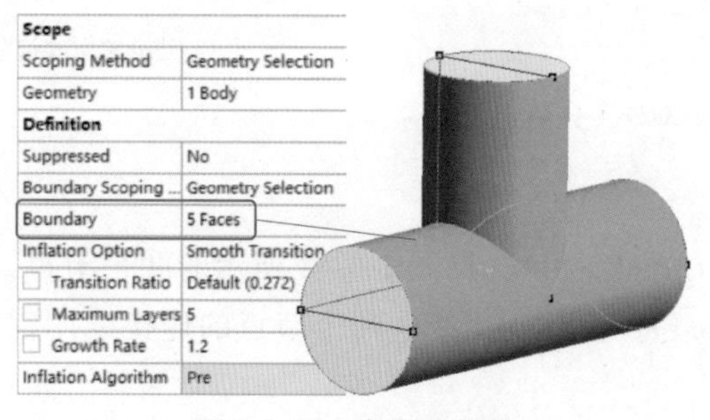

Scope	
Scoping Method	Geometry Selection
Geometry	1 Body
Definition	
Suppressed	No
Boundary Scoping ...	Geometry Selection
Boundary	5 Faces
Inflation Option	Smooth Transition
Transition Ratio	Default (0.272)
Maximum Layers	5
Growth Rate	1.2
Inflation Algorithm	Pre

图 1-3-51　膨胀层设置

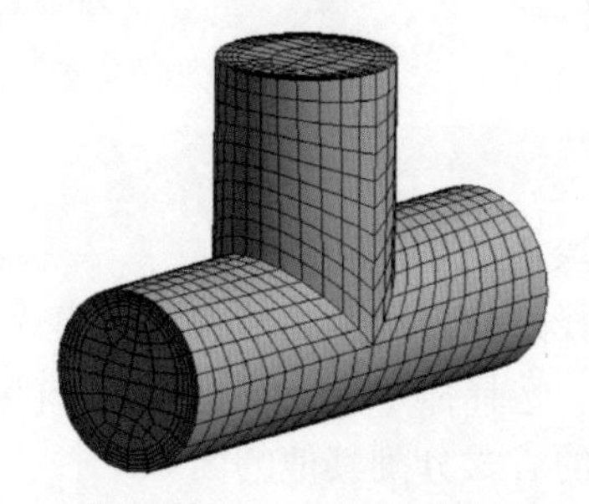

图 1-3-52　六面体网格之二

案例总结：本案例演示 ANSYS Meshing 中使用多区方法划分六面体网格的设置方法，在不实施几何切割的前提下，借助虚拓扑功能进行面分割操作，构建多区方法中所需要的源面、目标面，并利用映射面功能控制面网格的规则分布。

3.3.6　案例：六面体与四面体混合网格的生成

模型说明：图 1-3-53 所示模型包含三个实体模型，在几何模块（SCDM）中设置共享拓扑，其中实体 1 和实体 3 采用扫掠方法划分六面体网格，实体 2 划分四面体网格，同时三个实体均添加边界层控制并保持边界层一致。

步骤 1：启动 ANSYS Workbench，创建新的项目。

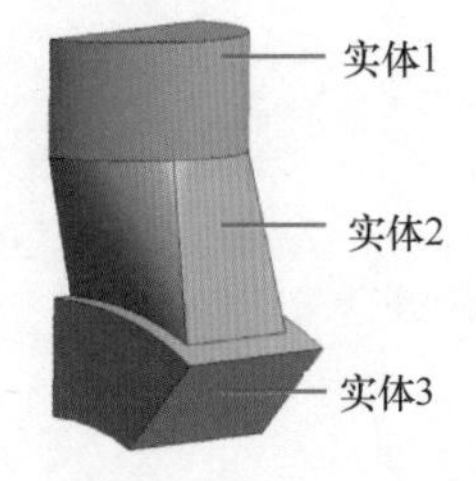

图 1-3-53　案例模型

选择菜单命令 Start→All Programs→ANSYS 2021 R1→Workbench 2021 R1 启动软件，在主界面中将 Component Systems 中的 Mesh 拖拽到 Project Schematic 窗口，右击 A2 单元弹出快捷菜单，选择命令 Import Geometry→Browse…，找到“hybrid_mesh.scdoc”文件并打开，如图 1-3-54所示。双击 mesh 单元（A3），打开 Meshing 界面。

步骤 2：选择主菜单命令 Home→Unit，设置单位为 Metric（mm，kg，N，s，mV，mA）。

步骤 3：选择求解器。

单击选择 Outline 中的 Mesh，显示细节窗口。在 Defaults 组中将 Physics Preference 栏设置为 CFD，Solver Preference 栏设置为 Fluent，Sizing 组中 Capture Curvature 栏设置为 Yes，修改 Curvature Normal Angle 栏为“10.0°”，其余保持默认设置，如图 1-3-55 所示。

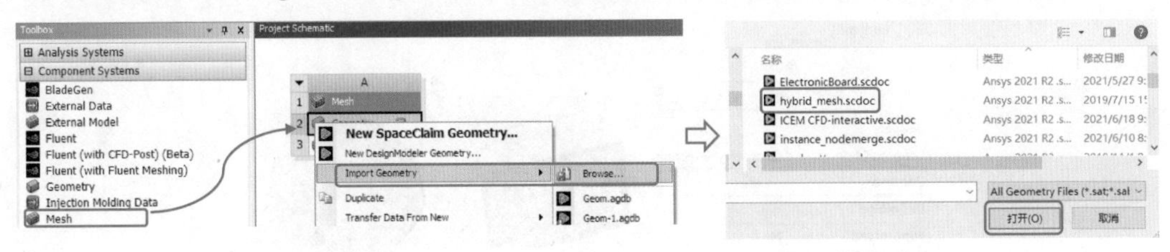

图 1-3-54　导入模型

步骤 4：插入扫掠网格划分方法。

右击 Mesh 弹出快捷菜单，选择命令 Insert→Method，此时选择过滤器自动切换为体选择模式，在图形窗口中选择实体 1；在 Method 的下拉列表框中选择 Sweep，然后设置 Src/Trg Selection 为 Manual Source，选择圆柱顶面，以同样的方式定义实体 3 的方法，具体的设置如图 1-3-56 所示。

Details of "Mesh"

Display	
Defaults	
Physics Preference	CFD
Solver Preference	Fluent
Element Order	Linear
Element Size	0.69611507 mm
Export Format	Standard
Capture Curvature	Yes
Curvature Min Size	Default (6.9611507e-003 mm)
Curvature Normal Angle	10.0°
Capture Proximity	No

图 1-3-55　网格全局设置

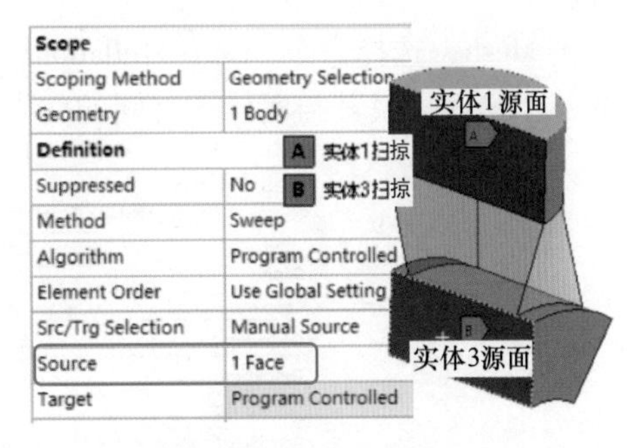

图 1-3-56　扫掠方法设置

步骤 5：插入四面体网格划分方法。

右击 Mesh 弹出快捷菜单，选择命令 Insert→Method，选择过滤器切换到体选择模式，在图形窗口中选择实体 2，单击 Scope 选项组中Geometry栏右侧的 Apply；在 Method 的下拉列表框中选择 Tetrahedrons，Algorithm 栏选择 Patch Conforming，如图 1-3-57 所示。

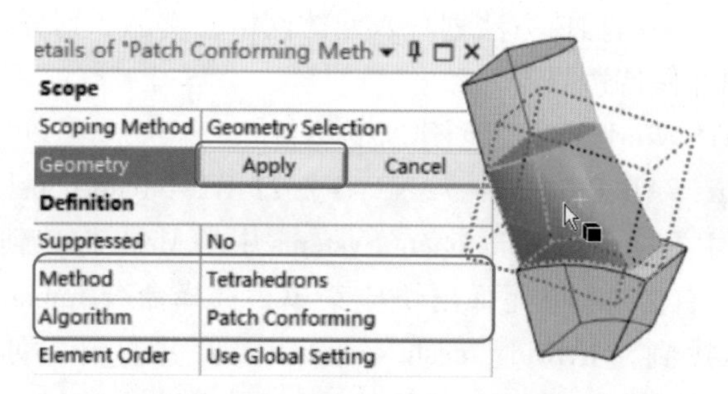

图 1-3-57　四面体网格划分方法设置

步骤 6：对扫掠体生成边界层。

两个扫掠体边界层设置方法相同，找到 Mesh 下对应的 Sweep Method 右击，选择命令 Inflate This Method，扫掠源面自动添加到 Scope 组 Geometry 栏中（1 Face），点击细节窗口中 Boundary 右侧的 No Selection（黄色），此时出现 Apply/Cancel 按钮，在图形窗口中选择每个实体源面的边（虚线），单击 Apply 按钮，边界层参数使用默认值，如图 1-3-58 所示。

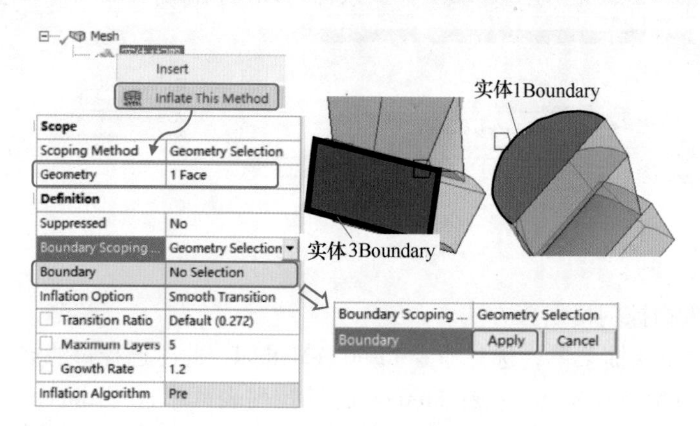

图 1-3-58　扫掠实体边界层设置

步骤 7：对四面体生成边界层。

右击 Mesh，选择命令 Insert→Inflation，Geometry 栏选择实体 2，Boundary 选择图 1-3-59 所示的三个侧面以及其与实体 3 之间的交界面，共 4 个面。

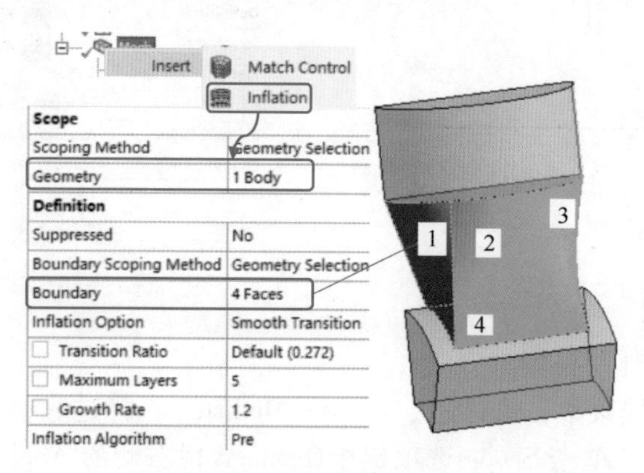

图 1-3-59　四面体边界层设置

步骤 8：生成网格并检查网格质量。

右击 Mesh，选择命令 Generate Mesh，展开 Quality 组，Mesh Metric 栏设为 Skewness，网格偏斜度小于 0.90，由于四面体和六面体之间的一致节点连接，产生了金字塔单元，网格划分完成，体网格和网格信息如图 1-3-60 所示。

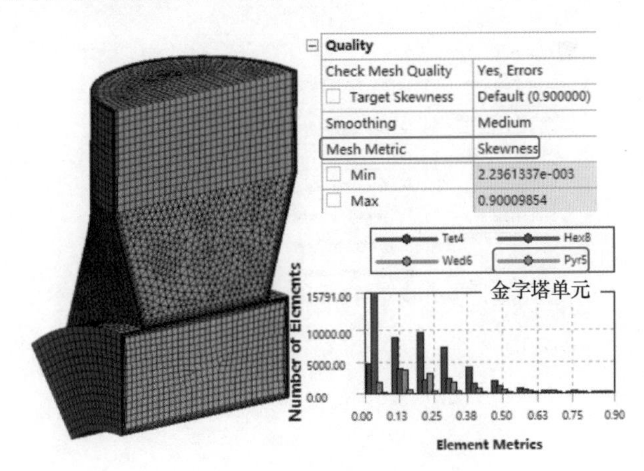

图 1-3-60　体网格和网格信息

案例总结：对于多体部件，并不是所有的实体都可以构建出扫掠或多区所需要的拓扑结构，因此不能全部划分六面体网格，这种情况可以使用六面体和四面体混合网格，为了保证网格节点的一致，在交界面处会生成金字塔单元过渡。

3.4　装配体网格划分方法

3.4.1　网格划分算法

装配体网格划分（Assembly Meshing）是针对 CFD 计算的一种网格划分方法，将整个模型作为一个进程来生成网格，包含了两种算法：CutCell 和 Tetrahedrons，生成的网格如图 1-3-61 所示。

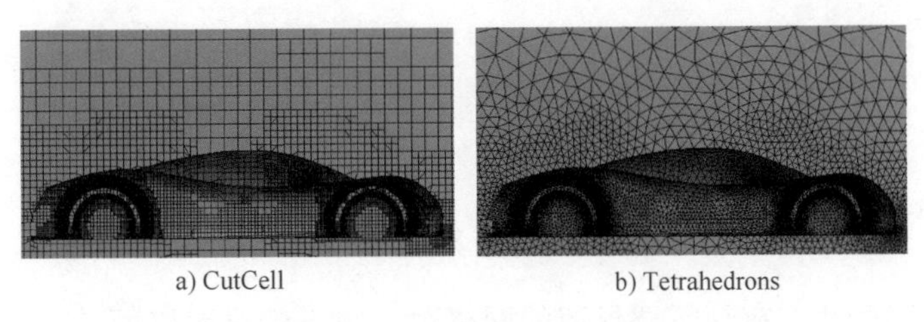

a) CutCell　　b) Tetrahedrons

图 1-3-61　装配体网格类型

CutCell 笛卡儿网格是专门为 ANSYS Fluent 求解器设计的网格划分方法，使用非贴体的网格划分技术，不用手动进行几何清理或者分解等操作，因此降低了网格划分的时间。这种方法生成的网格绝大部分为六面体，通常会得到比四面体网格更好的结果。

Tetrahedrons 算法是在 CutCell 算法的基础上衍生而来的，首先生成 CutCell 网格，然后经过一系列的网格操作得到高质量的非结构化四面体网格。

ANSYS 2021 R1 版本的 Assembly Meshing 方法默认不显示，需要在 Workbench 界面，选择菜单命令 Tools→Options→Appearance，勾选 Unsupported Features 选项来激活，如图 1-3-62 所示。

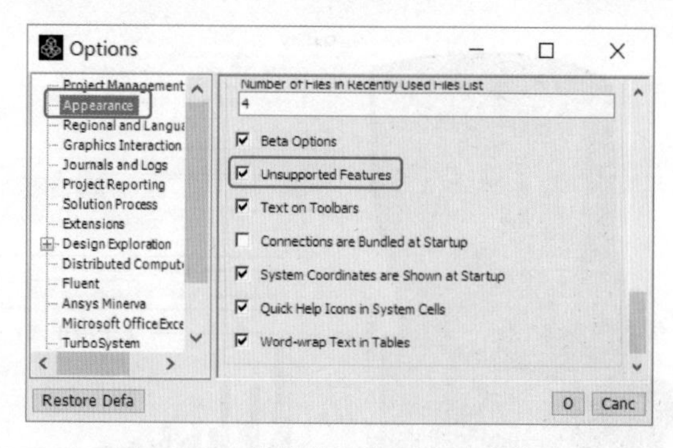

图 1-3-62 装配体网格划分功能激活

3.4.2 装配体网格生成的过程

装配体网格生成的过程如下：

1）定义尺寸函数和虚拟体，如果几何模型中并不包含流体域，可以定义一个虚拟体代表流体域。采用这种方法，可以不用在几何前处理软件中进行提取流体域的操作。

2）根据尺寸函数中的最大和最小尺寸计算出笛卡儿网格的初始尺寸。

3）在几何的边界盒子内创建均匀的笛卡儿网格。

4）根据局部尺寸函数的值，进行自适应网格细化，细化后的网格如图 1-3-63 所示。

5）标记与几何相交叉的网格，标记单元的节点映射到几何上，映射后的网格如图 1-3-64 所示。

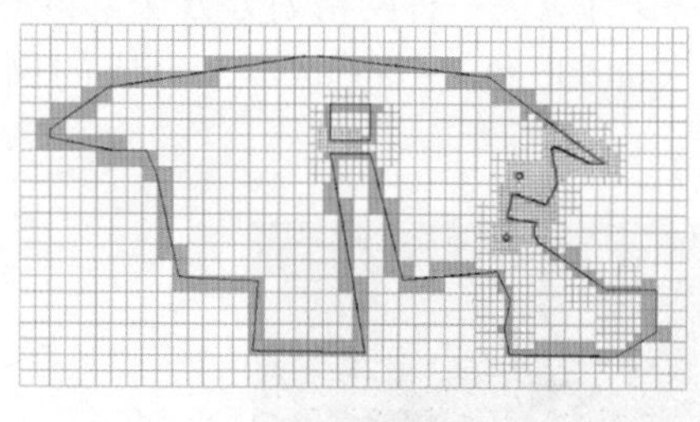

图 1-3-63 细化后的网格

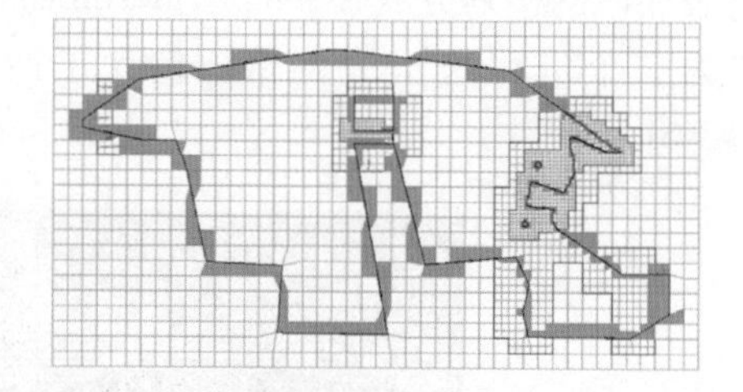

图 1-3-64 映射后的网格

6）识别相交叉的边，确认需要保留的网格边，用于构建网格面，一旦网格面识别完成后，单元就根据一些模板被分解，用于获得这些网格面。

7）删除流体域之外的网格。

8）提高生成网格的质量。

9）根据设置的虚拟体，整体网格被分割成几个单元域。

10）根据基础几何，边界网格恢复并被分割，如果一个面相邻的单元分别位于不同的单元域，会自动构建为边界网格。边界恢复之后的网格如图 1-3-65 所示。

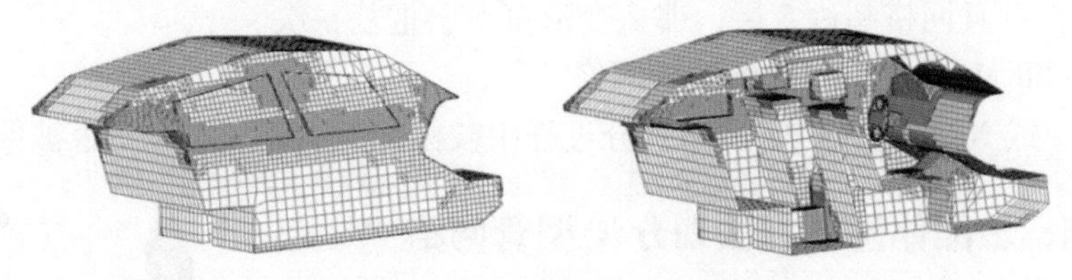

图 1-3-65　边界恢复之后的网格

11）如果选择了 Tetrahedrons 算法，将 CutCell 网格转换成非结构化四面体网格。

3.4.3　装配体网格划分方法的控制

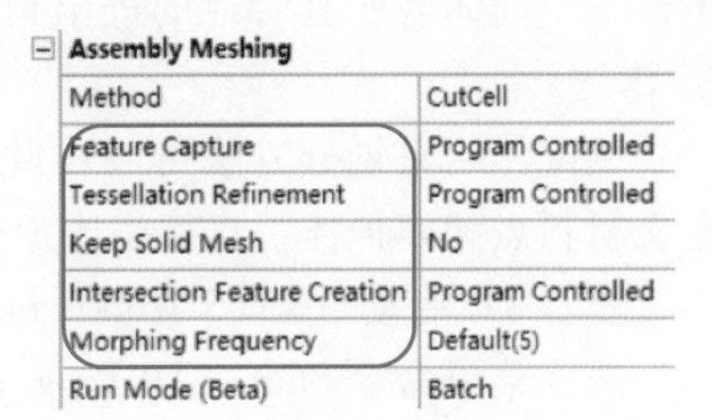

Assembly Meshing	
Method	CutCell
Feature Capture	Program Controlled
Tessellation Refinement	Program Controlled
Keep Solid Mesh	No
Intersection Feature Creation	Program Controlled
Morphing Frequency	Default(5)
Run Mode (Beta)	Batch

图 1-3-66　装配体网格控制选项

采用这种方法划分装配体网格时，除了常规的尺寸函数、边界层等控制，还需要选择网格算法、特征捕捉精度、曲面细分等进行控制，如图 1-3-66 所示。

1. Feature Capture 栏——特征捕捉

1）Program Controlled 选项：默认设置，特征角度为 40°。

2）Feature Angle（特征角度）选项：使用角度来定义捕捉特征的精度，角度设置得越小，捕捉的特征越精确。例如，如果角度定义为 0°，将会捕捉所有的几何特征。

2. Tessellation Refinement 栏——曲面细分

1）Program Controlled 选项：默认将曲面细分的值设置为全局最小尺寸的 10%。

2）Absolute Tolerance 选项：曲面细分的值须设置为最小尺寸（全局最小尺寸或者局部硬尺寸）的 5%～10%。

图 1-3-67 所示为特征角度说明，图 1-3-68 所示为容差尺寸。

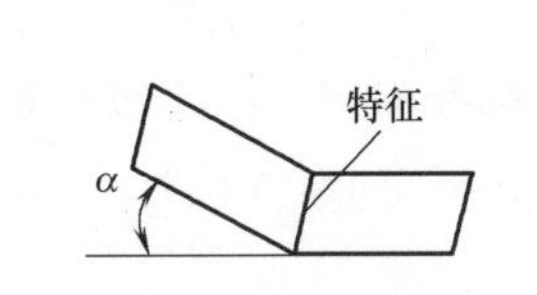

图 1-3-67　特征角度说明

注：α 代表特征角度

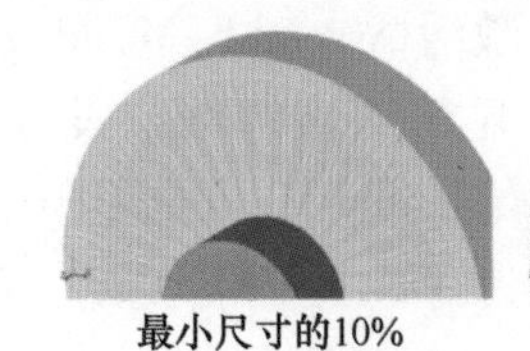

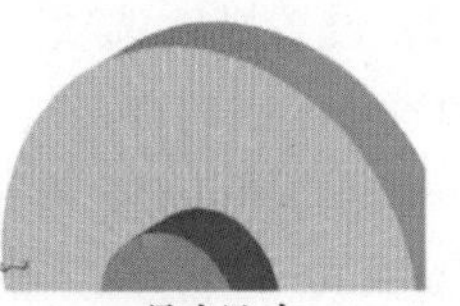

图 1-3-68　容差尺寸

3. Intersection Feature Creation 栏——交叉细化

1）Program Controlled 选项：当两个几何体在空间重叠时，装配体网格划分在进行特征捕捉的过程中会考虑额外的边，这一选项可以计算这些额外的边。

2）No 选项：关闭这一功能，当装配体中存在大量不相交的体时推荐该设置，因为这种情况下这一操作的计算代价会很大。

3）Yes 选项：激活这一功能。

4. Morphing Frequency 栏——变形频率

当 CutCell 网格添加膨胀层时，体网格被变形，这样才能保证 CutCell 网格的边界匹配膨胀层的覆盖面。变形频率的值决定了重复变形的频率，例如，如果变形频率设置为“Default（5）”，并且网格超过 5 层，那么变形每 5 层重复一次。

5. Keep Solid Mesh 栏——保留固体网格

可选择 Yes 或 No 选项，控制网格划分过程中被标记为固体的实体是否被保留。

3.4.4 案例：装配体网格方法划分 T 型管网格

模型说明：图 1-3-69 所示的案例几何模型为一个三通管道模型，装配体包含了四个实体模型，为管道外壳体，三个面体为所有管道的进出口盖面，不包含流体域模型。

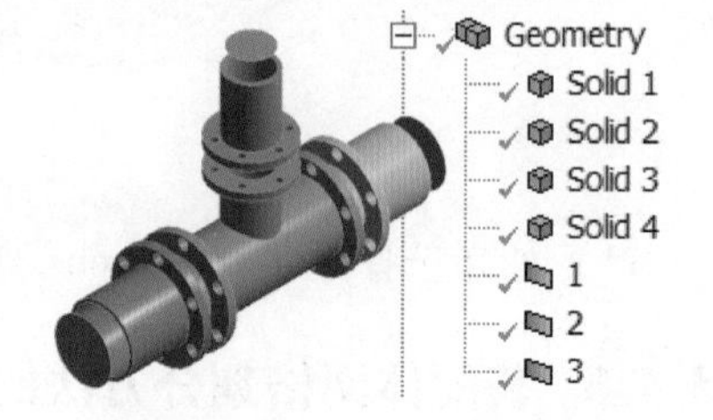

图 1-3-69 案例几何模型

装配体网格划分方法可以在此模型的基础上，通过定义材料点和虚拟体，直接生成流体网格。

步骤 1：启动 ANSYS Workbench，创建新的项目。

选择菜单命令 Start→All Programs→ANSYS 2021 R1→Workbench 2021 R1 启动软件，将 Component Systems 中的 Mesh 拖拽到 Project Schematic 窗口，右击 A2 单元弹出快捷菜单，选择命令 Import Geometry→Browse…，找到“mixer-t. stp”文件并打开，如图 1-3-70 所示，双击 Mesh 单元（A3），打开 Meshing 界面。

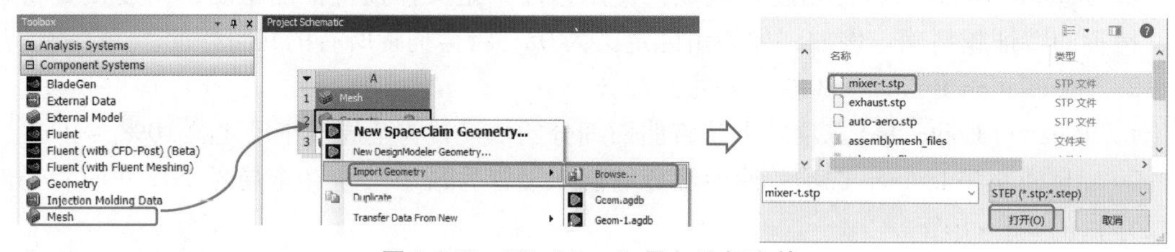

图 1-3-70 Workbench 导入几何文件

步骤 2：设置默认选项，激活 Assembly Meshing。

单击 Outline 中的 Mesh，显示网格的细节设置，Physics Preference 栏选择 CFD，Solver Preference 栏选择 Fluent，在 Assembly Meshing 组中，Method 栏选择 CutCell；展开 Sizing 组，Capture Curvature 栏自动设置为 Yes 且不能关闭，Curvature Normal Angle 设置为“10. 0°”，如图 1-3-71 所示。

步骤 3：创建局部坐标系，用于材料点的选择。

右击 Outline 中的 Coordinate Systems，选择命令 Insert→Coordinate System，在弹出的细节设置中，定义坐标系类型（Type 栏）为 Cartesian，Origin 组定义方式（Define By）为 Geometry Selection，选中中间的几何实体（绿色高亮），然后单击 Apply 按钮，则创建了一个新的坐标系，原点位于所选几何的质心，如图 1-3-72所示。

步骤 4：创建虚拟体。

右击 Outline 中的 Geometry 弹出快捷菜单，选择命令 Insert→Virtual Body，在细节窗口中，Material Point 选择刚刚创建的新的局部坐标系，如图 1-3-73 所示。

步骤 5：修改全局网格设置。

单击 Outline 中的 Mesh，显示细节设置，在 Assembly Meshing 选项组下出现新的选项 Keep

Solid Mesh，将其设置为 No，如图 1-3-74 所示。只有插入虚拟体之后，才会出现该选项。

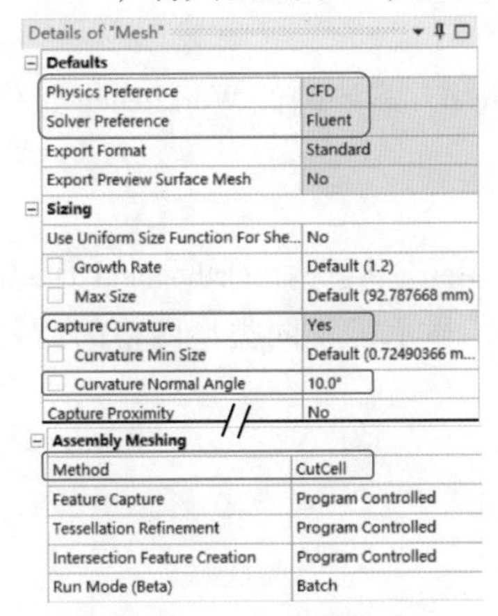

图 1-3-71　全局网格设置

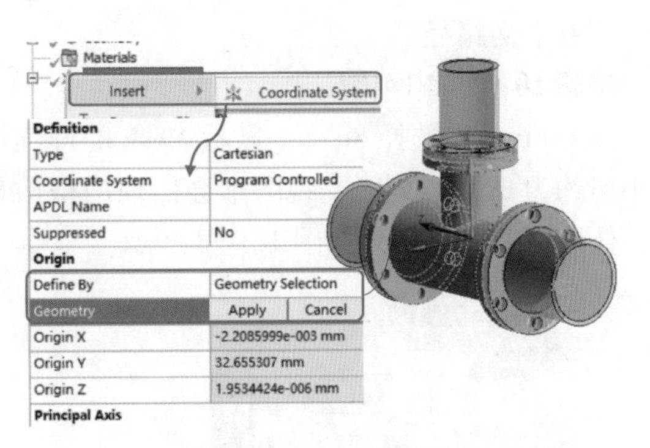

图 1-3-72　局部坐标系

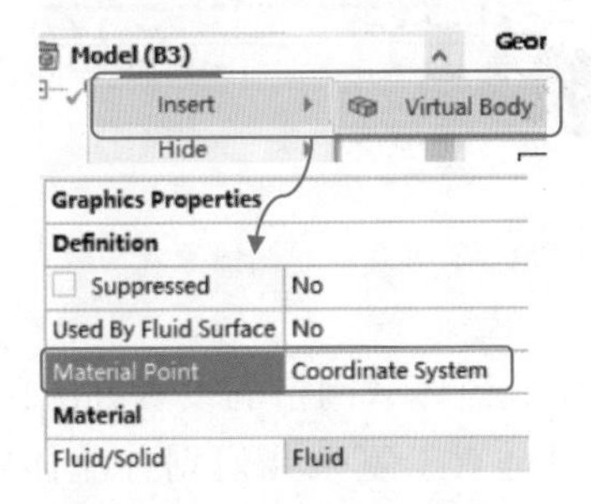

图 1-3-73　定义虚拟体

Assembly Meshing	
Method	CutCell
Feature Capture	Program Controlled
Tessellation Refinement	Program Controlled
Keep Solid Mesh	No
Intersection Feature Creation	Program Controlled
Run Mode (Beta)	Batch

图 1-3-74　修改全局网格设置

步骤 6：添加边界层控制。

在网格的细节设置菜单中，设置 Use Automatic Inflation 栏为 Program Controlled，边界层参数保持默认，如图 1-3-75 所示。当使用虚拟体时，必须使用这一设置，从而会在流体域中生成膨胀层，固体域中不生成膨胀层。

步骤 7：添加 Named Selection。

将选择过滤器切换成面选择模式，选中其中一个入口面右击，在弹出的菜单中选择 Create Named Selection，在 Named Selection 对话框中输入 inlet-1，单击 OK 按钮。使用相同的方法创建另外两个 NS，如图 1-3-76 所示。

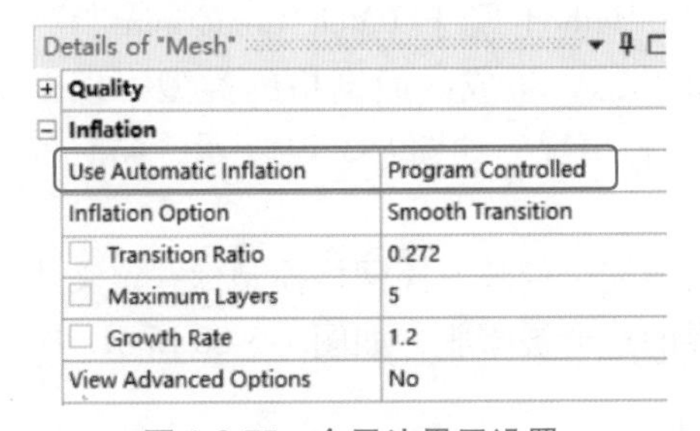

图 1-3-75　全局边界层设置

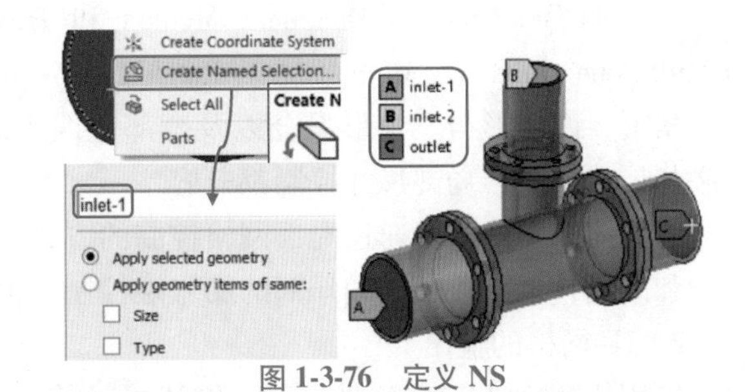

图 1-3-76　定义 NS

步骤 8：插入湿表面。

在 Outline 中右击步骤 4 创建的虚拟体（Virtual Body），在弹出的快捷菜单中选择命令

Insert→Fluid Surface，选择图 1-3-77 所示的 8 个面。

步骤 9：生成网格。

右击 Outline 中的 Mesh 弹出快捷菜单，选择 Generate Mesh。需要确保 Workbench 工作路径中没有中文路径！

步骤 10：检查网格质量。

在 Outline 中选择 Mesh，显示 Mesh 的详细设置，Mesh Metric 栏选择 Orthogonal Quality，最小值约为 0. 18。同时，视图中会出现网格质量的柱状图，显示了不同类型网格的质量分布，体网格及网格信息如图 1-3-78 所示。

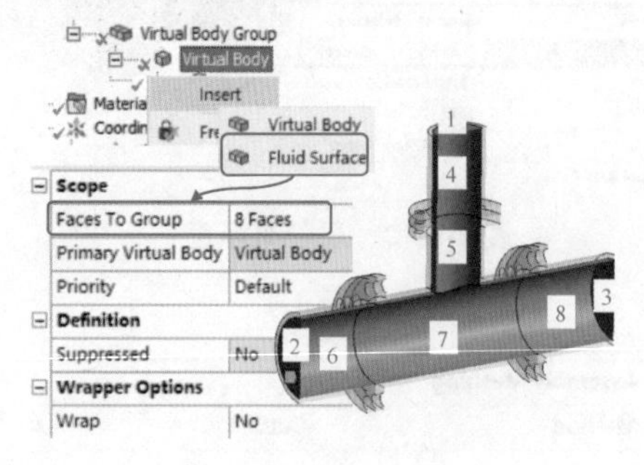

图 1-3-77　插入湿表面

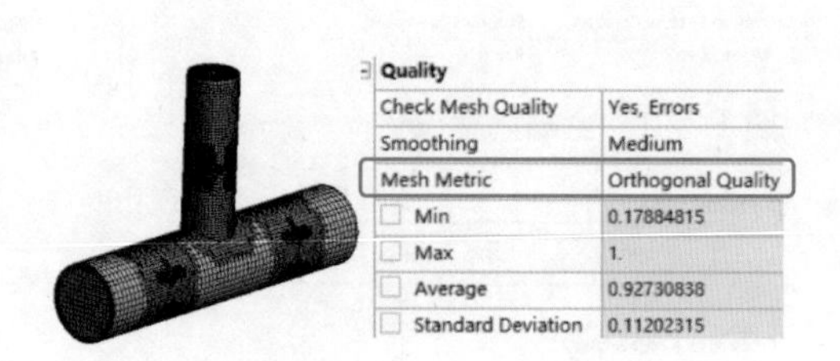

图 1-3-78　体网格及网格信息

案例总结：本案例演示了使用 Assembly Meshing 功能生成流体域网格的设置方法，尽管 ANSYS 已经把装配体网格划分方法作为非支持的特征，但是对于复杂几何划分流体网格，该功能仍可作为一种可选方法，能够以简便的方式得到较少数量的六面体网格。

3. 5　二维面体网格划分方法

3. 5. 1　二维网格生成方法介绍

1. 2D 网格的算法与控制

针对二维面体，ANSYS Meshing 提供的网格生成方法包括：Quadrilateral Dominant Method、Triangle Method、MultiZone Quad/Tri Method。

其中的 Quadrilateral Dominant Method 和 Triangle Method 属于 Patch Conforming 算法，而 MultiZone Quad/Tri Method 属于 Patch Independent 算法，生成的面网格的类型可以全部是三角形、四边形与三角形混合以及全部是四边形三种情况，如图 1-3-79 所示，同时各个方法与尺寸函数、局部尺寸控制都兼容。

二维面体网格可以通过局部网格控制的方式，生成完全的映射面网格控制，并定义边的尺寸和间隔，也支持全局和局部的膨胀层控制，边界的边会被膨胀，如图 1-3-80 所示。

2. 2D 网格的输出

使用 ANSYS Fluent 软件进行二维流场计算，需要在 XY 平面，即 Z = 0 平面生成网格，如果进行的是二维轴对称流场分析，需要确保计算域关于 X 轴对称并且计算域位于 Y≥0 的区域。在 ANSYS Meshing 中，面体默认定义了一个厚度，但是这仅仅是图形上的，并不会导入 Fluent 的 2D 求解器中。

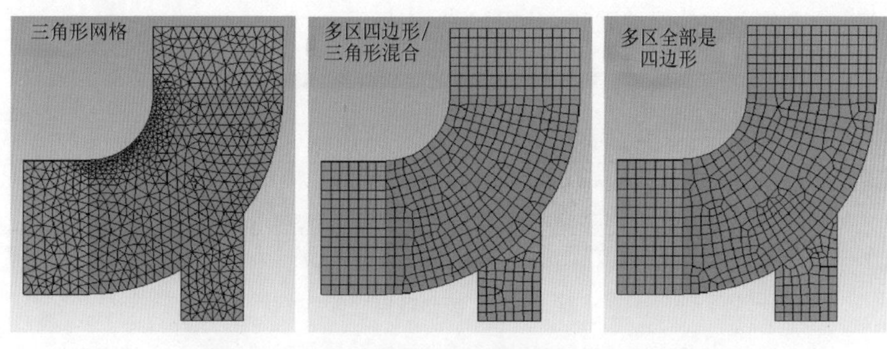

图 1-3-79　不同方法的 2D 网格

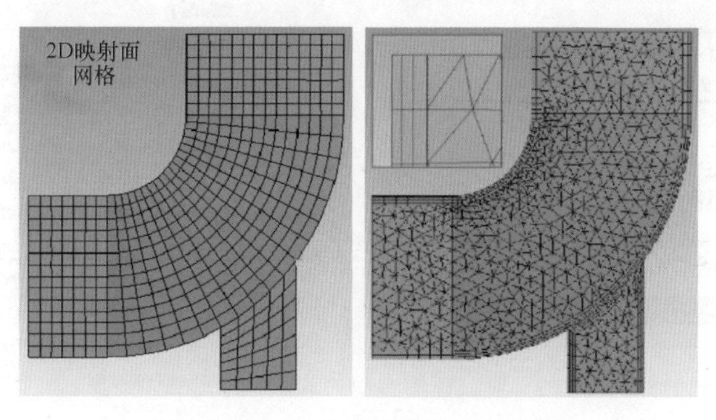

图 1-3-80　2D 映射面网格和边界层

使用 ANSYS CFX 进行二维流场计算，会在对称方向生成一层单元，如果进行的是 2D 轴对称分析，会生成薄的楔形单元（<5°）。

3.5.2　案例：2D 燃烧室面网格划分

模型说明：图 1-3-81 所示为燃烧室三维几何模型，包含气体入口和燃烧产物出口，可以简化进行 2D 轴对称分析，边框中所示即为抽取得到的 2D 几何模型。本例中划分网格的目标是获得完全结构化的高质量四边形网格，并实现网格尺寸的参数化调整。

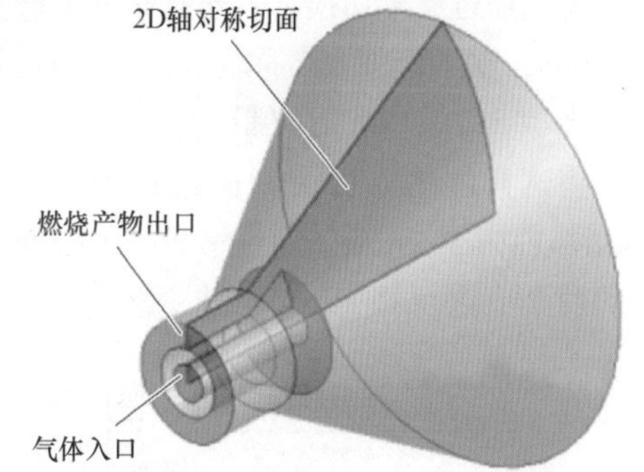

图 1-3-81　燃烧室三维几何模型

步骤 1：启动 Workbench，创建一个新的项目。

选择菜单命令 Start→All Programs→ANSYS 2021 R1→Workbench 2021 R1 启动软件，拖拽 Mesh 组件放在 Project Schematic 窗口中，右击 Geometry 单元（A2），选择命令 Import Geometry→Browse...，找到“conical-surf. igs”文件并打开，如图 1-3-82 所示。

步骤 2：设置分析类型。

仍在 Workbench 界面，右击 Geometry 单元（A2），选择命令 Properties 显示属性设置，修改 Analysis Type 栏为 2D，如图 1-3-83 所示。

步骤 3：双击 Mesh 单元（A3），启动 Meshing 界面。

在 Outline 中选择 Mesh，显示细节窗口，设置 Physics Preference 栏为 CFD，Solver Preference 栏为 Fluent，其余参数保持默认，如图 1-3-84 所示。

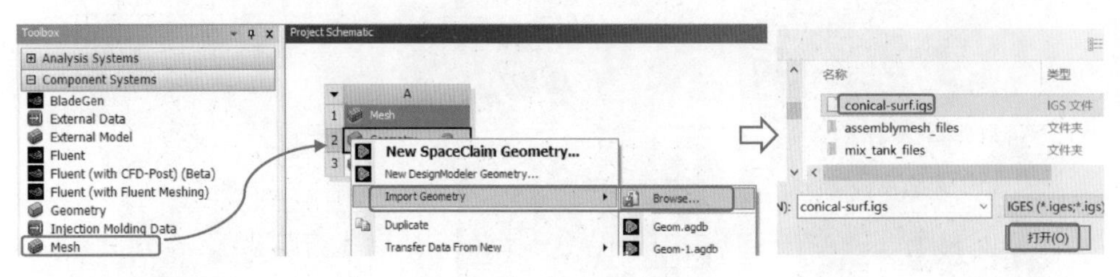

图 1-3-82　新建项目文件

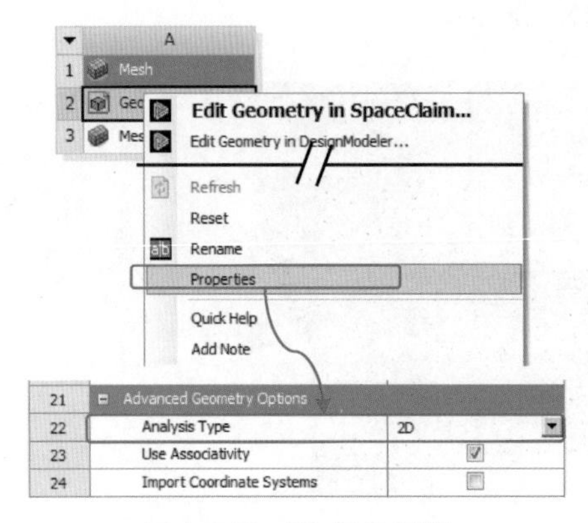

图 1-3-83　2D 属性设置

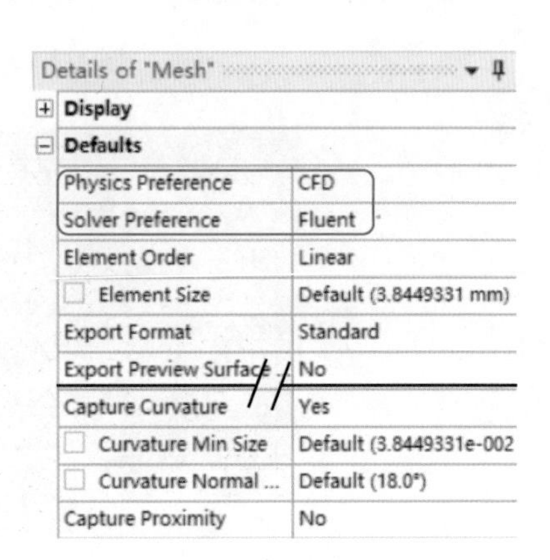

图 1-3-84　全局网格设置

步骤 4：创建 Named Selection。

将选择过滤器切换为边选择模式，选择入口边，右击并选择命令 Create Named Selection，文本框输入名称为 inlet，同样的方式创建出口边界 outlet，如图 1-3-85 所示。

步骤 5：添加映射控制。

将选择过滤器切换到面选择模式，选择整个面体的表面，右击并选择命令 Insert→Face Meshing，在细节窗口中，激活 Specified Corners 的选择框，选择如图 1-3-86 所示的两个节点（按<Ctrl>键选中多个）。

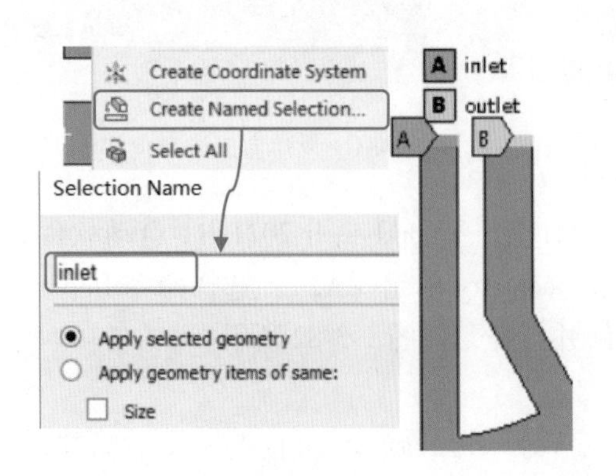

图 1-3-85　创建 NS

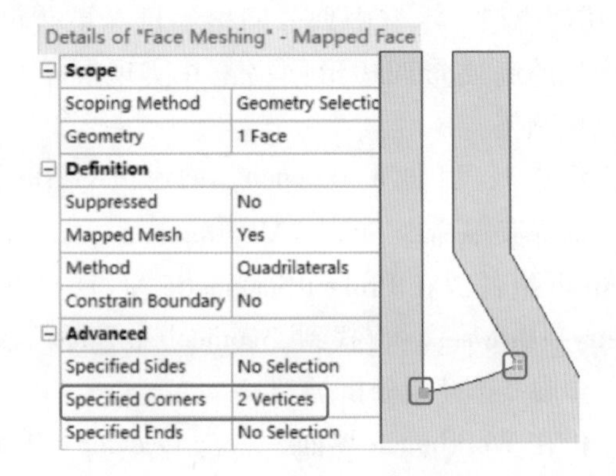

图 1-3-86　映射面网格设置

步骤 6：局部边尺寸控制。

将选择过滤器切换到边选择模式，选择 inlet 和 outlet 对应的两个短边，右击并选择命令 Insert→Sizing，在细节窗口中，Type 栏设置为 Number of Divisions，Number of Divisions 栏设置为“10”，Behaviour 栏设置为 Hard，图 1-3-87 中 A、B、C、D、E 对应的 Number of Divisions 栏分别设置为 10、20、30、14、30。

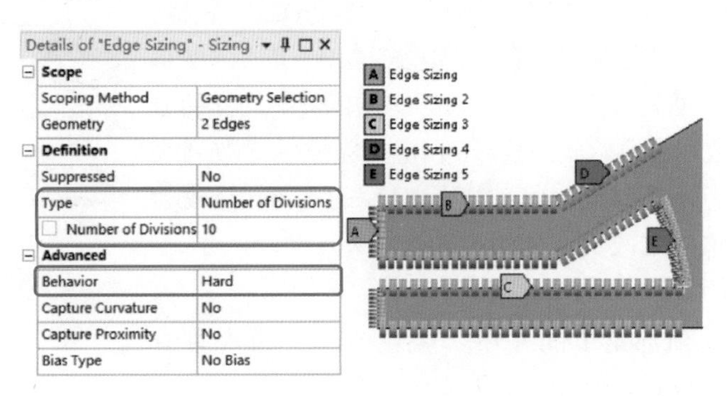

图 1-3-87　局部边尺寸

步骤 7：定义偏斜的边尺寸。

在工具栏 Display 选项卡中，选中按钮 Direction，显示各个边的方向。选择图 1-3-88 所示的两条边 1、2，右击选择命令 Insert→Sizing，插入尺寸控制，在尺寸的细节窗口中，设置两条边的 Bias Type 的类型为从大到小的偏斜方式，偏斜因子（Bias Factor 栏）为“7.0”，由于两条边的方向是相反的，需设置反向偏斜，Reverse Bias 栏设为“1 Edge”并选择边 2，Number of Divisions 栏设为“30”。

步骤 8：生成网格，检查网格质量。

在 Mesh 的细节窗口中，展开 Quality 设置组，设置 Mesh Metric 栏为 Orthogonal Quality，网格的最小正交性（Min）为 0.86502986，生成了高质量的映射网格，如图 1-3-89 所示。

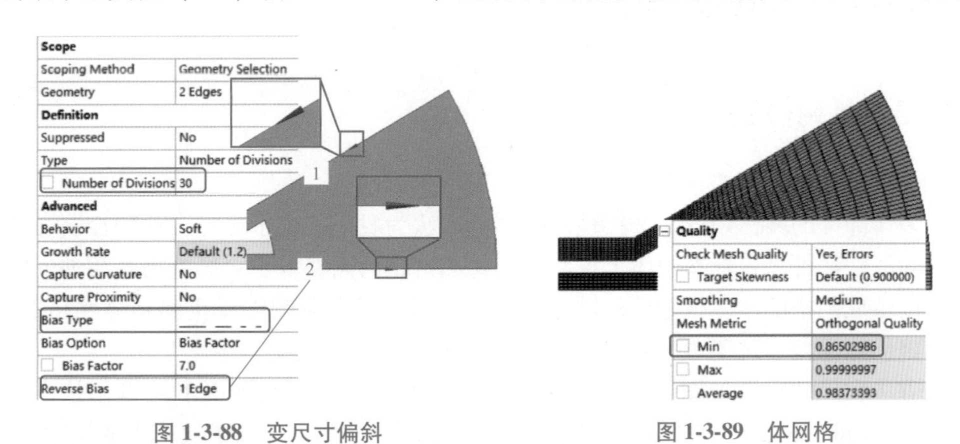

图 1-3-88　变尺寸偏斜　　图 1-3-89　体网格

步骤 9：当为了做网格无关性验证而需要调整网格尺寸，或者为了适应模型几何尺寸、物理边界条件的变化而需要改变网格尺寸时，可以借助 Workbench 的参数化功能实现自动更新。

在步骤 6 和步骤 7 中，一共添加了 6 个边尺寸控制，使用<Shift>键辅助全部选中模型树中这 6 个 Edge Sizing，在细节窗口中，勾选 Numberof Division 栏，即将这 6 个尺寸的分割数定义成了参数，如图 1-3-90 所示。

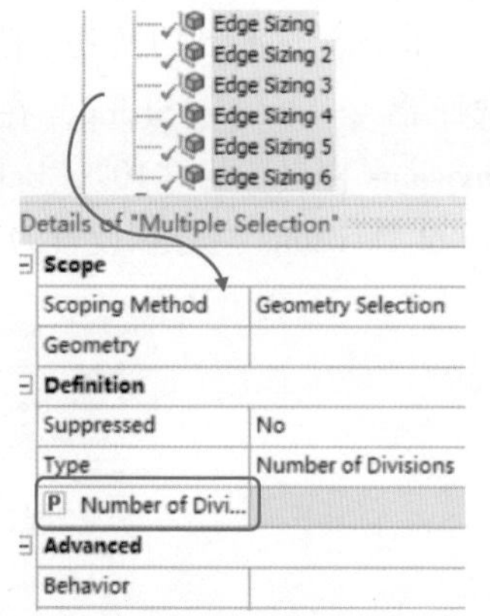

图 1-3-90　尺寸参数化

返回到 Workbench 界面，双击新出现的 Parameter Set 选项，在“P6”栏 Edge Sizing 6 Numberof Divisions 下面的框中输入新参数的名称 Mesh Factor，双击其右侧 Value 文本框输入数值“1”；单击第一个参数名称“P1”，会出现对应的 Property 表格，双击 Expression 栏右侧的文本框，输入表达式“10 * P7”，即将参数“P1”定义为了原始分割数（10）和 P7 的函数。同样的方式定义其他几个参数均为原始分割数×P7，定义完成后参数列表右侧的数值变为灰色不能修改，将“P7”对应的 Value 修改为“2”，P1~P6 的数值随之改变，如图 1-3-91 所示。

步骤 10：重新生成网格。

单击 Workbench 顶部菜单的按钮 Update Project，再次查看网格分布，可以看到网格得到了细化。

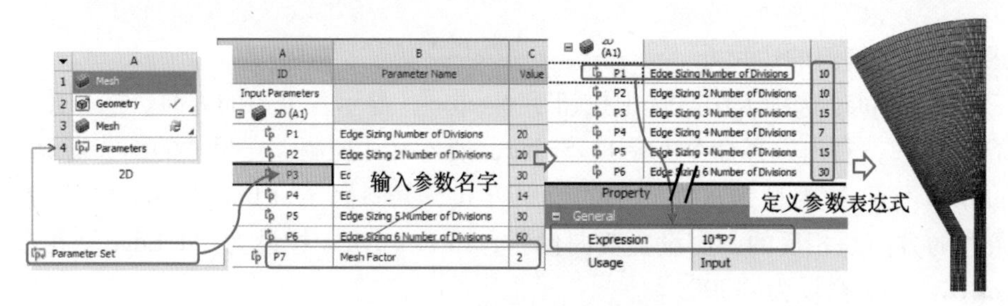

图 1-3-91　参数管理及更新

3.6　选择性网格划分方法

3.6.1　选择性网格划分方法介绍

选择性网格划分即有选择地挑取一些体，逐一生成网格。

对于多体部件的网格划分，选择性网格划分方法为我们提供了更加灵活的控制方式。网格的生成和清除都可以在单独的体上控制，已生成网格的网格种子会影响与其相邻的实体的网格，因此生成网格的顺序很重要；网格控制改变时，只会影响需要重新划分网格的实体，其余的网格仍然保留，避免所有的实体都重新分网。

网格方法和尺寸定义如图 1-3-92 所示，图中的两个实体在交界面上共享拓扑，都应用了 Patch Conforming 四面体网格划分方法，在实体 1 的一个面上定义了比较小的尺寸。

可采用三种生成网格的顺序，分别如下：

1）将两个几何体作为整体一步生成网格，如图 1-3-93a 所示。

2）先生成实体 1 的网格，再生成实体 2 的网格，如图 1-3-93b 所示。

3）先生成实体 2 的网格，再生成实体 1 的网格，如图 1-3-93c 所示。

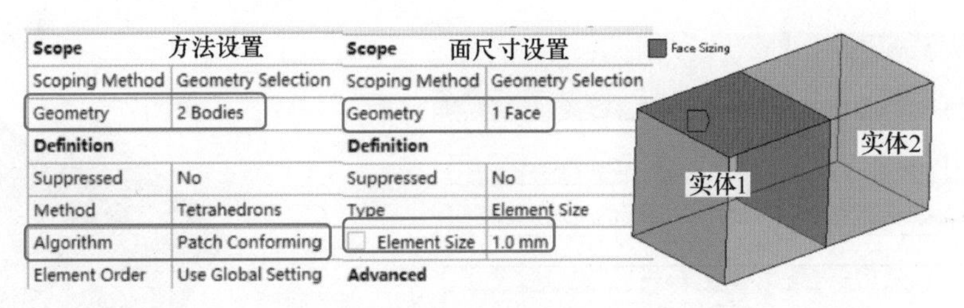

图 1-3-92　网格方法和尺寸定义

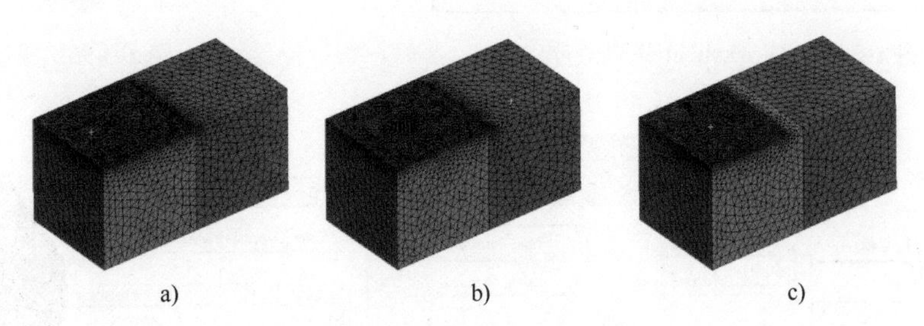

图 1-3-93　不同顺序的网格对比

由图 1-3-93 可以看到，顺序 1）和顺序 2）生成的网格一致，在细化网格到粗糙网格之间都有比较光滑的过渡，而且顺序 2）实体 1 定义的局部尺寸控制也影响了实体 2 的边界网格；采用顺序 3）生成网格时，由于实体 2 生成网格时并没有考虑应用在实体 1 上的局部面尺寸，而且实体 1 面尺寸定义为软尺寸，故在实体 1 与实体 2 的连接区域也生成了粗糙的过渡网格。

3.6.2　使用 Worksheet 记录网格生成顺序

当使用选择性网格划分时，可以控制实体生成网格的顺序，但是当几何模型发生变化需要重新生成网格时，顺序并没有被保留，这时可以借助 Worksheet 来记录分网的历史，如图 1-3-94所示。

其中的每一行代表了划分网格过程中的一步，在生成网格的过程中，程序会自动逐个步骤执行，每一步程序会识别指定的 NS，生成对应实体的网格。

创建选择性网格划分记录的方式有两种：在划分网格时同时记录、手动在 Worksheet 中添加步骤。

以一个实例分别对两种方式加以说明。

图 1-3-95 所示的模型包含实体 1 和实体 2，交界面处共享拓扑，网格划分方法为自动。

1. 自动记录的方式

步骤 1：在 Outline 的 Mesh 右击，选择命令 Start Recording，会打开 Worksheet 窗口，模式为自动记录；或者直接选择 Worksheet 命令打开此窗口，然后单击 Start Recording 按钮，如图 1-3-96 所示。

步骤 2：将界面切换到图形窗口的 Geometry Worksheet 区域（界面底部），选择实体 1，右击，选择命令 Generate Mesh On Selected Body，生成网格，同样再选择实体 2 生成网格。

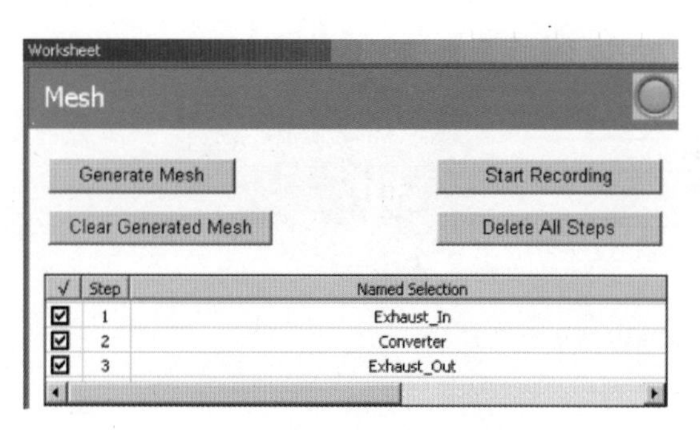

图 1-3-94　Worksheet 记录顺序

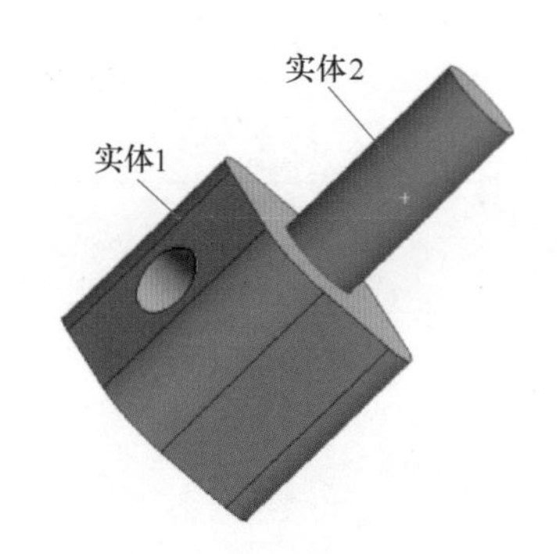

图 1-3-95　模型说明

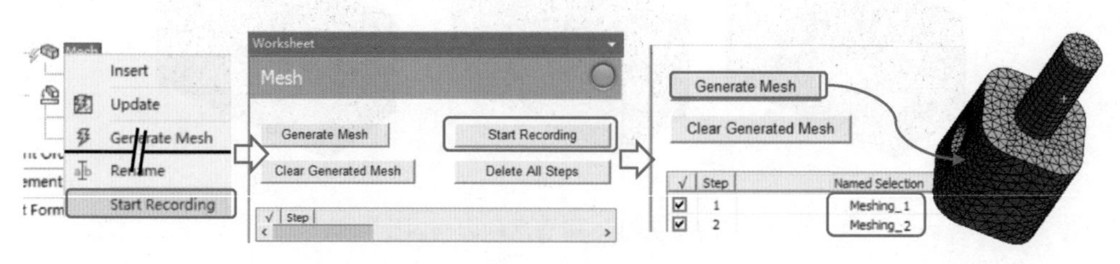

图 1-3-96　Worksheet 自动记录网格生成顺序

步骤 3：将界面切换到 Worksheet 窗口，单击 Stop Recording 按钮，此时划分网格的顺序和步骤已经被记录，同时自动创建两个 NS：“Meshing_1” 和 “Meshing_2”，如图 1-3-96 所示。右击 Outline 中的 Mesh 弹出快捷菜单，选择命令 Clear Generated Mesh 清除所生成的网格，再单击 Generate Mesh 按钮，可以观察到，软件按照记录好的顺序为两个实体逐一生成网格。

2. 手动创建的方式

步骤 1：选择 Outline 中的 Mesh，再选择工具栏中的 Worksheet 命令，打开 Worksheet 窗口。

步骤 2：右击表格区域选择 Add 命令，增加一行。

步骤 3：在 Named Selections 一栏中选择已创建好的 NS 实体 1，如图 1-3-97 所示。

步骤 4：增加第二行，选择 NS 实体 2。

步骤 5：单击 Generate Mesh 按钮，即按照指定顺序生成网格。

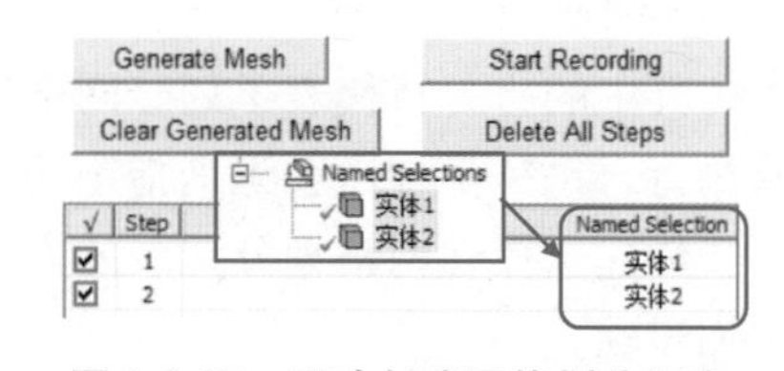

图 1-3-97　手动创建网格划分顺序

3.7 阵列网格划分方法

对于在 CAD 模型中生成的阵列几何特征，ANSYS Meshing 支持网格的阵列，即当划分网格时，先生成一个实体的网格，然后将网格复制到每个阵列的实体上，使用这种方法可以提升网格生成的效率，避免一些重复的设置。

支持的具备阵列特征的 CAD 软件包括 ANSYS DesignModeler、ANSYS SCDM、Creo Parametric、Parasolid、Solid Edge 等。

3.7.1　案例：阵列螺栓体网格划分

模型说明：图 1-3-98 所示的阵列几何模型包含 4 个螺栓，在 CAD 软件中由阵列功能创建，那么就可以用网格的阵列功能为 4 个螺栓生成节点完全一致的网格。

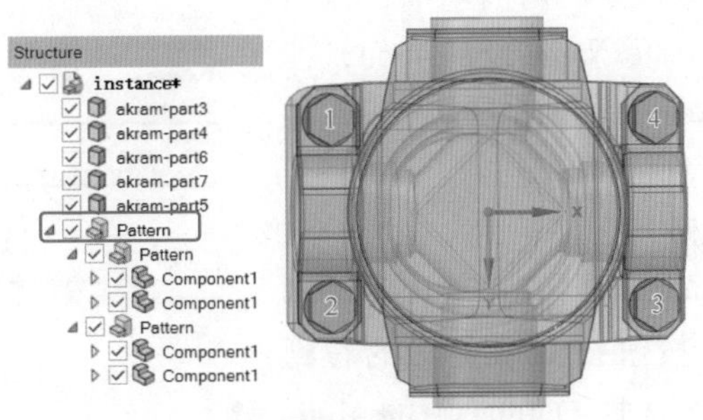

图 1-3-98　阵列几何

步骤 1：启动 ANSYS Workbench，创建新的项目。

选择菜单命令 Start→All Programs→ANSYS 2021 R1→Workbench 2021 R1 打开软件，将 Component Systems 中的 Mesh 拖拽到 Project Schematic 窗口，右击 A2 单元，在弹出菜单中选择命令 Import Geometry→Browse...，找到“instance. scdoc”文件并打开，双击 Mesh 单元（A3），打开 Meshing 界面（图略）。

步骤 2：检查模型是否具有阵列特征。

将选择过滤器切换为体选择模式，选择其中一个螺栓实体，在图形工具栏中选择命令 Extend→Instances，此时 4 个螺栓均被选中（高亮绿色），如图 1-3-99 所示，表明螺栓具备正确的阵列特征。

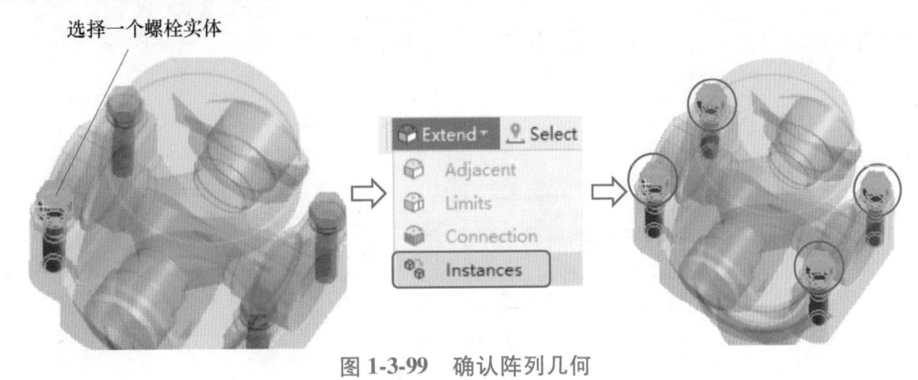

图 1-3-99　确认阵列几何

步骤 3：添加网格生成方法。

选择其中一个螺栓实体右击，在快捷菜单中选择命令 Hide All Other Bodies，再次右击选择命令 Insert→Method，在细节窗口中设置 Method 栏为 MultiZone，Src/Trg Selection 栏为 Manual Source，按<Ctrl>键同时选中图 1-3-100 所示的 4 个面作为源面，其余保持默认设置。

步骤 4：添加体尺寸控制。

选择螺栓实体右击，在快捷菜单中选择命令 Insert→Sizing，设置 Element Size 栏为“2mm”。

步骤 5：创建 NS。

首先显示完整模型，在图形窗口中右击，选择 Show All Bodies 命令。选择 Outline 中的 MutiZone 方法，再单击细节窗口中的 Source 一栏，之前选择好的 4 个源面会高亮显示，单击图形工具栏中的命令 Extend→Instances，此时 4 个螺栓对应的源面（16 个面）均被选中，在图形窗口右击并选择命令 Create Named Selection，在文本框中输入名称 MZ_Source，单击 OK 按钮，如图 1-3-101 所示。

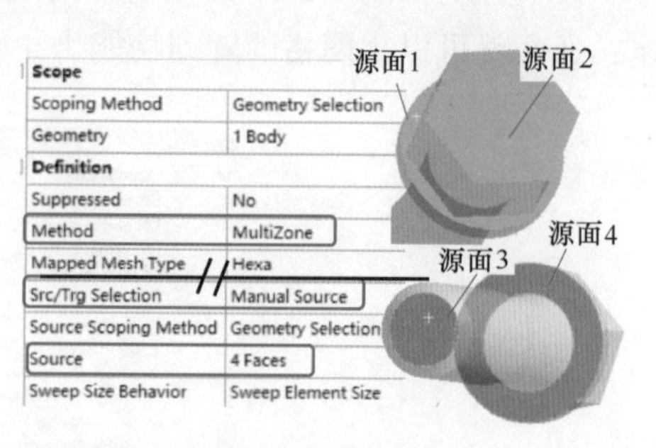

图 1-3-100　多区方法设置

步骤 6：添加阵列网格方法。

主菜单中选择 Automation 页签，单击 Object Generator（目标生成器）按钮，在界面的右侧出现新的设置窗口，再次选择 Outline 中的 MutiZone，然后切换选择过滤器为体选择模式，按<Ctrl>键同时选中 4 个螺栓体（也可以使用 Extend Selection 功能），在 Object Generator 界面的 Source 一栏，展开下拉列表框选择步骤 5 创建的 MZ_Source，最后单击 Generate 按钮，如图 1-3-102 所示，可以看到每一个阵列实体都添加了 MutiZone 方法。

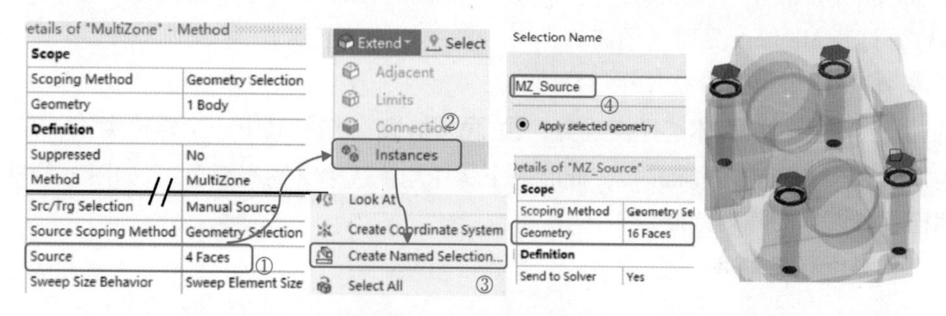

图 1-3-101　创建源面命名

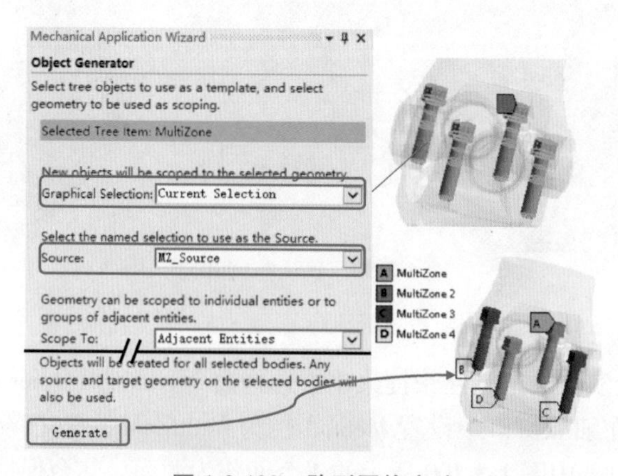

图 1-3-102　阵列网格方法

步骤 7：设置阵列网格尺寸。

同样的方法使用 Object Generator 功能，复制之前定义的螺栓体尺寸，如图 1-3-103 所示。

步骤 8：生成网格。

同时选中 4 个螺栓体，右击选择命令 Generate Mesh On Selection Bodies，可以看到 4 个螺栓的网格保持一致。

步骤 9：查看网格节点数。

单击 Outline 中的 Geometry，选择 Worksheet，此时显示所有几何体的网格节点信息，可以看到 4 个螺栓的节点完全一致，如图 1-3-104 所示。

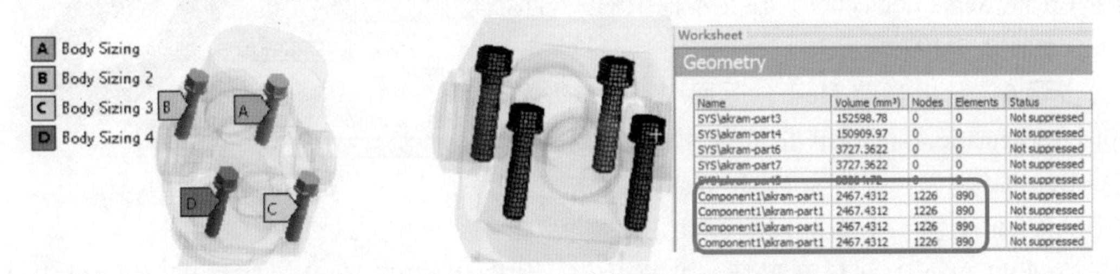

Name	Volume (mm³)	Nodes	Elements	Status
SYS\akram-part3	152598.78	0	0	Not suppressed
SYS\akram-part4	150909.97	0	0	Not suppressed
SYS\akram-part6	3727.3622	0	0	Not suppressed
SYS\akram-part7	3727.3622	0	0	Not suppressed
[illegible]	[illegible]	[illegible]	[illegible]	Not suppressed
Component1\akram-part1	2467.4312	1226	890	Not suppressed
Component1\akram-part1	2467.4312	1226	890	Not suppressed
Component1\akram-part1	2467.4312	1226	890	Not suppressed
Component1\akram-part1	2467.4312	1226	890	Not suppressed

图 1-3-103　体尺寸阵列　　　　图 1-3-104　阵列体网格信息

案例总结：本案例介绍了网格阵列的应用方法，ANSYS Meshing 提供了自动化工具 Object Generator，为具有阵列特征的模型提供了一种快速便捷的设置方法，如果计算模型中包含阵列或重复特征，可以使用此功能提高效率。

3.7.2　案例：法兰盘网格的阵列与连接

对于复杂的装配体模型，ANSYS Meshing 支持多个网格的合并，这样就可以将复杂的系统拆解为更小、更简单的组件分别划分网格再进行网格连接。

对图 1-3-105 所示的法兰盘几何模型划分网格的策略：将模型拆解为螺栓和盘两个部分分别生成网格，其中的螺栓具有阵列特征，因此可以只生成一个螺栓的网格再将网格阵列，如图 1-3-106 所示。

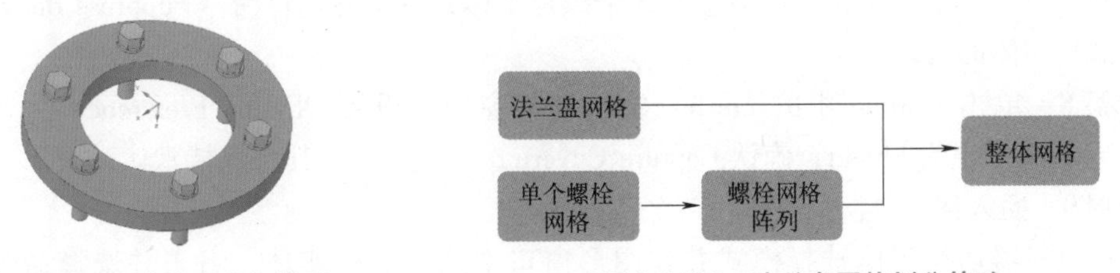

图 1-3-105　法兰盘几何模型　　　　图 1-3-106　法兰盘网格划分策略

步骤 1：启动 ANSYS Workbench，创建新的项目。

选择菜单命令 Start→All Programs→ANSYS 2021 R1→Workbench 2021 R1 启动软件，将 Component Systems 中的 Mesh 拖拽到 Project Schematic 窗口，右击 A2 单元，在弹出菜单中选择命令 Import Geometry→Browse...，找到"meshpattern. scdoc"文件并打开，双击 Mesh 单元（A3），打开 Meshing 界面（图略）。

步骤 2：抑制螺栓实体。

在 Outline 中选择螺栓实体模型，右击后选择命令 Suppress Body。

步骤 3：单击 Outline 中的 Mesh，显示细节窗口，设置 Physics Preference 栏为 CFD，Solver Preference 栏为 Fluent，其余保持默认设置。

步骤 4：生成法兰盘网格。

右击 Outline 中的 Mesh 弹出快捷菜单，选择命令 Generate Mesh，生成六面体网格。

步骤 5：创建 NS。

选择法兰盘实体，在图形窗口中右击并选择命令 Create Named Selection，在文本框中输入名称 plate，如图 1-3-107 所示。

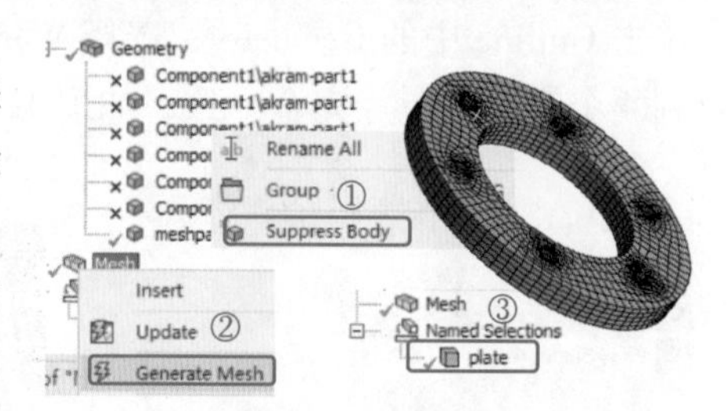

图 1-3-107 生成法兰盘网格

步骤 6：退出当前 Mesh，返回 Workbench 的 Project Schematic 界面，单击 Mesh 模块的倒三角选择 Rename 命令，命名为 Mesh_plate。双击工具箱中的 Mesh 添加一个新的网格模块 B，拖拽 A2 单元放到 B2 单元上并松开鼠标，共享几何，如图 1-3-108 所示，双击 B3 单元进入 ANSYS Meshing 界面。

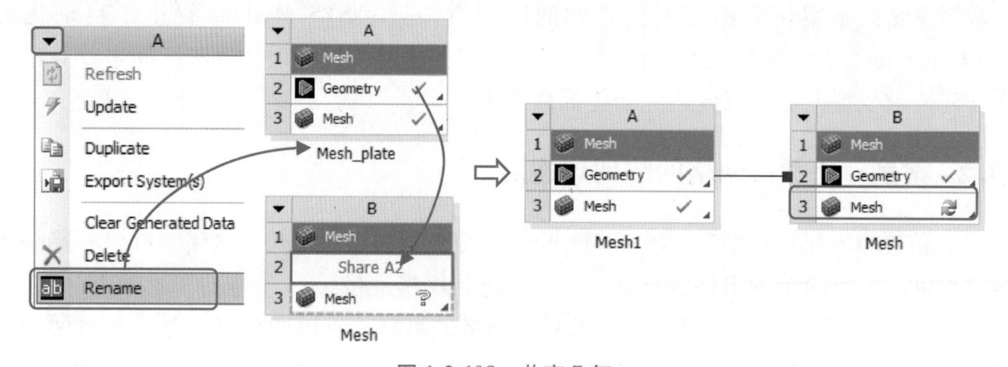

图 1-3-108 共享几何

步骤 7：在 Outline 中选择法兰盘和 5 个螺栓实体，右击并选择命令 Suppress Body，仅保留一个螺栓实体即可。

步骤 8：单击 Outline 中的 Mesh，显示细节窗口，设置 Physics Preference 栏为 CFD，Solver Preference 栏为 Fluent，确认 Capture Cuverture 栏为 Yes，其余保持默认设置。

步骤 9：插入网格方法。

选择过滤器切换到体选择模式并在图形窗口中选中螺栓实体，右击并选择命令 Insert→Method，在细节窗口中设置 Method 栏为 MultiZone，Src/Trg Selection 栏为 Manual Source，按<Ctrl>键同时选中图 1-3-109 所示的 4 个面作为源面，其余保持默认设置。

步骤 10：添加体尺寸控制。

选择过滤器切换到体选择模式，选择螺栓实体，右击弹出菜单选择命令 Insert→Sizing，设置 Element Size 栏为“1mm”。

步骤 11：生成螺栓网格。

右击 Outline 中的 Mesh，在弹出菜单选择命令 Generate Mesh。

步骤 12：创建 Named Selection。

选择螺栓实体，在图形窗口中右击并选择命令 Create Named Selection，将其命名为 Bolt，退出当前界面，如图 1-3-110 所示。

步骤 13：复制螺栓网格。

返回 Workbench 的 Project Schematic 界面，双击工具箱中的 Mesh 添加一个新的网格模块 C，拖拽 B3 单元放到 C3 单元上，C3 变成 C2［由于模块 C 网格的源变成了模块 B 的网格，因此原来的 Geometry 单元（C2）消失］，然后右击 B3 单元在弹出的快捷菜单中选择命令 Update，如图 1-3-111 所示。

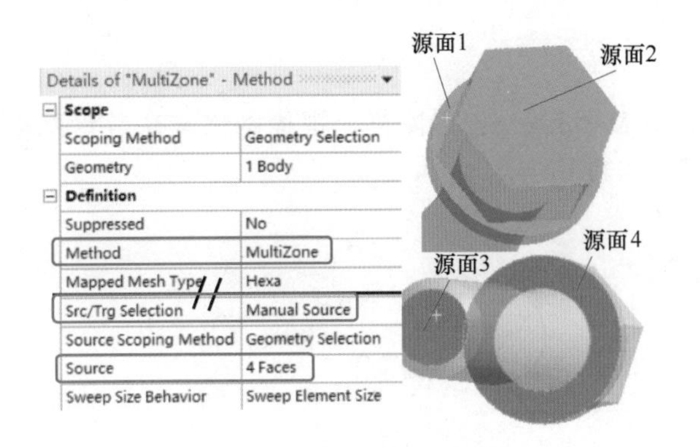

Details of "MultiZone" - Method	
Scope	
Scoping Method	Geometry Selection
Geometry	1 Body
Definition	
Suppressed	No
Method	MultiZone
Mapped Mesh Type	Hexa
Src/Trg Selection	Manual Source
Source Scoping Method	Geometry Selection
Source	4 Faces
Sweep Size Behavior	Sweep Element Size

图 1-3-109　多区方法设置

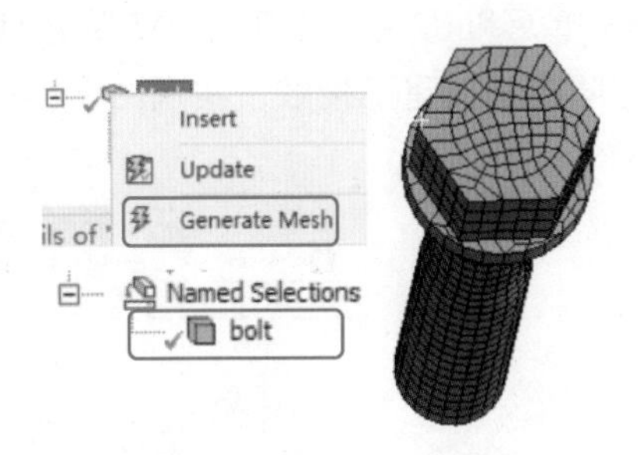

图 1-3-110　生成螺栓体网格并创建 NS

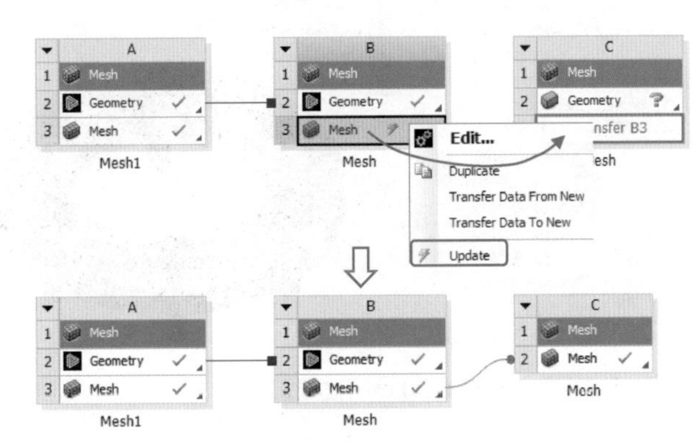

图 1-3-111　网格数据传递

步骤 14：右击 C2 单元，选择命令 Properties，找到 Transfer Settings for Mesh 设置组，设置 Transformation Type 栏为 Rotation and translation，Number of Copies 栏设为“5”，展开 Rigid Transform 设置组，设置 Theta XY = 60degree，如图 1-3-112a 所示，再次右击 C2 单元，选择命令 Refresh。

双击 C2 单元，打开 ANSYS Meshing 查看网格，可以看到生成的网格和定义的 NS 均实现了阵列，如图 1-3-112b 所示。

步骤 15：合并网格。

退出当前 Meshing 界面，返回 Workbench 主界面，双击工具箱中的 Mesh 再次添加一个新的网格模块 D，将 A3 单元和 C2 单元均拖拽到 D3 单元上，此时 D3 变成 D2［模块 D 网格的源变成了模块 A 和模块 C 的网格，因此原来的 Geometry 单元（D2）消失］，依次更新

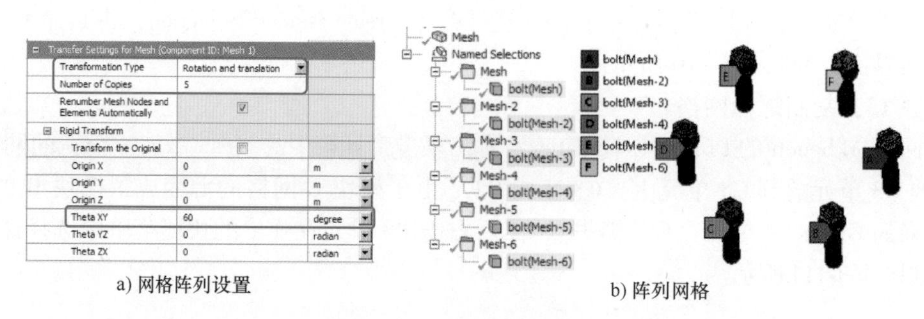

a) 网格阵列设置　　b) 阵列网格

图 1-3-112　螺栓网格阵列

A3 单元和 C2 单元，双击 D2 单元打开 ANSYS Meshing，查看网格。螺栓网格与法兰盘网格之间自动创建了接触，实现网格连接，如图 1-3-113 所示。

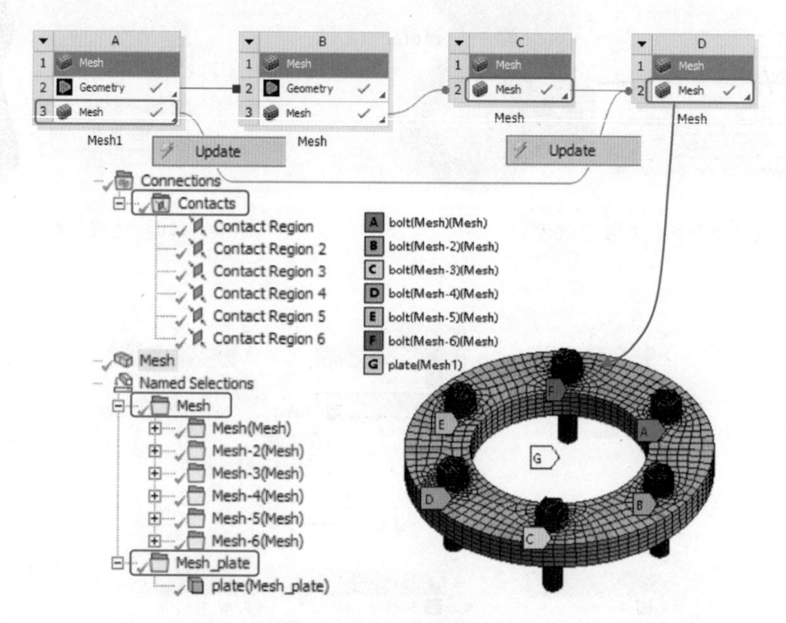

图 1-3-113　装配网格

案例总结：许多具有重复特征的装配体模型，原始的阵列特征可能消失或者无法读取，针对这种情况，ANSYS Meshing 提供了网格的移动、复制功能，可以将一个特征体的网格通过平移或者旋转进行阵列，并且借助网格连接功能实现复杂装配体网格的组合连接。

第4章 ANSYS Meshing全局网格控制介绍

全局网格控制用来实现在网格划分过程中的全局调整，包括尺寸函数、膨胀层、光顺、参数化输入等。在几何模型导入 ANSYS Meshing 中后，程序会按照所选的物理求解器，根据模型的尺寸范围、最小几何特征自动计算全局单元尺寸，我们可根据网格细化的水平来对全局控制做出调整。

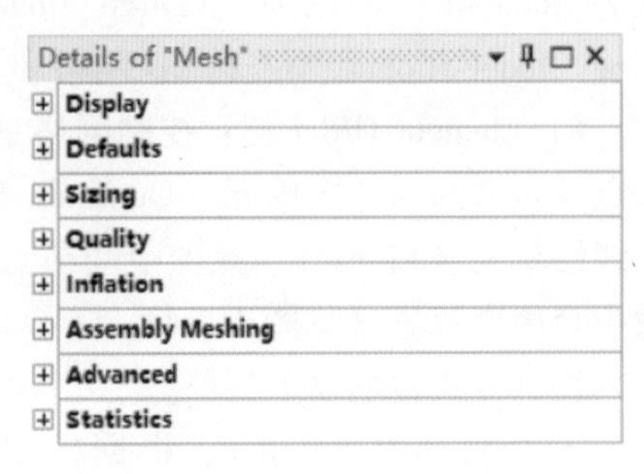

图 1-4-1 全局控制选项

全局控制选项如图 1-4-1 所示，全局控制的设置主要分为：Defaults（默认）组、Sizing（尺寸）组、Inflation（膨胀层）组、Assembly Meshing（装配体网格）组、Advanced（高级设置）组以及 Statistics（数据统计）组，以下各节会对部分组的设置进行详细的介绍和说明。

4.1 Defaults（默认）组的设置

如图 1-4-2 所示，全局网格控制的默认设置，包括物理场和求解器的选择、关联性、输出格式、输出单位和对中间节点的控制。

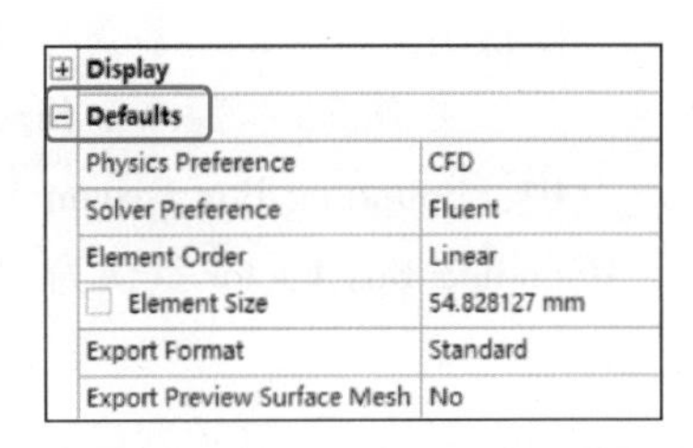

图 1-4-2 Defaults 默认组选项

1）Physics Preference 栏：指定了所要分析的物理场之后，Workbench 会根据类型控制划分网格的一些行为和参数，可选的物理场包括 Mechanical、Elcctromagnetics、CFD、Explicit、Nonlinear Mechanical 和 Hydrodynamics。不同物理场的网格如图 1-4-3所示。

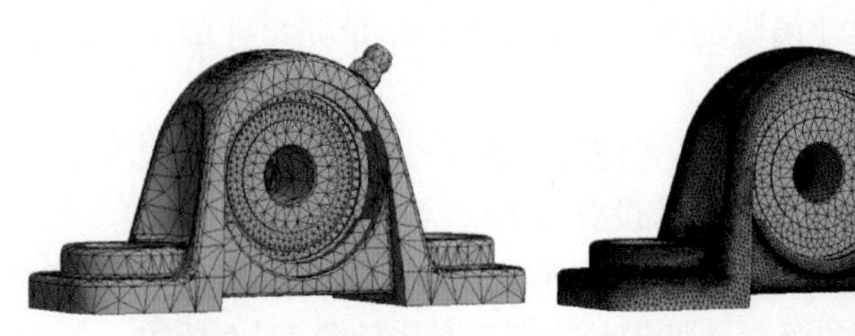

a) 物理场选择为Mechanical　　b) 物理场选择为CFD

图 1-4-3 不同物理场的网格

2）Solver Preference 栏：ANSYS Meshing 根据选择的求解器，会自动施加一些有利于对应求解器计算的默认设置。例如，当我们选择物理场为 CFD，求解器分别为 Fluent 和 CFX

时，一些默认设置见表 1-4-1。

表 1-4-1　不同求解器的默认设置

求解器	Smoothing	Span Angle Center	Transition Ratio	Inflation Algorithm	Collision Avoidance
CFX	Medium	Fine	0. 77	Pre	Stair Stepping
Fluent	Medium	Fine	0. 272	Pre	Layer Compression

3）Export Format 栏：当物理场为 CFD，求解器为 Fluent 时，可以选择输出格式，其默认为 Standard，可以改为 Large Model Support，输出的网格为基于单元的 Fluent 网格。Large Model Support 不支持 2D 网格和 CutCell 网格。

4）Element Order 栏：控制网格是否包含中间节点，包含的为二次单元（Quadratic），不包含的为线性单元（Linear），减少中间节点的数量可以减少自由度数量（见图 1-4-4）。

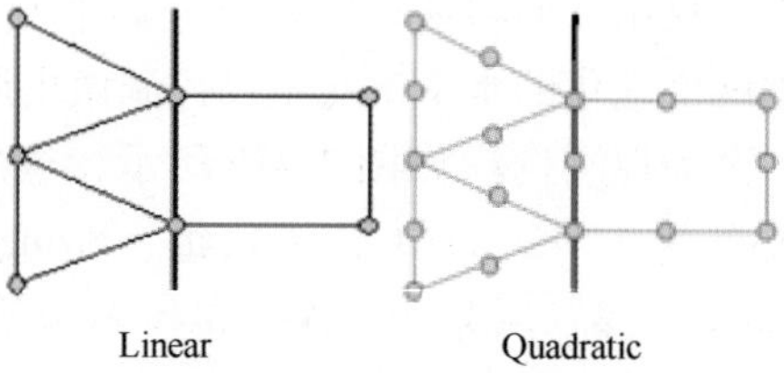

Linear　　Quadratic

图 1-4-4　Element Order 示意图

控制方式包括以下三种。

① Program Controlled：根据模型的类型，程序自动控制；如果模型为面体或者梁，单元为线性，如果模型为实体，单元为二次单元。

② Linear：移除所有的中间节点。

③ Quadratic：保留所有单元的中间节点。

5）Element Size 栏：单元尺寸用于定义整个模型的尺寸，所有的边、面和体都会使用该尺寸。默认单元尺寸的计算方法为

$$\text{Default Element Size} = \text{Bounding Box Diagonal} \times \text{Bounding Box Factor}$$

其中，Bounding Box Diagonal 指整个模型边界对角线长度，为只读参数。对于 CFD 求解器，Bounding Box Factor 默认为“0. 05”，如需修改可选择菜单命令 Option→Meshing→Sizing 设置。

4. 2　Sizing（尺寸）组的设置

尺寸组的设置包含了尺寸函数的选择、最大和最小单元尺寸的定义、几何的损伤等特征，如图 1-4-5 所示。

1）Use Adaptive Sizing 栏：根据是否使用自适应尺寸，选择 Yes 或 No，不同的设置尺寸组出现的选项不同，划分 CFD 网格推荐设置为 No。需要设置：

① Growth Rate——增长比，表示的是相邻单元边长的比。例如，增长比为 1. 2，意味着每相邻两层单元的边长增加 20%，不同增长比网格对比如图 1-4-6 所示。

② Max Size——内部体网格允许划分的最大尺寸。

2）Mesh Defeaturing 栏：当设置为 Yes 时，软件会根据设置的 Defeature Size，自动将小于或等于该尺寸的小特征和脏几何形状去除。如果设置为“0”，则表示尺寸恢复默认值，默认尺寸的计算方法为

Sizing	
Use Adaptive Sizing	No
Growth Rate	Default (1.2)
Max Size	Default (109.65[illegible] mm)
Mesh Defeaturing	Yes
Defeature Size	Default (0.27414064 mm)
Capture Curvature	Yes
Curvature Min Size	Default (0.54828127 mm)
Curvature Normal Angle	Default (18.0°)
Capture Proximity	Yes
Proximity Min Size	Default (0.54828127 mm)
Num Cells Across Gap	Default (3)
Proximity Size Function Sources	Faces and Edges
Size Formulation (Beta)	Program Controlled
Bounding Box Diagonal	1100.0 mm
Average Surface Area	43604.425 mm²
Minimum Edge Length	4.0 mm
Enable Size Field (Beta)	No

图 1-4-5　尺寸组设置

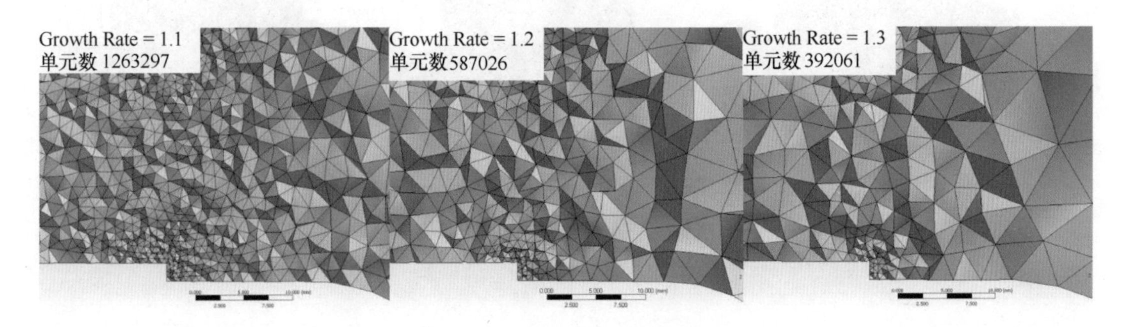

图 1-4-6　不同增长比网格对比

Default Defeature Size = CFD Defeature Size Factor×Element Size，其中的 CFD Defeature Size Factor 默认为“0.005”，如需修改可选择菜单命令 Option→Meshing→Sizing 设置。

3）Capture Curvature 栏：当 Physics Preference 栏设置为 CFD 时，自动设置为 Yes，需要设置：

① Curvature Min Size——曲率函数的最小尺寸。

② Curvature Normal Angle——曲率法向角（见图 1-4-7），是在一定曲率的几何上，一个单元边所允许跨过的最大角度，范围为 0~180°，0 则返回软件默认值。当最小尺寸设置得过小时，可以使用该参数限制曲线或曲面上的单元数量。

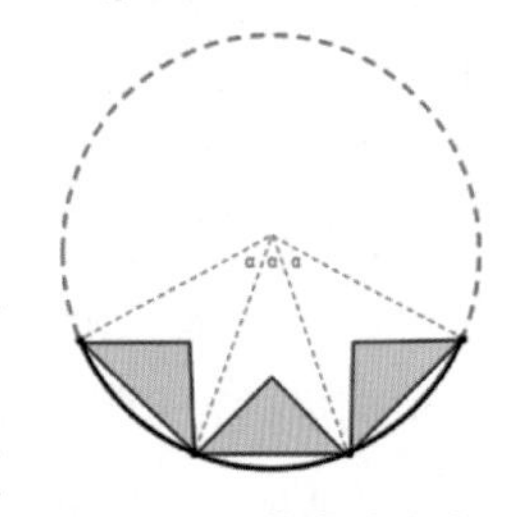

图 1-4-7　曲率法向角

4）Capture Proximity 栏：邻近加密，默认为 No，当几何结构存在较薄的区域需要解析流场时，推荐设置为 Yes，需要的设置有以下三项。

① Proximity Min Size——该尺寸函数的最小尺寸。Curvature Min Size 和 Proximity Min Size 默认值的计算方法相同：Default Proximity Mini Size = CFD Min Size Factor×Element Size，其中 CFD Min Size Factor 默认为 0.01，如需修改可选择菜单命令 Option→Meshing→Sizing 设置。

② Num Cells Across Gap——邻近间隙区域划分的最少单元层数，是一个估计值，并不是每个间隙区域都会严格满足。

5）Proximity Size Function Sources 栏：决定在执行邻近加密时，是考虑边邻近还是考虑面邻近，分以下三种情况：

一是 Edge，只考虑边与边之间的邻近，不考虑面与面和面与边之间的邻近。如图 1-4-8a 所示，在小的长方形印记面，网格进行了细化；在上部薄板位置，中心并没有被细化。

二是 Face，只考虑面与面之间的邻近，不考虑面与边和边与边之间的邻近。如图 1-4-8b 所示，在上部薄板位置整个区间都进行了细化，而小的长方形印记面并没有细化。

三是 Faces and Edges，考虑面与面、边与边之间的邻近，不考虑面与边之间的邻近。如图 1-4-8c 所示，小的长方形印记面和上部薄板的整个区间都进行了细化。

这三种情况底部相邻边由于中间是空的，因此都没有细化。

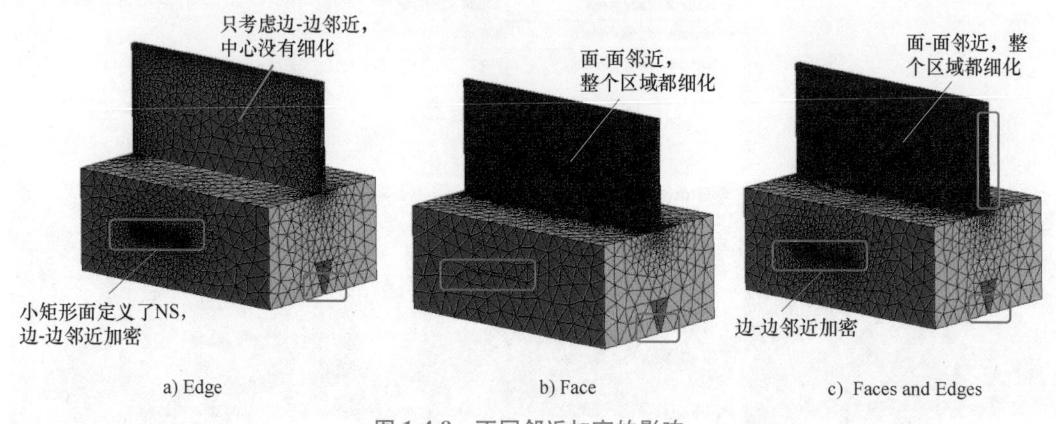

a) Edge　　b) Face　　c) Faces and Edges

图 1-4-8　不同邻近加密的影响

4.3 Inflation（膨胀层）组

膨胀层组设置选项如图 1-4-9 所示，膨胀层组用于生成与边界相邻的很薄的单元，可以解析 CFD 的黏性边界层、电磁分析中的气隙和结构力学中的高应力集中区域，膨胀层网格如图 1-4-10 所示。边界层单元由面网格向体内（3D）膨胀或者由边向面内（2D）膨胀生成。

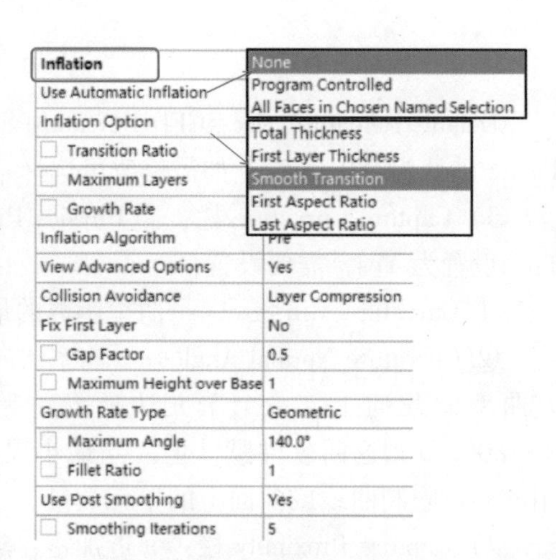

图 1-4-9　膨胀层组设置选项

（1）Use Automatic Inflation 栏　决定创建膨胀层网格的方法，可设为以下三种选项。

1）None，不使用全局控制，通过局部网格控制来定义。

2）Program Controlled，该方法只适用于 3D 模型。选择这种方式时，模型中除了创建 Named Selection 的面、接触面、对称面、不支持全局膨胀层的面（如扫掠体），其余的面都会生成边界层网格。

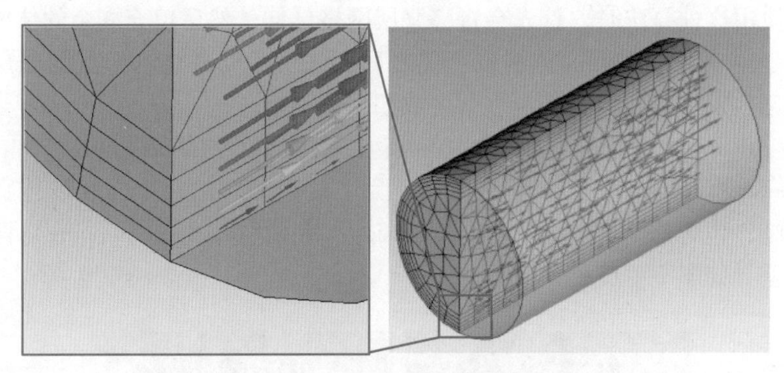

图 1-4-10　膨胀层网格

3）All Faces in Chosen Named Selection，所选择的命名组（Named Selection）的面会生成边界层。

（2）Inflation Option 栏　定义了生成膨胀层的算法，图 1-4-11 所示为几种选项生成膨胀层的对比效果。

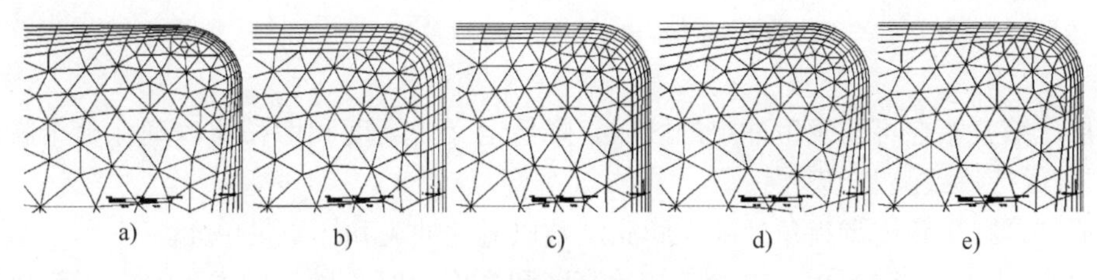

a)　　b)　　c)　　d)　　e)

图 1-4-11　膨胀层选项对比

1）Smooth Transition，使用局部四面体单元尺寸来计算局部膨胀层的初始高度和总高度，因此体积变化是光顺的，对于均匀的网络，初始高度基本是一样的，但是对于不均匀的网格，初始高度是变化的。

2）Total Thickness，指定总厚度，生成的整个范围内的膨胀层总厚度保持不变，第一层和接下来每一层的厚度都是常数。

3）First Layer Thickness，指定第一层厚度，能够生成不变的膨胀层网格。

4）First Aspect Ratio，通过控制膨胀层底部向外伸出的纵横比来定义膨胀层的高度。

5）Last Aspect Ratio，使用第一层高度、最大层数和纵横比来生成膨胀层。

（3）Inflation Algorithm 栏　ANSYS Meshing 生成膨胀层的算法有 Pre 和 Post 两种，生成网格的区别如图 1-4-12 所示。

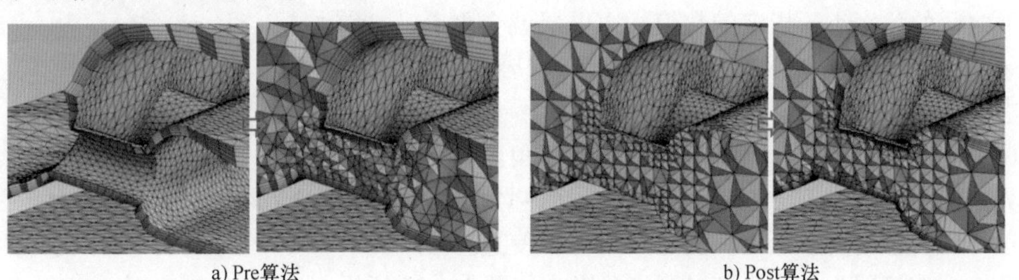

a) Pre算法　　b) Post算法

图 1-4-12　边界层算法对比

1）Pre，使用这种算法时，首先会将膨胀层网格延伸，然后填充剩余的体网格。

2）Post，这种方法是在四面体网格生成之后，采用后处理技术生成膨胀层网格，优点是一旦膨胀层选项发生变化，不必再重新生成四面体网格。

（4）View Advanced Options 栏　一些控制生成膨胀层网格的高级设置。

（5）Collision Avoidance 栏　在邻近区域，为了避免相对的两个面在进行膨胀时发生冲突而采取的措施，包含层压缩（Layer Compression）和阶梯（Stair Stepping）两种方法，其生成膨胀层的差异如图 1-4-13 所示。

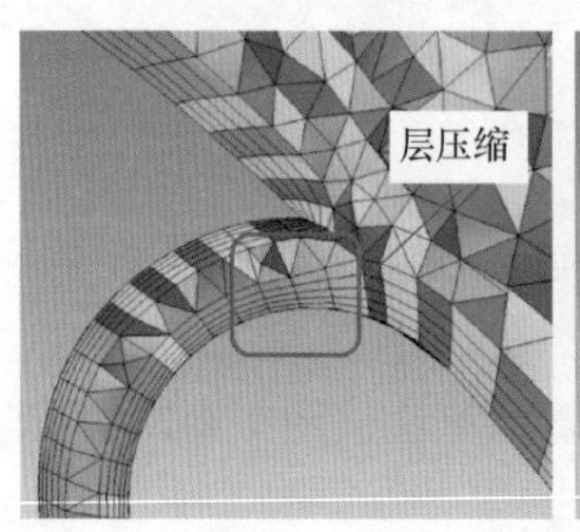

图 1-4-13　膨胀层冲突避免

1）层压缩是指在可能发生冲突的区域，降低定义的高度和增长比以确保整个膨胀层区域内的层数保持一致。

2）阶梯是在尖角或者拐角处减少膨胀层数以避免冲突和坏质量单元。

（6）Growth Rate Type 栏　在给定初始高度和高度比时，增长率类型决定了膨胀层单元的高度。

1）Geometry，某一层高度计算公式为 $h \cdot r^{(n-1)}$，其中 h 为初始高度，r 为高度比，n 为层数，第 n 层的总高度为 $h(1-r^n)/(1-r)$。

2）Exponential，某一层高度计算公式为 $h \cdot e^{(n-1)p}$，其中 h 为初始高度，p 为指数，n 为层数。

3）Liner，某一层高度计算公式为 $h[1+(n-1)(r-1)]$，其中 h 为初始高度，r 为高度比，n 为层数，第 n 层的总高度为 $nh[(n-1)(r-1)+2]/2$。

（7）Maximum Angle 栏　控制在拐角附近生成边界层时，边界层是否会附着在相邻的壁面上。当一个面上生成边界层而与之相邻的面没有边界层时，如果两个面之间的角度小于指定的数值，边界层就会附着在相邻的壁面上，有效区间为 90°～180°，其对网格的影响如图 1-4-14 所示。

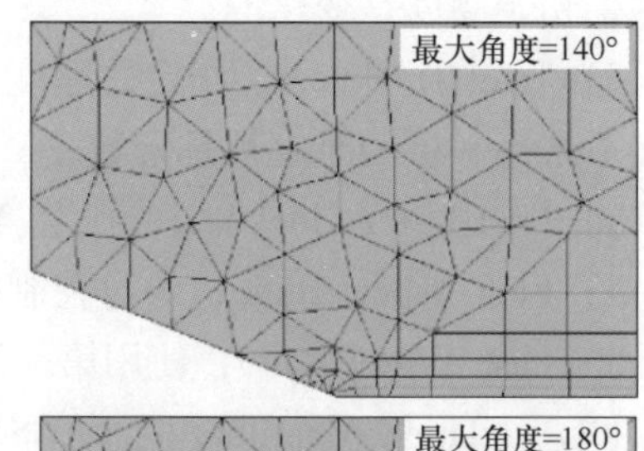

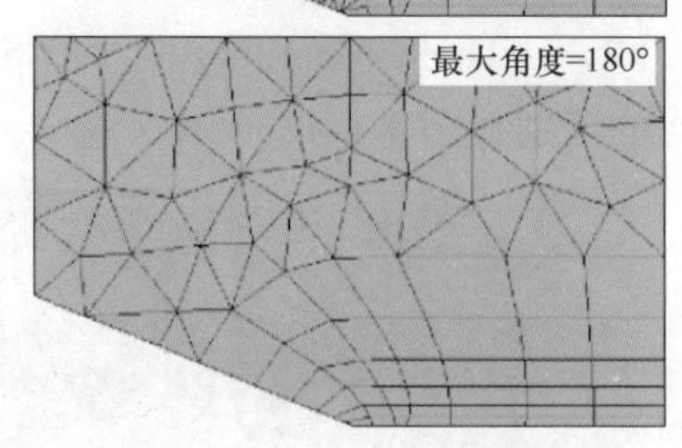

图 1-4-14　最大角度影响

（8）Fillet Ratio 栏，即圆角比　当在拐角区域生成边界层网格时，是否会创建一个圆角，而圆角的大小与边界层的总高度成正比。创建圆角可以使边界层更光顺，有效范围为 0~1，其对网格的影响如图 1-4-15 所示。

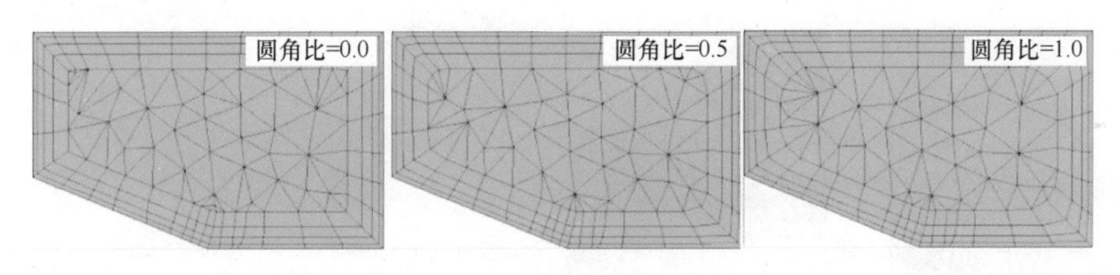

图 1-4-15　圆角比对网格的影响

4.4　Quality（网格质量）组

4.4.1　网格质量对计算的影响

高质量的网格通常需要满足以下条件：

1）网格质量标准在正确的范围内，根据求解器的要求来判断。

2）网格对所仿真的物理场是有效的，例如流场边界层的有效性。

3）仿真的结果是网格无关的。

4）重要的几何细节被很好地捕捉。

质量差的网格可能会导致求解收敛困难，得到不正确的物理场以及求解耗散等问题。如图 1-4-16 所示，在高度扭曲网格附近出现了非物理解；而质量好的网格能正确求解出温度场的分布。再如，网格 1 和网格 2 偏斜度、长宽比的最大值和平均值如图 1-4-17 所示，网格 2 的质量要好于网格 1，网格 2 计算产生的耗散小于网格 1，结果更可靠。

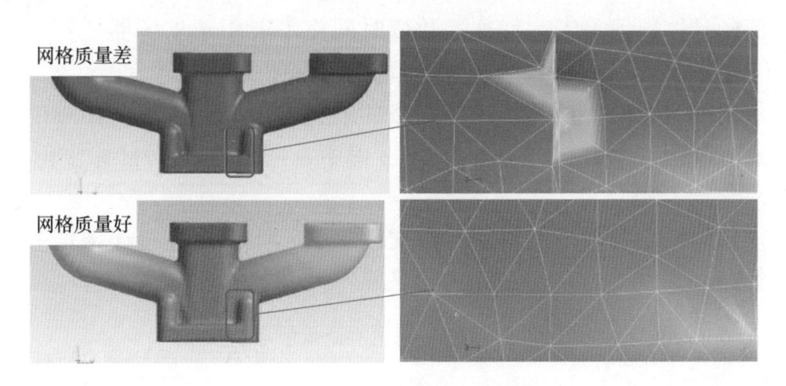

图 1-4-16　网格质量影响之一

4.4.2　网格质量组选项

图 1-4-18 所示为网格质量组选项。

（1）Check Mesh Quality 栏　当网格出现错误或警告时软件的行为。

1）Yes，Errors，即默认设置，如果网格算法不能越过错误限制生成有效网格，会在信息中显示所有的错误，并且网格生成失败。

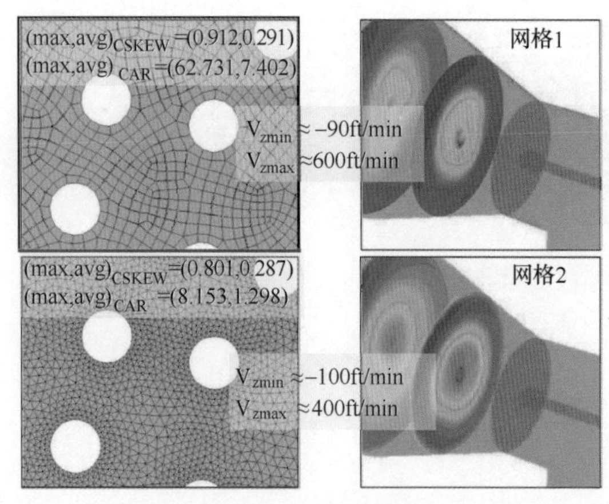

图 1-4-17 网格质量影响之二

Quality	
Check Mesh Quality	Yes, Errors
Target Skewness	Default (0.900000)
Smoothing	Medium
Mesh Metric	Orthogonal Quality

图 1-4-18 网格质量组选项

2）Yes，Errors and Warnings，如果网格算法不能越过错误限制生成有效网格，会在信息中显示所有的错误，并且网格生成失败；此外，如果网格算法不能越过所有警告限制，会显示警告信息。

3）No，在网格划分的各个阶段（如面网格完成后，体网格划分之前），都会进行网格质量检查，当设置为 No 时，大部分网格质量检查会关闭，但仍会保留最低程度的检查，此外也会使用指定的目标值来改善网格质量。

4）Error and Warning Limits，网格生成过程中，会计算网格质量，并根据错误限值获得有效网格，而有效网格的标准是网格满足必要条件或者最小条件，并且能保证求解器正常使用网格，网格算法为了满足这一要求会在过程中进行一些额外的清理工作。

① 错误限值的具体数值：当达到这一数值时网格不能用于求解器计算，该限制拥有优先权以确保没有网格低于此限值，此数值由所选的求解器类型决定。

② 警告限值的设定有两个目的：一是网格如果包含可能造成求解困难的单元，会发出警告并且进行标记以便查找；二是网格生成过程中，网格会根据目标限值尝试改善网格质量。

对于 CFD 求解器，主要基于偏斜度、正交性、单元体积设定错误限值和警告限值。网格质量限值见表 1-4-2。

表 1-4-2 网格质量限值

质量标准	错误限值	警告限值
Skewness	—	>0.9
Orthogonal Quality	≤0	≤0.05
Element Volume	$<10^{-32}$	—

（2）Target Skewness 栏 设置网格划分的目标偏斜度，默认数值为 0.9。目标偏斜度主要用于四面体网格，网格生成器会尝试改善四面体网格以满足目标值，如果没有满足，仍会生成网格，但是会出现警告信息，可以通过该信息显示未满足质量标准的网格。

（3）Smoothing 栏　光顺功能通过移动节点与周围节点和单元的相对位置来改善网格质量，分为 Low、Medium 和 High 三个等级，控制光顺迭代的数量。

（4）Mesh Metric 栏　包含了各种网格质量标准，选择后会显示该质量标准的 Min（最小值）、Max（最大值）、Average（平均值）和 Standard Deviation（标准差），如图 1-4-19 所示，在显示信息的同时，在图形窗口中会以柱状图的形式显示。

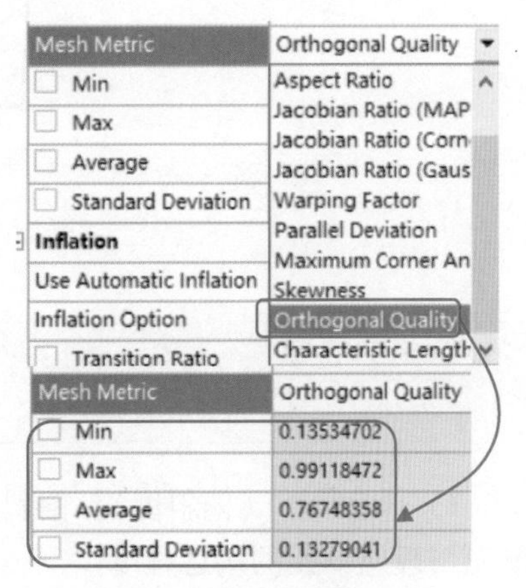

图 1-4-19　网格质量标准

柱状图 X 轴为所选网格质量，Y 轴可以设置为对应质量数值的单元数量或者单元所占的百分比。鼠标选中其中的一个或几个柱状图，几何模型会变成透明的，对应质量的网格会单独显示出来，如图 1-4-20 所示，在图形的空白处单击鼠标，则会恢复完整显示模式。

柱状图的控制很灵活，单击 Controls 按钮，在控制页面中可以选择显示单元的类型、X 轴的显示范围、Y 轴的类型、柱状图的数量等，如图 1-4-20 所示。

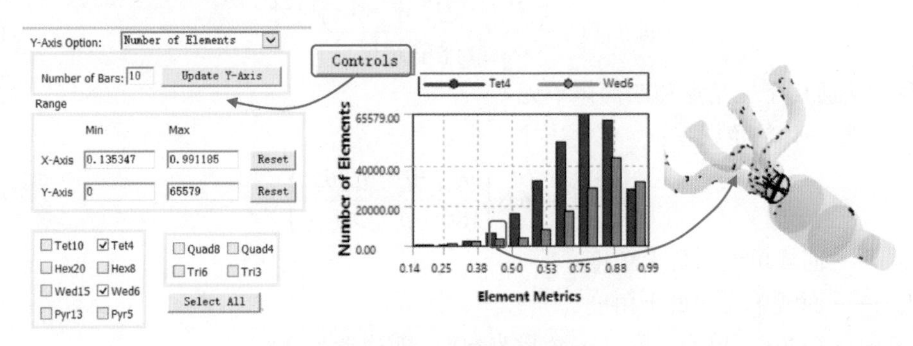

图 1-4-20　网格质量图形显示

针对 CFD 求解，网格的正交性、偏斜度、纵横比和光顺度是几项比较重要的评价标准，以下加以详细说明。

1）Orthogonal Quality（正交性），体单元正交性和面单元正交性分别为式（1-4-1）和式（1-4-2）的最小值：

$$\frac{\boldsymbol{A}_i \cdot \boldsymbol{f}_i}{|\boldsymbol{A}_i||\boldsymbol{f}_i|} \quad \frac{\boldsymbol{A}_i \cdot \boldsymbol{C}_i}{|\boldsymbol{A}_i||\boldsymbol{C}_i|} \tag{1-4-1}$$

$$\frac{\boldsymbol{A}_i \cdot \boldsymbol{e}_i}{|\boldsymbol{A}_i||\boldsymbol{e}_i|} \tag{1-4-2}$$

式中　$\boldsymbol{A}_i$——每个单元面的法向量；

$\boldsymbol{C}_i$——单元中心指向相邻单元中心的向量；

$\boldsymbol{f}_i$——单元中心指向单元面的向量；

$\boldsymbol{e}_i$——面单元中心指向边的向量。

正交性的范围为 0~1，0 为质量最差，1 为质量最好。图 1-4-21 所示为正交性示意图，其评价标准见表 1-4-3。

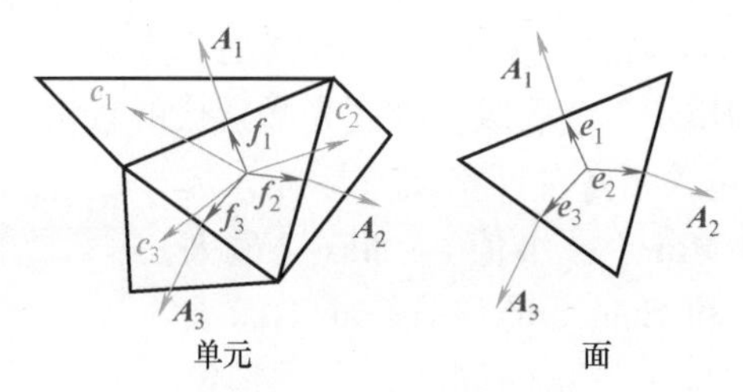

图 1-4-21 正交性示意图

表 1-4-3 正交性评价标准

不能接受	坏	可接受	好	非常好	极好
0~0.001	0.001~0.14	0.15~0.20	0.20~0.69	0.70~0.95	0.95~1.00

2）Skewness（偏斜度），偏斜度是网格质量的主要评价指标之一，它评价了实际的面或单元与理想单元的接近程度。

偏斜度的计算方式有以下两种。

① 基于等边体的偏差：

$$\text{偏斜度}=\frac{\text{最优单元尺寸}-\text{单元尺寸}}{\text{最优单元尺寸}} \tag{1-4-3}$$

这种方法适用于三角形和四面体单元。

② 基于归一化的角误差：

$$\text{偏斜度}=\max\left\{\frac{\theta_{\max}-\theta_{\mathrm{e}}}{180°-\theta_{\mathrm{e}}},\frac{\theta_{\mathrm{e}}-\theta_{\min}}{\theta_{\mathrm{e}}}\right\} \tag{1-4-4}$$

式中 $\theta_{\max}$——面或单元的最大角度；

$\theta_{\min}$——面或单元的最小角度；

θ_{e}——等角面/单元角度（三角形为 60°，四边形为 90°）。

偏斜度的范围为 0~1，0 为质量最好，1 为质量最差，评价标准见表 1-4-4。

表 1-4-4 偏斜度评价标准

极好	非常好	好	可接受	坏	不可接受
0~0.25	0.25~0.50	0.50~0.80	0.80~0.94	0.95~0.97	0.98~1.00

3）Aspect Ratio（纵横比），图 1-4-22 所示为纵横比示意。

① 三角形纵横比使用单元角节点计算，如图 1-4-23a 所示，首先从单元的一个角顶点到其对边的中点构建一条线，再由其他两条边的中点构建另一条线。一般来说，这些线彼此不垂直，也不垂直于单元的任何边；然后以这两条线的每一条为中心线构造矩形，矩形的边通过单元边的中点和三角形单元的顶点；对三角形其他两个角顶点重复上述操作；三角形单元的纵横比为 6 个矩形中

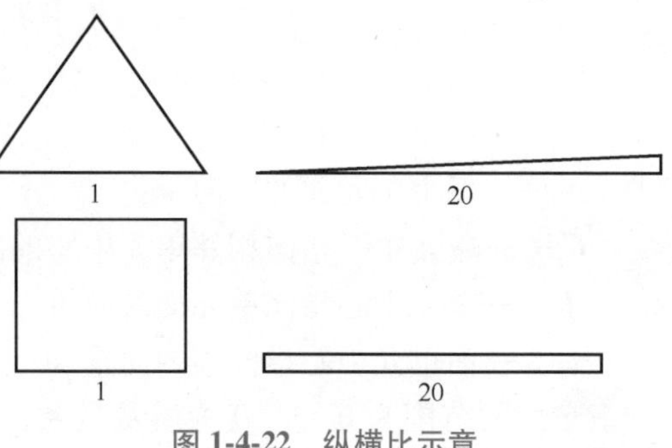

图 1-4-22 纵横比示意

拉伸程度最高的那一个的最长边与最短边之比再除以$\sqrt{3}$。

② 四边形纵横比使用单元角节点计算，如图 1-4-23b 所示，如果单元不是平面的，那么首先节点会在平面上投影，该平面通过角点位置平均值并且垂直于角点法线平均值；首先构造两条线，平分四边形单元相对的两条边并且在单元中心相交。一般来说，这些线彼此不垂直，也不垂直于单元的任何边；以这两条线为中心线构造矩形，矩形的边通过单元边的中点，四边形的纵横比是其中拉伸程度最高的矩形的长边与短边的比值。

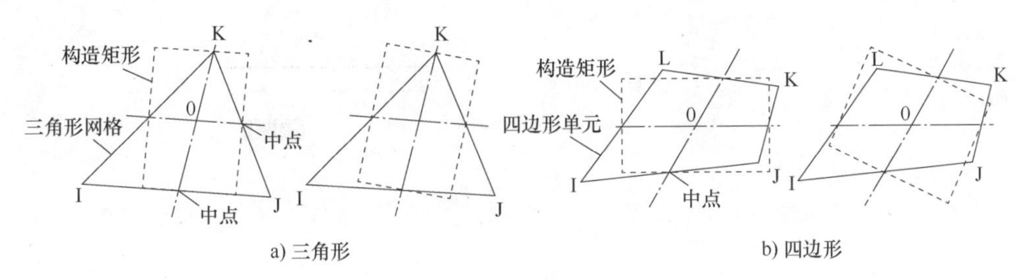

图 1-4-23　纵横比计算方法

4.4.3　案例：汽车排气管网格划分及质量评价

模型说明：图 1-4-24 所示为汽车排气管流体域模型，包含四个几何体，在 CAD 软件中共享拓扑。将其中使用多孔介质的区域，设置为单独的计算域，出口段切分出来便于划分六面体网格。本例通过添加全局和局部网格控制，划分满足计算要求的混合网格。

步骤 1：创建新的项目文件。

启动 ANSYS Workbench 2021 R1，拖拽 Mesh 组件放到 Project Schematic 视图窗口，右击 Geometry 单元（A2），在弹出的快捷菜单选择命令 Import Geometry，找到“quality_ws. scdoc”文件并打开。

步骤 2：打开 Meshing。

双击 Mesh 单元（A3），打开 Meshing 界面，选择菜单命令 Home→Unit，勾选 Metric（mm，kg，N，s，mV，mA）选项，设置长度单位为“mm”。

步骤 3：模型显示设置。

主菜单切换到 Display，勾选 Show Vertices 选项；继续设置 Edge 显示方式为 By Connection；在 Outline 的几何体列表中，选择所有的几何体，设置 Transparency（透明度）为“. 5”，如图 1-4-25 所示。

步骤 4：虚拟分割面。

右击 Outline 中的 Model 单元（A3），在弹出的快捷菜单中选择命令 Insert→Virtual Topology，并保持 Virtual Topology 为选中状态，此时主菜单中会出现 Virtual Topology 页签。将选择过滤器切换为节点选择模式，选择多孔介质圆柱体两端的两个点（按<Ctrl>键多选），选择主菜单工具栏中的 Split Face at Vertices 按钮，生成分割面的虚拟边，如图 1-4-26 所示。

以同样的方法，选择圆柱体另外一侧的两个点，分割。此时圆柱面会被分割为两个相切的面，两条边用于网格的生成。

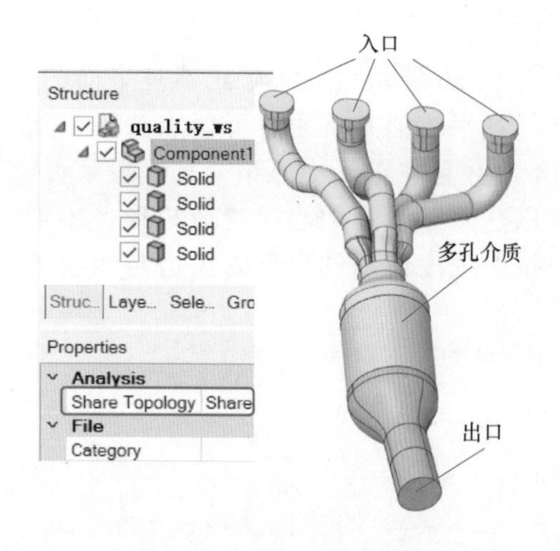

图 1-4-24　汽车排气管流体域模型

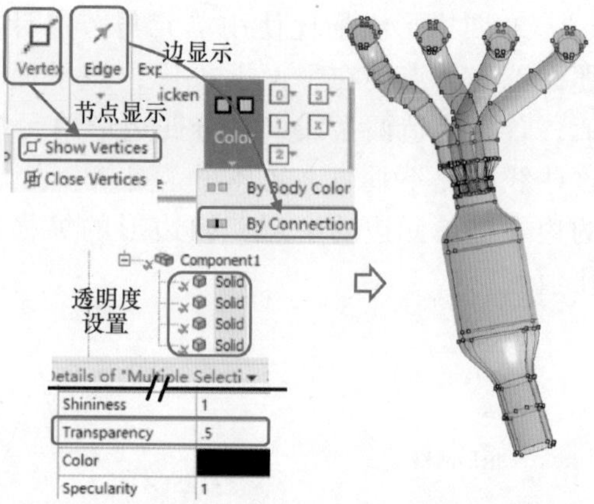

图 1-4-25　模型显示设置

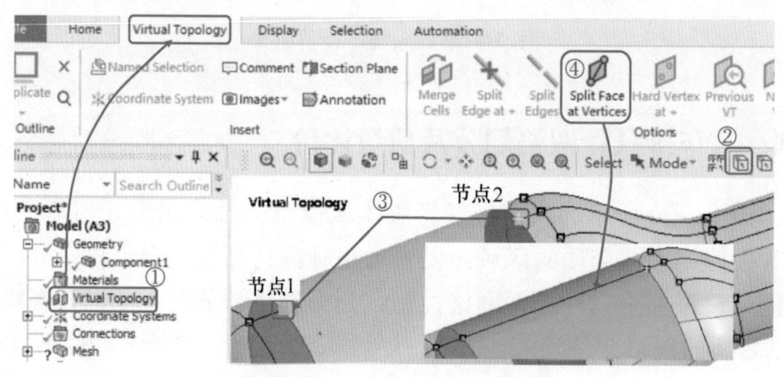

图 1-4-26　虚拟分割面设置

步骤 5：全局网格设置。

选中 Outline 中的 Mesh，在细节窗口中，设置 Physics Preference 栏为 CFD，Solver Preference 栏为 Fluent，Element Size 栏为“8.0mm”；展开 Sizing 组，Max Size 栏设为“Default（16.0mm）”，Curvature Normal Angle 栏设为“12.0°”，Defeature Size 栏设为“0.5mm”，Curvature Min Size 栏设为“2.0mm”。Defeaturing Size 的设置值，需要大于想要自动清除的特征的尺寸。展开 Advanced 组，将 Triangle Surface Mesher 栏设为 Advancing Front 选项，这种方法生成的三角形面网格更光顺。展开 Inflation 组，将 Use Automatic Inflation 栏设为 Program Controlled，Maximum Layers 栏设为“3”，其余参数默认，如图 1-4-27 所示。

步骤 6：插入局部面尺寸。

模型包含小的几何特征，需要辅助局部尺寸进行细化。在 Display 页签中取消勾选 Show Vertices 选项，选择过滤器切换为面选择模式，选图 1-4-28 所示的十字交叉面，右击选择命令 Insert→Sizing，将 Element Size 栏设为“1.0mm”，Behavior 栏设为 Hard。

步骤 7：插入局部边尺寸。

选择过滤器切换为边选择模式，选中步骤 4 创建的虚拟分割面的两条边（按<Ctrl>键多选），右击并选择命令 Insert→Sizing，Element Size 栏设为“6.0mm”，采用对称偏斜，Bias Factor（偏斜因子）栏设为“2.0”，如图 1-4-29 所示。

步骤 8：插入局部体尺寸。

选择过滤器切换为体选择模式，选择出口段的圆柱体，Element Size 栏设为“4. 0mm”，如图 1-4-29 所示。

Defaults	
Physics Preference	CFD
Solver Preference	Fluent
Element Order	Linear
Element Size	8.0 mm
Export Format	Standard
Export Preview Surface Mesh	No
Sizing	
Use Adaptive Sizing	No
Growth Rate	Default (1.2)
Max Size	Default (16.0 mm)
Mesh Defeaturing	Yes
Defeature Size	0.5 mm
Capture Curvature	Yes
Curvature Min Size	2.0 mm
Curvature Normal Angle	12.0°
Capture Proximity	No

Inflation	
Use Automatic Inflation	Program Controlled
Inflation Option	Smooth Transition
Transition Ratio	0.272
Maximum Layers	3
Growth Rate	1.2
Inflation Algorithm	Pre
View Advanced Options	No
Advanced	
Number of CPUs for Parallel...	8
Straight Sided Elements	
Rigid Body Behavior	Dimensionally Redu
Triangle Surface Mesher	Advancing Front
Use Asymmetric Mapped M...	No
Topology Checking	Yes
Pinch Tolerance	Default (1.8 mm)
Generate Pinch on Refresh	No

图 1-4-27　全局网格设置

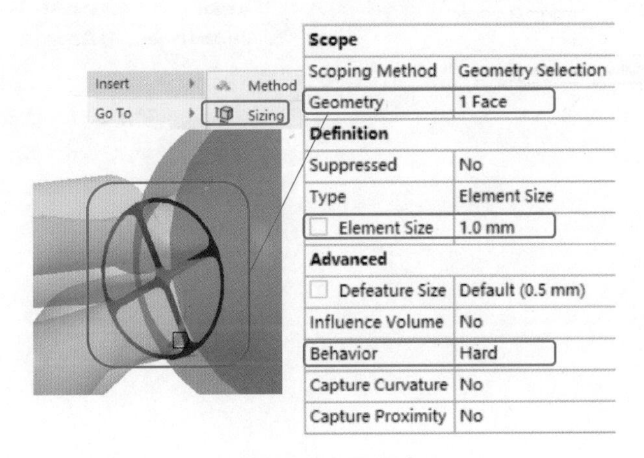

Scope	
Scoping Method	Geometry Selection
Geometry	1 Face
Definition	
Suppressed	No
Type	Element Size
Element Size	1.0 mm
Advanced	
Defeature Size	Default (0.5 mm)
Influence Volume	No
Behavior	Hard
Capture Curvature	No
Capture Proximity	No

图 1-4-28　面尺寸

Scope	
Scoping Method	Geometry Selection
Geometry	2 Edges
Definition	
Suppressed	No
Type	Element Size
Element Size	6.0 mm
Advanced	
Behavior	Soft
Growth Rate	Default (1.2)
Capture Curvature	No
Capture Proximity	No
Bias Type	_ __ ___ __ _
Bias Option	Bias Factor
Bias Factor	2.0

Scope	
Scoping Method	Geometry Selection
Geometry	1 Body
Definition	
Suppressed	No
Type	Element Size
Element Size	4.0 mm
Advanced	
Defeature Size	Default (0.5 mm)
Behavior	Soft
Growth Rate	Default (1.2)
Capture Curvature	No
Capture Proximity	No

A Edge Sizing
B Body Sizing

图 1-4-29　边尺寸和体尺寸设置

步骤 9：创建 NS，包括四个入口和一个出口边界。

在 NS 属性定义中，Program Controlled Inflation 栏设为 Exclude，如图 1-4-30 所示，这些面不生成边界层。

步骤 10：生成网格，检查网格质量。

在 Outline 中右击 Mesh，在弹出的快捷菜单中选择命令 Generate Mesh。在 Mesh 细节窗口中，展开 Quality 组，Mesh Metric 栏选择 Orthogonal Quality，最小正交性大于 0. 1，如图 1-4-31所示。

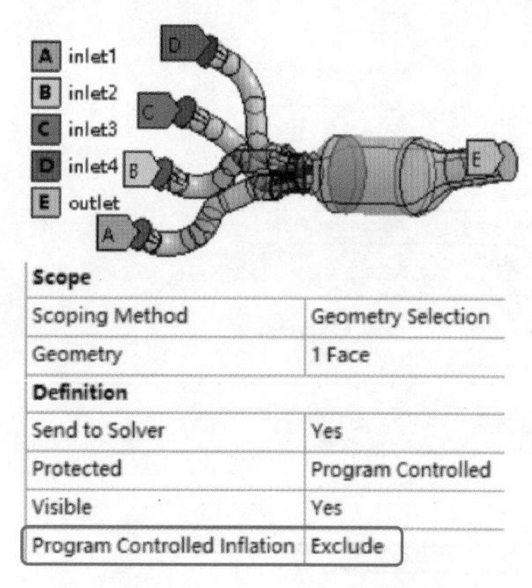

图 1-4-30　定义 NS

图 1-4-31　体网格

第 5 章 ANSYS Meshing 局部网格控制介绍

局部网格控制可以通过在 Outline 中右击 Mesh 弹出快捷菜单，在 Insert 的命令菜单中选择。主要控制的内容包括网格方法、尺寸控制、接触尺寸控制、细化控制、映射面网格控制、匹配控制、收缩控制、膨胀层控制等，如图 1-5-1 所示。

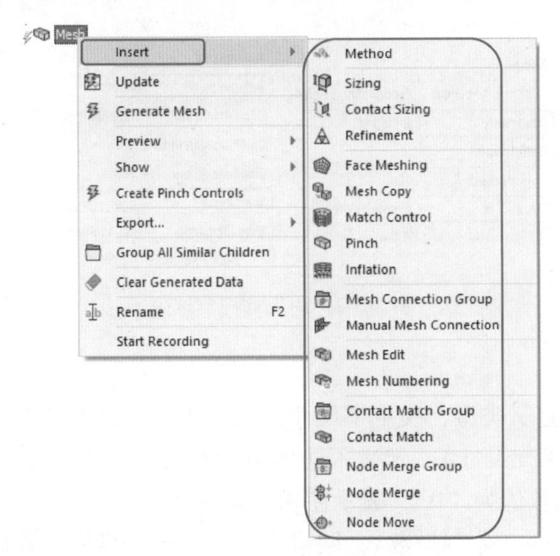

图 1-5-1　局部网格控制

5.1 Sizing——尺寸控制

当几何中的一些特征需要应用不同的尺寸或者网格布局时，可以使用局部尺寸来定义。局部单元尺寸应用的对象可以是点、线、面和体，但是每个尺寸控制只能用于相同类型的几何，例如可以同时定义很多线或者很多面的尺寸，但不能混合选择线和面。

插入尺寸控制的操作方法有以下两种。

1）在图形窗口中直接选中一个或几个体、面、线或点，然后右击弹出快捷菜单，选择命令 Insert→Sizing。

2）在 Outline 中，右击 Mesh 弹出快捷菜单，选择命令 Insert→Sizing。

尺寸的定义类型（Type）有以下四种。

1）Element Size：单元尺寸，定义体、面或线的平均单元边长。

2）Number of Divisions：分割数，定义线的单元的数量。

3）Body of Influence：影响体，定义一个实体范围内的单元尺寸。

4）Sphere of Influence：定义一个球体范围内的单元尺寸。

选择的实体类型不同，可应用的尺寸类型也不一样，见表 1-5-1。边尺寸控制选项如图 1-5-2所示。

表 1-5-1　尺寸类型

选项		Element Size	Number of Divisions	Body of Influence	Sphere of Influence
实体	点	×	×	×	√
	线	√	√	×	√
	面	√	×	×	√
	体	√	×	√	√

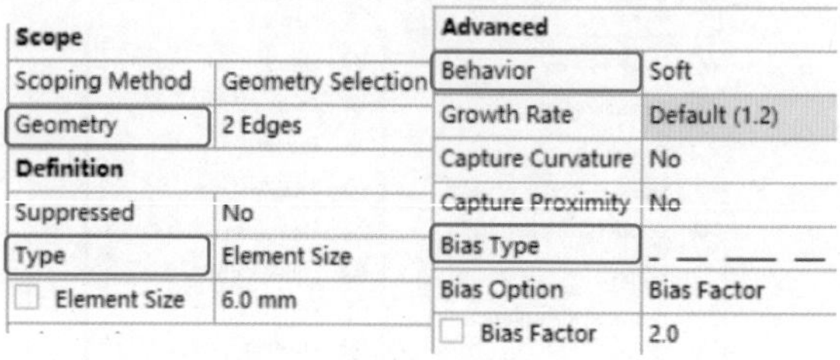

图 1-5-2　边尺寸控制选项

（1）边尺寸控制

1）Type 栏为尺寸定义类型，决定了尺寸控制方法，可设为以下选项。

① Element Size（单元尺寸），定义了边的最大尺寸，比全局最大尺寸、面尺寸或者体尺寸的优先级高。输入数值为“0”，表示使用默认值。

② Number of Division（分割份数），网格大小根据边的离散分数确定，如果输入数值大于 1000，在几何图形中不会显示。

③ Influence of Sphere（影响球），通过影响球控制覆盖范围内边的尺寸。

④ Factor of Global Size（全局尺寸因子），局部最小尺寸定义为全局单元尺寸的因子，当全局单元尺寸改变时随之改变。

2）Behavior 栏，即“行为”是一个重要的参数，决定了生成的网格是否会严格按照指定的尺寸执行，可设为以下选项。

① Soft，局部尺寸仍然会受到全局尺寸函数的影响，如基于曲率或近似的细化，以及其他相关的局部网格控制。

② Hard，网格会严格遵守所指定的局部尺寸控制。

如图 1-5-3 所示，定义了两条边的 Number of Divisions（分割份数）为“4”，当 Behavior 栏（行为）选择为 Soft 时，边尺寸受到全局尺寸函数的影响，邻近区域网格加密；当 Behavior 栏选择为 Hard 时，两条边则严格地分成了 4 份。

注意：

- 定义了 Hard 行为的边，与之相邻边或面的过渡可能并不光顺，需谨慎使用。

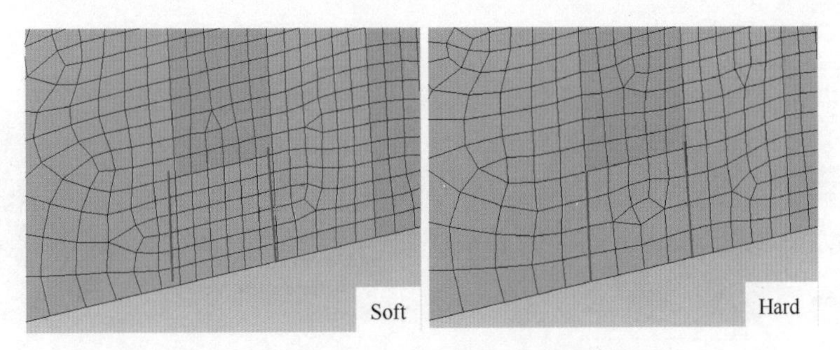

图 1-5-3　Behavior 栏设置不同选项的影响

3）Bias Type（偏斜类型）栏定义了单元变化的方向，Bias Factor（偏斜因子）栏定义了最大单元与最小单元的比值，Growth Rate（增长比）为某单元与其前一个单元尺寸的比值。

非均匀网格分布如图 1-5-4 所示，一条边具有非均匀的网格分布，长度为 L，单元数为 N，那么如何确定初始单元尺寸 Δx_1 和偏斜因子或者增长比呢？

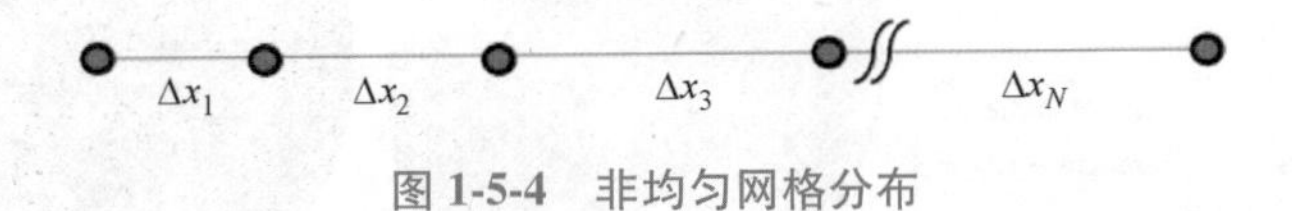

图 1-5-4　非均匀网格分布

增长比 G 的计算公式为

$$G=\frac{\Delta x_{i+1}}{\Delta x_i} \tag{1-5-1}$$

偏斜因子 B 与增长比的关系为

$$G=B^{\frac{1}{N-1}} \tag{1-5-2}$$

对于长度为 L 的边，增长比与初始单元尺寸的关系为

$$L=\Delta x_1\sum_{i=1}^{N}G^{(i-1)} \tag{1-5-3}$$

偏斜因子与初始单元尺寸的关系为

$$L=\Delta x_1\sum_{i=1}^{N}B^{\frac{i-1}{N-1}} \tag{1-5-4}$$

（2）面尺寸和体尺寸

1）面尺寸（见图 1-5-5）定义了在该面上的最大尺寸，同时会应用到面的边线上，面尺寸比体尺寸的优先级高，如果同一个面与两个面尺寸相关联，那么后定义的拥有优先级。

2）体尺寸（见图 1-5-6）定义了该体上的最大尺寸，同时会应用到体的面以及边上。

（3）影响球　当应用尺寸的对象为体、面、线和点时，尺寸的类型可以选择为影响球，影响球的尺寸会覆盖之前定义的尺寸。定义影响球尺寸的方式如下：

1）创建一个局部坐标系，原点作为影响球的中心。

2）在 Sphere Center 栏选择该坐标系（也可以选择几何模型的顶点作为影响球的中心），如图 1-5-7 所示。

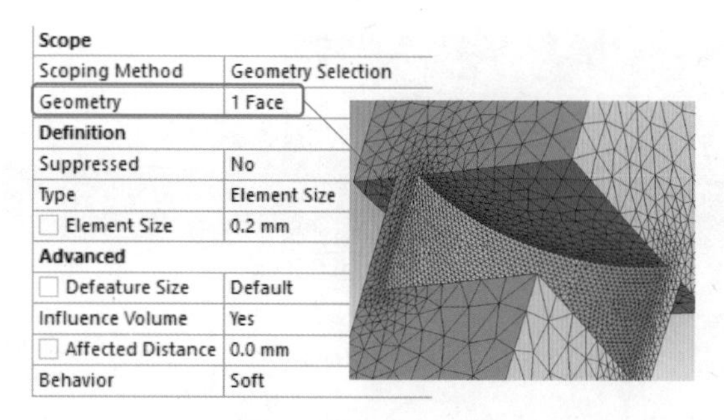

图 1-5-5　面尺寸

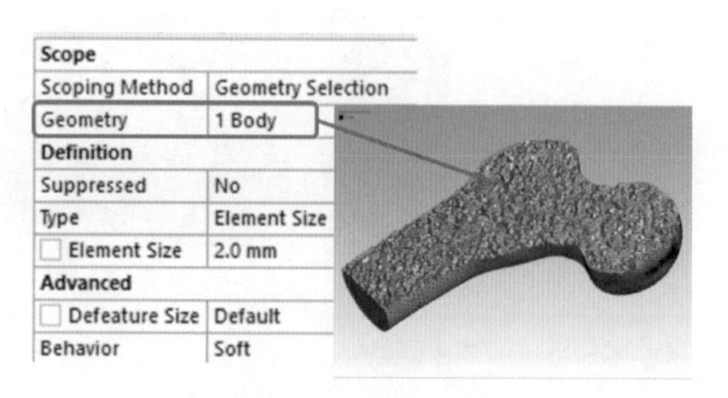

图 1-5-6　体尺寸

3）在 Sphere Radius 栏输入影响球的半径。

4）在 Element Size 栏输入尺寸参数值，影响球范围内的几何都会应用该尺寸。

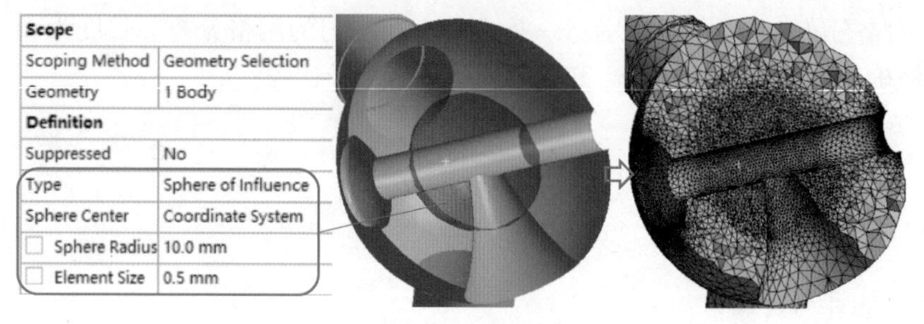

图 1-5-7　影响球的定义

（4）影响体（BOI）　当应用尺寸的对象为体时，尺寸的类型可以选择为影响体。使用这一方法，需要选择一个体作为另一个体的尺寸源，源可以是线体、面体或实体，而作为源的体并不是几何模型的一部分，也不会生成网格。影响体网格如图 1-5-8 所示。

影响体的尺寸必须大于定义的最小尺寸且小于全局最大体尺寸才能生效。

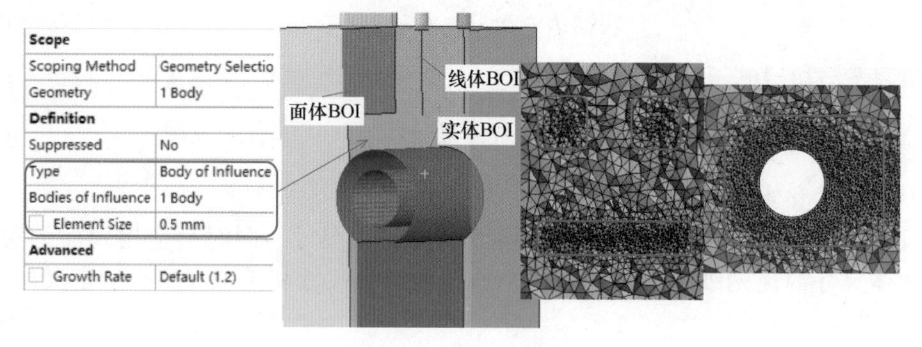

图 1-5-8　影响体网格

5.1.1　案例：汽车外流场网格划分

模型说明：图 1-5-9 所示为汽车外流场模型，取 1/2 做对称分析，模型包含一些复杂曲面和狭窄的结构，要求划分四面体网格及边界层，并在车身附近进行网格加密的处理。

步骤 1：启动 Workbench，创建一个新的项目。

选择菜单命令 Start→All Programs→ANSYS 2021 R1→Workbench 2021 R1 启动软件，拖拽一个 Mesh 组件放在 Project Schematic 窗口中，在 Geometry 单元（A2）右击弹出快捷菜单，选择命令 Import Geometry→Browse...，选择几何模型“auto-aero. stp”文件并打开，如图 1-5-10 所示。

图 1-5-9　汽车外流场模型

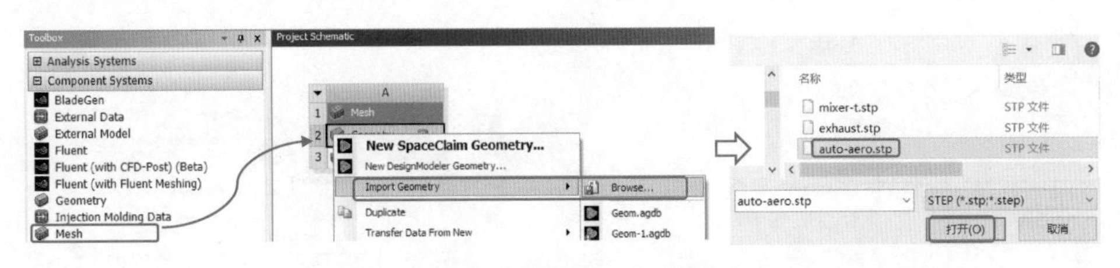

图 1-5-10　导入几何模型

步骤 2：双击 Mesh 单元（A3），打开 ANSYS Meshing 界面，设置显示单位 Metric（m，kg，N，s，V，A）。

步骤 3：全局网格设置。

在 Outline 中选择 Mesh，显示细节窗口，在 Defaults 组中，Physics Preference 栏设为 CFD，Solver Preference 栏设为 Fluent。展开 Sizing 组，将 Defeature Size 栏设为“1.0mm”，Curvature Min Size 设为“2.0mm”，Capture Proximity 栏设为 Yes。Proximity Min Size 栏设为“5.0mm”。展开 Advanced 组，将 Triangle Surface Mesher 栏设为 Advancing Front，如图 1-5-11 所示。

Defaults	
Physics Preference	CFD
Solver Preference	Fluent
Element Order	Linear
Element Size	626.8024 mm
Export Format	Standard
Export Preview Surface ...	No
Advanced	
Number of CPUs for Pa...	Program Controll
Straight Sided Elements	
Rigid Body Behavior	Dimensionally Re
Triangle Surface Mesher	Advancing Front
Use Asymmetric Mapp...	No
Topology Checking	No

Sizing	
Use Adaptive Sizing	No
Growth Rate	Default (1.2)
Max Size	Default (1253.6048 mm)
Mesh Defeaturing	Yes
Defeature Size	1.0 mm
Capture Curvature	Yes
Curvature Min Size	2.0 mm
Curvature Normal ...	Default (18.0°)
Capture Proximity	Yes
Proximity Min Size	5.0 mm
Num Cells Across G...	Default (3)
Proximity Size Function...	Faces and Edges
Size Formulation (Beta)	Program Controlled

图 1-5-11　全局网格设置

步骤 4：添加局部面尺寸。

首先创建一个切面，便于内部面的选择。在图形窗口右击，在弹出的快捷菜单中选择命令 View→Right，在顶部工具条 Home 选项卡中选择切面工具 Section Plane，Meshing 界面左下方出现 Section Planes 窗口（与 Details 窗口页签并列），鼠标光标增加剖面图案，按住鼠标左键沿竖直方向拖动，松开（见图 1-5-12 中①），在 Section Planes 窗口中增加了一个切面 Section Plane1，勾选此项，单击 Edit Section Plane 按钮（见图 1-5-12 中②），视图中出现切片控制锚，单击虚线部分即切换切面显示方向（见图 1-5-12中③），可看到内部车身表面。

取消选中 Edit Section Plane 按钮，选择过滤器切换为面选择模式，按住<Ctrl>键在两个尾翼上各选择一个面，然后在图形工具栏中，选择命令 Extend→Limits，即可选中两个尾翼上所有的面（7 个）。右击快捷菜单中选择命令，Insert→Sizing，在面尺寸细节窗口中将 Element Size 栏设为“8. 0mm”，Behavior 栏设为 Soft，其余保持默认，如图 1-5-13 所示。

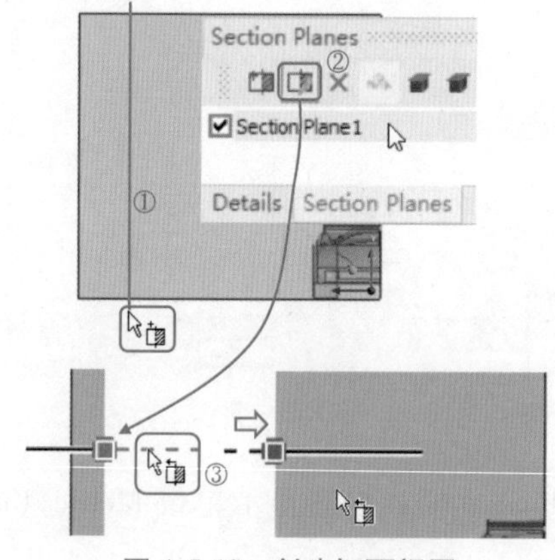

图 1-5-12　创建切面视图

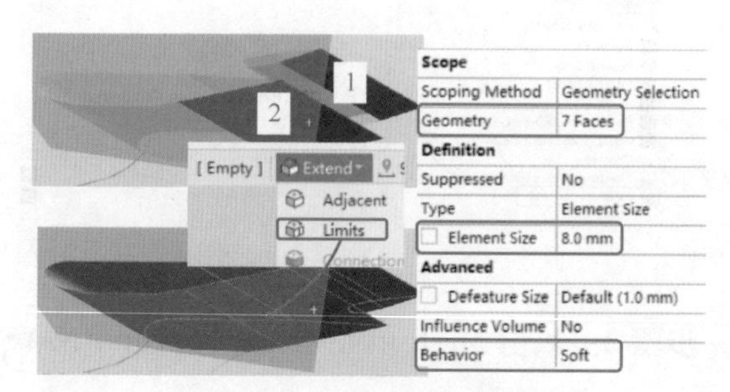

图 1-5-13　添加局部面尺寸

步骤 5：使用影响体控制体尺寸。

将选择过滤器切换为体选择模式，选择整个流体域实体，在图形窗口右击，选择快捷菜单命令 Insert→Sizing，在尺寸细节窗口中，设置 Type 栏为 Body of Influence，选择模型中小的方形实体，Element Size（单元尺寸）栏定义为“80. 0mm”。该设置能够确保小的方形实体包裹的区间内网格尺寸不会超过 80. 0mm，如图 1-5-14 所示，而全局尺寸中由尺寸函数控制的局部尺寸仍然有效，且影响体本身并不会生成网格。

步骤 6：创建虚拟拓扑。

选择 Outline 中的 Model 右击，在弹出的快捷菜单中选择命令 Insert→Virtual Topology，并保持 Virtual Topology 为选中状态。在图形窗口右击，选择命令 View→Front 切换视图，选择过滤器设置为面选择模式，选择如图 1-5-15 所示的六个面，右击选择命令 Insert→Virtual Cell，此时六个面替换为一个虚拟面，网格将不会受到这六个面边线的约束。

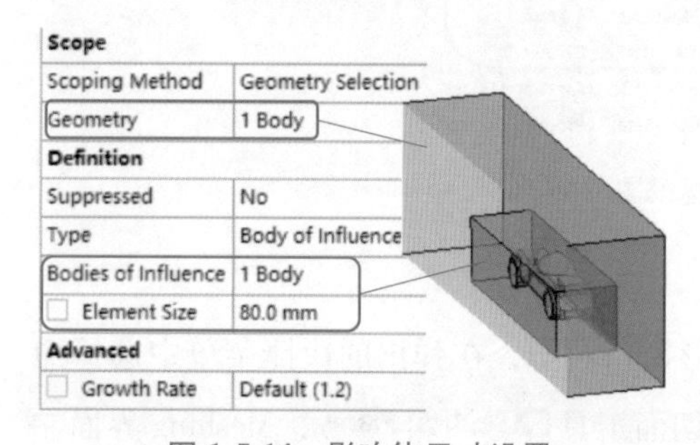

图 1-5-14　影响体尺寸设置

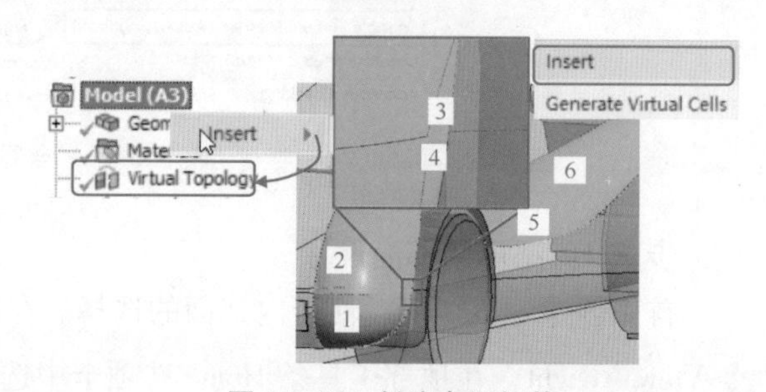

图 1-5-15　创建虚拟拓扑

步骤 7：创建 NS。

选择过滤器保持面选择模式，并切换为框选模式 Box Select，选中所有的车身表面，右击选择命令 Create Named Selection，在 Selection Name 对话框中的文本框内输入名称为“wall_car”，单击 OK 按钮。以同样的方式创建其他边界，如图 1-5-16 所示。

步骤 8：添加局部膨胀层控制。

选择过滤器切换为体选择模式，选择整个流体域模型，右击并选择快捷菜单命令 Insert→Inflation，在细节窗口中展开 Definition 设置组，将 Boundary Scoping Method 栏设置为 Named Selections，然后在 Boundary 栏对应的下拉列表框中，按<Ctrl>键同时选择“wall_car”和“wall_ground”选项，按<Enter>键，输入框则显示为 Multiple Entries，如图 1-5-17 所示，膨胀层参数保持默认值。

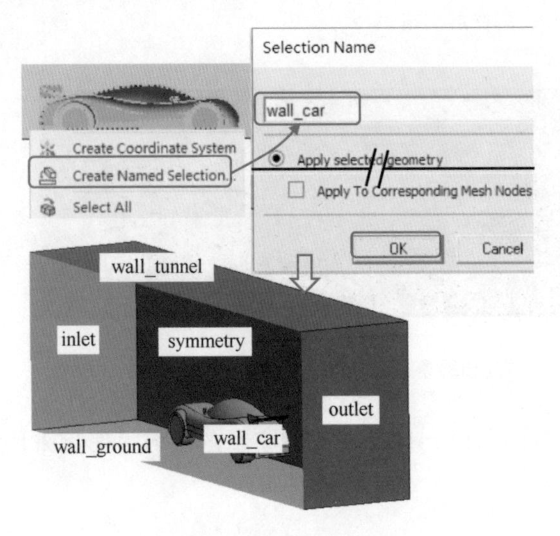

图 1-5-16　定义 NS

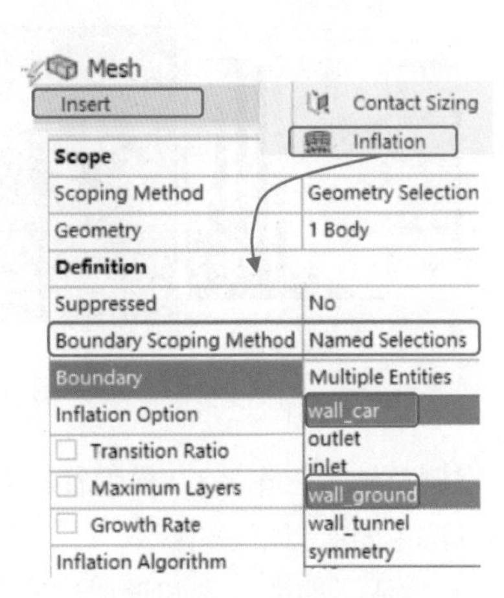

图 1-5-17　膨胀层设置

步骤 9：预览表面网格。

右击 Outline 中的 Mesh，在弹出的快捷菜单中选择命令 Preview→Surface Mesh，在面网格生成完成后，在界面左下角将 Details 窗口切换为 Section Planes 窗口，勾选 Section Plane1，在图形窗口右击，选择命令 View→Front，调整视图，查看表面网格，如图 1-5-18 所示。

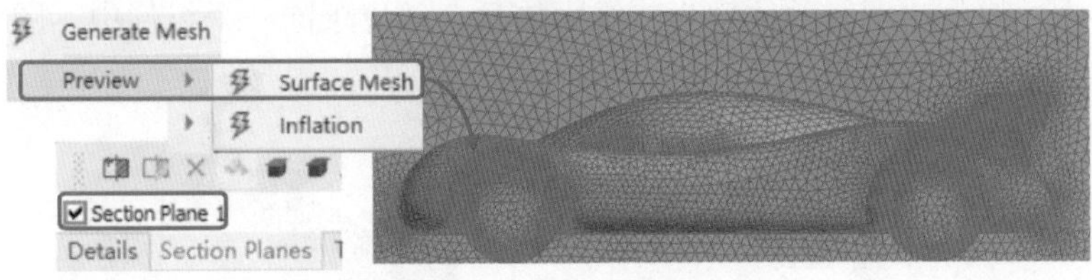

图 1-5-18　预览表面网格

步骤 10：预览膨胀层网格。

右击 Outline 中的 Mesh，在弹出的快捷菜单中选择命令 Preview→Inflation 如图 1-5-19 所示。边界层网格生成完后，取消勾选 Section Plane1，在图形窗口右击，选择命令 View→Back，切换到 Back 视图，查看边界层分布。

步骤 11：生成体网格，检查网格质量（见图 1-5-20）。

右击 Outline 中的 Mesh，选择命令 Generate Mesh。展开 Mesh 细节窗口的 Quality 设置

组，Mesh Metric 栏设为 Orthogonal Quality，最小正交性大于 0.1，网格划分完成。

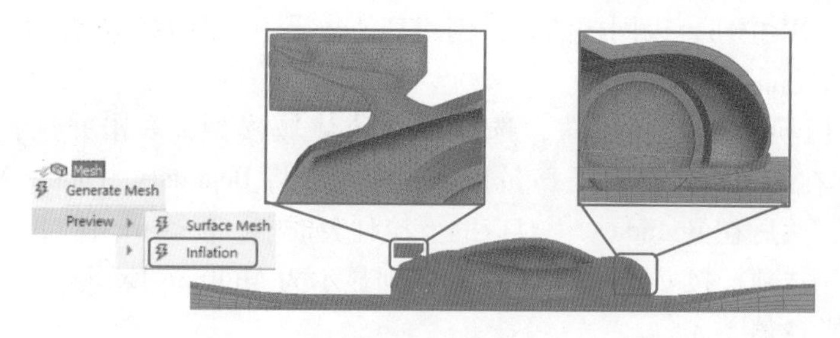

图 1-5-19　膨胀层网格

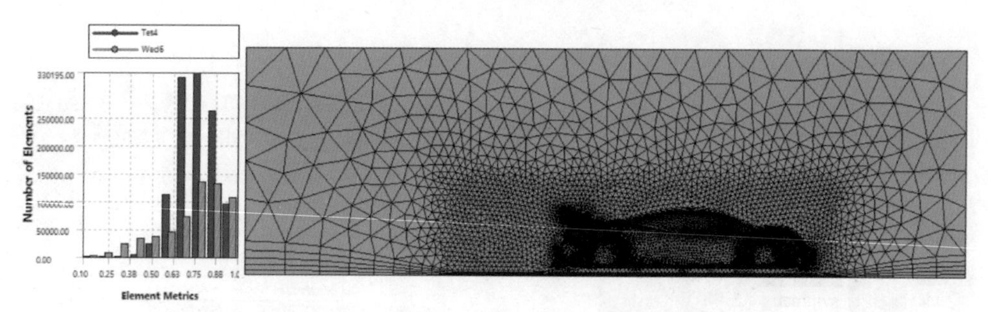

图 1-5-20　体网格和网格质量

案例总结：汽车 CAD 模型往往包含大量的曲面，且存在比较狭窄的区域，案例采用的控制方法主要有以下三项。

1）激活了曲率加密和近似加密函数。

2）使用了影响体尺寸控制，对车身周围及尾流区域进行加密。

3）车身表面及地面添加膨胀层网格。

5.1.2　案例：压力容器壳网格划分

模型说明：图 1-5-21 所示为一压力容器模型，划分网格的目标是全部划分四边形网格并满足求解要求。模型中所有的体均为二维面体且全部位于同一个组件中，图中标记区域为

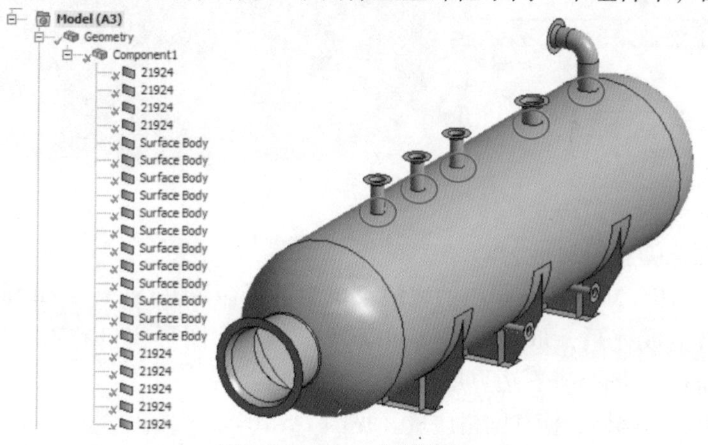

图 1-5-21　压力容器模型

计算时重点关注的位置，且存在几何奇异点，在网格划分时需要额外的局部控制。

步骤 1： 创建新的工程项目。

导入几何模型“pressure-vessel. scdoc”（详细过程略），双击 Mesh 单元（A3）单元启动 Meshing 界面，设置单位为“Metric（cm，g，dyne，s，V，A）”。

步骤 2： 设置全局尺寸控制。

选中 Outline 中的 Mesh，显示细节窗口。在 Defaults 组中，设置 Element Size 栏为“5. 0cm”；展开 Sizing 组，设置 Curvature Min Size 栏为“0. 5cm”，Capture Proximity 栏修改为 Yes，Proximity Min Size 栏为“0. 5cm”，Num Cells Across Gap 栏修改为“2”，如图 1-5-22 所示。

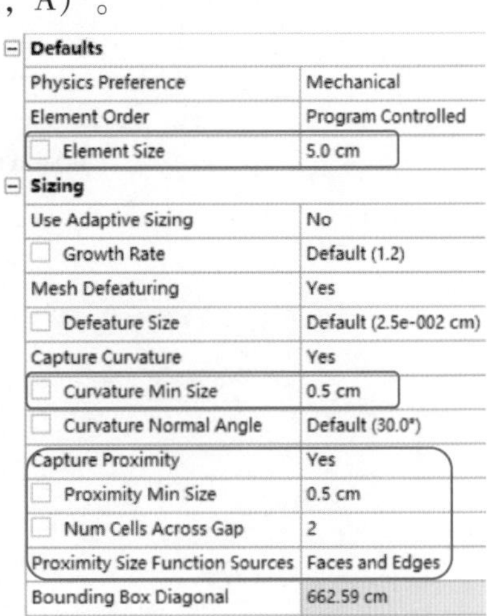

图 1-5-22　全局网格设置

步骤 3： 生成网格并检查网格质量。

右击 Outline 中的 Mesh，选择命令 Generate Mesh。展开 Mesh 细节窗口的 Statistics 组，Mesh Metric 栏选择 Element Quality，在柱状图中发现网格中存在一些三角形单元，初始网格如图 1-5-23 所示，不满足对网格的要求，需要采用一些方法强制全部生成四边形网格。

步骤 4： 插入网格划分方法。

右击 Mesh，选择命令 Insert→Method，选择过滤器自动切换为体选择模式，在图形窗口中右击，选择命令 Select All 选中所有体，再单击 Scope 组中 Geometry 栏中的 Apply，显示选择了 21 个体。设置 Method 栏为 MultiZone Quad/Tri，Surface Mesh Method 栏为 Uniform，Free Face Mesh Type 栏为 All Quad，Element Size 栏为“5. 0cm”，如图 1-5-24 所示。

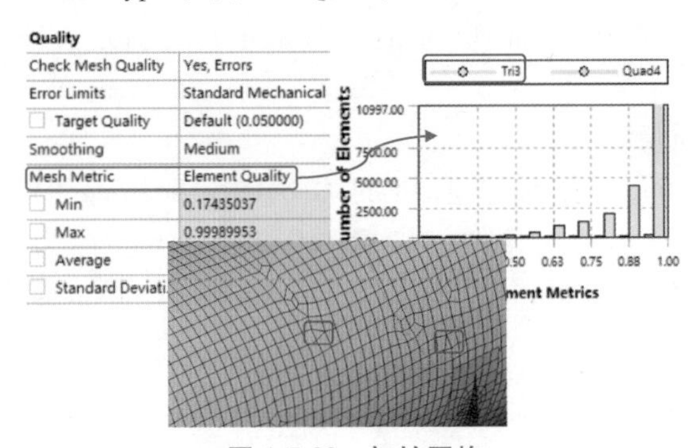

图 1-5-23　初始网格

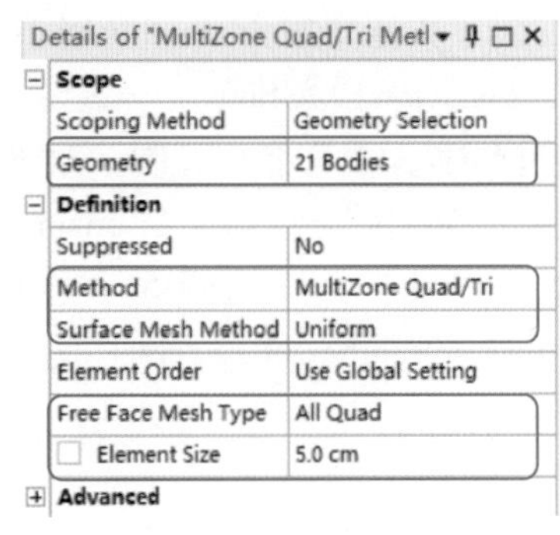

图 1-5-24　网格方法设置

步骤 5： 更新网格。

右击 Mesh 选择命令 Update，重新查看网格质量，此时网格全部为四边形单元，但是存在一些质量差的网格单元，单击柱状图最左侧，显示质量差的单元主要集中在支架与筒体的连接处，如图 1-5-25 所示，这是由几何存在奇异点造成的，由于距离重点关注的位置很远，可以忽略，我们主要需要改善图 1-5-21 中所圈位置的网格质量。

步骤 6： 添加局部面尺寸控制。

将选择过滤器切换到面选择模式，选中如图 1-5-26所示的 20 个面，右击选择命令 Insert→Sizing，设置 Element Size 栏为“1. 5cm”，Behavior 栏为 Hard。

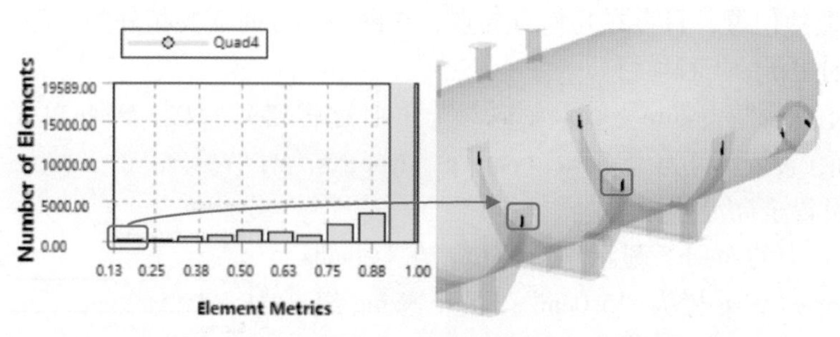

图 1-5-25　全部四边形网格

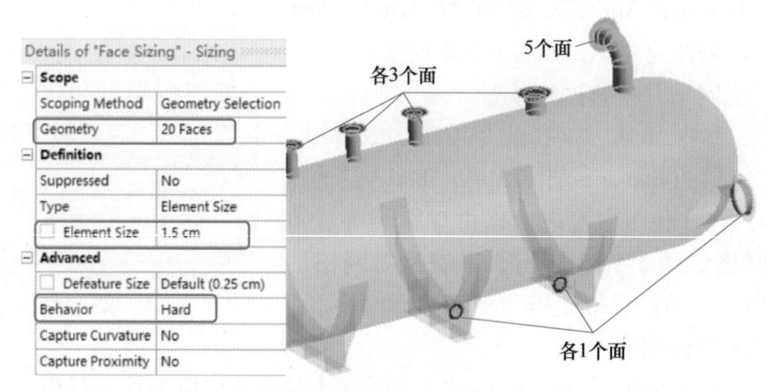

图 1-5-26　局部面尺寸

步骤 7：添加局部边尺寸控制。

按照图 1-5-27 所示，添加两个边尺寸控制，右击选择命令 Insert→Sizing，设置 Type（尺寸类型）栏为 Number of Divisions，Number of Divisions 栏（数量）分别为“35”和“50”，Behavior 栏为 Soft。

步骤 8：添加膨胀层控制，改善网格质量。

右击 Mesh，选择命令 Insert→Inflation，在细节窗口的 Geometry Scoping 中选择图 1-5-28所示的面，选择 5 个连接管与筒体的连接线，设置 Inflation Option 栏为 Total Thickness，Number of Layers 栏为“5”，Growth Rate 栏为 1. 2，Maximum Thickness 栏为“7. 0cm”。

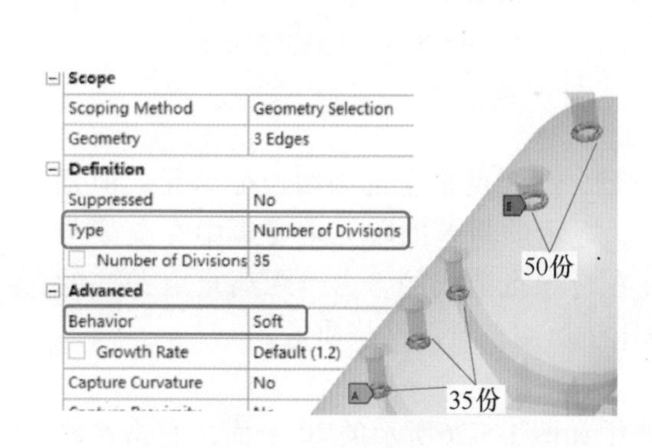

图 1-5-27　局部边尺寸

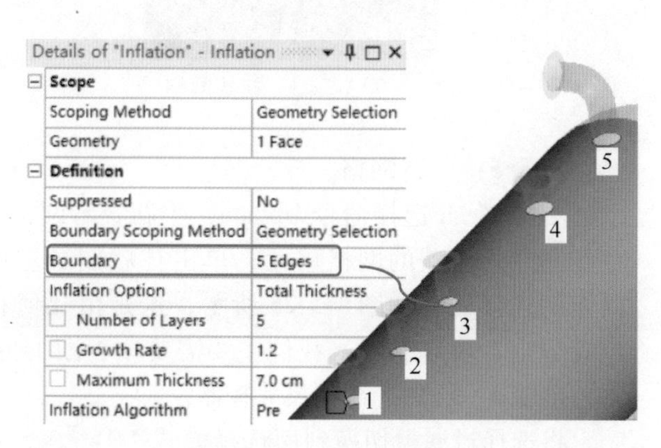

图 1-5-28　膨胀层控制

步骤 9：生成网格。

右击 Mesh，选择命令 Generate Mesh，设置 Mesh Metric 栏为 None，Display Style 栏为 Element Quality，可以看到在关注区域生成高质量的四边形网格，如图 1-5-29 所示。

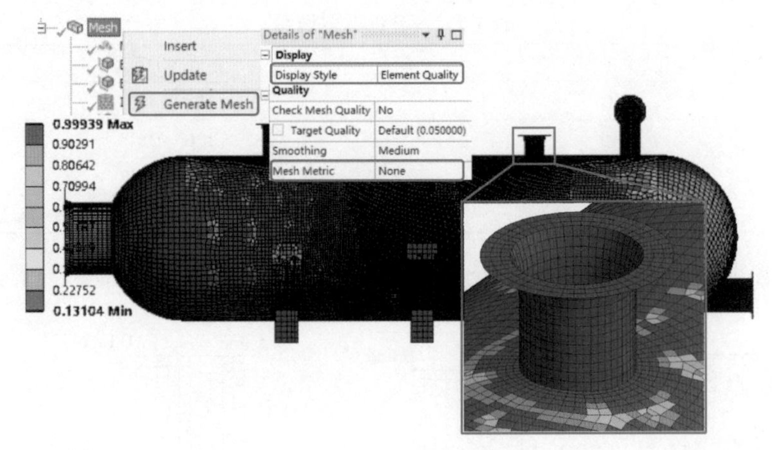

图 1-5-29　体网格显示

案例总结：以压力容器模型为例，介绍了局部控制网格类型和质量的以下方法。

1）使用了多区方法控制网格类型均为四边形。

2）使用曲率加密和近似加密函数捕捉几何细节。

3）连接管表面添加了局部面尺寸控制。

4）针对筒体与连接管连接处，使用了两种局部尺寸控制网格分布，即线尺寸和膨胀层。

5.2　Face Meshing——映射面网格

映射面网格定义的是在所选的面上生成自由网格还是映射/平铺网格，映射面网格对比如图 1-5-30 所示。边界节点附近面网格的结构是节点类型的函数，节点的类型有三种：Side、Corner 和 End，Reversal 为不可指定。

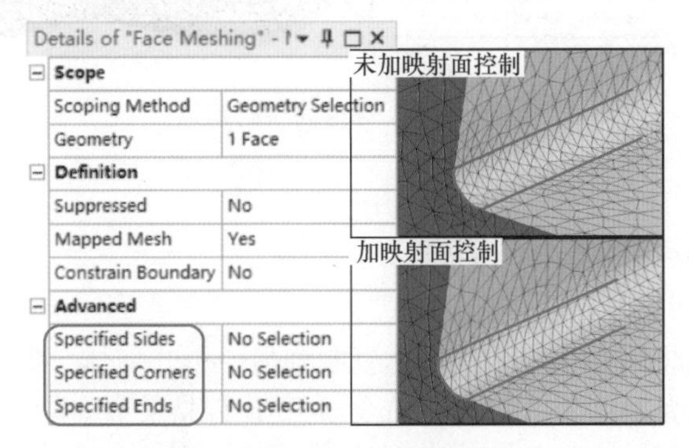

图 1-5-30　映射面网格对比

不同类型的节点生成的网格有两个方面的差异：

1）与节点相交的面网格线的数量不同。

2）紧邻节点的线的角度不同。

节点类型说明见表 1-5-2。

表 1-5-2　节点类型说明

节点类型	相交叉的网格线	线角度的范围
End	0	0°～135°
Side	1	136°～224°
Corner	2	225°～314°
Reversal	3	315°～360°（不能指定，在程序内部用于确定面是否可映射）

节点类型对网格的影响如图 1-5-31 所示。

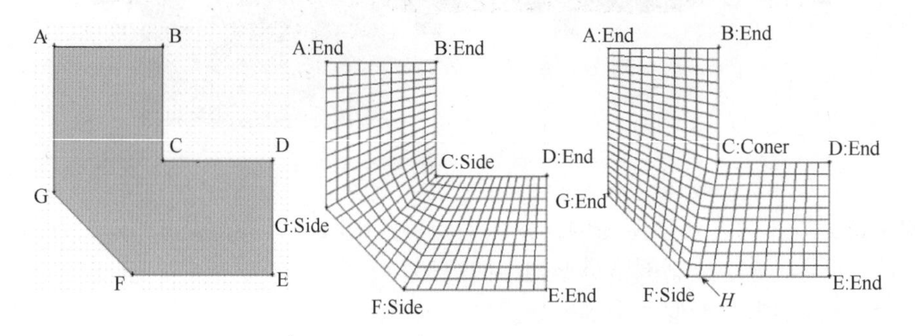

图 1-5-31　节点类型对网格的影响

映射面网格也常用于环形面网格尺寸的定义，如图 1-5-32 所示，如果选择的面为环形面，需要定义 Internal Number of Divisions——内部分割数量，即穿过环形区域的单元数量。

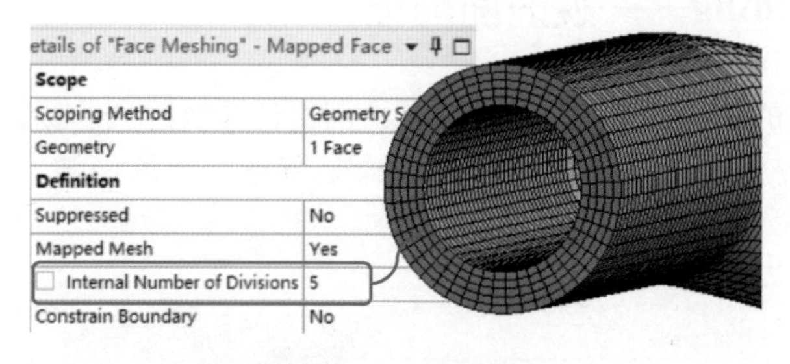

图 1-5-32　环形面映射网格

5.3　Mesh Copy——网格复制

网格复制功能允许将网格从一个几何体复制到另一个几何体，如果模型包含大量重复几何体，可以降低网格设置时间，并且复制命令与 CAD 保持关联。

案例：使用网格复制功能划分 PCB 网格

模型说明：图 1-5-33 所示为一个简化后的 PCB 模型，包含散热器、电容、集成电路、芯片等部件，我们以此为例介绍如何利用网格复制功能定义重复组件的网格。

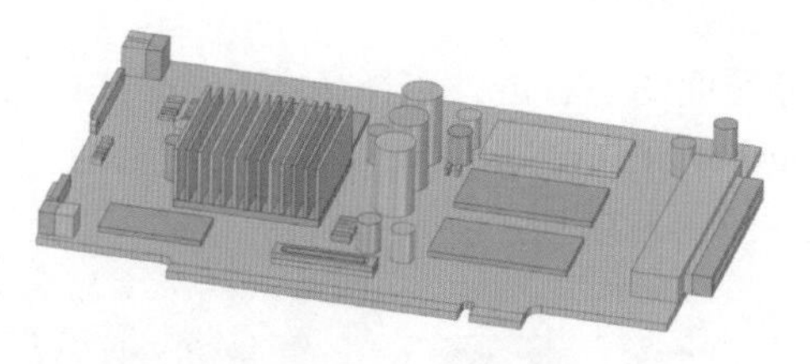

图 1-5-33　PCB 模型

步骤 1：启动 Workbench，创建一个新的项目。

选择命令 Start→All Programs→ANSYS 2021 R1→Workbench 2021 R1 启动软件，拖拽一个 Mesh 组件放在 Project Schematic 窗口中。在 Geometry 单元（A2）右击，选择命令 Import Geometry，选择几何模型“ElectronicBoard. scdoc”文件并打开，双击 Mesh 单元（A3），打开 ANSYS Meshing 界面，如图 1-5-34 所示。

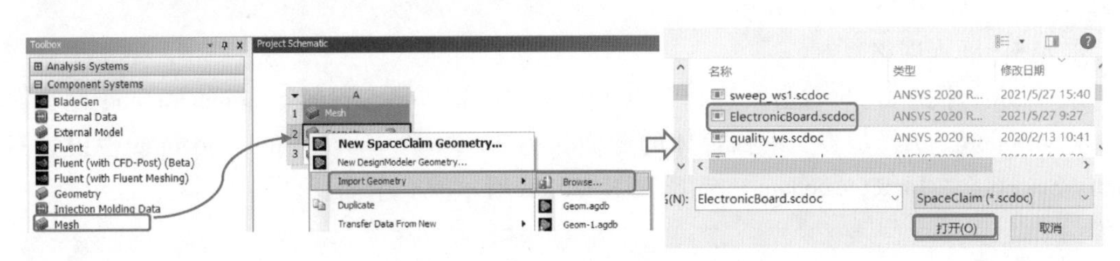

图 1-5-34　读入几何模型

步骤 2：全局网格设置。

在 Mesh 的细节窗口，设置 Physics Preference 栏为 CFD，Solver Preference 栏为 Fluent；展开 Sizing 组，设置 Capture Proximity 栏为 Yes，Num Cells Across Gap 栏为“2”，其余选项保持默认设置，如图 1-5-35 所示。

步骤 3：插入局部网格方法。

在 Outline 中的 Mesh 右击，选择命令 Insert→Method，几何体选择图 1-5-36 所示圆柱体，扫掠源面选择圆柱顶部端面，具体设置如图 1-5-36 所示。

Defaults	
Physics Preference	CFD
Solver Preference	Fluent
Element Order	Linear
Element Size	Default (9.8478741 mm)
Export Format	Standard
Sizing	
Use Adaptive Sizing	No
Capture Curvature	Yes
Curvature Min Size	Default (9.8478741e-0...
Curvature Normal Angle	Default (18.0°)
Capture Proximity	Yes
Proximity Min Size	Default (9.8478741e-0...
Num Cells Across Gap	2
Proximity Size Function Sources	Faces and Edges

图 1-5-35　全局网格设置

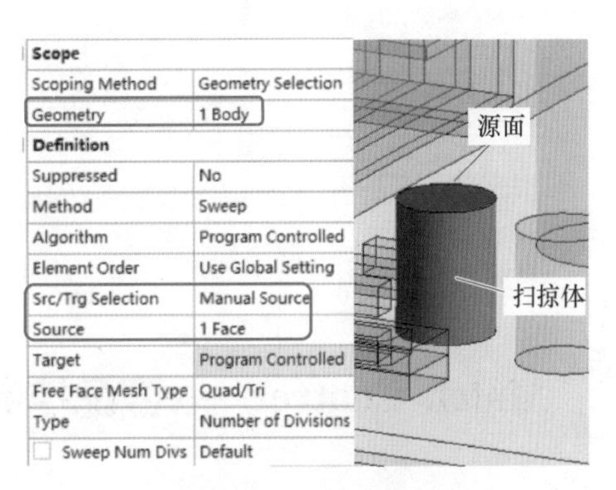

Scope	
Scoping Method	Geometry Selection
Geometry	1 Body
Definition	
Suppressed	No
Method	Sweep
Algorithm	Program Controlled
Element Order	Use Global Setting
Src/Trg Selection	Manual Source
Source	1 Face
Target	Program Controlled
Free Face Mesh Type	Quad/Tri
Type	Number of Divisions
Sweep Num Divs	Default

图 1-5-36　扫掠方法设置

步骤 4：插入局部尺寸控制。

选择图 1-5-37 中扫掠体源面的边右击，选择命令 Insert→Sizing，在 Edge Sizing 的细节设置界面，设置 Type 栏为 Number of Division，Number of Divisions 栏数值为“30”，Behavior 栏为 Hard，其余保持默认，如图 1-5-37 所示。

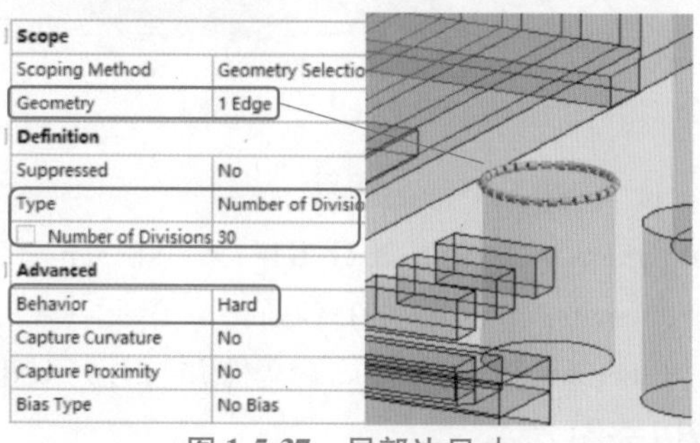

图 1-5-37　局部边尺寸

步骤 5：插入网格复制。

在 Outline 中的 Mesh 右击，选择命令 Insert→Mesh Copy，设置 Scoping Method 栏为 Geometry Selection，选择步骤 3 中扫掠体的源面作为 Source Anchor；Target Scoping 栏设为 Geometry Selection，Target Anchors 栏选择如图 1-5-38 所示的 6 个面。

注意：

网格复制的源和目标必须满足一些条件。

- 源面和目标面面积必须相同。
- 相关联的源和目标体的体积相同。
- 源和目标的结构必须相同，例如，不能将圆形面复制到方形面，即使两个面面积相同。

步骤 6：生成网格。

在 Outline 中的 Mesh 右击，选择命令 Generate Mesh。可以看到几个相同圆柱体的网格分布是一致的，如图 1-5-39 所示。

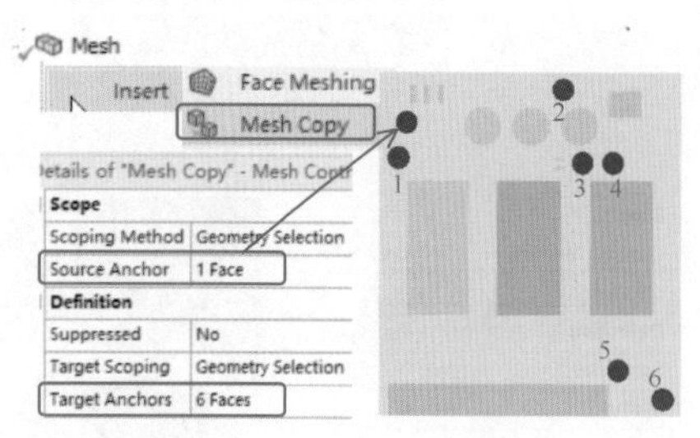

图 1-5-38　网格复制设置

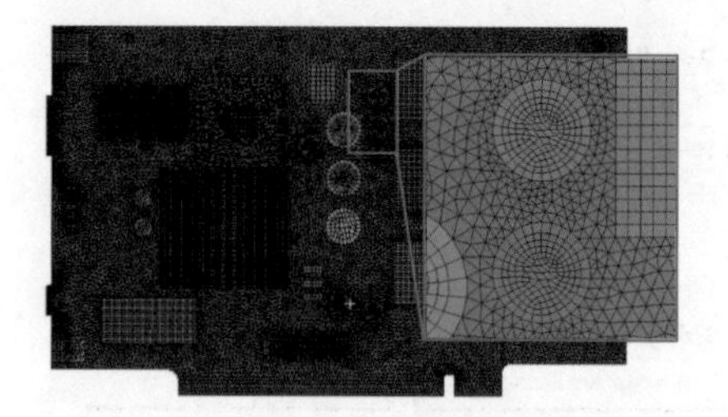

图 1-5-39　体网格

5.4　Match Control——匹配控制

在使用 Fluent 进行流场计算时，经常会用到周期性边界，而一致周期性边界的使用，必须确保边界上的节点以单一的、一致的角度互相匹配。

ANSYS Meshing 中的匹配控制功能就是用来匹配周期边界上的节点，可以应用于 3D 面和 2D 边，要求两个相互匹配的面或边必须具有相同的几何和拓扑，软件提供两种类型的匹配控制：圆周周期和任意方向周期。

5.4.1　圆周周期匹配控制

圆周周期的匹配过程，即将先选择的面或边的网格复制到二次选择的面或者边上。以下以一个简单实例介绍圆周周期匹配的设置方法。

图 1-5-40 所示为一个阶梯管路流体域，取 1/4 周期划分网格。

步骤 1：创建新的坐标系。

选中 Coordinate Systems 右击，选择命令 Insert→Coordinate System，坐标系类型 Type 栏选择为 Cylindrical（柱坐标），选择圆柱面作为参考几何，主轴设置为 Z 轴，旋转轴设置为 Y 轴，如图 1-5-41 所示。

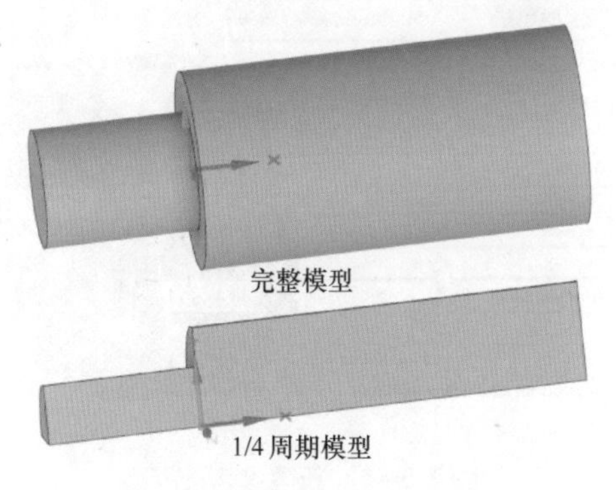

图 1-5-40　周期性模型

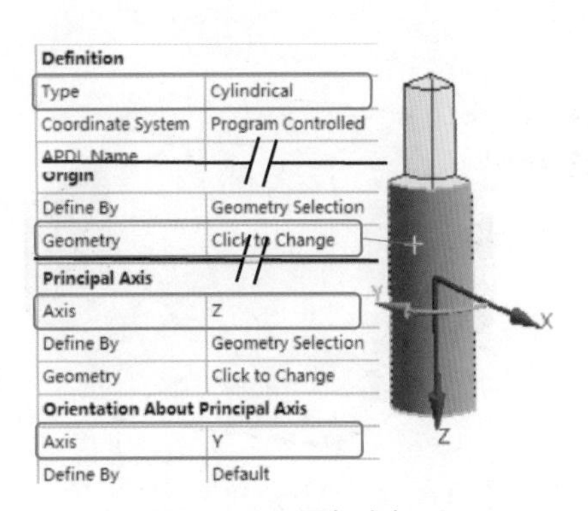

图 1-5-41　局部坐标系

步骤 2：插入匹配控制，设置参数。

选择 Mesh 右击，选择命令 Insert→Match Control。选择 High Geometry Selection 和 Low Geometry Selection 栏对应的面，高面和低面选择的顺序与绕轴的旋转方向保持一致，如图 1-5-42 所示。

步骤 3：生成网格。

将步骤 2 中的 High Geometry Selection 和 Low Geometry Selection 对应的面分别定义为 Named Selections（定义方法参考本篇 2. 2 节的相关内容）的 periodic1 和 periodic1-1，将网格读入 Fluent 中后，边界自动合并生成周期性边界 periodic1，如图 1-5-43 所示。

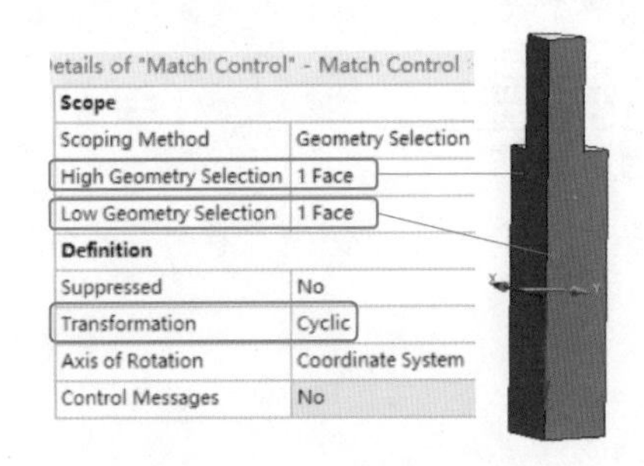

图 1-5-42　匹配控制

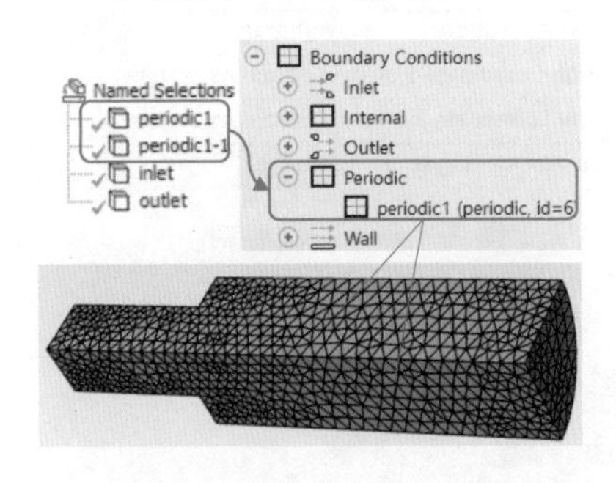

图 1-5-43　自动生成周期性边界之一

5.4.2 任意周期匹配控制

图 1-5-44 所示为平移周期性模型，定义了两个周期性边界面 A 和 B，划分周期性网格的步骤如下。

步骤 1：创建新的坐标系。

选中 Coordinate Systems 右击，选择命令 Insert→Coordinate Systems。在细节窗口中，设置 Define By 栏为 Geometry Selection，选择其中一个周期性边界面。以同样的方式基于另一个周期面创建参考坐标系，如果坐标轴方向不一致，可以改变主轴和旋转方向，如图 1-5-45 所示。

步骤 2：插入匹配控制，设置参数。

选择 Mesh 右击，选择命令 Insert→Match Control，设置 Transformation 栏为 Arbitrary，选择 High 面和 Low 面及各自对应的坐标系，如图 1-5-46 所示。

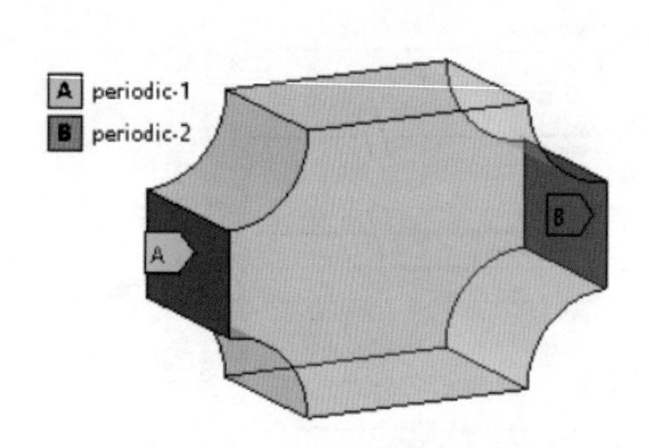

图 1-5-44　平移周期性模型

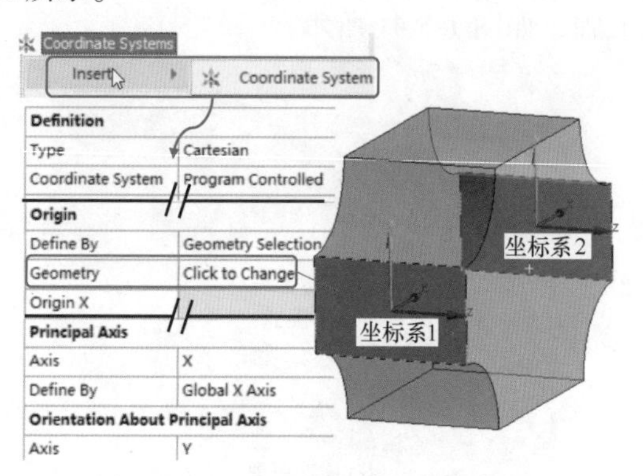

图 1-5-45　新建参考坐标系

步骤 3：生成网格。

定义周期性边界，网格读入 Fluent 中，自动生成平移周期边界条件（Named Selection 中包含 periodic 关键字，且网格匹配），如图 1-5-47 所示。

Scope	
Scoping Method	Named Selection
High Boundary	periodic-1
Low Boundary	periodic-2
Definition	
Suppressed	No
Transformation	Arbitrary
High Coordinate System	Coordinate System
Low Coordinate System	Coordinate System 2
Control Messages	No

图 1-5-46　匹配控制

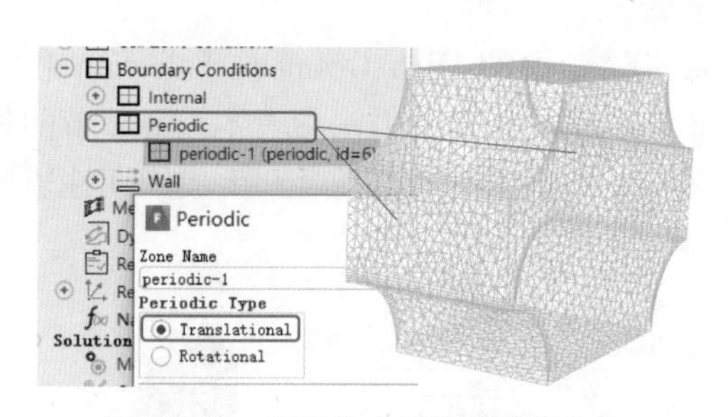

图 1-5-47　自动生成周期性边界之二

5.5 对称控制

在对旋转周期性问题划分网格时，除了上述的匹配控制方法，ANSYS Meshing 还提供了对称工具用于实现网格匹配。

与匹配控制相同，对称控制可以为三维几何模型和二维几何模型定义周期性边界条件，要求互相匹配的面或边具有完全相同的几何和拓扑结构，一个对称控制可以应用于几对边界。CFD 分析的旋转周期边界使用 Cyclic Region 命令，平移周期边界使用 Linear Periodic 命令。

1. 使用对称控制定义旋转周期性边界条件

图 1-5-48 所示模型具有周期性特征，划分 1/4 周期网格。

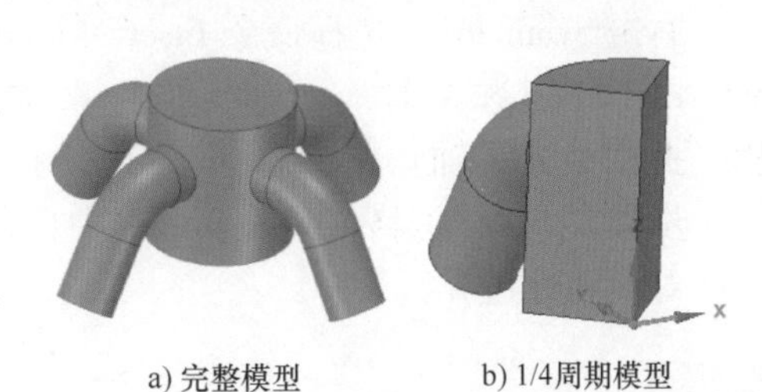

图 1-5-48　周期性模型

步骤 1：插入局部坐标系。

选中 Coordinate Systems 右击，选择命令 Insert→Coordinate System，使用循环对称工具时，最好使用柱坐标系来定义，可以根据已有的几何特征来创建柱坐标系，如图 1-5-49所示。

步骤 2：插入对称控制。

在 ANSYS Meshing 的 Outline 中，选中 Model 右击，选择命令 Insert→Symmetry，在 Outline 中会出现 Symmetry 特征，主菜单中也会出现 Symmetry 页签。

步骤 3：创建循环周期边界。

右击 Symmetry，选择命令 Insert→Cyclic Region，或者在 Symmetry 页签中选择 Cyclic Region 命令；在细节窗口中，Low Selection 和 High Selection 分别选择对应的面，坐标系选择上个步骤创建的柱坐标系，如图 1-5-50 所示。

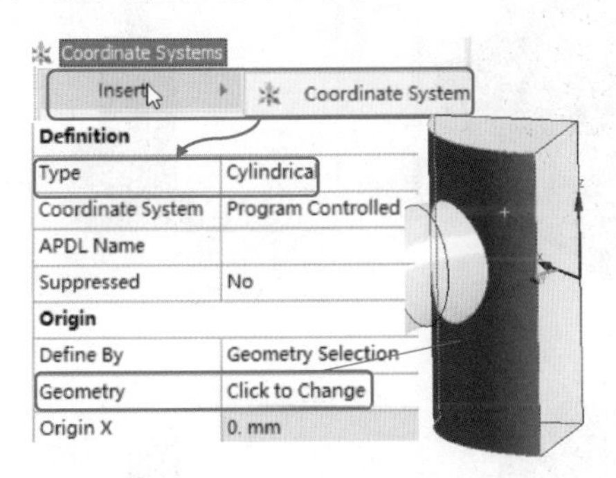

图 1-5-49　插入局部坐标系

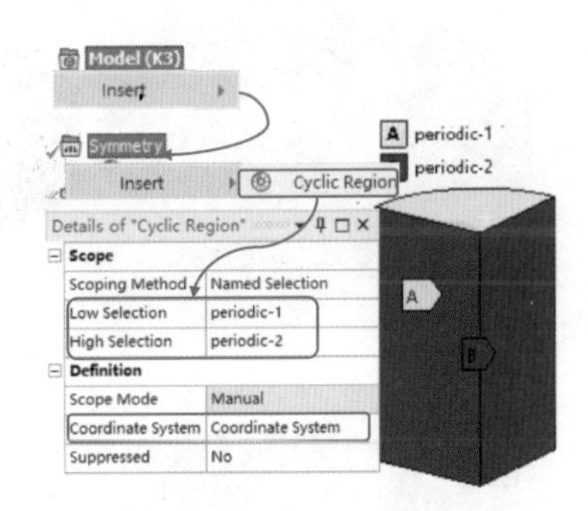

图 1-5-50　定义循环周期

步骤 4：生成网格，导入 Fluent 中自动创建周期性边界条件。

2. 使用对称控制定义平移周期边界条件（见图 1-5-51）

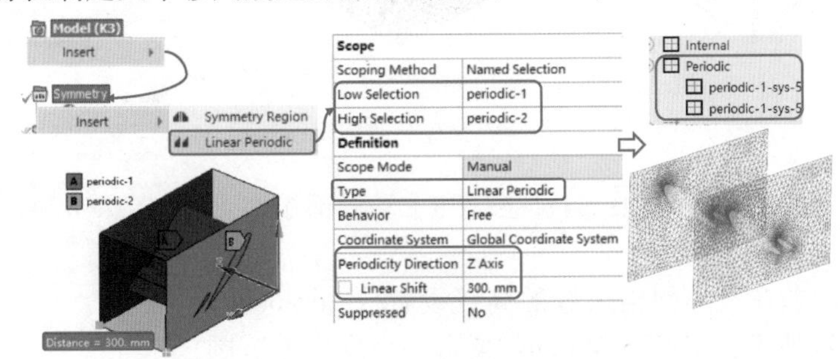

图 1-5-51　平移周期对称设置

步骤 1：插入对称控制。

在 ANSYS Meshing 的 Outline 中，选中 Model 右击，选择命令 Insert→Symmetry，在 Outline 中会出现 Symmetry 特征，主菜单中也会出现 Symmetry 页签。

步骤 2：插入对称周期边界。

右击 Symmetry，选择命令 Insert→Linear Periodic，在细节窗口中，Low Selection 和 High Selection 分别选择对应的面，坐标系选择全局坐标系，定义正确的 Periodicity Direction 栏（此模型为 Z 轴），在 Linear Shift 栏中输入两个面的距离为“300mm”。

步骤 3：生成网格，导入 Fluent 中自动创建周期性边界条件（计算域为两个，自动分割为两对周期性边界）。

5.6 Pinch——收缩控制

收缩控制可以用于在网格层面移除小的特征，如短边、狭窄区域等，有助于得到更高质量的网格。

图 1-5-52 所示的几何，圆柱区域和矩形区域存在一个很小的台阶，而且矩形上表面还有尖角结构存在，如果使用默认的设置生成网格，会在这两个区域产生没有必要的过度细化，且网格质量（正交性）差；添加收缩控制后，过度细化区域消失且网格质量有很大的改善，如图 1-5-52 所示。

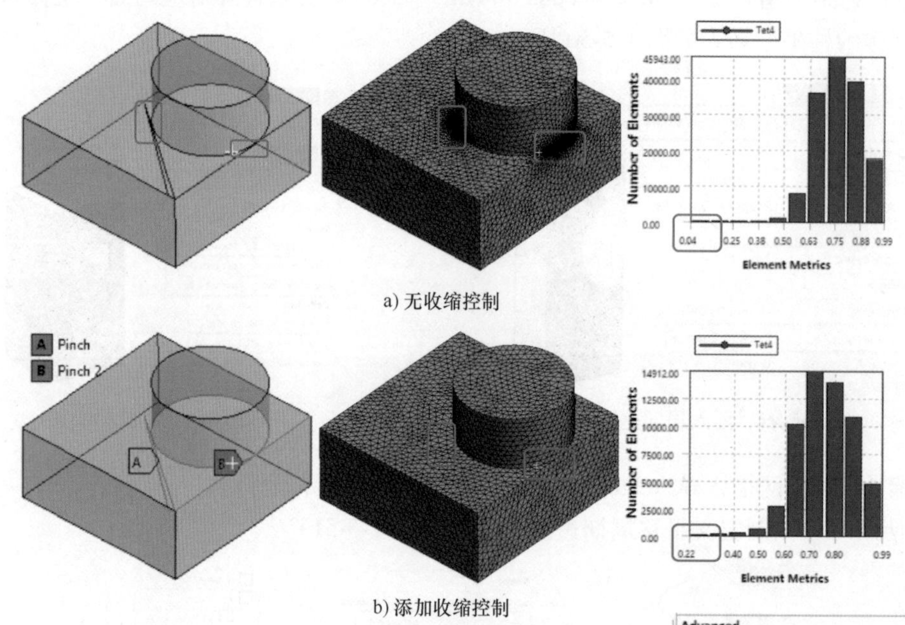

a) 无收缩控制

b) 添加收缩控制

图 1-5-52　收缩控制对网格的影响

添加收缩控制的方式有两种：自动生成和手动局部添加。

1. 自动生成收缩控制

收缩控制的容差在全局网格设置的高级设置（Advanced）组内，如图 1-5-53 所示，ANSYS Meshing 会自动识别容差范围

Advanced	
Number of CPUs for ...	Program Controlled
Straight Sided Eleme...	
Rigid Body Behavior	Dimensionally Reduced
Triangle Surface Mes...	Program Controlled
Use Asymmetric Map...	No
Topology Checking	Yes
Pinch Tolerance	Default (1.8e-002 mm)
Generate Pinch on R...	No

图 1-5-53　全局收缩控制

内的小特征并创建收缩控制。

（1）Pinch Tolerance 栏　一般来说，收缩容差应该小于定义的周围区域的网格尺寸，例如，如果在边上定义了一个局部边尺寸，当定义的收缩容差大于定义的边尺寸时，会造成网格划分失败。如果在全局网格控制的尺寸设置（参考图 1-4-5）中将 Capture Curvature 或者 Capture Proximity 尺寸函数设置为 Yes，那么默认的容差为 Curvature Min Size 和 Proximity Min Size 二者较小值的 90%。

（2）Generate Pinch on Refresh 栏　当几何发生改变时，确定控制生成的收缩是否会根据改变自动进行刷新。如果该栏选择为 Yes，那么几何发生改变后，所有自动生成的收缩控制都会被删除并重新基于新的几何结构创建收缩控制。

注意：

- 仅仅是自动生成的收缩控制可以自动再生成。

基于收缩容差自动生成收缩控制的步骤如下。

步骤 1：在 Mesh 的细节窗口中，展开 Advanced 组，定义收缩容差的数值。

步骤 2：选择 Outline 中的 Mesh 右击，在弹出的快捷菜单中选择命令 Create Pinch Controls，软件会将满足容差标准的几何自动生成收缩控制插入 Outline 中，并可以在图形窗口查看对应收缩位置，如图 1-5-54 所示。

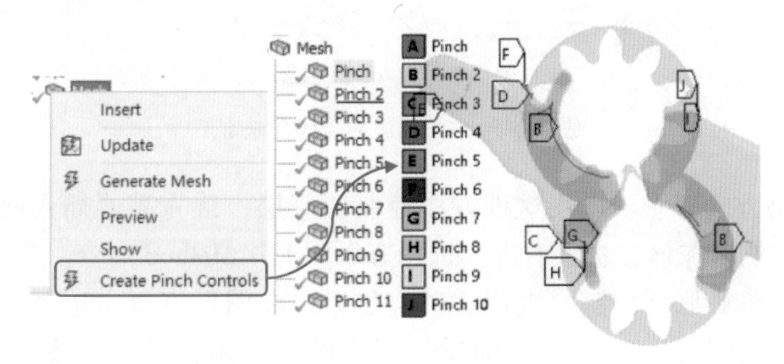

图 1-5-54　自动生成收缩控制

2. 手动局部添加收缩控制

手动局部添加收缩控制的步骤如下。

步骤 1：选择 Outline 的 Mesh 右击，选择命令 Insert→Pinch，显示细节窗口。

步骤 2：在图形窗口中，选择将被定义为 Primary Geometry 的一个或多个面/边/顶点，右击鼠标，选择命令 Set As Pinch Primary，对应的几何特征变为蓝色，以同样的方法选择 Secondary Geometry，对应的几何特征变为红色，如图 1-5-55 所示。

步骤 3：设置收缩容差，默认情况下该容差值为全局网格设置定义的数值，如果指定了不同的值，则将把全局的容差覆盖。

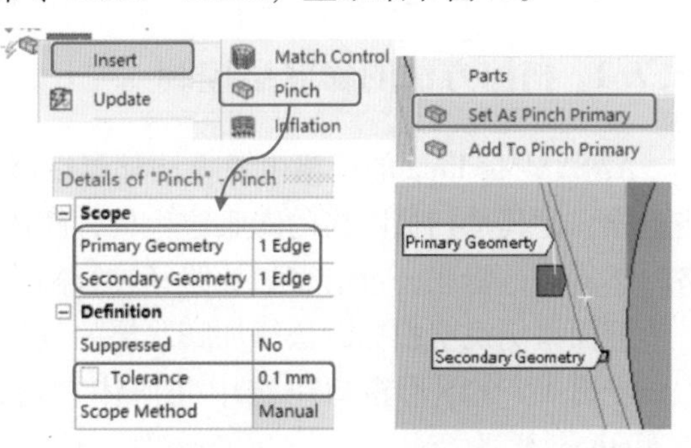

图 1-5-55　手动收缩控制

5.7 膨胀层控制

对于流场计算，边界层的解析程度对计算结果会产生一定的影响，因此需要合理地划分边界层网格。在 ANSYS Meshing 中，使用 Inflation（膨胀层）来定义边界层网格的尺寸和其他参数。

在第 4 章中，已经对全局的膨胀层参数（4.3 节）做了介绍，本章介绍的是局部膨胀层的控制，用于生成指定边界上的边界层网格，在添加了局部控制后，会把全局的膨胀层参数覆盖掉。

定义局部膨胀层控制有两种方式（见图 1-5-56）：针对某个网格划分方法膨胀或者插入独立的膨胀层控制。

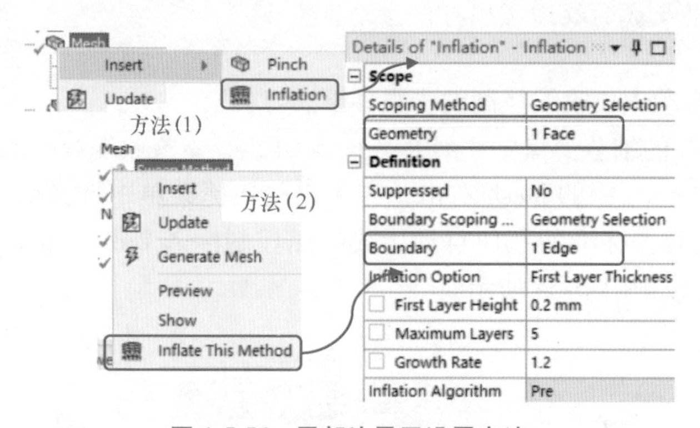

图 1-5-56　局部边界层设置方法

（1）针对网格方法膨胀　采用这种方法控制膨胀层，首先需要插入网格划分方法并与对应的体相关联，然后在该方法上右击，选择 Inflate This Method 命令。

（2）插入独立的膨胀层控制　采用这种方法时，在图形窗口中选择需要添加边界层的实体模型，右击，选择命令 Insert→Inflation，选中的几何体会自动加载到细节窗口的 Scope 组 Geometry 栏中；或者右击 Outline 中的 Mesh，选择命令 Insert→Inflation 进行相关操作。

两种方法的参数设置相同，在细节窗口中，设置生成膨胀层的边界，Boundary Scoping Method 栏可以选择 Geometry Selection 或者 Named Selections 两种定义方法，最后设置膨胀层相关参数。

5.7.1 扫掠方法的膨胀层控制

ANSYS Meshing 的网格生成方法都可以添加边界层控制，但是每种方法在设置上存在一些差异，尤其是扫掠网格的膨胀层生成，膨胀过程属于前处理，也就是说先在源面上生成网格，然后进行膨胀，再沿着扫掠路径进行网格的铺层。

下面举例说明扫掠方法添加膨胀层的具体步骤。

步骤 1：在图形窗口中选中几何体右击，选择命令 Insert→Method，在细节窗口中设置 Method 栏为 Sweep。设置 Src/Trg Selection 栏为 Manual Source，选择对应的源面，如图 1-5-57 所示。

注意：

- Src/Trg Selection 栏必须选择 Manual Source 或者 Manual Source&Target 才允许添加膨胀层。

步骤 2：选中 Outline 中的 Sweep Method，右击，选择命令 Inflate This Method，在细节窗口的 Scope 组 Geometry 栏会自动加载为源面，Boundary 栏中选择源面上增长膨胀层的边（3 条），如图 1-5-58 所示。

步骤 3：生成网格可以看到边界层沿扫掠路径层铺。

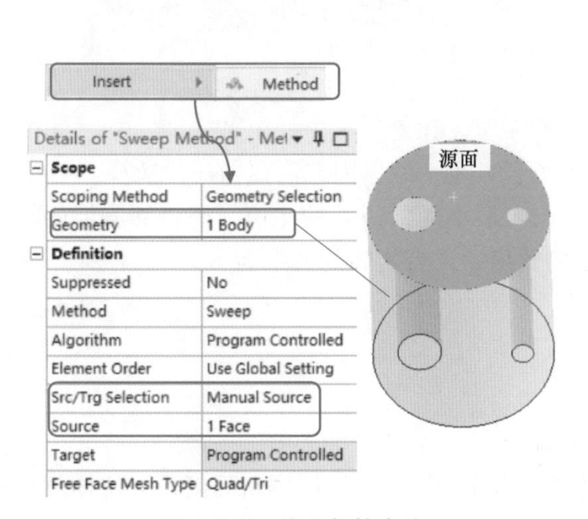

图 1-5-57　定义扫掠方法

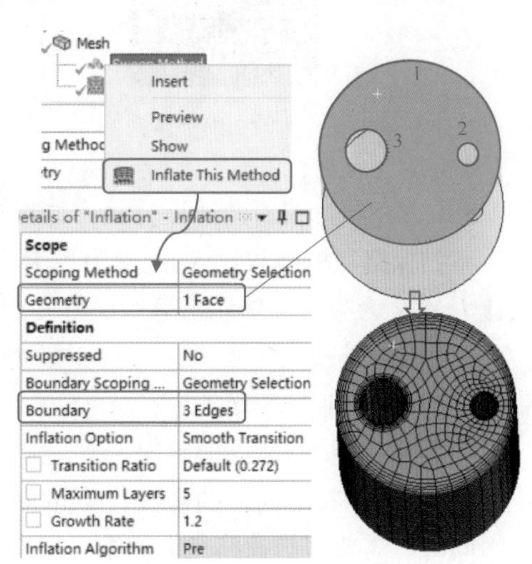

图 1-5-58　膨胀扫掠方法

5.7.2　不同方法边界层之间的连接

当两个实体模型共享拓扑（交界面共节点）时，如果其中一个实体应用了扫掠的方法而另一个实体应用了四面体网格生成方法（Patch Conforming），此时的膨胀层控制需要一些特殊的处理，分成以下两种情况进行考虑。

（1）两个体的交界面是扫掠体的源面/目标面　这种情况，为两个体分别添加局部膨胀层控制，需要保证边界层参数设置相同，如图 1-5-59 所示。内部体网格如图 1-5-60 所示。

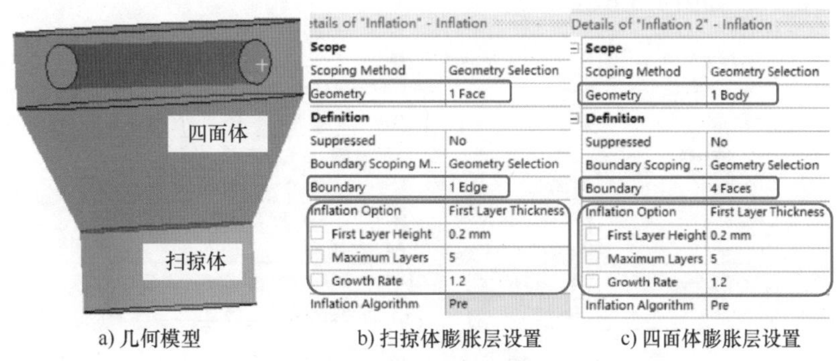

a) 几何模型　　b) 扫掠体膨胀层设置　　c) 四面体膨胀层设置

图 1-5-59　膨胀层设置

（2）两个体的交界面是扫掠体的侧面　如图 1-5-61 所示的几何体，内部圆柱体几何具有扫掠特征，为了保证四面体网格的膨胀层与扫掠体的侧面相匹配，需要在扫掠方向上定义偏斜。

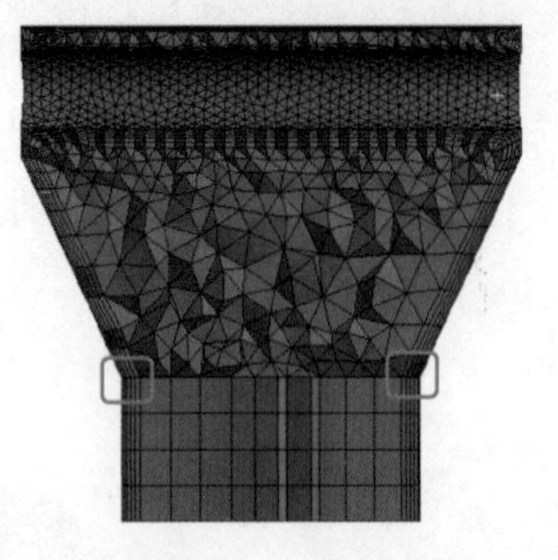

图 1-5-60　内部体网格

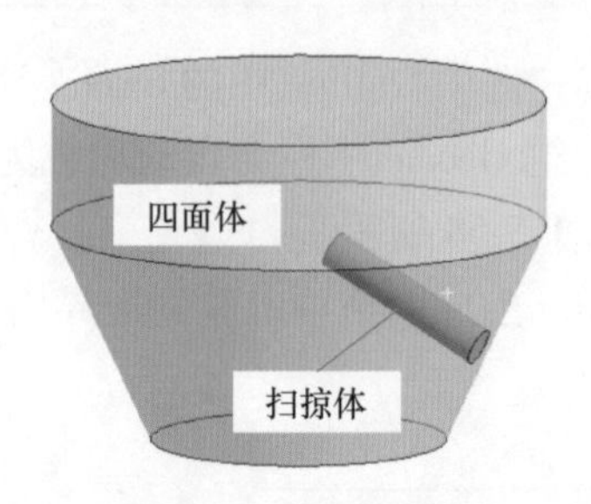

图 1-5-61　几何模型

5.1 节介绍过偏斜的计算公式，与膨胀层的增长并不一致，因此需要做一些换算。

将扫掠路径的偏斜比 S_b 定义为最大网格边长与最小网格边长的比值，而将膨胀层的增长比 I_r 定义为第二层单元与第一层单元的高度的比值，二者之间的关系为

$$I_r = S_b^{[1/(N-1)]} \tag{1-5-5}$$

式中　I_r——膨胀层的增长比；

S_b——扫掠路径的偏斜比；

N——扫掠方向分的份数（Number of Divisions）。

同时，需要将扫掠路径上的第一层网格高度作为膨胀层的第一层网格高度，但这样就会遇到一个问题——第一层网格的高度是软件根据扫掠路径的长度、偏斜比和分割份数计算得到的，在生成网格之前很难评估，解决办法是可以首先生成扫掠体的网格，测量一下第一层网格的高度，然后再用该值定义膨胀层的第一层网格高度，结合上述增长比的计算公式就能获得匹配良好的网格。

步骤 1：插入扫掠方法。

在图形窗口中，选中扫掠几何体（圆柱体）右击，在弹出的快捷菜单中选择命令 Insert→Method，在细节窗口中几何实体自动添加到 Scope 组 Geometry 栏中，Method 栏设置为 Sweep，Scr/Trg Selection 栏设置为 Manual Source，选择圆柱体的外端面作为源面。Sweep Num Divs 栏设置为“30”，展开 Advanced 组，Sweep Bias Type 栏选择为从小到大，Sweep Bias 栏设为“4.0”，如图 1-5-62 所示。

Scoping Method	Geometry Selection
Geometry	1 Body
Definition	
Suppressed	No
Method	Sweep
Algorithm	Program Controlled
Element Order	Use Global Setting
Src/Trg Selection	Manual Source
Source	1 Face

Target	Program Controlled
Free Face Mesh Type	Quad/Tri
Type	Number of Divisions
Sweep Num Divs	30
Element Option	Solid
Constrain Boundary	No
Advanced	
Sweep Bias Type	_ _ — —
Sweep Bias	4.0

图 1-5-62　扫掠方法设置

步骤 2：生成扫掠体网格。

在图形窗口中选择扫掠体右击，选择命令 Generate Mesh On Selected Bodies，如图 1-5-63 所示。

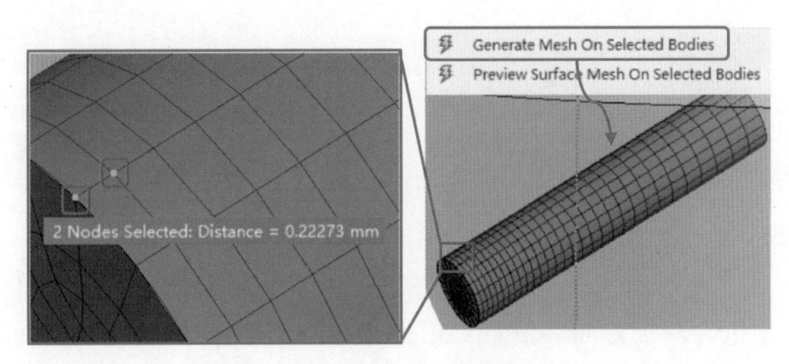

图 1-5-63　测量第一层网格高度

步骤 3：测量第一层网格高度。

将选择过滤器切换为节点选择模式，按住<Ctrl>键的同时选中网格的两个节点，在底部信息栏中会显示两个节点之间的距离，即为第一层网格的高度。根据式（1-5-5）计算得到膨胀层的增长比为 1.083。

步骤 4：设置四面体膨胀层。

Inflation Option 栏设为 First Layer Thickness，First Layer Height 栏设为 0.22273mm，Growth Rate 栏设为 1.083，其余默认设置，如图 1-5-64 所示。

步骤 5：重新生成网格，可以看到四面体膨胀层与六面体网格完美匹配，内部体网格连接如图 1-5-65 所示。

Scope	
Scoping Method	Geometry Selection
Geometry	1 Body
Definition	
Suppressed	No
Boundary Scoping Method	Geometry Selection
Boundary	2 Faces
Inflation Option	First Layer Thickness
First Layer Height	0.22273 mm
Maximum Layers	5
Growth Rate	1.083
Inflation Algorithm	Pre

图 1-5-64　四面体边界层参数

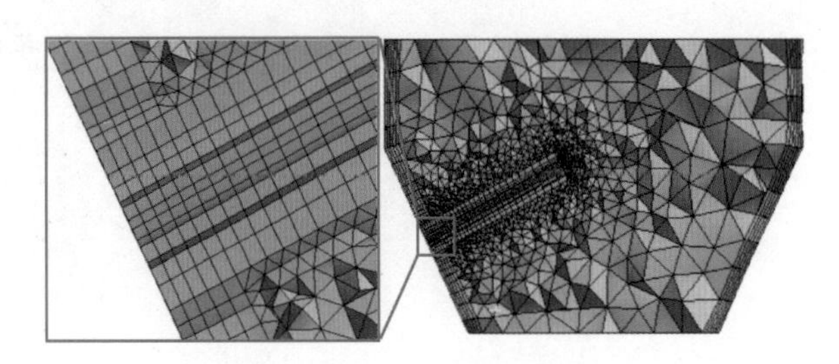

图 1-5-65　内部体网格连接

第 6 章 其他常用功能

6.1 虚拓扑

一个 CAD 模型包含两个方面的信息：拓扑和几何。拓扑是 CAD 模型的连接关系，即点与线连接，线与面连接，面与体连接，每一个实体称为一个单元（Cell）。

ANSYS Meshing 中创建的虚拟单元，仅修改了导入数据的拓扑，并未改变原始的 CAD 模型。虚拓扑的应用场景通常包括以下几个方面：

1）合并一些小的面或边，减少单元数量，提升网格质量。

2）修正几何体的拓扑特征，使不可扫掠的体成为可扫掠体。

3）分割边，以便更好地控制面网格。

4）修复网格划分中遇到的问题。

图 1-6-1 所示为使用虚拓扑前后网格分布对比，使用虚拓扑合并小碎面之后，明显改善了尖角处的网格质量且分布更加均匀。

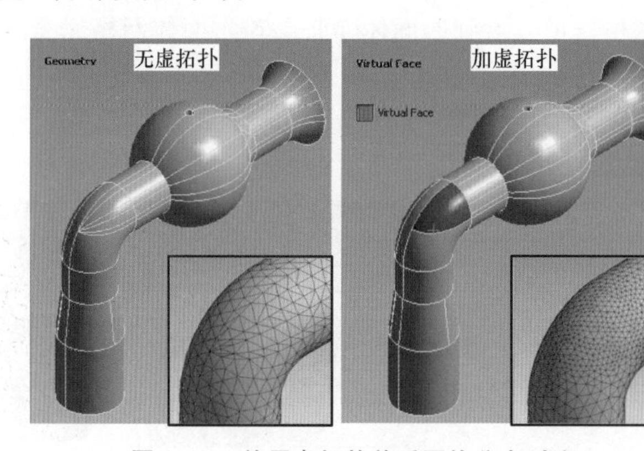

图 1-6-1 使用虚拓扑前后网格分布对比

6.1.1 创建虚拓扑的方法

创建虚拓扑有两种方式：自动创建和手动创建。通常这两种方法可以结合使用，例如，当想使用虚拓扑合并一些小的曲面或线时，可以首先使用自动的方法创建，然后再采用手动的方式进行虚拓扑的操作以确保重要的拓扑结构被保留并且可能影响网格质量的特征已经被清除。

1. 自动创建虚拓扑

默认在 Outline 的列表中是没有虚拓扑特征的，可以右击 Models，在弹出快捷菜单中选择命令 Insert→Virtual Topology，在细节窗口中，Method 栏设置为 Automatic，参数设置完成后再右击 Virtual Topology，选择命令 Generate Virtual Cells。

Behavior（行为）栏，决定了面或边合并的程度，分为 Low、Medium、High、Edge Only 和 Custom 选项。其中 Low、Medium、High 三个等级，等级越高，软件自动合并的面越多。Edge Only 选项则表示仅仅合并边。当选择了 Custom 选项时，会引入其他的一些参数来控制创建虚拓扑的行为，如图 1-6-2 所示。

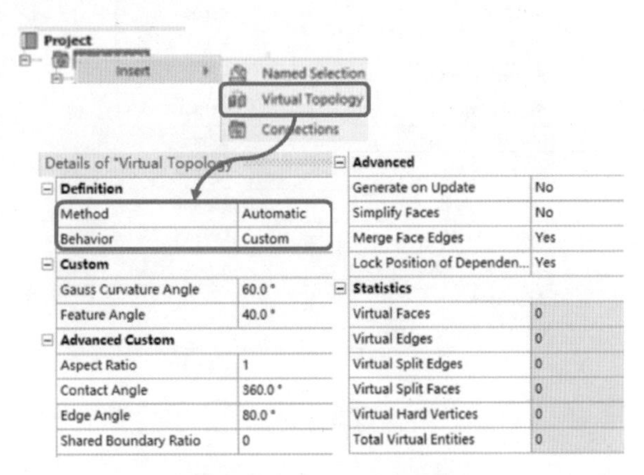

图 1-6-2　虚拓扑设置界面

1）Gauss Curvature Angle（高斯曲率角）栏，表示了合成面的平面度，角度范围为 0°~180°。如果 β 大于核定的高斯曲率角，那么两个面仍保持分离。因此可以得出结论，增大高斯曲率角，会有更多的面合并在一起而生成更大的合并面，也就是说产生的虚拓扑单元更少，如图 1-6-3 所示。

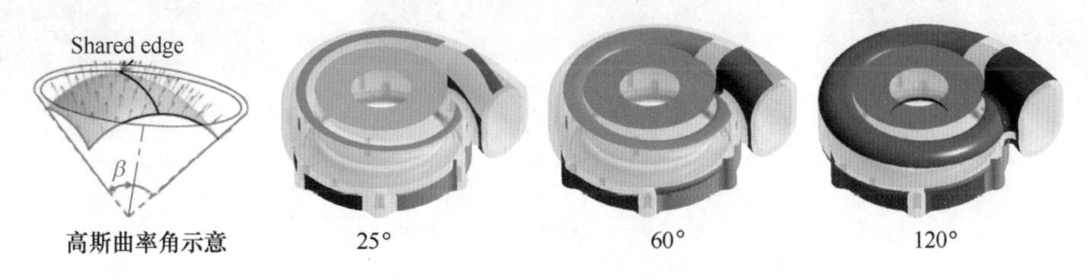

图 1-6-3　高斯曲率角的影响

2）Feature Angle（特征角度）栏，设定了相邻面的最小角度，角度的范围为 0°~180°，如果角度 α 大于设定的特征角度，那么两个面仍保持分割状态，如图 1-6-4 所示，推荐数值为 30°~90°。

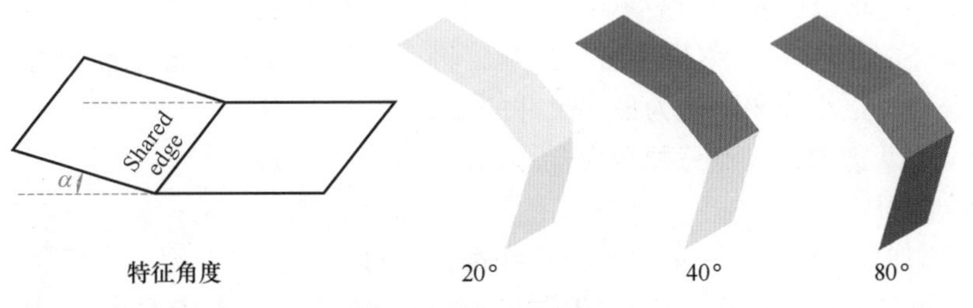

图 1-6-4　特征角的影响

3）Aspect Ratio 栏，数值范围为 0~1，数值越大，合并成一个虚拟单元的面越多。

2. 自动修复模式虚拓扑

在细节窗口中 Method 栏设置为 Repair，如图 1-6-5 所示，参数设置完成后再右击 Virtual Topology，选择命令 Generate Virtual Cells。

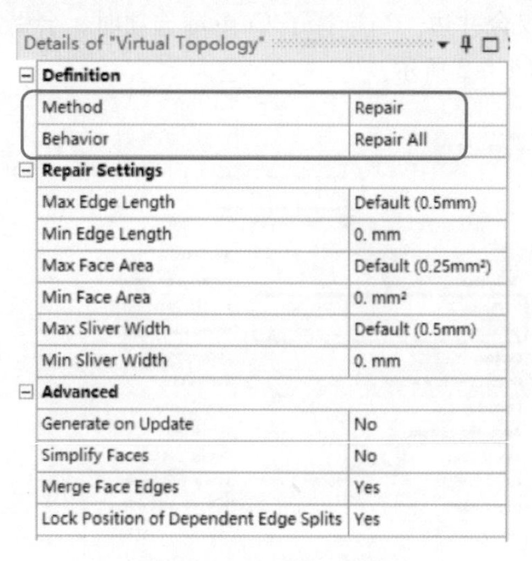

图 1-6-5　自动修复设置

Behavior（行为）栏，决定了实施修复的类型，包括 Repair All、Repair Small Edges、Repair Slivers 和 Repair Small Faces 四个选项，具体差异如图 1-6-6 所示。

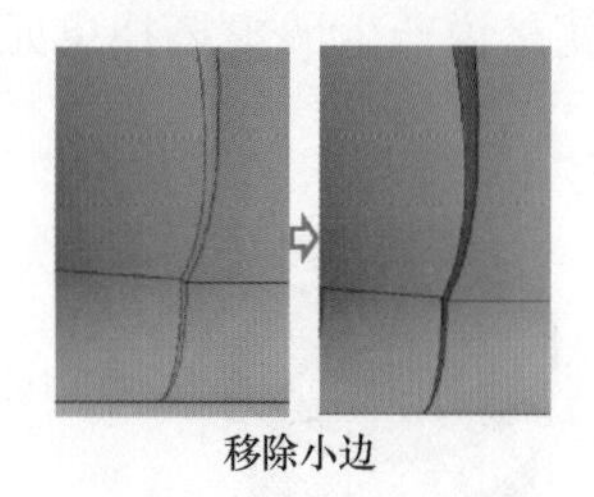

移除小边

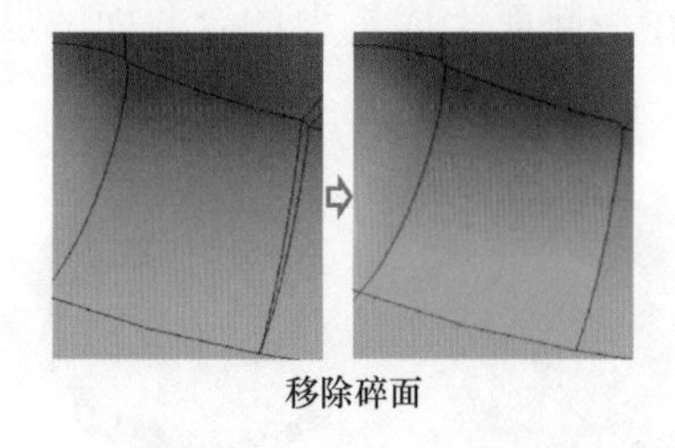

移除碎面

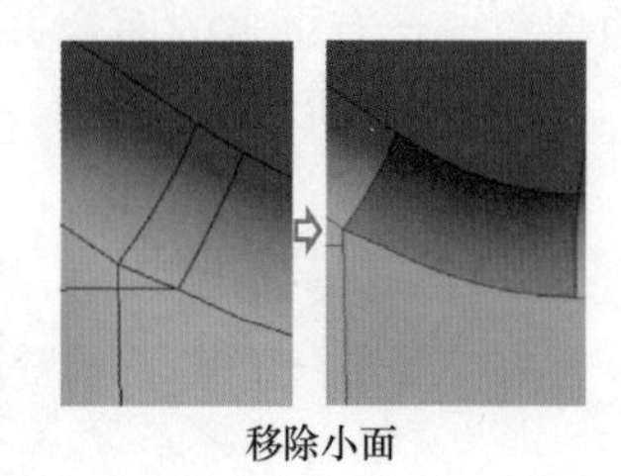

移除小面

图 1-6-6　修复行为的影响

1）Repair Small Edges（移除小边）选项，软件将小边与其附着的面合并或者与相邻的边合并，合并标准为设定的最大边长和最小边长之间，最大边长的默认值为最小单元尺寸（全局尺寸中定义）的 1/2，最小边长默认为 0。

2）Repair Slivers（移除碎面）选项，将尺寸在最大宽度和最小宽度之间的碎面与相邻的面合并。最小宽度默认设置为最小单元尺寸的 1/2，最小宽度默认为 0。

3）Repair Small Faces（移除小面）选项，将介于最大面积和最小面积之间的小面与相邻的面进行合并，最小面积默认为最小尺寸的 1/2。

4）Repair All 选项，以上三种行为全部执行。

3. 手动创建虚拓扑

1）手动添加虚拟单元。一般手动虚拓扑都作为自动方法的补充，可以将自动方法未包含的部分进行添加，也可以将不必要的虚拓扑删除。首先需要右击 Outline 中的 Models，选择命令 Insert→Virtual Topology，在细节窗口中，Method 栏设置为 Automatic。保持 Outline 中 Virtual Topology 任务为选中状态，在图形窗口中选择想要合并的面或者边，右击，选择命令 Insert→Virtual Cell，如图 1-6-7 所示。

2）虚拟分割边。有些情况下，虚拟分割边会有利于网格参数的设定，如为一个矩形面，面的一侧有单个边，而另一面分成了两条边，为了保证矩形两侧的网格节点分布一致，可以将单个边进行拆分。

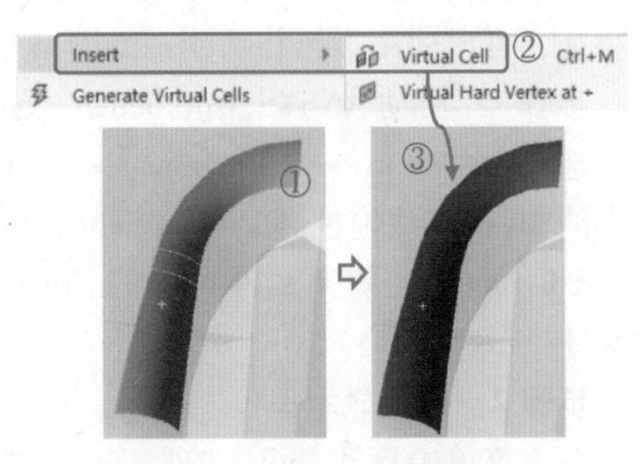

图 1-6-7　手动插入虚拓扑方法

具体的操作方法如下。

步骤 1： 首先需要右击 Outline 中的 Models，选择命令 Insert→Virtual Topology，插入虚拓扑任务。

步骤 2： 将选择过滤器切换到边选择模式，选择想要分割的边，右击弹出快捷菜单并选择命令 Insert，此时有两个分割边的选项即 Virtual Split Edge at+和 Virtual Split Edge。

① Virtual Split Edge at+选项，会在鼠标单击位置将边分割为两条边。

② Virtual Split Edge 选项，默认会在 1/2 处将边分割为两条边，此时再次选中被分割的边，右击，选择 Edit Selected Virtual Entity Properties 命令，可以修改分割的比例，数值范围为 0~1，只有当选中的边为封闭边（如一个圆）时，数值 0 或 1 才有效，会将封闭的边分割为两条边。虚拟分割边操作如图 1-6-8 所示。

此外，也可以以交互的方式修改分割比例，在视图中选中被分割完成的边或者分割位置的顶点，按住<F4>键的同时，会出现顶点小球，沿着边拖动光标，在合适的位置松开鼠标即可。

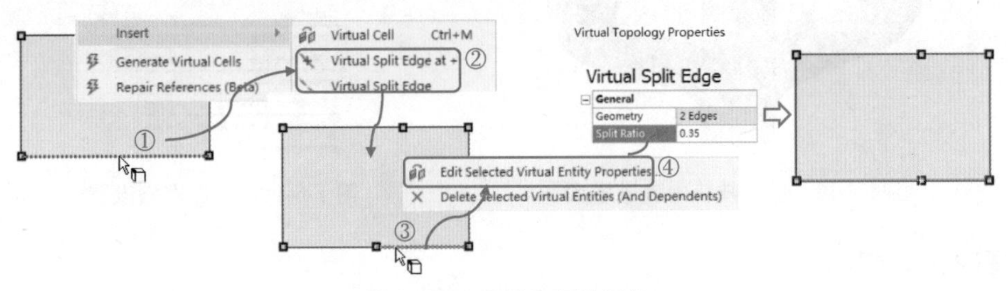

图 1-6-8　虚拟分割边操作

3）虚拟分割面，与虚拟分割边的作用类似，当我们需要更好地控制面网格的分布或者构造拓扑特征时，又或者需要在一些位置定义载荷、支承或约束时，可以使用虚拟分割面功能将一个面拆分成两个或更多的面，具体的操作如下。

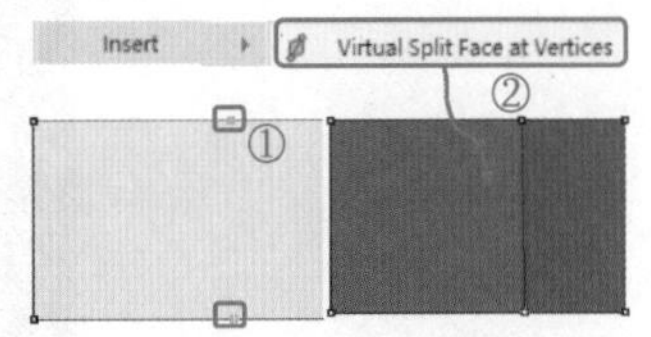

图 1-6-9　虚拟分割面操作

步骤 1： 首先需要右击 Outline 中的 Models，选择命令 Insert→Virtual Topology。

步骤 2： 将选择过滤器切换到节点选择模式，然后在图形窗口中选择所要分割面上的两个节点，右击并选择命令 Insert→Virtual Split Face at Vertices，如图 1-6-9 所示。

6.1.2 案例：应用虚拓扑功能划分进气管网格

模型说明：图 1-6-10 所示为进气歧管内流道模型，包含大量的曲面且具有碎面、尖角等特征，可以使用虚拓扑功能辅助网格生成。

步骤 1：启动 ANSYS Workbench，创建新的项目。

选择命令 Start→All Programs→ANSYS 2021 R1→Workbench 2021 R1 打开软件，将工具箱中的 Mesh 模块拖拽到 Project Schematic 窗口中，在 Geometry 单元（A2）右击，选择命令 Import Geometry，找到文件夹中的“manifold. x_t”文件并打开，双击 A3 单元，启动 ANSYS Meshing（图略）。

步骤 2：设置显示单位。

在主菜单中找到 Units 选项，选择“Metric（mm，kg，N，s，mV，Ma）”。

步骤 3：设置全局网格选项。

选择 Outline 中的 Mesh，显示细节设置界面，设置 Physics Preference 栏为 CFD，Solver Preference 栏为 Fluent，Element Size 栏为“5. 0mm”。展开 Sizing 组，Mesh Defeaturing 栏选择为 Yes，Defeature Size 栏设为“5. e－002mm”，即 0. 05mm，Curvature Min Size 栏设为“1. 0mm”，其余保持默认，如图 1-6-11 所示。

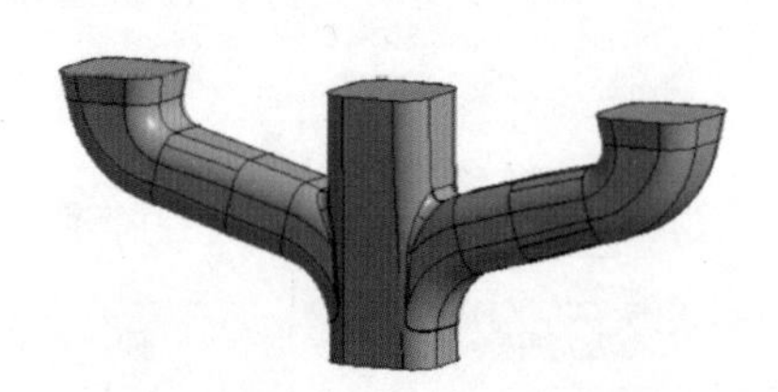

图 1-6-10　进气歧管内流道模型

Details of "Mesh"

Defaults	
Physics Preference	CFD
Solver Preference	Fluent
Element Order	Linear
Element Size	5.0 mm
Export Format	Standard
Export Preview Surface Mesh	No
Sizing	
Use Adaptive Sizing	No
Growth Rate	Default (1.2)
Max Size	Default (10.0 mm)
Mesh Defeaturing	Yes
Defeature Size	5.e-002 mm
Capture Curvature	Yes
Curvature Min Size	1.0 mm
Curvature Normal Angle	Default (18.0°)
Capture Proximity	No

图 1-6-11　全局网格设置

步骤 4：生成网格。

右击 Mesh，选择命令 Generate Mesh。可以看到此时网格质量非常差，主要集中在碎面和尖角区域，如图 1-6-12 所示。

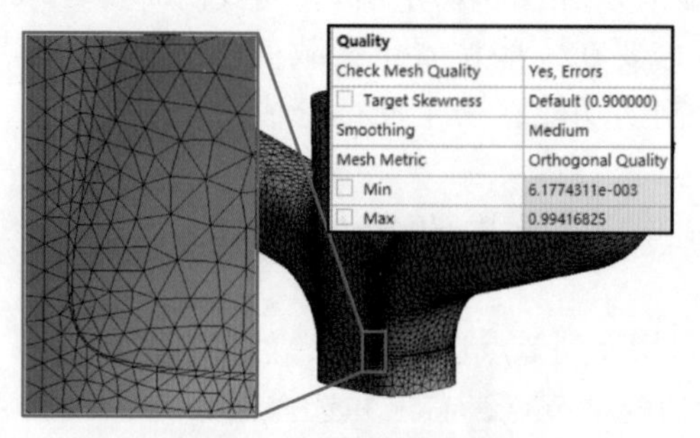

图 1-6-12　虚拓扑前网格质量

步骤 5：创建自动虚拓扑。

右击 Outline 中的 Model，选择命令 Insert→Virtual Topology。在细节窗口中，设置 Behavior 栏为 Medium，然后右击 Virtual Topology，选择命令 Generate Virtual Cells，可以看到大部分有问题的碎面已经合并为新的干净的面，如图 1-6-13 所示。

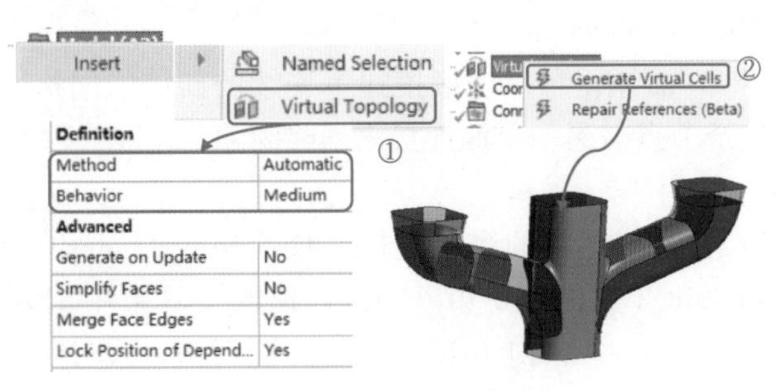

图 1-6-13　自动虚拓扑

步骤 6：添加手动虚拓扑。

如果想要进一步将更多的面合并，可以选择手动的方式创建。保持 Outline 中 Virtual Topology 的选中状态，选择过滤器切换为面选择模式，选中两个面，右击并选择命令 Insert→Virtual Cell，如图 1-6-14 所示。

步骤 7：重新生成网格。

右击 Mesh，选择命令 Generate Mesh，此时网格质量得到很大提升，如图 1-6-15 所示。

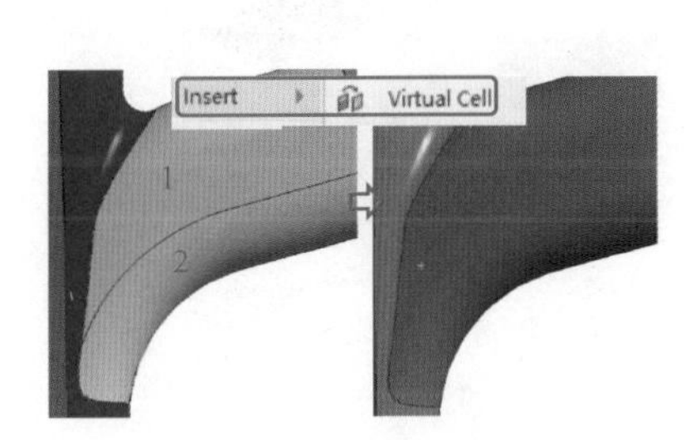

图 1-6-14　手动虚拓扑

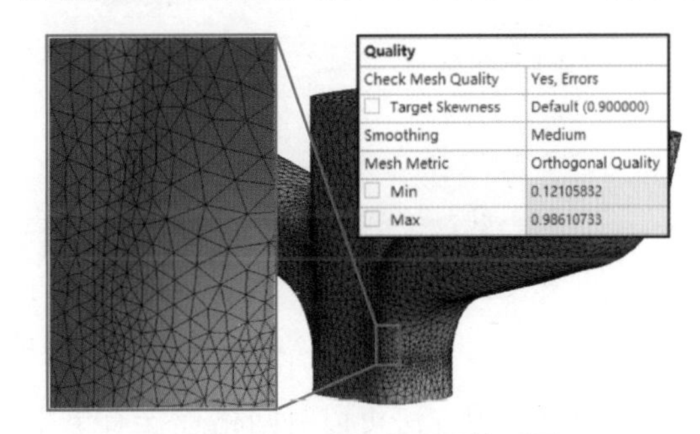

图 1-6-15　虚拓扑后网格质量

6.2　Mesh Editing——网格编辑

6.2.1　网格编辑类型

ANSYS Meshing 具有网格编辑功能，可以用于改善网格质量，对于零部件很多的装配体模型，可以更高效地创建连续的、共节点的网格。使用网格编辑功能，可以实现单一节点的移动、节点合并、节点匹配、将拓扑结构不连续的面体或实体进行网格连接。

如果不同实体交界面处的节点是一致的，也就是说，在相同位置存在重复节点，这种情况的网格，尽管其网格节点看起来是一致的，但是读取到 Fluent 求解器中也需要创建网格交界面（Mesh Interface），可以使用节点合并连接了网格，那么在 Fluent 求解器中就不需要再建立 Mesh Interface；二是交界面处节点分布不一致，那么就需要使用网格连接或接触匹配功能连接网格。

ANSYS Meshing 的网格编辑功能包括：网格连接、接触匹配、节点合并、节点移动。

1. 网格连接——Mesh Connection

网格连接仅适用于 2D 面体，可以连接拓扑不连续的面体的网格，包括边-面、节点-面连接，将一个面上的边或节点与另一个面连接来消除间隙，创建一致网格，包括自动和手动两种方式。

1）自动方法需要设置网格连接的容差，右击 Outline 中的 Mesh，在弹出的快捷菜单中选择命令 Insert→Mesh Edit（见图 1-6-16 中①），顶部工具条中出现 Mesh Edit 页签，选择 Mesh Connection Group 插入（见图 1-6-16 中②），在其细节窗口，设置 Auto Detection 组中的 Tolerance Type 栏为 Value，在 Tolerance Value 栏输入数值“2mm”（见图 1-6-16 中③）。右击 Mesh Connection Group，在弹出的快捷菜单中选择命令 Detect Connections（见图 1-6-16 中④），则会自动基于容差创建网格连接。

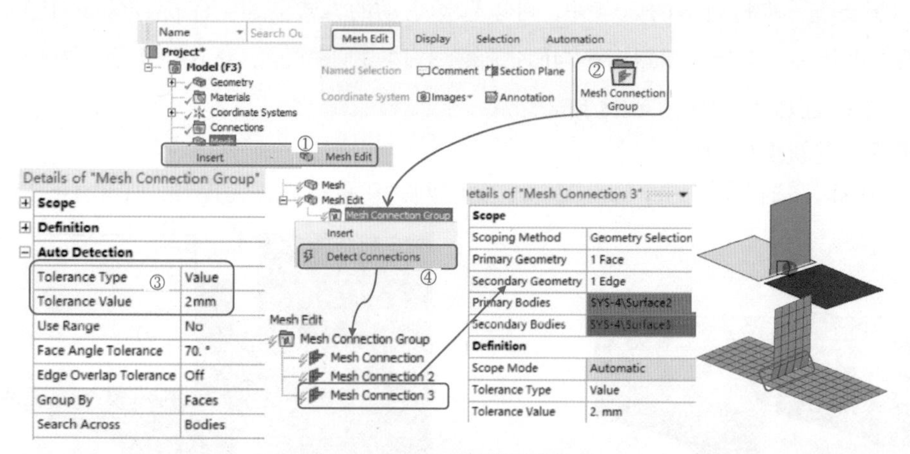

图 1-6-16　自动创建网格连接

2）手动创建方法可以对网格连接有更多的控制，在插入 Mesh Connection Group 之后，右击并选择命令 Insert→Manual Mesh Connection，分别选择 Primary Geometry 栏和 Secondary Geometry 栏对应的几何模型。

Primary Geometry 栏为操作完成后将要捕获的拓扑，也就是说，次要拓扑将投射到该拓扑，可以选择 1 个或多个面或边；Secondary Geometry 栏表示在操作过程中将被挤出的拓扑，也就是说，与主拓扑进行投影和合并的拓扑，只能选择 1 个或多个边或顶点；设置 Tolerance Value 栏为“2mm”，为封闭实体间间隙的投影公差。手动创建网格连接如图 1-6-17 所示。

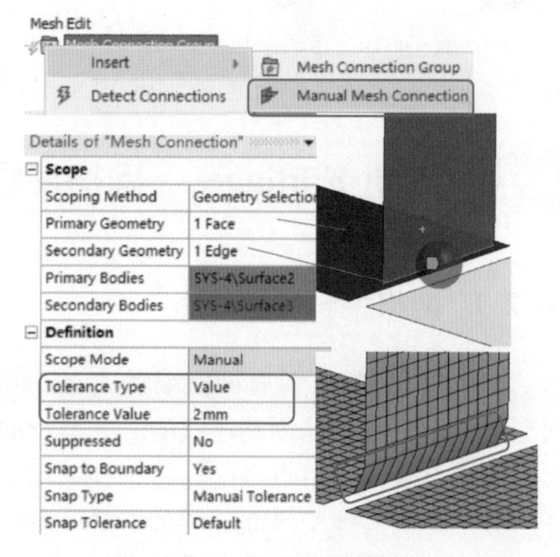

图 1-6-17　手动创建网格连接

2. 接触匹配——Contact Matches

接触匹配能够实现在指定的公差内匹配不连接的实体之间的网格节点，可以替代 CAD 软件中的印记面功能。与网格连接类似，接触匹配在网格节点上执行，只适用于实体模型面-面之间的匹配。

接触匹配是网格后处理操作，在基础网格生成后执行，软件会存储基础网格，因此在改变接触匹配之后，只需要局部重划分网格就可以，同样的如果对基础网格做了更改，接触匹配必须重新生成。

生成接触匹配的方法有三种：由接触区域生成接触匹配、自动应用接触匹配、手动添加接触匹配。

图 1-6-18 所示两个体在 CAD 软件中没有共享拓扑，可以使用接触匹配功能实现共节点连接。

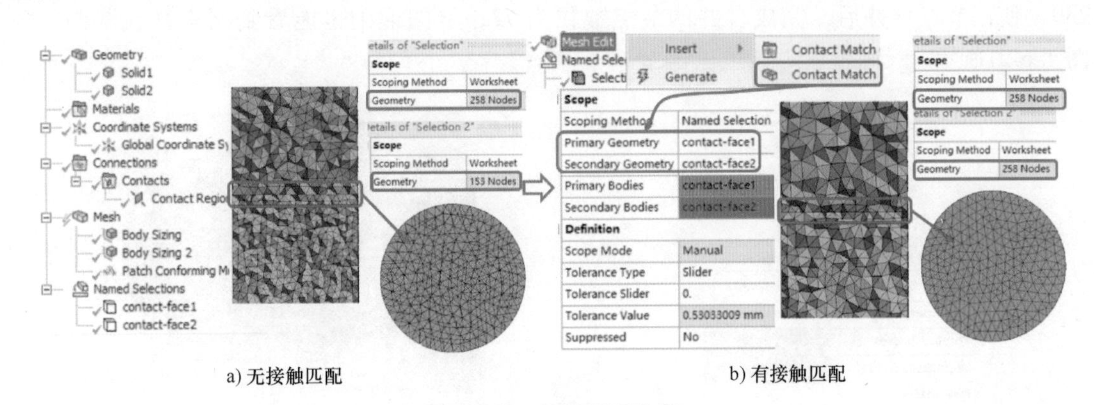

a) 无接触匹配　　b) 有接触匹配

图 1-6-18　接触匹配设置

步骤 1：将模型导入 ANSYS Meshing 生成网格，两个体分别设置体尺寸为 3mm 和 4mm，两个接触面分别定义了 Named Selection，此时接触面网格节点不匹配，节点数分别为 153 和 258。

步骤 2：右击 Outline 中的 Mesh，在弹出的快捷菜单中选择命令 Insert→Mesh Edit（见图 1-6-19中①），顶部工具条出现 Mesh Edit 页签，选择 Contact Match Group 插入（见图 1-6-19 中②），再右击插入的 Contact Match Group，在弹出的快捷菜单中选择命令 Insert→Contact Match（见图 1-6-19 中③），在其细节设置窗口将 Primary Geometry 和 Secondary Geometry分别设为接触对的两侧面，容差为默认值（见图 1-6-19 中④）。

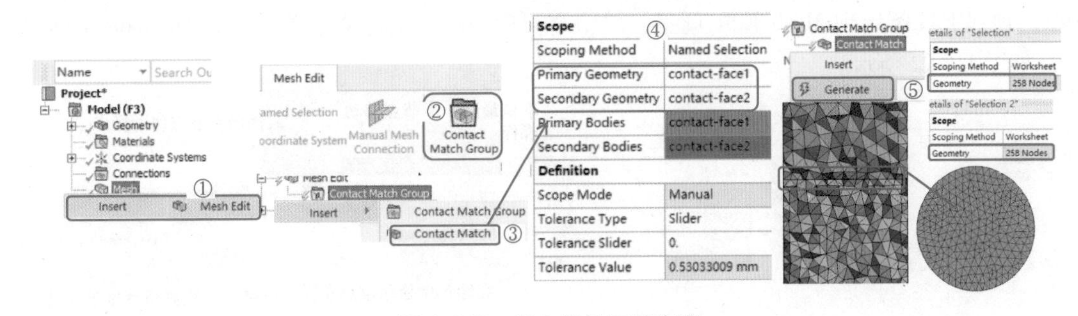

图 1-6-19　插入接触匹配步骤

步骤 3：右击插入的 Contact Match，在弹出的快捷菜单中选择命令 Generate（见图 1-6-19 中⑤），重划分网格，检查两个接触面网格节点数均为 258。

3. 节点合并——Node Merge

节点合并功能是在指定容差内进行网格节点的合并，实现体与体之间共节点连接，可用于实体、面体和线体。

> **注意：**
>
> • 使用节点合并功能要求网格尺寸相近，且两个拓扑面上网格节点数相同。如果节点数并不是一一对应的，那么，合并之后网格会存在漏洞。

节点合并设置如图 1-6-20 所示。初始网格划分完成，交界面两侧节点数分别为 258 和 239，使用节点合并后，完成合并的节点数仅为 72，从图形中也能看到网格存在漏洞，如图 1-6-21所示。

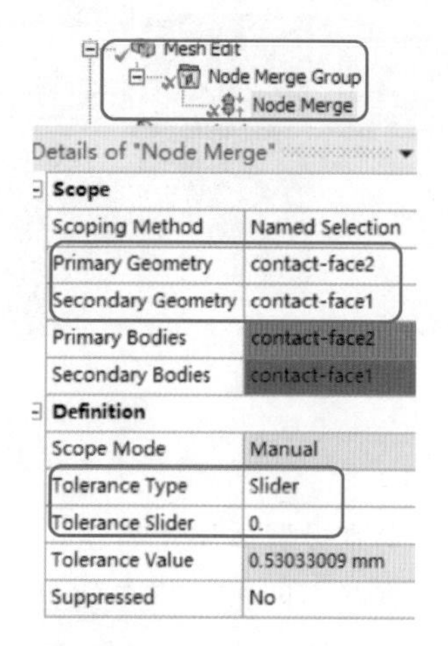

图 1-6-20　节点合并设置

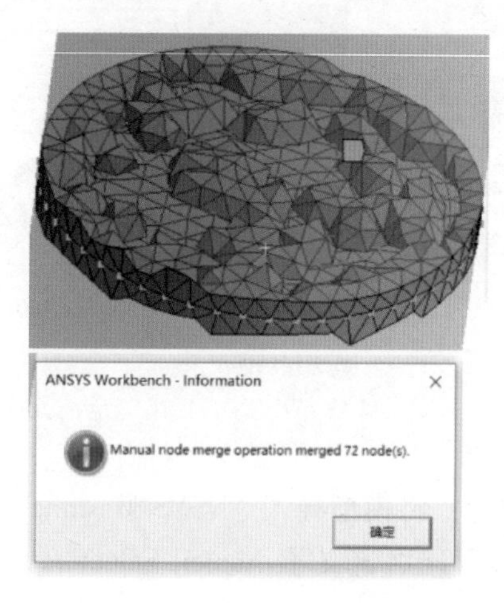

图 1-6-21　节点合并漏洞

4. 节点移动——Node Move

节点移动功能，允许选中单一节点手动拖拽或者指定位置移动，用于局部网格质量的改善。应用步骤如下所示。

步骤 1：生成网格后，右击 Outline 中的 Mesh，在弹出的快捷菜单中选择命令 Insert→Mesh Edit，顶部工具条出现 Mesh Edit 页签，单击 Node Move，此时主菜单中会出现 Node Move 页签，如图 1-6-22 所示。

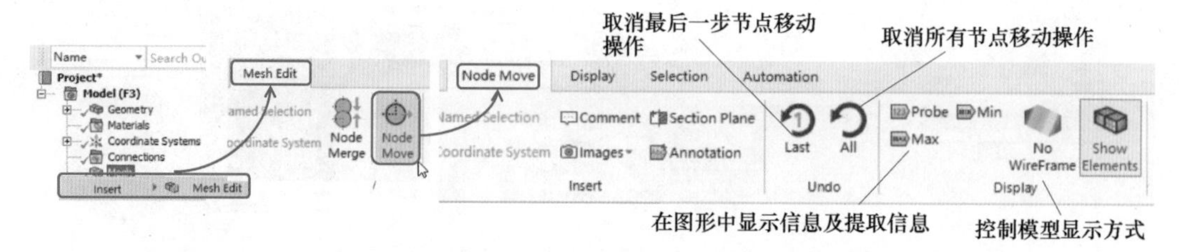

图 1-6-22　Node Move 页签

步骤 2：将选择过滤器切换至节点选择模式，直接在图形中选择单一节点拖动光标即可实现移动，或者右击，在弹出的快捷菜单中选择命令 Node Move By Direct Input，通过输入坐标的方式控制节点移动，此时会出现节点移动的 Worksheet 界面，在 New Location X（Y/Z）框中直接输入新的坐标值，如图 1-6-23 所示。

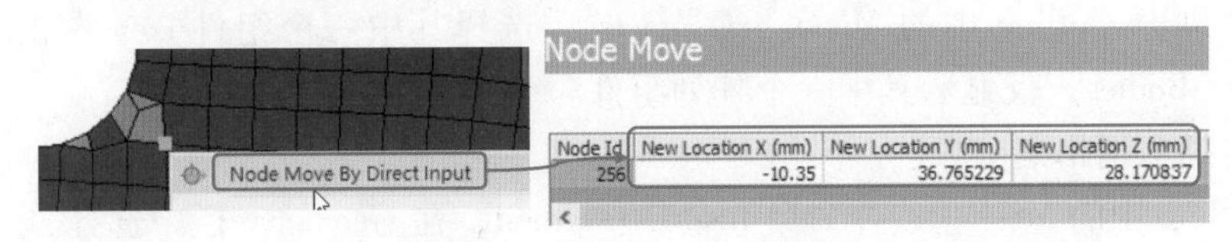

图 1-6-23　坐标控制节点移动

对于拖拽方式进行的节点移动，Worksheet 也会记录所有的行为，如图 1-6-24 所示，可以在这个界面对之前的操作进行撤销操作。

Node Move

Undo Last　Undo All

Order	Node Id	›us Location X	›s Location	; Locatior	Location X (›	› Location Y (›	Location Z (
14	335	7.9753231	2.4548168	3.903298	8.1451507	2.9076904	28.854022
13	333	10.276716	1.8455005	3.184909	10.069863	1.8321156	28.241469
12	335	8.2541971	3.1240844	3.842126	7.9753231	2.4548168	28.903298
11	332	8.6440286	0.	28.7277	9.0508976	0.	28.590182
10	27	26.649944	11.404103	3.763368	26.013212	11.561393	14.931568
9	467	28.019202	).73709183	).720276	27.868377	0.48012214	11.092408
8	468	28.453752	).99663052	4655408	28.30454	0.91628474	9.9032391
7	468	28.993217	).92776271	6297666	28.453752	0.99663052	9.4655408
6	468	29.042393	).90938882	4408846	28.993217	0.92776271	7.6297666
5	27	26.199704	11.891904	4.614223	26.649944	11.404103	13.763368
4	468	28.407584	1.1872878	6441264	29.042393	0.90938882	7.4408846
3	256	-10.35	36.765229	3.170837	-10.35	36.765229	28.170837
2	256	-10.31523	36.765229	3.170837	-10.35	36.765229	28.170837
1	16	-20.491268	37.035748	1.911366	-20.173181	36.870174	22.198301

图 1-6-24　Worksheet 记录节点移动

注意：

- 节点移动操作并不是可持续的行为，Worksheet 中提供的信息全部都是基于当前节点编码（Node Id）的历史记录，在模型修改重新生成网格后，会有新的节点编码，因此这些记录都是过时的，并不会自动进行更新。网格节点移动功能应谨慎使用，仅用于少量的、局部小问题的修复。

6.2.2 案例：网格阵列及节点合并应用

模型说明：图 1-6-25 所示为法兰盘安装组件模型，中心实体为非阵列体；外围均布 20 组阵列实体，每一个阵列组件包含 8 个实体，这几个实体设置共享拓扑，各组件之间不共享拓扑。以下介绍使用网格阵列与节点合并的方法生成六面体网格的过程。

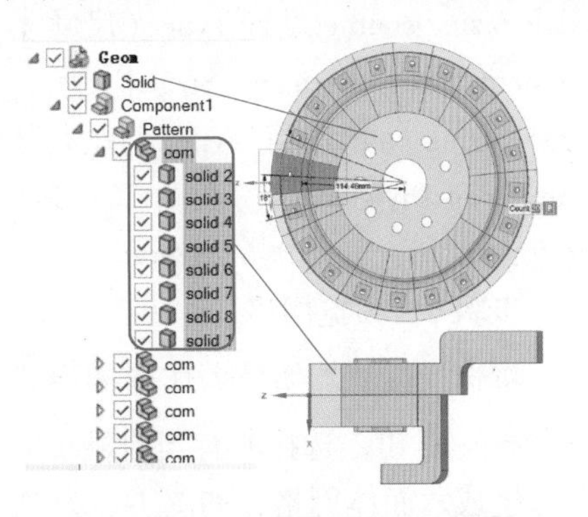

图 1-6-25　法兰盘安装组件模型

步骤 1：启动 ANSYS Workbench，创建新的项目。

选择命令 Start→All Programs→ANSYS 2021 R1→Workbench 2021 R1 打开软件，将工具箱中的 Mesh 模块拖拽到 Project Schematic 窗口中，在 Geometry 单元（A2）右击，选择命令 Import

Geometry，找到文件夹中的“instance_nodemerge. scdoc”文件并打开，双击 A3 单元，启动 ANSYS Meshing（图略）。

步骤 2：设置显示单位。

在主菜单中找到 Units 命令，选择“Metric（mm，kg，N，s，mV，Ma）”。

步骤 3：展开 Outline 中的 Model→Geometry，选择其中一个组件 com 右击，选择命令 Hide All Other Bodies，仅显示其中一个阵列组件。

步骤 4：插入网格划分方法。

右击 Outline 中的 Mesh，选择命令 Insert→Method，在 Geometry 栏中选择，设置 Src/Trg Selection 栏为 Manual Source and Target，目标面选择圆周方向与之对应的 4 个面。以同样的方法，设置两个带孔长方体网格的方法也为扫掠，如图 1-6-26 所示。

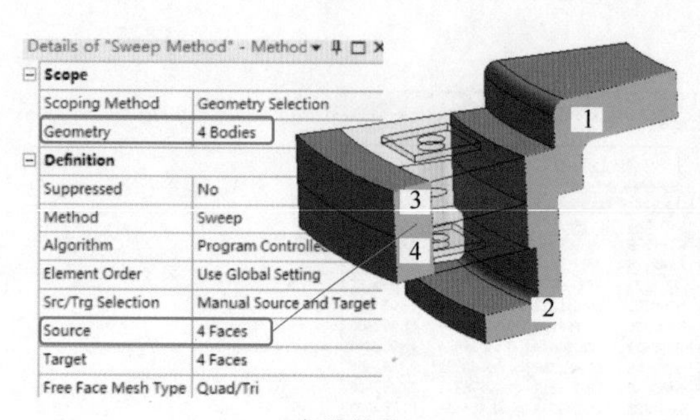

a) 扫掠设置1

b) 扫掠设置2

图 1-6-26　扫掠设置

剩余两个实体的 Method（方法）栏设置为 MultiZone，两个体的源面如图 1-6-27 所示。

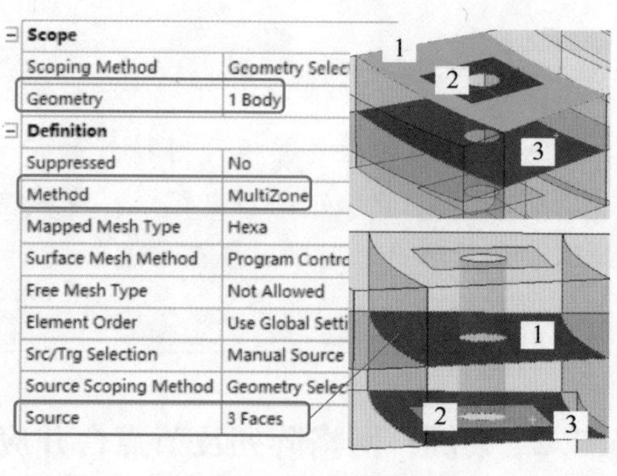

图 1-6-27　多区方法设置

步骤 5：添加局部边尺寸控制。

右击 Outline 中的 Mesh，选择命令 Insert→Sizing，添加 3 组边尺寸，分别命名为 Edge Sizing-path（控制扫掠路径尺寸）、Edge Sizing-source（控制扫掠和多区源面尺寸），其中的 Edge Sizing-source 设置 Type（尺寸类型）栏为 Element Size，Element Size 栏为“1.0mm”，Edge Sizing-path 设置 Type（尺寸类型）栏为 Number of Divisions，份数为 20；Behavior 栏均设置为 Hard，如图 1-6-28 所示。

步骤 6：预览网格。

将选择过滤器切换为体选择模式，在图形窗口中右击弹出快捷菜单，选择命令 Select All，选择所有当前显示的实体，右击选择命令 Generate Mesh On Selected Bodies，全部生成六面体网格，如图 1-6-29 所示。

步骤 7：创建网格阵列所需的 NS。

在图形窗口右击，选择命令 Show All Bodies 以显示所有几何体。如图 1-6-30 所示，具体操作步骤：①单击步骤 4 创建的 Sweep Method，显示出细节窗口；②单击 Scope 组中 Geometry 栏的“4 Bodies”选项，此时四个体会高亮显示；③找到图形工具栏中的 Extend 下拉菜单，选择命令 Instances，从而选中所有相关阵列几何体；④再次在图形窗口右击，在弹出的快捷菜单中选择命令 Create Named Selection，命名为“Body_SW”。

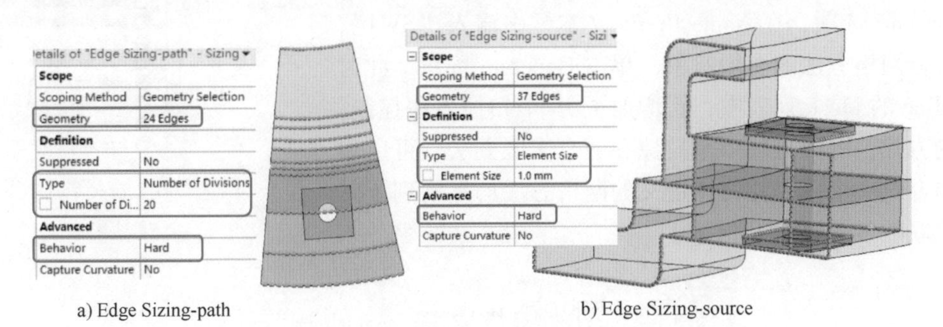

a) Edge Sizing-path　　b) Edge Sizing-source

图 1-6-28　边尺寸

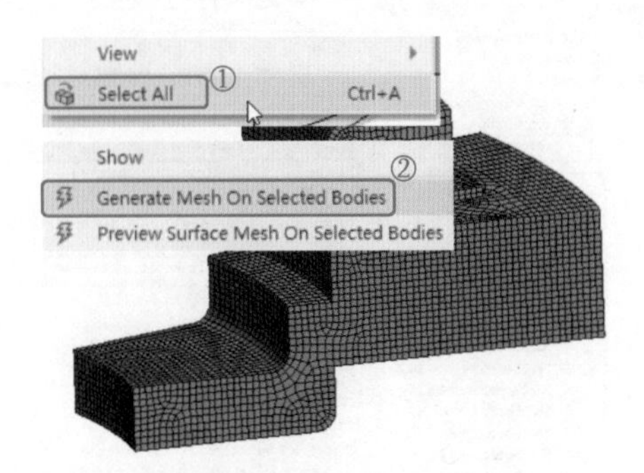

图 1-6-29　生成部分体网格

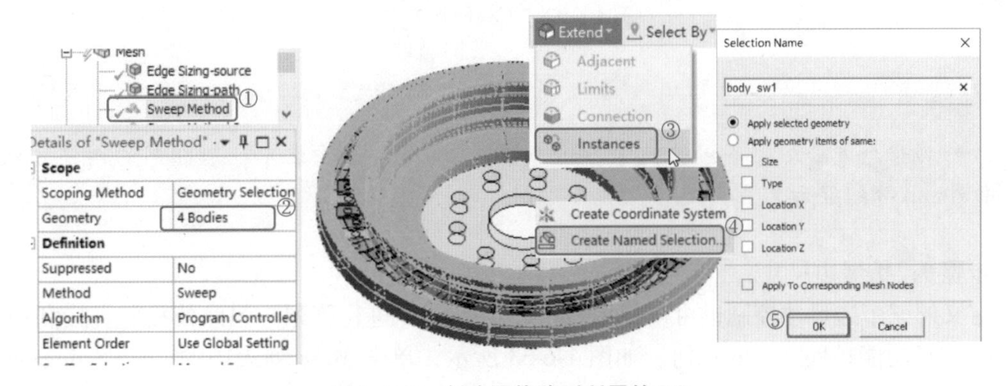

图 1-6-30　创建网格阵列所需的 NS

以同样的操作方式，定义该扫掠方法对应的源面和目标面的 NS 分别为“face_sw1-source”和“face_sw1-target”，各自包含 80 个面。

同理，定义另一个扫掠方法和两个多区方法对应的几何体、源面、目标面的 NS，用于后续网格阵列的选择，体和面的数量如图 1-6-31 所示。

步骤 8：定义网格阵列。

如图 1-6-32 所示，选中 Mesh 列表中的 Sweep Method 栏，主菜单切换至 Automation 选项卡，选择 Object Generator 命令，设置该扫掠方法的阵列对象，例如，Scope To 栏对应的下拉列表框中选择 All Entities by Part 选项，在 Name Prefix 文本框中输入“SW1”，便于区分网格方法的应用对象，单击 Generate 按钮，此时在 Outline 的 Mesh 列表中，新增加了 19 个扫掠方法控制。同样的方式，阵列另外一个扫掠和两个多区方法，可以看到之前针对一个阵列几何体定义的网格方法均复制到了其他相关联的 Instances 几何体上。

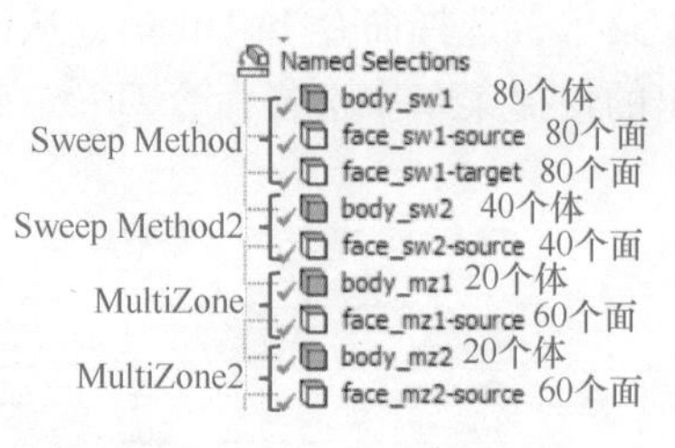

图 1-6-31　定义的 NS

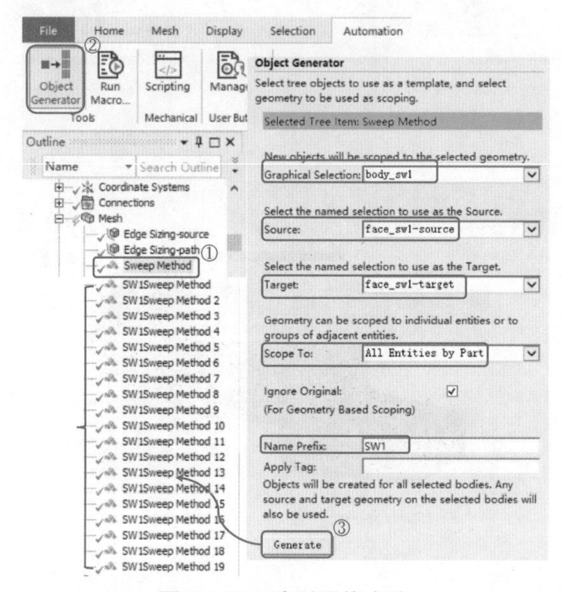

图 1-6-32　阵列网格方法

> **提示：**
>
> ● 为每个方法定义不同的前缀 SW2、MZ1、MZ2，便于选中前缀相同的网格方法，右击 Group 分组显示。

步骤 9：扩展边尺寸。

定义的三个边尺寸控制也可以使用 Object Generator 进行阵列，但此处我们直接利用 Instances 选择功能扩展之前的几何。如图 1-6-33 所示，单击 Mesh 列表中的 Edge Sizing-source 栏，显示细节窗口，单击 Scope 组中 Geometry 栏的“40 Edges”，此时之前选择的 40 条边会高亮显示，找到图形工具栏中的 Extend 下拉菜单，选择命令 Instances，从而选中所有相关阵列几何体中所有对应的边（全部高亮显示），再次单击 Geometry 栏右侧的 Apply 按钮，Scope 组中 Geometry 栏变为“800 Edges”，其余设置保持不变。

步骤 10：定义非阵列几何体网格方法。

选中中心的非阵列几何体，右击弹出快捷菜单，选择命令 Insert→Method，Method 栏设置为 Sweep，Src/Trg Selection 栏设置为 Manual Source，如图 1-6-34 所示。

步骤 11：定义非阵列几何体边尺寸控制。

选中几何体，右击弹出快捷菜单，选择命令 Hide All Other Bodies，将选择过滤器切换为边选择模式，选择该几何体扫掠源面上的一条边，在图形菜单中找到 Select By 按钮，下拉菜单并选择命令 Size→Select All Entities With the Same Size，再次在图形窗口中右击，选择命令 Insert→Sizing，设置 Type（尺寸类型）栏为 Number of Division，份数为 20，Behavior 栏为 Hard，如图 1-6-35 所示。同样的方式设置圆柱轴线方向的边 Type（尺寸类型）栏为 Element Size，Element Size 栏为“1. 0mm”，Behavior 栏为 Hard，如图 1-6-36 所示。

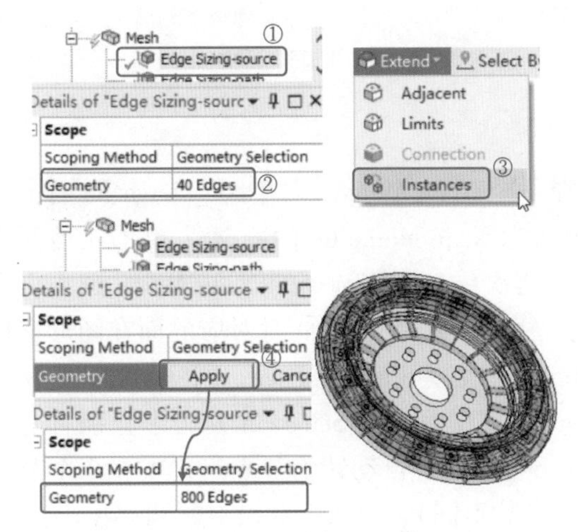

图 1-6-33　扩展边尺寸

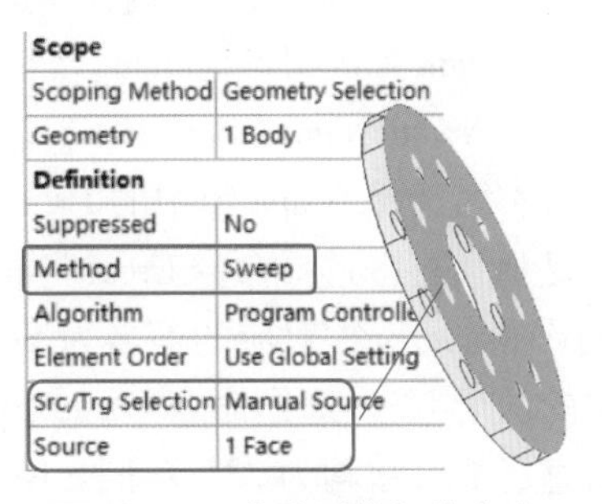

图 1-6-34　非阵列体扫掠方法

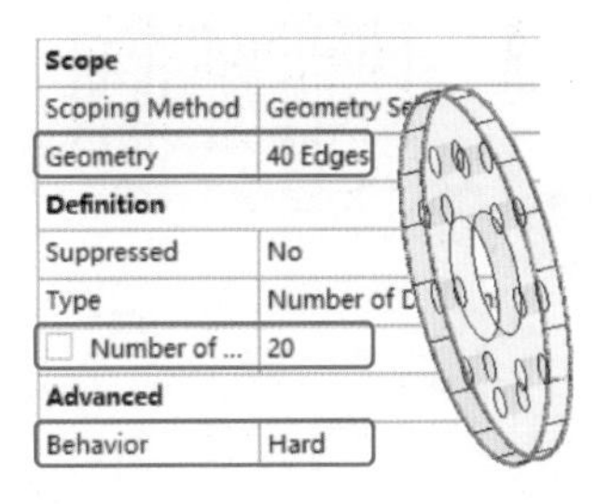

图 1-6-35　非阵列体边尺寸之一

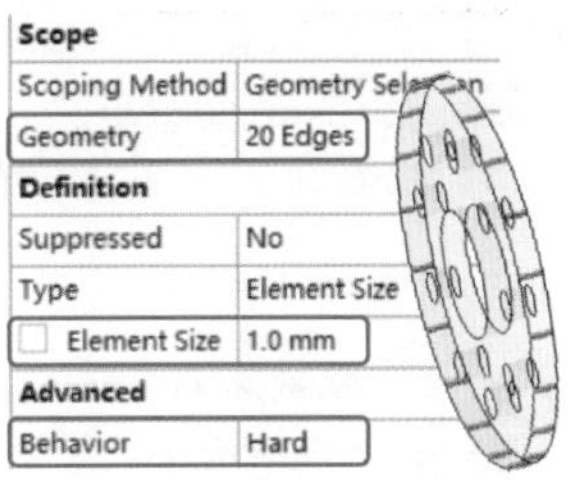

图 1-6-36　非阵列体边尺寸之二

步骤 12：生成网格。

右击 Outline 中的 Mesh，在弹出的快捷菜单中选择命令 Generate Mesh，所有的体生成六面体网格，体网格如图 1-6-37 所示。

步骤 13：节点合并。

右击 Outline 中的 Mesh，选择命令 Insert→Mesh Edit，再次右击 Mesh Edit，选择命令 Insert→Node Merge Group，在细节窗口，Method 栏设置为 Manual Node Merge，Tolerance Value 设为“0. 1mm”，其余设置保持默认。右击 Node Merge Group，选择命令 Detect Connections，根据容差检测出的 180 个 Node Merge，再次右击 Node Merge Group，选择命令 Generate，完成后弹出 Information 对话框提示合并节点的数量，如图 1-6-38 所示。

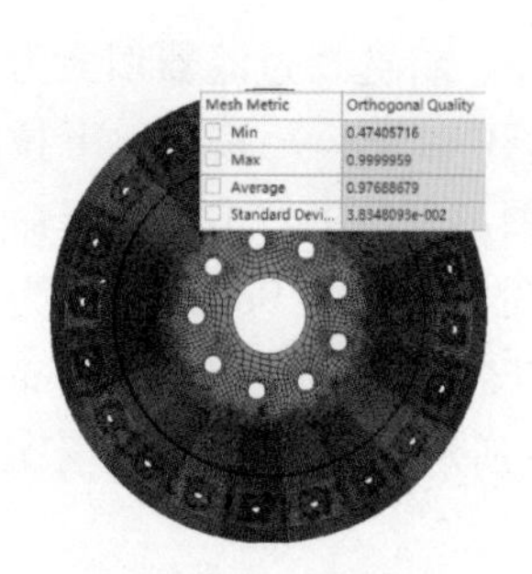

图 1-6-37　体网格

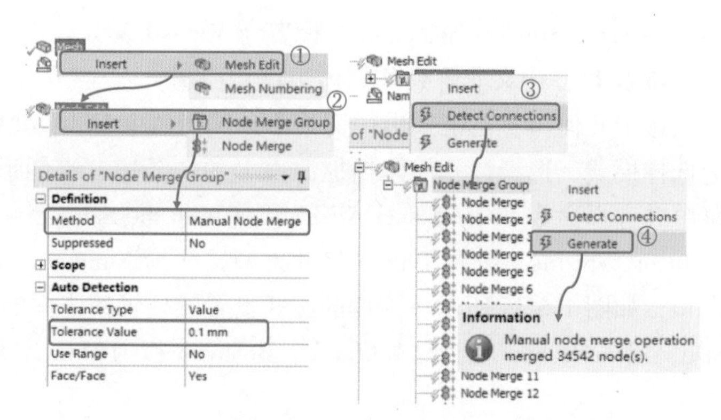

图 1-6-38　节点合并设置

步骤 14：检查节点合并是否存在漏洞。

如图 1-6-39 所示，具体操作步骤：①选择一个 Node Merge，如 Node Merge 68 右击，选择命令 Create Named Selection，自动创建一个名为 Node Merge 68 的面 NS；②右击该面组中的 Create Nodal Named Selection，转为节点组，再次单击刚刚选择的 Node Merge 68，出现细节窗口；③选择 Scope 组中的 Primary Geometry 栏的“1 Face”，此时对应的面在图形窗口中高亮显示，右击选择命令 Create Named Selection，命名为 Primary Face，同样的方式定义 Secondary Geometry 栏对应的面名为 Secondary Face；④在 Named Selection 列表中分别右击刚刚创建的两个 NS，选择命令 Create Node Named Selection，自动转为节点组，查看 3 个节点组的信息，节点数均为 231（不同 Node Merge 节点数不同），节点合并没有漏洞存在。

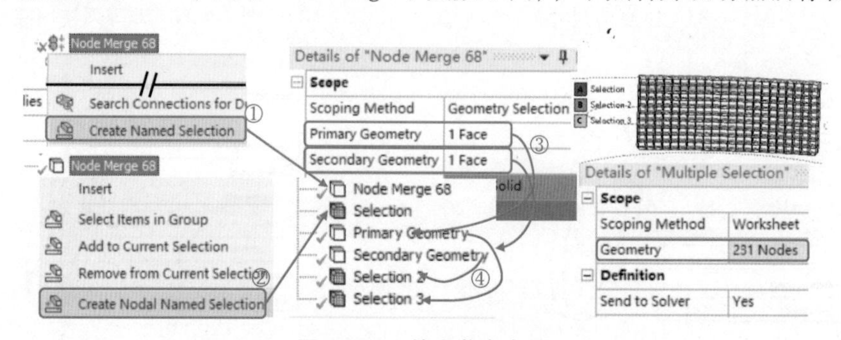

图 1-6-39　检查节点合并

步骤 15：网格导入求解器中。

若使用求解器为 Fluent，当所有的几何体类型均为 Fluid 流体域，并且节点合并成功时，体与体之间的交界面默认自动为 interior 类型。

如图 1-6-40 所示，首先抑制自动创建的接触对，右击 Outline 中的 Contacts，选择命令 Suppress。选择所有的几何体，创建 NS 并命名为 fluid，再创建两个面 NS 分别命名为“match_periodic”和“match 1”，对应体与体之间的交界面。

选中之前定义的用于网格阵列的所有 NS，在细节窗口修改 Send to Solver 栏为 No，回到 Workbench 界面，在工具箱的 Component Systems 中找到 Fluent，拖拽放到 Mesh 单元，右击 Mesh 单元选择命令 Update，双击 Fluent 的 Setup 单元，进入 Fluent 求解器，可以看到体与体之间的交界面自动分配为 interior 内部边界，节点合并成功。

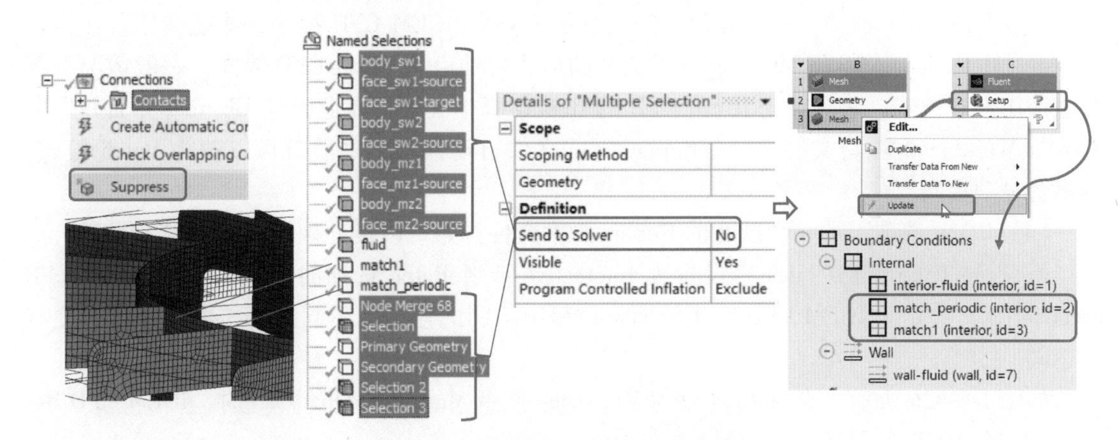

图 1-6-40　网格导入 Fluent 求解器中

案例总结：对于具有包含很多重复特征或阵列特征的几何体，想要得到分布均匀、节点一致的网格，往往需要重复定义很多网格方法和局部尺寸控制，为了避免这样的重复性操作，本案例主要采用以下 3 种方法：

1）利用 Object Generator 快速为阵列体添加相同的网格划分方法。

2）利用 Instances 选择功能快速为阵列边特征添加相同的尺寸控制。

3）利用 Node Merge 功能实现相邻几何体网格的连接。

如果几何模型是由非 ANSYS 软件建立，不具备共享拓扑的功能，也可参考本案例生成共节点网格。

6.3　与 ANSYS ICEM CFD 交互式网格划分

6.3.1　功能介绍

这项功能是通过与 ANSYS ICEM CFD 的集成来扩展 ANSYS Meshing 网格划分功能，使用 ANSYS Workbench 驱动 ANSYS ICEM CFD 的自动化。

写出 ANSYS ICEM CFD 文件。当网格划分方法即 Method 栏设置为 Patch Independent、MultiZone 或者 MultiZone Quad/Tri 时，Advanced 组会出现 Write ICEM CFD Files 栏，如图 1-6-41 所示，包含以下 4 个选项：

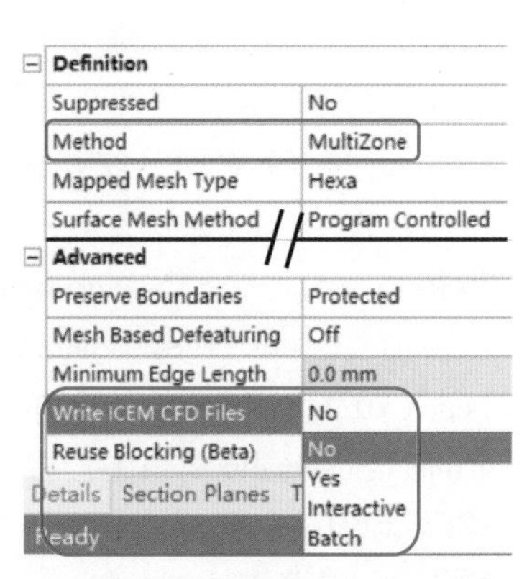

图 1-6-41　ICEM CFD 交互设置

（1）No 选项　默认选项，不会写出 ICEM 文件。

（2）Yes 选项　会写出 ICEM CFD 文件，当使用 Workbench 划分网格时，如果想将项目文件导出，进一步在 ICEM CFD 中进行网格编辑，可以选择 Yes 选项，那么在网格生成过程中，将会保存 ICEM CFD 的项目（.prj）、几何（.tin）、非结构化域（.uns）和块（.blk）文件。

（3）Interactive 选项　需要确保已经安装了 ANSYS ICEM CFD 程序，才能使用。在执行 Generate Mesh 时，ANSYS Meshing 会以交互的形式自动启动 ICEM CFD 界面。一般情况下都会先使用交互模式，建立一个 ICEM CFD 的 Replay 脚本文件，在返回到 Meshing 界面并保存 ANSYS Workbench 项目文件之后，Replay 脚本文件自动保存，之后就可以改为 Batch 模式，网格会自动更新。

（4）Batch 选项　从一个已有的 Replay 脚本文件开始，以批处理模式运行 ICEM CFD。

当 Write ICEM CFD Files 栏设置为 Interactive 或者 Batch 选项时，将会出现 ICEM CFD Behavior 栏，决定了 ICEM CFD 在生成网格过程中不同的行为，不同的网格方法，可选项有所不同。

如图 1-6-42a 所示，当 Method 栏为 MultiZone 或者 MultiZone Quad/Tri 时，ICEM CFD Behavior 栏对应的选项包括以下 3 项：

（1）Generate Blocking and Mesh 选项　网格操作完成后，将几何、块和网格都传递给 ICEM CFD 进一步编辑。

（2）Generate Blocking 选项　略过网格操作，只将几何和块信息传递给 ICEM CFD 进行网格划分和编辑。

（3）Update pre-existing Blocking 选项　略过分块操作，更新预先存在的块和网格，将几何和网格传递给 ICEM CFD 进行网格划分和编辑。

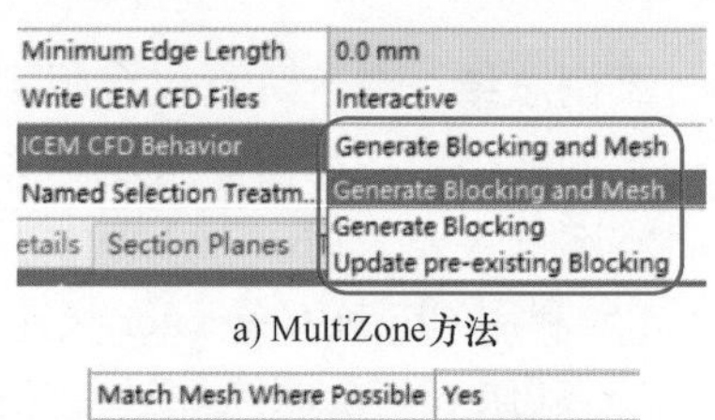

a) MultiZone方法

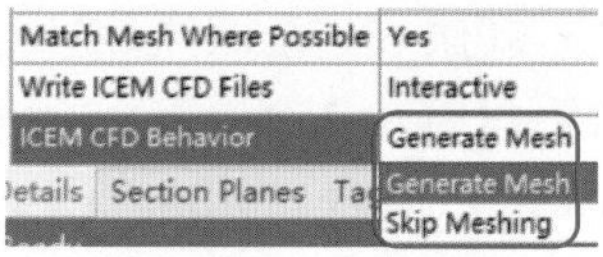

b) Patch Independant方法

图 1-6-42　ICEM CFD Behavior 栏对应的选项

如图 1-6-42b 所示，如果 Method 栏为四面体 Patch Independent，则 ICEM CFD Behavior 栏对应的选项包括以下 2 项：

（1）Generate Mesh 选项　网格操作完成后，会将几何和网格都传给 ICEM CFD 进行进一步编辑。

（2）Skip Meshing 选项　略过网格操作，只将几何传递给 ICEM CFD 进行网格划分和编辑。

6.3.2　交互式网格划分实例

模型说明：图 1-6-43 所示为圆柱形流道模型，内部包含两个球体为固体域，已经在 SCDM 中定义好边界并且共享拓扑。以下介绍使用 ANSYS Meshing 与 ICEM CFD 交互式网格划分功能，生成混合网格的过程。

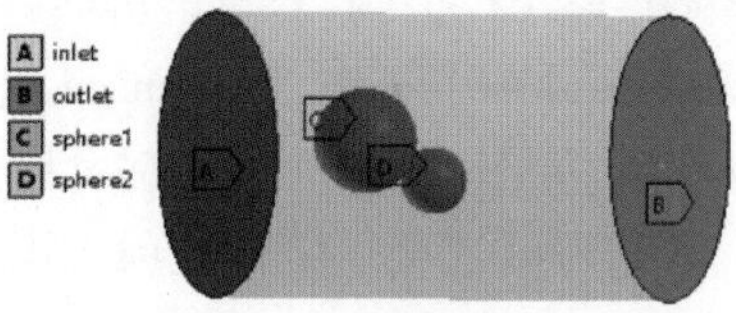

图 1-6-43　圆柱形流道模型

步骤 1：启动 ANSYS Workbench，创建新的项目。

选择命令 Start→All Programs→ANSYS 2021 R1→Workbench 2021 R1 打开软件，将工具箱中的 Mesh 模块拖拽到 Project Schematic 窗口中，右击 Geometry（A2），选择命令 Import Geometry，找到文件夹中的“ICEM CFD-interactive. scdoc”文件并打开，双击 A3 单元，启动 ANSYS Meshing（图略）。

步骤 2：隐藏流体域几何。

选择两个球体，在图形窗口右击，选择命令 Insert→Method，在 Definition 组中将 Method

栏设为 MultiZone，Advanced 组中将 Write ICEM CFD Files 栏设为 Interactive，将 ICEM CFD Behavior 栏设为 Update pre-existing Blocking，如图 1-6-44 所示。

步骤 3：在 ICEM CFD 中划分球体网格。

在图形窗口中选择两个球体，右击并选择命令 Genarate Mesh On Selected Bodies，此时程序自动唤起 ICEM CFD，并传递几何模型，Parts 组中包含了 2 项：“SYS_1_1” 和 “SYS_1_2”，分别对应两个球体表面。

步骤 4：创建重播放脚本文件。

在 ICEM CFD 中选择主菜单命令 File→Replay Scripts→Recording scripts，开始进行脚本录制，如图 1-6-45 所示。

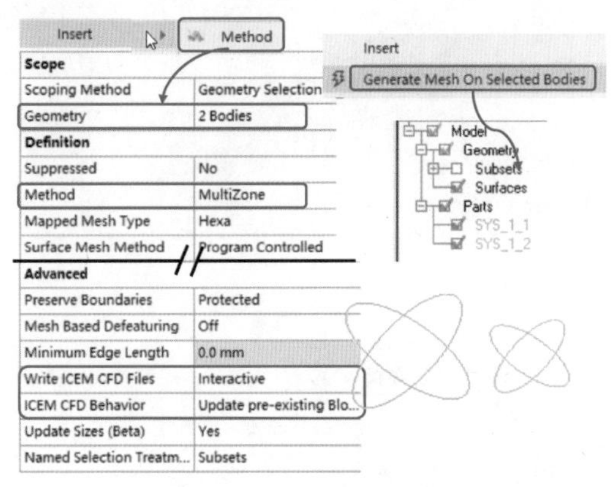

图 1-6-44　设置交互方法

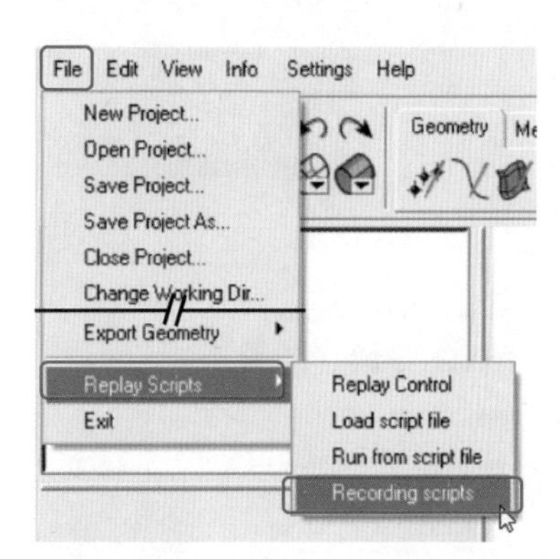

图 1-6-45　创建重播放脚本文件

步骤 5：创建 Block 并设置关联。

在主菜单中选择命令 Blocking→Create Block（见图 1-6-46中①），Part 下拉列表框设置为“CREATED_MATERIAL_1”，Initialize Blocks 中的 Type 下拉列表框设置为 3D Bounding Box，单击 Entities 右侧的 Select Geometry 图标（见图 1-6-46中③），在图形界面中选择大球球面，单击鼠标中键确认，再单击 Apply 按钮（见图 1-6-46 中④）。在主菜单中选择命令 Blocking→Associate（见图 1-6-46 中⑤），单击 Snap Project Vertices 图标（见图 1-6-46 中⑥），自动到节点选择模式，在视图窗口单击 Select all appropriate visible objects 图标（见图 1-6-46 中⑧），选择所有可见顶点，Block 的 8 个顶点与球面关联。

步骤 6：创建 O-Grid。

如图 1-6-47 所示，在主菜单中选择命令 Blocking→Split Block（见图 1-6-47 中①），单击 Split Block 选项组中的 O-Grid Block 图标（见图 1-6-47 中②），单击图标（见图 1-6-47中③），在图形窗口单击选中上一步创建的 Block，单击鼠标中键确认，Offset 文本框输入“0.7”，单击 Apply 按钮（见图 1-6-47 中④）。

步骤 7：定义 Block 边尺寸。

在主菜单中选择 Blocking→Pre-Mesh Params，再单击 Edge Params 图标，勾选 Copy Parameters，Method 下拉列表框设为 To All Parallel Edges，单击 Edge 文本框右侧的 Select edge（s）图标，在图形窗口中选择 O-Grid 偏置边，Nodes 文本框输入“21”，Mesh Law 为默认（BiGeometry），Spacing1 尺寸设为“5e-05”（即 0.00005），Ratio 1 设为“1.2”。

Block 其余边节点数为 25，均匀分布，如图 1-6-48 所示。

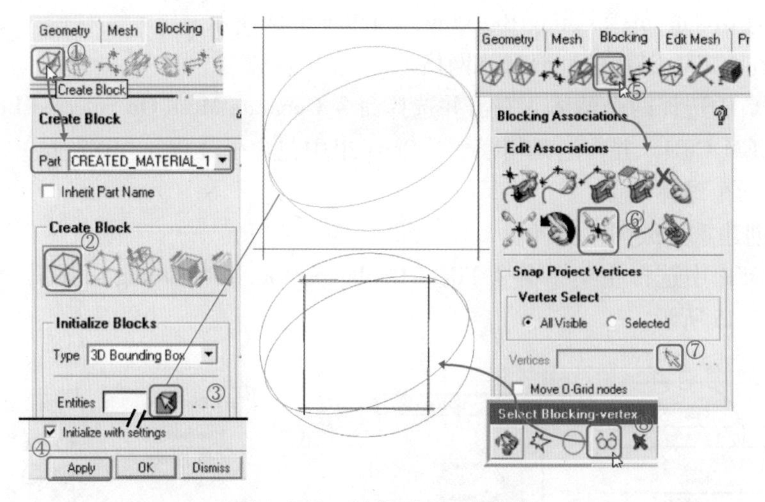

图 1-6-46　创建 Block 并关联

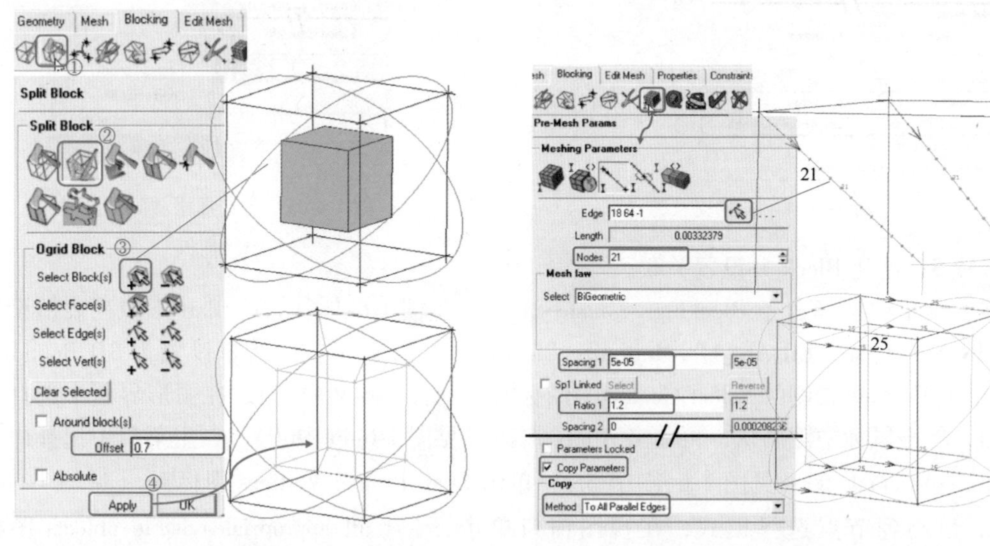

图 1-6-47　创建 O-Grid　　　　　　　　图 1-6-48　设置网格尺寸

步骤 8：预览网格，检查网格质量。

展开 Outline 中的 Blocking，勾选 Pre-Mesh 选项，显示网格。选择主菜单命令 Blocking→Pre-Mesh Quality Histograms，查看网格质量满足要求，如图 1-6-49 所示。

步骤 9：将网格转换为非结构网格。

右击弹出快捷菜单，选择命令 Pre-Mesh→Convert To Unstruct Mesh。

步骤 10：另一个小球重复步骤 5~9，在创建 Block 时 Part 下拉列表框设置为“CREATED_MATERIAL_2”，在弹出的 Blocking already exists 对话框中单击 Replace 按钮；在转换为非结构网格步骤中，会弹出 Mesh Exists 对话框，单击 Merge 按钮，如图 1-6-50 所示。

步骤 11：停止脚本录制，选择主菜单命令 File→Replay Scripts，取消勾选 Recording scripts。

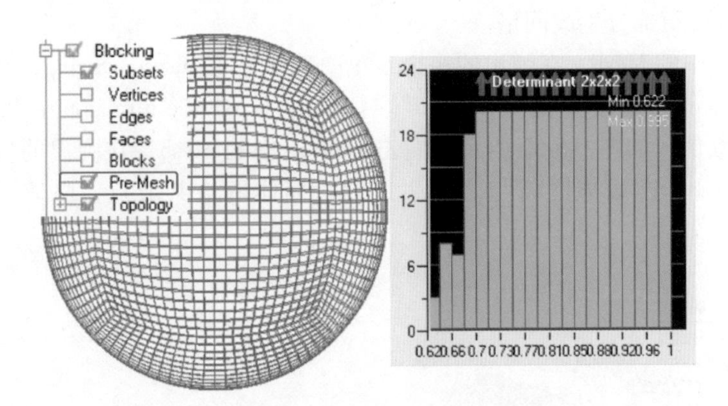

图 1-6-49　ICEM 中预览网格

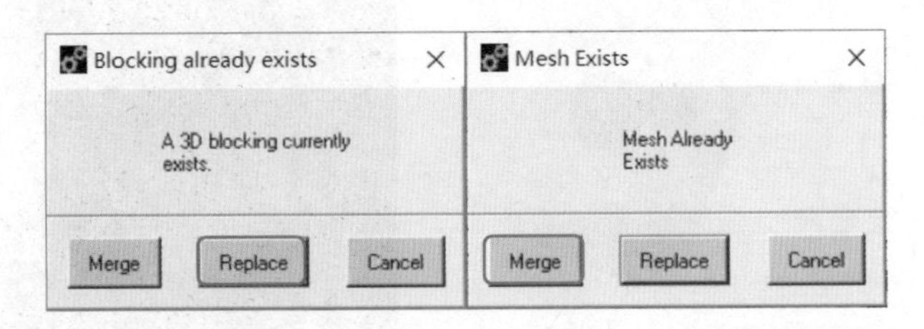

图 1-6-50　Blocking already exists 对话框和 Mesh Exists 对话框

步骤 12：退出 ICEM CFD，选择主菜单命令 File→Exit，会弹出保存脚本文件和保存项目对话框，使用默认名称确认即可。

步骤 13：回到 ANSYS Meshing 界面，网格自动传递（见图 1-6-51）。

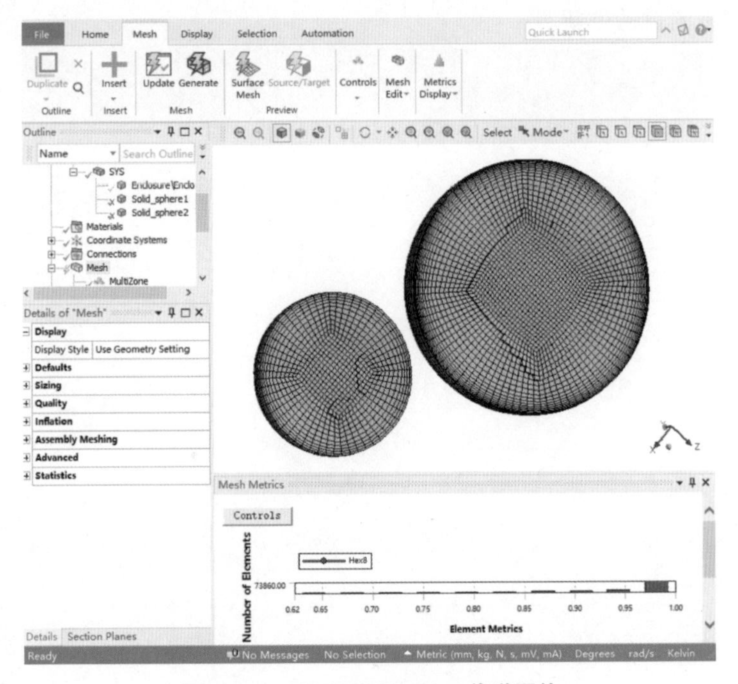

图 1-6-51　ANSYS Meshing 传递网格

步骤 14：为流道部分生成网格。

右击 Outline 中的 Mesh，在弹出的快捷菜单中选择命令 Insert→Sizing，在图形窗口中选择圆柱体，Element Size 设置为“2. 0mm”，Capture Curvature 和 Capture Proximity 栏设为 Yes，其他参数默认，如图 1-6-52 所示；右击 Outline 中的 Mesh，在弹出的快捷菜单中选择命令 Generate Mesh，四面体网格与之前生成的六面体网格共节点，整体网格如图 1-6-53 所示。

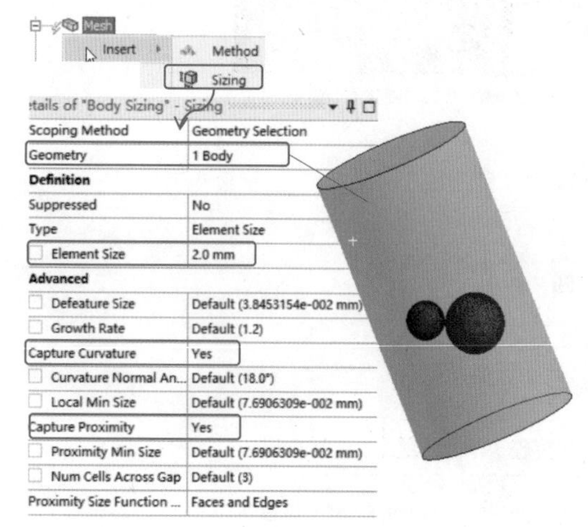

图 1-6-52　定义体尺寸

图 1-6-53　整体网格

案例总结：利用 Workbench 驱动 ICEM CFD 是对 ANSYS Meshing 功能的进一步扩展和补充，本案例主要演示该功能的设置方法，需要注意的是，一般情况下要借助 ICEM CFD 脚本录制功能实现网格的自动更新。

ANSYS CFD

第 2 篇

ANSYS ICEM CFD

第1章 ICEM 功能简介

ANSYS ICEM CFD（以下简称 ICEM）是仿真分析的前处理工具，具备几何创建、几何修复、网格生成、网格优化和输出等全套功能，不仅可以为流体动力学分析提供网格，还可以用于结构、显示动力学等其他学科的网格生成。本部分将重点介绍 ICEM 的计算流体动力学（CFD）分析前处理功能。

1.1 ICEM 的功能特征

ICEM 起源于 20 世纪 90 年代，2000 年加入 ANSYS 家族后，界面和功能经历了几次较大的调整，早期的版本兼具几何、网格、求解器和后处理等功能，之后专注于前处理功能。近几年 ICEM 的功能趋于稳定，新版本仍然延续了最经典的功能特征，以下分别简要说明。

1）操作性：ICEM 并没有完全自动化的流程，任何类型的网格生成均需要手动设置。非结构网格自动化程度较高，只需少量操作即可生成，而结构网格需要创建块拓扑，是半自动化的过程。但结构网格技术是 ICEM 最具亮点的功能，用户可以雕刻出任何形式的网格拓扑，并随心所欲地控制网格分布，这是全自动化操作无法实现的。

2）几何功能：用于划分网格的几何模型，可以在 ICEM 中直接创建，也可以导入已有的几何文件。虽然 ICEM 提供了一系列几何功能，但是其操作性能与专业 CAD 软件相比稍显逊色。除了少数老用户仍用 ICEM 创建几何，多数用户选择用 CAD 软件生成几何，再将几何导入 ICEM。ICEM 提供了丰富的几何接口，可以兼容多种 CAD 文件、第三方通用数据、扫描数据或者点数据。

3）网格功能：作为专业的仿真前处理工具，ICEM 提供了强大的网格功能。除了独有的映射六面体网格技术，ICEM 还可以划分四面体、金字塔和/或棱柱层单元组成的混合网格，2D 四边形和三角形面网格，以及六面体占优网格、六面体核心网格、扫掠网格和笛卡儿网格等，各种形式网格还可以组合成混合网格。此外，ICEM 具备网格质量检查、网格光顺和多种网格编辑功能。

4）求解器接口：ICEM 可以为 100 多种仿真求解器输出网格，生成合适的文件格式，包括完整的网格信息和边界条件信息。

5）脚本功能：ICEM 的脚本（Script）功能可以将操作过程形成命令流，读入脚本时自动执行命令行，完成一系列操作，典型地应用于批处理、仿真平台的开发及优化探索等领域。

本部分后续章节将对上述主要功能逐一介绍，其中基于块拓扑的六面体网格技术是核心内容，将用大量篇幅讲述细节功能，建议读者重点学习。几何处理和非结构网格的功能相对简单，选取了常用功能和典型案例，读者可根据需要选择学习。

1.2 ICEM 界面和工具

1.2.1 文件和目录结构

ICEM 的工程项目由多个不同类型的文件组成，以便于快速输入和输出。对于一个工程项目，所有的文件都以同一个项目名称命名，且均存放在同一个路径下。在 ICEM 主菜单 File 命令中可以打开一个工程或者创建一个新的工程。每个工程的路径下有一个或多个下列文件类型：

Project Settings(*. prj)——工程文件，包括各项设置信息的主文件。保存工程项目时默认为此格式，打开一个已有的工程文件要选择"*. prj"文件，其他所有关联的文件会自动调出。

Tetin(*. tin)：ICEM 独有的几何文件格式，包括几何体、坐标系、材料点、基于几何元素的部件（Part）以及网格参数。

Domain file(*. uns)——非结构网格文件，包括工程项目的线体、面体和三维实体网格单元的详细信息。面由三角形和/或四边形单元组成；实体网格可以包括四面体、六面体、棱锥体和/或棱柱体单元。

Blocking file(*. blk)——块文件，包括块拓扑数据，即结构化六面体网格的块结构及信息。

Attributes(*. atr) or Boundary conditions(*. fbc)——属性或边界条件文件，包括属性或边界条件信息，即用户指定的 Part 单元属性、载荷、约束等数据与网格节点/单元的关联信息。

Parameters(*. par)——参数文件，包含与网格无关的数据，如材料属性、局部坐标系、求解器的分析设置和运行参数。

Journal(*. jrf) and Replay(*. rpl)——日志和脚本文件，包括对操作过程的记录，可用于批处理和定制开发。

1.2.2 图形用户界面(GUI)

ICEM 默认的 GUI 是 Workbench 风格，如图 2-1-1 所示，左上角是主菜单，往下是常用快捷图标，例如打开、保存、测量距离等工具。快捷图标右侧是功能选项卡，按照网格生成过程从左到右排列，打开选项卡会出现相应的操作界面。点击任何一个图标都会激活关联的数据输入面板。右下角是柱状图窗口，常用于检查网格质量。信息窗口可以反馈多数命令的执行信息，也可以在此输入文本命令。模型树位于屏幕左上角，可以用来修改各种元素的可视性、属性及创建子集等。

提示：

- 可以选择菜单命令 Setting→Tools→GUI Style 将默认的 GUI 切换为 ICEM 的经典 GUI。

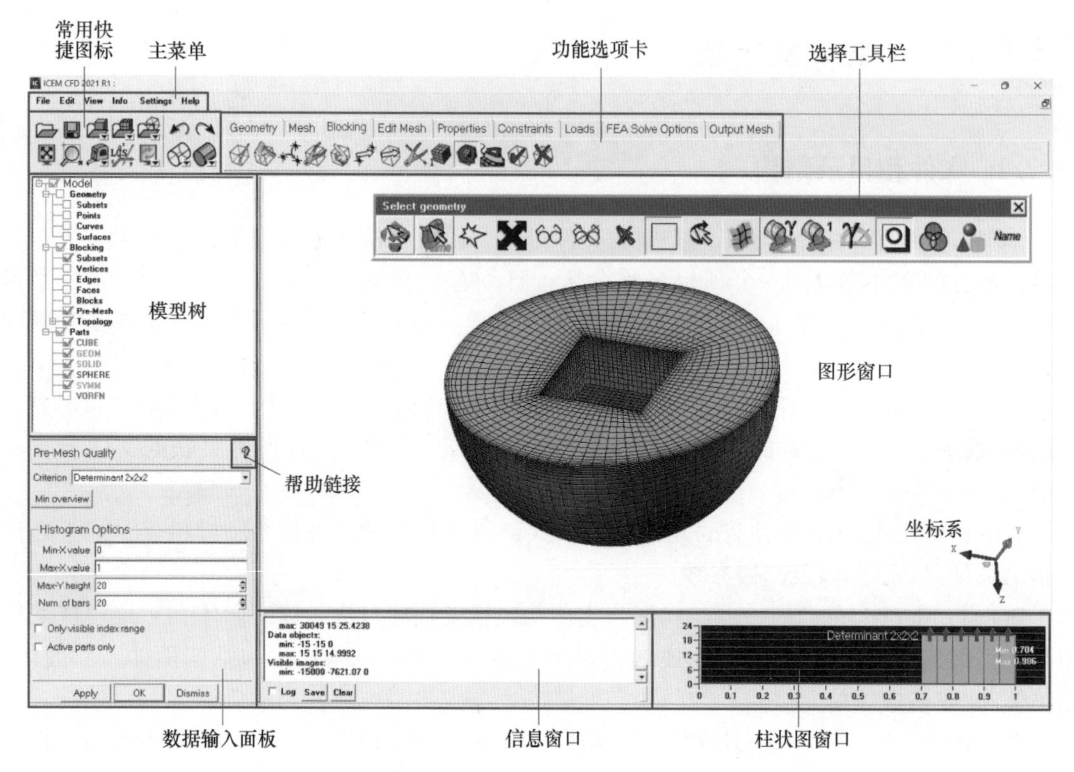

图 2-1-1 ICEM 图形用户界面

1.2.3 模型树

模型树如图 2-1-2a 所示，主要用于控制图形窗口的显示内容。ICEM 提供了大量的网格控制功能，熟悉模型树之后，就可以最有效地控制网格生成过程。对于流体分析，模型树中的主要控制部分为几何、网格、块和 Parts、子集、局部坐标系；如果涉及结构分析，还包括单元类型、接触、位移、载荷和材料特征等。

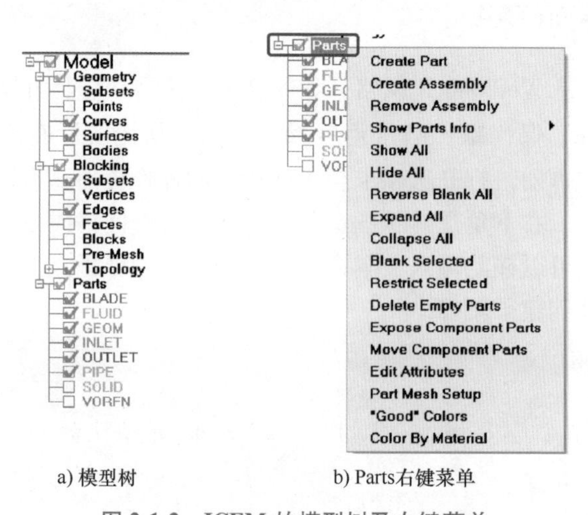

a) 模型树　　b) Parts右键菜单

图 2-1-2 ICEM 的模型树及右键菜单

复选框用于控制对象在图形窗口的可视性，未激活表示隐藏，激活表示显示。单击“+”可以展开相应的节点。在每个节点上右击鼠标可以显示该项相关的选项。

模型树中的 Parts 是常用功能，是对网格、几何和块等的分组，可以把具有某种相同特征的元素归到同一个 Part 中，以便于选择，进行特定的操作。Parts 可以依据边界条件及属性分组，依据网格尺寸（指可通过 Part 确定网格尺寸）分组，依据材料属性分组，或者用于控制显示。

Parts 包含当前载入的几何和网格文件的所有部件。激活一个 Part 时，图形窗口会显示所有与之相连的网格和几何。Part 名称的颜色与其包含的元素颜色相同，可以通过颜色将 Part 和相应的元素对应起来。

Parts 除了用于控制可视性，其右击弹出的快捷菜单还提供了多种操作，如创建部件、创建装配体、删除空的部件、重新分配颜色等（见图 2-1-2b）。

1.2.4 常用快捷图标

ICEM 的大部分操作均可以通过模型树、快捷图标和功能选项卡实现，图 2-1-3 所示为常用快捷图标及其相应功能，图标右下角的小箭头表示该处有隐藏项，单击即可展开。

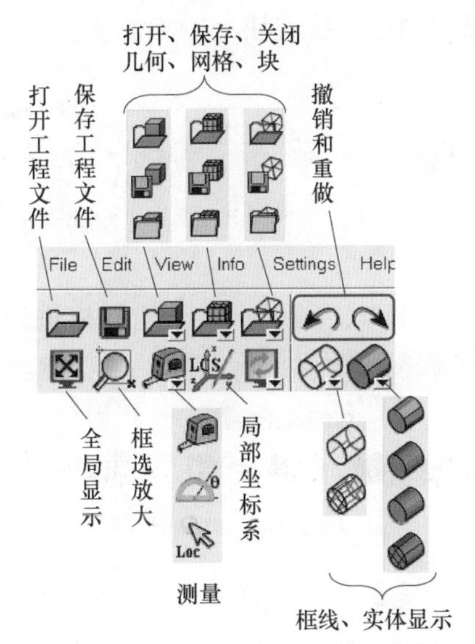

图 2-1-3　常用快捷图标及其相应功能

1.2.5 功能选项卡

图 2-1-4 所示为用 ICEM 划分网格的通用工作流，将几何模型导入后，在功能选项卡区域从左到右依次操作，根据需要分别单击 Geometry（几何处理）、Mesh（网格设置）、

图 2-1-4　通用工作流

Blocking（构建块）、Edit Mesh（编辑网格）、Output Mesh（输出网格）选项卡，在每个选项卡的数据输入面板进行细节设置。

以下简要列出各个选项卡的功能，具体用法在后续章节有详细说明。

图 2-1-5 所示为 Geometry 选项卡，用于创建或修复几何。从左到右的工具依次为：创建点、创建/修改线、创建/修改面、创建体、创建/修改小面几何、修复几何、转换几何、恢复休眠实体、删除点、删除线、删除面、删除体和删除任意类型实体。

Geometry

图 2-1-5　Geometry 选项卡

图 2-1-6 所示为 Mesh 选项卡，用于设置非结构网格的类型、方法及尺寸等。从左到右的工具依次为：全局网格设置、Parts 网格设置、面网格设置、线网格设置、密度区、连接、线网格生成、面网格和体网格生成。

图 2-1-7 所示为 Blocking 选项卡，用于结构网格的创建。从左到右的工具依次为：创建初始块、劈分块、融合顶点、编辑块、关联、移动顶点、变换块、编辑边、预生成六面体网格、网格质量检查、光顺六面体网格、检查块、删除块。

图 2-1-6　Mesh 选项卡

图 2-1-7　Blocking 选项卡

图 2-1-8 所示为 Edit Mesh 选项卡，用于对非结构网格进行编辑，包括网格检查、网格光顺、细化/粗化、合并、网格修复、手动编辑与变换等功能。

Edit Mesh

图 2-1-8　Edit Mesh 选项卡

图 2-1-9 所示为 Output Mesh 选项卡，主要用于输出网格，可输出多达 100 多种求解器的网格文件，也可用于设置边界条件和参数。

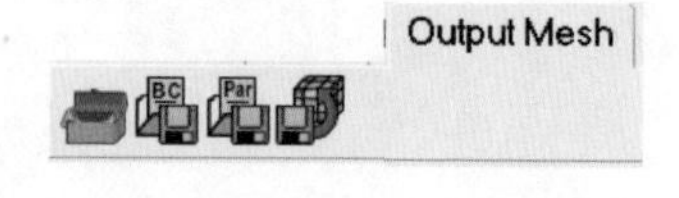

图 2-1-9　Output Mesh 选项卡

图 2-1-10 所示从上到下依次为 Properties（属性）、Constraints（约束）、Loads（荷载）及 FEA Solve Options（FEA 求解器选项）选项卡，均为结构分析涉及功能。

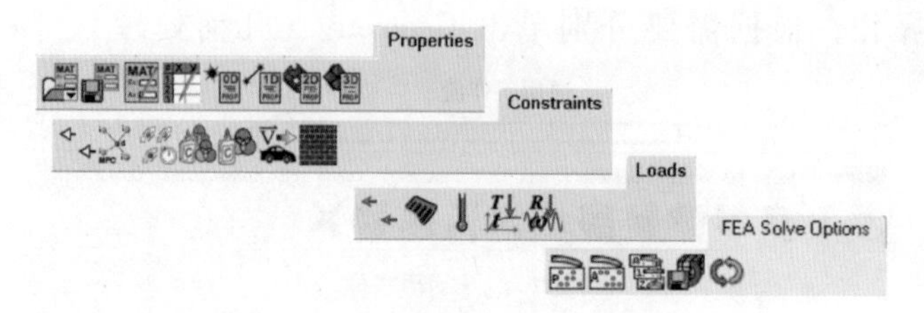

图 2-1-10　结构分析涉及的选项卡

1.2.6　选择工具栏

ICEM 中的很多操作都需要选择相应的对象，在选择模式下会弹出选择工具栏，其中有些工具是通用的，有些工具与选择对象的类型有关。

图 2-1-11～图 2-1-13 所示分别为选择对象为几何、网格和块时出现的选择工具栏，图中列出了常用的图标功能。其他类型的选择工具栏随选择对象而有所变化，后续章节的案例将多次用到选择工具，随附具体使用说明。

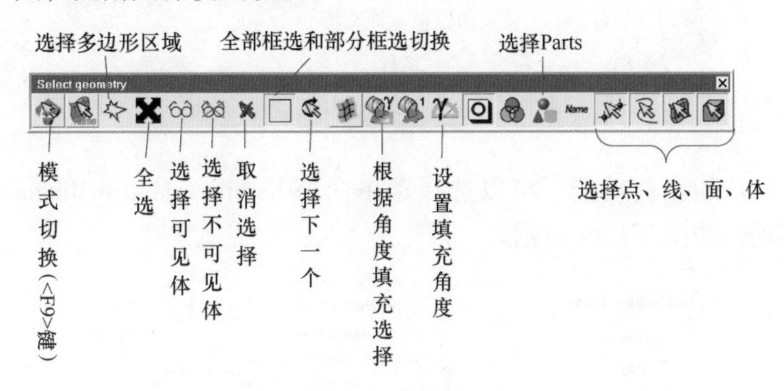

图 2-1-11　几何选择工具栏

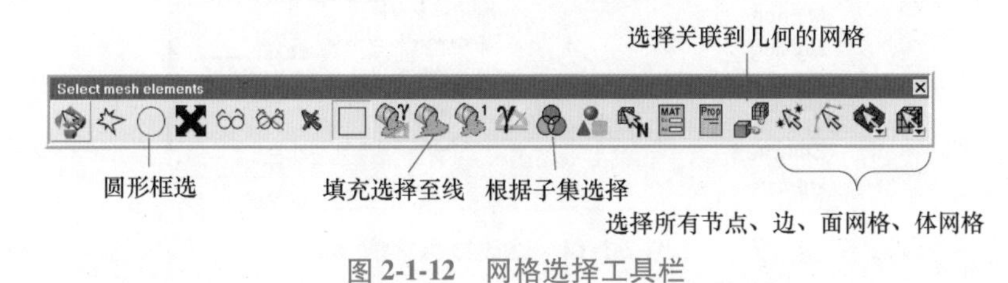

图 2-1-12　网格选择工具栏

每个图标都有相应的热键，可通过键盘快速操作，将光标悬停于图标上可以看到有类似图 2-1-13 中的“Select all appropriate visible objects（key=v）”字样，表示当前工具对应的热键为<V>键。熟练使用热键可以大幅提高操作效率。

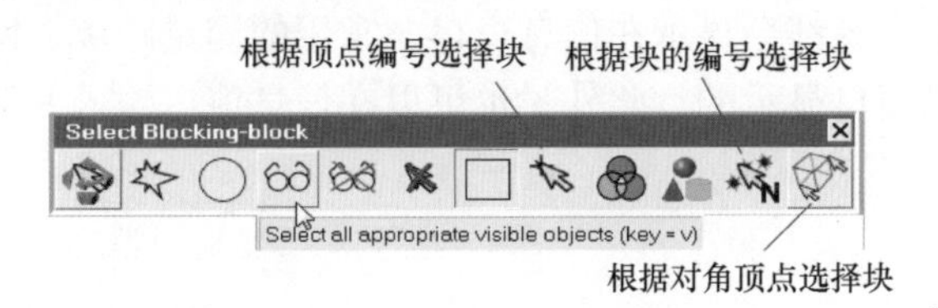

图 2-1-13　块选择工具栏

1.2.7　常用鼠标功能和快捷键

前处理软件的功能实现以操作为主，表 2-1-1 列出了常用鼠标功能和快捷键，可以通过操作案例自然掌握。动态模式下可以通过平移、旋转、缩放等操作调整视角，以便快速精准地进行选择；选择模式下单击即可选择相应的对象，操作时经常要在两种模式之间切换，因此<F9>键是最常用的热键，对应的图标是选择工具栏的。

表 2-1-1　ICEM 常用的鼠标功能和快捷键

鼠标或键盘	动态模式		选择模式	
	操作	功能	操作	功能
左键	单击并拖动	旋转	单击	单选
			单击并拖动	框选
中键	单击并拖动	平移	单击	确定
右键	单击并上下拖动	缩放	单击	取消上一个选择
	单击并左右拖动	绕屏幕 Z 轴旋转		
滚轮	滚动	缩放	滚动	缩放
<F9>键	在两种模式之间切换			

如果要修改默认的鼠标功能，可以选择菜单命令 Setting→Mouse Bingdings/Spaceball 打开相应属性栏实现，如图 2-1-14 所示。

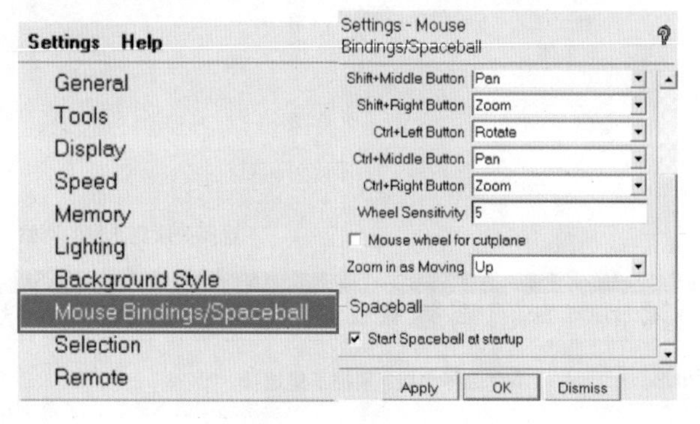

图 2-1-14　修改鼠标功能

1.2.8　信息窗口

信息窗口是用户了解 ICEM 内部进程及信息的渠道，信息窗口示例如图 2-1-15 所示。任何操作过程、警告、错误等都会显示在信息窗口，常用的测量距离、网格质量报告、网格数量等信息都是通过信息窗口显示的，此外，也可以在信息窗口输入并调用内部命令。

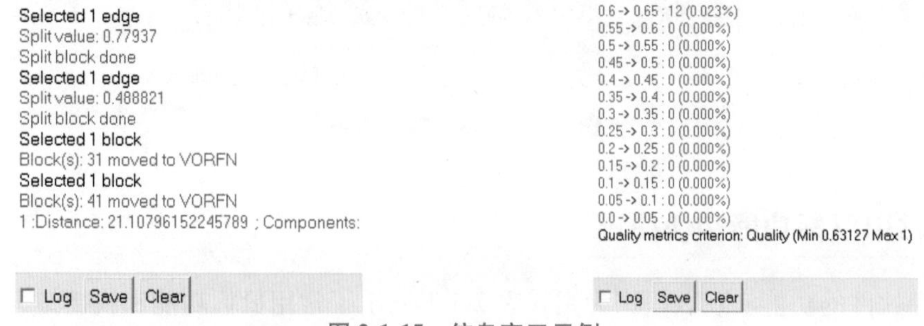

图 2-1-15　信息窗口示例

单击 Save 按钮可以将信息窗口的所有内容保存为一个文件，勾选 Log 选项的复选框可以记录之后的操作。保存到指定路径下的文件与信息窗口的内容交互地更新，可以用文本打开，且文件很小，传输方便。

1.2.9 柱状图窗口

图 2-1-16 所示的柱状图窗口显示了网格质量，X 轴代表单元质量（通常范围为 0~1），Y 轴代表单元数量。在激活柱状图的状态下，如果其他功能也要出现在这个位置，将弹出另一个窗口。

1.2.10 帮助系统

帮助系统可提供最全面的学习资料，查询帮助是最直接的学习方法，很多专用术语、操作说明、选项含义和方法原理等均可以在帮助系统中找到答案。

从 ICEM 界面中获取帮助有三种方法：

1）在主菜单命令 Help 中选择相应的选项即可打开帮助文档，如图 2-1-17 所示。

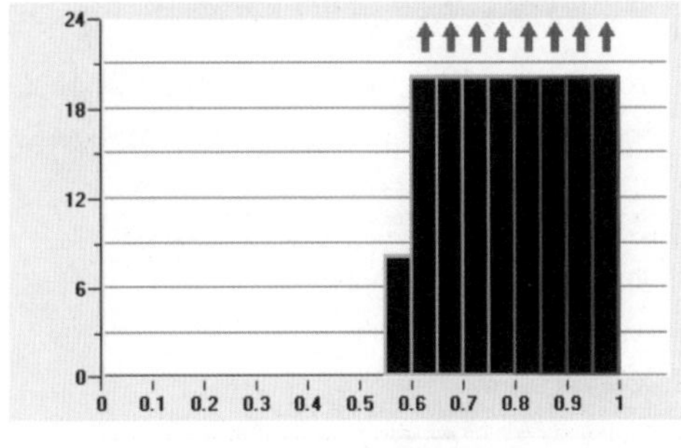

图 2-1-16　柱状图窗口

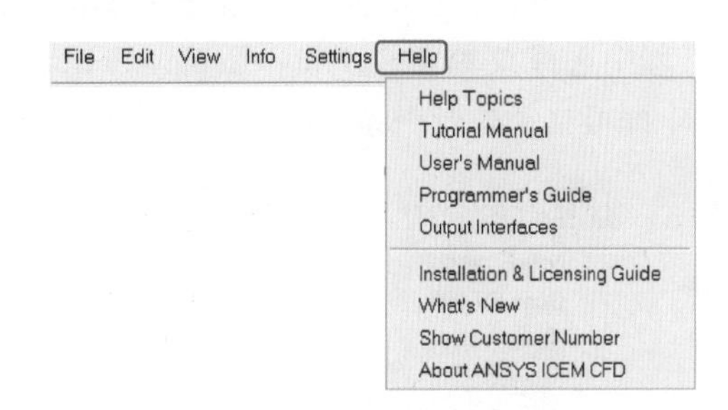

图 2-1-17　从主菜单中打开 Help

2）每个数据输入面板右上角均有以问号 ? 表示的帮助链接，单击即可弹出本主体的帮助界面，如图 2-1-18 所示。单击版本号"ICEM CFD 2021 R1"可以打开文档、视频和教程的总目录，单击图标 PDF 即可将 PDF 文档下载到本地。

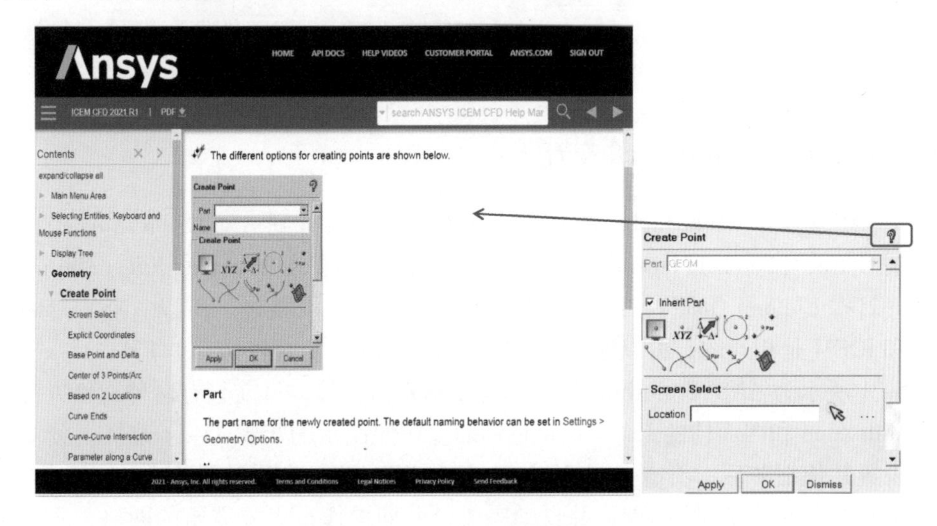

图 2-1-18　从 GUI 中的链接打开 Help

3）当光标悬浮于某个图标上时，会自动显示相应的功能，如图 2-1-19 所示，光标在创建点的图标上悬浮，右下角出现“Create Point”的提示。

学习 ICEM 的过程中，经常需要到帮助系统进行搜索，最常用的方式是直接输入个别关键词或短语，但初学者通常难以在众多结果中快速定位。为了提高检索针对性，可以使用布尔操作（AND，OR，NOT，NEAR）精确定义搜索词句，或使用通配符（“＊”“?”）搜索具有相同字符的词句，也可以使用括号嵌套词句。

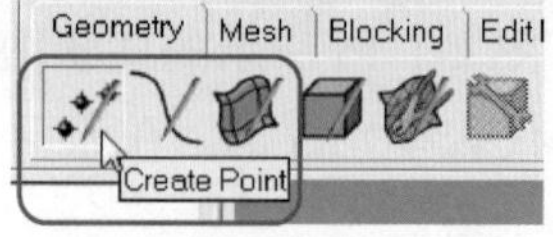

图 2-1-19　悬浮光标显示的功能

1.2.11 脚本

脚本用于记录在 ICEM 界面中的操作过程，是一系列命令的集合，可用于批处理，进而对 ICEM 进行二次开发，或与其他软件联用实现优化分析等。

以图 2-1-20 所示的菜单命令 File→Replay Scripts→Recording scripts 打开 Replay Control 窗口，开始记录脚本，保存的脚本文件是后缀为“.rpl”的文本文件，在 Replay Control 窗口可以进行编辑、执行等操作。如修改脚本中的文件名、网格参数、边界定义等后，在一个新的工程中选择菜单命令 File→Replay Scripts→Run from script file，选择编辑好的脚本文件，ICEM 即可自动执行一系列操作。通常在得到一个正式的脚本文件前，需要进行多次测试。

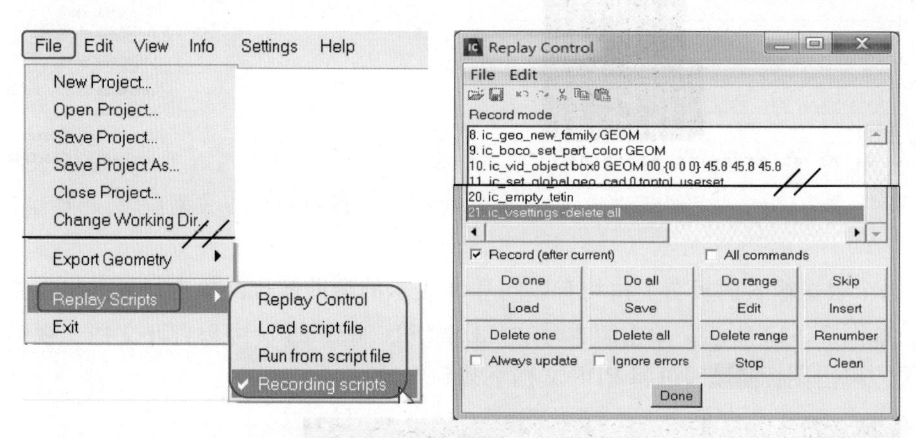

图 2-1-20　脚本控制菜单及界面

1.2.12 ICEM 与 Workbench 交互

自从 ICEM 整合到 Workbench，有些网格功能逐渐被融合到 ANSYS Meshing 中，如四面体网格方法 Octree（Patch Independent）、自动生成块的功能 3D Blocking Fill（MultiZone）和 Autoblock（2D，Uniform Quad），以及 Body Fitted Cartesian 网格等。所以 ANSYS Meshing 的部分功能和 ICEM 是相通的，可以通过 Mechanical 或 Meshing 直接访问 ICEM。

图 2-1-21 所示为 ANSYS Meshing 交互启动 ICEM 的步骤，目前只有两种网格方法支持这种方式：MultiZone 和四面体的 Patch Independent。按照图示的步骤①~④选择划分对象和网格方法并设置其他细节后，将⑤处的 Write ICEM CFD Files 选项设置为 Interactive，生成网格（图中⑥处）时就会启动 ICEM，并自动完成一系列操作，生成需要的网格，也可以手动

更改其中的步骤。完成后在⑦处所示对话框保存 ICEM 文件，返回到 ANSYS Meshing 后，“Mesh”节点前的复选框处于勾选状态，表示完成整个网格划分过程。

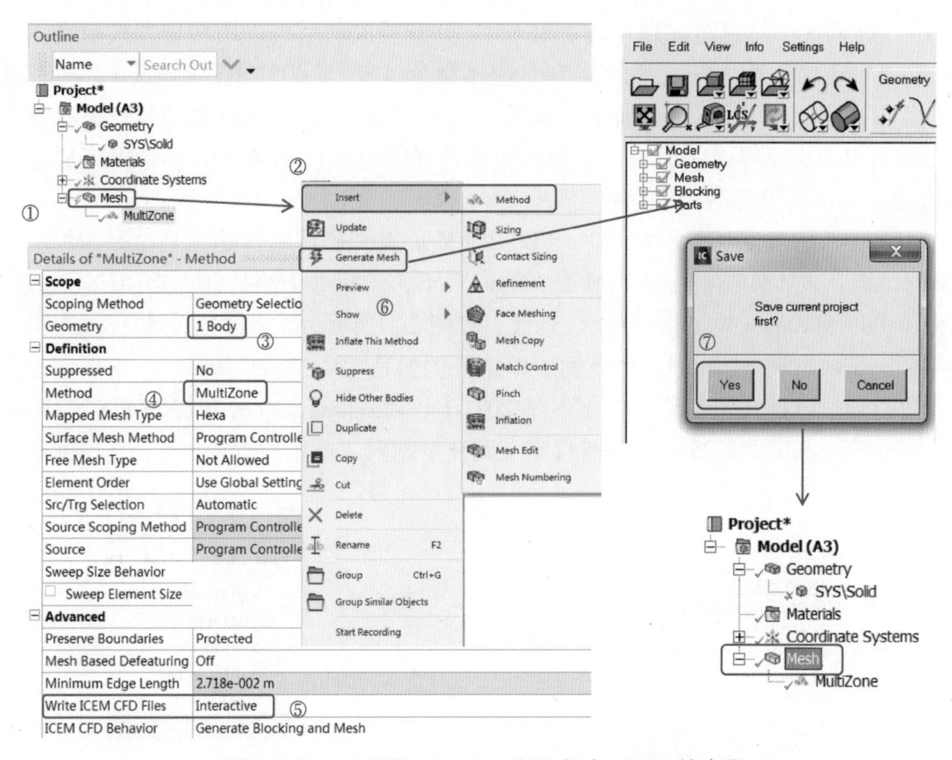

图 2-1-21　ANSYS Meshing 交互启动 ICEM 的步骤

完成上述步骤后，从 ANSYS Meshing 中可以直接输出 ICEM 的工程文件，步骤如图 2-1-22 中的①~④所示。输出的文件包括“. prj”“. tin”和“. uns”文件，必要时可以读入 ICEM 中进行再次编辑。

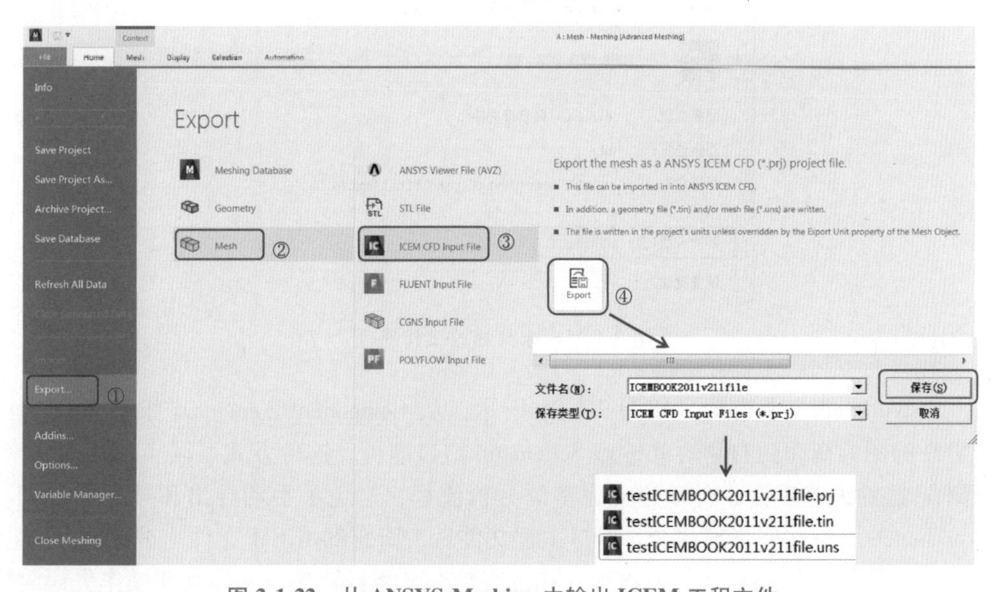

图 2-1-22　从 ANSYS Meshing 中输出 ICEM 工程文件

1.2.13 启动 ICEM

在安装 ANSYS 产品包时如果勾选了 ICEM，则安装成功后可以用两种方式启动 ICEM：

1）单独启动。从 Windows 开始菜单中选择命令 ANSYS 2021 R1→Meshing→ICEM CFD 2021 R1 启动 ICEM，如图 2-1-23 所示。这种方式只启动 ICEM，没有启动其他关联程序，所以可以迅速打开 ICEM 界面。但与上下游的数据传递需要通过手动导入、导出完成，且保存文件的路径、文件名等都需要手动指定。

每个 ICEM 工程都会生成多个文件，启动 ICEM 后首先确认工作路径是个好习惯。单独打开 ICEM 时，默认的工作路径在“C:\User\Name”下，然而这个路径并不常用，可通过 ICEM 主菜单命令 File→Change Working Dir... 修改，如图 2-1-24 所示，但这种方法仅改变当前工程文件的路径，下次启动 ICEM 时，默认的工作路径仍然是“C:\User\Name”。永久修改默认的工作路径可以通过选择开始菜单命令 ANSYS 2021 R1→Meshing，右击 ICEM CFD 2021 R1 打开其属性窗口实现，如图 2-1-25 所示，将自定义路径复制到“起始位置（S）:”文本框即可。

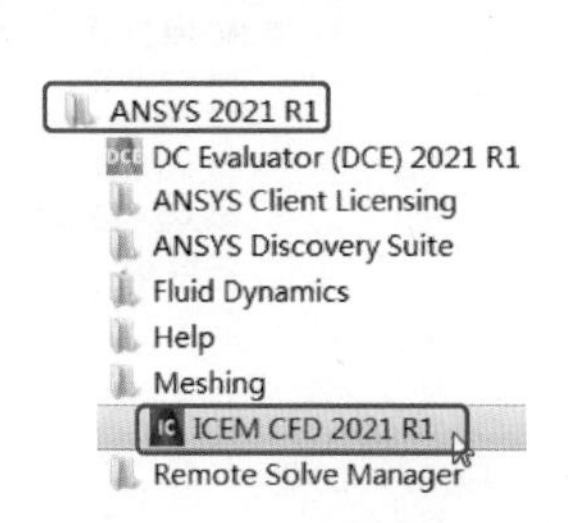

图 2-1-23 从开始菜单中启动

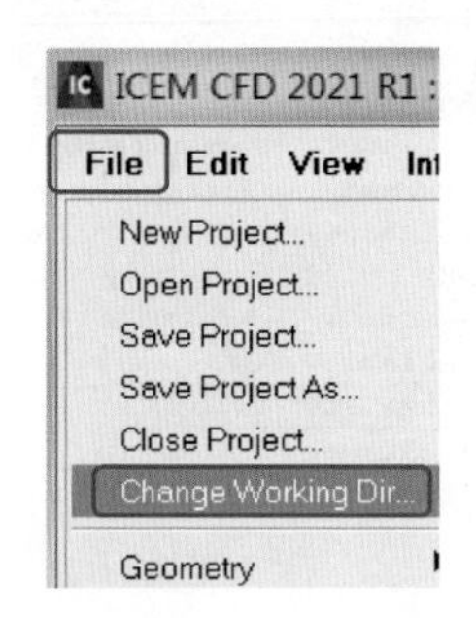

图 2-1-24 修改当前工作路径

图 2-1-25 永久修改工作路径

2）从 Workbench 中启动。如图 2-1-26 所示，从 Component Systems（组件系统）中将 ICEM CFD 的图标拖动到右侧的 Project Schematic 窗口即可。这种方式可以实现几何到网格、网格到求解器的无缝连接，自动建立完整的分析流程，避免了手动导出和导入的过程。同时，Workbench 具有文件管理功能，保存工程文件后，所有的 ICEM 文件均被存到“*_files\dp0\ICM\ICEMCFD”路径下。但这种方式也有弊端，路径较深，文件管理操作失误时容易丢失文件。

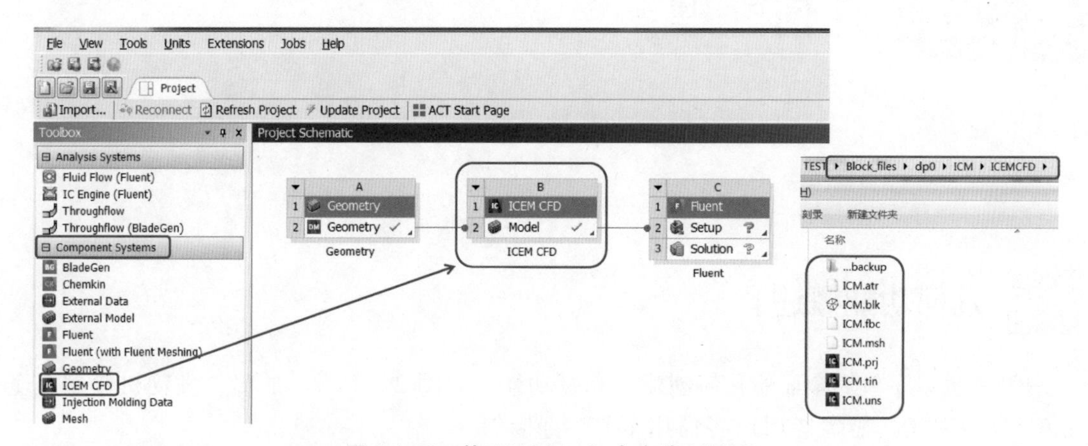

图 2-1-26　从 Workbench 中启动 ICEM

第2章 几何处理

2.1 几何功能概述

ICEM 提供了较为全面的几何创建及修复功能，如图 2-2-1 所示的喷气发动机模型完全在 ICEM 中创建。很多老用户习惯用 ICEM 直接创建几何，但是相比于市面上流行的专业 CAD 软件，ICEM 的几何操作功能效率低下，所以多数用户选择在 CAD 软件中建模，然后导入 ICEM 中进行简单修复。如果导入后发现问题太多，建议直接返回原始 CAD 软件中修复后再次导入。对于少量简单的几何问题，可以直接在 ICEM 中修复。

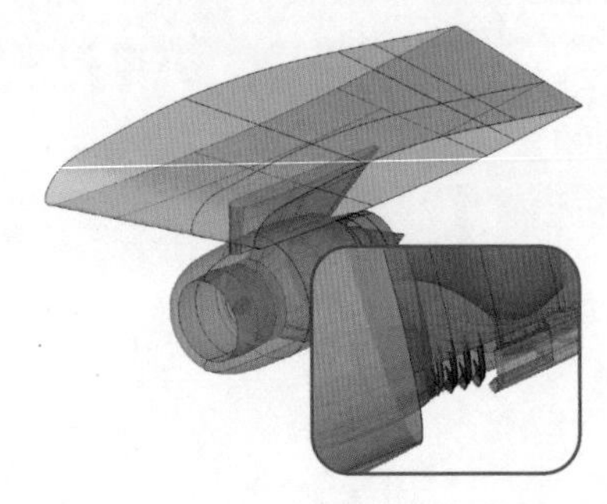

图 2-2-1　用 ICEM 创建的喷气发动机模型

ICEM 以面来表征几何模型，所有三维实体模型导入 ICEM 后会自动转换为表面几何。尽管 ICEM 可以对原始几何进行精确解析，但是导入的几何体难免会产生诸如缝隙、干涉等问题。有少量小问题的几何可以用表面无关的网格方法成功生成网格，但无法用表面相关的网格方法，需要进行修复后再进入网格划分环节。本节将介绍 ICEM 的基本几何操作，便于读者在几何处理方式上做出快捷选择。

2.2 导入几何

ICEM 的几何接口丰富，近几年的新版本又进一步扩展了 ICEM 的几何兼容性，读入几何时可以首先尝试选择菜单命令 File→Import Model，大部分用于 CFD 分析的几何文件均可以用这一项导入，如果导入失败再尝试 Import Geometry 选项。以下分别说明这两种几何导入方式。

1）Import Model 支持的格式如图 2-2-2 所示，用 Workbench 读取器读入几何或网格，转换为 ICEM 的格式，任何 Workbench 可以导入的几何均可以用这个选项导入 ICEM。从下拉列表内容可以看到支持诸多模型文件格式，ANSYS 系列几何文件、常用的 CAD 原生格式文件、第三方格式文件及 STL 等文件均可用这个选项导入。

2）Import Geometry，用 Import Model 无法正确读取的几何可以尝试用此选项读入，将启动 ICEM 传统的几何转换器，图 2-2-3 为此选项支持的格式。

① Faceted——小面数据，用于没有原始 CAD 文件时，读入网格数据或 X 射线等扫描的文件，读入以后均转换为小面数据，由一系列小三角面表征几何形状。从小面几何中可以提

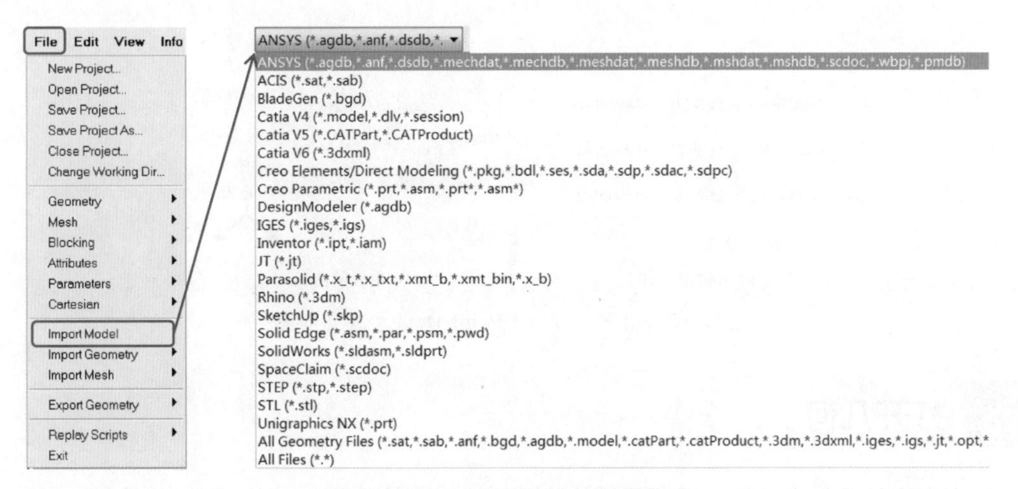

图 2-2-2　Import Model 支持的格式

取线和点，进而捕捉大致的几何形状，但是难以精确还原原始几何。小面数据可以由 Nastran、Patran 等求解器提供，也可以是 STL 或 VRML 格式，其中 STL 文件是最常用的格式。

图 2-2-4a 所示为导入 STL 文件后生成的小面几何，图 2-2-4b 则是通过菜单命令 File→Import Mesh→From Fluent 读入 Fluent 的网格文件，再用菜单命令 Edit→Mesh→Facets 转换而成的小面几何，之后可以用小面处理工具 Geometry 的 Create Faceted 按钮进行修复，进而划分网格。

② Formatted Point Data——格式化点数据，用于读入规定格式的 Bspline 点数据，并转换为 ICEM 的格式，自动生成线和面。点数据文件要符合规定的语法，如图 2-2-5a 所示的点数据，第一行包括两个数字，第一个数字表示每条线上的点数，第二个数字表示每个面上的线数，从第二行开始列出所有点的坐标值。导入后生成如图 2-2-5b所示的曲面。

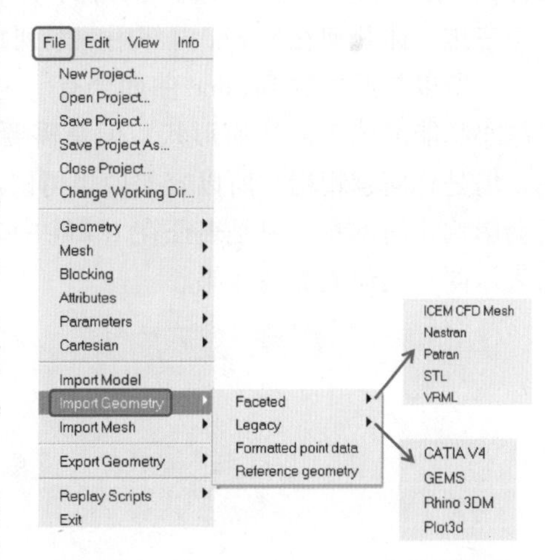

图 2-2-3　Import Geometry 支持的格式

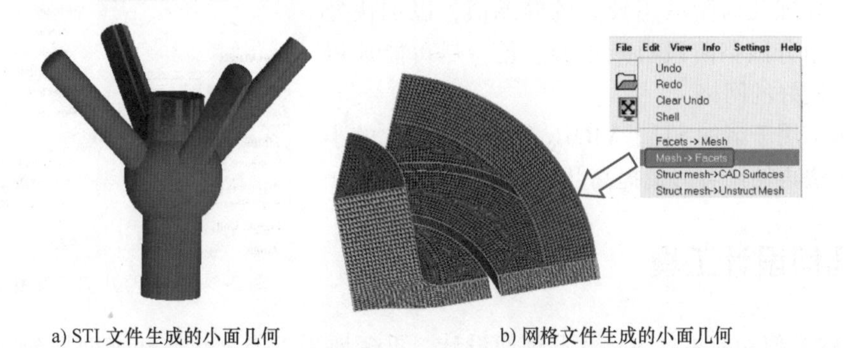

a) STL文件生成的小面几何　　b) 网格文件生成的小面几何

图 2-2-4　小面几何示例

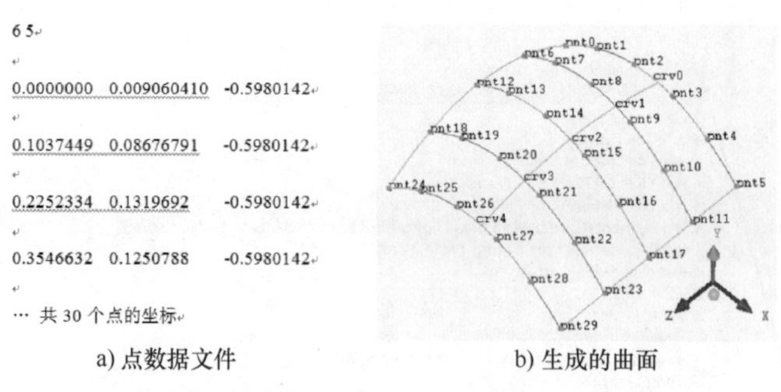

a) 点数据文件　　b) 生成的曲面

图 2-2-5　由 Formatted Point Data 生成几何面

2.3 打开几何

所有类型的几何文件导入后都要转换为 ICEM 独有的几何文件格式“tetin”（即“. tin”文件），是“tetra input”的缩写，保存后自动生成“ * . tin”文件。

三维实体几何在 ICEM 内部用一系列封闭的几何面表征，而几何面则用三角化数据近似表征，所以与原始的 Bspline 曲面会有一定差距。ICEM 用容差值表示这种差距的大小，容差值越小越能准确表征几何形状，但是需要更多的内存和处理时间，值越大越节省内存和时间，但是几何越粗糙。所以容差值也可以反映表征原始曲面数据的分辨率或近似度，其大小不会影响几何本身，只是表征在 ICEM 中表达原始几何的精度。图 2-2-6 所示为不同的容差值表示同一几何表面的效果。

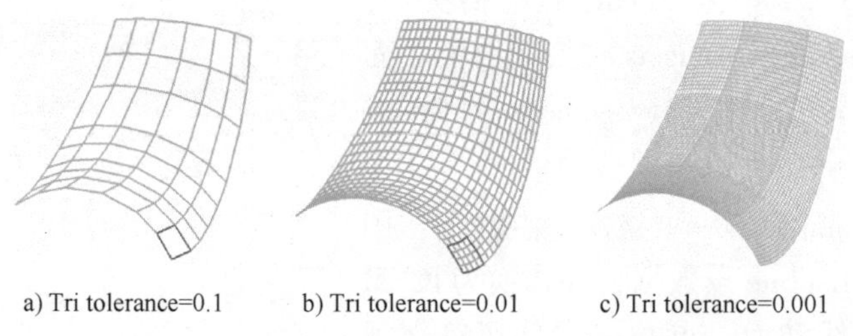

a) Tri tolerance=0.1　　b) Tri tolerance=0.01　　c) Tri tolerance=0.001

图 2-2-6　不同容差值表示同一几何表面的效果

修改容差值用图 2-2-7 所示的界面，默认值“0. 001”适用于大多数模型。对于规模较大的模型，可以考虑在处理几何阶段用较大的容差值，以加快处理速度，到划分网格阶段再减小容差值，尽可能地得到贴体效果较好的网格。

容差值不用于诸如 STL、VRML 等已经离散化的小面几何，无法再使用容差值提高几何精度。

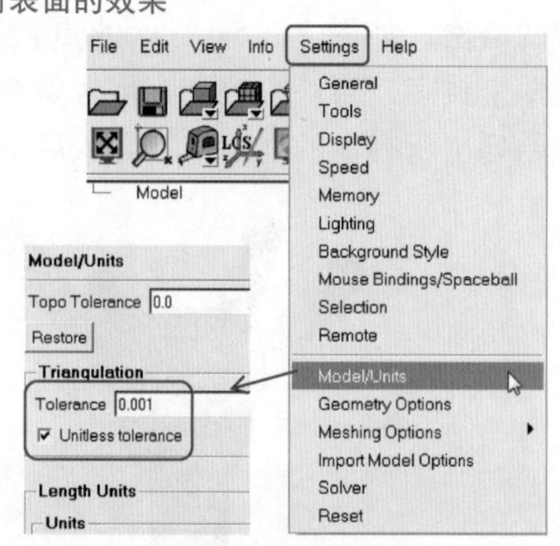

图 2-2-7　修改几何三角化容差值

2.4 几何设计工具

ICEM 的几何功能主要为导入几何而设计，更多地用于修复几何和辅助划分网格，例如在六面体网格创建过程中，关联 Block 和几何时，可以人为创建一些辅助点、线和面，更好地捕捉几何原型。原始几何如果有少量问题，也可以尝试用 ICEM 的几何工具进行修复。但 ICEM 中的几何功能手动操作性较强，对于问题较多的“脏”几何，建议用更专业的 CAD 软件进行高效修复。

图 2-2-8 所示为 ICEM 的几何设计工具界面，在功能选项卡中单击 Geometry 调出。

图 2-2-8 几何设计工具界面

2.4.1 创建或修改点、线和面

ICEM 中对点、线和面的操作分别位于不同的选项卡，图 2-2-9 所示为创建或修改点、线和面的界面，将光标悬停在图标上可以显示出基本功能，比较直观，结合简单操作即可掌握应用步骤，在此仅做简单介绍。

创建点用图 2-2-9a 所示界面，提供了在屏幕上点击创建点、根据坐标值或函数式创建点、对已有点偏移创建点、根据圆弧创建点、在两点之间创建点等多种操作，结果均是生成一个或多个点。

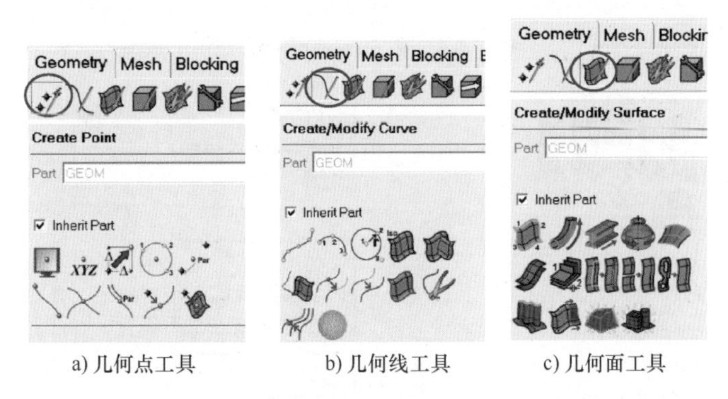

a) 几何点工具　b) 几何线工具　c) 几何面工具

图 2-2-9 几何工具

创建线用图 2-2-9b 所示界面，可以通过指定多个点创建线、由三点创建圆弧、指定圆心和圆上的两点创建圆、创建两个面的交线、创建线到面的投影线、抽取面的边界线等多种方式实现，也可以对线进行切割、合并、延伸等修改。

面操作用图 2-2-9c 所示界面，可以由指定的线或点生成面、由一条线沿某一路径或矢量扫掠生成面、由一条线围绕指定轴旋转生成面、由多条线放样生成面等，也可以对面进行切割、合并、延伸、简化等处理。最后一个图标提供了几种生成标准几何体的操作，包括 Box（方体）、Sphere（球）、Cylinder（圆柱）等，供用户快速生成简单的几何体，再通过对标准体的变换和编辑生成需要的几何模型。

2.4.2 创建几何拓扑

由于不同软件的内部算法不尽相同，在导入外部几何时，即使是相同的文件格式，也有可能出现缝隙、干涉、缺失面等问题，所以导入几何后通常有必要检查几何的连通性和完整性，以便决定是否首先修复几何。

ICEM 用于检查几何连通性和完整性的功能称为“创建拓扑（Building Topology）”，用图 2-2-10 所示的界面实现。这一操作会根据边和相邻实体的关系，从面的边界和角处自动创建一系列的线和点，捕捉几何的特征，并以不同颜色的线表示几何的连通性。

创建拓扑虽不是必需的步骤，但实际操作中使用频率很高。有些网格划分方法要求几何表面必须连续且封闭才能正确执行，所以首先要创建拓扑检查几何，如果发现裂缝、丢失的面、孔洞等问题，需要进行修补，得到连续且封闭的干净几何，然后才能划分高质量的网格。

此外，由于 ICEM 用封闭表面构成的空间表征几何体，没有通用 CAD 工具中三维“体”的概念，所以 ICEM 没有常见的布尔加、减、交等运算，而是通过创建拓扑来构建不同空间区域的连接关系。

创建拓扑界面的选项较多，对同一几何设置不同的拓扑选项会产生不同的结果，本节将对图 2-2-10 中数字标注的功能分别进行说明。

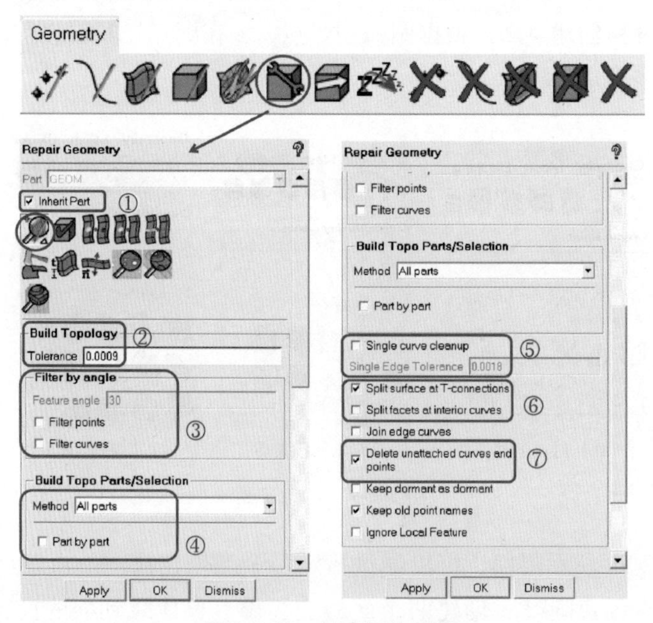

图 2-2-10 创建拓扑界面

2.4.2.1 容差

容差（见图 2-2-10 中的 Tolerance 文本框），指允许的面与面之间的间隙大小。如

图 2-2-11a 所示的两个面，如果设定的容差值大于 Edge 1 和 Edge 2 之间的距离，建立拓扑后会忽略此间隙，两个面交于一条公共边；反之，如果设定的容差值小于此距离，则拓扑后保留间隙，Edge 1 和 Edge 2 相互独立，两个面不相连。

如图 2-2-11b 所示的两个面，间距为 0.2，设定容差为 0.5 创建拓扑时，得到图 2-2-11c 所示的结果，两个面之间的间隙被忽略，只保留一条的公共边。用小于 0.2 的容差创建拓扑，结果会保留面之间的间隙。

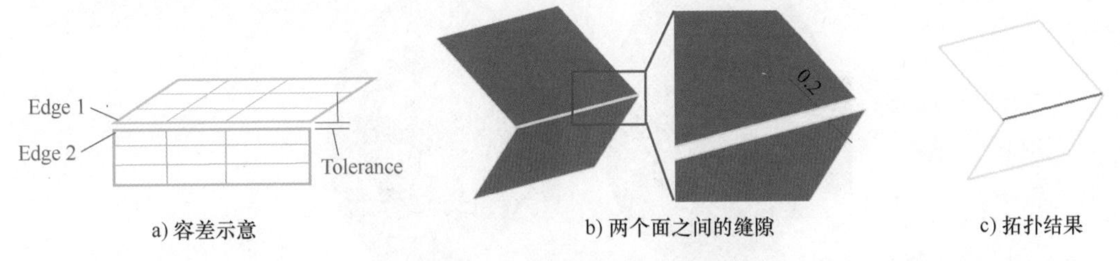

a) 容差示意　　b) 两个面之间的缝隙　　c) 拓扑结果

图 2-2-11　容差值对拓扑的影响示例

创建拓扑时应特别注意容差值，不要因此破坏了原始的几何结构。较小的容差可以更多地保留原始几何结构，但是可能会造成更多小的间隙。较大的容差能够消除小的间隙，但是太大的值可能会合并本来应该存在的缝隙，甚至错误地移除关键的几何特征。

默认的容差值是模型外边框对角线长度的 1/2500，根据经验，合理的容差值约为预估最小网格尺寸的 1/10，或是需要捕捉的最小几何特征尺度的 1/10。

在某些场景下，利用几何拓扑可以高效地修复几何。图 2-2-12a 所示的两个体之间有 0.1 的小间隙，设置容差值为 0.2，创建拓扑，得到图 2-2-12b 所示的结果，两个体的接触位置生成蓝色线，表示识别出了公共面，小间隙被消除。利用这一功能可以一键删除多个小间隙或干涉，而在其他软件中可能需要多个步骤才能处理。但有些几何中，如 PCB，可能有很多薄实体是需要保留的，此时要设置比最小厚度更小的容差值，否则可能会将薄实体两侧的面识别为一个面，破坏了原始的几何结构。

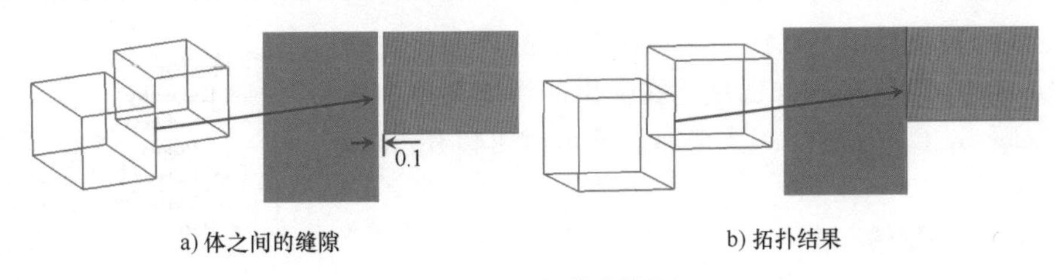

a) 体之间的缝隙　　b) 拓扑结果

图 2-2-12　用拓扑合并面

2.4.2.2　线的颜色含义

创建拓扑后几何线将呈现不同的颜色，同时线会自动加粗显示，特定的颜色表示邻近表面之间的关系，方便用户判断面的连通状态。

1）绿色：孤立边，不与任何面相连，对于实体模型通常是问题边，需要删除。

2）黄色：单边，仅与一个面相连，要检查合理性，再决定是否要进行修复。

3）红色：双边，与两个面相连，面在公共边之间的距离小于指定的容差值，对于实体模型，红色边是正确的状态。

4）蓝色：多边，与三个或更多面相连，对于实体模型，蓝边通常也是正确的状态。

5）灰色：休眠边，当前为不激活状态。

对于图 2-2-13 所示的几何，左图是原始几何显示状态，单凭观察很难看出模型中是否有孔洞，创建拓扑后生成右图所示的彩色粗线，其中箭头处出现黄边，表示单边，检查后可以发现，黄边围成的面被丢失。

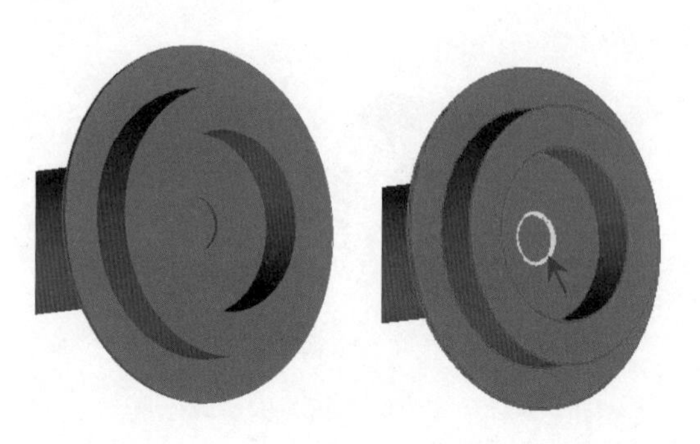

图 2-2-13　创建拓扑应用示意

如果创建拓扑后只有红边和蓝边，通常表示几何是合理的。如果出现黄边，则要引起注意，但并非所有的黄边都需要修复，所以需要进一步检查。黄边可能是无厚度面的边，无须修复；也可能是缺失了面，需要填补面；也可能是大于容差值的缝隙，此时可以增大容差值再创建拓扑，尝试消除黄边。

注意：

- 特别复杂的模型，拓扑后可能出现大量的黄边，如果是因为丢失了很多不规则的小面引起，注意不要尝试修补小面，建议删除周围的小面，然后再修补相关联的大面，当修补工作量太大时，返回 CAD 软件处理效率更高。

关闭线的颜色显示可以用图 2-2-14 所示的界面，右击模型树 Geometry 组的 Curves 选项，在弹出的快捷菜单中取消激活 Color by Count 命令，是否加粗显示线可以用 Show Wide 命令控制。

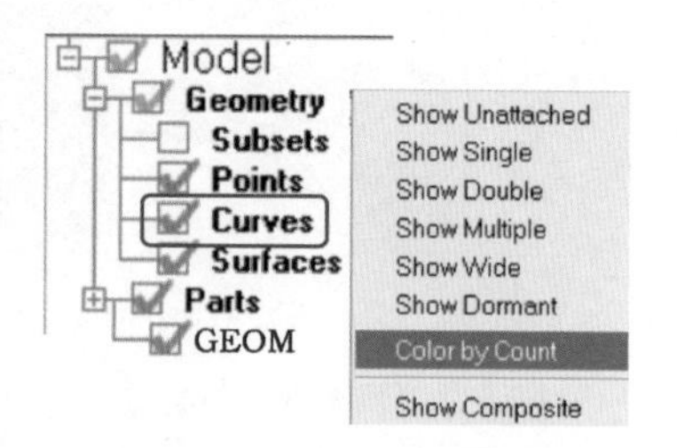

图 2-2-14　线的显示控制

2.4.2.3　提取线和点

创建拓扑会自动根据几何面的连接关系从面中提取线和点，用于捕捉几何形状。但有些线和点并不是描述几何必需的，此时可以利用拓扑中的过滤功能，自动删除某些线和点。相关参数在图 2-2-10 的 Filter by angle 选项组（即区域③）中设置。

Filter by angle 选项组：默认不激活，创建拓扑后不会自动删除原始模型中的特征线和特征点。图 2-2-15a所示为未激活此项的示例，图中箭头所示为圆角的特征线，拓扑后被保留，划分非结构网格时会强制将网格节点投影到特征线上，所以右图的四面体网格可以捕捉到圆角特征线。

激活此项的效果如图 2-2-15b 所示，创建拓扑后会根据指定的特征角删除某些线和点，

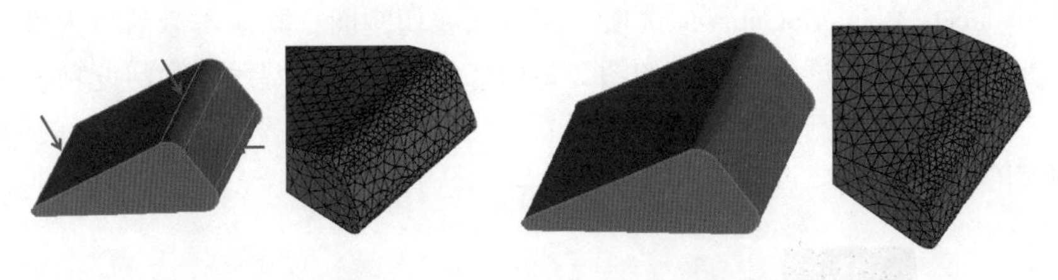

a) 未激活此项的几何和网格　　b) 激活此项的几何和网格

图 2-2-15 Filter by angle 选项组作用示例

图中几何的圆角特征线被删除，因此网格无法捕捉到圆角的特征线。虽然损失了几何精度，但也因此不会受到某些小特征的限制而导致网格划分失败，降低了产生坏单元的概率。这一功能对复杂曲面很有用。

Feature angle（特征角）文本框：默认为“30”，这是常见值，通常不需要修改。

Filter Points 选项：勾选该选项时，如果两条线的切线夹角小于特征角，则过滤掉两线的交点（同时对过滤的点做休眠处理），网格不会捕捉到这些点。

Filter Curves 选项：勾选该选项时，如果两个面的切线夹角小于特征角，则过滤掉面的交线（同时对过滤的线做休眠处理），网格不会捕捉到这些线。

2.4.2.4 选择拓扑对象

图 2-2-10 中的区域④用于控制创建拓扑的作用对象，Method 下拉列表框如图 2-2-16 所示，共有三个选项。

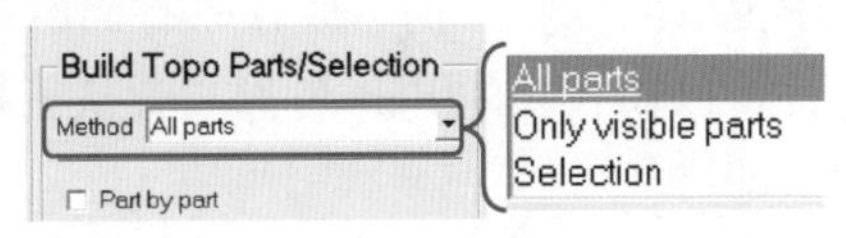

图 2-2-16 拓扑对象选择

1）All parts：默认选项，拓扑将作用于所有的面，包括休眠的面；

2）Only visible parts：拓扑仅作用于模型树下激活的 Part，不激活的对象不受影响；

3）Selection：拓扑仅作用于选中的面。

此外，Build Topo Parts/Selection 选项组中还有 Part by part 选项，勾选该选项时，每次拓扑操作仅用于一个 Part。

2.4.2.5 自动切割面

位于面上的线与面的位置关系总体有四种：线在面上形成闭环、线穿过面、两个面 T 型连接形成交线、整条线位于面上的内部线。前两种通过拓扑可以把一个面切割为多个面，后两种的拓扑不切割面但影响网格分布。通过拓扑实现自动切割面由图 2-2-10 中区域⑥的两个选项实现。

（1）Split surface at T-connections 选项　在 T 型连接处切割面，默认是激活的，这个选项有两种应用场景。

1）当面上有线形成闭环或穿过面时，创建拓扑后自动用这些线切割面。如图 2-2-17 中①所示的矩形面上，五角星构成闭环线，圆周线有部分穿过面，不勾选此项创建拓扑时，结果如图中②所示，线没有切割面，矩形面仍是一个整体；勾选此项创建拓扑的结果如图中③所示，这些线自动切割了矩形面，④和⑤是删除部分面的结果。

2）当两个面形成图 2-2-18①处所示的 T 型连接时，创建拓扑后底面并未被切割成两个面，但是在交线处生成公共边，显示为蓝色，从网格图可见，在公共边上生成了共节点的网格。

（2）Split facets at interior curves 选项　用内部线切割面，默认不激活。内部线是指位于面上且没有形成闭环或穿过面的线。如图 2-2-18②处所示的 S 型线，激活此项时，创建拓扑后水平面从 S 型线处被切割，从网格中可以看出，网格节点沿 S 型线排列，捕捉到了线的形状，且线两侧的网格是共节点的。

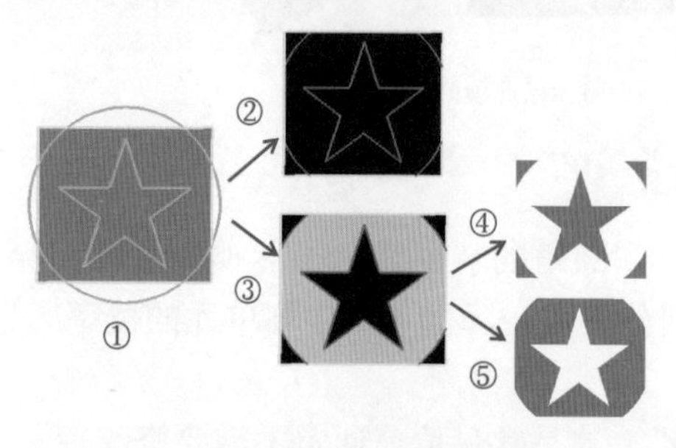

图 2-2-17　创建拓扑切割面示例

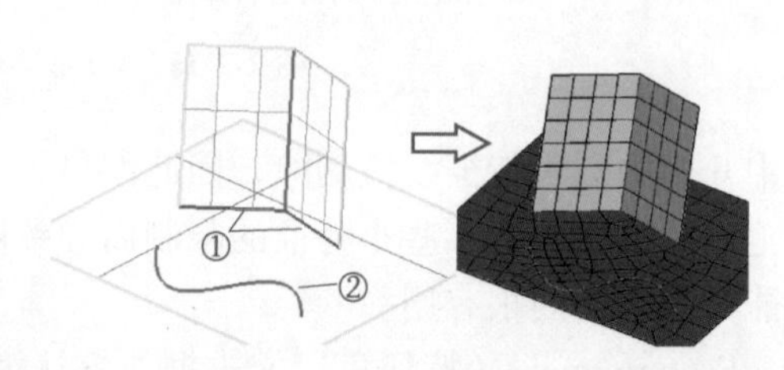

图 2-2-18　创建拓扑切割 T 型连接面及 S 型线示例

2.4.2.6　创建拓扑其他选项

Inherit Part 选项：如图 2-2-10 中所示的区域①，默认复选框是勾选状态，创建拓扑后从面中提取的线和点仍然放在原有面所在的 Part 中；不勾选时，提取的线和点放在指定的 Part 中，可以输入新的 Part 名称或者从下拉列表框中选择已有的 Part。通常 Inherit Part 选项保持默认即可。

Single curve cleanup 选项：如图 2-2-10 中所示的区域⑤，勾选这一选项时，Single Edge Tolerance 文本框变为可编辑状态，通常大于图 2-2-10 中区域②处的基准容差，仅用于清除狭长面，间距小于这一值的单边会被合并。

Delete unattached curves and points 选项：如图 2-2-10 中所示的区域⑦，当处于勾选状态时，创建拓扑时自动删除孤立的点和线，方便清除不需要的点或线。默认是激活的，如果要保留孤立的点和线，取消勾选即可。

自动删除孤立线和点示例如图 2-2-19 所示，图 2-2-19a 所示为原始几何，未勾选 Delete unattached curves and points 选项时的拓扑结果如图 2-2-19b 所示，矩形面被圆周线切割为 5 个面，圆周线同时被切割为 8 段圆弧，但是位于矩形面之外的 4 段孤立圆弧依然存在。勾选 Delete unattached curves and points 选项时的拓扑结果如图 2-2-19c 所示，4 段孤立的圆弧被自动删除。

对于多数流体分析而言，孤立的线和点不起作用，所以这一选项保持默认即可。

a) 原始几何　b) 未勾选此项时的拓扑结果　c) 勾选此项时的拓扑结果

图 2-2-19　自动删除孤立线和点示例

2.4.3 修补及变换几何

对几何模型进行拓扑后，若发现几何问题，可以尝试在ICEM中进行修补。本节介绍几种常用的几何修补工具。

2.4.3.1 封闭孔

封闭孔操作通过创建一个新的几何面封闭模型中的孔，要求孔周围的线必须形成封闭环线。在功能选项卡中单击Geometry→Repair Geometry图标，弹出Repair Geometry对话框，单击Close Holes图标，如图2-2-20a所示。对图2-2-20b所示的几何创建拓扑，③处的圆孔显示为黄色，单击封闭孔图标①，在②处Curves中选择构成圆孔的封闭环线，完成后如图2-2-20c所示，自动创建了新的面用于封闭孔，同时圆孔线变为红色显示。

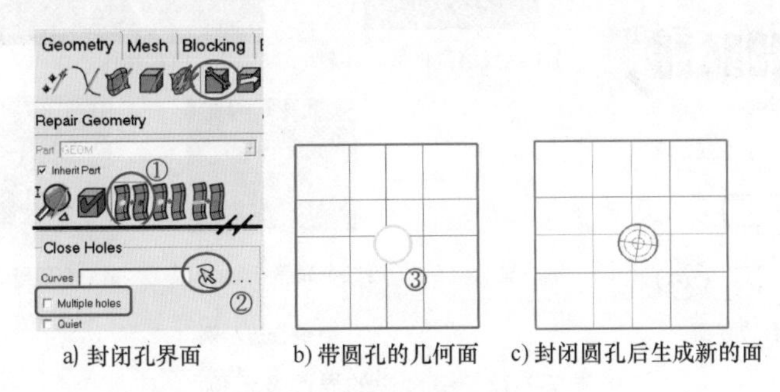

a) 封闭孔界面　b) 带圆孔的几何面　c) 封闭圆孔后生成新的面

图2-2-20　封闭孔界面及示例

如果模型中有多个孔，可以一次性封闭。此时需要勾选Multiple holes选项，同时选择多个孔的线，每条线都应是封闭的环线。

2.4.3.2 移除孔

移除孔用于移除由连续环线围成的孔。与封闭孔不同的是，移除孔不会生成新的几何面，而只是删除所选线附近的剪切特征。移除孔后，面的拓扑结构与原始面保持一致。在功能选项卡中单击Geometry→Repair Geometry图标，弹出Repair Geometry对话框，单击Remove Holes图标，如图2-2-21a所示。

对图2-2-21b所示的圆孔几何，单击移除孔图标①，在②处的Curves中选择构成圆孔的封闭环线，中键确认后直接得到图2-2-21c所示的结果，孔被自动移除，几何面的拓扑结构恢复为原始几何面，且构成孔的线被删除。

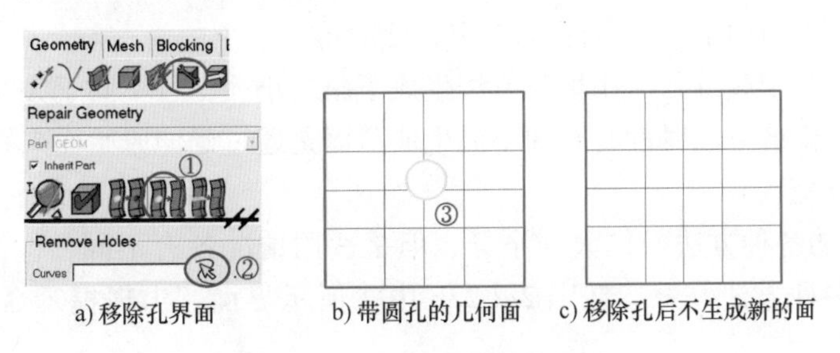

a) 移除孔界面　b) 带圆孔的几何面　c) 移除孔后不生成新的面

图2-2-21　移除孔界面及示例

显然移除孔比封闭孔更有利于网格划分，网格为了捕捉封闭孔形成的小孔面，可能会导致过渡细化。所以，修复小孔几何时优先使用移除孔。

2.4.3.3 缝合边

缝合边用于缝合由裂缝分开的线，在功能选项卡中单击 Geometry→Repair Geometry 图标，弹出 Repair Geomety 对话框，单击 Stitch/Match Edges 图标，如图 2-2-22a 所示。用户在 Max gap distance 文本框中指定最大缝隙间距，设为比整个模型中最大缝隙间距稍大的值，ICEM 会识别出间距小于此值的缝隙。

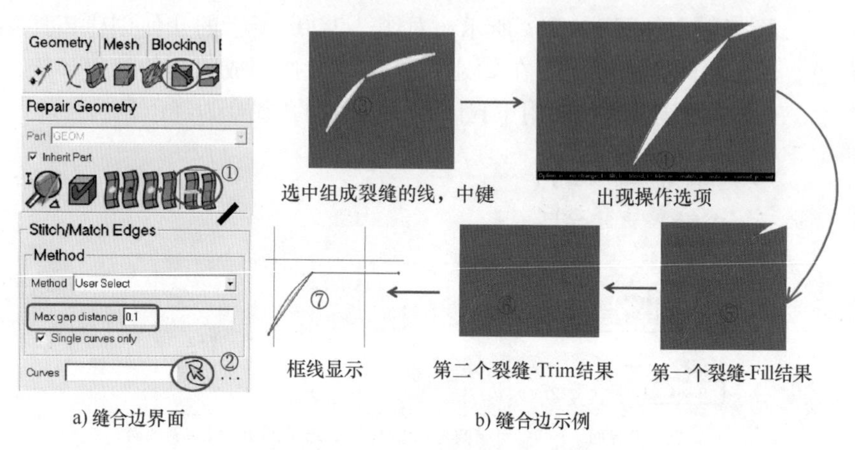

a) 缝合边界面　　b) 缝合边示例

图 2-2-22　缝合边的界面及示例

图 2-2-22b 所示的缝合边示例中，原始几何面上发现两个小裂缝，修复步骤如下：

1）单击 Stitch/Match Edges 图标①。

2）激活②处的线选择。

3）到图形窗口中选择构成裂缝的四条边，如图 2-2-22b 中③所示，中键确认，其中的一个裂缝边被放大，并呈白色高亮显示，同时图形窗口下方出现“Option”提示行，列出了当前可用的几种操作，界面如图 2-2-22b 中④处所示。

4）键盘输入“f”，代表“fill”即填充，图形窗口出现预览面，同时出现“yes”和“no”选项，输入“y”确认，则裂缝处生成一个新的小面，如图 2-2-22b 中⑤处所示，填充完成，裂缝的边变为红色显示。

5）修补完第一个裂缝的同时自动放大第二个裂缝，重复以上步骤，但出现“Option”时选择“trim”修剪成封闭面，结果如图 2-2-22b 中⑥处所示。

6）用框线显示几何面，如图 2-2-22b 中⑦处所示。

以上操作在第一个裂缝处，用填充方法生成了新的小面，且不同于大面的几何拓扑。在第二个裂缝处，用修剪方法时没有新的小面生成，而是通过延伸原始面来修补裂缝，所以面的拓扑结构没有改变。

缝合/匹配边的各种方法操作大同小异，但是适用情况各有不同，但区分也并非绝对，有些裂缝可以用多种方法修补。在图 2-2-22b 中④所示界面，出现提示命令时选择以下其中一种操作。

Match：匹配边，修改邻近的面，使得一条边匹配另一条边。

Extend/Trim：延伸/修剪，重新计算缝隙两侧相邻面之间的交线。如果有锯齿状特征，推荐使用。

Fill：填充，创建新的几何面填充缝隙，在所选线围成的区域创建面。推荐用于共平面的线对。

Blend：倒圆，在线之间创建规则的样条曲面。推荐用于不共面的线对和大曲率的线对。

2.4.3.4　根据角度切割面

根据角度切割面在功能选项卡中单击 Geometry→Repair Geometry 图标，弹出 Repair Geometry 对话框，单击 Split Folded Surfaces 图标，界面如图 2-2-23a 所示。如果面的曲率角大于指定的 Max angle，则执行此操作后会在面上生成新的特征线，划分面网格时可以帮助控制网格的分布。

图 2-2-23b 所示为原始圆柱面，圆周面上仅有一条特征线。单击图 2-2-23a 中图标①，再单击图标②，随后单击图 2-2-23b③处的圆周面，中键确认，即可得到图 2-2-23c 所示的结果，原始的一个大面被切割为 4 个面，同时生成 4 条特征线。此后用面相关的网格方法时，网格节点将沿着面上的 4 条线分布。

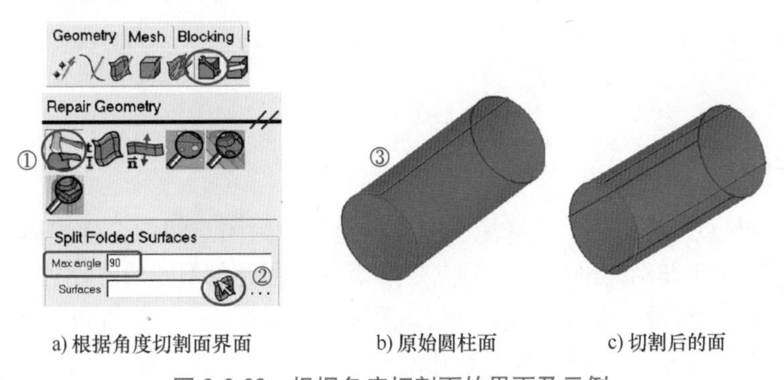

a) 根据角度切割面界面　　b) 原始圆柱面　　c) 切割后的面

图 2-2-23　根据角度切割面的界面及示例

2.4.3.5　变换几何

变换几何操作对已有的几何体进行平移、旋转、镜像、缩放等操作得到需要的几何体。在功能选项卡中单击 Geometry→Transform Geometry 图标，弹出 Transformation Tools 对话框，即变换几何界面，如图 2-2-24 所示。这部分操作比较直观，有些设置在各种变换中是相同的，以下以平移为例做简要介绍，其他操作可以类推。

平移操作用于把选定的几何体按照指定的方法平移到新的位置，同时可以复制几何体，界面如图 2-2-25 所示。

1）Method 下拉列表框中提供了两种方法，即 Explicit 和 Vector。

① 当选择 Explicit 选项时，在 Select 选项中选定几何体，在 X Offset、Y Offset 和 Z Offset 文本框中分别指定 X、Y 和 Z 方向偏移的距离，单击 Apply 按钮确认即可完成。

② 当选择 Vector 选项时，选定几何体后，单击 Through 2 points 选项对应的图标选择两个几何点，平移方向由这两点组成的矢量决定，由第一个点指向第二个点。选择两点并中键确认后，Distance 文本框中自动计算两点间距，默认作为平移的距离，也可以手动更改平移距离。单击 Apply 按钮确认即可。

2）Copy 选项：平移的同时复制几何体。如需同时复制出多个几何体，则在 Number of copies 文本框中输入复制的个数。

3）IncrementParts 选项：将复制得到的几何体放到新的 Part 中，复制几何体的同时生成新的 Part，Part 名称以所选的旧 Part 名称加上序号表示，如 GEOM_0、GEOM_1、GEOM_2 等。

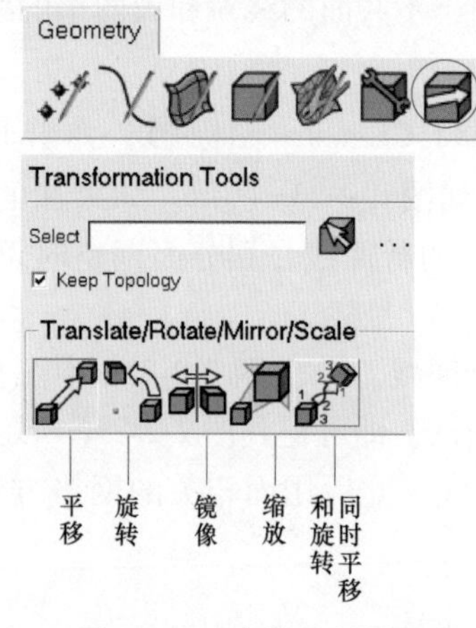

图 2-2-24　变换几何界面

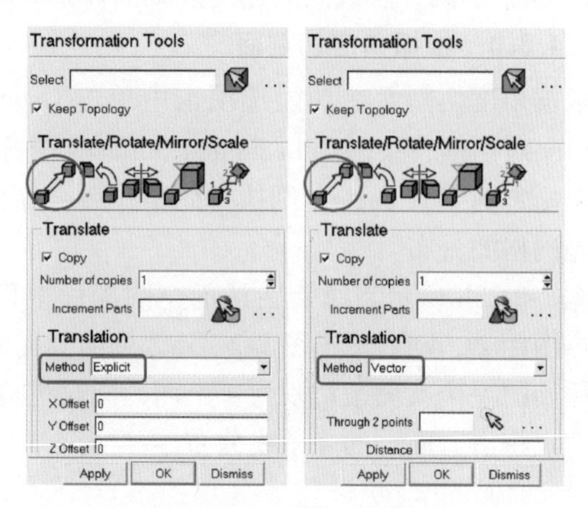

图 2-2-25　平移几何界面

2.4.4 材料点

ICEM 中的材料点用于识别空间区域，围绕材料点的封闭空间内会生成体网格，导入求解器后就是计算域，对于非结构网格，材料点是必需的。创建材料点时在功能选项卡中单击 Geometry→Create Body 图标，创建材料点界面如图 2-2-26 所示。

这里的“Body”是指计算域，而不是几何元素中的 3D 实体。手动创建材料点要在划分网格之前完成。如果没有创建，ICEM 在计算网格时会自动为封闭的空间创建各自的材料点，并分别进行命名。

创建材料点常用的方法即图 2-2-26 所示的两点法，选择任意两点，使其中点在封闭空间的内部即可，点周围的面形成的封闭空间会被识别为一个域，划分非结构网格后，体网格单元被存在材料点中，面网格单元被存在对应的 Part 中。

成功地创建材料点后，在模型树中的 Geometry 下会出现 Bodies 分支，同时在 Parts 下出现域的 Part 名称，显示或隐藏通过复选框实现。

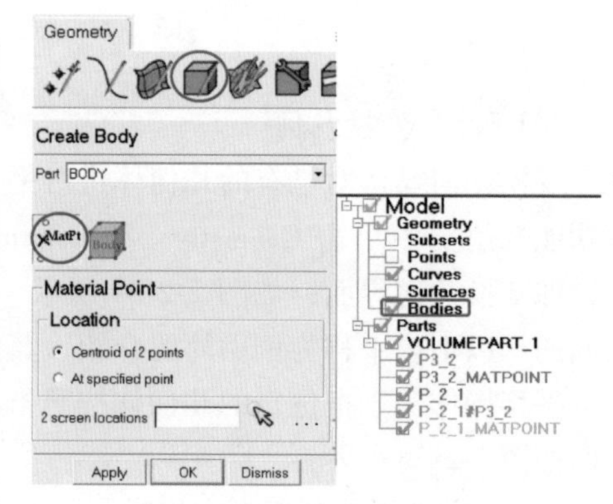

图 2-2-26　创建材料点界面

> **提示：**
>
> ● 导入 SpaceClaim 或 DesignModeler 的原始格式时，ICEM 可以自动对每个封闭空间生成材料点，尤其有利于包含多个区域的分析，但要提前把每个几何做好命名。

2.4.5 删除几何体

删除几何体界面如图 2-2-27 所示，操作方法很简单，只需选择体，中键确认即可删除。

需要注意删除界面的 Delete permanently（永久删除）选项。未勾选此选项时，被删除的几何体虽不可见，但仍存在于数据库中，保持几何体之间的连接关系，这种非永久性删除的几何体称为休眠体（Dormant Entity）；勾选此选项后，删除的几何体则从数据库中移除，相关的几何连续性同时被取消。

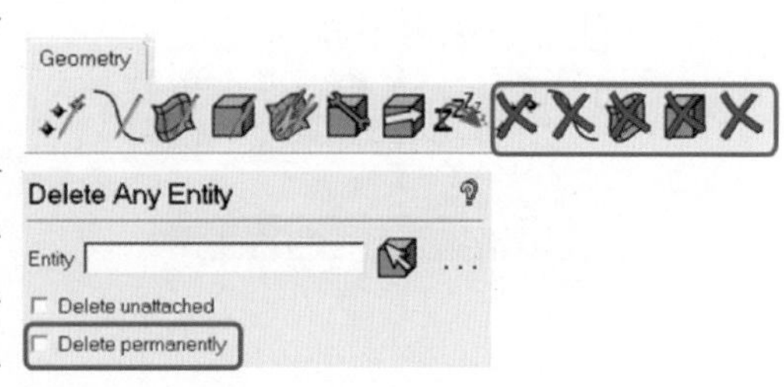

图 2-2-27　删除几何体界面

2.5 案例：修补发动机几何

本例将对图 2-2-28 所示的发动机几何模型进行修补，借此介绍几种常用的几何修补工具，包括封闭孔和移除孔、缝合缝隙、创建缺失面等操作，并介绍相关概念。

步骤 1：创建 Project。

选择主菜单命令 File→New Project，在出现的 New Project 对话框中选择 EngineBlock 工作目录，在 File name 文本框中输入“engine_block”作为 Project 名称（File name 的下拉列表框可用于快速寻找最近打开的工程），生成“engine_block. prj”工程文件。

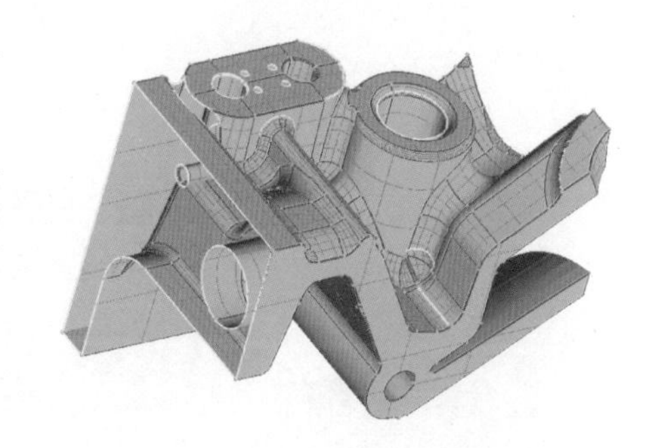

图 2-2-28　发动机几何模型

步骤 2：打开几何。

参考图 2-2-29 操作①~④，选择主菜单命令 File→Gcomctry→Open Geometry，选择“engine_block. tin”文件，单击 Open 按钮，打开几何文件。按照图中操作⑤、⑥所示，在模型树 Surface 右击弹出的快捷菜单中选择 Solid&Wire。在图形窗口按住左键旋转察看几何，发现几何有丢失的面、孔、缝隙、重叠的面和未修剪的面，如图中椭圆框线所示。

步骤 3：建立诊断拓扑。

提示：

- 建立诊断拓扑是为了检查一定容差下几何的完整性。首先测量几何体中的最小特征长度或缝隙的宽度，保证设定的容差能够捕捉需要的几何细节。

通常，容差取为预设最小网格尺度的 1/10 到 1/5 之间，或最小几何特征的 1/10。

参考图 2-2-30 操作①、②，测量需要保留的最小倒角间距，约为 0.4，为了捕捉到倒角，容差应设为比 0.4 小的数值。

参考图 2-2-31，在功能选项卡中单击 Geometry→Repair Geometry 图标，弹出 Repair

Geometry 对话框，单击 Build Diagnostic Topology 图标，在 Tolerance 文本框中输入“0.05”，其他保持默认，单击 Apply 按钮。

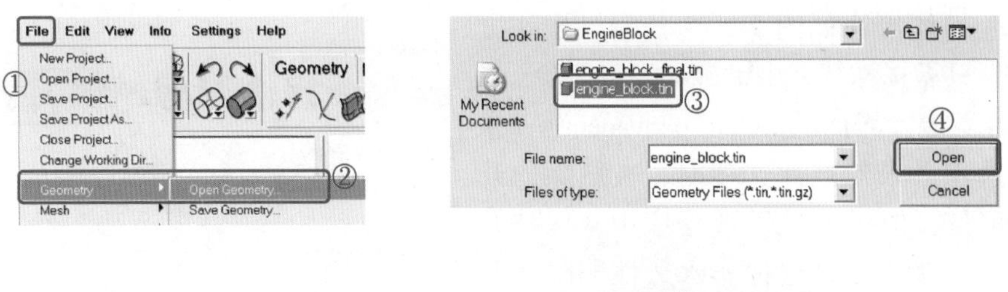

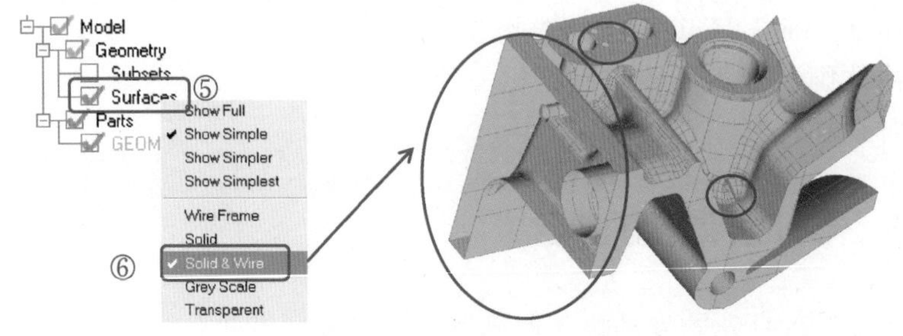

图 2-2-29　原始几何的问题

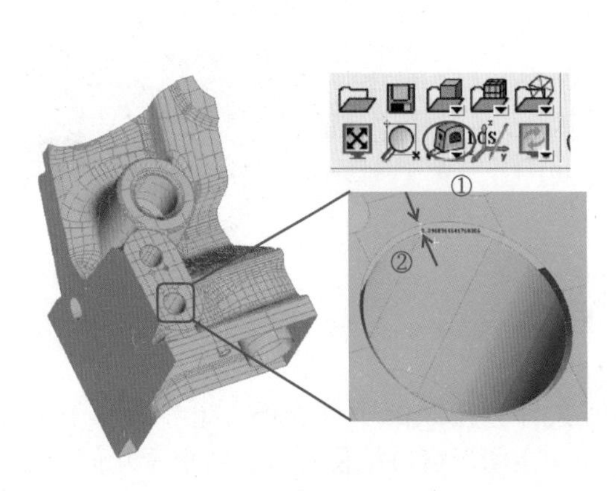

图 2-2-30　测量倒角间距

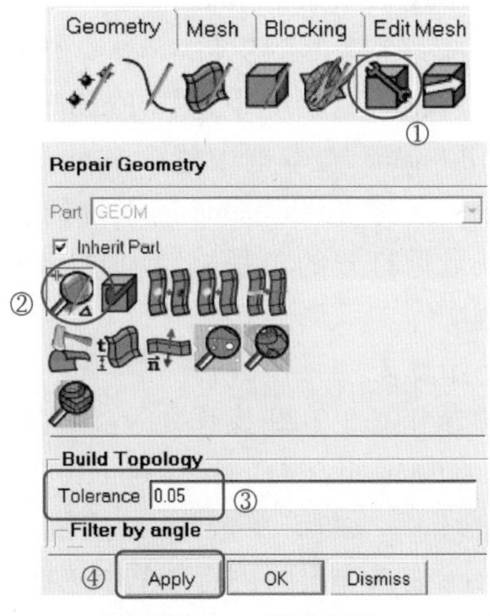

图 2-2-31　创建拓扑

步骤 4：移除孔。

参考图 2-2-32 操作①、②，在功能选项卡中单击 Geometry→Repair Geometry 图标，弹出 Repair Geometry 对话框，单击 Remove Holes 图标，到图形窗口按照③所示位置，分别选择四个孔的圆周线，中键确认，单击 Apply 按钮，得到④处所示的结果，孔被移除。

步骤 5：封闭孔。

提示：

- 封闭孔操作要求围成孔的线是封闭的，会由这些线创建新的面。

参考图2-2-33①所示位置，在功能选项卡中单击Geometry→Repair Geometry图标，弹出Repair Geometry对话框，单击Close Holes图标，按照②处箭头所示，选择形成孔的一条黄线，单击图中③处的图标［或从键盘输入“l”（即flood fill）］，则自动选择所有搭接的黄线，如图中④处箭头所示，围成孔的所有线均被选中，中键确认，自动高亮显示要封闭的孔并放大，如图中⑤处所示，输入“y”接受预览表面，结果如图中⑥处所示，用新的面将孔封闭。

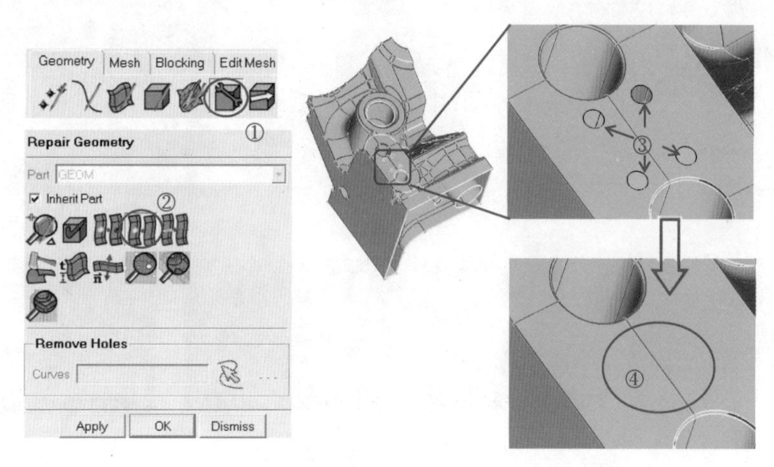

图2-2-32　移除孔

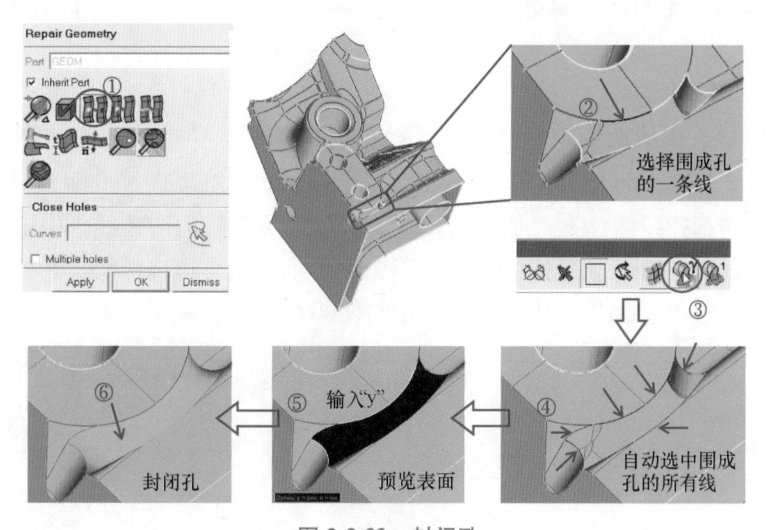

图2-2-33　封闭孔

步骤6：封闭缝隙。

> **提示：**
>
> ● 缝合边Stitch/Match Edges选项用来缝合缝隙，操作过程中有Fill、Trim、Match等子功能可以选择。

参考图2-2-34①所示位置，在功能选项卡中单击Geometry→Repair Geometry图标，弹出Repair Geometry对话框，单击Stitch/Match Edges图标，按照②处箭头所示位置，选择缝隙周围相对的两条线，中键确认，选中的两条线会高亮显示并自动放大，图形窗口下方会出现一行选项提示，如图中④处所示，从键盘输入“t”选择裁剪，出现图中⑤处的结果预览，输入“y”确认，得到如图中⑥处的结果，缝隙被封闭。重复三次上述操作，封闭其他三条缝隙，全部完成的结果如图中⑦处所示。

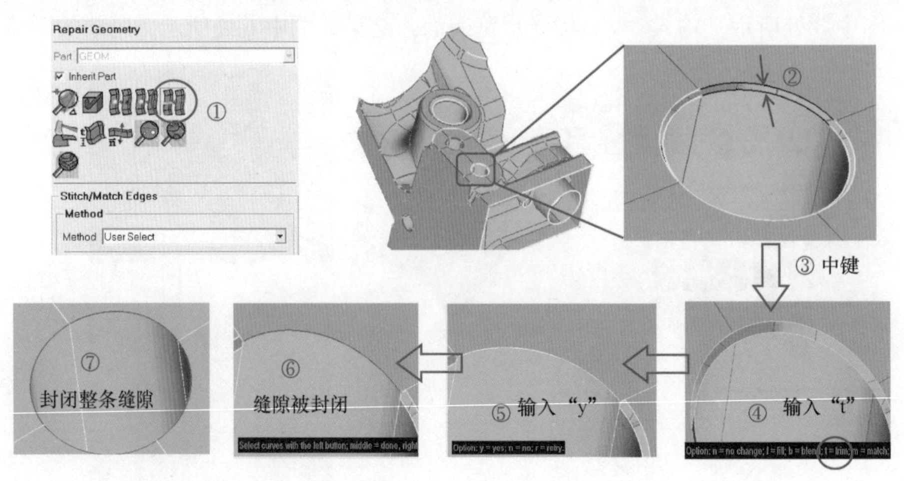

图 2-2-34　缝合边

在 Repair Geometry 对话框中单击 Build Diagnostic Topology 图标，以容差 0.05 重新建立拓扑。

步骤 7：继续封闭缝隙。

参考图 2-2-35，在功能选项卡中单击 Geometry→Repair Geometry 图标，弹出 Repair Geometry 对话框，单击 Stitch/Match Edges 图标，将图中②处的 Method 选项设为 Extend/Trim，单击③处的选择线图标，依次选择④、⑤处箭头所指的两条线，中键确认，得到⑥处的结果，先选的线被合并至后选的线，进而删除了小缝隙。再选择⑦、⑧处箭头所指的两条线，中键，得到⑨处的结果。用同样的方法封闭⑩和⑪处的两个缝隙。

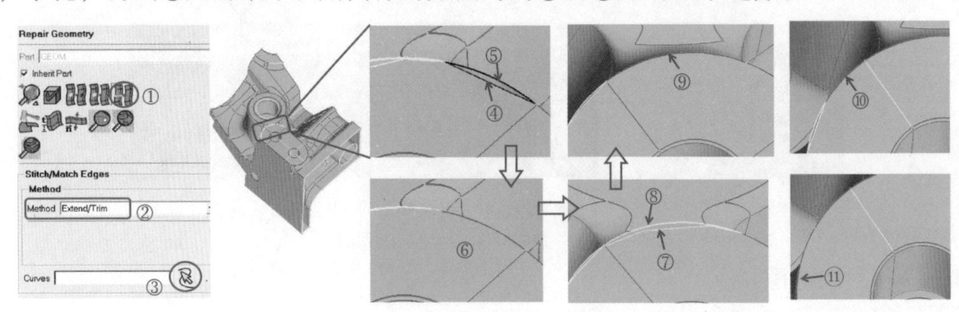

图 2-2-35　修剪边

提示：

● 如果出现绿线，返回 Build Topology 选项卡中，以容差 0.05 重新建立拓扑。Extend/Trim 方法与上一步的 User Select 方法作用一致，只是操作细节稍有不同。

步骤 8：匹配边。

提示：

- 匹配边的作用也是封闭缝隙，用的是 Match 功能，需要选择两条线，先选的线所在的面会被变形，以匹配后选的线。所以两条线的端点必须相近，否则面会被严重扭曲。如果两条线的端点位置不匹配，则首先在端点处分割长线。

1）投影点到线。参考图 2-2-36①、②所示位置，在功能选项卡中单击 Geometry→Create Point 图标，弹出 Create Point 对话框，单击 Projects Points to Curves 图标，自动切换到线选择模式，到图形窗口选择③所示的长线，中键，自动切换到点选择模式，选择④所示的短线的两个端点，中键，得到⑤处的结果，两个端点投影到长线上。再单击中键或右击，退出。

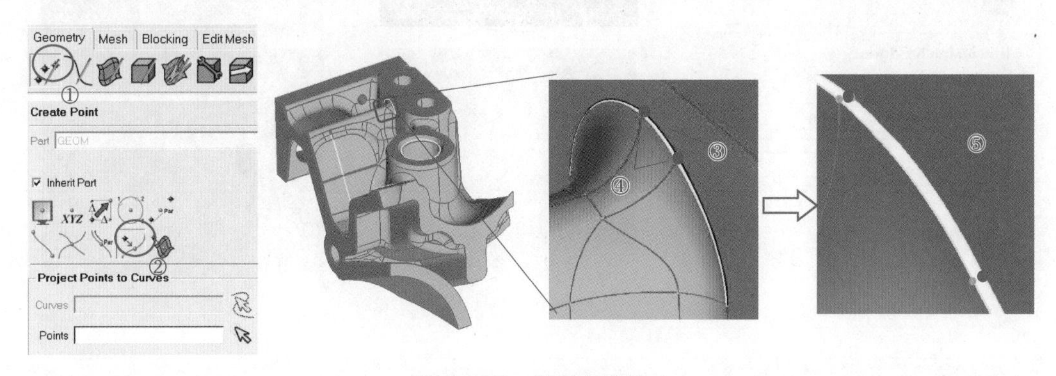

图 2-2-36　投影点到线

2）分割长线。如图 2-2-37 所示，在功能选项卡中，单击 Geometry→Create/Modify Curve 图标弹出 Create/Modify Curve 对话框，单击 Segment Curve 图标，先选择③处的长线，单击中键，自动切换到点选择模式，选择④处的两个分割点，中键，长线在两个点处被分割为三段，如图中⑤处箭头所示。

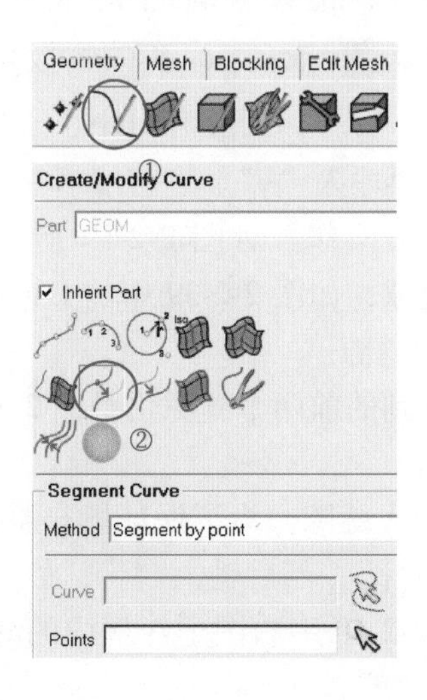

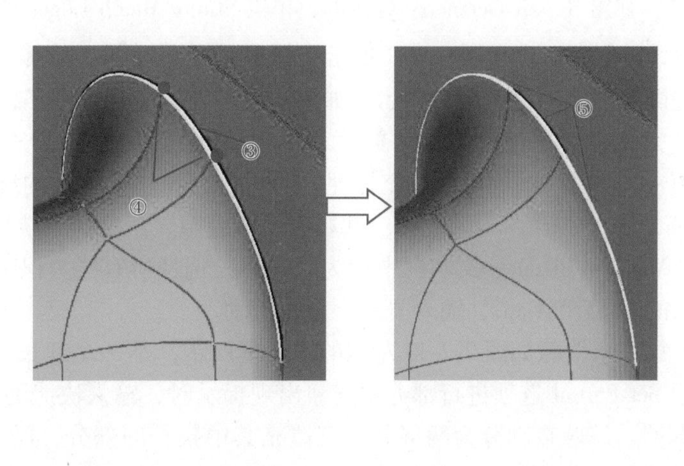

图 2-2-37　分割长线

3）匹配边。参考图 2-2-38①~③所示位置，在功能选项卡中单击 Geometry→Repair Geometry 图标，弹出 Repair Geometry 对话框，单击 Stitch/Match Edges 图标，Method 选项改回 User Select，Max gap distance 文本框设为“0.2”，选择④、⑤处缝隙两侧的两条线，中键，输入“m”，得到⑥处的结果，先选的线被拉伸并融合到后选的线中，缝隙消除。重复相同的操作消除另外两条缝隙，分别得到⑦、⑧处所示的结果，整条缝隙被消除。

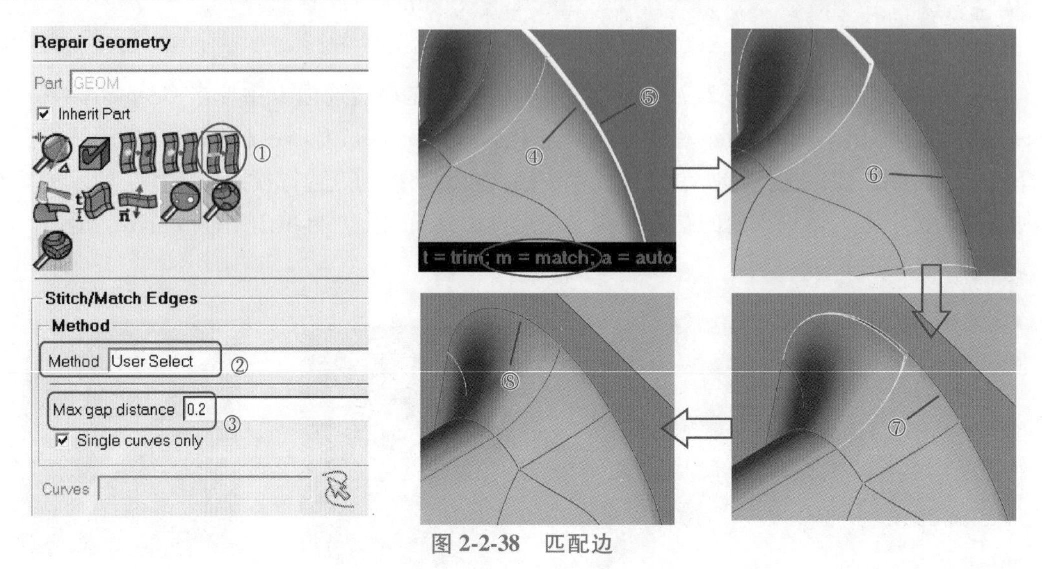

图 2-2-38 匹配边

提示：

- 如果选择两条线后出现“can't get endpoints of curve”信息，创建拓扑再重新选择。

步骤 9：填充缝隙。

从模型树中右击 Surface，选择命令 Wire Frame，切换为框线显示，易于观察缝隙。

如图 2-2-39 所示，操作界面同步骤 8，在功能选项卡中单击 Geometry→Repair Geometry 图标，弹出 Repair Geometry 对话框，单击 Stitch/Match Edges 图标，Max gap distance 文本框中设为“2.0”，选择所有线（单击选择工具栏图标，或输入“a”），则所有间距小于 2.0 的缝隙会被自动依次放大显示。如果需要填充，先输入“f”，再输入“y”。

完成一个填充后，自动放大下一个缝隙，用同样的方法操作。对图 2-2-39 所示的 Gap1~Gap4 及 Gap6 均用填充处理。期间会遇到非常狭长的缝隙，如图 2-2-39 中的 Gap5 和 Gap7，输入“n”，不做改动。共填充 5 个缝隙，忽略 2 个狭长缝隙。

Max gap distance 文本框中设为“2.5”，选择所有线。识别到的前两个缝隙仍是图 2-2-39 所示的 Gap5 和 Gap7，输入“n”，不做改动。

第三个缝隙如图 2-2-40 左图的虚线框所示，是一个细长的大缝隙。为了保证填充质量，使用 Set Partial 选项进行部分填充。出现提示时，输入快捷键“p”，然后输入“f”，最后输入“y”，缝隙自动分为两部分，仅填充其中狭长的部分，图 2-2-40 中右图虚线框内的缝隙不做处理。后续出现的所有提示，均不做处理，输入“n”或“x”。

步骤 10：删除多余的面。

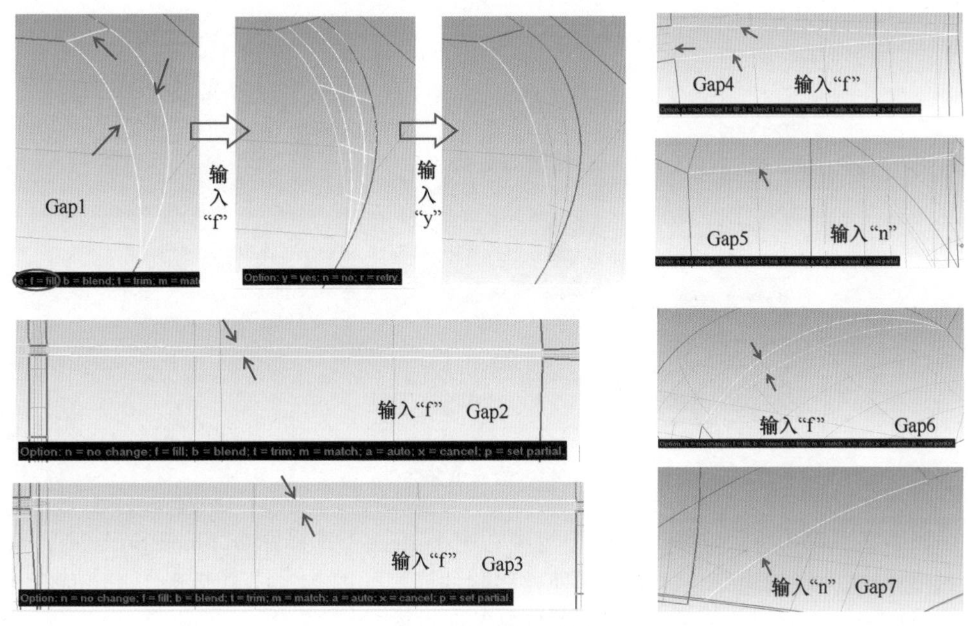

图 2-2-39 填充缝隙

从模型树右击 Surface，选择命令 Solid&Wire，恢复为实体显示。

重新在功能选项卡中单击 Geometry→Repair Geometry 图标，弹出 Repair Geometry 对话框，单击 Build Diagnostic Topology 图标，Tolerance 设置为“0.05”，激活 Split surface at T-connections 选项，将在 T 型连接处自动切割面，其他设置默认，单击 Apply 按钮。

使用面删除功能删除延伸出面外的几何体，共有 3 个面。其中有 2 个面较易发现，如图 2-2-41中箭头所示的面，可以通过黄线和蓝线快速定位。在功能选项卡中单击 Geometry→Delete Surfaces 图标，选中这 2 个面，中键确认，单击 Apply 按钮将面删除。

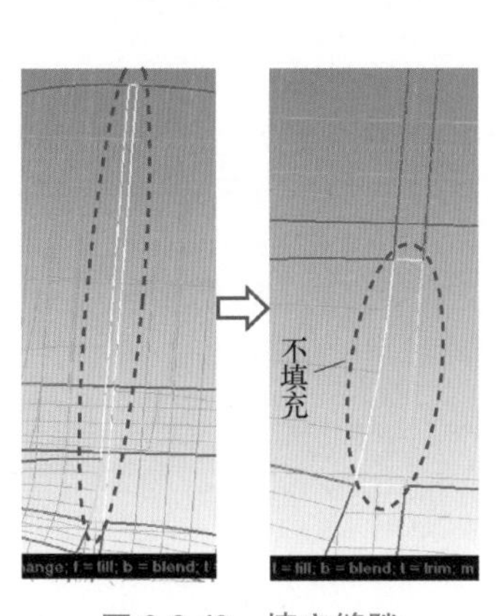

图 2-2-40 填充缝隙

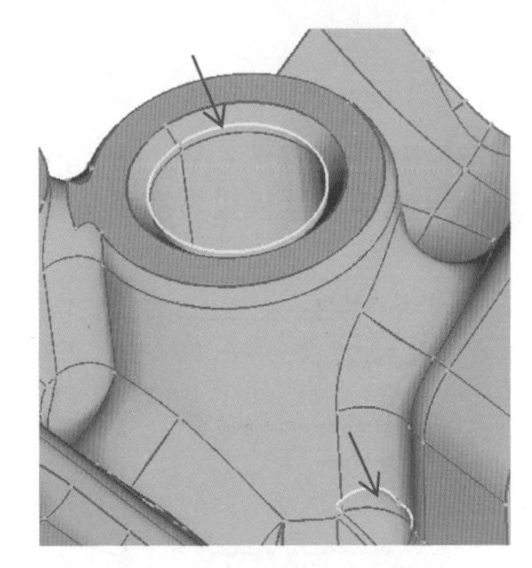

图 2-2-41 删除多余的面

要删除的第三个面在实体显示状态下被隐藏了，为了查看隐藏的面，在图 2-2-42①处，即模型树 Surface 右击，在弹出的快捷菜单中激活 Transparent，透明显示表面，此时可以发现由黄线和蓝线围成的面，在图中②处箭头交汇点的位置，即为要删除的第三个面。但是在实体显示状态下不能选择被遮挡的面，选择此面有以下两种方法：

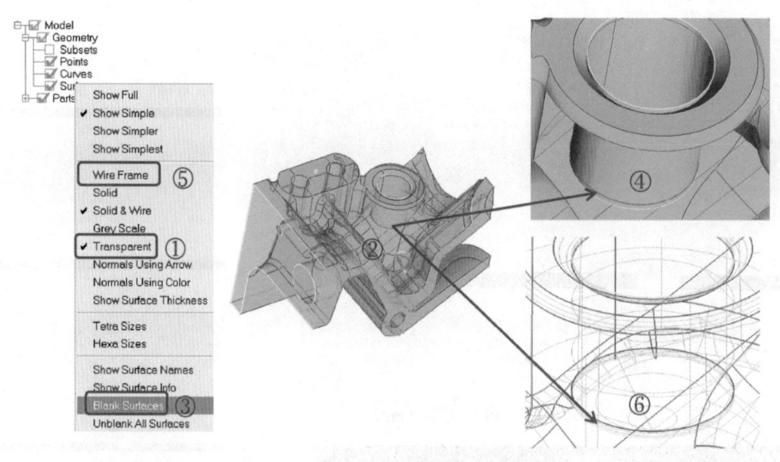

图 2-2-42　第三个多余的面

1）如图 2-2-42③所示位置，在模型树中右击 Surface，选择命令 Blank Surfaces，选择遮挡面，中键确认，将其隐藏，即可暴露处要删除的面，如图 2-2-42④所示。删除面后，右击 Surface 选择命令 Unblank All Surfaces，恢复显示所有面。

2）如图 2-2-42⑤所示位置，在模型树中右击 Surface，选择命令 Wire Frame，切换为框线显示，得到⑥处的显示效果，可以直接选中要删除的面。

步骤 11：再次创建拓扑。

如图 2-2-43 所示，在模型树中右击 Curves 弹出快捷菜单，取消勾选 Show Double，隐藏所有双线，只显示黄色的单线和绿色的孤立线。关闭面和点的显示，图形窗口的显示结果如图 2-2-43 中的右图所示。

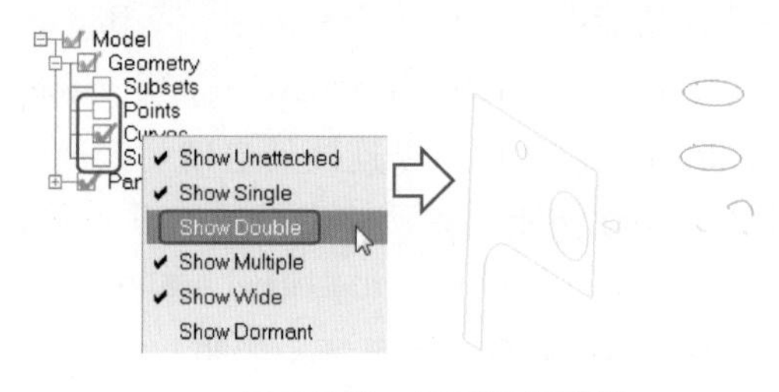

图 2-2-43　只显示问题线

打开 Build Diagnostic Topology 界面，如图 2-2-44 所示，Tolerance 设置为“0.05”，勾选 Single curve cleanup 选项，在 Single Edge Tolerance 文本框输入“0.5”，勾选 Split surface at T-connections 选项，其他设置默认，单击 Apply 按钮，图 2-2-43 中的绿线被过滤掉。

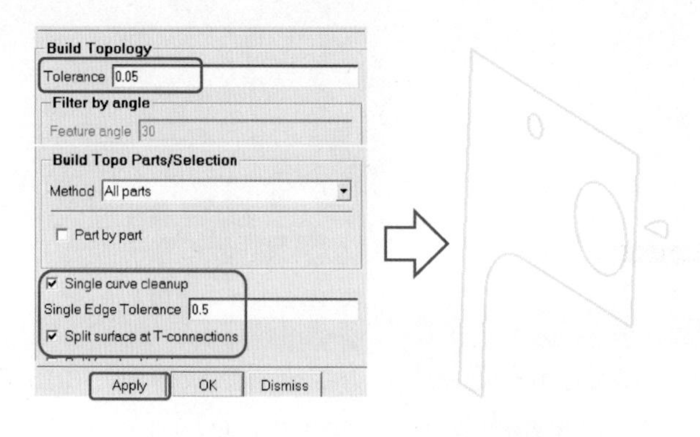

图 2-2-44　重新创建拓扑

步骤12：封闭孔。

在功能选项卡中单击 Geometry→Repair Geometry 图标，弹出 Repair Geometry 对话框，单击 Close Holes 图标，勾选 Multiple holes 选项，参考图2-2-45选择围绕2个孔的线，输入“y”确认选择。

步骤13：创建几何面。

恢复双线和面实体显示，对于一侧丢失的侧面，需要通过创建面进行修补。

在功能选择卡中单击 Geometry→Create/Modify Surface 图标，弹出 Greate/Modify Surfaces 对话框，单击 Curve Driven ，取消勾选 Inherit Part，Part 文本框输入名称 CUTPLANE。按照图2-2-46中的箭头所示，分别选择 Driving curve 路径和 Driven curve 线，生成右图所示的矩形面，显然，后续需要裁剪。

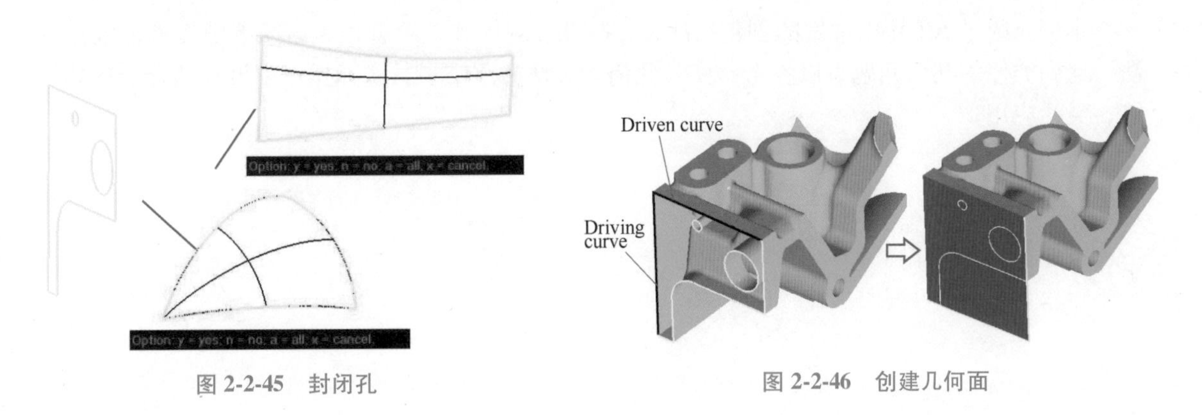

图2-2-45 封闭孔

图2-2-46 创建几何面

步骤14：裁剪表面。

如图2-2-47所示，在功能选项卡中单击 Geometry→Create/Modify Surface 图标弹出 Create/Modify Surface 对话框，单击 Segment/Trim Surface 图标，单击 Surface 文本框对应的图标，选择刚才创建的 CUTPLANE 面，中键，单击 Curves 文本框对应的图标，选择面上的3条黄色单线，如图中箭头所指的线，中键，完成裁剪面，CUTPLANE 面被分成4个独立的面。

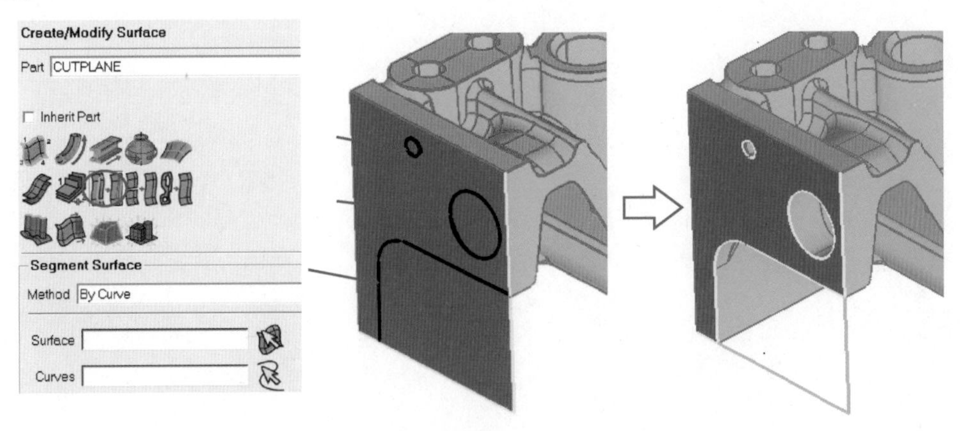

图2-2-47 裁剪面并删除多余的面

提示：

- 裁剪面还可以通过在创建拓扑界面勾选 Split surface at T-connections 实现。

在功能选项卡中单击 Geometry→Delete Surfaces 图标，删除 3 个不必要的面，重新创建拓扑，发现已经没有黄色单线。几何修补完毕，保存 Project，为以后的网格划分做准备。

案例总结：干净整洁的几何是划分网格最理想的模型，虽然 ICEM 提供了表面无关的网格算法，但对存在缺陷的几何，仍可能划分失败，且高质量的贴体网格要求几何表面是完整的、封闭的，所以在用 ICEM 划分网格之前，应首先检查并修复几何。对于特别复杂、问题太多的脏几何，考虑用 CAD 软件修复，或者用包面方法生成网格，但会损失一定的几何精度。

本例介绍了 ICEM 中常用的创建拓扑、移除孔、封闭孔、缝合边、封闭缝隙等功能及用法，遇到类似的几何问题可以参考。修复几何的方法并不唯一，实际操作中可以结合上述功能，灵活应用。

第3章 面网格

面网格用于对2D的几何表面划分网格，典型的应用包括FEA的薄板实体模型、CFD的2D截面分析，或者作为输入文件用于划分高质量的体网格。

2D分析是CFD常用的简化方法，当需要测试网格和物理模型时，可以用2D网格快速实现。对于几何简单但物理过程复杂的分析，也可以用2D网格节省计算代价，如管道内复杂化学反应分析通常简化为2D分析。

对于ICEM中“由面到体”的体网格方法，如Delaunay、Advancing Front和Fluent Meshing等，要求基础面网格完全封闭且连通性正确，如果从几何直接生成体网格失败，可以先单独生成面网格，检查并调整质量后再进一步生成体网格。这一过程比直接生成体网格更快速，且可以在短时间内检查、修正面网格，避免因面网格的错误导致体网格计算失败。

3.1 面网格划分流程

ICEM中的面网格和非结构体网格划分流程大致相同，即确定全局方法和尺寸、设置局部方法和尺寸、计算网格。“全局”是默认应用于所有几何体的设置，“局部”则是仅应用于指定的一部分几何体的设置，局部设置的优先级高于全局设置。图2-3-1所示为划分面网格和非结构体网格所用的选项卡，图2-3-2所示为面网格划分流程。

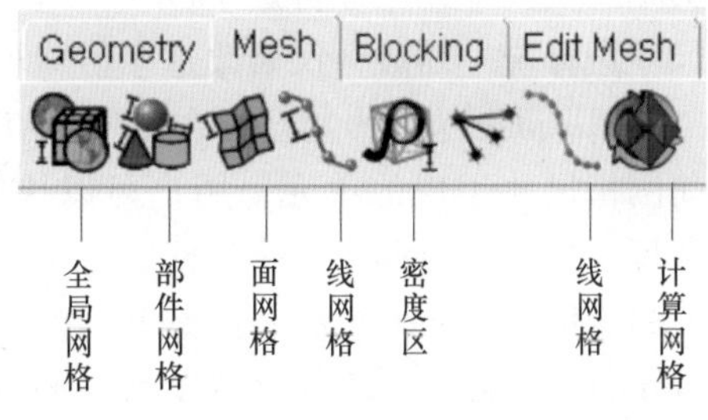

图2-3-1 面网格和非结构体网格设置

1）确定全局网格方法，即用于计算网格的算法，如Patch Dependent、Independent等。

2）选择全局网格类型，对面网格而言，可以在四边形、三角形和混合网格之间选择。

图2-3-2 面网格划分流程

3）设置全局网格尺寸，注意最小尺寸应能捕捉几何细节和重要特征，但是不能太小，防止网格总量过大。网格总量越大，生成网格和分析计算阶段都需要更多的计算资源，运行时间也会更长。

4）设置局部网格参数，可以对 Parts、Surfaces 或者 Curves 设置局部网格参数。也可以对某些面设置单独的网格类型和方法。

5）计算网格，可以选择生成单独面网格、棱柱层网格或体网格的一种，也可以同时生成整体网格。

3.2 全局网格设置

3.2.1 全局网格参数

全局网格参数的设置界面如图 2-3-3 所示，在功能选项卡中单击 Mesh→Global Mesh Setup 图标，弹出 Global Mesh Setup 对话框，单击 Global Mesh Size 图标。在此设置的网格尺寸、类型和方法作用于整个模型，包括对面网格、体网格、棱柱层网格和周期性边界的设置。在没有设置局部参数的位置，ICEM 会用默认的全局尺寸划分网格。以下对图 2-3-3 所示的界面参数，由上到下分别说明。

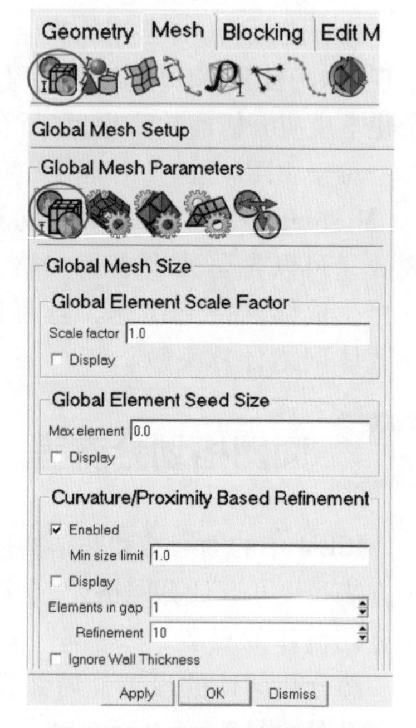

图 2-3-3　全局网格参数设置

1）Scale factor 文本框：全局网格参数的缩放因子，用于缩放全局网格参数，可以为任何正实数。例如，Max element 文本框设为“4”，Scale factor 文本框设为“3. 5”，那么实际的最大单元尺寸将是 4×3. 5 = 14. 0。如需对所有的网格尺寸进行统一缩放，仅修改这个值即可。

2）Display 选项：勾选后在图形窗口中会显示出一个用当前网格尺寸生成的单元，用户可以快速判断当前尺寸是否合理，便于及时调整网格尺寸。

3）Max element 文本框：整个模型里允许的最大网格尺寸，实际最大尺寸是这个值与 Scale factor 的乘积。建议此值设为 2 的幂，即使不是 2 的幂，某些网格方法（Octree/Patch Independent）也会将最大单元尺寸近似为最接近的 2 的幂。

注意：

- 如果 Max element 文本框设为“0”，将自动调整网格大小。后台会临时设置一个值，如果面或线的网格尺寸均不小于此临时值，则对全局统一使用此值划分网格。如果有多于 22% 的面未设置局部尺寸，则自动将 Max element 设置为几何体边界的对角线乘以 0. 025。如果有多于 22% 的面设置了局部网格尺寸，则自动将 Max element 设置为最大的面网格尺寸。

如果 Max element 设得太大（大于 0. 1×边界对角线），且未设置局部面网格尺寸，或面网格也大于此值，则会提示用户网格可能不足以表达几何体，并询问是否要改为自动设置网格尺寸。

4）Curvature/Proximity Based Refinement 选项组：基于曲率或接近度加密，即在有曲率或间距小的位置自动减小网格尺寸来捕捉几何细节。ICEM 会尝试满足 Elements in gap 和 Refinement 的设置，但是会受到 Min size limit 的限制。

注意：

- 此选项及相关参数目前只用于不受几何表面影响的网格方法 Patch Independent 和 Tetra Octree。

5）Min size limit 文本框：全局最小单元尺寸。为了满足 Elements in gap 和 Refinement 的设置而自动细分网格时，网格尺寸小于此值会自动终止细分。Min size limit 可以防止总体网格量太大。实际的最小尺寸是此值与 Scale factor 的乘积。用于几何中有多个不同大小的圆角时很方便，无须为每个圆角单独设置尺寸。

提示：

- 局部最小尺寸可以比全局最小尺寸更小，在 Part、Curve 或 Surface 局部设置界面定义的 Min size limit 都是局部最小尺寸，都可以比此处的全局 Min size limit 更小。推荐定义全局 Min size limit 为目标最小尺寸可能的最大值，然后根据需要仅在局部设置更小的值。

6）Display 选项：勾选该选项时会在图形窗口显示出一个最小尺寸的单元。

7）Elements in gap 选项：狭缝中的单元层数，默认是“1”，可以设置为任意正整数。激活 Curvature/Proximity Based Refinement 选项组时用于控制狭缝中的网格数，但是最小网格尺寸不能小于 Min size limit 文本框设置的值。

对于如图 2-3-4a 所示的几何面，圆弧和边界线的最小间距为 0.5，用 Max element 设为“5.0”、Min size limit 设为“0.5”（等于最小间距）、Elements in gap 设为“5”的参数及 Patch Independent 方法划分的面网格如图 2-3-4b 所示，在狭缝处只生成了一层单元，这是因为 Min size limit 的优先级更高，如果在狭缝内布置 5 层单元，则网格尺寸小于 Min size limit，所以最终以 Min size limit 大小生成网格。保持其他参数不变，仅修改 Min size limit 为“0.1”，得到图 2-3-4c 所示的网格，由放大图可以看出，狭缝中生成了 5 层单元。

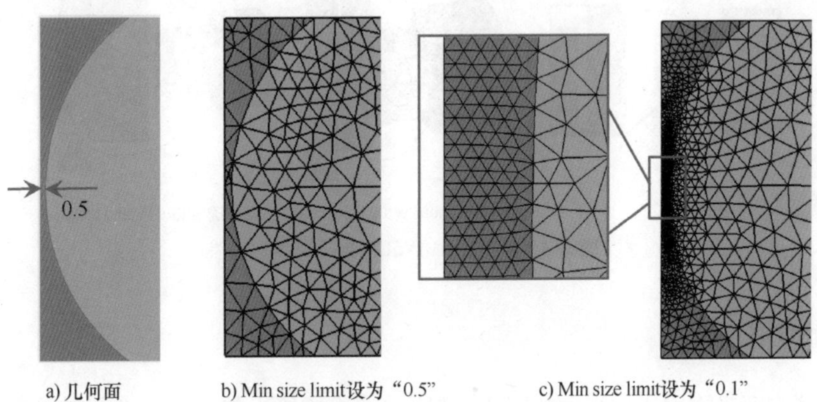

a) 几何面　　b) Min size limit设为“0.5”　　c) Min size limit设为“0.1”

图 2-3-4　Element in gap 示例

8）Refinement 选项：定义沿曲率的单元数，可以是任意正整数。假设将一段圆弧扩展为整个圆，在圆上分布的大致单元数量。通常用于防止 Min size limit 设置太小时在曲线或曲面上生成过多单元，一旦沿曲率的单元数超过此值，则停止进一步细分网格。最终的单元尺寸也会受到 Min size limit 限制。

图 2-3-5 所示为不同 Refinement 值对曲线捕捉的效果。设置 Min size limit 值足够小，其他参数均不变，分别取 Refinement 为“12”“36”和“72”。从网格图可以看出，Refinement 值越大，曲线及周围的网格越密。如果用于 3D 曲面，大的 Refinement 值可能会造成网格量突增，所以对于有曲面或曲线的几何，激活 Curvature/Proximity Based Refinement 选项组时要注意控制 Refinement 和 Min size limit。

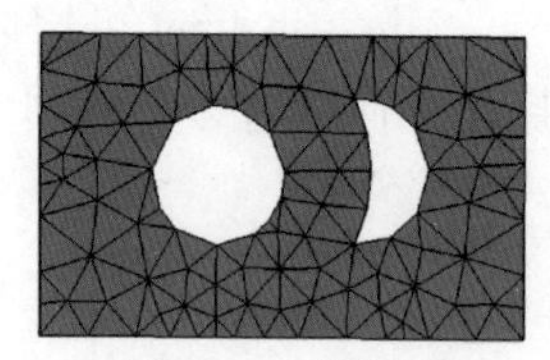
a) Refinement设为“12”

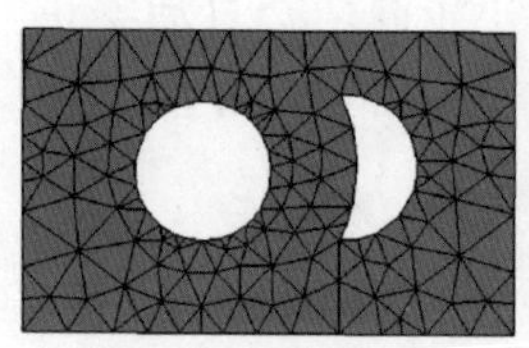
b) Refinement设为“36”

c) Refinement设为“72”

图 2-3-5 **Refinement** 效果

9）Ignore Wall Thickness 选项：防止 Curvature/Proximity 对小间距的平行面对进行细化。Elements in gap 可能会导致在薄壁内部或周围生成大小统一的网格，且网格密度高，细化过度，显著增加网格总量。

勾选 Ignore Wall Thickness 选项后，会在薄壁区域用较大的单元，薄壁的边界仍会有细化效果，但大部分区域不会被细化。大单元的尺寸不再统一，可能产生低质量的单元。薄壁区域附近高纵横比的四面体单元也可能导致孔或 Non-manifold 节点，可以用 Octree 方法的 Thin Cuts 解决。

在图 2-3-6a 所示的几何模型中，大小圆柱之间有小缝隙，缝隙内部不是流体域，不需要划分网格。未勾选 Ignore Wall Thickness 选项时，网格如图 2-3-6b 所示，Proximity 功能自动在缝隙周围生成了较密的网格。图 2-3-6c 所示为勾选 Ignore Wall Thickness 选项的结果，缝隙两侧均用较大的尺寸划分网格。但是缝隙两侧的大单元有可能穿过缝隙，此时要用 Thin Cuts 来防止。关于 Thin Cuts 的更多介绍请见第 2 篇第 4 章相关内容。

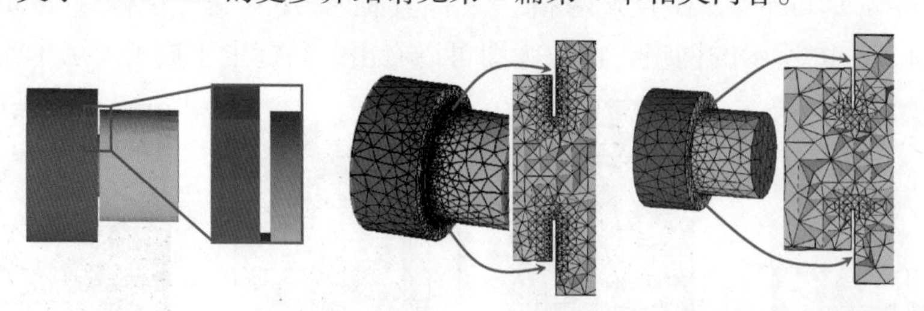
a) 几何模型　b) 未勾选Ignore Wall Thickness　c) 勾选Ignore Wall Thickness

图 2-3-6 **Ignore Wall Thickness** 效果

3.2.2 面网格类型

全局设置中定义面网格的界面如图 2-3-7 所示。注意这里的定义是全局的，应用于模型中所有的面，如果单独指定某些面使用不同的网格方法和类型，则局部控制会覆盖全局设置。

面网格单元主要是三角形和四边形，也可以是两种形式的组合。ICEM 提供了几种不同形式的面网格，在功能选项卡中单击 Mesh→Global Mesh Setup 图标，弹出 Global Mesh Setup 对话框，单击 Shell Meshing Parameters 图标，在 Mesh type 下拉列表框中设置网格类型，如图 2-3-8中框线所示，Mesh type 及下拉列表框中的选项含义如下。

Mesh type：指定面网格的类型。下拉列表框中包括 All Tri、Quad w/one Tri、Quad Dominant 和 All Quad 四种类型。

All Tri：用纯三角形网格划分几何面。

Quad w/one Tri：生成四边形为主的网格，允许每个面上有一个三角形，三角形单元可以使环形边的不光滑网格有更好的过渡。

Quad Dominant：四边形占优，允许有几个过渡的三角形。当划分复杂几何、纯四边形网格质量不好时，非常有用。

All Quad：用纯四边形网格划分几何面，要求尺寸均匀，否则会创建三角形网格以保持网格的连续。

图 2-3-7　面网格设置界面

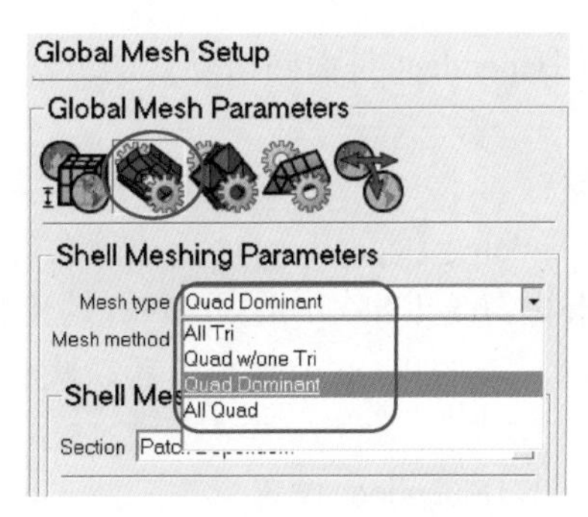

图 2-3-8　网格类型选项

3.2.3　面网格方法

ICEM 中提供了多种面网格方法，在如图 2-3-9 所示的 Global Mesh Setup 窗口 Mesh method 下拉列表框中设置。下拉列表框中提供四种方法：Autoblock、Patch Dependent、Patch Independent 和 Shrinkwrap，不同的方法运行不同的算法，生成不同的网格分布形式，图 2-3-10 所示为几种方法的面网格示例，本节以下内容将对每种方法分别说明。

3.2.3.1　Patch Dependent 方法

1. Patch Dependent 特点

"Patch" 这个词在 ANSYS 系列的前处理软件中经常用到，"Patch" 可以理解为面片，构成闭环的线称为 "Loop"，"Loop" 线围成的封闭区域即为 "Patch"，几何体的面可以认为由一个或多个 "Patch" 组成。

Patch Dependent 就是与面相关的网格方法。首先根据线的网格参数在线上分布网格，再用 Paving 算法填充 Loop 内部，并将内部的节点投影到面生成面网格，相邻 Loop 的公共边上共用网格节点。所以此方法的网格会捕捉到面的特征线，可以生成贴体度很高的四边形占优的网格，但是也会受到面特征的影响，如果面上有尖角、小孔、裂缝等问题，Patch Dependent 方法可能会生成低质量的面网格，甚至划分失败。

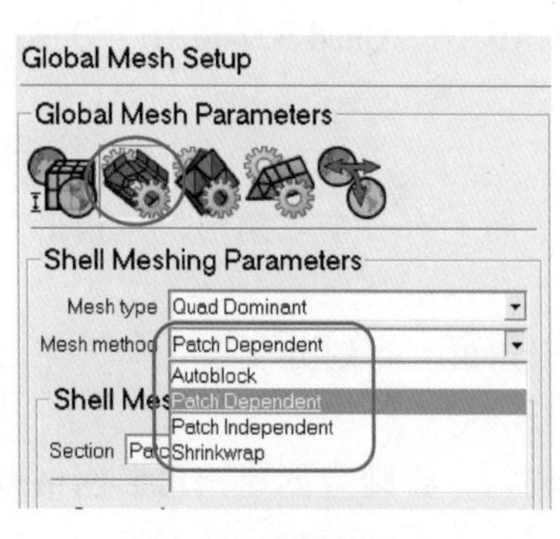

图 2-3-9　面网格方法

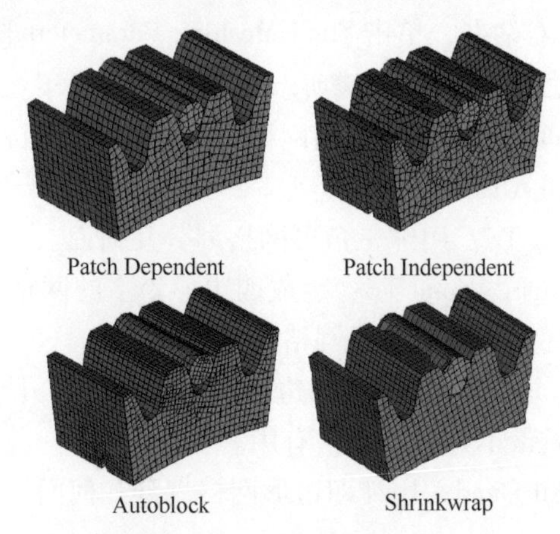

图 2-3-10　面网格方法示例

Patch Dependent 是面网格默认的方法，也是最快的方法，但仅适用于干净的几何面。

注意：

- 用 Patch Dependent 时，必须先创建拓扑，建立面的连通性，自动提取线。可以在创建拓扑时勾选 Filter points/curves 过滤掉多余的点和线，或者直接删除（非永久）多余的点和线，简化 Patch 的内部结构，减少对面网格的限制。

2. Patch Dependent 设置

在 Global Mesh Parameters 窗口单击 Shell Meshing Parameters 图标，Mesh method 下拉列表框选择 Patch Dependent 选项，其相关参数的设置如图 2-3-11 所示，分两张图显示。以下对每个选项分别简要说明。

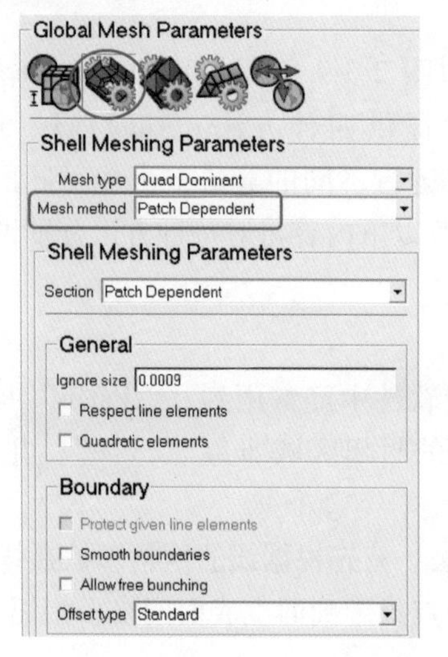

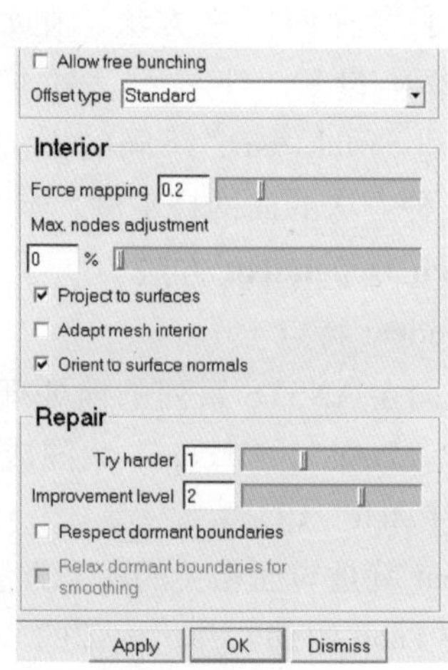

图 2-3-11　Patch Dependent 设置界面

1）General（通用设置）选项组。

① Ignore size：忽略小于此值的狭长面。如图 2-3-12 所示，图 2-3-12a 所示的几何模型中，两个月牙形面最宽处为 1.3，小矩形面宽度为 2.7，其他设置均不变，Ignore size 设为“0.04”时网格如图 2-3-12b 所示，三个小面均被捕捉到；Ignore size 设为“2”时网格如图 2-3-12c所示，忽略了两个月牙形面，但保留了小矩形面；Ignore size 设为“3”时网格如图 2-3-12d 所示，三个小面均被忽略。

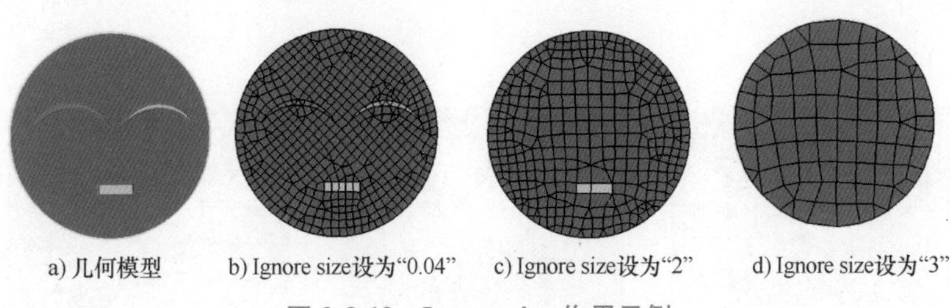

图 2-3-12 Ignore size 作用示例

② Respect line elements：用于连接新的网格和已有的网格，勾选该选项时强制新网格与已有网格在公共边上共享网格节点。

③ Quadratic elements：勾选时生成带中间节点的网格，常用于 FEA 分析，大多数 CFD 分析不支持这种网格类型。

2）Boundary（边界参数）选项组。

① Protect given line elements：当设定 Ignore Size 并勾选 Respect line elements 时被激活，防止已有的小于 Ignore size 值的线单元被移除。

② Smooth boundaries：光顺边界，计算网格后自动光顺面网格边界，可以提高网格质量，但可能会损失捕捉几何的精度。

3）Interior（内部参数）选项组。

① Force mapping：强制映射规则面（有 4 个边的面）上的网格到要求的程度（取值范围 0~1），生成结构网格，并调整相对面的节点数。默认的值是“0”，对于混合网格设为“0.2”比较理想，“0.2”表示允许调整 20%的节点数量。

② Max. nodes adjustment：两条相对的边，如果节点数不同，则会计算节点数之比，以百分数表示。比值小于此处指定值的，用映射方法划分网格，大于指定值的不用映射方法。

③ Project to surfaces：勾选时表示允许将网格投影到面。如果几何中没有面，取消勾选此选项。

④ Adapt mesh interior：勾选时表示允许在面的内部用较大的单元尺寸。例如，如果设线的尺寸为 1，面尺寸为 10，网格将会从线上的尺寸 1 开始划分，过渡到面中间的尺寸 10。默认的增长率是 1.5，可以通过面的 Height Ratio 在 1~3 之间进行调整，小于 1 的值取其倒数，如设置 0.667 时会转为 1.5，大于 3 的值会被忽略并使用默认值。

如图 2-3-13 所示的示例，设置面的网格尺寸为 10，上下边界线和圆周线的网格尺寸为 2，保持其他设置均不变。不勾选 Adapt mesh interior 选项时的网格如图 2-3-13a 所示，图 2-3-13b所示为勾选 Adapt mesh interior 并将 Surface Height Ratio 设置为“1.5”的网格，图 2-3-13c则为 Surface Height Ratio 设为“3”的网格。由图可见，Adapt mesh interior 可以使线到面的网格迅速过渡，可以有效限制网格总量，但图 2-3-13b、c 所示的网格显然不适合 CFD 分析。所以，对于 CFD 网格不要勾选此项。

注意：

- 对于 All Quad、Quad Dominant 和 Quad w/one Tri 网格类型，Force mapping 选项的优先级高于 Adapt mesh interior 选项，如要对上述网格类型应用此项，先将 Force mapping 设为“0”。

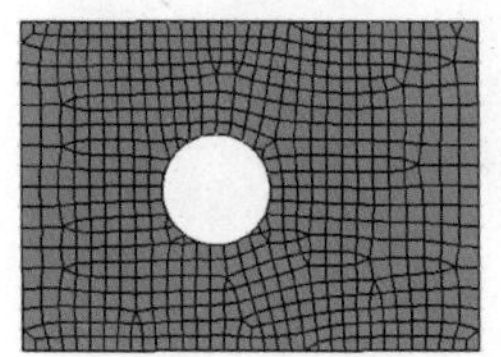
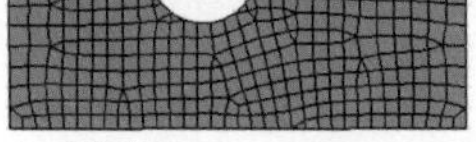

a) 不勾选Adapt mesh interior

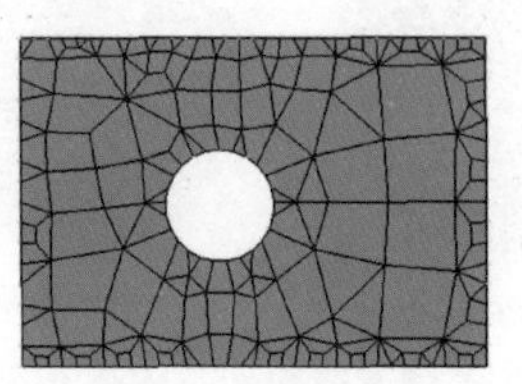

b) Surface Height Ratio设为“1.5”

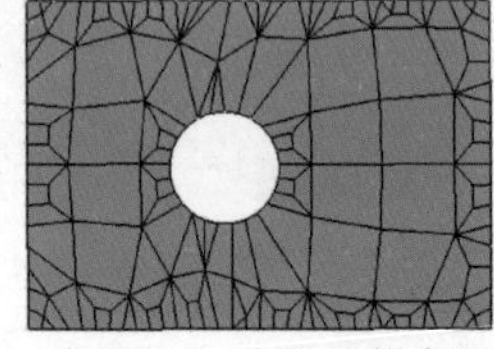

c) Surface Height Ratio设为“3”

图 2-3-13　Adapt mesh interior 效果示例

⑤ Orient to surface normals：默认是勾选状态的，勾选状态下保持面单元的法向与面的法向相同。

4）Repair（修复参数）选项组。

① Try harder：用不同的等级（Levels，取值为 0~3）尝试成功创建网格。

对于 Level 0，如果网格划分失败，不再做其他尝试，失败的面放到一个子集中。

对于 Level 1，如果网格划分失败，尝试用简单的三角形划分，仅用于 All Tri 和 Quad Dominant 网格类型。

对于 Level 2，完成 Level 1 的所有步骤，如果有必要，重新尝试 Level 1 的所有步骤，并激活休眠的线。

对于 Level 3，完成 Level 2 的所有步骤，如果有必要，用四面体网格 Octree 重新划分几何面。

② Improvement level：用不同的等级（Levels，取值为 0~3）提高网格质量。

对于 Level 0，执行纯 Laplace 光顺，移动网格节点，但保持网格拓扑不变。

对于 Level 1，如果网格类型是 Quad Dominant 或 All Tri，则用 STL 方法划分失败的“Loop”，使网格划分更稳健，非常差的四边形会被分割为三角形。

对于 Level 2，操作步骤同 Level 1，可以将三角形转换为四边形，也可以切割差的四边形为三角形。此选项用得最多。

对于 Level 3，操作步骤同 Level 2，但是网格节点可能会偏离所在的几何线，以提高网格质量。

3.2.3.2　Patch Independent 方法

Patch Independent 方法用 Octree 四面体网格过程创建面网格。以图 2-3-14a 所示的几何面为例，使用 Patch Independent 方法划分面网格时，首先围绕面的四周生成四面体的体网格，如图 2-3-14b 所示，再将距离面最近的节点投影到几何面生成面网格，然后删除体网格，只保留图 2-3-14c 所示的面网格。

Patch Independent 方法能忽略小于网格尺寸的几何细节，如缝隙、小孔，尖角、碎面、短边等小特征，尤其适用于低质量的几何模型或面的连续性很差的情况，即使几何不完全封闭，也可能成功划分面网格。如果网格类型设为 Quad，将首先生成三角形网格，然后自动转化为纯四边形或四边形占优的网格。

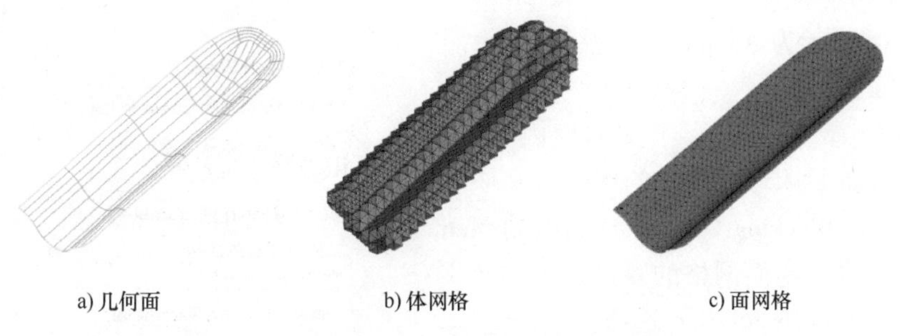

a) 几何面　　b) 体网格　　c) 面网格

图 2-3-14　Patch Independent 面网格生成过程

> **注意：**
>
> - Patch Independent 不会遵守面网格参数的设置，可以用 Octree 的参数，如 Curvature/Proximity Based Refinement，也可以使用密度区。

关于 Octree 的更多信息请参见第 2 篇第 4 章。

3.2.3.3　Autoblock 方法

1. Autoblock 方法特点

Autoblock 自动为每个面创建 2D Surface Block，Block 只在后台运行，不能显示，用户也无法操作。

此方法使用映射或基于 Block 的网格算法，自动决定最佳方案来捕捉最小边和正交性，对于不能映射的面（多于或少于 4 个角的面），会调用 Patch Dependent 方法生成 2D 面网格。关于 Block 的详细内容，将在第 2 篇第 5 章介绍。

图 2-3-15 所示为 Autoblock 方法生成面网格的过程：先在线或面上设置网格参数，再选择 Autoblock 方法，最后计算面网格即可。

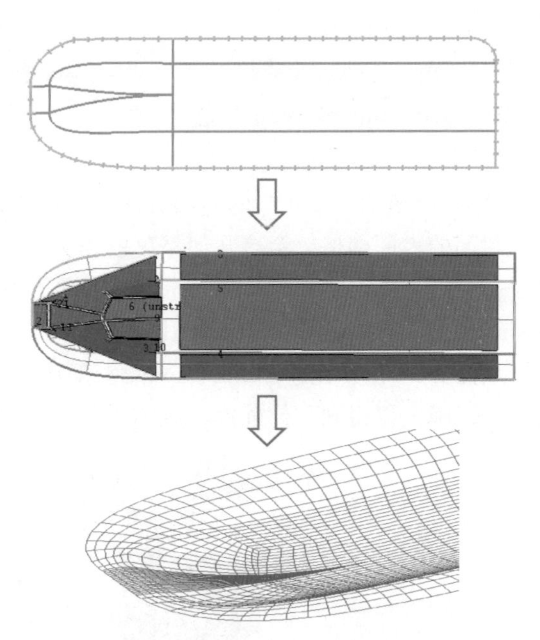

图 2-3-15　Autoblock 方法生成面网格过程

对于四边形或其他形状规则的面，自动用结构化（或映射）网格贴近几何表面；对于不规则的面，自动用非结构网格贴近几何表面。不同的 2D Block 之间、面之间生成的网格是共节点的。

注意：
- 运行 Autoblock 之前首先要创建拓扑。

2. Autoblock 设置

图 2-3-16 所示为 Autoblock 方法的界面，以下分别说明每个选项。

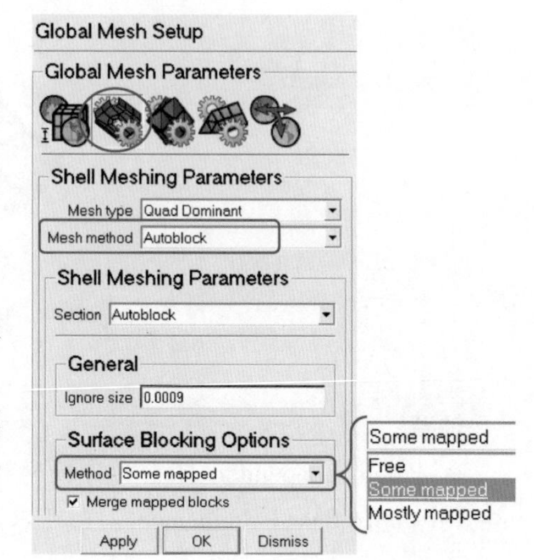

图 2-3-16 Autoblock 方法的界面

1）Ignore size：忽略小于文本框内指定值的缝隙，合并小的封闭环线到大的环线。

2）Surface Blocking Options 选项组的 Method：通过下拉列表框指定面网格的算法，可选择 Free、Some mapped、Mostly mapped 选项。

① Free：所有的面均用类似于 Patch Dependent 的方法划分。

② Some mapped：有些面用正交网格划分，其余的面类似于 Patch Dependent 方法划分。有 4 条主边和 4 个主角的面用映射（正交）方法划分，多于或少于 4 个主角的面用自由块划分。

③ Mostly mapped：大部分面用正交网格划分，其余的面类似于 Patch Dependent 方法划分。通过细分面 Block 实现：对三角形面创建 Y block，半圆面创建 C-grid，有 5 个或 6 个角的面会被分割并创建 2 个映射区域。

3）Merge mapped blocks：当处于勾选状态时，尝试组合映射面，形成更大的网格区域。

3.2.3.4 Shrinkwrap 方法

1. Shrinkwrap 特点

Shrinkwrap 是 ICEM 中的包面方法，可以忽略几何中更大的缝隙、孔和其他特征，快速生成封闭的表面网格，会有几何精度的损失。如果需要体网格，则从 Shrinkwrap 生成的面网格进一步划分体网格。Shrinkwrap 用笛卡儿方法生成初始的纯四边形面网格，然后用 Quad dominant/All Tri 单元更好地抓住几何特征。

从图 2-3-17 所示的 Shrinkwrap 网格示例可以看出，Shrinkwrap 网格相当于向几何外表面套了一层膜，仅得到几何外形，忽略内部结构。所以 Shrinkwrap 对几何原型的捕捉是较粗糙

图 2-3-17 Shrinkwrap 网格示例

的，网格的贴体度无法和上述其他方法相媲美，适合对特别复杂的几何或“脏”几何进行快速的包面处理，但如果网格中需要保留几何内部的细节特征，Shrinkwrap 方法并不合适。

ICEM 中的包面方法相对简单，可调参数较少，对大模型或者复杂模型的包面处理，推荐用 Fluent Meshing，详细介绍请见本书第 3 篇。

2. Shrinkwrap 设置

图 2-3-18 所示为 Shrinkwrap 界面选项，只有两个参数可以调试。

Num. of smooth iterations：为了提高网格质量会自动光顺网格，此选项对应的文本框内数值是光顺的迭代步数。

Surface projection factor：控制包面投影到几何的紧凑程度。文本框内取值范围 0~1，“0”表示包面完全脱离几何，“1”表示包面完全贴附到几何上。

图 2-3-19 所示为 Shrinkwrap 的应用示例，将几何面透明显示，以对比包面的结果。其中①、②用相同的网格尺寸，分别为 Surface projection factor 取“0. 1”“0. 9”的结果，可见②的贴附性好于①，但未能捕捉到最右侧的齿。

图 2-3-19 中③、④将网格尺寸减半，Surface projection factor 同样分别取“0. 1”“0. 9”，可以看出，③、④的贴附性均好于①、②，最理想的是④网格，即用小的网格尺寸、同时 Surface projection factor 取“0. 9”的结果。

由示例可见，Shrinkwrap 对几何表面的捕捉紧凑度，受 Surface projection factor 和网格尺寸的影响，减小网格尺寸的效果更明显。

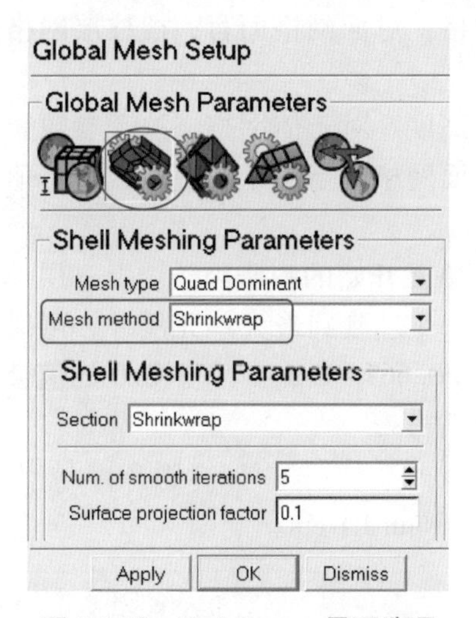

图 2-3-18　Shrinkwrap 界面选项

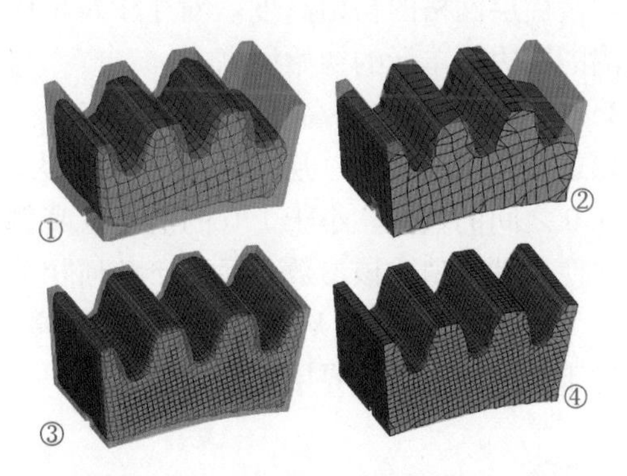

图 2-3-19　Shrinkwrap 的应用示例

3.3　局部面网格设置

3.3.1　Part 网格设置

对部件 Part 设置网格参数是定义局部网格的方法之一，前提是要先创建 Part。

Part 网格参数设置界面如图 2-3-20 所示，由于界面太宽，分为两部分显示。单击 Mesh 选项卡的 Part Mesh Setup 图标，弹出 Part Mesh Setup 对话框，此界面中设定的值会应用到 Part 内的所有几何体，并且会覆盖同一几何体的全局设置，“0”表示使用全局参数值。以下从左到右依次说明常用的界面参数。

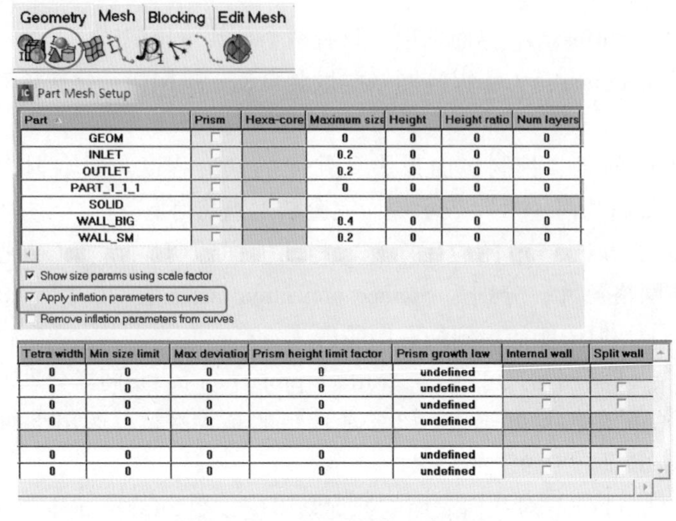

图 2-3-20　Part 网格参数设置界面

1）Prism 栏：勾选此项时在 Part 上生成棱柱层网格。对面网格而言，棱柱层网格是从线拉伸生成四边形的单元，用到参数 2)~4)。

2）Height 栏：指定垂直于面或线的第一层单元的高度。对于体网格，这个参数影响六面体和棱柱层网格的初始高度。对于 Patch Dependent 面网格，当用于线上时，这个值影响线周围的四边形单元的初始层高。

3）Height ratio 栏：高度增长率，从第一层面或线单元开始的膨胀因子。上一层单元高度乘以这个因子就是下一层单元高度。默认以增长率 1.5 过渡到最大单元尺寸，可以设为 1.0~3.0 之间的数值。小于 1.0 的值会取其倒数（如 1/0.667=1.5），大于 3.0 的值会被忽略，并使用默认值。该参数只适用于几何相关的网格方法。

4）Num Layers 栏：从面或线拉伸出的单元层数。

对于面网格中的边界层，要指定高度 Height 或层数 Num Layers。

注意：

- 用 Part Mesh Setup 生成线附近的边界层，需要勾选 Apply inflation parameters to curves 选项，如图 2-3-20 的框线所示。

5）Maximum size 栏：指定最大网格尺寸。实际的最大单元尺寸是乘以全局网格参数 Scale factor（见图 2-3-3）得到的值。

6）Min size limit 栏：网格尺寸的最小值。对于四面体网格，这个值会覆盖由 Curvature/Proximity Based Refinement 计算出的值。实际的最小尺寸是这个值乘以全局网格参数 Scale factor 以后的值。这个参数只在全局设置中的 Curvature/Proximity Based Refinement 选项组

Enabled 选项处于勾选状态时有效。局部 Min size limit 将覆盖全局设置中的 Min size limit。

7）Max deviation 栏：另一个自动细化网格的标准，基于三角形或四边形面网格的质心到几何表面的贴近程度进行细分。如果距离大于设定的值，自动分割单元并投影新的节点到几何。实际值要乘以全局网格参数 Scale factor。

8）Internal wall 栏：勾选此项时，此 Part 会被体网格捕捉到，用于捕捉计算域内部的无厚度面，面的两侧会生成共节点的网格。仅用于 Octree 网格方法，对于流体域中有薄挡板的分析很有用。

网格捕捉内部面示例如图 2-3-21 所示，图 2-3-21a 中的几何有一个无厚度面，不勾选 Internal wall 选项时网格如图 2-3-21b 所示，没有捕捉到内部面；勾选该选项后网格如图 2-3-21c 所示，可以捕捉到内部面。

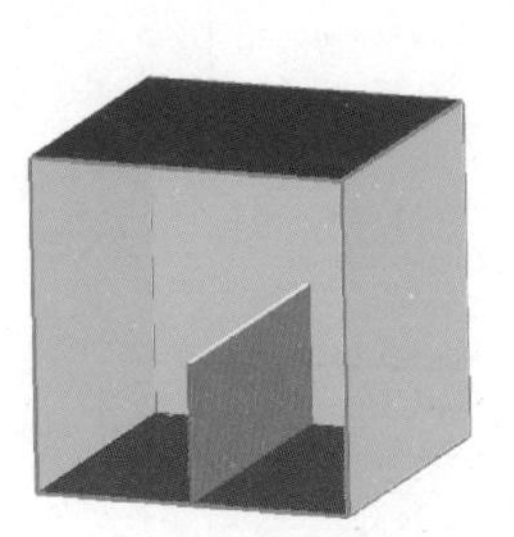

a) 几何中有无厚度内部面

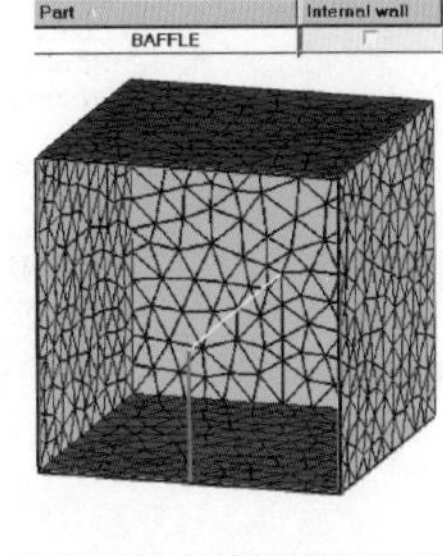

b) 网格没有捕捉到内部面

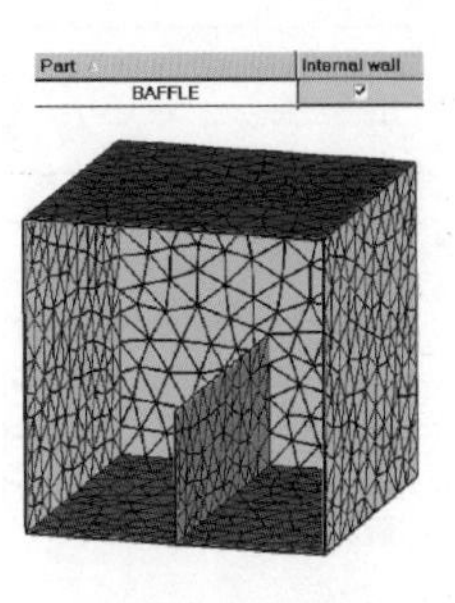

c) 网格捕捉到内部面

图 2-3-21　网格捕捉内部面示例

9）Split wall 栏：与 Internal wall 栏类似，勾选时此 Part 会被体网格捕捉到，但是在面上会生成两套不共节点的面网格，代表面的两侧，一个典型的应用场景是滑移网格的交界面。仅用于 Octree 网格方法。

10）Show size params using scale factor 选项：决定在图形窗口显示出的 Maximum Size 栏数值是否乘以了全局网格参数 Scale factor。

11）Apply inflation parameters to curves 选项：勾选后将棱柱层参数（Height、Height ratio 和 Num layers）应用于线，不勾选时只用于面。

12）Remove inflation parameters from curves 选项：勾选后移除线上与棱柱层相关的任何参数。

3.3.2 面网格设置

对面网格的局部定义也可以用图 2-3-22 所示的面网格参数设置界面实现。此界面中的大部分参数和 Part，Mesh Setup 对话框中是一样的，不同之处在于除了设置尺寸参数，还包括从图形窗口选择几何面、设定网格类型和网格方法。此处的设置将覆盖同一面上的全局设置。

注意：

- 如果 Part 和 Surface 网格参数中均对同一个面进行了定义，则会采用后定义的参数。Part 和 Surface 参数的优先级仅与操作顺序有关，最后定义的优先级高。

设置尺寸以后，可以预览面网格的大小是否合理。如图 2-3-23 所示，在模型树中右击 Surfaces 在弹出的快捷菜单中勾选命令 Tetra Sizes/Hexa Sizes，图形窗口中会显示每个面上的网格预览，直观地示意网格的最大尺寸。确认网格尺寸合理后，再计算网格，避免直接用不合理的网格尺寸导致划分失败或耗时太久。

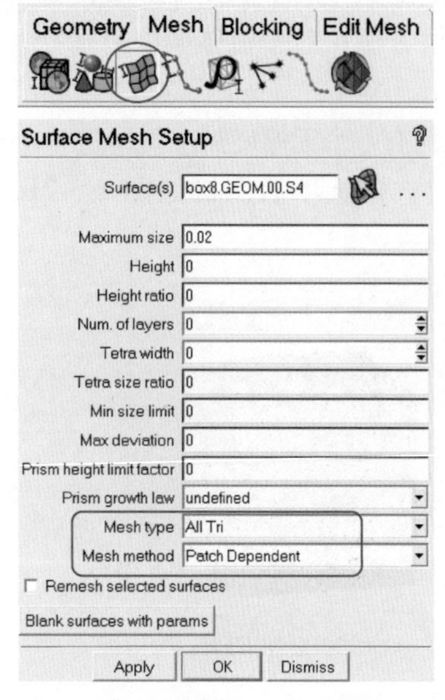

图 2-3-22　面网格参数设置界面

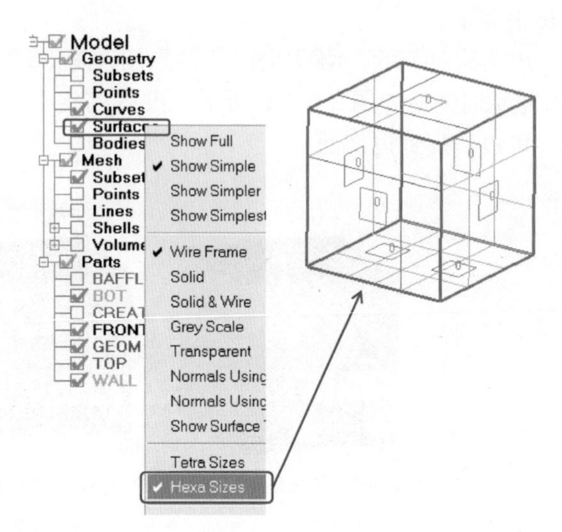

图 2-3-23　面网格尺寸预览

3.4 局部线网格设置

线网格参数用于控制几何线上的网格分布，进而影响面网格和体网格。当只用面和体控制达不到想要的网格效果时，可以考虑对线上的网格进行控制。如机翼尾缘这种狭长面，对线进行节点控制可以有效改进网格分布，提高面网格质量。

线网格参数的设置有三种方法供选择：General（常规），Dynamic（动态），Copy Parameters（复制参数），实际操作中可以灵活结合各自的优势。

> **注意：**
>
> • 如果在 Part 网格参数设置后修改线的网格参数，则线网格参数界面的设置将覆盖在 Part 界面对该线的网格参数设置。

3.4.1 常规方法

线网格参数的常规设置方法和面网格是一样的，图 2-3-24 所示界面中的网格参数也基本相同。不同之处在于对线除了可以指定网格尺寸，还可以指定节点数（Number of nodes 选项）。此外，还可以设置线上节点的分布规律。

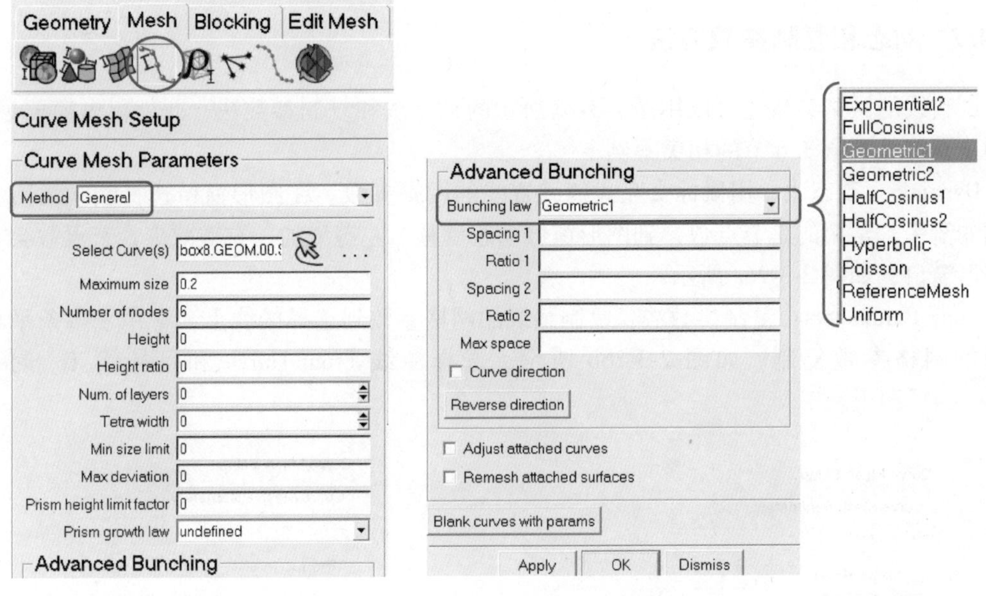

图 2-3-24　线网格参数设置界面

设置线网格时，首先选择方法，然后到图形中选择线，中键确认，输入必要的参数尺寸，预览网格大小或节点间距，确认合理后单击 Apply 按钮。

线上节点的分布规律由 Advanced Bunching 选项组的 Bunching law 下拉列表框设定，提供了十多种可选的分布规律，节点间距从线的一端到另一端逐渐变化，变化规律根据选中的 Bunching law 计算，在端点处的节点间距要和相邻线上的节点分布相匹配。

如常用的 Geometric1 选项，参数 Spacing 1 指定线的起点处第一个网格间距，其他节点根据增长率分布；Geometric2 选项和 Geometric1 唯一不同的是，Spacing 2 指定线的终点处第一个网格间距。详细的说明请见本章 3. 6 节的相关案例。

线网格的预览更加直观，如图 2-3-25 所示，在模型树中右击 Curves，在弹出的快捷菜单中选择命令 Curve Tetra Sizes 或 Curve Hexa Sizes 预览网格大小，选择命令 Curve Node Spacing 预览网格间距。

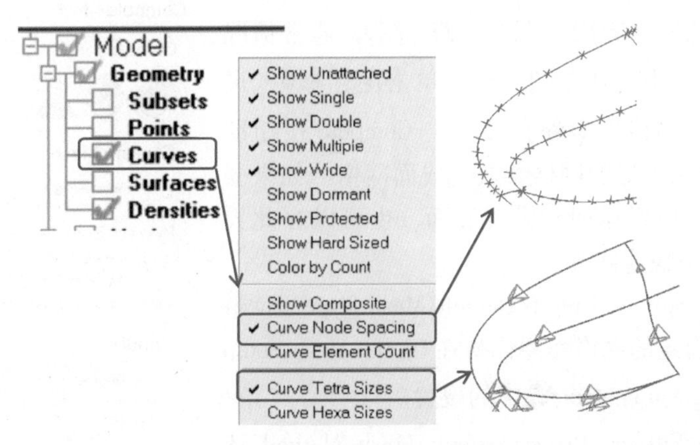

图 2-3-25　预览线网格

3.4.2 动态和复制参数方法

调整线的网格参数还可以用图 2-3-26 所示的动态法和复制参数法，此处仅做简要说明，应用步骤请见本章 3.6 节的相关案例。

Dynamic：动态法，用鼠标交互式地设置线的网格参数。在图形窗口选择线，激活参数右侧的箭头，常用的是节点数，到图形窗口动态调整，左键增加，右键减少，节点数会显示在图形窗口，如图 2-3-26a 所示。

Copy Parameters：复制参数法，复制某线的网格参数到选择的线上，常用于多条平行线之间的网格参数复制。如图 2-3-26b 所示，选择源线 From Curve 和目标线 To Selected Curve（s）即可。

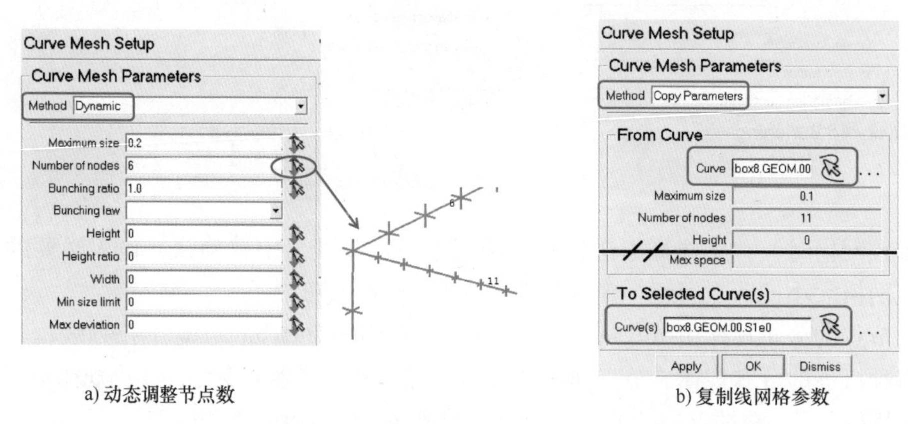

a) 动态调整节点数　　b) 复制线网格参数

图 2-3-26　动态和复制参数方法界面

3.5 计算面网格

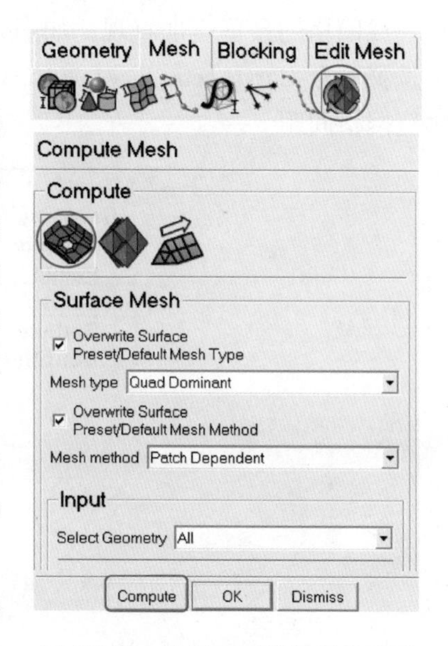

图 2-3-27　计算面网格的操作界面

在功能选项卡中单击 Mesh→Compute Mesh 图标，弹出 Compute Mesh 对话框，单击 Surface Mesh Only 图标，计算面网格的操作界面如图 2-3-27 所示，通常情况下，在 Mesh 选项卡下，从左到右分别单击图标进行设置，在计算面网格界面直接单击 Compute 按钮即可，ICEM 会尝试用最好的网格参数生成面网格。如果要修改面网格设置，可以返回到设置界面，也可以在此界面用 Overwrite 选项快速修改。

1）Overwrite Surface Preset/Default Mesh Type 选项：勾选时，用此处指定的网格类型代替在 Global Mesh Setup →Shell Meshing Parameters 中的设置。

2）Overwrite Surface Preset/Default Mesh Method 选项：勾选时，用此处指定的网格方法代替在 Global Mesh

Setup →Shell Meshing Parameters 中的设置。

3）Input 选项组的 Select Geometry 下拉列表框：指定生成面网格的几何，可选择以下4项选项。

① All 选项，划分所有的几何。

② Visible 选项，仅划分可见的几何。

③ Part by Part 选项，按选择的 Part 逐个地划分网格，网格在不同 Part 之间将不共节点。

④ From Screen 选项，从屏幕选择几何面划分网格。

3.6 案例：飞机面网格划分

本例将对图 2-3-28 所示的机身和机翼外流场模型生成面网格。其中包括设置全局和局部网格参数，对边的节点数和节点分布进行调整，编辑坏的网格单元等操作。

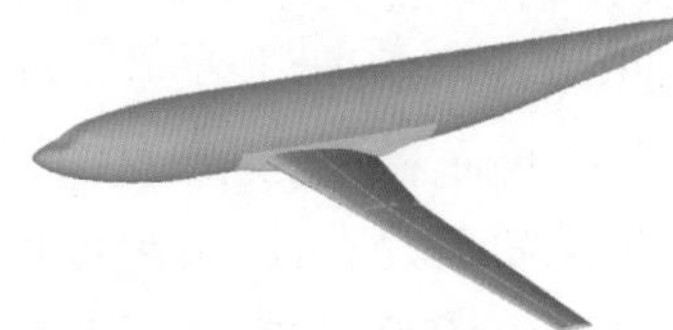

图 2-3-28　机身和机翼外流场模型

步骤 1：创建工程文件。

启动 ANSYS ICEM CFD，选择主菜单命令 File→Geometry→Open Geometry，打开 Wingbody 文件夹中的几何文件“F6_complete. tin”。或者使用快捷按钮 打开，也可以直接双击“F6_complete. tin”文件打开。出现询问是否创建新工程的对话框时，单击 Yes 按钮。

注意：

- 无论哪种方式都不允许几何文件的路径中有中文字符。

将模型放大显示，观察模型。在模型树 Part 下，单击每个 Part 前的复选框，可以控制其在图形窗口中的可视性，了解每个 Part 所对应的几何体。

步骤 2：设置全局网格参数。

如图 2-3-29 所示，在功能选项卡中单击 Mesh→Global Mesh Setup 图标，弹出 Global Mesh Setup 对话框，单击 Global Mesh Size 图标，Max element 文本框输入“1000. 0”，这是允许的最大网格尺寸，单击 Apply 按钮。

步骤 3：设置 Part 网格参数。

如图 2-3-30 所示，在功能选项卡中单击 Mesh→Part Mesh Setup 图标，弹出 Part Mesh Setup 对话框，在 Maximum Size 一列，为每个 Part 设置网格参数：FAIRING、FUSELAGE、WING 三个 Part 位于翼身，分别设为“10”“10”“5”；而 FARFIELD、INLET、OUTLET、SYMM 四个 Part 位于外流场的边界，所以设置较大的尺寸“1000”。单击 Apply 按钮，然后单击 Dismiss 按钮关闭对话框。

提示：

- 单击第一行的名称项设置尺寸，则该尺寸会应用于所有 Part。

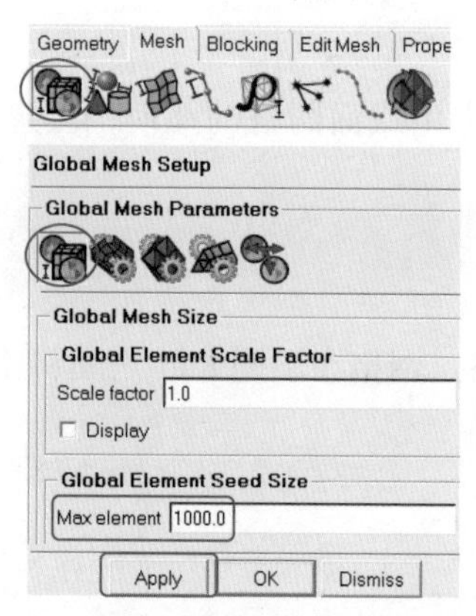

图 2-3-29　设置全局网格参数

Geometry | Mesh | Blocking | Edit Mesh | Prope

Part Mesh Setup

Part	Prism	Hexa-core	Maximum size
FAIRING	☑		10
FARFIELD	☐		1000
FUSELAGE	☑		10
INLET	☐		1000
OUTLET	☐		1000
SYMM	☐		1000
WING	☑		5

entities in that part have identical parameters

Apply　Dismiss

图 2-3-30　设置 Part 网格尺寸

步骤 4：设置全局网格类型和方法。

如图 2-3-31 所示，在 Global Mesh Setup 对话框中单击 Shell Meshing Parameters 图标，Mesh type 栏改为 All Tri；Mesh method 栏用默认的 Patch Dependent；Shell Meshing Parameters选项组的 Section 栏保持默认的 Patch Dependent；Ignore size 文本框输入“0. 05”，用于忽略小于 0. 05 的窄面，单击 Apply 按钮。

步骤 5：设置前后缘网格。

提示：

- 前后缘均是细长面，为了使面网格均匀分布，修改局部网格方法。

到模型树中激活面显示：勾选 Geometry 目录下的 Surfaces 选项，激活复选框。到图形窗口放大机翼，以便于选择。

如图 2-3-32 所示，选择面网格设置，在功能选项卡中单击 Mesh→Surface Mesh Setup 图标，弹出 Surface Mesh Setup 对话框单击 Surface（s）文本框对应的图标，到图形窗口中选择箭头所指的 4 个前缘和 2 个尾缘面，选中以后中键确认。Mesh method 下拉列表框选择 Autoblock 选项，单击 Apply 按钮。

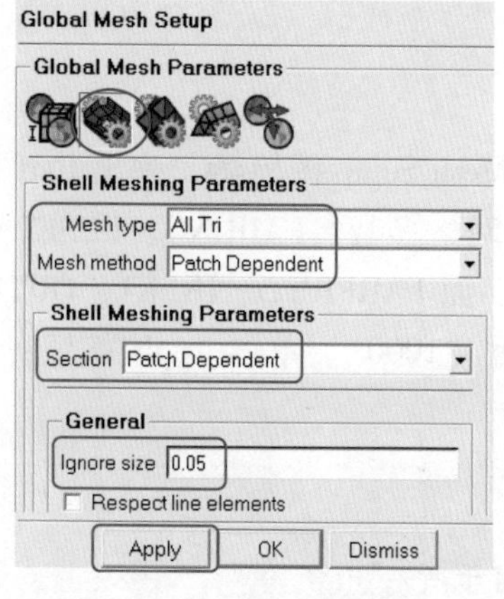

图 2-3-31　设置全局网格

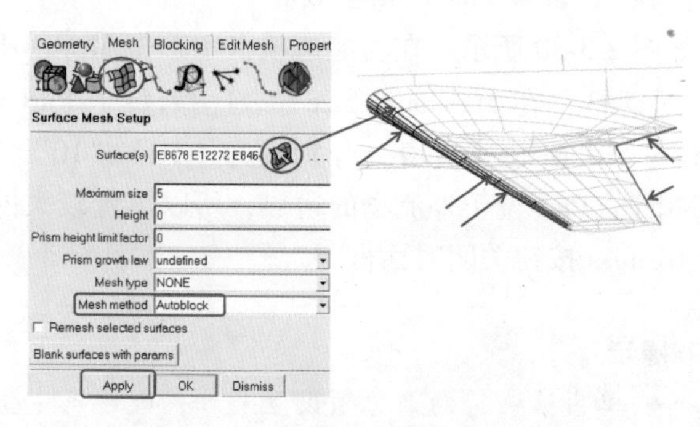

图 2-3-32　改变前后缘的网格方法

提示：

- 需要时按<F9>键调整视角，结合鼠标滚轮放大或缩小进行选择，右键可以取消选择。

设置界面的选项中设为“0”及“NONE”均表示此项使用全局设置。

步骤6：用动态法调整线网格参数。

提示：

- 通过控制线的节点数量，在关键区域加密网格。

在前缘线上定义更多的网格节点。为了方便观察，先到模型树中关闭几何面显示：取消勾选 Geometry 目录下的 Surfaces 选项。为了将之后定义的节点数量在图形窗口显示出来，定义网格参数之前先到模型树中打开线的节点显示：如图2-3-33所示，右击 Geometry 目录下的 Curves，激活 Curve Node Spacing 命令。

如图2-3-34所示，到图形窗口中放大机翼和机身的接合处，以方便选择。在功能选项卡中单击 Mesh→Curve Mesh Setup 图标，弹出 Curve Mesh Setup 对话框，Method 下拉列表框设为 Dynamic，单击 Number of nodes 后的图标，选择一条前缘线。选中的线会变成黑色，此时在数字附近单击，节点数量会增加，直到节点数为“11”，中键确认。

Bunching law 下拉列表框设为 Geometric1，单击 Bunching ratio 后的图标，选中同一条线，单击 Bunching radio 文本框中的比率数字，观察节点分布，发现中间向边缘逐渐变密，与正确的形式相反。继续右击，直到图形界面中 Geometric1 变为 Geometric2，然后单击使比率数字增加到“1.2”，中键确认。最终的节点分布应从前缘的中间向边缘由密逐渐变稀。

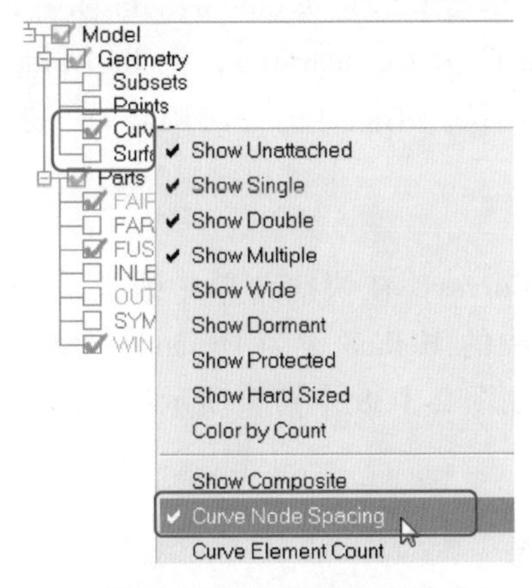

图2-3-33　打开节点显示

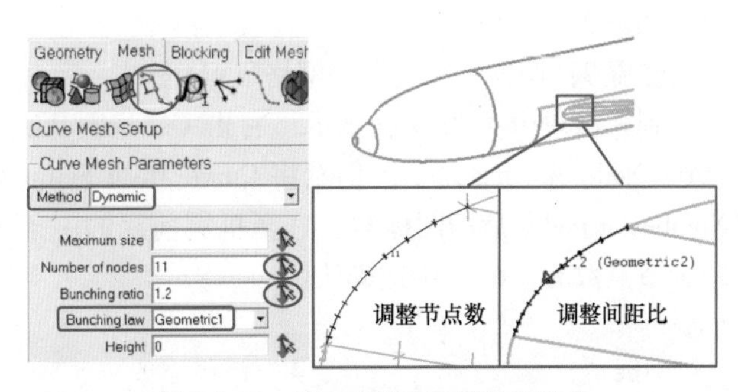

图2-3-34　动态调整节点数量及比率

如图2-3-35所示，将节点分布复制到平行的边上。仍然在 Curve Mesh Setup 对话框中设置，将 Method 下拉列表框设为 Copy Parameters，在 From Curve 选项组中，单击 Curve 后的图标，选择刚才编辑的线，中键确认。

如图2-3-36所示，在 To Select Curve（s）选项组中，单击 Curve（s）后的图标，选

择机翼前缘的箭头所指的 5 条线，注意使用<F9>键调整视角，选中线条以后中键确认，单击 Apply 按钮。

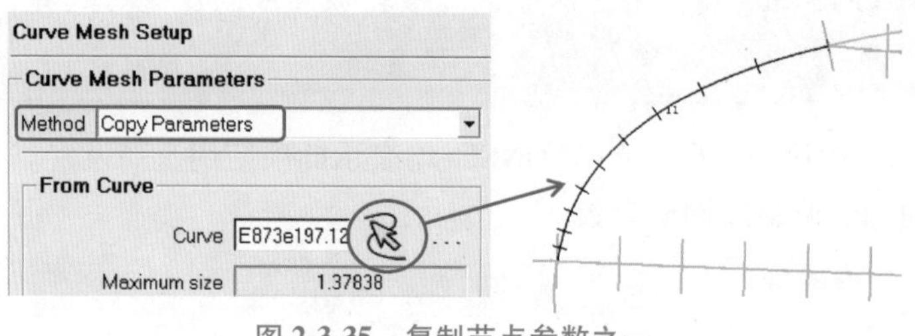

图 2-3-35　复制节点参数之一

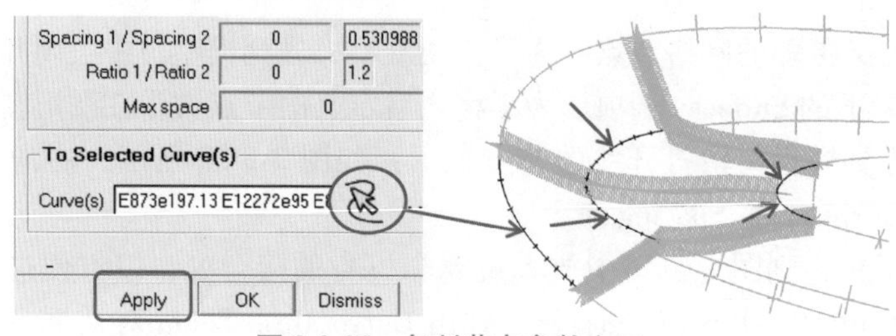

图 2-3-36　复制节点参数之二

提示：

● 观察这 5 条线上的节点分布可以发现，虽然都有疏密变化，但是有些线上的节点分布方向反了，需要调整。

将图 2-3-34 中的 Method 下拉列表框重新设为 Dynamic，单击 Bunching ratio 后的图标，右击选择要调整的线（右击可以改变方向，由 Geometric2 改为 Geometric1），把 Bunching ratio 值调到“1.0”，再单击数值将值增加到“1.2”，中键确认。用同样的方法调整另一条线，如图 2-3-37 所示。

步骤 7：调整平行线上的网格节点。

到模型树中关闭节点显示：右击 Geometry 目录下的 Curves，在快捷菜单中取消勾选 Curve Node Spacing 命令。仍然将 Curve Mesh Setup 对话框中的 Method 设为 Dynamic，单击 Number of nodes 后的图标，选择机翼前缘的一条短线，如图 2-3-38 中箭头所示线，右击减少节点数为“6”，中键确认。

提示：

● 节点数设为 6 的原因：观察前缘的三条特征线可以发现，其中两条线的节点数都为 37，另一条由两段组成，其中较长的一段有 32 个节点，所以，只需将短线上的节点调整为 6 个，就可以和另外两条特征线保持相等的节点数（32+ 6−1= 37 个节点，1 个为共享节点）。这样，互相平行的线上节点数目一致，可以更好地保证映射网格。

用同样方法，增加翼尖的网格节点，使其与前缘的节点更加匹配，如图 2-3-39 所示。

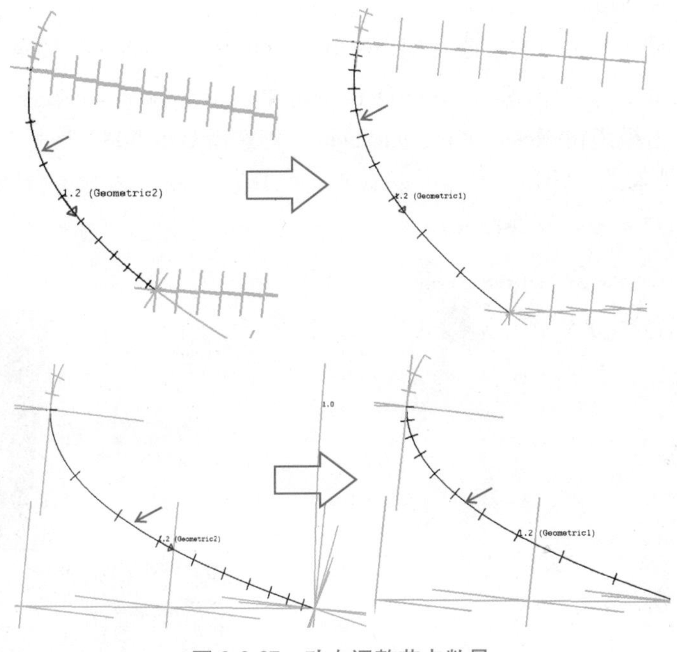

图 2-3-37 动态调整节点数量

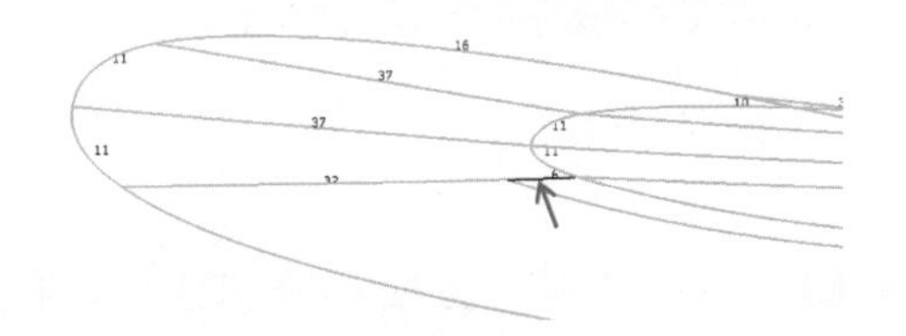

图 2-3-38 调整短线节点数量

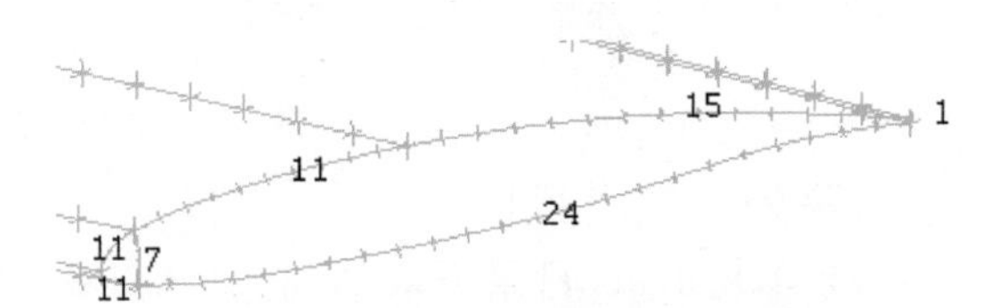

图 2-3-39 增加机翼端部线节点数量

如图 2-3-40 所示，细化机鼻处的网格：Mesh method 下拉列表框设为 General，选择机身最前端箭头指向的 4 条线，中键确认，最大尺寸 Maximum size 设置为“5”。

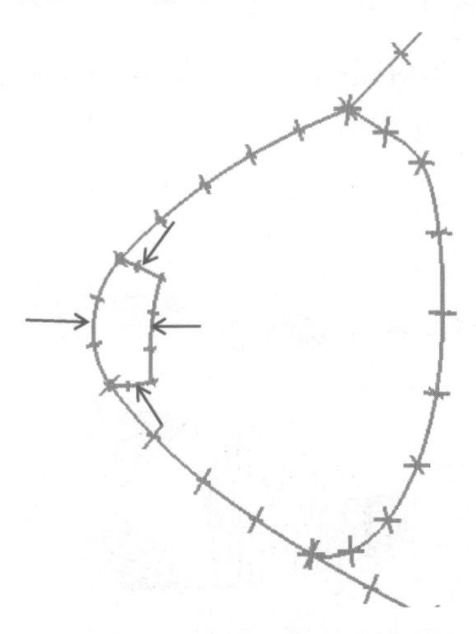

图 2-3-40 调整机鼻处节点数量

步骤 8：生成面网格。

如图 2-3-41 所示，在功能选项卡中单击 Mesh → Compute Mesh 图标，弹出 Compute Mesh 对话框，单击 Surface Mesh Only 图标，单击 Compute 按钮，计算面网格。如图 2-3-42所示，右击模型树 Mesh 目录下的 Shells，勾选命令 Solid&Wire，实体显示网格，并在 Parts 目录下取消勾选 FARFIELD。可以看到，机翼前缘划分为整齐分布的映射网格。但机身前端的网格质量太差，需要修复。

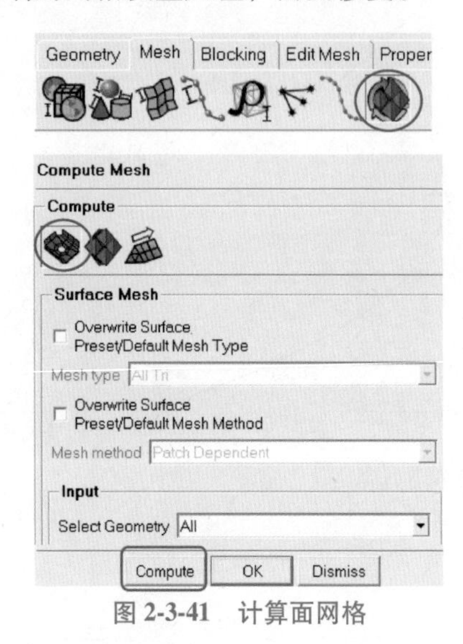

图 2-3-41　计算面网格

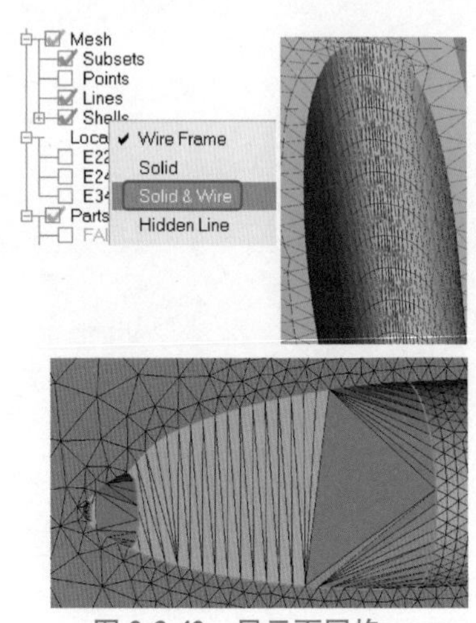

图 2-3-42　显示面网格

步骤 9：删除坏网格。

在模型树 Parts 目录下取消勾选 FARFIELD、INLET 和 OUTLET，方便观察和选择。右击 Mesh 目录下 Shells 勾选命令 Wire Frame。

> **提示：**
> - 在网格实体显示状态下，反应较慢，所以恢复为框线显示。

参考图 2-3-43 中的①、②，在功能选项卡中单击 Edit Mesh→Delete Elements 图标，按照图中③处箭头所示，在每个面上选择一个三角形单元，单击图中④处图标或者按下快捷键<R>，自动扩展选择对象，选中两个面上的所有三角形单元。中键，选中的单元被删除，结果如图中⑤处箭头所示。

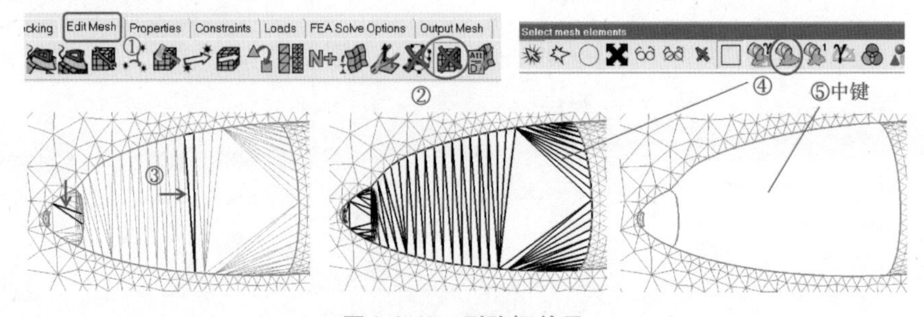

图 2-3-43　删除坏单元

步骤10：重新划分机身网格。

如图2-3-44所示，回到Global Mesh Setup对话框，单击Shell Meshing Parameters图标，勾选Respect line elements选项，将Repair选项组中的→Try harder设为“3”，单击Apply按钮。

提示：

- Respect line elements的作用是使新生成的网格和已有的相邻网格保持一致（共节点）。Try harder为“3”时，用Octree（Patch Independent）方法尝试修复网格。

在模型树中打开几何面显示。如图2-3-45所示，在功能选项卡中单击Mesh→Compute Mesh图标，弹出Compute Mesh对话框，单击Surface Mesh图标，将Select Geometry设为From Screen，到图形窗口中选择要重划网格的两个面（见图中箭头所示的面），中键，单击Compute按钮，仅对选中的两个面重新计算网格。

到模型树中打开网格实体显示，观察修改过的网格，如图2-3-45右下侧分图所示，三角形面网格正确分布。

完成全部操作步骤后，最后保存该工程项目。

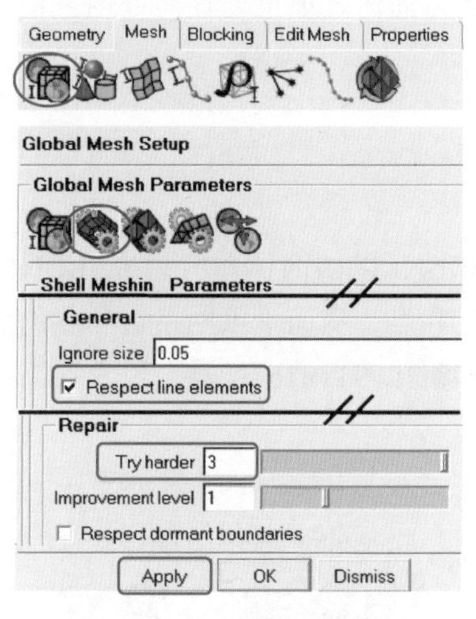

图2-3-44　调整全局参数

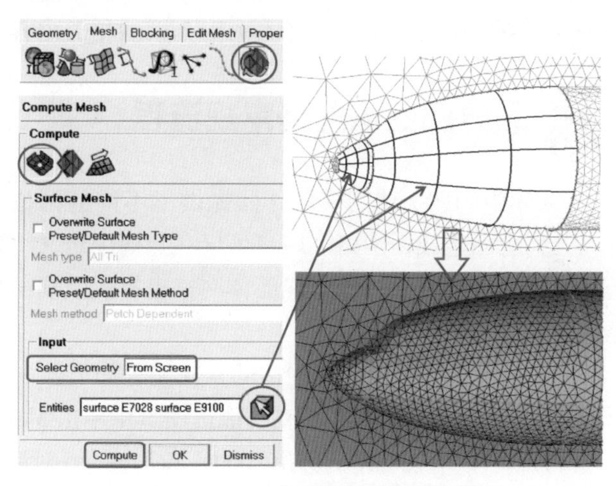

图2-3-45　重新计算个别面的网格

案例总结：对面网格的参数设置包括全局设置和局部设置，局部优先级高于全局，但局部网格尺寸不能大于全局最大单元尺寸。对同一几何的多个局部设置以最后一次的设置为准。

本例用Patch Dependent方法对外流场区域划分纯三角形的面网格。其中涉及全局控制和局部控制的设定，局部控制中包括对面和线的设定，其中修改线网格的三种方法均有涉及，建议重点学习。此外，本例对初始网格中较差的单元进行了删除和重划，这是工程中常用的提高面网格质量的方法之一。

第4章 非结构体网格

所谓“非结构网格”，源自“Unstructured mesh”一词，此处是指单元和节点排列没有固定规律的网格，仅是网格构造形式，不涉及存储形式。ICEM 中除了 Hexa 纯六面体网格，其他网格形式均称为非结构网格，包括 Tetra（四面体）、Hexa-Dominant（六面体为主）、Hexa-Core（六面体核心）、Cartesian（笛卡儿）、Mixed（混合网格）等。

非结构网格自动化程度很高，用户只需做少量设置，软件就可以自动计算出网格。所以对于复杂几何，或者用 Block 方法划分纯六面体网格耗时太长的几何，以及任何要快速生成网格的情况，非结构网格是首选。

四面体网格是 ANSYS CFD 分析中常用的非结构网格，本章将重点讲述划分四面体网格相关的知识。除了四面体网格，近几年多面体网格应用逐渐普遍，ICEM 目前不能直接生成多面体网格，需要首先生成四面体，导入 Fluent 之后转化为多面体。如果要在前处理过程直接生成多面体网格，可以参考本书第3篇的相关内容。

4.1 划分四面体网格常规流程

ICEM 中的四面体网格划分器提供了不同的网格生成算法，以四面体单元填充几何体，并在几何表面生成面网格。用户可以在几何中定义特定的线和点，从而干预网格边和点的分布。此外，与面网格一样，四面体网格也提供了局部加密和粗化的自适应工具，以及提高网格质量的方法。

在 ICEM 中划分四面体网格的常规流程如下：

1）设置全局网格参数。在功能选项卡中单击 Mesh→Global Mesh Setup 图标，弹出 Global Mesh Setup 对话框，单击 Volume Meshing Parameters 图标，如图 2-4-1 所示，设置网格类型、网格方法及相关参数。

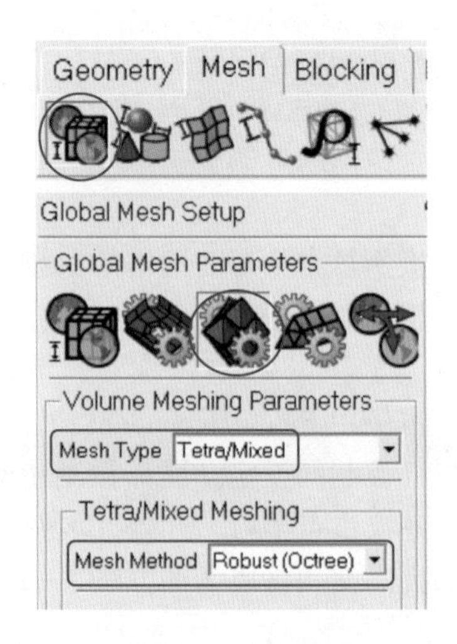

图 2-4-1 全局参数

2）设置网格尺寸。包括全局尺寸和局部尺寸，在 Mesh 选项卡下的 Part、Surface 及 Curve Mesh Setup 对话框设置的都是局部尺寸。

3）在 Geometry 选项卡中定义材料点。这一步是为了定义分析域。围绕材料点的封闭体区域，导入求解器中将是计算域。对于有多个体积域的几何要分别定义。

4）在 Mesh 选项卡中定义密度区（可选，非必须）。在没有几何点、线、面的区域指定网格尺寸，用于 Octree、Delaunay 和 Advancing Front 等四面体网格方法。

5）生成面网格，在 Mesh 选项卡中单击 Compute Mesh 图标，在弹出的 Compute Mesh 对话框中单击 Surface Mesh Only 图标。用于 Delaunay、Advancing Front、Fluent Meshing、Hex-Dominant 等先面后体的网格算法，这些方法都可以用全局和局部设置自动生成面网格。对于 Octree 这种先体后面的方法，只能先计算体网格。

先生成面网格可以快速检查和修改面网格质量，确认后划分体网格时选择 Existing mesh，从已有的面网格生成体网格。

6）生成体网格，在 Compute Mesh 对话框中单击 Volume Mesh 图标。

7）划分棱柱层（可选），在 Compute Mesh 对话框中单击 Prism Mesh 图标。棱柱层可以用这个选项单独生成，也可以和四面体网格同时在流程 6）中计算。

4.2 网格类型

在 Mesh 选项卡单击 Global Mesh Setup 图标，弹出 Global Mesh Parameters 对话框，单击 Volume Meshing Parameters 图标非结构网格的类型在 Mesh Type 下拉列表框中选择，如图 2-4-2所示，可选的三种网格类型为：Tetra/Mixed（四面体/混合）、Hexa-Dominant（六面体为主）、Cartesian（笛卡儿），以下分别做简要介绍。

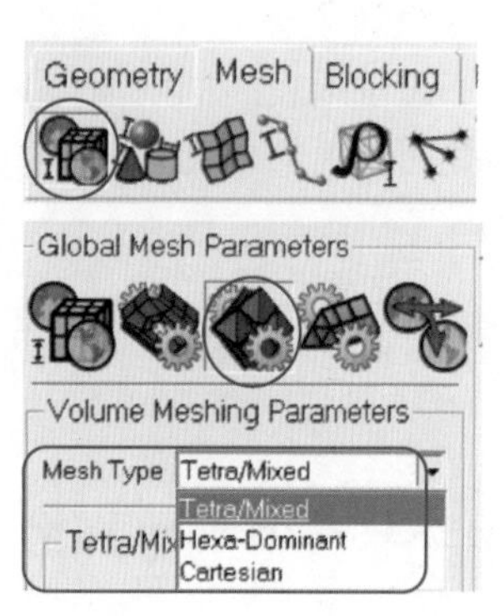

图 2-4-2　网格类型选择

4.2.1 Tetra/Mixed 网格

Tetra/Mixed 即四面体网格与其他形式的网格组成的混合网格，是最普遍的一种非结构网格类型，方式有以下几种：

1）纯四面体网格，整个计算域仅用四面体单元填充，如图 2-4-3a 所示。

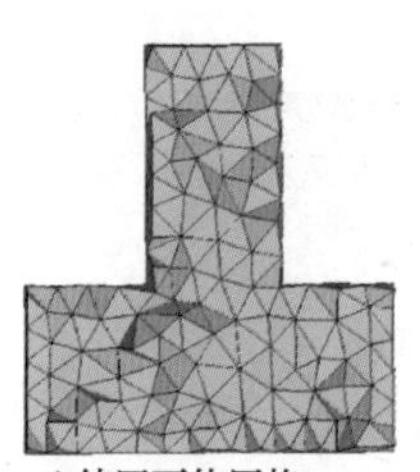
a) 纯四面体网格

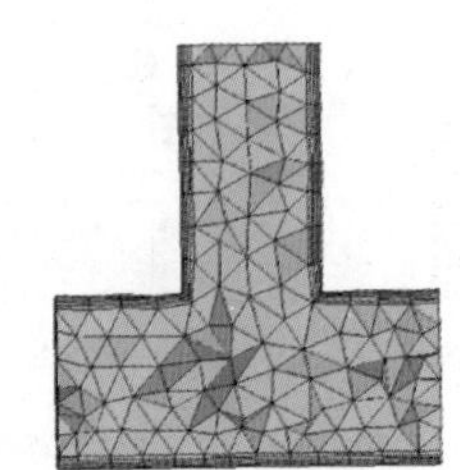
b) 四面体与棱柱层混合网格

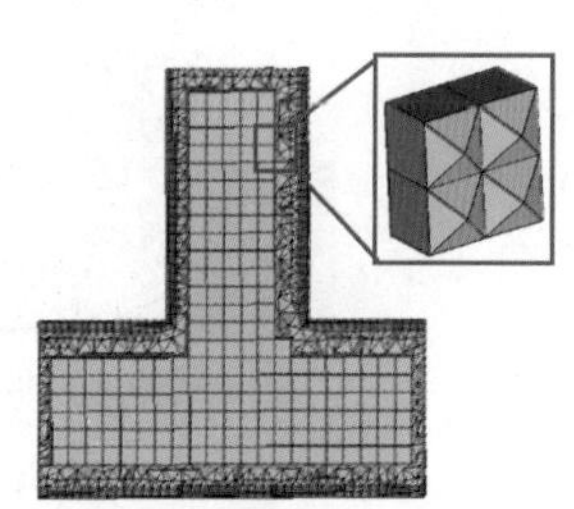
c) 四面体与六面体核心网格混合

图 2-4-3　Tetra/Mixed 网格

2）四面体与棱柱层的混合网格，如图 2-4-3b 所示。棱柱层即边界层网格，面网格是三角形时，从三角形沿法向向体内拉伸生成棱柱层；面网格是四边形时，向内拉伸生成六面体边界层。边界层与主体网格的过渡区域用金字塔网格填充。

3）四面体与六面体核心网格的混合，如图 2-4-3c 所示。这种组合方式中也可以有棱柱层，用六面体网格（Cartesian）填充体内部的主要区域，四面体（用 Delaunay 算法生成）

填充面与六面体之间的区域、棱柱层与六面体之间的区域，四面体和六面体网格之间用金字塔网格过渡，最终生成共节点的网格。

4）四面体网格和结构六面体网格的混合。四面体网格和 Block 六面体网格分别单独划分，然后合并成混合网格。

4.2.2 Hexa-Dominant 网格

Hexa-Dominant 用自底向上的方法生成六面体为主的网格。从已有的四边形面网格开始，用 Advancing Front 算法尽可能地填充体区域。对于简单的体，可以全部填充。对于复杂的体，通常用六面体单元填充几何面附近的几层，用四面体和金字塔单元填充中间区域。然后自动诊断，如果中心的单元质量很差，将会用 Delaunay 对内部体区域进行重新划分。

通常近表面的六面体网格质量较好，但越往内部网格质量越差，如图 2-4-4a 所示的网格截面，内部单元质量较差。

注意：

- Hexa-Dominant 网格通常不适合 CFD 分析，但是能够很好地满足静态结构分析要求。

4.2.3 Cartesian 网格

用自顶向下的方法生成的笛卡儿网格，是一种六面体网格。先生成包围整个体的网格，然后自动在每个方向细化内部网格，直到达到指定的最大密度。Cartesian 网格是创建体网格最快的方法，但在曲面边界附近网格质量可能很低。网格形式如图 2-4-4b 所示。

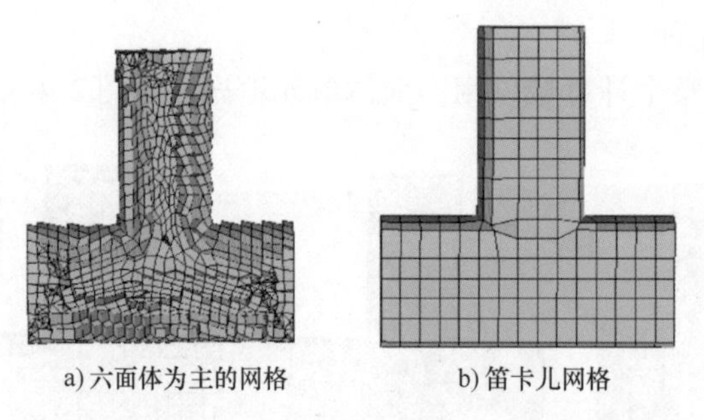

a) 六面体为主的网格　　b) 笛卡儿网格

图 2-4-4　Hexa-Dominant 和 Cartesian 网格

4.3 输入文件类型

非结构网格的输入文件可以是几何文件、已有的面网格文件或两者的组合。

1. 几何文件

直接导入几何文件、对几何进行网格划分是最常用的输入方式。所有的网格方法和类型均可用于几何体，默认的方法是 Octree，这是非结构网格中最稳健的方式，采用由体到面的方法，即先生成体网格，再投影到几何面生成面网格。即使几何中有小的裂缝、孔、干涉等问题，也可能成功划分网格。

2. 封闭、水密的面网格

如果导入的是已经划分好且封闭的面网格，则可以用由面到体的算法生成体网格（见图 2-4-5），包括以下方法：

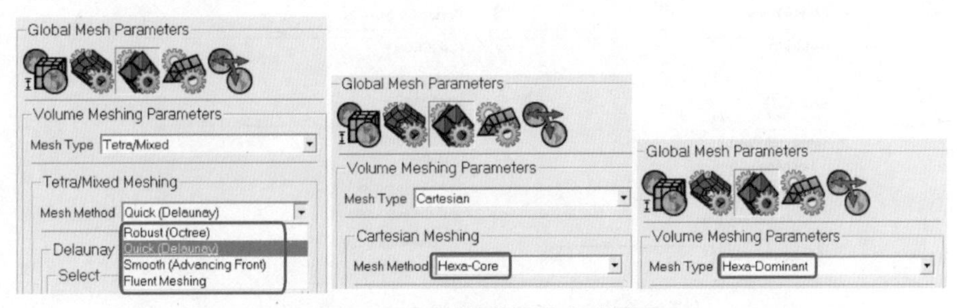

图 2-4-5　面到体的网格方法界面

1）Quick（Delaunay）和 Fluent Meshing：最快速的方法。

2）Smooth（Advancing Front）：面附近有约 6 层网格增长缓慢，再向体的内部迅速过渡。

3）Hexa-Core：核心区域用六面体填充，其他区域用四面体。

4）Hexa-Dominant：如果输入文件没有面网格，则会用 Patch Dependent 方法及最新的全局网格设置先自动生成面网格，然后再划分六面体为主的体网格。

3. 几何和面网格的组合

如果输入文件有一部分已经划分了面网格，另一部分是几何文件，则只能用 Octree 生成体网格。需要对没有面网格的几何部分设置网格尺寸，生成体网格后可能会局部调整原有的面网格，所以无法 100%保证原有面网格的外形。最终生成的网格会与已有的网格节点相连接并保持一致。

4.4 创建体（Body）

ICEM 中的体（Body）定义的是计算域，而不是几何意义上的三维实体。在 Geometry 选项卡中单击 Create Body 图标在 Create Body 对话框中创建体，如图 2-4-6 所示，提供了 Material Point 和 By Topology 两种方法。

1. Material Point（材料点）方法

材料点方法，这是创建材料点最稳健的方法。四面体的 Octree 方法用材料点识别要保留的体空间，生成的体网格与材料点在同一个 Part。

如果选择了 Delaunay、Advancing Front 或 Fluent Meshing 方法，并勾选了 Flood fill after completion 选项，则也会用材料点识别计算域。

在 Block 六面体网格中，材料点 Part 可以用来存储某些特定计算域的 Block，进而在网格中识别计算域。

材料点方法需要指定某一点，则围绕此点的面组成的封闭空间被定义为一个域。界面如

图 2-4-6a 所示，可以根据两点的中点创建，即选择任意两点，使其中点在域内，是首选的方法；也可以在指定的点处创建，即指定体内某一点，在体内定义域。

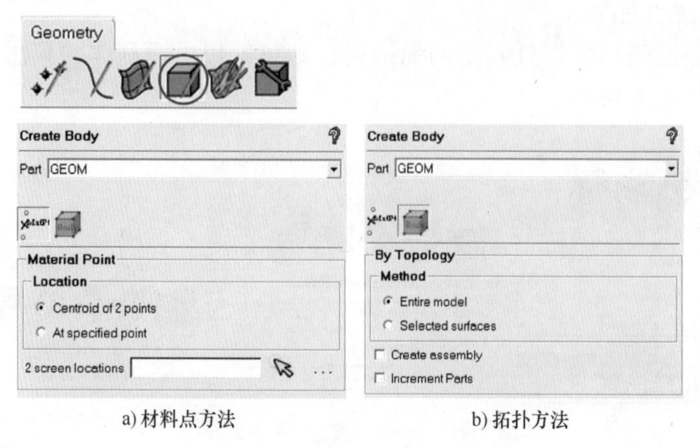

a) 材料点方法　　b) 拓扑方法

图 2-4-6　创建体（Body）界面

2. By Topology（拓扑）方法

拓扑方法，自动为每个封闭的空间创建体，界面如图 2-4-6b 所示，可以根据整个模型创建，也可以根据所选择的面创建。要求首先创建几何拓扑，任何不完全封闭的区域（即创建拓扑后有黄线的区域）都无法创建材料点，所以拓扑方法不如材料点方法稳健。

注意：

● 创建多个体时一定要给定不同的名称，否则将全部以同一个名称命名，无法区别不同的域。

4.5 网格方法——Octree

如图 2-4-7 所示，当 Mesh Type 选为 Tetra/Mixed 时，可选的网格方法有四种：Robust（Octree）、Quick（Delaunay）、Smooth（Advancing Front）和 Fluent Meshing，其中 Robust（Octree）是默认的方法，也是划分四面体网格最稳健的方法。用 ICEM 划分四面体网格，推荐首选 Robust（Octree）方法，该方法方便、快捷、稳健且网格质量高。对几何表面捕捉精度要求较高时，考虑其他三种方法方法。本节重点介绍 Robust（Octree）方法（以下简称 Octree）。

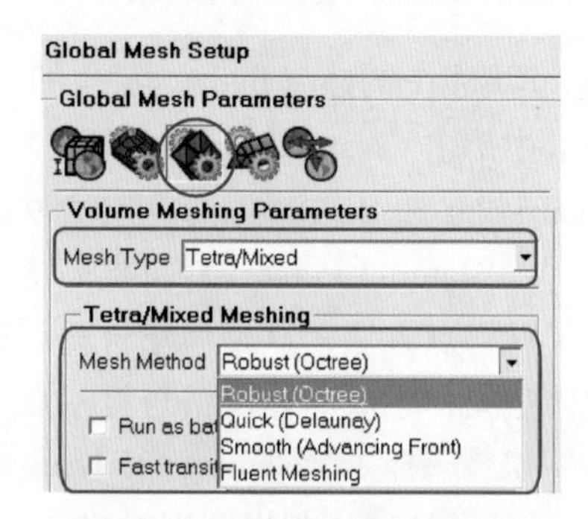

图 2-4-7　四面体网格方法界面

4.5.1 Octree 生成过程

Octree 是“先体后面”的方法，即先生成体网格，再向几何面上投影生成面网格。图 2-4-8所示为 Octree 网格生成过程，其中图 2-4-8a 所示为几何模型，后台运行的过程如下：

1）用最大网格尺寸（Maximum size）构造初始网格，完全包围住整个几何模型，如图 2-4-8b 所示。

2）不断细分网格，满足指定的局部网格尺寸，如图 2-4-8c 所示。在三个方向均以 2 为细分比例，即在边的中点处切分单元，增长比为 2∶1，所以称为 Octree（八叉树）。

3）网格节点投影到几何面、线和点上，如图 2-4-8d 所示。

4）自动填充网格单元至体的边界。初始网格分配到材料点所在的 Part，相邻的网格层添加到相同的 Part，直到遇到边界面，在计算域之外的单元被标记到备用 Part（VORFN）中，然后删除，结果如图 2-4-8e 所示。

5）光顺网格。初始网格是规则的四面体，为了捕捉几何形状，节点移动到最近的几何，导致几何面和线附近的单元质量降低，所以通过自动光顺提高网格质量，结果如图 2-4-8f 所示。

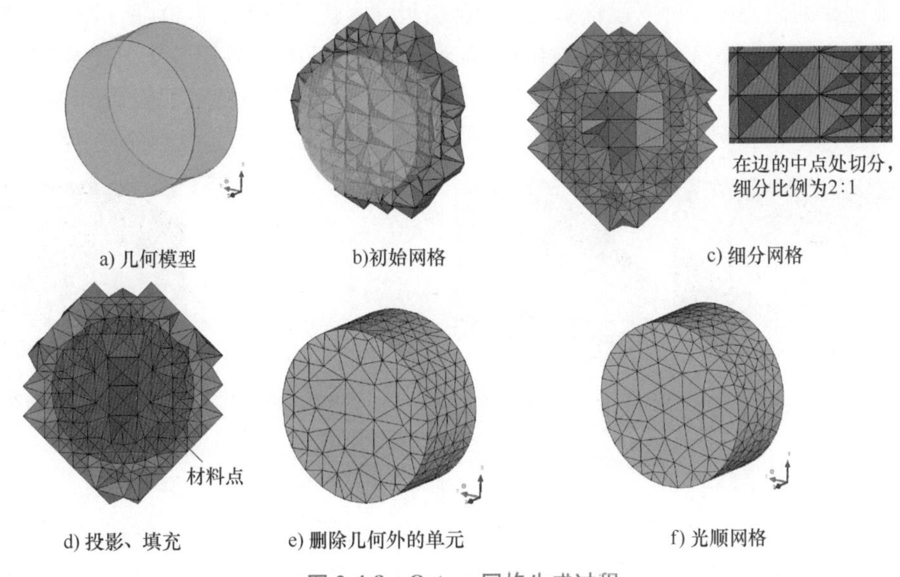

图 2-4-8　Octree 网格生成过程

4.5.2　Octree 方法特点

Octree 方法与面网格的 Patch Independent 生成过程大体一致，不同之处是 Octree 会保留体网格，而 Patch Independent 会删除体网格，只保留面网格。Octree 的优势和劣势也与 Patch Independent 相同，网格生成过程不受几何表面排列形式的影响，适合复杂几何或“脏”几何，仅需要做少量几何修补，或者不用修补几何，所以用户可以节省在几何处理阶段的时间。但不足之处是会耗费更多的 CPU 及内存资源。

图 2-4-9a 所示为创建几何拓扑（Build Diagnostic Topology）时保留了圆角特征线的几何表面，用 Octree 生成的网格如图 2-4-9b 所示，可以看到网格捕捉到了圆角特征线。图 2-4-9c 所示为拓扑时过滤掉特征线的几何，生成图 2-4-9d 中的网格，网格节点并未沿圆角的特征线排列。

由以上示例可以看出，即使几何表面有狭长面、尖角、短边等小特征，也不会影响 Octree 表面网格的分布。面网格仅捕捉到特征线，忽略其他非特征线，且大体均匀分布或平滑过渡。所以，应用 Octree 方法时，可以提前通过创建几何拓扑过滤掉部分点和线，只保留关键位置的特征线。

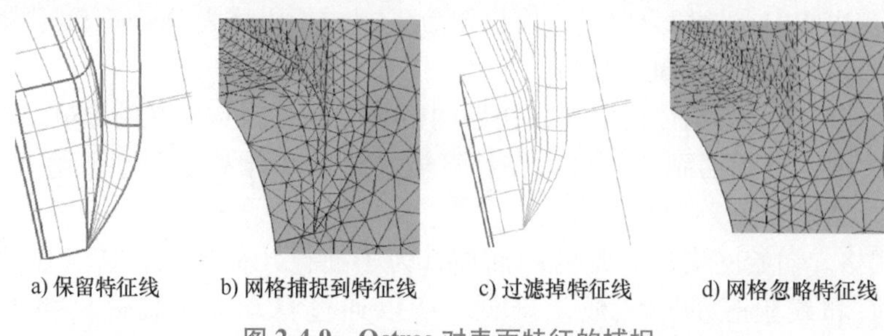

a) 保留特征线　b) 网格捕捉到特征线　c) 过滤掉特征线　d) 网格忽略特征线

图 2-4-9　Octree 对表面特征的捕捉

如需捕捉小的体特征，可以设置小的局部网格尺寸实现。如图 2-4-10a 所示的几何模型中，有倒圆、倒角和凸台等小特征（见图 2-4-10a 箭头所示位置）。如果用较大的全局网格尺寸划分，生成的网格如图 2-4-10b 所示，直接忽略了小特征。对这些小特征面设置如图 2-4-10c 中箭头所示的局部小网格尺寸，结果如图 2-4-10d 所示，网格捕捉到了几何中的小特征。

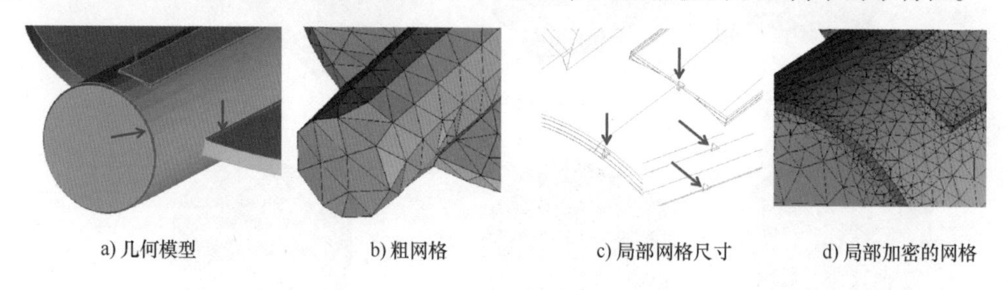

a) 几何模型　b) 粗网格　c) 局部网格尺寸　d) 局部加密的网格

图 2-4-10　Octree 对小的体特征捕捉

Octree 网格尺寸的设置方法与面网格相同，在 Mesh 选项卡中由全局到局部依次设置，即依次单击图标进行设置，最后计算网格即可。细节请参考第 2 篇第 3 章的说明。

4.5.3　Octree 方法对几何的要求

Octree 方法不要求几何完全封闭，但也要有合理的封闭性，可以忽略小于单元网格尺寸的小缝隙（约小于单元尺寸 1/10 的缝隙）。通过创建拓扑查找丢失的面、洞和缝隙（拓扑后的黄线），也可以过滤掉不重要的点和线，只保留维持几何形状必需的几何元素，以节省计算时间。

Octree 根据材料点识别封闭的体，如果在计算网格前没有创建材料点，则会自动生成名为“CREATED_MATERIAL#”（#是自动编号）的 Part，代表 Octree 自动识别出的体空间，导入求解器中就是计算域。对于有些几何格式，如 SpaceClaim 的“.scdoc”文件和 DesignModeler 的“.agdb”文件，导入 ICEM 时会对每个封闭区域自动创建各自的材料点，但有些格式的几何文件仅创建个别材料点，所以在计算网格前要检查材料点，必要时手动修改或创建。

注意：

- 设置 Octree 的全局、面和线的网格参数时注意网格数量信息，不确定时先从大尺寸开始尝试，并用模型树 Geometry→Surface→Tetra Sizes 预览网格大小，防止网格数量过大造成内存不足。

4.5.4 Octree 界面选项

在 Mesh 选项卡中单击 Global Mesh Setup 图标，弹出 Global Mesh Setup 对话框，单击 Volume Meshing Parameters 图标，对非结构网格进行设置，界面细节如图 2-4-11 所示，默认的 Mesh Method 是 Robust（Octree），本节介绍 Octree 界面主要选项的意义，默认值适用于多数模型。

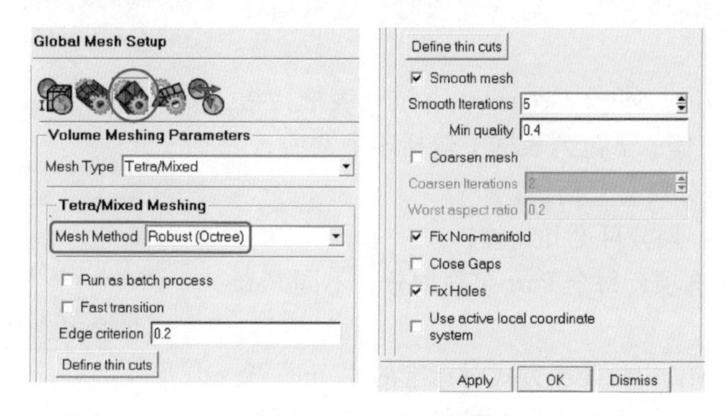

图 2-4-11　Octree 设置界面

1）Run as batch process 选项：勾选此项时以批处理方式单独运行“tetra. exe”程序，图形窗口仍然可以交互。

2）Fast transition 选项：勾选此项时从细网格到粗网格快速过渡，用于限制网格总量。如果想节省生成网格所用的时间和内存，这一选项尤其有用。但对 CFD 网格，理想的网格要缓慢过渡。

3）Edge criterion 文本框：为了更好地捕捉几何，四面体网格被分割的程度。本章 4. 5. 6 节将详细介绍。

4）Define thin cuts 按钮：正确划分小缝隙或尖角处的网格，防止单元跨过缝隙或尖角的两个面。本章 4. 5. 7 节将详细介绍。

5）Smooth mesh 选项：勾选此项时，网格生成后自动光顺，有两个选项对应的文本框处于可编辑状态。

① Smooth Iterations 文本框：为了达到指定的最低质量标准进行的光顺迭代次数。

② Min Quality 文本框：默认值为“0. 4”，质量低于此值的所有单元将被光顺。

6）Coarsen mesh 选项：粗化网格，当用指定的大网格尺寸划分几何仍然困难时有用。但是不推荐勾选此项。

7）Fix Non-manifold 选项：勾选此项时将自动尝试修正从一个面跨到另一个面的单元。

4.5.5 Octree 网格计算

在 Mesh 选项卡单击 Compute Mesh 图标，弹出 Compute Mesh 对话框，单击 Volume Mesh 图标所有非结构网格的计算都在此界面实现，如图 2-4-12 所示，以下就每个选项进行简要说明。

1）Create Prism Layers 选项：勾选此项后生成后处理棱柱层，即先生成主体网格、再生成棱柱层。根据在 Global Mesh Setup → Prism Meshing Parameters 、Part Mesh Setup 、Surface Mesh Setup 或 Curve Mesh Setup 中设定的棱柱层网格参数，在四面体网格完成后，随即从已有的四面体网格中生成棱柱层网格。

2）Create Hexa-Core 选项：勾选此项时生成六面体核心网格。

3）Input 选项组的 Select Geometry 下拉列表框：指定划分体网格的几何体。下拉列表框中包括四个选项。

① All 选项：划分所有几何体。

② Visible 选项：划分可见几何体。

③ Part by Part 选项：每个 Part 单独划分，不同 Part 之间网格不共节点。

④ From File 选项：以批处理方式对指定的“.tin”文件划分网格，输入“.tin”文件名或通过浏览指定几何文件。

4）Use Existing Mesh Parts 选项：在 Select Geometry 下拉列表框中选择了 All 或者 Visible 选项时，Octree 网格将会在生成体网格之后，匹配此处选中的面网格，最终生成共节点的网格。

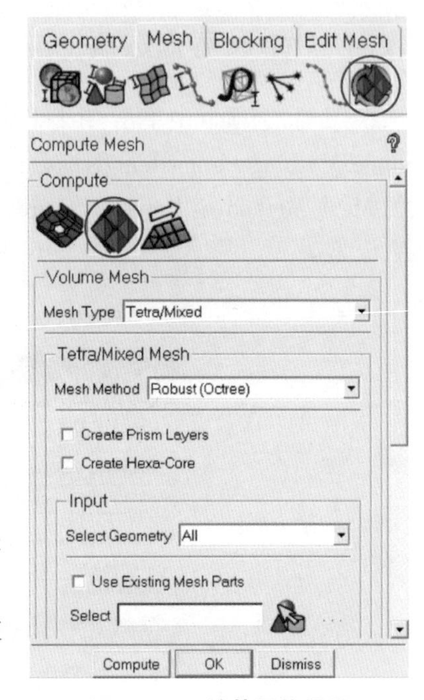

图 2-4-12　计算网格界面

4.5.6 Edge criterion

Edge criterion 文本框内是一个 0~1 之间的数，仅用于 Octree 四面体网格，决定切分四面体单元的程度，其界面和作用如图 2-4-13 所示。默认值“0.2”表示如果网格边有大于 20%的长度跨过一个面或线，则切分此边和此四面体单元，并将新的节点投影到面上，捕捉几何中更小的特征。

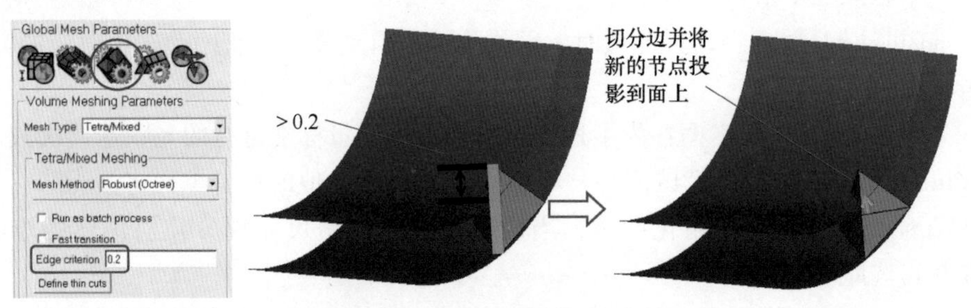

图 2-4-13　Edge criterion 作用

Edge criterion 文本框内的值越小切分越多，越能捕捉小的几何特征；值越大则用来捕捉几何的网格节点越少，值太大将不能正确抓住几何特征。默认值“0.2”适合多数情况。图 2-4-14b、c 表示 Edge criterion 分别取“0.3”和“0.01”时，对图 2-4-14a 所示的尖角结构划分的网格。尽管图 2-4-14c 的网格捕捉到了尖角面，但此处的网格质量很低，在 CFD 分析中应尽量避免这种尖角结构。

> **注意：**
>
> - Edge criterion 类似定义了全局的 Thin cut，在 Thin cut 失败或难以设置时，尝试用 Edge criterion。但要谨慎使用，Edge criterion 的值太小可能会造成过于细化的局部网格簇。

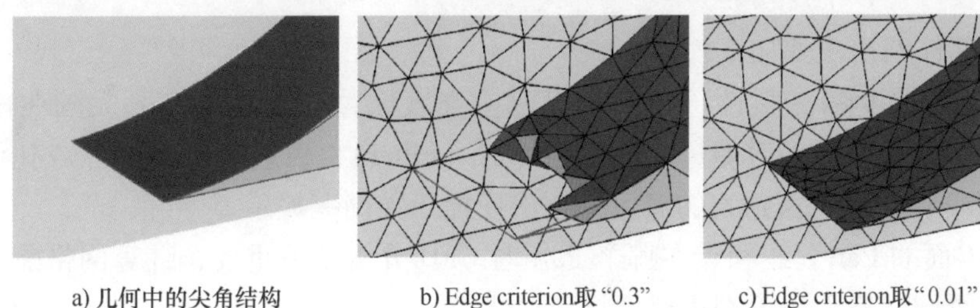

a) 几何中的尖角结构　　b) Edge criterion取“0.3”　　c) Edge criterion取“0.01”

图 2-4-14　Edge criterion 示例

4.5.7 Thin cuts

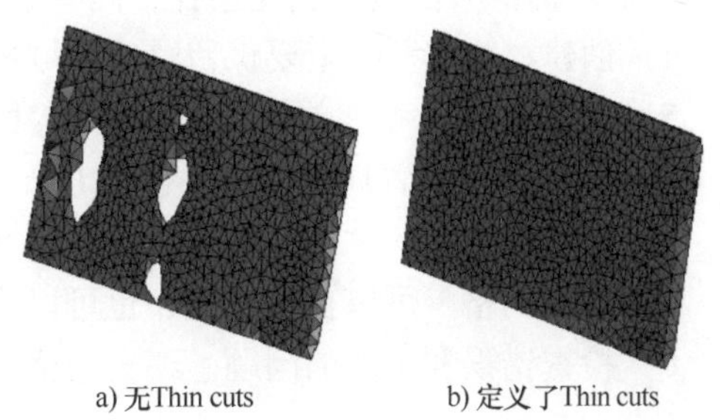

a) 无Thin cuts　　b) 定义了Thin cuts

图 2-4-15　Thin cuts 示例

Thin cuts 只用于四面体 Octree 方法，作用是防止网格单元跨过相近的两个面，正确解析间距较小的面对或线对。在网格尺寸大于间距时，可能会有同一个单元的节点同时落在缝隙两侧的面上，从而在网格中形成“孔”，或者其他不正确的连接关系，如图 2-4-15a 所示的薄板。保持网格尺寸不变，成功定义 Thin cuts 后生成图 2-4-15b 所示的网格，避免了穿孔错误，正确识别出薄实体。

除了缝隙两侧的平行面对，Thin cuts 也可用于正确识别形成尖角（<30°）的两个面。

定义 Thin cuts 步骤如图 2-4-16 所示，单击 Define thin cuts 按钮会出现 Thin cuts 窗口，按照图中数字顺序依次选择或输入部件（Part），一个 Part 可以同时属于多个 Thin cuts 对，定义成功后 Define thin cuts 按钮变成绿色。

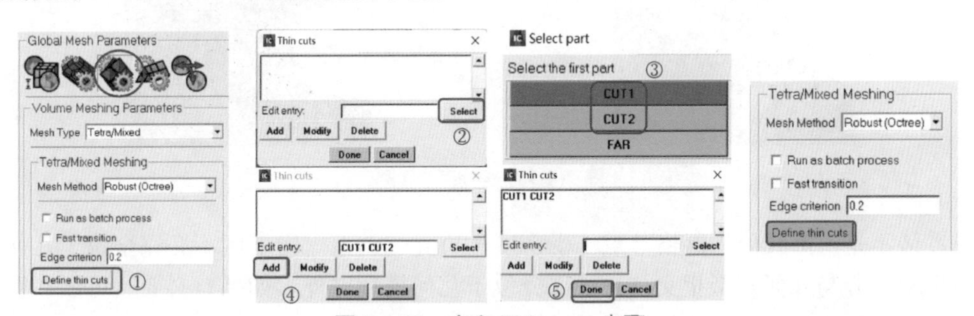

图 2-4-16　定义 Thin cuts 步骤

注意：

- 如果 Part A 中的面和 Part B 中的面相交，如图 2-4-17 所示的位置关系，则交线必须位于另一个 Part C 中，否则 Thin cuts 会失败。

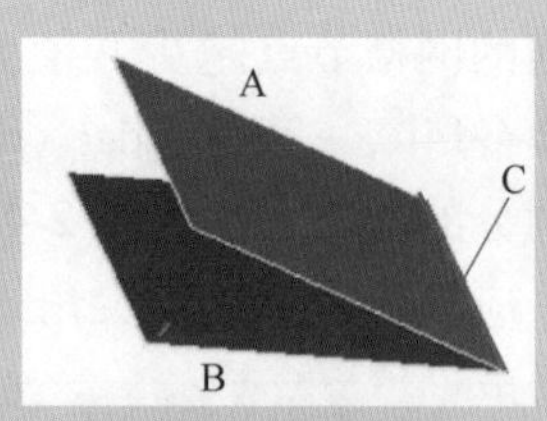

图 2-4-17　两个相交面

4.5.8　Octree 四面体网格步骤

Octree 四面体网格步骤如下：

1）检查几何精度和完整性。导入几何后检查表面，查看是否有太大的曲率或大的缝隙。创建拓扑，设置合理的容差，先不激活过滤（Filter），黄线表示有缝隙或孔洞。计算四面体网格过程中，如果识别到大的缝隙，会出现提示并高亮显示。

2）定义出面的 Part。线和点在哪个 Part 对 CFD 分析并不重要，计算网格前一定要定义出面的 Part，否则网格无法识别边界面。

3）生成必要的线和点。典型的几何特征需要布置网格节点来捕捉，如重要的角、特征线等。最快捷的方法就是创建拓扑，同时激活过滤，过滤角一般为 30°~45°。

4）创建材料点。决定要保留哪些区域内的网格。材料点必须在区域内，不能在面上。

5）设置网格尺寸。首先设置全局尺寸，包括 Maximum size、Curvature/Proximity Based Refinement 等；再设置局部尺寸，包括 Part、Surface、Curve，密度区等。

6）计算网格。

7）光顺网格。可以自动完成，也可以手动实现，通常质量小于 0.2 的单元需要光顺。

8）检查错误和可能的问题。编辑网格或修改设置后重新划分网格。

4.5.9　密度区

1. 密度区的作用

密度区是用户自定义的体区域，常用于对没有几何元素的位置进行局布网格加密，如图 2-4-18 所示，用密度区对尾流区域的网格做局部加密。

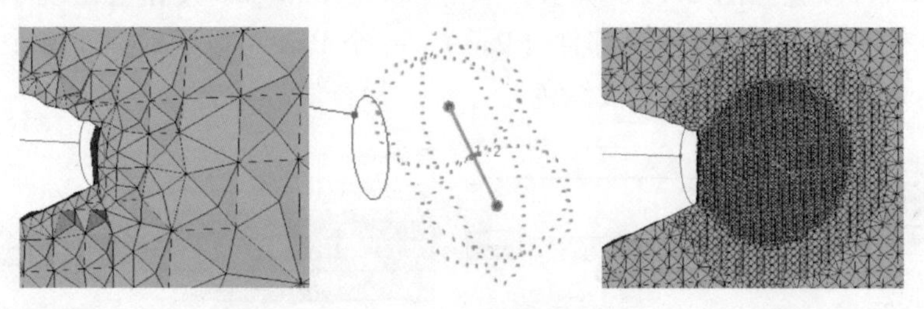

图 2-4-18　密度区示例

密度区不是实际几何，网格节点不受密度区边界的约束。密度区不必完全位于几何模型内，可以一部分与几何模型相交，另一部分位于几何模型之外。如果有必要，可以在密度区内再创建密度区，或与另一个密度区相交。如果密度区重叠或者相交，则使用其中最小的网格尺寸。

注意：

- 密度区用于体网格仅对 Tetra Octree、Delaunay 和 Advancing Front 方法有效。

2. 密度区界面

首次创建密度区单击 Mesh 选项卡中的 Create Mesh Density 图标，弹出 Create Density 对话框，如图 2-4-19 左图所示，之后处理密度区用模型树 Geometry 目录下的 Densities 右击快捷菜单，如图 2-4-19 右图所示。对 Create Density 对话框中的选项说明如下。

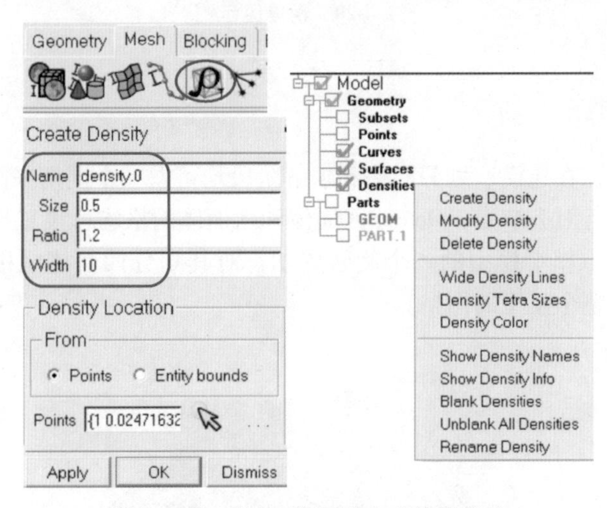

图 2-4-19　密度区界面及右击快捷菜单

1）Name 文本框：密度区的名称。

2）Size 文本框：指定密度区内的最大网格尺寸，实际使用的尺寸要乘以全局网格界面的比例因子 Scale factor。

3）Ratio 文本框：远离密度区方向四面体网格的增长率。

4）Width 文本框：密度区边界外用指定的 Size 值划分的网格层数 N。在密度区边界外的区域，第 N+1 层网格的尺寸为 Size 值乘以 Ratio 值。这个值是为了在密网格和稀网格之间形成渐变的过渡区，从第 N+1 层开始，网格尺寸逐渐变大。另外，Width 值决定了密度区的作用半径，Size 值乘以 Width 值即为点和线密度区的作用半径。

5）Points 选项：选择任意数量的点定义密度区的边界，1~3 个点时 Size 值和 Width 值会决定密度区的厚度；多于 4 个点时密度区为多面体。

6）Entity bounds 选项：用选择对象的边界作为密度区的边界。

模型树中 Densities 的右击快捷菜单可以对密度区进行创建、修改、删除、加粗显示、预览网格大小、修改颜色及显示信息等多种操作。

图 2-4-20 显示了由一个点、两个点和三个点创建的密度区，图 2-4-20a 所示的点密度区中，实际作用范围是球形空间，图 2-4-20b 用两点创建了圆柱形线密度区，对于点和线密度

区，球或圆柱的半径由 Size 值乘以 Width 值决定。图 2-4-20c 所示为由三个点创建的面密度区，面密度区的作用范围以三角形为中心，向四周扩展，但无法显示。

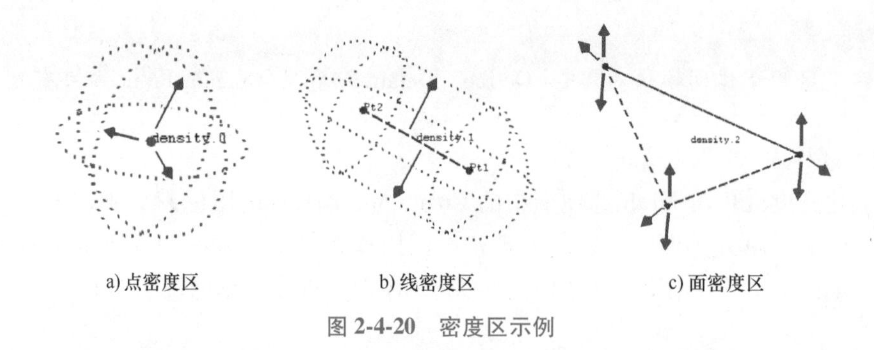

a) 点密度区　　b) 线密度区　　c) 面密度区

图 2-4-20　密度区示例

4.5.10　定义周期性

对于周期性问题，在建模、划分网格和求解阶段均可取一个周期来简化分析过程。周期边界在周期面对上强行对齐节点，Octree 四面体和六面体网格均可设置周期面。周期网格示例如图 2-4-21 所示，取整个模型的一个旋转周期，对其划分四面体网格，通过复制网格就可以得到多个周期或整个模型的网格。

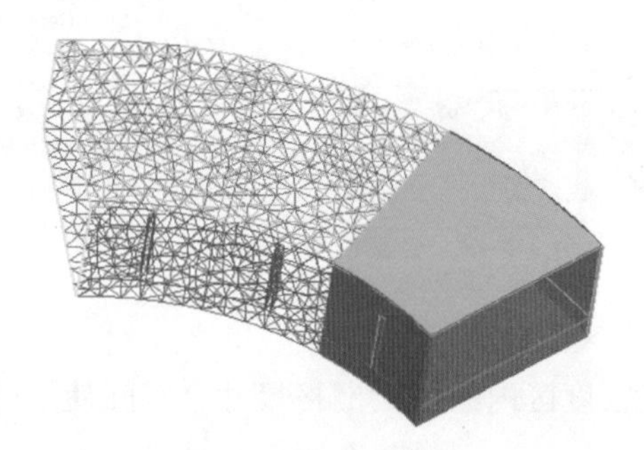

图 2-4-21　周期网格示例

注意：

- 仅用于 Octree 四面体网格和 Blocking 六面体网格的周期定义。材料点放到中截面位置有助于 Octree 四面体周期网格生成。

周期网格的设置界面在 Global Mesh Setup →Periodicity Set Up ，如图 2-4-22 所示，可以设置旋转周期和平移周期。设置成功并生成网格后，在模型树 Mesh 右击快捷菜单中勾选 Periodicity 命令，结果如图 2-4-23 所示，其中的直线连接了两个周期面上具有周期对应关系的网格节点。

对设置界面各选项简要说明如下。

1）Rotational periodic 选项：保证节点沿着轴对称模型排列，并且强制节点和另一个周期面对齐。在周期面对上，相对应的节点在柱坐标系下有相同的 R 值和 Z 值。

2）Rotational axis 选项组中 Method 下拉列表框：定义旋转轴，下拉列表框提供了三种方法，分别为 User defined by angle、User defined by angle sectors 和 Vector。

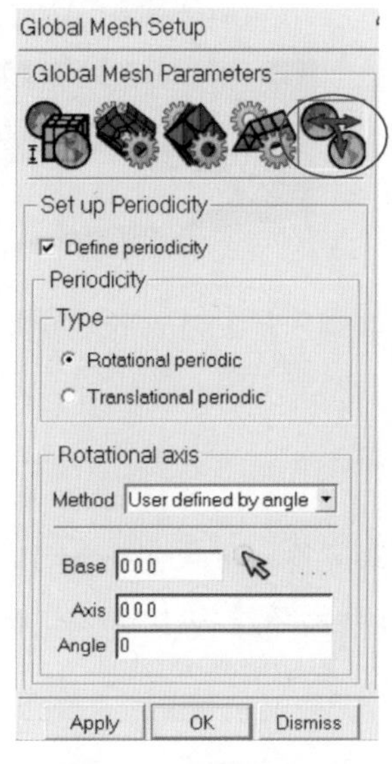

图 2-4-22　周期网格设置

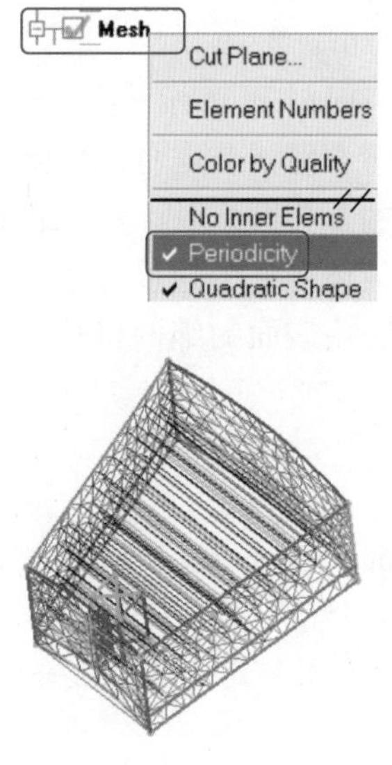

图 2-4-23　显示周期关系

User defined by angle/Usev defined by angle sectors 方法需要指定以下参数：

① Base 文本框，指定旋转的基准点坐标。

② Axis 文本框，定义旋转轴的方向矢量。

③ Angle 文本框，两个周期面之间的角度，“360°”代表整个计算域；或 Sectors 文本框：组成 360°计算域的扇形区域的个数。

Vector 方法可以到图形窗口选择两个点来定义旋转轴矢量，同时定义周期面的角度。

3）Translational Periodic 选项：平移周期，输入三个方向的偏移量 offset（Dx Dy Dz）定义周期面对。

4.6　其他四面体网格方法

四面体网格的生成方法，除了默认的 Octree，还有 Quick（Delaunay）、Smooth（Advancing Front）和 Fluent Meshing，如图 2-4-7 所示。其中只有 Octree 是“先体后面”的方法，所以对几何模型的表面封闭性要求相对较低，适用性最广。其他方法均为“先面后体”的方法，要求几何或面网格是完全封闭的，体网格生成过程可以自动完成，所以重点在修复几何或面网格。本节仅对“先面后体”的几种方法做简要介绍。

4.6.1　Quick（Delaunay）

Quick（Delaunay）用自底向上的 Delaunay 网格算法生成四面体网格，是“先面后体”的方法，所以需要先有高质量且封闭的面网格，面网格可以是四边形或三角形，生成方法不限，也可以是导入的面网格。如果没有面网格，ICEM 先自动从几何生成面网格，然后向体的内部填充四面体，生成体网格。也可以分两步实现：首先创建或导入面网格，然后生成体网格。如果面网格已经存在，计算网格时指定 Input 选项组 Select Geometry 选项设为 Existing Mesh。

Quick（Delaunay）示例如图 2-4-24 所示，Quick（Delaunay）分布网格节点时，会使每个四面体的中心均在相邻单元的外接圆之外，所以由面到体内部的网格过渡很快，生成体网格的速度也是最快的。图中的轿车网格截面显示，由表面的细网格快速过渡到中心区域的粗网格。

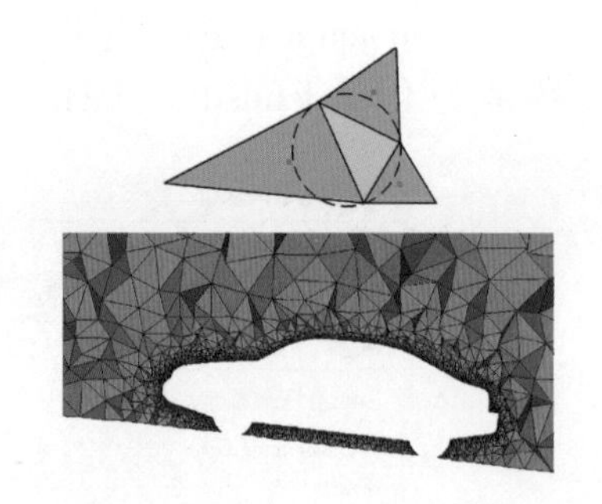

图 2-4-24 **Quick**（Delaunay）示例

注意：

- Quick（Delaunay）需要封闭的面网格才能生成体网格。可以用 Edit Mesh 选项卡 Check Mesh 命令检查单边、重叠单元或重复单元。在内部无厚度面上可以存在单边，但模型的外边界上不能有单边，否则 Delaunay 填充将失败。

图 2-4-25 所示为 Quick（Delaunay）界面，分两个图显示，对主要选项说明如下。

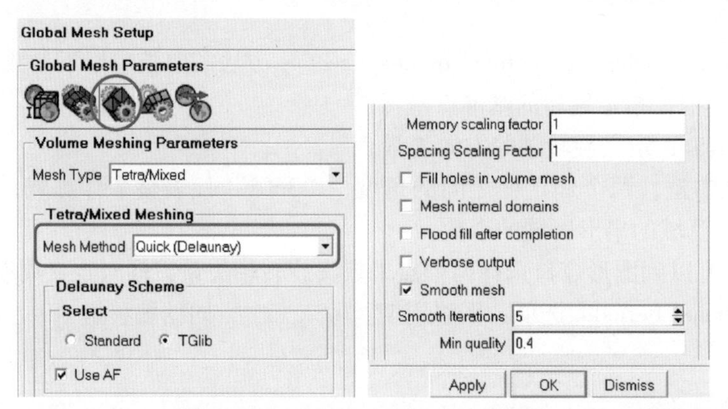

图 2-4-25 **Quick**（Delaunay）界面

1）Delaunay Scheme 选项组：

① Standard 选项，使用基于扭曲度细化的标准 Delaunay 算法。

② TGlib 选项使用 TGrid Delaunay 算法，在表面附近过渡较慢，内部过渡逐渐变快，也是用基于扭曲度的细化。

③ Use AF 选项，勾选此项表示使用 TGrid Advancing Front Delaunay 算法，比单用 Delaunay 算法有更平滑的过渡。

2）Memory scaling factor 文本框：内存缩放因子，默认为“1”，实际应用一般为“1.2”，加大此值可以调用更多内存。

3）Spacing Scaling Factor 文本框：从面网格到四面体网格的增长比，直接影响网格总量。

4）Fill holes in volume mesh 选项：勾选此项时填补已有的四面体网格内部的孔洞，不用将所有的网格重划。可以用于重划局部低质量的四面体网格。

5）Mesh internal domains 选项：勾选此项时，尝试填充内部的体区域；取消勾选时，只填充面网格邻近的体区域。

6）Flood fill after completion 选项：用于多个材料点的模型，勾选此项时，体网格生成后基于材料点分配到不同的 Part 中。

7）Verbose output 选项：勾选此项时，会输出更多细节信息以帮助排除潜在的错误。一般遇到错误需要查找原因时可以勾选此项。

4.6.2 Smooth（Advancing Front）

Smooth（Advancing Front）网格方法，以自底向上的方法生成四面体网格，也是“先面后体”的方法。这种方法生成的体网格尺寸变化更加渐进，整体网格质量更好，但是更细，会比 Delaunay 的网格总量多。图 2-4-26 所示的 Smooth（Advancing Front）示例网格中，车体面网格附近的几层单元增长缓慢，向体的内部增长率逐渐增大。

> **注意：**
>
> • Smooth（Advancing Front）要求面网格须是封闭的，且没有单边、多边、Non-manifold 顶点、重叠单元或重复单元。单元尺寸的突然变化可能导致质量问题，甚至划分失败。面网格质量必须相当高，且必须是由 Smooth（Advancing Front）方法生成的三角形或四边形面网格。

图 2-4-27 所示为 Smooth（Advancing Front）界面，选项较少，与 Quick（Delaunay）界面不同的只有一项。

Do Proximity Checking 选项：勾选此项时检查网格节点之间的接近度，以正确划分小缝隙，会延长计算网格所用的时间。

图 2-4-26　Smooth（Advancing Front）示例

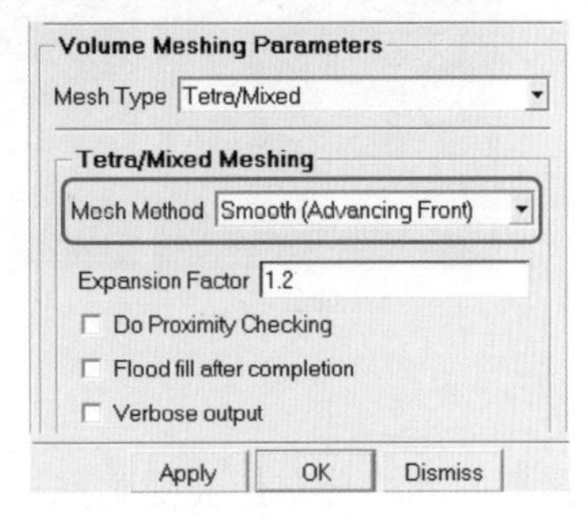

图 2-4-27　Smooth（Advancing Front）界面

4.6.3 Fluent Meshing

Fluent Meshing 方法在后台调用 Fluent Meshing 程序由面网格生成四面体网格，体网格总体质量高，过渡非常平滑，如图 2-4-28 所示 Fluent Meshing 方法示例的网格。Fluent Meshing 方法生成速度快，但没有 Delaunay 快。不能直接划分四边形面网格，会首先转为三角形网格。界面如图 2-4-29 所示，选项及含义同 4.6.1 节与 4.6.2 节的两种方法。

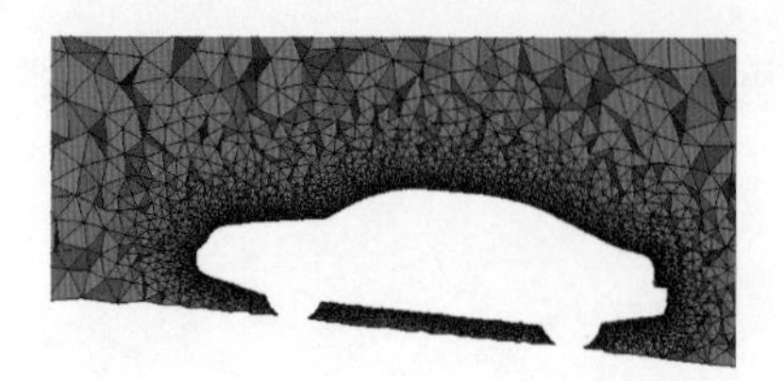

图 2-4-28　Fluent Meshing 方法示例

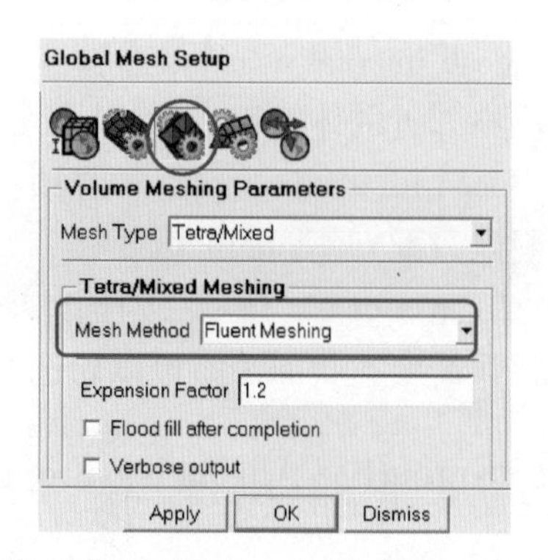

图 2-4-29　Fluent Meshing 方法界面

4.7　四面体网格方法对比

如图 2-4-30 所示，用四种四面体方法生成同一个几何的网格，网格形式各不相同。Octree四面体中，多数网格单元呈方形体整齐排列，小单元到大单元之间以 2∶1 的增长比过渡，在非过渡区域单元大小一致。

而其他三种“先面后体”的网格，单元排列形式更加灵活，增长比不受 2∶1 限制，过渡可以更加平滑。其中 Delaunay 过渡最快，网格量最少，计算速度也最快。Advancing Front 网格在几何表面附近的几层单元过渡平缓，在远离表面的区域增长率逐渐增大。Fluent Meshing 网格从几何表面到体的内部区域逐渐缓慢过渡。

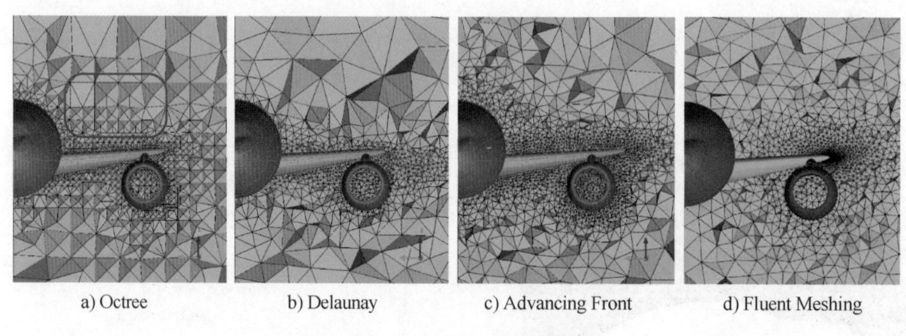

图 2-4-30　四种方法效果对比

最终的网格分布还会受到网格参数的影响。Delaunay、Advancing Front 和 Fluent Meshing 的设置过程与 Octree 一样，但对于表面没有完全封闭的几何图形，计算网格时，更稳健的方式是先生成面网格，编辑到符合要求后，再在计算体网格的 Compute Mesh 对话框中单击 Volume Mesh 图标，指定 Input 选项组 Select Geometry 选项设为 Existing Mesh，由编辑好的面网格生成体网格。

4.8　非结构网格选择

用 ICEM 划分非结构体网格，非结构网格方法选择如图 2-4-31 所示。

1）输入文件为几何：

① 几何图形不封闭或不干净，则首选默认的 Octree，也可根据分析需要选择 Cartesian（Mesh Type），如外气动计算，Cartesian 网格的方向和流动方向高度一致，可以用少量的网格获得高精度的结果；

② 几何图形封闭且干净，可以直接用 Delaunay、Advancing Front 或 Fluent Meshing 生成体网格，也可以先划出面网格，调整到满足要求后，再作为输入文件划分体网格。

③ 当几何图形问题太多，无法直接生成体网格时，需要要先修复几何。

④ 以几何图形作为输入文件生成网格时，需要定义全局和局部网格尺寸。

2）输入文件为面网格：

① 快速划分体网格，选择 Delauney 或 Fluent Meshing 方法。

② 要求表面附近缓慢过渡，选择 Advancing Front 方法。

③ 也可以根据需要选择 Hex Core、Hex Dominant 等网格类型，但是 CFD 分析不常用。

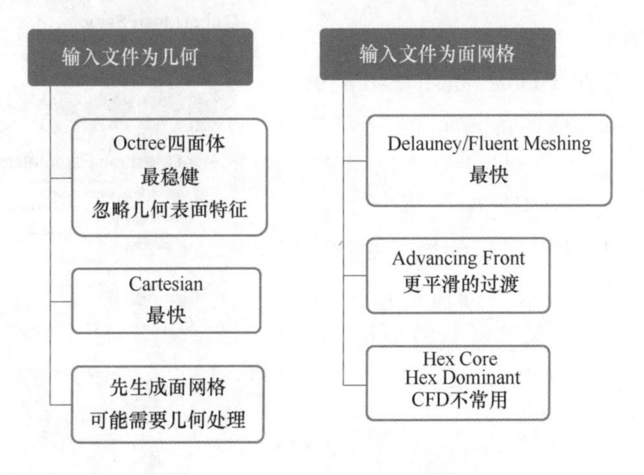

图 2-4-31　非结构网格方法选择

4.9　棱柱层网格

要精确计算剪切流动或边界层的物理现象，仅有四面体网格是不够的，棱柱层网格可以有效地捕捉壁面附近的效应，更好地求解边界层内垂直于流动方向的物理现象，对 CFD 分析通常是必要的，如外气动分析，棱柱层网格直接影响结果精度。

棱柱层网格设置过程如下：

1）设定全局棱柱层网格参数。

2）指定要生成棱柱层的 Parts，通常是壁面或孔。

3）为每个 Part 设定局部棱柱层参数，局部网格参数的优先级高于全局参数，但不能大于全局最大尺寸，局部参数为 0 或空白时，表示使用全局参数。

4）计算棱柱层网格，可以从已有的网格开始，或在计算体网格的同时自动计算棱柱层。

4.9.1 棱柱层算法

ICEM 提供了两种棱柱层算法，每种算法都有其优势，两种算法所需的网格参数大致相同，但生成的结果却不尽相同。

1. Pre Inflation（Fluent Meshing）

拉伸表面网格生成棱柱层，用非结构网格填充体内其他区域。如果已有体网格，会将其删除，用这种方法必须首先生成面网格。允许对每个 Part 单独设置棱柱层参数。

2. Post Inflation（ICEM CFD Prism）

在边界面网格和相邻的四面体单元之间创建棱柱层。移除边界面附近的四面体单元，并用棱柱层替换，自动光顺网格提高质量，棱柱层与已有的体网格共节点。

4.9.2 全局棱柱层参数

1. 棱柱层网格参数

全局棱柱层参数在 Global Mesh Setup →Prism Meshing Parameters 界面设置，由于界面选项较多，将分为多个截图分别说明，图 2-4-32 所示为最常用的参数，以下分别说明。

1）Growth Law：棱柱层层高的增长规律，下拉列表框提供了三个选项。设 h 为初始高度，r 为层高比，n 为层数，三种增长率计算的第 n 层高度 H_n 和棱柱层总高度 H_T 分别为

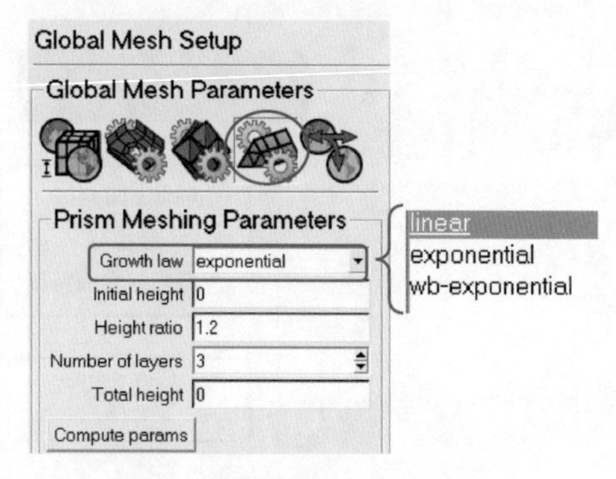

图 2-4-32　全局棱柱层参数设置界面之一

linear（线性）：$H_n=h[1+(n-1)(r-1)], H_T=nh\dfrac{(n-1)(r-1)+2}{2}$

exponential（指数）：$H_n=hr^{(n-1)}$，$H_T=h\dfrac{1-r^n}{1-r}$

wb-exponential（同 ANSYS Workbench 中定义的增长率）：$H_n=he^{(r-1)(n-1)}$

图 2-4-33a～c 对同一套面网格，给定相同的初始高度、层高比及层数，分别用三种增长率生成棱柱层网格，其中 linear 的层高和总高度都是最小的，棱柱层高度缓慢变化，wb-exponential 的层高增长最快，总高度也最大。

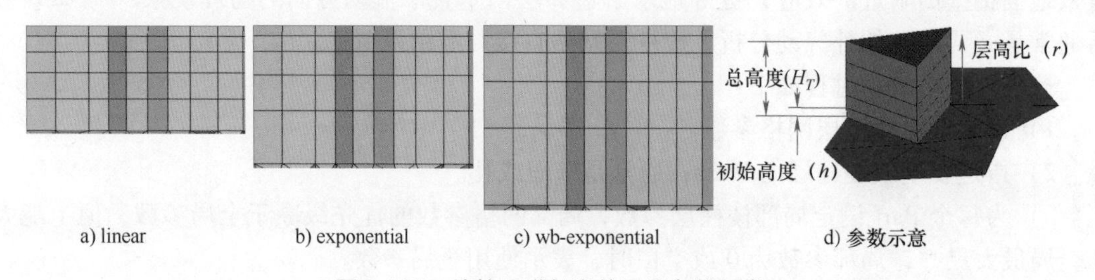

图 2-4-33　棱柱层增长率效果及参数示意

2）Initial height：边界附近第一层棱柱层的高度。如果设为“0”，则自动由当地三角形

单元的尺寸计算，最后一层棱柱层的高度是其关联的三角形最小边长与 Prism height limit factor 的乘积。自动计算的参数使棱柱层最后一层单元的体积比相邻的主体单元（四面体或六面体）稍小，网格尺寸缓慢过渡。

3）Height ratio：棱柱层的层高比，上一层的层高乘以这个值得到当前层的层高。

4）Number of layers：棱柱层的层数。

5）Total height：棱柱层的总高度。

上述参数在网格中的应用如图 2-4-33d 所示。

6）Compute params：指定上述参数 2）~5）中的 3 个，将自动计算另一个参数。

注意：

- 如果对面或线设定局部棱柱层参数，则会覆盖此处的全局设置。

图 2-4-34 所示的全局棱柱层参数设置界面接图 2-4-32，以下分别说明，并给出部分测试效果。

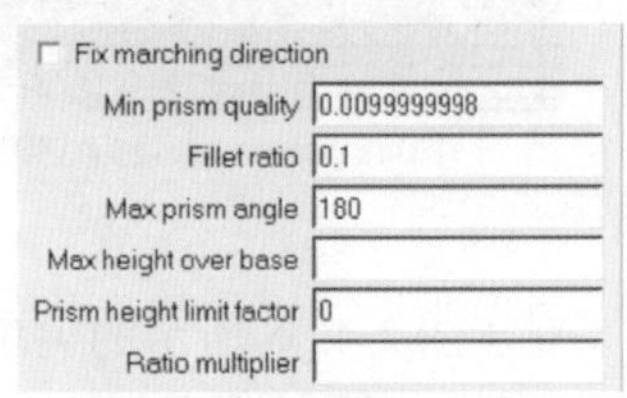

图 2-4-34　全局棱柱层参数设置界面之二

1）Fix marching direction：勾选此项时保持生成的棱柱网格与表面正交，但网格的质量由 Min prism quality 控制。勾选时，第一层棱柱层的拉伸方向由节点处面的法向决定，其他层的方向固定为第一层的方向。

图 2-4-35a 所示为勾选此项生成的棱柱层网格，只要第一层没有质量非常差的单元，棱柱层网格就会垂直于表面生成；图 2-4-35b 所示为未勾选此项时生成的棱柱层网格，每一层都会计算拉伸方向，所以棱柱层整体的法向并不固定。

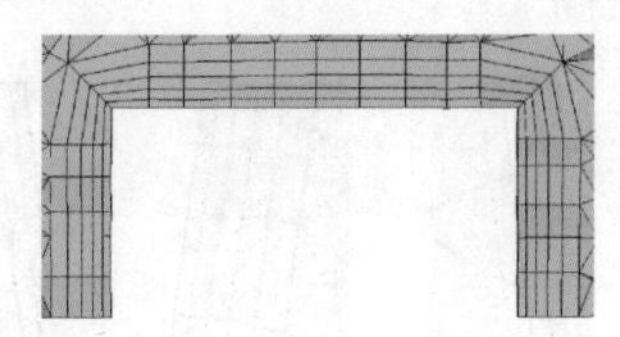

a) 勾选Fix marching direction

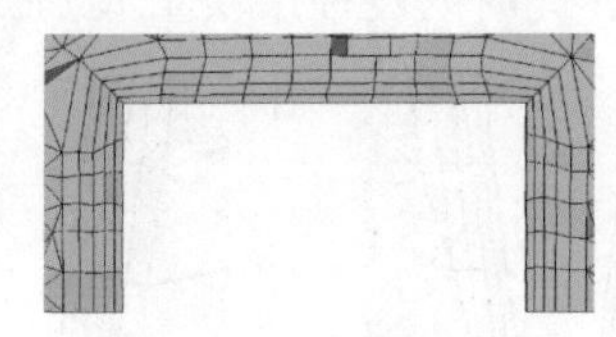

b) 未勾选Fix marching direction

图 2-4-35　Fix marching direction 作用示例

2）Min prism quality：最低棱柱层网格质量，在问题区域局部调整棱柱层的增长，保持最低质量。复杂几何中可能导致低质量的单元，如果质量不满足设定的最小值，会重新光顺棱柱层单元，或用金字塔单元代替部分棱柱层单元。如果设定的值过高，会打断棱柱层而生成过多金字塔单元。

3）Fillet ratio：圆角比率，棱柱层内部拐角处的圆角半径与棱柱层最后一层高度之比，如图 2-4-36c 所示的 r/h。当棱柱层在四面体网格拐角处生成时，此值可以控制棱柱层的平滑度，“0.0”表示不生成圆角。小于 60°的夹角处，可能没有空间生成圆角。图 2-4-36 所示为 Fillet ratio 分别设为“0.0”“0.5”和“1.0”时生成的棱柱层，在内部拐角处的圆角半径逐渐增大。

4）Max prism angle：最大棱柱角，控制夹角附近棱柱层的增长，通常设为 140°~180°。

图 2-4-37 所示的几何中，底面和斜面夹角为 160°，如果只对底面生成棱柱层，Max prism angle 设为“140”时，生成图 2-4-37a 的结果，为了防止低质量单元，在夹角处部分棱

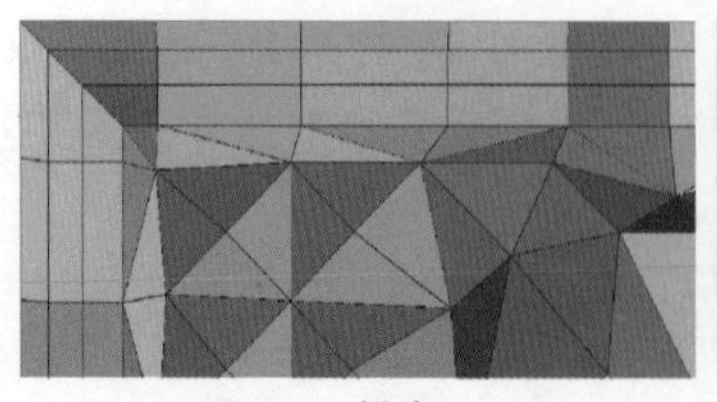
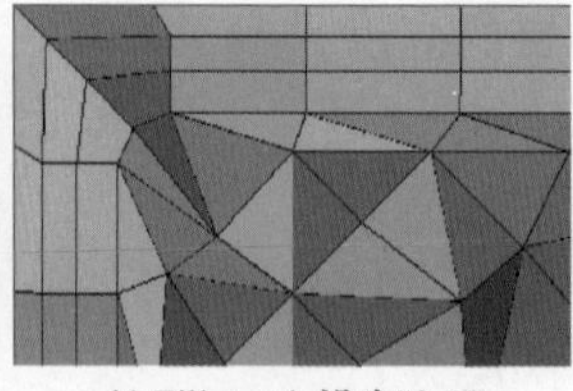
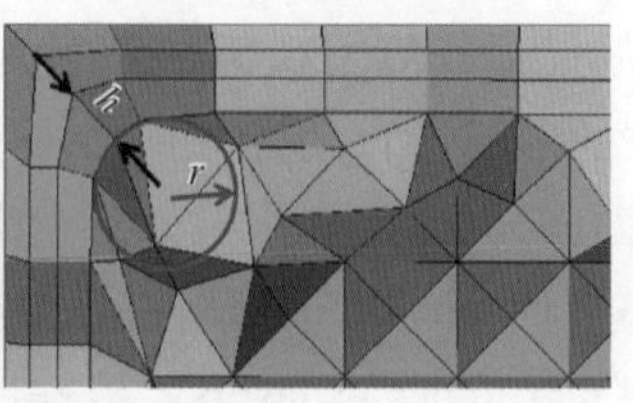
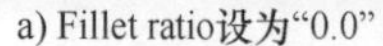

a) Fillet ratio设为“0.0”　b) Fillet ratio设为“0.5”　c) Fillet ratio设为“1.0”

图 2-4-36　**Fillet ratio** 示例

柱层被金字塔单元代替；Max prism angle 设为“180”时结果如图 2-4-37b 所示，棱柱层附在了相邻的斜面上。如果对底面和斜面均生成棱柱层，生成图 2-4-37c 的结果，棱柱层完整地跨过夹角，避免了金字塔单元，这是更理想的边界层网格。

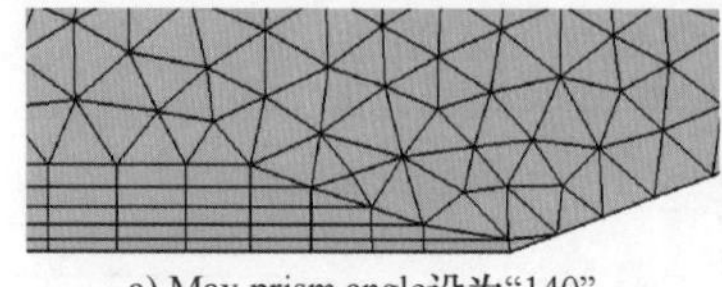
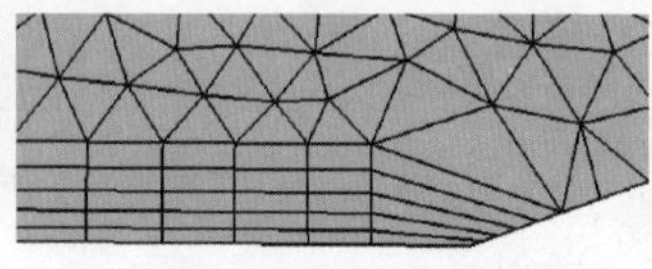
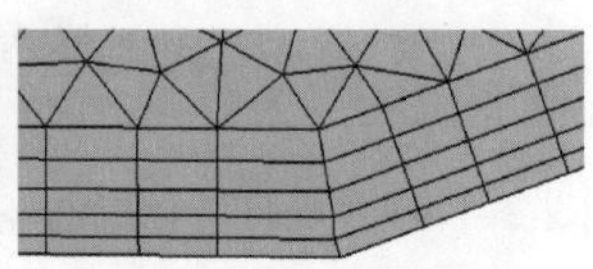

a) Max prism angle设为“140”　b) Max prism angle设为“180”　c) 对两个面均生成棱柱层

图 2-4-37　**Max prism angle** 示例

对于图 2-4-38 所示的尖角结构，Max prism angle 设为“140”时的棱柱层如图 2-4-38a 所示，棱柱角不足以使棱柱层跨过尖角，所以部分棱柱层单元被金字塔单元覆盖；Max prism angle 设为“180”，且 Min prism quality 设为“0. 0001”时，结果如图 2-4-38b 所示，两侧的棱柱层汇合，形成完整的分布，但是尖角处棱柱层的网格质量较差。如果求解器对网格质量要求较高，这种差单元可能会引起问题，一种常用的处理方法是在几何中把尖角削平，形成图 2-4-38c 中的结构，此时的棱柱层质量大幅提高。

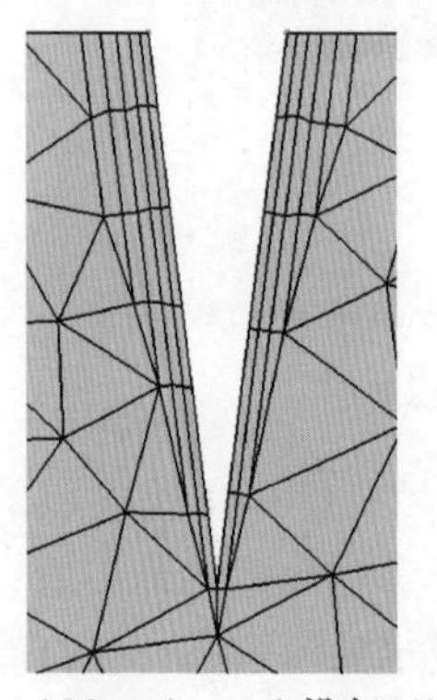
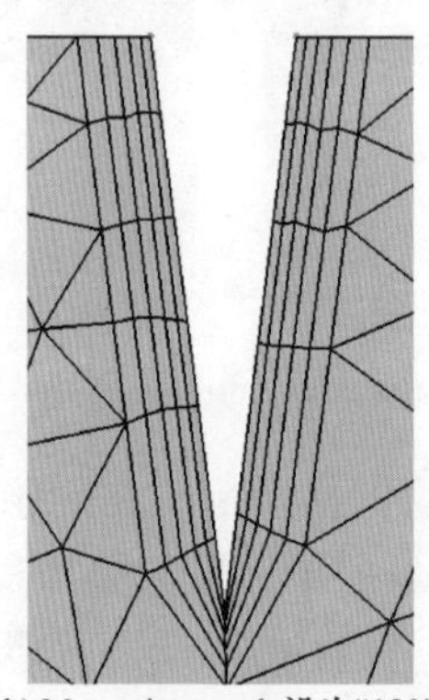
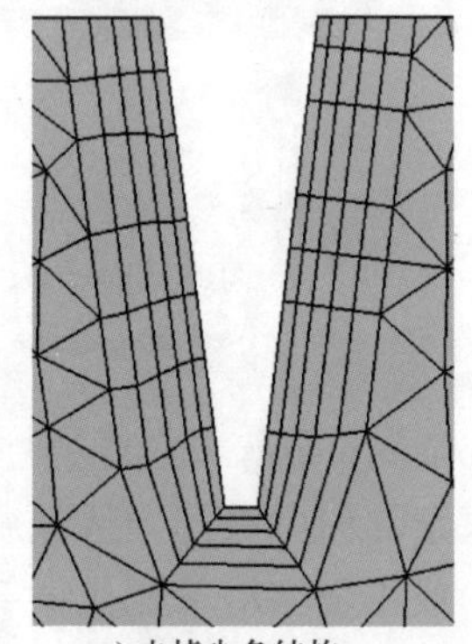

a) Max prism angle设为“140”　b) Max prism angle设为“180”　c) 去掉尖角结构

图 2-4-38　**Max prism angle** 用于尖角结构示例

注意：

- 推荐 Max prism angle 设置为“180”，以最大限度地避免金字塔单元代替棱柱层。然而在具有尖角的几何中，如图 2-4-38 所示的结构，用金字塔覆盖部分棱柱层比用棱柱层包围整个尖角要好，此时推荐 Max prism angle 设置为“160”。如果对最低网格质量有更高的要求，则考虑去掉尖角结构。

5）Max height over base：如图 2-4-39 所示，设拉伸出棱柱层的三角形的最小边长为 b（基准长度），棱柱层的最大高度为 h，则 Max height over base 值 $=h/b$。用于限制棱柱层网格的纵横比，纵横比超过指定值则棱柱层停止生长。取值范围通常为 0.5~8。

图 2-4-40 所示为这个参数应用示例。在其他棱柱层参数不变的前提下，分别设置 Max height over base 为“0”“0.5”和“1.0”，得到图 2-4-40a~c 的结果。其中图 2-4-40a 的棱柱层可以与基准长度一样高，生成了完整的 5 层棱柱层；图 2-4-40b中当棱柱层高于基准长度的一半时，被金字塔单元替代，部分区域仅生成 2 层或 3 层棱柱层，并没有达到设定的 5 层。图 2-4-40c 中允许棱柱层高达到基准长度，超过基准长度的棱柱层停止生长，其他棱柱层单元也可能因为质量问题停止生长，所以也有一部分被金字塔单元替代。

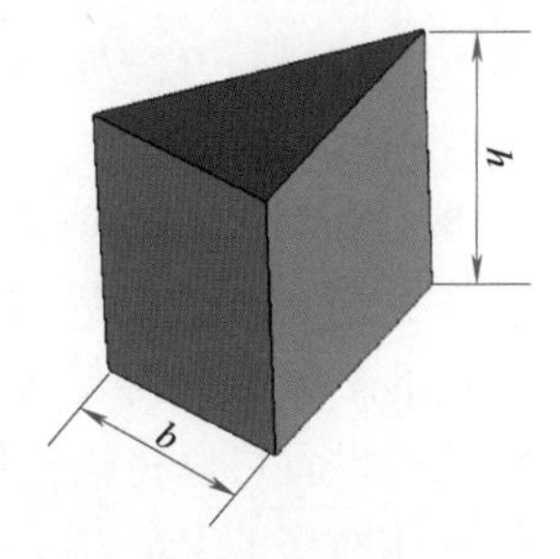

图 2-4-39　层高和基准长度

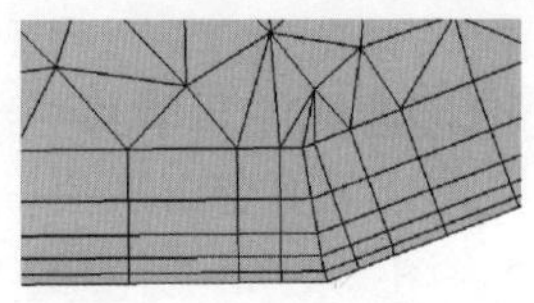
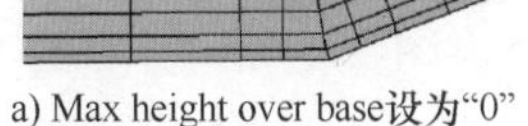

a) Max height over base设为“0”

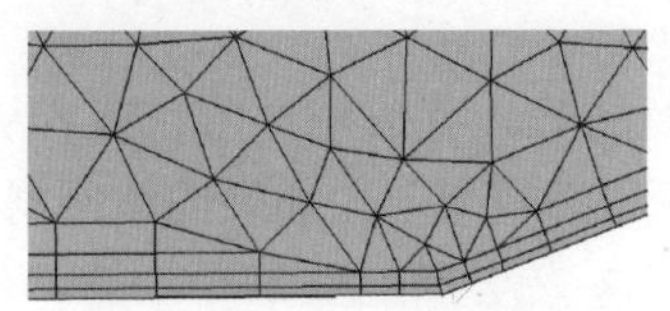

b) Max height over base设为“0.5”

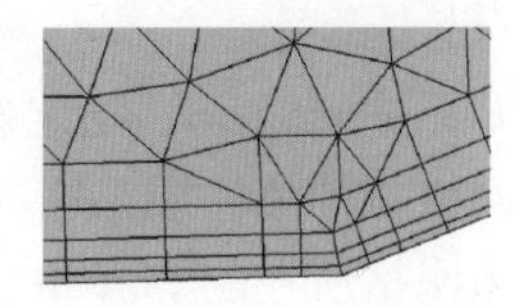

c) Max height over base 设为“1.0”

图 2-4-40　**Max height over base** 应用示例

6）Prism height limit factor：棱柱层高度限制因子，影响层高。通过限制棱柱层的增长率控制棱柱层的纵横比（层高和基准尺寸之比，即图 2-4-39 所示的 h/b），但保证指定的棱柱层的层数。

如果设定了 Initial height 值，且棱柱层达到了指定的纵横比，则减小增长率，以后的层高由 Prism height limit factor 计算，实际增长率会覆盖图 2-4-32 中的 Height ratio 值。如果没有设定 Initial height 和 Prism height limit factor 值，将会默认取“0.5”保证棱柱层到四面体网格的平滑过渡。但如果相邻单元的尺寸差超过 2 倍，则会失败。取值范围通常为 0.5~8。

图 2-4-41 所示为设置相同的 Initial height、Height ratio（设为“1.5”）、Number of layers 前提下，将 Prism height limit factor 分别设为“0.2”“0.5”和“1.0”生成的棱柱层单元。可以发现，主要区别在于层高，图 2-4-41a、b 中由于受到 Prism height limit factor 的限制，层高并没有按照指定的增长率计算，图 2-4-41c 的增长率为“1.5”，继续增大 Prism height limit factor 值时，将仍以“1.5”作为实际增长率。

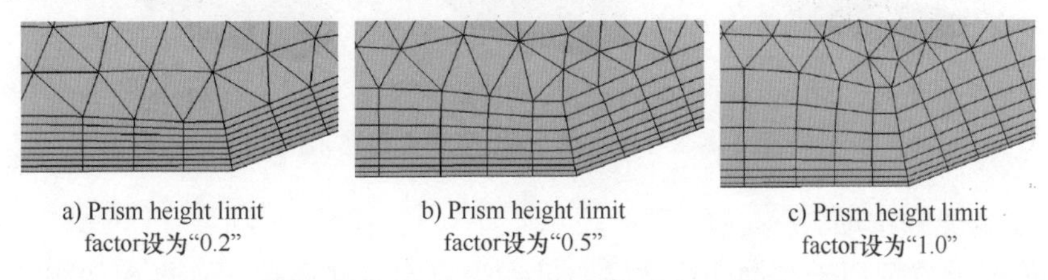

a) Prism height limit factor设为“0.2”　b) Prism height limit factor设为“0.5”　c) Prism height limit factor设为“1.0”

图 2-4-41　**Prism height limit factor** 示例

7）Ratio multiplier：仅用于指数增长率 Exponential Growth Law。对于连续的棱柱层，这个值乘以指定的 Height ratio 值是实际的高度比。例如，Height ratio 设为“1.2”，Ratio multiplier 设为“1.1”，那么前两层的层高比是 1.2，第三层和第二层的层高比就是 1.2×1.1，第四层和第三层的层高比就是 1.2 ×1.1 ×1.1，以此类推。默认此值设为“1”。

某一层的层高比由 $r^n m_r^{\frac{(n-1)(n-2)}{2}}$ 计算，且会受到 Advanced Prism Meshing 界面中的 Ratio max 选项限制。

某一层的层高 $H_n = hr^n m_r^{\frac{(n-1)(n-2)}{2}}$，其中 h 为初始高度，r 为层高比，n 为层数，m_r 为 Ratio multiplier 值。

2. 棱柱层单元的 Part 控制

棱柱层的 Part 控制界面如图 2-4-42a 所示，用于没有四面体网格时，要长出棱柱层的情况。指定的 Part 用来存储棱柱层单元，可以键入新的 Part 名称，也可以选择已有的 Part 名称。此处的设置可以将棱柱层的不同部分分开存储，便于检查，但在输出网格前，要把棱柱层添加到体网格的 Part 中，使求解器正确识别计算域。

按照图 2-4-42a 所示分别设置每部分的 Part 名称，则棱柱层的各个部分被存储在不同的 Part，以下分别说明。

1）New volume part：指定新的 Part 存放棱柱层，或者从已有的面或体网格 Part 中选择。如果从面网格拉伸棱柱层，这一项必须指定，如果向体网格拉伸，这一项空白则会将棱柱层放到四面体网格所在的 Part 中。这一设置在图 2-4-42 的示例中为图 2-4-42b 所示的 SOLID，用于存储棱柱层的体单元。

2）Side part：存放棱柱层侧面的四边形面单元，如图 2-4-42c 所示。

3）Top part：存放最后一层棱柱层顶部的三角形面单元，如图 2-4-42d 所示的三角形面。

4）Extrude into orphan region：勾选此项时，向已有体单元的外部生长棱柱层，而不是向内。勾选此项时必须指定上述的 New volume part、Side part 和 Top part，否则将放到 VORFN 中。图 2-4-42e 未勾选此项，棱柱层向计算域内部拉伸；图 2-4-42f 为勾选此项的结果，棱柱层由底面向计算域外拉伸。这一功能可以用于创建几何中没有的薄壁区域。

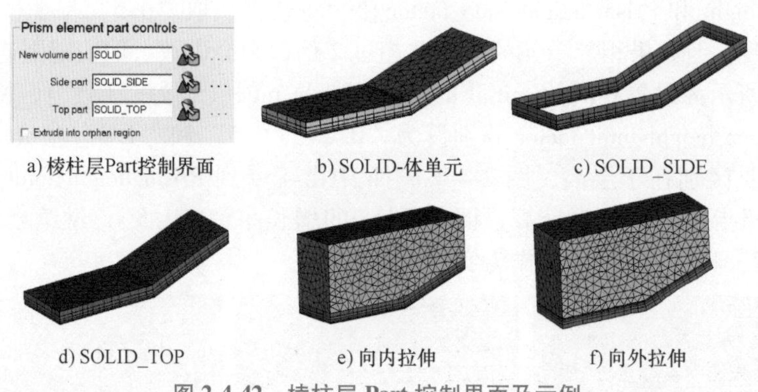

图 2-4-42 棱柱层 Part 控制界面及示例

3. 棱柱层的光顺选项

棱柱层的光顺选项用于在创建棱柱层的过程中光顺棱柱层单元，界面如图 2-4-43 所示，通常保持默认，必要时可以调整。

1）Number of surface smoothing steps：生成棱柱层之前，光顺面网格的迭代次数。棱柱层最终的网格质量主要依赖于三角形面网格的质量。如果只拉伸一层棱柱层，将此值和 Number of volume smoothing steps 值均设为“0”。

2）Triangle quality type：指定某个质量标准，通过光顺改善三角形面网格。Laplace 光顺通常用于最终的棱柱层质量。

3）Ortho weight：移动节点的权重因子，决定光顺的优先级，仅用于 Laplace 光顺。范围从 0 到 1，其中 0 侧重提升三角形的质量，1 侧重改善棱柱层的正交性。例如，Ortho weight 设为“0.10”时，主要改善三角形的纵横比，以提高四面体网格的质量；Ortho weight 为“0.50”时，三角形的质量较差，棱柱层单元的正交性有所改善；Ortho weight 为“0.90”时，主要改善棱柱层单元的正交性。

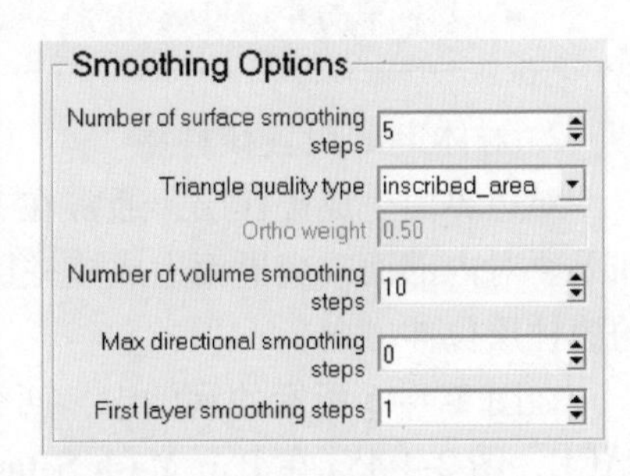

图 2-4-43　棱柱层光顺选项界面

4）Number of volume smoothing steps：生成棱柱层之前，对已有四面体网格光顺的步数。高质量的棱柱层网格需要光顺的四面体网格。棱柱层网格长出之前，光顺器更有效。

5）Max directional smoothing steps：生成下一层棱柱之前，光顺网格面的法向的步数。这是棱柱层生成过程中最重要的光顺，基于上一层棱柱层的质量重新调整拉伸方向，对每层棱柱层都会计算。默认值适用于多数情况。

6）First layer smoothing steps：光顺第一层棱柱层的步数，仅在勾选图 2-4-34 中的 Fix marching direction 选项时有效。

4.9.3　棱柱层设置

1. 对面 Part 设置棱柱层

在 Mesh 选项卡中单击 Part Mesh Setup 图标，弹出 Part Mesh Setup 对话框，如图 2-4-44 所示，为要生成棱柱层的面 Part 勾选 Prism 选项，设置 Height、Height ratio，Num layers 选项。这些参数会被用到 Part 中的每个面，勾选 Apply inflation parameters to curves 选项时，参数同时用到 Part 中的每条线上。在该对话框中设定的参数会覆盖全局参数，如果该对话框的参数为 0，则使用全局参数。

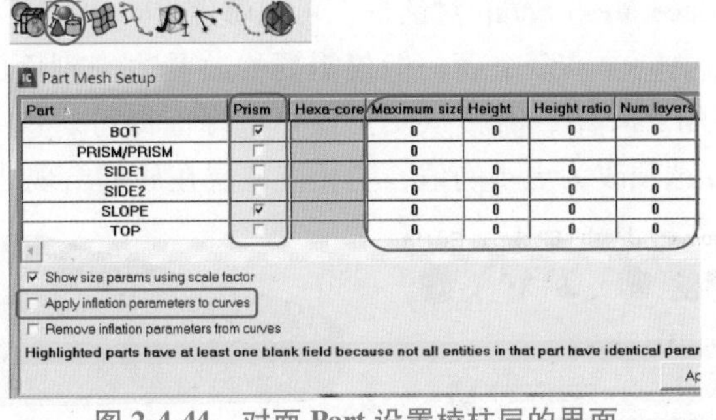

图 2-4-44　对面 Part 设置棱柱层的界面

对于 3D 几何，棱柱层从每个 Part 的面网格单元膨胀生成，有没有体网格均可。从已有的四面体网格生成棱柱层可以防止在膨胀过程中产生冲突，并保证棱柱层生成以后有体网格存在。对 2D 几何，棱柱层从线 Part 向选择的面 Part 膨胀。

注意：

- 这个界面中至少要指定一个 Part 勾选 Prism 选项，否则不会运行棱柱层程序。

2. 对体 Part 设置棱柱层

对边界面生成棱柱层，通常在 Part Mesh Setup 对话框的 Prism 一列勾选包含面的 Part。如果要对内部面或交界面生成棱柱层，需要勾选包含材料点的 Part，以决定内部面或交界面的棱柱层拉伸方向。

在图 2-4-45 所示的示例中，两个体 Part（FLUID 和 SOLID）之间有一个交界面 INTREFACE，图 2-4-45a 在 Part Mesh Setup 对话框中仅对 INTREFACE 勾选 Prism 选项，在两个体中均拉伸出了棱柱层；图 2-4-45b 同时对 INTREFACE 和两个体 Part（FLUID 和 SOLID）勾选 Prism 选项，结果与图 2-4-45a 相同，所以勾选所有体 Part 和不勾选体 Part，结果是一样的；图 2-4-45c 对 INTREFACE 和 FLUID 勾选 Prism 选项，结果仅在 FLUID 域中拉伸出棱柱层；图 2-4-45d 则对 INTREFACE 和边界面 WALL_F 勾选 Prism 选项，INTREFACE 仍在两侧均生成了棱柱层，并在 FLUID 中与 WALL_F 的棱柱层形成连续分布。

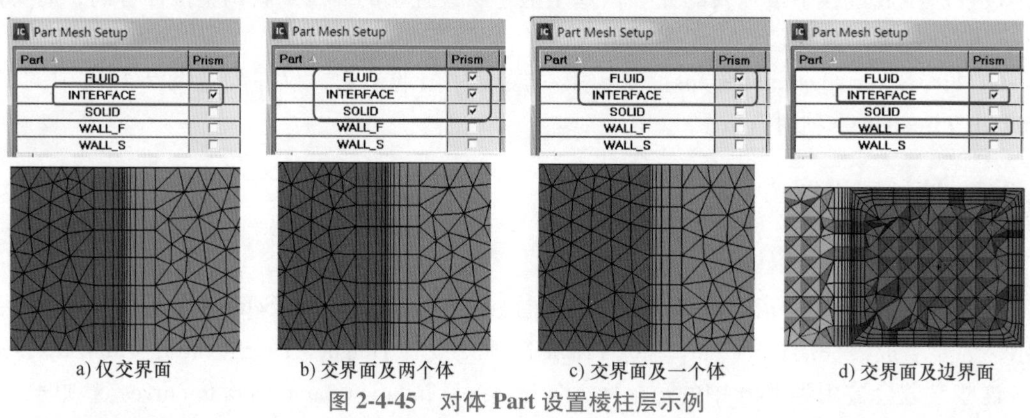

a) 仅交界面　b) 交界面及两个体　c) 交界面及一个体　d) 交界面及边界面

图 2-4-45　对体 Part 设置棱柱层示例

3. 对面设置棱柱层

对个别面设置局部棱柱层参数，如图 2-4-46a 所示，在 Mesh 选项卡中单击 Surface Mesh Setup 图标，弹出 Surface Mesh Setup 对话框，可以覆盖 Part Mesh Setup 对话框中同一个面的参数。如果某个 Part 中包含了多个面，但仅需要修改其中个别面的网格参数，考虑用此界面，不用将面放到新的 Part 中，直接从图形窗口选择面即可。这一设置可用于将个别面的 Height 和 Height ratio 选项改为更小的值，防止棱柱层在局部出现冲突。

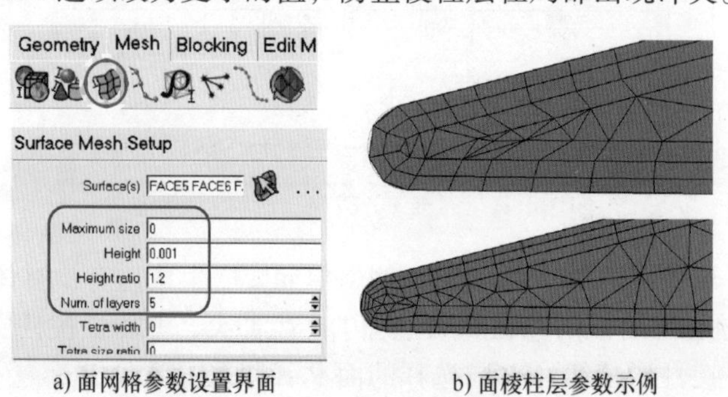

a) 面网格参数设置界面　b) 面棱柱层参数示例

图 2-4-46　对面设置棱柱层界面及示例

如图 2-4-46b 所示的示例，圆角与上下两个面在同一 Part 中，上图为用全局参数和 Part 参数划分的棱柱层，在圆角附近，由于空间不足导致上下棱柱层冲突，所以在局部位置自动减少层数；为了避免这种冲突，在图 2-4-46a 所示的界面中，对圆角面设置更小的 Height 值，结果如图 2-4-46b 下图所示，在圆角附近生成了连续的 3 层棱柱层。

4. 对线设置棱柱层

对线设置棱柱层采用图 2-4-47a 所示的 Curve Mesh Setup 对话框，可以借助线的网格参数定义，实现棱柱层从面的一侧到另一侧的线性过渡。在图 2-4-47a 所示的示例中，定义全局棱柱层和底面的 Height 值均为“0”，用图 2-4-47b 所示的界面对底面两端的线，即图中箭头所指的①②两条线，分别设置不同的 Height 值，则底面的棱柱层由①侧向②侧线性过渡。

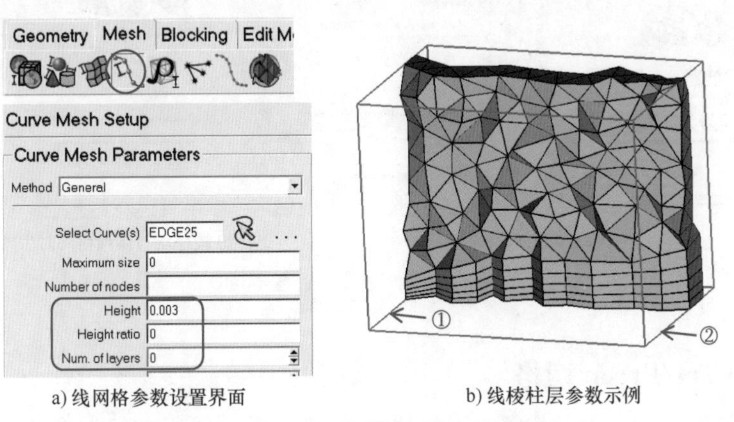

a) 线网格参数设置界面　　b) 线棱柱层参数示例

图 2-4-47　对线设置棱柱层界面及示例

注意：

- 线的 Height ratio 和 Num. of layers 值对棱柱层无效。

4.9.4 计算棱柱层

计算棱柱层有两种方式可选：单独计算、与体网格同时计算。

1）单独计算棱柱层时，在 Mesh 选项卡单击 Compute Mesh 图标，在弹出的 Compute Mesh 对话框中单击 Prism Mesh 图标，如图 2-4-48a 所示。这种方法可以先光顺和检查三角形或四面体网格，确认质量满足要求后再计算棱柱层。

单击 Select Parts for Prism Layer 按钮后出现的对话框与图 2-4-44 所示的 Part Mesh Setup 对话框基本一致，区别仅在于不显示与棱柱层无关的参数。如果没有在 Part Mesh Setup 对话框中设置棱柱层参数，可以在此界面设置：勾选 Part 后的 prism 选项，设置高度、高度比和层数。

Input 选项组内的 Select Mesh 下拉列表框可以选择从已有的网格开始，或从网格文件开始。支持四面体网格，但不能从六面体核心网格开始，不能和内部六面体网格发生冲突。Inflation Method 选项组中指定计算棱柱层的算法，单击 Compute 按钮即可计算。

2）棱柱层与体网格同时生成如图 2-4-48b 所示，在 Compute Mesh 对话框中单击 Volume Mesh 图标，提前设置全局和局部棱柱层参数，在中指定要拉伸棱柱层的面，在此界面勾选 Create Prism Layers 选项，单击 Compute 按钮，即可同时生成棱柱层和体网格。

同时生成网格量大、时间长，如果不确定网格参数是否合理，不建议对几何模型第一次生成网格时就采用同时计算的方式。

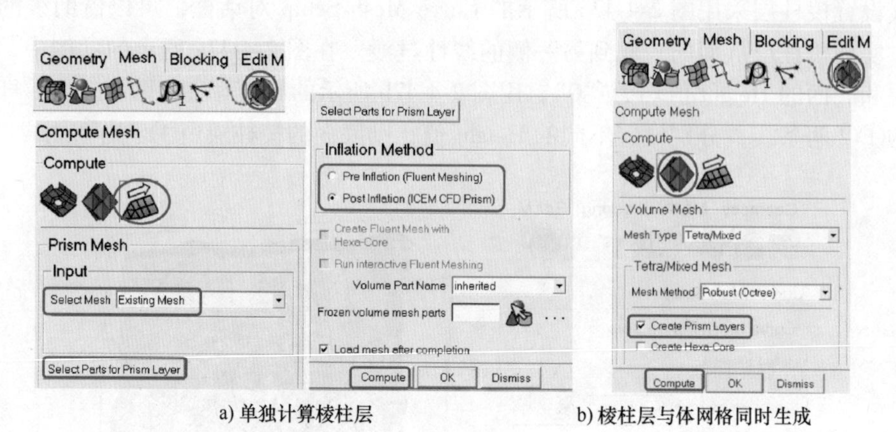

a) 单独计算棱柱层　　b) 棱柱层与体网格同时生成

图 2-4-48　计算棱柱层界面

4.9.5 光顺 Tet/Prism 网格

棱柱层计算完成后，可以按图 2-4-49 所示操作，在 Edit Mesh 选项卡中单击 Smooth Elements Globally 图标，弹出 Smooth Elements Globally 对话框，对其进行光顺，以提高网格质量。

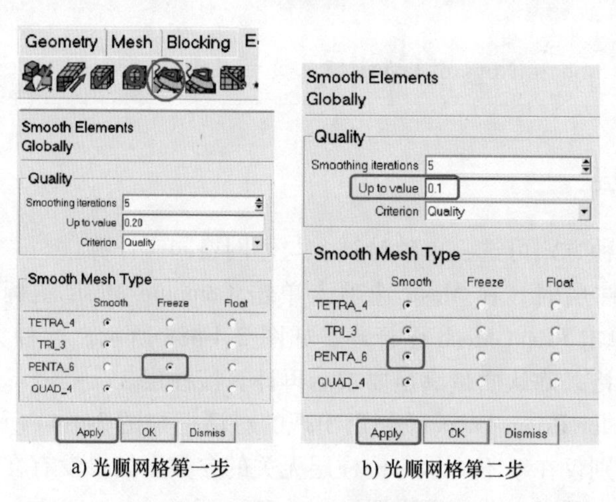

a) 光顺网格第一步　　b) 光顺网格第二步

图 2-4-49　光顺网格界面

要分两步操作：第一步的设置如图 2-4-49a 所示，仅光顺三角形或四面体网格，PENTA_6 设为 Freeze（冻结），不要改变棱柱层网格。第二步的设置如图 2-4-49b 所示，把 PENTA_6 改为 Smooth，光顺所有类型网格，同时适当降低网格质量目标值 Up to value，以防棱柱层扭曲过大。

4.9.6 劈分棱柱层

劈分棱柱层用于将一层棱柱层分成多层。棱柱层的层数可以在网格参数中直接指定，也可以先生成单层，然后劈分成多层，后一种方法鲁棒性好，速度快，当直接生成多层失败时，可以尝试此方法。

劈分棱柱层界面如图 2-4-50 所示，在 Edit Mesh 选项卡中单击 Split Mesh 图标，弹出 Split Mesh 对话框，单击 Split Prisms 图标，步骤比较简单，对其界面选项简要说明如下，应用示例见 4.9.7 节。

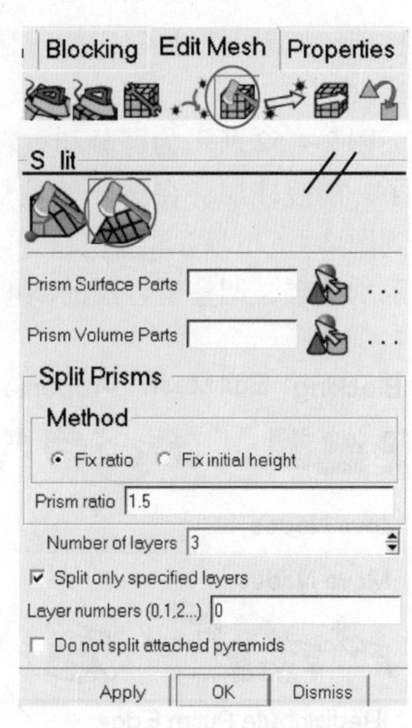

图 2-4-50　劈分棱柱层界面

1）Prism Surface Parts：指定要劈分的面 Part，没有指定时劈分所有的面 Part。

2）Prism Volume Parts：指定要劈分的体 Part。属于所选体 Part 的面 Part 上的棱柱层被劈分，没有指定时则劈分所有选中的面 Part 上的棱柱层。

3）Method 选项组：指定劈分方法，有两种方法可选。

① Fix ratio，用给定的增长率劈分，高度是自由变量。

② Fix initial height，用给定的第一层高度进行劈分，增长率是自由变量。

4）Number of layers：定义层数，将已有的每层劈分为指定的层数。

5）Split only specified layers：勾选此项时，只劈分指定的棱柱层。

6）Layer numbers（0，1，2...）：指定要劈分的层数，“0”为第一层，“1”为第二层，以此类推。

7）Do not split attached pyramids：不劈分邻近棱柱层的金字塔单元，默认是不勾选的。

4.9.7 重新分布棱柱层

重新分布棱柱层界面如图 2-4-51 所示，根据指定的初始高度或增长比重新分布棱柱层。在 Edit Mesh 选项卡中单击 Move Nodes 图标，弹出 Move Nodes 对话框，单击 Redistribute Prism Edge 图标。这一功能可以在层数和总高度保持不变的前提下，改变初始高度和增长比，调整棱柱层分布。但是不会移动与金字塔单元相连的节点，调整过程中棱柱层总高度保持不变。

提示：

● 初始高度、层数、总高度和增长比是控制棱柱层的四个量，软件根据其中的三个算出第四个。如果设定初始高度为 0，总高度可以自动调整。层数可以在劈分棱柱层界面中设定或调整。初始的增长比可以在棱柱层网格参数中设定，也可以在 Redistribute Prism Edge 选项组中调整。

对此界面选项说明如下。

1）Fix ratio：选择此项时将指定固定的增长比以重新分布棱柱层。调整初始高度和其他层高，使增长比达到设定的 Fix ratio。

2）Fix initial height：选择此项时将指定棱柱层的目标初始高度，值为绝对长度，长度单位同几何模型。重新分布过程中调整增长比，满足指定的初始高度。

3）Use local parameters：使用对局部的线、面或 Part 定义的初始高度和增长比重新分布棱柱层。如果这项被勾选，但是没有设定局部参数或设为“0”，则用默认的初始高度或增长比。

图 2-4-52 所示为劈分和重新分布棱柱层的示例，其中图 2-4-52a 所示为初始网格，仅生成了一层棱柱层，在劈分棱柱层界面设置 Prism ratio 为“1.2”，Number of layers 为“5”，得到图 2-4-52b 所示的结果，再用指定的 Fix initial height 重新分布棱柱层，得到图 2-4-52c 所示的结果，调整了各层的高度，但层数和总高度保持不变。

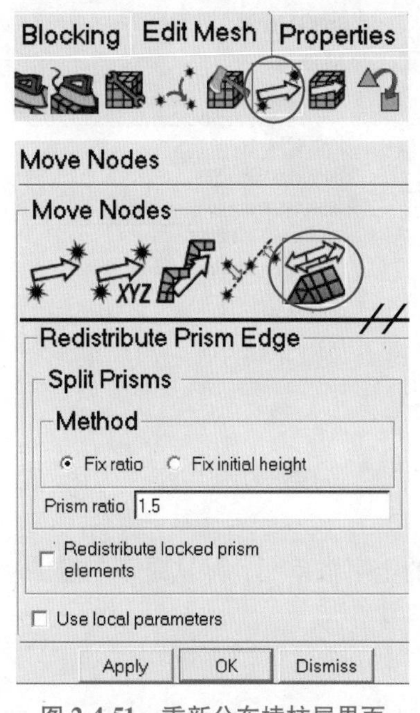

图 2-4-51　重新分布棱柱层界面

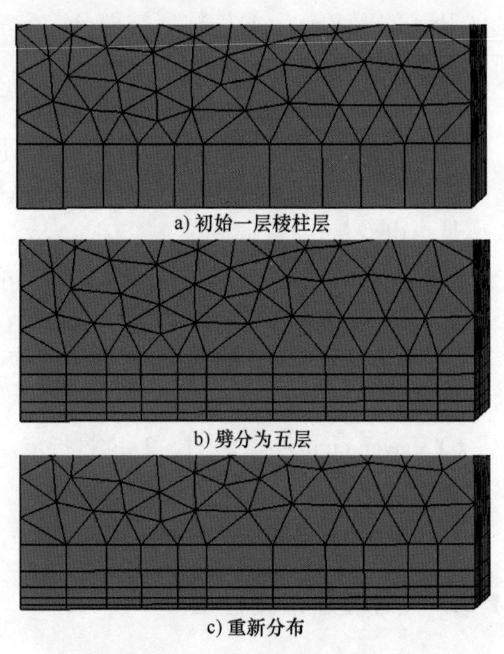

图 2-4-52　劈分和重新分布棱柱层示例

4.9.8　棱柱层失败检查

成功计算棱柱层后，在模型树 Mesh→Volumes 目录下会出现 Prisms，如图 2-4-53 所示，同时在工作路径下生成“prism.uns”文件，信息窗口也会有“prism finished”提示字样。如果计算失败，不会有这些内容，同时在信息窗口会有红色字体提示。此时需要检查问题原因，采取补救措施。

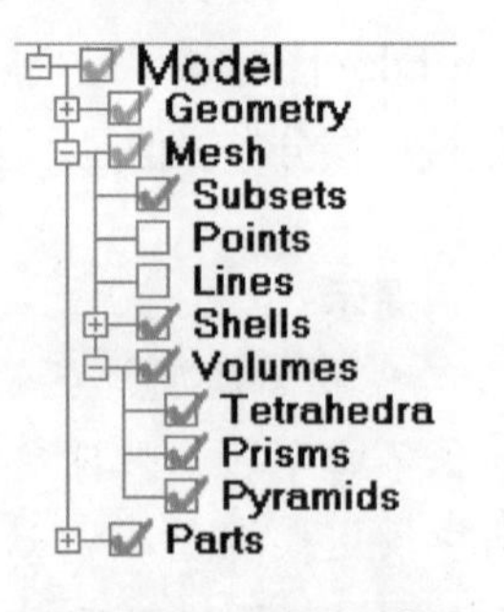

图 2-4-53　棱柱层体网格显示

两侧棱柱层发生碰撞是常见的失败原因，碰撞位置附近用金字塔单元代替棱柱层单元。严重时可能会导致计算棱柱层的程序“prism. exe”崩溃。其他常见原因还有，有的网格单元不符合最小棱柱层质量或最大棱柱角的要求，或者几何本身无法形成连续的棱柱层（如剪刀式交叉结构）等。

尝试调整本节介绍的棱柱层网格参数，用工具测量几何尺度，检查设置的层高、增长比或层数是否合理，必要时修改其他棱柱层参数或面、线的网格尺寸。

如果棱柱层计算可以完成，只显示出棱柱层（在 Mesh→Volumes 目录下只勾选 Prisms），用网格切面检查棱柱层的分布，查看是否有层数的骤减，或者低质量的单元，结合网格质量柱状图，找到低质量单元的位置，进而判断原因。

4.10　案例：划分飞机外流场网格

本例以第 2 篇 3.6 节的案例“飞机面网格划分”中生成的面网格为基础（见图 2-4-54），先生成物面附近的棱柱层网格，再用 Quick（Delauney）方法生成四面体网格，并用密度区加密局部网格，最后生成六面体核心网格。

步骤 1：打开面网格。

选择主菜单命令 File→Open Project，打开 Wingbody 路径下的“Wingbody. prj”文件，之前保存过的几何和网格文件都会同时打开。

图 2-4-54　面网格

如果没有之前保存的文件，可以使用此路径下已经完成的面网格文件：选择主菜单命令 File→Mesh→Open Mesh，选择“Wingbody_surf. uns”文件，打开面网格文件；再打开对应的几何文件：选择主菜单命令 File→Geometry→Open Geometry，选择“Wingbody. tin”文件。

步骤 2：设置全局棱柱层参数。

> **提示：**
>
> • 机身附近的流场非常重要，为了准确捕捉边界层效应，需要在机身附近划出棱柱层网格。

参考图 2-4-55 设置全局棱柱层参数。在 Mesh 选项卡中单击 Global Mesh Setup 图标，弹出 Global Mesh Setup 对话框，单击 Prism Meshing Parameters 图标，设置初始高度 Initial height 为“0”，高度比 Height ratio 为“1. 2”，层数 Number of layers 为“5”，在 Min prism quality 文本框输入“0. 000001”。在 New volume part 文本框中输入 LIVE，单击 Apply 按钮。

> **提示：**
>
> • 本例从已有的面网格向流体域拉伸生成棱柱层，New volume part 为棱柱层网格分配一个名为“LIVE”的 Part。

设置棱柱层第一层高度为“0”，表示根据面网格自动计算棱柱层的高度，使最后一层棱柱层和相邻的四面体网格尺寸接近，不要变化太突然。

步骤 3：计算棱柱层网格。

如图 2-4-56 所示，选择需要生成棱柱层的 Part，计算初始网格。在 Mesh 选项卡中单击 Compute Mesh 图标，弹出 Compute Mesh 对话框，单击 Prism Mesh 图标，单击 Select Parts for Prism Layer 按钮，打开 Prism Parts Data 对话框，在 FAIRING、FUSELAGE、WING 栏勾选 Prism 选项，单击 Apply 按钮确认，单击 Dismiss 按钮关掉 Prism Parts Data 对话框。回到计算网格界面，单击 Compute 按钮开始计算。

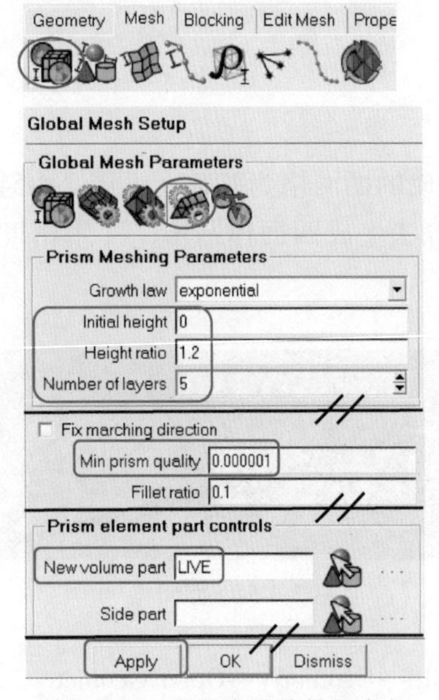

图 2-4-55　设置全局棱柱层参数

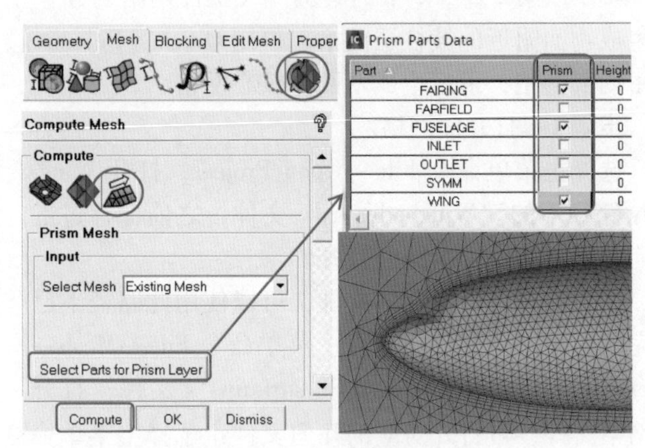

图 2-4-56　计算棱柱层网格

计算完成后，显示生成的棱柱层网格。为了便于观察，到模型树中的 Parts 目录下，取消勾选 FARFIELD。在 Mesh 目录下右击 Shells 并选择命令 Solid&Wire。放大机身和对称面相交的位置，可以看到生成了 5 层棱柱层网格，同时在模型树中自动创建了名为“LIVE”的 Part，用于存储棱柱层体网格。取消勾选 Mesh 目录下的 Shells，勾选 Mesh 目录下的 Volumes，显示并观察棱柱层体网格。

提示：

- 棱柱层网格为非结构网格，生成后，在工作路径下自动保存“prism. uns”网格文件。如果由面网格生成棱柱层失败，可能是因为个别面网格质量太差，无法拉伸棱柱层导致，需要修改面网格。

步骤 4：创建密度区。

提示：

- 机翼尾缘是外气动分析的关键部位，需要更精细的网格。此处用密度区对无几何实体区域的网格进行加密。

为了创建密度区，首先在机翼后方创建两个几何点。在模型树 Mesh 目录下取消勾选 Shells，勾选 Geometry 目录下的 Points 及 Curves，显示出几何点及线，以便于操作。

创建辅助点如图 2-4-57 所示，在 Geometry 选项卡中单击 Create Point 图标，弹出 Create Point 对话框，单击 Base Point and Delta 图标，设置 DX 值为“200”，选择尾缘上靠近机身的一个点，单击中键，创建第一个辅助点；修改 DX 为“150”，选择尾缘末端的一个点，中键，创建第二个辅助点。

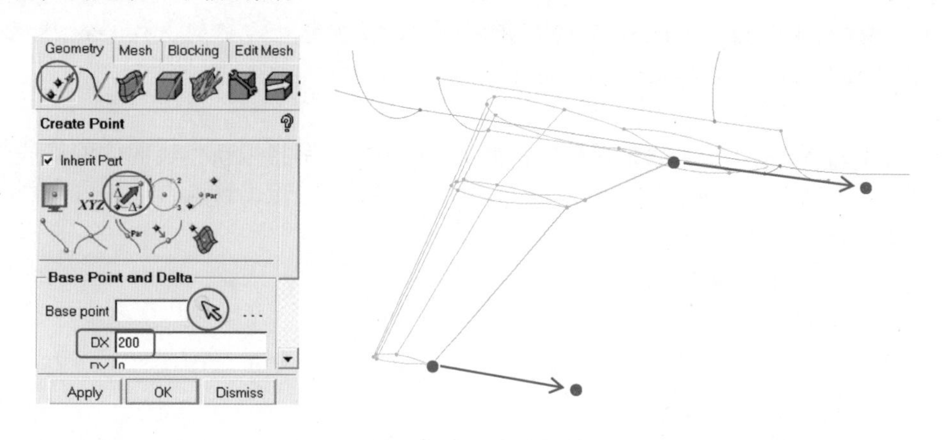

图 2-4-57 创建辅助点

为了显示出要创建的密度区，先在模型树中的 Parts 目录下，勾选 FARFIELD。

创建密度区如图 2-4-58 所示，在 Mesh 选项卡中单击 Create Mesh Density 图标，在弹出的 Create Density 对话框中设置 Size 为“5”，Ratio 为“1.2”，Width 为“5”，单击 Points 文本框右侧选择点图标，按照图示顺序依次选择 Pt1～Pt5 处的 5 个几何点，单击中键确认，单击 Apply 按钮。图形窗口出现以橙色虚线显示的区域，即为创建的密度区。

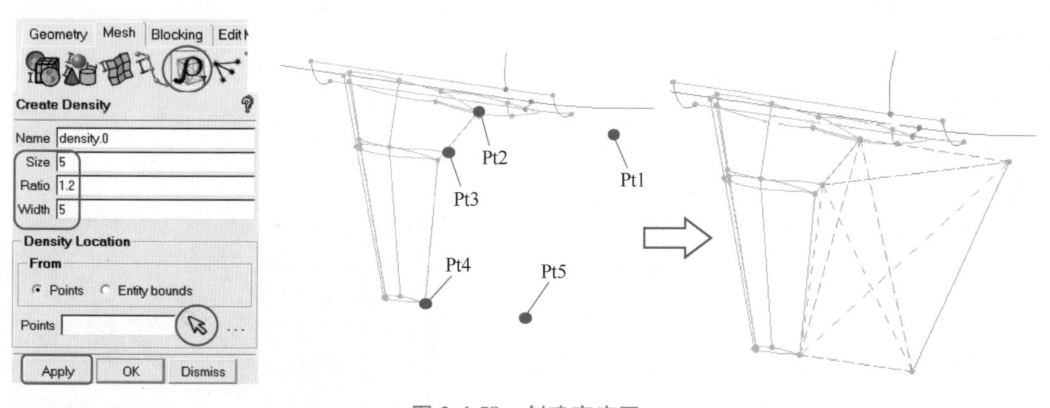

图 2-4-58 创建密度区

提示：

- Size 指定密度区内的单元尺寸为“5”，Width 表示密度区外布置 5 层单元，尺寸也为“5”，5 层外的单元以“1.2”的比率逐渐增大。

步骤 5：计算体网格。

计算体网格如图 2-4-59 所示，在 Mesh 选项卡中单击 Compute Mesh 按钮，弹出 Compute Mesh 对话框，单击 Volume Mesh 图标，在 Mesh Method 下拉列表框中选择 Quick (Delaunay)，单击 Compute 按钮开始计算。

> **提示：**
>
> - Quick（Delaunay）方法默认由已经划分好的面网格生成体网格，Input 选项组的 Select 下拉列表框中默认选择了 Existing Mesh。

Volume Part Name 下拉列表框保持默认的 inherited，表示将把新生成的体网格放到现有的材料点中。本例中，在创建棱柱层时已经指定了“LIVE”作为材料点，所以之后生成的体网格默认放到“LIVE”中。

步骤 6：显示体网格截面。

先到模型树中的 Parts 目录下，取消勾选 FARFIELD。

设置网格切面如图 2-4-60 所示，在模型树右击 Mesh 在快捷菜单中选择命令 Cut Plane→Manage Cut Plane，弹出 Manage Cut Plane 对话框。通过机翼上的 3 个点定义一个垂直于机翼的面：Method 下拉列表框中选择 by 3 Locations，参考图示位置选择 3 个点，单击中键确认，单击 Apply 按钮。

到模型树中勾选 Mesh 目录下的 Volumes，调整视角，显示机翼后的体网格，注意用密度区加密的效果，同时观察机翼周围的棱柱层网格。

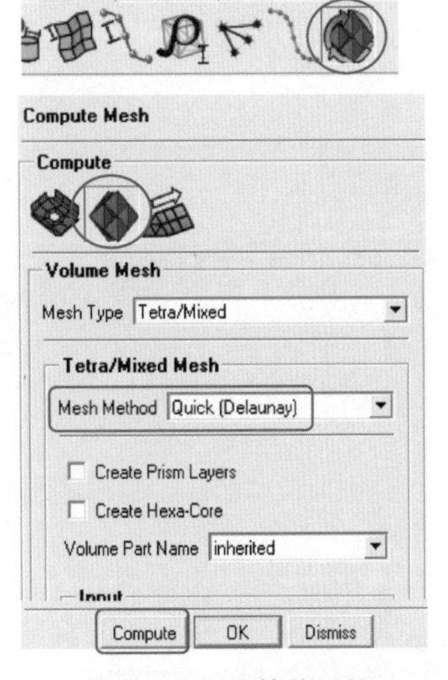

图 2-4-59　计算体网格

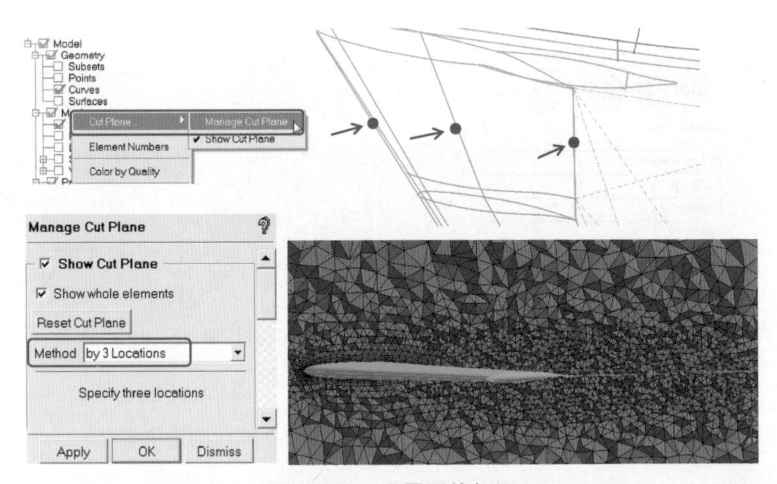

图 2-4-60　设置网格切面

步骤 7：光顺网格。

为了提高全局的网格质量，在 Edit Mesh 选项卡中单击 Smooth Mesh Globally 图标，弹出 Smooth Elements Globally 对话框，在界面右下角出现柱状图。

参考图 2-4-61，在全局网格光顺面板上，TRI_3、PENTA_6、QUAD_4 网格类型栏选中 Freeze 选项，仅光顺四面体单元（TETRA_4 栏选中 Smooth 选项），单击 Apply 按钮。再将 TRI_3、PENTA_6、QUAD_4 栏的状态改为 Smooth，光顺所有类型的网格，再次单击 Apply 按钮。将 Criterion 下拉列表框改为 Aspect ratio，单击 Apply 按钮，直到柱状图没有变化。

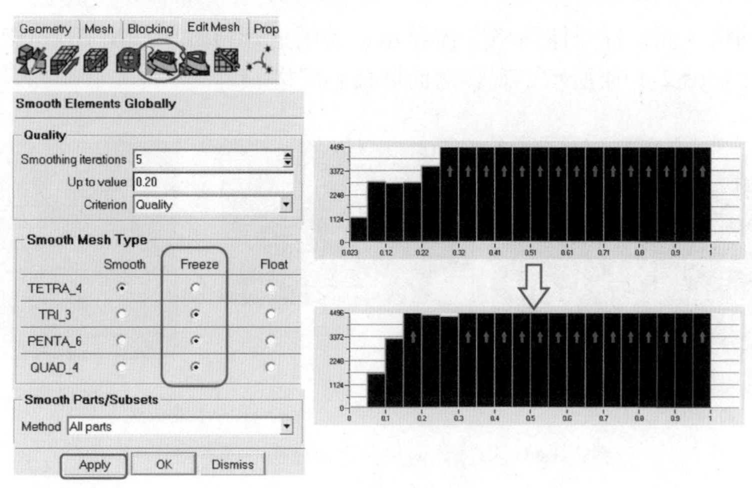

图 2-4-61　光顺网格

> **提示：**
>
> ● 通过光顺可以在一定程度上提高网格质量，单击柱状条可以在图形窗口中显示出对应的单元，检查坏单元的位置，判断可能的原因，也可以用编辑网格提高质量。

步骤 8：生成六面体核心网格。

用同一模型创建六面体核心网格。如图 2-4-62 所示，在 Mesh 选项卡中单击 Part Mesh Setup 图标，在 Part Mesh Setup 对话框中勾选 LIVE 后的 Hexa-core 选项，并设置 Maxmum size 为“340”，依次单击 Apply、Dismiss 按钮。

重新计算网格。如图 2-4-63 所示，在 Compute Mesh 对话框中，勾选 Create Hexa-Core，再单击 Compute 按钮开始计算，生成六面体核心网格。

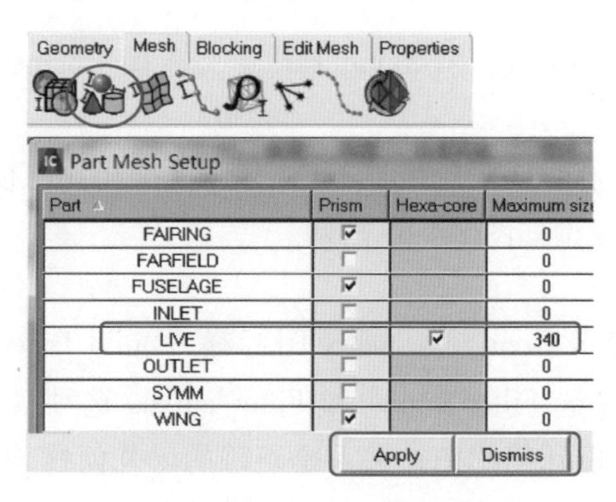

图 2-4-62　勾选 Hexa-core

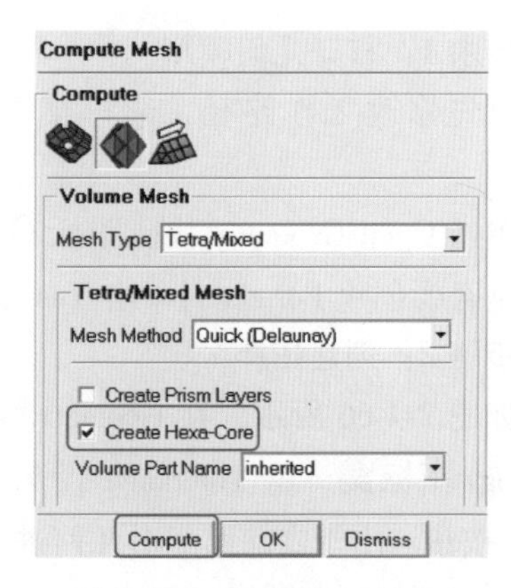

图 2-4-63　计算 Hexa-Core

注意：

- 重新计算的网格会忽略密度区的作用，因为密度区只作用于 Octree、Delaunay、Advancing Front、Cartesian 体网格和 Patch Independent 面网格。

创建新的网格截面，打开体网格实体显示，关闭 FARFIELD、INLET、OUTLET、SYMM 显示，调整视角如图 2-4-64 所示，观察六面体核心网格。

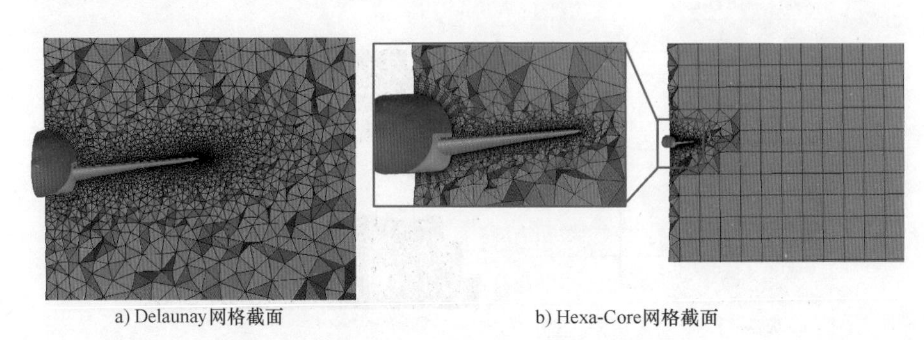

a) Delaunay网格截面　　b) Hexa-Core网格截面

图 2-4-64　四面体网格和六面体核心网格对比

案例总结：本例演示由面网格划分体网格的操作过程，实际分析对网格质量和网格密度都有更高要求。需要注意，由面到体的网格方法对几何的封闭性和表面网格的质量都有较高的要求，如果生成棱柱层或体网格失败，考虑检查面网格的质量及网格参数，必要时修复几何或面网格。六面体核心网格是平衡网格数量和生成网格工作量的一种很好的方法。

4.11 案例：划分发动机模型四面体网格

本例对第 2 篇 2.5 节的案例“修补发动机几何”中完成的发动机几何模型划分四面体网格。先用默认的 Octree 方法，设置全局和局部网格控制，启用自动加密，查看并光顺网格，再改用 Delaunay 和 Fluent Meshing 方法生成体网格，并对比三种方法的差异。

步骤 1：打开几何模型。

首先修改工作路径：选择菜单命令 File→Change Working Dir...，选择 EngineBlock 路径。

单击 Open Geometry 快捷图标，选择“engine_block_final. tin”文件，打开几何模型，提示是否要创建 Porject 时单击 Yes 按钮。几何模型如图 2-4-65 所示。

步骤 2：创建拓扑。

如图 2-4-66 所示，在 Geometry 选项卡中单击 Repair Geometry 图标→Build Diagnostic Topology 图标，将 Tolerance 设为“0. 1”，勾选 Filter points 和 Filter curves 选项，单击 Apply 按钮。由于之前已经对几何进行修复，所以几何的拓扑关系是正确的，几何线均为红色，可以直接划分网格。

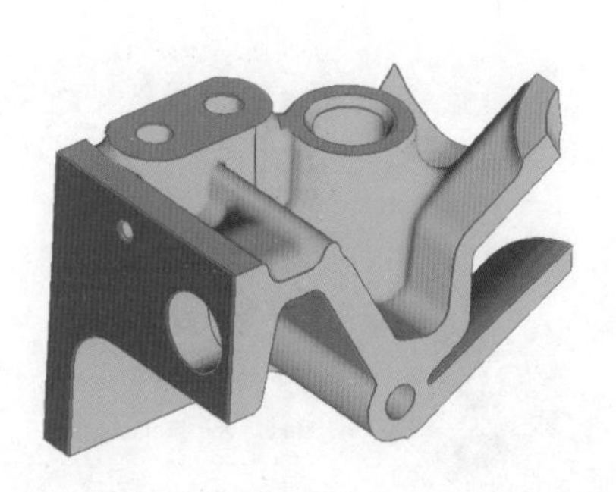

图 2-4-65　几何模型

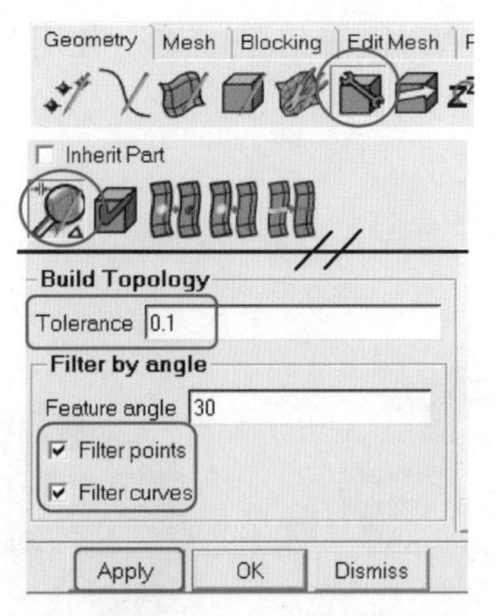

图 2-4-66　创建拓扑

提示：

- Filter points 和 Filter curves 选项的作用是过滤掉多余的点和线，当线或面的相交处平滑过渡且夹角小于 Feature angle（默认 30°）设定值时，删除线的交点或面的交线。

步骤 3：设置网格尺寸。

如图 2-4-67 所示，在 Mesh 选项卡中单击 Global Mesh Setup 图标，弹出 Global Mesh Setup 对话框，单击 Global Mesh Size 图标，Max element 设为“64. 0”，单击“Apply”按钮，定义全局最大网格尺寸。

对 Parts 设置网格尺寸：在 Mesh 选项卡中单击 Part Mesh Setup 图标。将部件 CUTPLANE 和 GEOM 栏对应的 Maximum size（最大网格尺寸）选项都设为“4”，依次单击 Apply、Dismiss 按钮。

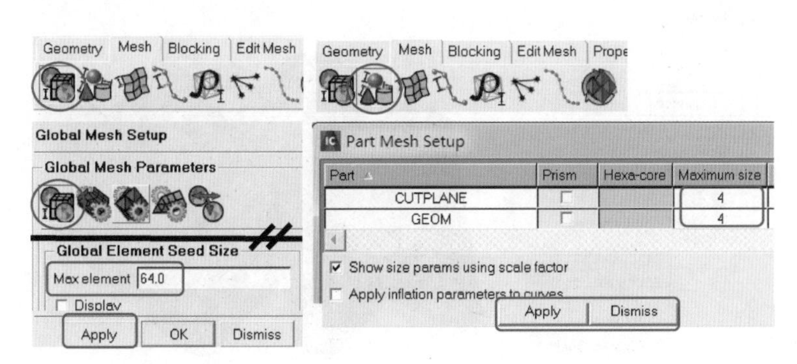

图 2-4-67　设置网格尺寸

步骤 4：在模型上显示网格尺寸。

在模型树中 Geometry 目录下右击 Surfaces，勾选命令 Tetra Sizes，预览设定的网格尺寸是否合理（见图 2-4-68）。

步骤 5：计算网格。

如图 2-4-69 所示，在 Mesh 选项卡中单击 Compute Mesh 图标，弹出 Compute Mesh 对

话框，单击 Volume Mesh 图标，使用图中所示的默认选项，单击 Compute 按钮，计算四面体网格。

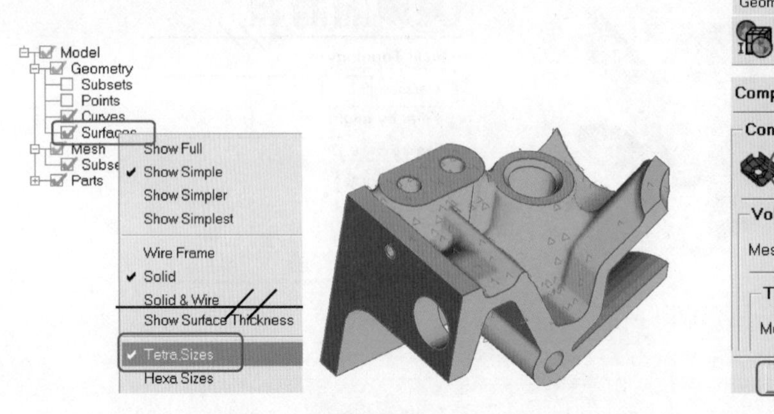

图 2-4-68 预览网格尺寸

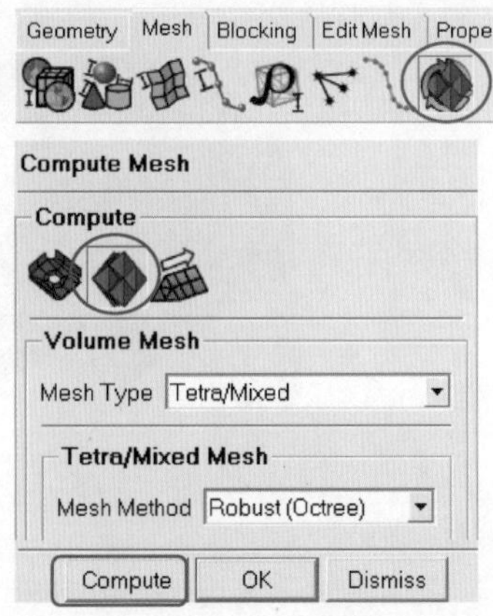

图 2-4-69 计算网格

提示：

• 在模型树 Parts 下自动生成了材料点“CREATED_MATERIAL_＊”。如果没有提前创建材料点，则生成体网格后会自动生成，用于存放四面体网格。

步骤 6：隐藏四面体网格。

取消勾选 Geometry→Surfaces→Tetra Sizes，关闭网格预览。如图 2-4-70 所示，取消勾选 Geometry→Surfaces，关闭面显示。勾选 Mesh→Shells，右击 Shells，在弹出的快捷菜单中勾选命令 Solid&Wire，将面网格以实体和框线显示，方便观察。

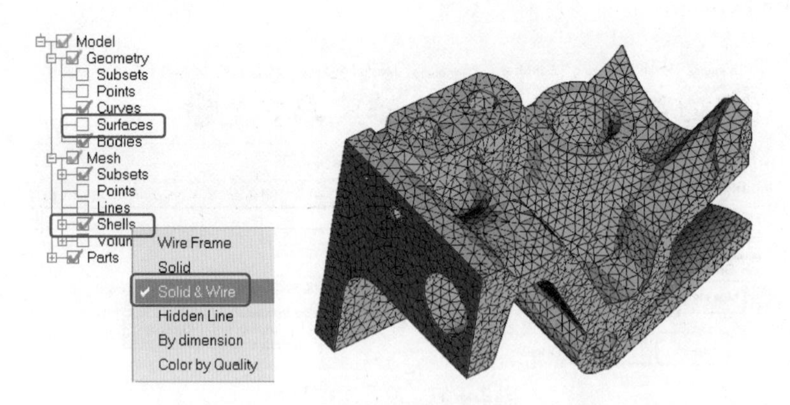

图 2-4-70 调整网格显示

步骤 7：显示网格切面，观察内部网格。

如图 2-4-71 所示，模型树右击 Mesh，选择快捷菜单命令 Cut Plane→Manage Cut Plane，将 Method 下拉列表框设为 Middle X Plane，查看 X 方向中间截面的网格。勾选模型树 Mesh→Volumes，显示体网格截面。

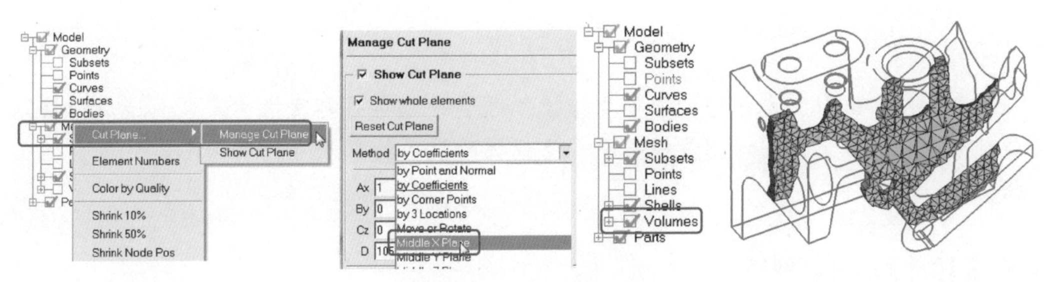

图 2-4-71　显示网格切面

步骤 8：光顺网格。

如图 2-4-72a 所示，在 Edit Mesh 选项卡中单击 Smooth Mesh Globally 图标，界面右下角出现柱状图。将 Smooth Elements Globally 对话框中的 Up to value 设为“0.4”，重复单击 Apply 按钮，直到柱状图没有变化，结果如图 2-4-72b 所示。

保存项目文件：选择菜单命令 File→Save Project As...，自动打开 Engineblock 文件夹，这是因为步骤 1 中已经修改了工作路径。输入文件名“EngineBlock_Octree1”，保存。

步骤 9：基于曲率自适应对网格加密。

> **提示：**
>
> • 观察初始网格可以发现，在曲率较大的位置，网格没有准确捕捉到几何面，而且在相距较近的面上，网格密度不够，所以需要加密。这里用全局设置中的自适应功能对初始网格进行加密。

在模型树 Mesh 右键快捷菜单中取消勾选 Cut Plane→Show Cut Plane，关闭截面显示。

如图 2-4-72d 所示，打开 Mesh→Global Mesh Setup →Global Mesh Size 界面。勾选 Enabled 选项激活 Curvature/Proximity Based Refinement 选项组，Min size limit 设置为“2.0”，其他保持默认，单击 Apply 按钮。

如图 2-4-72c 所示，重新设定 Parts 的网格参数，在 Mesh 选项卡中单击 Part Mesh Setup 图标，在 Part Mesh Setup 对话框中设定 CUTPLANE 和 GEOM 栏对应的 Maximum size（最大网格尺寸）为“8”，单击 Apply 按钮。

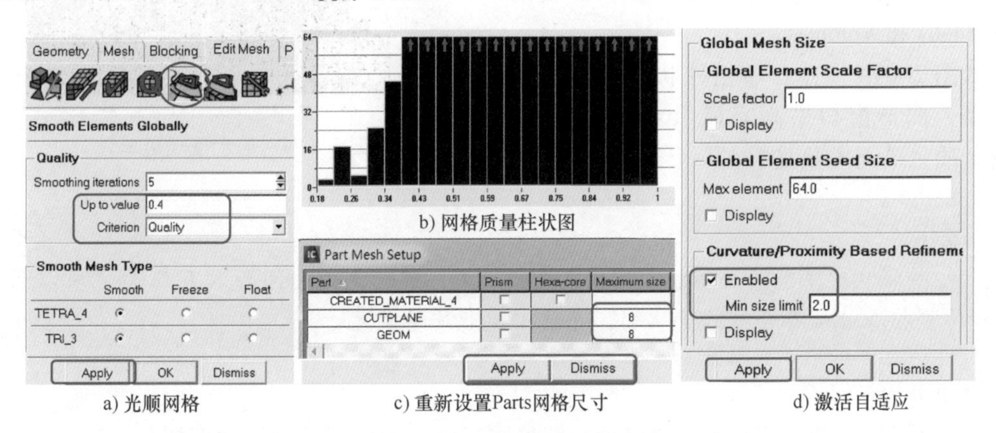

a) 光顺网格　b) 网格质量柱状图　c) 重新设置Parts网格尺寸　d) 激活自适应

图 2-4-72　光顺并重新计算网格

注意：

• Min size limit 文本框中的取值要谨慎，过小时容易引起网格量太大，造成网格划分耗时太久，设置前用图标测量模型中需要捕捉的最小特征尺寸，不确定时从较大的值开始尝试。

步骤 10：重新计算网格。

重新打开图 2-4-69 所示的 Compute Mesh 对话框，单击 Volume Mesh 图标，保持默认设置，单击 Compute 按钮。在出现的提示界面上单击 Replace 按钮，代替原来的网格。重新计算网格结果如图 2-4-73 左图所示，新生成的网格在曲率较大的区域和狭窄区域自动加密。重新查看 X 方向中间截面的网格，如图 2-4-73 右图所示，注意和初始网格的不同。

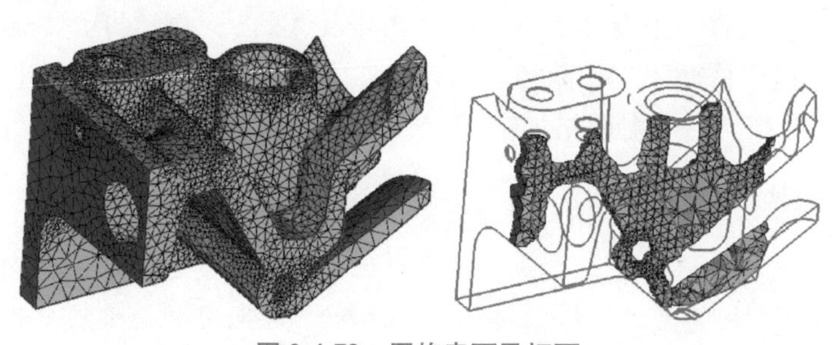

图 2-4-73　网格表面及切面

步骤 11：重新光顺网格。

按照步骤 8 重新光顺网格，设置 Up to value 值为“0.4”，重复单击“Apply”按钮，直到柱状图没有变化，发现仍有少量单元质量在 0.3 以下。

为了方便观察，关闭网格显示：右击模型树 Mesh，选择命令 Cut plane... →Show Cut Plane，关闭网格截面，并取消勾选 Mesh 目录下的 Shells 和 Volumes。

如图 2-4-74 所示，单击柱状图最左侧的柱状条，图形窗口中高亮显示对应的单元，发现低质量单元多数集中在一个倒角处。

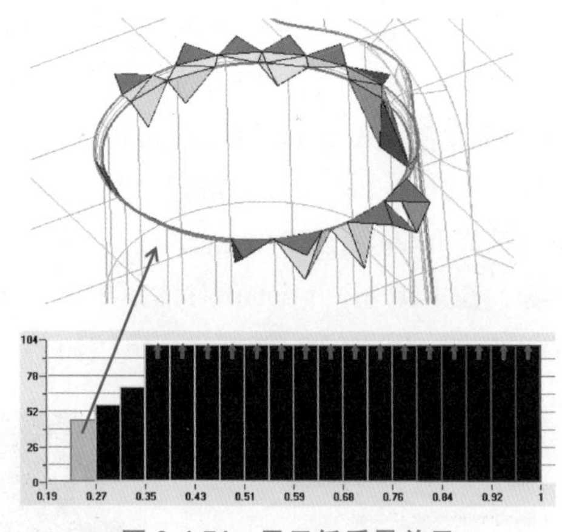

图 2-4-74　显示低质量单元

提示：

• 步骤 9 中定义了全局最小网格尺寸是 2.0，但是倒角的间距只有 0.35，所以面网格和体网格在此处都会被尽量压缩，导致出现低质量单元。

解决办法：

1）对倒角面设置更小的局部尺寸，精确捕捉几何面，但是会增加网格量。

2）删除一条倒角线，移除特征线对网格的限制，会稍微损失几何精度，无法捕捉到倒角，但可以提高网格质量，同时不会过多增加网格量。在 CFD 分析中通常可以忽略小的倒角或倒圆，在修复几何时删除即可。

步骤 12：提高网格质量。

假定上述倒角对分析不重要，所以要删除倒角，重新划分网格。

选择菜单命令 File→Mesh→Close Mesh，关闭网格，出现是否保存网格文件提示时单击 No 按钮。

如图 2-4-75 所示为删除几何线操作，在 Geometry 选项卡中单击 Delete Curve 图标，选择图中箭头所示的 4 条倒角线，中键确认，线被删除。

重新计算并光顺网格，结果如图 2-4-76 所示，网格中已将倒角特征删除，网格质量有所提升。将文件另存为“EngineBlock_Octree2. prj”。

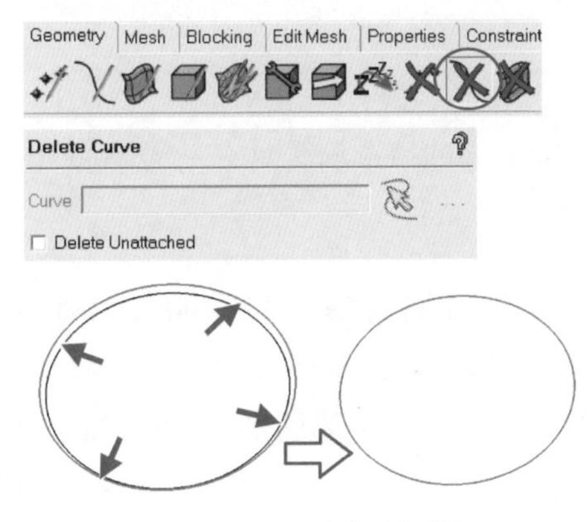

图 2-4-75　删除几何线

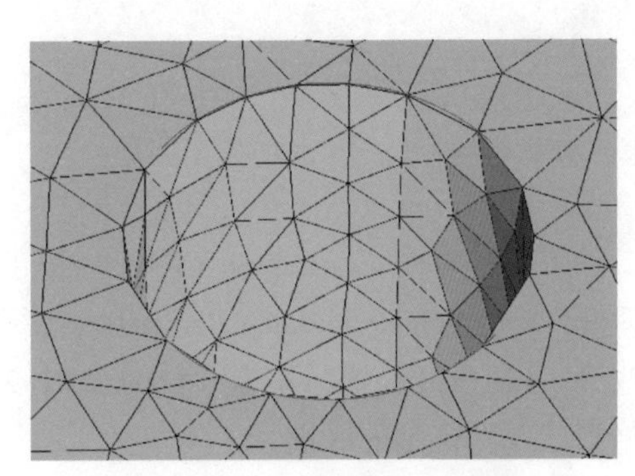

图 2-4-76　删除倒角后的网格

步骤 13：用 Delaunay 方法生成网格。

> **提示：**
>
> • Delaunay 方法由面网格生成体网格，如果直接从几何划分，ICEM 先用 Patch dependent 方法生成面网格，然后用 Delaunay 法填充四面体单元，生成体网格。也可以由 Octree 生成的面网格开始，再用 Delaunay 方法生成平滑过渡的体网格。

如图 2-4-77 所示，在 Mesh→Compute Mesh →Volume Mesh 界面中，将 Mesh Method 设为 Quick（Delaunay），Input 选项组中 Select 下拉列表框自动改为 Existing Mesh，单击 Compute 按钮。

> **提示：**
>
> • 这一步会删除之前生成的 Octree 体网格，保留面网格，然后用 Delaunay 重新生成体网格。

重新显示网格截面，注意内部网格形式与 Octree 体网格的区别，分布更加灵活，过渡更为光顺。

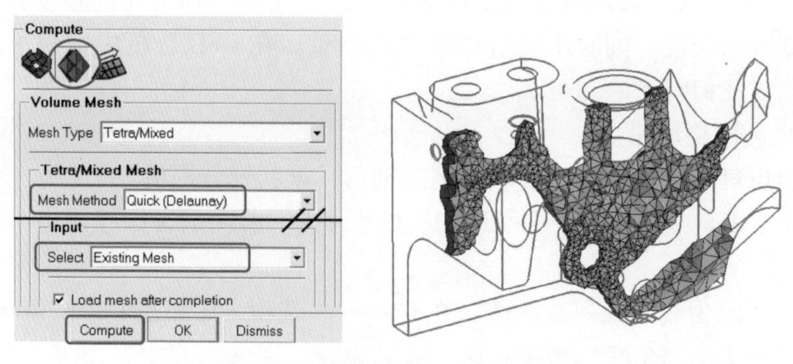

图 2-4-77 Delaunay 生成的体网格

将文件另存为“EngineBlock_delaunay. prj”。

步骤 14：Delaunay 增长率测试。

> **提示：**
>
> • Delaunay 方法中，一个重要的参数是 Spacing Scaling Factor，这是体网格的增长率，默认设为“1”，实际使用一般设为“1.2”。

如图 2-4-78 所示，在 Mesh 选项卡中单击 Global Mesh Setup 图标，打开 Global Mesh Setup 对话框，单击 Volume Meshing Parameters 图标，将 Mesh Method 设为 Quick（Delaunay），分别修改 Spacing Scaling Factor 为“1.05”“1.2”和“1.5”，重新生成体网格，显示截面，观察网格形式及网格量的区别。

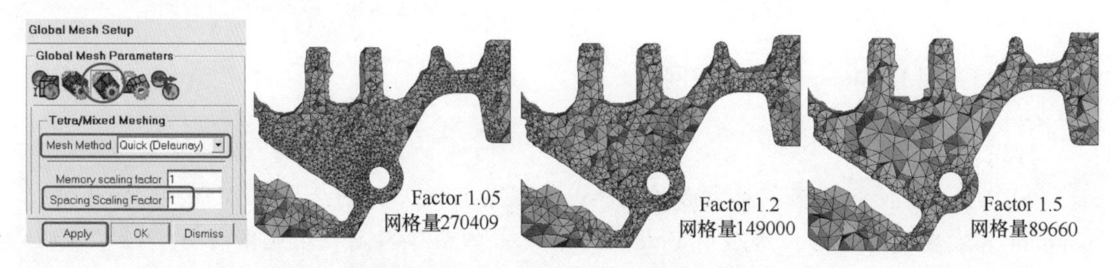

图 2-4-78 Spacing Scaling Factor 影响

步骤 15：对比三种方法的结果。

为了对比三种由面到体的非结构网格方法效果，分别将 Mesh Method 设为 Quick（Delaunay）、Smooth（Advancing Front）、Fluent Meshing，并保持增长率相同（Delaunay 为 Spacing Scaling Factor 选项，Smooth（Advancing Front）和 Tgrid 为 Expansion Factor 选项），均设为“1.3”，重新生成网格，光顺网格，打开网格截面，对比网格总量及最小质量。

图 2-4-79 所示为 X 方向中间截面的网格，对比可见，Advancing Front 方法生成的网格量最大，内部网格过渡最缓慢，Delaunay 和 Fluent Meshing 方法生成的网格总量差别不大，但 Delaunay 方法计算网格的速度更快，Fluent Meshing 方法的网格过渡更为平滑。

案例总结：本例演示了常用四面体网格划分的流程，采用默认的 Octree 网格方法，操作简单，适用性广，对几何质量要求相对低。需要快速生成四面体网格时，可以参考本例相关

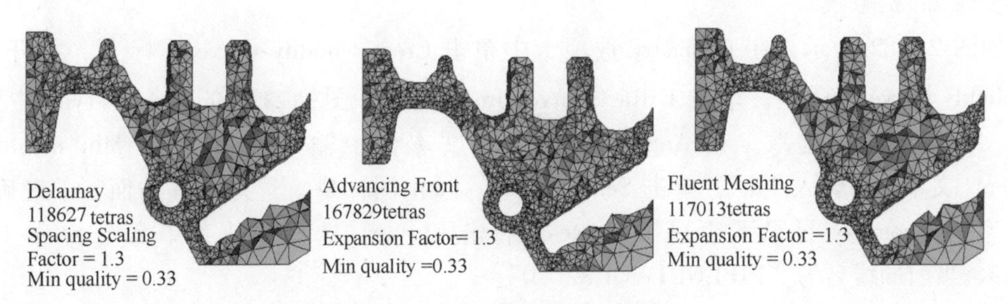

图 2-4-79　三种方法生成的网格对比

内容进行设定。此外，测试了 Quick（Delaunay），Advancing Front，Fluent Meshing 三种由面到体的网格方法，为读者选择合适的网格方法提供参考。

4.12　案例：对 STL 几何划分四面体网格

本例对图 2-4-80 所示的 STL 几何划分网格。将 STL 格式的数据导入 ICEM 中，转换为几何文件，并提取、分割几何线和面，再生成四面体网格，添加并分割棱柱层。

步骤 1：导入 STL 文件并转为几何格式。

选择菜单命令 File→New Project 新建工程文件，选择菜单命令 File→Import Geometry→Faceted→STL，到 STLExample 路径下，选择“PipeNetwork. stl”文件并打开。在弹出的 STL import options 对话框中单击 Done 按钮，如图 2-4-81 所示。导入的文件默认仅显示框线，单击快捷图标，实体显示几何，可以看到几何表面由一系列三角形小面构成，所以需要对几何进行处理后再划分网格。

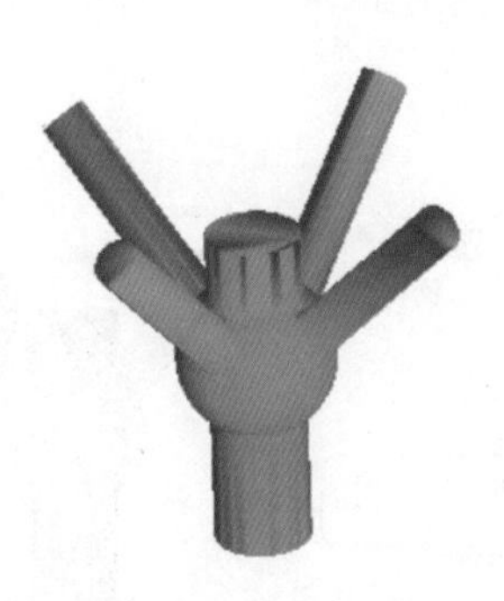

图 2-4-80　STL 几何

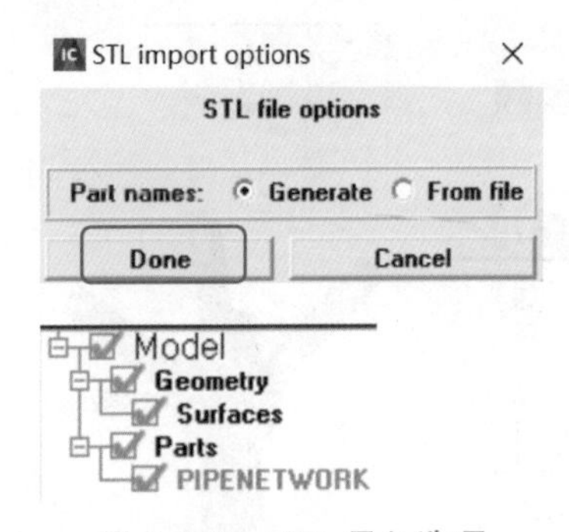

图 2-4-81　STL 导入选项

展开模型树 Parts 目录，默认以 STL 的文件名生成 Part 名。展开 Geometry 目录，可以发现此目录下只有 Surfaces，而没有 Curves 和 Point。

提示：

- STL 文件是被离散化的几何，可能来自网格、X 射线或 MRI 等扫描数据，本例中将 Faceted 称为小面。

步骤 2：提取线。

如图 2-4-82 所示，在 Geometry 选项卡中单击 Create/Modify Curve 图标，打开 Create/Modify Curve 对话框，单击 Extract curves from Surface 图标，在 Surface Type 中选择 Faceted，从小面中提取。在 Angle for surfaces 文本框中输入“45”，在 Min number of segments 文本框中输入“1”，单击 Select surface（s）图标，选择唯一的面，中键确认。在模型树 Geometry 目录下生成了 Curves。右击 Curves，选择快捷菜单命令 Show Curve Names，当前的线名为“PIPENETWORK/0. 0”。

> **提示：**
>
> • 线是基于角度提取的。如果面之间的夹角大于 Angle for surfaces 值，就会在公共边提取线，在 Which curve segments 下拉列表框中可以设置基于边界或内部提取，或者同时提取。

步骤 3：分割线。

> **提示：**
>
> • 提取出来的线是一系列圆周线，但是仍然连为一条线，所以需要将其分开。

如图 2-4-83 所示，选择 Geometry→Create/Modify Curve 图标→Segment Curve 图标，Method 下拉列表框改为 Segment by angle，Angle 文本框输入为“45”，选择线“PIPENETWORK/0. 0”，中键确认。原来的一条线被分割成了 22 条线，名称从“PIPENETWORK/0. 0. 1”到“PIPENETWORK/0. 0. 22”。

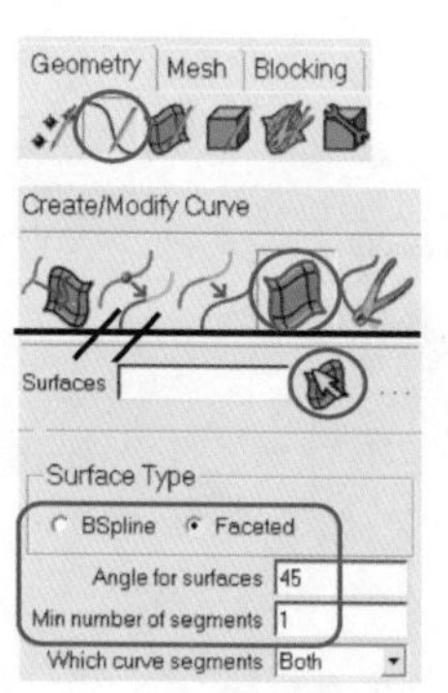

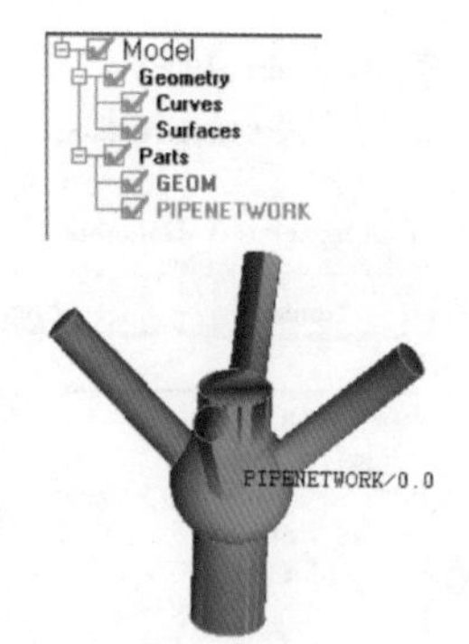

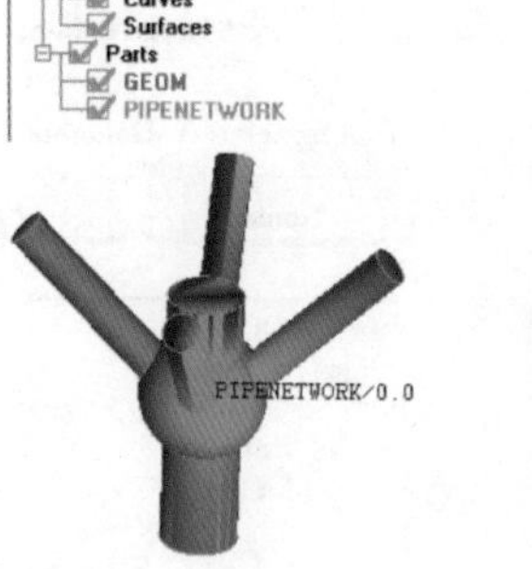

图 2-4-82 提取并显示线

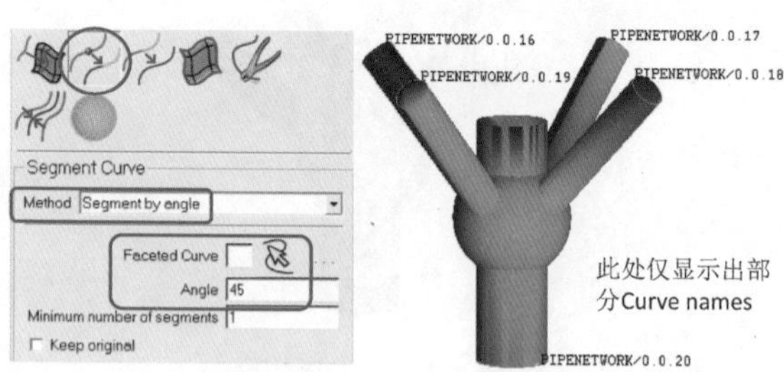

图 2-4-83 分割线

> **提示：**
>
> • 如果不确定角度值取为多少合适，勾选 Keep original 选项后输入不同的值进行尝试。在有的模型中，尤其是有尖角特征的模型，合适的角度可能是很小的值，需要在提取线后进一步提取几何点，以准确捕捉原始模型中的几何形状。

步骤 4：分割面。

用提取出的线将原始的一个面分割成多个面。如图 2-4-84 所示，选择 Geometry→Create/Modify Surface 图标→Segment/Trim Surface 图标，Method 下拉列表框改为 By Angle，Angle 值输入为“25”，选择唯一的面，中键，单击 Apply 按钮，原始面被分割为多个面。

在模型树中右击 Curves，取消勾选命令 Show Curve Names，取消显示线命名，再右击 Surfaces，勾选命令 Show Surface Names，显示面命名，确认成功分割面。

步骤 5：创建 Parts。

在模型树中取消显示面命名和线。按照图 2-4-85 所示创建 Parts，其中主管的下端口为 INLET，上端口为 OUT1，四个支管的出口分别为 OUT2～OUT5，其余均为 WALL。在模型树中关闭面显示，仅显示线。模型树 Parts 中右击 WALL 选择命令 Add to Part，将所有的线加入 WALL 中。

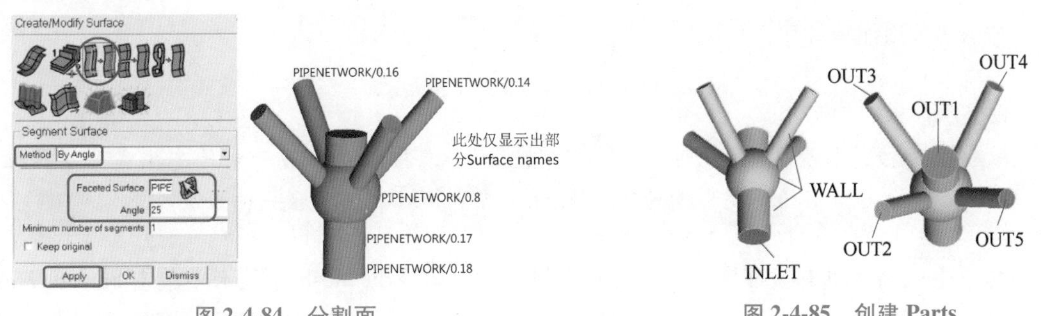

图 2-4-84　分割面　　图 2-4-85　创建 Parts

步骤 6：定义材料点并设置网格尺寸。

在 Geometry 选项卡中单击 Create Body 图标，打开 Create Body 对话框，单击 Material Point 图标，在 Part 文本框中输入名称为 LIVE，选择两点创建材料点，保证 LIVE 在几何的内部。

如图 2-4-86a 所示，在 Mesh 选项卡中单击 Global Mesh Setup 图标，弹出 Global Mesh Parameters 对话框，单击 Global Mesh Size 图标，在 Scale factor 文本框中输入“2. 0”，Max element 文本框中输入“128. 0”，勾选 Enabled 选项激活 Curvature/Proximity Based Refinement 选项组，在有曲率和间距小的几何中自动加密网格，其他设置保持默认，单击 Apply 按钮。

如图 2-4-86b 所示，在 Global Mesh Parameters 对话框中单击 Volume Meshing Parameters 图标，使用默认的网格类型 Tetra/Mixed 和网格方法 Robust（Octree），勾选 Fast transition 选项，从细网格到粗网格快速过渡，减少网格总数量，节省时间和内存，单击 Apply 按钮。

如图 2-4-86c 所示，在 Mesh 选项卡中单击 Surface Mesh Setup 图标，设置面网格尺寸。键入“a”选择所有的面，Maximum size 文本框设置为 2，单击 Apply 按钮。

保存 Project 文件，几何将保存为“. tin”的格式。

步骤 7：计算体网格。

依次单击 Mesh→Compute Mesh 图标→Volume Mesh 图标，保持默认设置，单击 Compute 按钮，计算网格。模型树中右击 Mesh 目录下的 Shells，勾选快捷菜单命令 Solid&Wire，实体显示网格，如图 2-4-87 所示。

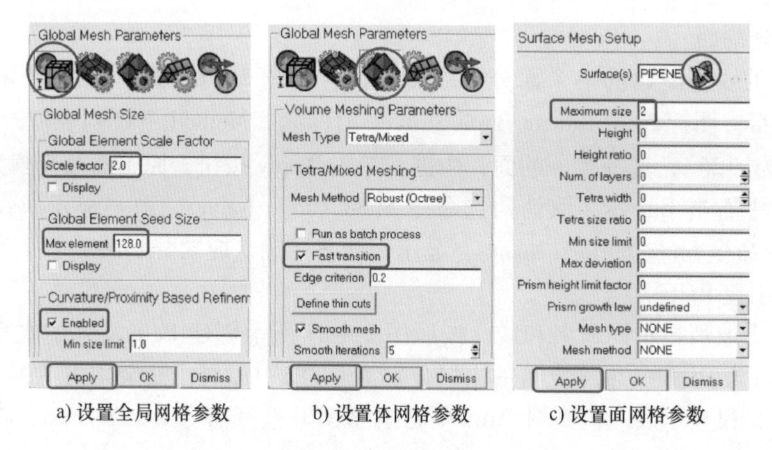

a) 设置全局网格参数　　b) 设置体网格参数　　c) 设置面网格参数

图 2-4-86　设置网格尺寸

步骤 8：添加棱柱层。

> **提示：**
>
> - 添加棱柱层有两种方法：一种是直接生成多层棱柱层；另一种是先生成一层棱柱层，再根据指定的初始高度和增长率分割为多层。本例中应用后一种方法。

为了生成高质量的棱柱层，先光顺四面体网格。在 Edit Mesh 选项卡中单击 Smooth Mesh Globally 图标，Up to value 设置为“0.4”，单击 Apply 按钮三次以后，网格质量提高到 0.37，如图 2-4-88 所示。

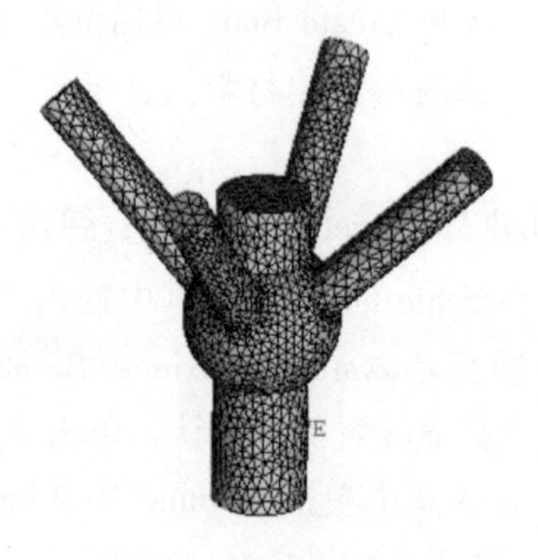

图 2-4-87　初始网格

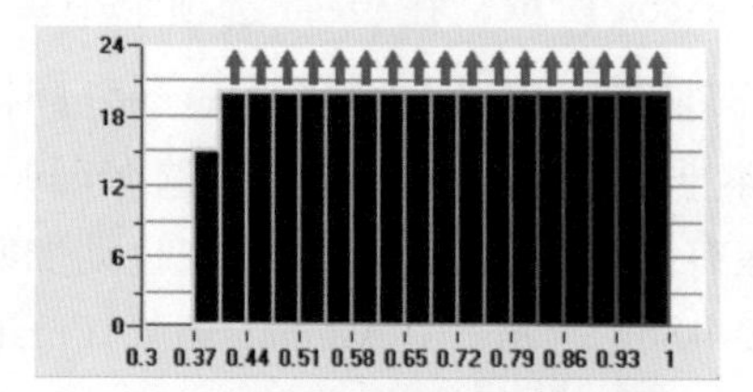

图 2-4-88　光顺后的网格质量

如图 2-4-89 所示，在 Mesh 选项卡中单击 Global Mesh Setup 图标，打开 Global Mesh Parameters 对话框，单击 Prism Meshing Parameters 图标，将 Initial height 设为“2”，Number of layers 设为“1”，单击 Apply 按钮，将生成一层棱柱层。

如图 2-4-90 所示，在 Mesh 选项卡中单击 Compute Mesh 图标，打开 Compute Mesh 对话框，单击 Prism Mesh 图标，单击 Select Parts for Prism Layer 按钮，在 Prism Parts Data 对话框中勾选 WALL 栏对应的 Prism 选项，保持其他默认设置，依次单击 Apply、Dismiss 按钮。在 Compute Mesh 对话框单击 Compute 按钮，计算棱柱层网格。

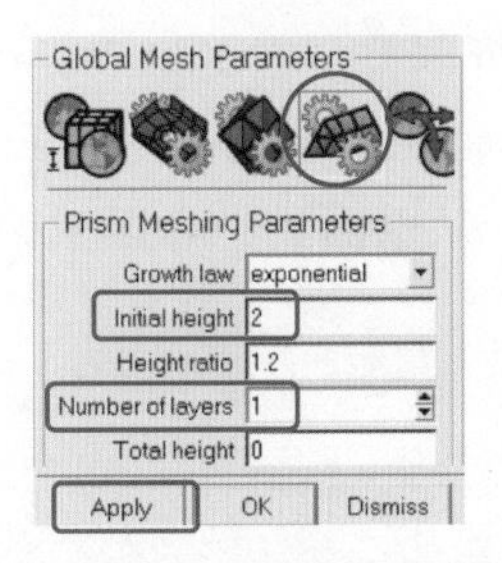

图 2-4-89　设置棱柱层参数

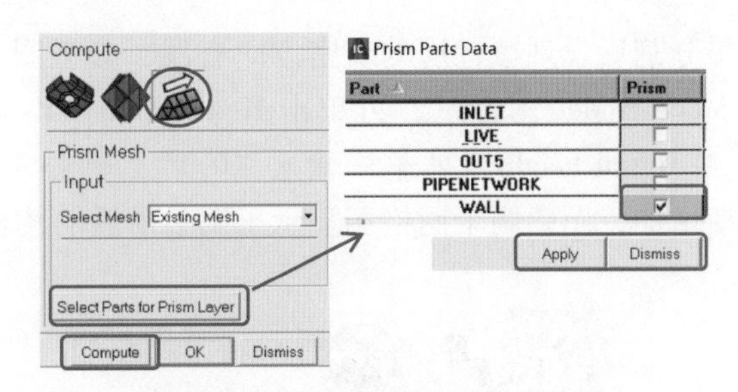

图 2-4-90　指定生成棱柱层的边界

再次光顺网格，在 Smooth Elements Globally 对话框中将 Up to value 设置为“0. 3”，重复单击 Apply 按钮，直到柱状图不再变化。

在模型树中右击 Mesh，选择命令 Show Cut Plane，保持默认设置，单击 Apply 按钮。勾选 Mesh 目录下的 Volumes，显示体网格，添加棱柱层的网格如图 2-4-91 所示，观察内部的一层棱柱层网格。保存工程文件。

图 2-4-91　添加棱柱层的网格

步骤 9：分割棱柱层。

如图 2-4-92 中左图所示，在 Edit Mesh 选项卡中单击 Split Mesh 图标，再单击 Split Prism 图标，在 Prism Surface Parts 文本框中选择除 PIPENETWORK 和 WALL 之外的所有 Parts，在 Prism Volume Parts 文本框中选择 LIVE，Method 选择为 Fix initial height，Initial layer height 文本框指定为“0. 2”，Number of layers 设为“5”，将生成初始高度为 0. 2 的 5 层棱柱层，单击 Apply 按钮，结果如图 2-4-92 右图所示。观察表面和内部截面的棱柱层，原来的一层被分成了 5 层。

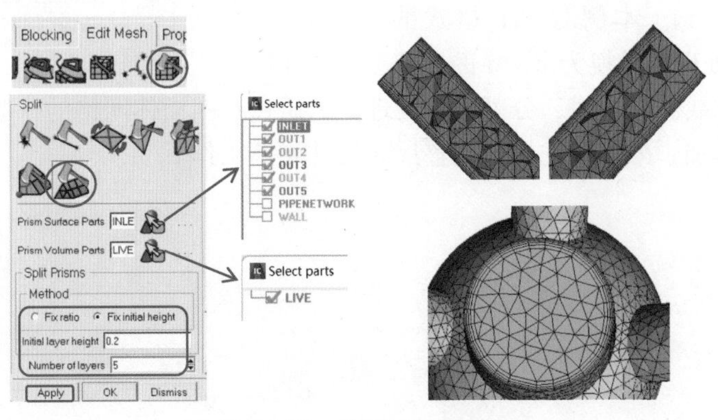

图 2-4-92　分割棱柱层设置

如果分割后发现棱柱层的疏密方向有误，参考图 2-4-93 进行调整。在 Edit Mesh 选项卡中单击 Move Nodes 图标，再单击 Redistribute Prism Edge 图标，Method 设为 Fix initial height，在 Initial height 文本框中输入“0. 1”，单击 Apply 按钮，从壁面到中心区域棱柱层的高度逐渐增加，图中两个网格图显示了调整前后的棱柱层分布。

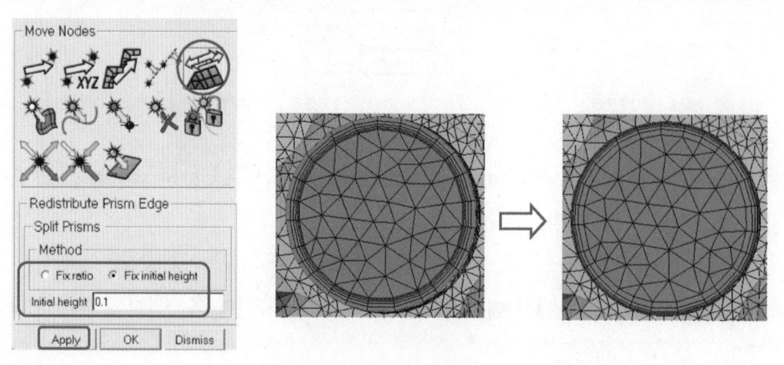

图 2-4-93　调整棱柱层疏密方向

步骤 10：计算 Delaunay 网格。

在 Mesh 选项卡中单击 Global Mesh Setup 图标，再次单击 Volume Meshing Parameters 图标，返回图 2-4-86b 所示界面，Mesh Method 下拉列表框设为 Quick（Delaunay），其他保持默认，单击 Apply 按钮。

在 Mesh 选项卡中单击 Compute Mesh 图标，再次单击 Volume Mesh 图标，确认 Mesh Method 下拉列表框中选择了 Quick（Delaunay），取消勾选 Create Prism Layers，因为在上述步骤已经生成了棱柱层。其他保持默认，单击 Compute 按钮。

Delaunay 网格截面如图 2-4-94 所示，可以看出，内部网格过渡比 Octree 理想。

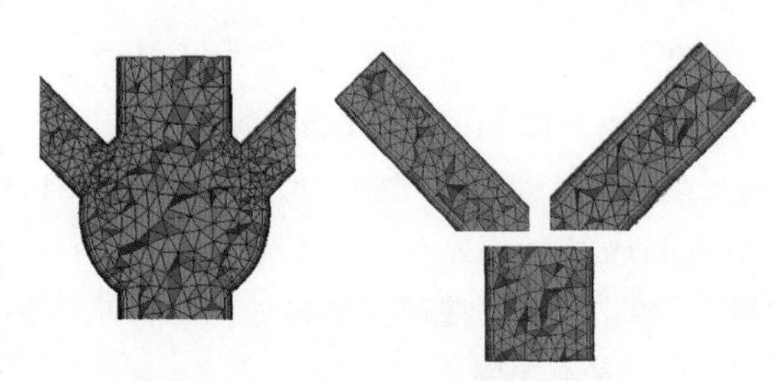

图 2-4-94　Delaunay 网格截面

再次检查网格质量，光顺网格，保存工程文件。

案例总结：Faceted 几何是由一系列三角形面构成的数据，通常是由求解器提供，或间接从网格转换而来，或通过 X 射线、MRI 等扫描得到。本例对 STL 格式的 Faceted 数据进行处理，转换为 ICEM 的几何文件，并进行提取线、分割线、分割面等处理，之后按照四面体网格的一般步骤设置和计算网格，并说明了添加、分割棱柱层，调整反向棱柱层等操作。

第 5 章 六面体网格基础

5.1 块拓扑技术简介

基于块（Block）的六面体网格技术是 ICEM 最核心的功能。六面体网格通过半自动的块拓扑技术生成，对于复杂的几何体也可以生成高质量的六面体网格。

块拓扑技术将几何体分解为“砖块”的形状，并通过块的排列确定网格线的方向。ICEM 划分六面体网格的过程如图 2-5-1 所示：对图 2-5-1a 所示的歧管创建图 2-5-1b 所示的块拓扑结构，在块中生成图 2-5-1c 所示的纯笛卡儿网格，再将块内的网格自动投影到几何面，得到图 2-5-1d 所示的贴体六面体网格。

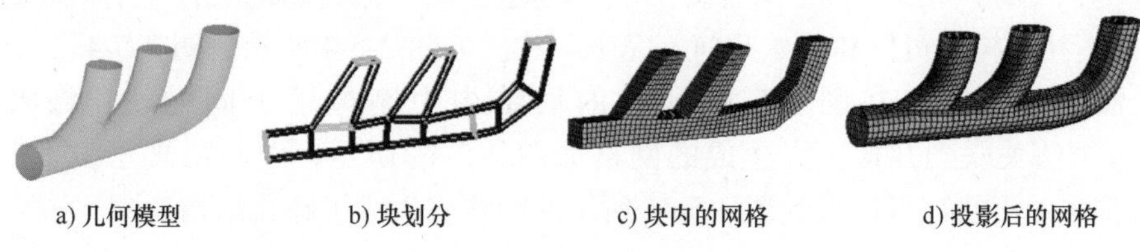

a) 几何模型　b) 块划分　c) 块内的网格　d) 投影后的网格

图 2-5-1　六面体网格生成过程

由上述过程可见，构建块拓扑是用 ICEM 划分六面体网格的关键步骤，无论几何体的形状如何，只要能构建出符合几何结构的块拓扑，就可以生成纯六面体网格。

5.2 块划分方法

块的创建过程与几何是相互独立的，最终的块结构要符合原始几何的形状。ICEM 提供了两种构造块的方法，分别称为“自顶向下”方法和“自底向上”方法，两种方法各具优势，实际操作中可以结合使用，构建出需要的块拓扑结构。

5.2.1 “自顶向下”方法

用“自顶向下”方法构建块结构的思路如图 2-5-2 所示：建立包围全部几何的初始块，通过分割块、删除无用块来抓住几何的基本形状，可以形象地将用户比作雕塑家，即从一大块原始材料中将无用的部分切除掉，保留符合几何结构的部分。

5.2.2 “自底向上”方法

用“自底向上”方法构建块结构的思路如图 2-5-3 所示：首先建立包围部分几何的初始

块，再通过拉伸、创建、复制块等操作来捕捉几何的基本形状，此时可以将用户比作砖瓦匠，即从一个小块开始，逐步堆积出符合几何形状的块结构。

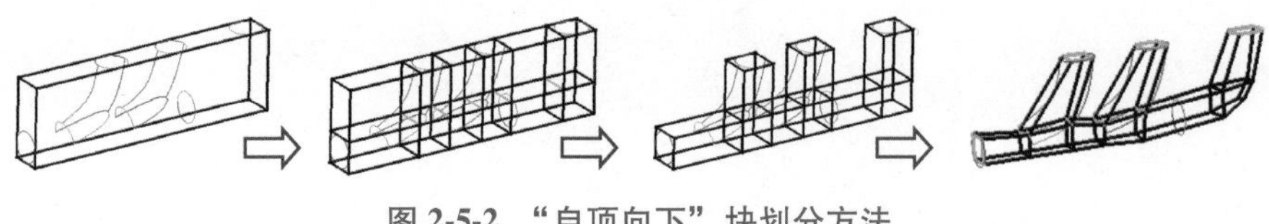

图 2-5-2 “自顶向下”块划分方法

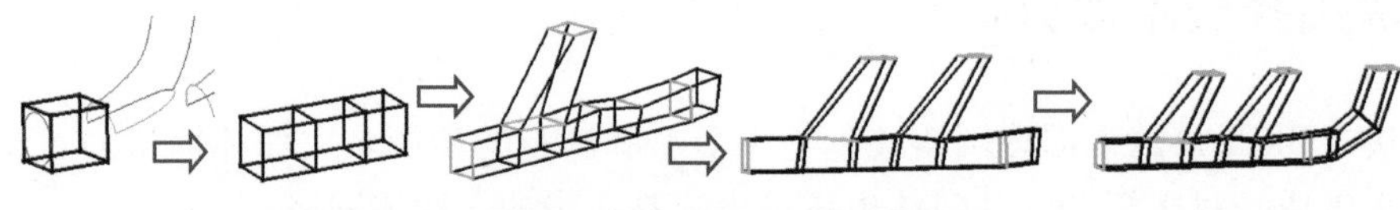

图 2-5-3 “自底向上”块划分方法

5.3 六面体网格对几何的要求

ICEM 的六面体网格划分方法不强制几何体完全封闭，但封闭的几何更有利于成功创建网格，块的拓扑结构也可以和原始几何不完全一致。如图 2-5-4 所示，图 2-5-4a 所示的原始几何中并没有孔，但是在图 2-5-4b 所示的块结构中删掉了中间的块，将内部面用 Interpolation 方法关联到几何面，生成的网格如图 2-5-4c 所示，中间出现了方孔。再分割 Ogrid 并调整边的形状，可以得到图 2-5-4e 所示的网格，生成了圆孔结构。

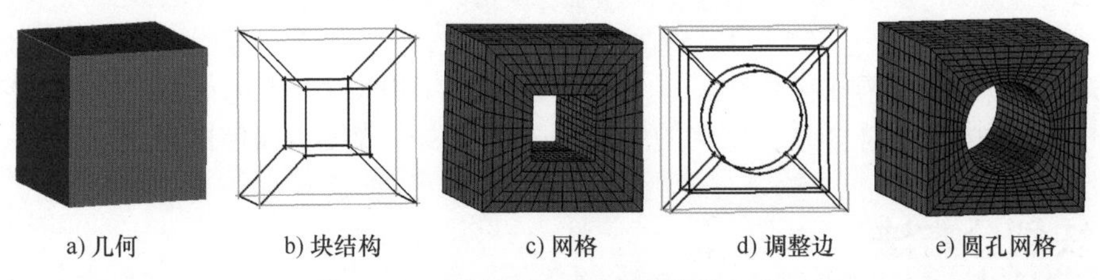

a) 几何　b) 块结构　c) 网格　d) 调整边　e) 圆孔网格

图 2-5-4 用块拓扑改变原始结构示例

几何中的点和线不是必需的，但是对正确捕捉几何外形很有用。点和边需要手动设置关联，而面之间的关联通常自动实现。所以，只要块中的点、边和面能够准确地投影到几何体，则六面体网格就可以抓住几何特征。用 ICEM 中的几何功能可以快速创建必要的点和线，方便进行块和几何的关联。

5.4 几何和块的命名

划分六面体网格需要把几何和块进行关联，几何由点、线、面组成，块也由不同级别的元素组成，关联过程中要对应于几何中同级别的元素。如图 2-5-5 所示，图 2-5-5a 所示为几何中的命名，包括点（Points）、线（Curves）、面（Surfaces）、体（Body/Material point）；图 2-5-5b 所示为对应的块，组成元素分别命名为顶点（Vertices）、边（Edges）、面

(Faces)、块(Blocks);图 2-5-5c 所示为两组命名的对应关系。在模型树中的 Geometry 和 Blocking 分支下，分别列出了每种子实体。

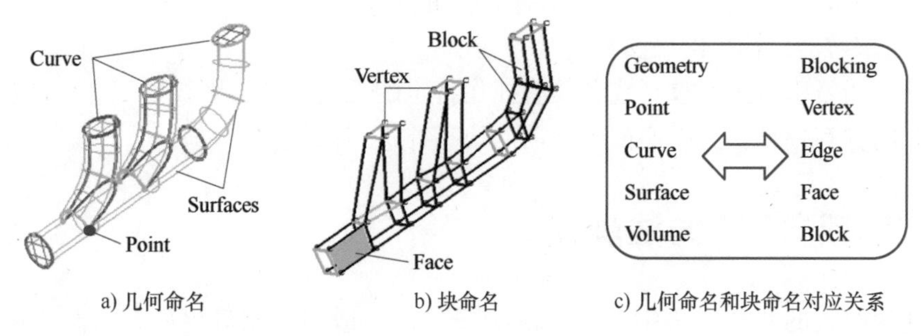

a) 几何命名　b) 块命名　c) 几何命名和块命名对应关系

图 2-5-5　几何和块的命名

5.5 划分六面体网格的步骤

本节简要说明在 ICEM 中用块拓扑技术生成六面体网格的过程，如图 2-5-6 所示。更详细的步骤说明请参考 5.6 节。

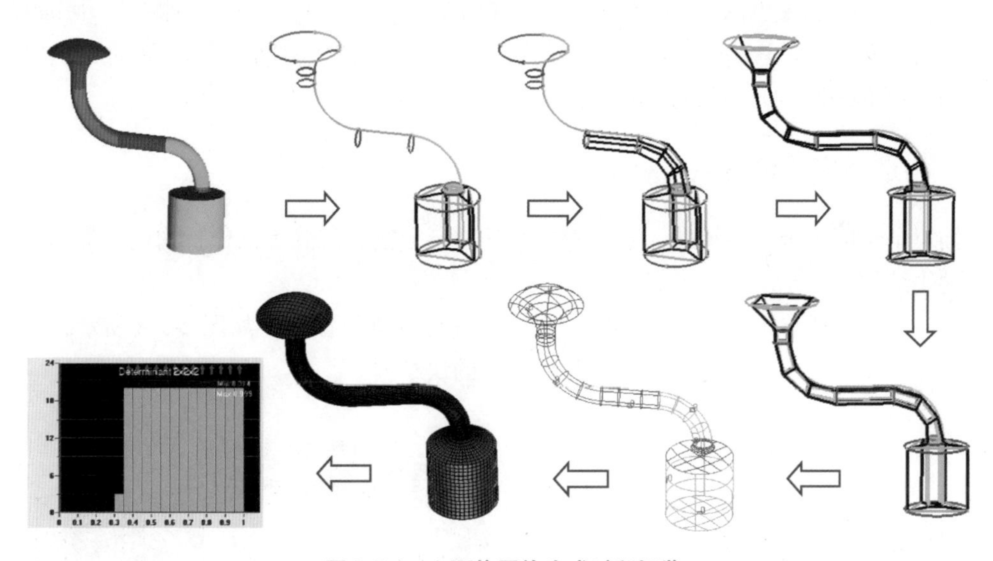

图 2-5-6　六面体网格生成过程概览

1）创建或导入几何体，可以导入几何文件或者三角面数据。

2）创建块拓扑，可以使用两种方法中的一种，或联合使用。“自顶向下”方法：建立初始块，通过分割块、删除无用块来抓住几何的基本形状。“自底向上”方法：建立初始块，再通过拉伸块、新建块、复制块等操作来捕捉几何的基本形状。

3）关联。几何和块之间的关联关系直接决定了网格与几何之间的投影关系。所以，正确关联至关重要。

4）设定网格尺寸。包括最大单元尺寸、初始单元高度和增长率等参数，以及块中 Edge

的网格参数，以更好地控制网格节点分布。

5）预览网格。将块边界的网格节点投影到几何体。

6）检查网格质量，查看是否满足要求的质量标准。

7）指定求解器，输出网格文件。

如果网格质量不满足要求，或者没有抓住特定的几何特征，则要回到之前的步骤重新调整。注意及时保存块结构，以便回到之前的块拓扑进行修改。

5.6 “自顶向下”方法步骤

在构建块结构的两种方法中，“自顶向下”方法适用性相对更好，实际工程中应用更多，所以本节将以“自顶向下”方法为主、“自底向上”方法为辅介绍构建块的过程。本节将以一个四通管几何为例，详细介绍用“自顶向下”方法生成六面体网格的步骤，以及相关的操作界面选项。

5.6.1 创建初始块

要创建一个新的块结构，必须首先生成一个初始块。如图 2-5-7 所示，在 Blocking 选项卡中单击 Create Block 图标，在 Initialize Blocks 选项组 Type 下拉列表框中选择 3D Bounding Box 选项，单击 Apply 按钮，用默认的选项可以创建包围整个几何体的 3D 初始块，这是对 3D 几何创建初始块最常用的方法。

5.6.2 构造适应几何的块

初始块是包围整个几何体的，通常需要对其进行分割、删除等操作，构建能够捕捉几何体形状的块结构。

在 Blocking 选项卡中单击 Split Block 图标进行分割块操作，如图 2-5-8 所示，一个初始块通常需要多次分割才能构建出符合几何形状的块结构。

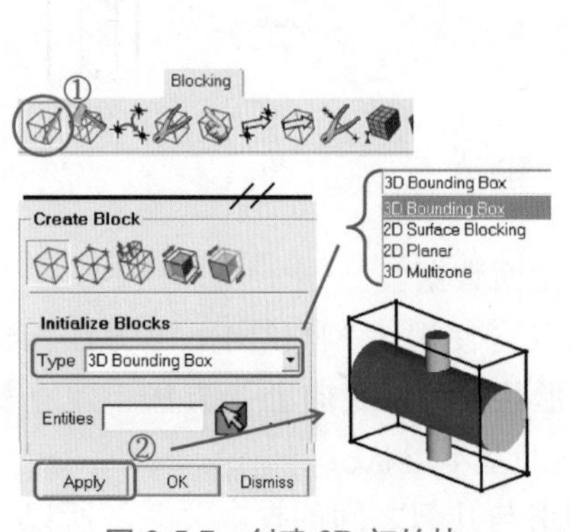

图 2-5-7　创建 3D 初始块

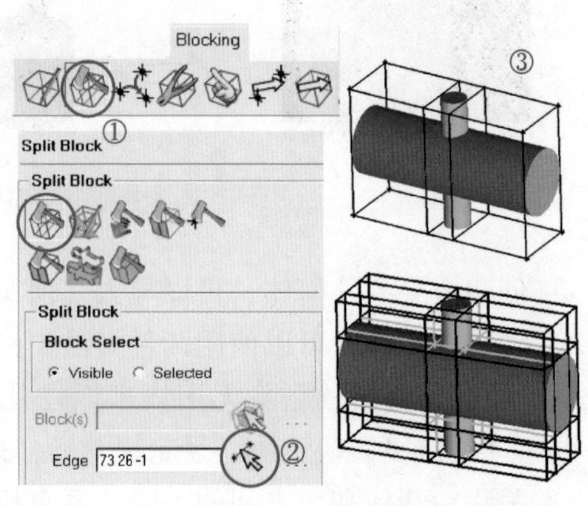

图 2-5-8　分割块

分割以后通常会产生一些无用的块，在 Blocking 选项卡中单击 Delete Block 图标将其删除，操作界面如图 2-5-9 所示，删除结果如图 2-5-9 右图所示，构建出了符合几何体形状的块结构。

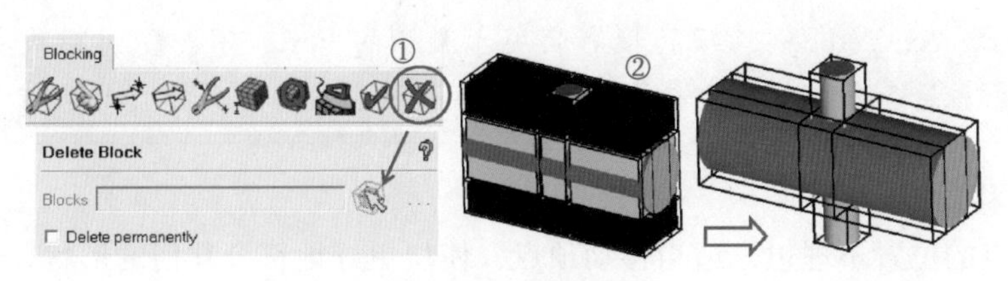

图 2-5-9　删除块

5.6.3 关联块到几何

块和几何体之间的关联关系直接决定网格能否成功生成。通常在块的边（Edge）和几何的线（Curve）之间关联，必要时关联块的顶点（Vertex）和几何的点（Point）。原始几何的特征线或特征点如果不足以关联边和顶点，用户可以手动创建出必要的几何线或点，辅助构建块结构，进而精确捕捉原始几何形状。

在生成的网格中，边上的网格节点将投影到所关联的线。实际操作中，如果预览的网格杂乱无章，往往就是因为个别关联关系不正确。所以，一定要正确关联关键的特征边和相应的线，使块的网格能够正确投影到几何。

关联边到线的操作界面如图 2-5-10 所示。被关联的边变为绿色显示，在模型树中右击 Edges，在弹出的快捷菜单中勾选命令 Show Association，可以显示关联箭头，由边指向关联的线。

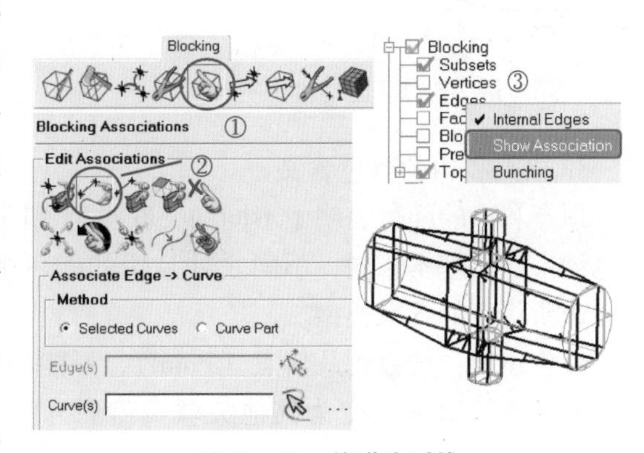

图 2-5-10　关联边到线

关联边到线时，边的端点如果还没有关联到其他线或点，则随边关联到相同的线。可以同时将多条边关联到多条线，所有选中的线会自动组合为一条线。

关联时勾选 Project vertices 选项，则顶点自动投影到关联的线，这个选项只是改变顶点位置，可以更直观地显示关联关系，但并不会改变网格分布。

5.6.4 移动顶点

适当移动顶点可以更好地表现几何体的形状，块中顶点的位置决定了网格节点的位置，实际操作中经常需要移动顶点来调整网格分布。可以自动或手动实现相关操作，根据需要结合多种方法灵活使用。

1. 自动移动顶点

在 Blocking 选项卡中单击 Associate 图标，在弹出的 Blocking Associations 对话框中单击图标，在 Snap Project Vertices 界面实现自动移动顶点，如图 2-5-11 所示，激活图标后直接单击 Apply 按钮，所有显示在图形窗口的顶点可以立刻投影到几何体。

注意：

- Snap Project Vertices 选项的投影只用于激活的 Part，不会受到隐藏实体的影响。如果不希望将顶点移动到某个实体上，可以先隐藏这个实体，再执行此操作。

2. 交互式移动顶点

如果有顶点的位置不理想，适当移动顶点，使块更好地符合几何的形状，进而生成更贴体的网格。移动顶点可以用不同的方法实现，在 Blocking 选项卡中单击 Move Vertex 图标，在弹出的 Move Vertices 对话框中激活交互式移动顶点，如图 2-5-12 所示，然后在图形窗口中手动移动顶点。更多移动顶点的方法在后续章节和案例中详细说明。

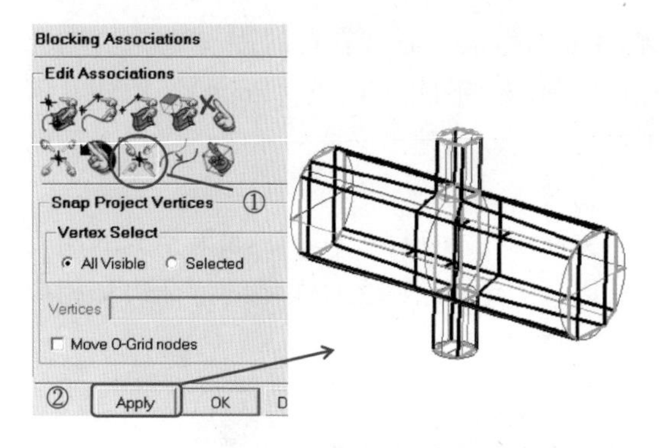

图 2-5-11　自动移动顶点

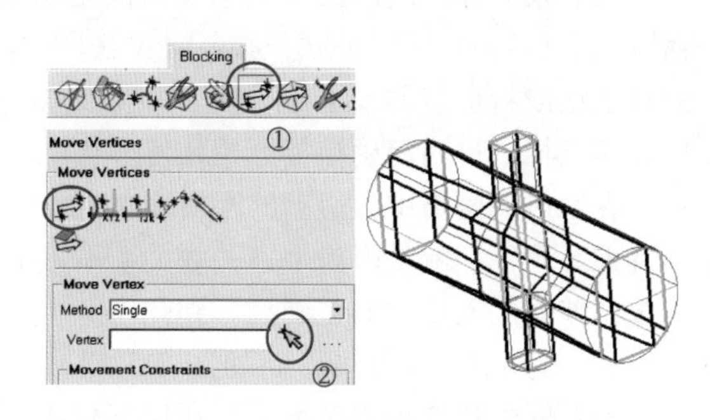

图 2-5-12　交互式移动顶点

3. 顶点和边的颜色含义

顶点和边的颜色表明了不同的关联类型，同时表明了顶点可以移动的方式。顶点和边的颜色约束含义基本相同，不同之处是边的颜色中没有红色。图 2-5-13 所示为不同颜色的顶点和边所代表的约束类型。

红色顶点：约束到几何点（Point），不能移动。解除点约束或改变为其他关联类型后才可以移动。

绿色边/顶点：约束到几何线（Curve），绿色顶点只能在其投影到的线上移动。

黑色边/顶点：约束到面（Surfaces）。黑色顶点可以在任何显示的面上移动，不在面上的顶点会跳到显示出的最近的面上。在传统的 ICEM 图形窗口风格中，图形窗口背景色为黑色，则黑色的边/顶点显示为白色。

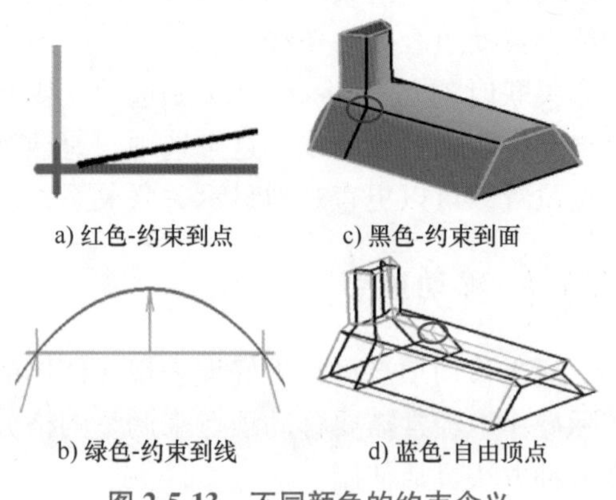

图 2-5-13　不同颜色的约束含义

蓝色边/顶点：表示在块结构的内部。蓝色顶点代表自由顶点，选中顶点并拖动可以沿任意方向移动。选择边上顶点附近的位置并拖动，顶点可以沿其所在的边移动。

5.6.5 设置网格尺寸

对六面体网格设置尺寸，先在 Mesh 选项卡下设置全局尺寸或面线的局部尺寸，如图 2-5-14①所示，然后按图示的②~④步骤进行更新，则尺寸会应用到块中。在模型树中打开几何面显示，如图 2-5-14⑤、⑥所示，Geometry 目录下右击 Surfaces，选中 Hexa Sizes 命令显示网格单元大小，预先判断网格尺寸是否合理。

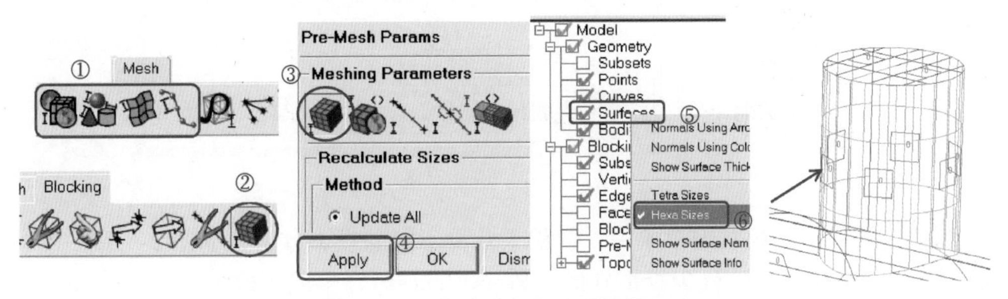

图 2-5-14　通过面和线设置网格尺寸

调整少量边的节点数量，步骤如图 2-5-15 中①~⑧所示，在 Pre-Mesh Params 对话框中，对关键的边分别设置节点数量，逐个细化调整。如果将某条边的节点数（Nodes）设为"11"，则意味着边上的网格数量为"10"。勾选 Copy Parameters 选项后可以将节点数拷贝到所有的平行边，也是常用的操作。如果需要修改的边太多，在 Mesh 选项卡下修改更为方便。

5.6.6 观察边的投影形状

这一步不是必需的，但有助于检查块拓扑是否合理，以便及时修改。如图 2-5-16 所示，在模型树右击 Edges，在弹出的快捷菜单中勾选命令 Projected Edge Shape，边会贴到其投影到的线和面上，显示出块结构捕捉几何体的效果。

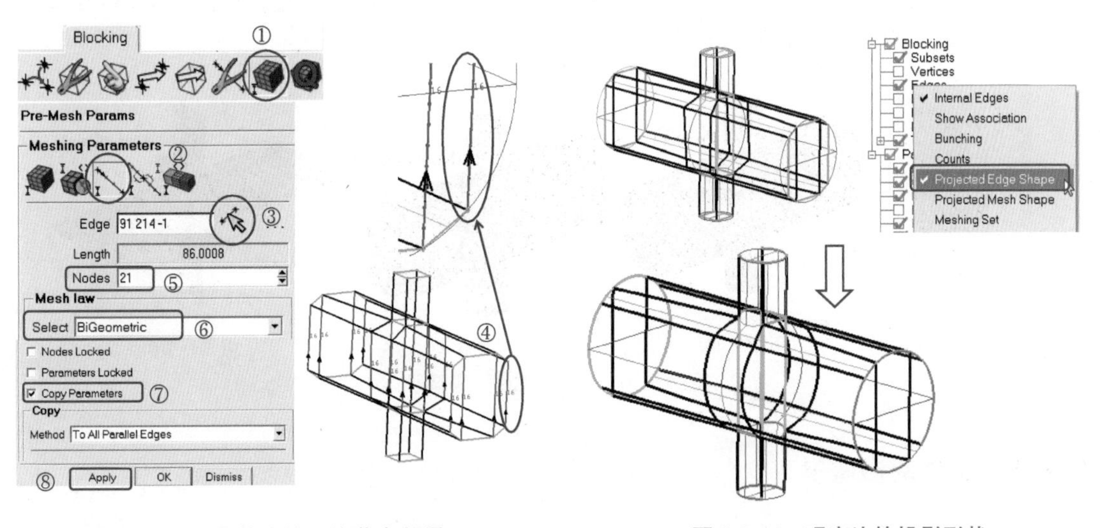

图 2-5-15　调整边的网格节点数量　　　　图 2-5-16　观察边的投影形状

5.6.7 预览网格

在创建块拓扑、关联、移动顶点、调整网格参数等任一环节中，随时可以生成预览网格，观察效果。勾选模型树的 Blocking 目录下的 Pre-Mesh，如图 2-5-17 中①所示，在弹出的对话框中单击 Yes 按钮，如图 2-5-17 中②所示，即可计算六面体网格。

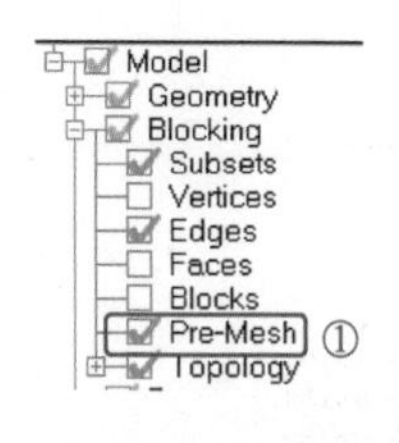

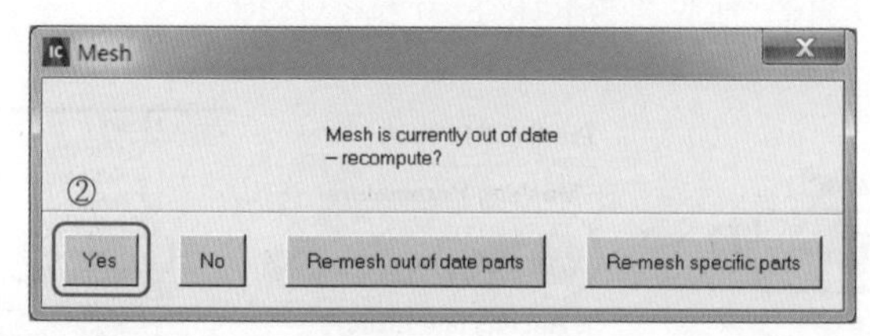

图 2-5-17 预览网格

模型树中 Pre-Mesh 的右键菜单中，提供了几种不同的投影方法，如图 2-5-18a 中①处框线所示。对于三维模型，默认为投影到面（Project Faces），生成网格时，所有块边界的网格节点都会投影到关联的几何线和几何面上，网格可以完全描绘几何体，是分析需要的贴体网格。对四通圆管用 Project Faces 预览网格，结果如图 2-5-18b 所示。

此外还有其他三种投影方法，在预览的网格错乱时可以用于查找原因。

1）No Projection：不投影。网格仅在块内生成，而不向 CAD 几何投影，效果如图 2-5-18c 所示。可用于快速检查块策略是否合理。

2）Project Vertices：投影顶点。生成网格时，块结构边上的顶点投影到关联的几何线或面，不做其他投影。

3）Project Edges：投影边。生成网格时，块结构边上的网格节点投影到关联的几何线或面，但是块结构面上的网格节点不会投影到几何面。通常用于二维模型，用于三维模型时可以作为投影面之前快速观察网格的方法。

为了方便观察，常用的方法是在模型树中打开关心的 Part，关闭其他 Part，观察指定面的网格。内部网格可以使用 Pre-Mesh 右键菜单的 Scan planes 命令检查，如图 2-5-18a 中②处所示，切面显示效果如图 2-5-18d 所示。

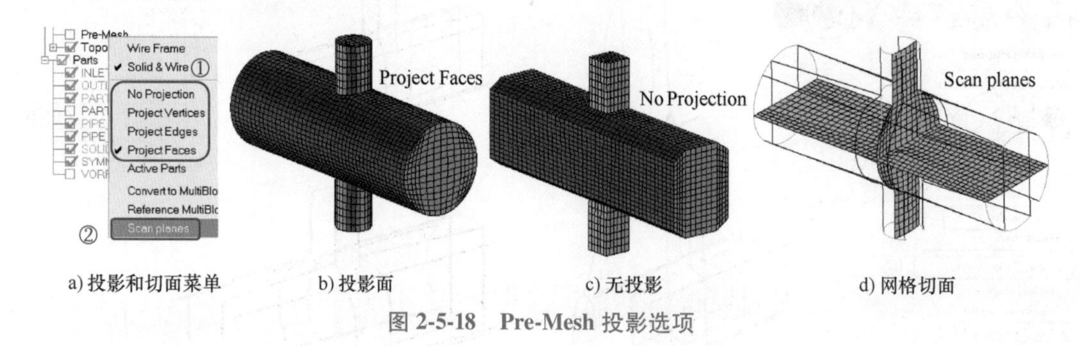

a) 投影和切面菜单　b) 投影面　c) 无投影　d) 网格切面

图 2-5-18 Pre-Mesh 投影选项

5.6.8 检查网格质量

六面体网格的质量检查，在 Blocking 选项卡中单击 Pre-Mesh Quality 图标，如图 2-5-19

中①处所示，此处仅计算 3D 块中的单元质量。Criterion 下拉列表框中提供了多种质量标准，通常用默认选项“Determinant 2×2×2”即可。单击②处的 Apply 按钮，出现③处所示的柱状图。选择左侧的柱状条，图形窗口显示出对应的低质量单元，如图 2-5-19 中④处所示。大部分求解器接受此值大于 0.1 的网格，争取做到大于 0.2。

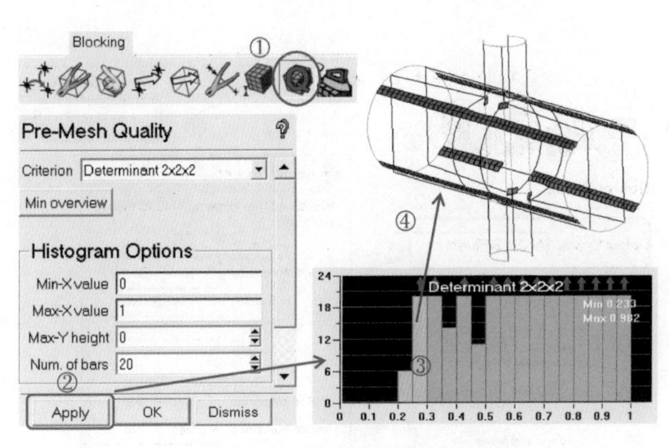

图 2-5-19　检查六面体网格质量

5.6.9　输出网格

Pre-Mesh 只是预览网格，需要转换为永久网格才能输出到求解器。根据求解器的要求，转为非结构网格或结构网格。操作方法有两种：

1）如图 2-5-20a 所示，模型树中右击 Pre-Mesh，在弹出的快捷菜单中选择命令 Convert to Unstruct Mesh/Convert to MultiBlock Mesh，可以转为非结构网格或结构网格，同时在工作路径下保存相应的网格文件，非结构网格为“hex. uns”文件，保存后随即自动打开，模型树中出现 Mesh 节点。这是更常用的方法。

2）如图 2-5-20b 所示，选择主菜单命令 File→Blocking→Save Unstruct Mesh/Save Multiblock Mesh，直接保存为非结构网格或结构网格，需要手动指定文件路径和文件名，保存后不会自动打开，模型树中无 Mesh 节点。

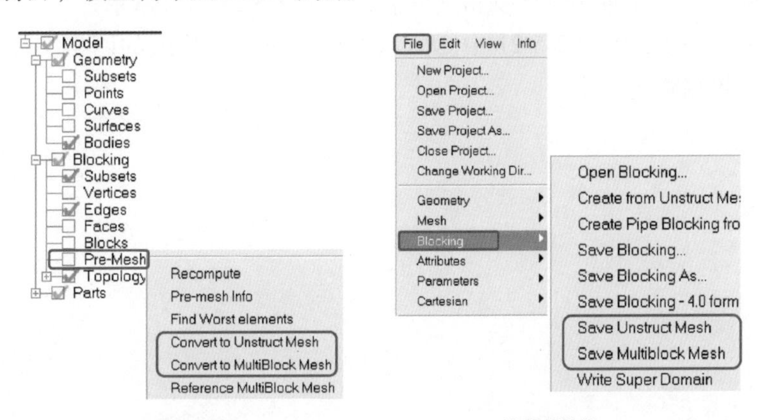

a) 从模型树转换　　b) 从菜单转换

图 2-5-20　预览网格转换为永久网格

一旦转为非结构或结构网格，之后对 Blocking 分块的改变不会再影响网格，但是改变块结构后可以再次转换，覆盖之前的网格。转换之后的网格可以通过 Edit Mesh 选项卡中的工具进行网格编辑，如对网格进行光顺、复制、调整节点等操作。

完成转换以后，需要将网格输出为求解器可以读入的网格文件。图 2-5-21 所示为输出 Fluent 网格的步骤。

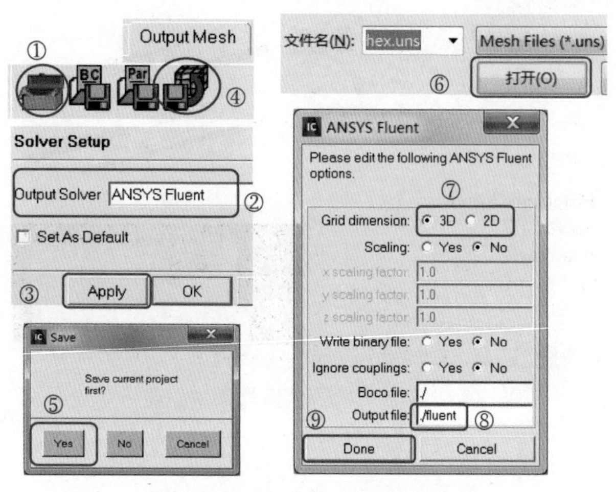

图 2-5-21　输出 Fluent 网格步骤

① 选择求解器。在 Output Mesh 选项卡中单击 Select Solver 图标，如图 2-5-21 中①所示。

② 选择 Output Solver，单击 Apply 按钮确认，如图 2-5-21 中②③所示。

③ 选择 Write Input 图标，如图 2-5-21 中④所示。

④ 弹出是否保存工程文件的对话框，如图 2-5-21 中⑤所示，单击 Yes 按钮。

⑤ 弹出打开文件窗口，默认已选中“. uns”网格文件，单击“打开”按钮，如图 2-5-21 中⑥所示。

⑥ 根据实际模型，选择 3D 或 2D，如图 2-5-21 中⑦所示。

⑦ 在 Output file 文本框中修改网格文件名，如图 2-5-21 中⑧所示。

⑧ 单击 Done 按钮，如图 2-5-21 中⑨所示，则“. msh”格式的网格文件会保存在工作路径下。至此，网格输出完毕。

第 6 章 Ogrid

6.1 Ogrid 定义和作用

Ogrid 是通过一步操作创建的一系列块结构，将网格线排列成“O”型或环型，一个块被自动分割为 5 个子块（2D）或 7 个子块（3D）。Ogrid 是快速生成高质量网格的强大技术，是 ICEM 六面体网格功能最重要的工具之一。

Ogrid 有以下三个基本作用：

1）更好地捕捉几何形状，通常在构建块的早期完成 Ogrid。

2）提高单元质量。在连续的线或面上，没有角的位置，利用 Ogrid 块结构的角点可以使单元平滑过渡，从而提高单元质量。

3）生成高质量的边界层网格。利用 Ogrid 可以对壁面附近的网格布置灵活调整，生成分辨率非常高的边界层网格。

图 2-6-1 以 2D 圆面几何为例，说明 Ogrid 的效果。

图 2-6-1a 所示为创建了 2D 块但并未投影边到几何线的网格，单元质量很高，但很明显没有捕捉到圆面的几何形状。

图 2-6-1b 所示为关联了边和圆周线后生成的网格，此时边上的网格投影到了圆周线上，网格捕捉到了几何形状。但是在箭头指示的位置，即块的 4 个角点附近，网格的正交性很差，扭曲度较高。

图 2-6-1c 所示为在 2D 块中创建了 Ogrid 但未投影的网格。

图 2-6-1d 所示为把四周的边关联到圆周线上得到的网格，可以看到，箭头所指的 4 个角点附近，周向和径向的网格线接近正交，与图 2-6-1b 相比，网格质量明显大大提高。并且在近壁面的区域进行了加密，生成了高质量的边界层网格。用户可以随意调整边界层第一层的高度、层高比、层数等网格参数。

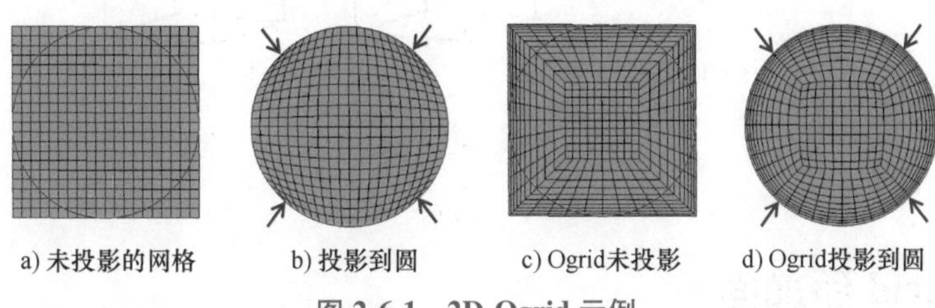

a) 未投影的网格　b) 投影到圆　c) Ogrid未投影　d) Ogrid投影到圆

图 2-6-1　2D Ogrid 示例

所以，用 Ogrid 对圆形几何划分网格，可以改变网格的分布形式，大大提高网格质量。实际应用中，除了圆形或环形，任何形状的几何面，包括 3D 圆柱、圆球、有特定需求的方体等，都可以用 Ogrid 提高网格质量。

基于基本的 Ogrid 技术，可以生成多种变形的 Ogrid。基本变形有三种形式，如图 2-6-2 所示，分别为 Ogrid（整个 Ogrid）、Cgrid（半 Ogrid）和 Lgrid（四分之一 Ogrid）。其中 Cgrid 可以看作由 Ogrid 沿竖直中线劈分得到，Lgrid 则由 Cgrid 沿水平中线劈分得到。每种形式都有其适用场景，本章会陆续介绍。

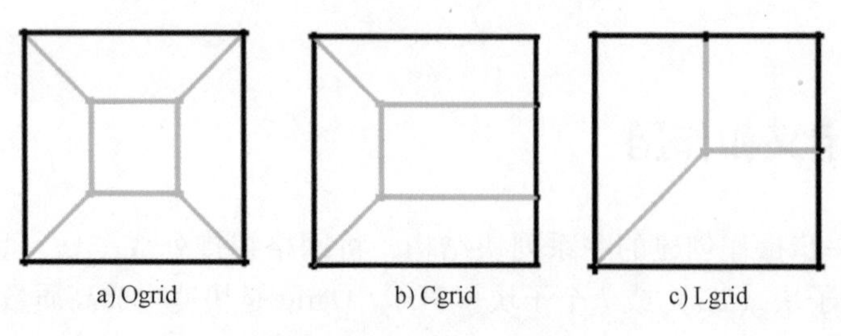

图 2-6-2　**Ogrid 三种变形**

6.2 创建 Ogrid

创建 Ogrid 的界面在 Blocking→Split Block→Ogrid Block，如图 2-6-3a 所示，图中①~④为主要步骤，在 Select Block（s）中单击图标，到图形窗口选择块，如有必要添加面或边，中键确认，单击 Apply 按钮，即可自动生成默认的 Ogrid。

成功创建 Ogrid 以后，2D 初始块被分割为 5 个子块，如图 2-6-3b 所示，3D 初始块被分割为 7 个子块，如图 2-6-3c 所示。黑色的边和顶点表示位于边界上，蓝色则表示位于块的内部。

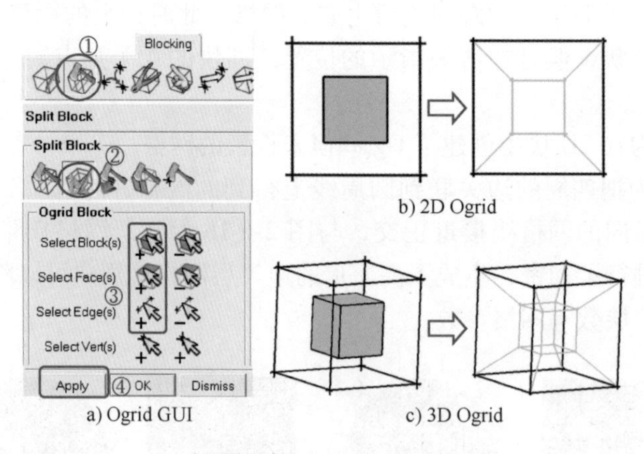

图 2-6-3　**创建 Ogrid**

6.3 为 Ogrid 添加面

图 2-6-3b、c 所示的 Ogrid 在创建时没有添加任何面，Ogrid 完全在所选块的内部生成，很多时候需要 Ogrid 的变体。创建 Ogrid 时添加面，则生成的 Ogrid 将会穿过选定的面，生成

多种变体形式。

如图 2-6-4 所示，对于图 2-6-4a 中的 2D 块，添加了左侧的边，则生成图 2-6-4b 中的块拓扑，Ogrid 穿过了左侧的边，形成半个 Ogrid，也叫 Cgrid，适用于半圆形或类似几何；对于图 2-6-4c 中的 3D 块，添加左侧的面，则生成的 Ogrid 穿过左侧的面，同样形成半个 Ogrid（Cgrid），如图 2-6-4d 所示。

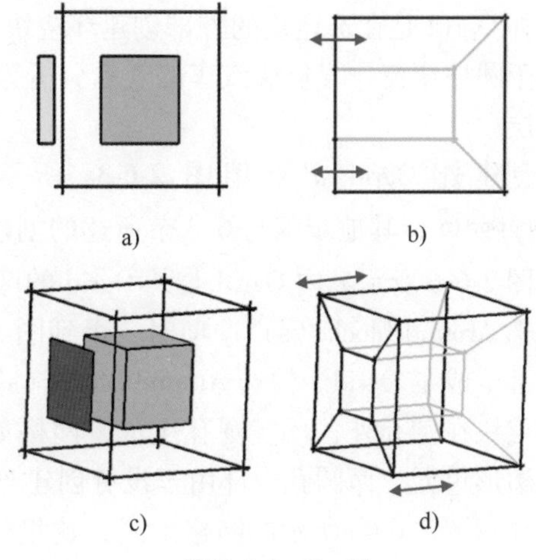

图 2-6-4　Cgrid

一般情况下，添加块中较平坦的面，典型地用于管道的端面、对称平面处以及复杂的 Ogrid 形状。

添加面时，可以选定环绕块的多个面，数量没有限制。但是如果添加环绕块的所有面，结果是没有 Ogrid 生成，因为 Ogrid 穿透了所有的面，所以结果与原始块相比没有任何变化。

如图 2-6-5a 所示，对一个 2D 块添加左边和顶边，生成图 2-6-5b 中的四分之一 Ogrid，即 Lgrid，Ogrid 穿过了左边和顶边，图 2-6-5c 所示为此块结构适用的几何形式。

Lgrid 还有另一个重要的作用，就是对三角形划分映射网格。如图 2-6-5d 所示，对四边形创建了 Lgrid，如果沿箭头所指的虚线分割，就可以得到三角形的 Lgrid 形式，如图 2-6-5e 所示。三角形的 Lgrid 也叫 Ygrid，对于存在尖角的几何，Ygrid 对提高网格质量非常有用。

对于图 2-6-5f 中所示的 3D 块，添加左面和顶面时，生成的 Ogrid 如图 2-6-5g 所示，同样穿过了左面和顶面。从前面和后面看起来是 Lgrid，而从左面和顶面看起来则是 Cgrid。

综上，添加边或面的效果就是使 Ogrid 穿过所选择的边或面。

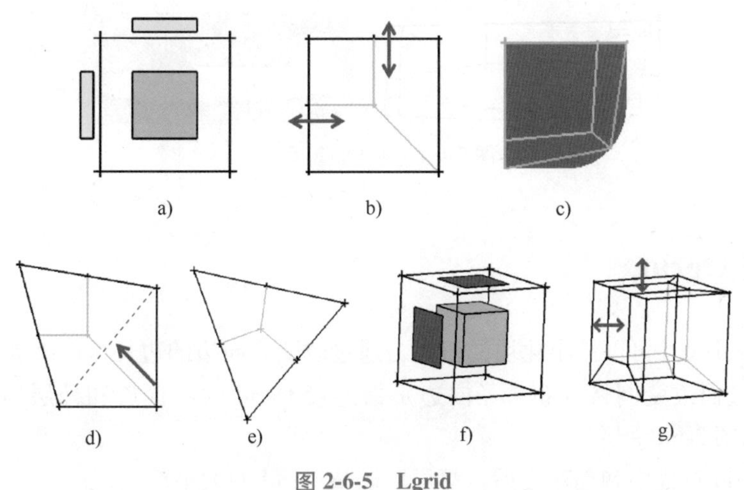

图 2-6-5　Lgrid

6.4 外 Ogrid

外 Ogrid 是在选定块的外部创建环绕块的 Ogrid，对划分固体绕流计算的网格非常方便，应用于圆柱绕流、飞机或汽车的气动分析等外流场计算，可以灵活、有效地加密围绕实体的边界层。

创建外 Ogrid 仍然用图 2-6-3a 所示的界面，但要勾选 Around block（s）选项 ☑ Around block(s)，其他步骤与 6.3 节所述的创建内 Ogrid 相同。

图 2-6-6 所示为内 Ogrid 与外 Ogrid 的区别。对图 2-6-6a 中的 2D 圆孔四边形创建 Ogrid，未勾选 Around block（s）选项时，得到图 2-6-6b 中的块结构，网格如图 2-6-6c 所示，在圆孔内部生成了 Ogrid。勾选 Around block（s）选项时，得到图 2-6-6d 中的块结构，Ogrid 的 4 个外层块在圆孔外、环绕圆孔生成，网格如图 2-6-6e 所示，在圆孔外围生成了正交性很高的四边形单元，而圆孔内部由于没有创建 Ogrid，在角点处生成的单元正交性不高。

注意图 2-6-6e 所示的网格形式，这里仅用于说明网格效果，实际分析中如需保留圆孔内的域，则在圆孔内也要生成 Ogrid，以提高整体网格质量。更常见的处理方式，是将外 Ogrid 用于绘制外流场网格时，把外 Ogrid 的内层块（即几何中固体所在的块，流场分析中不需要的域）删除或隐藏，再生成网格。图 2-6-7 所示为一个外气动分析的网格案例，利用外 Ogrid 创建出高质量的边界层网格。

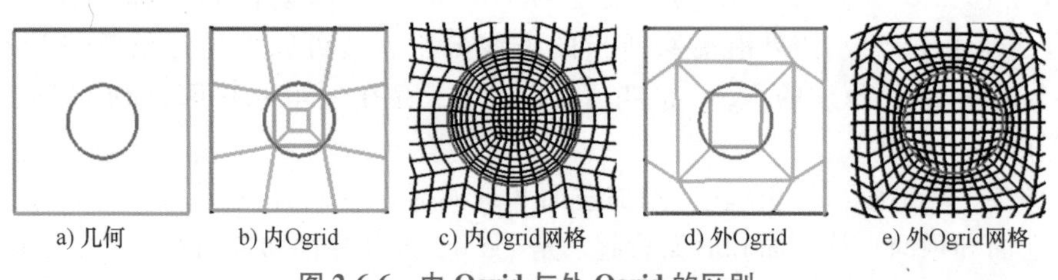

图 2-6-6　内 Ogrid 与外 Ogrid 的区别

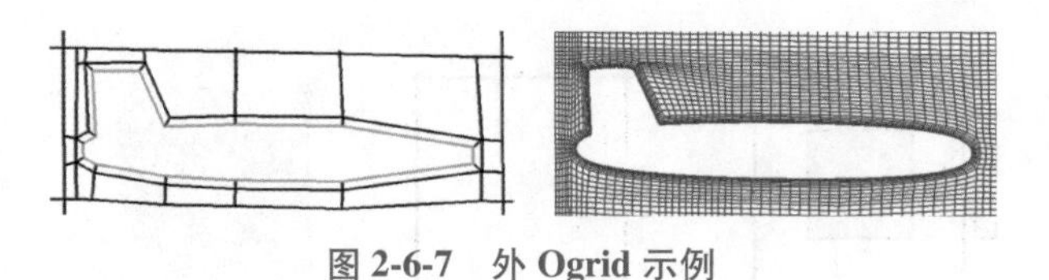

图 2-6-7　外 Ogrid 示例

6.5 缩放 Ogrid

默认的 Ogrid 尺寸可以最小化块的扭曲，通过改变径向边的边长可以缩放 Ogrid，改变内部块的大小，进而改变网格分布。径向边是指连接 Ogrid 内层顶点和外层顶点的边。缩放 Ogrid 的效果如图 2-6-8 所示。

在创建 Ogrid 过程中和创建之后，都可以调整 Ogrid 的大小。

1）在创建过程中调整 Ogrid 的大小。如图 2-6-9 所示左图，在创建 Ogrid 过程中，修改

Offset 值即可。当未勾选 Absolute 选项时，Offset 值是相对距离。较大的 Offset 值生成的径向边较大，所以 Ogrid 内层块较小。反之，较小的值生成的径向边较小，所以 Ogrid 内层块较大。勾选 Absolute 选项时，Offset 值是 Ogrid 中径向边的实际长度。例如，设定 Offset 为“7”，则表示 Ogrid 中所有径向边的长度均为 7 个单位。

2）创建 Ogrid 之后再调整大小。如图 2-6-9 右图所示，激活 Blocking→Edit Block →Modify Ogrid ，在图形窗口选择 Ogrid 的径向边，设定合理的 Offset 值，单击 Apply 按钮确认即可。Ogrid 的缩放由 Absolute distance 选项和 Offset 值控制。未勾选 Absolute distance 选项时，所选边的 Offset 值为“1”，输入的 Offset 值为当前的 Ogrid 尺寸所乘的因子，小于 1 的值生成更小的径向边和更大的内层块，大于 1 的值则生成更大的径向边和更小的内层块。勾选 Absolute distance 选项时，Offset 值则为 Ogrid 中径向边的最新边长。

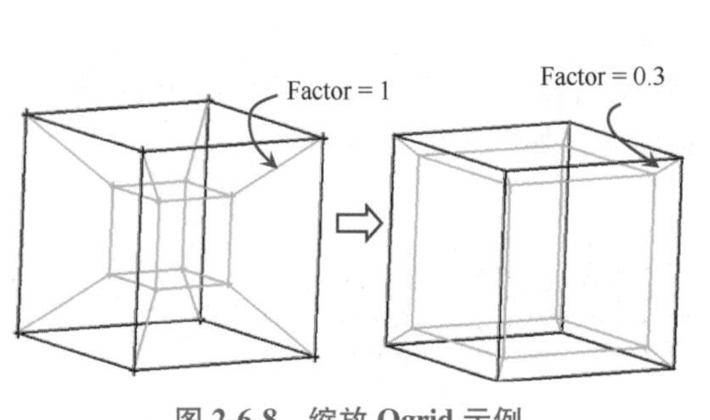

图 2-6-8　缩放 Ogrid 示例

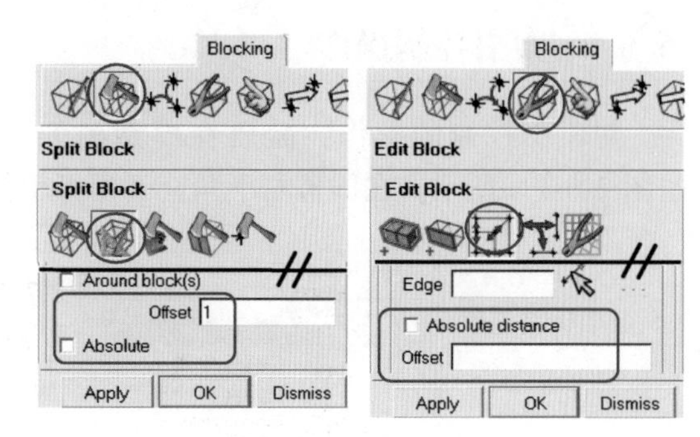

图 2-6-9　缩放 Ogrid 界面

6.6 索引控制

6.6.1 索引规则

索引控制主要用于控制块和顶点的可视性，在分割块、创建 Ogrid、调整 Ogrid 大小等操作中非常有用，尤其当几何模型复杂、分割的子块过多时，合理使用索引控制可以帮助简化操作，提高效率。

创建初始块后，自动生成全局索引表（Index）。所有的块和顶点的索引都排列在全局索引表中。索引的方向用 I、J、K 表示，分别对应全局直角坐标系的 X、Y、Z 三个方向，并与之对齐。通过分割创建的子块同样保持这个方向。但是 Ogrids 不符合这个方向，因此每个 Ogrid 创建一个新的索引方向，第一个 Ogrid 为 O3，以后依次为 O4、O5…。

顶点索引通过右击模型树中 Vertices，在快捷菜单中勾选 Indices 命令显示，如图 2-6-10a 所示。图 2-6-10b 中位于坐标系原点的顶点索引编号为（1 1 1），表示此顶点在 I、J、K 三个方向的索引编号均为 1，也表示在直角坐标系中沿 X、Y、Z 三个方向的正向均为第一个顶点。其他值依此类推。对于 Ogrid，内层顶点的索引编号由 4 组数字组成，如图 2-6-10c 中的（1 2 1 3：1），分别表示 I=1，J=2，K=1，Ogrid3=1。其中 Ogrid3=1 表示此顶点为 O3 中的第一层内部顶点。如果在 O3 的内部块中再生成 Ogrid，则编号的第 4 组数字为 3：2，表示此顶点为 O3 中的第二层内部顶点；如果在其他块中生成另一个 Ogrid，则编号的第 4 个数字为 4 : 1，依此类推。

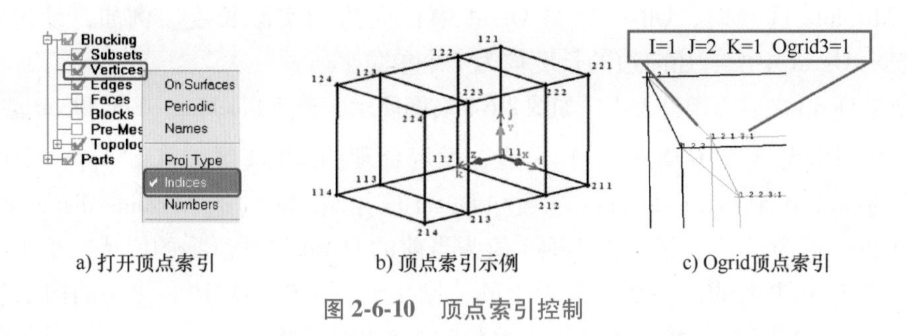

a) 打开顶点索引　　b) 顶点索引示例　　c) Ogrid顶点索引

图 2-6-10　顶点索引控制

6.6.2 索引控制操作

对索引控制的操作，需要在模型树的 Blocking 右键菜单中单击 Index Control 命令，如图 2-6-11a所示，在屏幕右下角会弹出索引控制界面，如图 2-6-11b 所示。

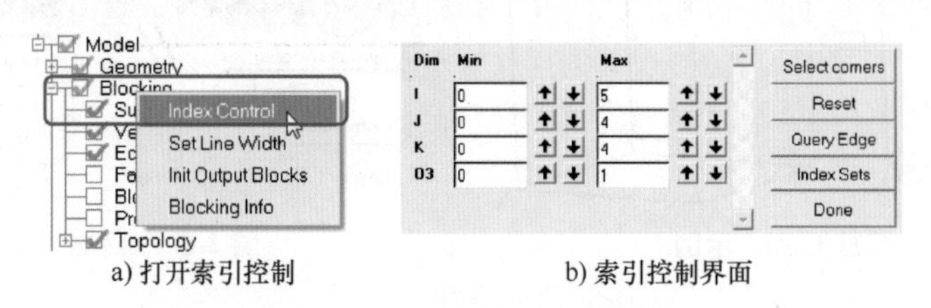

a) 打开索引控制　　b) 索引控制界面

图 2-6-11　索引控制界面设置

Min 栏与 Max 栏：可见块的最小和最大索引值。调整箭头或输入数值来控制块的可视性。索引编号在 Min 和 Max 之间的块显示在图形窗口，索引编号小于 Min 和大于 Max 的块均不可见。

Select corners 按钮：选择块的对角点。到图形窗口选择块的两个对角点，则仅显示位于两点之间的块，这种方法通常比调整箭头更方便快捷。

Reset 按钮：重置最小值和最大值，使所有块可见。

Index Sets 按钮：导入或保存索引设置。

Done 按钮：关闭索引控制界面。

创建 Ogrid 后，在索引控制中会添加新的索引方向，并在信息窗口出现“定义了新的 Ogrid 索引”提示信息。Ogrid 的方向以 On 命名，n 从 3 开始。因为 0、1、2 已经分别代表了 I、J、K 三个方向。

以一个 2D 的方形块为例，说明索引控制的作用。如图 2-6-12a 所示，对 2D 块创建 Ogrid，并在 X、Y 两个方向分别分割一次，在索引控制界面中设置不同的值，显示效果分别如图 2-6-12b ~ d 所示。

在构建块的过程中，有很多常用的操作默认是仅作用于可见块的，如切分块、延伸切分、缩放 Ogrid 等。所以，用索引范围控制块的可视性，对快速、正确地创建块结构非常有利。如果结构中有 Ogrid，边会比较多，适当应用索引控制可以大大方便观察和操作。

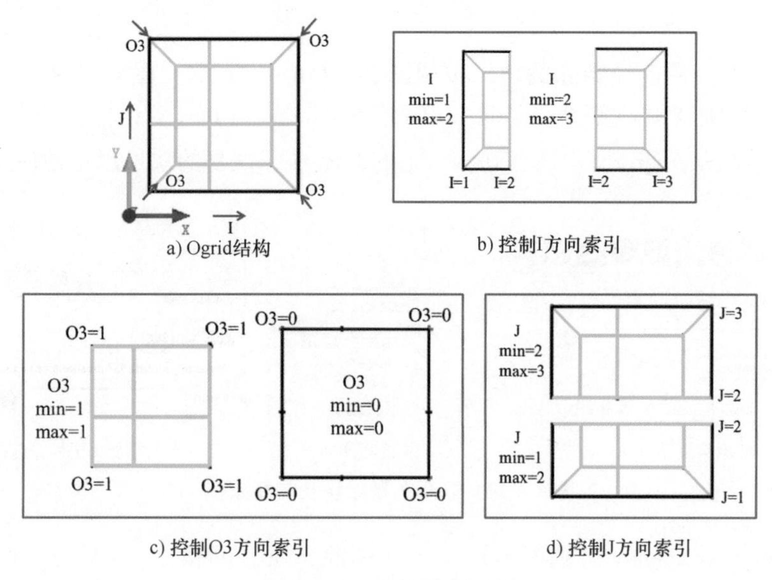

a) Ogrid结构　　b) 控制I方向索引

c) 控制O3方向索引　　d) 控制J方向索引

图 2-6-12　索引控制示例

6.7 VORFN

创建初始块时，模型树中的 Parts 目录下自动建立名为 VORFN 的 Part，如图 2-6-13a 所示。VORFN 的作用有两个：保留全局索引排列、用作块的回收站。

1）VORFN 用于保留全局索引排列。创建初始块的同时，除了创建包围几何体的块，还会在几何体的外围生成一层块，位于 VORFN 中，默认不显示，勾选 VORFN 时才可见。如图 2-6-13b 所示，在立方体块的 6 个面周围均生成了一层块，这些块的边在图形窗口中显示为蓝色。索引排列从 VORFN 内的第一个顶点开始，在 I、J、K 三个方向均以 0 开始编号，且以 VORFN 内的最后一个顶点结束。所以，图 2-6-13b 中虽然只创建了一个初始块，但三个方向的索引编号最小值均为 0，最大值均为 3，如图 2-6-13c 中的索引控制界面所示，实际在每个方向都有 3 个块。

a) 打开VORFN　　b) VORFN显示效果　　c) 索引编号范围

图 2-6-13　VORFN 索引

2）VORFN 用作块的回收站。在图 2-6-14a 所示的删除块窗口中，默认情况下，永久删除选项 Delete permanently 是不勾选的，删除的块将放入 VORFN 中。VORFN 处于休眠状态，不会在其中计算网格，但是会帮助维持块之间的连续性，从而使未删除的块中的网格保持原有连续性。

如果需要重新使用已经删除的块，按照图 2-6-14b、c 所示，在模型树中指定的 Part 处右击，在弹出的快捷菜单选择命令 Add to Part，弹出 Add to Part 对话框，单击 Add Blocks to Part 图标，将块从 VORFN 中恢复到所指定的 Part 中，恢复的块可以正常使用。

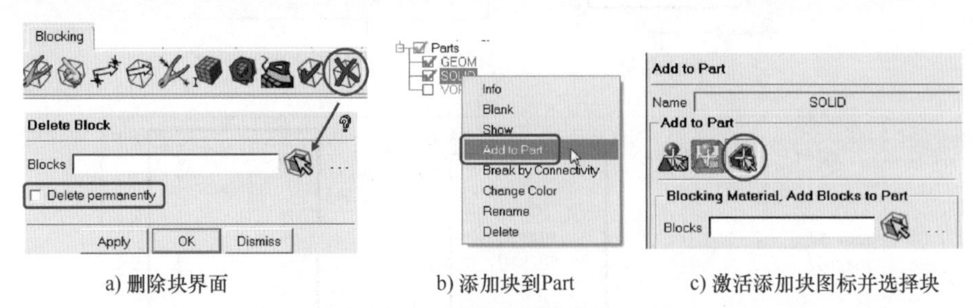

a) 删除块界面　　b) 添加块到Part　　c) 激活添加块图标并选择块

图 2-6-14　非永久删除块及恢复操作

勾选 Delete permanently 选项时，块被永久删除，块和网格之间的连续性会受到破坏，VORFN 区域重新生成。永久删除块在某些情况下有用，但是会重新排列块的索引。通常会导致最终的索引结构复杂化，且操作困难。

如图 2-6-15a 所示，图中箭头所指的块对应几何中的孔。不勾选 Delete permanently 选项时，即使删除了这个块，孔周围相对边上的网格节点也是相等且一一对应的（见图 2-6-15b），网格仍保持原有的连续性。但是勾选 Delete permanently 选项时，将块永久删除，生成的网格如图 2-6-15c 所示，相对边上的网格节点分布不再由 VORFN 块连接，节点数可以不相等。

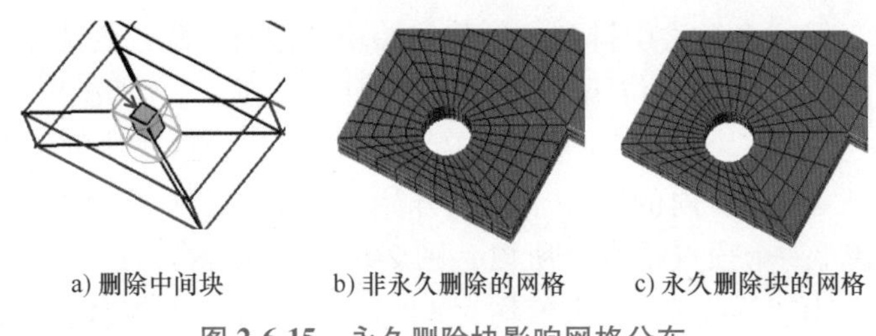

a) 删除中间块　　b) 非永久删除的网格　　c) 永久删除块的网格

图 2-6-15　永久删除块影响网格分布

6.8 检查网格切面

检查网格切面用来观察块内部的网格，可以结合质量柱状图来诊断坏网格的位置和成因。如图 2-6-16a 所示，在模型树 Pre-Mesh 的右键菜单中，单击 Scan plans 可以调出位于屏幕右下角的浏览切面面板，如图 2-6-16b 所示，图形窗口中显示出如图 2-6-16c 所示的网格切面。

图 2-6-16b 中，#0、#1、#2 分别代表 I、J、K 方向，#3 代表 Ogrid3 方向，如果还有#4，则表示 Ogrid4 方向，以此类推。勾选复选框显示垂直该方向的网格切面。

Block Index 栏：切面所在块的索引编号。

Grid Index 栏：Block Index 指向的块内，节点层数的编号，即表示切面是块内第几层。

Select 按钮：选择一条边，图形窗口出现垂直此边的网格切面，同时对应的 On 列中的

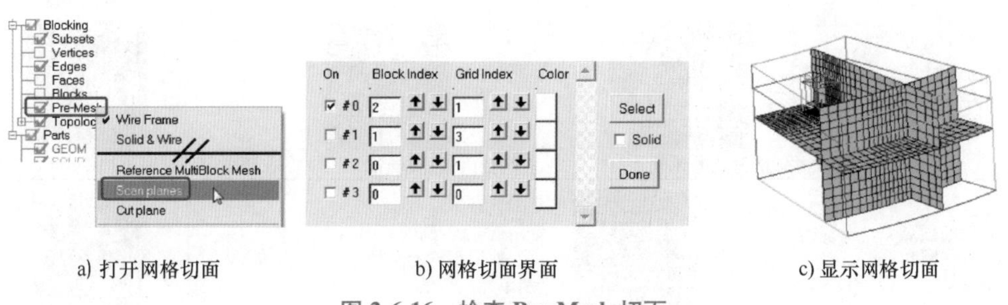

a) 打开网格切面　　b) 网格切面界面　　c) 显示网格切面

图 2-6-16　检查 Pre-Mesh 切面

方向自动激活勾选。

Solid 选项：勾选此项时以实体形式显示网格切面。

Done 按钮：关闭面板。

6.9　基本块结构

图 2-6-17 ~ 图 2-6-19 所示为基本块结构的适用场景，供读者在实际操作时参考。

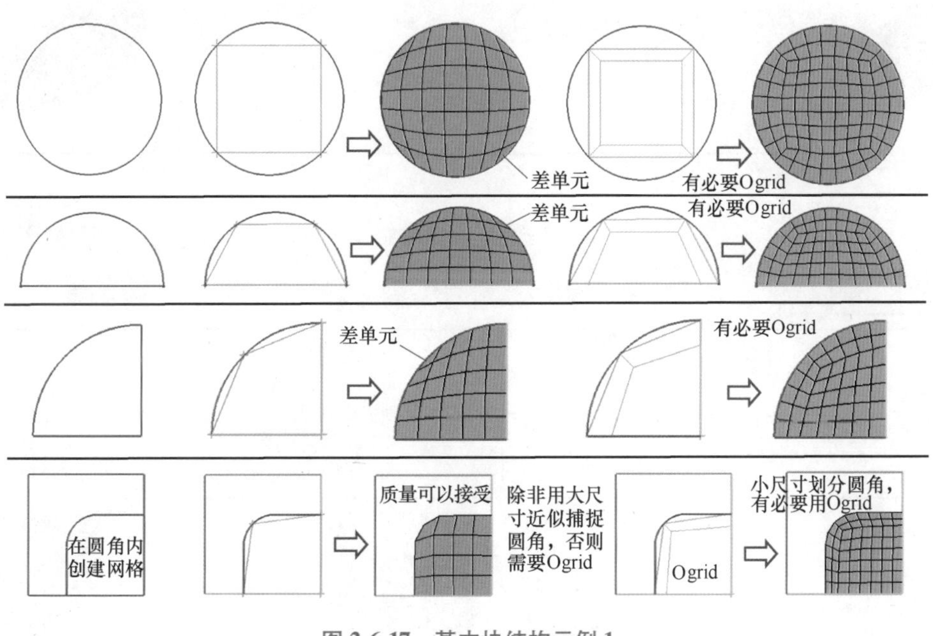

图 2-6-17　基本块结构示例 1

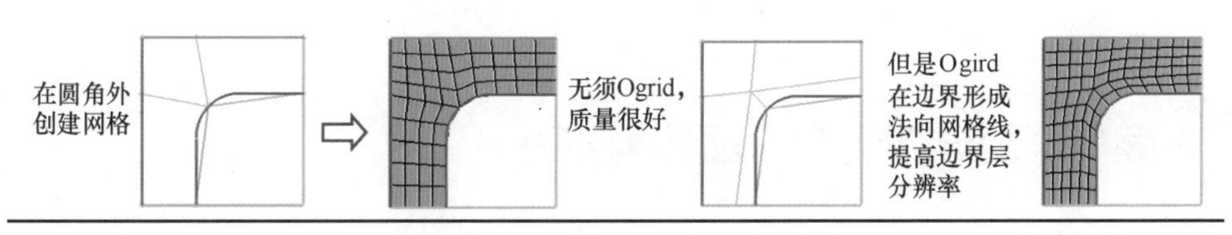

图 2-6-18　基本块结构示例 2

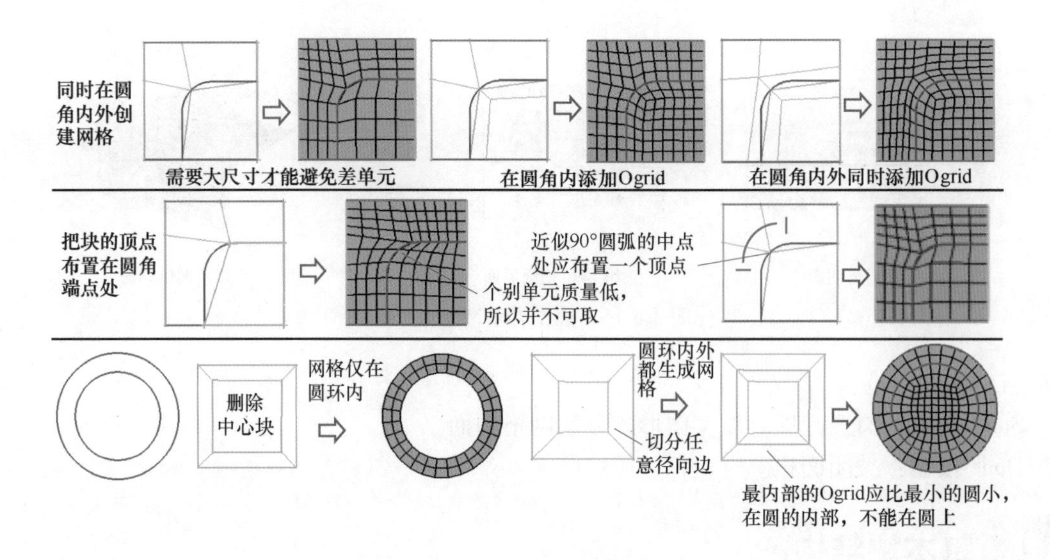

图 2-6-18　基本块结构示例 2（续）

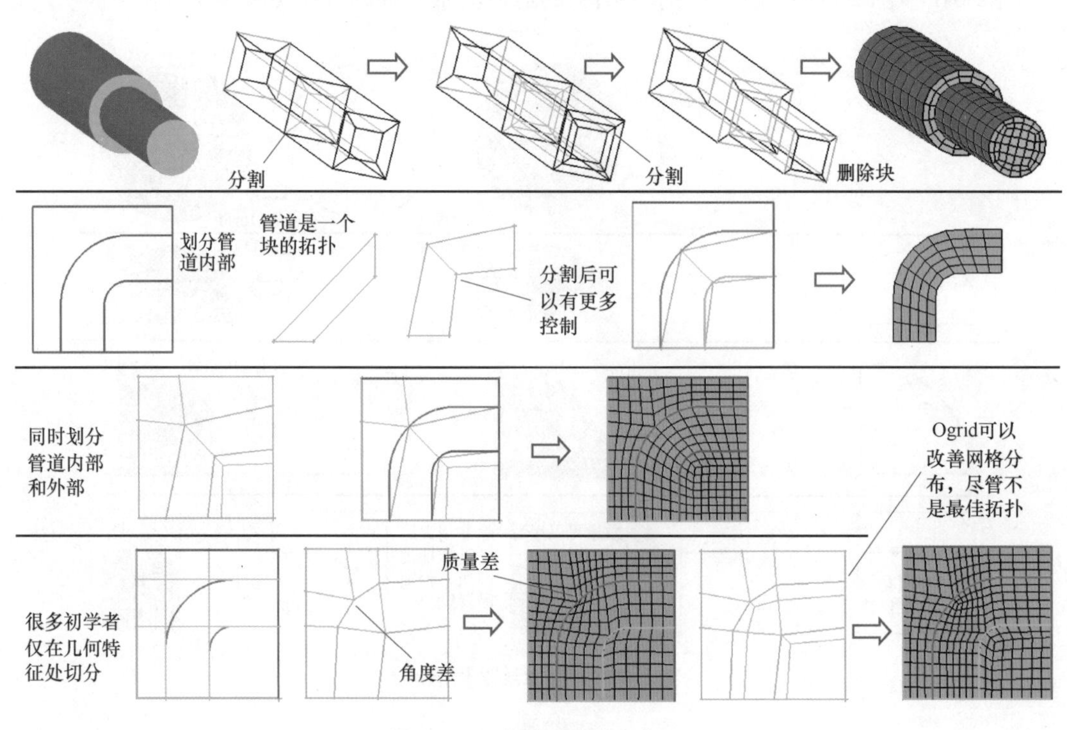

图 2-6-19　基本块结构示例 3

6.10　案例：划分四通管六面体网格（一）

本例对四通管划分六面体网格，几何模型如图 2-6-20 所示，为四分之一模型。先对整体构建捕捉几何形状的块结构，再处理中空的圆柱杆部分，然后创建两个 Ogrid 提高网格质量。将分两部分完成，第一部分仅构建出基础网格，第二部分做更细致的处理，将在“案例：划分四通管六面体网格（二）”（见本篇 7.5 节）中完成。这两个为基础案例，将详细描述操作步骤及注意事项，建议初学者认真练习。

步骤 1： 创建工程文件。

在菜单中选择命令 File→New Project，创建新的工程文件，文件名中输入“3DPipe”并保存。

如图 2-6-21 所示，按照步骤①~⑦所示依次操作：选择菜单命令 File→Import Model，浏览进入 3DPipeJunct 文件夹，文件类型改为“Parasolid（*.x_t，*.x_txt...）”，选择“3dpipes.x_t”文件，单击“打开”按钮，界面左下角出现 Import Model 对话框，拖动滚动条至最底部，Unit 下拉列表框中选择 Inches，单击 Apply 按钮。

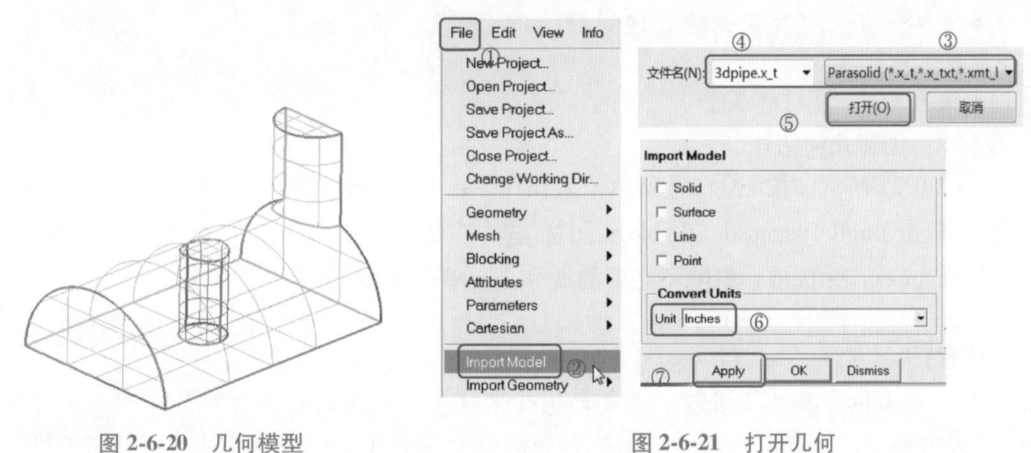

图 2-6-20　几何模型　　　　图 2-6-21　打开几何

提示：

- 导入的几何体是一个四分之一的四通管，默认情况下只显示线。

在屏幕上移动几何，练习鼠标的使用：左键旋转，中键平移，长按右键从上到下移动光标为缩小，右键从下到上为放大，右键从左到右为在当前平面上逆时针旋转，右键从右到左为在当前平面上顺时针旋转。

注意：

- 尽管 ICEM 没有量纲，但 Parasolid 文件始终以米为单位，所以导入几何时要转换为 CAD 中使用的量纲，也可以之后用命令 Transform →Scale 缩放模型尺度。

仔细观察可以发现，在中间的小圆柱上有重合的线，所以需要对几何进行简化处理。如图 2-6-22 所示，在 Geometry 选项卡中单击 Delete Curve 图标，勾选 Delete Permanently 选项，在选择工具栏中单击按钮，或键入“a”选择所有线，永久删除原始模型中所有的线。

用同样的步骤删除所有点，在 Geometry 选项卡中单击 Delete Point 图标，勾选 Delete Permanently，在选择工具栏中单击按钮，或键入“a”选择所有几何点，永久删除原始模型中所有的点。

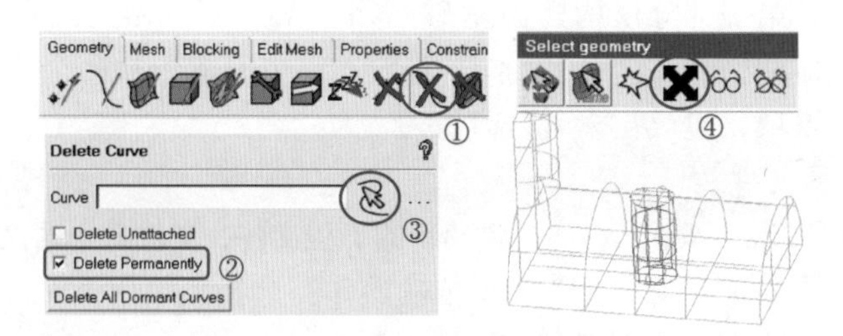

图 2-6-22　删除几何线

> **注意：**
>
> ● 删除线和点并不会改变几何拓扑，只要有几何面，创建拓扑后会生成新的线和点。

步骤 2：创建几何拓扑。

如图 2-6-23 所示，按照①~④所示依次操作，在 Geometry 选项卡中单击 Repair Geometry 图标，单击 Build Diagnostic Topology 图标，确认未勾选 Inherit Part 选项，勾选 Filter points 和 Filter curves 选项，删除不必要的线和点，单击 Apply 按钮。

> **注意：**
>
> ● 勾选 Inherit Part 选项时，将会把拓扑生成的线和点放到原有的 Part 中。不勾选 Inherit Part 选项时，拓扑完成后生成的线和点将会被放到默认的 GEOM 中，同时 GEOM 显示在模型树的 Parts 下。也可以直接输入其他 Part 名称，将线和点放入其中。

如图 2-6-24 所示，在模型树中勾选 Curves 和 Points 以显示。图中出现红色和蓝色的线和点。在模型树 Geometry 目录下右击 Curves，发现快捷菜单中默认 Color by Count 是勾选状态，线自动根据其连接面的数量着色。

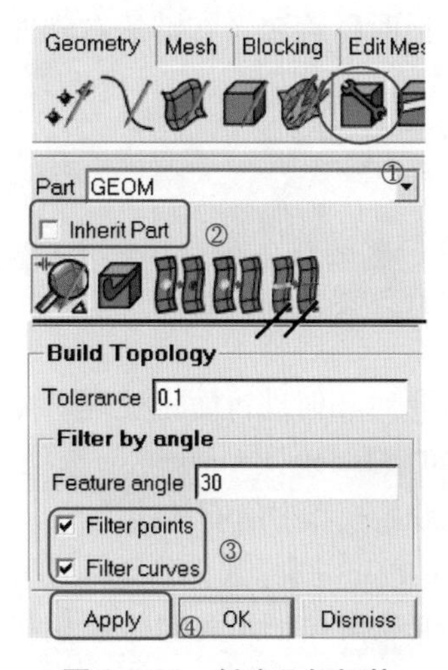

图 2-6-23　创建几何拓扑

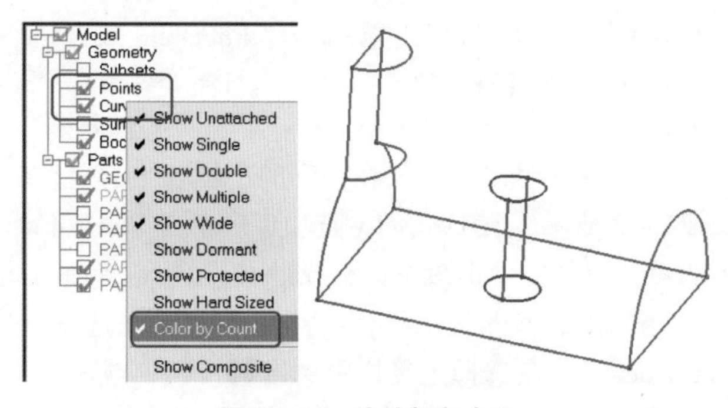

图 2-6-24　线的颜色含义

注意：

● 线的颜色有助于发现几何特征潜在的问题。红线代表双线（连接两个面的线）；黄线代表单线（仅与一个面相连的线），有黄线时要检查几何体中是否存在缝隙或洞；蓝线代表多线（连接多个面的线）；绿线代表孤立的线（不与任何面相连的线）。

步骤 3：为几何面创建 Part。

如图 2-6-25a、b 所示，按照①~④所示依次操作，在模型树中勾选 Geometry 目录下的 Surfaces 显示出面，右击 Parts 选择 Create Part 命令，在弹出的 Create Part 对话框中的 Part 文本框内输入 INLET 作为 Part 名，单击 Select entities 图标，到图形窗口选择（单击）大圆柱的端面，中键确认。创建成功后在模型树中出现名为 INLET 的 Part。

用同样的方法创建其他 Part，先在 Create Part 对话框中修改名称，再到图形窗口选择面，中键即可完成。结果如图 2-6-25c 所示，小圆柱的端面为 OUTLET，两个圆周面为 PIPES，两个平面为 SYMM，中间圆柱杆的四个表面为 ROD。

注意：

● Part 名不要以数字或符号开头。

如图 2-6-25d 所示，右击模型树中的 Parts，选择 Delete Empty Parts 命令，删除空的 Part。再单击“Good” Colors，重新为所有的 Part 分配颜色。

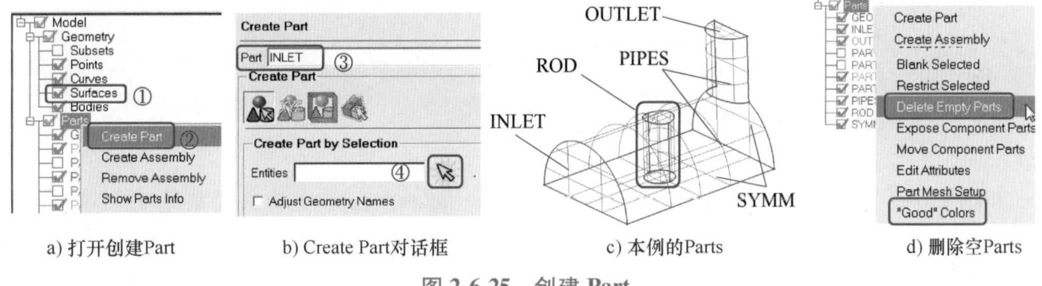

a) 打开创建Part　b) Create Part对话框　c) 本例的Parts　d) 删除空Parts

图 2-6-25　创建 Part

提示：

● 图形窗口显示的几何体的颜色和所属 Part 的字体颜色相同，用“Good” Colors 命令可以避免不同的 Part 颜色重复，便于区分。

步骤 4：创建 Body。

如图 2-6-26a、b 所示，按照①~③所示依次操作，在 Geometry 选项卡中单击 Create Body 图标，在 Part 文本框中输入 FLUID_MATL 作为 Part 名，单击 Material Point-Select location（s）图标，到图形窗口中选择箭头所指的两个屏幕位置④和⑤，中键。两个位置的中点处出现 FLUID_MATL，如图 2-6-26c 所示，表示围绕中点的封闭区域将生成一个计算域，网格会存储在 FLUID_MAT 中。同时在模型树中生成名为 FLUID_MATL 的 Part，且 Geometry 中创建了体（Bodies）。旋转几何体进行查看，确认材料点 FLUID_MATL 位于要划分网格的区域内部。

在模型树中右击 Parts，选择命令“Good” Colors。选择菜单命令 File→Save Project 保存工程文件。

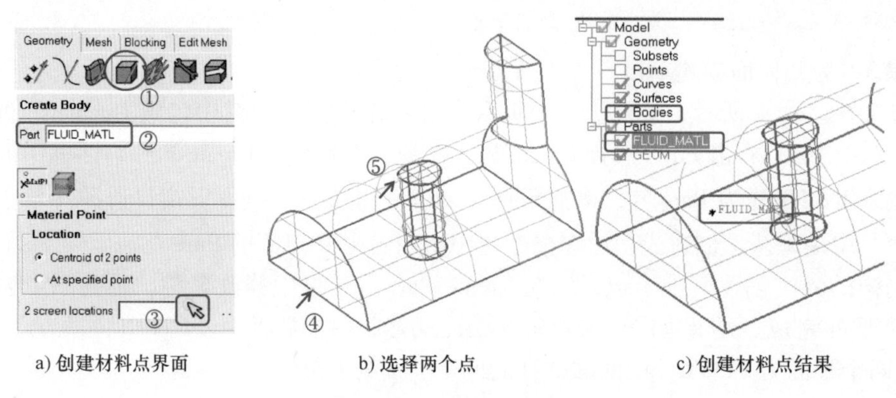

a) 创建材料点界面　　b) 选择两个点　　c) 创建材料点结果

图 2-6-26　创建材料点

步骤 5：创建初始块。

如图 2-6-27 中①所示，在 Blocking 选项卡中单击 Create Block 图标，在弹出的 Greate Block 对话框中单击 Initialize Blocks 图标，在②处 Part 下拉列表框中选择 FLUID_MATL。其他设置保持默认，直接单击 Apply 按钮，创建包围几何体的初始块，同时几何线自动改变颜色，便于观察。

提示：

- 创建的初始块将放到 FLUID_MATL 中。

如图 2-6-27 中④~⑤所示，在模型树中右击 Surfaces，在弹出的快捷菜单中勾选 Solid & Wire 命令以实体显示面，再勾选 Transparent 命令以透明体显示面，可以看到初始块的边包围了整个几何体。

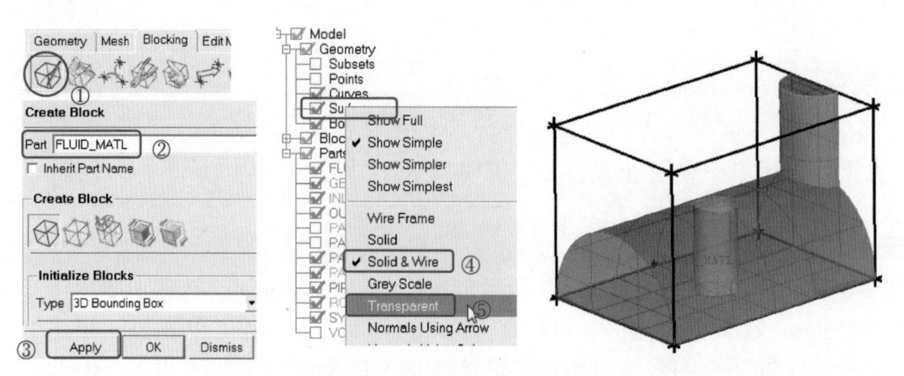

图 2-6-27　创建初始块

步骤 6：分割块。

为了构建符合几何形状的块拓扑结构，需要将初始块进行分割。

如图 2-6-28 所示，按照①、②所示依次操作，在 Blocking 选项卡中单击 Split Block 图标，在 Split Block 对话框中单击 Split Block 图标，单击 Select edge（s）图标，选择图中③处箭头所指的竖直边，按住左键并拖动，直到与 INLET 面的半圆弧线大概相切的位置，如图中③处所示位置，放开左键，中键确认，完成切割，新生成的边垂直于选择的边。用同样的方法，再做一次竖直切割，如图中④处所指的位置。

> **提示：**
>
> - 如果需要调整视角，按下<F9>键或单击选择工具栏的图标，旋转模型到合适的位置，再按<F9>键切换回分割模式。如果选错了边，右击即可取消。

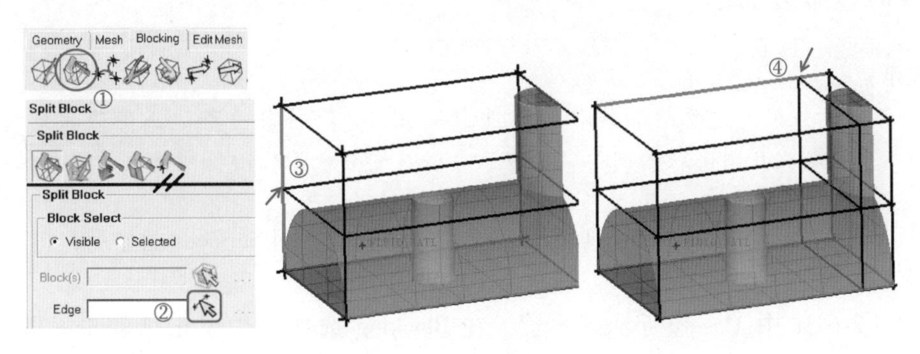

图 2-6-28　分割块

步骤 7：删除块。

如图 2-6-29 中①所示，单击 Blocking 选项卡中的 Delete Block 图标，选择②处箭头所指的块，中键，删除块。再按中键或右击退出操作，结果如图 2-6-29 中的右图所示。

> **提示：**
>
> - 选择块时，单击块的边线更容易选中。

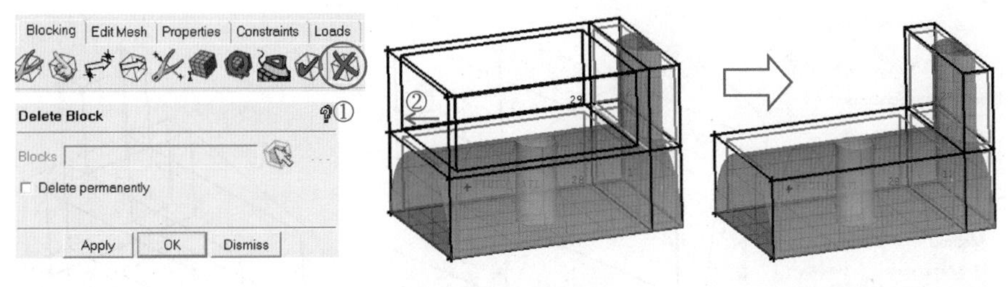

图 2-6-29　删除块

在小圆柱的两侧仍然有多余的块，所以要继续分割、删除。如图 2-6-30 所示，分割图 2-6-30a 中箭头所指的边，分割位置与圆周线大致相切即可。再删除小圆柱两侧的块，如

图 2-6-30b 中箭头所指的块，雕刻出小圆柱，结果见图 2-6-30c。

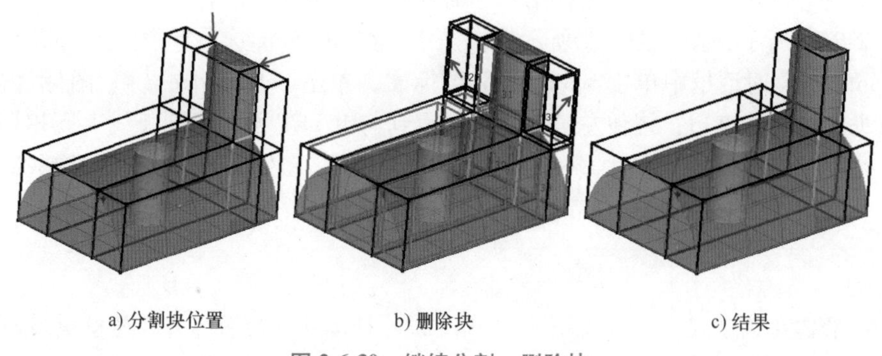

a) 分割块位置　　b) 删除块　　c) 结果

图 2-6-30　继续分割、删除块

步骤 8：关联边和线。

> **提示：**
>
> ● 关联的作用是建立边和线之间的投影关系，只有将每一条边正确关联到对应的线，才能生成捕捉几何形状的网格，所以，关联在划分六面体网格中是至关重要的一步。

为了方便观察，在模型树 Model 目录下的 Geometry 中关闭 Surfaces 面显示，打开 Curves 线显示。

参考图 2-6-31 中①~⑧所示的步骤，在 Blocking 选项卡中单击 Associate 图标→Associate Edge to Curve 图标，勾选 Project vertices 选项，选择 Select edge（s）图标，按照图 2-6-31b 中箭头所示，先选择围绕 INLET 面半圆弧的 5 条边，选中的边以红色显示，单击鼠标中键，选择过滤器自动切换到线选择模式，再选择 INLET 面的半圆弧线，中键，完成关联，结果如图 2-6-31c 所示。

> **提示：**
>
> ● 被关联的边变成绿色，同时边和其关联到的线之间建立了约束关系，边上的顶点自动移到线上，且只能沿线移动。

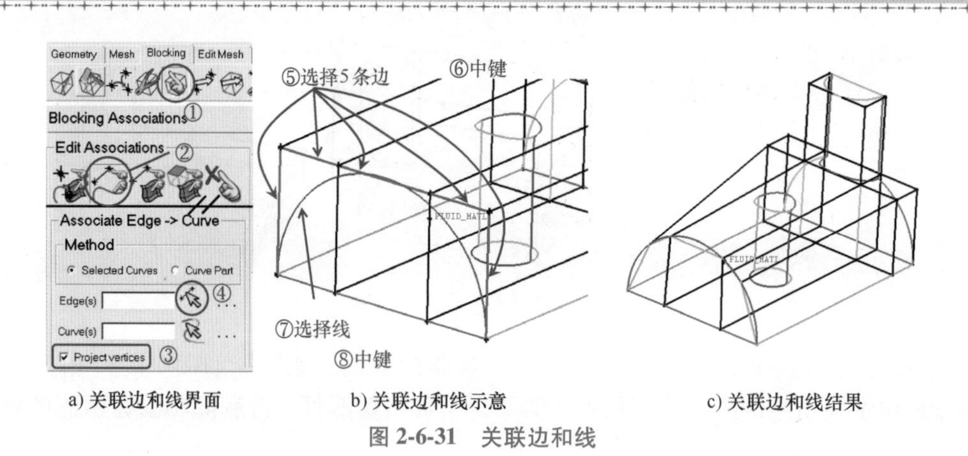

a) 关联边和线界面　　b) 关联边和线示意　　c) 关联边和线结果

图 2-6-31　关联边和线

如图 2-6-32 所示，按照①~④中指引线所示，继续关联边到线，得到右下图的结果。

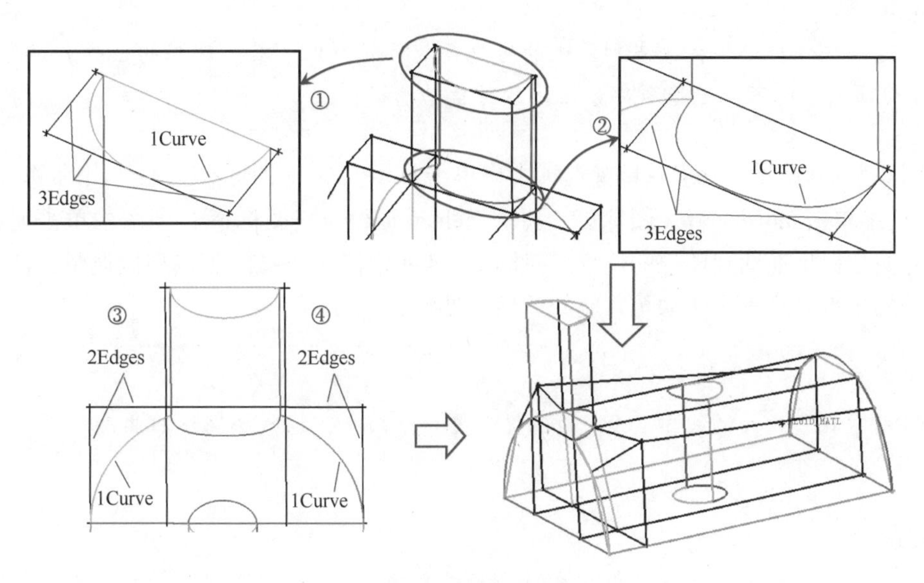

图 2-6-32　继续关联边和线

如图 2-6-33 所示，模型树 Blocking 目录下右击 Edges，勾选 Show Association 命令，图形窗口显示出多个箭头，由边或顶点指向其关联的几何，可以用于检查关联关系。

提示：

- 如果发现有误，及时纠正。不需要撤销操作，只需重新关联即可。
- 绿色箭头由边指向其所关联的线；黑色箭头由边指向其关联到的几何面。黑色边到几何面之间的关联是自动生成的，默认情况下，黑色边关联到最近的几何面。

步骤 9：映射并移动顶点。

关联边时已经自动将边上的顶点映射，但仍有未映射的顶点。

如图 2-6-34，在 Blocking Associations 对话框中单击 Snap Project Vertices 图标，直接单击 Apply 按钮，原来突出到几何体外的两个顶点自动移动到圆柱面上。

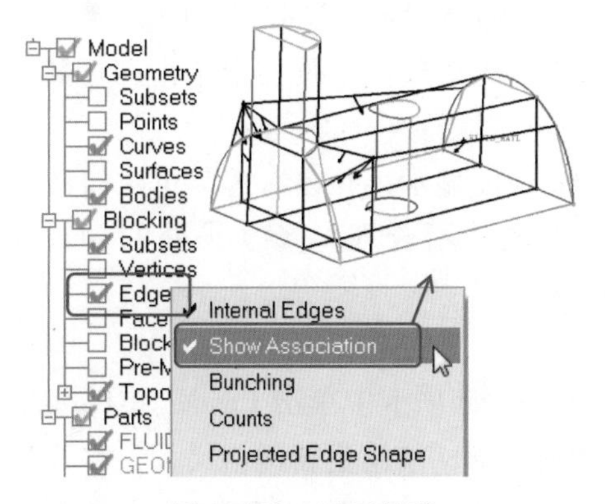

图 2-6-33　显示关联

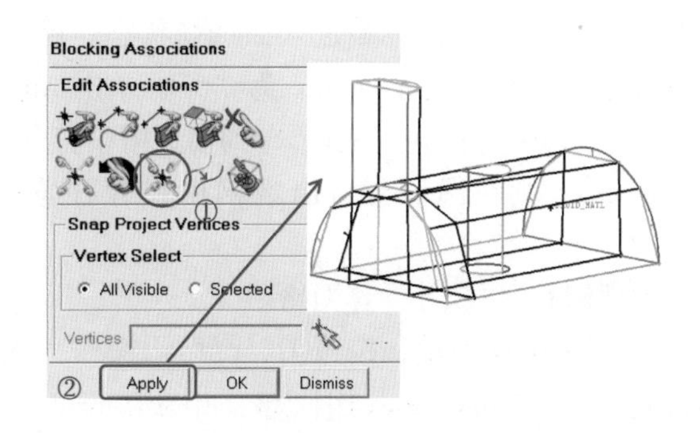

图 2-6-34　自动移动顶点

注意：

- 这一操作自动捕捉顶点到最近的可见体的位置，但未必是理想的位置，可能需要手动移动顶点，也可以先隐藏部分几何后再自动捕捉。

如图 2-6-35a 所示，在 Blocking 选项卡中单击 Move Vertex 图标，在弹出的 Move Vertices 对话框中单击 Move Vertex 图标，单击 Select vert（s）图标，到图中单击要移动的顶点，并按住鼠标拖动到理想的位置。对图 2-6-35b 中箭头所指的顶点稍做调整，注意观察线交点处的顶点，是否已移动至对应的几何点处。

提示：

- 通常在线或面的曲率约 90°的位置布置一个顶点，以减小网格扭曲度。

注意：

- 一般不要移动黑色或白色顶点（取决于背景色），因为在没有任何约束的前提下，可能三个方向的位置都会被改变，很难控制。

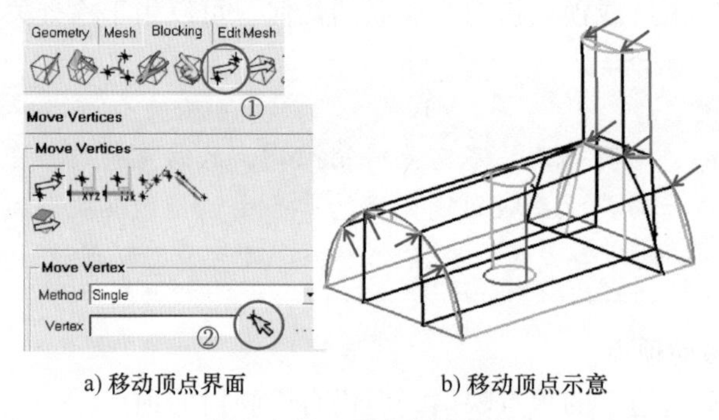

a) 移动顶点界面　　b) 移动顶点示意

图 2-6-35　手动移动顶点

步骤 10：设置面的网格尺寸。

如图 2-6-36 中①~⑤所示，在 Mesh 选项卡中单击 Set Surface Mesh Size 图标，单击 Select Surface（s）图标进入面选择状态，键入“a”，或从选择工具栏中单击图标，选择所有面。设置 Maximum size 为“5”，单击 Apply 按钮。

如图 2-6-36 中⑥~⑦所示，到模型树中打开 Surfaces 面显示，并在右键菜单中勾选命令 Hexa Sizes，则在图形窗口出现网格尺寸预览。如果尺寸不合理，修改④处的 Maximum size 值。

步骤 11：更新并计算网格。

如图 2-6-37 所示，按照①、②所示操作，在 Blocking 选项卡中单击 Pre-Mesh Params 图标，单击 Update Sizes 图标，用默认的设置，单击 Apply 按钮更新网格尺寸，将几何面和线的网格尺寸应用于块。按照图中③、④所示操作，勾选模型树的 Blocking 目录下的

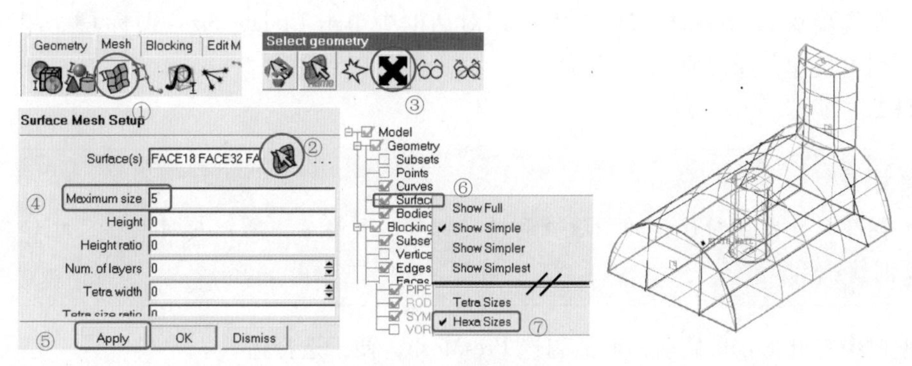

图 2-6-36　设置网格尺寸

Pre-Mesh，当出现计算网格提示时，单击 Yes 按钮，生成预览网格。同时关注信息窗口中提示的 HEXAS 数量，即为网格量。

为了便于观察网格，如图 2-6-37 中⑤所示，在 Pre-Mesh 右键菜单中勾选命令 Solid & Wire，并取消显示 Edges 和 Geometry 目录下的 Curves、Surfaces。

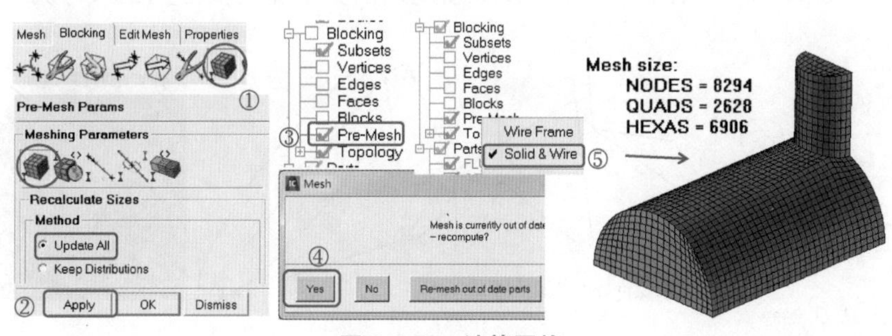

图 2-6-37　计算网格

步骤 12：全局缩放网格尺寸。

如图 2-6-38 所示，按照①~④所示操作，在 Pre-Mesh Params 对话框中单击 Scale Sizes 图标，在 Factor 文本框中输入“1.5”，单击 Apply 按钮。提示是否重划网格时单击 Yes 按钮，注意信息窗口中的网格量。也可以在模型树 Pre-Mesh 的右键菜单中选择 Pre-Mesh Info 命令得到网格数量。

> **提示：**
> - 这一操作使每条边的节点数增加为原来的 1.5 倍。

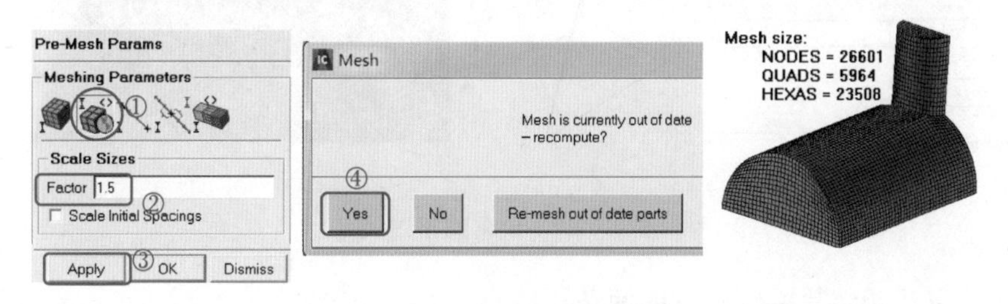

图 2-6-38　全局缩放网格尺寸

重新操作步骤 11 中在 Pre-Mesh Params 对话框中单击 Update Sizes 图标，单击 Apply 按钮更新网格尺寸，返回原来的网格尺寸。

步骤 13：调整网格分布。

> **提示：**
>
> • 网格尺寸突变对计算的收敛性和精度都有不利影响，所以应对网格尺寸和分布进行细致调整。

模型树中打开 Edges 显示，取消勾选 Pre-Mesh，便于选择边。

如图 2-6-39 中①、②所示，在 Pre-Mesh Params 对话框中单击 Edge Params 图标，单击 Select edge（s）图标，选择图中③所指的边，将④处的节点数（Nodes）改为“11”，单击 Apply 按钮。勾选模型树中的 Pre-Mesh，生成右图所示的网格，箭头处所示的网格并没有逐渐过渡。

为了生成理想过渡的网格，关注 Pre-Mesh Params 对话框中“实际尺寸”一列。选择边时出现的箭头由 Spacing 1 指向 Spacing 2，所以此边箭头末端的实际网格尺寸为“1.88648”。

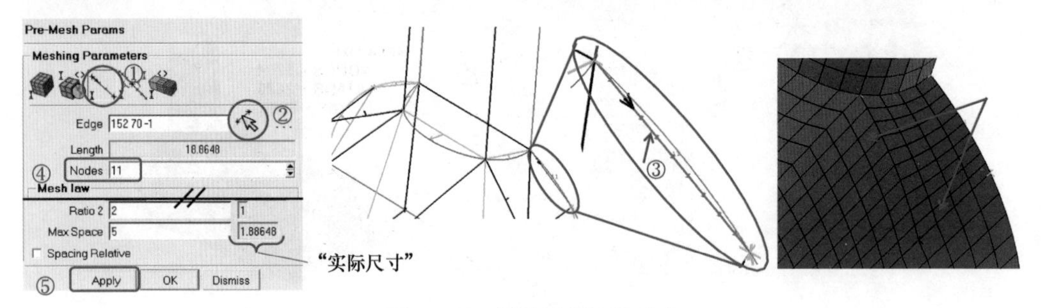

图 2-6-39　调整边的网格分布

如图 2-6-40 所示，单击①处图标后，选择图中②处箭头所指的边，按照图中③~⑦所示操作，分别设置 Nodes 为“15”，Spacing 2 为“1.88”，Ratio 2 为“1.1”，勾选 Copy Parameters 选项，单击 Apply 按钮。重新计算网格，结果如右图所示。对比图 2-6-39 中的网格，可以看到调整后的网格在两个边的连接处尺寸缓慢过渡。

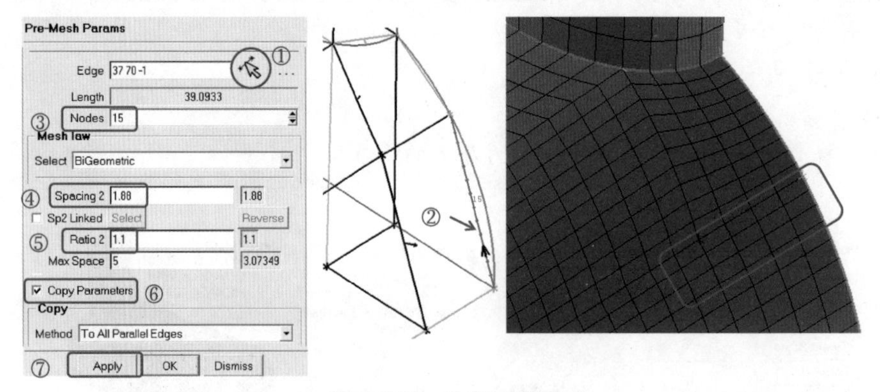

图 2-6-40　改善网格过渡

用相同的方法调整另一侧对称的两条边。

步骤 14： 检查网格质量。

如图 2-6-41 所示，按照①~③所示操作，在 Blocking 选项卡中单击 Pre-Mesh Quality Histograms 图标，保持默认设置，单击 Apply 按钮。关闭模型树中的 Pre-Mesh。

屏幕右下角出现网格质量柱状图。单击横轴小于 0.3 的长度条，如图 2-6-41 中④所示，对应网格质量的单元显示在图形窗口。

> **提示：**
>
> • 横轴范围为 0~1，1 表示质量最高，应尽量减少低于 0.2 或 0.3 的单元。纵轴表示单元数量。

按照图 2-6-41 中⑤、⑥所示，Criterion 下拉列表框修改为 Angle，单击 Apply 按钮。单击⑦处横轴小于 18°的长度条，观察图形窗口中高亮的位置。在柱状图任意位置右击，在弹出的快捷菜单中选择命令 Done，如图 2-6-41 中⑧所示，关闭柱状图。

可以看出，质量较差的单元分布在圆周面附近、块的拐角处。为了提高此处的网格质量，要创建 Ogrid，将在“案例：划分四通管六面体网格（二）”（见本篇 7.5 节）中详细说明。

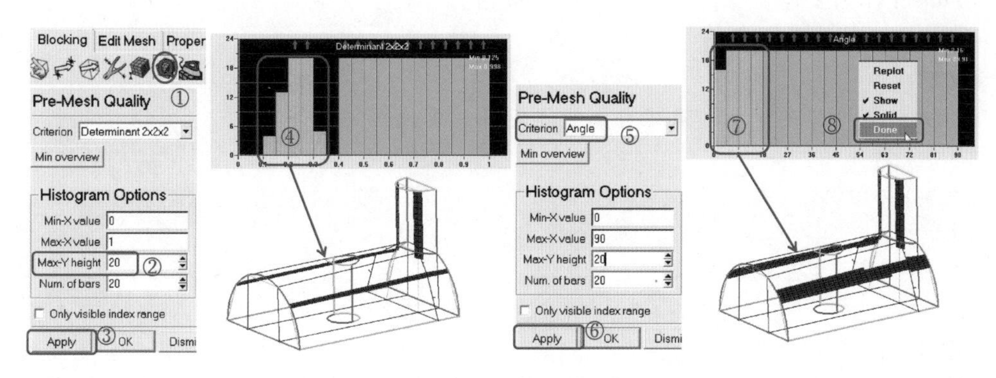

图 2-6-41　检查网格质量

步骤 15： 保存文件

选择菜单命令 File→Save Project...，保存工程文件，或直接单击保存文件快捷图标。本例所保存的文件将作为“案例：划分四通管六面体网格（二）”的起始文件。

> **提示：**
>
> • 保存工程文件会在工作路径下保存当前加载的所有文件：几何文件（.tin）、块文件（.blk）、网格文件（.uns）、边界条件文件（.fbc）等，以及工程文件（.prj）。下次打开工程文件（.prj）时会同时加载关联的文件及在 Settings 菜单中的设置。

6.11　案例：对 2D 弯管划分映射网格

本例用块拓扑技术对 2D 的弯管划分纯四边形网格，演示对 2D 模型划分四边形网格的基本步骤。2D 弯管映射网格如图 2-6-42 所示。

步骤 1：创建工程。

启动 ICEM，如图 2-6-43 所示，选择菜单命令 File→New Project...，创建一个新的工程。

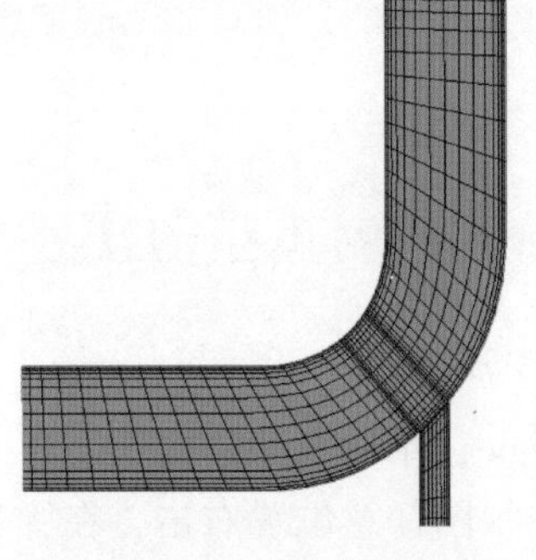

图 2-6-42　2D 弯管映射网格

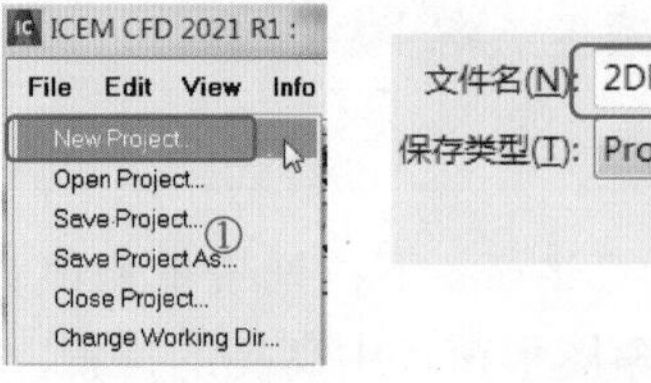

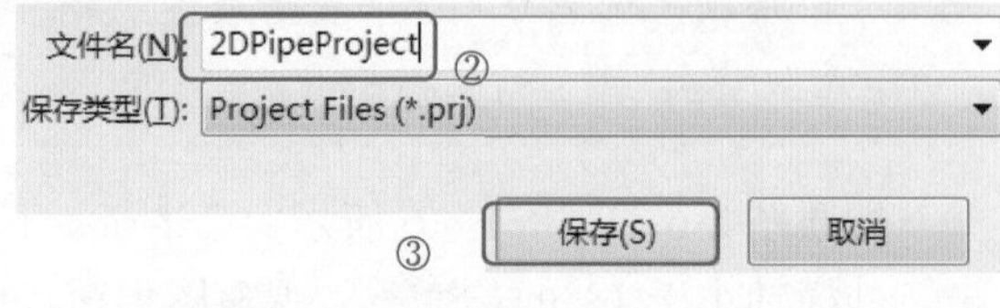

图 2-6-43　创建工程

在弹出的窗口中，浏览进入工作目录 2DPipeJunct 文件夹，“文件名”中输入 2DPipeProject 作为工程名称，单击“保存”按钮。

提示：

- 文件名旁边的下拉列表框可以快速定位最近使用的文件。

注意：

- 整个路径名不能有中文。

步骤 2：打开几何。

选择菜单命令 File→Geometry→Open Geometry，或单击快捷图标，在弹出的窗口中选择“2DPipeJunction. tin”文件并打开。

提示：

- 也可以跳过步骤 1，直接打开几何文件，当出现是否创建工程文件的提示时，单击 Yes 按钮，这样会在工作路径下创建与几何文件同名的工程文件。
- 还可以直接双击“. tin”格式的几何文件，打开 ICEM 界面，选择菜单命令 File→Save Project 保存文件。

到模型树中展开 Geometry，勾选 Points，在图形窗口显示出点。

注意：

- 几何模型由线和点组成，没有几何面。将利用块拓扑技术创建面网格。

步骤 3：创建 Part。

如图 2-6-44 中①~④所示，在模型树中右击 Parts，在弹出的快捷菜单选择 Create Part，在 Create Part 对话框中先输入 Part 名，用默认的 Create Part by Selection 方法，单击 Select entities 图标，选择相应的几何线，单击中键完成。修改 Part 名，创建下一个。共创建 INLET_LARGE、INLET_SMALL、OUTLET 三个 Part。

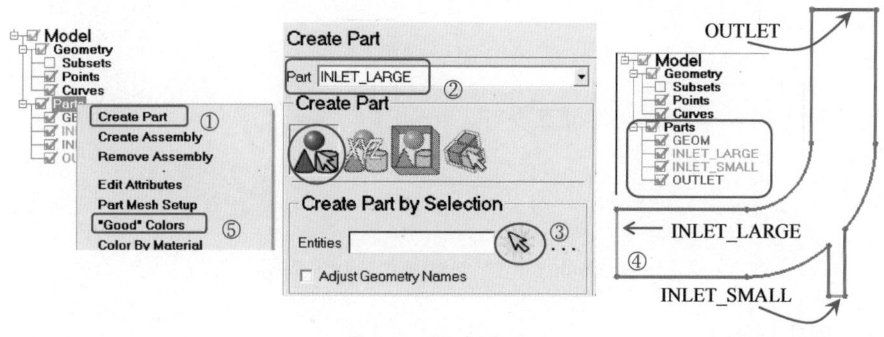

图 2-6-44　创建 Part

创建成功的边界会列在模型树的 Parts 目录下。右击 Parts 选择命令“Good” Colors，如图 2-6-44 中⑤所示，为各个 Part 分配更好的颜色。

注意：

- 要先修改 Part 名再选择几何实体，否则会把第二次选择的几何合并到上一次定义的 Part 中。

提示：

- 创建 Part 是为了定义出边界和域，便于将网格导入求解器后进行边界条件和域的设置。建议划分网格之前先定义 Part。

步骤 4：构思块拓扑。

在创建块结构之前，先规划块的拓扑，可以有效提高成功率。用户通常习惯于在有特征线的位置切割块，但这种直观的思路对于有些几何形状未必能生成高质量的网格。本例如果按照几何形状分割块，主要步骤如图 2-6-45 所示，结果显示，在两管的交界处网格不理想。

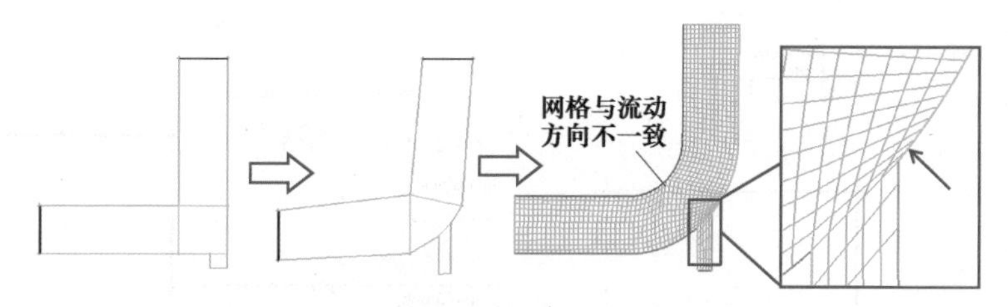

图 2-6-45　沿特征线切割块生成的网格

仔细观察本例的几何模型，想象把弯管展开，可以发现其潜在的拓扑为“T”型结构，如图 2-6-46 所示。所以，“T”型块结构更符合几何拓扑及流动方向，生成的网格正交性更高。

对于许多新用户来说，形成这种概念是比较困难的，但是要记住根本原则就是“构造块结构使网格尽量沿流动方向”，有时块的分割线并不在几何特征线上，反而比简单地沿特征线分割块生成更好的网格。这需要在实际操作中积累经验，逐渐掌握。

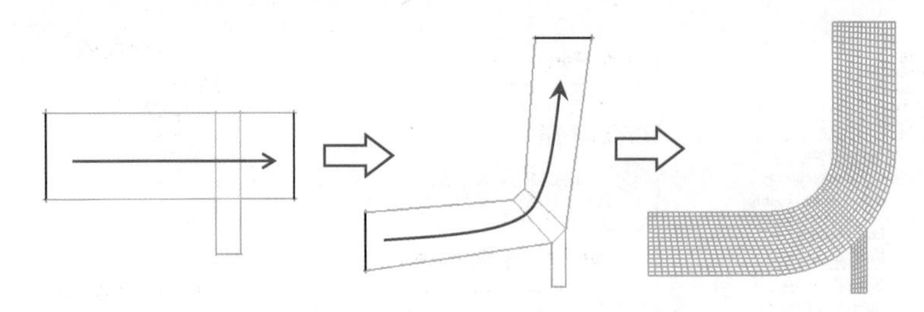

图 2-6-46 “T”型块结构生成的网格

步骤 5：创建初始块。

如图 2-6-47 中①、②所示，选择 Blocking→Create Block →Initialize Blocks ，Part 文本框中输入 FLUID，在③处设置 Type 为 2D Planar，单击 Apply 按钮，创建一个包围所有几何体的初始块，放到名为 FLUID 的 Part 中，注意模型树 Parts 内容的变化。

> **提示：**
> - 几何线自动改变颜色，颜色互相独立，但并不是按 Part 分色，方便区分线的端点。

步骤 6：分割块。

如图 2-6-48 中①、②所示，在 Blocking 选项卡中单击 Split Block 图标 →Split Block 图标 ，单击 Edge 右侧的 Select edge（s）图标 ，在图形窗口中单击要分割的边，新生成的边垂直于所选的边，按住左键拖动到合适的位置再放开，单击中键完成操作。

按照图 2-6-48 中③~⑤处箭头所示位置，竖直方向分割两次，水平方向分割一次，完成后中键或右键退出边选择命令。

> **注意：**
> - 不要沿几何线分割，否则对后面的操作不利，这样分割是为了构造“T”型块结构。

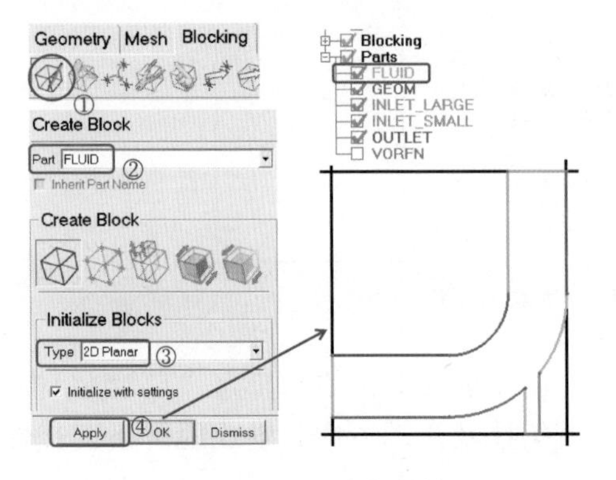

图 2-6-47 创建初始块

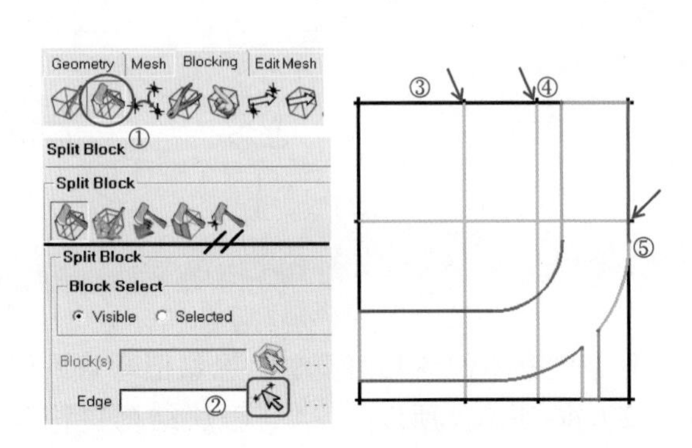

图 2-6-48 分割块

步骤 7：删除块。

> **提示：**
> - 分割出的块结构与“T”型相比，多了左下角和右下角两个块，所以需要删除。

如图 2-6-49 中的①所示，单击 Delete Block 图标，自动激活 Select block（s）图标，进入块选择模式。选择图中②和③处的块，单击中键，得到“T”型块结构。

> **注意：**
> - 这一步的删除块实际上并没有真正地删除块，只是将块移到名为 VORFN 的 Part 中，转为了休眠块，到模型树中勾选 VORFN 即可显示。要恢复已经删除的块，请参考本篇 6.7 节相关内容。

如果勾选了 Delete permanently 选项后再删除块，则块被永久删除，不可再恢复使用。

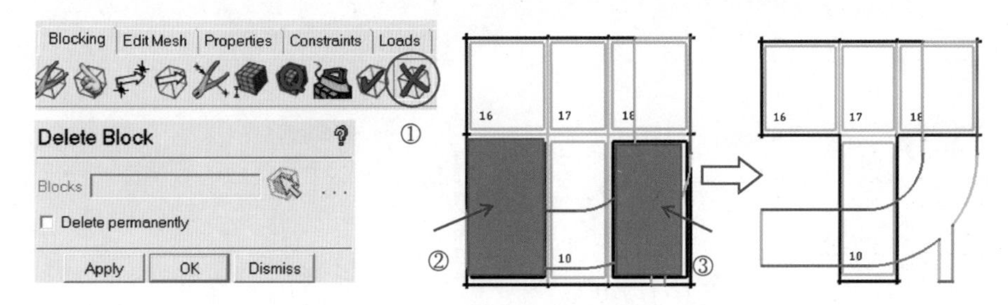

图 2-6-49　删除无用块

步骤 8：关联块的顶点到几何点。

在模型树中打开 Points 显示。观察块的顶点与几何点之间的对应关系。

参考图 2-6-50 完成顶点和几何点的关联。按照图中①、②所示，单击 Associate 图标→Associate Vertex 图标，单击 Vertex 后的 Select vert（s）图标，参考图中③处箭头所示，左键选择箭头起点处的顶点，自动切换到几何点选择模式，再选择箭头终点处的几何点，则顶点自动移到几何点上，同时变为红色，不可再移动。用同样的方法完成④~⑦所示的关联。

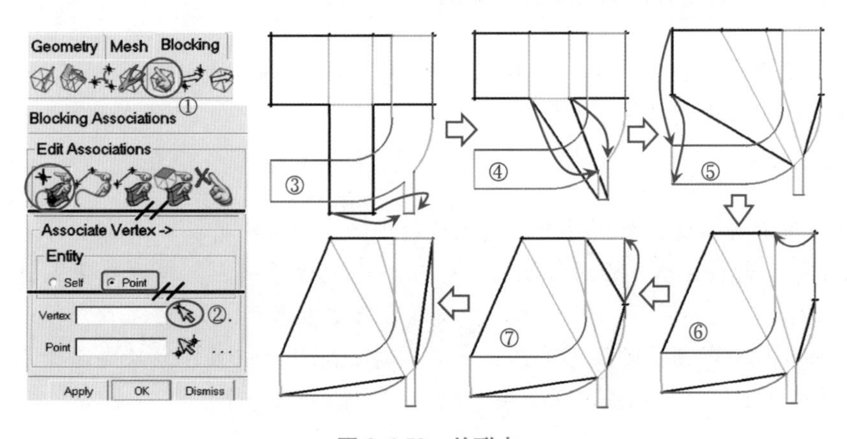

图 2-6-50　关联点

注意：

● 图中⑥和⑦的顺序不要颠倒，即应先关联顶部，再关联右侧，否则先关联的顶点会覆盖后关联的顶点，很容易出错。

步骤 9：关联块的边到几何线。

如图 2-6-51 中①、②所示，在 Blocking 选项卡中单击 Associate 图标→Associate Edge to Curve 图标，自动进入边选择模式，选择③中“3Edges”所指的 3 条边，单击中键，自动切换到线选择模式，选择“3Curves”所指的 3 条线，单击中键，完成关联。继续用同样的方法，按照图中④、⑤所示，关联边和线。

提示：

● 完成关联的边变为绿色，边上的顶点只能沿其关联的线移动，且生成网格时，边上的网格将投影到其所关联的线。同时，3 条线自动归为一组，且颜色与最先选择的线相同。

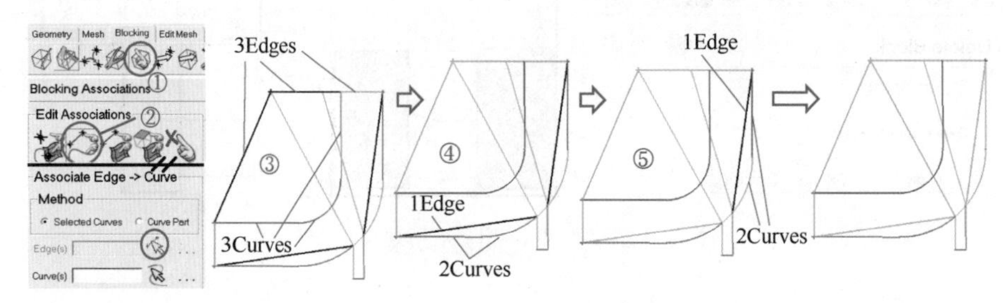

图 2-6-51　关联边和线

步骤 10：显示关联。

提示：

● 在图形中显示关联，可以检查关联关系是否正确，关联关系直接影响最终生成的网格。检查关联关系是诊断网格投影问题的首要步骤。

如图 2-6-52 所示，在模型树中右击 Edges，勾选命令 Show Association，在图中显示出一系列绿色箭头，由边指向其关联的线。

提示：

● 显示关联关系时，会从每个非蓝色边的中心引出一个箭头，或者从每个非蓝色顶点位置引出一个箭头，垂直于所关联的实体，指向最近的一点。当边或顶点位于关联的几何实体上时，不显示箭头，因为此时箭头线的长度为零。

● 如果发现边或顶点的投影关系有错，不需要使用撤销操作，只要选择正确的边和线，重新进行关联，则新的关联关系会自动取代旧的关联关系。

步骤 11：关联其余的边。

到模型树中关闭 Curves 和 Points 显示，只观察 Edges，可以看到还有 5 条位于边界的黑色边没有关联，如图 2-6-53 中①~③所示的边。

> **提示：**
>
> ● 单从生成网格角度考虑，与直线重合的边即使不关联，也可以生成正确的网格。但是，如果需要将 2D 网格输出到求解器并定义边界条件，则要对重合的边和线进行关联，因为只有与线相关联的边上才会创建线单元，才能定义出边界。

打开 Curves 显示，分别关联这 5 条边和对应的线。由于边和线重合，高亮显示并不明显，只需先选边，单击中键，再在同一位置单击，则会自动选中线，再单击中键。

> **注意：**
>
> ● 图 2-6-53 中③处的 3 条边要一条一条地分别关联，如果一次关联 3 对边和线，会使线自动组成一组，INLET_SMALL 边界在求解器中将无法正确识别。

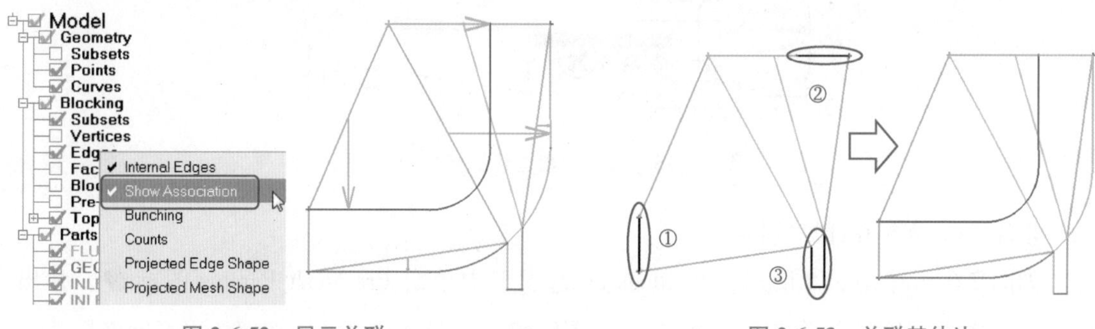

图 2-6-52　显示关联　　　　图 2-6-53　关联其他边

步骤 12：移动顶点。

如图 2-6-54 中①、②所示，在 Blocking 选项卡中单击 Move Vertex 图标，在 Move Vertices 对话框中单击 Move Vertex 图标，单击 Select vert（s）图标，分别选择③、④处的顶点并拖动至箭头末端处，使两条蓝色边尽可能地垂直于内侧的线，如图 2-6-54 中⑤处框线所示，单击中键。操作有误时右击撤销操作。

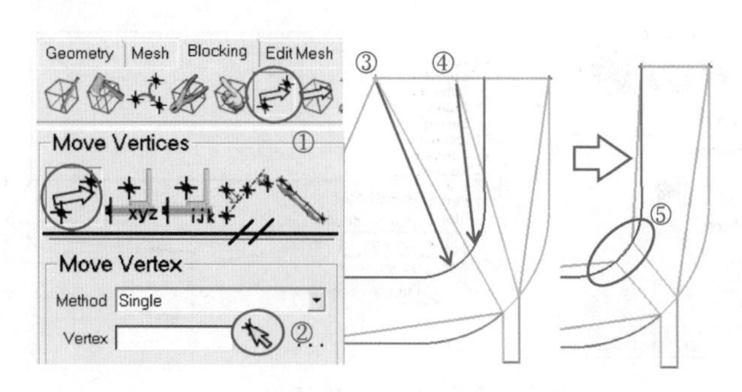

图 2-6-54　移动顶点

步骤 13：设置线的网格尺寸。

如图 2-6-55 中①~⑤所示，在 Mesh 选项卡中单击 Curve Mesh Setup 图标，单击 Select Curve（s）图标，键入“a”选择所有线，或单击图标。设置 Maximum size 为“3”，Height 为“1”且 Height ratio 为“1.5”，单击 Apply 按钮。

如图 2-6-55 中⑥所示，在模型树中右击 Curves 弹出快捷菜单，勾选命令 Curve Hexa Sizes 以预览网格尺寸，看起来是合理的。

提示：

- Maximum size 为网格单元边长的最大值，Height 为垂直于边界的第一层单元的高度，Height ratio 为边界法向单元的高度比。

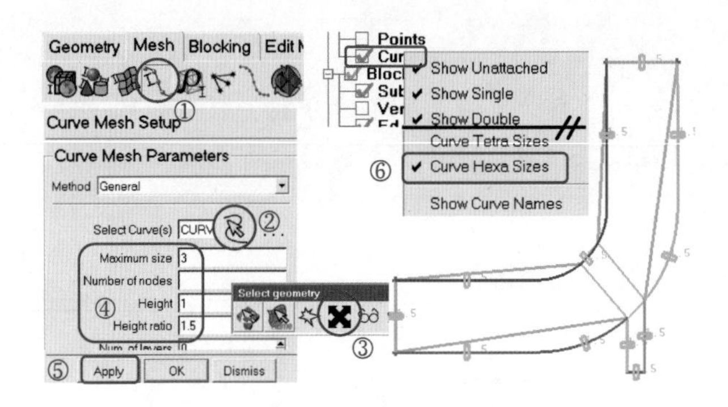

图 2-6-55　设置并预览线的网格尺寸

步骤 14：更新并计算网格。

如图 2-6-56 中①、②所示，在 Blocking 选项卡中单击 Pre-Mesh Params 图标，弹出 Pre-Mesh Params 对话框并单击 Update Sizes 图标，直接单击 Apply 按钮，更新网格尺寸。

提示：

- 这一步是将对几何线设置的网格尺寸应用到块的边上。

模型树中右击 Curves 取消勾选命令 Curve Hexa Sizes，再参考图 2-6-56 中③~④，右击 Edges 勾选命令 Bunching，显示出边上的网格节点。

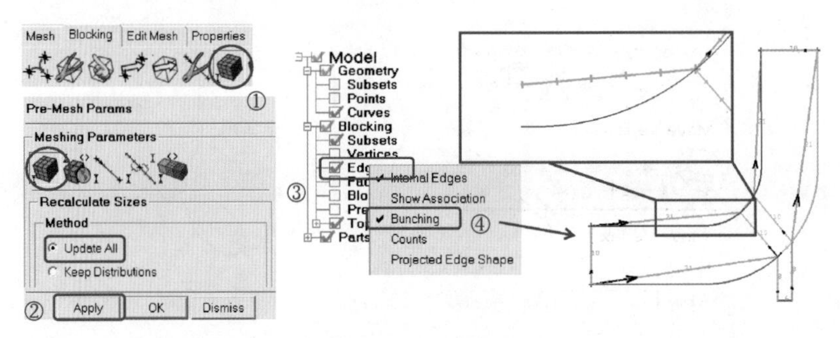

图 2-6-56　更新网格

如图 2-6-57 中①~④所示，在模型树中勾选 Pre-Mesh，出现是否重新计算网格提示时，单击 Yes 按钮，生成网格。右击 Pre-Mesh 并选择命令 Solid&Wire，实体显示网格，同时关闭 Edges 显示。

提示：

- Pre-Mesh 右键菜单中有 4 种投影方法，可用于诊断投影关系。默认使用 Project Faces，实际会同时执行列表中 Project Faces 上方的投影（除了 No Projection），即 Project Faces、Project Edges 和 Project Vertices。本例中没有几何面，所以实际使用的是 Project Edges 和 Project Vertices，图 2-6-57 中⑤、⑥显示了不同投影方法生成的网格效果。

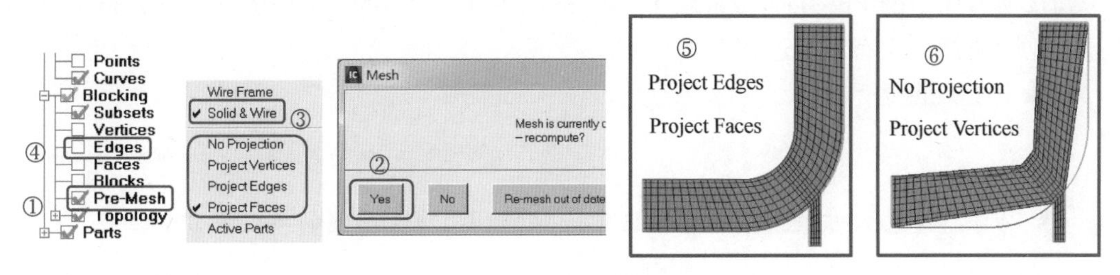

图 2-6-57　显示网格

步骤 15：编辑边的网格参数。

在模型树中关闭 Pre-Mesh，打开 Edges 显示。

如图 2-6-58 中①~③所示，单击 Pre-Mesh Params 图标→Edge Params 图标，单击 Select edge（s）图标，选择 INLET_LARGE 对应的边，即图 2-6-58 中④处的边，再按照⑤~⑦所示位置，分别设置 Spacing 1 为“0.2”，Spacing 2 为“0.2”，勾选 Copy Parameters 选项，并用 Nodes 文本框右侧的箭头（图 2-6-58 中⑧处）增加节点数，直到“实际尺寸”一列的 Ratio 1 和 Ratio 2 等于左侧的“1.5”，此时 Nodes 文本框中为“17”。

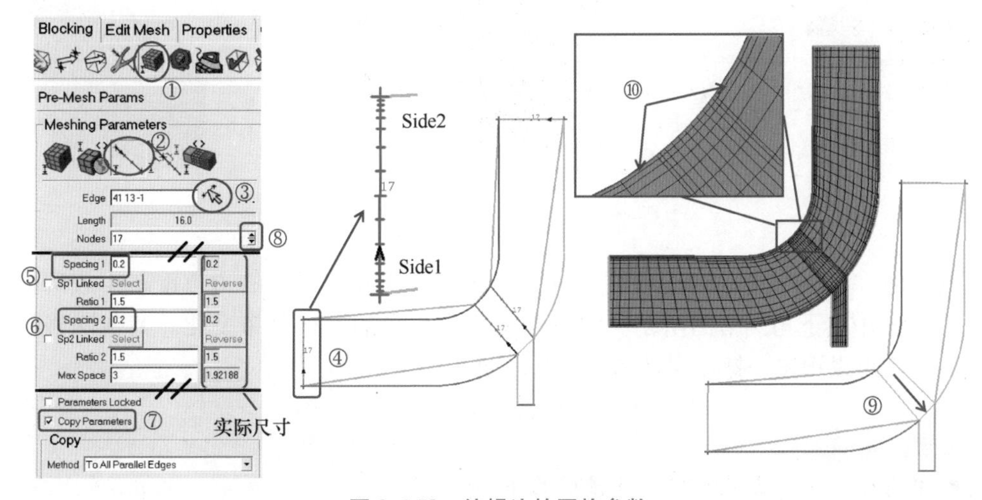

图 2-6-58　编辑边的网格参数

注意：

- 选择 Edge 时出现黑色箭头，Spacing 1 和 Ratio 1 用到箭头起始端，Spacing 2 和 Ratio 2 用到箭头末端。
- 每次单击 Nodes 文本框右侧的箭头时相当于单击 Apply 按钮，所以不必再单独单击 Apply 按钮。

用同样的方法设置图 2-6-58 中⑨所指边的参数。Spacing 1 设为“0. 2”，Spacing 2 设为“0. 2”，勾选 Copy Parameters 选项，用箭头增加 Nodes 文本框中的数值，直到 Ratio 1 和 Ratio 2 等于“1. 5”，此时 Nodes 文本框中为“12”。

勾选模型树中的 Pre-Mesh，重新生成网格。注意图 2-6-58 中⑩处的网格分布，单元尺寸过渡比较突然，没有渐变过程。

步骤 16：匹配边。

提示：

- 为了使单元尺寸缓慢过渡，用匹配边操作，使顶点两侧的单元尺寸相匹配。

如图 2-6-59 中①、②所示，在 Blocking 选项卡中单击 Pre-Mesh Params 图标，单击 Match Edges 图标，自动激活 Reference Edge 选择，单击图 2-6-59 中③所指的短边，中键，自动切换到 Target Edge 选择，单击图 2-6-59 中④所指的长边，中键，完成匹配。重新生成网格，观察两条边交点附近的网格，长边的节点为了匹配短边而发生变化，实现网格尺寸缓慢过渡。

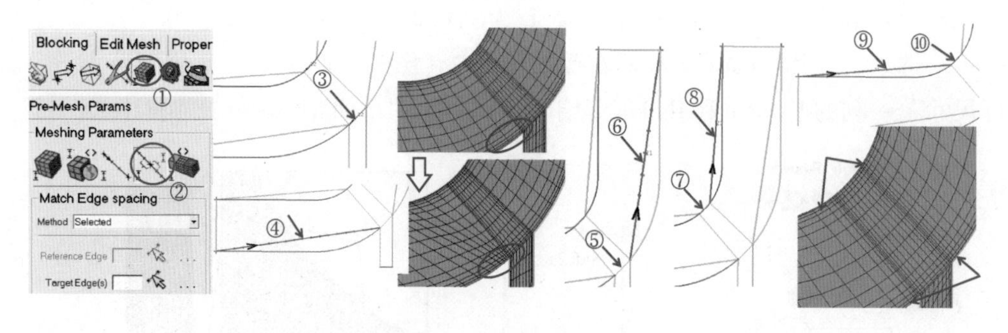

图 2-6-59 匹配相邻边的网格

用同样的方法匹配图 2-6-59 中⑤和⑥、⑦和⑧、⑨和⑩所指的边，重新生成网格，结果如图 2-6-59 中右下角网格图所示。注意箭头所指位置的网格分布变化。其他网格尺寸突变的位置，均可以用这一操作实现网格尺寸渐变。

注意：

- 参考边应是顶点处网格尺寸较小的边。

步骤 17：转化为非结构网格。

> **提示：**
>
> • ANSYS FLUENT 和 ANSYS CFX 两大 CFD 软件都接受非结构网格，所以要将网格转为非结构网格才能输出使用。

如图 2-6-60 所示，在模型树 Pre-Mesh 右键菜单中选择命令 Convert to Unstruct Mesh，将网格转化为非结构网格。在工作路径下自动生成“hex. uns”文件，并立即导入。同时模型树中添加 Mesh 内容。关闭 Egde 和 Pre-Mesh，在 Mesh 目录下 Shells 的右键菜单中勾选命令 Solid & Wire，实体显示非结构网格。

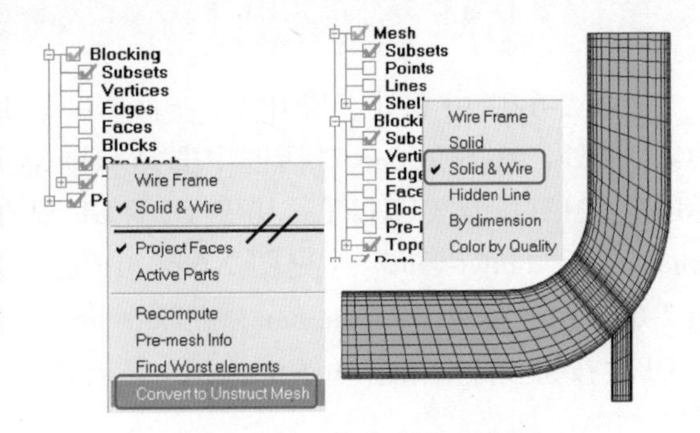

图 2-6-60　转为非结构网格

步骤 18：输出 Fluent 网格。

如图 2-6-61 所示，在 Output Mesh 选项卡中单击 Select Solver 图标，在 Output Solver 下拉列表框中选择求解器为 ANSYS Fluent，单击 Apply 按钮。

到模型树中关闭 Mesh 目录下的 Shells、Geometry 目录下的 Curves 和 Blocking，打开 Mesh 目录下的 Lines，显示出线单元。在 Mesh 右键菜单中选择命令 Dot Nodes，显示出网格节点。

> **提示：**
>
> • 此时看到的边是线单元，并不是几何线。边界上的线单元是由关联到 Curves 的 Edges 生成的。推荐 2D 模型建立到 Z=0 的 XY 平面上，所有需要定义的边界上都要生成线单元，否则导入到求解器后无法识别边界。

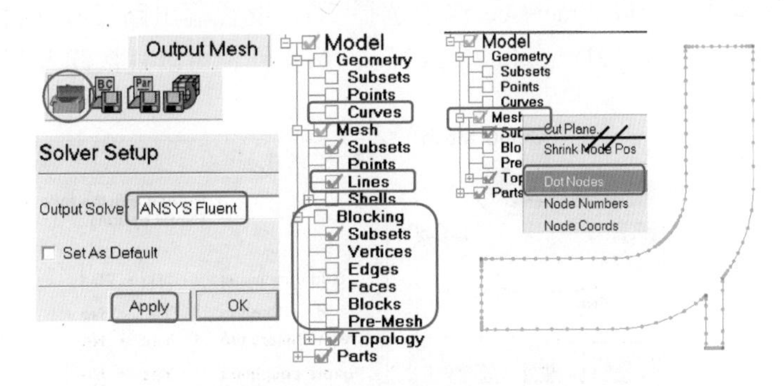

图 2-6-61　选择求解器并显示边界网格

在 Output Mesh 选项卡中单击 Boundary Conditions 图标，打开 Part boundary conditions 对话框（见图 2-6-62 中①）。

提示：

- Part boundary conditions 对话框结构根据几何维度和 Parts 中的内容不同而不同。Volumes：用于体和 3D 网格单元；Surfaces：用于面和 2D 单元；Edges：用于线和 1D 单元；Nodes：用于点和 0D 单元。多维度的 Parts 在 Mixed/unknown 下。
- 定义边界类型可以在 ICEM 中完成，也可以把网格导入到求解器后再设置。但是边界的位置和名称需要在 ICEM 中定义，网格应捕捉到需要定义的边界。

在图 2-6-62 中②处，展开 Edges→INLET_LARGE，单击 Create new，再参考图 2-6-62 中③~④处，在 Selection 对话框中选择 velocity-inlet，单击 Okay 按钮。用同样的方法创建 INLET_SMALL 及 OUTLET，其中 OUTLET 要在 Selection 对话框中选择“pressure-outlet，exhaust-fan，outlet-vent”（见图 2-6-62 中⑤）。展开 Surfaces→Mixed/unknown→FLUID，在图 2-6-62 中⑥处单击 Create new，在 Selection 对话框中选择“fluid”（见图 2-6-62 中⑦），单击 Okay 按钮。最后单击 Accept 按钮，所有创建的边界如图 2-6-62 中⑧处所示。

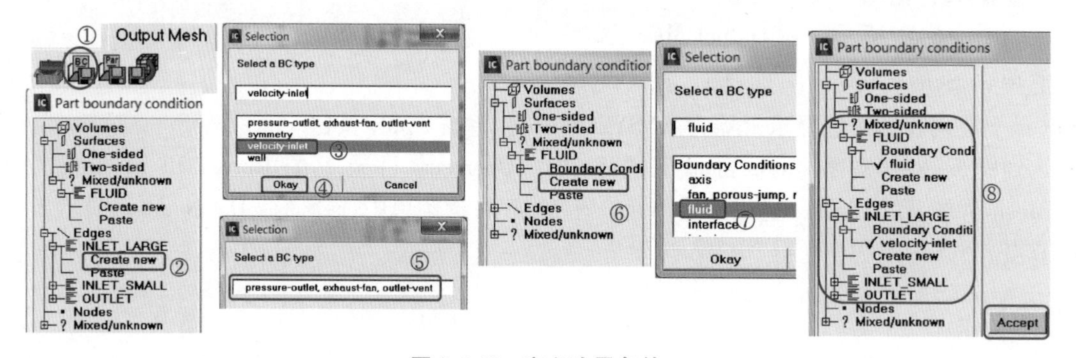

图 2-6-62　定义边界条件

如图 2-6-63 所示，在 Output Mesh 选项卡中单击 Boundary Conditions 图标，当提示是否保存工程文件时，单击 Yes 按钮。出现打开“. uns”文件窗口，单击“打开”按钮。在 ANSYS Fluent 对话框中，Grid dimension 选项选择 2D，设置输出路径和文件名，单击 Done 按钮。则在指定的路径输出“2DPipeJunct. msh”网格文件，可以直接读入 FLUENT 求解器。

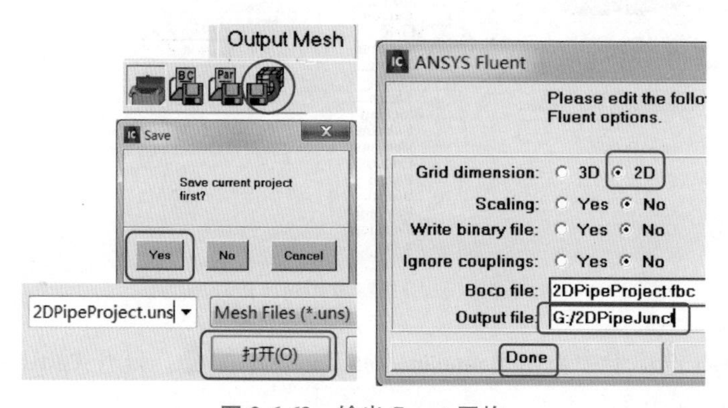

图 2-6-63　输出 fluent 网格

案例总结：本例用“自顶向下”方法创建 2D 的纯四边形网格，几何模型简单，操作步骤相对较少，属于入门级练习。其中对每一步骤的相关概念、意义、操作、注意事项等做了详细说明，且从导入几何、创建 Parts、构建块拓扑到最后的输出非结构网格等步骤均有介绍。建议初学者认真学习，充分掌握。

需要注意，对于 2D 几何，要把外轮廓的边关联到对应的几何线才能实现边界的定义并正确输出网格。但是对于 3D 几何，块的面和几何面之间的关联关系自动生成，所以只需创建几何面的 Parts，关联必要的顶点和几何点、边和线，即可定义出边界位置。

第 7 章 六面体网格顶点操作

7.1 合并顶点

合并顶点功能可以合并两个或更多顶点，可用于将相互独立的块拓扑连接到一起，也可用于退化块。在 Blocking 选项卡中单击 Merge Vertices 图标，在弹出的 Merge Vertices 对话框中单击 Merge Vertices 图标，如图 2-7-1a 所示。选择顶点的顺序很重要，默认后选的顶点移动到先选的顶点位置，如图 2-7-1b 中，依次选择 1、2 处的顶点，则 2 处的顶点被合并至 1 处，结果如图 2-7-1c 所示，网格分布也会因此而改变。可以一次合并两个顶点，也可以一次合并多个顶点。

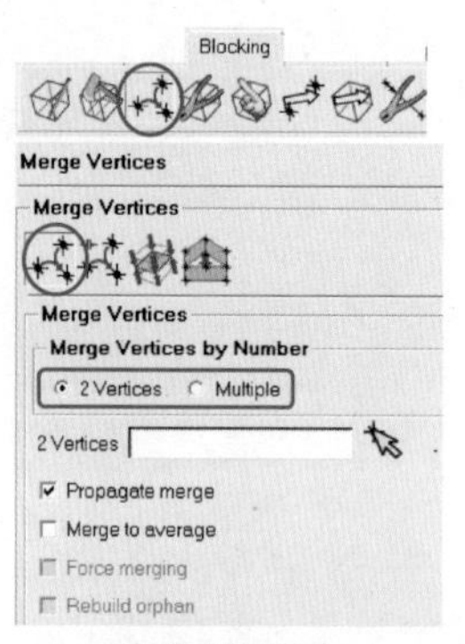

a) 合并顶点界面

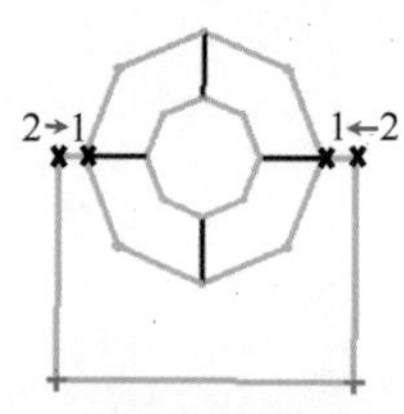

b) 选择顶点顺序示意

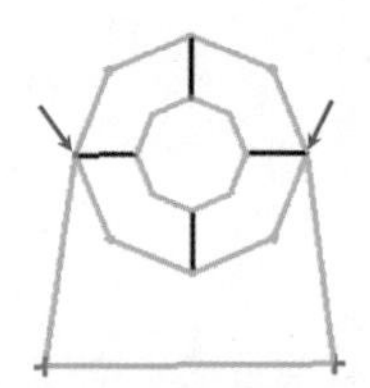
c) 合并顶点结果

图 2-7-1　合并顶点界面及示例

7.1.1 合并两个顶点或两排顶点

利用顶点操作可以改变块的结构，对图 2-7-1a 所示界面选项中的常用功能做详细说明。

1）Merge to average 选项：两个顶点合并到中点。不勾选此项且不勾选 Propagate merge 选项时，选择的第二个顶点合并到第一个顶点处，默认不激活。

如图 2-7-2 所示，先选择图 2-7-2a 中的顶点 1，再选择顶点 2，不勾选 Merge to average 选项时，结果如图 2-7-2b 所示，顶点 2 合并到顶点 1 处；勾选 Merge to average 选项时，结果如图 2-7-2c 所示，顶点 2 和顶点 1 合并到两点的中点处。

2）Propagate merge 选项：根据索引值合并两排顶点。

例如，图 2-7-2 中，设顶点 1 的索引值为（x1，y，z），顶点 2 的索引值为（x2，y，z），激活此项时，所有索引值为（x1，*，*）的顶点都会合并对应的索引值为（x2，*，*）

的顶点。选择顶点 1 和顶点 2，中键确认后会出现如图 2-7-2d 中的 Delete station 对话框，单击 Confirm 按钮，合并结果如图 2-7-2e 所示，2 所在的一排顶点全部合并到 1 所在的排。同时勾选 Propagate merge 和 Merge to average 两个选项时，1 和 2 两排的顶点合并到中间位置，如图 2-7-2f 所示。

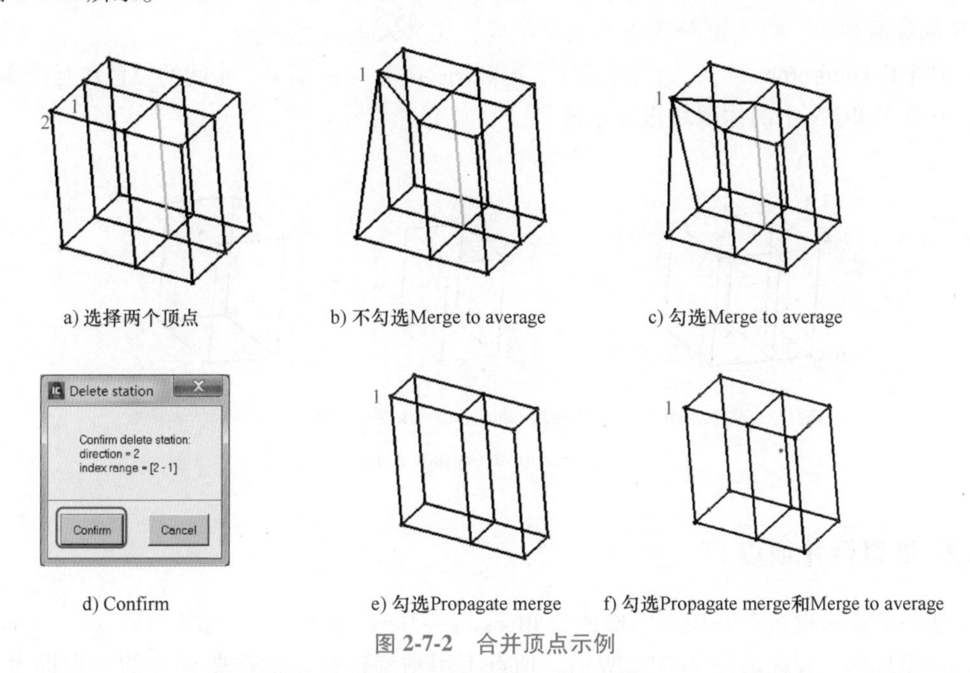

a) 选择两个顶点　b) 不勾选Merge to average　c) 勾选Merge to average

d) Confirm　e) 勾选Propagate merge　f) 勾选Propagate merge和Merge to average

图 2-7-2　合并顶点示例

Propagate merge 选项有两个重要的应用：删除分割及 Ogrids。在构建块的过程中经常会遇到分割位置不合理及创建的 Ogrid 不理想的情况，如果使用 Undo 也无法回到原始状态，考虑使用 Propagate merge 合并顶点。

图 2-7-3 所示利用合并顶点删除块的例子中，几何体为半个圆柱体，对其构建半 Ogrid 并在横截面上分割两次，如图 2-7-3a 所示，在合并顶点界面中勾选 Propagate merge，依次选择图 2-7-3a 中的顶点 1 和顶点 2，在弹出的对话框中单击 Confirm 按钮，生成图 2-7-3b 中的结果，图 2-7-3a 中在顶点 2 处的分割被删除，块被合并。再依次选择图 2-7-3b 中 Ogrid 径向边上的顶点 1 和顶点 2，在弹出的对话框中单击 Confirm 按钮，则生成图 2-7-3c 中的结果，Ogrid 被删除，块的结构恢复到原始状态。

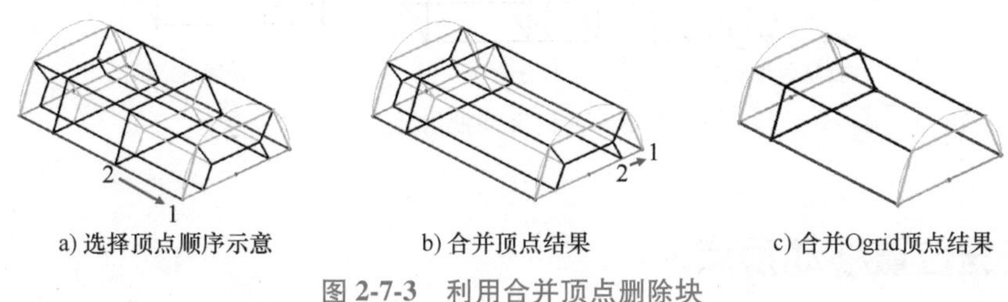

a) 选择顶点顺序示意　b) 合并顶点结果　c) 合并Ogrid顶点结果

图 2-7-3　利用合并顶点删除块

3）Rebuild orphan 选项：重新生成休眠块 VORFN 中的拓扑结构，需要清除 VORFN 块的情况下有用。

如图 2-7-4 所示，图 2-7-4a 所示为对一个立方体创建初始块，再分割一次，在模型树中勾选 Parts 目录下的 VORFN，显示出蓝色的休眠块。

不勾选 Rebuild orphan 选项时，分别按照图 2-7-4a 中数字所示的顺序依次选择顶点，则 2 合并到 1，4 合并到 3，6 合并到 5，8 合并到 7，得到图 2-7-4b 中的结果，可以看出 VORFN 的休眠块中，仅有部分顶点移动了位置，块并未重新生成。

而勾选 Rebuild orphan 时，做同样操作，得到图 2-7-4c 中的结果，中间的黑色块与图 2-7-4b 相同，但是 VORFN 中的休眠块重新生成了。

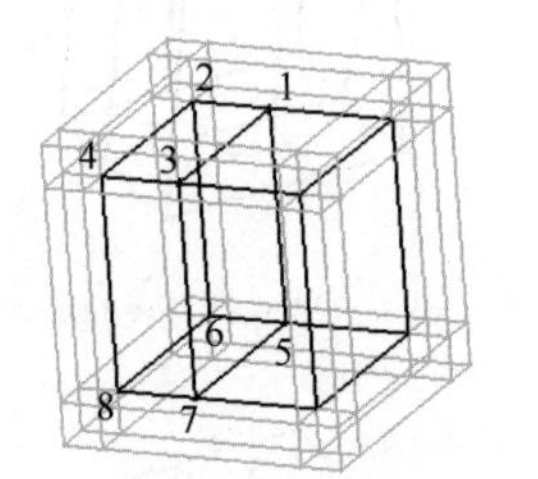

a) 选择顶点顺序示意

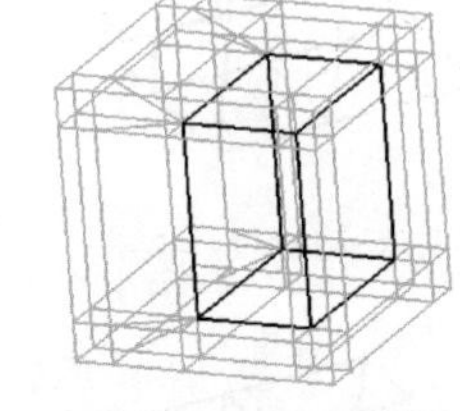
b) 不勾选Rebuild orphan结果

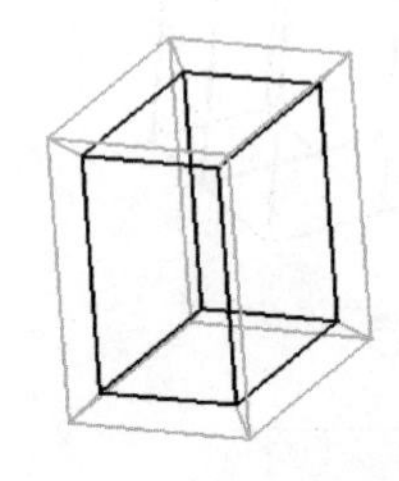
c) 勾选Rebuild orphan结果

图 2-7-4　**Rebuild orphan** 作用示例

7.1.2　批量合并顶点

另外一个快速批量合并顶点的操作为 Blocking→Merge Vertices 图标→Merge Vertices by Tolerance 图标，界面如图 2-7-5a 所示。顶点不用精确选择，框选要合并的顶点即可，输入容差值，间距小于或等于容差的顶点被合并。

利用这一选项可以快速高效地执行多排顶点的合并操作。如图 2-7-5b 所示，对正立方体块分别在 x = 0.3 和 x = 0.5 的位置分割，则两排分割顶点的间距为 0.2。在 Tolerance 文本框中输入 0.2，再选择所有的顶点，得到图 2-7-5c 所示的结果，所有间距小于或等于 0.2 的顶点被合并，中间的两排顶点被合并为一排，其他保持不变。

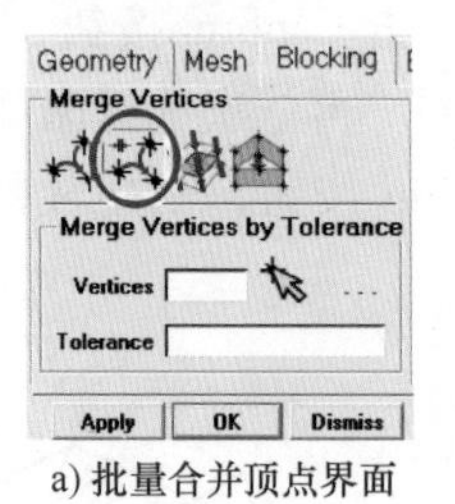

a) 批量合并顶点界面

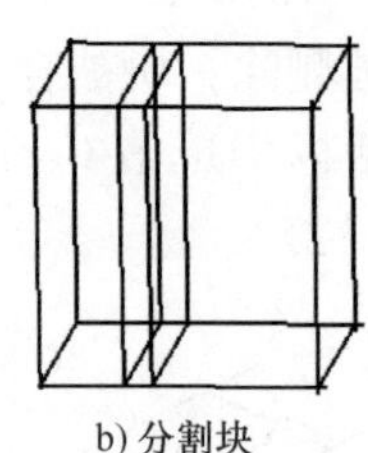
b) 分割块

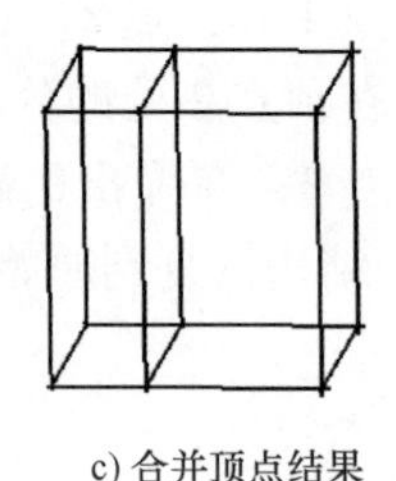
c) 合并顶点结果

图 2-7-5　根据容差批量合并顶点

7.2　根据位置移动顶点

通过设定顶点的位置可以批量移动顶点，典型地用于在某一方向对齐多个顶点。操作界面在 Blocking→Move Vertex 图标→Set Location 图标，如图 2-7-6a 所示，图 2-7-6b、c 所示为其作用示例。

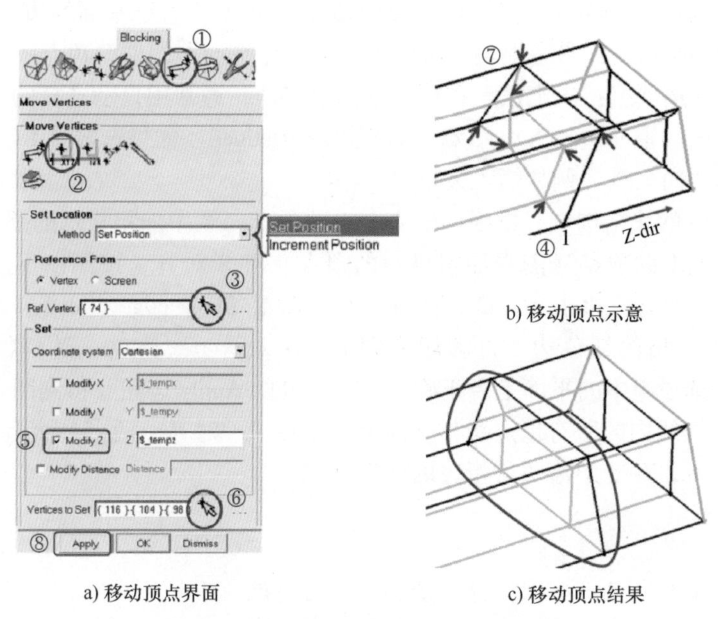

a) 移动顶点界面

b) 移动顶点示意

c) 移动顶点结果

图 2-7-6　根据位置移动顶点界面及示例

图 2-7-6b 中，初始状态下箭头所指的 7 个顶点位置很不规则，为了对齐 7 个顶点的 Z 坐标，按照图中①~⑧所示依次操作：单击③处图标后到图形窗口选择参考顶点 1，在⑤处勾选 Modify Z 选项，单击⑥处图标后到图形窗口选择所有要移动的顶点，即图 2-7-6b 中箭头所示的 7 个顶点，单击 Apply 按钮。得到图 2-7-6c 中的结果，7 个顶点在 Z 方向与顶点 1 对齐，生成的网格也随之整齐分布。

Method 下拉列表框中提供了 Set Position 和 Increment Position 两种方法。

Set Position 选项：将选中的顶点移动到指定的坐标处，选择一个参考点，基于参考点的位置修改选中顶点在（X，Y，Z）或（R，θ，Z）方向的值。

Reference From 选项组：参考点的类型，可以是块的顶点（Vertex），也可以是屏幕上的某个位置（Screen）。

Ref. Vertex/Ref. Location：参考顶点或参考位置，到图形窗口中选定，中键确认。

Set Coordinate System：选择合适的坐标系，包括直角坐标系和柱坐标系两种。根据要移动的方向，勾选 Modify 前的复选框，顶点仅在勾选的方向移动。

Vertices to Set 选项：选择要移动的顶点，单击 Apply 按钮，顶点移动到指定位置。

Increment Position 选项：根据坐标值的增量移动顶点，勾选 Modify 后输入移动距离，距离值的正负号代表坐标轴的正负方向。

7.3　排列顶点

排列顶点用于整排顶点的移动，将一个平面上的所有顶点与另一个平面上的顶点一一对齐。操作为 Blocking→Move Vertex 图标→Align Vertices 图标，界面如图 2-7-7a 所示，界面主要选项的作用如下。

Along edge direction 选项：连接两个平面的边，或近似垂直于平面的边。

Reference vertex 选项：参考顶点，可以是位于参考平面上的任一顶点。

Move in plane 选项组：决定顶点在哪个平面上移动，通常用自动选择的平面即可，也可以手动修改。可选的平面包括 XY、YZ、XZ 或 User Defined。如果选择了 User Defined，必须输入指定平面的法向矢量，例如输入矢量（1 1 0）。

图 2-7-7b 所示的块结构中，框线内的 4 个内部顶点（图中加粗显示的顶点）位于 XY 面上，但与右侧端面上的顶点（图中加粗显示的顶点）并未对齐，按照以下步骤可以使两个平面上的顶点一一对齐：单击①、②处图标，自动激活 Along edge direction 选项，到图形窗口选择③处箭头所指的红色边，自动切换到 Reference vertex 选择，选择④处的顶点，检查 Move in plane 选项组中的平面是否正确，单击⑤处的 Apply 按钮，得到图 2-7-7d 所示的结果，图 2-7-7b 中框线内的所有顶点均与端面上的顶点一一对齐，两个平面上顶点的 X、Y 坐标均一致，注意图 2-7-7d 中箭头所指边的前后变化。

注意：

- 图 2-7-7c 中③处也可以选择与箭头所指的边近似平行的其他边，④处的参考顶点也可以为端面上 8 个顶点中的任何一个或多个。
- 排列顶点会移动所有可见的顶点，除了参考顶点所在平面的顶点。所以操作前先通过索引控制隐藏无须移动的顶点。

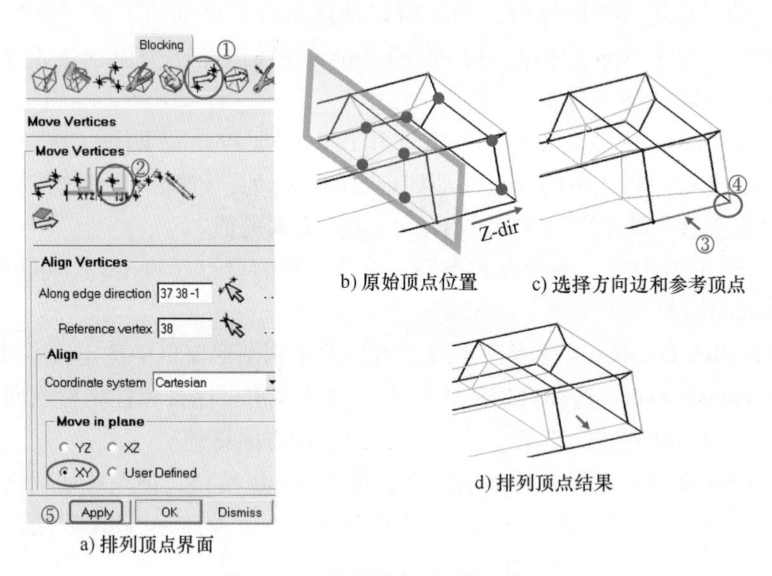

a) 排列顶点界面

b) 原始顶点位置

c) 选择方向边和参考顶点

d) 排列顶点结果

图 2-7-7 排列顶点界面及示例

7.4 分割顶点

分割顶点用来分割单独的顶点或已经合并的顶点，包括坍塌块操作中合并的顶点，所以用分割顶点可以取消对边的坍塌。操作为 Blocking→Split Block 图标→Split Vertices 图标，界面如图 2-7-8a 所示。

选择任意数目的顶点并单击中键即可完成操作。如选择图 2-7-8b 中箭头所指的两个顶点，单击中键，生成图 2-7-8c 中的结果，所选的 2 个顶点均一分为二。再选择图 2-7-8c 中箭头所指的两个顶点，得到图 2-7-8d 中的结果。再调整顶点的位置，可将坍塌的块恢复为初始状态。

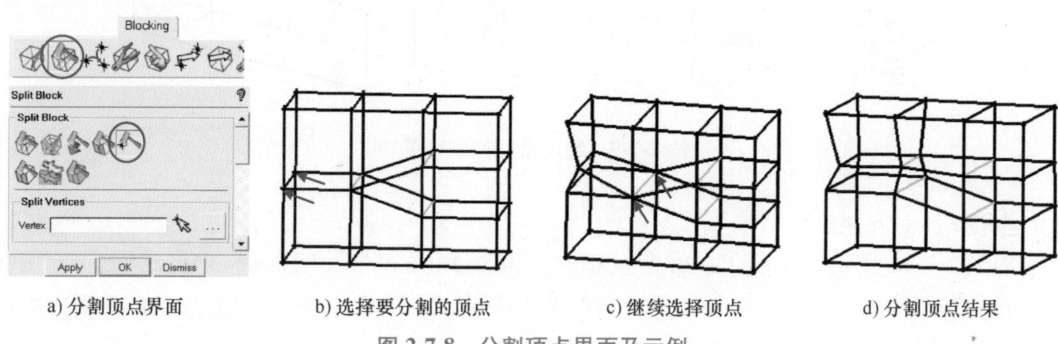

a) 分割顶点界面　b) 选择要分割的顶点　c) 继续选择顶点　d) 分割顶点结果

图 2-7-8　分割顶点界面及示例

注意：

● 如果在坍塌块或者合并顶点后将块永久删除，则使用分割顶点无法恢复。因为永久删除块后，索引表会重新定义，原来顶点之间的连接关系被破坏。

7.5 案例：划分四通管六面体网格（二）

本例在本篇 6.10 节“案例：划分四通管六面体网格（一）”的基础上，进一步雕刻四通管的块结构，提高网格质量，将完成创建 Ogrid、移动顶点、排列顶点、输出网格等更多操作。

步骤 1：打开文件。

选择菜单命令 File→Open Project... 或单击快捷图标，打开“案例：划分四通管六面体网格（一）”完成的文件，或打开 3DPipeJunct 文件夹下的“3Dpipe. prj”。

步骤 2：分割圆柱杆所在的块。

在本例的第一部分忽略了中间的圆柱杆，即名为 ROD 的 Part。为了捕捉到这一几何特征，需要继续分割块结构。

如图 2-7-9 所示，按照①、②所示操作，模型树 Blocking 右键菜单中选择命令 Index Control，利用箭头设置 I 方向的 Min 为“2”，Max 为“3”，只保留 ROD 所在的块可见，隐藏其余的块，以后的分割将只作用于可见块。在圆柱杆的附近，按照图中③、④处箭头所指的位置分别进行分割。

在 Index Control 面板中单击⑤处 Reset 按钮，重新显示所有块，可以发现仅分割了可见的块。再单击⑥处 Select corners 按钮，选择圆柱杆所在块的两个对角顶点，仅显示围绕圆柱杆的块，这是显示局部块最快捷的方法。

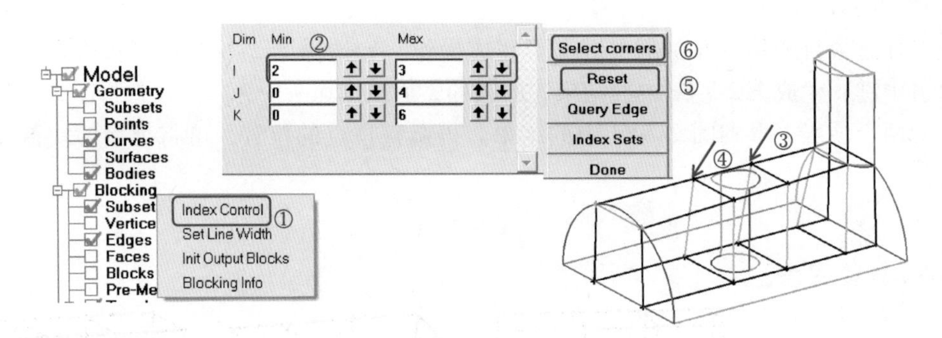

图 2-7-9 利用索引控制可见块

步骤 3：对齐顶点。

如图 2-7-10 所示，按照①、②所示操作，选择 Move Vertex 图标→Align Vertices 图标，自动激活 Along edge direction 选项对应的 Select edge（s）图标，选择一条杆高度方向的边（4 条蓝色边中的任意一条），如图中③处箭头所指的边，自动激活 Reference vertex 选项对应的 Select vert（s）图标，选择图中④处箭头所指的顶点，单击 Apply 按钮，底部的 4 个顶点与顶部的 4 个顶点分别对齐。

提示：

● 对齐顶点操作将底部平面上的多个顶点沿着所选边与顶部平面上的参考顶点对齐。

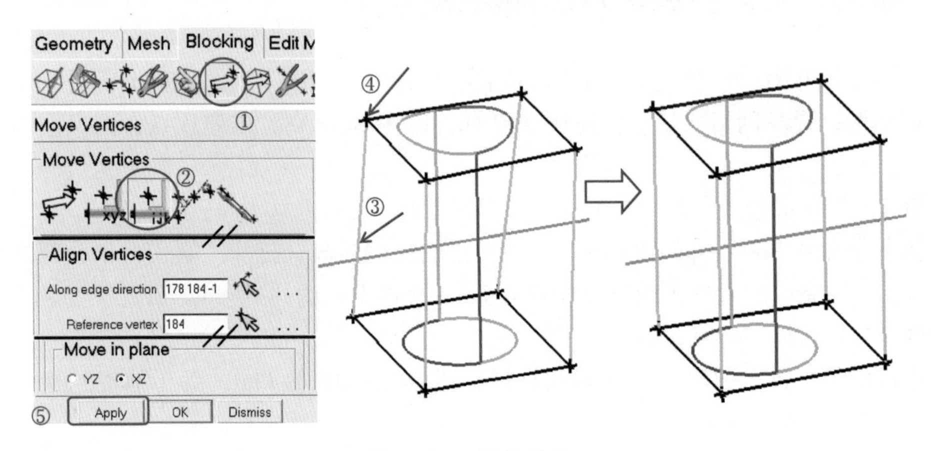

图 2-7-10 调整顶点

步骤 4：创建 Ogrid。

在 Index Control 界面中单击 Reset 按钮，重新显示所有的块。

如图 2-7-11 中①、②所示操作，选择 Split Block 图标→Ogrid Block 图标。单击图中③处 Select Block（s）图标，到图形窗口选择所有可见块，可以单击图中④处图标，或键入“v”，或框选。单击中键，添加了所有可见块。

单击⑤处 Select Face（s）图标，到图形窗口单击面的边选择面。依次选择所有平坦的面（包括 SYMM、INLET 和 OUTLET 上的面），如图中⑥所示的面，确定无误后，单击中键，得到⑦所示的结果。

提示：

- 选择面要仔细观察，必要时按下 F9 或点击切换到动态模式，调整模型到便于观察的视角，再按下 F9 或点击切换回选择模式，继续选择，如果有误选的面，点击右键撤销。
- 如果中键确认后发现有多选的块或面，可以单击 Deselect Block（s）图标或 Deselect Face（s）图标进行移除，但如果错误太多，重新选择更快捷。

在图 2-7-11 的⑧处单击 Apply 按钮，生成的 Ogrid 将穿过所有选定的面，可以隐藏 Curves，只显示 Edges，观察 Ogrid 结构。

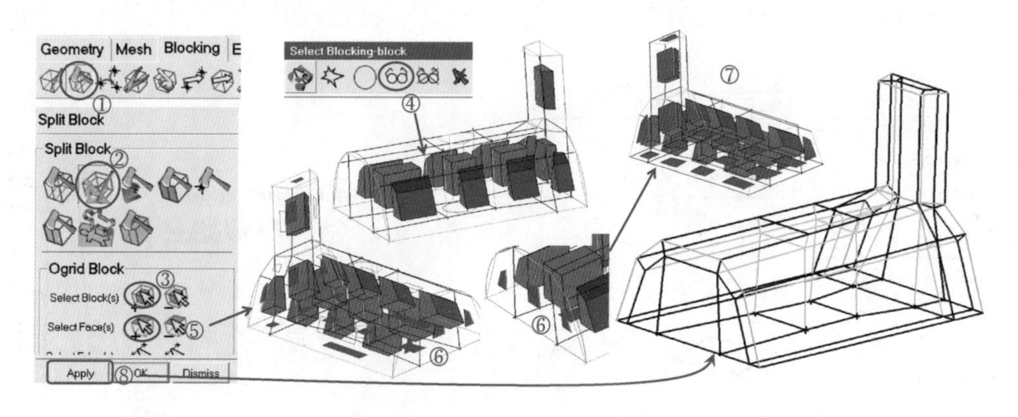

图 2-7-11　创建 Ogrid

如图 2-7-12 所示，对圆杆所在的块创建 Ogrid。设置 Index Control 如图 2-7-12a 所示，或者用 Select Corners 选择两个对角点，仅显示杆所在的块。

选择 Split Block 图标→Ogrid Block 图标，单击 Select Block（s）图标，选择杆所在的两个块，中键；单击 Select Face（s）图标，按照图 2-7-12b 中箭头所示，添加杆上下两端的面，中键，单击 Apply 按钮，得到图 2-7-12c 所示的结果，创建了穿过上下两个端面的 Ogrid。

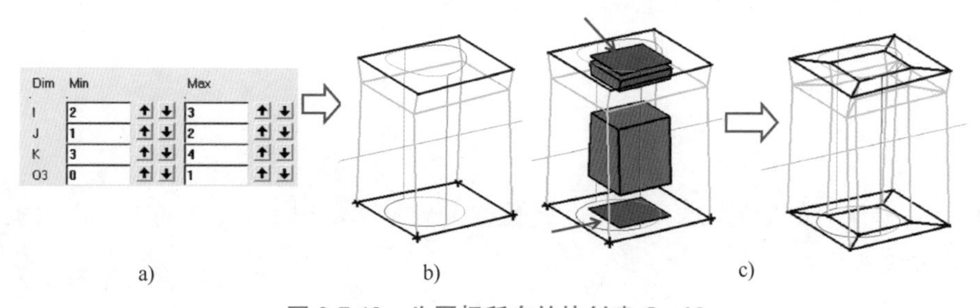

图 2-7-12　为圆杆所在的块创建 Ogrid

步骤 5：关联圆柱杆的边和线。

为了方便边选择，先设置 Index Control 如图 2-7-13 中①所示，将 O4 的最小值增加为“1”，只显示 Ogrid 的内部块，这里仅显示圆柱杆中 Ogrid 的内部块。

按照图 2-7-13 中②~⑤所示操作，选择 Associate 图标→Associate Edge to Curve 图标，勾选 Project vertices 选项，选择 Select edge(s) 图标，再单击⑥处杆上端的 4 条边，中键；选择最近的 2 条半圆线，中键；边的 4 个顶点自动移动到线上，两条线自动归组为一条线。用同样的方法关联⑦处下端面的边和线。

步骤 6：删除无用的块。

由于几何中圆柱杆内部是空的，所以需要删除其内部的块。如图 2-7-14 中①、②所示操作，选择 Delete Block 图标，在选择工具栏中单击图标或键入“v”，删除圆柱杆内部的块，右击退出选择。

> **注意：**
> - 边的颜色由蓝变黑，因为由内部边变为了边界边，并自动关联到了面。

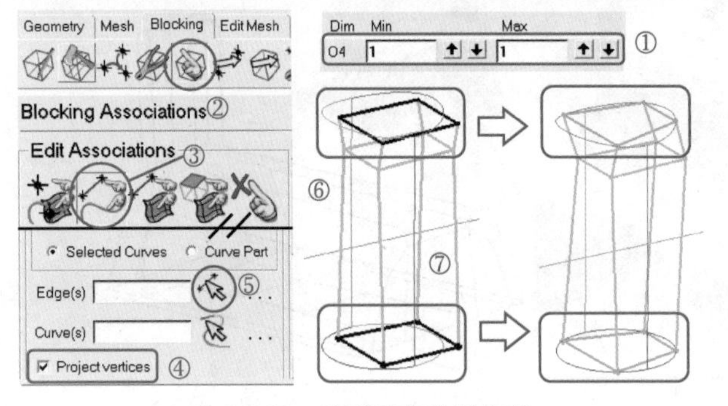

图 2-7-13　关联圆杆的边和线

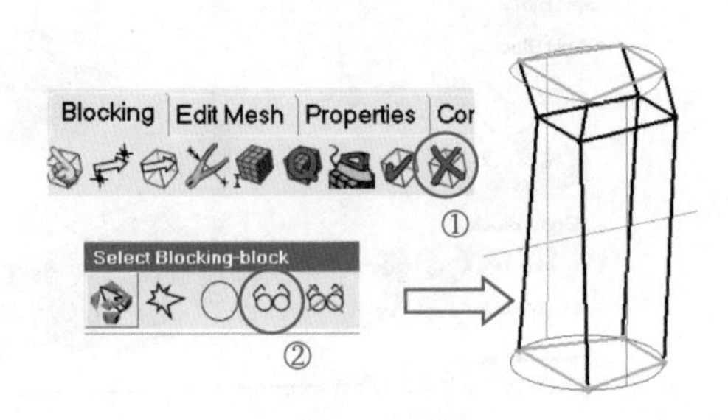

图 2-7-14　删除块

步骤 7：自动关联顶点。

选择 Associate 图标→Snap Project Vertices 图标，单击 Apply 按钮。可见的顶点自动移动到最近的几何位置。在 Index Control 中单击 Reset 按钮，显示出所有的块。

步骤 8：计算并显示网格。

如图 2-7-15 中①、②所示操作，选择 Pre-Mesh Params 图标→Update Sizes 图标，Method 保持默认的 Update All 选项，单击 Apply 按钮。

按照图 2-7-15③~⑥所示操作，勾选 Pre-Mesh，当提示重新计算网格时，单击 Yes 按钮，生成预览网格。Pre-Mesh 右键菜单中激活 Solid&Wire 命令，取消勾选 Geometry 和 Blocking 目录下的 Edges，更清晰地显示网格。

步骤 9：缩放 Ogrid。

> **提示：**
> - 如果创建 Ogrid 后发现其径向边太长或太短，可以调整 Ogrid 的大小。缩放 Ogrid 只对可见的顶点有效。

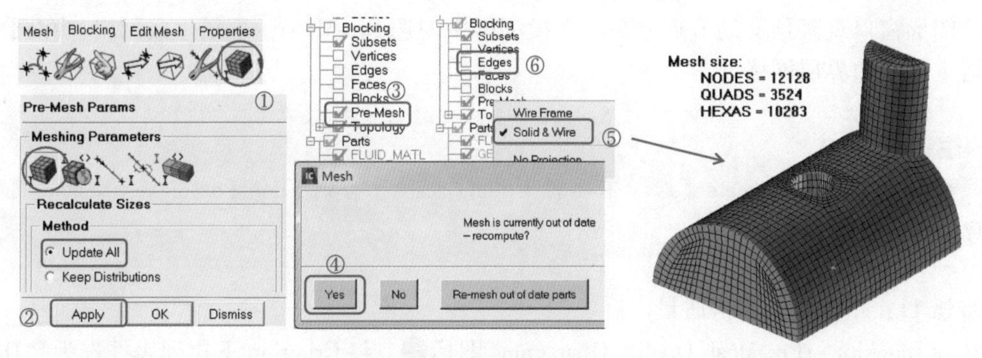

图 2-7-15　计算并显示网格

到模型树中取消勾选 Pre-Mesh，勾选 Edge，并设置 Index Control 的 I 方向为 2~3。如图 2-7-16 中①~⑥所示操作，选择 Blocking→Edit Block 图标→Modify Ogrid 图标，Method 下拉列表框保持默认的 Rescale Ogrid，激活 Edge 选项对应的 Select edge（s）图标，选择 Ogrid 的一条“径向边”，如图 2-7-16 中④所示，Offset 文本框中输入“0.6”，单击 Apply 按钮。可以发现径向边缩短为原来的 0.6 倍，相应地，Ogrid 内部块被放大了。Index Control 界面单击 Reset 按钮，重新显示所有块。

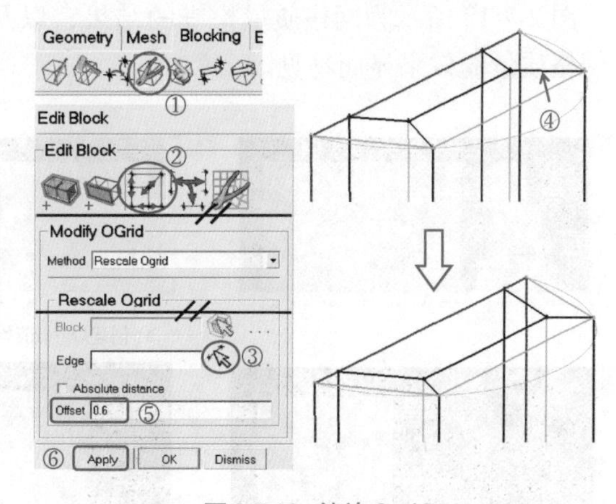

图 2-7-16　缩放 Ogrid

步骤 10：调整边的节点分布。

如图 2-7-17 中①、②所示，选择 Pre-Mesh Params 图标→Edge Params 图标，激活③处边选择图标，选择④处箭头所指的边，按照⑤处所示，分别设置 Spacing 1 为“0.099999”，Ratio 1 为“1.2”，增加 Nodes 数值，直到 Ratio 1 一行最右侧的实际尺寸约为 1.2，此时 Nodes 数值为“13”。勾选⑥处 Copy Parameters 选项，将所选边的节点分布复制到平行边上，单击 Apply 按钮。

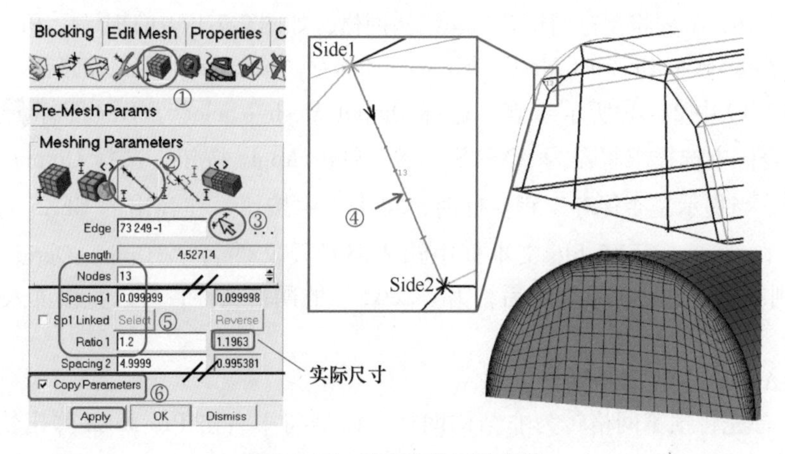

图 2-7-17　改变边的网格参数

到图形窗口观察预览的节点分布，在模型树中勾选 Pre-Mesh，重新生成网格，在圆柱壁面附近生成了边界层网格。

> **注意：**
>
> ● 设置 Edge Parameters 后，不要再 Update Sizes，否则 Edge Parameters 中的设置会被面和线的网格参数取代。

步骤 11：重新检查网格质量。

选择 Blocking→Pre-Mesh Quality Histograms 图标，将 Criterion 下拉列表框选为“Determinant 2×2×2”，设置 Min-X value 为“0”，Max-X value 为“1”，Max-Y height 为“20”，单击 Apply 按钮。将 Criterion 下拉列表框改为 Angle，单击 Apply 按钮。

图 2-7-18 所示为网格质量检查的结果，以及创建 Ogrid 前后网格质量的对比，Ogrid 提高网格质量的效果显而易见。

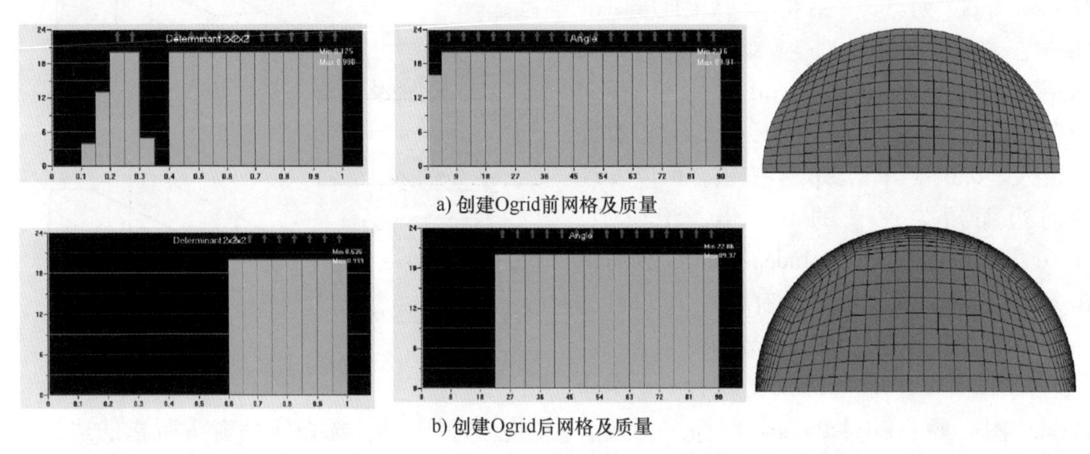

a) 创建Ogrid前网格及质量

b) 创建Ogrid后网格及质量

图 2-7-18　有无 Ogrid 网格质量的对比

步骤 12：输出网格。

1）输出 ANSYS CFX 网格。

参考图 2-7-19，首先将预览网格转为非结构网格，如图 2-7-19 中①所示，Pre-Mesh 右键菜单中选择命令 Convert to Unstruct Mesh，ICEM 自动保存“hex. uns”到工作路径，并即刻导入。

按照图 2-7-19 中②~⑧所示步骤，选择 Output Mesh→Select Solver 图标，在 Output Solver 下拉列表框中选择求解器为 ANSYS CFX，单击 Apply 按钮。选择 Output Mesh→Write input 图标，当提示是否保存工程文件时，单击 Yes 按钮。在弹出的 CFX5 对话框中，检查各项设置，在 Output CFX5 file 文本框中输入路径及文件名“3Dpipe_Ogrid. cfx5”，单击 Done 按钮。则在指定的路径下输出后缀为“. cfx5”的网格文件，可以直接读入 ANSYS CFX 求解器。

2）输出 ANSYS FLUENT 网格。

同样地，首先将预览网格转为非结构网格，模型树中右击 Pre-Mesh 弹出快捷菜单，选择命令 Convert to Unstruct Mesh。

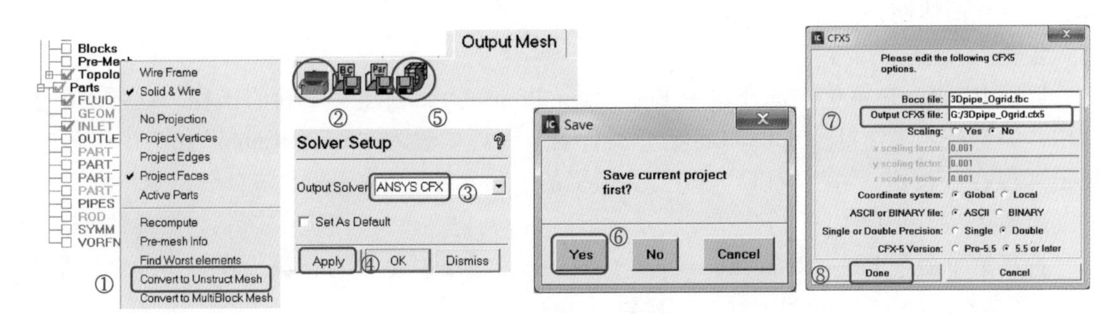

图 2-7-19　输出 CFX 网格

如图 2-7-20 中①~⑧所示，选择 Output Mesh→Select Solver 图标，在 Output Solver 下拉列表框中选择求解器为 ANSYS Fluent，单击 Apply 按钮。选择 Output Mesh→Write input 图标，当提示是否保存工程文件时，单击 Yes 按钮。出现打开“. uns”文件窗口，单击“打开”按钮。在 ANSYS Fluent 对话框中设置输出路径和文件名“3Dpipe_Ogrid”，单击 Done 按钮。则在指定的路径输出后缀为“. msh”的网格文件，可以直接读入 FLUENT 求解器。

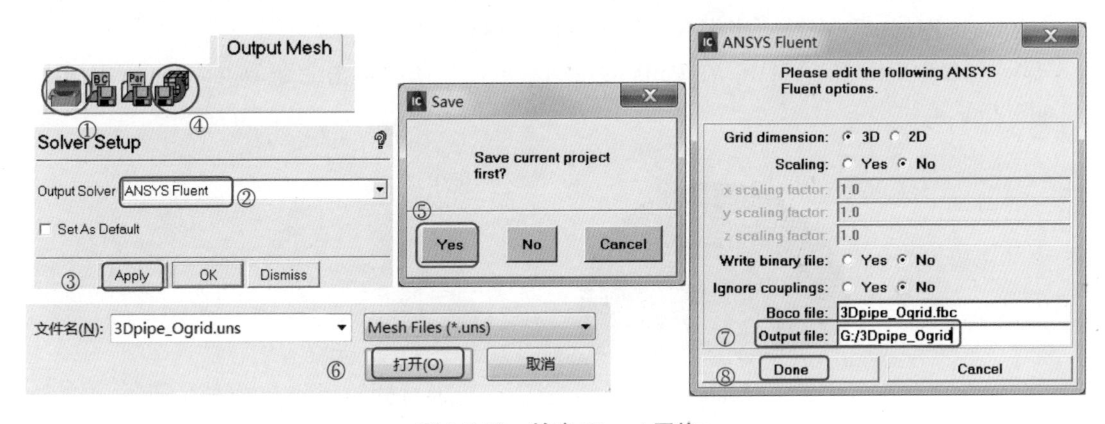

图 2-7-20　输出 Fluent 网格

案例总结：本例为基础练习，较为详细地演示了用块拓扑技术中的“自顶向下”方法对 3D 几何体划分六面体网格的步骤。第一部分用简单的块结构捕捉几何体形状，生成初始网格并检查网格质量。第二部分使用 Ogrid 提高圆柱结构的网格质量。并展示了输出 ANSYS CFX 和 ANSYS FLUENT 网格的步骤。解释详尽，步骤全面，建议初学者认真完成每一步操作并体会其作用和用法，尤其是 Ogrid 的基本应用和对带孔洞几何体的处理方法。

7.6　案例：Ogrid 练习——划分半球面立方体网格

本例的半球方体几何模型如图 2-7-21a 所示，半球体中间挖去了半个方体，用 Ogrid 可以生成高质量的网格。所以本例中将先对整个几何创建 Ogrid，再用内部块关联中间的半方体，生成六面体网格。

步骤 1：创建工程。

启动 ICEM，在菜单中选择命令 File→New Project...，创建一个新的工程。在弹出的窗口中，浏览进入工作目录 SphereCube，“文件名”一栏中输入“SphereCube”作为工程名称，单击“保存”按钮，将生成以“.prj”为后缀的工程文件。

步骤 2：打开几何。

选择菜单命令 File→Geometry→Open Geometry，或单击快捷图标，在弹出的窗口中选择“SphereCube.tin”，单击“打开”按钮。

步骤 3：为几何面定义 Parts。

创建 Parts 的界面及步骤请参考本篇 6.10 节“案例：划分四通管六面体网格（一）”的步骤 3。本例按照以下步骤依次创建 Parts，结果如图 2-7-21b 所示。

在模型树中的 Parts 右键菜单中选择命令 Create Part，在 Part 文本框中输入 SPHERE，单击 Select entities 图标，选择半圆几何面，中键。修改 Part 名为 SYMM，选择平面对称面，中键。

隐藏 SPHERE 和 SYMM，将剩余的面放入 CUBE 中：输入 CUBE 作为 Part 名称，单击图标，在选择工具栏右侧关闭点、线和体，只保持面可选。键入“v”或单击 visible objects 图标，中键，将半方体的 5 个面放到 CUBE 中。

显示出 SPHERE 和 SYMM。在 Parts 的右键菜单中，依次单击命令 Delete Empty Parts 和“Good” Colors。

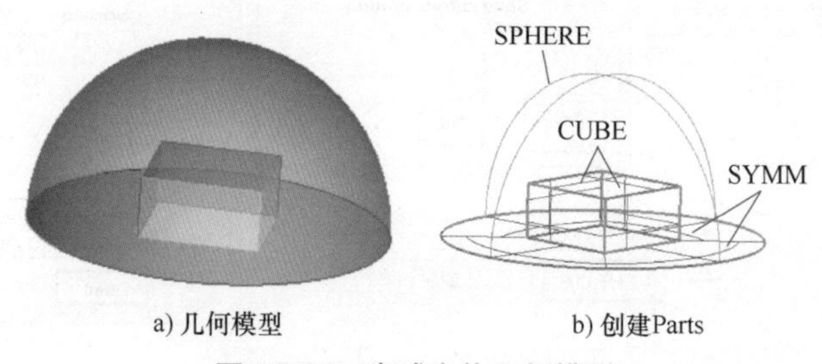

a) 几何模型　　b) 创建Parts

图 2-7-21　半球方体几何模型

步骤 4：创建初始块。

在 Blocking 选项卡中单击 Create Block 图标，单击 Initialize Blocks 图标，设置 Part 名为 LIVE，Type 下拉列表框为默认的 3D Bounding Box，单击 Apply 按钮，初始块包围整个几何体，如图 2-7-22 所示。

步骤 5：设计块拓扑。

思考如何构建块拓扑才能划分高质量的网格。最理想的网格应沿预估的流动方向整齐排列，或与几何面对齐。在分割块之前考虑不同的分割方案，找出最适合几何形状的块拓扑结构。

最直观的分割是直接用水平和竖直分割捕捉到中间的半方体，如图 2-7-23 所示，但生成的网格在 4 个角点处扭曲严重，如图 2-7-23 中箭头所指的部分。

本例将利用二分之一 Ogrid 的拓扑结构捕捉几何形状，提高网格质量。

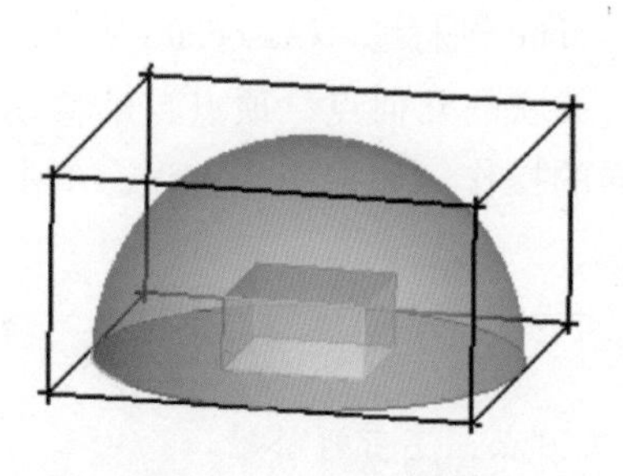
图 2-7-22　创建初始块

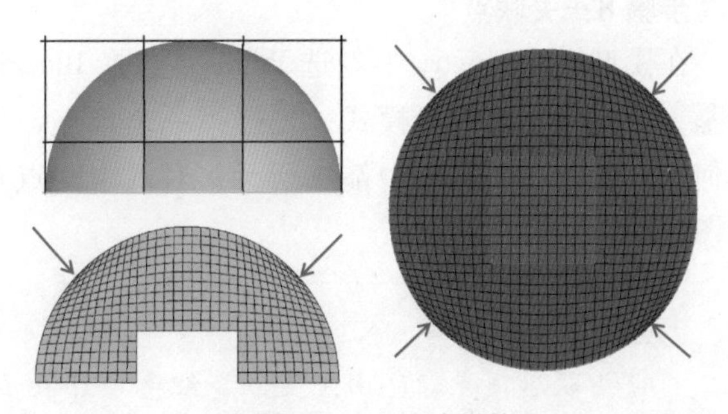
图 2-7-23　设计块拓扑

步骤 6：创建 Ogrid。

选择 Split Block 图标→Ogrid Block 图标，激活 Ogrid Block 的 Select Block（s）图标，选择整个初始块，中键，激活 Select Face（s）图标，选择底部的面，中键，其他保持默认，单击 Apply 按钮，创建 Ogrid。此时可以看出，Ogrid 中间的内部块正好捕捉半方体，如图 2-7-24 所示。

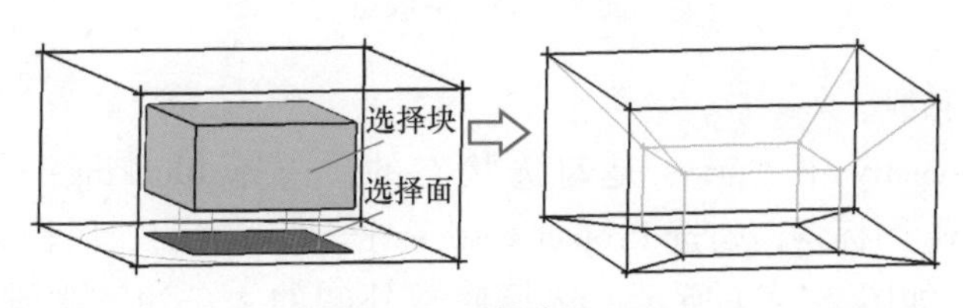

图 2-7-24　创建 Ogrid

步骤 7：删除底部中间的块。

底部的半方体是空的，所以需要将对应的块删除。

选择 Blocking→Delete Blocks 图标，此处练习使用两角点选择。键入“d”或者从选择工具栏最右侧单击图标，选择内部块的任意两个对角顶点，中键确认，再次单击中键删除，如图 2-7-25 所示。

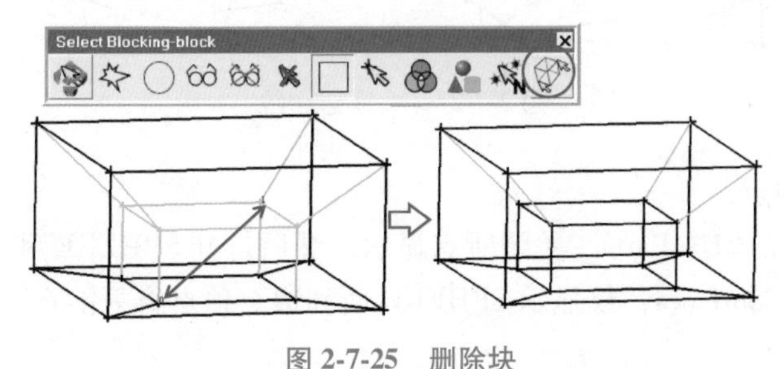

图 2-7-25　删除块

注意：

- 当要选择的块被周围块遮挡时，用对角点选择块最便捷。删除块后，边由蓝色的内部边变成黑色的边界边，表示自动关联到了面。

步骤 8：关联点。

在模型树 Geometry 中勾选 Points，选择 Blocking→Associate 图标→Associate Vertex 图标。自动激活点选择模式，先选择一个顶点，再选择要关联的几何点，顶点自动移动到几何点。参考图 2-7-26 中箭头所示，对八个角点重复同样的操作。如果操作有误，单击撤销图标，然后重新关联。

> **注意：**
> - 关联后顶点颜色由黑变红，红色顶点表示约束到几何点，不可再移动。

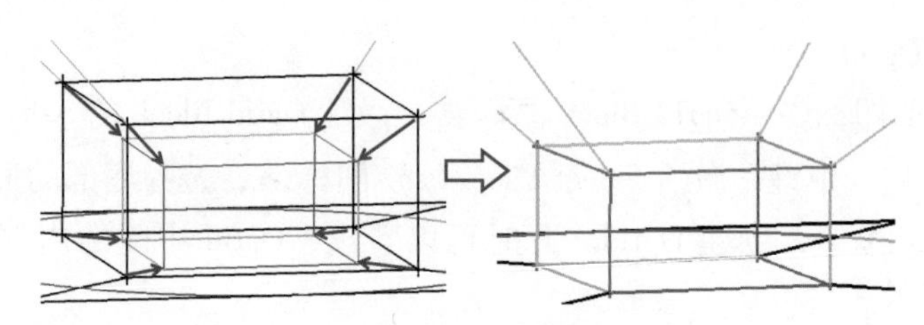

图 2-7-26 关联点

步骤 9：关联边和线。

确认模型树 Geometry 中 Curves 是勾选状态的，选择 Blocking→Associate 图标→Associate Edge to Curve 图标，勾选 Project vertices 选项，激活自动投影顶点到线。默认已经是选择边的状态，如图 2-7-27 所示，选择底部外侧的 4 条边，中键；再选择底部的 4 条圆周线，中键，4 个顶点自动移动到圆周线上，边的颜色变为绿色，4 条线自动归为一组。

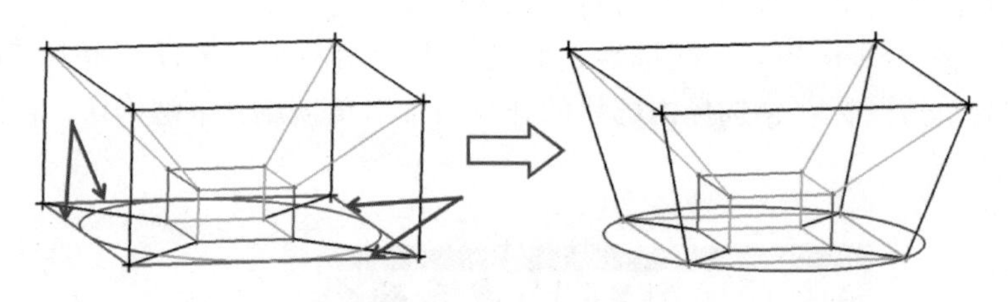

图 2-7-27 关联边和线

步骤 10：移动顶点。

先到模型树中取消勾选 Parts，关闭所有显示，然后打开 SPHERE 和 LIVE 显示，同时打开 Geometry 目录下的 Surfaces，仅显示 SPHERE 面和边。顶点将只能在可见的 SPHERE 几何面上移动。

如图 2-7-28 中①、②所示，选择 Move Vertex 图标→Move Vertex 图标。为了控制移动方向，勾选③处的 Fix direction 选项，并单击④处 Select edge（s）图标，再按照⑤处箭头所示，选择一条 Ogrid 的径向边，作为顶点的移动方向，再单击⑥处 Select vert（s）图标，选择⑦处的顶点，沿径向边拖动至球面上，结果如图 2-7-28 中的⑧所示，中键完成。重复以上操作，完成其他 3 个顶点的移动，结果如图 2-7-28 中的⑨所示。

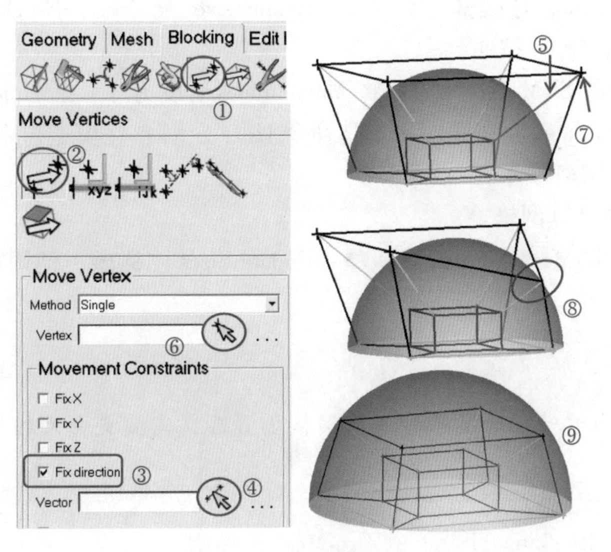

图 2-7-28　移动顶点

提示：

- 沿固定方向移动顶点有一个操作技巧，单击到顶点所在的某条边上、顶点附近的位置，拖动鼠标，则顶点会沿此边移动。

注意：

- 不同视角看到的顶点位置不同，要从多个角度确认。随时用<F9>键切换到动态模式，调整视角，再用<F9>键切换回选择模式。

顶点不需要严格位于球面上，实际上顶点和面的投影关系已经自动建立，即使不移动也可以正确投影。这一步是为了更直观地观察，并使块具有更好的正交性，块的面应尽量平坦。

步骤 11：设置网格参数。

如图 2-7-29 所示，选择 Mesh→Surface Mesh Setup 图标，在 Surface Mesh Setup 对话框中单击 Select surface（s）图标，键入“P”或在选择器工具栏中单击 Select items in a Part 图标，在出现的 Select part 界面中勾选 CUBE 和 SPHERE，单击 Accept 按钮。

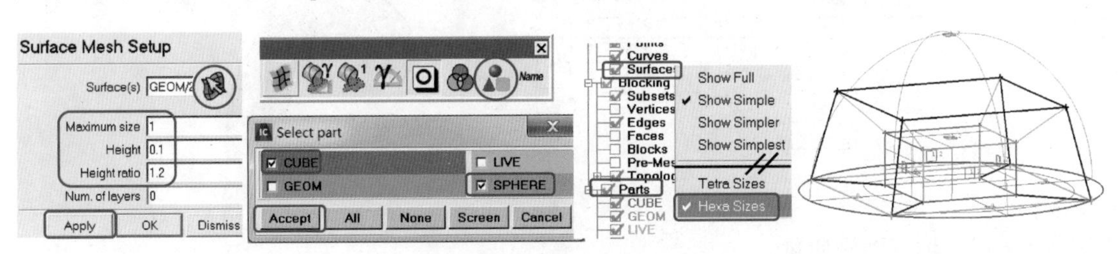

图 2-7-29　设置面的网格参数

在 Surface Mesh Setup 对话框中设置 Maximum size 为“1”，Height 为“0.1”，Height ratio 为“1.2”，单击 Apply 按钮。

用同样的方法设置 SYMM 的尺寸：将 Maximum size 设为“1”，Height 及 Height ratio 设为“0”。在模型树 Surfaces 右键菜单中勾选命令 Hexa Sizes；在模型树中勾选 Parts，显示所有内容，预览六面体网格尺寸。

步骤 12：更新并计算网格。

选择 Blocking→Pre-Mesh Params 图标→Update Sizes 图标，使用默认的设置，直接单击 Apply 按钮。

> **提示：**
>
> • 在 Mesh 选项卡中修改了面和线的网格设置后，需要更新网格参数，新的设置才会生效。

在模型树中勾选 Blocking 目录下的 Pre-Mesh，提示重新计算时单击 Yes 按钮，生成网格，预览网格如图 2-7-30 所示。取消勾选 Geometry 和 Blocking 目录下的 Edges，观察网格。可以勾选或取消勾选某些 Parts，观察关心部分的网格。在 Pre-Mesh 右键菜单中勾选命令 Solid & wire，实体显示网格。

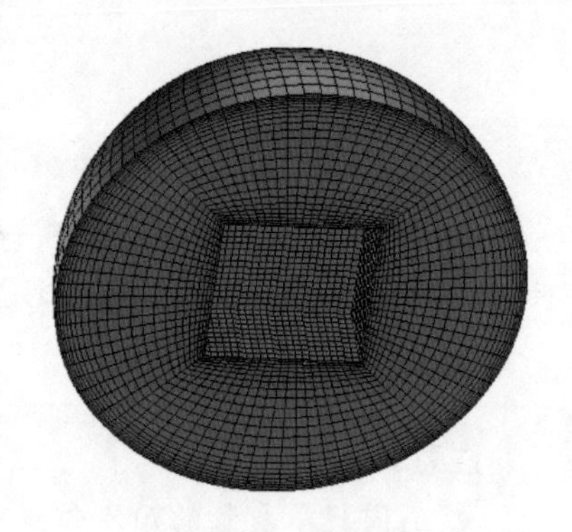

图 2-7-30　预览网格

步骤 13：观察网格剖面。

如图 2-7-31 所示，在 Pre-Mesh 右键菜单中勾选命令 Scan planes，取消勾选 Pre-Mesh，勾选 Curves 帮助确定位置。

分别勾选“#0”“#1”和“#2”，在 I、J、K 各个方向扫描。调整 Scan planes 界面中的箭头，观察不同截面的网格。也可以单击 Select 按钮后选择一条边，观察垂直于所选边的截面。勾选 Solid 选项，实体显示截面网格。

> **提示：**
>
> • Block Index 一列表示块的索引，Grid Index 一列表示网格索引。“#3”是 Ogrid 索引，在径向扫描。

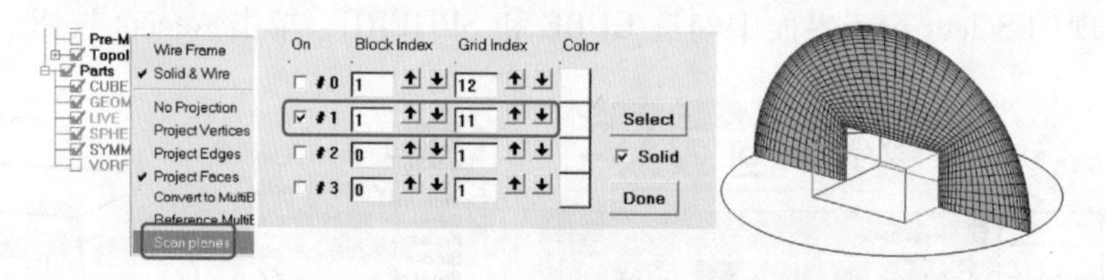

图 2-7-31　观察网格剖面

步骤 14：检查网格质量。

选择 Blocking→Pre-Mesh Quality Histograms 图标，保持默认设置，单击 Apply 按钮。

将 Criterion 下拉列表框变为 Angle，单击 Apply 按钮，结果如图 2-7-32 所示。

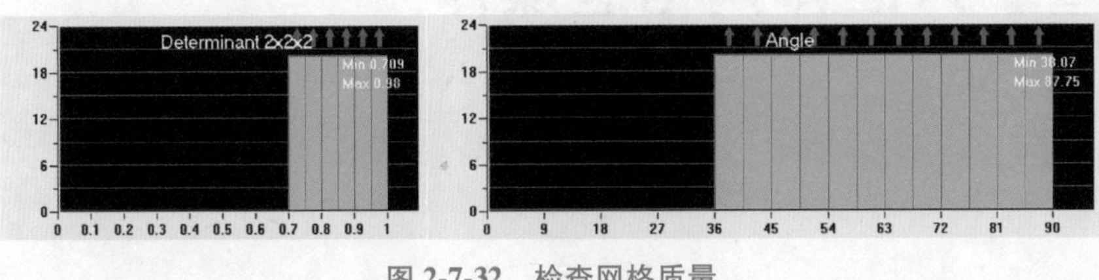

图 2-7-32　检查网格质量

调整边的网格参数、转为非结构网格及输出网格等操作步骤请参见“案例：划分四通管六面体网格（二）”。

案例总结：本例用 Ogrid 对中空的半球体划分六面体网格。对于类似的几何形状，包括圆球体、圆柱体等，均可参照本例的方法，先创建围绕整体几何的 Ogrid，再进行细致的分割，得到符合几何形状的块结构。注意理解如何利用 Ogrid 本身的拓扑结构捕捉几何形状。

第 8 章 六面体网格边操作

8.1 设定边的网格参数

设定边的网格参数用于对网格参数进行微调，决定网格节点的间距和分布律。基于块的网格划分，无论是自顶向下还是自底向上，都需要调整边的网格参数，这是划分结构网格必不可少的步骤。

操作界面在 Blocking→Pre-Mesh Params 图标→Edge Params 图标，如图 2-8-1 所示，由于界面较长，为了表达方便，拆分为几个小段截图。这个界面包含了所有的边网格参数，包括：节点数量、网格分布律、初始高度、膨胀率和最大单元长度等。选择某条边时，窗口自动显示出此边现有的网格参数。除了边的 ID 和边长，其他所有的参数都可以在此修改。

从图 2-8-1 中①处激活边选择，选中一条边后，在窗口输入数值或勾选选项，单击 Apply 按钮即可。但要生成一套高质量的结构网格，通常要分别调试多条边。理解了界面中各个参数和选项的作用后，就可以使网格按照用户的意图来分布。

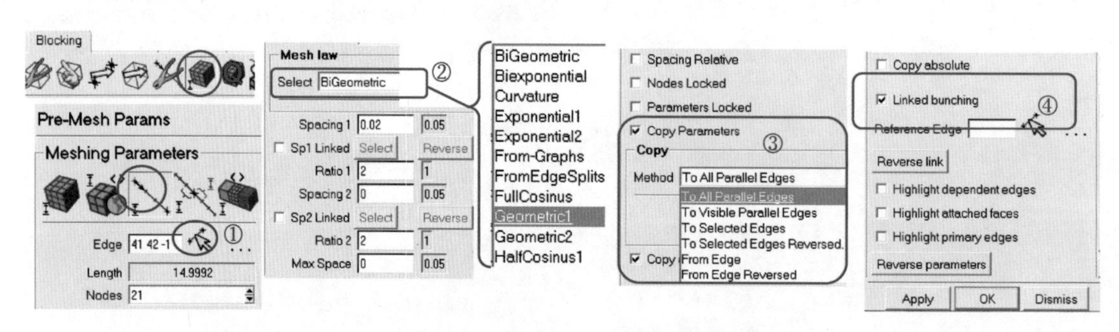

图 2-8-1　调整边的网格参数界面

1）Edge：到图形窗口中选中一条边，对此边定义网格参数。

2）Nodes：指定边上的网格节点数量。可以用右侧的箭头或直接输入数值改变这个值。

3）Mesh law 选项组的 Select：如图 2-8-1 中②所示，提供了 19 种网格分布律，根据需要选择其中一种。常用的有 BiGeometric（由两端向中心变化）、Uniform（均匀分布）、Geometric1 和 Geometric2（由一端向另一端变化）。

调试边界层网格分布时最常用的是 Geometric1 和 Geometric2，两者除了方向相反，其他参数均相同。选定 Mesh law 为 Geometric1 时，仅需要指定 Spacing 1，其他的节点间距以增长率 Ratio 1 计算，即

$$S_i = \frac{R-1}{R^{N-1}-1}\sum_{j=2}^{i} R^{j-2}$$

式中，S_i是边的起点到节点 i 的间距；R 是增长率；N 是边上的节点总数。其他 Mesh law 的计算公式可以查看 Help 里的相关内容。

4）Spacing：指定边的起点到第一个网格节点的间距，即第一个单元的高度。

如图 2-8-2a 所示，选中一条边时，会出现沿边的箭头。Spacing 1 是箭头起始处的参数，Spacing 2 是箭头末端处的参数。可以根据选择的网格定律修改这个参数值。

注意：

- 输入的值未必是实际使用的值。如果不能满足输入的值，软件会自动计算实际值。例如，假设边长为 10 个单位，指定两边的初始间距均为 6，而边上的节点数为 11，那么系统将平均分配节点，给定初始间距为 1，间距比也为 1。输入值和实际值如图 2-8-2b 所示位置。

5）Ratio：从一个单元到下一个单元的增长率。Ratio 1 是箭头起始处的参数，Ratio 2 是箭头末端处的参数。

如图 2-8-2a 所示，选择某条边，输入节点数量为“10”，指定分布律为 BiGeometric，设定 Spacing 1 和 Spacing 2 均为“1. 0”，Ratio 1 和 Ratio 2 均为“1. 5”，则指定边上生成 9 个单元，由两端向中心逐渐变稀疏。预览箭头由 Side1 指向 Side2，Spacing 1 表示 Side1 前两个节点的间距，Ratio 1 表示从 Side1 到中心的增长率。同样地，Spacing 2 表示 Side2 前两个节点的间距，Ratio 2 表示从 Side2 到中心的增长率。

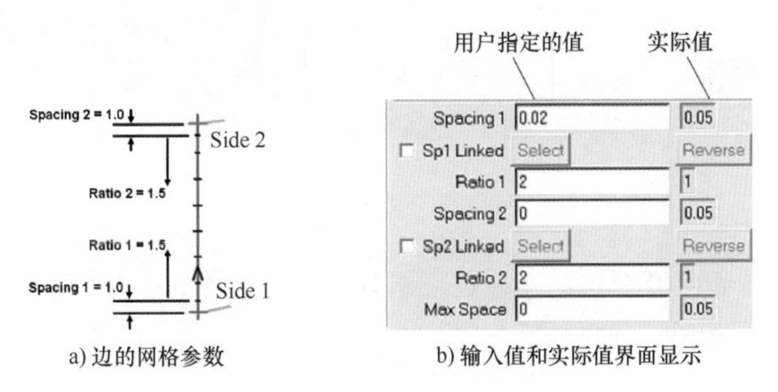

a) 边的网格参数　　b) 输入值和实际值界面显示

图 2-8-2　边网格参数示例

6）Max Space：指定最大单元间距。

7）Spacing Relative：勾选此项时，Spacing 1 和 Spacing 2 的值显示为边长的分数。

8）Nodes Locked：勾选此项时，锁定节点数量，不能再调整。但是选项命令 Update Sizes→Update All 操作可以将其覆盖，并用全局参数划分网格。

9）Parameters Locked：勾选此项时，网格定律（Mesh law）的参数固定。但是 Update All 操作可以将其覆盖，并用全局参数划分网格。

10）Copy Parameters：勾选此项时，复制所选边的网格参数到其他边。Method 下拉列表框中提供了多种方法，如图 2-8-1 中③处所示。

① To All Parallel Edges，复制到所有的平行边。

② To Visible Parallel Edges，仅复制到可见的平行边。

③ To Selected Edges，复制到选择的边。

④ From Edge，将另一个边的网格参数复制到 Edge 中选择的边。

⑤ From EdgeReversed，复制节点的同时将节点反向分布。

11）Copy Absolute：勾选此项时，将某边的网格间距精确复制到另一边，而不考虑边长。

8.2 创建分布链接

图 2-8-1 中④处的 Linked bunching 选项为分布链接，用于关联不同边之间的节点数和分布律，使某条长边的节点分布和一组与之平行的短边相同，需要关联主边（长边）和与其有相同末端的一系列边（短边）。

分布链接的作用如图 2-8-3 所示，图中⑤是原始网格，可以看出网格线有明显倾斜。在图中①处选择②所示的长边作为目标边，勾选 Linked bunching 选项，在③处选择④所示的边作为参考边，单击 Apply 按钮，新的网格如图中⑥所示，目标边和参考边的网格节点整齐排列。

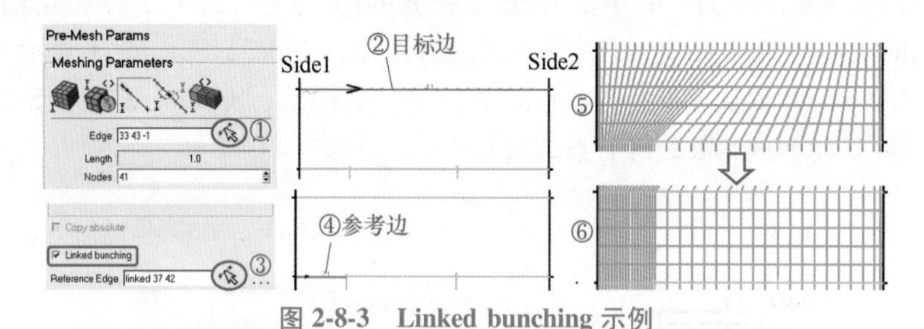

图 2-8-3　Linked bunching 示例

> **注意：**
>
> • 在图 2-8-3 中③处所选的参考边应是与长边共享最小索引编号的短边，即位于长边箭头起始端（Side1 侧）的短边。

成功定义分布链接后，系统会在所有短边与长边之间定义固定的链接。如果短边上的节点分布改变，长边会随之自动更新，而不需要用户特意指定。

Linked bunching 选项典型地用于仅分割局部块的情况，如远场比主体几何大数倍的气动分析，为了操作方便通常仅对主体几何对应的块进行分割，分割没有穿过所有块。应用分布链接可以使远场边界和主体几何的网格整齐分布。

> **注意：**
>
> • 节点数量由边网格参数中指定的多种参数共同决定，其中节点数和网格分布律通常优先级最高，其次是 Spacing 1 和 Spacing 2，ratio 1 和 ratio 2，最后再考虑 Max Space。

8.3 延伸分割

延伸分割用来延伸边对块的分割，可以延伸选中的边或所有的边。操作界面在 Blocking→Split Block 图标→Extend Split 图标，如图 2-8-4 左图所示。

在图 2-8-4 中①处的 Edge 选择②处箭头所指的边，中键确认，结果如图 2-8-4 中③所示，选中的边沿两个箭头的方向进行延伸，同时分割了穿过的块。

可以把分割块的过程看成是用一个平面分割，如图 2-8-4 中④所示，选择这个平面的一条边，则沿这个平面的分割会向所有的方向延伸，分割到所有的可见块。所以，延伸分割之前，通过 Index Control 界面控制可见块，决定分割延伸的范围。

勾选⑤处 Project vertices 选项，延伸分割时自动投影新的可见顶点到其关联的几何体中最近的位置。

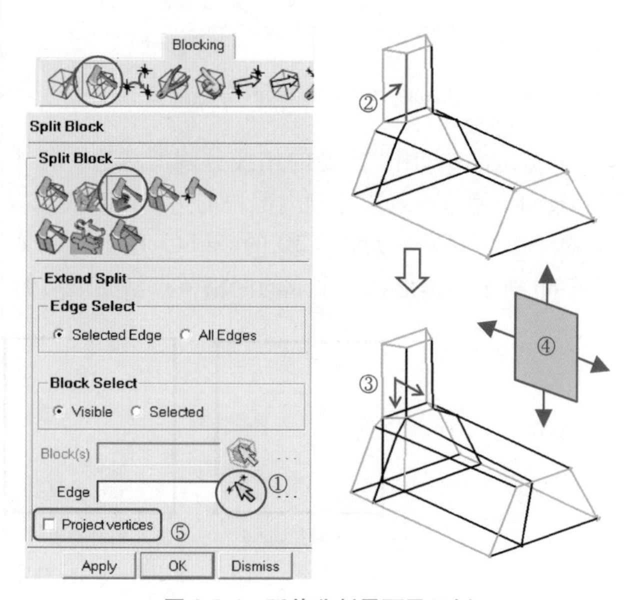

图 2-8-4　延伸分割界面及示例

8.4 分割边

块中的边在投影前默认都是直线，使用 Split Edge 对边进行编辑，可以生成不同形状的边，从而改变网格分布效果。操作界面在 Blocking→Edit Edge 图标→Split Edge 图标，如图 2-8-5 所示，若要取消对边的分割，使用旁边的 Unsplit Edge 图标。

分割边界面提供了多种分割方法，产生不同的分割结果。分割之后使用 Move vertex 移动分割点，调整边的形状，达到要求的效果。

1）Spline、Linear、Control Point：分别将直边分割为样条边、线性边、带控制点的边。操作方法大体一致，单击边并拖动，即可改变边的形状。图 2-8-6 所示为这三种分割边的效果。

2）Automatic Linear：自动将选择的边转换为线性边。对图 2-8-7 中的样条边，Method 下拉列表框中选择 Automatic Linear，再选择边，中键，即可自动转为线性边。

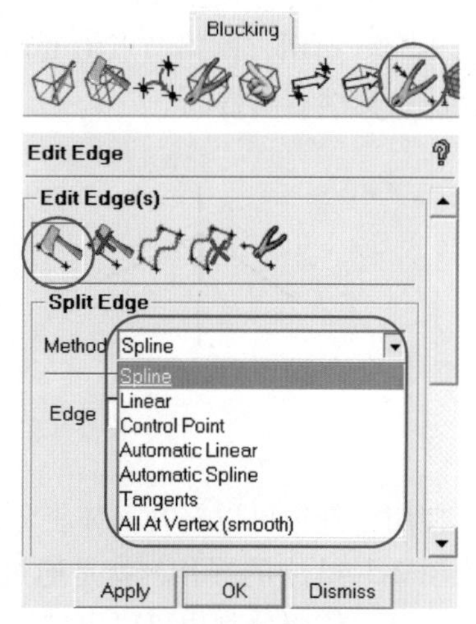

图 2-8-5　分割边界面

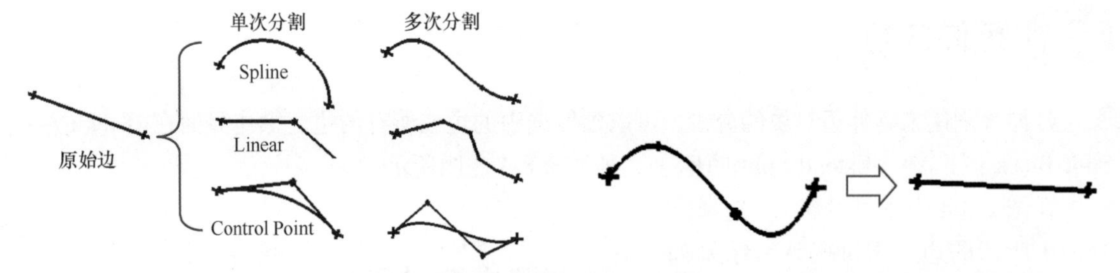

图 2-8-6　Spline、Linear、Control Point 分割边示例　　图 2-8-7　Automatic Linear 分割边示例

3）Tangents：用顶点处的切线分割所选边。每个边将分割两次，每个顶点一次。对简单的 Ogrid，用这个选项分割内部块的边，内部块可以变成球形。

对于图 2-8-8a 中所示的 2D 的 Ogrid，用 Tangents 方法对内部块的 4 条边进行分割，得到图 2-8-8b 所示的边形状。生成的网格节点沿变形后的边分布，如图 2-8-8c 所示。

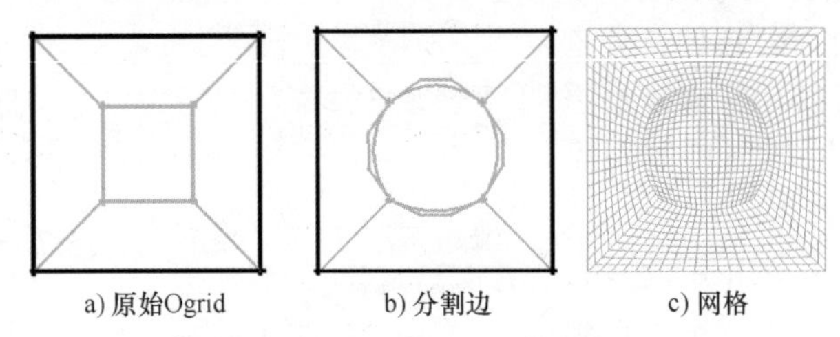

a) 原始Ogrid　b) 分割边　c) 网格

图 2-8-8　Tangents 分割边示例

4）All At Vertex（smooth）：分割与所选顶点相连的所有边，以改善这些边之间的夹角。如果有 4 条边，则分割的结果使边之间的夹角趋近 90°，生成的网格节点沿分割后的变形边分布。

如图 2-8-9a 所示，4 条边相交于一个顶点，用原始的直边划分网格，得到图 2-8-9b 中的结果，如果顶点附近有尖角，则网格的正交性会较差。用 All At Vertex（smooth）方法对这一顶点分割，得到图 2-8-9c 中的变形边，4 条边在交点处的正交性得到改善，生成的网格如图 2-8-9d 所示，网格节点沿变形边分布，相当于对图 2-8-9b 中的网格在交点处做了光顺，单元的正交性有所提高。

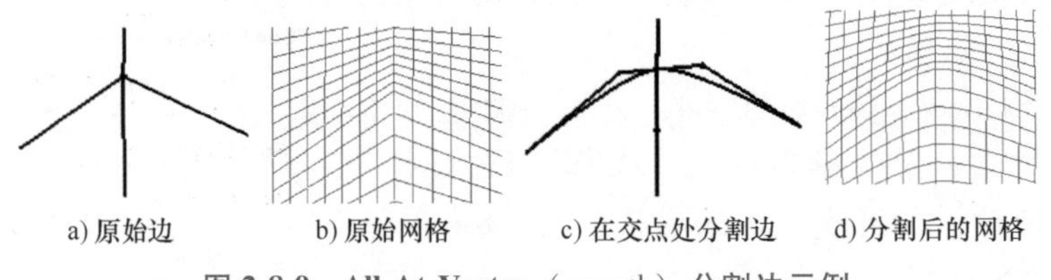

a) 原始边　b) 原始网格　c) 在交点处分割边　d) 分割后的网格

图 2-8-9　All At Vertex（smooth）分割边示例

使用分割边可以在几何体上创建圆孔。示例请见本篇 5.3 节，其中图 2-5-4b 中的方孔调整为图 2-5-4d 中的圆孔，就是通过分割边改变 Ogrid 内部块的形状实现。

此外，使用分割边可以更好地捕捉几何面，尤其是没有几何元素可以关联的高曲率表面及复杂结构。

8.5 创建边的链接

边链接的主要作用是在两条边之间创建链接关系，使用一条边控制另一条边的形状。操作界面在 Blocking→Edit Edge 图标→Link Edge 图标，如图 2-8-10a 所示，取消链接在旁边的 Unlink Edge 图标对应的选项中实现。

在 Source Edge 文本框中选择源边，在 Target Edge（s）文本框中选择目标边，则在源边和目标边之间创建链接关系，源边的形状被复制到目标边。当源边的形状改变时，目标边的形状随之改变。

Factor 文本框中的值决定目标边和源边之间的曲率关系，值越大则目标边的曲率越大。如图 2-8-10b 所示，分别设置 Factor 值为“0.8”和“0.3”，目标边的曲率逐渐减小。Factor 为“1.0”时，目标边和源边的形状完全相同。

勾选 Link direction 选项可以控制目标边弯曲的方向。在 Vector 文本框中指定两点，在图 2-8-10b 中，按照 1、2 的顺序选定两点，则目标边向源边的方向弯曲。如果 Vector 文本框中以相反的顺序选择两点，如图 2-8-10c 所示的 1、2，则目标边向远离源边的方向弯曲。不勾选 Link direction 选项时，默认目标边与源边的弯曲方向相同，结果如图 2-8-10b 所示。

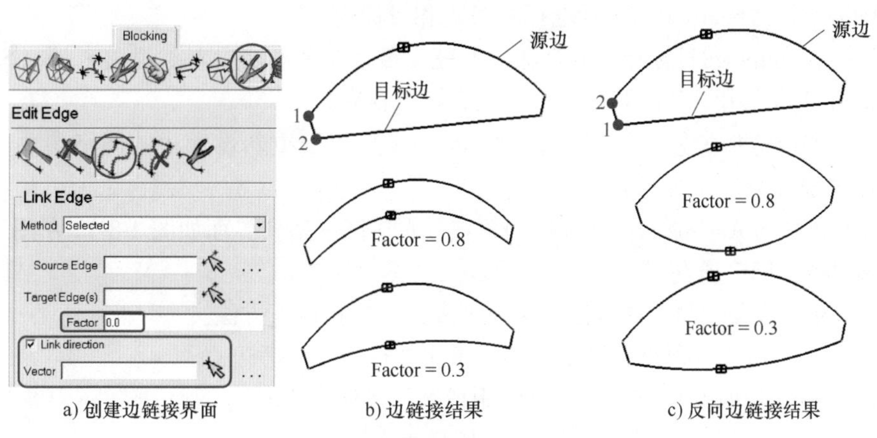

a) 创建边链接界面　　b) 边链接结果　　c) 反向边链接结果

图 2-8-10　创建边链接界面及示例

8.6 匹配边

匹配边用于使相交于一个顶点的两条边，在顶点处的第一个节点间距保持一致，防止网格尺寸过渡太突然。

操作界面如图 2-8-11 中左图所示，选择 Blocking→Pre-Mesh Params 图标→Match Edges 图标。图中①处所示是原始网格，注意框线内的节点间距变化突然。在匹配边界面，分别选择图中②、③箭头所指的边为参考边和目标边，生成图中④所示的网格，目标边 Side1（箭头起始端）与参考边 Side2（箭头末端）处的节点间距相同，在交点附近形成缓慢过渡。进一步匹配上层的边，可以得到图中⑤所示的整齐网格。

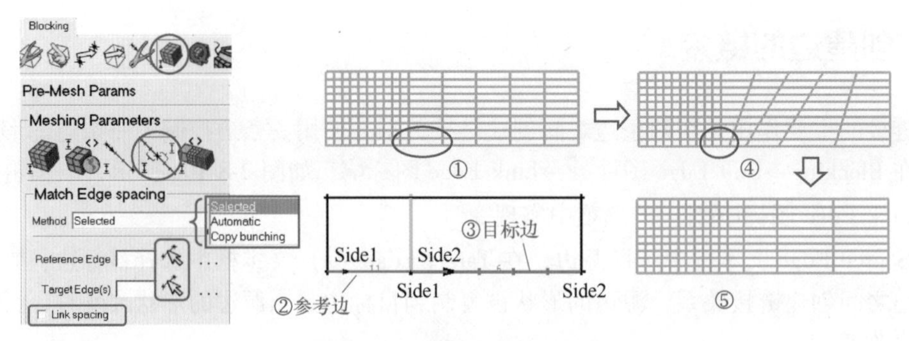

图 2-8-11　匹配边界面及示例

注意：

- 所有选择的目标边必须和参考边相交于同一点。匹配边是在相连的边之间或相邻的块之间设定网格尺寸过渡的一种快速简单的方法。

Match Edge spacing 选项组中 Method 下拉列表框中提供了三种匹配方法，分别为 Selected、Automatic、Copy bunching。

1）Method 中的 Selected：手动选择参考边和目标边。

2）Link spacing：在目标边和参考边之间建立链接关系。之后对参考边末端（Side2 侧）间距的调整将自动应用于链接的目标边，使更新很容易。

要移除或修改链接关系，使用 Edge Parameters 界面重新设定边的网格参数，或者在同一个顶点周围重新建立新的链接。

3）Method 中的 Automatic：在选择的顶点处自动匹配边。界面如图 2-8-12 左图所示。

4）Vertices：指定顶点。

5）Spacing：参考边的选择方法，下拉列表框可选择以下方法。

① Minimum，用所选顶点周围节点间距最小的边作为参考边。

② Maximum，用所选顶点周围节点间距最大的边作为参考边。

③ Average，取顶点处间距的平均值作为匹配间距。

6）Match Edges Dimension：选择匹配边的索引方向，有两种方式。

① Selected，手动选择一条或多条边作为匹配边的方向。

② All，匹配所选顶点周围所有方向上的边。

图 2-8-12 中①~⑤所示是 Automatic 方法匹配边的示例。其中①处是初始网格，框线中的节点间距相差较大，在匹配边界面的 Vertices 中选择②处箭头所指的顶点，Spacing 选择 Minimum，在 Match Edges Dimension 中选择 All，单击 Apply 按钮。重新生成的网格如图 2-8-12 中③所示，所选顶点周围 3 条边上的第一个节点间距保持一致，都等于此顶点周围最小的节点间距。将 Match Edges Dimension 改为 Selected，并选择④处所指的边，生成的网格如图 2-8-12 中⑤所示，仅在选择的边上进行了间距匹配。

7）Method 中的 Copy bunching：复制参考边上的节点分布到选择的边，或到所有与之平行的边。界面如图 2-8-13 中左图所示。

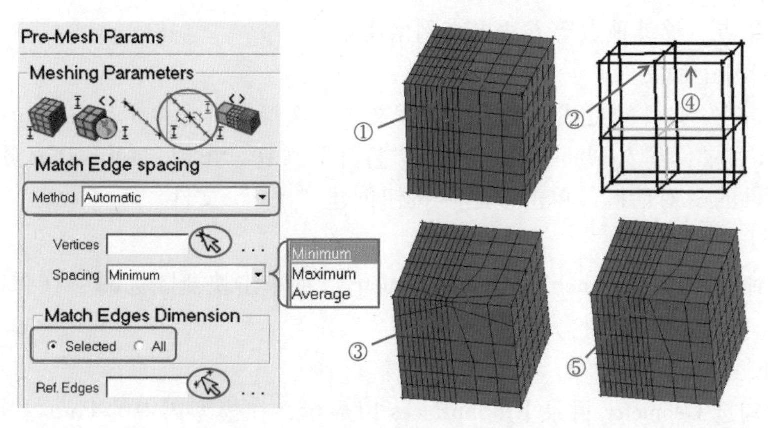

图 2-8-12　自动匹配边的界面及示例

8）Copy bunching to Edge（s）选项组中 Method 下拉列表框设为 Selected Edges：手动选择目标边，将拷贝分布律、末端间距、末端比率和节点数。勾选 Exclude Number of Nodes 选项后不复制节点数。

图 2-8-13 所示复制节点分布示例中，初始网格见图中①处，参考边选为②处箭头所指的边，目标边为③处箭头所指的边，重新生成的网格见图中④处，参考边的网格信息全部被复制到目标边。如果勾选了 Exclude Number of Nodes 选项，则生成图中⑤处的网格，参考边的节点分布形式被复制到目标边，但未复制节点数。

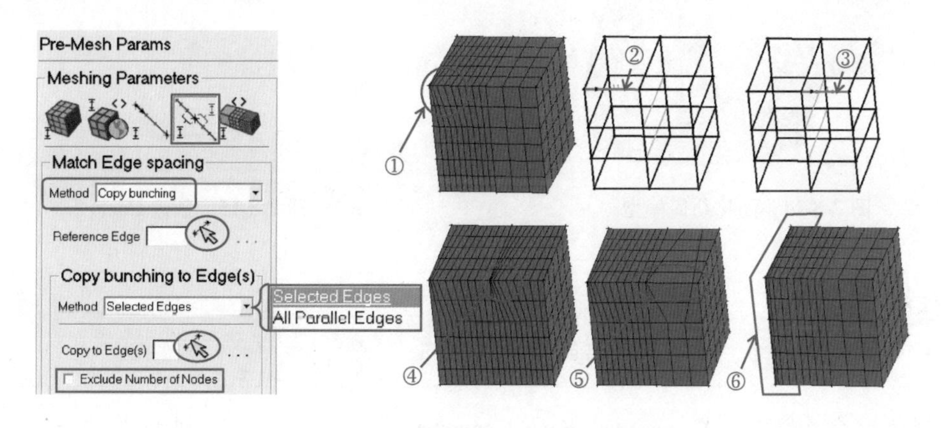

图 2-8-13　复制节点分布示例

9）Copy bunching to Edge（s）选项组中 Method 下拉列表框设为 All Parallel Edges：将参考边上的节点分布律复制到所有与之平行的边。

上述示例指定方法为 All Parallel Edges 时生成图中⑥处的网格，注意框线内的网格，参考边上的网格分布复制到了所有的平行边。

8.7　案例：提高网格质量练习

本例对图 2-8-14 所示的简化几何模型划分六面体网格，是一个带阀杆的排气道或进气道模型。其中创建了两个 Ogrid，一个为了捕捉圆管外形，另一个为了提高角点处的网格质量。并用对齐顶点、移动顶点等方法提高网格质量。

步骤 1：打开工程文件。

用打开“. prj”文件的方式创建新的工程文件。选择菜单命令 File→Open Project，浏览进入 ElbowPart 目录，输入 ElbowPart，单击“打开”按钮，出现“ElbowPart 此文件不存在，是否创建该文件的”对话框，单击“是”按钮创建“. prj”文件。

步骤 2：打开几何。

选择菜单命令 File→Geometry→Open Geometry，或单击快捷图标，在弹出的窗口中选择“ElbowPart. tin”，单击“打开”按钮。

步骤 3：创建 Parts。

模型树中勾选 Geometry 目录下的 Surfaces 以显示，在模型树中的 Parts 右键菜单中选择命令 Create Part，在 Part 文本框中输入 INLET，单击 Select entities 图标，选择图 2-8-15 所示的 INLET 面，中键。按照图示依次创建 OUTLET、ELBOW、CYLIN。Parts 右键菜单中单击命令“Good” Colors。

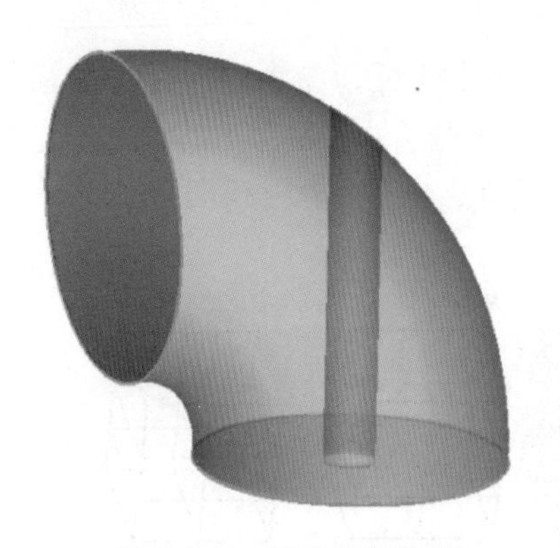

图 2-8-14　简化几何模型

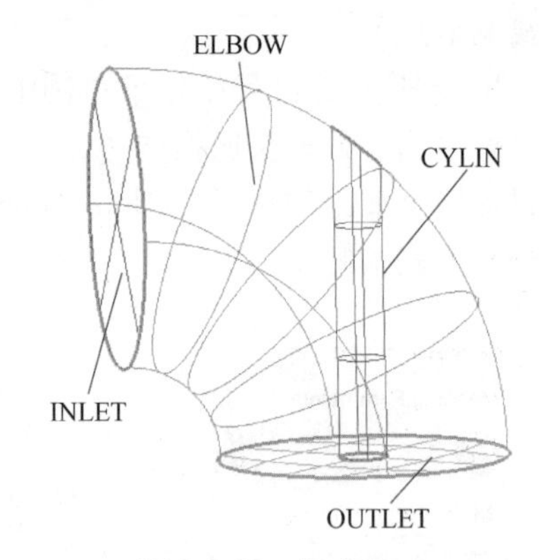

图 2-8-15　创建 Parts

注意：
- 先修改 Part 名，再选择几何面，中键即可。

选择菜单命令 File→Geometry→Save Geometry As... 以输入不同的文件名，另存为“. tin”文件，定义的 Parts 同时存储到“. tin”文件中。

提示：
- 不要直接替换原始文件，“另存为”是一个好习惯，后续操作出错时可以重新导入。

步骤 4：创建材料点。

在 Geometry 选项卡中单击 Create Body 图标，在 Part 文本框中输入 FLUID_MATL 作为 Part 名，单击 Material Point-Select location（s）图标，参考图 2-8-16，选择箭头所指的两个位置①和②，中键。两点的中点处出现“FLUID_MATL”字样，旋转几何体，确认材料点

FLUID_MATL 位于弯管内部，且在阀杆之外。

修改 Part 名为 DEAD，选择图 2-8-16 中③、④所示的两点，中键。旋转几何体，确认 DEAD 在杆的内部。

选择菜单命令 File→Save Project，保存工程文件。

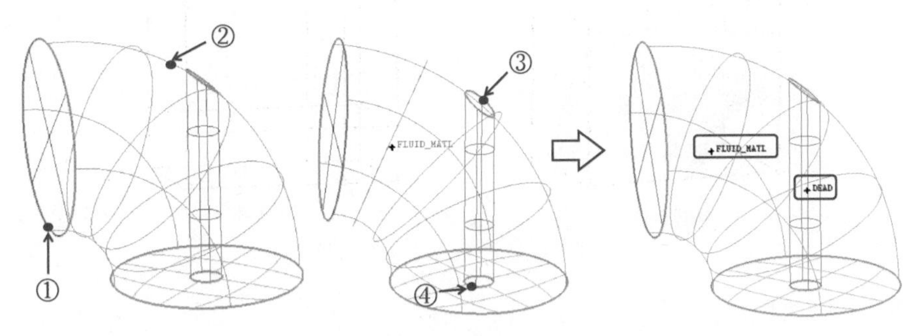

图 2-8-16　创建材料点

步骤 5：设计块结构。

如果只是一个弯管，通常构造单个块的拓扑，在曲率较高的位置进行切割，再通过移动顶点调整块结构，如图 2-8-17a 所示。

本例中由于有中空的阀杆，需要创建一个 L 型的块拓扑，方便捕捉阀杆的形状，如图 2-8-17b 所示。本例将说明此块拓扑的构建过程。

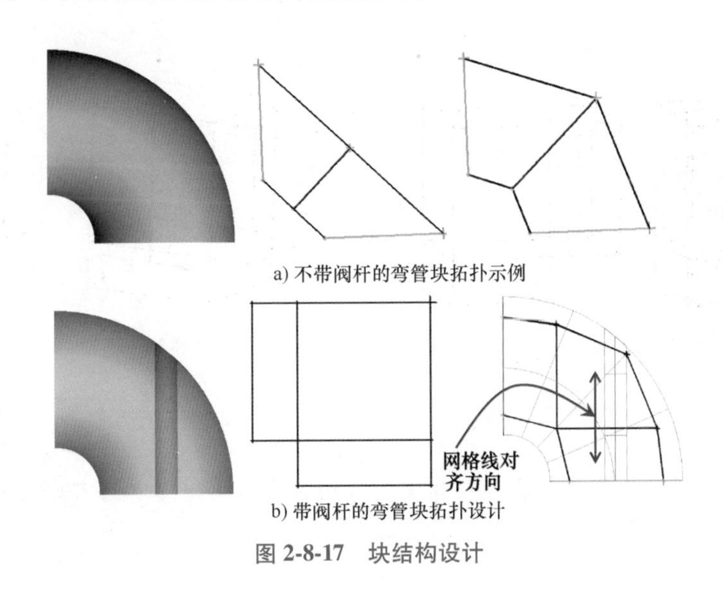

a) 不带阀杆的弯管块拓扑示例

b) 带阀杆的弯管块拓扑设计

图 2-8-17　块结构设计

步骤 6：创建初始块。

选择 Blocking→Create Block 图标→Initialize Blocks 图标，Part 下拉列表框中选择 FLUID_MATL，其他保持默认，直接单击 Apply 按钮，创建如图 2-8-18a 所示的初始块，包围了整个几何体。

步骤 7：分割块。

到模型树中关闭 Surfaces 和 Bodies 显示。选择 Blocking→Split Block 图标→Ogrid Block

图标，Split Method 下拉列表框中使用默认的 Screen Select，按照图 2-8-18b 中箭头所示，分别在水平方向和竖直方向分割块。

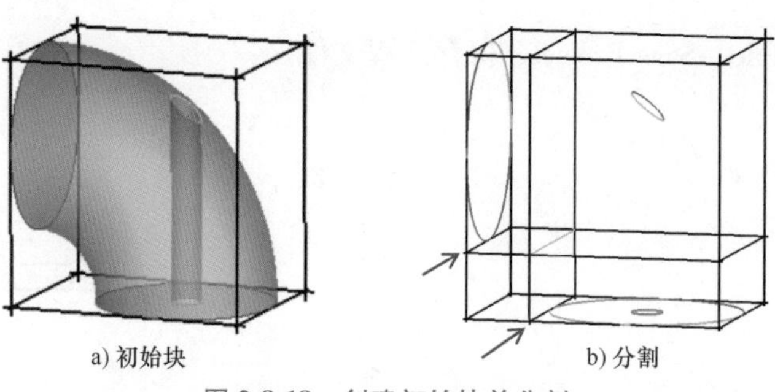

图 2-8-18 创建初始块并分割

步骤 8：删除无用块。

选择 Blocking→Delete Block 图标，确认没有勾选 Delete permanently 选项，选择图 2-8-19 中①所示的块，中键，删除无用块。

步骤 9：关联块的边到几何线。

选择 Blocking→Associate 图标→Associate Edge to Curve 图标，勾选 Project vertices 选项，如图 2-8-20 中单箭头所示，分别选择 INLET 或 OUTLET 端面的 4 条边，中键；选择同一侧的 4 条线，中键；顶点自动移动到与相关联的线最近的几何点上。用同样的操作关联另一端面的边和线。

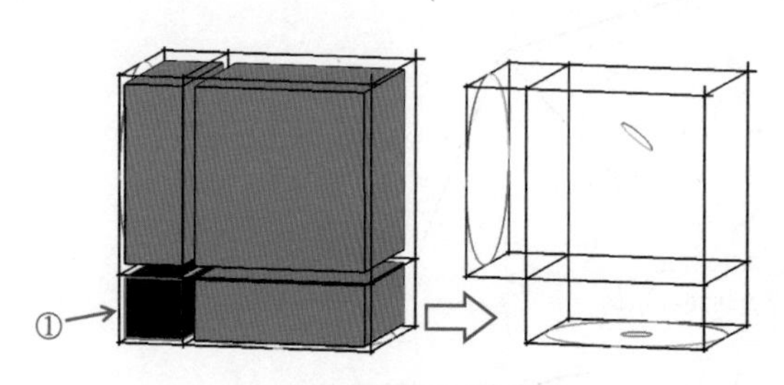

图 2-8-19 删除无用块

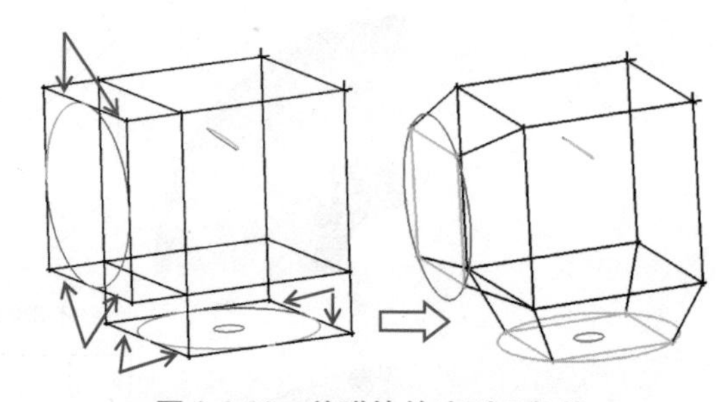

图 2-8-20 关联块的边到几何线

> **提示：**
>
> • 弯管外围的顶点和边，在几何体上没有相对应的几何点和线可以直接关联。使用 Snap Project Vertices 解决这个问题。

选择 Snap Project Vertices 图标，使用默认设置，直接单击 Apply 按钮，外部顶点自动移动到最近的可见几何面上，如图 2-8-21 所示。

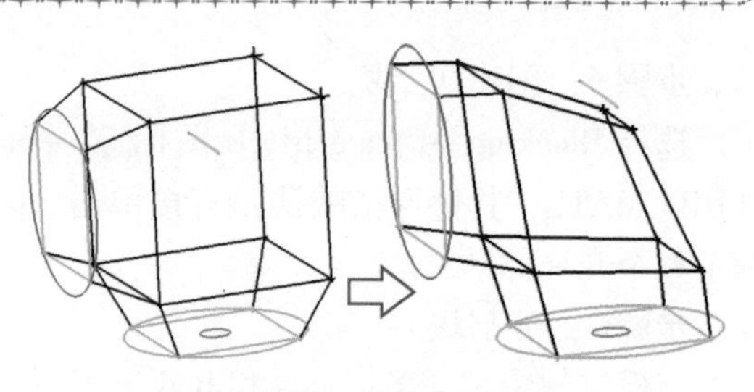

图 2-8-21 自动移动顶点

步骤 10：移动顶点。

如图 2-8-22 所示，选择 Blocking→Move

Vertex →Set Location，在图中③处 Ref. Vertex 栏中选择 OUTLET 上 X 值较小的一个顶点作为参考点，如图中④所指的顶点，勾选⑤处的 Modify X 选项，在⑥处 Vertices to Set 选择图中⑦所指的两个顶点作为要移动的顶点，中键，单击 Apply 按钮。顶部的两个顶点在 X 方向与选择的④处参考点对齐。

继续移动顶点，在 Ref. Vertex 处选择 OUTLET 上 X 值较大的一个顶点作为新的参考点，如图中⑨所指的点，在 Vertices to Set 选择图中⑩所指的两个顶点，中键，单击 Apply 按钮。

再次使用 Blocking→Associate 图标→Snap Project Vertices 图标，单击 Apply 按钮。块的顶点移动到了法向最近的可见几何体上。

提示：

- 移动顶点是为了得到更好的网格分布。角度略小于 90° 的块创建 Lgrid 效果最好，如图 2-8-22 中⑪处所示的结构。

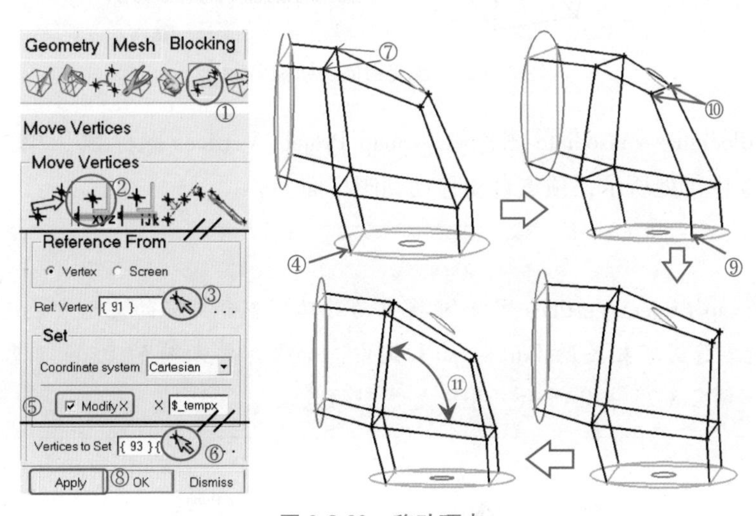

图 2-8-22　移动顶点

步骤 11：创建第一个 Ogrid。

选择 Blocking→Split Block 图标→Ogrid Block 图标，单击添加块图标，选择穿过阀杆的两个块，如图 2-8-23 中①所示，中键；再单击添加面图标，选择图中②处箭头所示的顶部和底部的两个面，中键，单击 Apply 按钮，生成第一个 Ogrid。

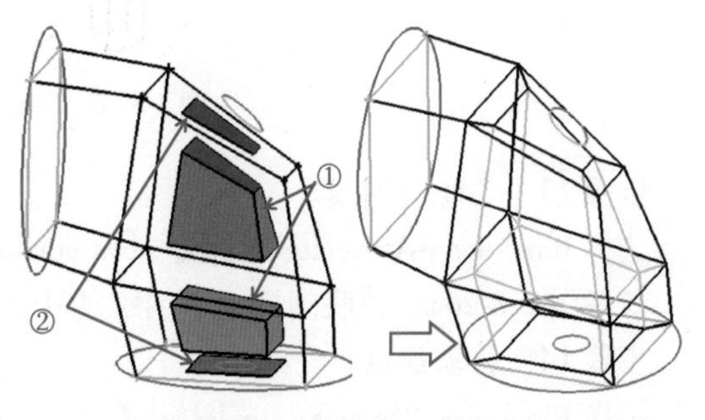

图 2-8-23　创建第一个 Ogrid

步骤 12：调整块。

从模型树中关闭 ELBOW、INLET 和 OUTLET 的显示，Blocking 右键菜单中勾选命令 Index Control，参考图 2-8-24①所示，设置 Ogrid 方向的 O3 索引为从“1”到“1”，只显示 Ogrid 的内部块。

参考图 2-8-24 中②、③所示操作，在模型树中的 Parts 目录下的 DEAD 右键菜单中选择命令 Add to Part，选择图标，键入“v”选择全部可见块，中键确认。结果如图中④所示，注意观察边的颜色，从蓝色变成了黑色，表明此边由内部边变为边界边，并自动关联到了面。这一步将固体放入了特定的 Part，方便以后的操作。

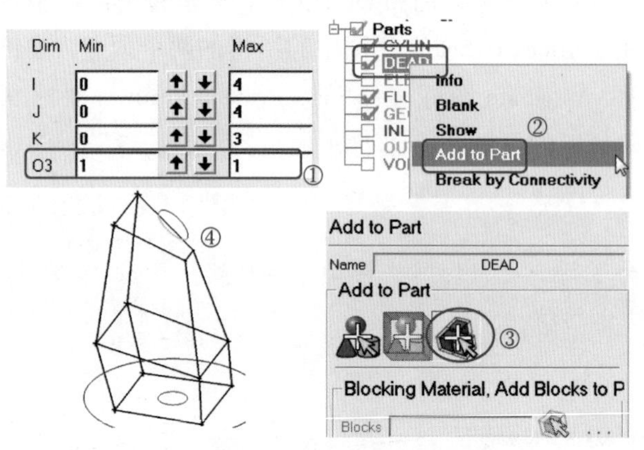

图 2-8-24　改变固体块所在 Part

重新选择 Blocking→Associate 图标→Snap Project Vertices 图标，单击 Apply 按钮，结果如图 2-8-25 中①处所示，顶点自动移动到阀杆面上。

注意：

- 选择 Snap Project Vertices 图标将自动移动顶点到可见的几何中最近的位置，所以在操作之前要隐藏不相关的 Parts。如本例中，如果保持所有的 Parts 可见，单击图标后的结果如图 2-8-25 中②所示，并不是希望的效果。

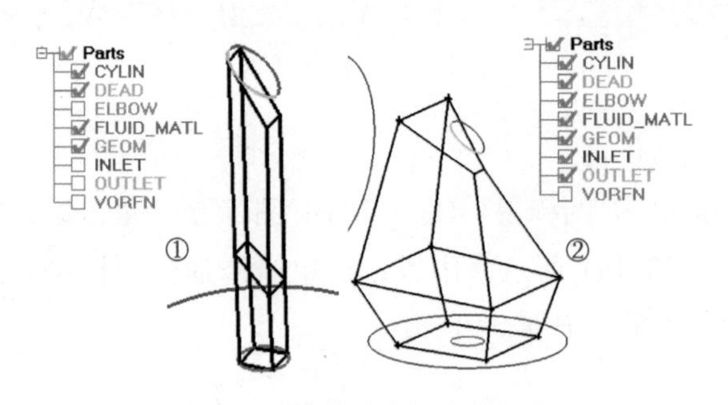

图 2-8-25　移动圆杆块的顶点

步骤 13： 关联边到线。

选择 Blocking→Associate 图标→Associate Edge to Curve 图标，勾选 Project vertices 选项，参考图 2-8-26a，关联阀杆上下两端的 4 条边和附近的线，见图中框线内的边和线。

步骤 14： 移动顶点。

选择 Blocking→Move Vertex 图标→Align Vertices 图标，参考图 2-8-26b，选择阀杆

高度方向的一条边，如图中①所指的边，再选择此边下部的顶点，如图中②处所示，确认 Move in plane 中选中 XZ 平面，单击 Apply 按钮，得到图 2-8-26c 所示的结果，顶点在 XZ 平面移动，使所有竖直边均与参考边平行。

再次选择 Blocking→Associate 图标→Snap Project Vertices 图标，单击 Apply 按钮，顶部脱离了线的顶点自动移动到线上，如图 2-8-26d 所示。

选择 Blocking→Move Vertex 图标→Set Location 图标，Method 下拉列表框中保持默认的 Set Position，在 Reference From 下选中 Screen，表示用屏幕中某一位置作为参考。单击 Ref. Location 后的 Select location（s）图标，在斜边中点（大概即可）的位置单击，如图 2-8-26e 所示，中键确认。回到 Set Location 界面，勾选 Modify Y 选项，单击 Vertices to Set 后的 Select vert（s）图标，参考图 2-8-26f 框线位置，选择中间分割面的 4 个顶点，中键确认，单击 Apply 按钮，结果如图 2-8-26g 所示，4 个顶点在 Y 方向与所选的参考位置对齐。

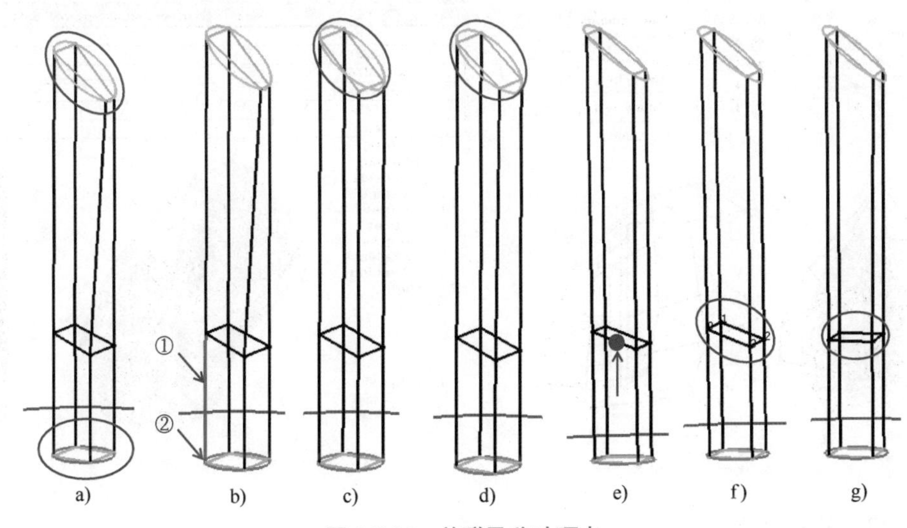

图 2-8-26　关联及移动顶点

步骤 15：创建第二个 Ogrid。

如图 2-8-27 所示，在 Index Control 面板单击 Reset 按钮，显示出所有的块，单击 Done 关掉 Index Control 面板。

选择 Blocking→Split Block 图标→Ogrid Block 图标，单击添加块图标，单击或键入“v”添加所有可见块，再单击添加面图标，选择 INLET 上的 1 个面和 OUTLET 上的 5 个面。设置 Offset 为“0.6”，单击 Apply 按钮，创建第二个 Ogrid。

提示：

● 设置 Offset 为“0.6”，表示 Ogrid 的径向边长度是默认长度的 0.6 倍，也可以用默认的 1 创建 Ogrid 后，再用 Edit Block→Rescale Ogrid 进行缩放。

步骤 16：设置网格尺寸。

选择 Mesh→PartMeshSetup 图标，按照图 2-8-28 设置网格尺寸，单击 Apply 按钮确认，再单击 Dismiss 按钮关闭窗口。

选择 Blocking→Pre-Mesh Params 图标→Update Sizes 图标，保持默认设置，单击 Apply 按钮，将面和线的尺寸传递到块的边。

到模型树中关闭 DEAD，打开 ELBOW、INLET 和 OUTLET。勾选 Pre-Mesh，出现提示时单击 Yes 按钮，计算网格，结果如图 2-8-28 所示。

提示：

- 勾选 Pre-Mesh 时不会对未显示的 Parts 计算网格。

在模型树的 Pre-Mesh 右键菜单中选择命令 Solid&Wire，实体显示网格。也可以关闭或显示部分 Parts，观察面上的网格。

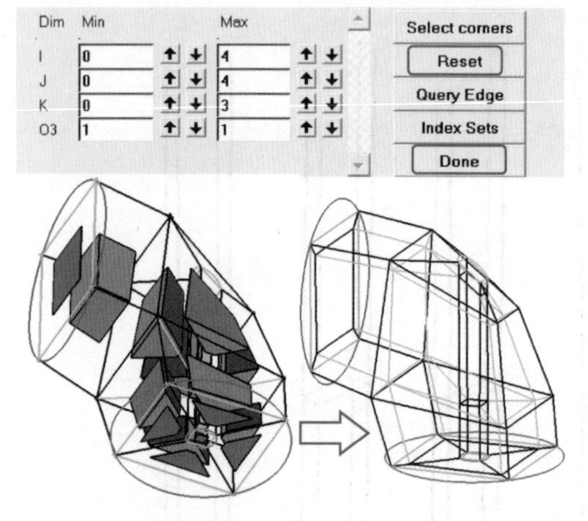

图 2-8-27　创建第二个 Ogrid

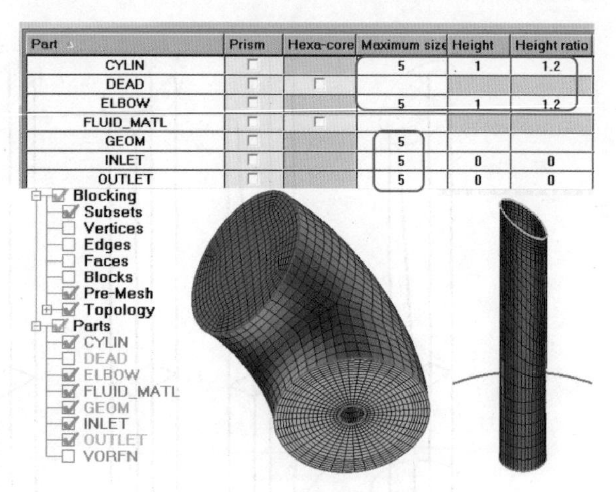

图 2-8-28　设置网格尺寸并生成网格

步骤 17： 检查网格质量。

取消勾选 Pre-Mesh，选择 Blocking→Pre-Mesh Quality 图标，Criterion 下拉列表框用默认的“Determinant 2×2×2”，单击 Apply 按钮，结果如图 2-8-29a 所示，单击横轴小于 0.3 的柱状条，观察显示低质量单元的位置。

将 Criterion 下拉列表框修改为“Angle”，单击 Apply 按钮，结果如图 2-8-29b 所示，单击横轴小于 18°的柱状条，显示低质量的单元。

步骤 18： 观察网格剖面。

在模型树的 Pre-Mesh 右键菜单中选择命令 Scan planes，参考图 2-8-30 中①~④所示操作，在 Scan planes 对话框中单击 Select 按钮，选择沿 Z 方

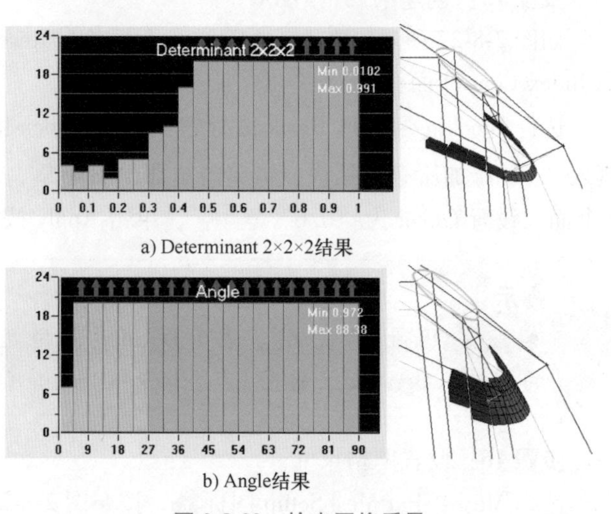

a) Determinant 2×2×2结果

b) Angle结果

图 2-8-29　检查网格质量

向的一条边，如图中②处箭头所指的边，③处自动勾选“#2”方向，出现的剖面垂直于所选边，勾选 Solid 选项，结果如图中⑤、⑥所示。通过 Grid Index 列的箭头改变截面位置，检查坏单元。

> **提示：**
>
> • 低质量的单元集中在阀杆 Ogrid 的内部块中，对比边和单元的分布，考虑通过移动顶点来提高网格质量。

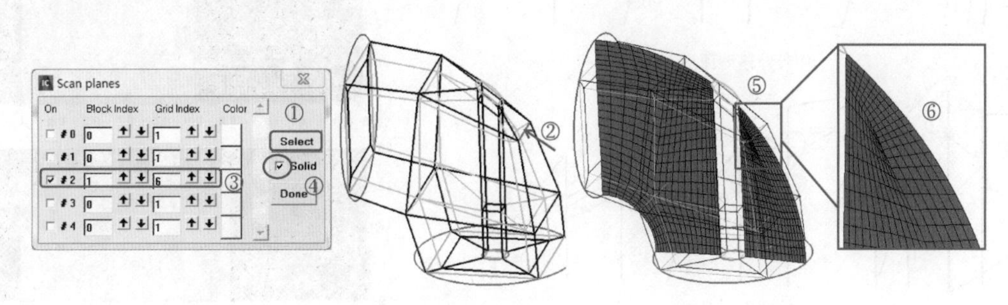

图 2-8-30　显示网格剖面

步骤 19：提高网格质量。

选择 Blocking→Move Vertex 图标→Move Vertex 图标，Method 下拉列表框中用默认的 Single，参考图 2-8-31a，分别将阀杆 Ogrid 的两个内顶点（图中①、②处）沿箭头向外移动。注意要固定移动方向，选择以下其中一种方法操作：

1）在径向边上、靠近内顶点的位置单击，则径向边变成红色，表示顶点将沿此边移动，拖动鼠标，移动内顶点到合适的位置。这是更快捷的方法。

2）勾选 Fix direction 选项，先指定径向边为导向边，再移动顶点。

注意图 2-8-31a 中③处的夹角及④处的径向边长度的变化。

Method 设置为 Multiple，勾选 Fix X 选项和 Fix Z 选项，固定 X 和 Z 值，仅改变 Y 值。参考图 2-8-31b，选择①~④所示的 4 个顶点，按住中键拖动，将整个平面向下移动到合适的位置，中键确认，注意图 2-8-31b 中⑤处框线内的顶点在 Y 方向的变化，以及⑥处的角度变化。

步骤 20：重新生成网格。

单击 Pre-Mesh 重新生成网格，分别用“Determinant 2×2×2”和 Angle 检查，网格质量大幅提高，如图 2-8-32 所示。在模型树的 Pre-Mesh 右键菜单中选择命令 Scan planes，显示出网格剖面，观察改进后的网格分布。

> **提示：**
>
> • 移动顶点是提高网格质量的一种有效方法，还可以通过分割边、调整节点分布、修改网格尺寸等操作进一步提高网格质量。作为练习，可以显示出差单元和网格剖面，体会差单元的形状和边、顶点的位置关系，尝试继续改善网格质量。

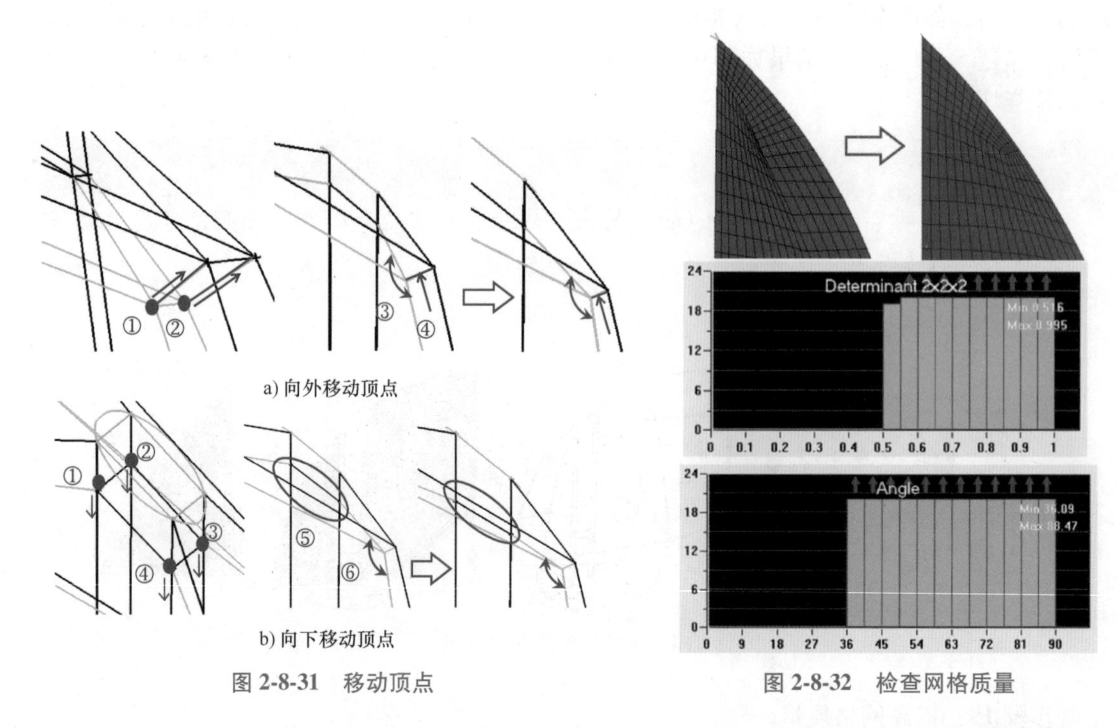

a) 向外移动顶点

b) 向下移动顶点

图 2-8-31　移动顶点

图 2-8-32　检查网格质量

案例总结：本例的几何元素较少，没有太多特征线可以用于关联，初学者可能无法快速构思块的结构。分割块、创建 Ogrid 和 Snap Project Vertices 可以帮助关联，使用 Ogrid 时注意输入合适的 Offset 值，使内部块分布在合理的位置。另外，本例演示了多种移动顶点的方法，这是提高六面体网格质量的重要途径。

8.8　案例：外 Ogrid 及关联边网格分布练习

外流场分析是 CFD 分析的一个重要应用领域，边界层网格的质量和分布对力系数有重要影响。本例对简化的飞机外流场划分六面体网格，几何模型如图 2-8-33 所示，在机身和机翼周围创建外 Ogrid 以提高网格质量，并精细调整边界层网格及整体网格分布。

步骤 1：创建工程文件。

选择菜单命令 File→New Project，浏览进入工作文件夹 WingBody-Hex，键入文件名 WingBody-Hex，单击“保存”按钮，将自动生成“WingBody-Hex. prj”工程文件。

步骤 2：打开几何。

选择菜单命令 File→Geometry→Open Geometry，或单击快捷图标，选择“WingBody-hex. tin”并打开。在模型树中展开 Parts 和 Geometry，Parts 和 Bodies 已经创建完毕。观察几何体，熟悉每个 Part 对应的几何。

步骤 3：创建初始块。

选择 Blocking→Create Block 图标→Initialize Block 图标，在 Part 文本框中输入 LIVE 作为 Part 名称，其他保持默认，单击 Apply 按钮，创建包围整个几何体的初始块。

在模型树中关闭 Geometry 目录下的 Surfaces 和 Bodies，只保持 Curves 可见。如图 2-8-34 所

示，打开 Blocking 目录下的 Vertices，在 Vertices 右键菜单中勾选命令 Numbers，显示顶点编号。

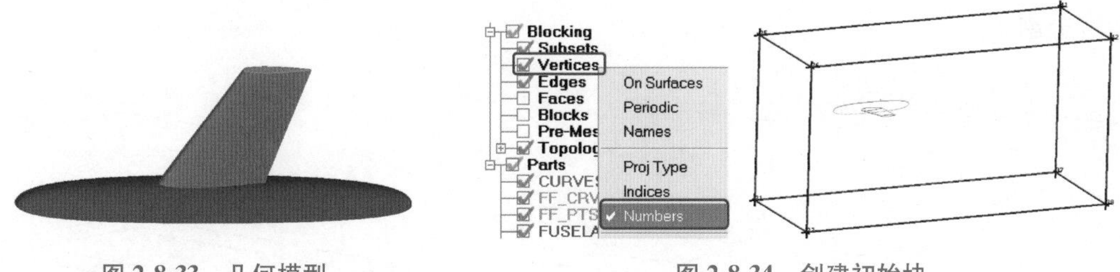

图 2-8-33　几何模型　　　　图 2-8-34　创建初始块

步骤 4：分割块。

如图 2-8-35 中①、②所示操作，在模型树中打开 Geometry 目录下的 Points，在 Points 右键菜单中勾选命令 Show Point Names。再参考图中③～⑥所示操作，选择 Blocking→Split Block 图标→Split Block 图标，在 Split Method 下拉列表框中选择 Prescribed point，单击 Select edge（s）图标，在模型树中关闭 Points 显示，选择⑦处连接顶点“21”和“25”的边，自动切换到点选择模式，打开⑨处的 Points 显示，选择图中⑩所指的点，即“POINTS/14”，分割面穿过 POINTS/14 并垂直于所选的边，如图中⑪处所示。

> **提示：**
>
> - Prescribed point 选项是在指定的点处分割，切面穿过指定的点，且垂直于所选边，可以精确控制分割位置。

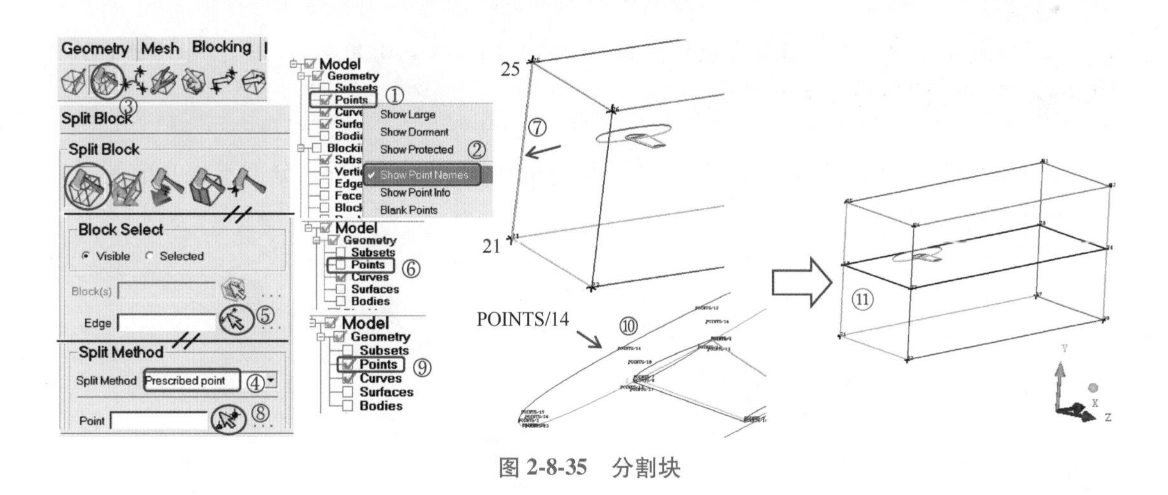

图 2-8-35　分割块

用同样的方法继续分割。如图 2-8-36 所示，选择由顶点 21 和 69 连接而成的边和 POINTS/13，分割出机身在 Y 方向的块。

模型树 Blocking 右键菜单中选择命令 Index Control，在屏幕右下角出现的面板中单击 Select corners 按钮，选择图 2-8-37 所示的 89 和 70 两个对角顶点，仅显示以两个顶点的连线为对角线的块。

如图 2-8-38 中左图箭头所示，选择连接顶点 69 和 73 的边，再选择 POINTS/5，分割结果如图 2-8-38 中右图所示，在箭头位置分割出了机身和机翼在 Z 方向的块。用 Index Control 面板中 Select corners 按钮，选择 105 和 70 两个对角顶点，仅显示出机身和机翼所在块，方便后续分割。

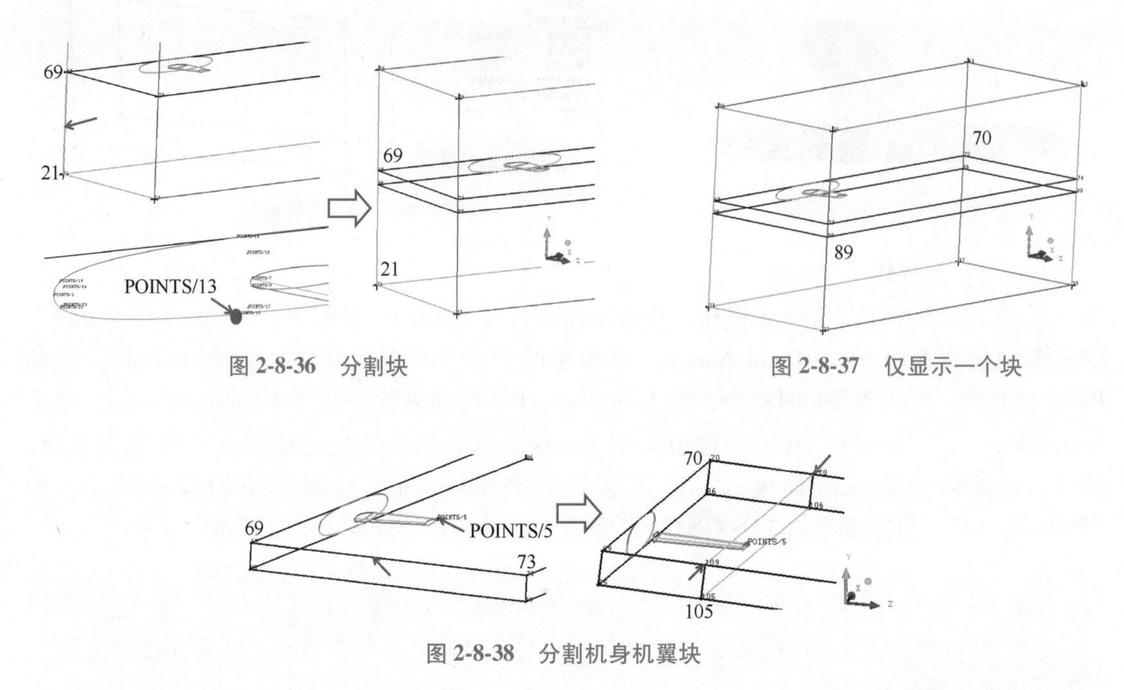

图 2-8-36　分割块

图 2-8-37　仅显示一个块

图 2-8-38　分割机身机翼块

> **注意：**
>
> - 为表述方便，本例后续步骤中用两个顶点的编号代表由其连成的边，如“连接顶点 69 和 73 的边”，将表述为“边 69-73”。

如图 2-8-39a 所示，选择边 69-70 和位于机身前端的 POINTS/19，分割出机身前端，如图 2-8-39b 箭头所示。

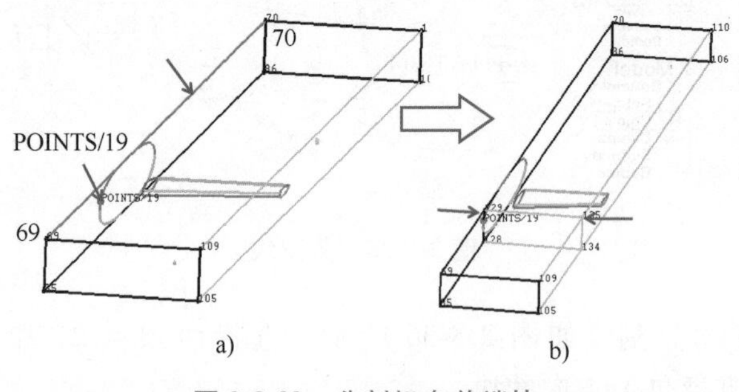

图 2-8-39　分割机身前端块

如图 2-8-40a 所示，选择边 129-70 和位于机身后端 POINTS/20，分割面如图 2-8-40b 箭头所示。

已经分割出机身和机翼整体所在的块，以下继续分割出机身和机翼分别所在的块。

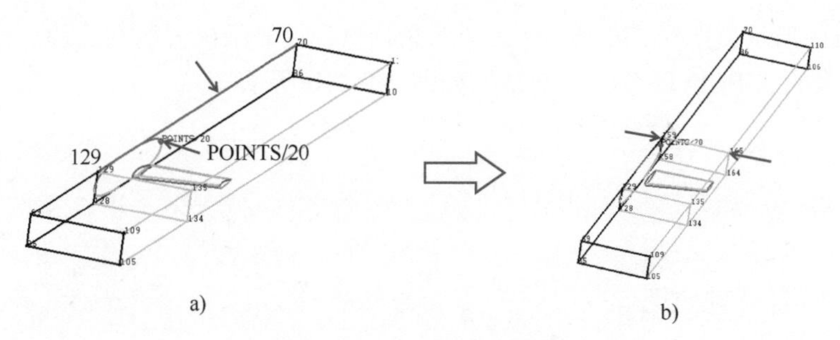

图 2-8-40　分割机身后端块

在 Index Control 面板中单击 Select corners 按钮，如图 2-8-41a 所示，选择 134 和 159 两个对角顶点，仅显示机身机翼所在的块。选择边 129-135 和位于机身上的点 POINTS/18，分割位置如图 2-8-41b 箭头所示。

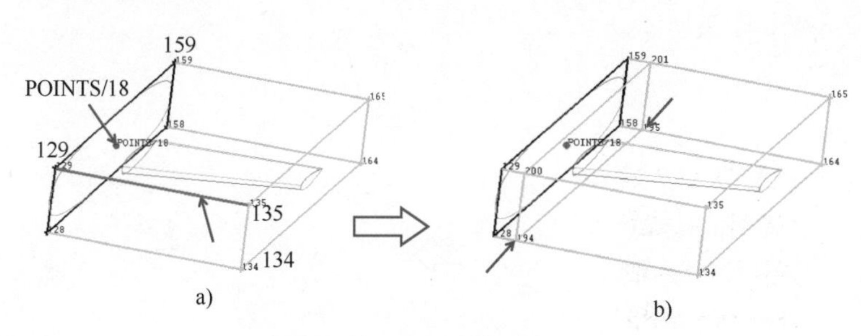

图 2-8-41　分割机身和机翼块

如图 2-8-42a 所示，选择边 135-165 和 POINTS/18，分割位置如图 2-8-42b 箭头所示。

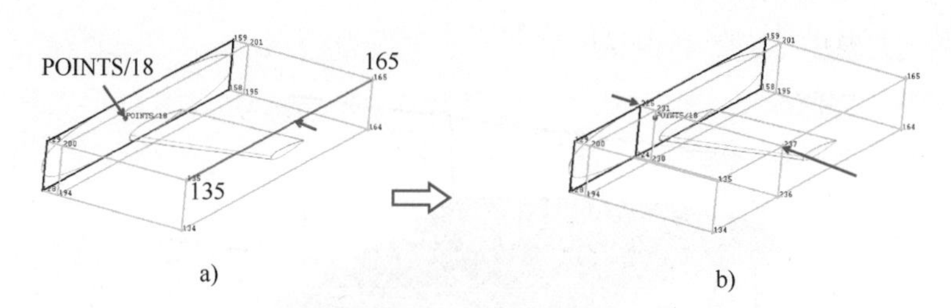

图 2-8-42　分割机翼前端块

如图 2-8-43a 所示，选择边 237-165 和位于机身上的点 POINTS/16，得到图 2-8-43b 所示的结果。

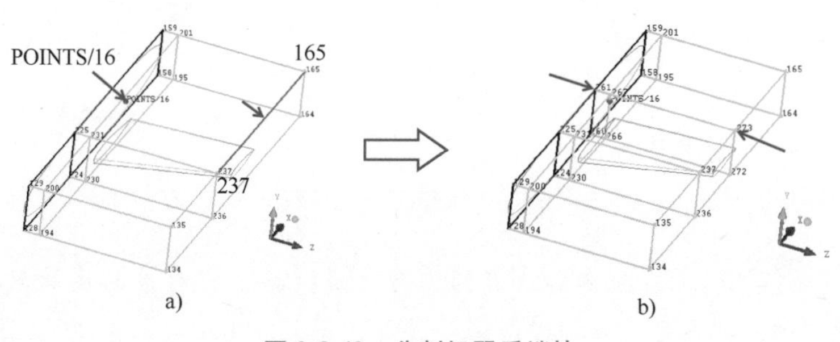

图 2-8-43　分割机翼后端块

如图 2-8-44a 所示，选择 236 和 267 两个对角顶点，仅显示机翼所在的块。选择边 230-231 和位于机翼前缘的点 POINTS/7，分割结果如图 2-8-44b 所示。

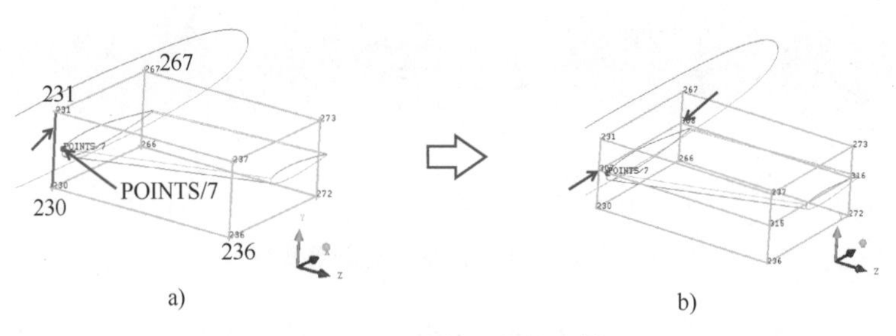

图 2-8-44　分割机翼上方块

如图 2-8-45a 所示，继续选择边 230-307、机翼前缘的点 POINTS/8，分割机翼下方的块，分割位置如图 2-8-45b 箭头所示。

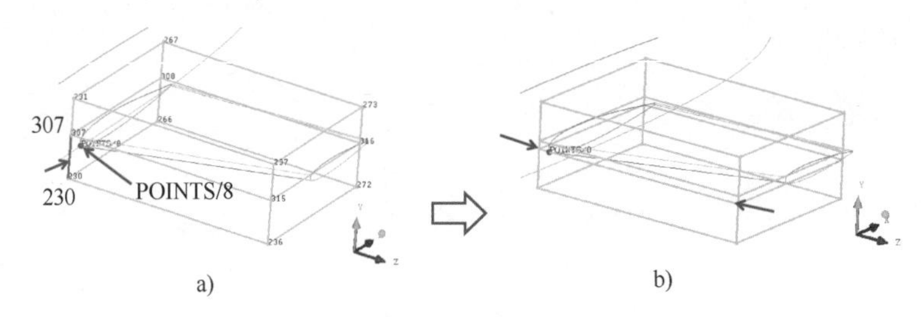

图 2-8-45　分割机翼下方块

至此，已经分割出机翼所在的块。在模型树中取消显示点，在 Index Control 面板中单击 Reset 按钮，显示所有的块。机翼附近的块如图 2-8-46 所示。

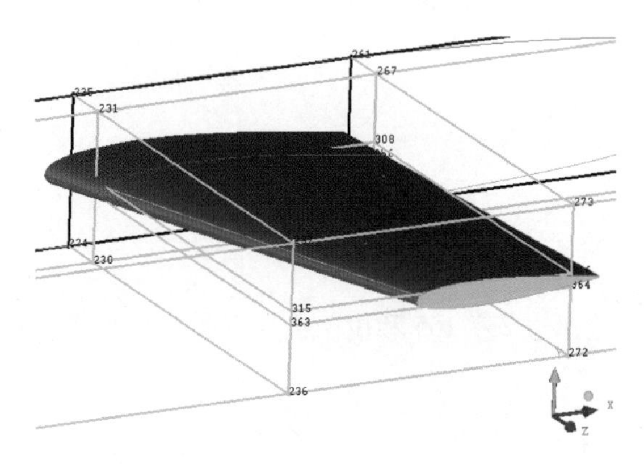

图 2-8-46　机翼附近的块

步骤 5：为固体域创建 Part。

> **提示：**
>
> ● 外流场分析不需要在机身和机翼的内部生成网格，将对应的块放入一个 Part 中，隐藏或删除此 Part，则不会对其计算网格。另外，定义此 Part 也可以方便创建外 Ogrid。

在 Index Control 面板中单击 Select corners 按钮，选择如图 2-8-47a 所示的 134 和 159 两个对角顶点，仅显示机身和机翼附近的块。在模型树中取消勾选 Vertices，关闭顶点显示。

如图 2-8-47b 所示，在 Parts 右键菜单中选择命令 Create Part，弹出 Create Part 对话框，在 Part 文本框中输入 SOLID 作为名称，单击根据块创建 Part 图标，选择机身和机翼所在的 4 个块，如图 2-8-47c 所示，中键确认。

> **提示：**
> - 机翼块的 Y 方向两侧均有遮挡，选择时单击块的边更容易选中。

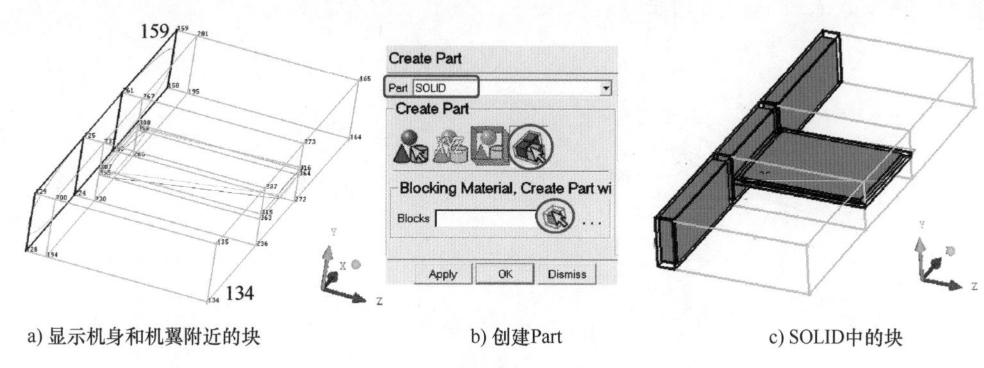

a) 显示机身和机翼附近的块　　b) 创建Part　　c) SOLID中的块

图 2-8-47　将固体块放到特定 Part

步骤 6：关联顶点和几何点。

为了准确地关联边和几何线，先关联顶点到几何点。本例的几何中做了很多辅助点，用于帮助构建符合几何形状的块结构，实际工程中可以借鉴此方法，在必要的位置手动创建辅助点。

到模型树中打开 Geometry 目录下的 Points 和 Blocking 目录下的 Vertices，显示几何点和块的顶点，并确认 Blocking 目录下的 Vertices 右键菜单中 Numbers 命令是激活的，显示出顶点编号。

选择 Blocking ›Associatc 图标 ›Associatc Vertc 图标，如图 2-8-48a 所示，选择机身前端的顶点 129，再选择对应的几何点 POINTS/19，得到图 2-8-48b 所示的结果，顶点自动移动到几何点的位置，并变为红色，表明约束到几何点。关联机身前端其他 3 对顶点和几何点：顶点 128 和 POINTS/21，顶点 194 和 POINTS/23，顶点 200 和 POINTS/24，结果如图 2-8-48c 所示，箭头所示为另外三个顶点移动后的位置。

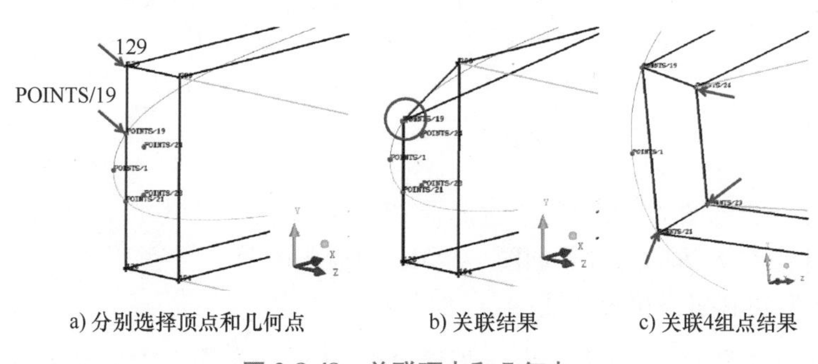

a) 分别选择顶点和几何点　　b) 关联结果　　c) 关联4组点结果

图 2-8-48　关联顶点和几何点

观察顶点和几何点的对应关系，继续关联，随时用<F9>调整视角，如选择有误，用右击撤销。关联完成后关闭 Geometry 目录下的 Points 和 Blocking 目录下的 Vertices，结果如图 2-8-49a 所示。

为了检查顶点和几何点的关联关系，关闭 Geometry 目录下的 Points，打开 Blocking 目录下的 Vertices，并在 Vertices 右键菜单中选择命令 Projtype，显示顶点的投影类型，如图 2-8-49b 所示。确认刚才关联到几何点的顶点类型都是“p”。

提示：

- “p”表示顶点关联到几何点，“v”代表体顶点（自由顶点），“c”表示关联到线的顶点，“s”代表关联到面的顶点。

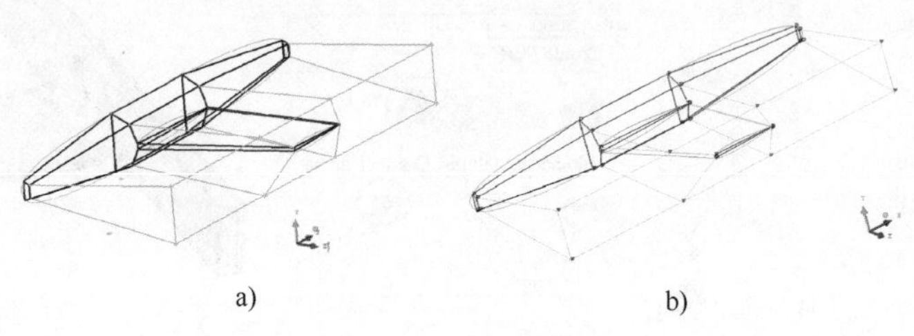

a)　　　　b)

图 2-8-49　关联结果

步骤 7：移动顶点。

移动机翼端部周围的顶点。打开几何点显示，确认 Show Point Names 是勾选状态的，显示几何点名称。打开 Vertices 右键菜单的命令 Numbers，显示顶点编号。

选择 Blocking→Move Vertex 图标→Set Location 图标，在 Move Vertice 对话框的 Reference From 选项组选择 Screen 选项，并指定 Ref. Location 为图 2-8-50a 中箭头所示的 POINTS/9。勾选 Modify X 选项，在 Vertices to Set 中选择顶点 236 和 237，中键，单击 Apply 按钮，两个顶点在 X 方向上与点 POINTS/9 对齐，如图 2-8-50b 中箭头所示。

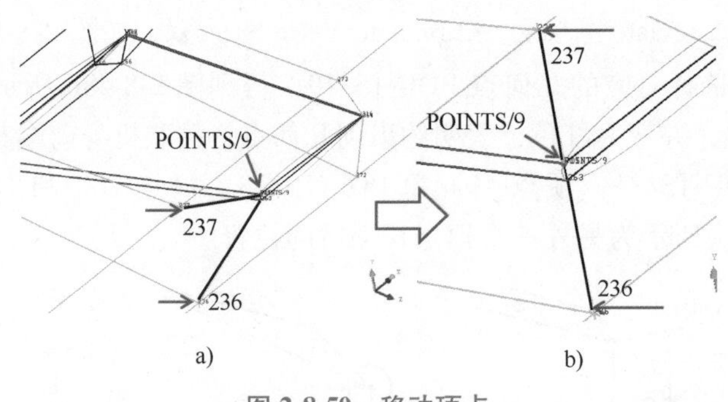

a)　　　　b)

图 2-8-50　移动顶点

用同样的方法，如图 2-8-51a 所示，选择 POINTS/5 作为参考点，移动顶点 272 和 273，两个顶点与参考点在 X 方向对齐，如图 2-8-51b 中箭头所示。

步骤 8：关联边到机身机翼的线。

确保模型树中 Geometry 目录下的 Curves 是打开的，关闭 Geometry 目录下的 Points 和

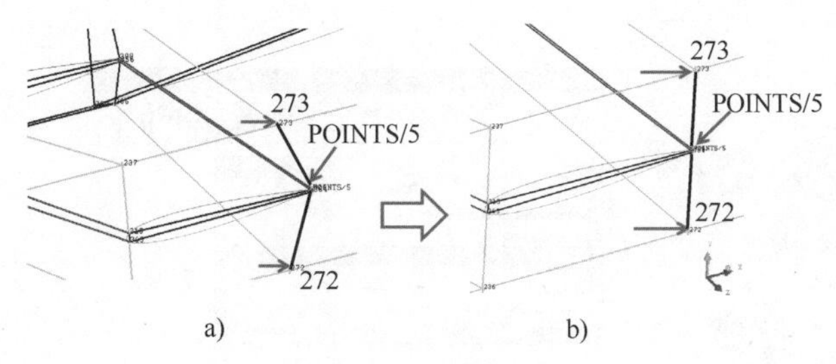

图 2-8-51　移动顶点

Blocking 目录下的 Vertices。

选择 Blocking→Associate 图标→Associate Edge to Curve 图标，参考图 2-8-52 中箭头所指的边，分别关联对称面上的 8 条边和 2 条线、机身和机翼相交处的 4 条边和 3 条线、机翼端部的 4 条边和 3 条线。

提示：

• 机翼尾缘的边和线很短，用 F9 键或选择工具条的图标进行缩放，方便选择。

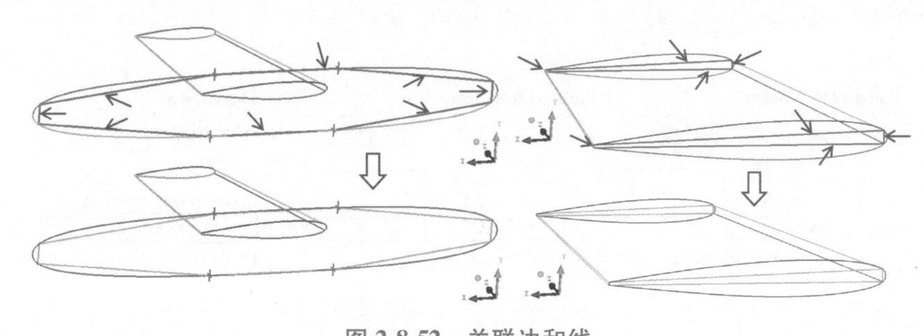

图 2-8-52　关联边和线

步骤 9：创建外 Ogrid。

提示：

• 创建围绕机身和机翼的外 Ogrid 以提高网格质量，并便于调整边界层网格。机身和机翼所在块已放到了名为 SOLID 的 Part 中，所以创建外 Ogrid 时用 Part 选择块最方便。

如图 2-8-53 所示，在 Blocking 选项卡中单击 Split Block 图标，弹出 Split Block 对话框，单击 Ogrid Block 图标，单击②处 Select Block（s）图标，在选择工具栏单击③处图标，按照④、⑤所示操作，在 Select Blocking parts 对话框中选择 SOLID，单击 Accept 按钮。在⑥处勾选 Around block（s）选项，单击 Apply 按钮。在机身和机翼的周围创建了外 Ogrid。

步骤 10：设置网格尺寸。

提示：

• 外流场分析中，外场边界尺度通常要大于物面几倍甚至十几倍，所以对外场和物面要分别设置网格尺寸。

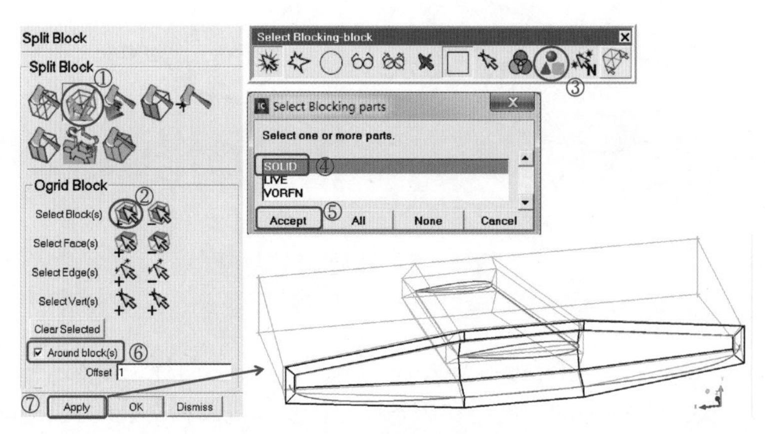

图 2-8-53 创建外 Ogrid

在模型树中打开 Geometry 目录下的 Surfaces，并在其右键菜单中激活命令 Hexa sizes，打开网格尺寸预览。选择 Mesh→Surface Mesh Setup 图标，如图 2-8-54，单击 Select surface（s）图标，键入“a”或单击图标选择所有面，设置 Maximum size 为“300”，Height 为“300”，Height ratio 为“1”，单击 Apply 按钮。

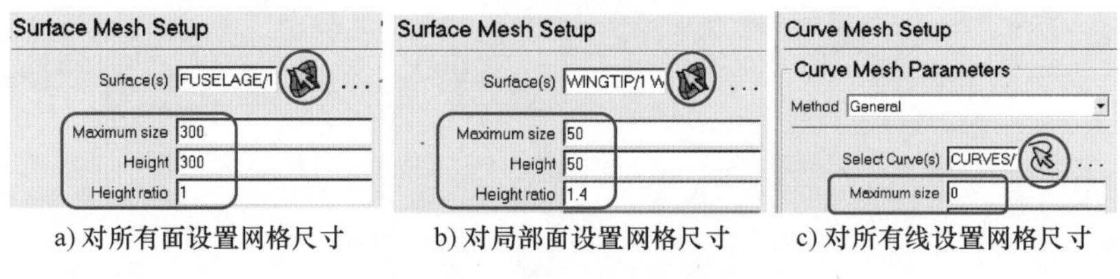

a) 对所有面设置网格尺寸　　b) 对局部面设置网格尺寸　　c) 对所有线设置网格尺寸

图 2-8-54 设置网格尺寸

再次单击 Select surface（s）图标，框选机身和机翼面，中键。设置 Maximum size 为“50”，Height 为“50”，Height ratio 为“1.4”，单击 Apply 按钮。观察图形窗口的预览尺寸。

提示：

• 框选前确认选择工具栏中的“Toggle between full and Partial enclosure（key = m）”为实线图标，表示框选时会选中完全位于框内的几何体，如果切换为虚线图标，则只要被框线划过的几何体都会被选中。

选择 Mesh→Curve Mesh Setup 图标，选择所有线，设置 Maximum size 为“0”，线的网格尺寸将自动分配。单击 Apply 按钮。

步骤 11：计算初始网格。

在模型树中关闭 Geometry 目录下的 Surfaces 和 Parts 目录下的 SOLID，如图 2-8-55a 所示，选择 Blocking→Pre-Mesh Params 图标→Update Sizes 图标，保持默认设置，单击 Apply 按钮更新网格。

如图 2-8-55b 所示，在模型树 Blocking 目录下 Pre-Mesh 右键菜单中选择命令 Project

Edges，打开 Pre-Mesh，当提示重新计算时，单击 Yes 按钮，计算网格。Pre-Mesh 右键菜单中选择命令 Solid&Wire 实体显示网格。关闭 Geometry 目录下的 Curves 和 Blocking 目录下的 Edges，观察机身和机翼附近的网格，如图 2-8-55c 所示。

> **提示：**
>
> ● 先通过边投影 Project edges 生成网格可以节省时间，及时发现边的关联和网格分布的问题，便于迅速修正。

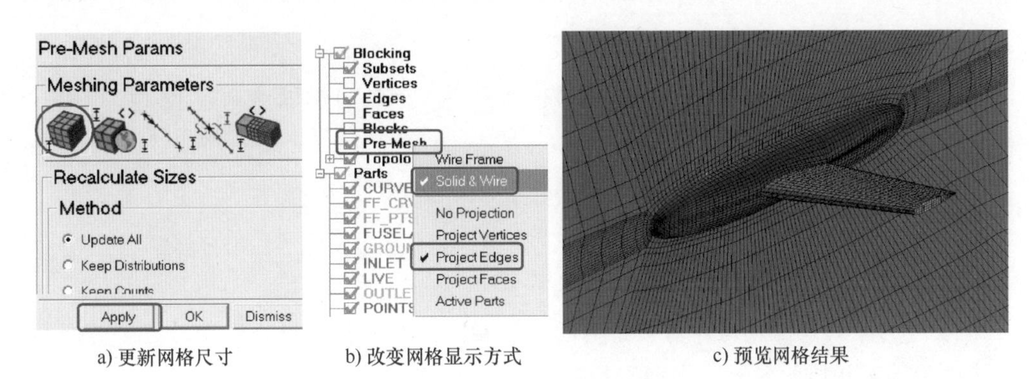

a) 更新网格尺寸　　b) 改变网格显示方式　　c) 预览网格结果

图 2-8-55　预览初始网格

步骤 12：调整边的网格分布。

在模型树中关闭 Pre-Mesh，打开 Edges 和 Curves。

如图 2-8-56 所示，选择 Blocking→Pre-Mesh Params 图标→Edge Params 图标，选择任意一条远场边界最长的边，输入 Nodes 值为“115”。

> **提示：**
>
> ● 被选的边上出现的箭头起始端为 Side1，尾端为 Side2。后续步骤将要建立边之间的链接关系，这里所选的长边称为主边。

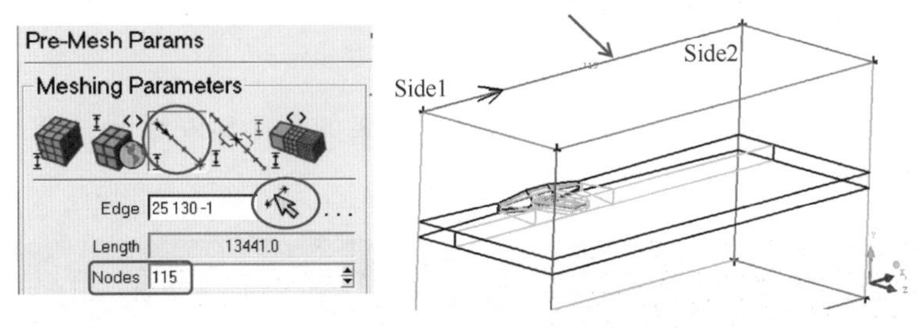

图 2-8-56　调整边的网格分布

如图 2-8-57 所示，勾选 Linked bunching 选项，单击 Reference Egde 选项后面的 Select edge（s）图标，选择图中的“参考边”，这是与主边的 Side1 在同一侧的短边，中键确认。与参考边相连且跨过主边的所有边将与主边建立链接关系，且与主边的节点分布相同。Parameters Locked 选项被自动勾选。

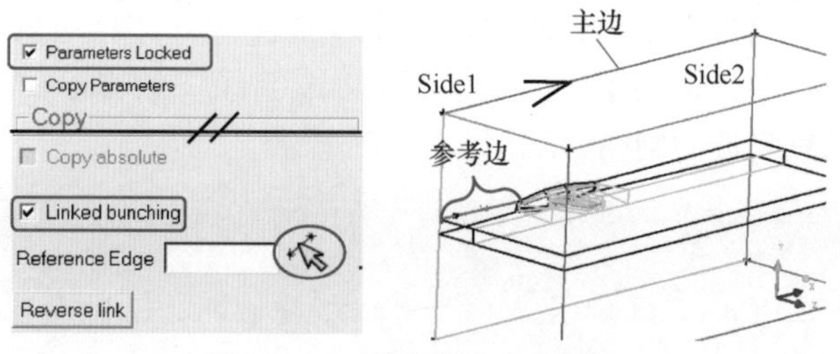

图 2-8-57　创建节点分布链接

提示：

- Linked bunching 选项使一条长边的节点分布与一系列短边连成的平行边相同。这些边之间形成永久的链接关系，之后只能改变短边的节点分布，长边的节点分布不能再指定，但是会随着短边而自动改变。

注意：

- 长边的索引范围应与所有短边的总索引相同，即由多条短边连成的边，其两端应与长边的两端有相同的索引，否则不能定义链接关系。

如图 2-8-58 所示，勾选 Copy Parameters 选项，保持 Method 下拉列表框为默认的 To All Parallel Edges，将所选主边的节点分布复制到所有并行的边，单击 Apply 按钮。

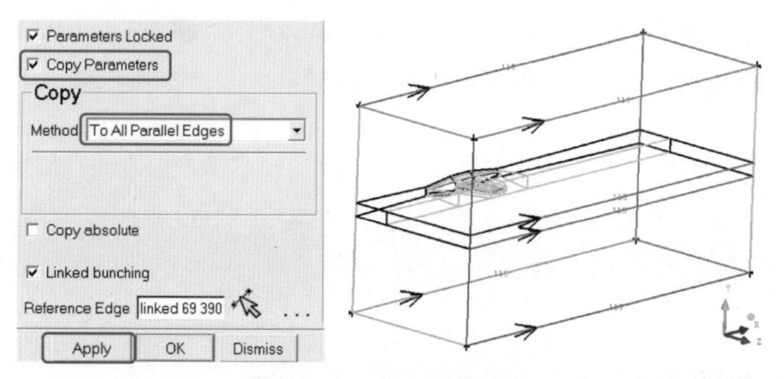

图 2-8-58　复制网格参数

在模型树中打开 Pre-Mesh，重新计算网格，结果如图 2-8-59 所示，SYM、TOP、SIDE 和 GROUND 上的网格线已接近正交，质量大大提高。

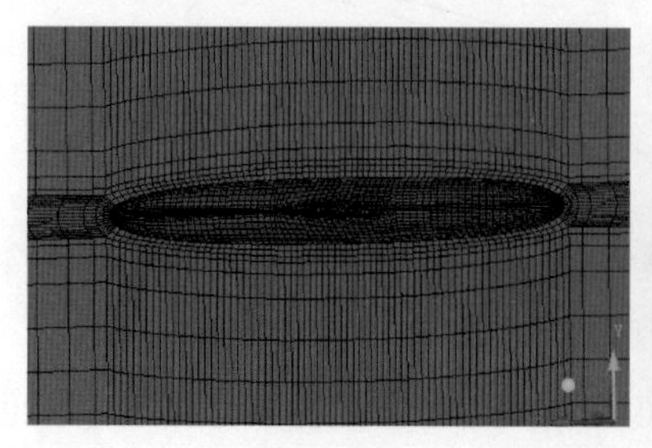
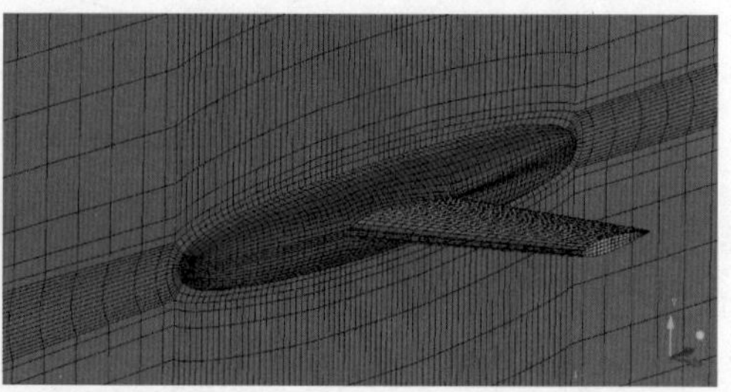

图 2-8-59　调整后的网格

用同样的方法调整 INLET 和 OUTLET 上的网格分布，参考图 2-8-60a 选择主边和参考边。在模型树 Blocking 目录下 Pre-Mesh 右键菜单中选择命令 Project Faces，打开 Pre-Mesh，重新生成网格，结果如图 2-8-60c 所示，对比图 2-8-60b 和图 2-8-60c，所有外场边界面的网格正交性大幅提高。

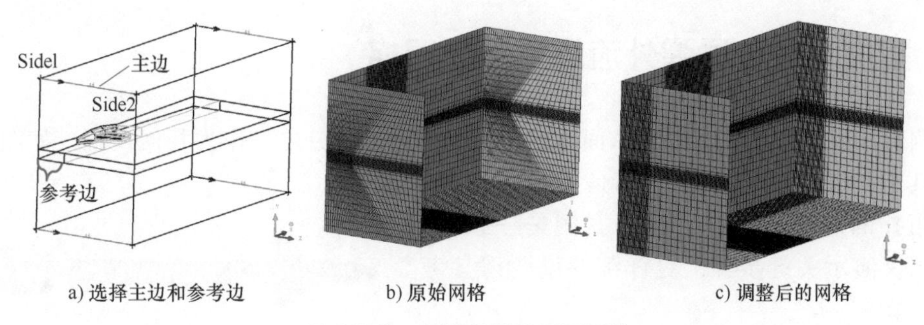

图 2-8-60　调整外场边界面网格

步骤 13：提高网格质量。

关闭 Pre-Mesh，在 Blocking 目录下 Blocks 右键菜单中选择命令 Find Worst，图形窗口以红色显示最坏的块，可以看到是外 Ogrid 的径向块。

提示：

● 找到最坏的块后，可以用分割边、移动顶点等方法调整块的形状，但是这只用于调整严重扭曲的块，通常可以忽略。更常用的方法是检查网格质量、找出低质量单元，移动顶点或改变网格分布，以提高网格质量。

关闭 Find Worst，参考本篇 6. 11 节“案例：对 2D 弯管划分映射网格”中“步骤 15：编辑边的网格参数”所述步骤，调整机翼端面的边及 Ogrid 径向边的网格分布和节点数量，对于图 2-8-61 中带箭头的边，将“Determinant 2×2×2”和“Angle”对应的质量标准分别提高至 0. 3 和 18°以上。

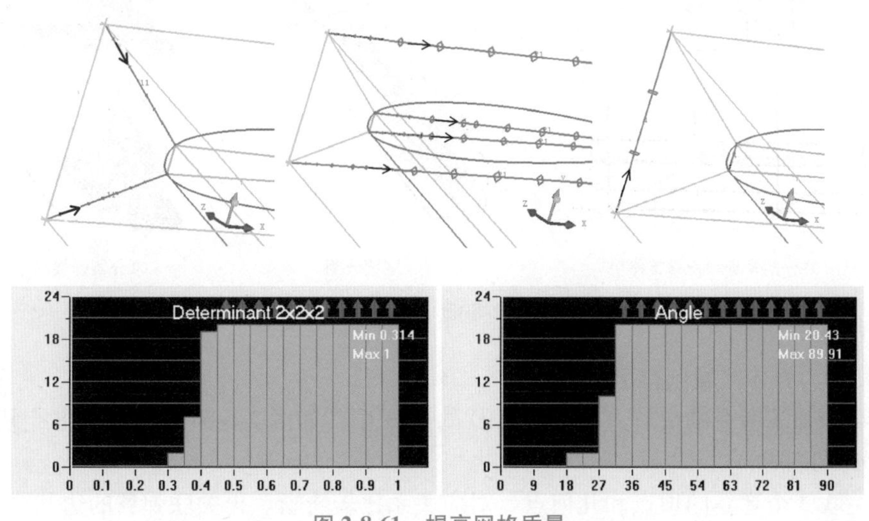

图 2-8-61　提高网格质量

案例总结：本例用一个简化的模型演示了划分外流场六面体网格的过程，其中比较关键的步骤是创建外 Ogrid、固体 Part 的处理、用 Linked bunching 选项提高网格正交性，供外流场网格划分参考。注意用于实际工程时，边界层网格要满足 Y+、层高比及层数的要求，需要更精细的网格调整。

8.9 案例：划分导弹外流场六面体网格

本例对八翼导弹外流场划分六面体网格。取导弹的四分之一作为几何模型，如图 2-8-62 所示，其中前翼是菱形翼，后翼是尖头矩形翼。构建块拓扑的思路与飞机外流场案例是一致的，所以本例仅演示关键步骤，更详细的说明请参考本篇 8.8 节。

图 2-8-62　导弹几何模型

步骤 1：创建初始块。

打开 Missile 文件夹的“missile. tin”，在模型树中展开 Parts，观察几何。用 LIVE 作为 Part 名称，创建包围整个几何体的初始块。

步骤 2：分割块。

如图 2-8-63a 箭头所示，先沿整体几何在对称面的边缘分割两次，再在长度方向分割两次，得到弹身和弹翼整体所在的块。

在模型树 Blocking 右键菜单中选择命令 Index Control，在 Index Control 面板中单击 Select corners 按钮，仅显示整体几何块。按照图 2-8-63b 箭头所示，分别在弹身和弹翼连接处分割两次、在长度方向弹翼附近分割三次。

用 Index Control 仅显示出弹翼所在块，如图 2-8-63c 箭头所示，分别在 4 个弹翼的厚度方向分割，雕刻出每个弹翼的块。

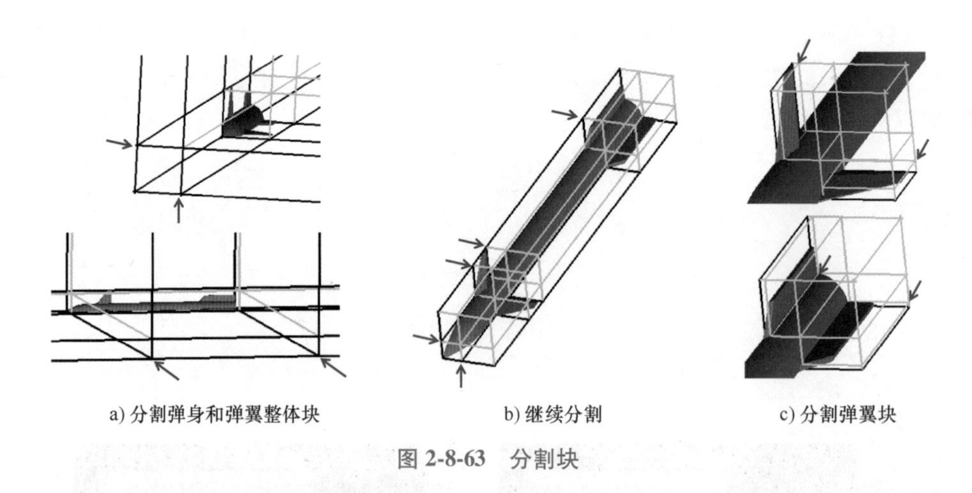

a) 分割弹身和弹翼整体块　b) 继续分割　c) 分割弹翼块

图 2-8-63　分割块

步骤 3：为固体区域创建 Part。

将弹身和弹翼所在的块放入名为 SOLID 的 Part 中，如图 2-8-64 所示，共 8 个块。

步骤 4：关联。

分别关联 4 个弹翼的顶点和几何点，对应关系比较清晰。再关联弹翼的边和线，结果如

图 2-8-65a 所示。

关联弹尾处的边及圆弧线，结果如图 2-8-65b 中箭头所示。继续关联弹身长度方向的边和特征线。

仅显示弹身所在的块，用 Snap Project Vertices 自动移动弹身块的其他顶点，结果如图 2-8-65c 所示。参考图 2-8-65c 中的箭头，调整弹头处的顶点位置，使其偏离圆弧线一定距离。

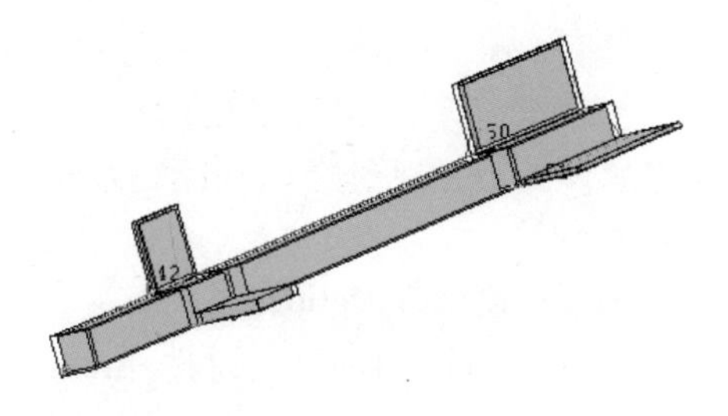

图 2-8-64　固体 Part

> **注意：**
> - 不要关联弹头处的圆弧线，否则在后期生成网格时会产生低质量单元。

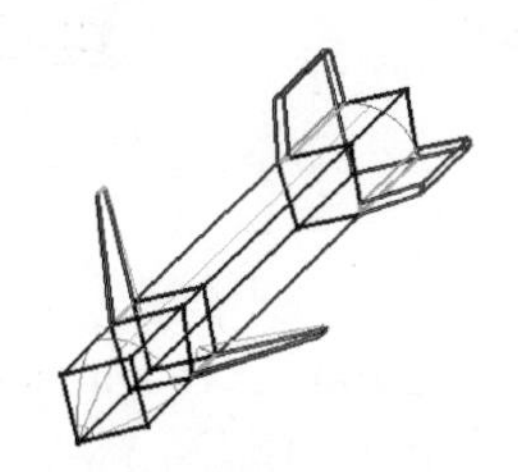

a) 关联弹翼顶点和几何点

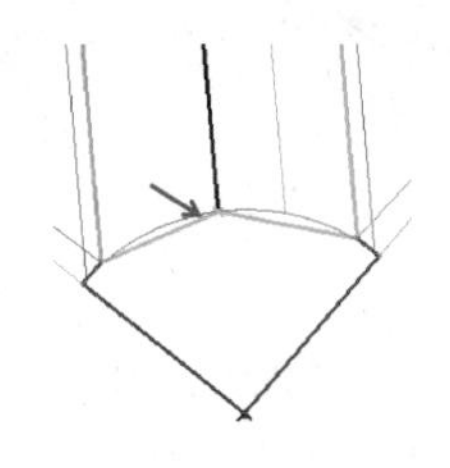

b) 关联弹尾处的边及线

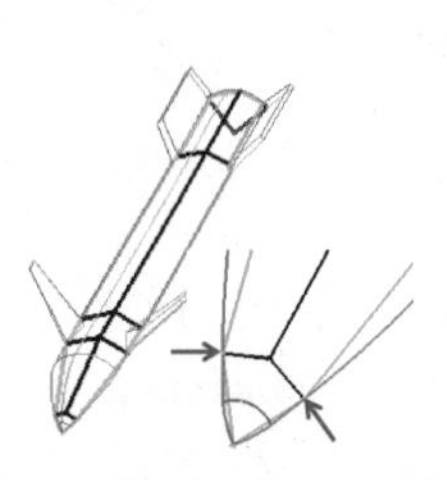

c) 移动顶点

图 2-8-65　关联

步骤 5：移动顶点。

如图 2-8-66a 左图中的箭头所示，分别将前翼前缘的顶点在 X 方向对齐，结果如图 2-8-66a 右图所示。参考图 2-8-66b，对齐后翼前缘的顶点，适当调整顶点位置。

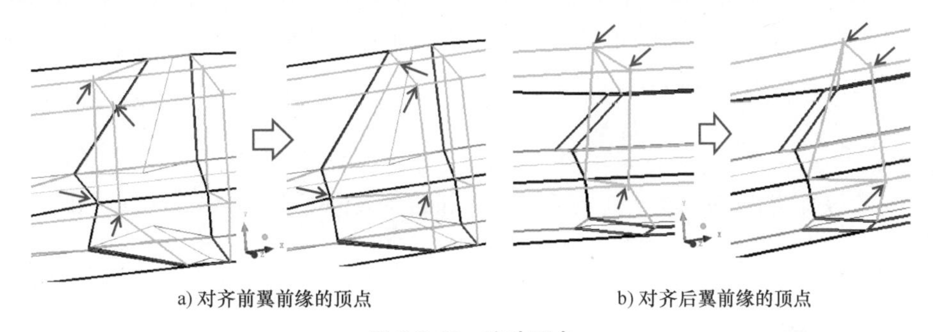

a) 对齐前翼前缘的顶点　　b) 对齐后翼前缘的顶点

图 2-8-66　移动顶点

为了准确捕捉前翼中间的脊线，即图 2-8-67 左图中箭头所示的两条线，对前缘再次分割、关联，结果如图 2-8-67 右图所示，箭头为分割位置。

> **提示：**
> - 移动顶点后再分割出的顶点排列整齐，容易处理。

- 在进行下一步创建外 Ogrid 之前，要确定已经正确关联边和线，并将顶点移动到理想的位置。否则创建 Ogrid 之后边和顶点都会增多，操作会变得烦琐，容易出错。

步骤 6：创建外 Ogrid。

对 SOLID 创建 Ogrid，勾选 Around block（s）选框，设置 Offset 为“0.6”，结果如图 2-8-68 所示，在弹身和弹翼的周围生成了 Ogrid。

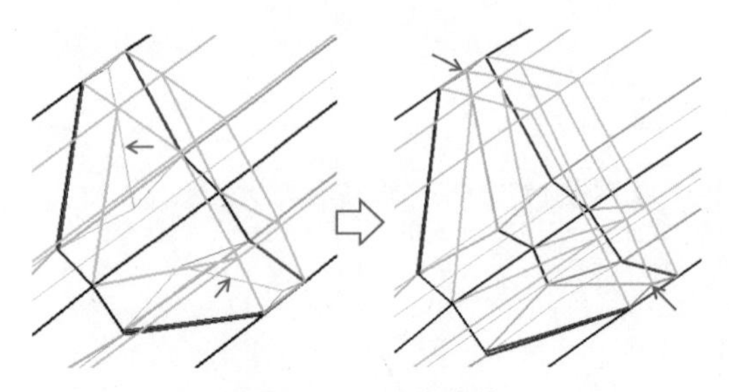

图 2-8-67　分割前缘

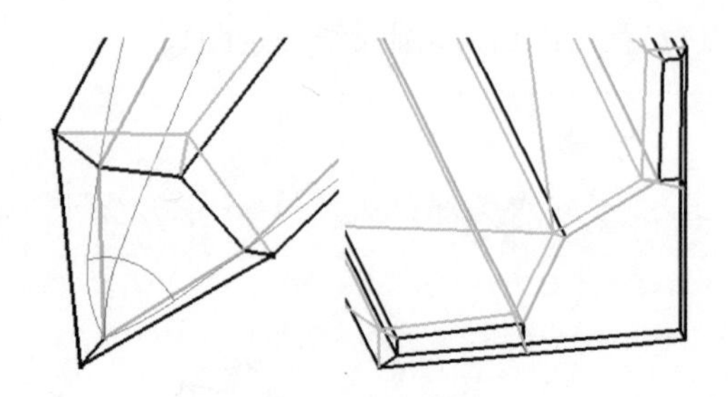

图 2-8-68　创建外 Ogrid

步骤 7：设置网格尺寸。

对所有面设置 Maximum size 为“200”，Height 为“200”，Height ratio 为“1”。再对 MISSILE 的面设置 Maximum size 为“10”，Height 为“10”，Height ratio 为“1.5”。对所有线设置 Maximum size 为“0”，自动分配线的网格尺寸。

步骤 8：计算初始网格。

在模型树中关闭 SOLID，用 Pre-Mesh Params 更新网格。计算网格并实体显示网格，观察弹头、弹身和弹翼附近的网格。

检查网格质量，发现低质量单元集中在尾部的扇形面上及前翼尾缘处。

由于扇形面上有圆弧结构，在块的角点处单元质量低，用一个内 Ogrid 提高网格质量。如图 2-8-69 所示，选择扇形面的相邻块，添加扇形面及对称面上的面，生成一个 Ogrid。调整径向边的网格节点数，得到右侧的结果。

提示：

- 如果初始 Ogrid 径向边太小，采用 Blocking→Edit Block →Modify Ogrid 放大径向边。

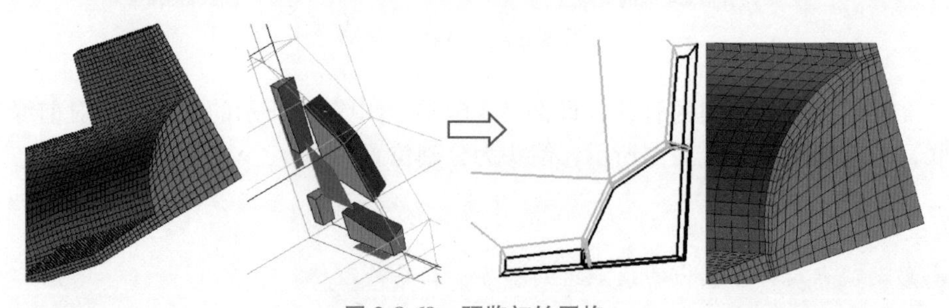

图 2-8-69　预览初始网格

前翼尾缘处的低质量单元如图 2-8-70a 所示，因为尾缘面非常薄、全局网格尺寸太大而导致。如图 2-8-70b 所示，分别选择带箭头的边，调整节点数量及分布，并复制到平行边，使薄面顶点四周的第一个单元尺寸大体一致，调整前后的网格质量分别如图 2-8-70c、d 所示，网格质量大幅提高。

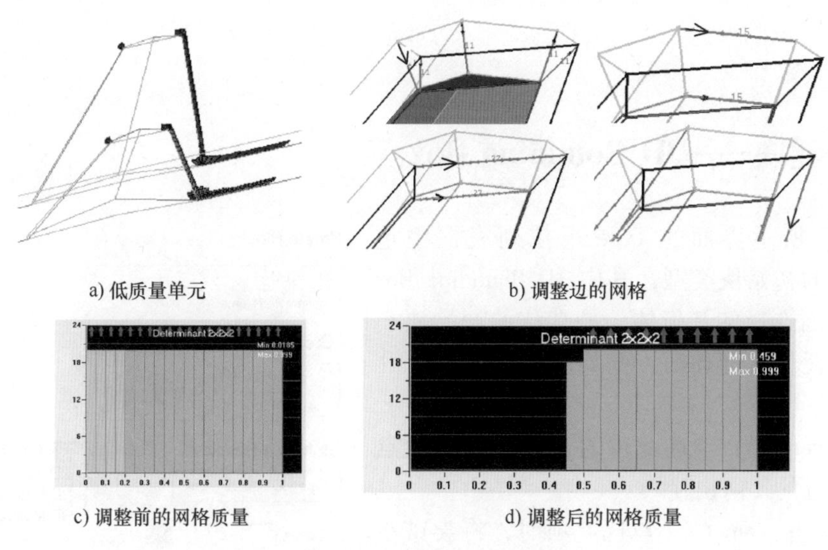

a) 低质量单元　b) 调整边的网格

c) 调整前的网格质量　d) 调整后的网格质量

图 2-8-70　提高网格质量

进一步调整边的节点数量及分布、移动顶点、建立边的链接等，最终得到满意的网格。图 2-8-71 所示为粗略调整后的网格。

图 2-8-71　粗略调整后的网格

案例总结：ICEM 的六面体网格功能并不要求几何是完美的干净几何，只要保留主要特征、拓扑关系合理即可，本例所用的几何在个别位置会有单边、重复线等问题，但并不影响构建块结构。

本例更贴近工程应用，实际工程的几何可能尺度跨度更大、几何问题更多，处理时需要不断调整视角，仔细处理映射关系及顶点位置，必要时手动创建辅助几何元素，并更加细致地调整网格分布及密度。建议初学者在完成本篇 8.8 节“案例：外 Ogrid 及关联边网格分布练习”的基础上再来练习本例，掌握外流场的常用处理方法，灵活应用于实际工程中。

第9章 六面体网格面和块的常用操作

9.1 创建块——3D Bounding Box

图 2-9-1 所示界面的 Type 下拉列表框中包括三种可选的初始块类型，其中 3D Bounding Box 创建的块包围选择的几何体，是默认的初始块类型。不选择任何几何体时，初始块将包围整个几何体。

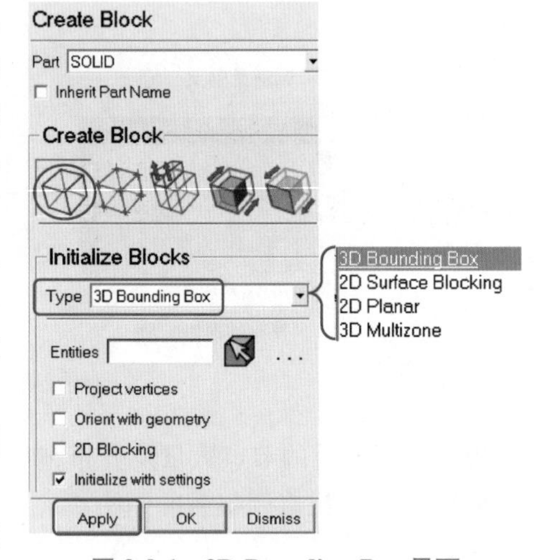

图 2-9-1 3D Bounding Box 界面

Project vertices：勾选此项时，初始块的顶点会移动到最近的几何位置。

Orient with geometry：勾选此项时，将尝试在每个方向找到最佳位置，创建尽可能小的初始块。

2D Blocking：勾选此项时，将围绕几何体创建 6 个 2D 的面块。

Initialize with settings：默认是勾选的，使用在菜单命令 Settings→Meshing Options→Hexa/Mixed 中的设定创建初始块。

注意：

- 初始块界面不选择任何几何体，直接单击 Apply 按钮来创建初始块更高效。用于 3D 几何时，此界面选项通常不用修改，默认即可。

9.2 创建块——2D Surface Blocking

2D Surface Blocking 可以自动为 2D 几何面创建 2D 块，并自动关联几何，进而快速划分面网格。也可以作为初始块，通过进一步雕塑生成更复杂的 2D 块，或通过拉伸、旋转等操作转化为 3D 块。

图 2-9-2 所示为 2D Surface Blocking 的功能示例，其中图 2-9-2a 所示为几何面，图 2-9-2b 所示为几何线，几何模型包括了圆角、圆孔、曲面、小面等多个特征，图 2-9-2c 所示为用 2D Surface Blocking 创建的 2D 块，自动为每个面生成了合适的块，对框线内的三角形面自动生成了 Y-Block，图 2-9-2d 所示为基于此 2D 块生成的面网格。

如果提前设置了面网格尺寸（Max size、Height 和 Height ratio），则会用于计算块中 Edge 的网格节点分布。

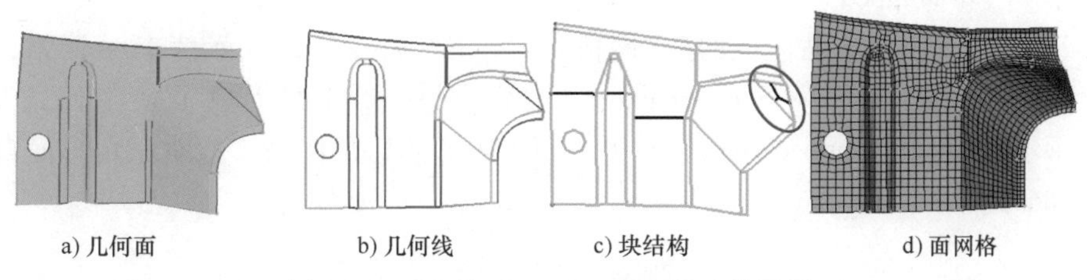

图 2-9-2　2D Surface Blocking 的功能示例

图 2-9-3 所示为用 2D Surface Blocking 创建初始块的界面，以下分别说明各个选项的意义。

1）Inherit Part Name：如图 2-9-3①所示，勾选时，对某个面创建的块将被放到此面所在的 Part 中，生成的网格也在同一 Part 中；取消勾选时，所有的块都会被放到界面顶端所指定的 Part 中。

Choose 选项组 Method 下拉列表框的 From Surfaces：如图 2-9-3②所示，指定用于创建初始块的面，不做任何选择时，对所有的面创建初始块。通常会为每个几何面创建一个 2D 块，但小于此界面中⑥处 Ignore size 的狭长面会被忽略。此外，符合图中④处 Merge blocks across curves 选项组标准的面会被跳过。

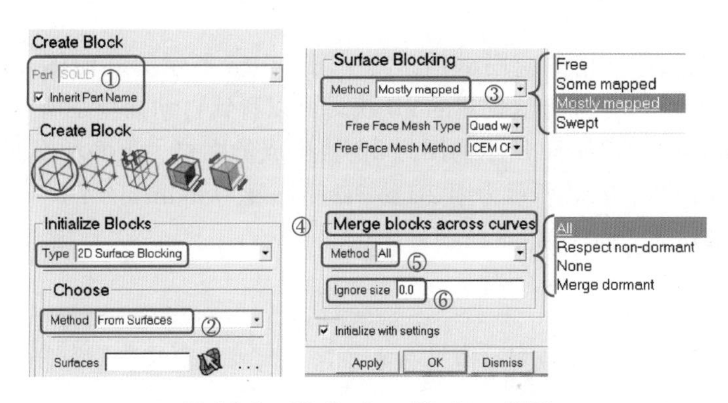

图 2-9-3　2D Surface Blocking 界面

2）图 2-9-3③处 Surface Blocking 选项组 Method 下拉列表框中提供了以下四种创建面块的方法：

① Free，创建类型为 Free 的非结构 2D 块，也称为自由块。自由块可以有任意条边，相对的边可以有不同数量的节点，网格单元分布不均匀。自由块内部的网格是平铺的，网格的类型可以是纯四边形、四边形占优、只有一个三角形其余均为四边形、纯三角形。

② Some mapped，对 4 个角的面用映射方法划分。映射面的相对边有相匹配的节点数量，通过块的相对边映射得到，面网格通常是四边形。对多于或少于 4 个角的面用自由块划分。

③ Mostly mapped，尝试将多于或少于 4 个角的面分割成可映射的面，如三角面分为

Y-Block，半圆面分为 C-Block，进行各种分割尝试后仍不能分割的面用自由块划分。

创建初始块后，使用 Blocking→Edit Block 图标→Convert Block Type 图标，可以在 Free（自由）块和 Mapped（映射）块之间进行类型转换。

图 2-9-4 所示为三种方法生成的 2D 网格对比。其中图 2-9-4a 所示为 Free 网格，均为三角形单元；图 2-9-4b 所示为 Some mapped 网格，对一部分面生成了映射四边形网格；图 2-9-4c 所示为 Mostly mapped 网格，对更多面生成了四边形网格，并对三角形面自动分割生成了 Y-Block 网格。

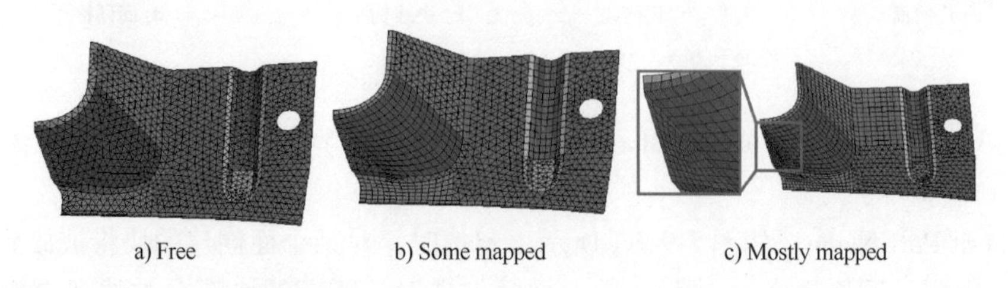

a) Free　　b) Some mapped　　c) Mostly mapped

图 2-9-4　三种方法生成的 2D 网格对比

④ Swept，创建扫掠体的 2D 块，为 Create Block→2D to 3D 图标→MultiZone Fill→Swept 操作做准备，是生成 3D 扫掠体网格的一种快捷方法。当几何中有多个扫掠体时，用 2D Swept 创建初始块可以快速生成 3D 扫掠网格。扫掠体的侧面是映射面，源面是自由面或映射面，源面的网格通过扫掠复制到目标面。可以处理多个源面和目标面的情况。

图 2-9-5 所示为扫掠网格的应用示例，其中图 2-9-5a 所示为几何体，是带孔的圆柱结构；图 2-9-5b 所示为用 Swept 方法创建的 2D 块，可以看到自动捕捉了所有的圆面，且底面和顶面的块结构相同；图 2-9-5c 所示为用此 2D 块生成的网格，顶面和底面均是 Free 网格，侧面则是映射网格；图 2-9-5d 所示为用 2D to 3D 图标→MultiZone Fill→Swept 填充生成的体网格截面，内部均为六面体单元。

提示：

• 几何的连接关系会被带到块中，如果原始几何本身就是扫掠结构，则用扫掠方法可以快速生成六面体网格。

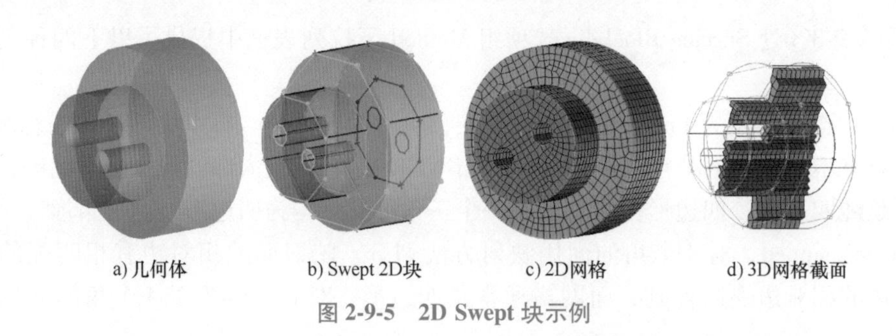

a) 几何体　　b) Swept 2D块　　c) 2D网格　　d) 3D网格截面

图 2-9-5　2D Swept 块示例

3）Merge blocks across curves 选项组：如图 2-9-3④所示，决定生成 2D 初始块的过程中

是否合并块，合并可以改进块的结构并防止裂缝。默认在每个几何面的边界线周围形成一个封闭环，启用此选项时，后台可以跨过几何线合并两个块，相当于把两个面组合后再在组合面的边界线周围生成封闭环。这个操作不会影响几何，仅影响块结构，其效果由休眠线或图 2-9-3⑥处的 Ignore size 选项控制。

图 2-9-3⑤处的 Method 下拉列表框中提供了四种合并块的方法：

① All，如果狭长面的特征边长度小于 Ignore size 选项设定值，则将狭长面合并到邻近的大面。

② Respect non-dormant，面之间的线不休眠时则不合并。但并不是线休眠时一定会合并，仍由 Ignore size 值决定是否合并。

③ None，不基于 Ignore size 值合并。

④ Merge dormant，不论 Ignore size 值设为多少，跨过休眠线则合并块。

提示：

- 所谓休眠线，指删除但未永久删除的几何线，即删除线时未勾选 Delete Permanently 选项。此外，Filter curves 选项（界面见图 2-2-10）也可以产生休眠线。要恢复休眠线，单击 Geometry 选项卡的 Restore dormant entities 图标。要显示休眠线，在模型树的 Curves 右键菜单中勾选命令 Show Dormant。

合并块也可以在创建 2D 块之后实现，单击 Edit Block 图标→Merge Blocks 图标。

4）Ignore size：指定合并块的容差，以决定是否合并狭长块到邻近块。狭长块的短边小于这个值时会被合并。

图 2-9-6a 所示的原始几何面中有一个宽为 0.6 的狭长面，见左图椭圆框线内，Ignore size 为“0”时会对这个小面创建 2D 块，生成的网格中也会捕捉到这个面，如果网格尺寸不够小，很容易导致低质量单元。图 2-9-6b 中设置 Ignore size 为“0.8”，大于狭长面的宽度 0.6，创建 2D 块时，自动将狭长面和邻近的大面作为整体，创建了较大的块，忽略狭长面，因此网格也不会捕捉此面的形状，单元质量明显提高。

注意：

- 狭长面应与邻近的大面在同一个 Part 中，否则不会自动合并块。

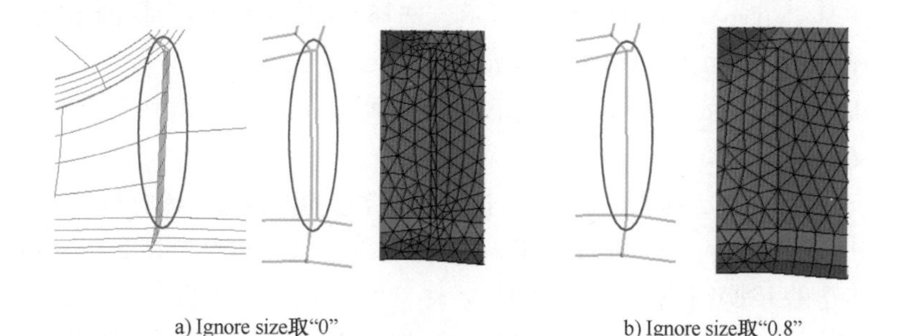

a) Ignore size取“0”　　b) Ignore size取“0.8”

图 2-9-6　Ignore size 作用示例

9.3 创建块——2D Planar

图 2-9-1 中 Type 下拉列表框的第三种类型是 2D Planar，在 XY 平面围绕整个几何体创建 2D 平面块。无论几何体的方位、形状如何，2D Planar 仅在 XY 平面上创建块，且仅创建平面块，需要经过进一步雕刻以捕捉几何形状。如果原始几何没有在 XY 平面上，则需要将块的顶点和边进行移动以匹配几何，所以，为了避免不必要的烦琐操作，最好将几何体置于 Z=0 的 XY 平面上。

2D Planar 初始块操作很简单，将几何置于 XY 平面，选择类型后，单击 Apply 按钮即可。本篇 6.11 节“案例：对 2D 弯管划分映射网格”步骤 5 描述了操作过程，必要的话可以参考。

9.4 创建块——3D Multizone

图 2-9-1 中 Type 下拉列表框选为 3D Multizone 时，先生成 2D Surface Block，再自动用 3D Fill 功能填充为 3D 块，并自动将 3D 块分解为 Mapped 块、Swept 块和 Free 块的组合。如果几何由多个体组成，其中一部分是扫掠体，可以尝试用 3D Multizone 方法创建初始块，ICEM 会尽可能多地创建出扫掠块，自动化程度很高，可以省去很多手动处理块结构的操作。

3D Multizone 界面如图 2-9-7 所示，以下分别说明各个选项的意义。

1）Source Imprint Surfaces：如图 2-9-7①所示，指定创建初始 2D Surface Block 时用于压印特征边的面，即源面，可以指定个别面，默认为所有面。在 MultiZone 分解过程中，两端的源面定义扫掠路径，其他的面处理为侧面。ICEM 会尝试尽可能多地创建扫掠块，并尽量将非源面处理为 Mapped 面，源面处理为 Free 面。如果源面不能正确配对，则生成自由块。

注意：

- 在 MultiZone 术语中，扫掠路径两端的面都叫源面，没有目标面的概念，如对于一个圆柱体，两个端面均为源面，圆周面为侧面。

2）Swept Mesh Type：如图 2-9-7②所示，选择在结构块中支持的单元类型，下拉列表框中可以选择 Hexa、Hexa/Prism 或 Prism。

3）3D Free Mesh Type：如图 2-9-7③所示，选择在非结构块中支持的单元类型，下拉列表框中可以选择 Tetra、Tetra/Pyramid、Hexa Dominant 或 Hexa Core。

4）Mapped/Swept Decomposition：如图 2-9-7④所示，选择分解块的策略，下拉列表框的三个选项含义如下。

① None，不允许分解，生成一个 3D 自由块，所有的面也是 Free 类型。

② Standard，按照 Mapped、Swept、Free 的优先级尝试创建块。在 Source Imprint Surfaces 中指定源面可能帮助 ICEM 正确识别扫掠体。

③ Aggressive，类似于 Standard，尝试创建更多的 Mapped 面。有些情况可以帮助创建更多映射块或扫掠块，有些情况无法帮助更好地分解块，但可能为自由块创建更多映射面。

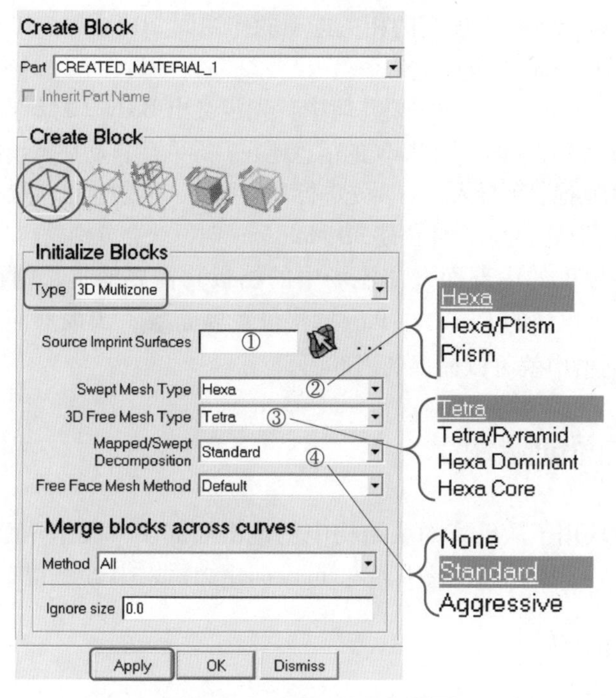

图 2-9-7　3D Multizone 界面

Source Imprint Surfaces 和 Mapped/Swept Decomposition 选项会影响块如何被分解，可以辅助扫掠成功完成。如图 2-9-8 所示的示例，Source Imprint Surfaces 均用默认，Mapped/Swept Decomposition 选为 Standard 时，结果如图 2-9-8a 所示，后者选为 Aggressive 时生成图 2-9-8b 的结果。对比可以发现，在箭头处的块结构有所不同，Aggressive 将扇形内圆孔的块拉伸到底面，在底面也生成了圆弧网格线。Standard 块则仅捕捉了圆孔，并未向底面拉伸，Aggressive 生成了更多扫掠块。同时注意到，在扇形区域的圆环面上生成了映射四边形网格，而另一个大的圆环面是自由网格，所以，对几何体适当分割，有助于 3D Multizone 创建更多映射网格。

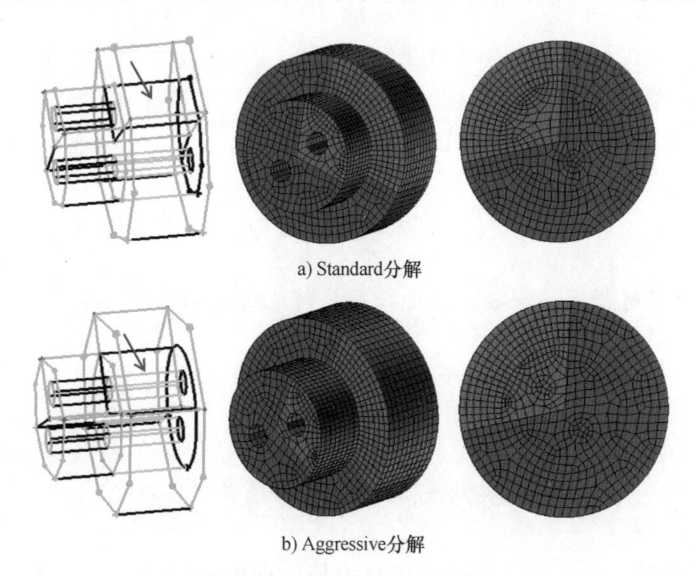

a) Standard分解

b) Aggressive分解

图 2-9-8　3D Multizone 示例

Merge blocks across curves 选项组的相关选项的作用同 2D Surface Blocking 界面，具体说明请参考“创建块-2D Surface Blocking”一节。

需要注意，创建 3D Multizone 块需要几何中首先定义出 Body（材料点）。如果几何是用菜单命令 File→Import Model 导入的，则 Body 的信息还在，导入后自动显示出材料点。如果几何是在 ICEM 中创建，或用其他选项导入，需要先进行几何拓扑，再创建材料点，才能使用 3D Multizone，否则会出现提示信息。为多个体创建 3D Multizone 时，块会分别放到对应的 Body Part 中。

如果几何中有零厚度的内部面（如流场中的挡板）需要捕捉，则在创建初始块之前，需要为内部面创建一个单独的 Part，在 Part 网格设置界面，为内部面所在的 Part 勾选 Internal wall 选项，则网格中就可以捕捉到内部面。

9.5 从顶点或面创建块

从顶点或面创建块用于从已有的块结构中创建出局部块。操作界面在 Blocking→Create Block 图标→From Vertices/Faces 图标，可以创建 2D 或 3D 块，以下分别说明。

9.5.1 创建 2D 块

从顶点或面创建 2D 块的界面如图 2-9-9 所示，在①处 Dimension 下拉列表框中选择 2D 或 3D 块。对于 2D 块，提供了 Mapped、Free、Quarter-O-Grid 三种类型，如图 2-9-9 中②处所示。

1）Mapped：从四个指定的顶点或几何点创建 2D 映射块，划分网格后，节点在相对的边上是一一对应的。

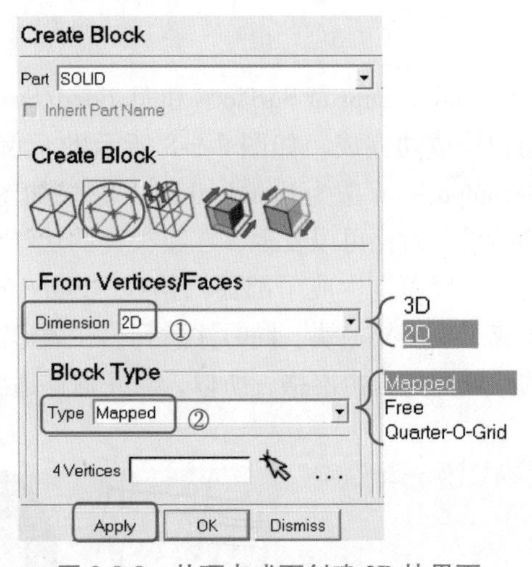

图 2-9-9 从顶点或面创建 2D 块界面

如图 2-9-10 所示的示例，按照①处 1～4 的顺序依次选择四个顶点，生成②处箭头所示的 2D 块。再在顶点选择模式下依次选择③处 1、2 两个顶点，中键，自动切换到位置选择模式，依次选择④处 3、4 两个位置点，单击中键完成四个点的指定，生成⑤处箭头所示的 2D 块。

注意：

- 操作时注意选择顺序，不同的选择顺序将生成不同的块形状。

提示：

- 鼠标处于选择模式时，默认是选择顶点，至少选择一个顶点后单击中键可切换到位置选择模式，未选择任何顶点时右击可以切换到位置选择模式。

2）Free：用选择的顶点创建自由块，自由块生成的网格不会一一对应。选择顶点的顺序也会影响块的形状，如果用 Free 类型创建图 2-9-10 中②处箭头指向的 2D 块，选择①处的四个顶点时，需要按照顺时针或逆时针方向进行。

3）Quarter-O-Grid：选择三个顶点生成 2D Y-Block。

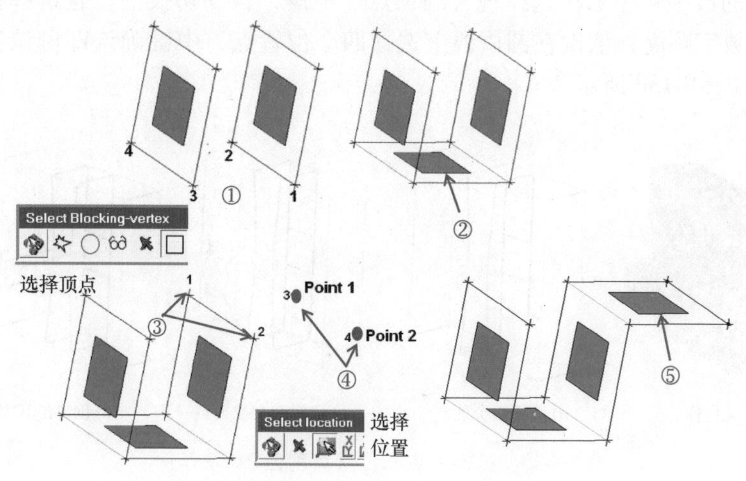

图 2-9-10　Mapped 2D 块示例

9.5.2　创建 Mapped 3D 块

从顶点或面创建 3D 块的界面如图 2-9-11 所示，Type 下拉列表框中提供了几种不同类型的 3D 块创建功能，本节仅介绍 Mapped 类型，Method 下拉列表框中（方法）有三种选项：指定块的顶点、边或面，如图 2-9-11③处所示。

1）Corners：指定八个顶点创建 3D 块，选择点的顺序影响块的形状。图 2-9-12 所示为一个示例，对图 2-9-12a 中所示的块，按照图 2-9-12b 中的数字顺序，依次选择八个顶点，创建出图 2-9-12c 所示的中间块。

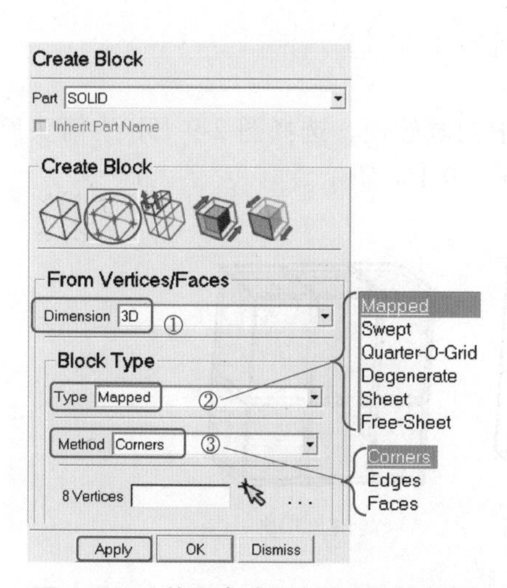

图 2-9-11　从顶点或面创建 3D 块界面

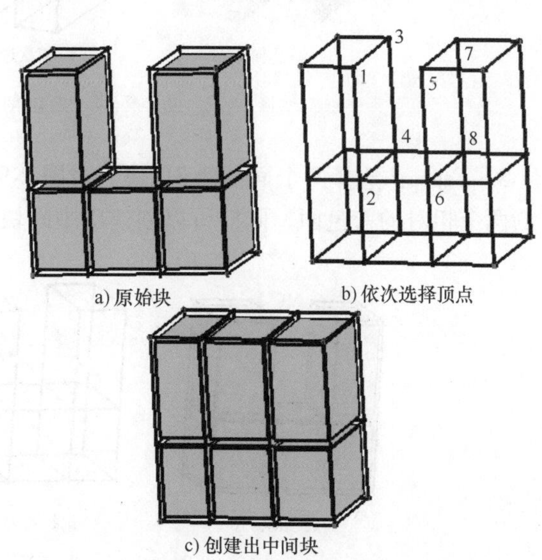

图 2-9-12　选择顶点创建 3D 块示例

如果现有的顶点不够八个，需要用位置点补齐。如图 2-9-13a 所示的几何体，面上伸出一个圆柱，首先创建立方体部分的块并进行关联，得到图 2-9-13b 所示的结果。对于圆柱的部分，要通过 Corners 方法拉伸出块，但是现有的顶点只有四个。先在顶点选择模式下按照图 2-9-13b 中的数字顺序依次选择现有的顶点，中键，自动切换到位置选择模式；再按照图 2-9-13c 中的数字顺序，依次在圆周线上选择四个位置点，中键确认即可拉伸出圆柱体的 3D 块，结果如图 2-9-13d 所示。

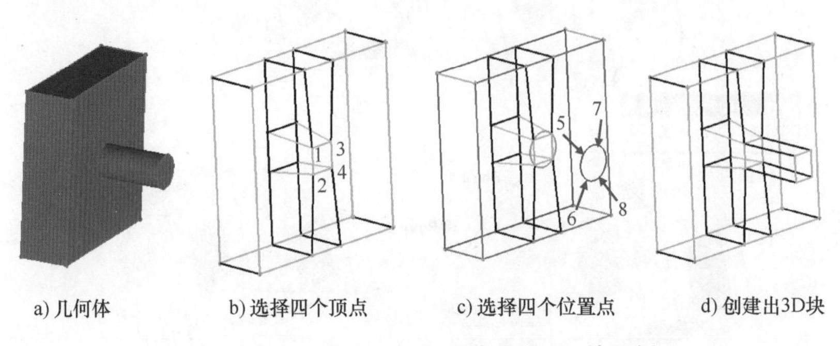

a) 几何体　b) 选择四个顶点　c) 选择四个位置点　d) 创建出3D块

图 2-9-13　选择顶点和位置点创建 3D 块示例

2）Edges：选择四条边创建 3D 块，选择边的顺序很重要。如图 2-9-14 所示，对图 2-9-14a 中的几何体，按照图 2-9-14b 中数字的顺序（Z 型顺序）依次选择四条边，生成图 2-9-14c 的中间块。

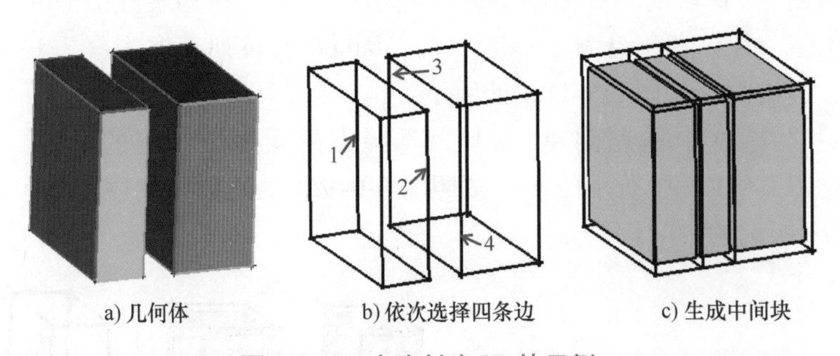

a) 几何体　b) 依次选择四条边　c) 生成中间块

图 2-9-14　由边创建 3D 块示例

3）Faces：选择两个面创建 3D 块。对图 2-9-15a 中的原始块，选择图 2-9-15b 中箭头所指的两个相对的蓝色面，同样可以创建出中间块，如图 2-9-15c 所示。

a) 原始块　b) 选择对向的两个面　c) 创建出3D块

图 2-9-15　选择面创建 3D 块示例

9.5.3　创建楔形块

楔形块即 Wedge Block，由于初始块的结构都是平直的矩形，所以对三角形截面的结构，构建块需要做特定的操作。在图 2-9-11②所示的 Type 下拉列表框中选择 Swept、Quarter-O-Grid 和 Degenerate 均可以生成楔形块，以下分别说明。

1）Swept：用于创建扫掠块。扫掠块生成非结构网格，端面可以有部分三角形单元。Swept 界面如图 2-9-16a 所示，Method 下拉列表框的默认方法为 Corners，选择六个或更多点创建扫掠块。如图 2-9-16b 所示的块结构中，中间的棱柱体部分是空的，用 Swept 方法，按照图中数字的顺序依次选择六个顶点，则生成图 2-9-16c 中的棱柱形扫掠块，网格如图 2-9-16d 所示。

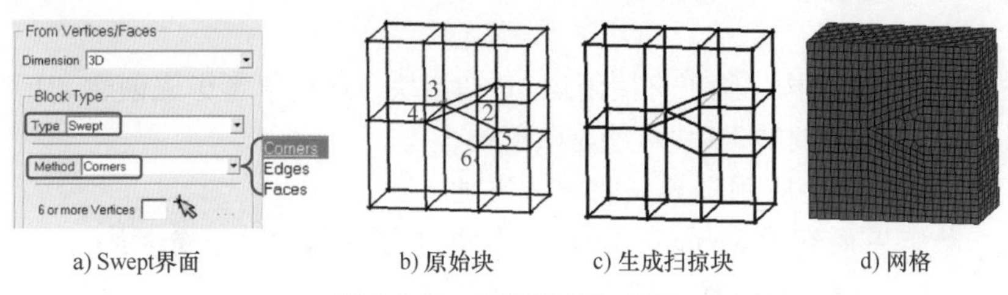

a) Swept界面　b) 原始块　c) 生成扫掠块　d) 网格

图 2-9-16　创建扫掠块示例

Method 下拉列表框中也可以选择 Edges 或 Faces，用 Edges 方法选择三条边生成楔形块，选择四条边则生成矩形块；Faces 方法需要选择两个面。

2）Quarter-O-Grid：四分之一 Ogrid，或者称为 Y-Block。界面如图 2-9-17a 所示，仅需选择六个顶点。按照图 2-9-17b 所示的数字顺序依次选择六个顶点，即可生成图 2-9-17c 中的 Y 型结构块，由此生成的网格如图 2-9-17d 所示。Y-Block 是楔形几何中常用的块结构。

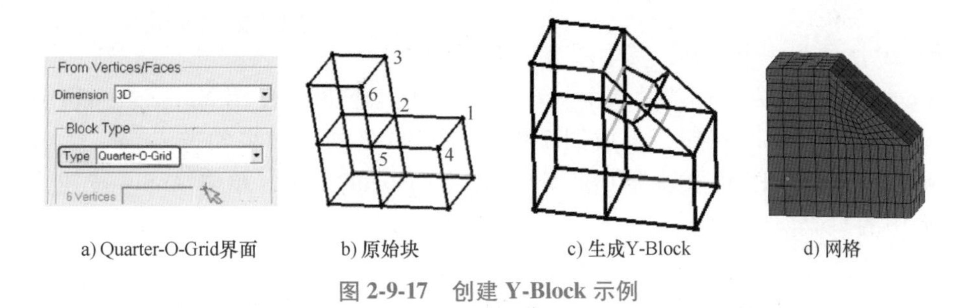

a) Quarter-O-Grid界面　b) 原始块　c) 生成Y-Block　d) 网格

图 2-9-17　创建 Y-Block 示例

3）Degenerate：创建棱柱形的五面体退化块，需要选择六个顶点或位置。界面如图 2-9-18a 所示，按照图 2-9-18b 中 1~6 的顺序依次选择六个顶点，即可生成图 2-9-18c 中的棱柱块，网格如图 2-9-18d 所示。显然，在顶点 3 和顶点 6 处的网格质量并不理想，使用 Quarter-O-Grid 可以提高此处的网格质量。

> **注意：**
>
> ● 上述从顶点创建块的方法，选择顶点的顺序很重要，不同方法有不同的顺序要求，如果选择顺序不正确，可能生成错误的块结构。

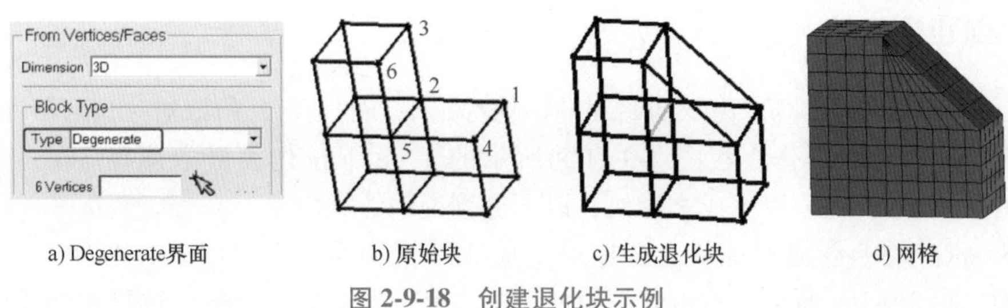

a) Degenerate界面　b) 原始块　c) 生成退化块　d) 网格

图 2-9-18　创建退化块示例

9.6　由 2D 块创建 3D 块

对三维几何创建块结构，除了直接创建 3D 初始块，还可以考虑先创建 2D 块，再将 2D 块转换为 3D 块。由此得到的 3D 块可能是映射块、扫掠块或自由块。对有些应用场景，此方法更加快捷、灵活。操作界面在 Blocking→Create Block 图标→2D to 3D Blocks 图标，如图 2-9-19 所示，Method 下拉列表框中提供了三种转换方法；MultiZone Fill、Translate 和 Rotate，以下分别介绍。

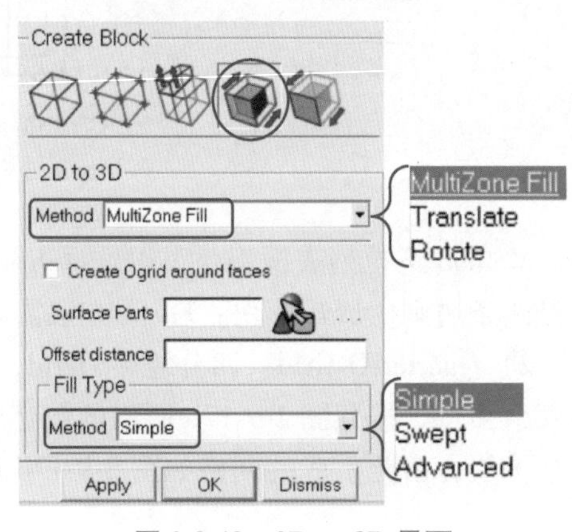

图 2-9-19　2D to 3D 界面

1）MultiZone Fill：填充，由闭合的 2D 面块自动创建 3D 块。如果 2D 块均是四个边的结构块，则转换为结构 3D 块，否则转为非结构块或扫掠块。

图 2-9-20 所示为一个示例，其中图 2-9-20a 是由 2D Surface Blocking 方法创建的八个 2D 块，围成闭合空间，使用 MultiZone Fill 界面的默认设置，直接单击 Apply 按钮，生成图 2-9-20b 中的 3D 块。如果勾选 Create Ogrid around faces 选项，在 Surface Parts 文本框中指定要生成 Ogrid 的 Part，单击 Apply 按钮，则生成图 2-9-20c 中的 Ogrid。

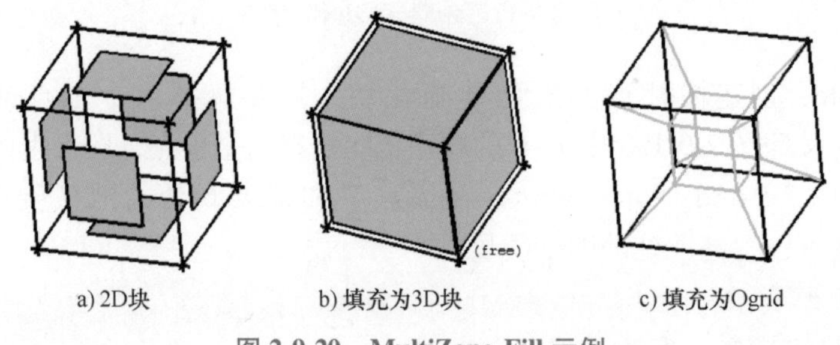

a) 2D块　b) 填充为3D块　c) 填充为Ogrid

图 2-9-20　MultiZone Fill 示例

Fill Type 选项组的 Method 下拉列表框中提供了三种填充方法：

① Simple，创建简单的自由块或体积区域，不会尝试将块分解为映射块或扫描块，对于

复杂模型可以显著节省时间。建议用于外气动网格。

② Swept，用更有利于生成扫掠块的算法，将 2D 块转为 3D 扫掠块。在本章 9.2 节，图 2-9-5 为用 Fill Type 选项组下 Method 下拉列表框的 Swept 方法由 2D 块生成 3D 扫掠块的示例。

③ Advanced，采用的算法可以将块分解为映射块、扫掠块和非结构块的组合，并自动压印自由面以辅助扫掠。类似于 ANSYS Meshing 中的 Multi Zone 方法，提前手动分割几何或 2D 块可以改善 3D 块转换的结果。更详细的说明可以参考本书 ANSYS Meshing 部分（第 1 卷）第 3、5、6 章中 Multi Zone 的相关内容。

提示：

- Advanced 方法在后台运行几种可能的算法来创建 3D 块。其中一种算法将每个 2D 面块处理为映射块，划分四边形单元；然后，用类似于六面体占优网格的操作，以六面体单元填充体的内部，如果成功，则用 3D 块替换原始的 2D 块。其他算法尝试将源面的非结构网格沿着侧面的映射网格进行扫掠（类似于 Cooper 工具）。不能转为映射块和扫掠块的区域，则标记为非结构块，用 Tetra、Hexa-Core 或 Hexa-Dominant 网格填充。

2）Translate：平移，直接指定在 X、Y、Z 方向拉伸 2D 块的距离生成 3D 块。操作界面如图 2-9-21a 所示。对图 2-9-21b 中的 2D 块，X Distance 文本框输入为“1”，单击 Apply 按钮，则初始的 2D 块沿 X 方向拉伸距离 1，生成图 2-9-21c 中的 3D 块。

注意：

- 这一操作只能同时作用于图形中所有的 2D 块，不能选择某一个或几个块进行拉伸。如果需要对一个或多个指定的 2D 面拉伸为 3D 块，使用 Blocking→Create Block →Extrude Face 操作。

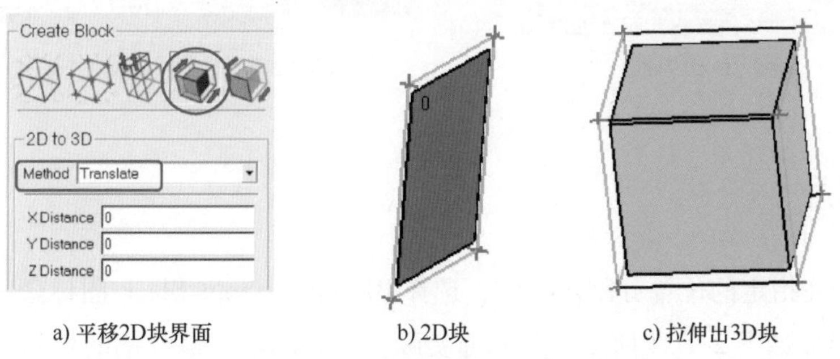

a) 平移2D块界面　　b) 2D块　　c) 拉伸出3D块

图 2-9-21　平移 2D 块界面及示例

3）Rotate：将 2D 块旋转为 3D 块。操作界面如图 2-9-22 所示，由于原始界面较长，此处分为两个图显示，对界面中各选项说明如下。

① Center of Rotation 选项组的 Center：指定旋转中心。下拉列表框中的 Origin 指定旋转中心为（0，0，0）点，User 允许用户指定某点作为旋转中心。

② Axis of Rotation 选项组的 Axis：指定旋转轴或矢量。

③ Angle，指定块旋转的角度。

④ Number of copies：指定块的副本数量，即由 2D 块生成的 3D 块数量。

⑤ Points per copy：指定拉伸边上（圆周方向）的网格节点数量，这个值不能在边的网格参数设置界面 Blocking→Pre-Mesh Params 图标→Edge Params 图标中更改。

⑥ Set periodic nodes：定义几何和块的周期性，并覆盖所有在 Global Mesh Setup 图标→Set Up Periodicity 图标中设定的周期信息。

⑦ Collapse Axis Nodes：勾选此项时，允许坍塌旋转轴上的所有节点。

⑧ Extrude points 与 Extrude curves：勾选这两项时，原始的 2D 几何同时转换为 3D 几何。点拉伸为 3D 的线，线拉伸为 3D 的面。旋转之前必须定义顶点和几何点的关联、边和线之间的关联，才能完成，并使网格投影到 3D 几何上，生成 3D 的网格单元。

图 2-9-23 所示为 2D 块旋转为 3D 块的示例，从左到右分别为 2D 几何、2D 块、2D 网格、旋转得到的 3D 块及 3D 网格。其中 2D 块中已经完成分割、关联等操作，旋转设置如图 2-9-22 所示，Angle 文本框中输入“90”，Number of copies 文本框中输入“1”，Points per copy 文本框中输入“11”。

旋转 2D 块的同时自动复制几何点和线，且自动关联新生成的边和几何线，从而得到 3D 几何和网格。

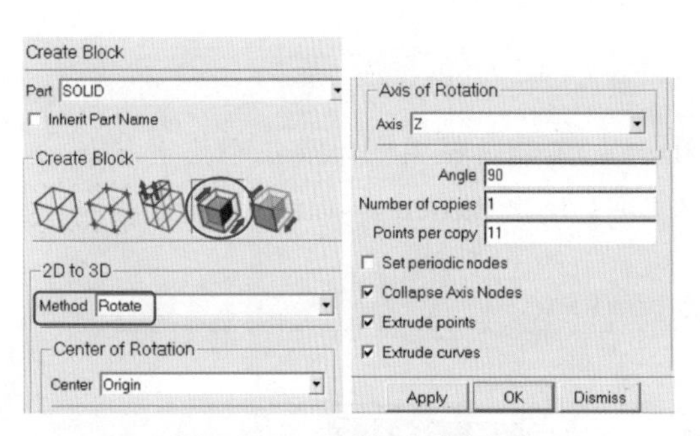

图 2-9-22　旋转 2D 块界面

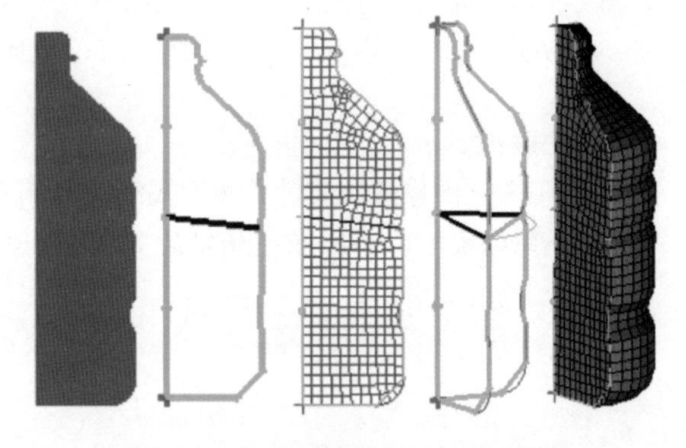

图 2-9-23　2D 块旋转为 3D 块示例

9.7　分割面

分割面用于在指定的位置分割块的面，选择 Blocking→Split Block 图标→Split Face 图标，分割面界面如图 2-9-24 所示。分割面实际上是分割块，被分割的块是相邻的休眠块，即位于模型树中 VORFN 内的块。

分割面示例如图 2-9-25 所示，选择①处箭头所指的面，再选中面的一条边（图中②处所指的边），拖动到合适的位置，放开左键，中键确认，则面被分割，分割面垂直于所选的边，如图中③处所示。到模型树的 Parts 目录中勾选 VORFN 可以看到，与所选面相邻的休眠块被分割，如图中④处箭头所指的块。

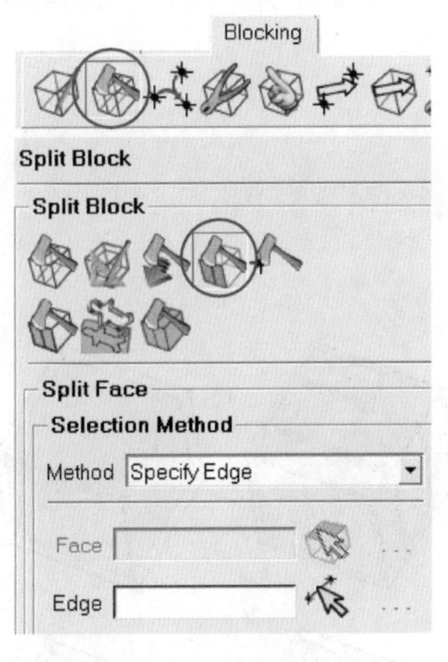

图 2-9-24　分割面界面

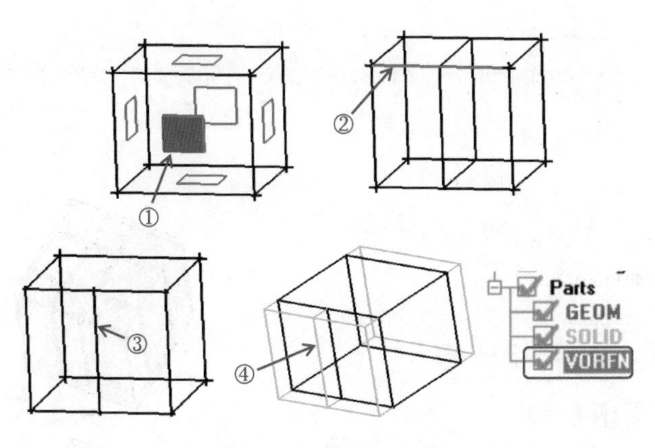

图 2-9-25　分割面示例

9.8 合并块

合并块用于将多个块合并为一个大块。选择 Blocking→Edit Block 图标→Merge Blocks 图标，合并块界面如图 2-9-26 所示，对界面中的主要选项说明如下。

Selected：合并选择的块，有公共面的块会被合并，没有公共面的块被忽略。

> **注意：**
> - 对于 3D 块，在一个合并操作中只选择 Mapped 块，或只选择 Free 块，不能混选。

Automatic：自动合并当前块所在 Part 中的所有块，使最终的块数最少。有公共面的块都会被合并，同时公共面被删除。

IJK Direction：根据参考边的方向合并选择的块。公共面垂直于参考边的块会被合并，如果没有选择块，则会考虑所有的块。

> **注意：**
> - 只有 3D Mapped 块可以用 IJK Direction 选项合并。

合并块示例如图 2-9-27 所示，分别用上述方法合并块。原始块为一个立方体块，将其分割为 9 个小块，用 Selected 方法选择图中①所示的 3 个块，得到②处所示的结果，有公共面的 3 个块合并为 1 个。对原始块用 Automatic 方法合并，得到③处的结果，由于这些块之间有公共面且都在同一个 Part，所以所有的块被合并为一个大块。用 IJK Direction 方法，不选 Blocks 选择，在 Reference Edge 中选择图中④所指的边，结果如图中⑤处所示，沿参考边方向有公共面的块都被合并，再指定 Reference Edge 为⑥处所指的边，则得到⑦处的结果。

> **注意：**
> - 不能合并不同 Part 中的块，需要先将要合并的块放到同一个 Part 中。

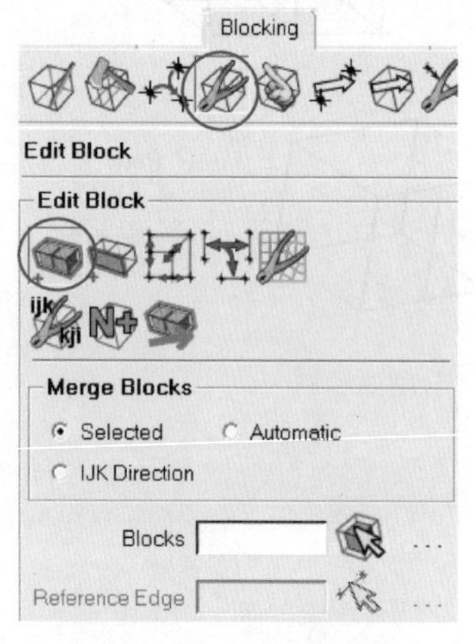

图 2-9-26　合并块界面

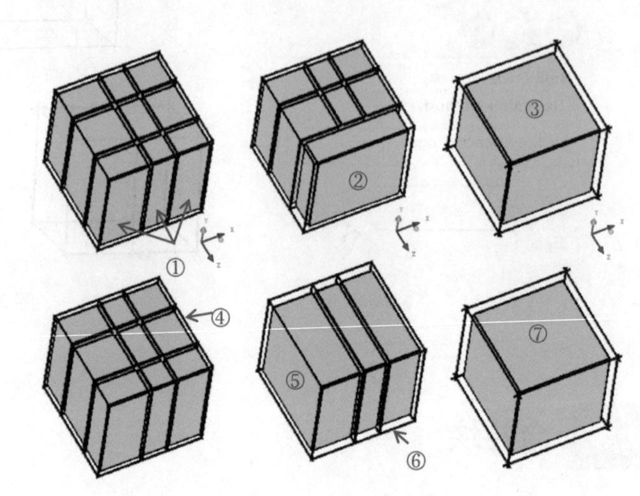

图 2-9-27　合并块示例

9.9 合并面

用于合并面和相对应的块。选择 Blocking→Edit Block 图标→Merge Faces 图标，合并面界面如图 2-9-28 所示，Method 下拉列表框中提供了两种方法：Face Corners 和 Block Faces。

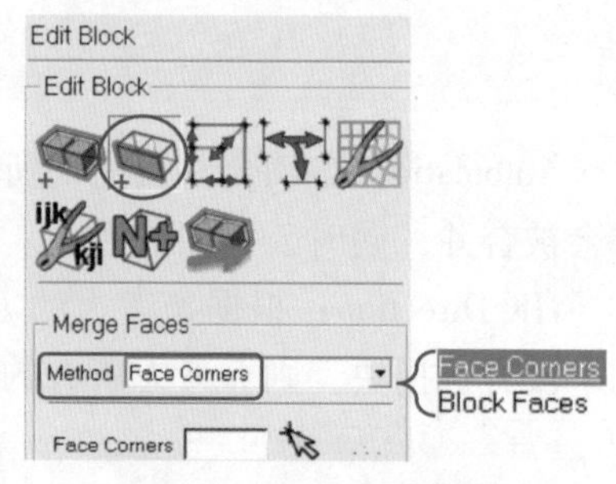

图 2-9-28　合并面界面

图 2-9-29 所示为合并面示例，其中①～③处应用 Face Corners 方法，④处应用了 Block Faces 方法。分别选择图 2-9-29a 中①处箭头所指的两个对角顶点，则两点跨过的面和块分别被合并，生成图 2-9-29a 中右图所示的结果。图 2-9-29b 中②处为同样的操作，其中的块以实体显示，方便观察。合并面操作会尝试同时合并选定面两侧的块，在图 2-9-29c 中③处选择箭头所示的两个顶点，则中间面两侧的面分别被合并，原来的六个小块合并为两个大块。Method 下拉列表框中切换为 Block Faces，选择图 2-9-29d 中④处箭头所示的三个面，得到图 2-9-29d 中右图的结果，面所在的块被合并。

> **注意：**
> - 合并面操作无法选择 Ogrids 的面，因为索引方向不同。

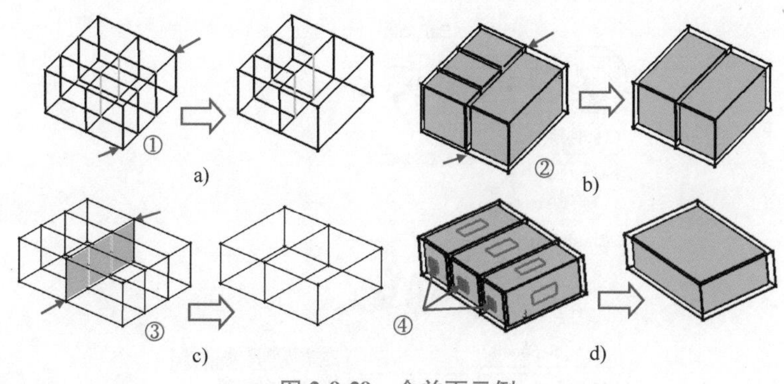

图 2-9-29　合并面示例

9.10 转变块

对块的转变包括平移、旋转、镜像、缩放和创建周期块等操作。选择 Blocking→Transform Blocks 图标，转变块界面及示例如图 2-9-30 所示。四种转变操作界面直观，步骤大体一致。输入选定方法所需的参数，单击 Apply 按钮确认即可完成转变。

Select：选择要转变的块，如果不选择，默认将转变所有的块。

Copy：勾选此项后在转变块的同时保留原始块。

Transform geometry also：勾选此项时，将在转变块的同时转变几何，但是这个选项只有在转变所有块时可用。

图 2-9-30 中包含一个镜像块的示例，原始几何体具有对称性，在创建块时仅创建其中的一半，然后镜像块，同时保留原始块（勾选 Copy 选项），镜像的块与原始块自动合并，得到整个几何体的块结构。

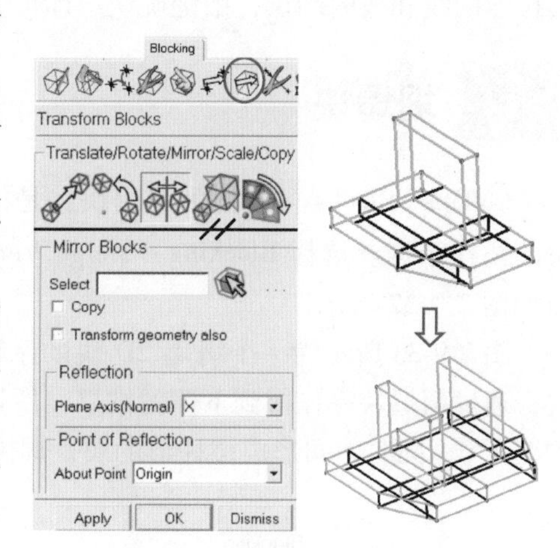

图 2-9-30　转变块界面及示例

9.11 拉伸面创建 3D 块

拉伸面选项只对 3D 块可用，通过对已有的面进行拉伸，创建出新的块。选择 Blocking→Create Block 图标→Extrude Face 图标，拉伸面创建 3D 块界面如图 2-9-31 所示，Method 下拉列表框中提供了三种方法，操作步骤类似于几何中创建扫掠体的过程。

Interactive：交互式。到图形窗口中单击选择面，按住中键拖动到要求的位置，放开鼠标，即可创建拉伸块。

Fixed distance：指定拉伸距离。选择要拉伸的面，中键确认，输入沿垂直方向拉伸的距离，单击 Apply 按钮，即可生成拉伸块。

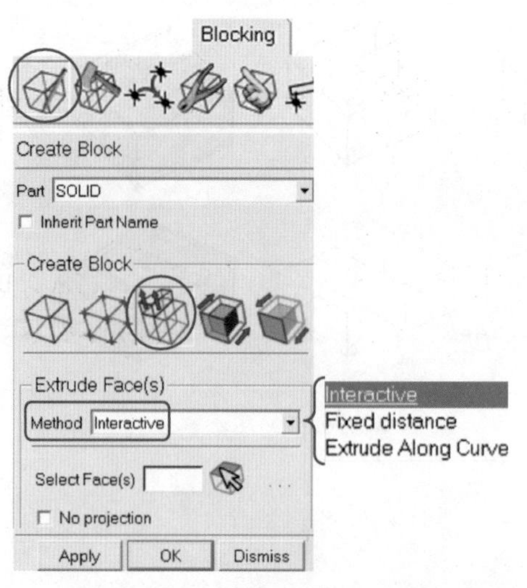

图 2-9-31　拉伸面创建 3D 块界面

Extrude Along Curve：沿指定的几何线拉伸面。选择要拉伸的面，中键确认，再选择沿其拉伸的线和线的端点，中键确认，即可生成拉伸块。

9.12　坍塌块

Collapse Blocks 可以称为坍塌块，是指将一条或多条边的长度减为 0，从而改变周围块的拓扑结构。选择 Blocking→Merge Vertices 图标→Collapse Blocks 图标，坍塌块界面如图 2-9-32 所示。

图 2-9-33 所示为一个坍塌 2D 块的示例。选择图中上侧箭头所指的边和椭圆框线内的块，通过坍塌块操作得到下侧的结果，所选块被删除，也可以看作所选块两侧所有边的长度均变为 0，同时中间形成棱柱形的块，周围块的形状和尺寸都随之发生了一定变化。

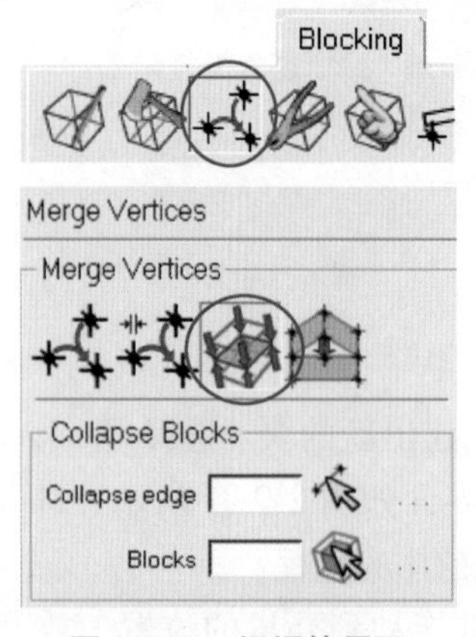

图 2-9-32　坍塌块界面

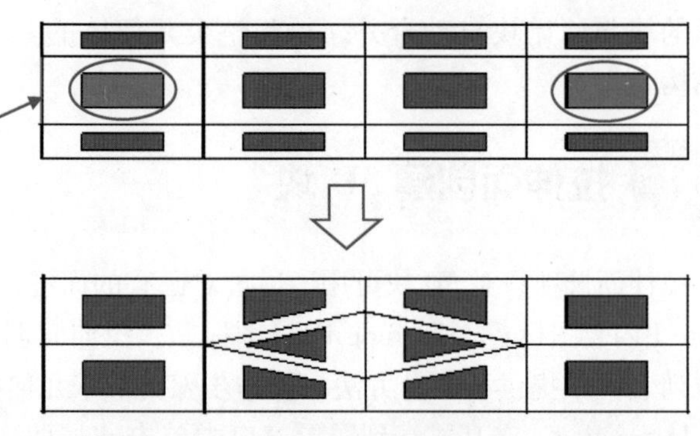

图 2-9-33　坍塌 2D 块示例

对于图 2-9-34a 中的原始块结构，在坍塌块界面中，选择图 2-9-34b 中箭头所指的红色边和箭头左侧的黑色块（块 28），生成图 2-9-34c 所示的块结构，所选边及块 28 中与其平行的边长度均变为 0，所选的块（块 28）被删除。生成的网格如图 2-9-34d 所示，退化出的棱柱块中多条网格线汇聚于一点，网格质量较低。图 2-9-34e 中删除了退化的块，在剩余的块中生成高质量的网格。

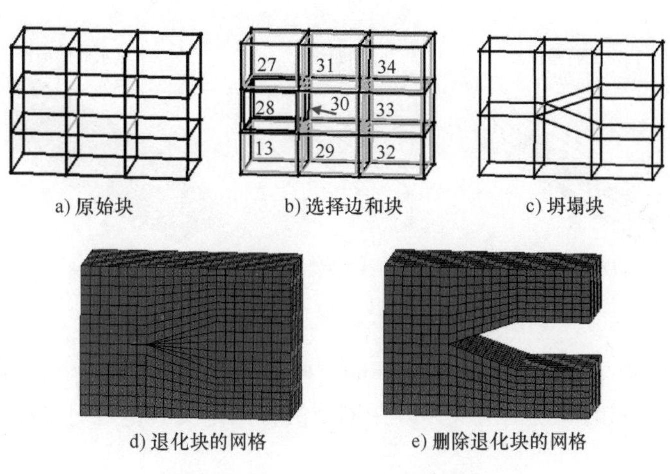

a) 原始块　b) 选择边和块　c) 坍塌块

d) 退化块的网格　e) 删除退化块的网格

图 2-9-34　Collapse 3D 块示例

由以上示例可以看出，对于有棱柱形或类似菱形的几何体、锋利结构或尖角周围，坍塌块可以生成高质量的网格。但在退化块内部会生成尖角单元，网格质量低，如果不需要退化块中的网格，如退化块代表固体域，而分析中不需要保留此区域的网格，可以在 Pre-Mesh 之前删除或隐藏退化块；如果需要保留退化块的网格，则要进一步处理，如转为自由块、创建 Y-Block 等。

9.13 创建周期网格

周期边界条件用于几何和物理现象都具有周期性的问题，是一种简化分析的方法，取整个模型的一个周期进行分析，通过后处理可以显示出全模型的近似分析结果，可以显著降低分析代价。以下以图 2-9-35 所示的示例说明在 ICEM 中生成周期结构网格的步骤。

1）首先必须对几何文件设定周期性，选择 Mesh→Global Mesh Setup 图标→Set up Periodicity 图标，设置几何周期性界面如图 2-9-36 所示。

例如，要对图 2-9-35a 所示的圆环柱生成旋转周期性网格，在图 2-9-36 中进行以下设置：勾选 Define periodicity 选项，Type 指定为 Rotational periodic，创建旋转周期；Rotational axis 选项组 Method 下拉列表框中保持默认的 User defined by angle，Base 选择图 2-9-35a 中箭头所指的圆心作为旋转基准点；Axis 文本框中输入“1 0 0”，指定旋转轴为 X 轴；Angle 文本框中输入“90”，单击 Apply 按钮，则定义了几何的周期性。

2）创建初始块，分割并删除中心的无用块，形成如图 2-9-35b 所示的块结构。

3）选择 Blocking→Edit Block 图标→Periodic Vertices 图标，在图 2-9-37 所示界面中定义顶点的周期性。到图形窗口中选择环形面上的两个周期顶点，则在这两个顶点之间建立了周期性。此时默认的图形窗口中没有任何变化，如图 2-9-37 中②处所示，到模型树的 Blocking

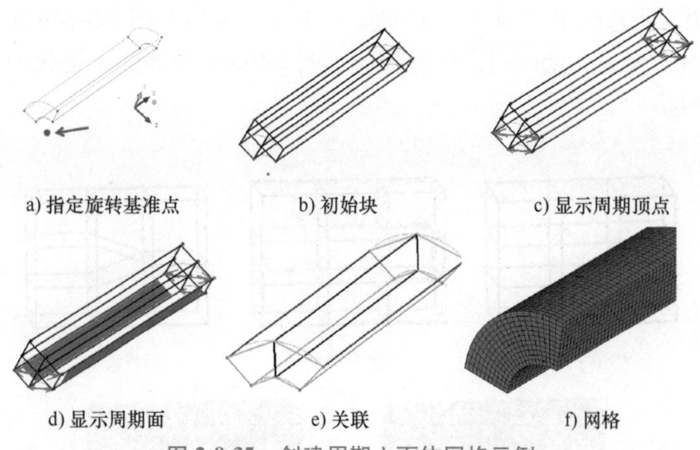

图 2-9-35　创建周期六面体网格示例

目录下的 Vertices 右键菜单中勾选命令 Periodic，显示出顶点的周期性，出现图 2-9-35c 中的红色箭头，表示顶点之间的周期对应关系。用同样的方法定义其他三对周期顶点，注意一次选择一对周期顶点。

4）如图 2-9-37 中③处所示，在模型树中右击 Faces，弹出的快捷菜单中勾选命令 Periodic Faces，显示面的周期性，结果如图 2-9-35d 所示，定义成功的两个周期面显示为红色。

5）关联边和线，合并外圆弧上的顶点，生成图 2-9-35e 所示的块结构。

6）定义网格尺寸，生成网格如图 2-9-35f 所示。

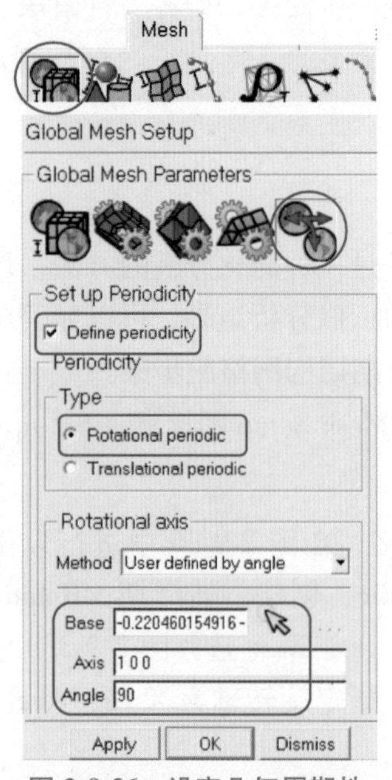

图 2-9-36　设定几何周期性

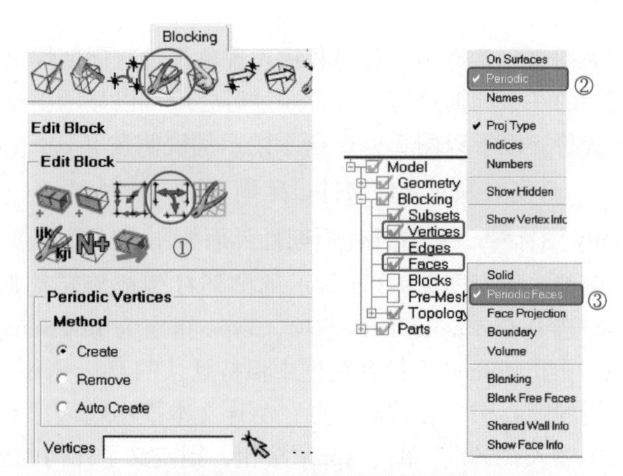

图 2-9-37　定义顶点的周期性

关于周期结构网格的创建还有几点要说明：

1）只有一个面的 4 个角点都具有周期性时，面才具备周期性。

2）分割周期面时，所有新生成的顶点和面均具备周期性。

3）当周期面对的任何一侧网格发生变化时，另一侧也会随之变化，周期面对上的网格始终是共节点的。

4）位于轴上的顶点要选择两次，与自己形成周期顶点对，否则不能保证面上的 4 个角点都具备周期性，周期面的创建将不成功。

5）创建成功的顶点周期性会存入 Blocking 文件中。

提示：

- 要生成周期性网格，最好在初始块中就创建周期性，之后所做的分割都将保持周期性。这比分割以后再分别创建周期性省去很多步骤。

9.14 常见块拓扑结构

前面内容已经多次强调，用 ICEM 划分六面体网格，最重要的就是构建块拓扑结构，这通常是花时间最多的环节。为了生成高质量的贴体六面体网格，通常需要先对块拓扑进行构思，再在操作过程中合理调整。但实际应用中仍难免会走弯路，为了帮助读者快速积累经验，图 2-9-38 列出了常见的块结构构建过程供参考。

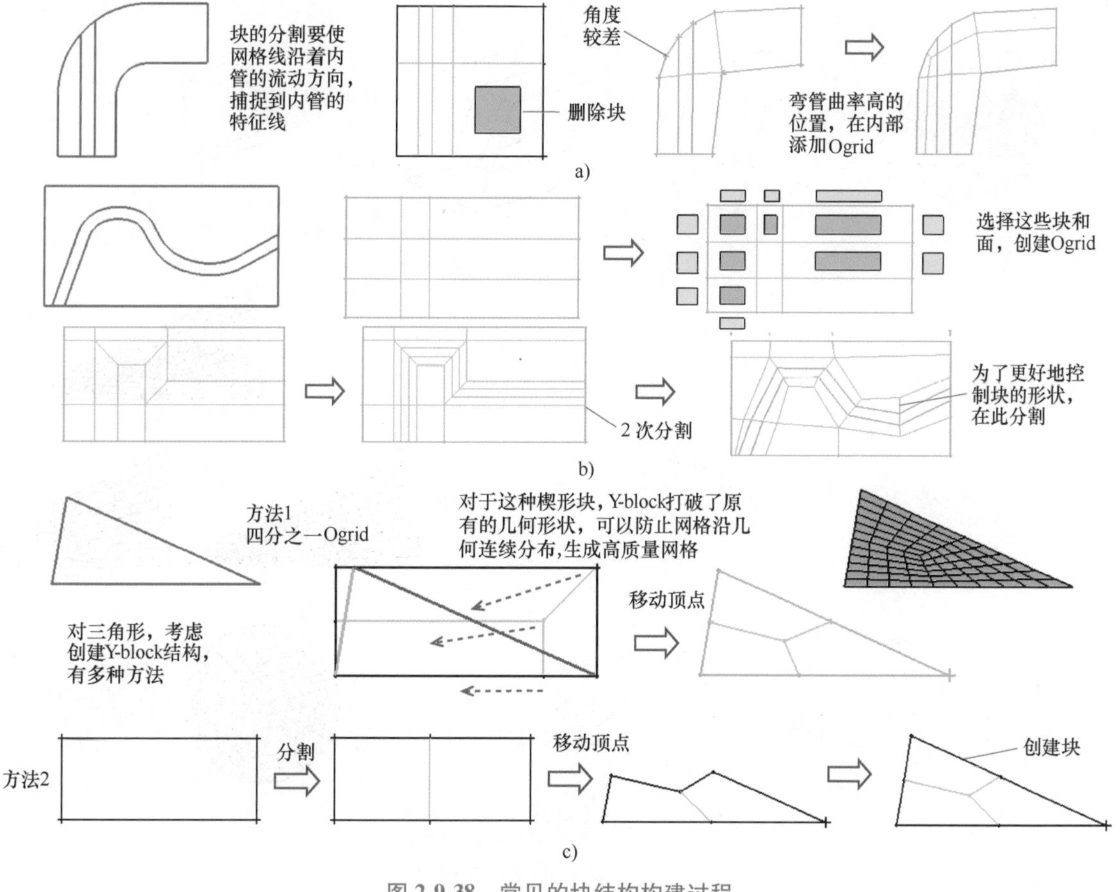

图 2-9-38　常见的块结构构建过程

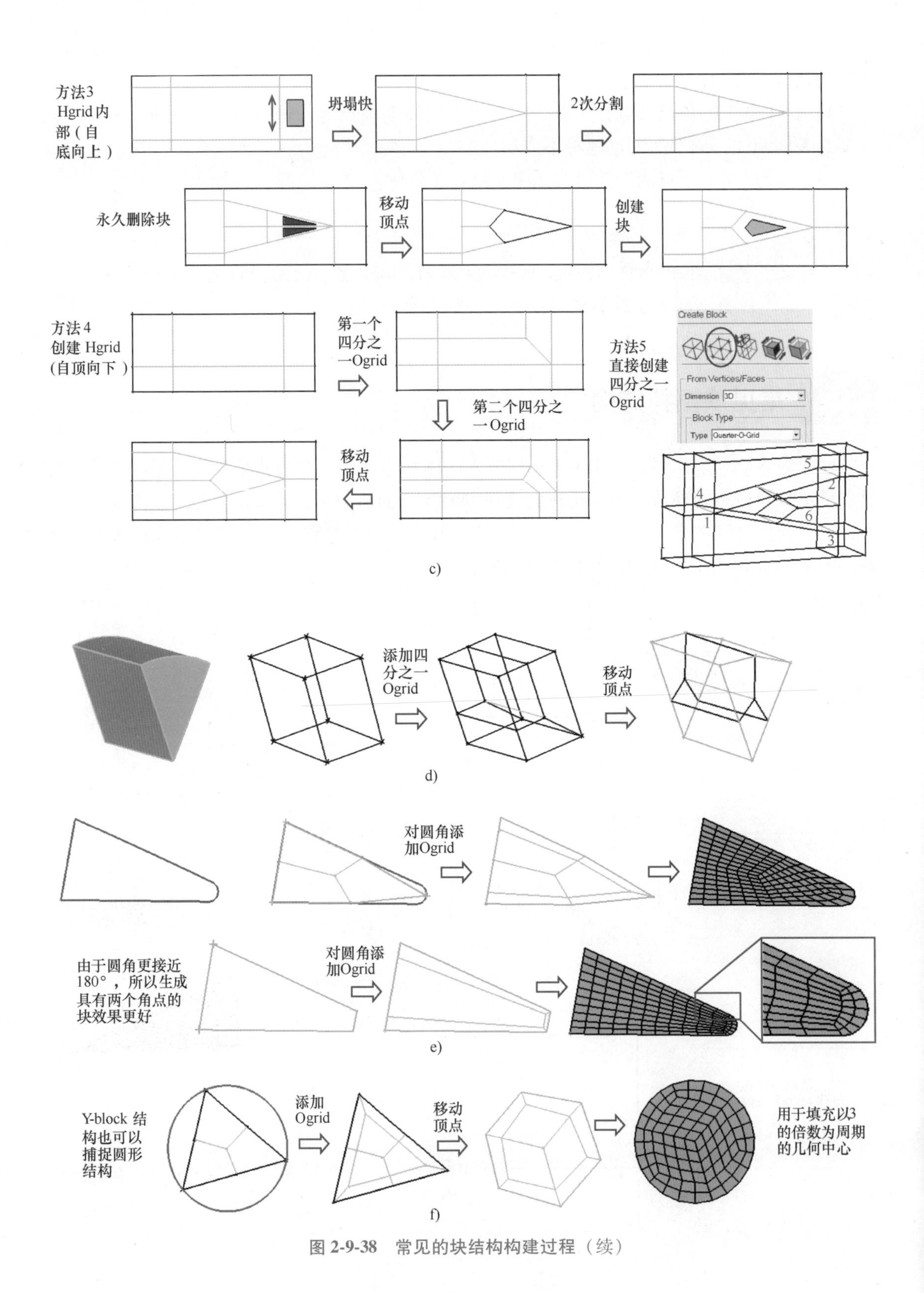

图 2-9-38　常见的块结构构建过程（续）

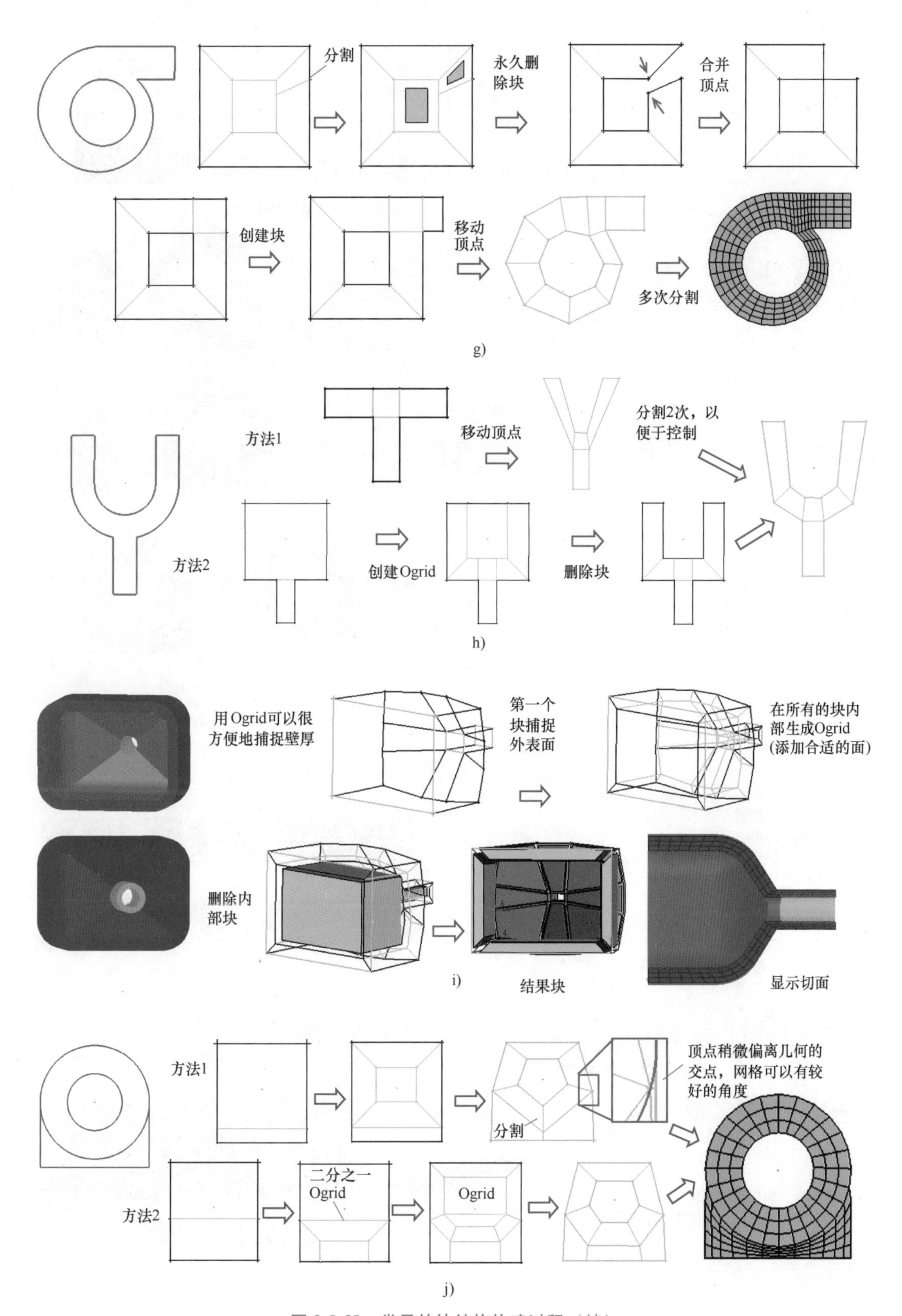

图 2-9-38　常见的块结构构建过程（续）

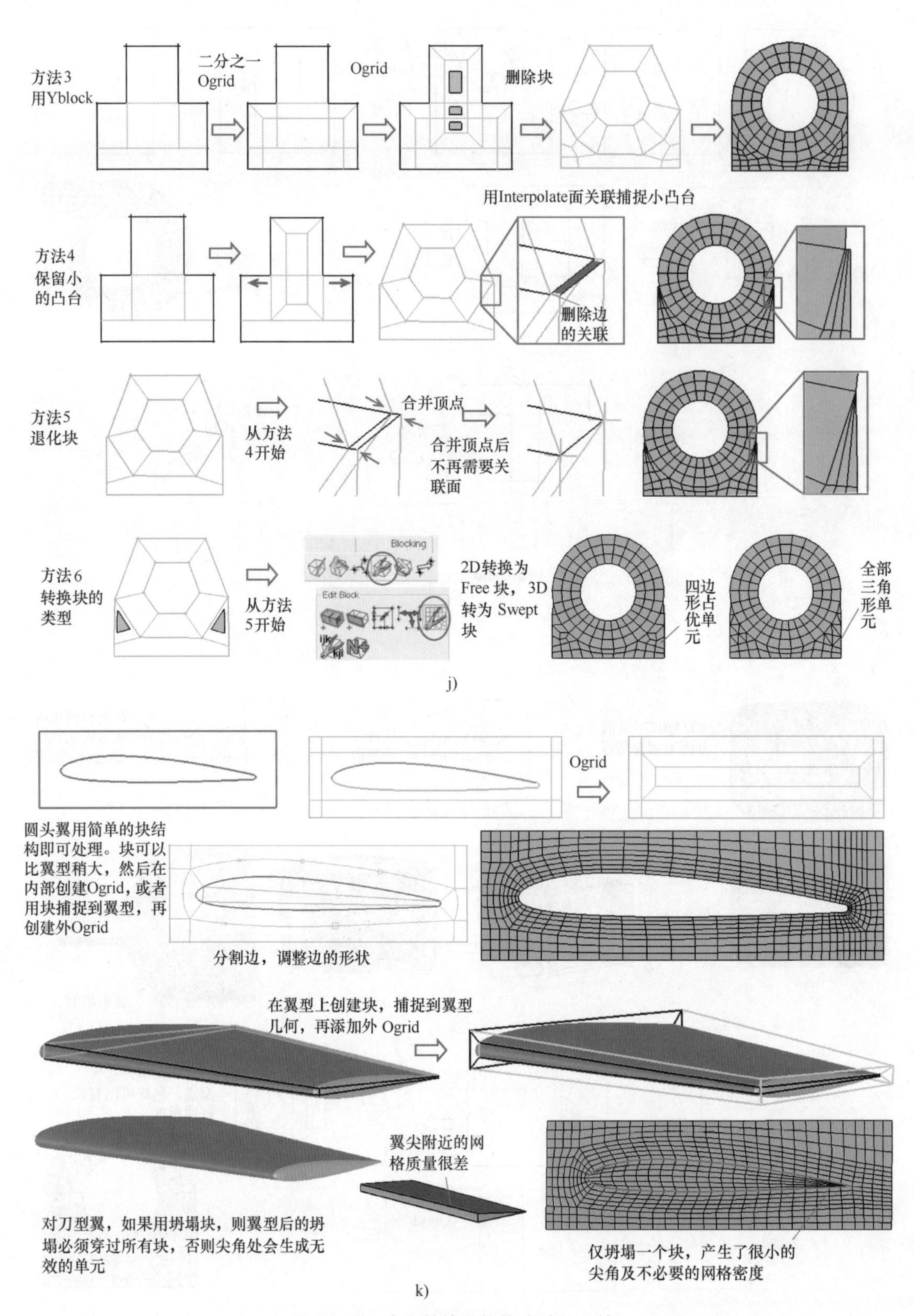

图 2-9-38　常见的块结构构建过程（续）

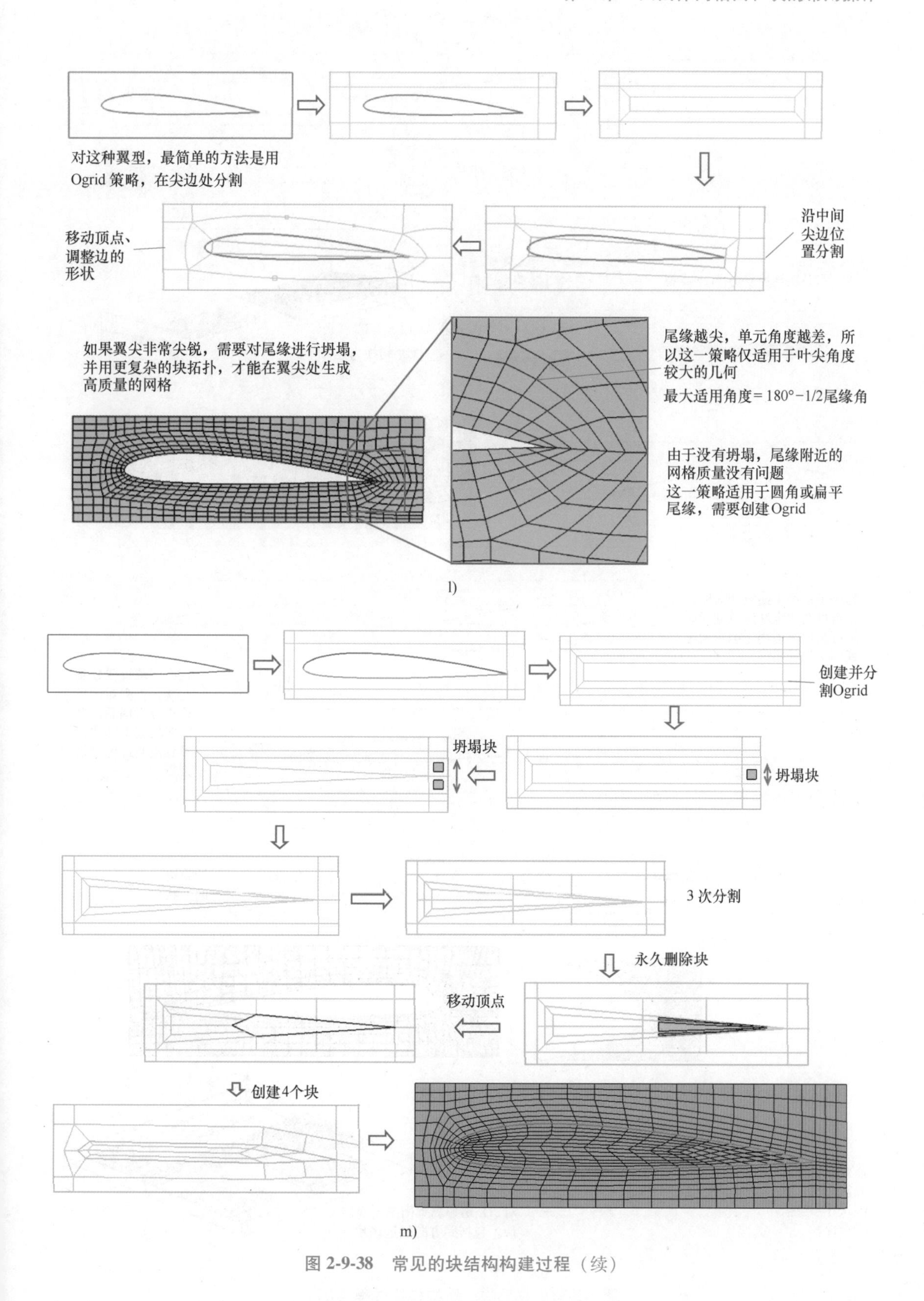

图 2-9-38　常见的块结构构建过程（续）

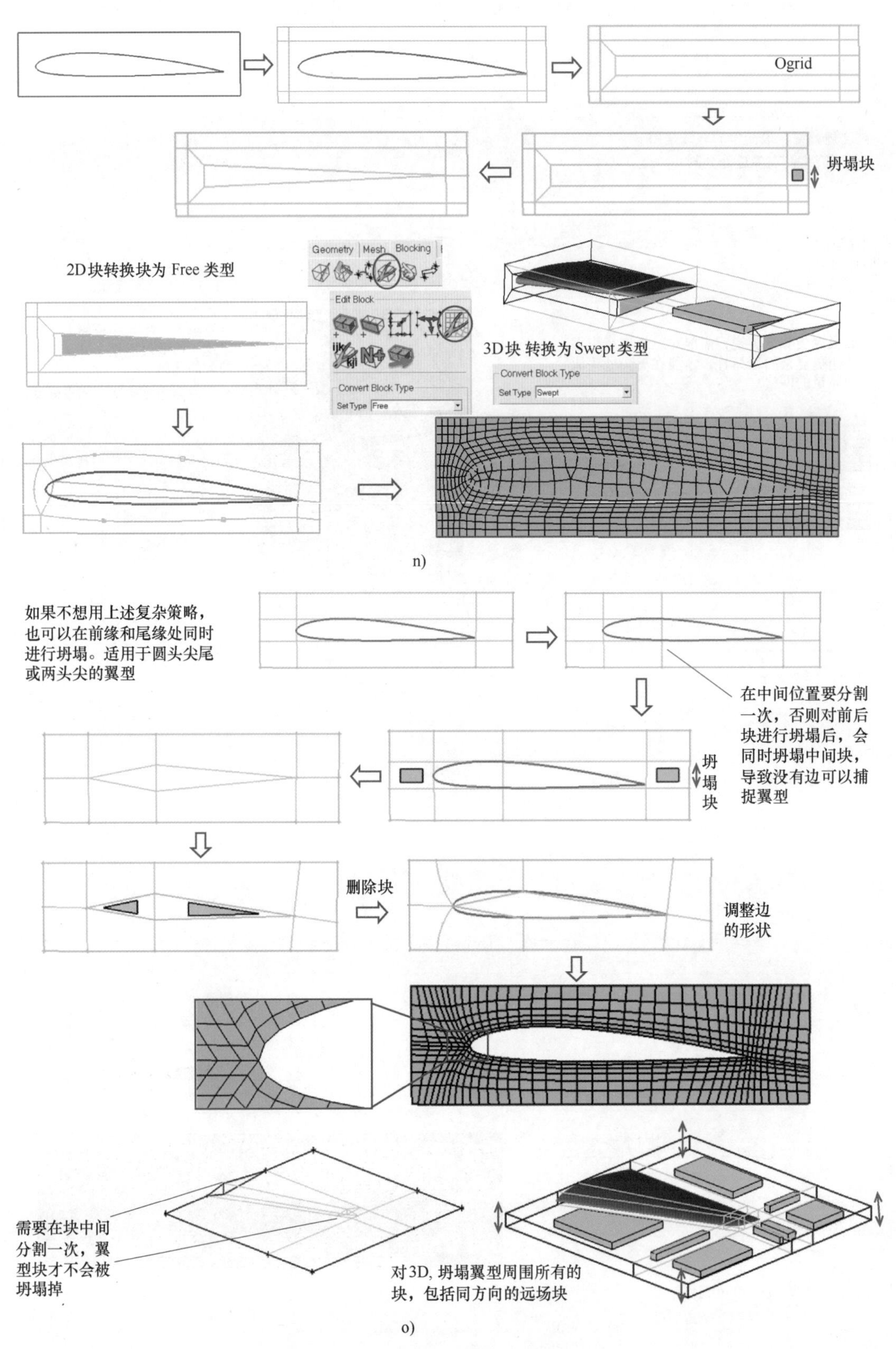

图 2-9-38　常见的块结构构建过程（续）

9.15 案例：用坍塌块技术划分叶片管道

本例对带楔形叶片的管道划分六面体网格，几何模型如图 2-9-39 所示，说明如何用坍塌技术构建楔形块，以及如何在指定点处精确分割块。

步骤 1： 新建工程文件。

选择菜单命令 File→New Project，浏览进入 PipeBlade 目录，输入 PipeBlade，单击“保存”按钮。

步骤 2： 打开几何。

选择菜单命令 File→Geometry→Open Geometry，打开“PipeBlade. tin”文件。

步骤 3： 创建 Parts。

如图 2-9-40 所示，在模型树中打开 Geometry 目录下的 Surfaces，按照图示创建 Parts，定义边界的位置和名称。

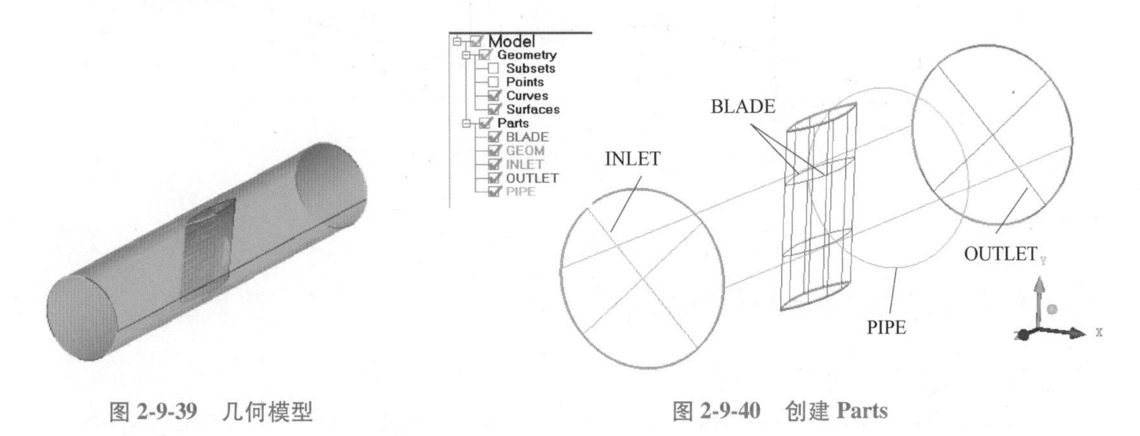

图 2-9-39　几何模型　　图 2-9-40　创建 Parts

步骤 4： 创建材料点。

选择 Geometry→Create Body 图标，在 Part 文本框处输入 FLUID，如图 2-9-41a 所示，从屏幕上选择两点，中键，转动几何，确保 FLUID 在管道内部、同时在叶片外部。修改 Part 名为 SOLID，参考图 2-9-41b 箭头所示，选择叶片的两个对角点，中键，确认 SOLID 在叶片内部。在模型树的 Parts 处右击，选择快捷菜单命令“Good” Colors。选择主菜单命令 File→Save Project，保存文件。

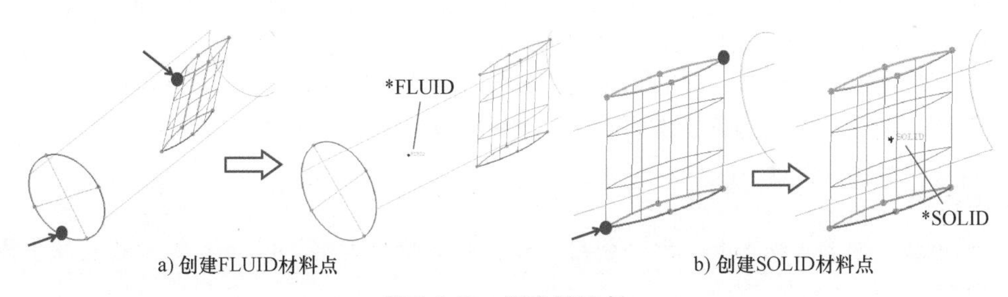

a) 创建FLUID材料点　　b) 创建SOLID材料点

图 2-9-41　创建材料点

步骤 5：创建初始块。

选择 Blocking→Create Block 图标→Initialize Block 图标，输入 FLUID 作为 Part 名称，其他保持默认，单击 Apply 按钮，创建包围整个几何体的初始块。

步骤 6：关联块的顶点和几何点。

在模型树中关闭 Geometry 目录下的 Surfaces，打开 Points 并在其右键菜单中激活命令 Show Large，将几何点放大显示，便于观察。

选择 Associate 图标→Associate vertex 图标，分别将 INLET、OUTLET 面上的 4 个顶点与最近的几何点进行关联，如图 2-9-42 所示。

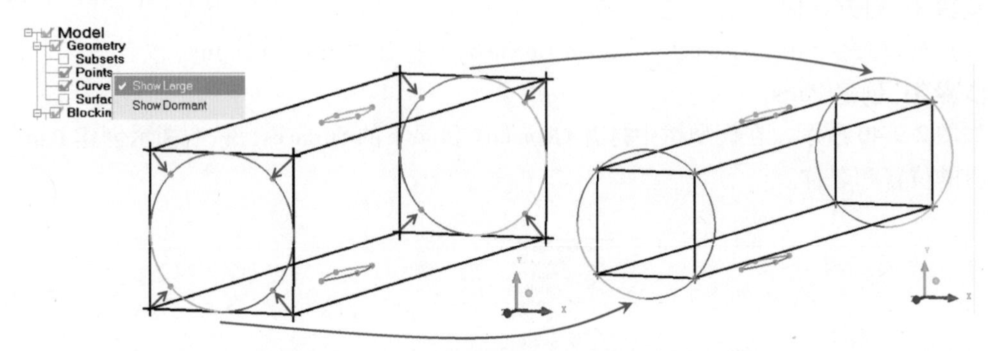

图 2-9-42　关联块的顶点和几何点

> **提示：**
> - 顶点的颜色变为红色说明关联成功。

步骤 7：关联块的边到几何线。

选择 Associate 图标→Associate Edge to Curve 图标，分别关联 INLET、OUTLET 面上的 4 条边和 4 条线，如图 2-9-43 中左图箭头所指的边和线，结果如右图所示，注意颜色的变化。

> **注意：**
> - 关联成功后，边的颜色变为绿色，同时被关联的线自动归为一组，且颜色变为第一条被选择的线的颜色。

步骤 8：分割块。

将鼠标移动到图形窗口右下角的坐标轴上，靠近 Y 轴，出现“+Y”高亮后单击，出现+Y 方向正视图，方便分割，如图 2-9-44 所示。

选择 Split Block 图标→Split Block 图标，保持默认设置，如图 2-9-44 所示，分别在叶片上下两个端点及中点的位置做垂直于 Z 轴的分割。

> **提示：**
> - 用默认的 Screen Select 方法分割，位置无法精确控制，只要大体在端点及中点处分割即可。

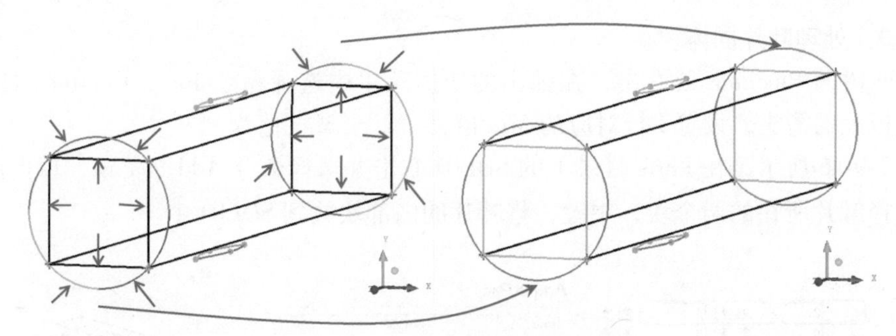

图 2-9-43　关联块的边到几何线

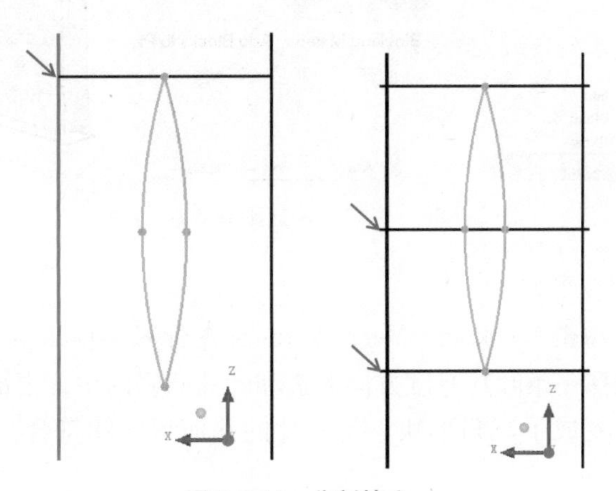

图 2-9-44　分割块之一

将鼠标移动到坐标轴处，靠近蓝色的小球体直到“ISO”高亮，单击，模型呈等轴测显示。

如图 2-9-45 所示，将 Split Method 下拉列表框改为 Prescribed point，通过指定点对块进行分割。选择上一步分割生成的一条边和叶片侧边的一个点，如图中直箭头所示，分割面穿过所选的点并垂直于所选的边。用同样的方法分割叶片的另一侧，得到右侧图所示的结果。

提示：

● 旋转模型，从不同角度观察，围绕叶片的块已经分割出来，但是叶片在 Z 方向的两端都只有一个点，而分割出的块在对应的位置有两个顶点。对于这样的结构，使用块的坍塌功能处理。

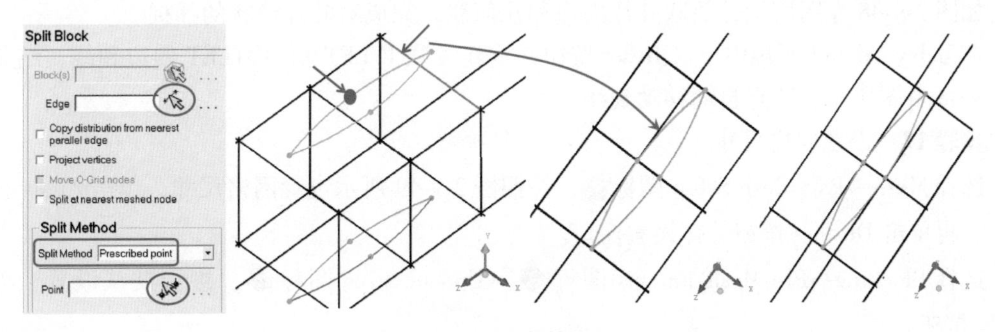

图 2-9-45　分割块之二

步骤 9：处理叶片固体块。

在模型树的 Blocking 处右击，在弹出的快捷菜单中选择命令 Index Control，使用 Index Control 面板上的箭头，设置 I 行对应的 Min 值为“2”，Max 值为“3”。

如图 2-9-46 所示，在 Parts 目录下的 SOLID 右击并选择命令 Add to Part，单击添加块图标，选择叶片所在的两个块，中键，将叶片的内部块放到 SOLID 中。

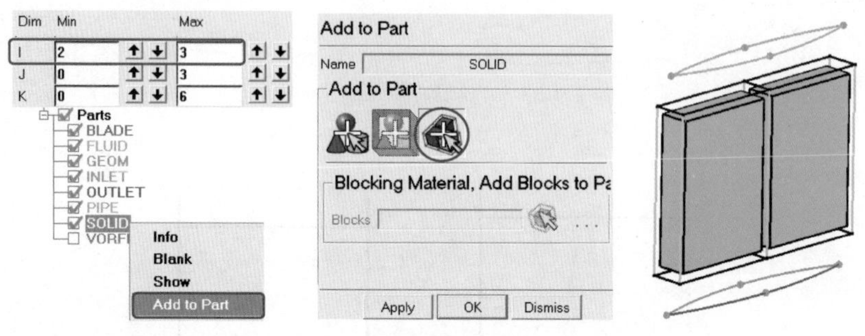

图 2-9-46　将叶片块放到单独的 Part

步骤 10：块的坍塌变形。

如图 2-9-47 所示，单击 Blocking→Merge Vertices 图标→Collapse Blocks 图标，按照图中箭头所示，分别选择一条叶片厚度方向的边和叶片两侧的块，中键，得到右图所示的结果。叶片的两个方形块变成了三角形块，与叶片的几何形状相符合，块的这种变形叫作坍塌（Collapse）。

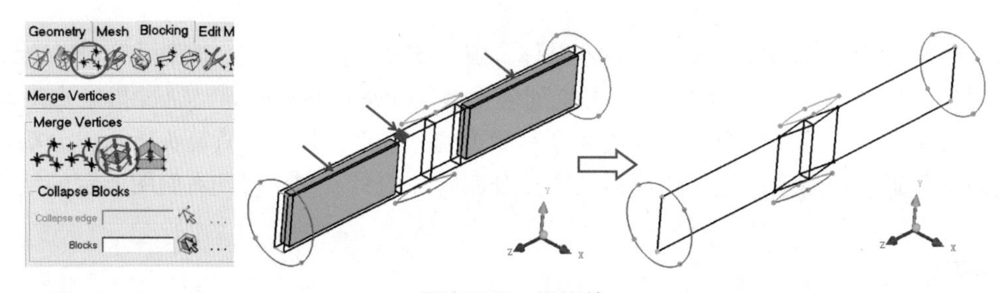

图 2-9-47　坍塌块

步骤 11：关联边到线。

选择 Blocking→Associate 图标→Associate Edge to Curve 图标，勾选 Project vertices 选项，如图 2-9-48 左图所示，关联叶片的边和几何线，完成对叶片形状的捕捉。

在 Index Control 面板中单击 Reset 按钮，重新关联 INLET 和 OUTLET 的边和线，结果如图 2-9-48 右图所示，顶点自动移动到线上。

步骤 12：设置网格尺寸。

选择 Mesh→Part Mesh Setup 图标，按照图 2-9-49 所示设置网格尺寸，单击 Apply 按钮确认，再单击 Dismiss 按钮关掉设置窗口。

选择 Blocking→Pre-Mesh Params 图标→Update Sizes 图标，接受默认设置，单击 Apply 按钮。

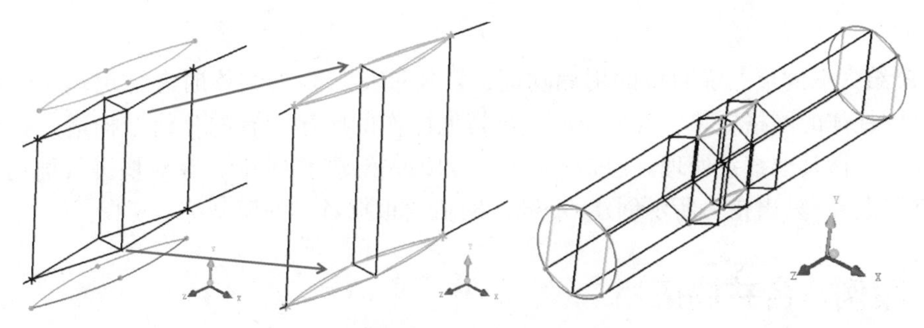

图 2-9-48　关联边和几何线

在模型树中关闭 Parts 目录下的 SOLID，勾选 Blocking 目录下的 Pre-Mesh，当提示重新计算时单击 Yes 按钮，生成网格。Pre-Mesh 右键菜单中选择命令 Solid&Wire，实体显示网格，如图 2-9-50 所示。关闭或显示某些面，观察网格。

> **提示：**
>
> - 管道端面有明显扭曲的单元，自然想到用 Ogrid 提高网格质量。

Part Mesh Setup

Part	Maximum size	Height	Height ratio
BLADE	0.3	0.03	1.2
FLUID			
GEOM	1	0	
INLET	0.3	0	0
OUTLET	0.3	0	0
PIPE	0.3	0.03	1.2
SOLID			

图 2-9-49　设置网格尺寸

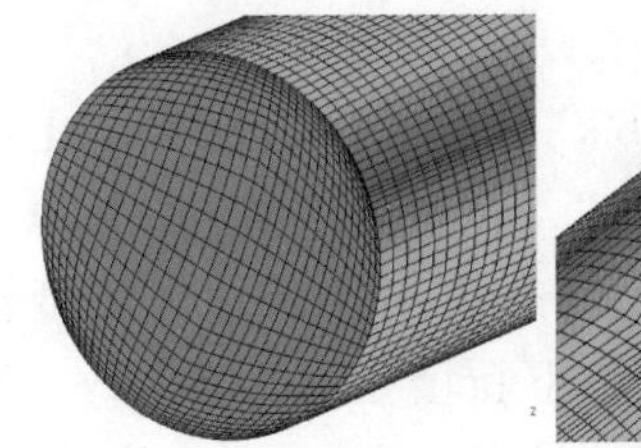

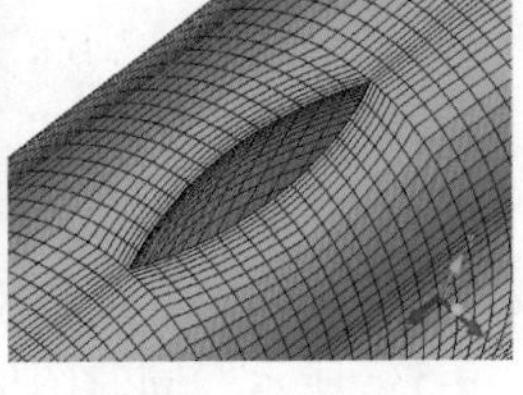

图 2-9-50　初始网格

步骤 13：创建 Ogrid。

关闭 Pre-Mesh，选择 Blocking→Split Block 图标→Ogrid Block 图标，如图 2-9-51 所示，对于 Block（s），键入“v”选择所有可见块，对于 Face（s），选择 INLET 和 OUTLET 上的所有面，使 Ogrid 穿过这两个端面。单击 Apply 按钮，创建 Ogrid。

选择 Blocking→Pre-Mesh Params 图标→Update Sizes 图标，接受默认设置，单击 Apply 按钮。打开模型树中的 Pre-Mesh，重新生成网格，结果如图 2-9-51 右图所示，网格质量有大幅提高。

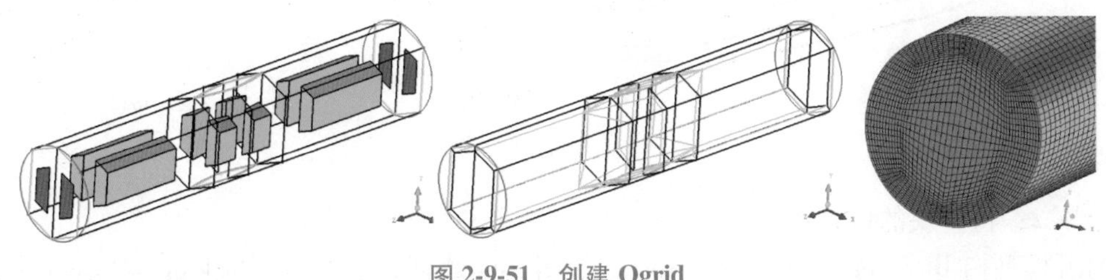

图 2-9-51　创建 Ogrid

检查网格质量并输出网格的具体操作步骤请参考本篇 7.5 节“案例：划分四通管六面体

网格（二）”。

案例总结： 本例重点说明块的坍塌功能，需要捕捉三角形结构时考虑坍塌块。最后用Ogrid提高圆柱体的网格质量，注意Ogrid与其他操作的顺序。有的几何结构适合在初期先创建Ogrid，再做其他细致处理。但是本例中，如果先创建了Ogrid，在对块进行坍塌时的操作会比较烦琐，容易出错。所示创建Ogrid的时机要根据具体的模型综合考虑。

9.16 案例：合并块拓扑

对于复杂几何结构，直接用“自顶向下”方法构建块拓扑的步骤繁多且容易出错，可以考虑将整体几何拆分为几个部分，分别构建块结构后，再合并为整体块拓扑。本例以图2-9-52所示的管道结构为例，说明合并块拓扑的步骤。

步骤1： 导入块文件。

到Subtopology文件夹下打开“subtopo. tin”文件，在模型树中关闭Geometry显示。

用快捷图标导入“main_topo. blk”，在模型树中出现Blocking→Topology→root，如图2-9-53a所示，这是主管的块拓扑。

导入“side_topo. blk”，参考图2-9-53b，出现提示时单击Merge按钮，在弹出的界面中输入subtopology，此为二次管的块拓扑名称，模型树Blocking→Topology目录下新增了subtopology，如图2-9-53c所示，同时图形窗口仅显示出subtopology。

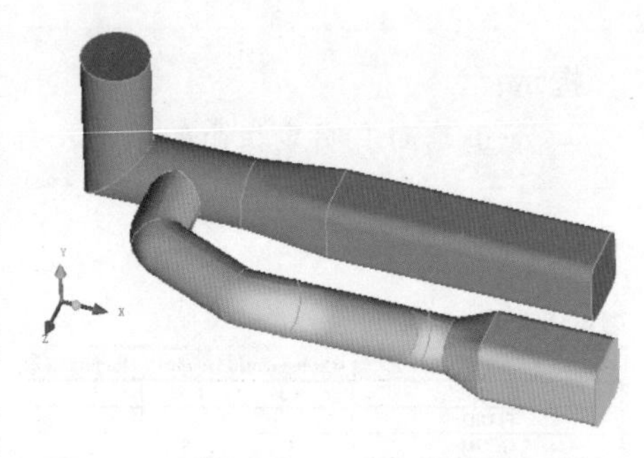

图2-9-52　几何结构

提示：

- 此时只能显示一个块拓扑，不能同时显示root和subtopology。

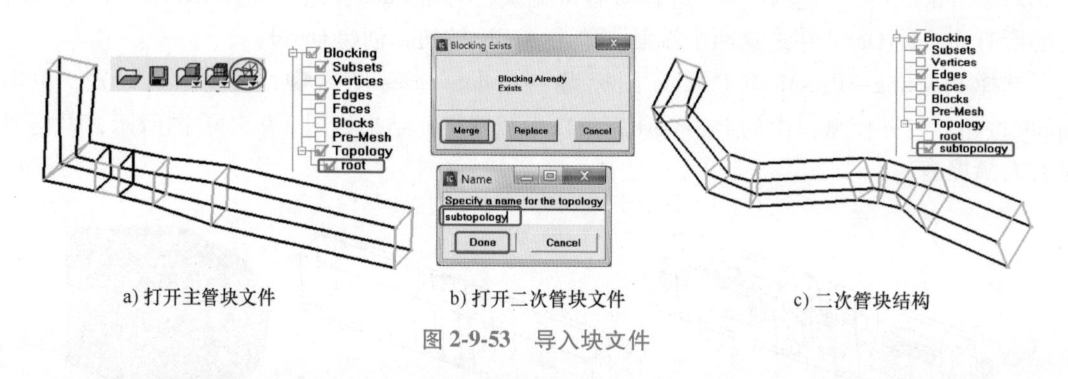

a) 打开主管块文件　　b) 打开二次管块文件　　c) 二次管块结构

图2-9-53　导入块文件

步骤2： 检查块的位置关系。

打开模型树Blocking→Topology→root。如图2-9-54所示，选择Blocking→Associate图标→Associate Vertex图标，Entity选项组中激活Self选项，选择位于主管和二次管交界面上的4个顶点，在Select parts对话框中勾选C_PIPE，单击Accept按钮。

在 4 个顶点处创建了 4 个几何点，并自动放到 C_PIPE 中。在模型树中勾选 Geometry 目录下的 Points，显示出几何点，并在 Points 右键菜单中勾选命令 Show Large，如图 2-9-54 中右图所示。

提示：

- 如果模型树中的 Geometry 下没有 Points，激活 Curves 即可显示出 Points。

保持 Geometry 目录下的 Points 处于勾选状态，打开模型树 Blocking→Topology→subtopology，发现二次管在交界面的 4 个顶点，与刚才创建的 4 个几何点并没有重合。

提示：

- 因为两个块结构是在不同的 ICEM 文件中创建的，即使几何位置相同，块的顶点也可能不重合。所以要检查块拓扑的位置关系，并将同一位置的顶点进行调整，得到正确的整体块结构。

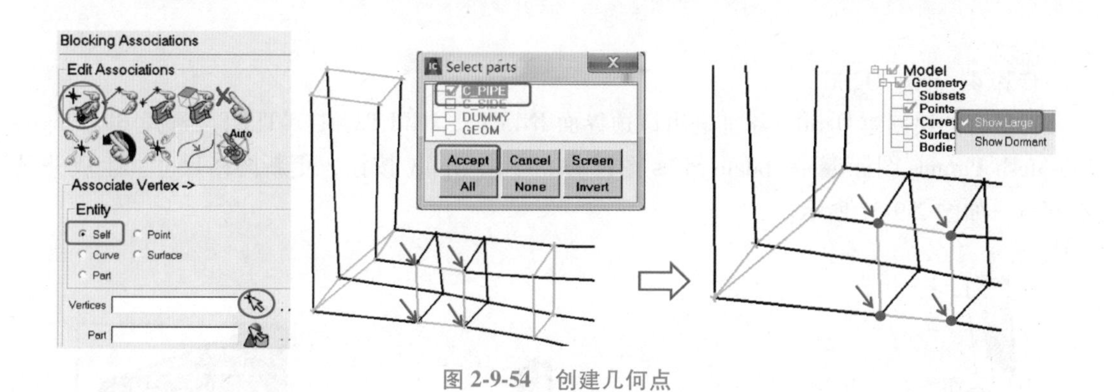

图 2-9-54　创建几何点

如图 2-9-55 所示，选择 Blocking→Associate 图标→Associate Vertex 图标，Entity 选项组中激活 Point 选项，分别关联二次管在交界面处的 4 个顶点到最近的 4 个几何点。

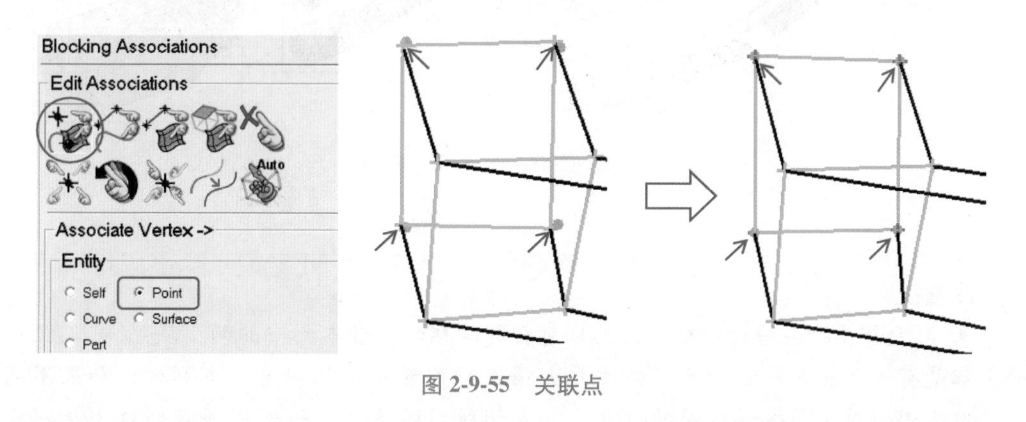

图 2-9-55　关联点

步骤 3：合并块。

如图 2-9-56 所示，在模型树 Blocking→Topology→root 右击并选择命令 Merge，在弹出的

Selection 对话框中选择 subtopology，单击 Okay 按钮。在 Relative Tolerance 窗口中输入“0.001”，单击 Done 按钮。至此，两个块结构合并到 root 中，图形窗口显示出整个块结构。在 subtopology 右键菜单中选择命令 Delete，删除 subtopology。

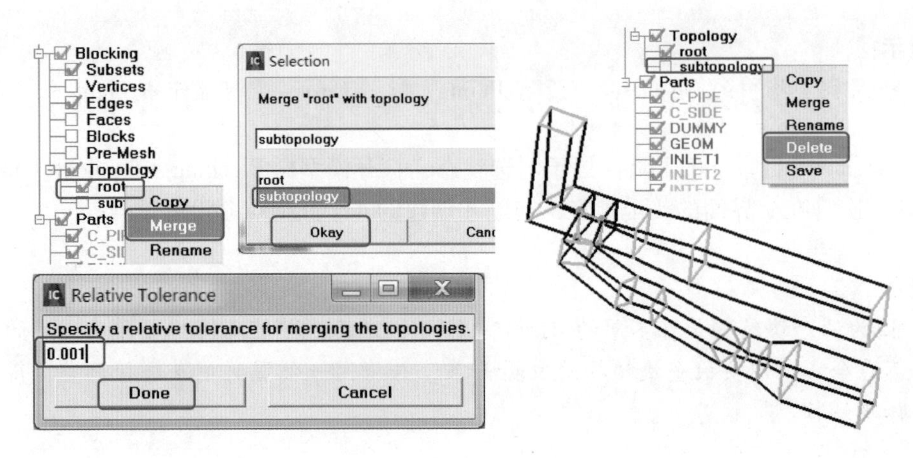

图 2-9-56 合并块拓扑

步骤 4：创建 Ogrid。

对所有的块创建 Ogrid，添加进出口边界面 INLET1、INLET2 和 OUTLET。选择 Blocking→Pre-Mesh Params 图标→Update Sizes 图标，单击 Apply 按钮，更新网格尺寸。生成并显示网格，如图 2-9-57 所示。

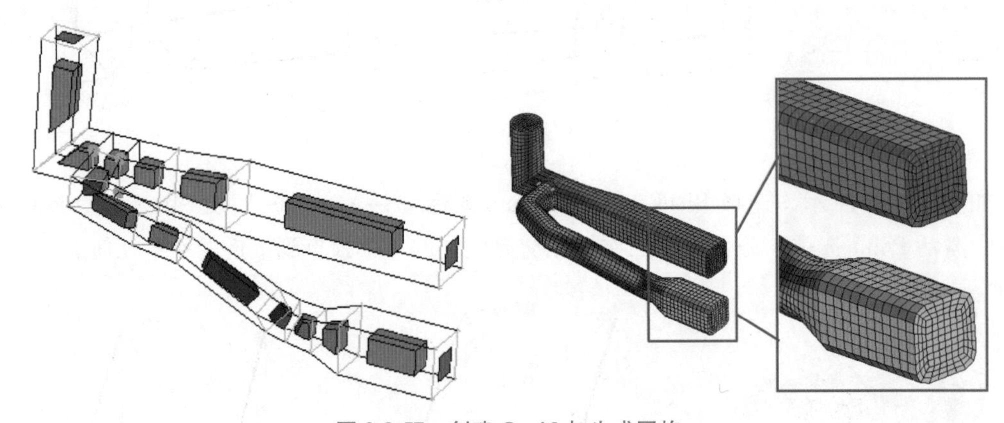

图 2-9-57 创建 Ogrid 与生成网格

注意：

• 用于合并的块结构在公共面上应有相同的拓扑，如本例中的两个块结构，在公共面上都是有 4 个顶点的矩形面。公共面上顶点的位置保持相同是最有利的，如果不同，则要把两侧的顶点调整到相同的位置，如本例所示的方法，用一侧顶点创建出几何点，再将另一侧的顶点关联到几何点。

案例总结：合并块结构扩展了六面体网格的适用范围，很多看似复杂的几何形状经过分解后，每个部分都可以创建出块结构，最后合并为整体块拓扑，实现或简化六面体网格划分。

9.17　案例：创建四面体和六面体的混合网格

本例用图 2-9-58 所示的 HAVC 管道模型介绍如何生成六面体和四面体组成的混合网格。

步骤 1：打开几何并创建装配体。

打开“Tera_Hexa_Merge_HVAC”文件夹下的“HYBRID_HVAC. tin”文件。

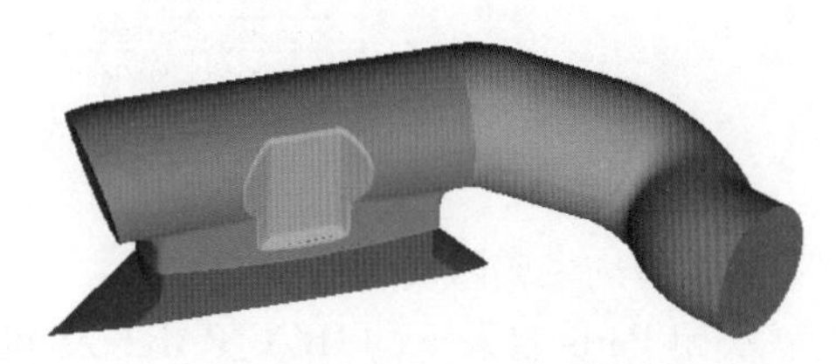

图 2-9-58　HAVC 管道模型

如图 2-9-59 所示，在模型树中 Parts 右键菜单选择命令 Create Assembly，在 Create Assembly 对话框的 Assembly name 文本框中输入“HEX_PART”，单击 Select Part（s）图标，在出现的 Select parts 对话框中勾选 OUT2 和 TUBEH，单击 Accept 按钮。在 Create Assembly 对话框中单击 Apply 按钮。

> **提示：**
>
> • 装配体将几个 Part 组合成一组。为了便于后期操作，创建两个不同的装配体，其中一个是划分六面体网格的部分，另一个是划分四面体网格的部分。

用同样的方法，将 INLET、OUT1、PATCH、TRANSITION 和 TUBET 放入名为“TETRA_PART”的装配体中。保持 INTERFACE 和 FLUID 为独立的 Part。创建完成后，模型树中的 Parts 如图 2-9-59 中最右侧图所示。

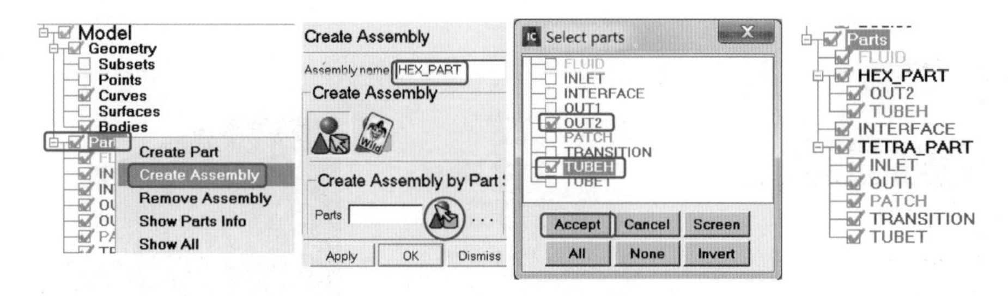

图 2-9-59　创建装配体

步骤 2：生成六面体网格。

先关闭 Parts 的 TETRA_PART 和 FLUID 显示，仅保持 HEX_PART 和 INTERFACE 可见。本例提供已经完成的块文件，用快捷图标导入“HVACPipeBlocking. blk”文件。

如图 2-9-60 所示，在模型树 Pre-Mesh 右键菜单中选择命令 Recompute，再选择命令 Convert to Unstruct Mesh，将六面体网格转为非结构网格，在工作路径下自动生成“. uns”文件。六面体网格仅在管道部分生成。

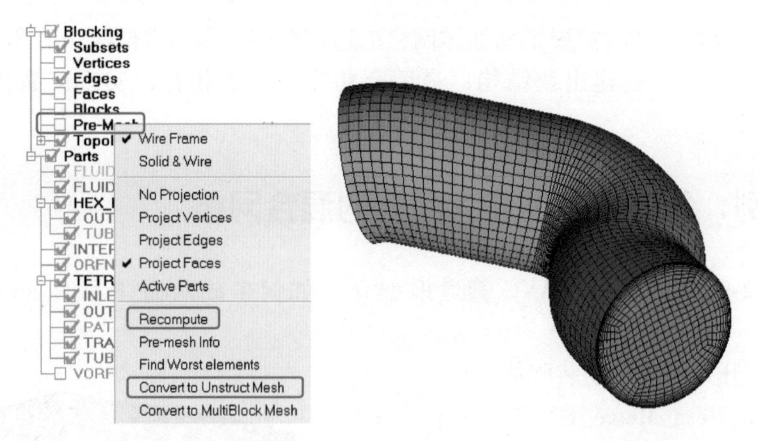

图 2-9-60　六面体网格

步骤 3：生成四面体网格。

关闭 Parts 目录下的 HEX_PART 及 Blocking 显示，只打开 TETRA_PART、FLUID 和 INTERFACE。

如图 2-9-61 所示，选择 Geometry→Repair Geometry 图标→Build Diagnostic Topology 图标，Tolerance 文本框保持默认“0.2”，勾选 Filter points 和 Filter curves 选项，在 Method 下拉列表框中选择 Only visible parts，单击 Apply 按钮。

提示：

- 通过建立拓扑，过滤掉很多几何线，只保留了表示主要特征的几何线。

如图 2-9-62 所示，选择 Mesh→Compute Mesh 图标→Volume Mesh 图标，勾选 Use Existing Mesh Parts 选项，并在 Select 文本框中选择 INTERFACE，单击 Compute 按钮。完成后观察 INTERFACE 面，新生成的四面体与已有的六面体网格分布一致，有利于完成合并网格的操作。

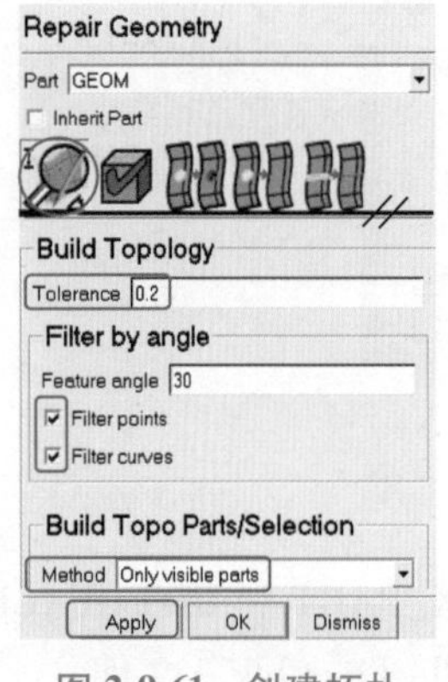

图 2-9-61　创建拓扑

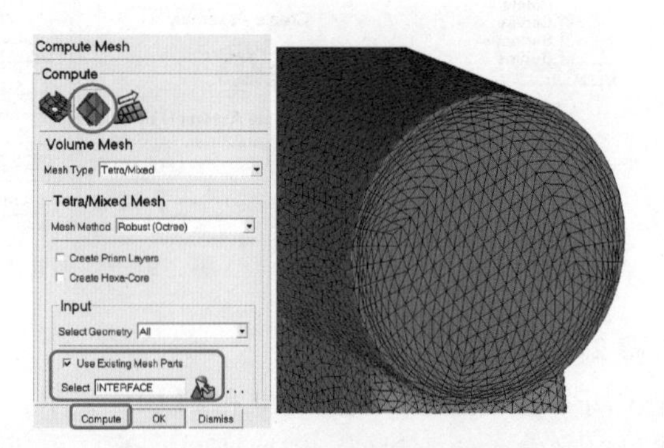

图 2-9-62　生成四面体网格

步骤 4：导入六面体网格。

选择菜单命令 File→Mesh→Open Mesh 或单击快捷图标，导入网格文件“hex. uns”，当出现提示时选择 Merge。

> **提示：**
> - 生成四面体网格时把原有的六面体网格替代了，所以需要重新导入。Merge 仅仅是把两种网格放到了同一个文件里，公共面上的节点并没有连接起来。

在模型树中显示出 HEX_PART，观察网格。在模型树中展开 Mesh→Shells，在 Parts 中关闭除 INTERFACE 外的所有 Parts，关闭 Geometry，只显示公共面上的网格。如图 2-9-63 所示，在 Mesh→Shells 下关闭或打开 Triangles 和 Quads，发现三角形单元是连接了四边形单元的对角线得到的，网格节点一致，但是边不一致。且模型树 Mesh→Volumes 中并没有用于六面体和四面体过渡的 Pyramids 网格类型，说明两套网格还未连接，仍是相互独立的。

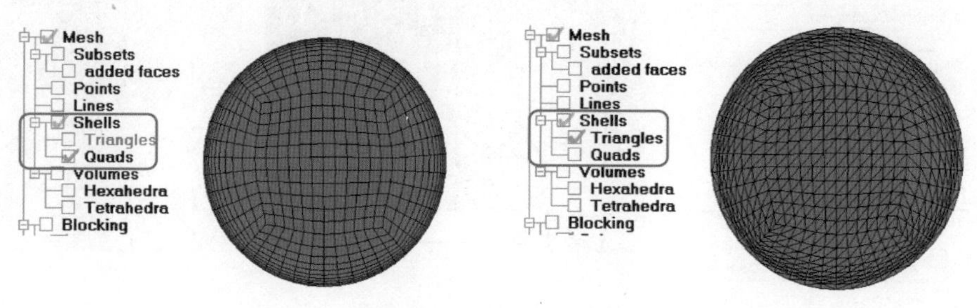

图 2-9-63　公共面的网格

步骤 5：合并网格。

如图 2-9-64 所示，选择 Edit Mesh→Merge Nodes 图标→Merge Meshes 图标，Method 选项组为默认的 Merge volume meshes，单击 Merge surface mesh parts 后的 Select Part（s）图标，在弹出的 Select parts 对话框中选择 INTERFACE，单击 Accept 按钮，再返回 Merge Nodes 对话框中单击 Apply 按钮，结果如图 2-9-64 中的右图所示。观察 INTERFACE，两侧网格合并为共节点的四边形网格，同时 Mesh 目录下的 Volumes 中出现 Pyramids 网格类型。

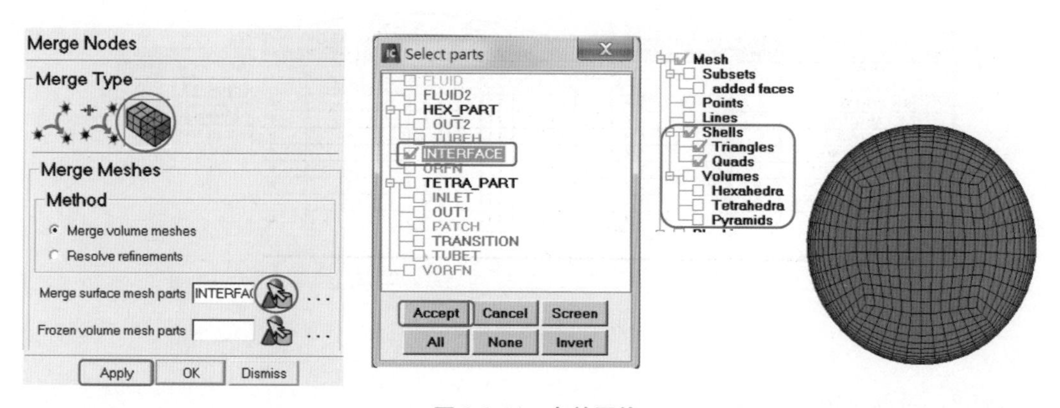

图 2-9-64　合并网格

步骤 6：显示网格切面。

显示所有的 Parts，如图 2-9-65 所示，模型树 Mesh 右键菜单中选择命令 Cut Plane→Manage Cut Plane，在 Manage Cut Plane 对话框中将 Method 下拉列表框中设为 Middle X Plane，显示垂直于 X 轴的截面，Fraction Value 设为“0. 65”，单击 Apply 按钮。在模型树中打开 Mesh→Volumes，显示出切面的体网格。从下向上拖动鼠标右键，放大公共面附近的网格，可以看出六面体和四面体网格的节点是一致的，但在壁面处网格质量不高，因为四面体网格并未生成棱柱层网格。单击 Dismiss 按钮关闭切面显示。

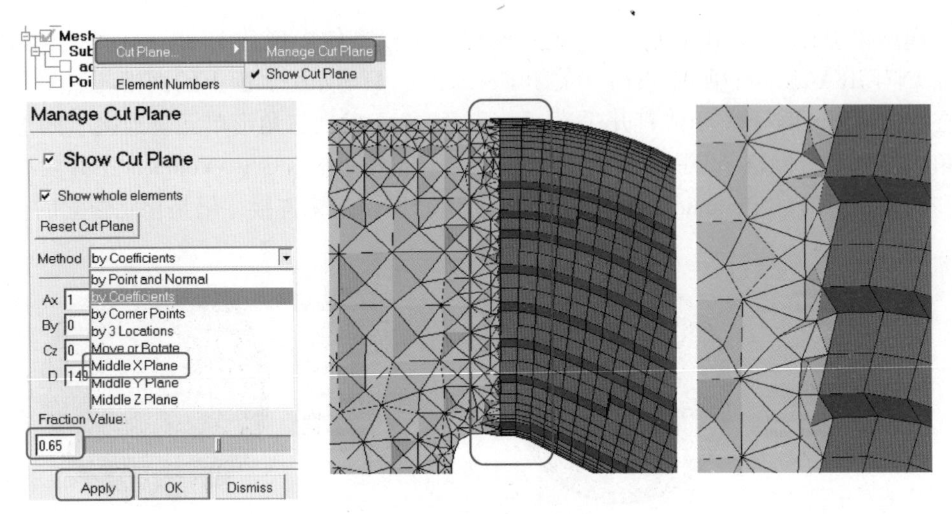

图 2-9-65　显示网格切面

步骤 7：添加棱柱层网格。

选择 Mesh→Part Mesh Setup 图标，如图 2-9-66 所示，在 Part Mesh Setup 对话框中为 FLUID、TETRA_PART/PATCH、TETRA_PART/TRANSITION 和 TETRA_PART/TUBET 激活 Prism 选项，单击第一行的 Height 选项，在弹出的对话框中输入“0. 3”，单击 Accept 按钮，则 Height 选项一列全部设为“0. 3”。用同样的方法设置 Height ratio 为“1. 1”，Num layers 为“6”，单击 Apply 按钮，再单击 Dismiss 按钮。

Part Mesh Setup

Part	Prism	Hexa-core	Maximum size	Height	Height ratio	Num layers	Tetra size ratio	Tetra w
FLUID	☑	☐						
FLUID2	☐	☐						
HEX_PART/OUT2	☐		4	0.3	1.1	6	0	0
HEX_PART/TUBEH	☐		4	0.3	1.1	6	0	0
INTERFACE	☐		4	0.3	1.1	6	0	0
TETRA_PART/INLET	☐		4	0.3	1.1	6	0	0
TETRA_PART/OUT1	☐		4	0.3	1.1	6	0	0
TETRA_PART/PATCH	☑		4	0.3	1.1	6	0	0
TETRA_PART/TRANSITION	☑		4	0.3	1.1	6	0	0
TETRA_PART/TUBET	☑		4	0.3	1.1	6	0	0

Show size params using scale factor　　Apply　Dismiss

HEIGHT　Height 0.3　Accept　Cancel

图 2-9-66　设置棱柱层网格

步骤 8：重新生成四面体网格。

如图 2-9-67 所示，选择 Mesh→Compute Mesh 图标→Volume Mesh 图标，Mesh Method 下拉列表框中选为 Fluent Meshing，激活 Create Prism Inflation Layers 选项组，Inflation Method 选为 Pre Inflation（Fluent Meshing），Frozen volume mesh parts 文本框中选择

Fluid2，冻结六面体网格。Input 选项组 Select 下拉列表框中选择 Existing Mesh，单击 Compute 按钮。结果如图 2-9-67 中右图所示，四面体网格在管壁附近生成 6 层棱柱层，且与六面体网格在公共面上共节点，同时在模型树 Mesh→Volumes 中增加 Prisms 网格类型。

注意：

- 四面体和六面体的边界层网格高度、增长比、层数等参数要保持一致，才能实现理想合并。

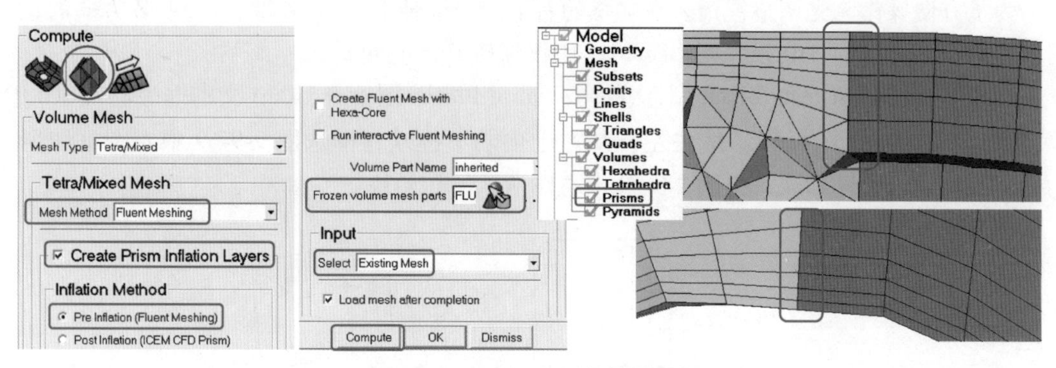

图 2-9-67　重新生成四面体网格

案例总结：混合网格是划分网格工作量和计算代价之间一种很好的平衡手段。不同网格的公共面处并非一定要共节点，但共节点可以提高计算精度。节点不一致的网格可以在求解器中进行组合，实现数据传递，但尽量使公共面两侧网格尺寸相同，以减小插值误差。

9.18　案例：对托架划分六面体网格

本例的几何模型如图 2-9-68 所示，是一个托架结构，物理上用作结构分析，但对块结构的处理具有代表性，所以借此模型说明对称网格、Y 型块、放大外 Ogrid 等处理技巧。因为几何是对称结构，所以将先对一半几何创建块结构，转换为非结构网格之后，通过镜像网格创建另一半网格。

图 2-9-68　几何模型

步骤 1：创建工程文件。

选择菜单命令 File→New Project，浏览进入工作文件夹 Mount，键入文件名为 mount，单击“保存”按钮，将自动生成“mount. prj”工程文件。

步骤 2：导入几何。

选择菜单命令 File→Import Model，文件类型改为“ACIS（＊.sat，＊.sab）”，选择“mount. sat”并打开，在 Import Model 面板直接单击 Apply 按钮，导入几何文件。

步骤 3：创建 Parts。

将所有的线都放入 BODY_0_EDGE：在模型树 Geometry 中仅保持 Curves 可见，右击

Parts，在弹出的快捷菜单中选择 Create Part，输入 BODY_0_EDGE 作为名称，选择所有可见图标，创建线 Part。仅保持 Surfaces 可见，用同样的方法将所有的面都放入 BODY_0_FACE。

步骤 4：创建初始块。

> **提示：**
> • 由于几何具有对称性，所以先对几何体的一半创建块结构，生成一半网格，转换为非结构网格后，对网格镜像得到整个模型的网格。

为了方便操作，先调整视角。在屏幕的右下角坐标轴上单击-Z 轴，出现-Z 方向的正视图（注意不是+Z 轴）。在模型树 Geometry 中仅保持 Curves 可见。

选择 Blocking→Create Block 图标→Initialize Blocks 图标，Part 文本框中输入 SOLID，单击 Select geometry 图标，按住左键从左上向右下拖动，框选图 2-9-69 中左图框线所示的一半几何线，中键确认，得到 2-9-69 中右图所示的初始块。

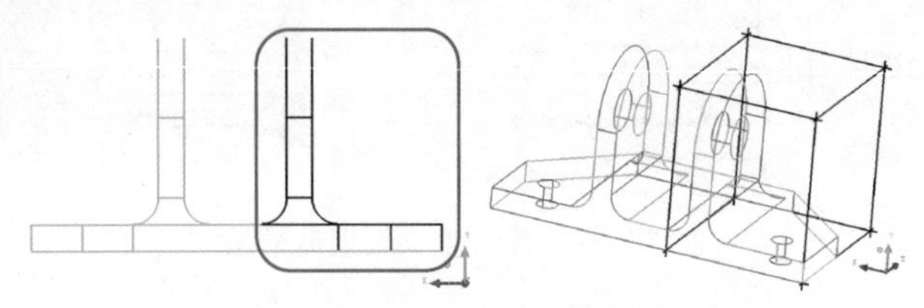

图 2-9-69　创建初始块

步骤 5：移动顶点。

> **提示：**
> • 创建的初始块并不是严格的一半，所以需要移动顶点构建围绕模型一半的块。首先要找到对称面的位置，通过创建位于对称面上的点实现。

到模型树中打开 Points 显示，选择 Geometry→Create Point 图标→Parameter along a Curve 图标，保持 Curve parameter 为默认的“0.5”，选择图 2-9-70 中箭头所指的边，自动生成线的中点，也是整个模型对称面上的点。

显示点的信息：如图 2-9-70 中右图所示，在模型树 Points 右键菜单中选择命令 Show Point Info，选择新创建的点，信息窗口显示出点的信息。其中“Location：2 0.25 -2”表示点的三个坐标值。下一步移动顶点时，直接将顶点移动到 X=2 的位置即可。

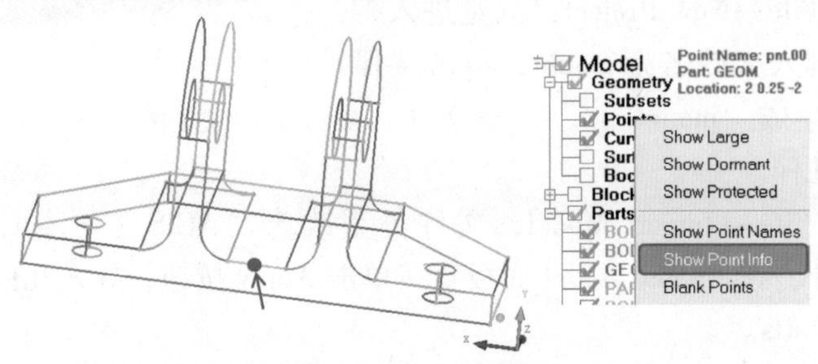

图 2-9-70　创建辅助点

移动顶点到对称面。选择 Blocking→Move Vertex 图标→Set Location 图标，按照图 2-9-71a 所示，Method 中保持默认的 Set Position，勾选 Modify X 选项，并在 X 文本框中输入“2”，表示将要把选择的顶点移动到 X = 2 的位置。在 Vertices to Set 中选择图 2-9-71b 中箭头所示的 4 个顶点，中键确认，再单击 Apply 按钮。结果如图 2-9-71c 所示，4 个顶点移动到了对称面上，初始块包围了一半几何。

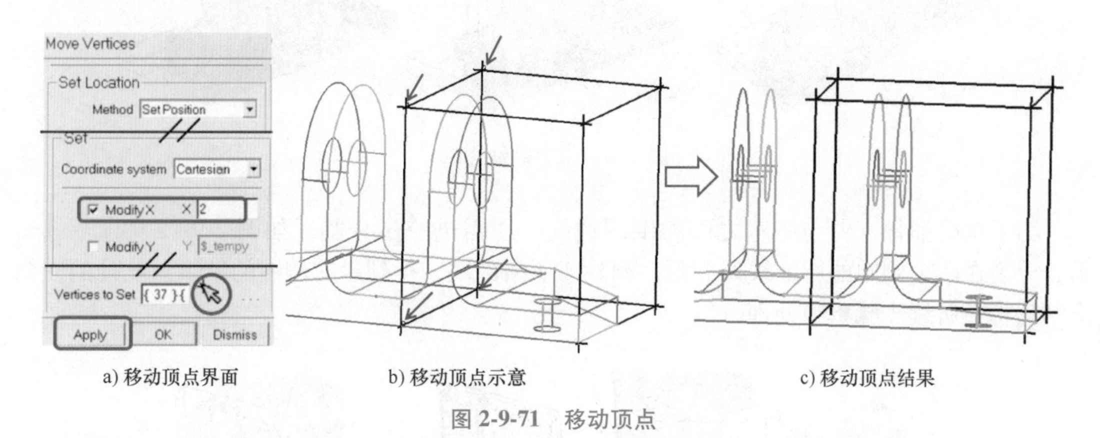

a) 移动顶点界面　　b) 移动顶点示意　　c) 移动顶点结果

图 2-9-71　移动顶点

步骤 6：分割并删除块。

选择 Blocking→Split Block 图标→Split Block 图标，进行如图 2-9-72 所示的三次分割，一次在水平方向分出下面的底座，两次在竖直方向分出凸出的支臂，分割平面尽量与几何平面重合。

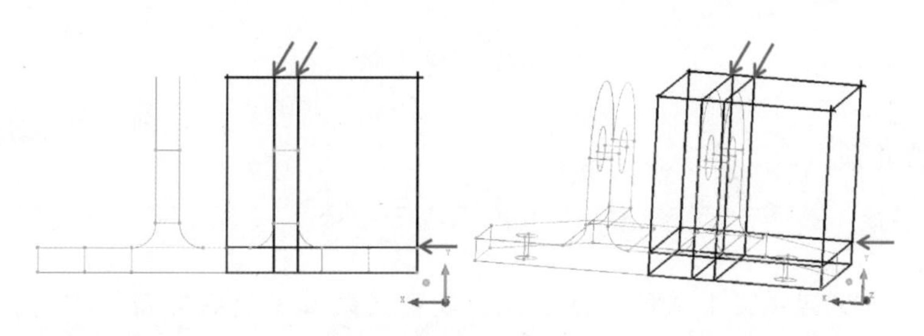

图 2-9-72　分割块之一

步骤 7：删除无用块。

选择 Blocking→Delete Block 图标，确认没有勾选 Delete permanently 选项，删除图 2-9-73 中左图箭头所示的两个块。

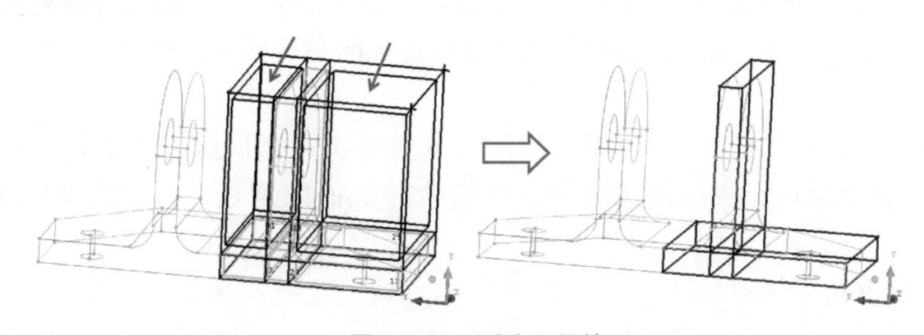

图 2-9-73　删除无用块

参考图 2-9-74 中①~③所示的位置，再将块分割 3 次。其中①、②是沿倒角的特征线分割，③是沿支臂的高度特征线分割。删除④处所示的无用块，得到最右侧图的结果。

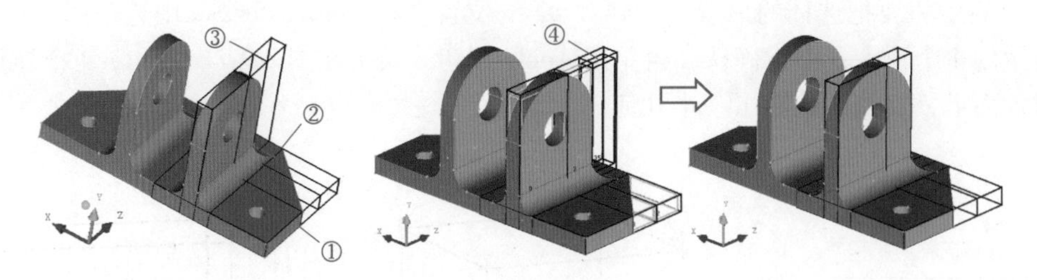

图 2-9-74 分割块之二

为了精确捕捉支臂与底座之间的倒圆边线，还需进一步分割。如图 2-9-75 中①~③所示，分别在两个倒圆的特征线处分割，删除④所指的块，得到最右侧图的结果。此处的三角形结构将在后续步骤单独处理。

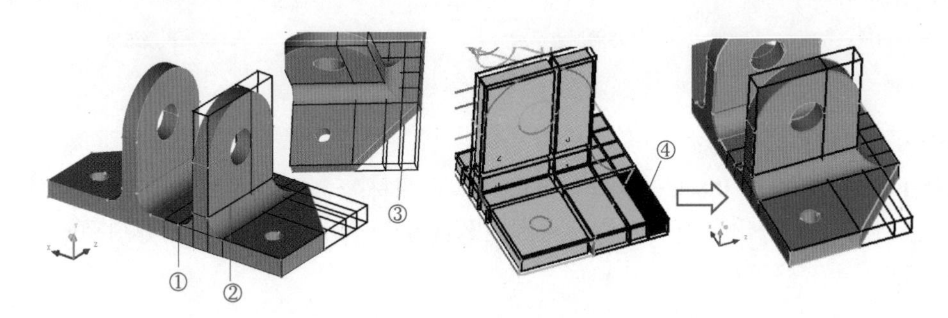

图 2-9-75 分割块之三

步骤 8：合并顶点。

> **提示：**
>
> • 观察三个倒圆相交形成的两条交线，发现交线位于块的对角线方向，用现有的块结构无法精确捕捉，所以通过合并顶点改变块结构。

选择 Blocking→Merge Vertices 图标→Merge Vertices 图标，使用默认的设置，如图 2-9-76a 所示，依次选择①、②所指的两个顶点，得到图 2-9-76b 所示的结果，顶点②合并到顶点①。再依次合并图 2-9-76b 中①、②顶点，及图 2-9-76c 中箭头首尾处的顶点，得到图 2-9-76d 所示的结果，新生成的对角边可以捕捉到倒圆特征线。用同样的方法合并底面相应的顶点。

继续合并 Z 方向的顶点。参考图 2-9-77a、b 合并①、②顶点，如图 2-9-77c、d 所示合并邻近块对应的顶点，块也随之合并，继续合并底面的顶点，得到图 2-9-77e 所示的结果。

步骤 9：关联边到线。

选择 Blocking→Associate 图标→Associate Edge to Curve 图标，勾选 Project vertices

选项，如图 2-9-78a 中箭头所示，关联大倒角的 2 条边和 2 条线，得到图 2-9-78b 所示的结果。选择 Blocking→Move Vertex 图标→Move Vertex 图标，将 4 个顶点移动到理想的位置，如图 2-9-78c 所示。

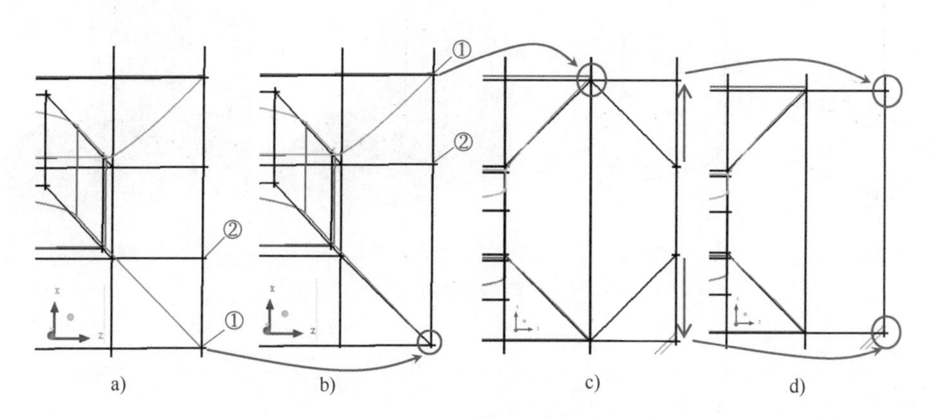

图 2-9-76　合并倒圆交线附近的顶点

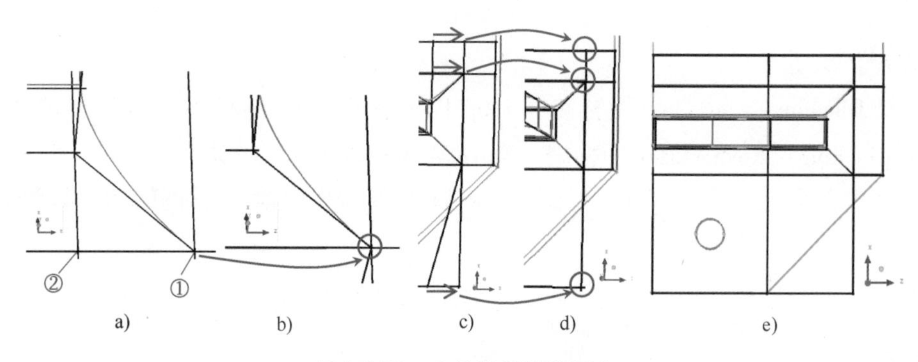

图 2-9-77　合并相邻块的顶点

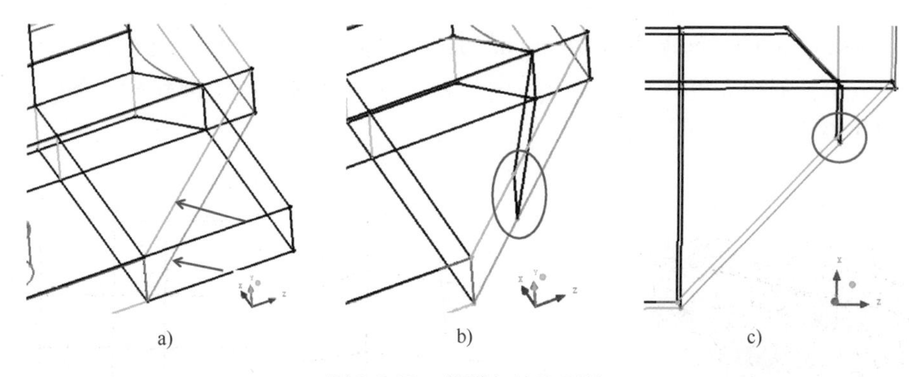

图 2-9-78　关联角的边到线

如图 2-9-79a 中箭头所示，选择从底座穿过支臂到倒圆交线的边，共 9 条，关联到图 2-9-79b 箭头所示的 6 条几何线，结果如图 2-9-79c 所示。再关联支臂另一侧的边和线，得到图 2-9-79d 所示的结果。

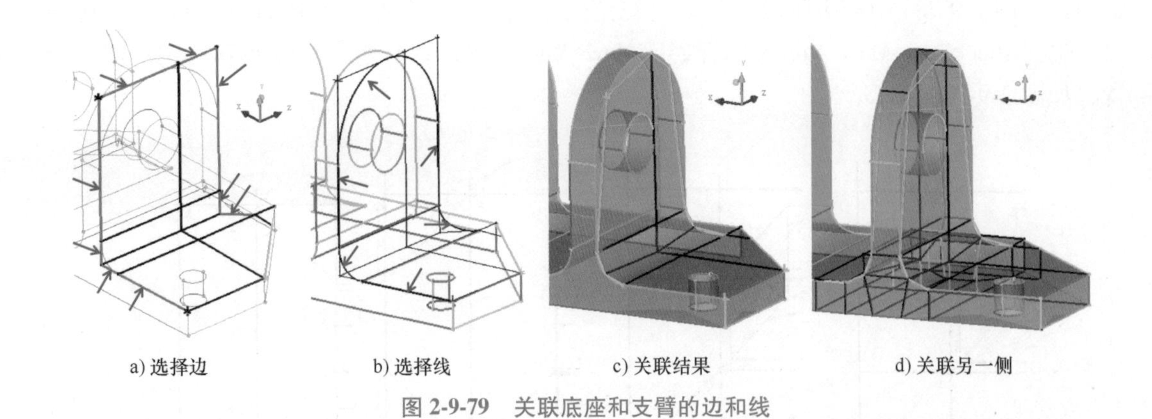

a) 选择边　　b) 选择线　　c) 关联结果　　d) 关联另一侧

图 2-9-79　关联底座和支臂的边和线

提示：

- 因为边和线较多，并且数量不同，端点也不相同，所以一次性关联可以将多条线作为一条组合线处理，使顶点移动到理想的位置。

步骤 10：移动顶点。

先选择 Blocking→Associate 图标→Snap Project Vertices 图标，直接单击 Apply 按钮。再用 Blocking→Move Vertex 图标→Move Vertex 图标，手动移动顶点，确保可以捕捉到边角，再关联底座竖直方向的边和线，如图 2-9-80 中箭头所指的边，以准确捕捉边角。

步骤 11：捕捉孔。

提示：

- 对于圆孔，自然想到用 Ogrid 捕捉，这里通过创建围绕圆孔的外 Ogrid 实现。

选择 Blocking→Split Block 图标→Split Block 图标，Block Select 设置为 Selected，仅对所选的块分割。如图 2-9-81 中箭头所示的位置，分别分割出两个圆孔所在的块，尽量使分割面与圆孔相切。

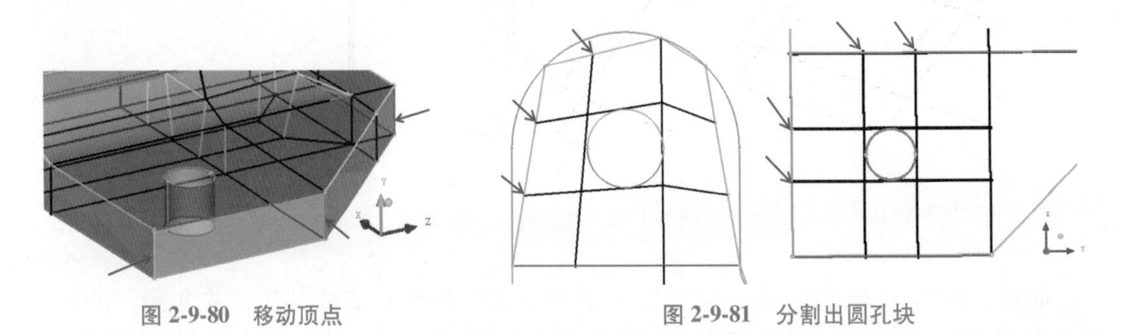

图 2-9-80　移动顶点　　图 2-9-81　分割出圆孔块

用模型树 Parts→Create Part 的块选择模式，将两个圆孔所在的块放入名为 HOLES 的

Part 中，如图 2-9-82 中箭头所指的块。

图 2-9-83 所示为关联圆孔的边和线。如果顶点位置不理想，则移动顶点到理想位置，尽量使 4 条边构成等边形，并位于圆周的正中央。

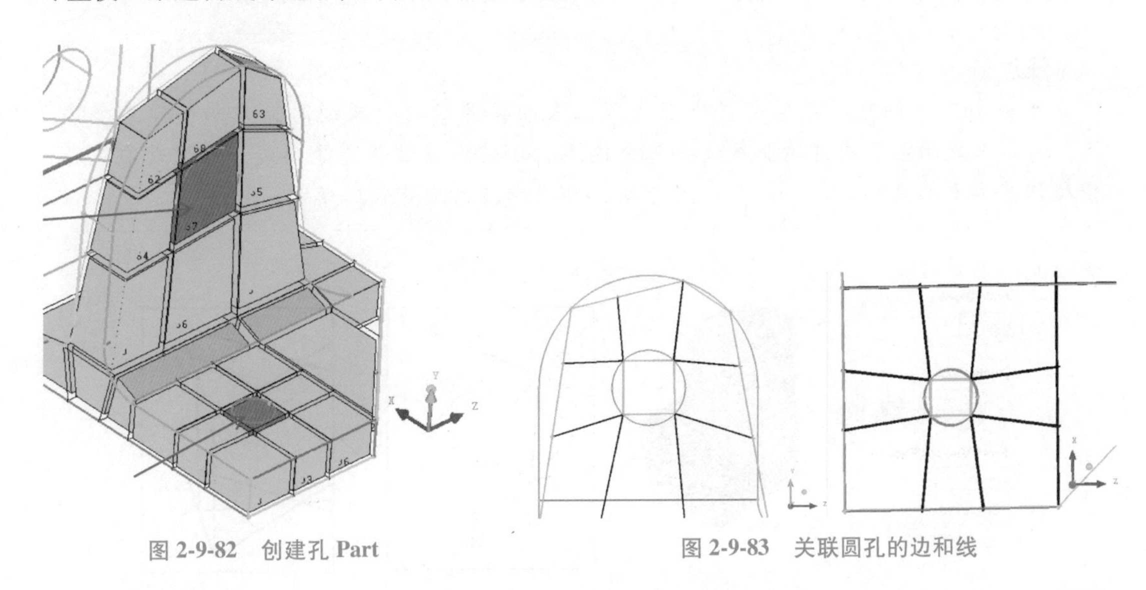

图 2-9-82　创建孔 Part　　　　图 2-9-83　关联圆孔的边和线

选择 Blocking→Split Block 图标→Ogrid Block 图标，单击 Select block（s）图标，在选择工具栏单击图标，在 Select Blocking parts 对话框中选择 HOLES，单击 Accept 按钮。勾选 Around Block（s）选项，Offset 设为“0.5”，单击 Apply 按钮，在两个圆孔周围创建了 Ogrid，结果如图 2-9-84 所示。

至此，块结构已经基本符合几何形状，但是在缺角处还少了一个小块。之前将此处的块删除是为了创建 Y 型块。

提示：

- Y 型块是一种四分之一 Ogrid，可以创建楔形体的六面体网格，用于三角形截面的形状可以获得较好的网格。

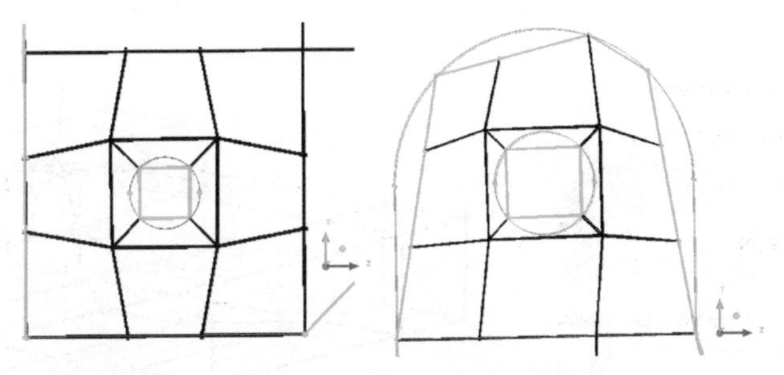

图 2-9-84　为圆孔创建 Ogrid

步骤 12： 创建 Y 型块。

选择 Blocking→Create Block 图标→From Vertices/Faces 图标，打开如图 2-9-85 左图

所示的界面，确认 Part 下拉列表框内为 SOLID，Dimension 下拉列表框内为默认的 3D，Type 下拉列表框内设置为 Quarter-O-Grid，单击 Select vert（s）图标，按照图中①~⑥的顺序依次选择底座缺角处的六个顶点，创建的 Y-Block 如图 2-9-85 中的右图所示。

注意：

● 选择顶点的顺序很重要，先在底座上表面按照顺时针或逆时针方向选择三个顶点，再到下表面按照同样的顺序选择三个顶点。如果出现位置选择模式，中键或右键退出操作，再次单击 Select vert（s）图标，即可切换为顶点选择模式。

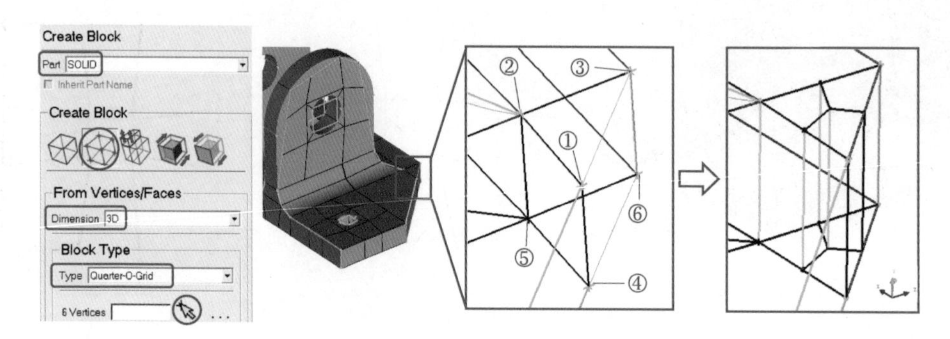

图 2-9-85 创建 Y 型块

步骤 13：取消对称面上的面映射。

注意：

● 因为创建的块结构只是捕捉几何模型的一半，而对称面上是没有几何的，如果此时生成网格，会映射到最近的面上，导致网格畸形。所以生成网格之前要先取消对称面上的面映射。

选择 Blocking→Associate 图标→Disassociate from Geometry 图标，单击 Faces 后的 Select face（s）图标，选择位于对称面上的三个面，如图 2-9-86 中箭头所示的面，中键确认，取消映射关系。

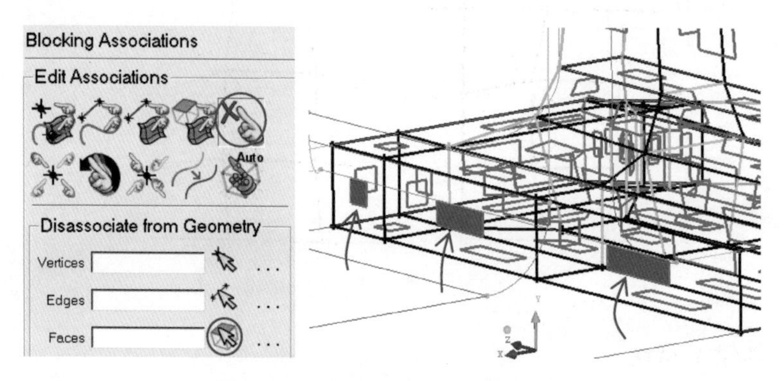

图 2-9-86 取消对称面上的面映射

如图 2-9-87 所示，在模型树中打开 Blocking→Faces，并在 Faces 右键菜单中勾选命令 Face Projection，图中以浅蓝色显示出取消映射关系的面，检查完毕后，关闭 Faces 显示。

步骤 14：设置面网格尺寸并计算网格。

选择 Mesh→Surface Mesh Setup 图标，选择所有面，Maximum size 设置为“0.1”，单击 Apply 按钮。

选择 Blocking→Pre-Mesh Params 图标→Update Sizes 图标，单击 Apply 按钮，更新网格尺寸。

在模型树中关闭 HOLES，在圆孔内不生成网格。在模型树中勾选 Pre-Mesh，出现提示时单击 Yes 按钮，计算网格。

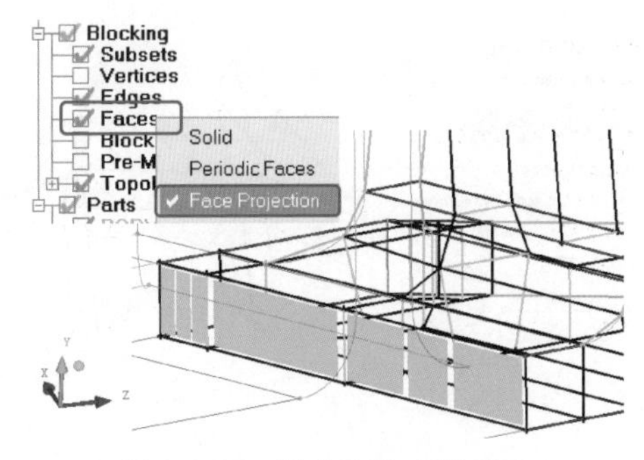

图 2-9-87　检查面的映射关系

在 Pre-Mesh 处右击并在弹出的快捷菜单中选择命令 Solid&Wire 以实体显示网格，如图 2-9-88 所示，图中箭头所指的位置网格质量较差。

> **提示：**
>
> - 可以用 Ogrid 提高网格质量，但本例中已经创建了围绕圆孔的外 Ogrid，将通过合并顶点扩大外 Ogrid 的径向范围。

步骤 15：创建边界 Ogrid。

关闭 Pre-Mesh，选择 Blocking→Delete Block 图标，勾选 Delete permanently 选项，删除图 2-9-89 箭头所示的两个块。

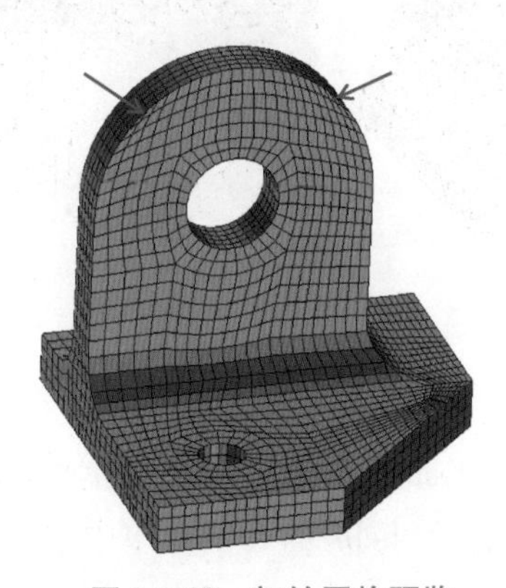

图 2-9-88　初始网格预览

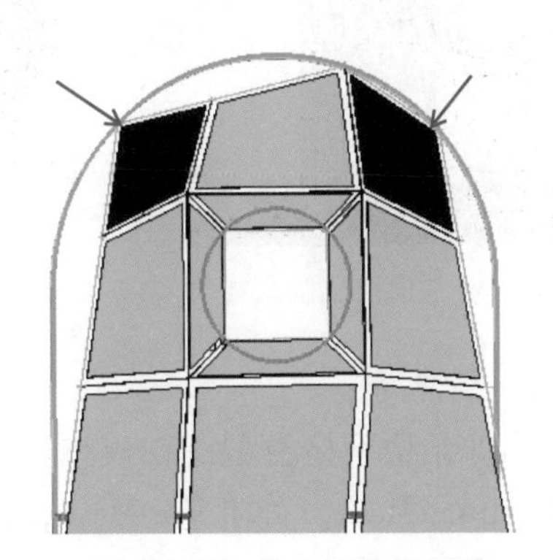

图 2-9-89　永久删除无用块

> **提示：**
>
> - 永久删除是为了防止原来的索引影响到之后的合并顶点操作。

如图 2-9-90 所示，选择 Blocking→Merge Vertices 图标→Merge Vertices 图标，勾

选 Merge to average 选项，选择的两个顶点将会合并到中间位置。分别选择要合并的顶点，如图中双箭头所指示的位置，共合并 4 组顶点；再选择 Associate 图标→Snap Project Vertices 图标自动移动顶点，得到图 2-9-90 中最右侧图所示的结果。

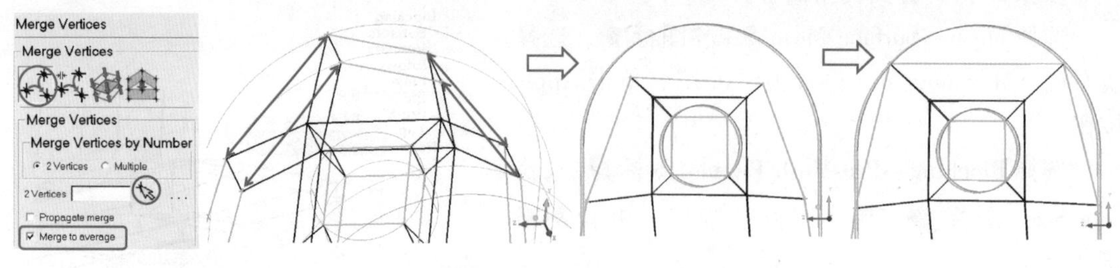

图 2-9-90　合并顶点

提示：

- 观察图 2-9-90 中最右侧图的结果，可以发现，通过合并顶点，延长了 Ogrid 一侧的径向边，相当于在支臂圆弧段创建了二分之一 Ogrid 的结构。

重新勾选显示 Pre-Mesh，生成如图 2-9-91 所示的网格，此时支臂圆弧边界的网格明显得到改善。再通过调整边的网格分布、移动顶点等操作进一步提高网格质量，直到满足要求为止，如图 2-9-92 所示。

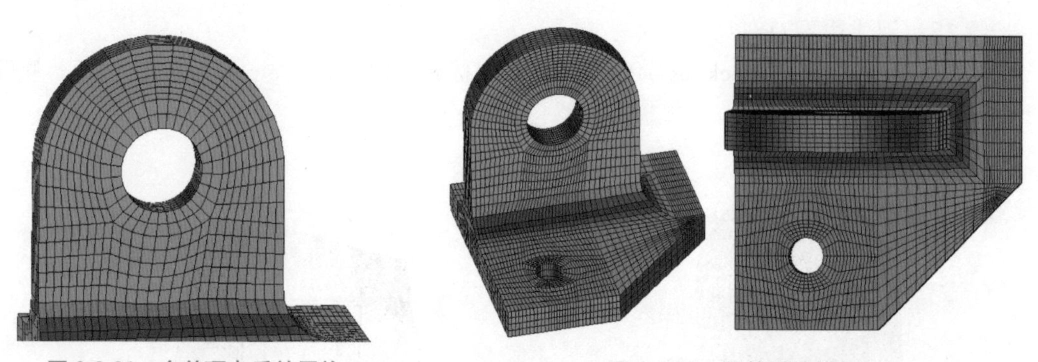

图 2-9-91　合并顶点后的网格

图 2-9-92　调整后的网格

步骤 16：镜像网格。

先转化为非结构网格类型。在模型树中右击 Pre-Mesh，在弹出的快捷菜单中选择命令 Convert to Unstruct Mesh。关闭 Pre-Mesh，在 Mesh 目录下 Shells 的右键菜单中选择命令 Solid &Wire 以实体显示网格。

在模型树中关闭 Blocking，打开 Geometry 目录下的 Points。如图 2-9-93 所示，选择 Edit Mesh→Transform Mesh 图标→Mirror Mesh 图标，单击选择工具栏中的图标选择所有单元，勾选 Copy 和 Merge nodes 选项，保留 Tolerance Method 选项组中的 Method 为 Automatic，将在最小网格单元的 1/10 容差内合并网格节点；设置 Plane Axis（Normal）为 X，About Point 下拉列表框中设为 Selected，选择对称面上的点，如右侧图中箭头所示的点，单击 Apply 按钮，得到整个模型的网格。

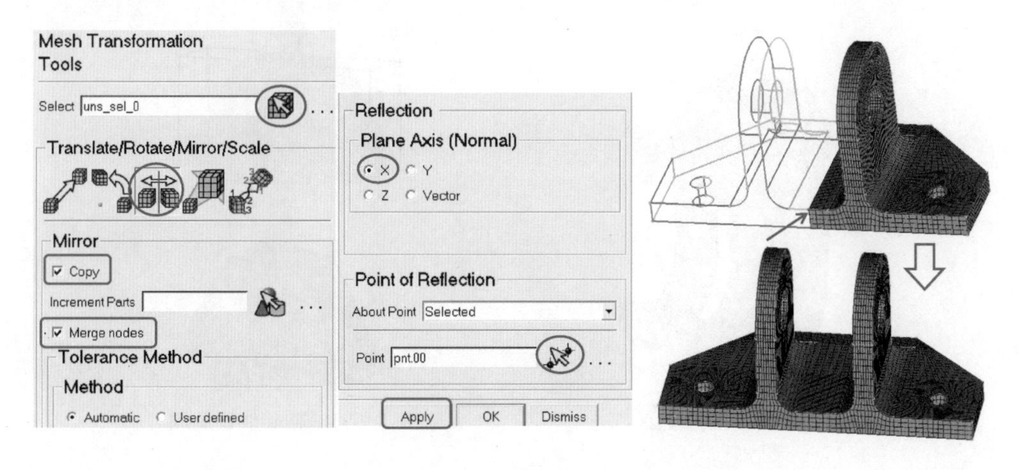

图 2-9-93　镜像网格

保存工程文件，输出到求解器。

案例总结：本例用托架几何模型展示了划分对称几何六面体网格的处理技巧，步骤较多，涉及 Y 型块、合并顶点、创建外 Ogrid 并延长其径向边及移动顶点、关联、取消映射、镜像网格等。建议读者先从整体上把握基本思路，再对操作的细节认真练习，充分理解每一步的作用，将本例的技巧合理用于工程项目中。

9.19　案例：用自底向上法划分排气歧管网格

本例用自底向上法对图 2-9-94 所示的排气歧管划分六面体网格，演示拉伸块、复制块、修复关联关系、创建 Ogrid 等操作。本例假定读者已经掌握块处理的基本用法，仅描述主要步骤。

步骤 1：打开几何。

打开 Manifold 文件夹下的“manifold. tin”文件，在 Createa new project 窗口中单击 Yes 按钮。几何模型已经处理，保留了必要的特征线和几何点。展开模型树的 Parts，熟悉每部分对应的几何信息。

步骤 2：创建初始块。

选择 Blocking→Create Block 图标→Initialize Block 图标，单击图标，再单击 Parts 图标选择 BOX，单击 Accept 按钮，或者从图中框选 BOX 所有线，创建初始块，结果如图 2-9-95 中上侧图所示。

选择 Blocking→Associate 图标→Associate Edge to Curve 图标，勾选 Project vertices 选项，将块的边关联到对应的 BOX 线，结果如图 2-9-95 中下侧图所示。

步骤 3：分割初始块并关联。

选择 Blocking→Split Block 图标→Split Block 图标，如图 2-9-96 所示，在大致与 3 个圆相切的位置分割块，结果如图 2-9-96b 所示。

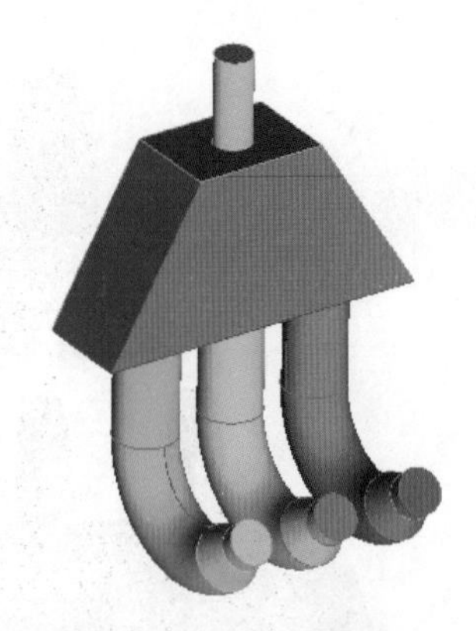

图 2-9-94　几何模型

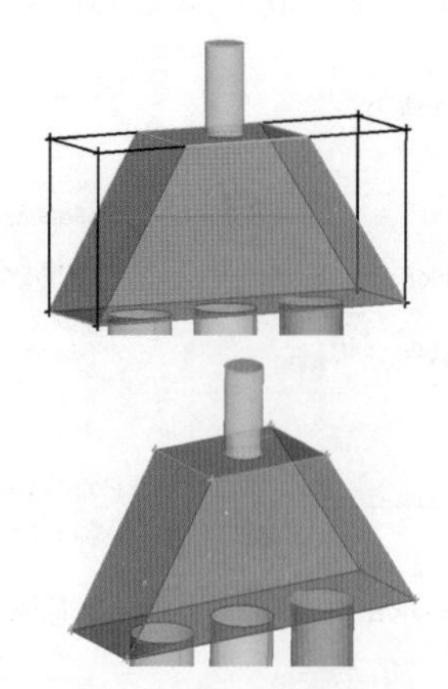

图 2-9-95　初始块及关联

分别关联圆四周的 4 条边和圆周线，如有顶点位置不理想，选择 Blocking→Move Vertex 图标→Move Vertex 图标移动顶点，在 Index Control 面板中设置 K 为 “0”~“1”，结果如图 2-9-96c 所示。

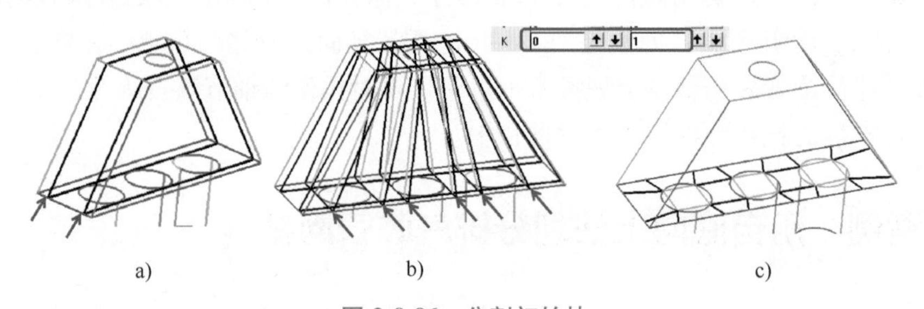

图 2-9-96　分割初始块

步骤 4：拉伸块。

显示出几何点，如图 2-9-97 所示，选择 Blocking→Create Block 图标→Extrude Face（s）图标，Method 下拉列表框中改为 Extrude Along Curve，单击图标，选择 TUBE1 上表面的面，如图 2-9-97 中①所示的面，中键，自动切换到线选择模式，选择 TUBE1 的竖直线，如图 2-9-97 中②所示的线，再选择线下方的终点，如图 2-9-97 中③所示的几何点，中键，结果如图 2-9-97 中右侧图所示，拉伸出了 3D 块。

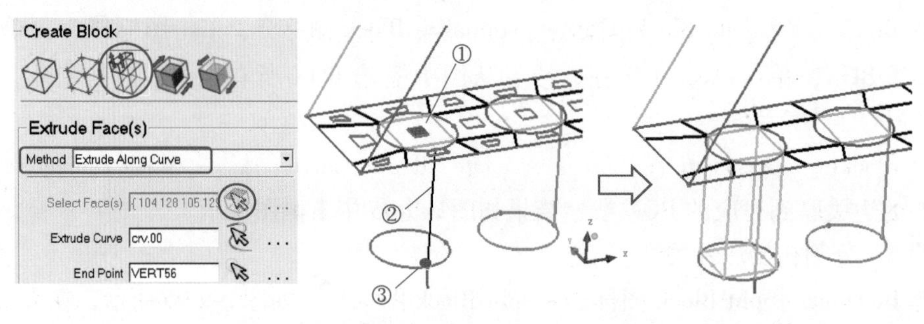

图 2-9-97　拉伸块

如图 2-9-98 所示，在 Extrude Face（s）选项组中设置 Number of Layers 为“3”，用图中①~③所示的面、线和点拉伸块。

提示：

- 面沿曲线拉伸出了 3 层块，并自动分割块和边，形成符合弯管形状的块结构。如果弯管的曲率更高，3 层不足以捕捉，可以增加 Number of Layers 值，层数越多，块结构被分得越细，越符合弯管的结构特征，但在后续的关联、移动顶点等操作中也需要更多步骤。

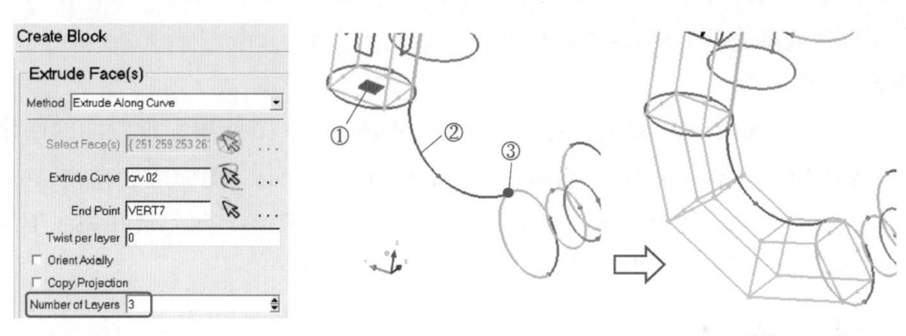

图 2-9-98　拉伸块

拉伸并分割块如图 2-9-99 所示，在 Extrude Face（s）选项组中将 Method 下拉列表框改为 Fixed distance，Distance 文本框中输入“0. 034”，选择弯管的下表面，如图中①处所指的面，中键，单击 Apply 按钮，拉伸出到 INLET1 面的块。在中间的圆处分割，如图 2-9-99 中右侧图箭头所示的位置。

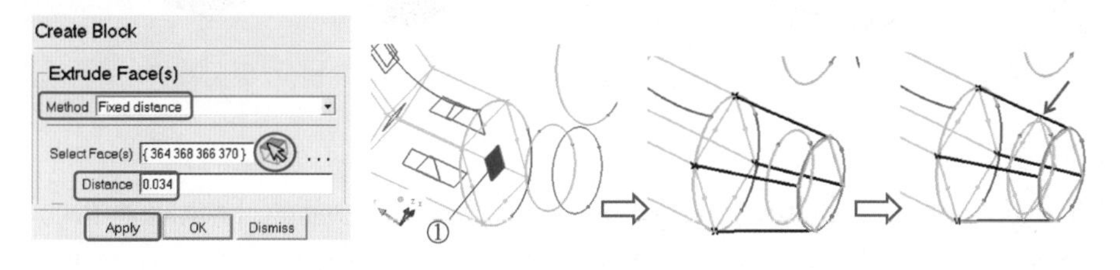

图 2-9-99　拉伸并分割块

步骤 5：关联边。

提示：

- 拉伸出的竖直管和弯管处的边都是蓝色的，表明这些边还没有关联到面。所以下一步要将边关联到面。

参考图 2-9-100，选择 Blocking→Associate 图标→Associate Edge to Surface 图标，单击选择工具栏中的实线框选图标，使其变为虚线框选图标，按住左键从右下向左上移动光标，划过所有拉伸出的边，如图 2-9-100b 中的矩形框线所示，只要边的一部分在框线内，则边被选中。中键，所有选中的边变成黑色，如图 2-9-100c 所示，说明关联到了面。

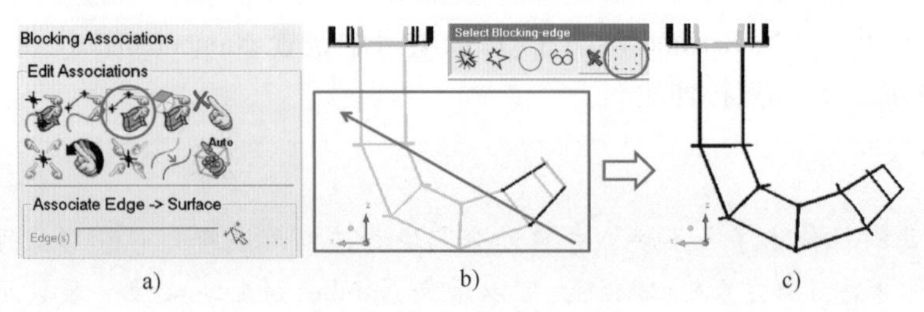

a) b) c)

图 2-9-100 关联边到面

如图 2-9-101 中箭头所示的位置，分别在 4 条圆周线处关联边和圆周线。注意边已经被自动分割，为了方便选择，首先将虚线框选图标切换为实线框选图标，再切换到合适的视角，用框选或多边形工具批量选择边。

步骤 6：预览网格。

先预览此时的网格效果。选择 Mesh→Surface Mesh Setup 图标，设置面的网格尺寸为“0.005”，选择 Blocking→Pre-Mesh Params 图标→Update Sizes 图标，单击 Apply 按钮。模型树中勾选 Pre-Mesh，结果如图 2-9-102 所示。忽略其他 Parts，仅勾选并关注 TUBE1。此时的网格基本符合几何形状，但在弯管段，面的投影不理想。

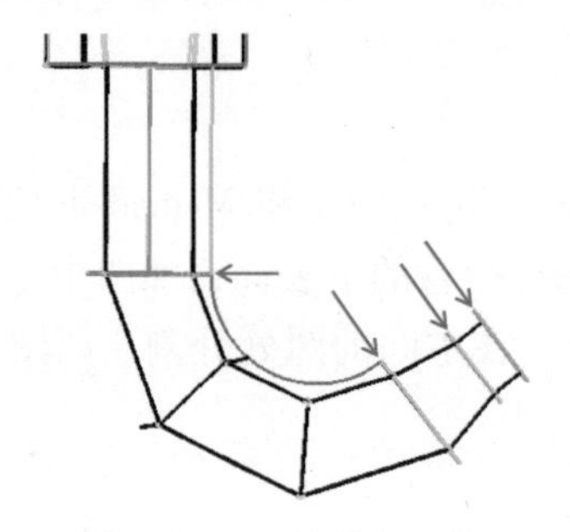

图 2-9-101 关联边和线

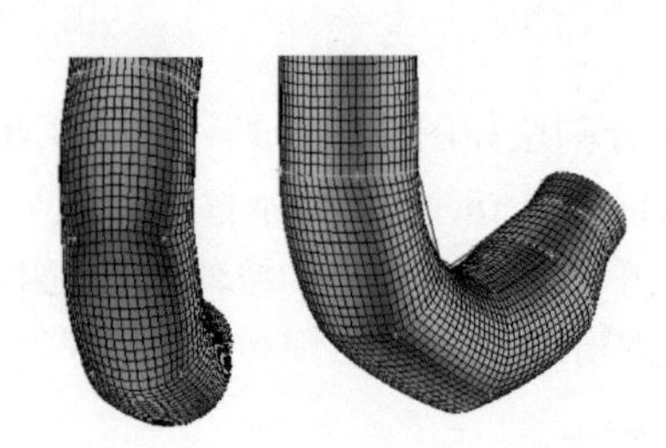

图 2-9-102 预览网格

步骤 7：关联面。

如图 2-9-103 所示，选择 Blocking→Associate 图标→Associate Face to Surface 图标，保持默认设置。如图 2-9-103b 所示，选择弯管上所有对应于壁面的面，三个拉伸块共 12 个面，中键，在 Select parts 对话框中勾选 TUBE1，单击 Accept 按钮。重新预览网格，结果如图 2-9-103c 所示，与图 2-9-102 相比，面投影效果明显改善，块结构捕捉了弯管的形状。

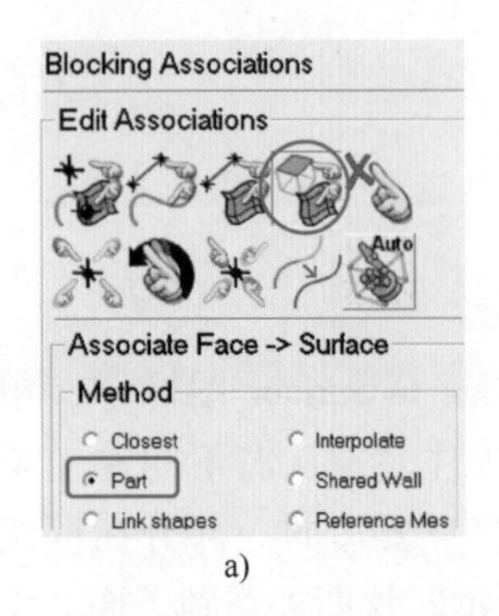

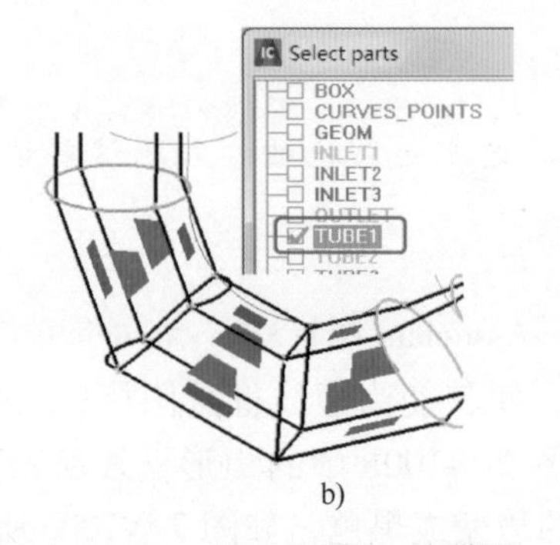

a) b) c)

图 2-9-103 关联面

提示：

- 实际操作中经常会遇到网格错乱的问题，可能是由于面的投影关系乱了，尝试用本步骤描述的方法重新关联面，很多时候可以解决问题。

步骤 8：建立边的链接。

提示：

- 弯管段上没有特征线，将通过边的链接功能提升边对曲面的贴合度。

如图 2-9-104 所示，选择 Blocking→Edit Edge（s）图标→Link Edge 图标，选择图中①处所示的圆弧处的一条边作为 Source Edge，不用中键，直接选择②和③所示的边为 Target Edge（s），中键，则目标边的形状变成源边的圆弧形，且边上的分割点重新排列。用同样的方法建立其他 3 组链接，结果如图 2-9-104c 所示，②和③处的边变形为规则的圆。重新预览网格，弯管内侧网格排列更整齐。

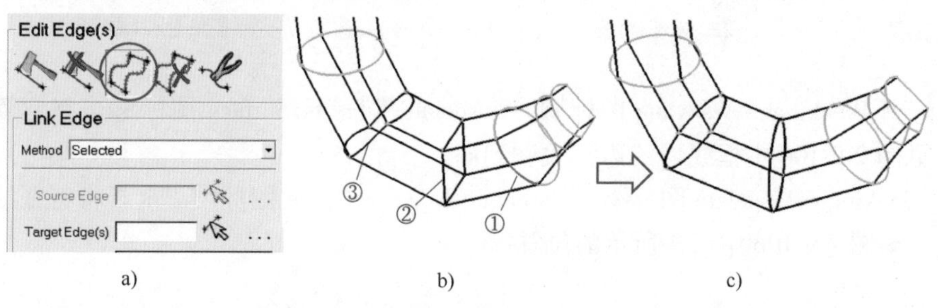

图 2-9-104　建立边的链接

步骤 9：复制块。

提示：

- 由于其他两个弯管与 TUBE1 的结构相同，所以可以通过复制块简化操作步骤。但是复制块的同时会复制关联关系，所以首先需要移除关联关系。

选择 Blocking→Associate 图标→Disassociate from Geometry 图标，分别单击 Vertices 对应图标、Edges 对应图标和 Faces 对应图标，框选 TUBE1 的顶点、边和面，移除所有关联关系。

注意：

- 取消关联后，所有的边和顶点都应为蓝色。

如图 2-9-105a 所示，选择 Blocking→Transform Blocks 图标→Translate Blocks 图标，选择 TUBE1 的所有块，勾选 Copy 选项，在 Number of copies 文本框中输入“2”，X Offset 文本框中输入“0. 09”，单击 Apply 按钮。复制结果如图 2-9-105b 所示。

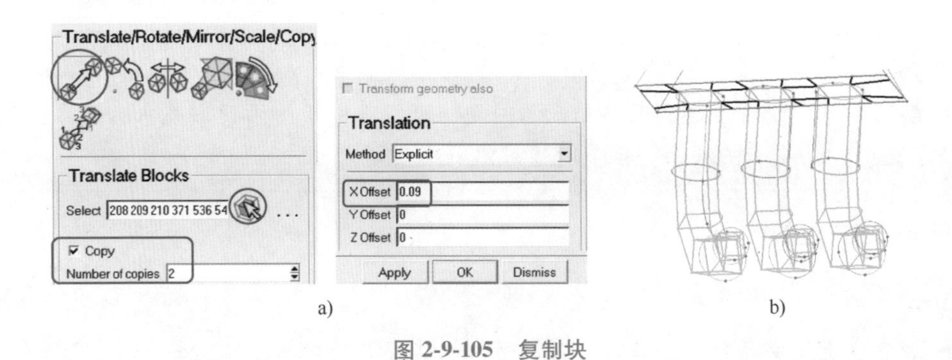

a)　　　　　b)

图 2-9-105　复制块

步骤 10：重新关联。

选择 Blocking→Associate 图标→Reset Association 图标，勾选 Vertices、Edges 和 Faces 选项，单击 Apply 按钮。信息窗口会出现“Done reset association”的提示，表明完成重置关联。

提示：

- 重置关联关系，把块重新关联到最近的面，注意边界边的颜色由蓝变黑。

重新选择 Blocking→Associate 图标→Associate Edge to Surface 图标，将弯管的蓝色分割边（见图 2-9-106 中框线内的边）关联到面。

选择 Blocking→Associate 图标→Associate Edge to Curve 图标，重新将特征线处的边关联到线，即图 2-9-106 中箭头所示的位置。

提示：

- 调整视角后，用框选或多边形工具批量选择边。特征线处要按照圆周线一条一条地关联，若将三个弯管同时关联会自动将圆周线组合，可能出错，此时可选择 Blocking→Associate 图标→Group/Ungroup curves 图标→Ungroup Curves，取消圆周线组合后，再分别关联。

预览网格，结果如图 2-9-107 所示，三个弯管成功生成六面体网格。

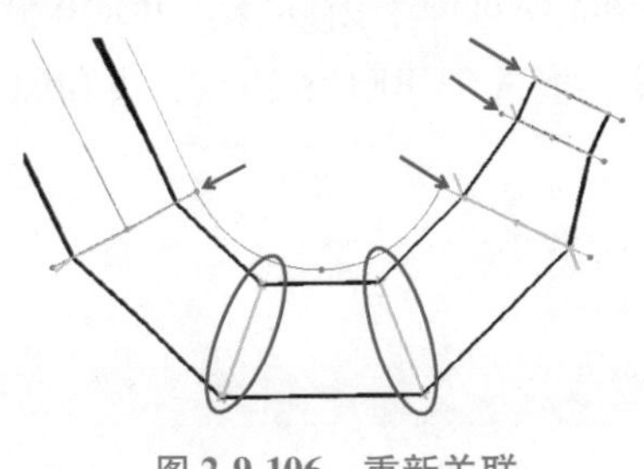

图 2-9-106　重新关联

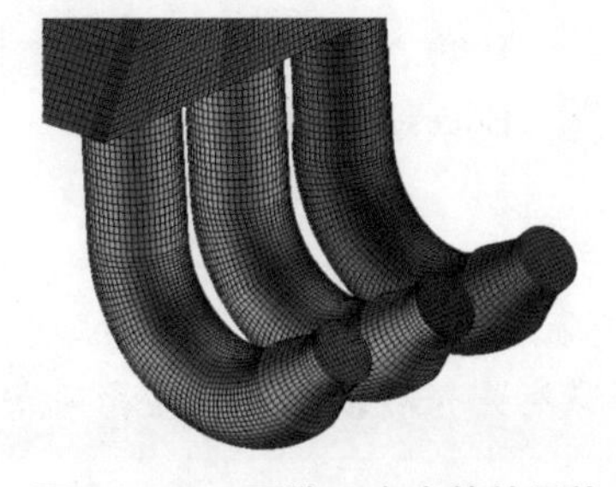

图 2-9-107　预览三个弯管的网格

步骤 11：处理出口管段。

图 2-9-108 所示为拉伸出口管段的块，关联 BOX 上表面中心的边和圆周线，选择 Blocking→

Create Block 图标→Extrude Face（s）图标，Method 下拉列表框设为 Fixed distance，Distance 文本框中输入“0.08”，选择圆内的面，如图中箭头所示的面，单击 Apply 按钮。拉伸出一段直管，更新网格尺寸，重新预览网格，结果如图 2-9-108 中最右侧图所示。

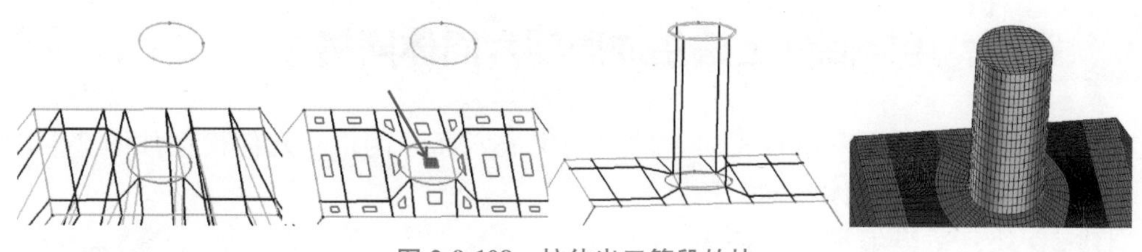

图 2-9-108　拉伸出口管段的块

步骤 12：创建 Ogrid。

如图 2-9-109 所示，分别对 TUBE1、TUBE2 和 TUBE3 创建 Ogrid。添加整个 TUBE 的块及 BOX 中的相连块，再添加上下两个端面，如图中箭头所示的面，设置 Offset 为“0.6”，结果如图 2-9-109 中最右侧图所示，共生成三组 Ogrid。

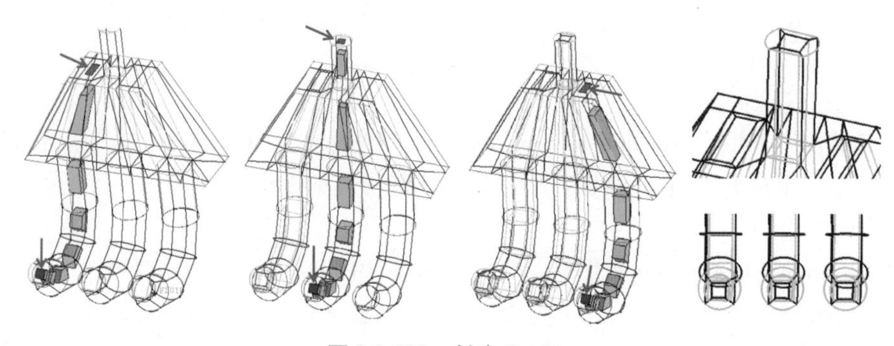

图 2-9-109　创建 Ogrid

更新网格尺寸，并调整 Ogrid 径向边的节点数量，重新预览网格，检查网格质量，如图 2-9-110 所示。

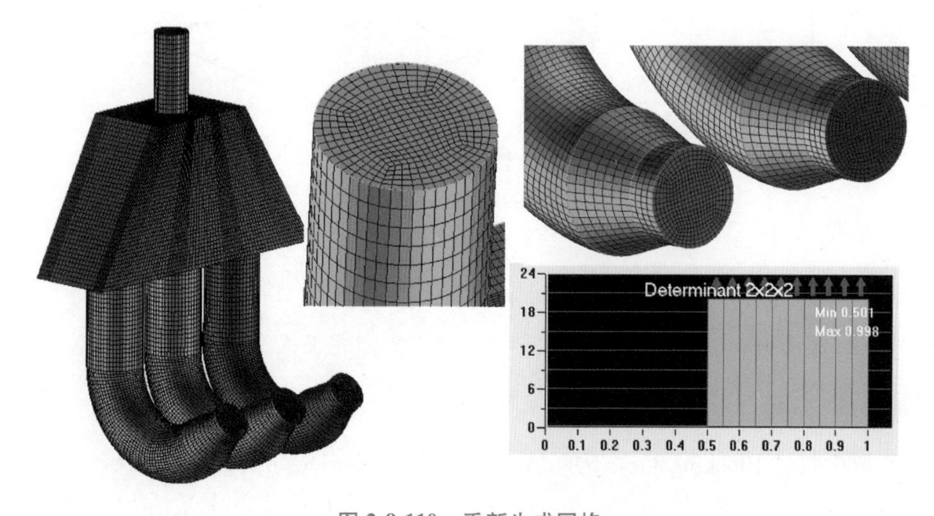

图 2-9-110　重新生成网格

案例总结：如果单用自顶向下法需要烦琐的分割和删除块，可以结合自顶向下和自底向上法，发挥各自的优势。类似本例中的扫掠体结构，考虑用拉伸方法生成块。对于相同的几何结构，通过块的复制批量处理，提高效率，但要注意关联关系的处理。

9.20 案例：用自底向上法生成周期六面体网格

本例将对栅格翼模型采用自底向上的方法生成六面体网格。几何模型如图 2-9-111 所示，水平方向截面形状大体相同，所以先创建 2D 块，适当编辑后拉伸为 3D 块。捕捉零厚度面，并设定周期面，生成具有周期性的六面体网格。

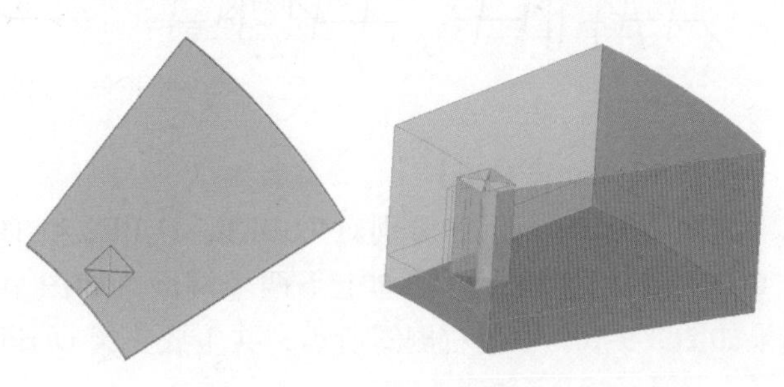

图 2-9-111 几何模型

步骤 1：创建工程文件。

选择菜单命令 File→New Project，浏览进入文件夹 GridFin，键入文件名“GridFin”，单击“保存”按钮，将自动生成“GridFin. prj”工程文件。

步骤 2：打开几何。

选择菜单命令 File→Geometry→Open Geometry，选择“GridFin. tin”文件，单击“打开”按钮。在模型树中展开 Parts，熟悉各部分几何体和对应的 Part。

步骤 3：创建 2D 块。

选择 Blocking→Create Block 图标→Initialize Block 图标，用 LIVE 作为 Part 名称。Type 下拉列表框选择为 2D Planar，单击 Apply 按钮，在 XY 平面上创建了 2D 块，如图 2-9-112 所示。

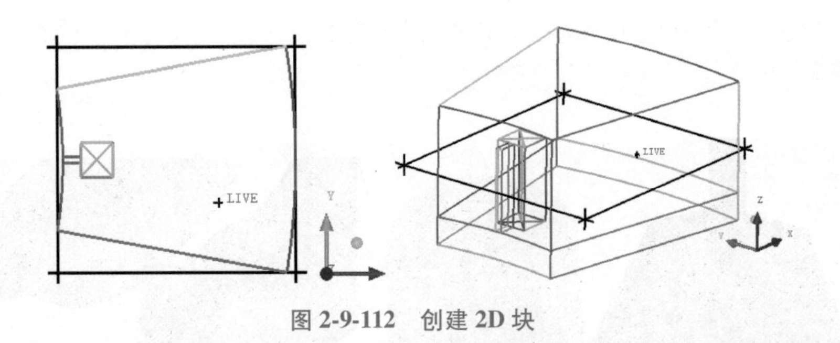

图 2-9-112 创建 2D 块

提示：

- 如果 2D 几何面没有与 XY 平面平行，建议重新定义几何，使 2D 面在 XY 平面上，否则有些块操作会非常困难。

到模型树中打开 Blocking 目录下的 Vertices，并在 Vertices 的右键菜单中激活 Numbers 命令，显示顶点编号。在模型树 Geometry 目录下 Curves 的右键菜单中激活 Show Curve Names

命令，显示出线名。放大显示栅格底部区域，如图 2-9-113 中箭头所示的线，即 CURVES. 1、CURVES. 3、CURVES. 6 和 CURVES. 5，准备关联初始块到一个三角形。

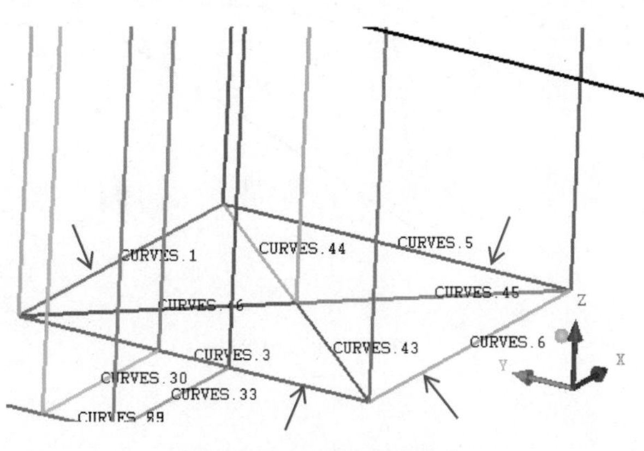

图 2-9-113　放大显示底部

步骤 4：关联。

选择 Blocking→Associate 图标→Associate Edge to Curve 图标，勾选 Project vertices 选项。参考图 2-9-114a，将顶点 13 和顶点 21 组成的边（以下简称边 13-21）关联到 CURVES. 1，结果如图 2-9-114b 所示。再参考图 2-9-114c，将边 11-13 关联到 CURVES. 3，结果如图 2-9-114d 所示。

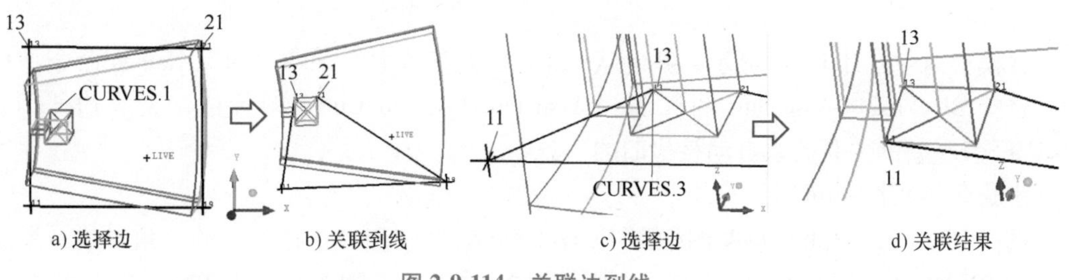

a) 选择边　b) 关联到线　c) 选择边　d) 关联结果

图 2-9-114　关联边到线

关联顶点到几何点。先在模型树中打开几何点（Points）显示，并在 Points 的右键菜单中激活 Show Point Names 命令，显示出几何点名。选择 Blocking→Associate 图标→Associate Vertex 图标，参考图 2-9-115a，关联顶点 19 和几何点 POINTS. 17，结果如图 2-9-115b 所示。关闭几何点和线显示，此时的块是一个三角形，如图 2-9-115c 所示。

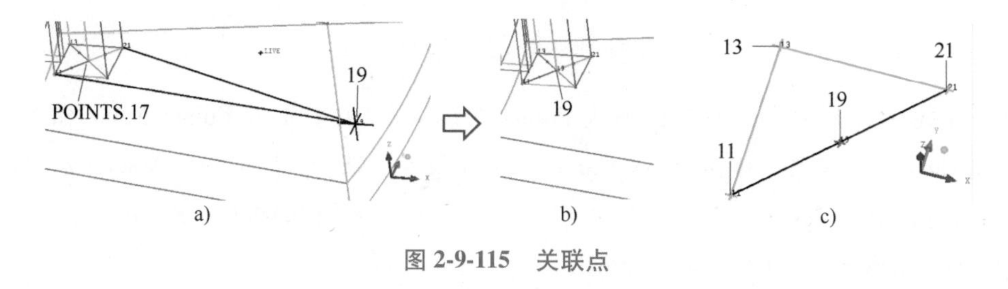

a)　b)　c)

图 2-9-115　关联点

图 2-9-116 所示为移动顶点。选择 Blocking→Move Vertex 图标→Set Location 图标，Ref. Vertex 指定为“Vertex 19”，勾选 Modify X 选项，在 Vertices to Set 中指定“Vertex 13”，单击 Apply 按钮，使顶点 13 在 X 方向与顶点 19 对齐。

在模型树中打开 Points 显示，选择 Blocking→Associate 图标→Associate Vertex 图标，如图 2-9-117 所示，将顶点 11 关联到 POINTS. 1，关闭几何点和线显示，此时块的形状如图 2-9-117 中的右侧图所示。

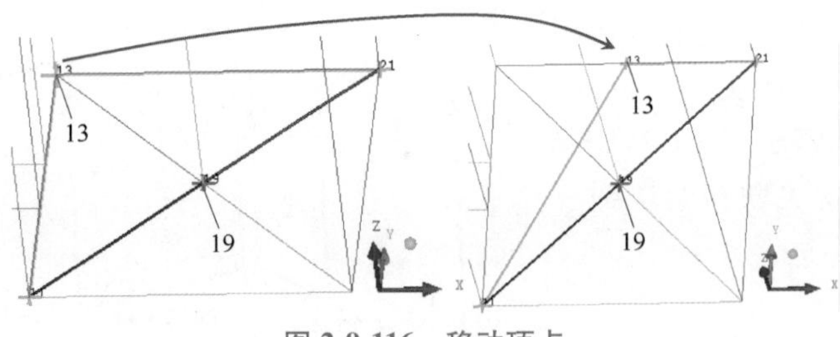

图 2-9-116　移动顶点

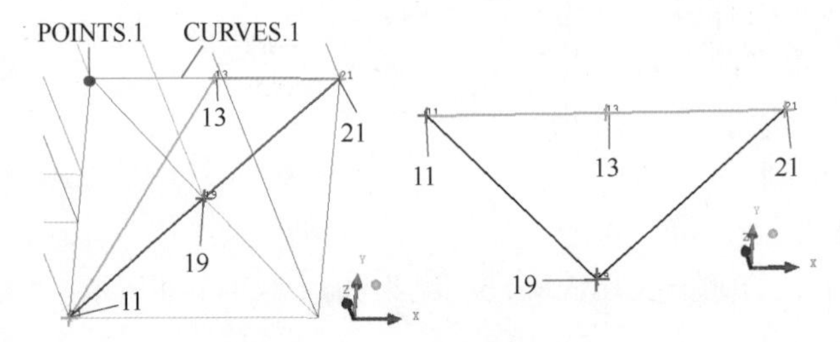

图 2-9-117　调整块结构结果

在模型树中打开 Lines 显示，并确认 Lines 右键菜单中的 Show Curve Names 命令是打开的。选择 Blocking→Associate 图标→Associate Edge to Curve 图标，关联边 11-13 到 CURVES. 1。新的关联关系自动替代旧的。

步骤 5：创建 Ogrid。

选择 Blocking→Split Block 图标→Ogrid Block 图标，选择唯一的三角形块，添加边 11-19 和边 19-21，单击 Apply 按钮，生成如图 2-9-118 中右侧图所示的 2D Ogrid。

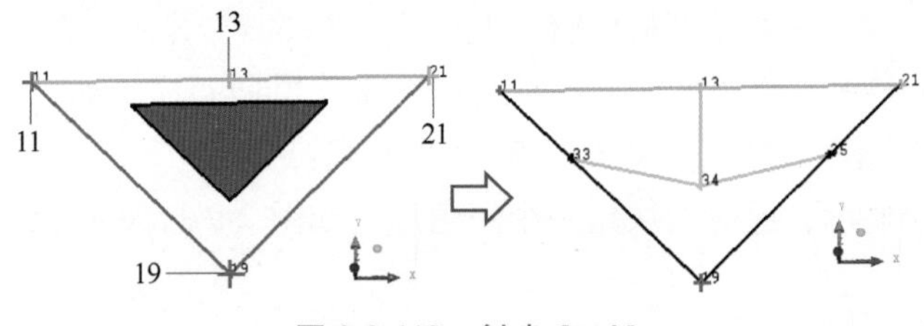

图 2-9-118　创建 Ogrid

在模型树中打开 Points 显示，确认 Points 右键菜单中的 Show Points Name 命令是打开的，关闭 Curves 右键菜单中的 Show Curve Names 命令。选择 Blocking→Associate 图标→Associate Vertex 图标，如图 2-9-119a 所示，关联顶点 33 到 POINTS. 18，再关联顶点 35 到 POINTS. 14，得到图 2-9-119b 所示的结果。

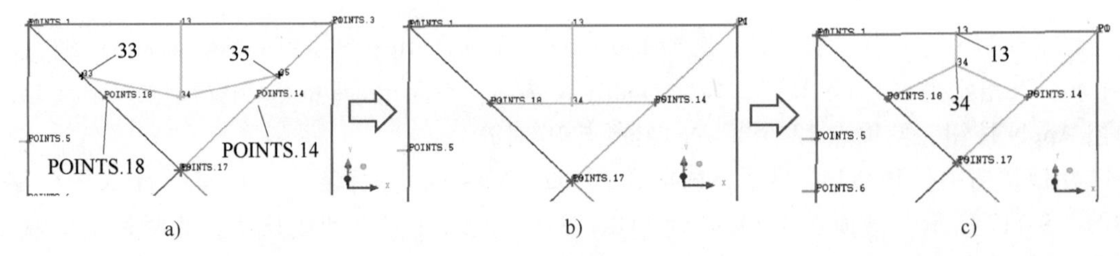

a)　b)　c)

图 2-9-119　关联并移动顶点

选择 Blocking→Move Vertex 图标→Move Vertex 图标，勾选 Fix Direction 选项，Vector 选择边 13-34，将顶点 34 向顶点 13 的方向拖动，大概到图 2-9-119c 所示的位置。

步骤 6：复制 2D 块。

注意：

- 由于其余 3 个三角形的形状与已经生成 2D 块的三角形相同，所以对现有的 2D 块进行旋转复制。但是复制块的同时会复制关联关系，所以首先移除关联关系。

关闭几何点和线显示，如图 2-9-120 所示，选择 Blocking→Associate 图标→Disassociate from Geometry 图标，分别单击 Vertjces 对应图标，Edges 对应图标和 Faces 对应图标选择所有可见特征，移除所有关联关系。

注意：

- 取消关联后，所有的边和顶点都应为蓝色。

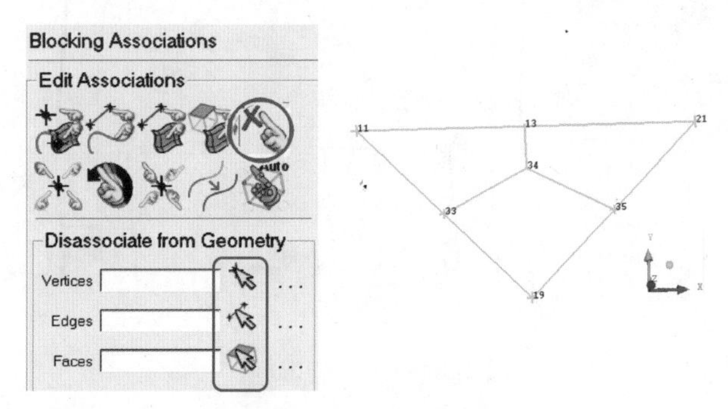

图 2-9-120　移除关联

如图 2-9-121 所示，选择 Blocking→Transform Blocks 图标→Rotate Block 图标，选择所有块，勾选 Copy 选项，在 Number of copies 文本框中输入“3”，复制 3 个副本，Angle 文本框中输入角度为“90”，Axis 下拉列表框中选择 Z 轴作为旋转轴，Center Point 下拉列表框中选择 User′s Point，打开几何点显示，指定 POINTS. 17 为旋转中心点，单击 Apply 按钮。完成旋转复制后的块结构如图 2-9-121 中右侧图所示。

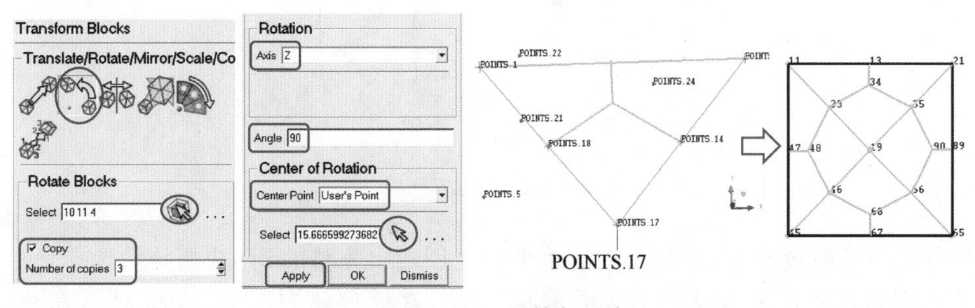

图 2-9-121　旋转复制块

步骤 7：创建其他区域的 2D 块。

打开几何线显示，如图 2-9-122 所示，选择 Blocking→Create Block 图标→From Vertices/Faces 图标，Part 文本框保持默认的 LIVE，Dimension 下拉列表框中选择 2D，Block Type 选项组 Type 下拉列表框中选择 Mapped。按照图 2-9-122b 中①、②所示的顺序，依次选择顶点 11 和 13，中键，自动从顶点选择模式切换为位置选择模式，继续选择图 2-9-122b 中③、④所示的两个位置（在 CURVES. 54 线上，位置大致如图所示即可），中键，生成新的 2D 块，如图 2-9-122c 所示。

注意：

- 顶点或位置应该按顺序选择，形成“Z”状。首先选择所有存在的顶点，单击中键后继续选择屏幕上的位置，直到选够 4 个，单击中键，即可创建新的 2D 块。

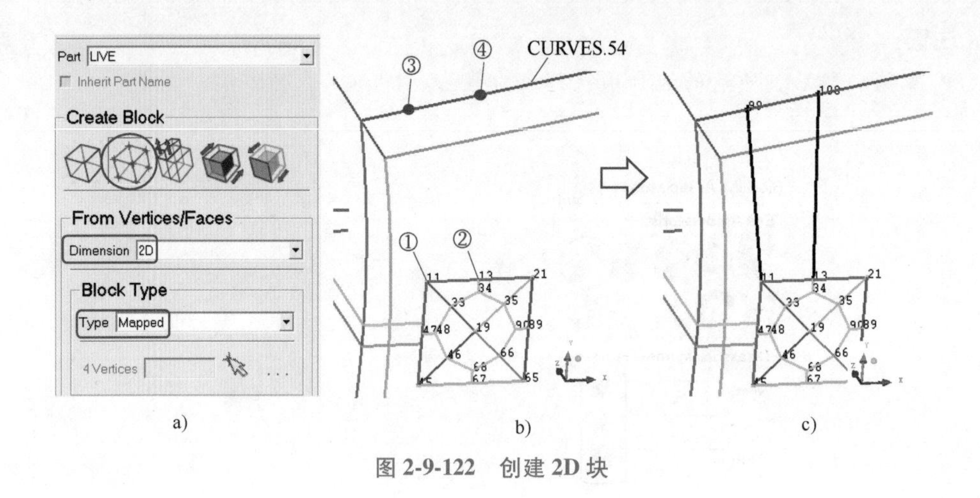

图 2-9-122　创建 2D 块

如图 2-9-123 中的①~④所示，依次选择顶点 13、21 和 100，中键，再选择④处的一个位置，中键，创建另一个 2D 块。

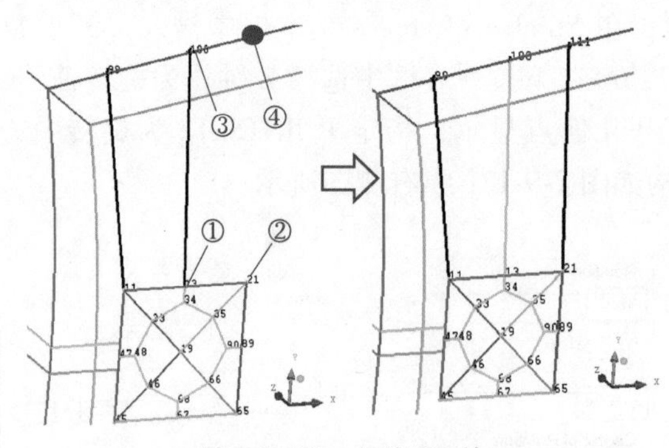

图 2-9-123　创建 2D 块

用同样的方法继续创建 2D 块，在这个平面上创建出完整的 2D 块拓扑。选择顶点和位置时如果出现错误提示，右键退出，再重新选择。在模型树右击 Blocking 选择命令 Index Control，打开 Index Control 面板，必要时单击 Reset 按钮显示出所有块。

关闭几何线显示，完成的块结构如图 2-9-124a 所示。注意图 2-9-124b 的边 226-47，位于两条几何线之间，选择位置时不要选在线的交点上。

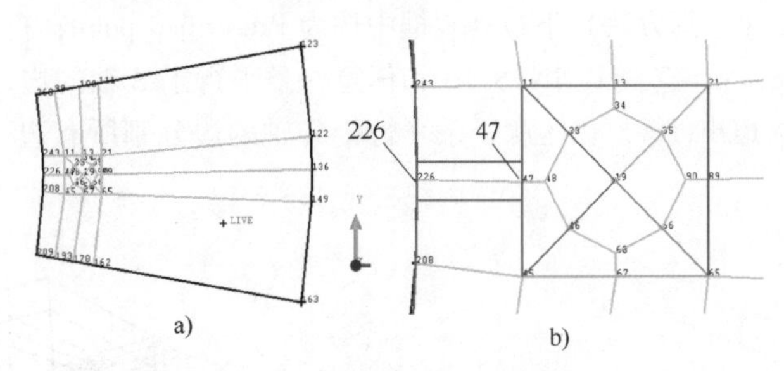

图 2-9-124　整个平面的块结构

步骤 8：移动顶点。

> **提示：**
>
> • 由于之后要对 2D 块进行拉伸生成整个几何体的 3D 块，所以要将创建出的块移动到底部的平面上。通过移动顶点实现。

选择 Blocking→Move Vertex 图标→Set Location 图标，勾选 Modify Z 选项，Z 文本框中输入“5”，Vertices to Set 中选择所有顶点，单击 Apply 按钮，把所有顶点移动到 Z=5 的平面上，如图 2-9-125 所示。

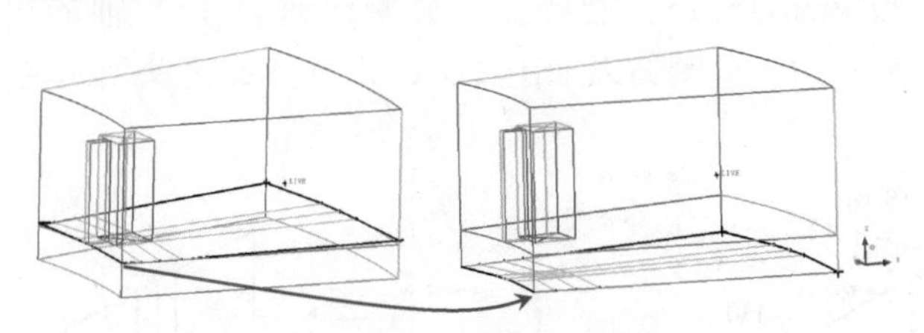

图 2-9-125　移动所有顶点

步骤 9：拉伸 2D 块为 3D 块。

如图 2-9-126 所示，选择 Blocking→Create Block 图标→2D to 3D 图标，在 Method 下拉列表框中选择 Translate，Z Distance 文本框中输入“5”，单击 Apply 按钮，得到右图所示的 3D 块结构。

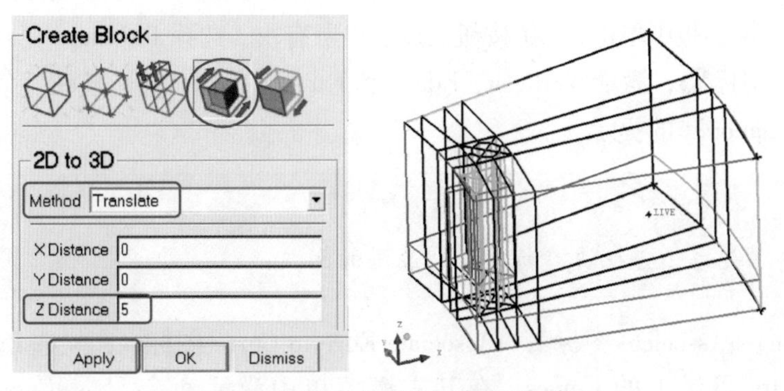

图 2-9-126　拉伸 2D 块为 3D 块

步骤 10：处理 3D 块。

如图 2-9-127 所示，分割出栅格翼部分。选择 Blocking→Split Block 图标→Split Block 图标，Split Method（分割方法）下拉列表框中选为 Prescribed point；打开模型树 Geometry→Point→Show Point Names，选择 POINTS. 16 和任意一条平行于 Z 轴的边，在垂直于 Z 轴方向分割所有边。再选择 POINTS. 8 和任意一条平行于 Z 轴的边分割所有边，两个分割位置如右图中箭头所示。

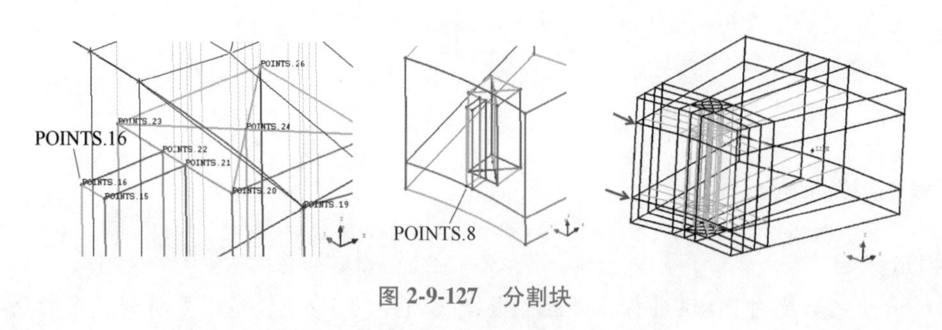

图 2-9-127　分割块

继续分割出固体部分。在模型树中右击 Blocking，并在弹出的快捷菜单选择命令 Index Control，在 Index Control 面板中调整各个方向的范围，I：“0”~“1”，J：“0”~“1”，K：“2”~“3”，O3：“0”~“0”，O4：“0”~“0”，O5：“0”~“1”，O6：“0”~“1”，O7：“0”~“1”，O8：“0”~“1”。Split Method 下拉列表框仍然选择 Prescribed point，如图 2-9-128a 所示，选择边 424-430 和 POINTS. 15，沿特征线分割出垂直于 Y 轴的边。用同样的方法在 POINTS. 16 处分割出另一边，分割结果如图 2-9-128b 所示，箭头所示为分割位置。

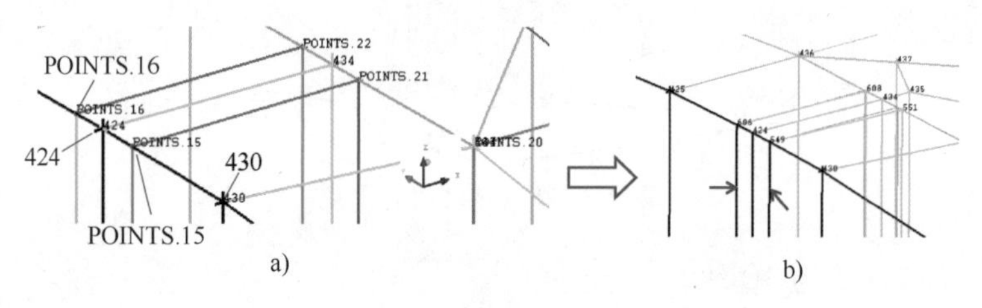

图 2-9-128　分割块

删除无用块如图 2-9-129 所示，右击模型树 Parts→VORFN→Add to Part，单击块选择图标，把上一步分割出的两个狭长块添加到 VORFN 中，相当于非永久删除块。

在 Index Control 面板中单击 Reset 按钮，显示出所有块。选择 Blocking→Associate 图标→Reset Association 图标，激活 Vertices、Edges 和 Faces，单击 Apply 按钮。信息窗口会出现“Done reset association”的提示。

> **提示：**
> - 重置关联关系，会把块重新关联到最近的面。

选择 Blocking→Associate 图标→Associate Edge to Curve 图标，勾选 Project vertices 选项。显示 Geometry 目录下的 Curves，在其右键菜单中激活命令 Show Curve Names，关联

CURVES. 31、CURVES. 36、CURVES. 28 和 CURVES. 34 对应的边到线上，以及 CURVES. 32、CURVES. 27、CURVES. 35 和 CURVES. 15、CURVES. 30、CURVES. 3、CURVES. 33 和 CURVES. 89 对应的边到线上。再关联圆弧上的边和对应的线，以及边界面上的边和对应的线。然后关联关键位置的顶点和几何点。关联边和线的结果如图 2-9-130 所示。

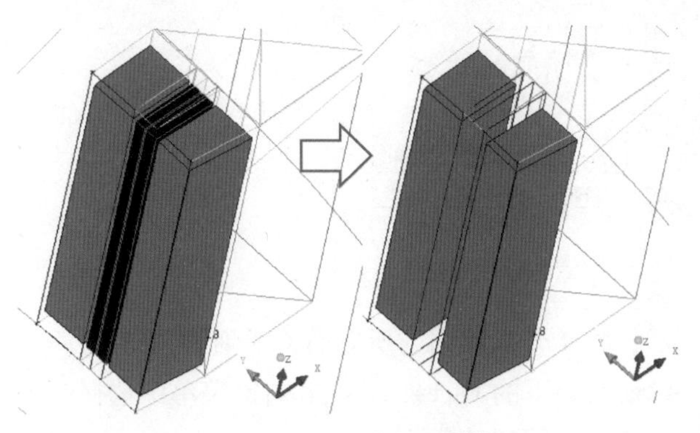

图 2-9-129　删除无用块

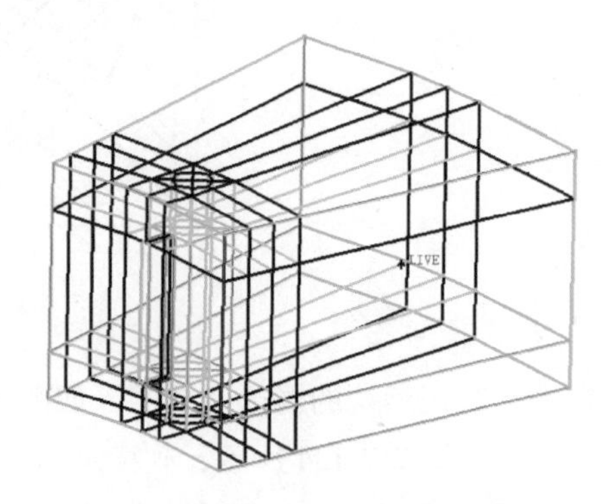

图 2-9-130　关联边和线的结果

步骤 11：处理零厚度面。

> **提示：**
>
> • 几何中有几个零厚度面 PLATE1、PLATE2 和 SHELL，如果不做任何处理，生成的网格不会捕捉到这些面，导入到求解器之后也不会识别这些面，无法对其定义边界。所以，需要对块的面和零厚度几何面建立关联关系，使网格能够捕捉到零厚度几何面。

为了便于观察，修改 Index Control 面板中各个方向的范围如下，I：“0”~“3”，J：“1”~“1”，K：“2”~“3”，O3：“0”~“1”，O4：“0”~“0”，O5：“0”~“1”，O6：“0”~“0”，O7：“0”~“3”，O8：“0”~“0”，在模型树中关闭除 PLATE1、PLATE2、SHELL 和 LIVE 的其他 Part。输入“h”热键，模型显示为 Z 方向的正视图。

选择 Blocking→Associate 图标→Associate Face to Surface 图标，用默认的 Part 方法。用多边形选择工具选择对角面上的面，如图 2-9-131a 所示。第一次中键结束多边形选择，第二次中键结束面选择。如图 2-9-131b 所示，在弹出的 Select parts 对话框中勾选 PLATE1，单击 Accept 按钮。

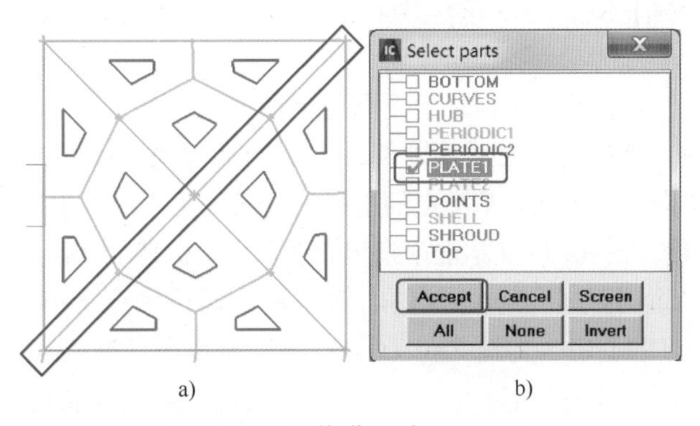

图 2-9-131　关联面到 PLATE 1

用同样的方法关联另一个对角面上的面到 PLATE2，如图 2-9-132 所示。

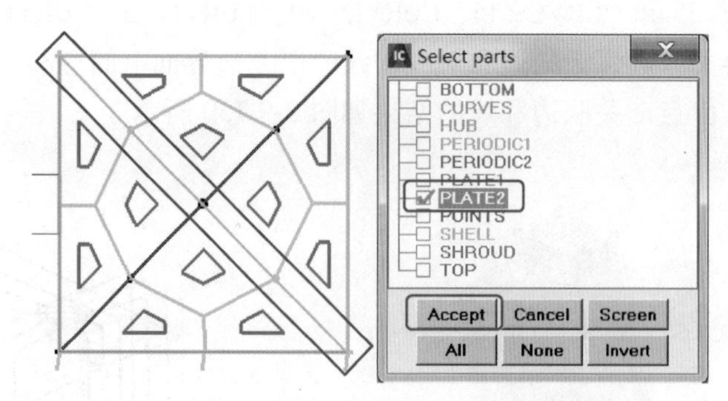

图 2-9-132 关联面到 PLATE 2

再用默认的框选工具，如图 2-9-133 所示，将 4 个框线内的所有面关联到 SHELL。

如图 2-9-134 所示，到模型树中打开 Blocking 目录下的 Faces，并在其右键菜单中选择命令 Face Projection，显示并检查刚才定义的面和 Part 之间的关联。

打开并显示所有的 Part，关闭 Blocking 目录下的 Faces。在 Blocking 右键菜单中选择命令 Index Control，打开 Index Control 面板并单击 Reset 按钮，显示出所有块。

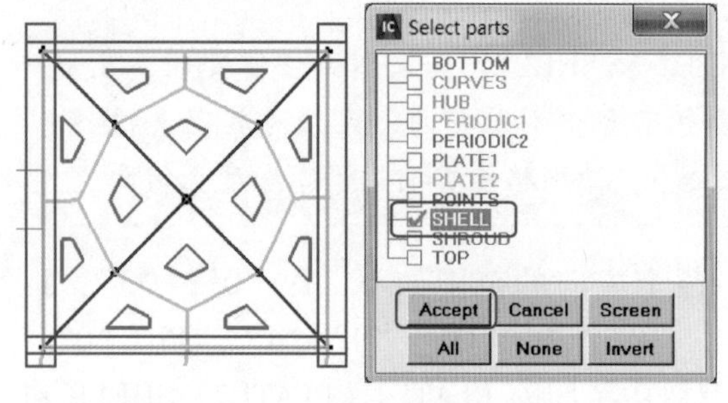

图 2-9-133 关联面到 SHELL

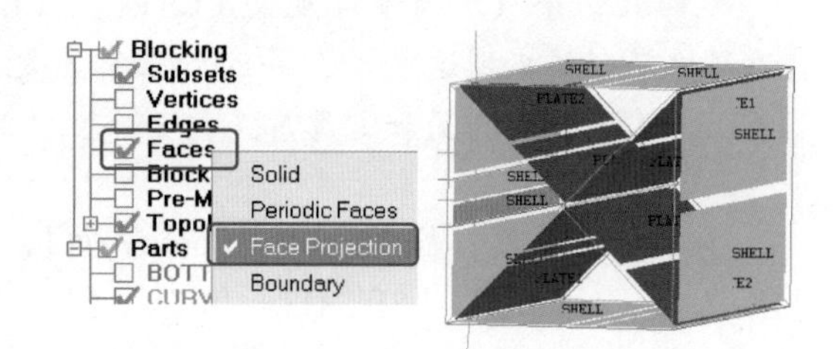

图 2-9-134 显示面的投影关系

步骤 12：定义周期性。

> **提示：**
> • 在 ICEM 中定义周期性，首先要定义几何的周期性，然后才能定义顶点的周期性。选择 Mesh→Global Mesh Setup 图标→Set up Periodicity 图标中定义几何的周期性。

本例的几何已经定义了周期性。对于没有定义的几何，在图 2-9-135 所示的界面中勾选 Define periodicity 按钮，选择旋转或平移周期，指定定义方法，本例中使用角度方法定义旋转周期。在 Base 文本框中指定旋转基准点的坐标值，或到图形窗口中选择基准点，在 Axis 文本框中指定旋转轴矢量，在 Angle 文本框中指定周期角度。保持默认设置，单击 Apply 按钮。

先到模型树 Blocking 目录下 Vertices 的右键菜单中勾选命令 Periodic，显示顶点的周期性，以便校核周期节点的创建，勾选 Proj Type 选项以显示顶点类型。

如图 2-9-136a 所示，选择 Blocking→Edit Block 图标→Periodic Vertices 图标，确

认 Method 选项组中选择的是 Create，选择 PERIODIC1 面上的一个顶点，再选择 PERIODIC2 上对应的周期顶点，即可在两个顶点之间定义周期关系，同时显示出红色双箭头表示顶点的周期关系，且第二个顶点自动与第一个顶点对齐。

依次定义 PERIODIC1 面和 PERIODIC2 面上所有的周期顶点。只有面上的所有顶点都定义了周期性，面才能具有周期性。创建完成后的顶点周期关系如图 2-9-136b 所示，确认无误后在模型树中关闭 Vertices 显示。

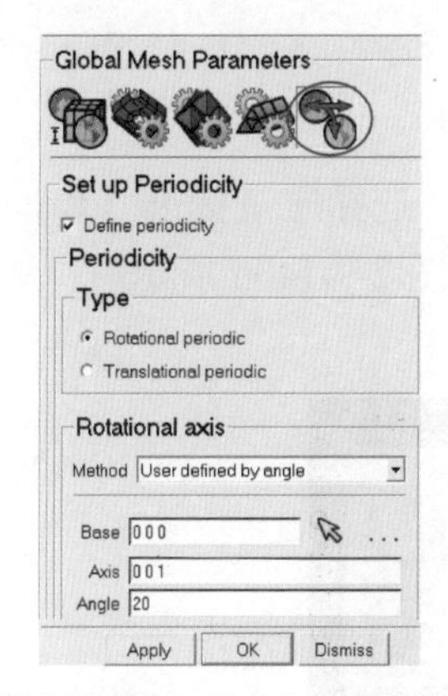

图 2-9-135　定义几何周期性

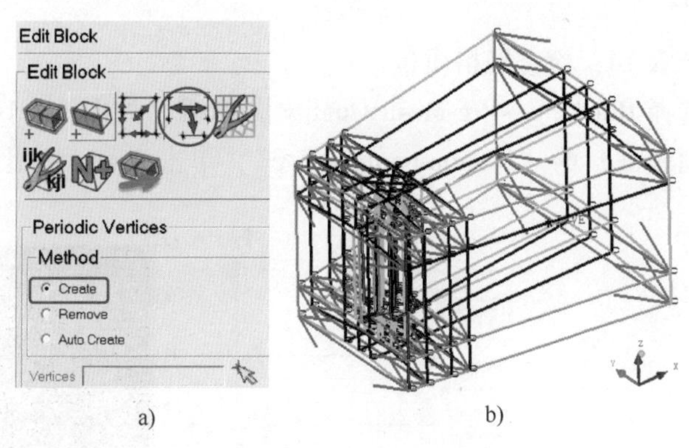

图 2-9-136　定义顶点的周期性

步骤 13：生成网格。

选择 Mesh→Surface Mesh Setup 图标，选择所有面，设置 Maximum size 设为“0.4”，Height 设为“0.4”，Height ratio 设为“1.2”，单击 Apply 按钮。

选择 Blocking→Pre-mesh Params 图标→Update Size 图标，保持默认设置，单击 Apply 按钮，更新网格。到模型树中打开 Pre-Mesh，计算网格，初始网格如图 2-9-137 所示。

为了改善中间网格的正交性，选择 Blocking→Pre-Mesh Params 图标→Edge Params 图标，Edge 中选择中间网格正交性差的边，如图 2-9-138 中左图带箭头的边，勾选 Copy Parameters 选项，勾选 Linked bunching 选项，Reference Edge 中选择边界处网格正交性较好的边，如图 2-9-138 中右图带箭头的边，单击 Apply 按钮。

用相同的方法链接其他网格正交性差的边和边界边，重新生成网格，图 2-9-139 所示为调整后的网格。

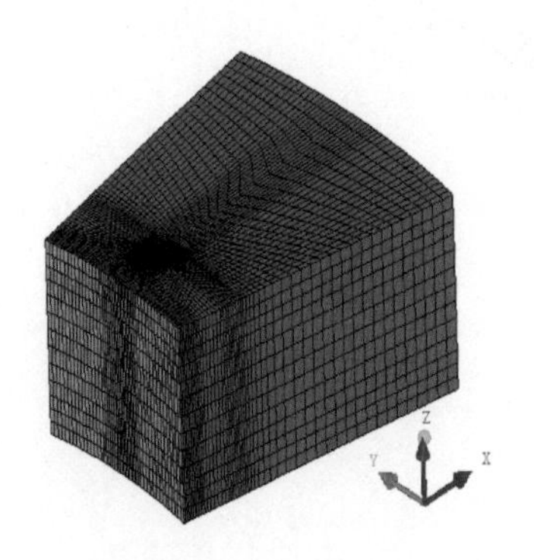

图 2-9-137　初始网格

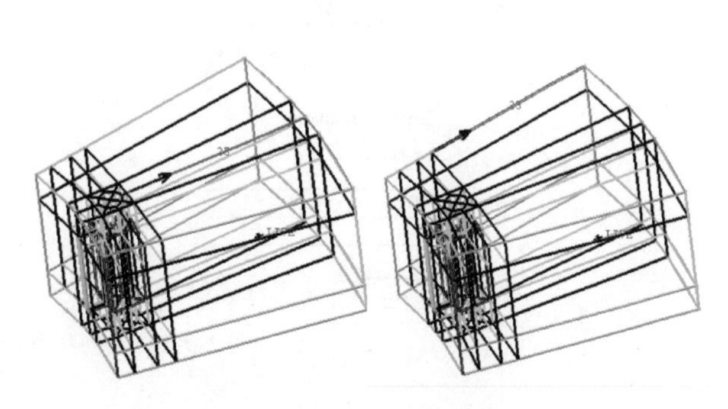

图 2-9-138　调整边的网格分布

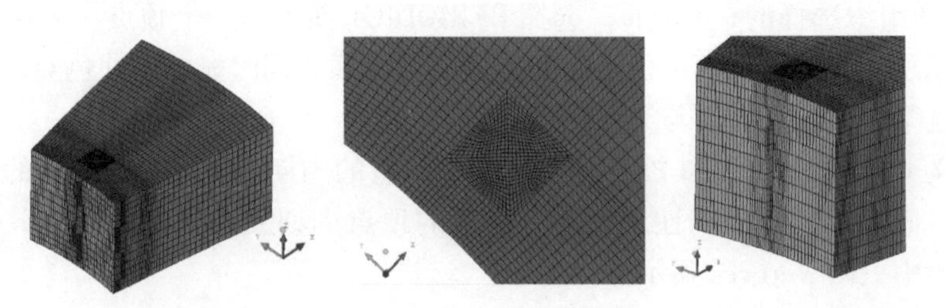

图 2-9-139　调整后的网格

步骤 14：检查网格质量。

选择 Blocking→Pre-Mesh Quality 图标，如图 2-9-140a 所示，选择质量标准（Criterion 下拉列表框）为“Determinant 3×3×3”，单击 Apply 按钮，结果如图 2-9-140b 所示。

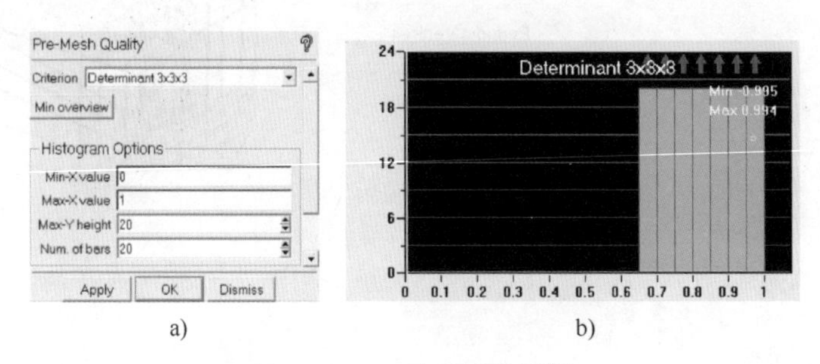

a)　　　　b)

图 2-9-140　检查网格质量

步骤 15：转为非结构网格。

在模型树 Pre-Mesh 右键菜单中选择命令 Convert to Unstruct Mesh，转为非结构网格。之后可以通过复制网格得到多个周期或全模型的网格。

先创建出几何的中心点，为复制网格做准备。如图 2-9-141 所示，选择 Geometry→Create Point 图标→Explicit Coordinates 图标，坐标值保持默认（X、Y、Z 均为 0），单击 Apply 按钮，创建出原点。

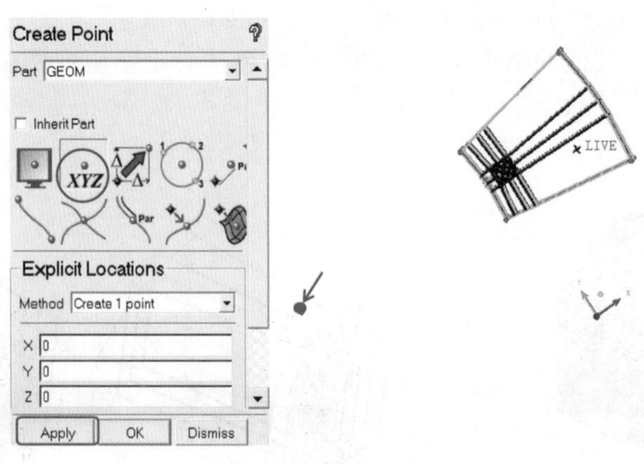

图 2-9-141　创建几何点

如图 2-9-142a 所示，选择 Edit Mesh→Transform Mesh 图标→Rotate Mesh 图标，选择

所有网格，勾选 Copy 选项，Number of copies 文本框中输入“8”，将得到 9 个周期的网格，勾选 Merge nodes 选项，勾选 Delete duplicate elements 选项，指定旋转轴为 Z 轴，Angle 文本框内为“20”，Center Point 下拉列表框中指定为 Selected，在 Point 文本框处选择上一步创建的中心点，单击 Apply 按钮。生成的网格如图 2-9-142b 所示，放大两个周期交界面上的网格，可以发现是共节点的。

保存工程文件，选择求解器，输出网格。

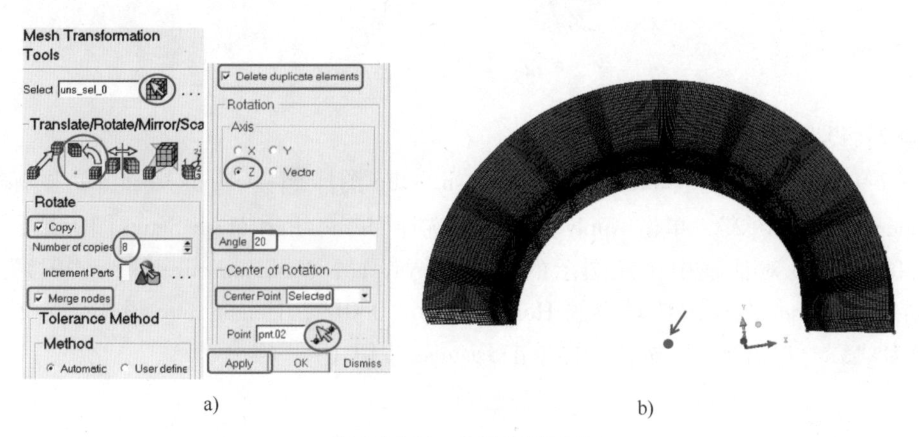

a)　　　　　　　　　　　　b)

图 2-9-142　旋转复制网格

案例总结：本例用自底向上法创建栅格翼的六面体网格。先生成 2D 块，创建 2D 的 Ogrid，并对块旋转复制、拉伸为 3D 块。对 3D 块的分割、关联等操作与自顶向下法相同。对某一几何模型，可以结合自顶向下和自底向上两种方法，用最快捷的方法构建块拓扑。

此外，本例演示了如何在周期面上生成共节点的六面体网格、如何在六面体网格中捕捉零厚度面、如何旋转复制非结构网格等。本例操作较多、综合性强，供学有余力的读者练习参考。

9.21　案例：用 MultiZone 方法划分混合网格

无论是自顶向下还是自底向上方法，都需要对块结构进行多步手动操作，ICEM 中还有一种自动化程度更高的 MultiZone 方法，可以自动识别几何拓扑，并对每部分生成合适的块结构，再自动完成分割、关联等一系列操作，对不能填充六面体的区域，允许用其他单元类型填充，从而生成混合网格。这种网格自动化程度很高，对于复杂几何表面也可以快速生成高质量的边界层网格，但很难用纯结构网格填充整个体。所以 MultiZone 方法非常适合需要高质量边界层且允许部分非结构单元的混合网格。

本例用 MultiZone 方法对图 2-9-143 所示的管道划分混合网格，介绍自动创建面块、将 2D 面块转换为 3D 块、提高网格质量及将不规则四面体网格转换为六面体核心网格等操作。

步骤 1：打开几何。

打开 Multizone 文件夹下的“MultizoneTube. tin”文件，在 Createa new project 对话框中单击 Yes 按钮。展开模型树的 Parts，熟悉每部分对应的几何信息。

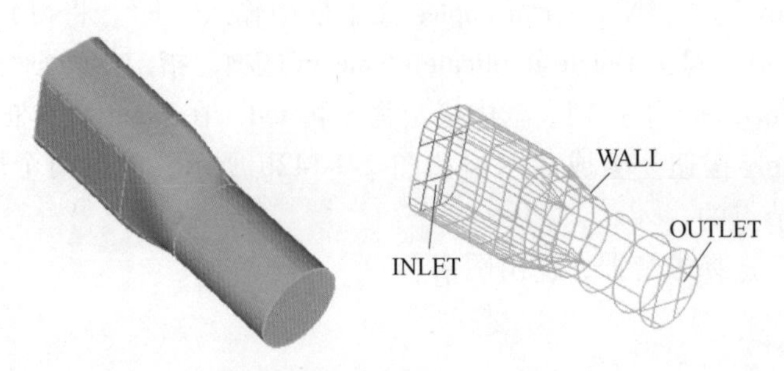

图 2-9-143　几何模型及 Parts

步骤 2：设置网格参数。

如图 2-9-144 所示，选择 Mesh→Global Mesh Setup 图标→Global Mesh Size 图标，设置 Max element 为“0. 2”，单击 Apply 按钮。再选择 Mesh→Part Mesh Setup 图标，在弹出的 Part Mesh Setup 对话框中按照图示的尺寸进行设置，Maximum size 均为“0. 1”，勾选 WALL 对应的 Prism 选项，其对应的 Height 设为“0. 01”，Height ratio 设为“1. 2”，Num layers 设为“5”，单击 Apply 按钮，再单击 Dismiss 按钮。

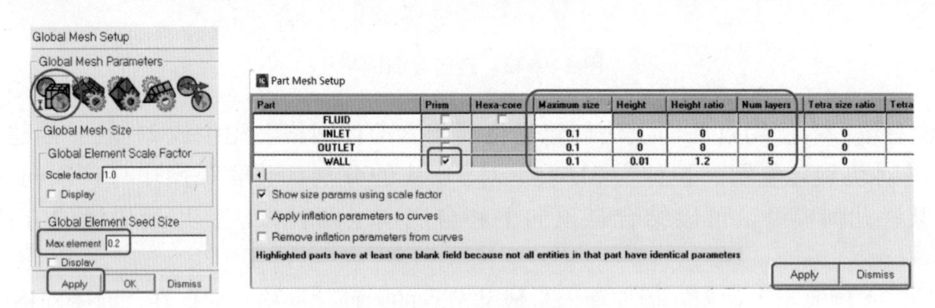

图 2-9-144　设置网格参数

步骤 3：创建 2D 面块。

> **提示：**
> - 创建 2D 面块，将强制面块捕捉到几何线。

如图 2-9-145 所示，选择 Blocking→Create Block 图标→Initialize Blocks 图标，在 Type 下拉列表框中选择 2D Surface Blocking，Surface Blocking 选项组的 Method 下拉列表框中选择 Mostly mapped，Free Face Mesh Type 下拉列表框中选择 Quad Dominant，其他保持默认，单击 Apply 按钮。不选择任何面，将对所有的面创建初始块。结果如图 2-9-145 中右侧图所示，由于中间有三角形面，自动生成了 Y-Block。

步骤 4：预览面网格。

模型树中打开 Pre-Mesh，生成如图 2-9-146a 所示的原始面网格，观察可以发现，除了圆形端面有低质量单元，在矩形管和圆管的过渡区域，由于几何线形成尖角，此处存在少量扭曲严重的单元，如图 2-9-146a 中箭头所示。如果不做处理，后续填充为 3D 网格时可能出错。

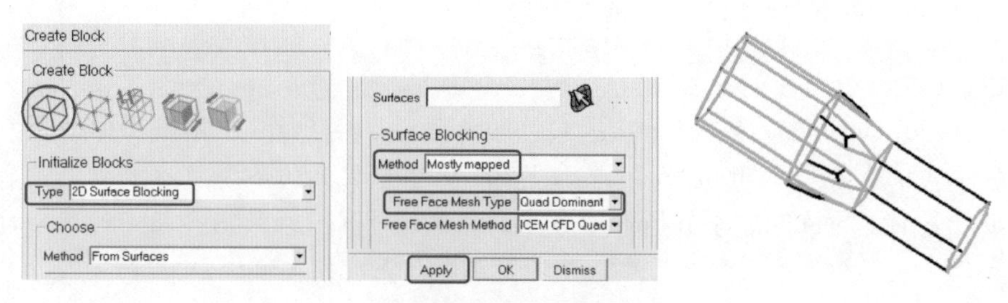

图 2-9-145　创建初始 2D 块

关闭 Pre-Mesh，选择 Blocking→Associate 图标→Disassociate from Geometry 图标，单击 Edges 选择图标，选择 4 个尖角两侧的边（共 8 条边），如图 2-9-146b 中椭圆虚线划过的边，中键，取消这些边的关联，边的颜色由绿变蓝。

选择 Blocking→Associate 图标→Associate Edge to Surface 图标，选择上述 8 条边，中键，观察边的颜色，如果有绿色，再次选择并中键，使 8 条边全部变为黑色，表示边关联到面，则边的网格可以不受尖角处几何线的约束。重新预览网格，结果如图 2-9-146c 所示，尖角处的单元质量明显提高。

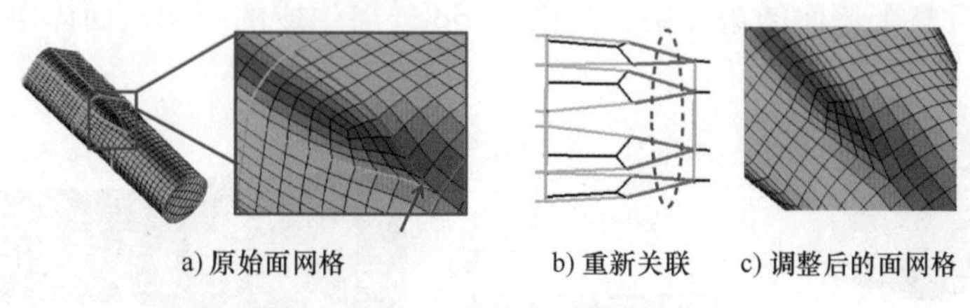

a) 原始面网格　　b) 重新关联　　c) 调整后的面网格

图 2-9-146　提升尖角处单元质量

步骤 5：将 2D 面块转换为 3D 块。

如图 2-9-147a 所示界面，选择 Blocking→Create Block 图标→2D to 3D 图标，Method 下拉列表框中选择 MultiZone Fill，勾选 Create Ogrid around faces 选项，确认 Select parts 对话框中选择了 WALL（默认自动选中在 Part Mesh Setup 界面定义了 Prism 参数的 Parts），单击 Accept 按钮。Offset distance 文本框内改为“0. 1”，Fill Type 选项组 Method 下拉列表框中选择 Advanced，单击 Apply 按钮，生成图 2-9-147b 中的 3D 块，对整个几何创建了穿过端面的 Ogrid，其中外层用于对 WALL 面创建边界层。

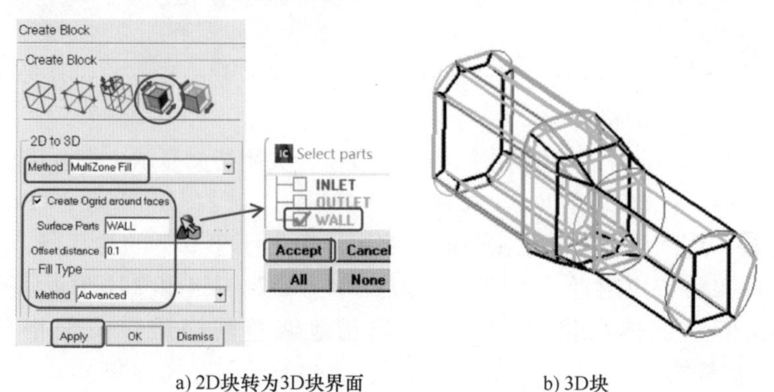

a) 2D块转为3D块界面　　b) 3D块

图 2-9-147　2D 块转为 3D 块

提示：

- Offset distance 选项表示 Ogrid 径向边的长度，也是 Ogrid 中网格层的总高度。界面自动显示的值是由 Part Mesh Setup 界面 Prism 选项中设置的各个 Part 初始高度、层高比和层数计算的平均值，但每个 Part 的实际值会单独计算。如果用户指定的值与计算值不同，会优先使用初始高度和层高比，并调整层数以满足指定值。

步骤 6：生成体网格。

选择 Blocking→Pre-Mesh Params 图标→Update Sizes 图标，接受默认设置，单击 Apply 按钮。

打开 Pre-Mesh，生成如图 2-9-148a 所示的体网格。Pre-Mesh 右键菜单中选择命令 Cut Plane，弹出 Cut Plane Pre-Mesh 对话框，如图 2-9-148b 所示，Method 下拉列表框中选择 Middle Z Plane，显示出 Z 方向中截面的网格层，如图 2-9-148c 上图所示。Method 下拉列表框中改为 Middle X Plane，则网格截面如图 2-9-148c 下图所示，此截面位于六面体和四面体的过渡区。改变截面位置观察，可以发现，在管道的拉伸段生成正交结构网格，在过渡区域生成四面体网格，且整个壁面的边界层，是由 Ogrid 外层生成的结构六面体单元。

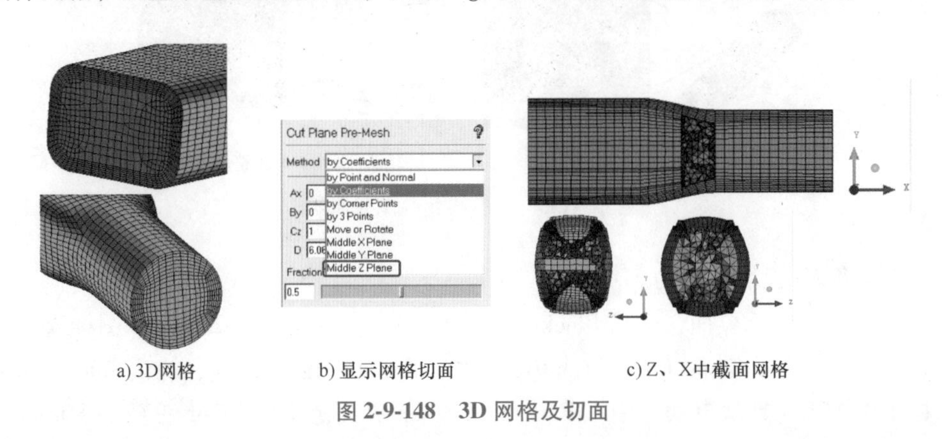

a) 3D网格　　b) 显示网格切面　　c) Z、X中截面网格

图 2-9-148　3D 网格及切面

提示：

- 显示 Cut Plane Pre-Mesh 对话框时滚动中键会改变切面位置，拖动右键可以缩放模型，拖动中键移动模型。

步骤 7：检查并调整网格。

在 Cut Plane Pre-Mesh 对话框中单击 Dismiss 按钮，关闭切面显示。打开模型树 Blocking→Vertices，在 Vertices 右键菜单中勾选命令 Numbers。选择 Blocking→Pre-Mesh Quality Histograms 图标，用默认设置，单击 Apply 按钮。单击小于 0.2 的柱状条，发现低质量单元的分布在 Y-Block 中心点附近，本例中在顶点 284、252、254 和 241 附近。

基于块结构的六面体网格部分，可以交互地调整网格质量及网格分布，这也是 MultiZone 方法的优势之一。

保存工程文件，如果调整节点失败，重新打开此时保存的文件。

选择 Blocking→Move Vertex 图标→Move Vertex 图标，移动 Y-Block 中心点，如图 2-9-149 所示的顶点 241，沿边 263-241 方向移动一小段距离。用同样的方法分别移动顶点 284、252 和 254，将网格质量提到到 0. 25 以上。

选择 Blocking→Pre-Mesh params 图标→Edge Params 图标，对边 263-241 设置节点数为“11”，勾选 Copy Parameters 选项，Method 下拉列表框保持默认的 To All Parallel Edges，将节点数复制到所有平行边，如图 2-9-149 中最右侧图所示，单击 Apply 按钮。

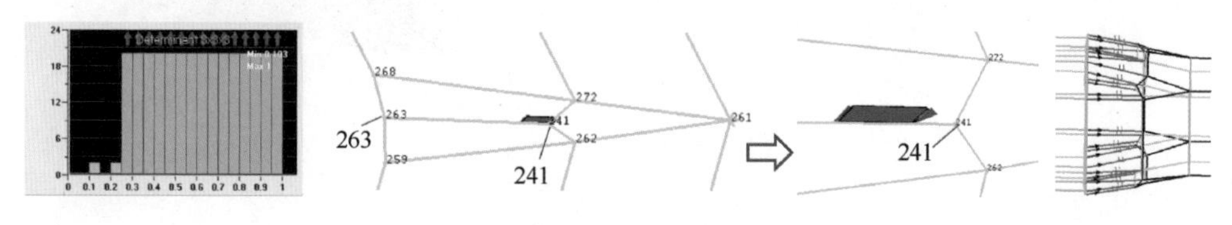

图 2-9-149　移动顶点

如图 2-9-150 所示，选择 Blocking→Move Vertex 图标→Align Vertices in-line 图标，在 Reference Direction 文本框中选择顶点 268 和 261，自动切换到 Vertices 选择模式，再选择顶点 272，中键，则 272 移动到 268 和 261 的连线上。

如有必要，结合 Move Vertex 方法移动其他低质量单元的顶点，考虑将 Y-Block 中心点向 Ogrid 内、外方向稍做移动，调整网格质量到 0. 3 以上。

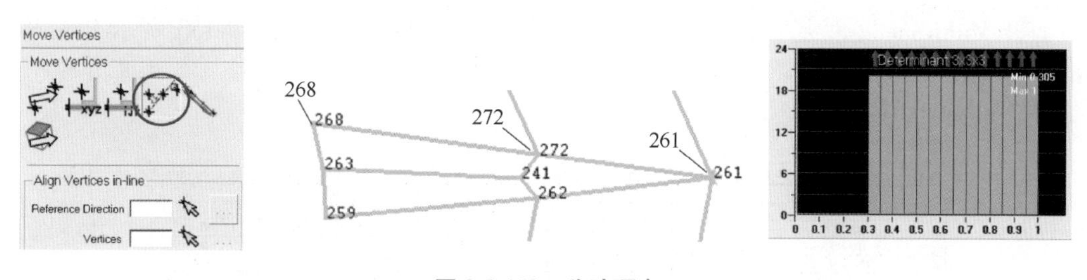

图 2-9-150　移动顶点

步骤 8：将四面体网格转为 Hexa-Core 网格。

如图 2-9-151 所示，选择 Blocking→Edit Block 图标→Convert Block Type 图标，在 Set Type 下拉列表框中选择 3D free block mesh type，Mesh Type 下拉列表框中选择 Hexa-Core，单击 Select block（s）图标，在 Index Control 面板中将 O4 范围设为“0”~“0”，选择自由块，如图 2-9-151 中箭头所示的块“30（free）”，中键，将自由块的网格类型改为了 Hexa-Core。

单击 Index Control 面板中的 Reset 按钮显示出所有块，在模型树中打开 Pre-Mesh，重新计算网格。再次在 Cut Plane Pre-Mesh 对话框的 Method 下拉列表框中选择 Middle Z Plane，结果如图 2-9-151 中的右图所示，自由块的核心区域用六面体单元填充，过渡部分仍是四面体单元。

右击模型树中的 Pre-Mesh，在弹出的快捷菜单中选择命令 Convert to Unstruct Mesh，转为非结构网格，输出并保存。

为了进一步展示 MultiZone 方法的效果，本例以下步骤将对图 2-9-152 所示的 HVAC 管道几何模型划分混合网格。大致步骤与上述单管一致，所以仅进行简要说明。

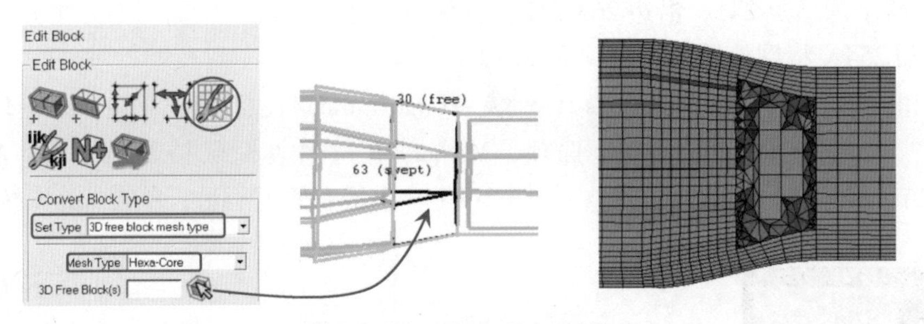

图 2-9-151　Hexa-Core 网格

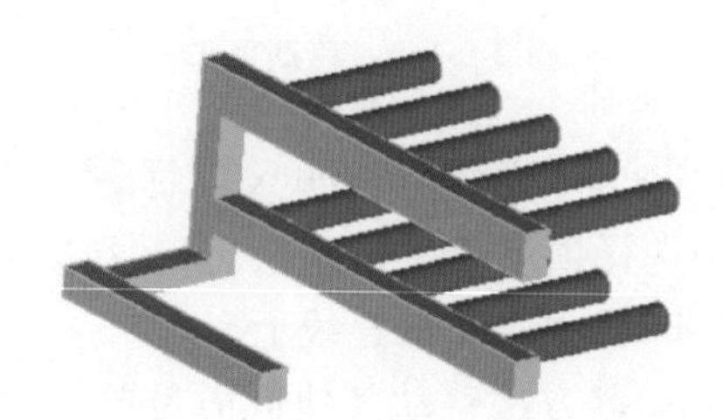

图 2-9-152　HVAC 管道几何模型

打开 Multizone 文件夹下的“MultizoneHVAC. tin”文件，按照图 2-9-153 所示 Part Mesh Setup 对话框所示设置 Parts 的网格尺寸。

Part Mesh Setup

Part	Prism	Hexa-core	Maximum size	Height	Height ratio	Num layers	Tetra size ratio
FLUID	☐	☐	0.2				
GEOM							
INLET	☐		0.2	0	0	0	0
OUTLET	☐		0.2	0	0	0	0
WALL_CLY	☑		0.2	0.01	1.2	5	1.2
WALL_RECT	☑		0.2	0.01	1.2	5	1.2

图 2-9-153　设置 Parts 网格尺寸

按照本例步骤 3 所述，创建 2D 面块，并预览面网格，如图 2-9-154 所示。

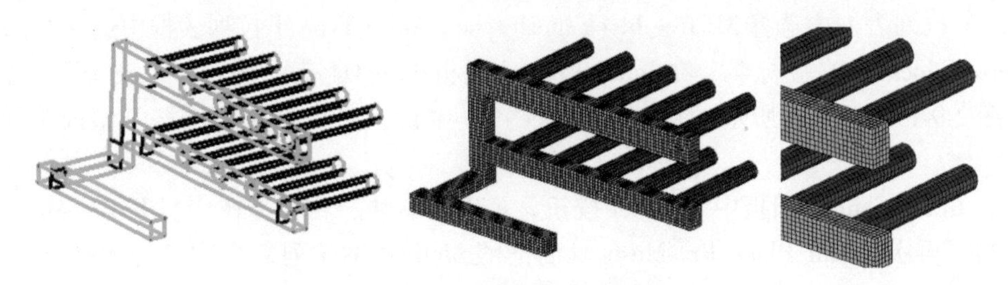

图 2-9-154　2D 面块及面网格

按照本例步骤 5 所述，将 2D 面块转为 3D 块，其中 Ogrid Parts 自动选择了 WALL_CYL 和 WALL_RECT，Offset distance 文本框设为“0. 3”，更新网格尺寸，划分网格并显示网格切面，结果如图 2-9-155 所示，生成了六面体和四面体的混合网格。调整顶点位置及网格分布，提高网格质量。

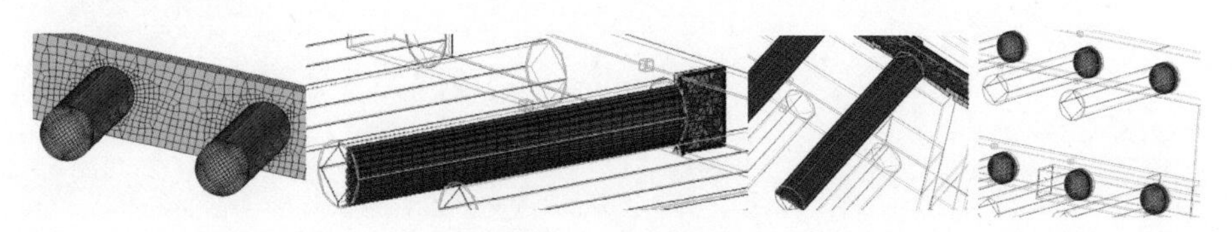

图 2-9-155　3D 网格及切面

> **提示：**
>
> - MultiZone 方法在网格过渡区域容易产生低质量的单元，可以用结构或非结构网格的通用方法进行调试。鉴于整个过程的快速性，对稍微复杂的模型可能要降低质量要求。如果对整体网格质量要求较高，最佳选择仍是花更多时间手动构建块拓扑，生成结构网格。

案例总结：本例介绍 MultiZone 方法的具体用法。MultiZone 方法从根据几何拓扑生成的 2D 面块开始，将这些块拉伸或扫掠到体中，生成 3D 块，创建高质量的边界层单元（Ogrid）。体内部的其余部分由多种方法填充，包括映射六面体、扫掠或非结构网格（用多种可能的非结构方法填充）。MultiZone 方法会自动尝试尽量细分体区域，基于强大的 ICEM 六面体块结构框架，可以处理多个源面、多个目标面和多个扫掠方向的结构。此外，还可以利用 ICEM 的块处理工具交互地改进网格，如调整网格分布、移动顶点、对齐顶点、检查质量、光顺等。

ANSYS CFD

第 3 篇

ANSYS Fluent Meshing

第1章 ANSYS Fluent Meshing 功能简介

ANSYS Fluent Meshing（以下简称 Fluent Meshing）模块已嵌入到 ANSYS Fluent 用户界面中，允许用户在同一窗口完成从网格划分到求解，再到后处理的整个 CFD 分析工作流程。Fluent Meshing 网格划分一直是一个强大的网格划分工具，尤其是在表面网格划分和包面技术以及棱镜层生成和体网格（如多面体网格 Polyhedral、六面体为核心 Hexcore 以及马赛克网格 Poly-Hexcore）划分技术方面。经过多年的发展，它能够创建超过 10 亿个单元的网格，实现并行网格划分，且完全可编写脚本以进行批处理操作。

Fluent Meshing 作为强大的非结构网格生成程序，可以处理几乎无限大小和复杂性的网格。网格可由四面体、六面体、多面体、棱柱或锥体单元组成。非结构网格生成技术是将基本几何构建块与广泛的几何数据相结合，以实现网格生成过程的自动化。此外，Fluent Meshing 包含许多可用于检查和修复边界网格的工具，为生成高质量的体网格提供了良好的起点。

如图 3-1-1 所示，Fluent Meshing 创建体网格的工作流程如下。

1）导入常规的 CAD 几何模型：首先将导入的 CAD 转换成 CFD 的面网格。如果导入多个 CAD 模型，通过使用 Join/Intersect 方法处理几何之间的连接关系，随后进行面网格质量提高，最后体网格生成。

2）导入 STL 类型的刻面几何模型（CAD 或者 ANSYS Meshing 的 tgf 格式）：在这种情况下需要在生成体网格之前使用对象包面和缝合操作创建一个共节点连接的面网格。

3）导入面网格：用户可利用 ANSYS Meshing 或第三方网格生成器生成面网格。导入在 CAE 包中创建的面网格后，通常需要检查网格连接性（网格之间可能存在自由面、交叉、缝隙等），然后进行面网格重构和质量提高，最后生成体网格。

4）导入体网格：首先需要检查体网格连接问题，若不存在网格连接问题，则对导入的体网格进行光顺质量提高。若存在网格连接问题，则需要将体网格转换为面网格进行处理，之后再重新生成体网格。

传统使用上，Fluent Meshing 一直是高级用户的工具，其优势在于可提供高度的可控性，但它伴随着陡峭的学习曲线的代价。随着引导式 Watertight 和 Fault-Tolerant Meshing（FTM）网格划分工作流程的引入，学习曲线被移除。因为用户所需的所有输入都简单直观，所有用户都可在 Fluent Meshing 中轻松创建高质量的 CFD 网格。并且引导式 Watertight 和 FTM 工作流使网格划分过程中的大部分步骤简化和自动化，这增强了 Fluent 中的单窗口工作流体验。此外，两个工作流程仍然使用相同的先进技术来生成高质量的网格，并且仍然可以使用与以前相同的高级功能。Watertight 工作流是对“水密”CAD 几何模型网格划分提供向导式的工作流程，而 FTM 工作流为复杂和（或）“脏”的 CAD 模型创建高质量的 CFD 网格。两个工作流在几何模型、网格划分以及应用领域方面的区别见表 3-1-1。

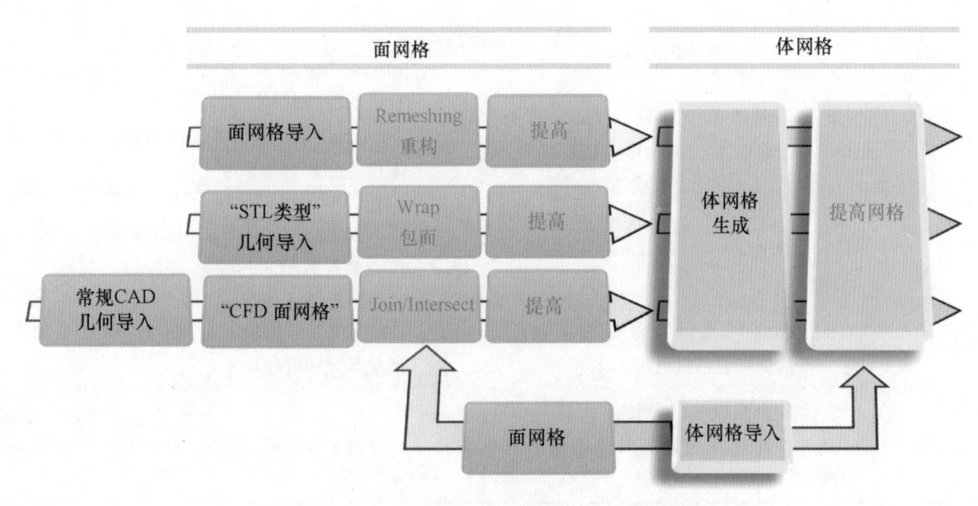

图 3-1-1　Fluent Meshing 创建体网格的工作流程

表 3-1-1　Watertight 和 FTM 的区别

对比方向	Watertight	FTM
文件输入格式	支持 CAD 格式的文件： 1）ANSYS 格式：*.pmdb，*.scdoc，*.agdb 2）其他格式：*.CATPart，*.CATProduct，*.asm，*.prt，*.x_t，*.xmt，*.sat，*.sab，*.stp，*.step，*.iges，*.jgs "防水"面网格：*.msh，*.cas，*.gz	支持 CAD 格式的文件： 1）ANSYS 格式：*.pmdb，*.scdoc，*.agdb，*.fmb，*fmdb，*.tgf 2）其他格式：*.CATPart，*.CATProduct，*.prt，*.x_t，*.xmt，*.sat，*.step，*.iges，*.jgs，*.stl，*.jt，*.plmxml 面网格：*.msh，*msh.gz （*.fmd 是 SCDM 导出的 FM 文件；*.stl 是 CAD & 刻面格式）
CAD 模型质量要求	1）高质量 CAD 模型 2）没有缺失面和几何缺陷	1）非常容忍劣质 CAD 模型 2）尽量避免大尺寸缺失面 3）可以接受有缺陷的体
几何清理需求	1）不同体之间良好的接触关系 2）不允许体之间的泄漏和渗透	1）尽量避免大的泄漏 2）自动泄漏修补功能可确保流体域水密性
捕捉或简化小的几何特征	小特征需要很好地捕捉或手动简化	1）能忽略小特征 2）在尺寸函数定义时需额外设置以保留小特征
面网格	能够准确地表示几何模型	1）由于包面和尺寸函数定义的限制，可能会偏离导入几何模型 2）由于包面设置要求，可能会导致过度细化网格
棱柱层	1）棱柱层可有选择地生长，如需要，可在求解器中进行各向异性棱柱层适应 2）棱柱层质量高度依赖于层数、偏移方法和表面网格质量	1）棱柱层可有选择地生长，如需要，可在求解器中进行各向异性棱柱层适应 2）通过自动网格改进方法提高棱柱层质量 3）不建议生成超过 3 层的棱柱网格

（续）

对比方向	Watertight	FTM
体网格填充方法	支持四面体 Tet，多面体 Poly，六面体核心 HexCore，多面体-六面体核心 Poly-HexCore	1）支持四面体 Tet，多面体 Poly 2）Beta 版：六面体核心 HexCore，多面体-六面体核心 Poly-HexCore
并行	支持多面体 Poly、六面体核心 HexCore、多面体-六面体核心 Poly-HexCore、四面体（仅支持棱柱层）	Beta 版：六面体核心 HexCore、多面体-六面体核心 Poly-HexCore
自动化	自定义工作流程可保存并重新用于自动化（包括交互式和批处理）	自定义工作流程可保存并重新用于自动化（包括交互式和批处理）
应用领域	支持多计算域、共轭传热问题（CHT）。在 CAD 中保形连接或通过基于网格的共享拓扑网格	支持多计算域、共轭传热问题。非保形连接

第 2 章 Fluent Meshing 图形用户界面

图 3-2-1 所示为 Fluent Meshing 的图形用户界面，包含菜单栏（Menu Bar）、标准工具栏和快速搜索栏（Standard Toolbar & Quick Search）、功能区（Ribbon）、图形窗口（Graphics Window）、工作流选项卡（Workflow Tab）、大纲视图选项卡（Outline View Tab）和命令控制窗口（Console Window）。

Fluent Meshing 图形用户界面是用 Scheme 语言编写，它是 LISP 的一种方言。大多数功能都可通过图形窗口或交互式菜单界面访问。高级用户可通过添加或更改 Scheme 功能来自定义和增强界面。

Fluent Meshing 采用基于对象的网格划分形式，它是一种上下文驱动的可视化工作流程，包括主大纲视图模型树和后文详解的两个向导式工作流程 Watertight 和 Fault-Tolerant Meshing（FTM）。网格划分时所需的功能按钮可通过主要界面组件进行访问。下面对主要界面组件进行说明。

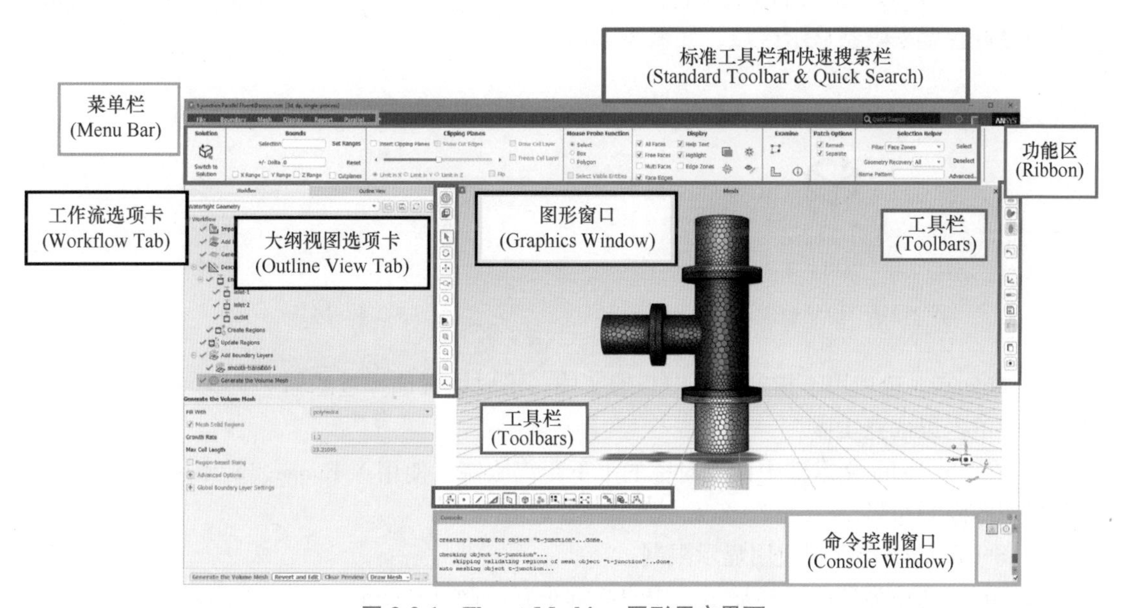

图 3-2-1 **Fluent Meshing** 图形用户界面

2.1 功能区

功能区包含有助于管理图形显示、选择对象或区域以及修补选项的功能项，界面如图 3-2-2 所示。

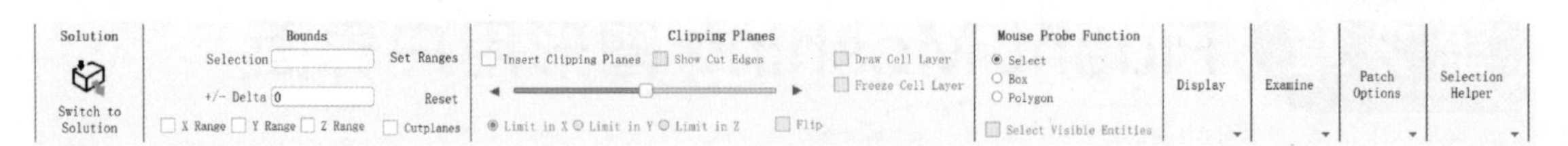

图 3-2-2　功能区界面

2.1.1　切换到求解器

如图 3-2-3 所示，Solution（切换到求解器）选项使得用户能从网格模式（Meshing）切换到求解器模式（Solution）。它在 ANSYS Fluent 中将所有体网格数据从网格模式传输到求解器模式。切换过程中系统将要求用户确认网格是否有效。

注意：

- 只有体网格可转移到求解模式，面网格不能被转移。

在网格转移过程中，挂节点（hanging-node）网格被转换为多面体。

2.1.2　边界

Bounds（边界）选项组用来设置图形区域模型的显示边界，这里是根据与模型中选定实体的接近程度来限制显示区域，如图 3-2-4 所示。

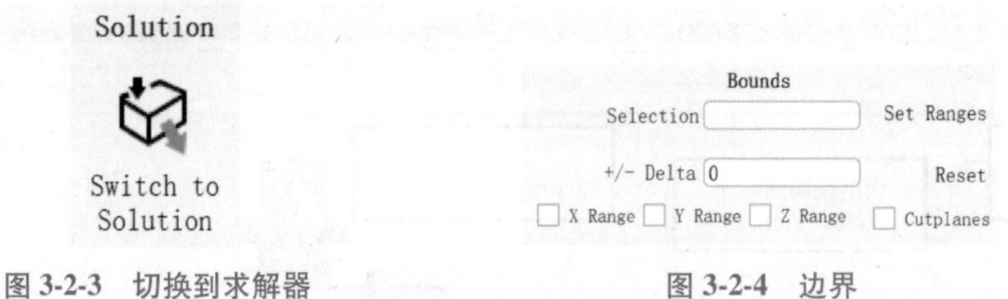

图 3-2-3　切换到求解器　　　　图 3-2-4　边界

1）Selection 选项用于指定边界中心的实体。可以设置选择过滤器，然后在图形窗口中单击以选择实体。

2）在+/- Delta 文本框中设置对称的上下距离限制。使用 X Range、Y Range 和 Z Range 复选框定向限制边界。

3）Set Ranges 选项则应用显示限制。

4）Reset 选项为禁用边界显示。用户必须重新绘制（Redraw）方可看到效果。

5）勾选 Cutplanes 复制框时，则显示区域将链接到 Display Grid 对话框中的 Bounds 选项卡。用户最多可插入六个剖切面（X、Y 和 Z 方向各两个），并不对称地控制它们的位置，如图 3-2-5 所示。

2.1.3　剪裁平面

如图 3-2-6 所示，Clipping Planes（剪裁平面）选项组通常是可视化模型的有用处理方法。可随时插入剪切平面，使用 ● Limit in X ○ Limit in Y ○ Limit in Z 功能区将平面垂直于 X、Y、Z 坐标轴定向，此外可以通过勾选 Filp 复选框翻转平面，并使用箭头图标 ▸ 更改其位置。或者，也可使用三重轴将剪切平面拉动并旋转到新方向，如图 3-2-7 所示。

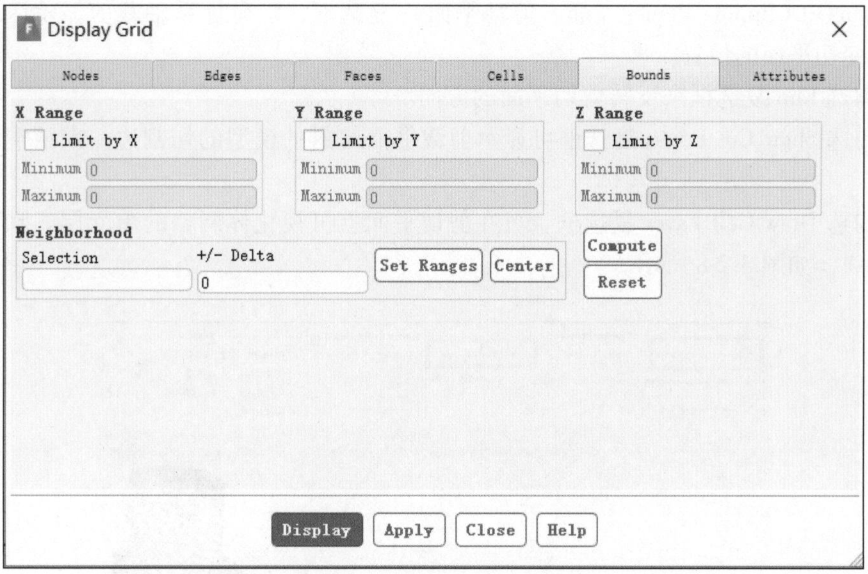

图 3-2-5　Display Grid 对话框

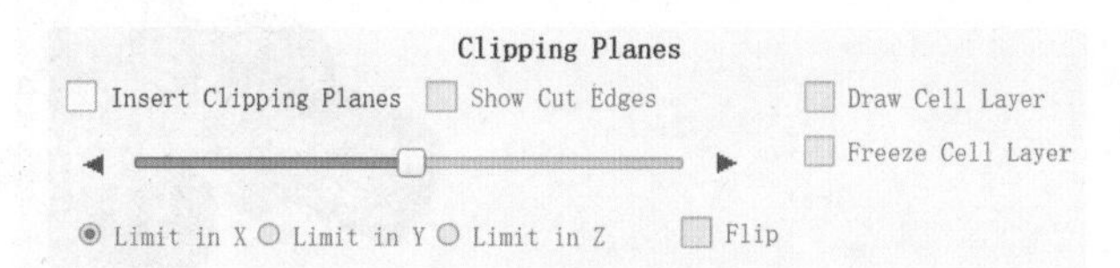

图 3-2-6　剪裁平面

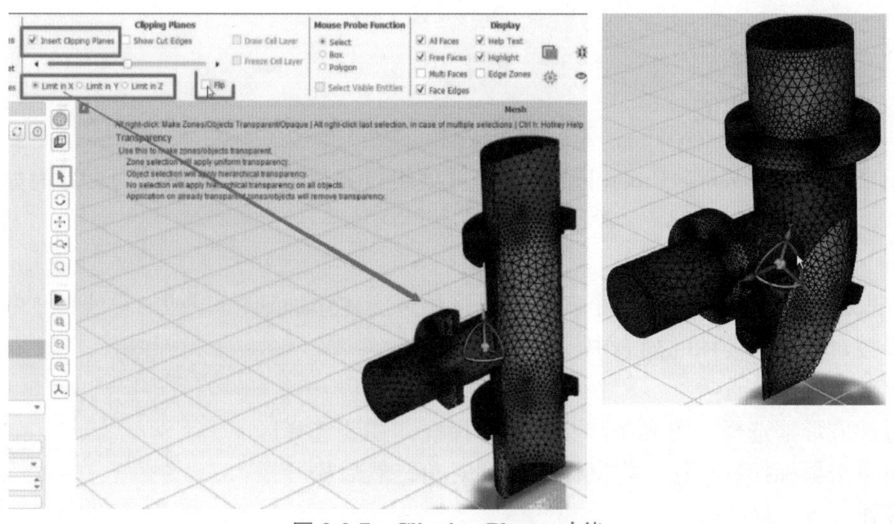

图 3-2-7　Clipping Planes 功能

注意：

- 可以使用<F10>键切换三重轴及其可见性。

勾选 Insert Clipping Planes（插入剪裁平面）复选框，沿坐标系轴裁剪显示区域，拖动滑块可改变切平面的位置。

1）勾选 Flip 复选框来反转剪切平面的方向。

2）勾选 Show Cut Edges 复选框可显示剪裁平面暴露的模型的切割边。默认情况下禁用此选项。

3）勾选 Draw Cell Layer 复选框，可在剪切平面上可视化体网格的单元层。默认情况下禁用此选项，如图 3-2-8 所示。

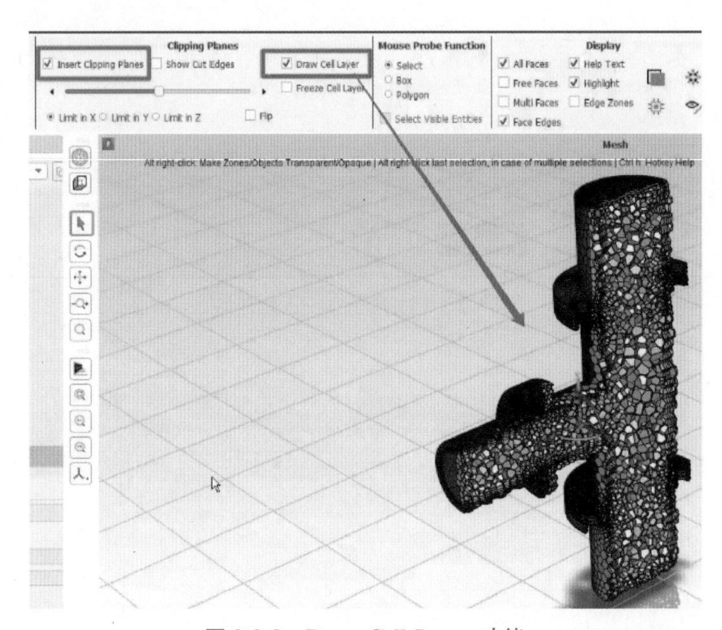

图 3-2-8　Draw Cell Layer 功能

2.1.4　鼠标探针功能

使用鼠标探针（Mouse Probe Function）选项组设置鼠标探针按钮行为，界面如图 3-2-9 所示。

1. Select（选择）选项

允许根据所选过滤器选择单个实体，并将所选实体添加到可在大多数对话框中使用的列表中。

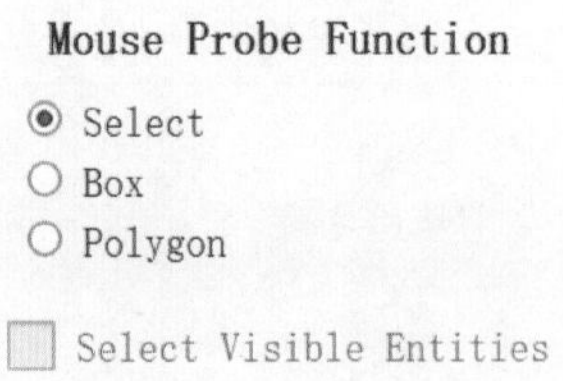

2. Box（盒子）选项

通过长方形框选择一组实体。要定义选择框，在要选择区域的一角单击鼠标探针按钮，将鼠标拖动到对角，然后松开鼠标探针按钮。

Mouse Probe Function

◉ Select
○ Box
○ Polygon

☐ Select Visible Entities

图 3-2-9　鼠标探针界面

3. Polygon（多边形）选项

通过多边形区域来选择一组实体。要定义选择多边形，在要选择多边形区域的一个顶点处单击鼠标探针按钮，然后使用鼠标依次单击剩余每个顶点。再次单击鼠标探针按钮（在图形窗口中的任意位置）以完成多边形定义。

4. Select Visible Entities（选择可见实体）复选框

当鼠标探测功能设置为 Box 或 Polygon 时，只允许选择可见实体（节点、面、区域、对象）。选择仅包括肉眼可见的实体，而不包括隐藏在显示中其他实体后面的实体。默认情况下禁用此选项。勾选此项后，请确保将模型缩放到适当的级别以进行正确选择。

2.1.5 展示

Display（展示）功能，用于控制图形窗口中内容的显示，如图 3-2-10 所示。

1）All Faces（所有面）复选框：启用或禁用可见区域或对象中所有面的显示，按其区域类型着色。

2）Free Faces（自由面）复选框：启用或禁用可见区域或对象上自由面的显示。自由面是具有至少一条不与相邻面共享边的面。

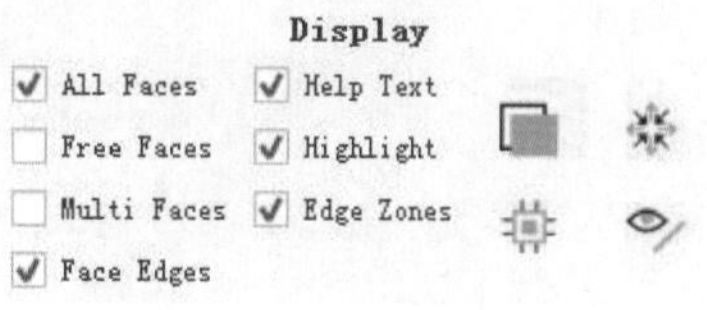

图 3-2-10　展示

3）Multi Faces（多面）复选框：启用或禁用可见区域或对象上多连接面及其节点的显示。多连接面是与多个面共享一条边的边界面，而多连接节点是位于多连接边（即由两个以上边界面共享的一条边）上的节点。

4）Face Edges（面边缘线）复选框：在可见区域或对象中启用或禁用面边缘线显示。此选项与 All Faces 选项结合使用，显示效果如图 3-2-11 所示。

图 3-2-11　Face Edges 显示效果

5）Title（标题）复选框：启用或禁用位于图形下方包含日期、产品以及显示内容的标题块区域。

6）Help Text（帮助文本）复选框：启用或禁用工具按钮或热键的帮助文本显示。每当通过单击按钮（或按键盘上的热键）选择命令时，都显示详细帮助，并且在命令完成或选择另一个命令之前保持可见。

7）Highlight（高亮）复选框：启用或禁用模型树中选定的对象、面域标签、体积区域或单元区域高亮显示。

8）Edge Zones（边缘区域）复选框：启用或禁用包含在图形窗口中绘制对象的边缘区域的显示。

9）Transparency（透明度视图）图标：根据选择集模式切换所选对象/区域的透明度。如果未选择任何对象/区域，则整个几何体将变为透明，以便内部对象/区域可见，如图 3-2-12 所示。

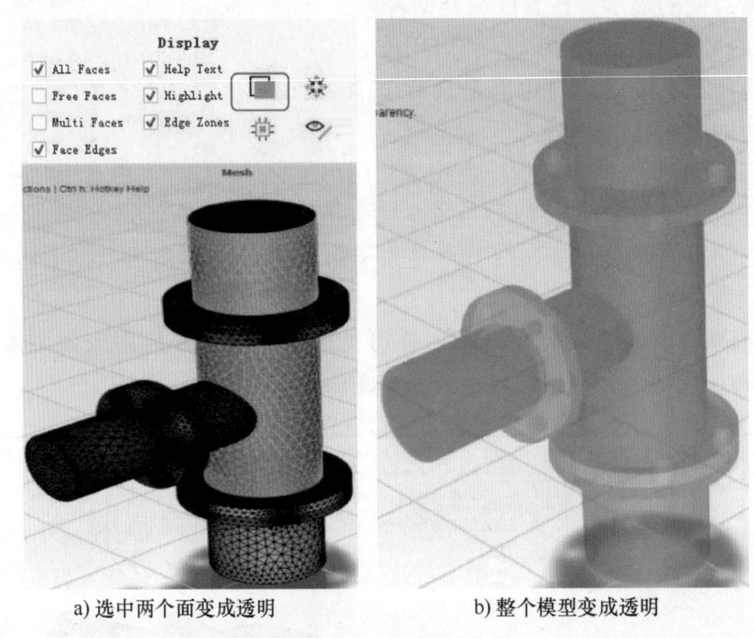

a) 选中两个面变成透明　　b) 整个模型变成透明

图 3-2-12　透明度视图

10）Explode（爆炸视图）图标：在几何中对象正常视图和分解视图之间切换，效果如图 3-2-13 所示。

11）Edge Zone Selection Mode（线域选择模式）图标：启用或禁用边缘区域选择模式。该项使得选择仅限于线实体。

12）Edges（边缘）图标：显示或隐藏选定区域和对象上的线。

2.1.6　检查

Examine（检查）选项组如图 3-2-14 所示。

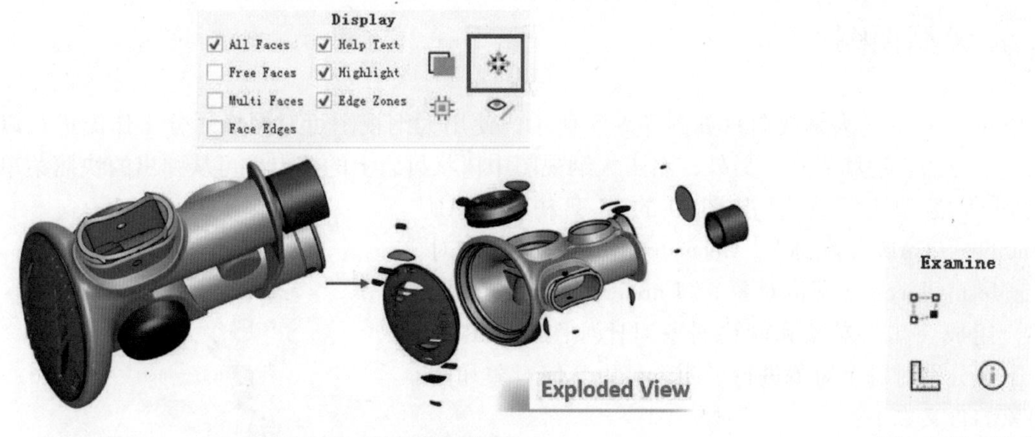

图 3-2-13　爆炸视图效果　　　图 3-2-14　检查

1）Centroid（质心）图标：将所选面的质心坐标打印到控制台。

2）Distance（距离）图标：计算并显示两个选定位置或节点之间的距离。通过节点过滤器如选择两个节点后，单击此功能按钮，进行节点距离测量。同样也可测量两个面，或者一个节点和一条单元边的距离等。

3）Entity Information（实体信息）图标：在消息窗口中打印有关所选实体的详细信息。

2.1.7　补丁选项

Patch Options（补丁选项）选项组如图 3-2-15 所示。

1）Remesh（重新网格化）复选框：对修补的区域自动化重新划分网格。

2）Separate（分离）复选框：为创建的新面创建一个单独的面域/对象。

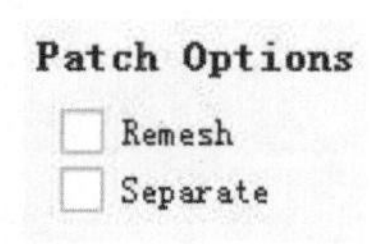

图 3-2-15　补丁选项

2.1.8　选择助手

Selection Helper（选择助手）如图 3-2-16 所示，使用 Selection Helper 时，可以通过 Name Pattern（名称模式）和 Geometry Recovery（几何恢复）级别选择 Face Zones（面区域）、Edge Zones（线区域）、Objects（对象）、Object Face Zone（对象面区域）或 Object Edge Zone（对象线区域）。使用 Filter（过滤器）下拉列表框选择区域或对象的类型，然后使用 Name Pattern 选项来快速选择。当 Filter 下拉列表框中选择 Face Zones 时，Geometry Recovery 选项可用于进一步优化选择。单击 Advanced... 按钮，打开区域选择助手对话框，使用此对话框可根据实体数量，或使用最小或最大面区域面积选择。

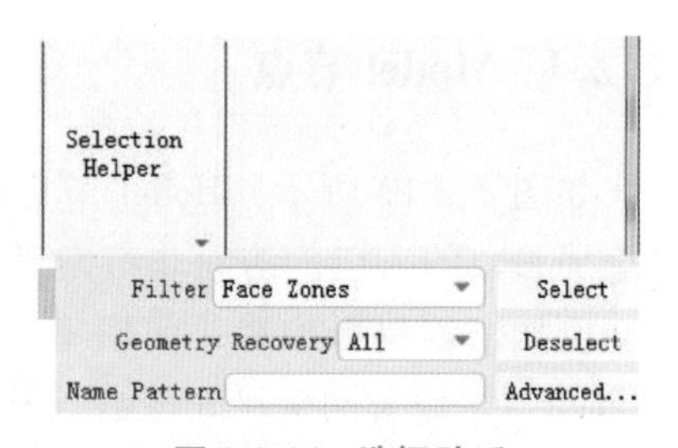

图 3-2-16　选择助手

2.2 大纲视图

Outline View（大纲视图）如图 3-2-17 所示，使用大纲视图可对网格划分工作流进行以对象为中心的管理和显示。另外，右击大纲视图中树状目录上的节点，可从弹出的快捷菜单中找到所需功能。大纲视图中的模型树由 CAD Assemblies（CAD 装配体）、Geometry Objects（几何对象）、Mesh Objects（网格对象）、Unreferenced（未引用对象）组成。几何对象和网格对象对比如图 3-2-18 所示，下面分别对每个对象进行说明。其中几何对象和网格对象的含义如下：

1. 几何对象

1）来自 CAD Faceting 刻面几何的导入。

2）几何质量好或差，几何连接闭合或未闭合。

3）经常需要包面操作。

2. 网格对象

1）来自 CFD Surface Mesh 面网格导入。

2）需要高的网格质量。

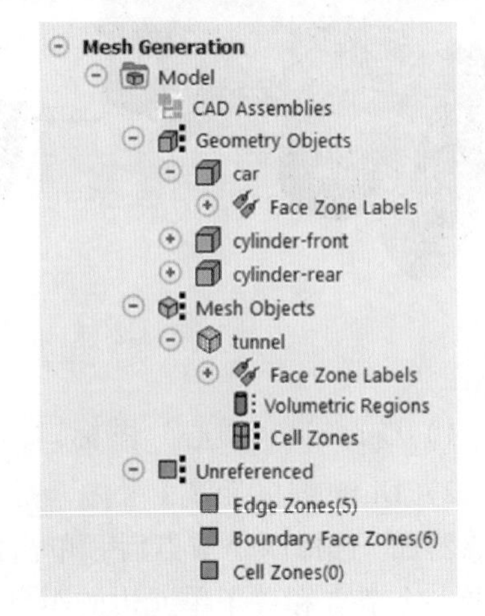

图 3-2-17 大纲视图

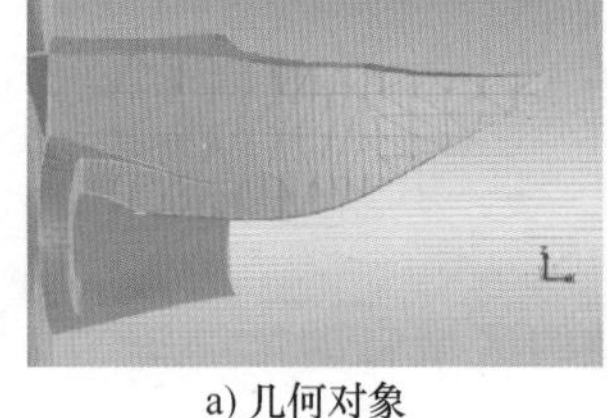

a) 几何对象　　b) 网格对象

图 3-2-18 几何对象和网格对象对比

3）导入时使用 Size field 工具进行网格离散化。

3. 未引用对象

来自第三方的网格导入，如 Fluent Case 文件、ICEM 网格文件等。

2.2.1 Model 节点

如图 3-2-19 所示，Model 节点的右键菜单是全局参数的入口，访问非特定某个对象的功能。例如，创建新构造几何模型（Construction Geometry），设置网格尺寸参数（Sizing），并管理物料点（Material Points...）、周期（Periodicity...）和用户定义组（Groups... 与 Object Management...），此外还可以准备网格以进行求解（Prepare for Solve）。

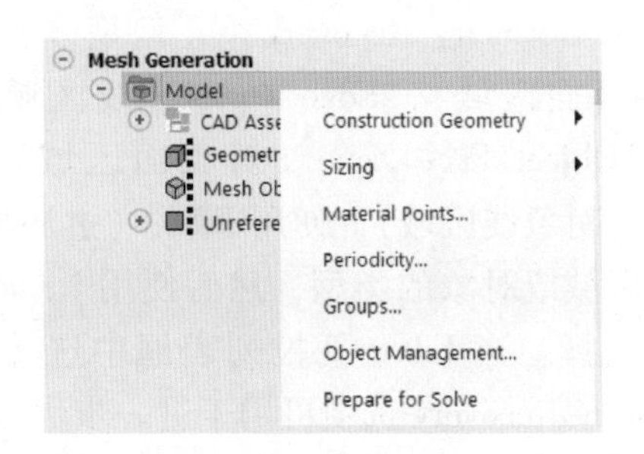

图 3-2-19 Model 节点

2. 2. 2　CAD Assemblies 节点

如图 3-2-20 所示，导入 CAD 装配体时，若在 CAD Options 对话框中勾选 Create CAD Assemblies 选项，导入成功后模型树上会创建 CAD Assemblies 节点。此节点展示了 CAD 模型在原始 CAD 软件中装配树的层级结构。CAD Assemblies 分为组件和体。组件代表原始 CAD 包中的装配、子装配或者零件，而体则是 CAD 域的基本组成部分。右击 CAD Assemblies 节点，在弹出的快捷菜单中可绘制（Draw All）或删除（Delete CAD Assemblies）所有导入的组件，并获取引用的 FMDB 文件（Referenced FMDB）位置。Tree 菜单包含控制 CAD 装配树的外观选项。这些选项可用于选择或取消选择树中的 CAD 对象和区域、展开或折叠树枝，以及删除隐藏或锁定的 CAD 对象。CAD Assemblies 节点如图 3-2-21 所示。

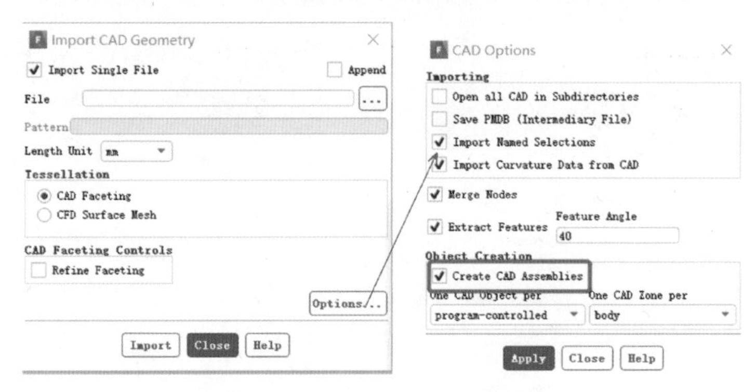

图 3-2-20　导入 CAD 几何文件

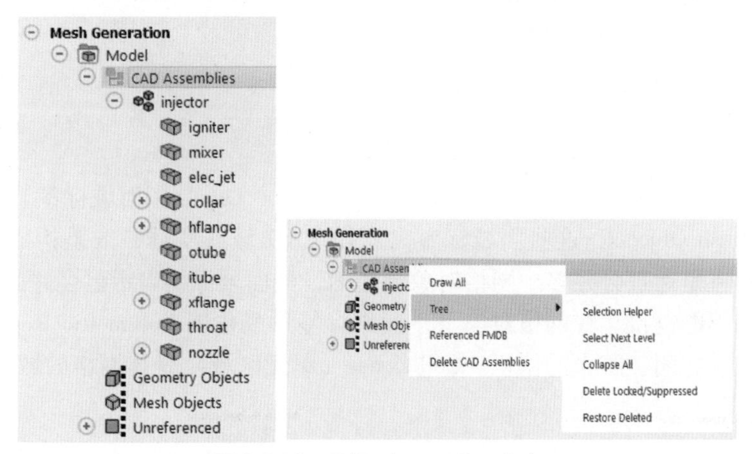

图 3-2-21　CAD Assemblies 节点

2. 2. 3　Geometry Objects 和 Mesh Objects 节点

读取网格文件时，如果文件中已经定义了几何对象（Geometry Objects）和网格对象（Mesh Objects），对象自动填充到对应的模型树中。使用 CAD Faceting 选项导入 CAD 文件时，将创建 Geometry Objects。使用 CFD Surface Mesh 选项导入 CAD 文件时，将创建 Mesh Objects，如图 3-2-22 所示。

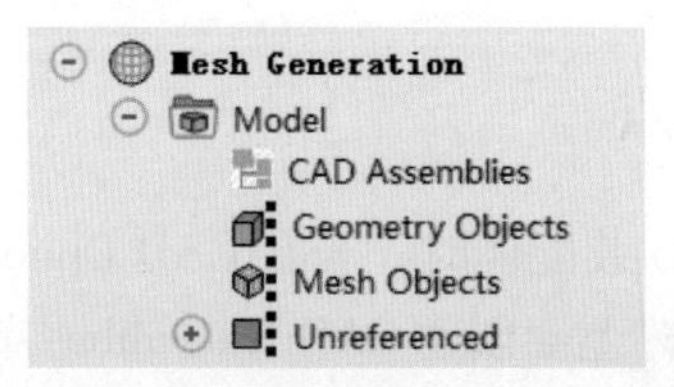

图 3-2-22　Geometry Objects 和 Mesh Objects 节点

可以使用 Geometry Objects 或 Mesh Objects 上下文相关右键菜单对模型中的所有对象执行操作。在全局对象级别，右击 Geometry Objects 节点选择相应快捷菜单命令以绘制或选择所有对象。

右击模型树中的单个 Object（Geometry Objects 或 Mesh Objects 中）名称可打开快捷菜单，以访问对象级细化和控制的任务，如图 3-2-23 所示。

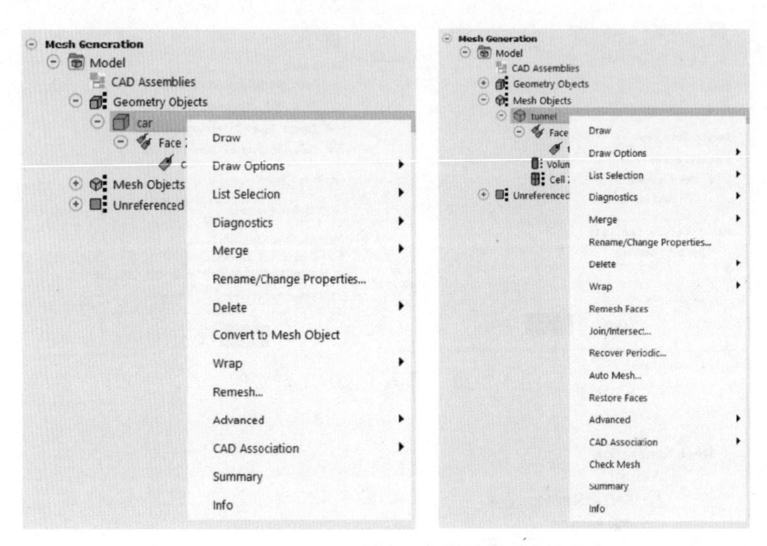

图 3-2-23　对象级的快捷菜单

如图 3-2-24 所示，对于 Geometry Objects，Face Zone Labels（面域标签）是构成对象的面域组。对于 Mesh Objects，这些面域标签是原始 CAD 域或实体，或是构成网格对象的面域。如果网格对象是通过合并多个网格对象创建的，则面域标签表示已合并的对象。它们提供了原始几何图形的链接。在网格对象下，面域标签形成包围 Volumetric Regions（体积域）的边界——独立、封闭、防水的体积。Cell Zones（单元区域）是体网格的域。

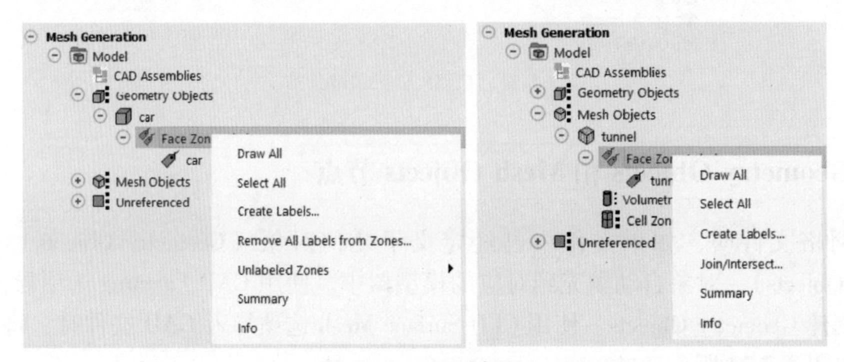

图 3-2-24　面域标签

右击几何/网格对象下的具体域标签（Zone Label）名称，可进行域级别显示和选择相关网格划分任务等，如图 3-2-25 所示。

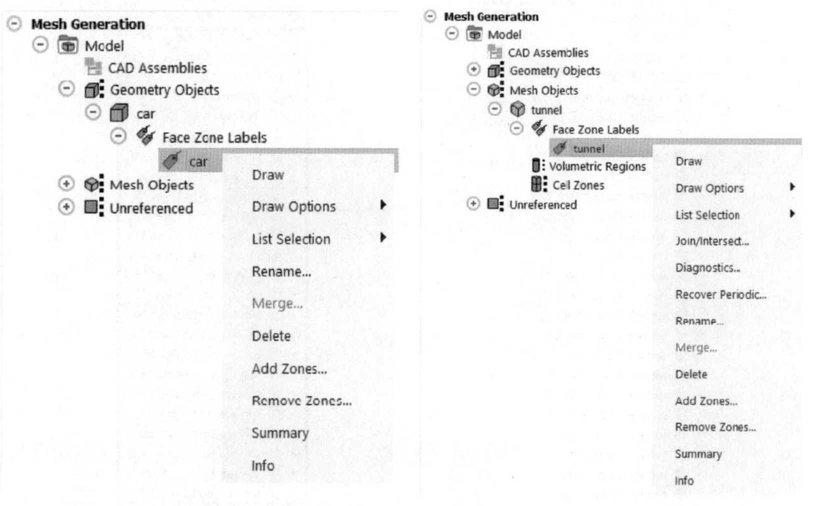

图 3-2-25　域标签

2.2.4 Unreferenced 节点

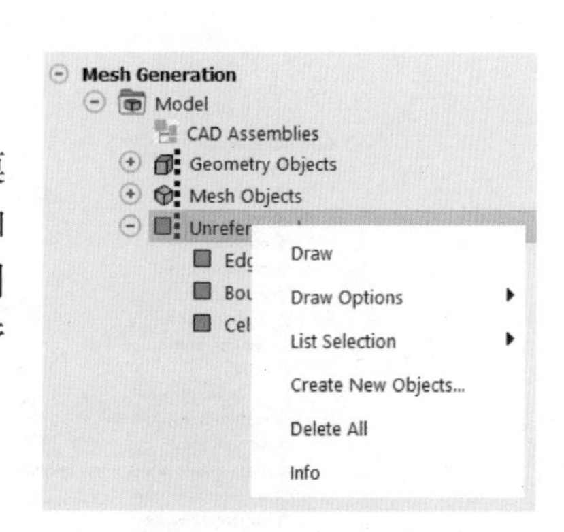

图 3-2-26　未引用对象

如图 3-2-26 所示，从其他格式导入网格会分配到模型树 Unreferenced 节点下，并创建对应的边域、面域和单元域。Unreferenced 节点的右键菜单中包括绘制（Draw）、列表选择（List Selection）以及其他选项来管理未引用的域对象。

2.2.5 模型树操作

本节介绍模型树中显示对象、隐藏对象、合并对象以及对象重命名的相关操作。

1. 选择对象

在模型树中右击 Geometry Objects，在弹出的快捷菜单中选择命令 Select All，整个对象列表会被选中，如图 3-2-27 所示。

2. 显示对象（连续对象选择）

在模型树中单击选择一个对象，然后按<Shift>键并单击列表中最后一个要选择的对象，则列表中这两个对象及之间的对象均被选中，然后在任意一个所选择的对象上右击，在弹出的快捷菜单中选择命令 Draw。

3. 显示对象（不连续对象选择）

在模型树中单击选择一个对象，然后按<Ctrl>键并单击其他要选择的对象，然后在任意一个所选择的对象上右击，在弹出的快捷菜单中选择命令 Draw，如图 3-2-28 所示。

4. 隐藏对象

选择所需几何对象，右击任意对象，在弹出的快捷菜单中选择命令 Draw Options→

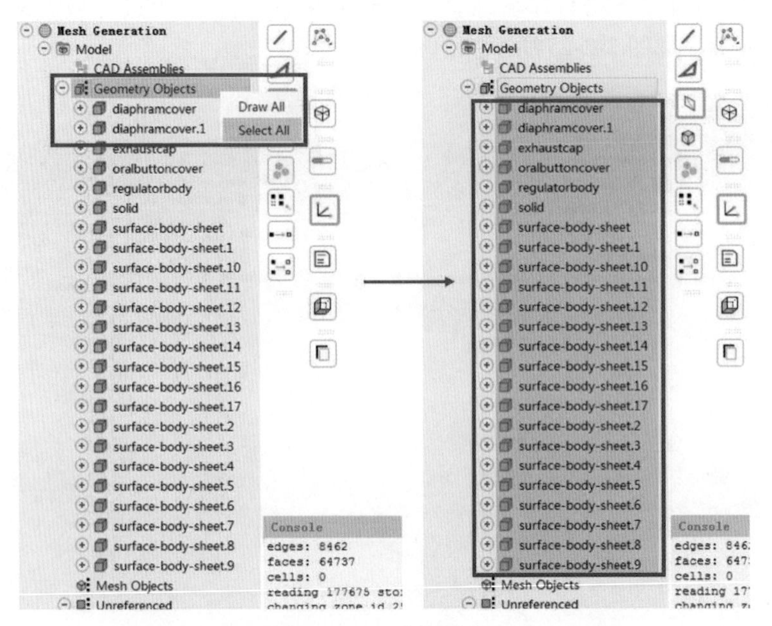

图 3-2-27　选择对象

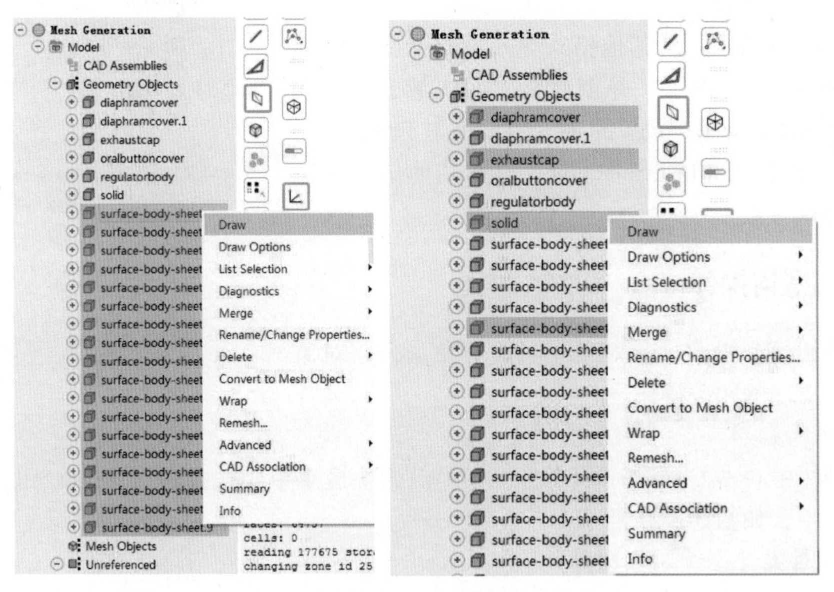

图 3-2-28　显示对象

Remove，图形区域隐藏选中的对象，如图 3-2-29 所示。

5. 合并对象

在模型树中选择几个对象，右击任意一个选中的对象，选择命令 Draw。再次右击任意一个选中的对象选择命令 Merge→Objects...，在弹出的 Merge Objects 对话框 Name 文本框中输入 body，单击 Merge 按钮，此时模型树中出现一个名为“body”的合并后的对象，如图 3-2-30 所示。

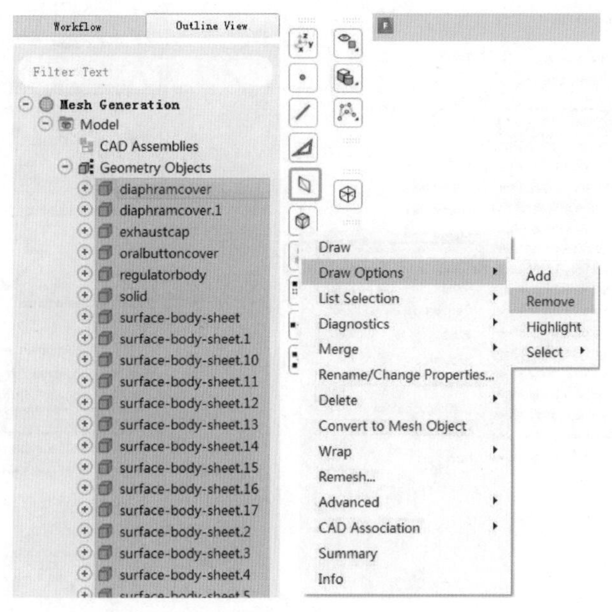

图 3-2-29　隐藏对象

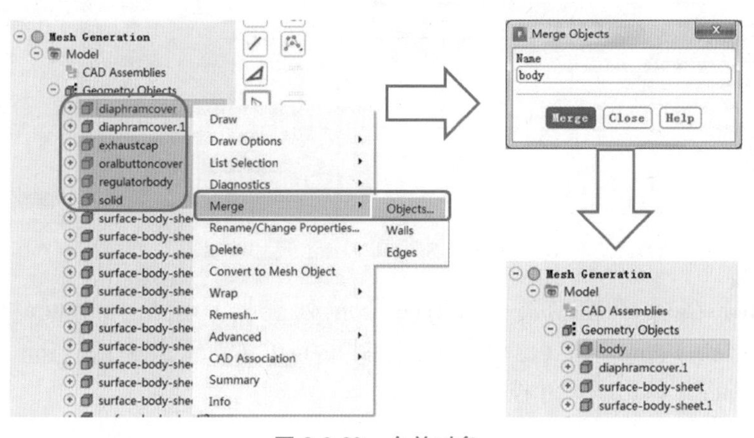

图 3-2-30　合并对象

6. 更改对象名称

在模型树中单击选择一个对象，如“diaphragmcover. 1”，在该对象的右键菜单中选择命令 Draw。再次右击对象“diaphragmcover. 1”，选择命令 Rename/Change Properties...。在弹出的对话框中勾选 Rename object zones，输入新名称如 cover，单击 OK 按钮。对象列表中出现一个名为“cover”的对象，如图 3-2-31 所示。

2. 2. 6　Size Functions/Scoped

Size Functions/Scoped 是模型树中的一个主要功能。它可以控制网格尺寸在表面或体积内的生成方式，提供精确的尺寸控制方法对网格进行处理和细化，从而生成满足需要的网格，如图 3-2-32 所示。

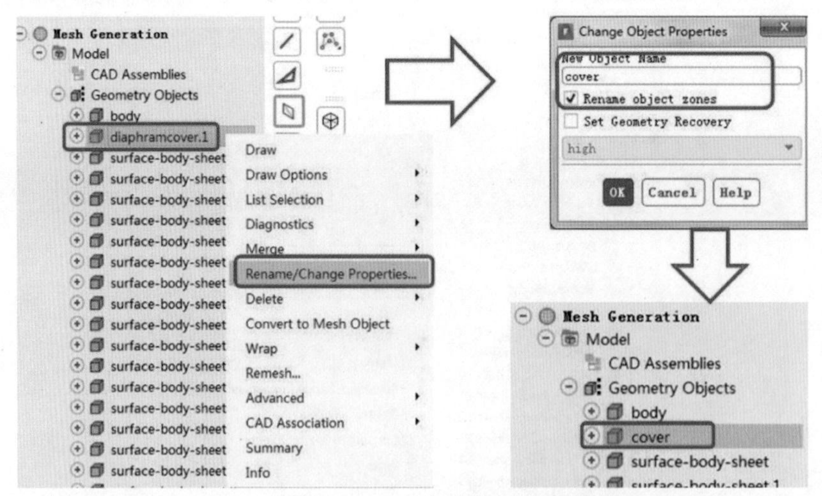

图 3-2-31　更改对象名称

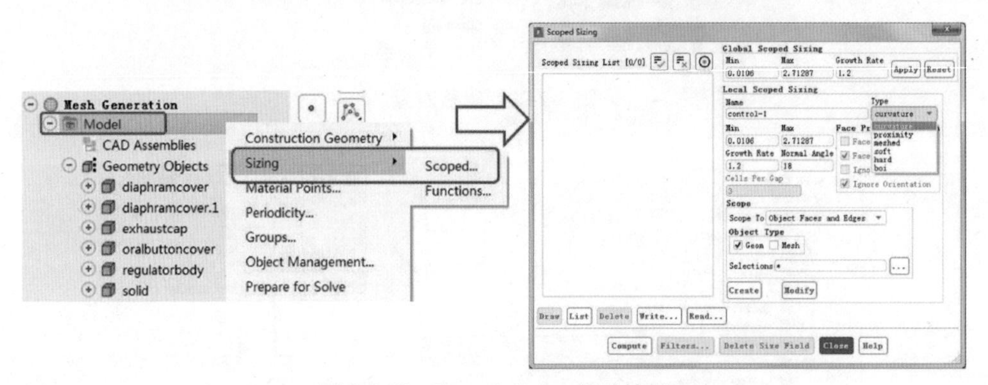

图 3-2-32　Scoped Sizing 尺寸控制

Size Functions/Scoped 控制类型（Type 下拉列表框）包括 curvature（曲率控制）、proximity（邻近控制）、meshed（已划分网格控制）、hard（硬尺寸控制）、soft（软尺寸控制）和 body of influence（体影响尺寸控制）。

1. curvature

曲率控制函数检查边或面上的曲率，并将尺寸细化到用户指定的最小值，以捕获几何细节。曲率尺寸由以下参数定义：

（1）Min、Max　允许的最小、最大网格尺寸。

（2）Growth Rate　网格尺寸增长率，在定义的几何体上，从最小单元尺寸增长到最大单元尺寸的速度。

（3）Normal Angle　法线角度，如果两个相邻面法线之间的角度大于此项设定值，则会进行网格细化。较小的法向角意味着更好的特征捕捉。例如，Normal angle 的值为“5”表示沿曲线的角度变化为 5°。因此，一个 90°的弧将被分成大约 18 段。法线角度对比如图 3-2-33 所示，可见不同 Normal angle 的网格生成情况及不同法线角度的对比。

2. proximity

邻近控制函数指定最小单元层数来控制模型狭小“间隙”中的边和面的尺寸。建议在边上进行邻近控制，在面上定义邻近控制会因为复杂的网格而带来不必要的网格细化，控制界面如图 3-2-34 所示。

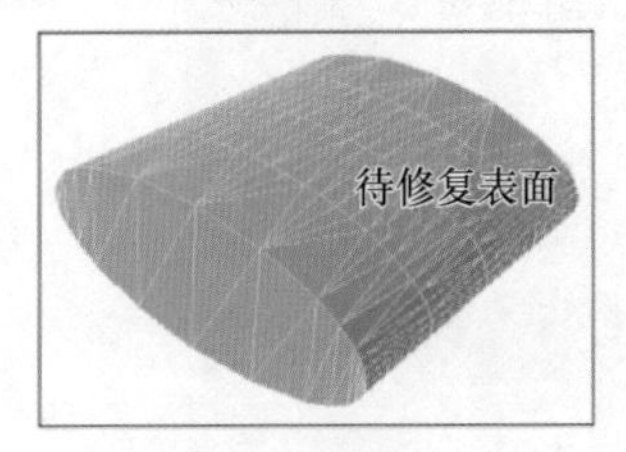

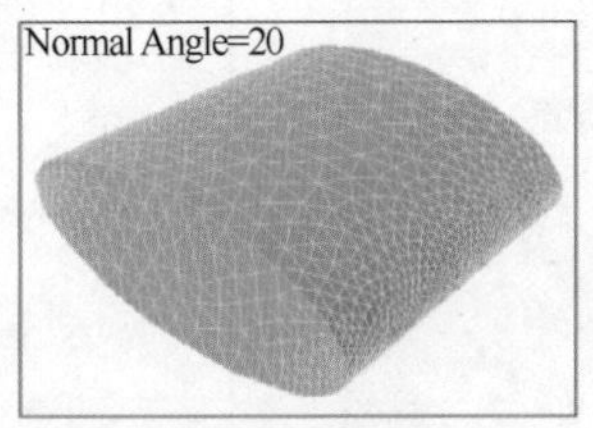

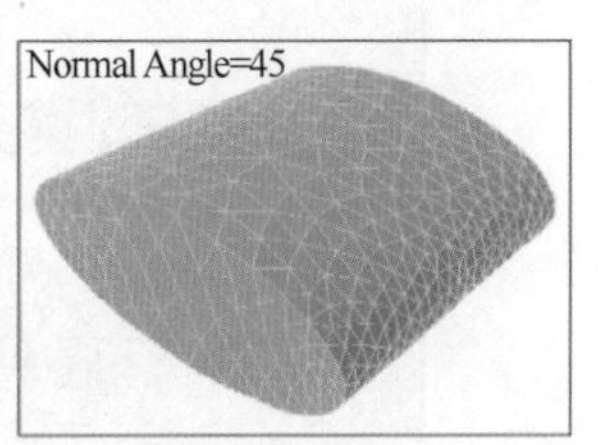

图 3-2-33　法线角度对比

图 3-2-34　proximity 控制界面

邻近尺寸由以下参数定义：

（1）Min、Max　允许的最小、最大网格尺寸。

（2）Growth Rate　网格尺寸增长率，在定义的几何体上，从最小单元尺寸增长到最大单元尺寸的速度。

（3）Cells Per Gap　间隙中单元数，狭小间隙之间生成的网格层数。图 3-2-35 所示为不同 Cells Per Gap 尺寸控制下网格生成情况比较。

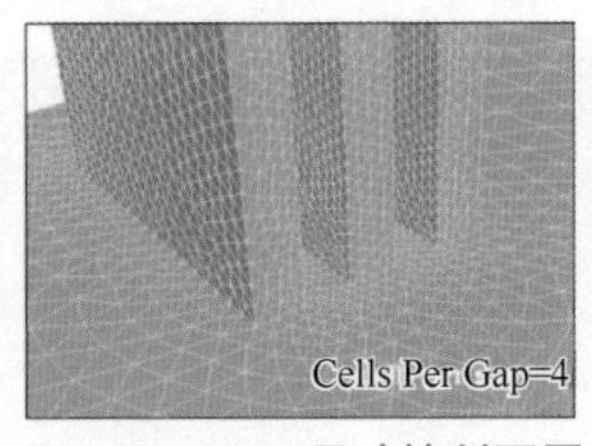

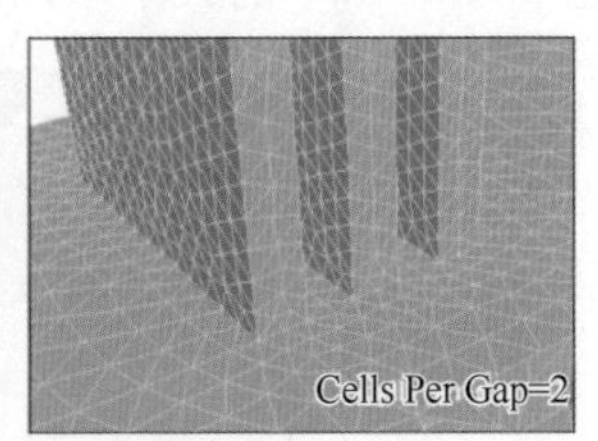

图 3-2-35　不同 Cells Per Gap 尺寸控制下网格生成情况比较

（4）Face Proximity Option 选项组

1）Face Boundary 选项，可计算每个面内边与边的接近度。对于在不使用硬尺寸功能的情况下，该选项有助于解决后缘边和薄板边界。图 3-2-36 所示为勾选 Face Boundary 选项后后缘边几何的网格节点分布。

2）Face Face 选项，能计算选定面区域中两个面之间的接近度。勾选该选项后，还可使用 Ignore Self 和 Ignore Orientation 的附加选项。

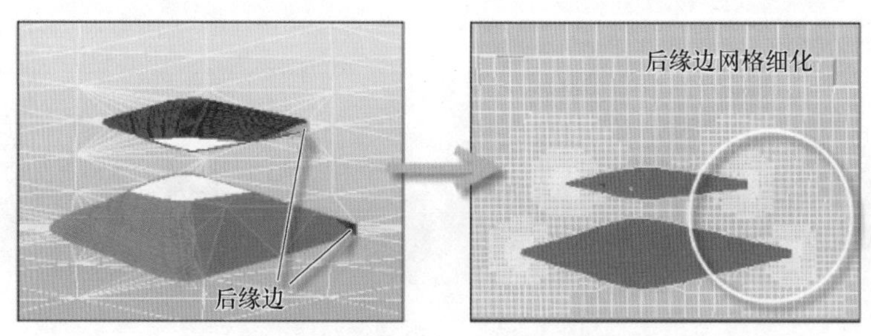

图 3-2-36　Face Boundary 设置

3）Ignore Self 选项，勾选此选项可忽略同一个面域内面之间的邻近度。

4）Ignore Orientation 选项，使得在接近度计算时忽略面法向方向。一般情况下，接近度计算取决于面法线方向。如图 3-2-37 所示例子中凹槽盒上的法线指向内。当仅仅勾选 Face Face 选项时，Proximity 功能不会沿整个凹槽长度细化表面。当 Ignore Orientation 选项与 Face Face 选项一起勾选时，表面将沿凹槽长度细化。

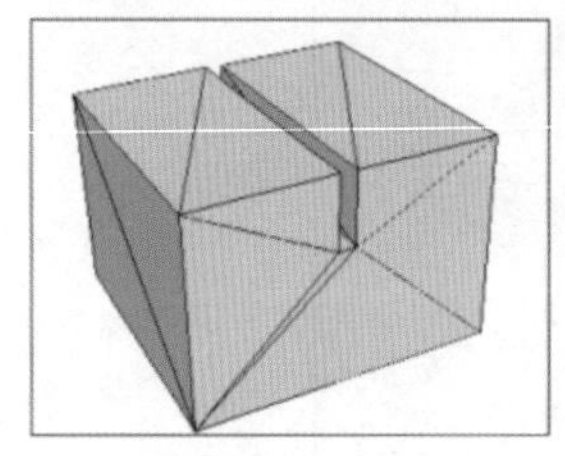

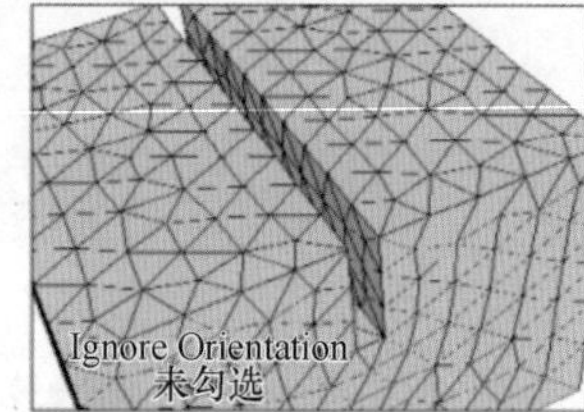

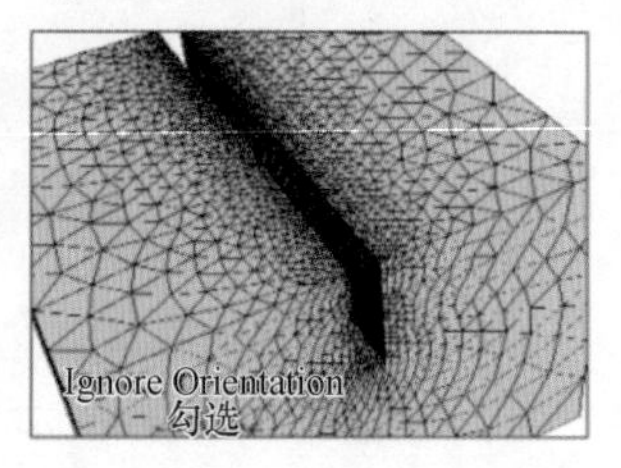

图 3-2-37　Ignore Orientation 选项

注意：

- Face Boundary 及 Face Face 选项至少勾选一个，否则会报错。

3. meshed

meshed 尺寸控制使网格根据现有尺寸进行设置。在设定的网格最大、最小值范围内，通过指定 Growth Rate 的大小来调控网格的生成，控制界面如图 3-2-38 所示。

图 3-2-38　meshed 控制界面

meshed 控制效果如图 3-2-39 所示，通过 meshed 尺寸控制，使绿色面区域基于已生成网格面区域网格尺寸（图中 premeshed face zone 的灰色区域）重新划分网格。

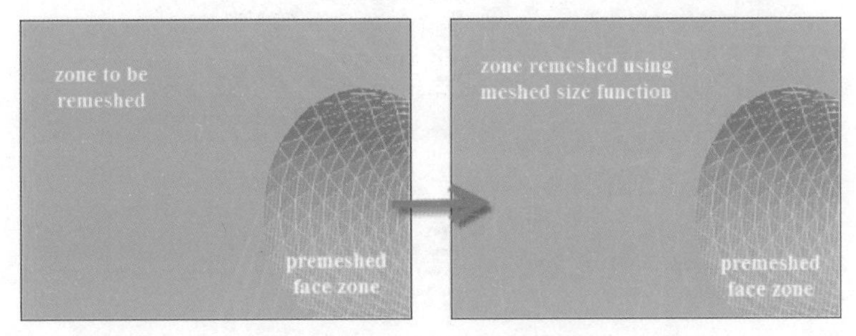

图 3-2-39　meshed 控制效果

4. hard

硬尺寸函数使网格根据指定尺寸保持统一大小，而定义网格增长率的大小会影响相邻区域的大小，控制界面如图 3-2-40 所示。硬尺寸将覆盖指定的任何其他尺寸函数。

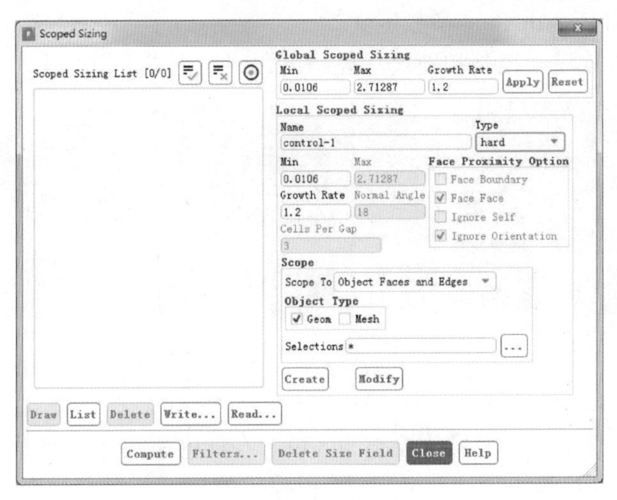

图 3-2-40　hard 控制界面

硬尺寸由 Min 和 Growth Rate 参数定义。

注意：

- 建议不要定义两个相邻的硬尺寸，这样可能会造成两者之间的过渡不顺滑。
- 如果在同一位置应用了两种硬尺寸，则默认使用后者，而不是使用较小的尺寸对网格进行控制。

5. soft

软尺寸函数可设置所选区域网格生成的最大尺寸（Max），而定义大小的指定增长率（Growth Rate）会影响相邻区域大小。当为边和/或面选择 soft 尺寸函数调整大小时，大小将受其他尺寸函数影响，控制界面如图 3-2-41 所示。区域最小尺寸（Min）将根据其他尺寸控制函数的影响确定，否则将保持统一大小。换句话说，在相同区域中，如果其他尺寸控制设置中指定了较小的尺寸，将忽略软尺寸函数对网格生成的调控。

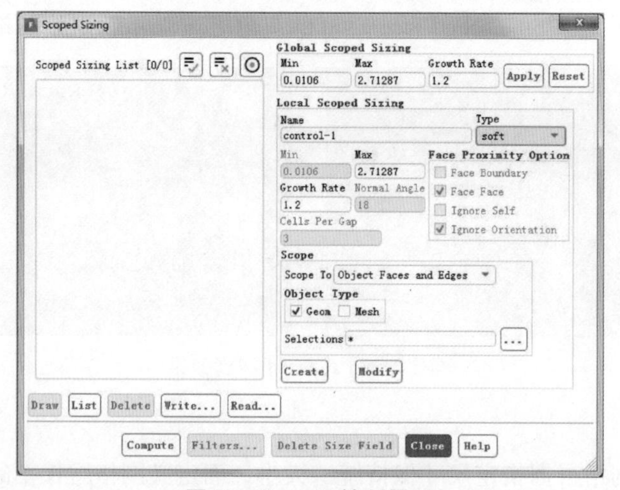

图 3-2-41　soft 控制界面

软尺寸由 Max 和 Growth Rate 参数定义。

图 3-2-42 所示为软尺寸控制和硬尺寸控制下的网格生成情况对比。

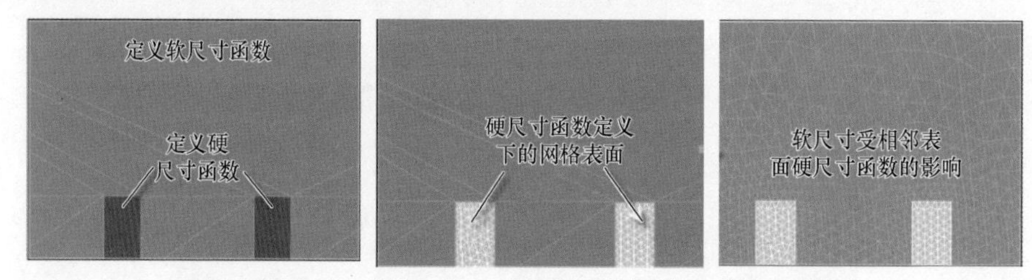

图 3-2-42　hard 和 soft 尺寸控制下的网格生成情况对比

6. body of influence（boi）

体影响尺寸控制可指定用于尺寸控制的区域。在此网格尺寸控制中，可指定最大网格尺寸（Max）大小，而网格最小尺寸（Min）将根据其他尺寸控制函数影响确定，控制界面如图 3-2-43 所示。

图 3-2-43　boi 控制界面

体影响尺寸由 Max 和 Growth Rate 参数定义。

图 3-2-44 所示为对汽车外轮廓附近和汽车尾部流场施加了 boi 尺寸控制，目的是细化车体和尾部的网格以更精确地捕获流动特性。除了 boi 尺寸控制，还定义了其他大小函数（如 curvature、proximity）。

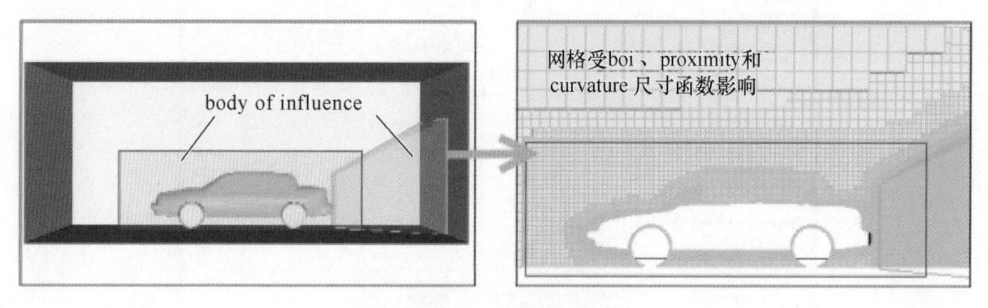

图 3-2-44 boi 控制效果

2.2.7 Diagnostics 工具

1. Geometry 问题

如图 3-2-45 所示，可使用诊断工具定位和修复几何中的问题，例如间隙或交叉点。在模型树中选择对象（Geometry Objects 或 Mesh Objects 中的对象），然后在所选对象的右键菜单中选择命令 Diagnostics→Geometry...，弹出 Diagnostic Tools 对话框。

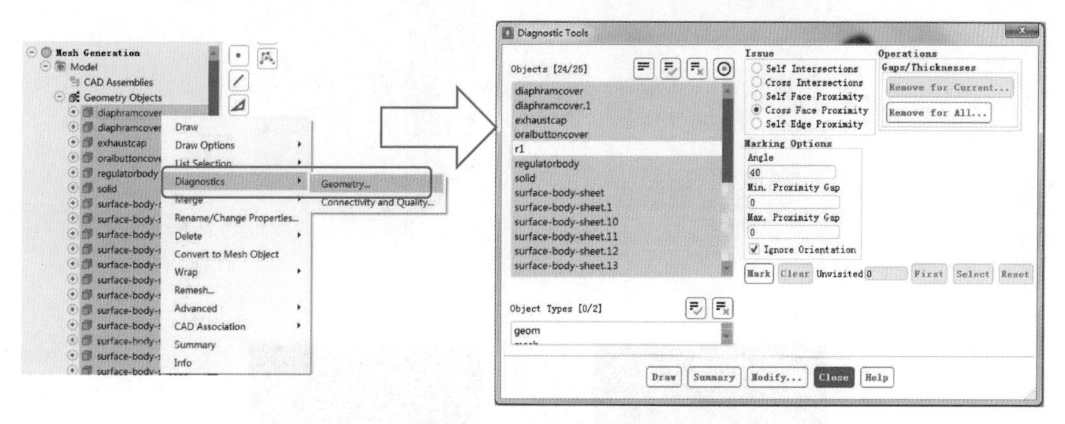

图 3-2-45 诊断网格质量

在 Diagnostic Tools 对话框可以诊断的问题，即 Issue 选项组中包括 Self Intersections（自相交）、Cross Intersections（交叉）、Self Face Proximity（自面接近）、Cross Face Proximity（交叉面接近）、Self Edge Proximity（自边缘接近）。

2. Face Connectivity 问题

可使用诊断工具定位和修复表面网格中的问题，例如自由面或多连接面、自相交面或其他有问题。在模型树中选择对象（Geometry Objects 或 Mesh Objects 中的对象），然后在所选对象的右键菜单中选择命令 Diagnostics→Connectivity and Quality...，弹出 Diagnostic Tools 对话框，如图 3-2-46 所示。

Diagnostic Tools 对话框 Face Connectivity 标签页 Issue 选项组中 Free、Multi 和 Self Inter-

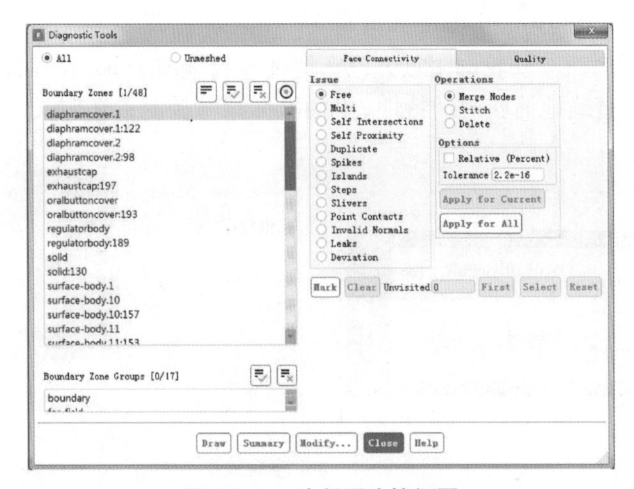

图 3-2-46　诊断面连接问题

sections 是修复面网格对象的三个主要工具。

（1）Free　自由面，有 3 种操作方式：

1）Merge Nodes，通过设定容差对节点进行合并，如图 3-2-47 所示。

2）Stitch，执行缝合操作（当节点不匹配时），如图 3-2-48 所示。

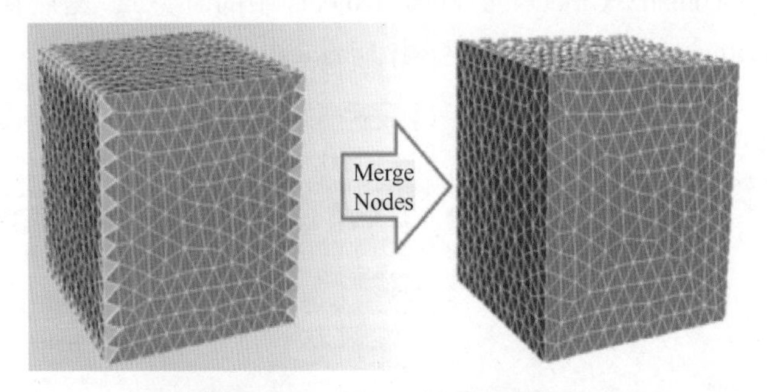

图 3-2-47　Merge Nodes 操作

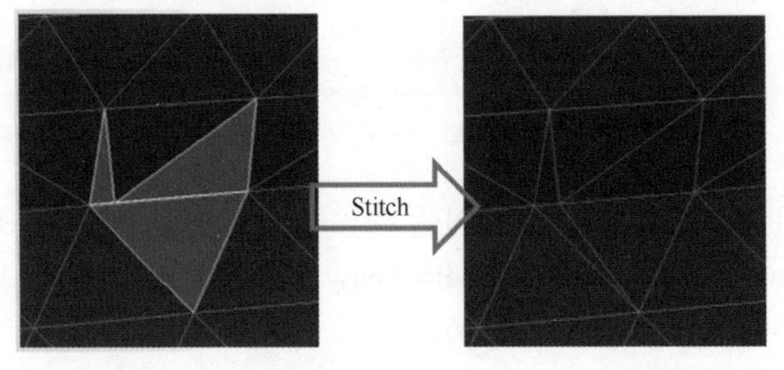

图 3-2-48　Stitch 操作

3）Delete，删除不必要的面。

（2）Multi　多重面或者多重边，有 4 种操作方式：

1）Delete Fringes，清理边缘的多重网格面，处理方式与 Free Nodes 相同。

2）Delete Overlaps，清理重叠面和多重面，如图 3-2-49 所示。

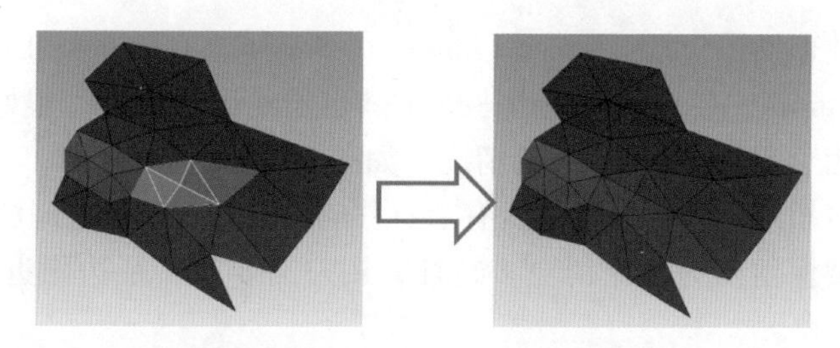

图 3-2-49　Delete Overlaps 操作

3）Disconnect，将两个相邻的网格面分割开。

4）All Above，执行以上所有选项。

（3）Self Intersections　自交叉，有 2 种操作方式：

1）Fix Self Intersections，将边界分离开，如图 3-2-50 所示。

2）Fix Folded Faces，修复折叠的网格，如图 3-2-51 所示。

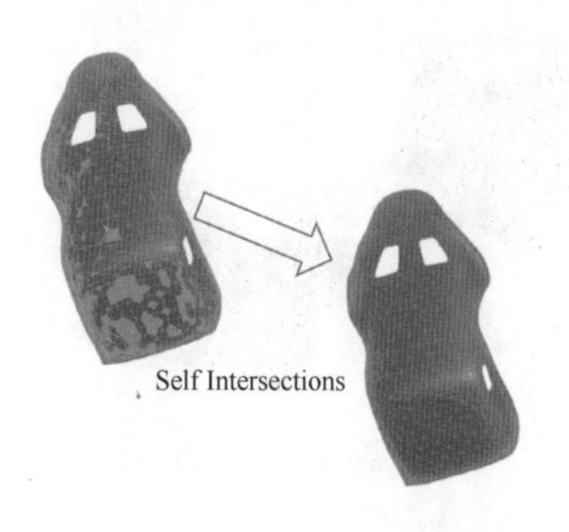

图 3-2-50　Fix Self Intersections 操作

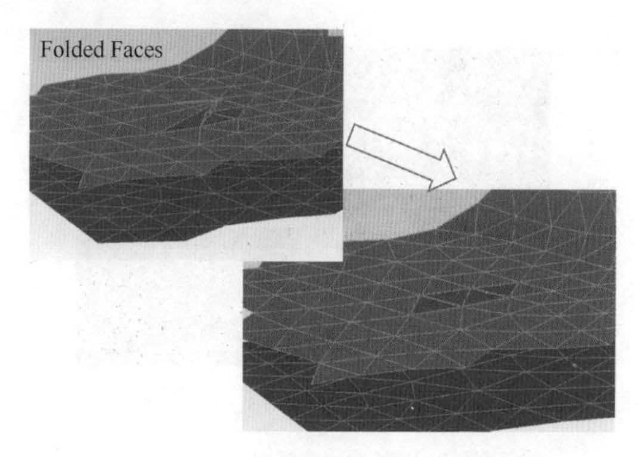

图 3-2-51　Fix Folded Faces 操作

3. 网格质量诊断

可使用诊断工具定位和修复表面网格质量问题。在模型树中选择对象（Geometry Objects 或 Mesh Objects 中的对象），然后在所选对象的右键菜单中选择命令 Diagnostics→Connectivity and Quality...，弹出 Diagnostic Tools 对话框，然后单击 Quality 标签。网格质量诊断界面如图 3-2-52 所示。

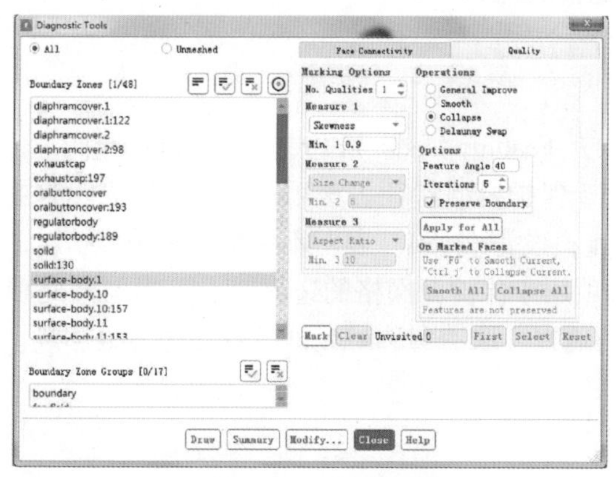

图 3-2-52　网格质量诊断

网格质量诊断处理操作包括：General Improve、Smooth、Collapse、Delaunay Swap。

（1）General Improve　使用多种技术来尝试满足质量测量标准。很好的“一般”设置，但非常保守。推荐用于 Skewness> 0.7 的情况，如图 3-2-53a 所示。

（2）Smooth　将扭曲三角形附近的所有节点移动到其相邻节点之间的中间位置，对象内的特征边缘区域将被保留。为了保留更多特征，用户需要对特征边附近的网格进行局部加密，如图 3-2-53b 所示。

（3）Collapse　折叠（或收缩）节点、边或面。如果选择一对节点，则删除这两个节点并在两个节点的中点创建一个新节点。如果选择三角形面，则该面将折叠为面质心处的单个节点。这是一个十分“粗暴”的命令，建议针对 Skewness> 0.9 的情况使用，如图 3-2-53c 所示。

（4）Delaunay Swap　检查共享一条边的每对面并翻转该边是否会导致更好的整体偏斜［受 Feature Angle（特征角度）和 Preserve Boundary（保留边界设置）的约束］，如图 3-2-53d 所示。

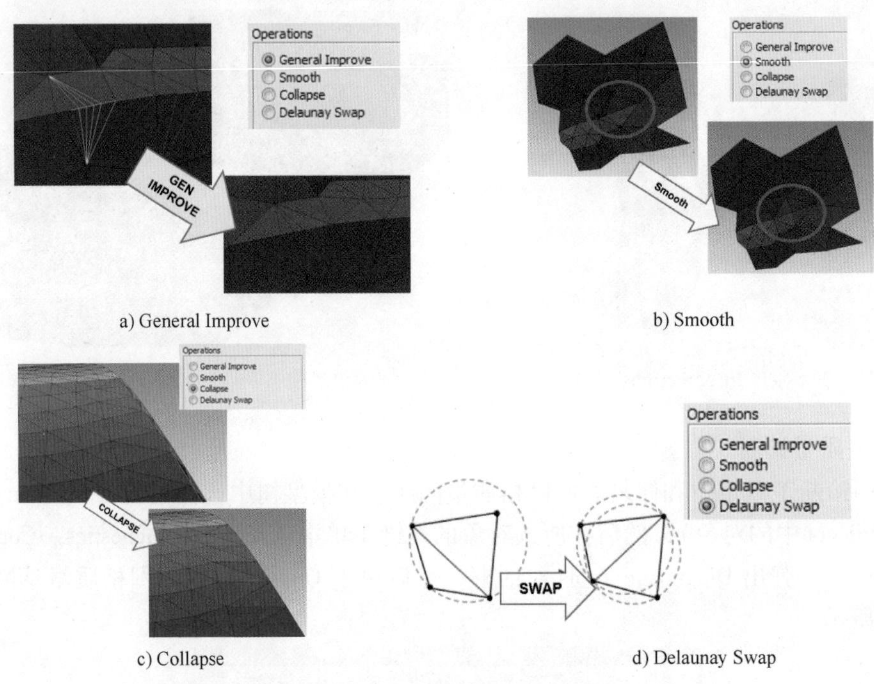

a) General Improve　b) Smooth　c) Collapse　d) Delaunay Swap

图 3-2-53　网格质量诊断处理操作

保护特征的参数选项有 Feature Angle 和 Preserve Boundary：

Feature Angle 选项用于保护模型特征。该项设为“0”表示保护所有节点；设为“90”表示保护 90°~180°的节点；设为“180”表示不保护任何节点。

Preserve Boundary 选项用于保护面网格的边界节点。当勾选此项时，不能修改一个面域结束而下一个面域开始的地方。取消勾选时允许节点在边界处移动。

2.2.8 Summary 工具

如图 3-2-54 所示，从模型树中选择需要的对象（Geometry Objects 或 Mesh Objects 中

的对象)，然后在所选对象上右击，选择命令 Summary，可在命令控制窗口中显示网格的统计信息。显示的数据包括自由面（free-faces）、多面（multi-faces）和重复面（duplicate-faces）的数量；面网格质量（skewness）的统计，以及面（all-faces）和面区域（face-zones）的总数。这与单击 Diagnostic Tools 对话框中的 Summary 按钮显示的信息相同。

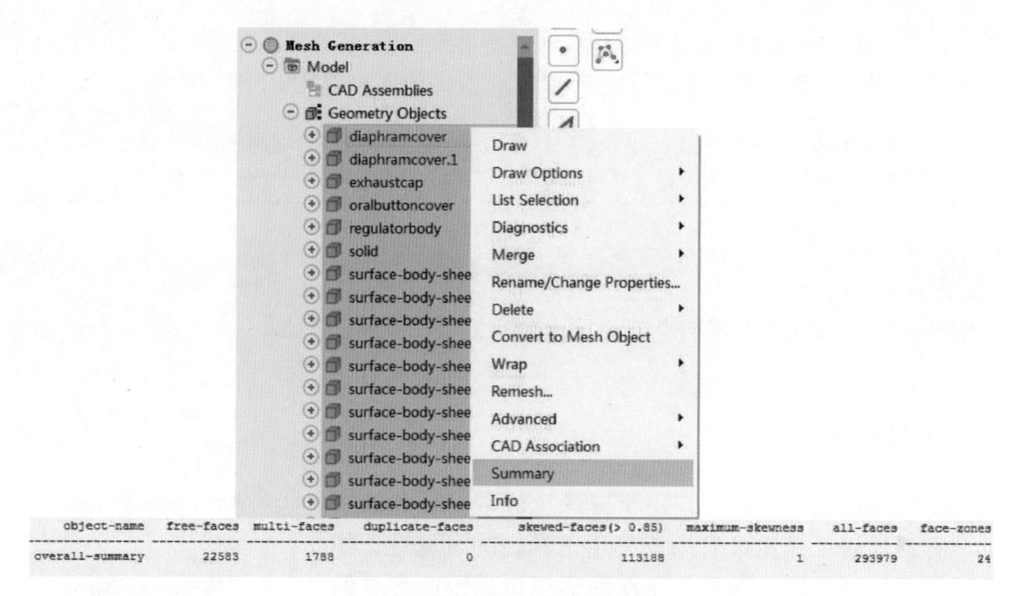

图 3-2-54　Summary 工具

2.3 图形窗口

2.3.1 鼠标按钮

用户可查看或更改 Fluent Meshing 鼠标操作。选择菜单命令 Display→Mouse Buttons... 打开 Mouse Buttons 对话框，这里可选择 Fluent Defaults 或 Workbench Defaults 两种不同鼠标功能的默认设置选项，如图 3-2-55 所示。表 3-2-1 列出了 2 种鼠标操作方法的相关信息。

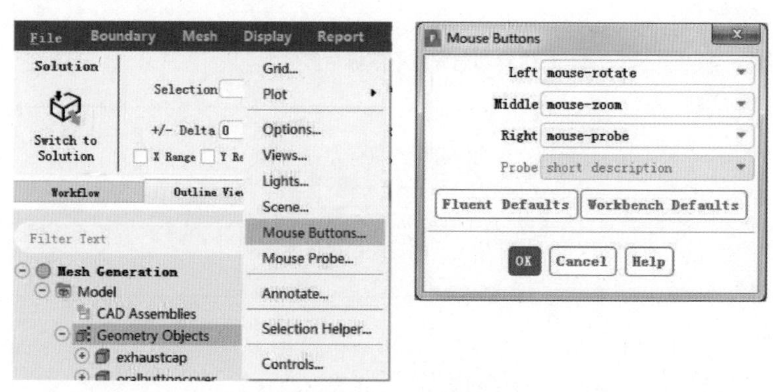

图 3-2-55　鼠标操作

表 3-2-1　Fluent Meshing 中 2 种鼠标操作方法的相关信息

Fluent Defaults	Workbench Defaults
鼠标左键：旋转 Left：mouse-rotate	鼠标左键：平移 Left：mouse-dolly（to span）
鼠标中键：缩放 Middle：mouse-zoom	鼠标中键：旋转 Middle：mouse-rotate
鼠标右键：选择 Right：mouse-probe（to select）	鼠标右键：缩放 Right：mouse-roll-zoom

注意：

- 放大为从左到右绘制一个框，缩小为从右到左绘制一个框。

2.3.2 工具栏

图形窗口包括几个工具栏，用于提供执行常见任务的快捷方式。右击任何工具栏可启用或禁用工具栏的可见性，如图 3-2-56 所示。可以将工具栏停靠在图形窗口周围或将它们"浮动"放置在用户界面中任何方便的位置。

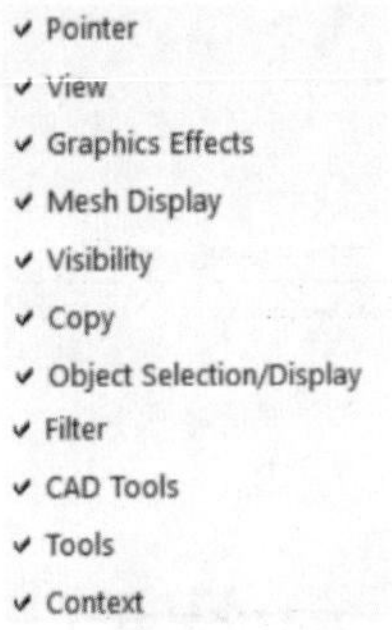

✔ Pointer
✔ View
✔ Graphics Effects
✔ Mesh Display
✔ Visibility
✔ Copy
✔ Object Selection/Display
✔ Filter
✔ CAD Tools
✔ Tools
✔ Context

图 3-2-56　工具栏显示菜单

1. Pointer（指针）工具栏

使用 Pointer 工具栏中的选项快速更改鼠标左键的功能，见表 3-2-2。

表 3-2-2　Pointer 工具栏

指针工具	含义
框选	通过框选择选择面，即单击并从"左到右"或"右到左"侧拖动鼠标
旋转	将鼠标旋转功能分配给鼠标左键
平移	将鼠标平移功能分配给鼠标左键
缩放	将鼠标缩放功能分配给鼠标左键
局部放大	将鼠标局部放大功能分配给鼠标左键

2. View（视图）工具栏

使用 View 工具栏可以快速更改模型显示，见表 3-2-3。

表 3-2-3　View 工具栏

视图工具	含义
透视视图	显示图形的透视图。在 2D 屏幕上显示 3D 对象，表现为人眼在现实生活中看到的 3D 对象效果
正交视图	以缩放方式显示 3D 对象，忽略透视效果。使用正交视图后，刻度尺准确
适合窗口	调整模型整体大小，以最大限度地利用图形窗口的宽度和高度
上一个视图	将显示恢复到上一个视图
下一个视图	允许恢复到显示的对象在图形窗口中以前的位置和方向
设置视图	包含视图下拉列表，允许以等轴测视图或六个正交轴视图之一显示模型

3. Graphics Effects（图形效果）工具栏

使用 Graphics Effects 工具栏控制图形窗口中显示的图形效果，见表 3-2-4。

表 3-2-4　Graphics Effects 工具栏

图形效果工具	含义
反射	重新显示所有隐藏的表面
静态阴影	模型在地平面上的阴影
动态阴影	模型的本身阴影。随着模型旋转，阴影更新
网格平面	显示/隐藏模型下方显示的地面网格

4. Mesh Display（网格显示）工具栏

使用 Mesh Display 工具栏选项可设置如何显示网格，见表 3-2-5。

表 3-2-5　Mesh Display 工具栏

网格显示工具	含义
网格显示	打开 Mesh Display 对话框，如图 3-2-57 所示，该界面可调节显示的面、显示种类及显示颜色
前面透明	使显示对象的正面透明，可以看到内部

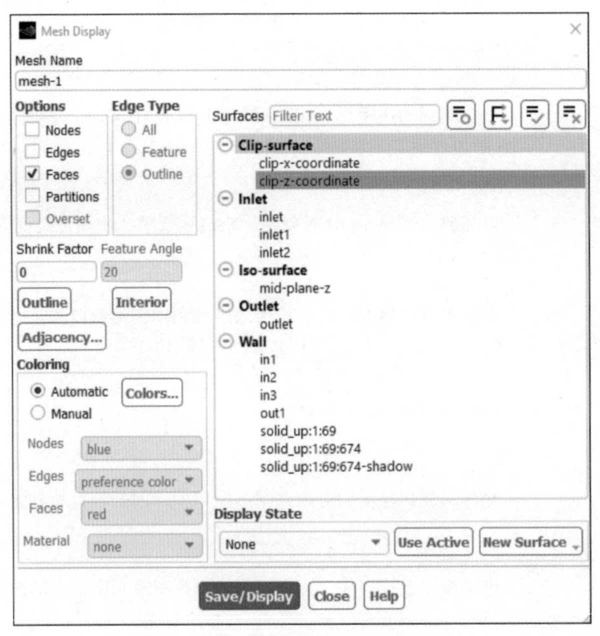

图 3-2-57 Mesh Display 对话框

5. Visibility（可见性）工具栏

使用 Visibility 工具栏选项可控制图形区域可见性，见表 3-2-6。

表 3-2-6 Visibility 工具栏

可见性工具	含义
坐标轴可视性	打开和关闭轴显示
标尺可见性	视图切换为正交视图（orthographic）时，打开和关闭标尺
标题可见性	打开和关闭标题
边界标记	显示网格时，启用/禁用入口和出口处的边界标记

6. Copy（复制）工具栏

使用 Copy 工具栏将图形窗口图像复制到剪贴板，并捕获图形窗口图像，见表 3-2-7。

表 3-2-7 Copy 工具栏

复制工具	含义
复制到剪切板	将显示的当前图片复制到剪贴板上
保持图片	捕获活动图形窗口的图像

（续）

复制工具	含义
标题可见性	打开和关闭标题
边界标记	显示网格时，启用/禁用入口和出口处的边界标记

7. Object Selection/Display（对象旋转和显示）工具栏

使用 Object Selection/Display 工具栏修改图形窗口中对象的选择和显示，见表 3-2-8。

表 3-2-8 Object Selection/Display 工具栏

对象旋转和显示工具	含义
取消选择当前选定的面	取消选择图形窗口中当前所选的面
显示所有	重新显示所有隐藏的表面
隐藏选中面	隐藏所选择的表面

8. Filter（过滤器）工具栏

图 3-2-58 所示为工具栏，表 3-2-9 列出了各过滤器工具及其含义，过滤器工具可控制单击事物时选择的内容。可将鼠标悬停在过滤器图标上以查看每个过滤器的作用。Meshing 网格划分模式有如下方法选择对象：

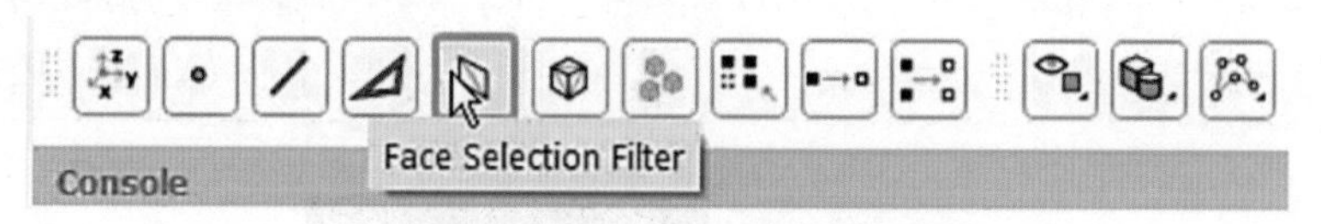

图 3-2-58 Filter 工具栏

表 3-2-9 过滤器工具及含义

过滤器工具	含义
位置过滤器	报告单击的任何位置的 XYZ 坐标，可以在控制台窗口中看到输出
节点过滤器	只能选择节点
单元边过滤器	只能选择单元边
单元面过滤器	只能选择单元面

（续）

过滤器工具	含义
域过滤器	只能选择域，可使用域过滤器来选择没有描述性 Named Selection 命名选择标签的区域，因无法从选择过滤器中轻松识别
选择取消	取消最后一个选择，或按<ESC>键
选择取消	取消所有选择，或按<F2>键

1）用鼠标左键可以进行单击旋转，<Ctrl>键可用于进行多项选择。<Esc>键将取消选择最后一次选择的对象，可以多次使用<Esc>键取消选择多个对象。或者，如果选择了多个对象，则可以使用<F2>键清除所有选择。

2）也可以使用鼠标右击选择对象。使用鼠标左键和使用鼠标右键的唯一区别是，每次右击某对象时，它都会被添加到选择集中。无须使用<Ctrl>键，同样也可以像左键一样使用<Esc>或<F2>键清除选择。

3）鼠标左键也可以选框，所以如果单击并从左到右拖动，则完全在框内的任何内容都会被选中；如果向相反方向单击并拖动，则任何位于框内或触摸框的内容都会被选中。

注意：

- 可在一个对象的选择状态下向选择集继续添加其他对象，如图 3-2-59 所示，可使用工具过滤器选择指定的对象并添加到目前的选择集中，最后同时选择节点、单元边、单元面和域。

图 3-2-59　选择集中同时选中多个对象

9. CAD Tools（几何工具）工具栏

使用 CAD Tools 工具栏访问用于操作 CAD 实体的工具，并创建与 CAD 实体关联的标签和几何/网格对象。此工具栏仅在图形窗口中显示 CAD 实体时可用。

10. Context（上下文）工具栏

当使用鼠标探针选择实体时，此 Context 工具栏动态更改以适用于所选实体的任务和进程，作为用于生成网格的所有任务和进程的子集，如图 3-2-60 所示。

图 3-2-60　Context 工具栏

第3章 传统 Fluent Meshing 工作流程

3.1 传统 Fluent Meshing 操作流程

传统的 Fluent Meshing 操作过程比较烦琐，大致流程如图 3-3-1 所示，这里不再详细赘述，具体操作详情请参考本卷 3.2 节案例。

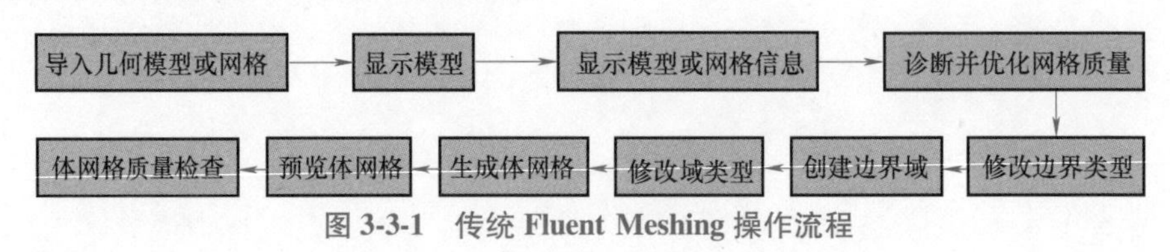

图 3-3-1　传统 Fluent Meshing 操作流程

3.2 传统 Fluent Meshing 工作流程操作案例

3.2.1 案例：弯管网格

学习目标：本案例通过读取外部边界网格，并对边界网格进行修复，然后生成满足 Fluent 计算要求的网格，使大家初步了解 Fluent Meshing 划分网格的基本操作流程。

应用背景：90° 弯管广泛应用于工业领域和日常生活中。在管内流体的输配过程中，常常需要考虑管内流体和管路之间的相互作用，比如管内的压力、阻力和管道的保温性能等。因此，在设计之初对管路内的流动进行数值模拟是非常有必要的。本案例主要为数值模拟的前处理阶段，对管内流体域进行网格划分。

步骤 1：在 Meshing Mode（网格化模式）中打开 Fluent。

在 Fluent Launcher 的选项下勾选 Meshing（网格化模式），Dimension 默认设置为 3D（Fluent Meshing 不支持 2D），在 Working Directory 下拉列表框中选择好合适的工作路径，单击 Start 按钮以网格化模式启动 Fluent Meshing，如图 3-3-2 所示。

步骤 2：读取边界网格。

选择菜单命令 File→Read→Boundary Mesh... 加载文件“WS01_Pipes. msh”完成网格读取，如图 3-3-3 所示（“. msh”格式的曲面网格可从 GAMBIT 或 ANSYS Meshing 及其他第三方工具生成）。

步骤 3：展示网格。

下面将分别介绍两种展示网格的方法。

方法一：选择菜单命令 Display→Grid，打开 Display Grid 面板，在 Faces 选项卡中选择所有边界并单击 Display 按钮，面板设置如图 3-3-4 所示，导入的几何模型如图 3-3-5 所示。

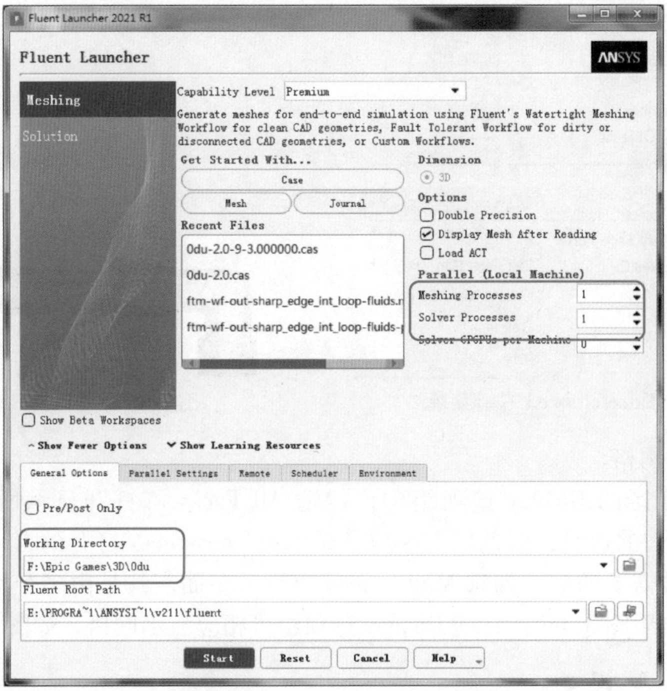

图 3-3-2　启动 Fluent Meshing

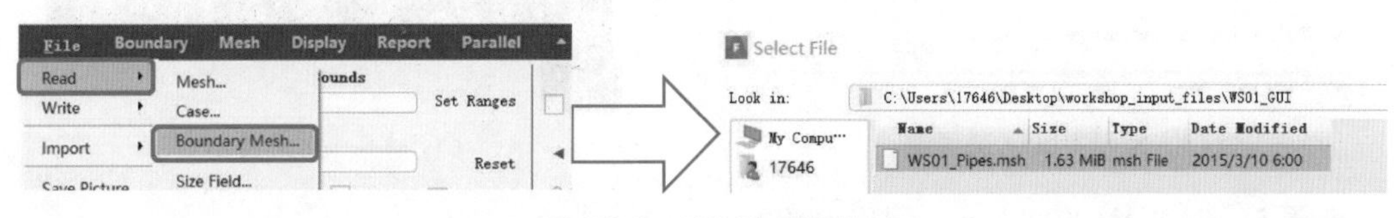

图 3-3-3　读取边界网络

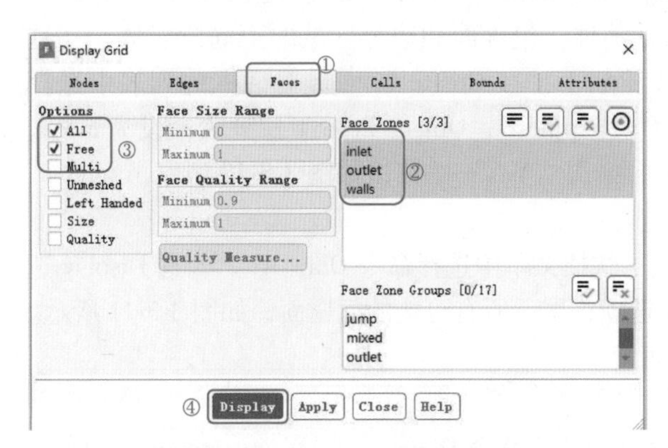

图 3-3-4　Display Grid 面板设置

图 3-3-5　导入的几何模型之一

方法二：鼠标右击模型树中的 Unreferenced，在弹出的快捷菜单中选择命令 Draw，旋转并检查导入的 CAD。导入的 CAD 文件会自动创建对象（Objects），但导入“.msh”文件不会自动创建对象。Unreferenced 右键菜单如图 3-3-6 所示，导入的几何模型如图 3-3-7 所示。

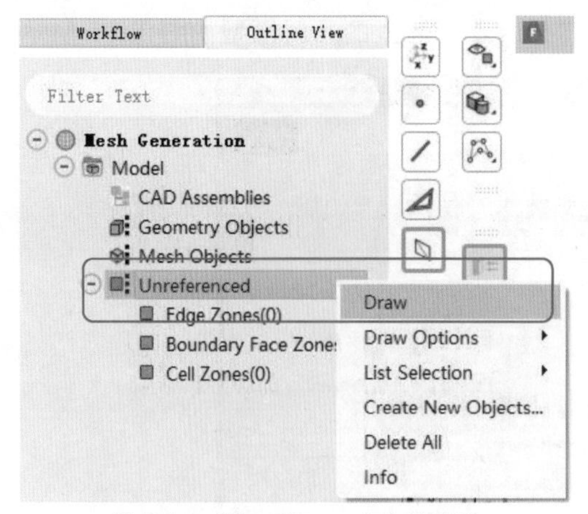

图 3-3-6　Unreferenced 右键菜单

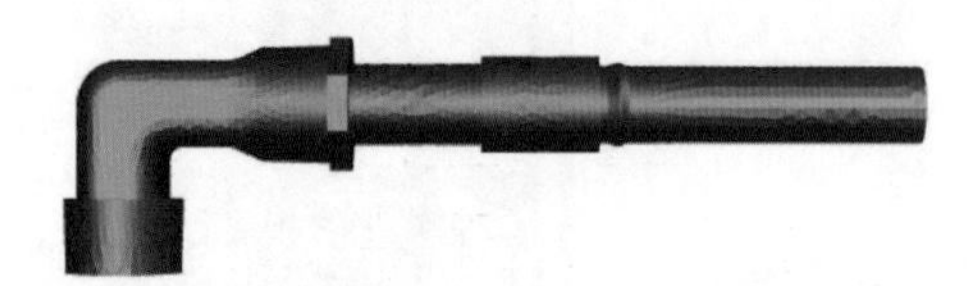

图 3-3-7　导入的几何模型之二

步骤 4：查看网格。

在主界面功能区的 Display 选项组中，勾选 All Faces 可打开显示所有面，勾选 Face Edges 可打开显示面的边缘，蓝色高亮区域是显示由 Free Faces 打开的自由面。这些面浮于几何外，或为不被需要的面。勾选 Multi Faces 会显示多面，其是由多个面相交产生，并以黄色高亮显示。基于图 3-3-8 所示的 Display 选项组可相应显示网格，如图 3-3-9 所示。

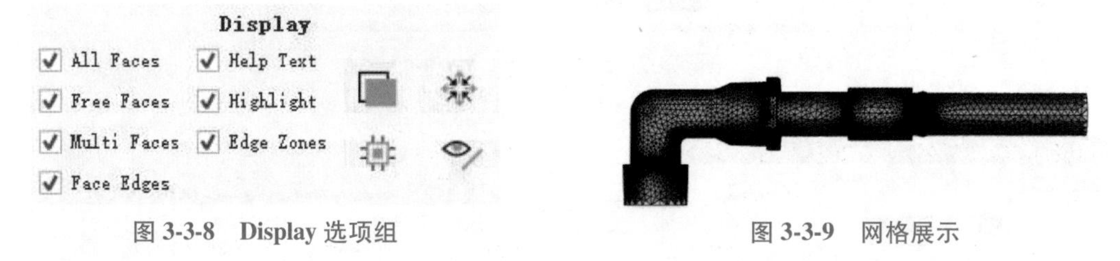

图 3-3-8　Display 选项组

图 3-3-9　网格展示

步骤 5：创建 Mesh Object（网格对象）。

在 Unreferenced 节点下，右击 Boundary Face Zones，在弹出的快捷菜单中单击命令 Create New Objects...，对象可被认为是 CAD 零件，包含面和边界区域的更高阶实体。在这里通过表面网格手动创建一个网格对象，步骤如下：在 Create Objects 对话框的列表中选择所有 Face Zones，在 Object Name 文本框中输入“pipes”，Object Type 下拉列表框设为 mesh，单击 Create 按钮，在弹出的 Question 对话框中单击“Yes”按钮，如图 3-3-10 所示。

步骤 6：查看网格对象。

在模型树中，右击 Mesh Objects，在弹出的快捷菜单中选择命令 Draw All。勾选 Display 选项组中的 All Faces、Free Faces、Multi Faces 选项，展示所有可能的问题面，如图 3-3-11 所示。

步骤 7：检查并修正 Free Faces（自由面）。

1. 检查并标记自由面

在模型树中右击 pipes，在弹出的快捷菜单中选择命令 Diagnostics→Connectivity and Quality...，打开 Diagnostic Tools 对话框。在 Face Connectivity 选项卡的 Issue 选项组中勾选 Free 选项。单击 Mark 按钮标记所有自由面。单击 First 按钮（单击后变为 Next 按钮）将在图形窗口展示第一个 Free Faces 所在的问题区域，然后单击 Next 按钮将依次查看检测到的所有问题区域，检查并标记自由面的整体流程，如图 3-3-12 所示。

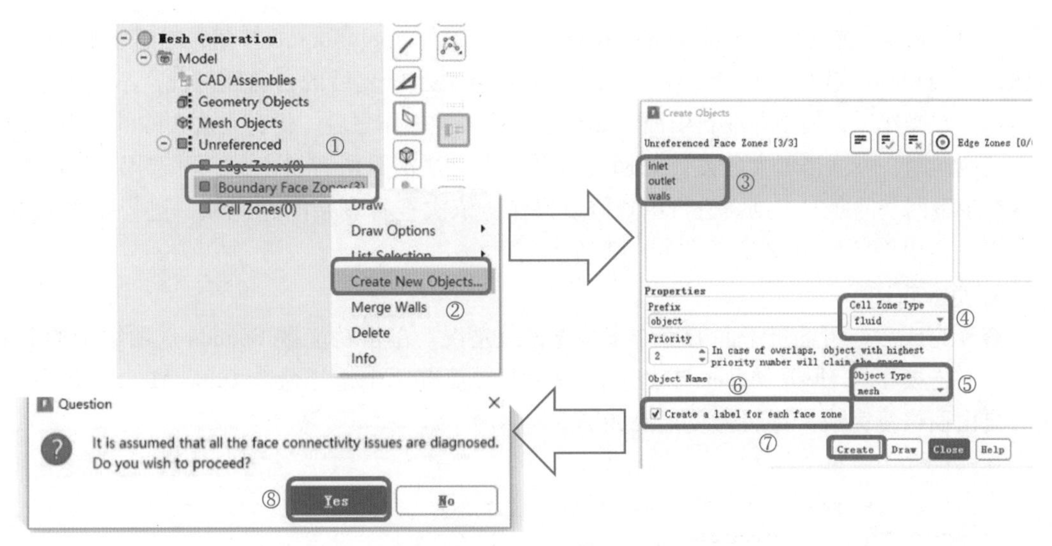

图 3-3-10　创建网格对象

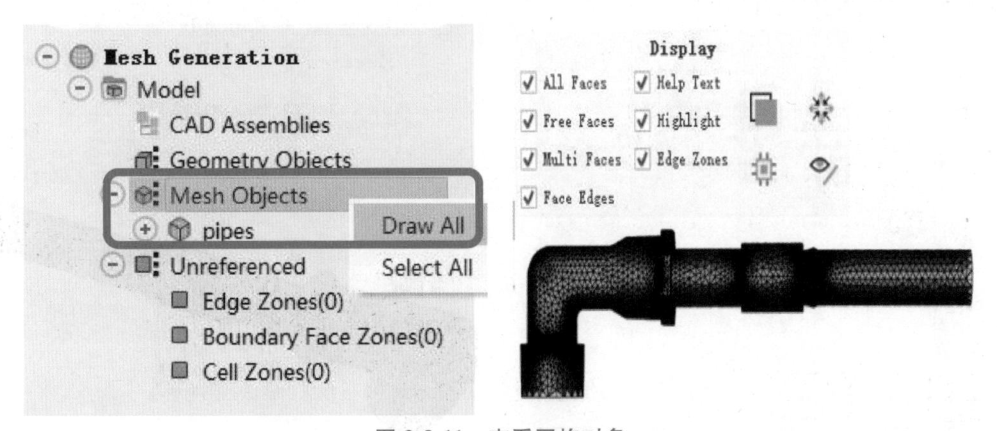

图 3-3-11　查看网格对象

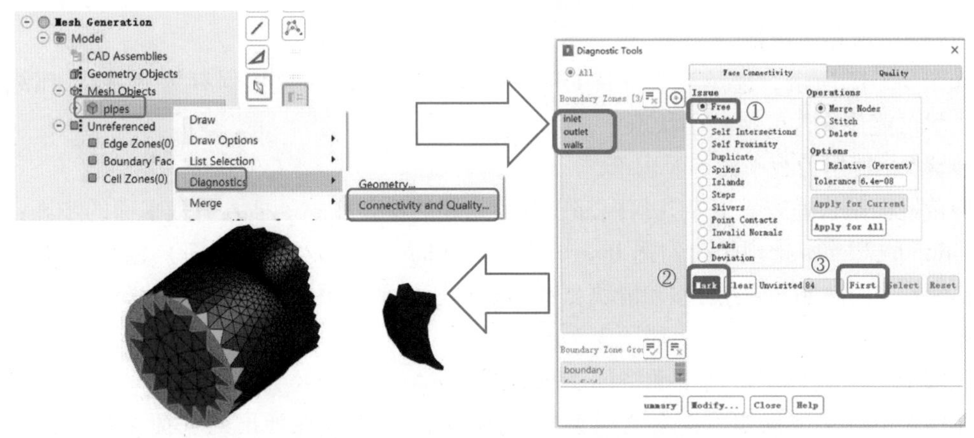

图 3-3-12　检查并标记自由面的整体流程

2. 消除自由面

在 Face Connectivity 选项卡中采用 Merge Nodes 选项来消除自由面问题。具体操作步骤如下：在 Operations 选项组中选择 Merge Nodes 选项，单击 Apply for All 按钮，然后单击 Summary 按钮，单击 Close 按钮。操作界面下方的命令窗口会显示修复后的自由面情况，本例中经过一次节点合并操作后，便不存在自由面。如经一次或多次操作之后，仍有无法去除的自由面或仍存在其他问题，可适当增大公差。如通过合并节点无法消除所有自由面，可选用 Stitch 选项。仍存在少量网格问题时，则需进行单独修复操作，依次查看剩余问题区域，进行单独修复操作。消除自由面的面板设置如图 3-3-13 所示。

3. 重设视图

修复完成后，可通过下面的操作来检查修复情况。单击功能区 Bounds 选项组中的 Reset 按钮。右击模型树 Mesh Objects 节点，在弹出的快捷菜单中选择命令 Draw All。可看到此时所有自由面修复完成，查看修复结果如图 3-3-14 所示。

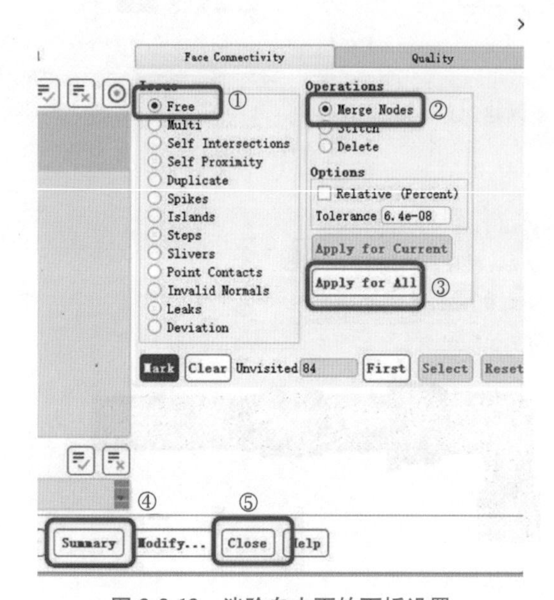

图 3-3-13 消除自由面的面板设置

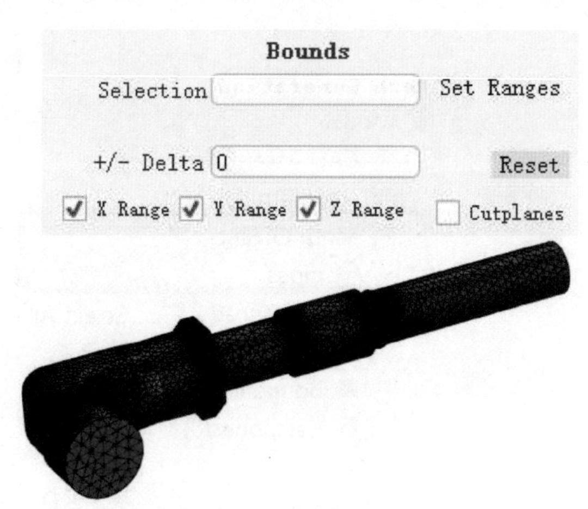

图 3-3-14 查看修复结果

步骤 8：保存面网格。

如图 3-3-15 所示，选择菜单命令 File→Write→Mesh...。这里保存为“.gz”压缩文件是为了尽可能使文件保持较小状态。

步骤 9：使用剪裁平面查看内部。

剪裁平面是快速查看复杂几何内部以理解问题的最佳方式。插入剪裁平面的步骤：在功能区 Clipping Planes 选项组内勾选 Insert Clipping Planes（插入剪裁平面）选项，选择 Limit in Z（在 Z 方向限制）。前后移动滑块，并尝试将切割平面限制在 X 和 Y 方向。然后取消勾选 Insert Clipping Planes 选项，如图 3-3-16 所示。

步骤 10：创建体网格（下面将创建四面体网格）。

体网格的创建过程如下：右击模型树上的 pipes 节点，在弹出的快捷菜单中选择命令 Auto Mesh…，弹出 Auto Mesh 对话框，如图 3-3-17 所示。按照图 3-3-18 所示设置体网格尺寸参数：在 Object（对象）下拉列表框中选择 pipes，Volume Fill（体积填充方法）设为 Tet（四面体），其他设置保持默认设置，默认 Growth Rate（网格增长率）设为“1.6”，在

Auto Mesh 对话框中单击 Mesh 按钮，完成体网格创建。

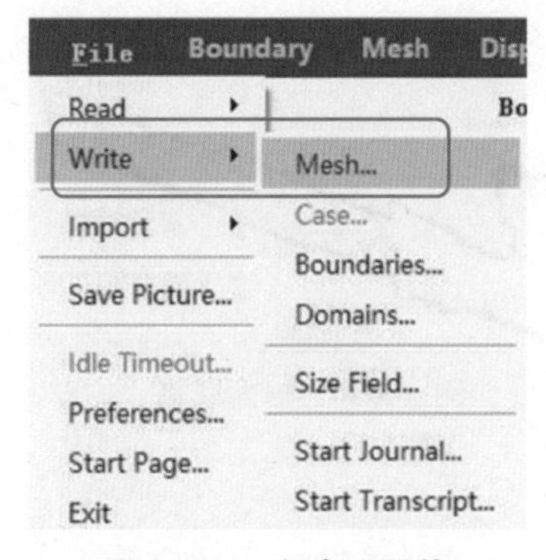

图 3-3-15　保存面网格

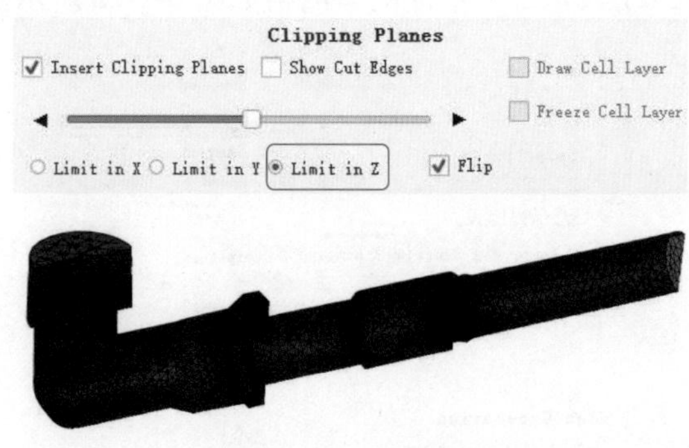

图 3-3-16　剪裁平面

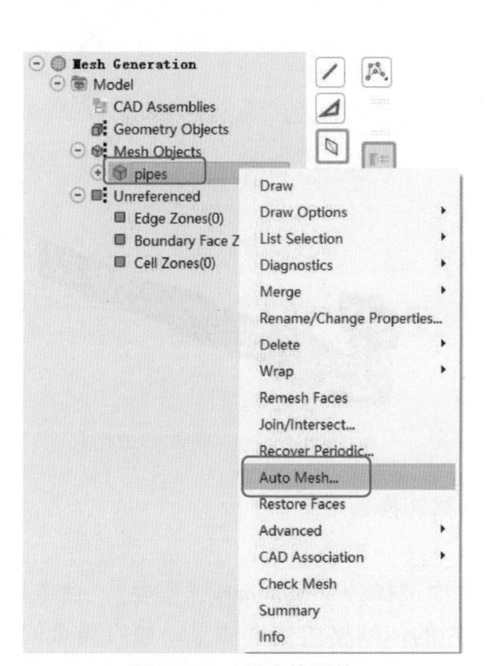

图 3-3-17　创建体网格

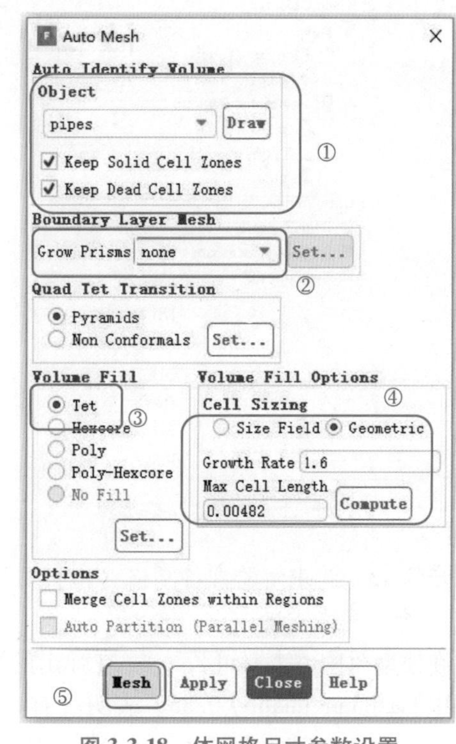

图 3-3-18　体网格尺寸参数设置

步骤 11：在等平面上查看表面网格。

单击▫切换到节点过滤器。用鼠标右键在管帽处选择一处节点，在功能区 Bounds 选项组中将“+/- Delta”设为“0”。然后单击 Set Ranges（设置范围）按钮，取消勾选 X Range 和 Y Range 选项，只留下 Z Range 勾选状态，模型树上右击 pipes 并选择命令 Draw。边界是观察曲面和体网格等平面的最佳方法，查看剖面的界面设置如图 3-3-19 所示，剖面网格如图 3-3-20 所示。

步骤 12：在等平面查看体网格。

打开 Display Grid 面板，在 Cells 选项卡中，选择名为 pipes 的新单元格区域，勾选 Bounded，然后单击 Display 按钮。如果要显示单元格面区域，模型树上右击 Cell Zones（网格区域）下的 pipes，在弹出的快捷菜单中选择命令 Draw Cells in Range，查看体网格步骤如图 3-3-21 所示，等剖面的体网格如图 3-3-22 所示。

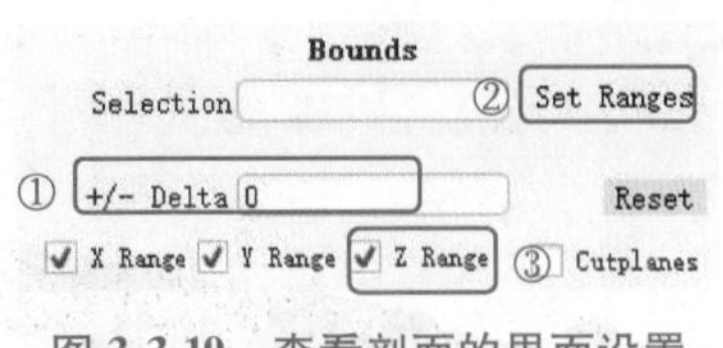

图 3-3-19　查看剖面的界面设置

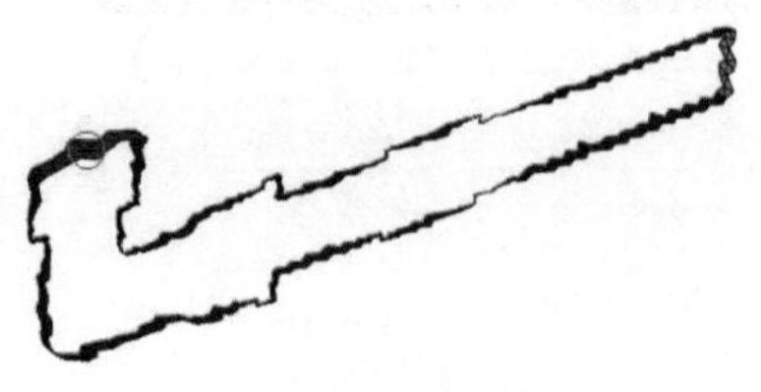

图 3-3-20　剖面网格

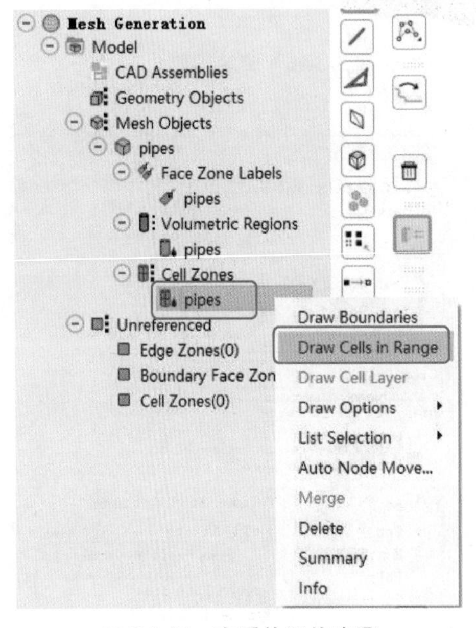

图 3-3-21　查看体网格步骤

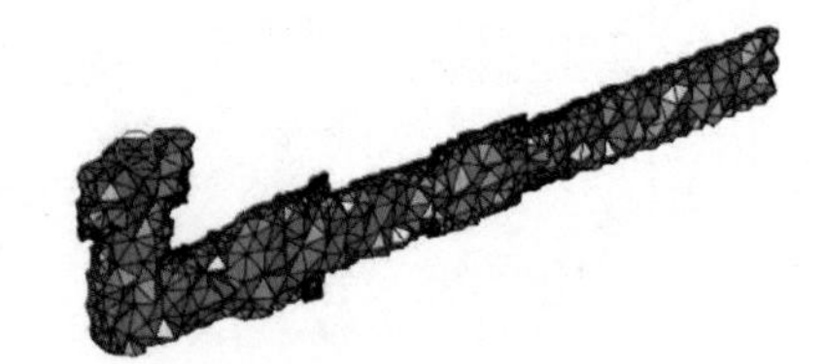

图 3-3-22　等剖面体网格

步骤 13：为求解器准备网格（检查质量并将网格转换到求解器）。

1. 检查网格质量

在模型树中右击 Cell Zones，在弹出的快捷菜单中选择命令 Summary（概要）。命令控制窗口中 maximum quality<0. 85，表明具有一个非常好的体网格扭曲度质量。如有质量问题，选择菜单命令 Mesh→Tools→Auto Node Move 操作进行网格修复，经过 Auto Node Move 对话框中的操作，maximum quality<0. 75。检查网格质量的具体操作流程如图 3-3-23 所示。

2. 准备计算网格

在模型树中右击 Model，在弹出的快捷菜单中选择命令 Prepare for Solve。在弹出的 Question 对话框中单击 Yes 按钮。此时将网格清理成为干净的网格，步骤如图 3-3-24 所示。

步骤 14：网格质量检查。

通常使用网格的正交性作为质量检验，如图 3-3-25 所示，选择菜单命令 Mesh→Check Quality 进行操作，网格质量信息将显示在命令控制窗口中，网格质量信息如图 3-3-26 所示。

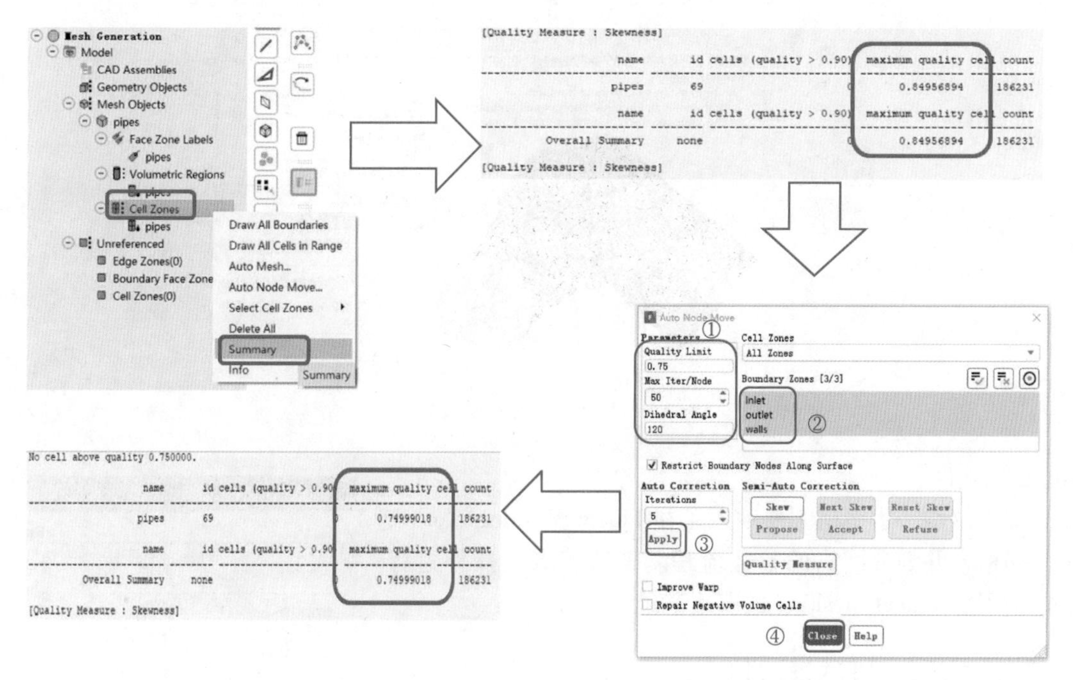

图 3-3-23　检查网格质量的具体操作流程

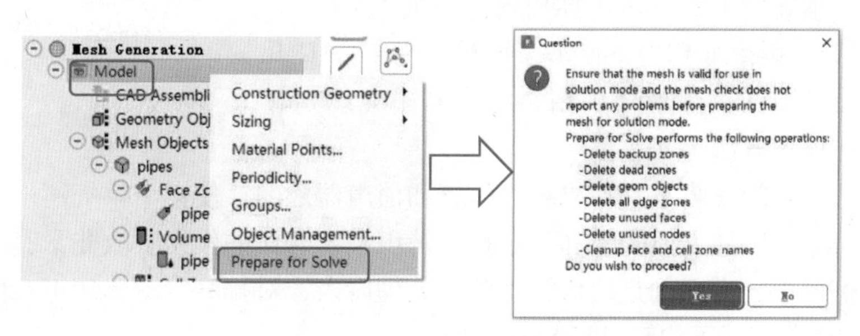

图 3-3-24　准备计算网格步骤

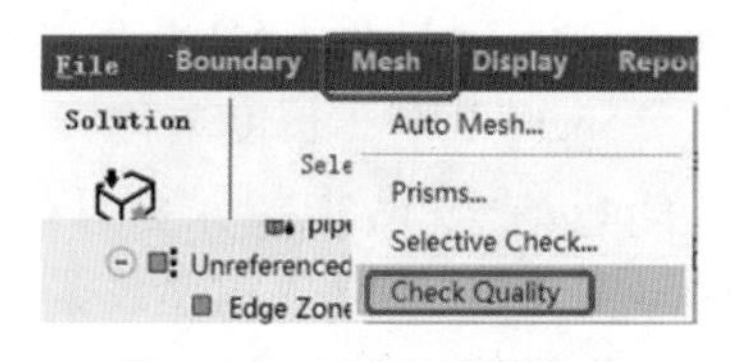

图 3-3-25　网格质量检查

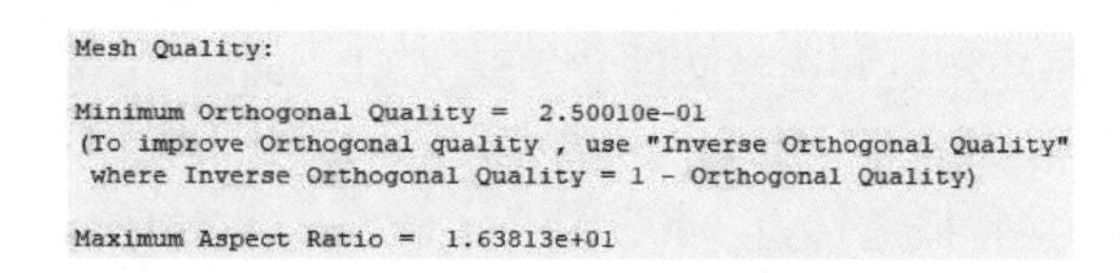

图 3-3-26　网格质量信息

步骤 15：设置边界条件类型。

本例中要求入口边界条件为速度入口（velocity-inlet），出口为压力出口（pressure-outlet），如果边界条件有问题，可以通过下面的操作来改变边界条件：选择菜单命令 Boundary→Manage，或者使用 先选择面区域，单击 改变属性，图 3-3-27 是以设置入口边界为例进行边界类型演示，出口和壁面也通过此操作进行更改。

步骤 16：保存网格文件。

如图 3-3-28 所示，选择菜单命令 File→Write→Mesh... 保存网格为“WS01_Pipes_

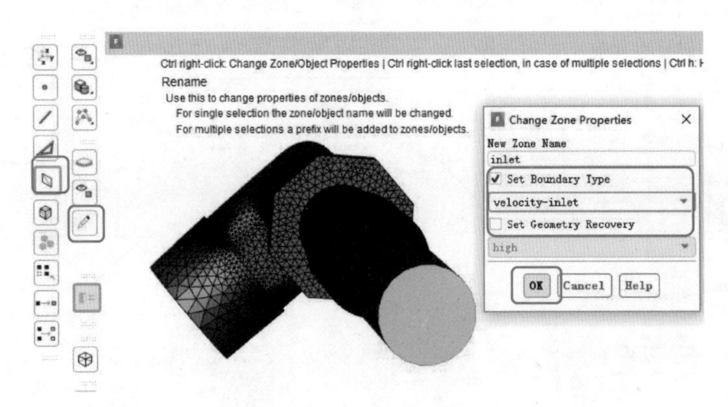

图 3-3-27　设置入口边界

Tet. gz” 文件。

案例总结：本案例主要演示了在 Fluent Meshing 中导入边界网格，并划分网格的整体流程。期待读者在操作过程中逐渐了解 Fluent Meshing 的基本功能。

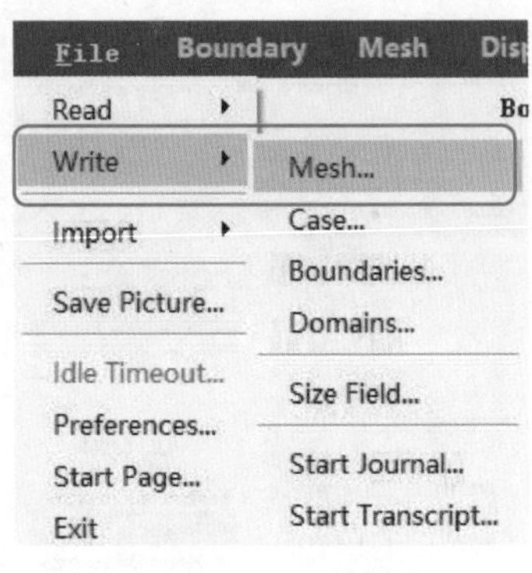

图 3-3-28　保存网格

3.2.2　案例：排气管网格

学习目标：本案例主要演示了如何通过不同 CAD 导入选项（即 CAD Faceting 和 CFD Surface Mesh）导入 CAD 几何模型，然后通过面网格生成体网格，并在其中介绍了计算域中边界层的设置方法。

应用背景：排气管安装于发动机排气歧管和消声器之间，使整个排气消声系统呈挠性连接，从而起到减振降噪、方便安装和延长排气消声系统寿命的作用。故非常有必要对排气管内流动进行数值模拟。本案例是数值模拟的前处理阶段，对排气管流体域进行网格划分。

步骤 1：在网格模式下启动 ANSYS Fluent。

步骤 2：导入 CAD 模型文件。

选择菜单命令 File→Import→CAD...，在 Import CAD Geometry（导入 CAD 几何图形）对话框中浏览并选择文件“WS2_CAD_import_Exhaust. igs”，Length Unit（长度单位）下拉列表框中选择“mm”。单击 Option... 按钮打开 CAD Options 对话框，保留 Feature Angle（特征角）为“40”和 Import Curvature Data from CAD（从 CAD 中导入曲率数据）默认勾选状态，并勾选 Save PMDB（Intermediary File），单击 Apply 按钮。关闭 CAD Options 对话框后单击 Import 按钮，完成几何模型的导入，如图 3-3-29 所示。

注意：

- PMDB 是一种中间文件格式，包含细分之前解析过的几何数据。初始导入后，用户可通过导入这个文件而非原始 CAD，以避免重新解析几何数据。

步骤 3：重新导入 CAD 模型。

重新导入 CAD 模型的操作和步骤 2 相同，但这次选择在第一次导入 IGES 文件之后生成

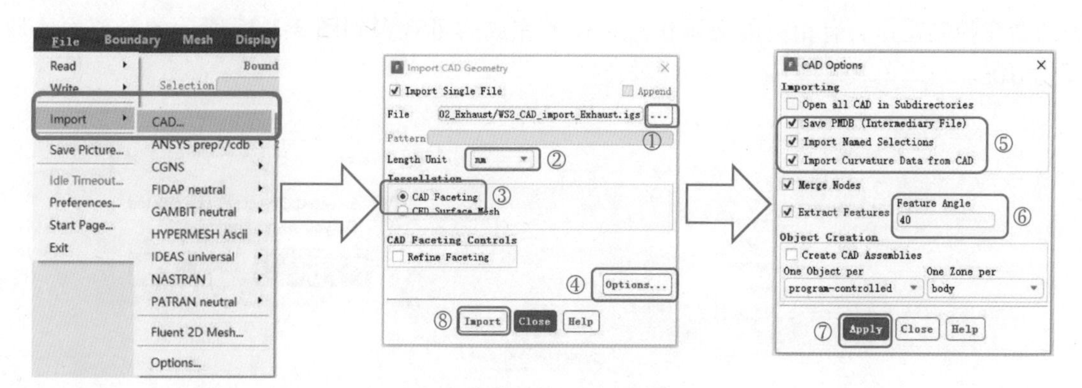

图 3-3-29　导入 CAD 模型

的“. pmdb”文件。单击 Close 按钮关闭 CAD 导入面板。按照图 3-3-30 所示重新导入 CAD 模型。

步骤 4：显示和检查网格。

在模型树中右击 Geometry Objects，在弹出的快捷菜单中选择命令 Draw All，图形窗口显示的几何模型如图 3-3-31 所示。右击 Geometry Objects 下的“ws2_cad_import_exhaust-freeparts”，按照图 3-3-32 所示步骤操作，从图形窗口中可观察到这是一个自由面。（这是一个有缺陷的 CAD 表面，几何对象中已经存在的表面副本，可删除，如图 3-3-33 所示）。

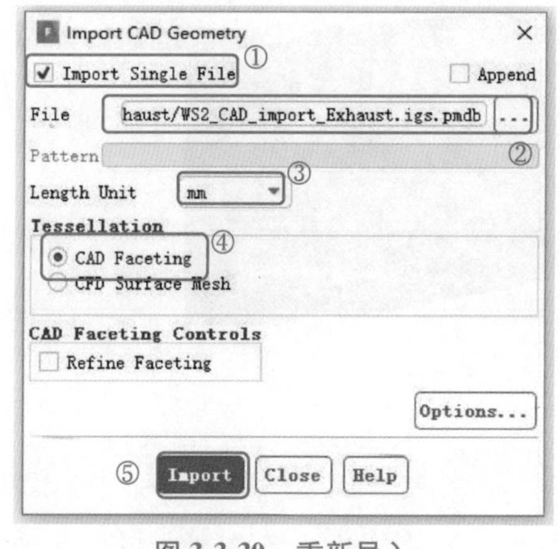

图 3-3-30　重新导入

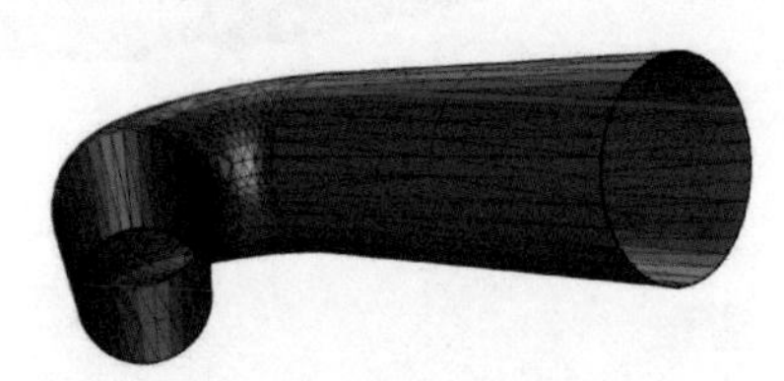

图 3-3-31　几何模型

步骤 5：测量模型尺寸。

显示目标几何，旋转几何对象，使用（快捷键<Ctrl+N>）点选择工具选择出口端面两点，单击上方测量工具对壁厚进行测量。测得壁厚约为 4 mm，可为网格尺寸提供参考。选择图标或按<F2>取消选择节点，可从显示中删除距离线，测量模型尺寸如图 3-3-34 所示。

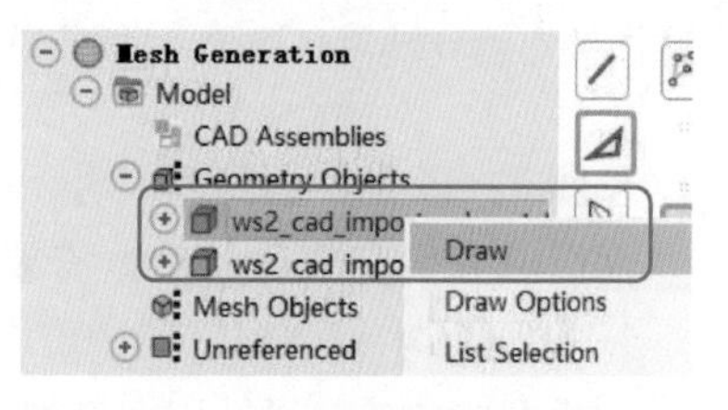

图 3-3-32　显示几何模型

步骤 6：根据不同的尺寸，分离面区域。

由于在进行网格划分时需要对个别区域的网格尺寸进行单独设置，故需要对面区域进行分离。首先单击面选择器图标，选择一个过渡面，然后单击分离图标。分离完成后下方的命令控制窗口会有相应的提示信息，任务完成后可观察到图 3-3-35 所示的分离面区域变化情况。

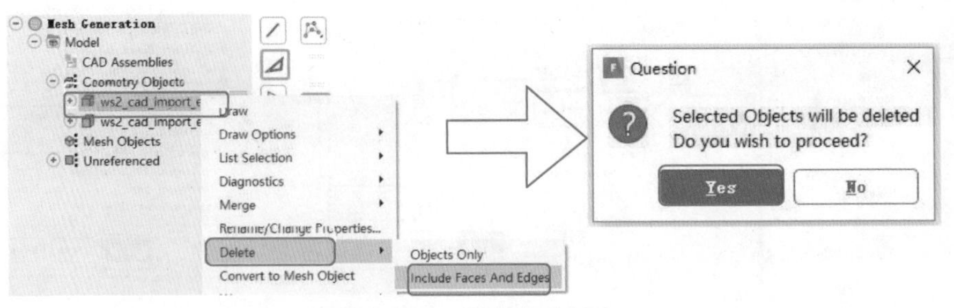

图 3-3-33　删除错误表面

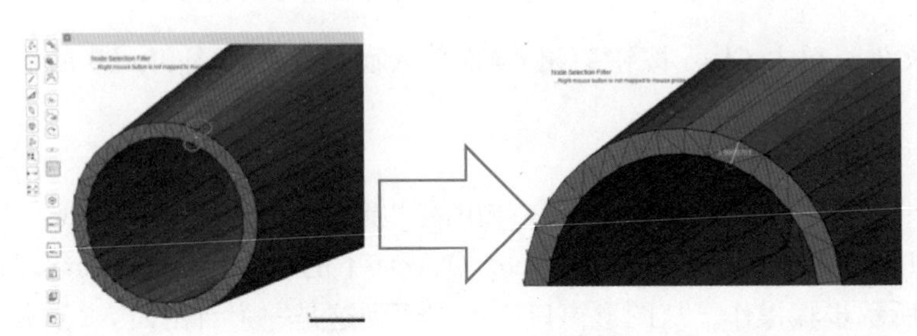

图 3-3-34　测量模型尺寸

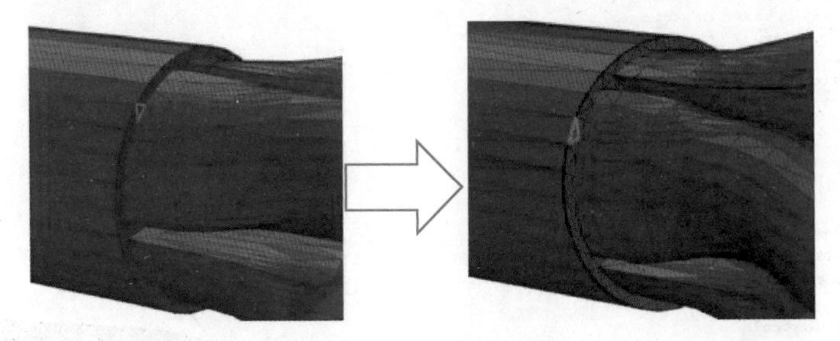

图 3-3-35　分离面区域

注意：

● 此处分离的依据是角度大于 40°的面即分离。如要修改此角度可在顶部菜单栏中选择菜单命令 Display→Control→Graphics 进行修改。如新分离的区域颜色不易区分，用快捷键<Ctrl+Shift+C>进入颜色选项模式，使用<Ctrl+R>更改颜色。

步骤 7： 设置表面网格尺寸。

面区域分离完成后，根据需要对几何全局和局部区域尺寸进行设置。

1. 全局尺寸

在模型树中右击 Model，在弹出的快捷菜单中选择命令 Sizing→Scoped...（见图 3-3-36），在弹出的 Scoped Sizing 对话框内设置。如图 3-3-37 所示，最小全局尺寸（Min）设为 1mm，最大全

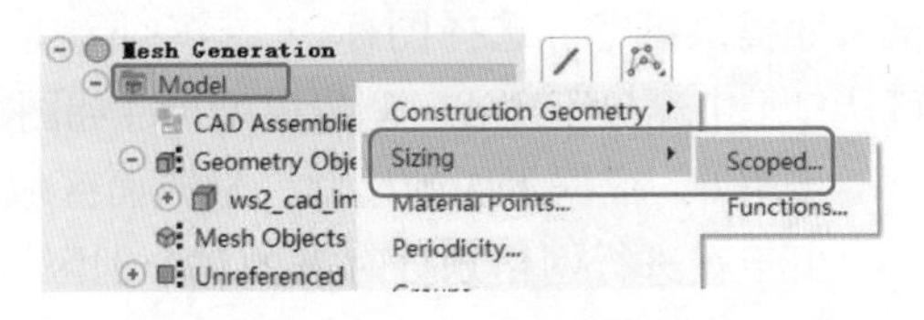

图 3-3-36　尺寸设置对话框

局尺寸（Max）设为 10mm（基于测量步骤中测得的模型尺寸进行设置），单击 Apply 按钮。

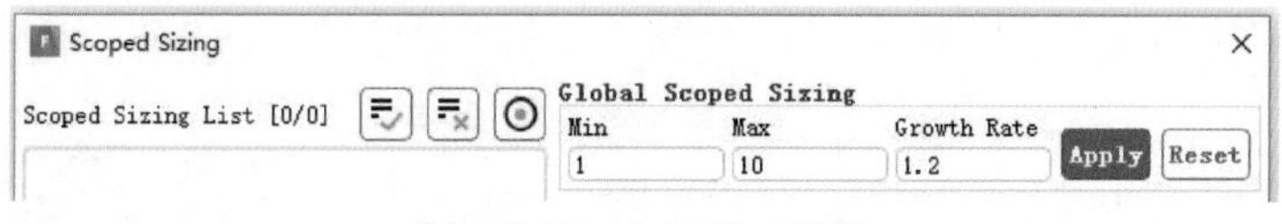

图 3-3-37　全局尺寸设置

2. 局部尺寸

局部尺寸进行曲率局部尺寸、邻近局部尺寸和硬尺寸设置。

（1）创建曲率局部尺寸　在 Local Scoped Sizing 选项组中将 Name 文本框改为“control-curv”，Type 下拉列表框设为 curvature。最小和最大尺寸同样改为 1mm 和 10mm，Scope To 下拉列表框设为 Object Faces and Edges，Object Type 设为 Geom，其余保持默认设置，然后单击 Create 按钮。左侧 Scoped Sizing List 文本框中会出现相对应的尺寸控制方法，如图 3-3-38 所示。

（2）创建邻近局部尺寸　在 Local Scoped Sizing 选项组中将 Name 文本框改为“control-prox”，Type 下拉列表框设为 proximity。最小和最大尺寸同样改为 1mm 和 10mm，Scope To 下拉列表框设为 Object Edges，Object Type 设为 Geom，其余保持默认设置，然后单击 Create 按钮，左侧 Scoped Sizing List 文本框中出现相对应的尺寸控制方法，操作过程如图 3-3-39 所示。

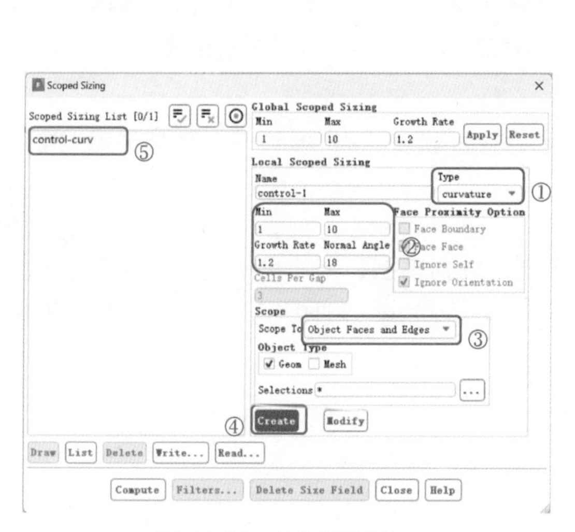

图 3-3-38　曲率局部尺寸

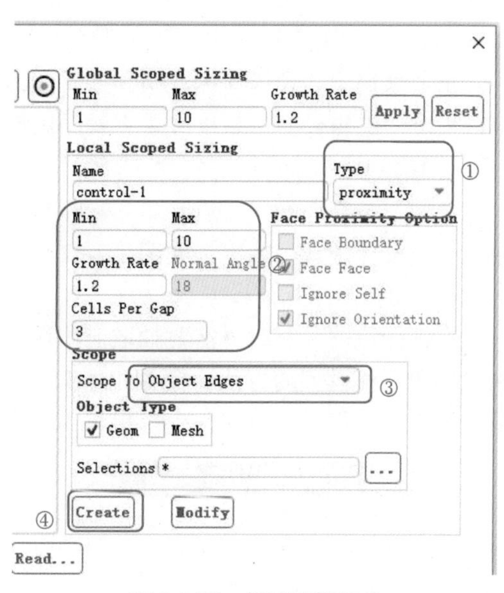

图 3-3-39　邻近局部尺寸

（3）创建硬尺寸　在 Local Scoped Sizing 选项组中将 Name 文本框改为“transition-hard-size”，Type 下拉列表框设为 hard，最小和最大尺寸同样改为 1mm 和 10mm，Scope To 下拉列表框设为 Face Zone，Object Type 设为 Geom，单击 Selections 选项后的图标 ...，在弹出的 Scope 对话框中选择“ws2_cad_import_exhaust-freeparts-partbody-10”（分离区域步骤中分离出的面区域），其余保持默认设置。然后单击 Create 按钮，左侧 Scoped Sizing List 文本框中会出现相对应的尺寸控制方法，操作步骤如图 3-3-40 所示。

三个尺寸控制方法设置完成后，单击 Compute 按钮。然后单击 Close 按钮关闭尺寸设置面板，如图 3-3-41 所示。

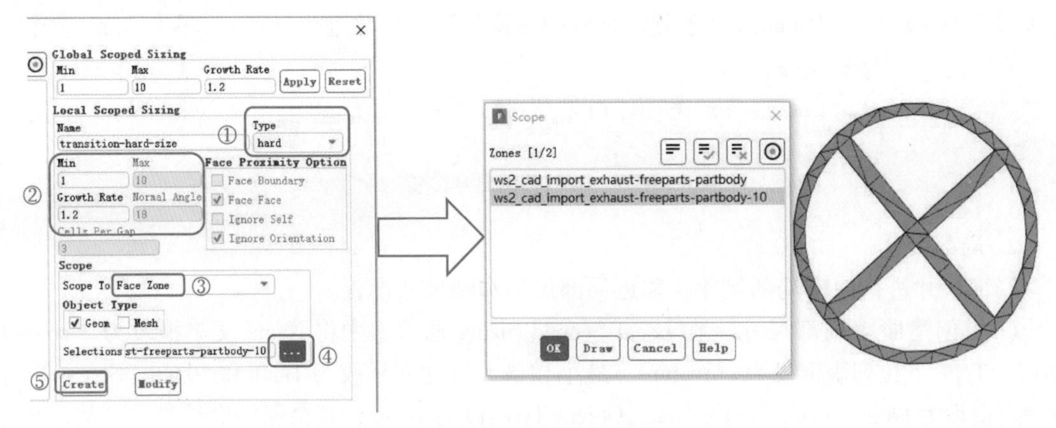

图 3-3-40 硬尺寸设置

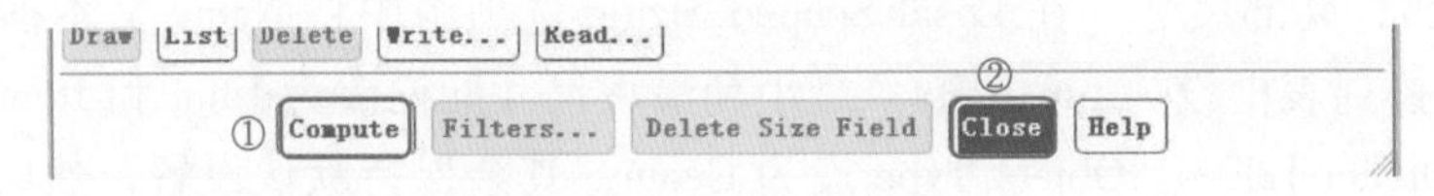

图 3-3-41 关闭尺寸设置面板

3. 查看网格尺寸

在工具栏中选择尺寸探针图标，在模型不同部位右击查看网格尺寸大小，如不满意，则进入尺寸编辑界面重新修改。查看结束后，单击图标或按<F2>键进行清理。

4. 输出尺寸函数

选择菜单命令 File→Write→Size Field...，输入文件名为“exhaust. sf”，然后单击 OK 按钮，完成尺寸函数的输出，如图 3-3-42 所示。

步骤 8：封闭几何模型。

在进行流体计算时，需要抽取流体域。首先封闭几何模型，创建出入口端面，下面介绍两种封闭几何模型的方法。模型出入口示意如图 3-3-43 所示。封闭出口方法有两种，下面将以入口 1 为例讲解方法一，以出口为例讲解方法二。

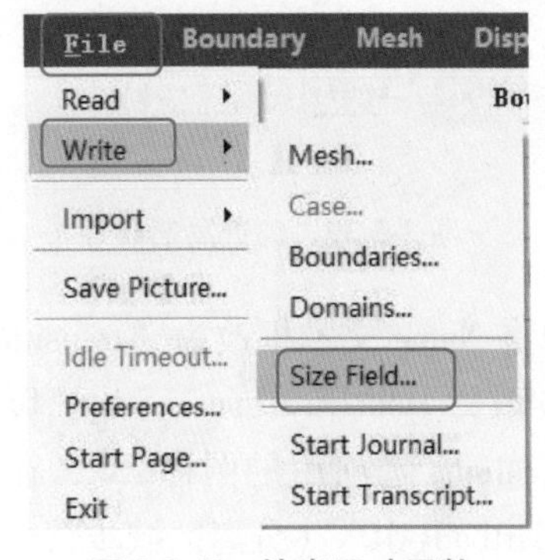

图 3-3-42 输出尺寸函数

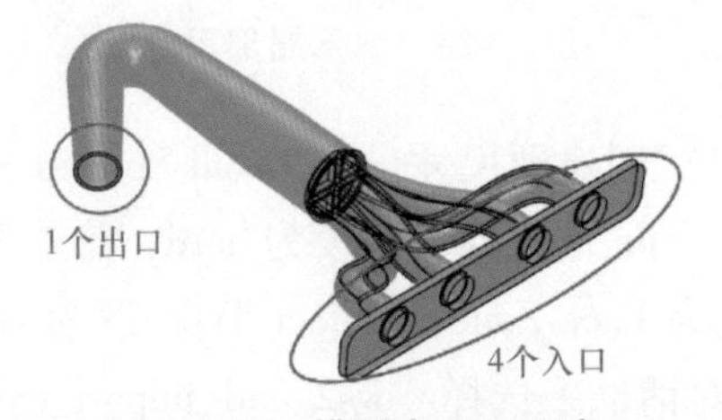

图 3-3-43 模型出入口示意

方法一：首先勾选主界面功能区 Patch Options 选项组中的 Remesh 选项，对创建的面重新进行网格划分，与原几何面网格更好的匹配。单击线选择图标，鼠标右击选择需要封闭的一个入口边上的一条线。如错选或误选择，按<Esc>键取消即可。正确选择后，单击工具图

标 (Create)。在弹出的 Patch Options 对话框中选择 Add to Object，New Label Name 文本框中输入名称“inlet-1”，Zone Type 下拉列表框设为 velocity-inlet（速度入口），如图 3-3-44 所示。

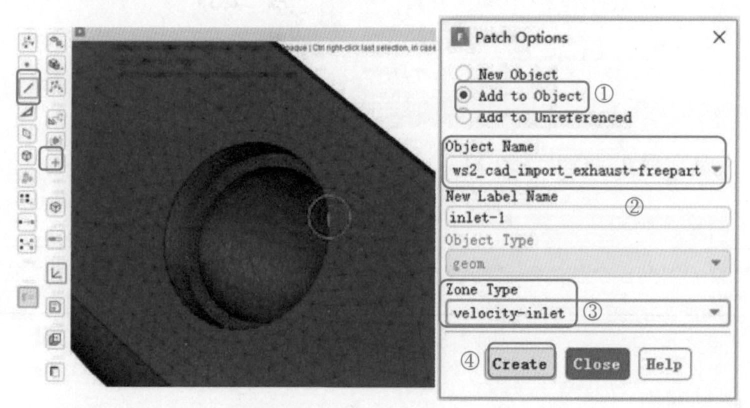

图 3-3-44　入口 1 封闭处理

方法二：选择 Loop Selection Icon 图标，沿出口边缘依次右击选择多个点，使沿边缘形成一个封闭的黄色高亮显示的环。然后单击图标来封闭出口。在弹出的 Create Cap 对话框中选择 Add to Object，New Label Name 文本框中输入名称 outlet，Zone Type 下拉列表框设为 pressure-outlet（压力出口），并勾选 Remesh 选项。如果封闭的面没有重新生成高质量的面网格，选择 Zone Selection Filter 图标，右击选择生成的封闭面，单击 Remesh 图标，在弹出的对话框中保持默认设置，然后单击 Remesh 按钮，完成后，封闭面将生成高质量网格，操作过程如图 3-3-45 所示。

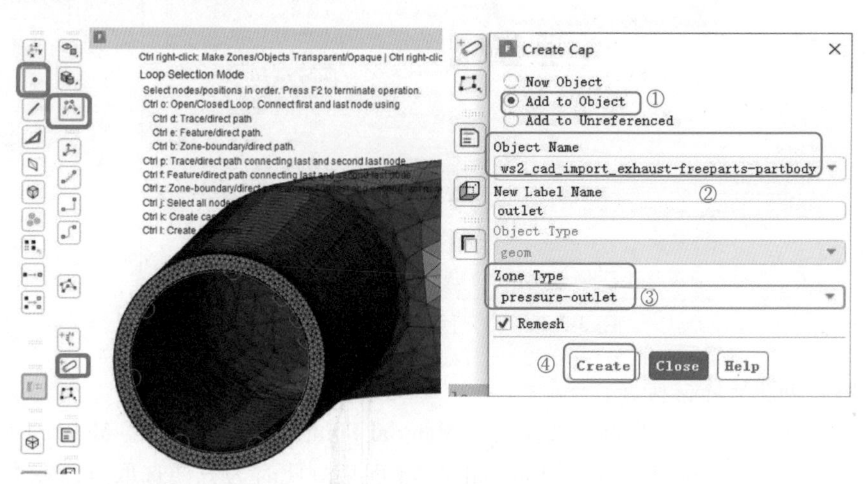

图 3-3-45　封闭出口

步骤 9：诊断网格。

如图 3-3-46 所示，在模型树中右击“ws2_cad_import_exhaust-freeparts-partbody”，在弹出的快捷菜单中选择命令 Diagnostics→Connectivity and Quality...，单击 Summary 按钮。下方命令控制窗口显示网格信息概要（见图 3-3-47），如存在自由面（free-faces），以及扭曲面 skewness-faces（>0.85），则需要进行修复来提升网格质量（本例中 muti-faces 为两个面交界处的正常面，不存在相关问题）。尽管本例中不存在自由面，但存在高扭曲面。

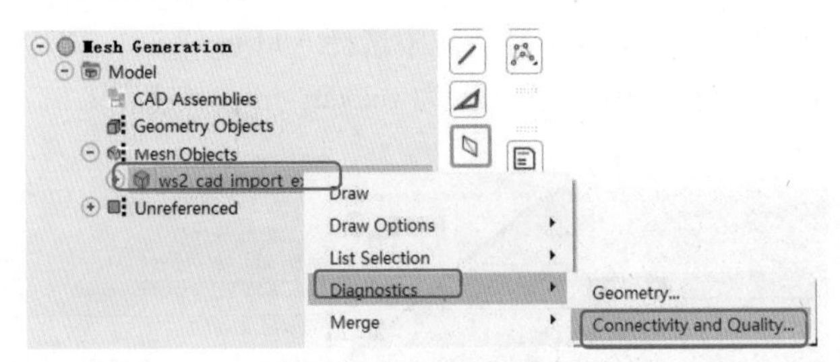

图 3-3-46 选择诊断

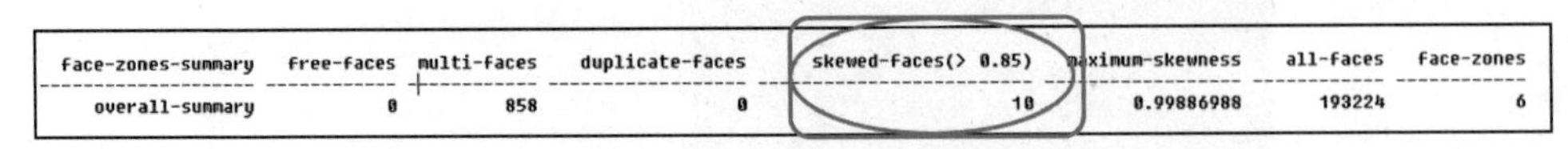

face-zones-summary	free-faces	multi-faces	duplicate-faces	skewed-faces(> 0.85)	maximum-skewness	all-faces	face-zones
overall-summary	0	858	0	10	0.99886988	193224	6

图 3-3-47 网格信息概要

步骤 10：修复网格。

如图 3-3-48 所示，在 Diagnostic Tools 对话框中选择 Quality 选项卡，将 Measure 1 选项组中的下拉列表框设为 Skewness，Min. 1 设为“0. 7”，单击 Mark 按钮查看有多少面 Skewness 大于 0. 7。Operations 选项组中选择 General Improve 方法进行修正，单击 Apply for All 按钮。然后单击 Summary 查看是否存在其他问题，如有问题，进行逐一修复，没问题则关闭此对话框。

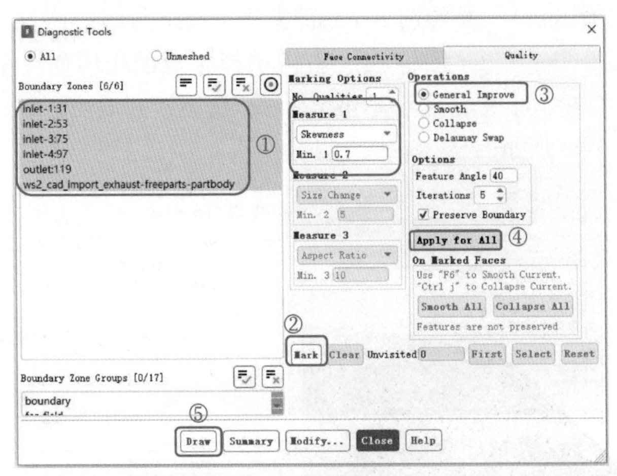

图 3-3-48 修复网格并提高网格质量

步骤 11：创建流体材料点。

在模型树中右击 Model 节点，选择命令 Material Points. . . ，在弹出的 Material Points 对话框中单击 Create. . . 按钮打开 Create Material Point 面板。此时为方便选取点，在主界面功能区 Clipping Planes 选项组中勾选 Insert Clipping Planes，限制在 X 平面。下一步选择点图标 ⊡，在要创建的流体域边界的两端分别选择一个点。选择完成后，单击 Compute 按钮，此时会根据所选择的点计算出一个中心点，作为流体域生成的参考点。在 Name 文本框中输入 fluid，然后单击 Create 按钮，并关闭此面板，创建材料点操作流程如图 3-3-49 所示。

步骤 12：创建流体域。

在模型树中右击 Volumetric Regions 节点，选择命令 Compute. . . ，在弹出的 Compute Regions 对话框的 Material Points 文本框中选中 fluid，单击 OK 按钮，如图 3-3-50 所示。流体域

创建完成后，可在模型树结构中右击 fluid，选择命令 Draw 进行展示。

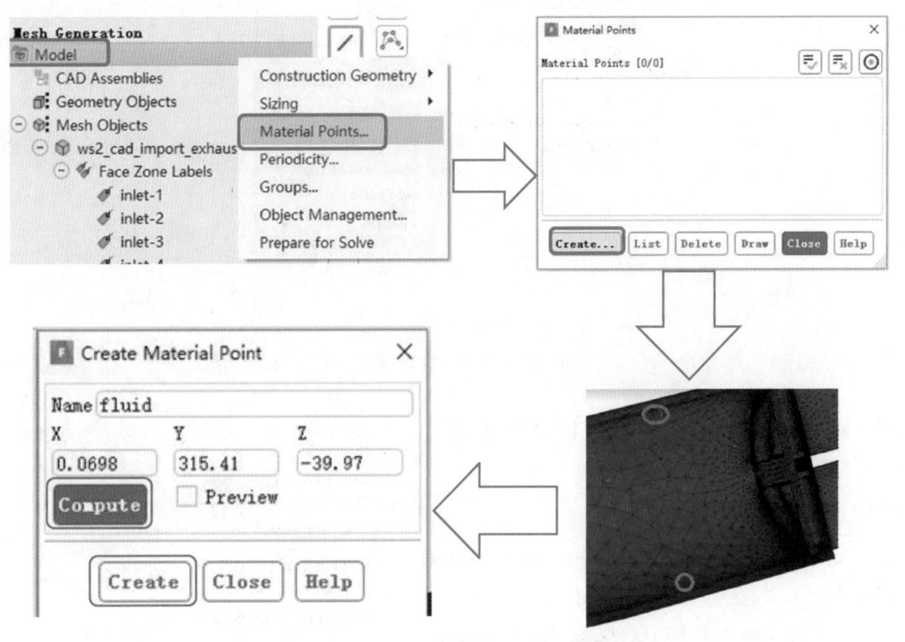

图 3-3-49　创建材料点操作流程

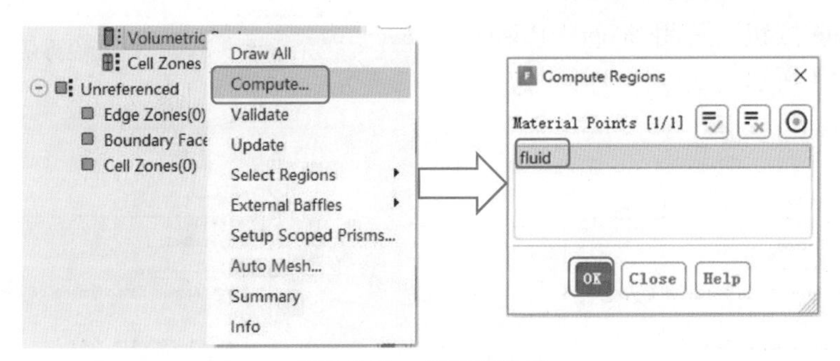

图 3-3-50　创建流体域

步骤 13：检查区域类型。

在生成体网格之前，需要检查区域的类型，并可根据计算需要，抑制不需要生成网格的区域。操作：在模型树中右击 Volumetric Regions，选择命令 Info，此时命令按制窗口会显示各区域的信息，如图 3-3-51 所示。

步骤 14：创建固体和流体边界层。

在模型树中右击 Mesh Objects 下的“ws2_cad_import_exhaust-freeparts-partbody”，选择命令 Auto Mesh...，在弹出的 Auto Mesh 对话框中保留默认的 Object 选项和 Keep Solid Cell Zones（保留固体域）的勾选状态。Grow Prisms 下拉列表框中选择 scoped，并单击 Set...，开始设置边界层，如图 3-3-52 所示。

1. 创建固体边界层

首先在 Name 文本框中输入 solid-prisms，First Aspect Ratio 设为“10”，Number of Layers 设为“1”。Scope To 下拉列表框中选择 solid-regions 并保留 Grow On 下拉列表框中的 only-

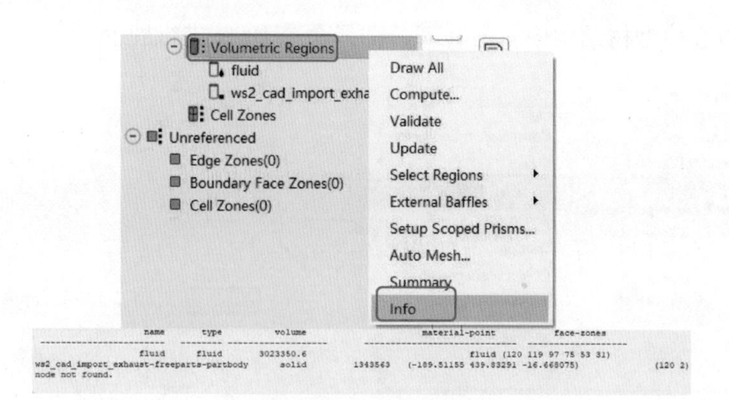

图 3-3-51　检查区域类型

walls 选项，单击 Create 按钮，完成固体边界层，如图 3-3-53 所示。

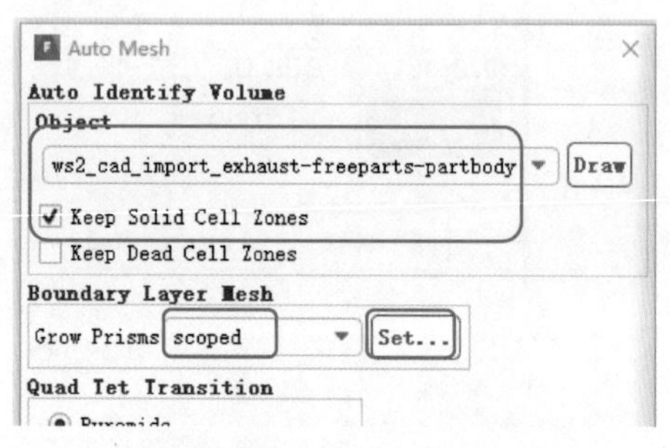

图 3-3-52　打开边界层设置

2. 创建流体边界层

重新定义 Name 文本框为 fluid-prisms，First Aspect Ratio 设为“10”，Number of Layers 设为“5”。Scope To 下拉列表框中选择 fluid-regions 并保留 Grow On 下拉列表框中的 only-walls 选项，单击 Create 按钮，关闭 Scoped Prisms 对话框，如图 3-3-54 所示。

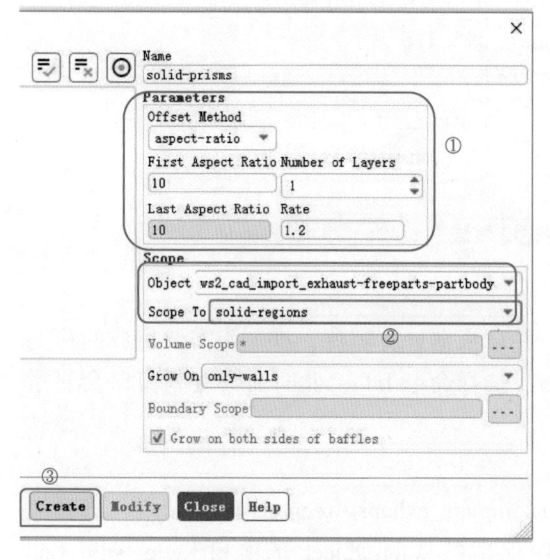

图 3-3-53　固体边界层设置

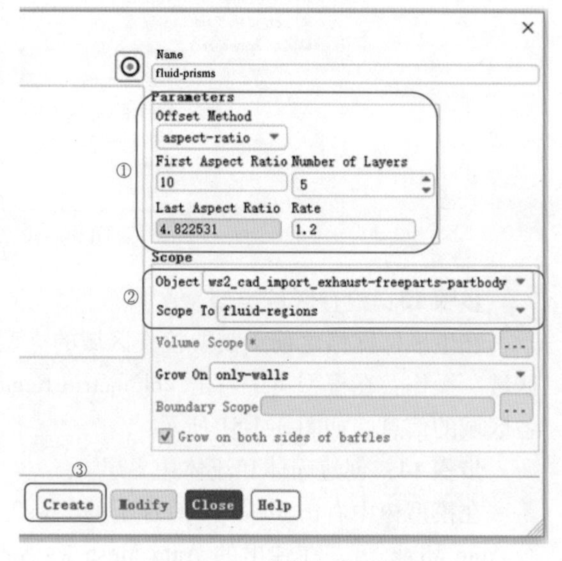

图 3-3-54　流体边界层设置

步骤 15：生成体网格。

在 Auto Mesh 对话框中，勾选 Quad Tet Transition 选项组中的 Pyramids（金字塔过渡），Volume Fill 选项组中选择 Tet，在 Cell Sizing 选项组中选择 Size Field，勾选底部 Merge Cell Zones within Regions，在 Auto Mesh 对话框中单击 Mesh 按钮生成体网格，如图 3-3-55 所示。

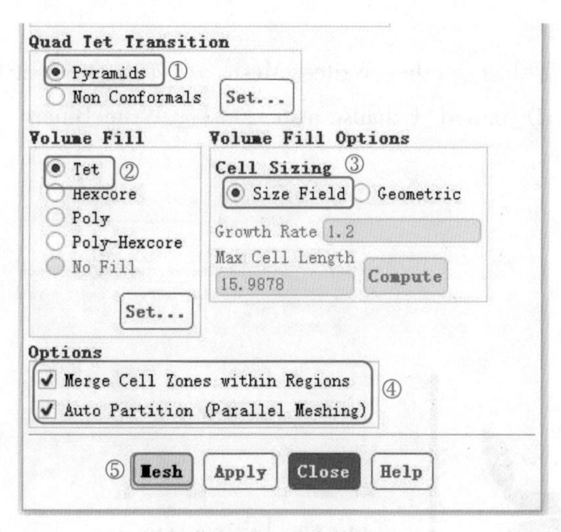

图 3-3-55　生成体网格

步骤 16：提升体网格质量。

选择菜单命令 Mesh→Tools→Auto Node Move，如图 3-3-56 所示。设置 Quality Limit 为“0.9”，选择所有 Boundary Zones，保留 Dihedral Angle 为“120”，勾选 Restrict Boundary Nodes Along Surface。Iterations（迭代步数）为“5”，单击 Apply 按钮，命令控制窗口将显示网格质量改善信息，如图 3-3-57 所示。

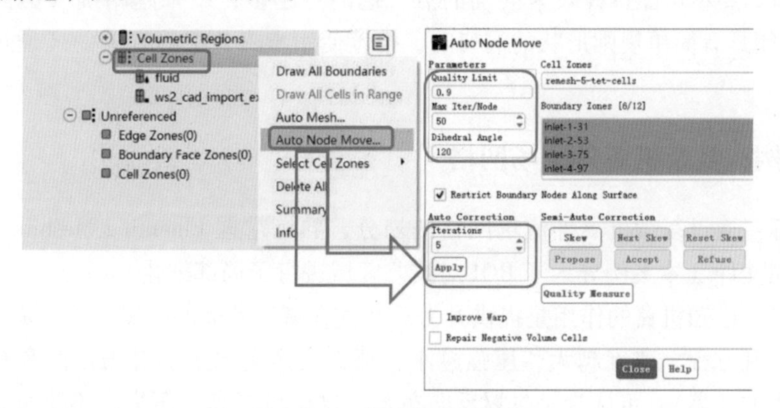

图 3-3-56　提升体网格质量

步骤 17：查看模型内部体网格。

```
344 cells above quality 0.900000 with worst quality 0.937479.
improved local max quality in surrounding of 683 nodes.
141 cells above quality 0.900000 with worst quality 0.920780
improved local max quality in surrounding of 276 nodes.
19 cells above quality 0.900000 with worst quality 0.908799
improved local max quality in surrounding of 43 nodes.
4 cells above quality 0.900000 with worst quality 0.904225
improved local max quality in surrounding of 11 nodes.
No cell above quality 0.900000.
```

图 3-3-57　网格改善信息

网格划分完成后，选择点选工具，在模型适当位置选择一个节点，“+/- Delta”默认为“0”。然后在主界面功能区 Bounds 选项组中选择一个方向，这里取消勾选 X Range 和 Y Range，只保留 Z Range，然后在模型树中右击“ws2_cad_import_exhaust-freeparts-partbody”结构下的 Cell Zones，在弹出的快捷菜单中选择命令 Draw All Cells in Range，查看剖面网格，体网格具体情况如图 3-3-58 所示（同样可采用本章 3.2.1 节案例中剪裁平面的方法查看）。

步骤 18：输出体网格。

输出体网格，选择菜单命令 File→Write→Mesh，在弹出的 Select File 对话框中 Mesh File 文本框中选择“WS2_CAD_import_Exhaust. msh”，勾选 Write Binary Files 选项，单击 OK 按钮，如图 3-3-59 所示。

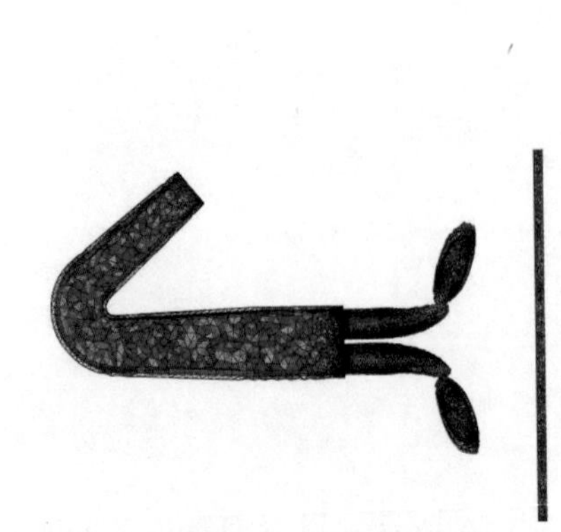

图 3-3-58　体网格示意图

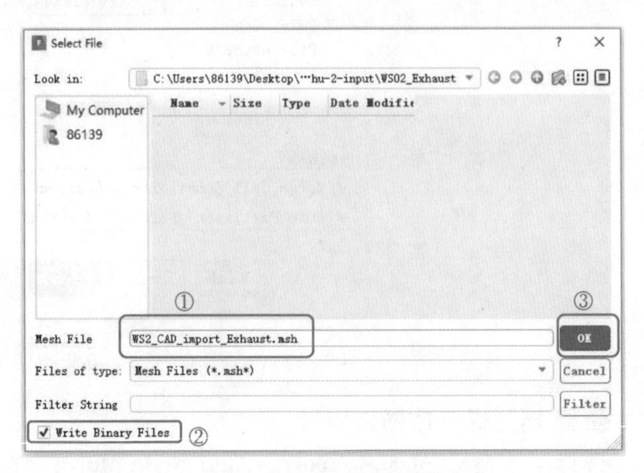

图 3-3-59　输出体网格

案例总结：在封闭出口和入口操作时，进行 Remesh，可得到较好的网格面。在步骤 8 使用方法二时，要尽可能选择较为准确的点，选的点越多，结果越精确（但同时比较浪费时间）。在封闭具有简单规则形状的洞口时，推荐使用步骤 8 中的方法一（通过 Edge 方法）封闭空洞。

3. 2. 3　案例：复杂机翼外流场网格

学习目标：通过复杂机翼外流场网格的划分，熟练掌握 Fluenting Meshing 的基本操作。学会添加附属文件（本案例导入了 BOI 对技艺区域进行了局部细化）。

应用背景：已知机翼的作用是提供升力。空气在流经翼面的时候，下方流速慢于上方流速，根据伯努利方程，速度越大，压强越小，那么会产生向上的升力。而赛车的尾翼（包括方程式赛车的前翼），可认为是机翼反向布置，这样可提高下压力，不仅可保证赛车行进的稳定性，而且可以保证足够的抓地力。在赛车行进过程中，由于车后骤然出现空区，气流会呈现紊乱的涡旋状并且形成低压区。而赛车前方则是正常压力，这样就会产生很大的气阻，这就是为什么赛车要设计成流线型。抚平车后乱流也是很重要的一个因素，尾翼（还有扩散器）便是用于快速抚平乱流。因此，非常有必要对赛车机翼外部流场进行数值模拟。本案例主要是数值模拟的前处理阶段，对复杂机翼外流场进行网格划分。模型示意如图 3-3-60 所示。

步骤 1：打开 Fluent Meshing。

步骤 2：导入模型。

选择菜单命令 File→Import→CAD，弹出 Import CAD Geometry 对话框，导入文件“WS3_wing-3-element. stl”，操作步骤如图 3-3-61 所示。

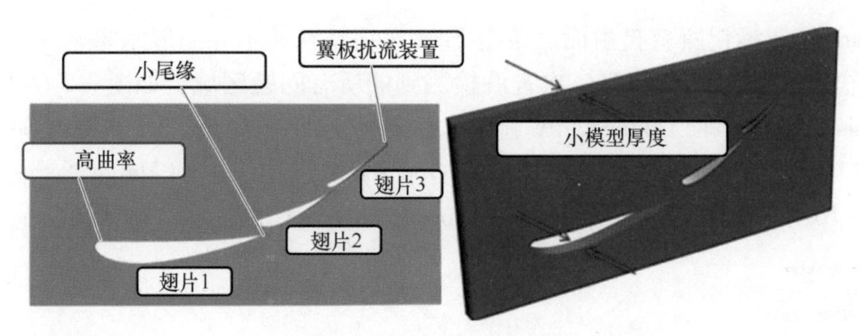

图 3-3-60　模型示意

步骤 3：提取特征线。

在模型树中右击 Geometry Objects，选择命令 Select All。在 Geometry Objects 结构的被选中对象区域中右击，在快捷菜单选择命令 Wrap→Extract Edges...，保留默认设置，单击 OK 按钮，完成几何特征提取，如图 3-3-62 所示。

步骤 4：展示表面网格。

在模型树中右击 Geometry Objects，选择命令 Draw。勾选主界面功能区 Display 选项组中的 Free Faces 和 Face Edges。发现有很多自由面及质量较差的三角形表面网格，初始几何模型如图 3-3-63 所示。

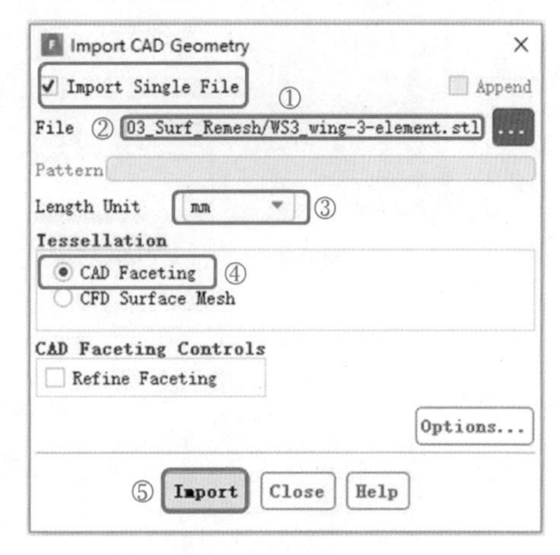

图 3-3-61　引入模型操作步骤

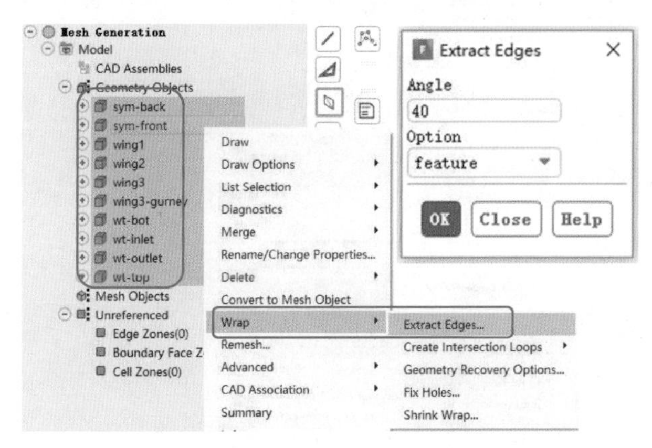

图 3-3-62　提取几何特征线

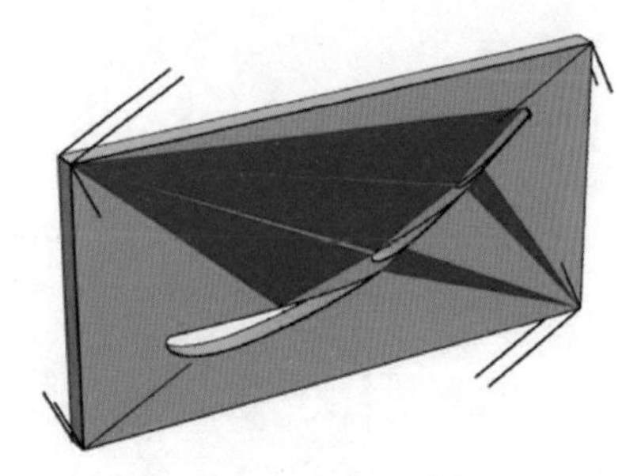

图 3-3-63　初始几何模型

步骤 5：合并几何对象。

选中模型树中 Geometry Objects 内所有的几何对象，在 Geometry Objects 被选中区域右击，在快捷菜单选择命令 Merge→Objects...，如图 3-3-64 所示，弹出 Merge Objects 对话框中将合并后的几何命名为“aero-object”，单击 Merge 按钮，如图 3-3-65 所示。

步骤 6：检查并修复 Free Faces（自由面）。

在模型树中右击 aero-object 并选择命令 Diagnostics→Connectivity and Quality...，修复自由面问题。在 Face Connectivity（面连接）选项卡 Issue（问题）选项组中勾选自由面 Free 选

项。单击 Mark 按钮标记所有自由面。单击 First 按钮将在显示界面展示第一个自由面所在的问题区域，然后单击 Next 按钮将依次查看检测到的所有问题区域，如图 3-3-66 所示。在 Diagnostics Tools 对话框 Face Connectivity 选项卡 Issue 选项组中勾选 Free 并单击 Summary 按钮，命令控制窗口显示自由面数量信息。这里用 Operations 选项组中的 Merge Nodes 选项进行修复，如图 3-3-67 所示。修复完成后，单击 Close 按钮关闭诊断面板。

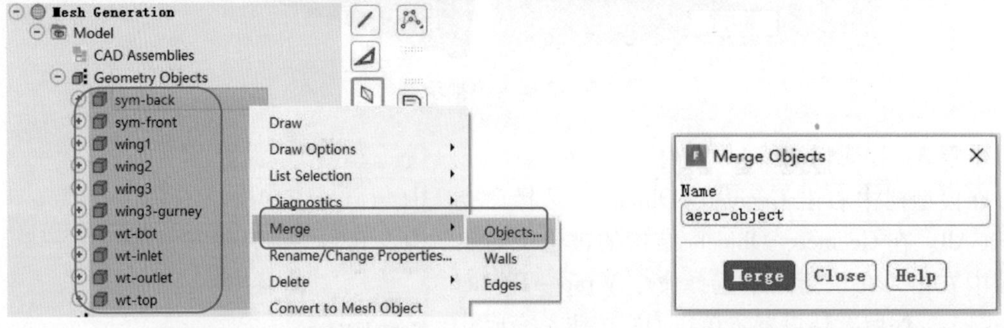

图 3-3-64　合并几何对象　　　　图 3-3-65　命名合并后的几何

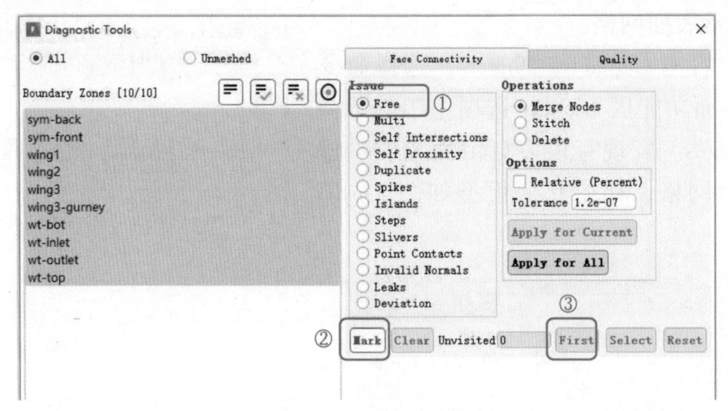

图 3-3-66　寻找自由面

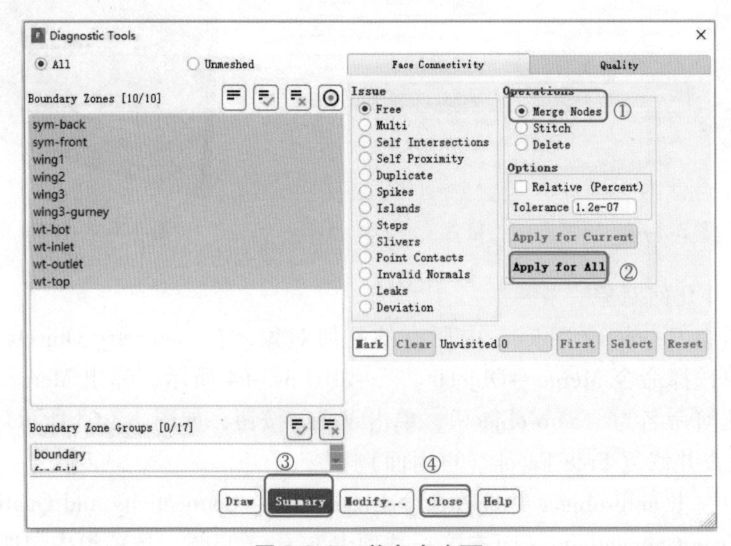

图 3-3-67　修复自由面

步骤 7：设置全局面网格尺寸。

在模型树中右击 Model，选择命令 Sizing→Scoped...，如图 3-3-68 所示。全局尺寸 Global Scoped Sizing 选项组中 Min 设为“0.0001”，Max 设为“0.05”，Growth Rate 设为“1.2”，单击 Apply 按钮，完成全局面网格尺寸定义，如图 3-3-69 所示。

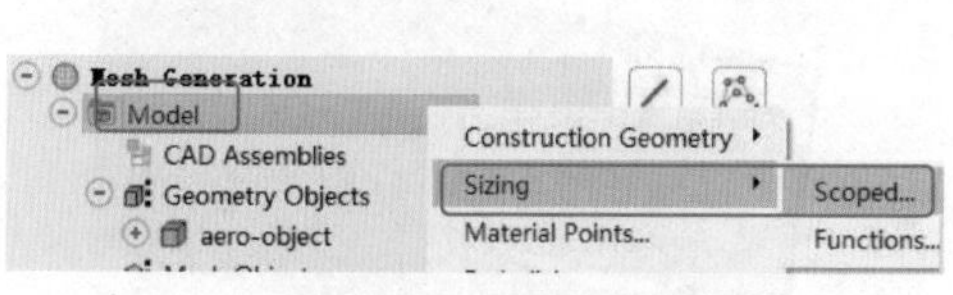

图 3-3-68　增加网格控制尺寸

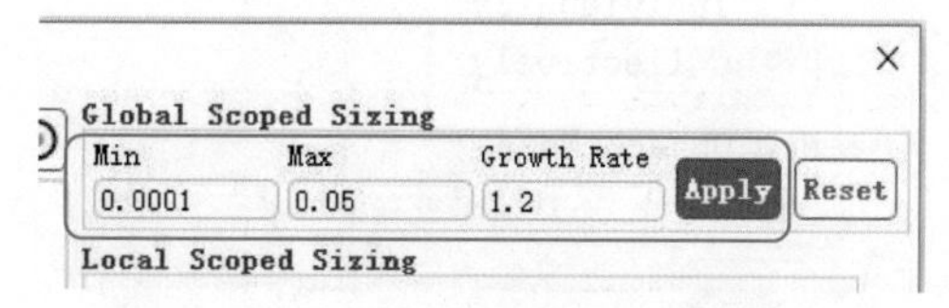

图 3-3-69　设置全局面网格尺寸参数

步骤 8：设置局部尺寸。

下面开始对局部网格的尺寸进行设置，并通过每次重构网格来检查网格质量。

1. 创建曲率网格尺寸并重构网格

在 Local Scoped Sizing 选项组中将 Name 改为 curvature，Type 下拉列表框设为 curvature，最小和最大尺寸同为 0.0001mm 和 0.05mm，Normal Angle 设为“10”，Scope To 下拉列表框设为 Object Faces and Edges，Object Type 设为 Geom，其余保持默认设置。然后单击 Create 按钮，如图 3-3-70 所示。在模型树中右击 aero-object，选择命令 Remesh...，如图 3-3-71 所示。在弹出的 Remesh 对话框中选择 Collectively，New Object Name 文本框中输入“remesh-1”，如图 3-3-72 所示，生成后的网格如图 3-3-73 所示。

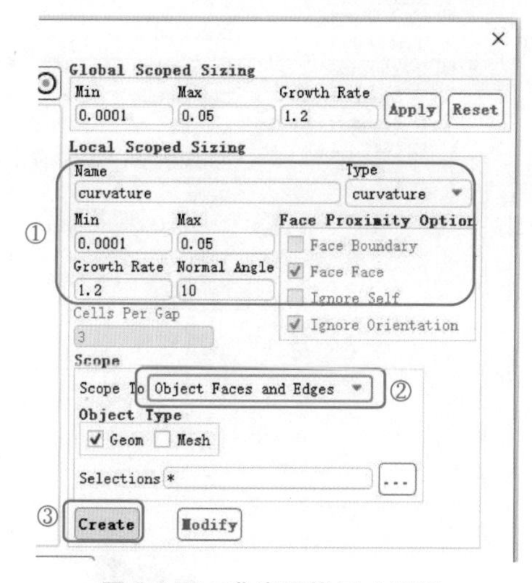

图 3-3-70　曲率网格尺寸设置

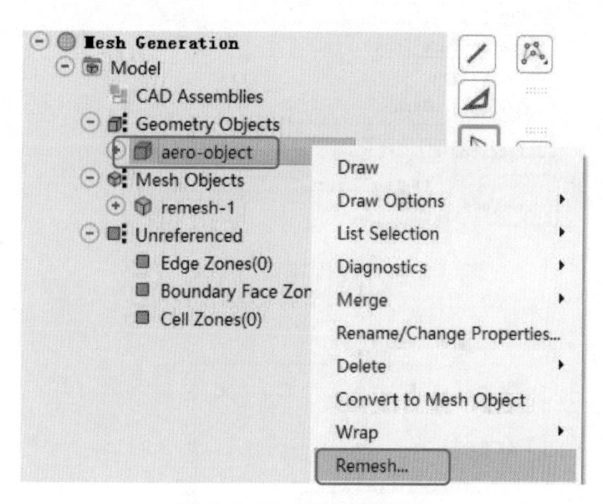

图 3-3-71　网格重划分

2. 创建硬网格尺寸并重构网格

首先单击 Delete Size Field，在 Local Scoped Sizing 选项组中将 Name 改为“hard-gurney”，Type 下拉列表框设为 hard，最小尺寸为 0.001 mm，Scope To 下拉列表框设为 Faces Zone，Selections 文本框中选择“wing3-gurney”，Object Type 设为 Geom，其余保持默认设置。然后单击 Create 按钮，如图 3-3-74 所示。在模型树中右击 aero-object，选择命令 Remesh...，如图 3-3-75 所示。重新生成面网格 remesh-2，如图 3-3-76 所示，生成后的网

格如图 3-3-77 所示。

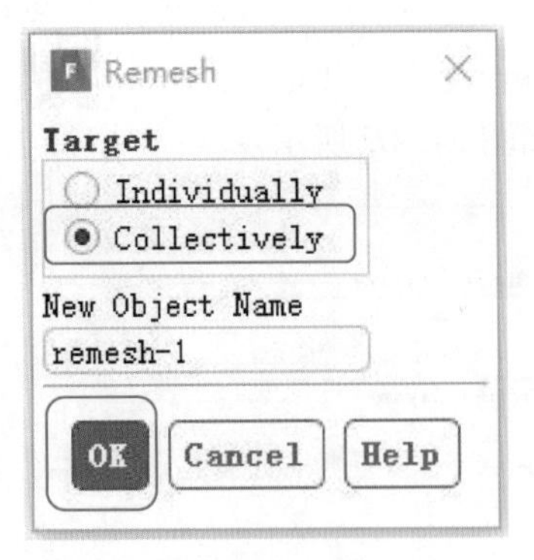

图 3-3-72　命名重构后的对象之一

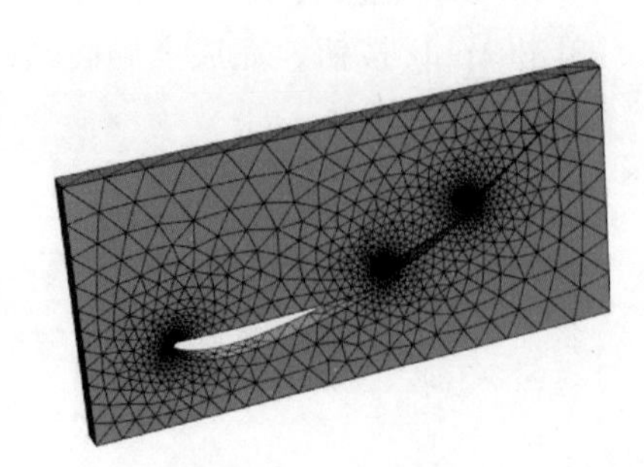

图 3-3-73　remesh-1

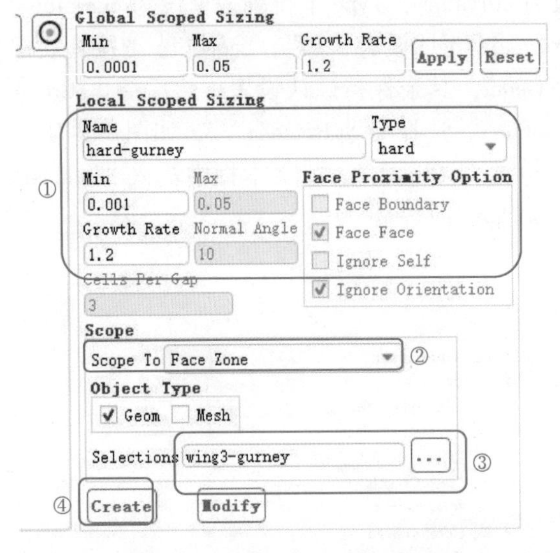

图 3-3-74　硬网格尺寸设置

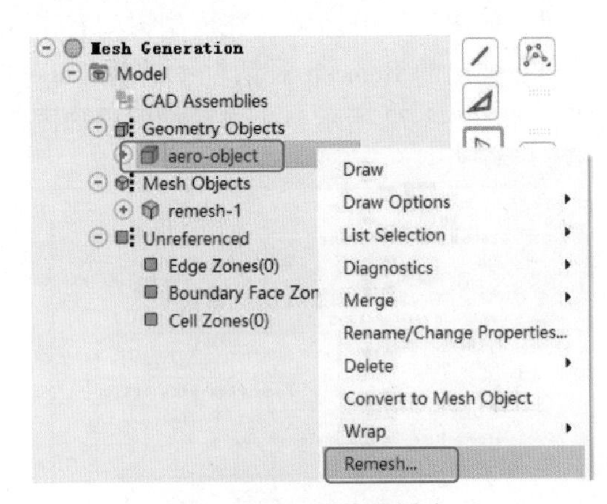

图 3-3-75　网格重划分

图 3-3-76　命名重构后的对象之二

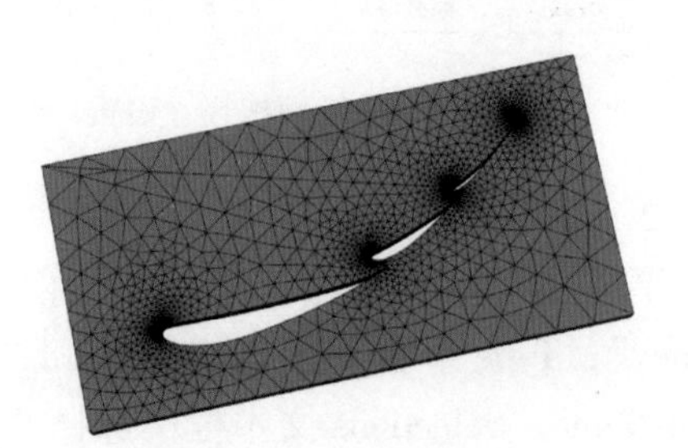

图 3-3-77　remesh-2

3. 创建接近度网格尺寸

在 Local Scoped Sizing 选项组中将 Name 改为“prox-te”，Type 下拉列表框设为 proximity，最小和最大尺寸分别为 0.0001mm 和 0.05mm，Scope To 下拉列表框设为 Edge Zone，选择图 3-3-78 中红色尾缘（Trailing Edges）位置，Object Type 设为 Geom，其余保持默认设置，然后单击 Create 按钮，如图 3-3-78 所示。

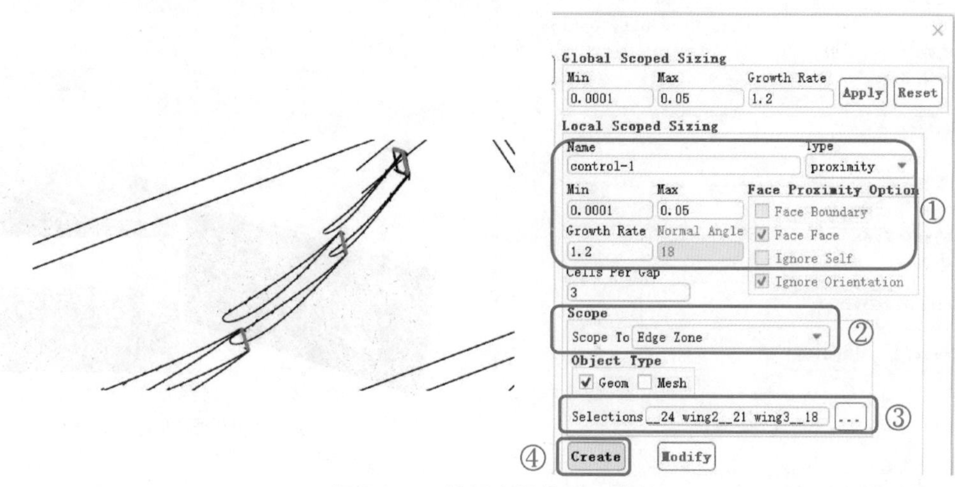

图 3-3-78　接近度网格尺寸控制

4. 重构网格 remesh-3

尺寸设置完成后，单击尺寸设置界面的 Compute 按钮计算尺寸域。此时可更新一下网格。在模型树中右击 aero-object，选择命令 Remesh...，重新生成面网格 remesh-3，如图 3-3-79 所示，查看网格质量。可看到此时网格可较好地捕捉狭小区域和高曲率区域，但仍需控制厚度方向（保证 4 层网格）的网格大小及从小网格到大网格的过渡，并通过降低全局最大尺寸进一步限制网格大小。

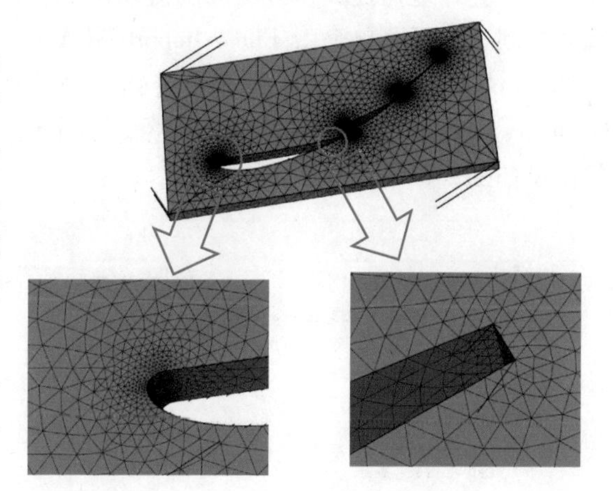

图 3-3-79　重构网格 remesh-3

5. 设置软尺寸 soft sizing

在尺寸编辑界面，删除尺寸域，将全局最大尺寸更改为 0.01mm，单击 Apply 按钮。创建软尺寸，Name 文本框改为“wings-soft”，Type 下拉列表框设为 soft，将翅膀最大尺寸限制为 0.01mm，Scope To 下拉列表框设为 Face Zone，Object Type 设为 Geom，在 Selection 文本框中输入“*wing*”（这次使用一个通用通配符，选择“*wing*”来选择包含字符串“wing”的 Geom 对象中所有面区域）。其余保持默认设置，然后单击 Create 按钮，如图 3-3-80 所示。

6. 重构面网格 remesh-4

在模型树中右击 aero-object，选择命令 Remesh...，重新生成面网格 remesh-4，如图 3-3-81 所示，查看网格质量。

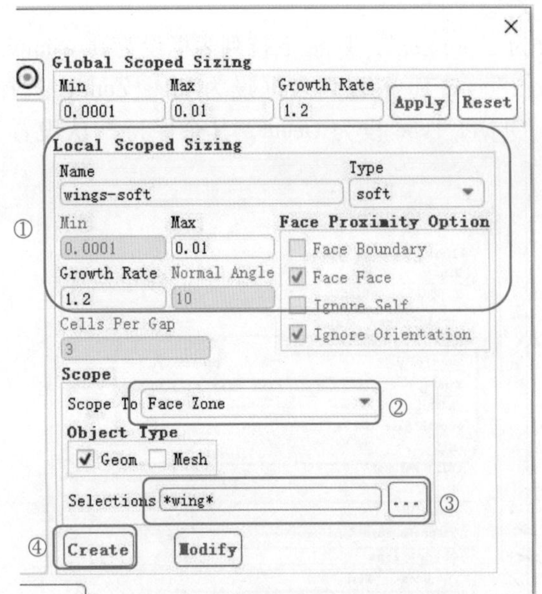

图 3-3-80　软尺寸网格设置

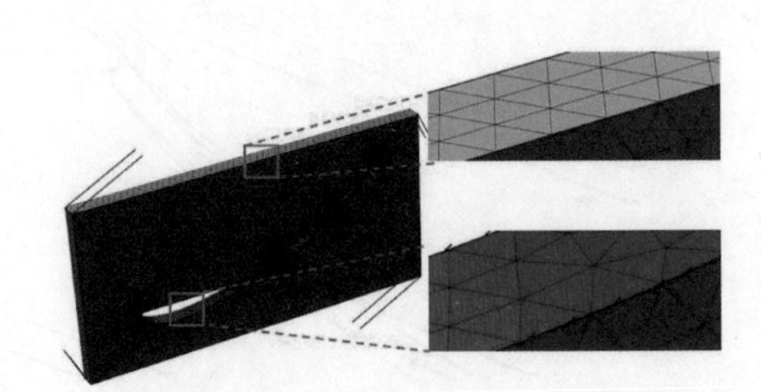
图 3-3-81　重构面网格 remesh-4

7. 施加 BOI 模型

为了更好地捕捉翼型区域周围流动情况，需要在翼型区域施加 BOI（Body of Influence）尺寸控制。选择菜单命令 File→Import→CAD，选择文件“WS3_wing-3-element-boi. stl”，并勾选 Append 选项，单击 Import 按钮导入几何，如图 3-3-82 所示。完成后，在模型树 Geometry Objects 中选中两个几何对象，右击选中的几何对象并选择快捷菜单命令 Draw，几何模型如图 3-3-83 所示。

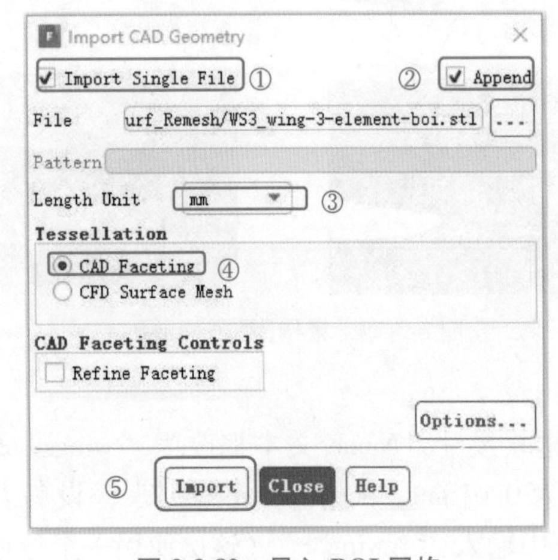

图 3-3-82　导入 BOI 网格

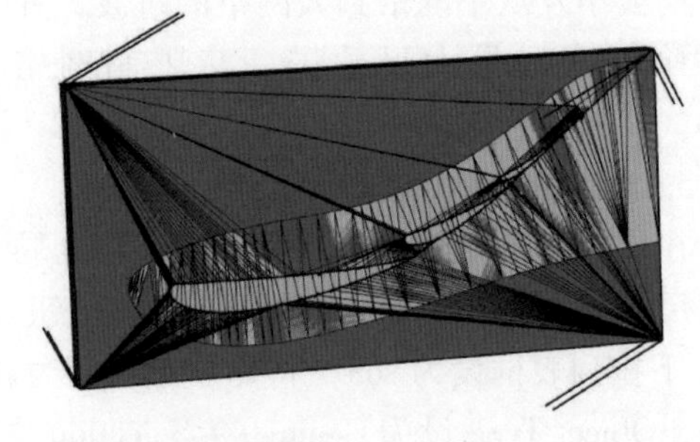
图 3-3-83　几何模型

8. 添加 BOI 尺寸设置

单击 Delete Size Field 按钮，在 Local Scoped Sizing 选项组中将 Name 改为“boi-refinement-region”，Type 设为 boi，最大尺寸为 0.05mm，Scope To 下拉列表框设为 Face Zone，Object Type 设为 Geom，Selections 文本框选择 boi。其余保持默认设置，然后单击

Create 按钮，如图 3-3-84 所示。

步骤 9：查看并修复面网格。

在模型树中右击 aero-object（注意不要选择 boi 几何对象），选择命令 Remesh，重新生成面网格 remesh-5，如图 3-3-85 所示。在模型树中右击新生成的面网格 remesh-5，选择 Summary，可在命令控制窗口中显示网格信息，如图 3-3-86 所示。命令控制窗口没有显示“free-faces”“muti-faces”及“skewed-faces”的信息，如存在问题，则在 remesh-5 的右键菜单中选择命令 Diagnostics→Connectivity and Quality... 进行修复。

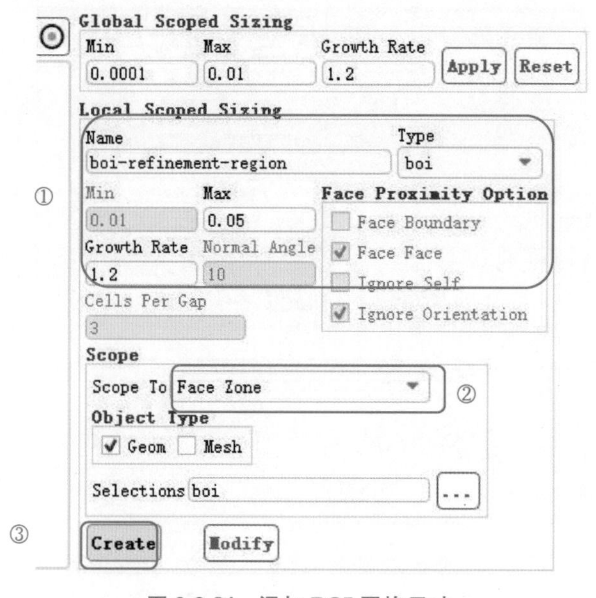

图 3-3-84　添加 BOI 网格尺寸

图 3-3-85　remesh-5

face-zones-summary	free-faces	multi-faces	duplicate-faces	skewed-faces(> 0.85)	maximum-skewness	all-faces	face-zones
overall-summary	0	0	0	0	0.72559648	46842	10

图 3-3-86　网格信息

步骤 10：计算体积域。

在 remesh-5 结构中右击 Volumetric Regions，选择命令 Compute...，操作完成后，右击 Volumetric Regions 结构下的 aero-object，并选择命令 Change Type→Fluid，单击 OK 按钮完成，如图 3-3-87 所示。

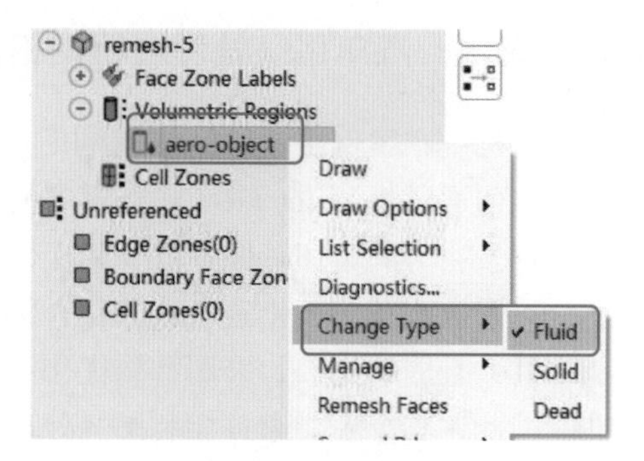

图 3-3-87　改变类型

步骤 11：创建体网格。

在模型树中右击 remesh-5，选择命令 Auto Mesh...，在弹出的 Auto Mesh 对话框中，将 Grow Prisms 下拉列表框设为 scoped，然后单击 Set... 按钮。对边界层保持默认设置，Grow On 下拉列表框设为“selected-face-zones”，Boundary Scope 文本框设为“＊wing＊”（使用一个通用通配符选择“＊wing＊”来选择包含字符串“wing”的 Geom 对象中所有面区域），单击 Create 按钮，然后关闭 Set 面板。体网格采用 Tet Volume Fill 四面体填充，Cell Sizing 设为 Size Function，单击 Apply 按钮并关闭。在 Auto Mesh 对话框中单击 Mesh 按钮，生成体网格。具体操作如图 3-3-88 所示。

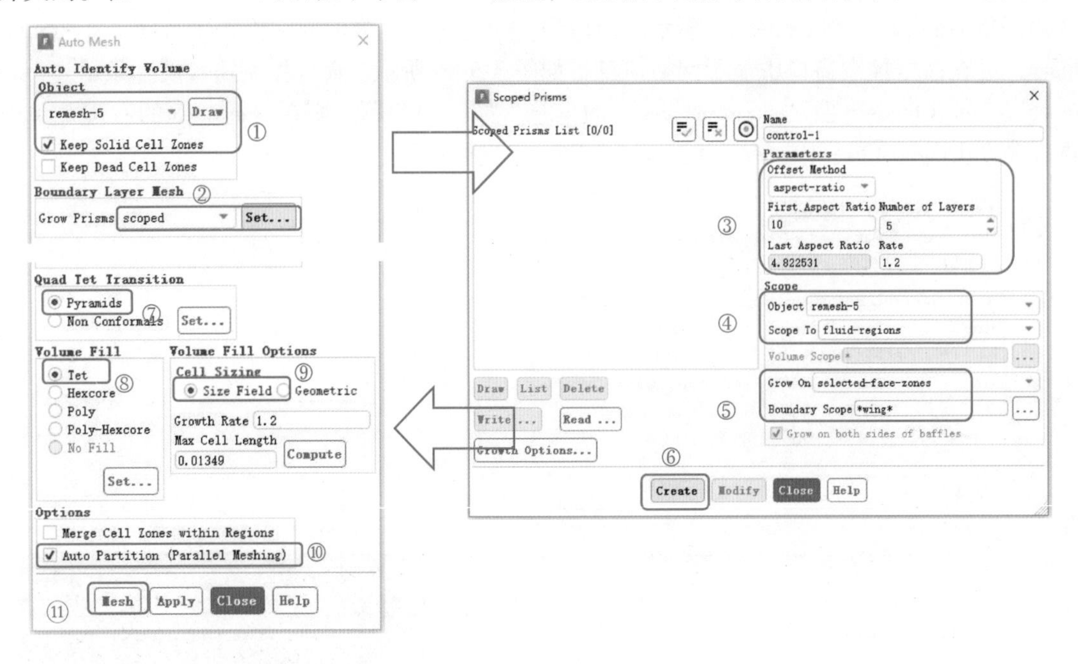

图 3-3-88　生成体网格

步骤 12：检查网格质量。

展示网格，并检查网格质量。如质量满意，则直接输出网格；相反，则通过 Auto Node Move 工具进行网格质量提升。完成后，输出网格，选择命令 File→Write→Mesh，输出“multi-wing-volume. msh. gz”文件。

案例总结：在网格划分过程中，要注意几何细节的捕获，特别是高扭曲率和狭缝区域。需要进行合适的局部尺寸定义。此外，在保证网格质量的同时，尽量减少网格数量。

3. 2. 4　案例：汽车尾气处理装置网格

学习目标：本案例主要讲解如何同时导入多个几何文件，几何模型如何转换为网格对象，以及如何通过 Join/Intersect 连接不同的网格对象等。

应用背景：为满足环境保护需要和促使汽车生产厂家技术改进，各国均制定汽车尾气排放标准，以限制汽车一氧化碳、碳氢化合物、氮氧化物和微粒的排放量。考虑到汽车发动机研发成本巨大且周期过长，采用结构优化和系统控制等技术手段难以满足国家日益提高的排放标准。因此，车企主要通过加装尾气处理装置来减少有害物质排放。本案例针对汽车尾气处理装置进行网格划分，为数值模拟完成前处理工作。

步骤 1：几何模型简介。

在本案例中，需要导入三个几何文件，生成固体、流体域网格，最终用于流固耦合的共轭传热模拟计算（conjugate heat transfer modeling）。几何模型如图 3-3-89 所示。

步骤 2：导入几何。

选择菜单命令 File→Import CAD，在 Import CAD Geometry 对话框中取消勾选 Import Single File，选择几何文件所在的文件夹，并在 Pattern 中添加“ *. stp” 来选择指定文件目录中的所有“ *. stp” 文件。Length Unit（长度单位）设为“mm”，选中 CFD Surface Mesh 选项。Min Size 设为“0.5”，Max Size 设为“30”，勾选 Proximity，并将 Cells Per Gap 文本框设为“2”，Scope Proximity to 下拉列表框设为 Edges，单击 Import 按钮导入，参数设置如图 3-3-90 所示。

图 3-3-89 几何模型

步骤 3：展示几何对象。

在模型树中右击 Mesh Objects，选择命令 Draw，并展示网格面及边缘，如图 3-3-91 所示。可以发现，网格对象很好地捕捉到几何对象的细小边缘，但同时有些部位导致过度细化（这些边缘本不该被捕捉或不应存在）。因此，需要重新进行尺寸设置及尺寸域的重新计算，重构网格来消除这些错误。

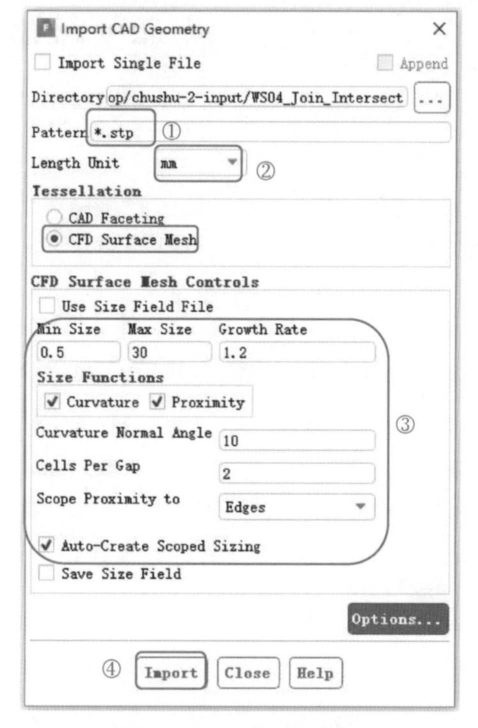

图 3-3-90 导入几何模型

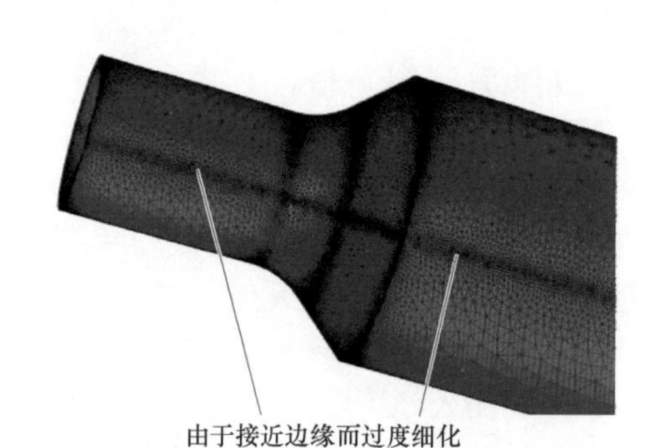

图 3-3-91 几何模型展示

步骤 4：尺寸设置。

对模型进行 Curvature Sizing 和 Edge Proximity Scoped Sizing 尺寸设置。

1. 创建 Curvature Sizing

在模型树中右击 Model，选择命令 Sizing→Scoped...，进入 Scoped Sizing（尺寸编辑）对话框。全局尺寸中 Min 设为“0.5”，Max 设为“30”，单击 Apply 按钮。在 Local Scoped Sizing 选项组中，Name 设为“global-curv”，Type 下拉列表框设为 curvature，Min 设为“0.5”，Max 设为“30”，Growth Rate 设为“1.2”，Normal Angle 设为“10”，Scope To 下拉列表框设为 Object Faces，Object Type 设为 Mesh，单击 Create 按钮，如图 3-3-92 所示。

2. 创建 Edge Proximity Scoped Sizing

在 Local Scoped Sizing 选项组中，Name 设为“global-edge-prox”，Type 下拉列表框设为 proximity。Min 设为“0.5”，Max 设为“30”，Growth Rate 设为“1.2”，Cells Per Gap 设为“2”，Scope To 下拉列表框设为 Object Edges，Object Type 设为 Mesh，单击 Create 按钮，如图 3-3-93 所示。完成后单击 Close 按钮关闭 Scoped Sizing 对话框。

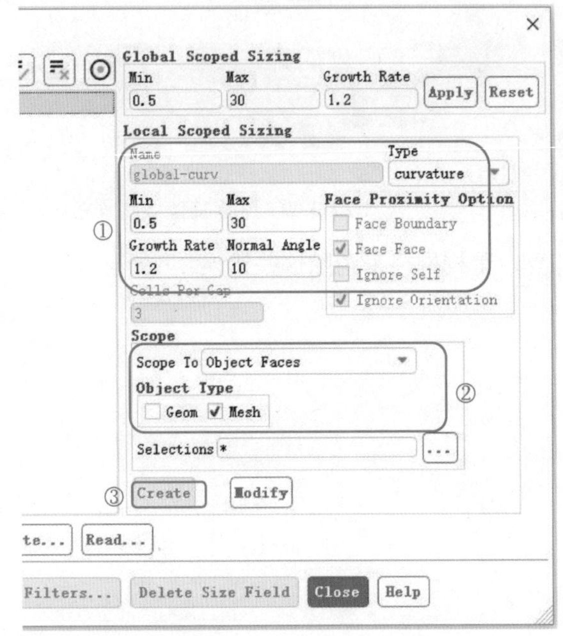

图 3-3-92　曲率尺寸设置

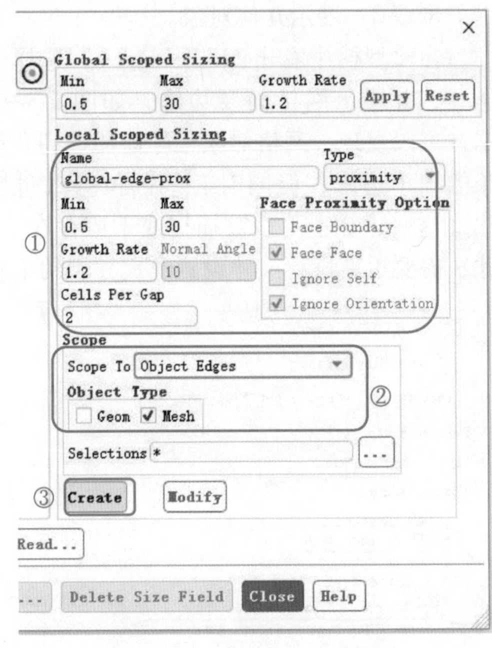

图 3-3-93　逼近度尺寸设置

步骤 5：重构网格。

在模型树内选中 Mesh Objects 中的所有网格对象，右击选中对象并选择命令 Remesh Faces，如图 3-3-94 所示。完成网格重构后的模型如图 3-3-95 所示，观察图 3-3-95 可以发现，边缘过度细化的问题已得到解决。但可注意到不同固体之间的网格并没有很好地连接在一起。接下来还需要封闭几何、连接不同几何、创建体网格。

步骤 6：封闭几何，对几何的入口和出口进行封闭处理。

1. 封闭入口

在主界面功能区勾选 Patch Options 选项组中的 Remesh 选项。单击 Edge Selection Filter（边选择）图标，选择入口的一条边，单击图标（创建）。在 Patch Options 对话框中，Object Name 设为 inlet，Object Type 下拉列表框设为 geom，Zone Type 下拉列表框设为“mass-flow-inlet”，单击 Create 按钮，如图 3-3-96 所示。

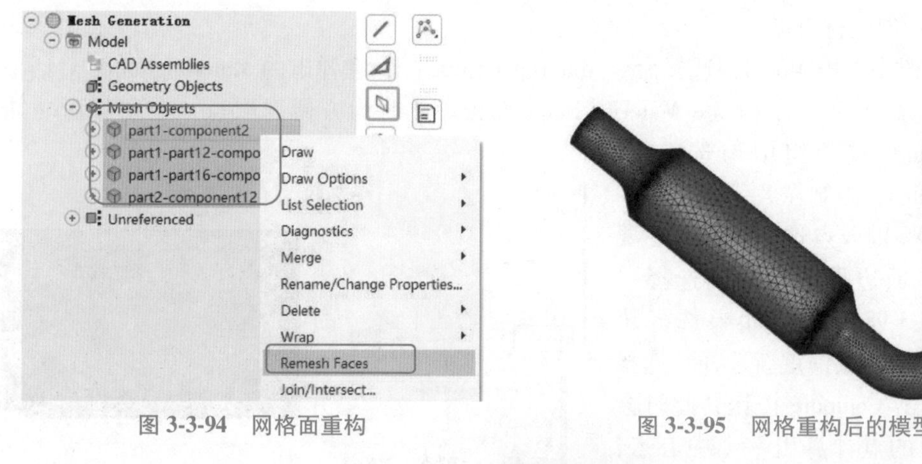

图 3-3-94　网格面重构　　　　图 3-3-95　网格重构后的模型

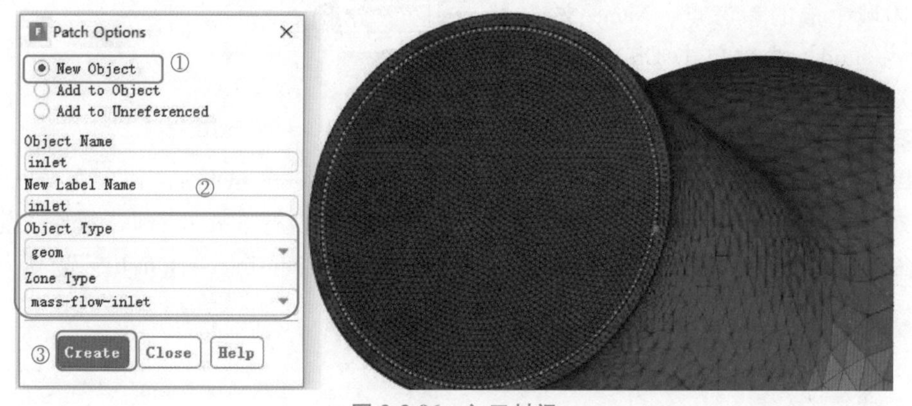

图 3-3-96　入口封闭

2. 封闭出口

在主界面功能区勾选 Patch Options 选项组中的 Remesh 选项。选择 Edge Selection Filter（边选择）图标，选择出口的一条边，单击图标（创建）。在 Patch Options 对话框中，Object Name 设为 outlet，Object Type 下拉列表框设为 geom，Zone Type 下拉列表框设为 “pressure-outlet”，单击 Create 按钮，如图 3-3-97 所示。

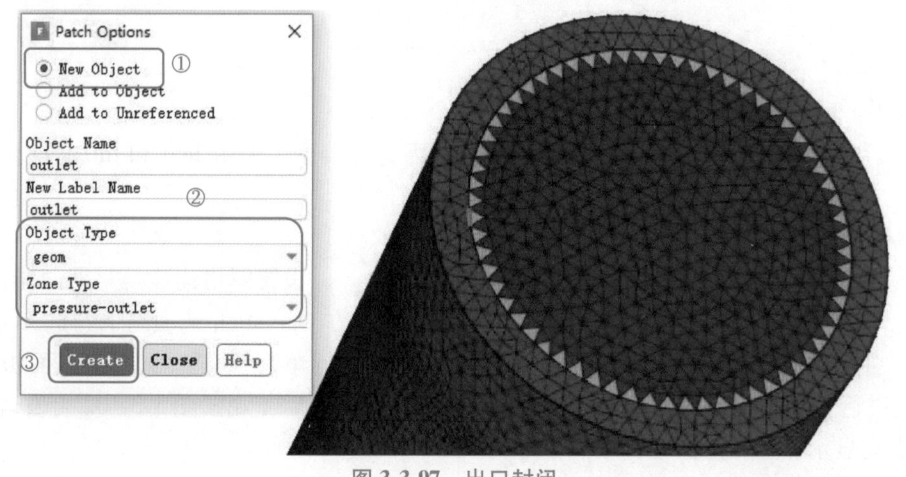

图 3-3-97　出口封闭

步骤 7：创建材料点。

在模型树中右击 Model，选择命令 Material Points...，在弹出的 Material Points 对话框中单击 Create... 按钮打开 Create Material Point 面板。此时为方便选取点，在主界面功能区 Clipping Planes 选项组中勾选 Insert Clipping Planes，限制在 X 平面。下一步按<Ctrl+N>键或点选择图标，在要创建的流体域边界两端分别选择一点，如图 3-3-98 所示。如果选择错误，可按<F2>键撤销重新选择。选择完成后，单击 Compute 按钮，此时会根据所选择的点计算出一个中心点，作为流体域生成的参考点。Name 文本框设为 fluid，然后单击 Create 按钮，并关闭面板。

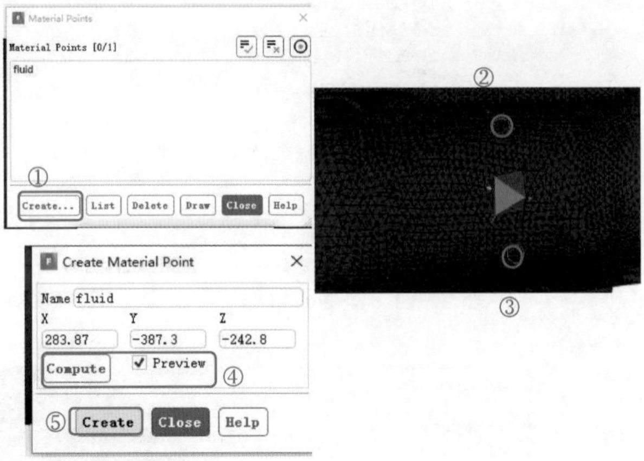

图 3-3-98　创建材料点

步骤 8：将对象合并为一体。

在模型树内选中所有 Mesh Objects 并右击，选择命令 Merge→Objects...，在弹出的 Merge Objects 对话框中 Name 设为 assembly，如图 3-3-99 所示。在执行 Join/Intersect 操作之前，先选择菜单命令 File→Write Mesh 保存网格文件，文件名为“for-join-intersect. msh. gz”。

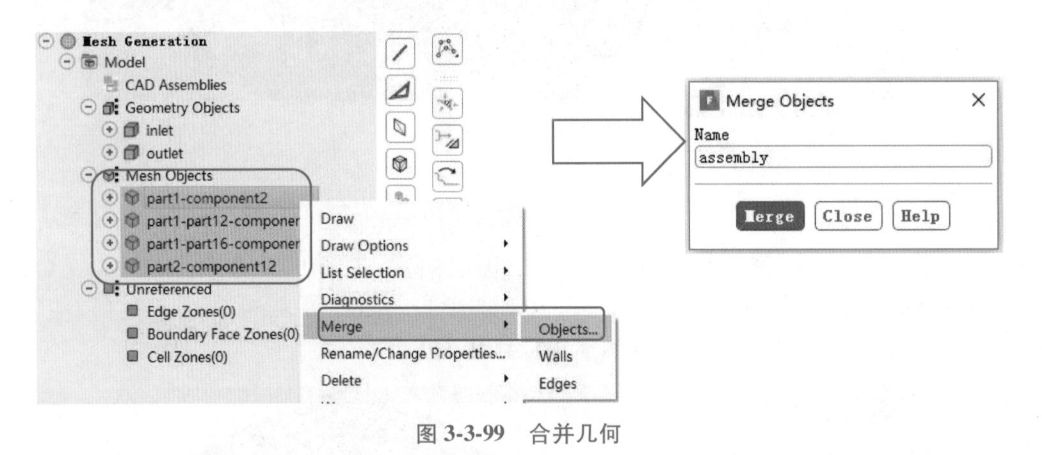

图 3-3-99　合并几何

步骤 9：Join/Intersect 操作。

合并后的几何面存在缝隙，并未完全重合。因此，接下来采用 Join 和 Intersect 来解决这个问题。

1. Join

在模型树中右击 assembly，选择命令 Join/Intersect...，设置网格连接/相交，如图 3-3-100 所示。在对话框中选中 Face Zones 选项栏中所有区域，在 Operation 选项组下勾选 Join，并设置容差。可通过 Find Pairs 按钮查找需要连接的区域进行单个操作，也可单击面板左下方 Join 按钮进行整体连接操作，如图 3-3-101 所示。操作完成后，观察图 3-3-102 可发现该区域以黄色高亮显示。

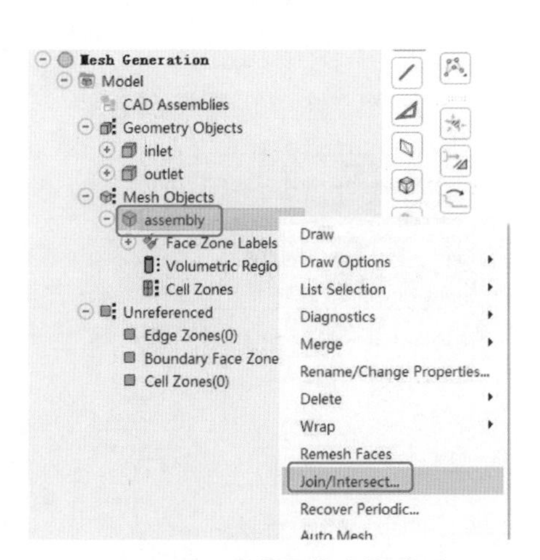

图 3-3-100　设置网格连接/相交

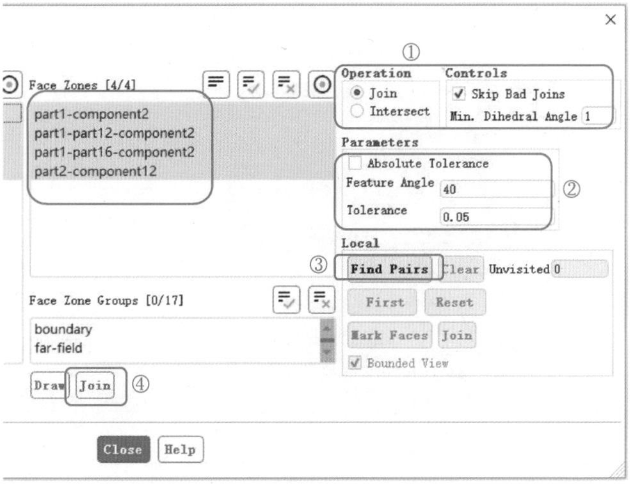

图 3-3-101　设置网格连接/相交参数

2. Intersect

在 Operation 选项组下勾选 Intersect，并设置容差。可通过 Find Pairs 按钮查找相交叉的区域进行单个操作，也可单击全局面板下 Intersect 按钮进行整体相交操作，如图 3-3-103 所示。操作完成后，该区域以黄色高亮显示，如图 3-3-104 所示。完成贯穿交叉后，关闭面板。

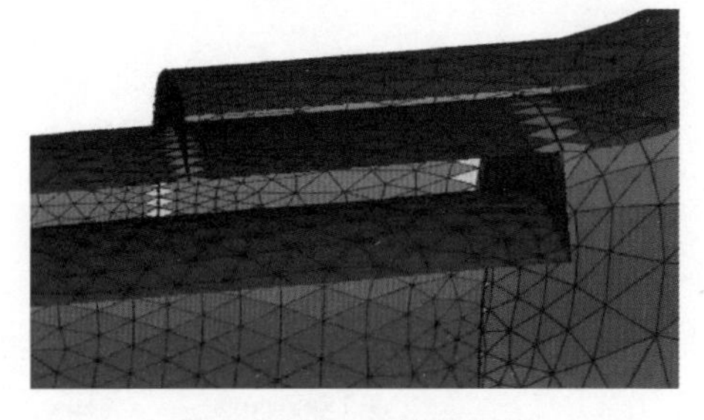

图 3-3-102　完成相交后

步骤 10：诊断网格。

在模型树中右击 assembly，选择命令 Diagnostics→Connectivity and Quality...，在弹出的 Diagnostic Tools 单击 Summary 按钮查看网格信息。观察显示信息可以发现，无自由面问题，且存在的“muti-faces”为两面边界之间正常面，“Maximum-skewness”约为 0.61，网格质量满足要求，如图 3-3-105 所示。

图 3-3-103　网格连接/相交参数

图 3-3-104　贯穿交叉区域

步骤 11：计算流体区域。

在模型树中右击 Volumetric Regions，选择命令 Compute...，在弹出的 Compute Regions

对话框中选中创建好的材料点 fluid，单击 OK 按钮，如图 3-3-106 所示。

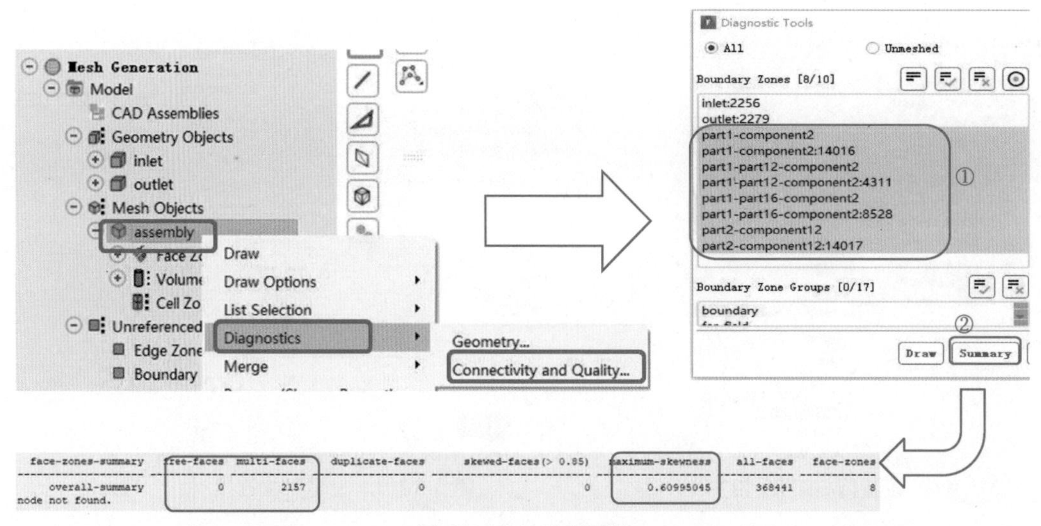

图 3-3-105　诊断网格

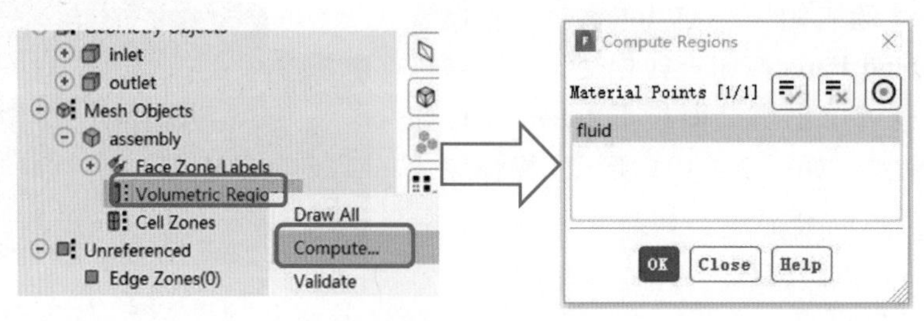

图 3-3-106　计算流体区域

步骤 12：转换为网格对象。

在模型树中选中 Geometry Objects 下的 inlet 和 outlet，右击选中状态的 inlet 和 outlet，选择命令 Convert to Mesh Object，在 Mesh Objects 对话框中，Name 设为 assembly，如图 3-3-107 所示。在模型树中右击 assembly，再次选择命令 Join/Intersect...，在弹出的对话框中选中 Face Zone 选项栏中所有区域，在 Operation 选项组下勾选 Join，并设置容差。单击全局面板下 Join 按钮进行整体连接操作。

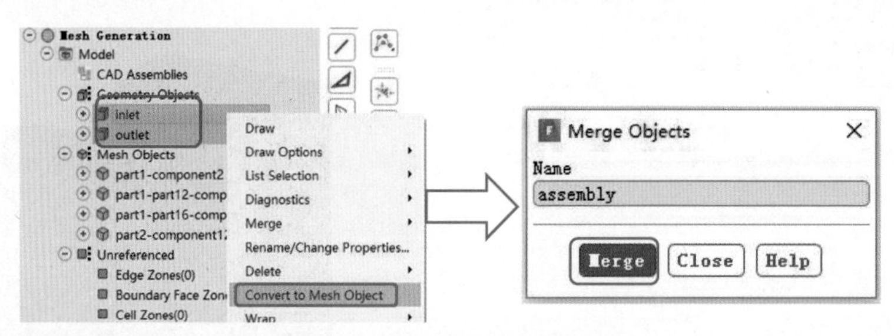

图 3-3-107　转换为网格对象

步骤 13：网格重构出入口。

单击 Face Zone Filter 图标，鼠标右键在图形窗口选择 inlet 和 outlet，然后单击 Remesh

图标进行网格重构，如图 3-3-108 所示。

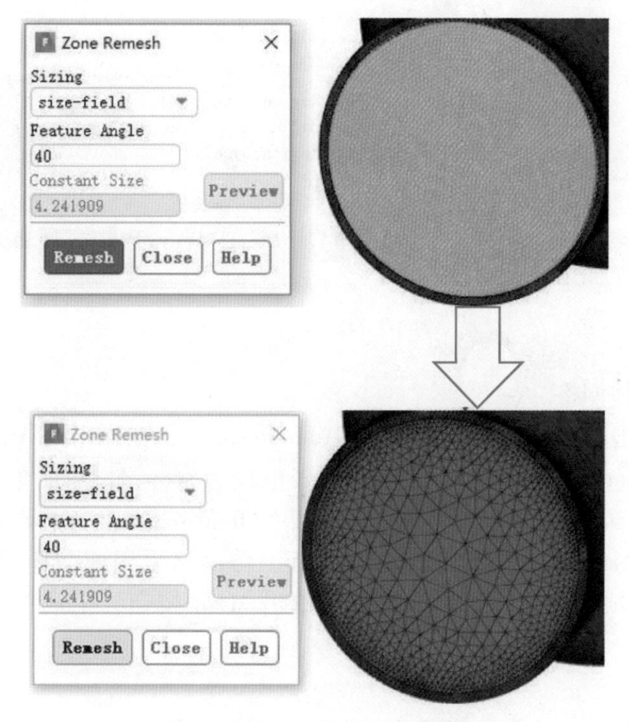

图 3-3-108　重构出入口网格

步骤 14：抽取流体。

在模型树中右击 fluid，选择命令 Draw 来抽取流体，如图 3-3-109 所示。抽取出来的流体域如图 3-3-110 所示。

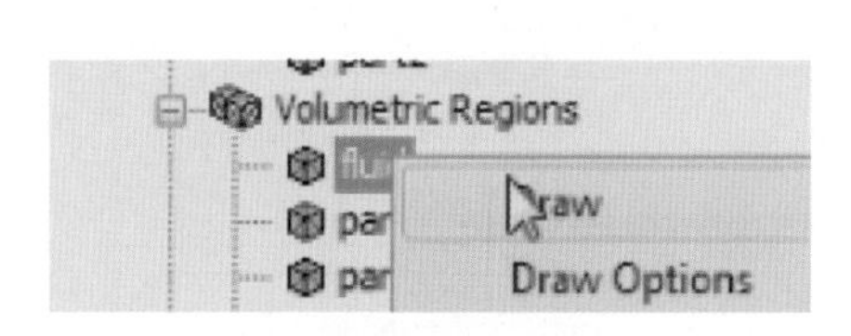

图 3-3-109　抽取流体

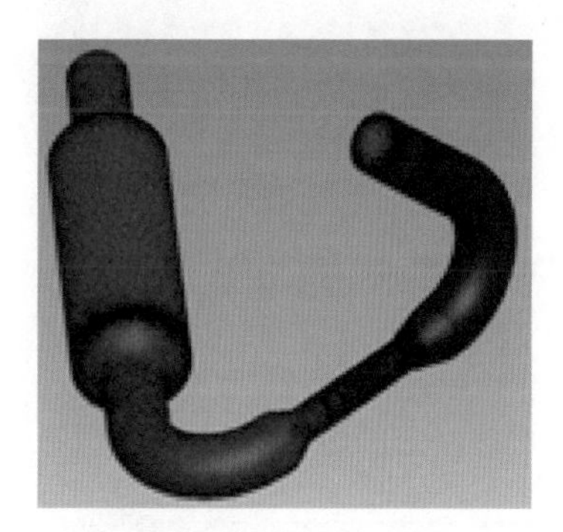

图 3-3-110　流体域

步骤 15：观察抽取的流体，并合并固体。

在 Volumetric Regions 结构下，右击 fluid 选择命令 Draw。选中“part1-part12-component2”和“part1-part16-component2”，在右键菜单中选择命令 Manage→Merge... 。在弹出的 Merge Regions 对话框中，New Region Name 设为 aluminum，New Region Type 下拉列表框设为 solid，单击 OK 按钮，在弹出的问题框中单击 Yes 按钮，如图 3-3-111 所示。从图 3-3-111 的模型截图可以看出两模型之间的分隔边界已被删除。

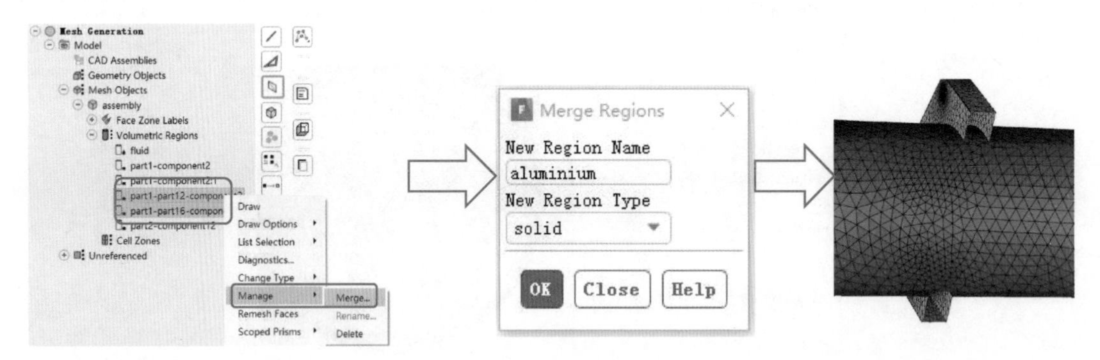

图 3-3-111　合并为固体

步骤 16：划分体网格。

在模型树中右击 Cell Zones，选择命令 Auto Mesh...，在弹出的 Auto Mesh 对话框中勾选 Keep Solid Cell Zones，Grow Prisms 下拉列表框设为 scoped。然后单击 Set... 按钮，对边界层保持默认设置，Scope To 下拉列表框设为 fluid-regions，Grow on 下拉列表框设为 only-walls，单击 Create 按钮，然后关闭 Set 面板。体网格采用四面体填充，即 Volume Fill 选项组勾选 Tet 选项。在 Auto Mesh 面板中单击 Mesh 按钮，生成体网格，如图 3-3-112 所示。

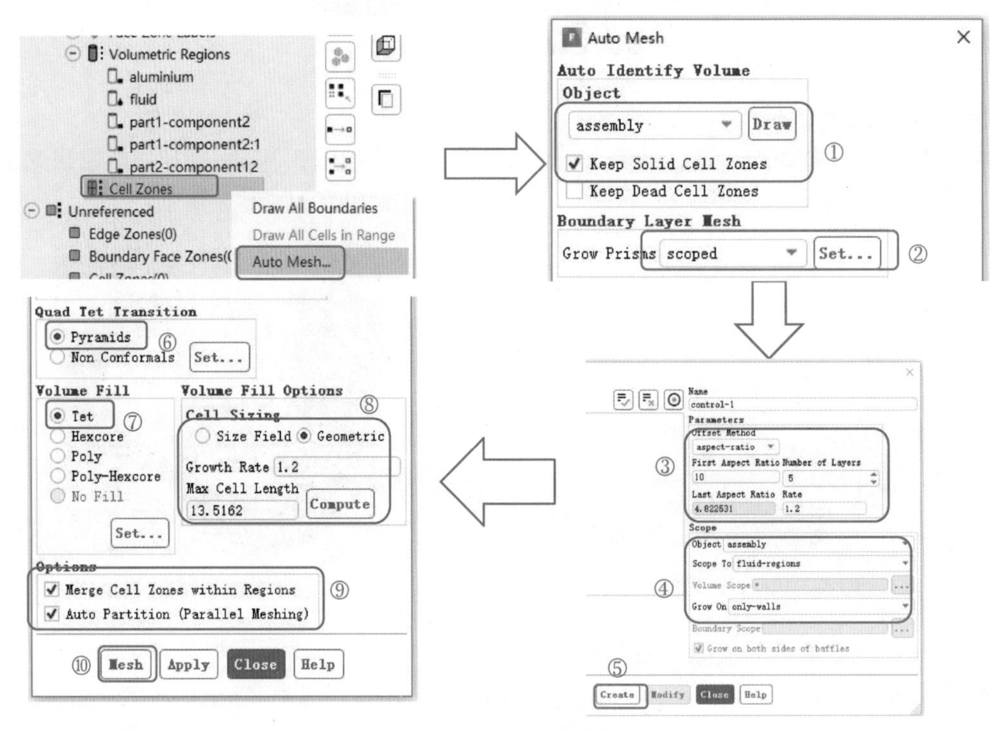

图 3-3-112　生成体网格

步骤 17：保存网格。

再次检查并修复网格质量。如果存在问题，修复完成后，保存网格。保存网格时选择菜单命令 File→Write Mesh，保存为“Volume. msh. gz”文件。

案例总结：对于装配体，要注意不同部件之间的连接问题，学会使用 Join/Intersect 操作。一定要保证几何体之间连接的正确性和封闭性，修复固体区域导入时存在的所有问题，才能正确抽取流体域。

3. 2. 5　案例：汽车外流场网格 1

学习目标：本案例通过一个小型汽车外流场模型，具体讲解如何对面网格进行全局及局部修复，以便通过高质量面网格生成体网格。

应用背景：汽车行驶时，周围的空气与其产生相对运动，形成对流。汽车行驶的速度越快，该气流对汽车影响的作用越大。因此，现代汽车设计中必须考虑空气对汽车运行的动力作用及影响，为汽车新产品造型及结构设计工作提供指导。本案例对汽车外流场进行网格划分，为相关数值模拟的前处理工作。

步骤 1：读取并展示网格。

选择菜单命令 File→Read→Mesh...，选择并打开网格文件“ASMO_NS-for-repair. msh. gz”，此时网格会以 Geometry Objects 导入。读取完成后，在模型树中右击 asmo，并在弹出的快捷菜单中选择命令 Draw 进行展示。选择区域用图标，用鼠标右键选择风洞外墙，单击隐藏图标使外墙隐藏，方便观察汽车细节。在模型树中右击 asmo，选择命令 Summary，几何表面问题网格高亮显示，且网格信息在命令控制窗口中显示，几何展示如图 3-3-113 所示。

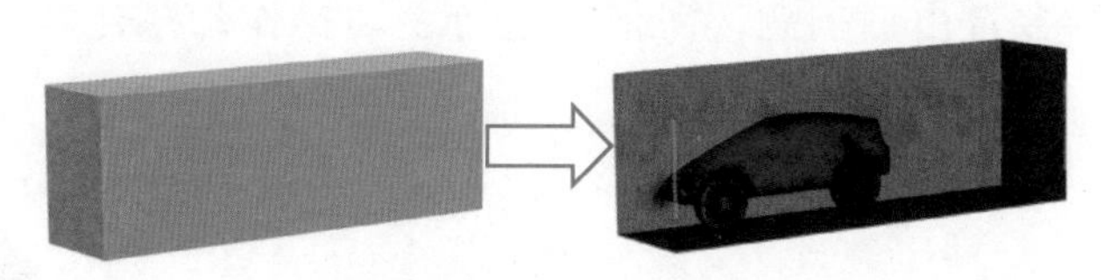

图 3-3-113　几何展示

步骤 2：可视化问题区域。

在主界面功能区的 Display 选项组中勾选 Free Faces 和 Multi Faces，蓝色标记的自由面需进行修复，如图 3-3-114 所示。

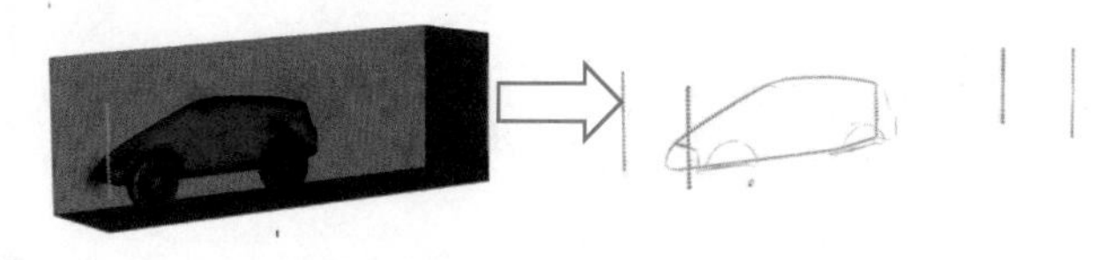

图 3-3-114　可视化问题区域

步骤 3：合并节点（Merge Nodes）。

在模型树中右击 asmo，选择命令 Diagnostics→Connectivity and Quality...，可识别并修复大多数问题区域。在 Face Connectivity 选项卡中，Issue 选项组设为 Free，Operations 选项组设为 Merge Nodes。勾选 Options 选项组中的 Relative（Percent），Tolerance（容差）保持默认值“10”，单击 Apply for All 按钮，如图 3-3-115 所示。网格修复信息显示在命令控制窗口，单击 Draw 按钮重新显示修复操作完成后的自由节点，可以看到自由节点数量显著减少。如仍存在较大容差节点未被合并，可调整容差为 20%、30%、40%甚至到 50%，重复进行节点合并操作。

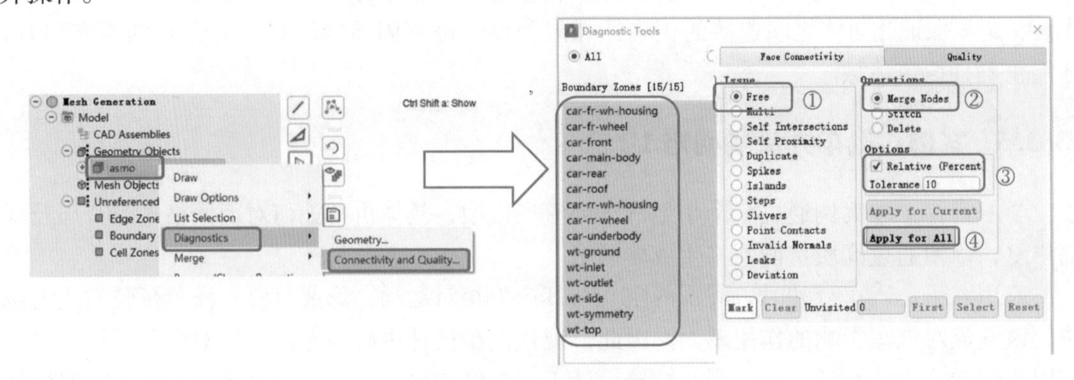

图 3-3-115　合并节点修复

步骤 4：缝合（Stitch）。

节点操作随着容差值的增大，修复自由面的数量及效果也会随之减弱，这时需要使用 Stitch 命令进行修复。在 Diagnostic Tools 对话框的 Face Connectivity 选项卡中，Issue 选项组设为 Free，Operations 选项组设为 Stitch。单击 Mark 按钮，标记所有容差为 0.05 的自由面，单击 First 按钮查看第一个自由面问题所在区域。可单击 Apply for Current 按钮，通过缝合命令修复当前自由面区域。但若仍存在较多自由面，应首先使用 Apply for All 按钮，对所有自由面区域进行缝合命令操作，如图 3-3-116 所示。使用缝合命令，可修复大多数自由面问题。但可能仍存在少数自由面问题，需依次进行手动操作，缝合修复效果如图 3-3-117 所示。

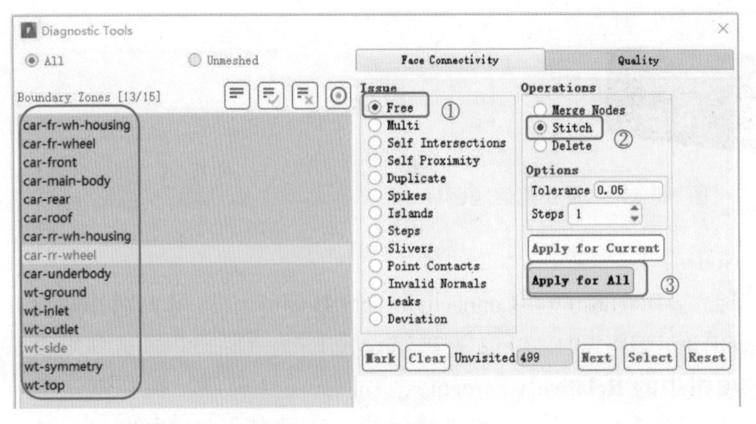

图 3-3-116　缝合修复自由面

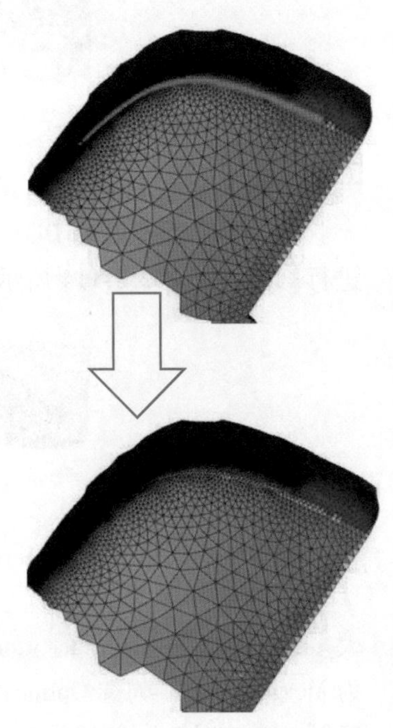

图 3-3-117　缝合修复效果

步骤 5：修复最后剩余的自由面问题。

在完成步骤 4 后，通过诊断工具（Diagnostic Tools 对话框），单击 Mark 按钮，标记剩余自由面。单击 First 按钮查看第一个问题区域，发现此处需要修补（可使用前面学到的利用边选择过滤器进行孔洞问题修复）。在主界面功能区的 Patch Options 选项组中勾选 Remesh，并取消勾选 Separate。此操作会在封堵孔洞时自动划分所添加区域的表面网格。然后单击图标取消选择所有，选择边选择过滤器图标选择待修补区域的一个边缘，然后单击图标即可。第一个自由面问题修复完成后，单击 Next 按钮，会跳转到下一个问题区域，此处仍然需要修补。对于此类问题，需重复使用上一步操作，效果如图 3-3-118 所示。

步骤 6：使用图表工具合并节点。

在修复完孔洞问题后，单击 Next 按钮，出现新问题。发现问题区域中，由于小的面边缘多出一个节点无法匹配，而导致自由面的存在。因此，可通过分离工具，将相邻的一条边分割成两条边，以增加一个节点，使之和多余的自由节点进行合并。首先单击清除图标，选择边选择过滤器图标，选择那条公共的相邻边。然后单击分离图标，再选择点选择过滤器图标，先后选择要合并的节点，单击合并图标即可，效果如图 3-3-119 所示。

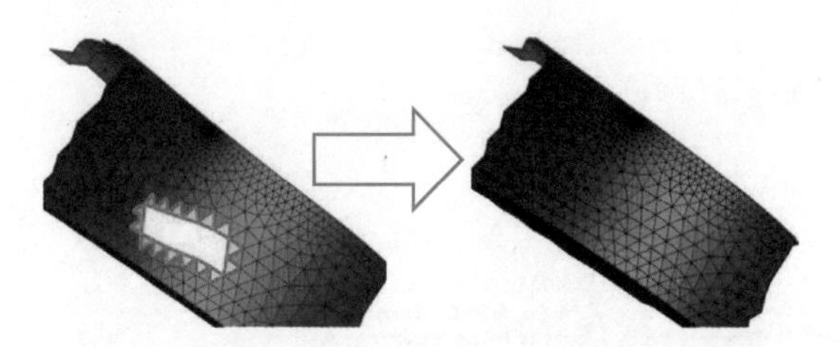

图 3-3-118　封堵孔洞修复

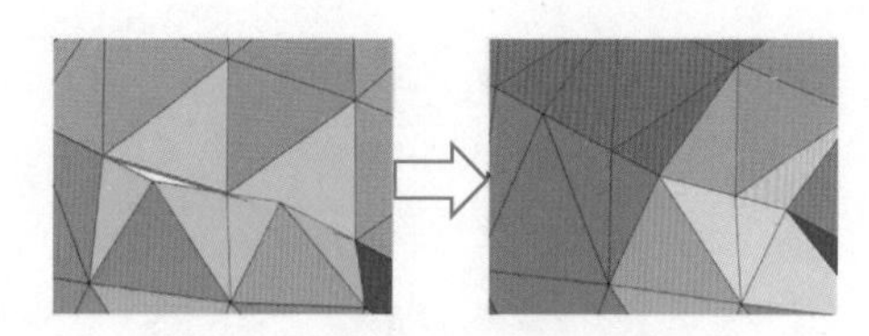

图 3-3-119　合并节点效果

步骤 7：清除多面连接（Multi Faces）问题。

在上一步操作完成后，单击 Next 按钮，会发现最后自由面问题同时也是多面问题。将 Issue 选项组中改为 Multi，其他保持默认，单击 Mark 按钮进行标记，单击 First 按钮进行查看。由于此处多面问题较少，单击 Apply for Current 按钮应用于当前问题，修复信息会在命令控制窗口中显示。修复完成后单击 Summary 按钮，查看是否还存在自由面和多面连接问题，相关信息如图 3-3-120 所示。

步骤 8：修复自交叉（Self Intersections）。

在 Diagnostic Tools 对话框中，将 Issue 选项组中改为 Self Intersections，单击 Mark 按钮，单击 First 按钮查看第一个问题区域，单击 Smooth All 按钮光顺网格。然后单击 Draw 按钮查看光顺后的表面。再次单击 Mark 按钮查看是否还有自交叉面未进行修复。完成后单击 Summary 按钮，查看是否存在其他问题，如图 3-3-121 所示。图 3-3-122 所示为自交叉修复的效果。

步骤 9：查看网格质量。

在主界面功能区单击 Bounds 选项组中 Reset 按钮以重置边界（如不进行此操作，将不完整显示几何），在 Display 选项组中勾选 Free Faces 和 Multi Faces。在模型树中右击 asmo 并选择命令 Draw，查看是否仍存在问题面。然后再次右击 asmo，选择命令 Summary。在命令

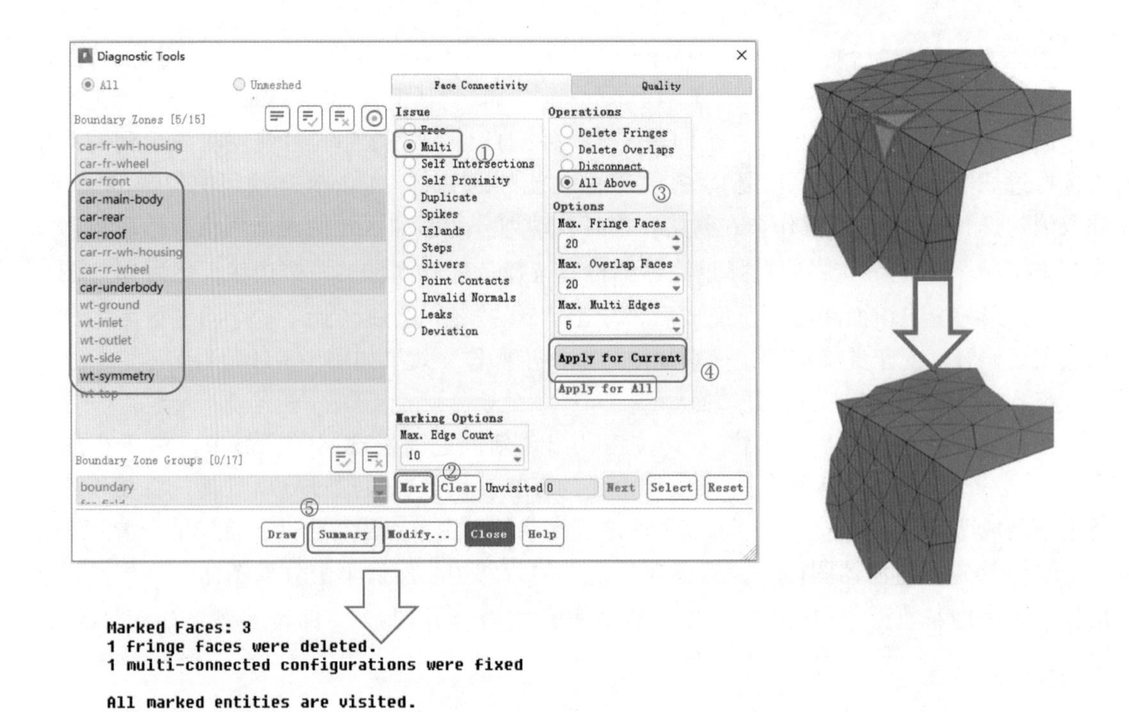

图 3-3-120　修复多面连接相关信息

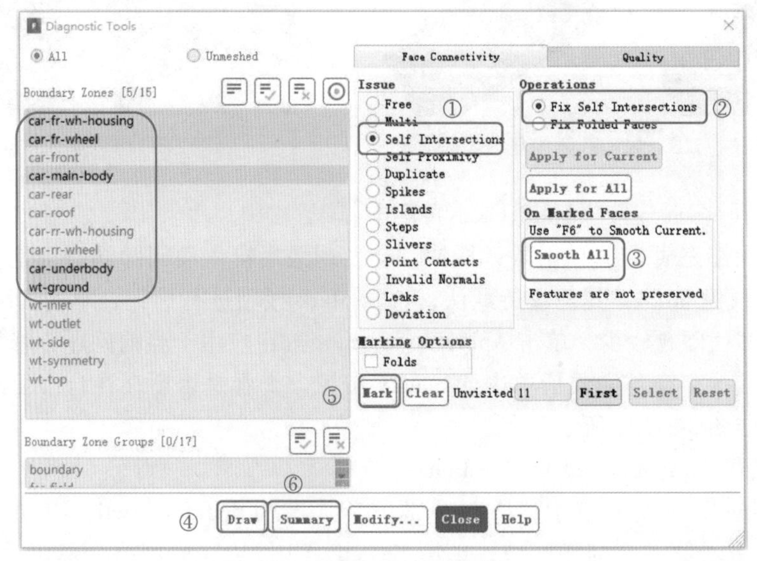

图 3-3-121　修复自交叉

控制窗口查看信息，发现“skewed-faces（>0.85）”的面有 24 个，后面要对其进行修正，提高网格质量。图 3-3-123 所示为命令控制窗口中查看网格质量信息。

步骤 10：修复质量较差的特征区域。

通过观察，发现车顶有一区域凹陷，将通过图标对其进行修复。首先选择点过滤器图标 ⊡，选择凹陷部位上方边界处两点，单击 Set Target 图标 ◎ 设定目标，然后选择凹陷底部需要移动的节点，然后单击 Project to target 图标 ▤，修复完成，如图 3-3-124 所示。

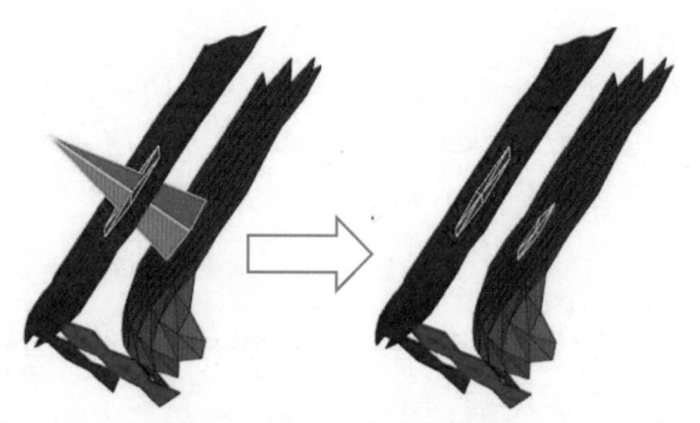

图 3-3-122　自交叉修复效果

object-name	free-faces	multi-faces	duplicate-faces	skewed-faces(> 0.85)	maximum-skewness	all-faces	face-zones
asmo	3880	3	0	24	0.998116	115517	15

图 3-3-123　查看网格质量信息

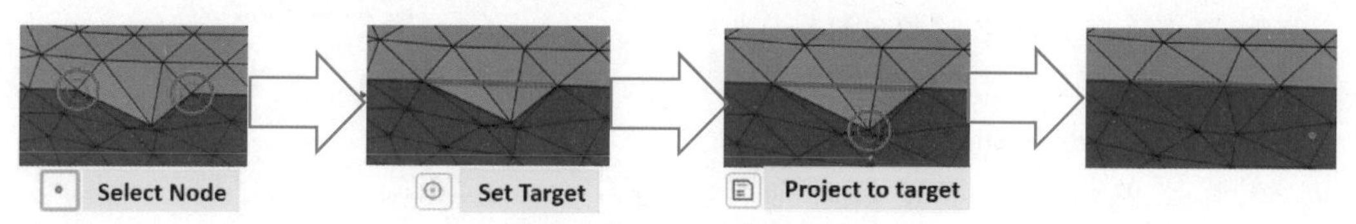

图 3-3-124　修复特征区域

步骤 11：重构区域。

如图 3-3-125 所示，选择车的前沿边界区域，单击单独显示图标，只显示此区域。发现此区域边缘有部分突出三角形网格面，而这些面应属于车身主部位（car-main-body）。首先单击清除图标，然后单击面选择过滤器图标，选择突出的所有三角形网格面，然后单击撤回图标，返回上一步视野。然后选择区域选择过滤器图标，在图形显示面板中选择 car-main-body（车身主部位），然后单击区域重构图标，连接突出小三角形面和车身主部位。

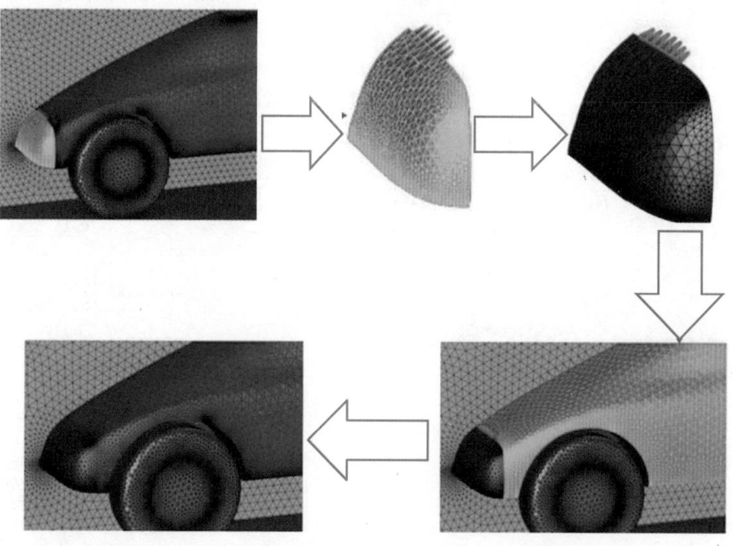

图 3-3-125　重构区域

步骤 12：提升网格质量

在 Diagnostic Tools 对话框中选择 Quality 选项卡，Operations 选项组中选择 General Improve，Measure 1 下拉列表框设为 Skewness，Min. 1 文本框改为“0.7”，单击 Mark 按钮标记所有 skewness>0.7 的元素。在 Options 选项组中勾选 Preserve Boundary，其他保持默认，单击 First 按钮查看第一个问题区域。为提高效率，单击 Apply for All 按钮对所有问题区域进行操作。操作完成后，单击 Mark 按钮，查看网格质量是否满足需求（skewness<0.9 即可满足一般计算，不过一般应尽可能提升网格质量）。提高网格质量流程如图 3-3-126 所示。

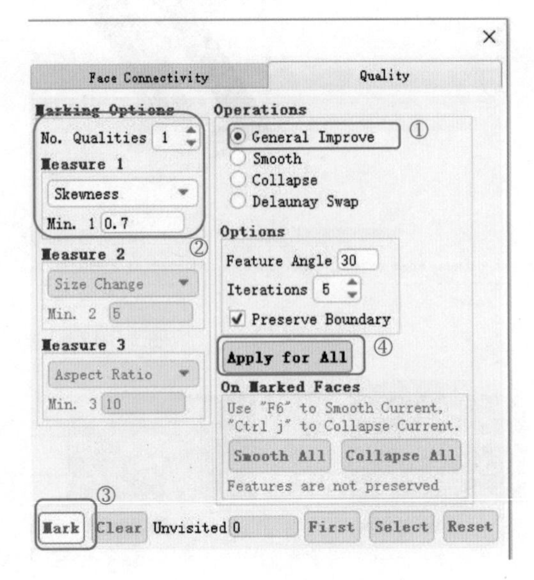

图 3-3-126 提高网格质量流程

步骤 13：转换为网格对象（Mesh Objects）。

在模型树中右击 Geometry Objects 下的 asmo，在弹出的快捷菜单中选择命令 Convert to Mesh Object，在弹出的问题对话框中单击 Yes 按钮，如图 3-3-127 所示。

步骤 14：生成四面体网格。

可直接在模型树中右击 amso，选择命令 Auto Mesh。在 Auto Mesh 对话框 Object 下拉列表框中选择网格对象 amso，单击 Apply 按钮，单击 Mesh 按钮。生成体网格的流程如图 3-3-128 所示。

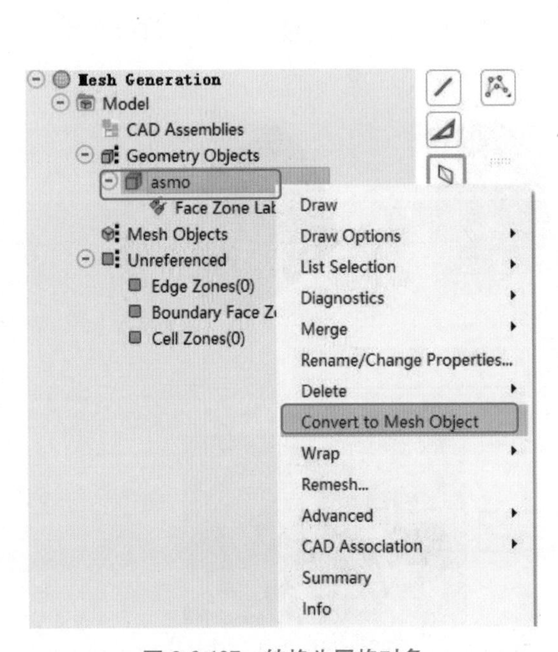

图 3-3-127 转换为网格对象

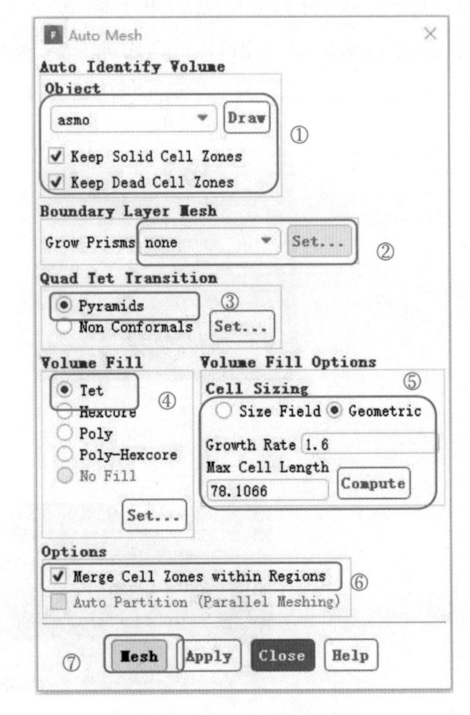

图 3-3-128 生成体网格

步骤 15：展示网格。

打开 Display Grid 对话框，在 Cells 选项卡中选中 Cell Zone 下文本框中的区域，在 Options 选项组中勾选 Quality，Cell Quality Range 选项组中设置 Minimum 为“0.9”，单击 Display 按钮，在 Faces 选项卡中选择以“car-”开头的区域，单击 Display 按钮，如图 3-3-129 所示。图 3-3-130 所示为展示网格效果。

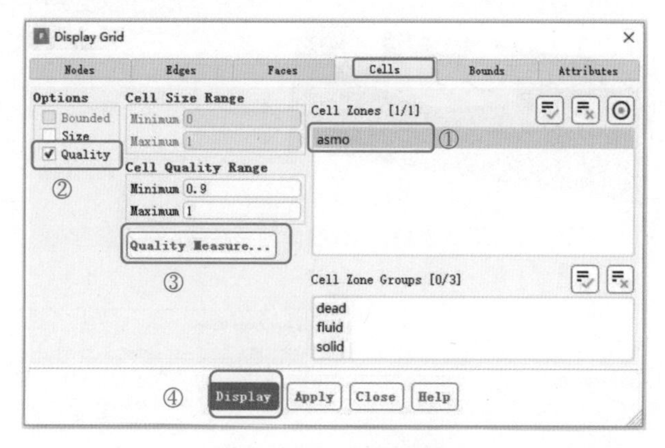

图 3-3-129　展示网格

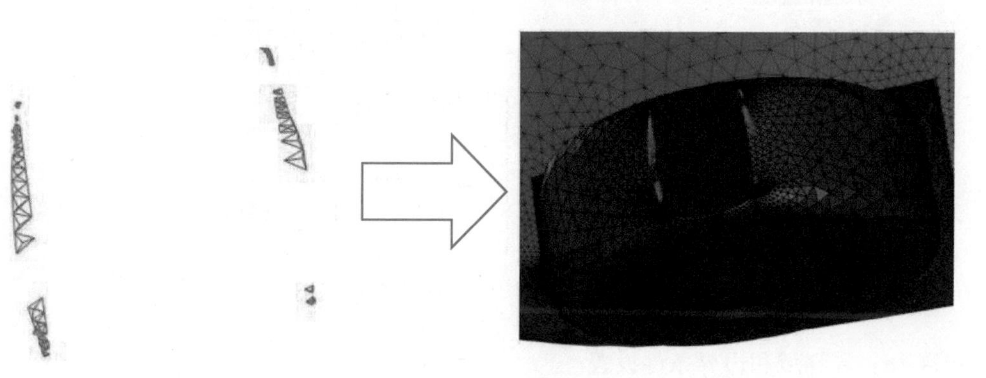

图 3-3-130　展示网格效果

步骤 16：查看切平面体网格。

选中点选择过滤器，右击选中图 3-3-130 中高亮显示元素中的一点（上方红色网格中一点），在功能区 Bounds 选项组中单击 Set Range 并勾选 Y Range 以限制在 Y 方向。在模型树中右击 Cell Zones 下的 asmo，在右键菜单中选择命令 Draw Cells in Range 以显示该切平面范围内体网格，查看体网格流程如图 3-3-131 所示，可以看出，问题区域位于尖锐棱角处。

步骤 17：提升网格质量。

通过 Auto Node Move 对话框来提升网格质量。在模型树中右击 Cell Zones 下的 asmo，选择命令 Auto Node Move...，在 Auto Node Move 对话框中选择所有边界，勾选 Restrict Boundary Nodes Along Surface（此选项可防止边界变形，避免失去几何原有特征），其他保持默认（可根据需要更改迭代步数，如将 Iterations 文本框改为“5”），单击 Apply 按钮，如图 3-3-132 所示。如经过此操作后网格质量依然很差，可将 Quality Limit 文本框改为“0.8”，重复此操作。

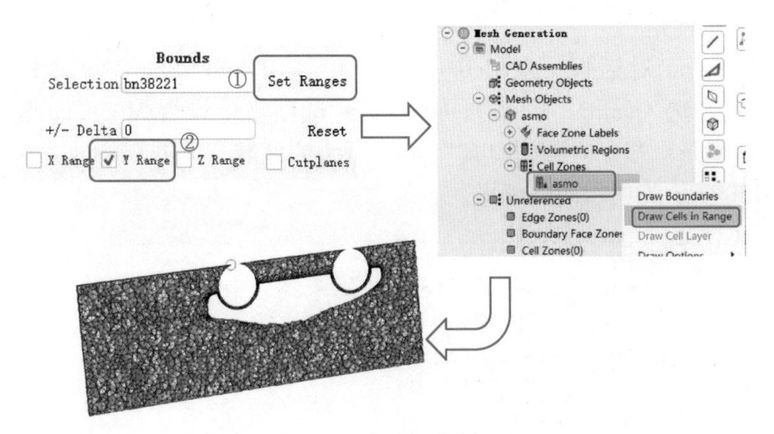

图 3-3-131　查看体网格流程

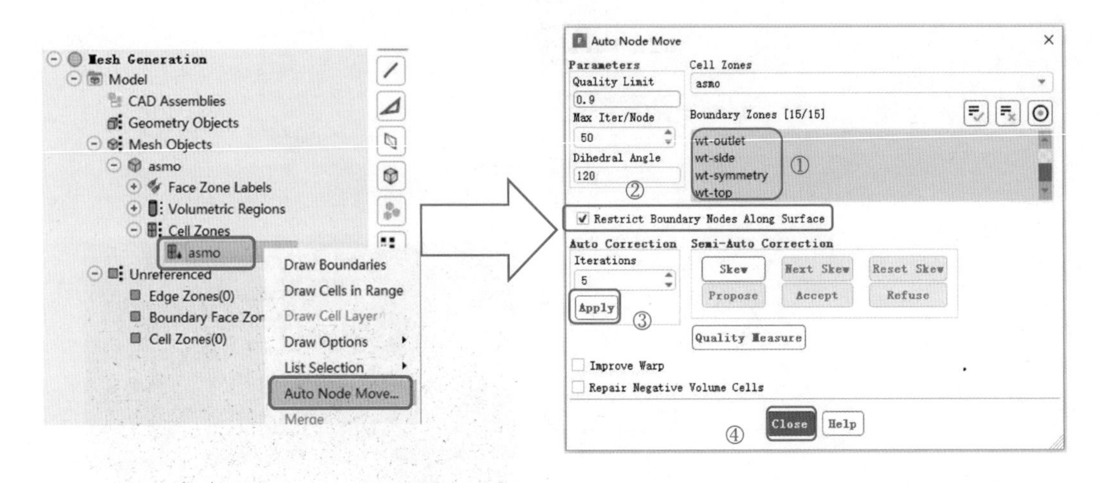

图 3-3-132　提升网格质量

步骤 18：计算域和边界条件设置。

选择菜单命令 Boundary→Manage...，打开 Manage Face Zones 对话框可更改边界类型。在 Face Zones 对应文本框中选择 wt-inlet（即 wind tunnel inlet），在 Type 下拉列表框中选择 velocity-inlet，单击 Apply 按钮，流程如图 3-3-133 所示。类似地，在 Face Zones 对应文本框中选择 wt-outlet，在 Type 下拉列表框中选择 pressure-outlet（压力出口），wt-symmetry 对应的 Type 下拉列表框设为 symmetry（对称边界）。

步骤 19：检查边界信息。

选择菜单命令 Boundary→Manage...，选中 Face Zones 对应文本框中的所有面区域，单击 List 按钮，所有边界信息都出现在命令控制窗口，如图 3-3-134 所示。检查边界信息，如果边界信息有错误，可按照步骤 18 来改变边界条件。

步骤 20：保存网格。

在模型树中右击 Model，选择命令 Prepare for Solve，在弹出的对话框中单击 Yes 按钮，然后选择菜单命令 File→Write→Mesh... 输出网格文件，文件名为“ASMO_Meshed. msh. gz”。

案例总结：网格质量的修复方法有多种，要仔细检查网格问题，采用合适的修复方法进

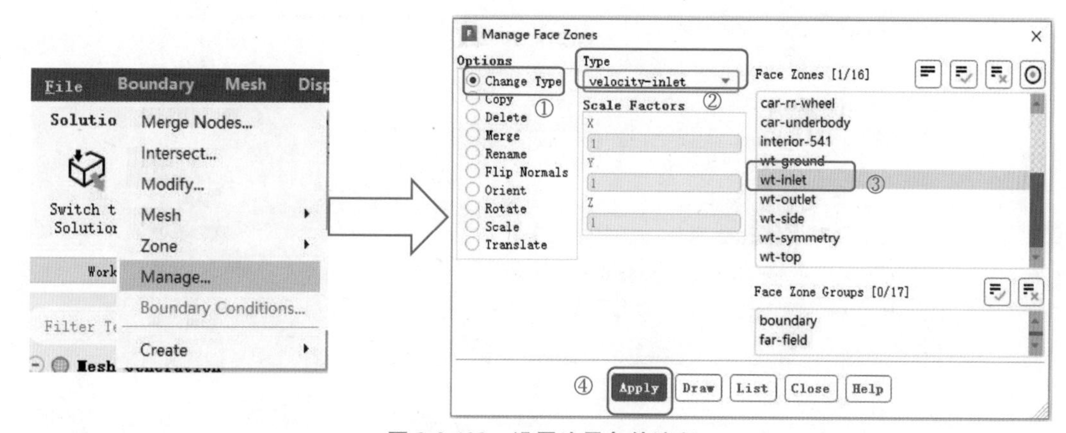

图 3-3-133　设置边界条件流程

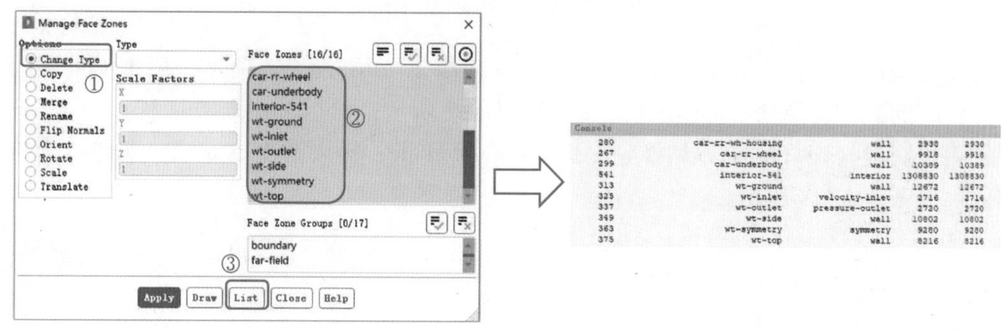

图 3-3-134　查看所有边界信息

行网格修复。发现问题的方法除了通过诊断功能，也可用肉眼观察。以步骤 10 为例，汽车顶部出现凹陷，可直接观察发现，并手动修复。

3.2.6　案例：汽车外流场网格 2

学习目标：在本案例的学习中，通过创建特征线确保划分的网格能够较好地保持汽车原有特征，从而生成高质量体网格。

应用背景：同本章 3.2.5 节。

步骤 1：读取边界网格。

网格已设置完成，选择菜单命令 File→Read→Boundary Mesh...，在弹出的 Select File 对话框中的 All Mesh File 文本框中选择文件“init-mesh.msh.gz”，单击 OK 按钮引入边界网格，如图 3-3-135 所示。

步骤 2：展示边界网格。

从边界区域创建一个对象，在模型树中右击 Unreferenced 结构中的 Boundary Face Zones，在弹出的快捷菜单中选择命令 Create New Objects...，在弹出的 Create Objects 对话框选择列表中所有面区域，确保 Cell Zone Type 下拉列表框改为 fluid，将 Object Type 下拉列表框改为 mesh，Object Name 文本框中输入 aero-fluid。单击 Create 按钮，在弹出的对话框中单击 Yes 按钮。完成操作后单击 Close 按钮关闭面板，如图 3-3-136 所示。完成该操作后，aero-fluid 将出现在模型树 Mesh Objects 结构下。在 Mesh Objects 结构下，右击 aero-fluid，选择命令 Draw。

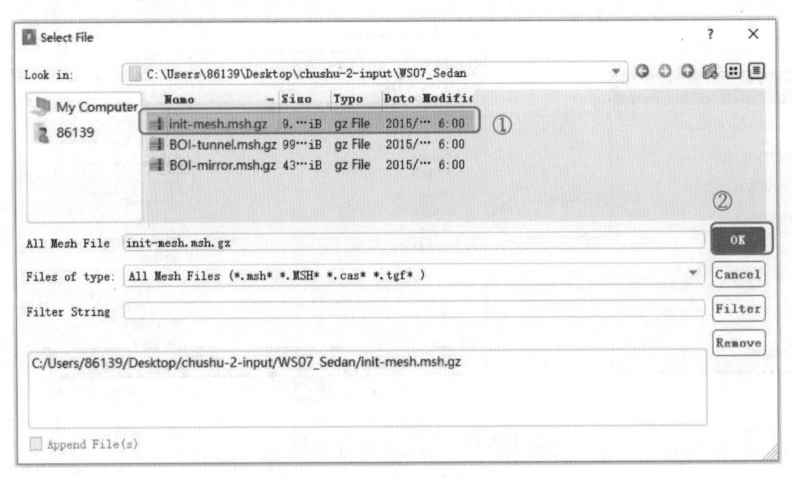

图 3-3-135　读取边界网格

可改变颜色显示：打开 Display Grid 对话框，单击 Attributes 选项卡，单击 Colors... 按钮打开相应面板，切换到 Color by ID，如图 3-3-137 所示，然后关闭所有面板。单击图形窗口，使用快捷键<Ctrl+Shift+C>切换到 Color Options Mode，键入两次<Ctrl+P>来切换调色板，具体效果如图 3-3-138 所示。

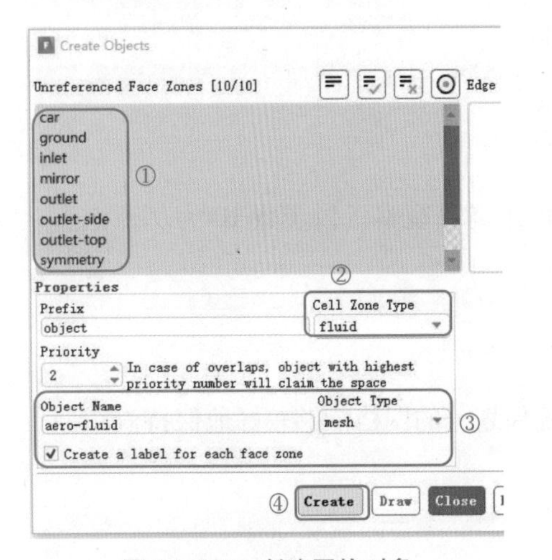

图 3-3-136　创建网格对象

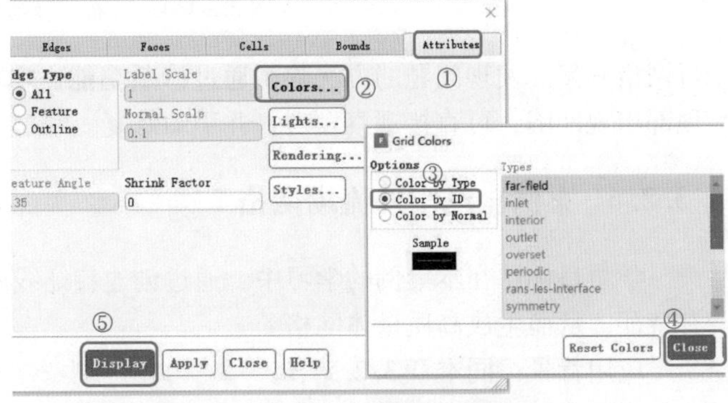

图 3-3-137　改变颜色显示

Color Options Mode
Ctrl g: Apply color by geometry recovery.
Ctrl o: Apply color by objects.
Ctrl z: Apply color by zones.
Ctrl n: Apply color by normals.
Ctrl p: Toggle color palette.
Ctrl r: Randomize colors.
F2: Exit color options mode.

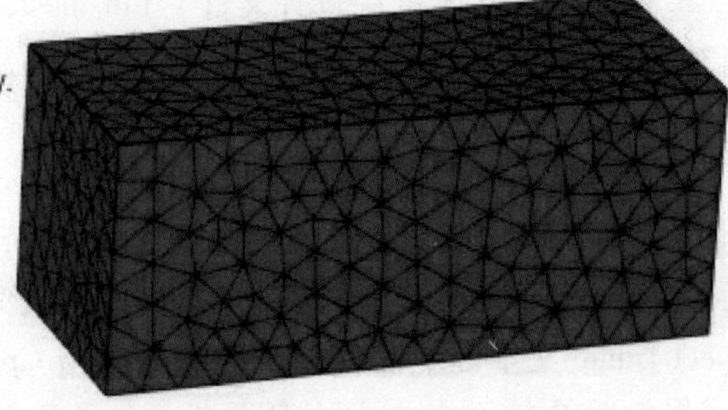

图 3-3-138　颜色显示效果

步骤 3：检查网格连接性。

在模型树中右击 aero-fluid，选择命令 Diagnostics and Connectivity and Quality...，在 Diagnostic Tools 对话框中单击 Summary 按钮，命令控制窗口显示无 free faces、multi faces 和 duplicates。在 Issue 选项组中选择 Self Intersections，单击 Mark 按钮，如图 3-3-139 所示，发现并没有问题面被标记。

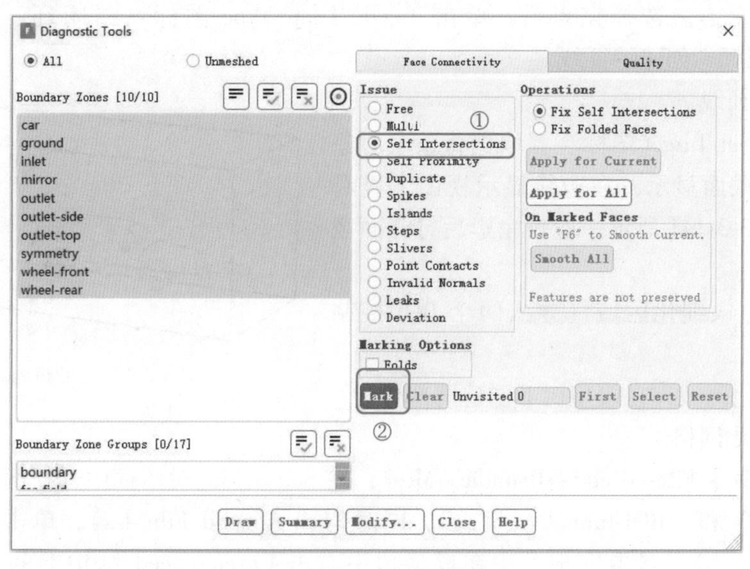

图 3-3-139　检查网格面

步骤 4：创建特征线。

为确保重新划分的网格能较好地保持汽车的原有特征，需要创建特征线。在模型树中右击 aero-fluid，选择命令 Advanced→Extract Edges...，保持默认设置，Angle 为"40"，单击 OK 按钮。窗口信息显示"Extracted 0 exterior edges and 10 interior edges"，如图 3-3-140 所示。

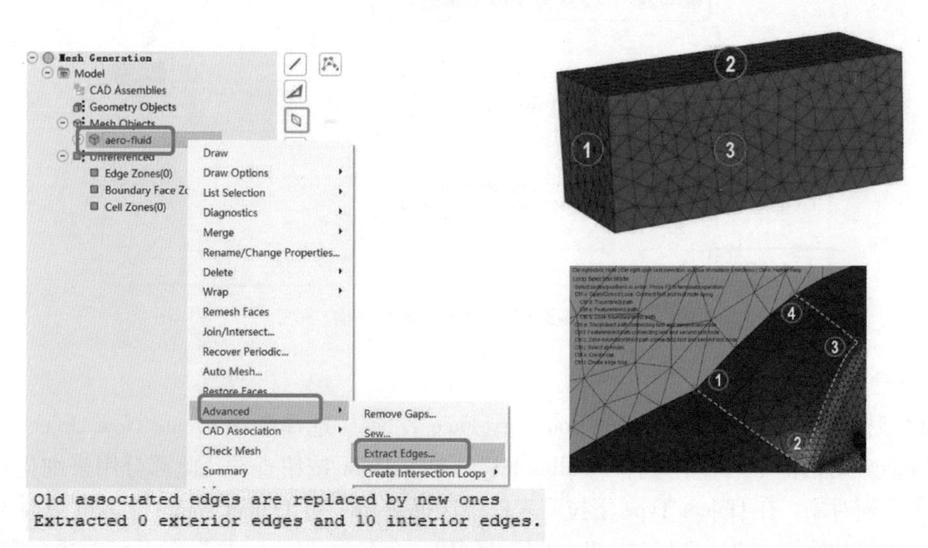

图 3-3-140　提取前窗玻璃特征线

1. 提取前窗玻璃

在模型树中右击 aero-fluid，选择命令 Draw。再次创建特征线，以保证前窗玻璃特征在网格重构过程中不被改变。切换到 Object selection filter 图标，用鼠标右键选择整个对象，然后单击 Set Target 图标将该对象设为目标。切换到 Zone Selection 图标，选择图 3-3-140 的三个面，单击隐藏图标，然后放大视图，用 Loop Create Toolbar 图标按顺序选择前窗玻璃边界的 4 个点。选择完点后，单击 Taggle Loop Type 图标封闭环，再单击 Create Feature Edge 图标创建特征线。

2. 检查特征线

再次单击 Set Target 图标，取消将整个对象设为目标。隐藏面显示，在边线显示视图下查看特征线，如图 3-3-141 所示。检查完毕后打开面区域显示。

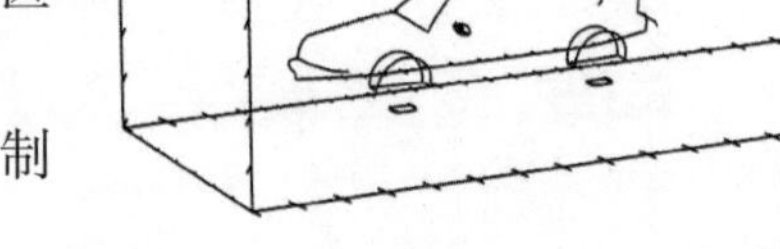

图 3-3-141　检查特征线

步骤 5：导入细化区域（导入两个 BOI 控制细化部分）

先导入细化区域，在模型树下创建两部分。

1. 导入细化网格

选择菜单命令 File→Read→Boundary Mesh，在 Select File 对话框中选择两个文件“BOI-mirror. msh. gz ”和“BOI-tunnel. msh. gz”，同时勾选 Append File（s），单击 OK 按钮，如图 3-3-142 所示。文件读取完成后，在模型树中右击 Unreferenced 结构下的 Boundary Face Zones，选择命令 Draw Options→Add，两个 BOI 网格在图形显示界面展示，以对汽车尾部区域和后视镜进行细化，如图 3-3-143 所示。

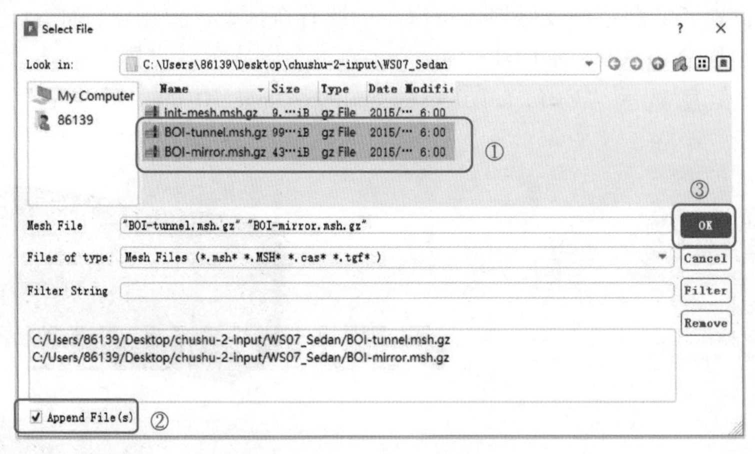

图 3-3-142　读取 BOI 网格

2. 创建几何

在模型树中 Unreferenced 下右击 Boundary Face Zones，选择命令 Create New Objects...，在 Create Objects 对话框中列表中选择“wall-solid”，单击 Draw 按钮查看。此部分用来细化后视镜。创建一个几何对象：在 Object Type 下拉列表框中选择 geom，在 Object Name 文本框中输入“boi-mirror”。重复此操作，再次选择“wall-solid”，创建一个名为“boi-wake”的几何对象。完成操作后，单击 Close 关闭 Create Objects 对话框，如图 3-3-144 所示。此时，两个几何对象将出现在模型树 Geometry Objects 结构下。

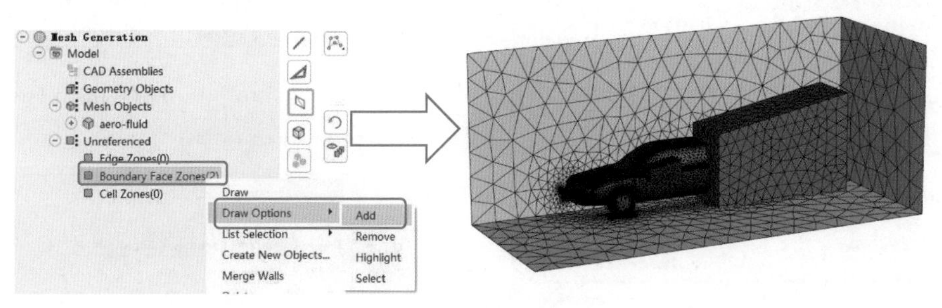

图 3-3-143　加入细化网格

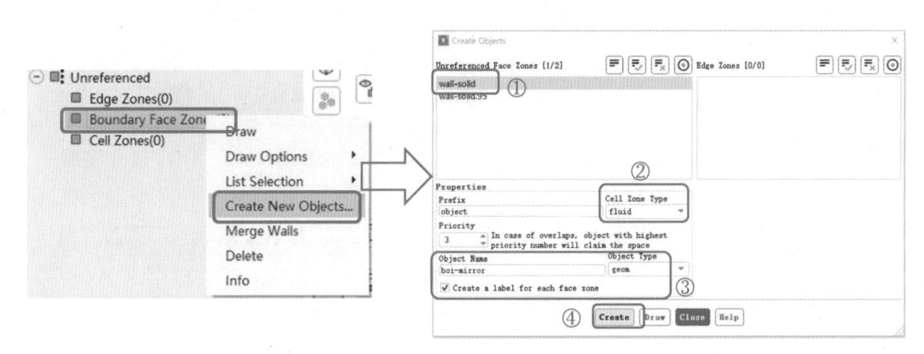

图 3-3-144　创建几何

步骤 6：创建控制尺寸。

1. 创建曲率及邻近尺寸函数

在模型树中右击 Model，选择命令 Sizings→Scoped...，在 Global Scoped Sizing 选项组中设置 Min 为“0.01”，Max 为“0.1”，尺寸控制方法（Type）选择 curvature，命名为“global-curvature”，Scope To 下拉列表框设为 Object Faces and Edges，Object Type 设为 Mesh，其他保留默认设置。重复此操作将尺寸控制方法（Type）改为 proximity，命名为“global-proximity”，其余设置和上一个尺寸控制保持一致，如图 3-3-145 所示。

2. 创建 BOI 尺寸控制

在 Local Scoped Sizing 选项组中将 Type 改为 boi，命名为“boi-wake”，设置 Max 为“0.03”，Scope To 下拉列表框设为 Object Faces and Edges。Object Type 设为 Geom，并施加在 boi-wake 上，单击 Create 按钮，如图 3-3-146 所示。重复此操作，创建新对象命名为“boi-mirror”，最大值 Max 为“0.01”，并施加在 boi-mirror 上。

3. 创建尺寸域

单击 Scoped Sizing List 下的 List 按钮，将在命令控制窗口中显示尺寸控制信息，如图 3-3-147 所示。单击面板底部的 Compute 按钮进行尺寸域计算，完成操作后单击 Close 按钮关闭面板。

步骤 7：表面网格重构。

在模型树中右击网格对象 aero-fluid，选择命令 Remesh Faces，再次隐藏前面操作中隐藏的 3 个面，以观察小车表面网格。此时生成的表面网格质量符合要求，如图 3-3-148 所示。

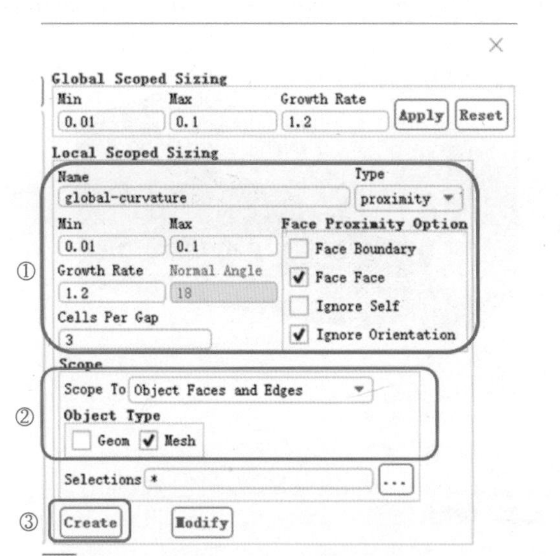

图 3-3-145　邻近尺寸函数

图 3-3-146　BOI 尺寸控制

Name	Type	Min	Max	Growth-Rate	Curvature-Angle	Cells-Per-Gap	Scope
global-curvature	curvature	0.01	0.1	1.2	18	N.A	*
global-proximity	proximity	0.01	0.1	1.2	N.A	3	*
boi-wake	boi	N.A.	0.03	1.2	N.A	N.A	boi-wake
boi-mirror	boi	N.A.	0.01	1.2	N.A	N.A	boi-mirror

图 3-3-147　尺寸控制信息显示

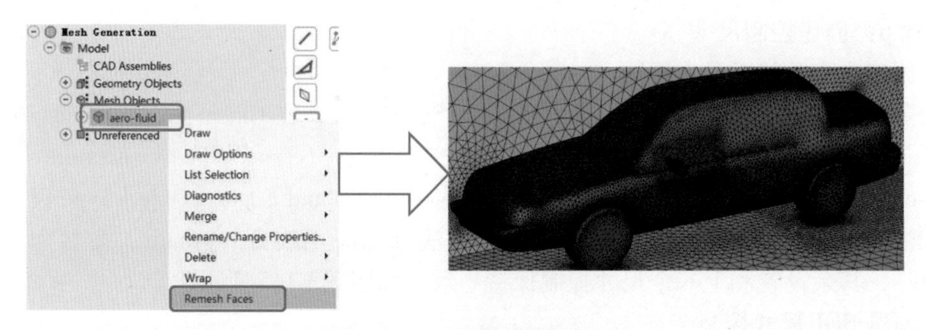

图 3-3-148　表面网格重构

步骤 8：检查并提升表面网格质量。

在模型树中右击 aero-fluid，选择命令 Diagnostics→Connectivity and Quality...，在弹出的 Diagnostics Tools 对话框中单击 Summary 按钮，如图 3-3-149 所示，查看网格信息，网格质量满足计算要求，如图 3-3-150 所示。若要提升网格质量，选择 Quality 选项卡，在 Measure 1 下拉列表框中选择 Skewness，在 Min. 1 文本框中输入合适的值为目标值。在生成边界层时，建议将边界上最大偏度降低到 0.7 以下（或 0.6 以下）。

步骤 9：创建体积域。

在模型树的 aero-fluid 结构下右击 Volumetric Regions，选择命令 Compute...。完成后展开 Volumetric Regions，右击 Volumetric Regions 结构下的 aero-fluid，选择命令 Change Type→Fluid，单击 OK 按钮。创建体积域如图 3-3-151 所示。

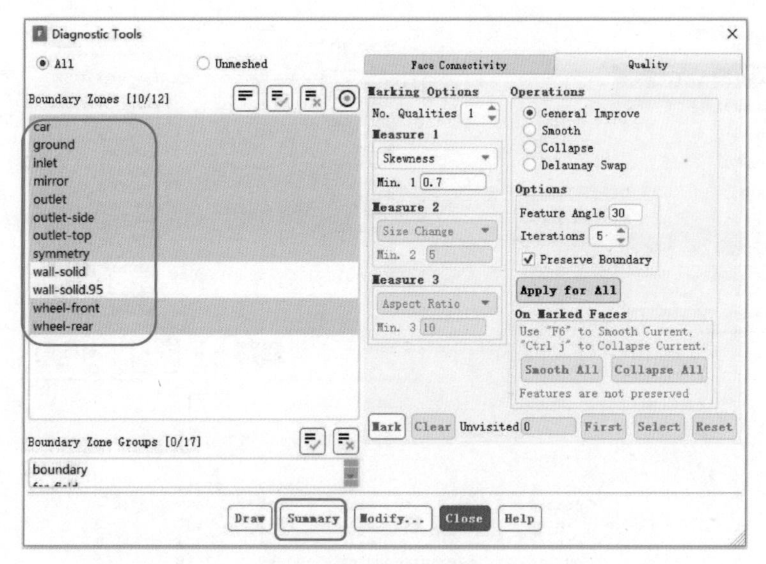

图 3-3-149　检查网格质量

face-zones-summary	free-faces	multi-faces	duplicate-faces	skewed-faces(> 0.85)	maximum-skewness	all-faces	face-zones
overall-summary	0	0	0	0	0.64730379	61898	10

图 3-3-150　网格信息

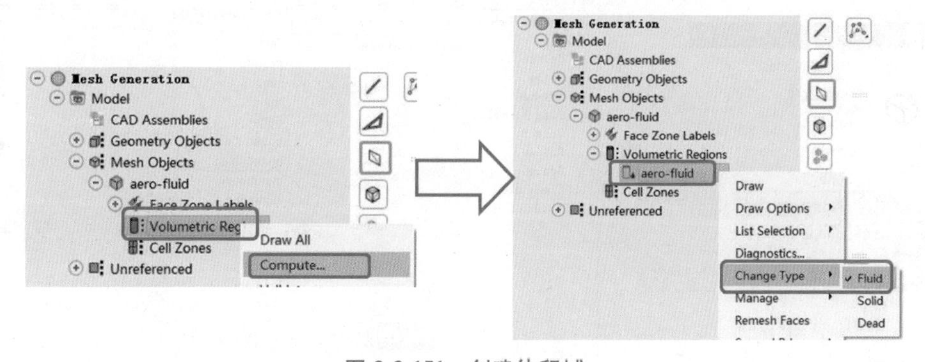

图 3-3-151　创建体积域

步骤 10：查看并改变边界条件类型。

1. 查看边界条件

选择菜单命令 Boundary→Manage...，在 Manage Face Zones 对话框中选中 Face Zones 对应文本框中除了"wall-solid"和"wall-solid. xx"的所有项。单击 List 按钮，详细边界信息将出现在命令控制窗口中。查看边界条件的流程如图 3-3-152 所示。

2. 改变边界条件

需将"outlet-side"和"outlet-top"边界类型（Type）改为"pressure-outlet"，关闭 Manage Face Zones 对话框。选择菜单命令 Boundary→Manage…，更改边界类型。在 Face Zones 对应文本框中选中"outlet-side"和"outlet-top"，在 Type 下拉列表中选择 pressure-outlet，单击 Apply 按钮，如图 3-3-153 所示。

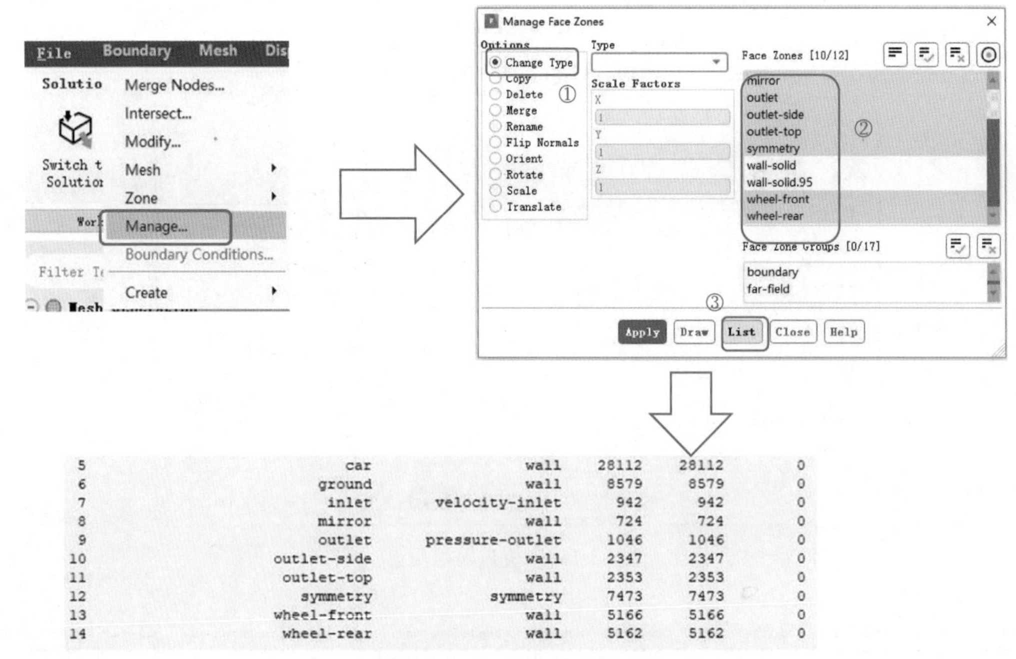


```
 5            car            wall  28112  28112  0
 6         ground            wall   8579   8579  0
 7          inlet  velocity-inlet    942    942  0
 8         mirror            wall    724    724  0
 9         outlet pressure-outlet   1046   1046  0
10    outlet-side            wall   2347   2347  0
11     outlet-top            wall   2353   2353  0
12       symmetry        symmetry   7473   7473  0
13    wheel-front            wall   5166   5166  0
14     wheel-rear            wall   5162   5162  0
```

图 3-3-152　查看边界条件流程

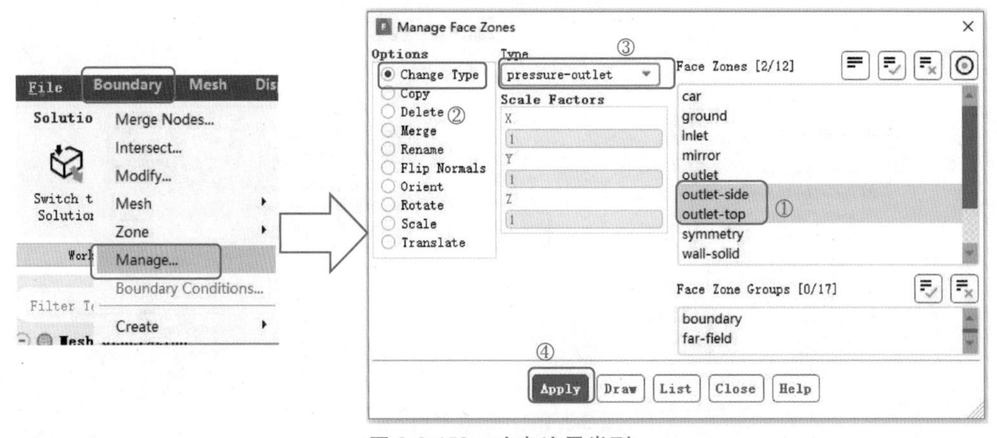

图 3-3-153　改变边界类型

步骤 11： 自动生成网格（Auto Mesh）。

1. 边界层设置

在模型树中右击 aero-fluid 结构下的 Cell Zones，选择命令 Auto Mesh...，Auto Mesh 对话框，Object 默认为“aero-fluid”，选择 Grow Prisms 下拉列表框中的 scoped，然后单击 Set... 按钮进入 Scoped Prisms 面板设置边界层：Name 设为 prisms，Offset Method 下拉列表框设为“aspect-ratio”，First Aspect Ratio 设为“8”，Number of Layers 设为“5”，Rate 设为“1.2”。然后单击 Growth Options... 按钮弹出 Scoped Prisms Growth Option 对话框，设置 Max Aspect Ratio 为“50”，在 Stair Stepping Threshold 文本框中输入“0.95”。单击 Apply 按钮，然后单击 Close 按钮。单击 Scoped Prisms 面板下的 Create 按钮添加边界层控制尺寸，然后单击 Close 按钮。边界层设置如图 3-3-154 所示。

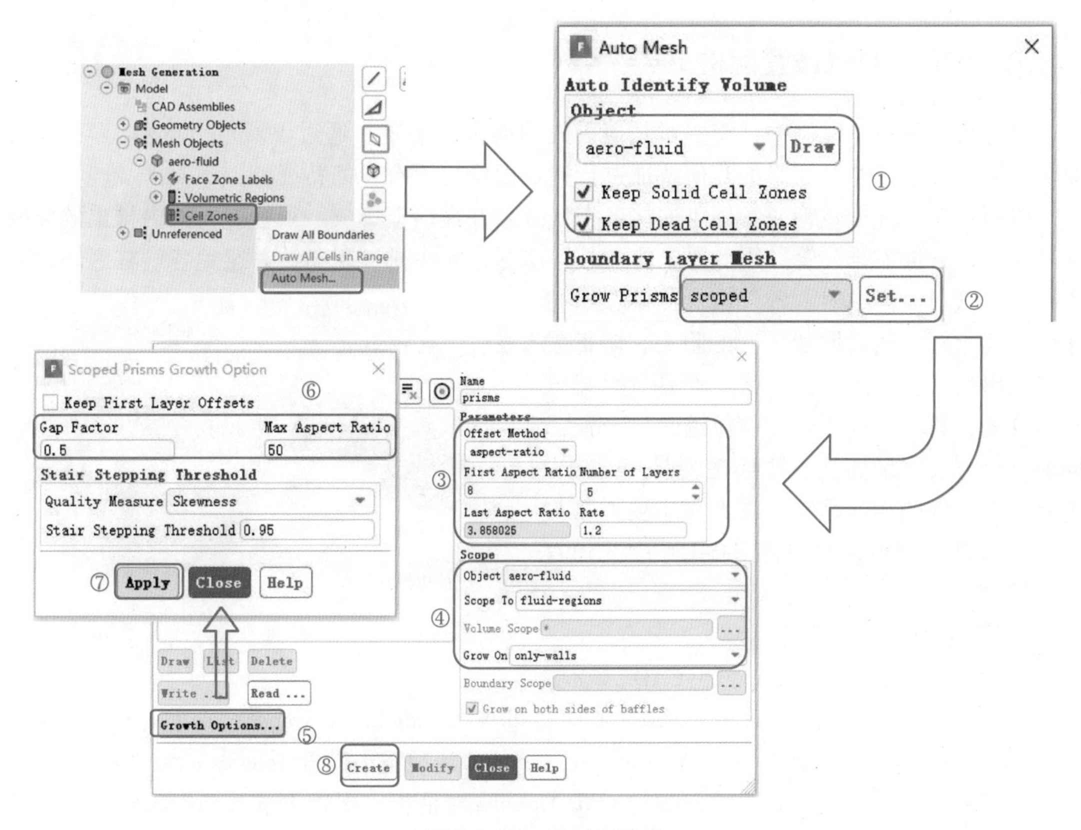

图 3-3-154　边界层设置

2. 设置体网格

在 Auto Mesh 对话框中，设置体积填充方法（Volume Fill）为四面体（Tet）。并在 Volume Fill Options 选项组中，设置 Cell Sizing 为 Size-Field（激活此选项后，将使用尺寸定义中的 BOI 控制方法优化体网格）。单击 Auto Mesh 对话框下方的 Mesh 按钮，在网格自动生成后，单击 Close 按钮关闭 Auto Mesh 对话框，如图 3-3-155 所示。

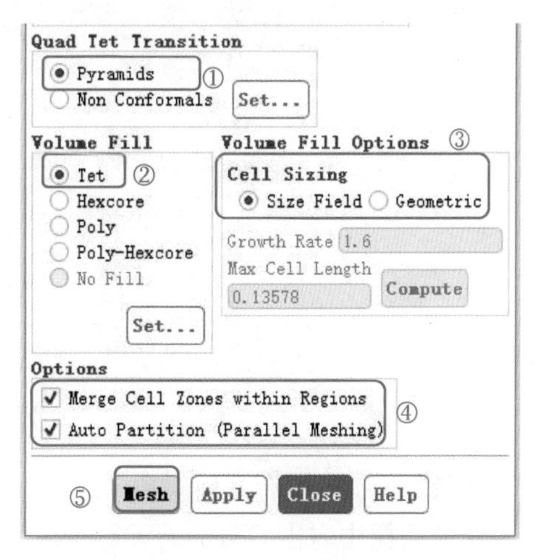

图 3-3-155　体网格设置

步骤 12：保存并输出网格。

在模型树中右击 Cell Zones 并选择命令 Summary。本案例中的网格质量显示较好。如果对网格质量不满意，可使用 Auto Node Move 进行修复。若网格质量满意，鼠标右击 Model，选择 Prepare for Solve，在弹出的对话框中单击 Yes 按钮。保存并输出网格。选择菜单命令 File→Write→Mesh 保存网格文件操作，文件名为“volume-mesh. msh. gz”。

案例总结：在网格划分过程中，要注意细节的捕获。例如，本案例中汽车前窗玻璃边特征线，是通过 Set Target 图标和 Loop Create Toolbar 图标抽取完成。

3.2.7 案例：排气歧管网格 1

学习目标：在本案例中，需要对几何丢失的面进行修复，通过 Wrap（包面）操作完成对流体域的抽取，并对细小的几何特征进行捕获以保持原有几何特征。

应用背景：排气歧管通常用于连接各个气缸，并最后汇集成一根管。气缸内排出的废气通过排气歧管进入排气管。因此要求排气歧管应尽量减少排气阻力，并避免各气缸之间相互干扰。排气过分集中时，各气缸会受到没有排净的废气干扰，从而增加排气的阻力，降低发动机输出功率。解决的办法是，使各气缸排气尽量分开，每缸一个分支，或两缸一个分支。同时每个分支尽量加长，并独立成型，以减少不同管内气体的相互影响。本案例主要对排气歧管进行网格划分，解决图 3-3-156 中几何存在的问题。

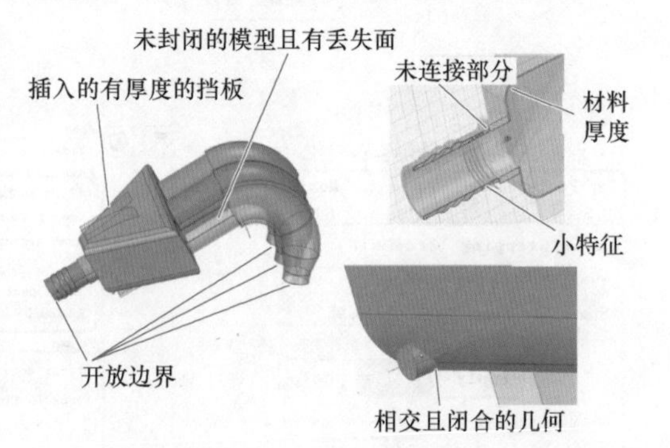

图 3-3-156　几何存在的问题

步骤 1：导入几何模型。

选择菜单命令 File→Import→CAD...，弹出 Import CAD Geometry 对话框，选择文件“dirty_manifold-for-wrapper.stp”。选择 Length Unit（长度单位）为“mm”，在 CAD Faceting Controls 选项组中设置 Tolerance 为“0.1”，Max Size 为“10”。单击 Options... 按钮弹出 CAD Options 对话框，保留 Import Curvature Data from CAD 勾选状态，One Object per 下拉列表框设为 body。单击 Apply 按钮，回到 Import CAD Geometry 对话框中，单击 Import 按钮，如图 3-3-157 所示。

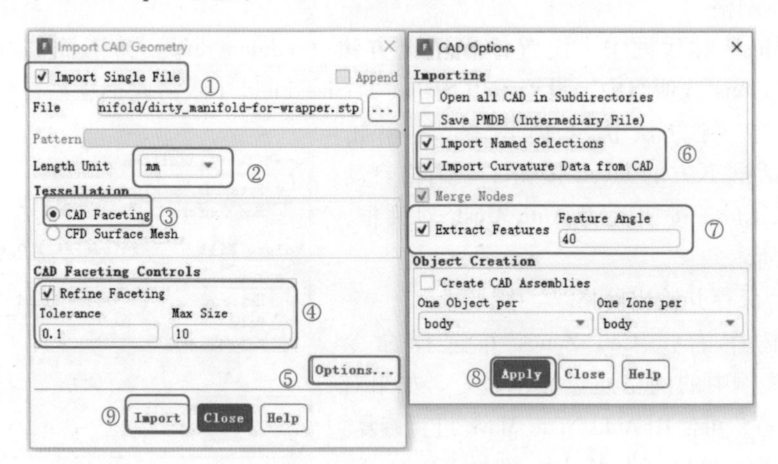

图 3-3-157　导入几何模型

步骤 2：展示所有几何对象。

在模型树中右击 Geometry Objects，选择命令 Draw All，旋转并检查几何对象，几何模型如图 3-3-158 所示。

步骤 3：爆炸视图。

单击主界面功能区 Display 选项组中的爆炸视图图标，可清楚地查看各部件形状和各自之间的连接情况，爆炸后效果如图 3-3-159 所示。

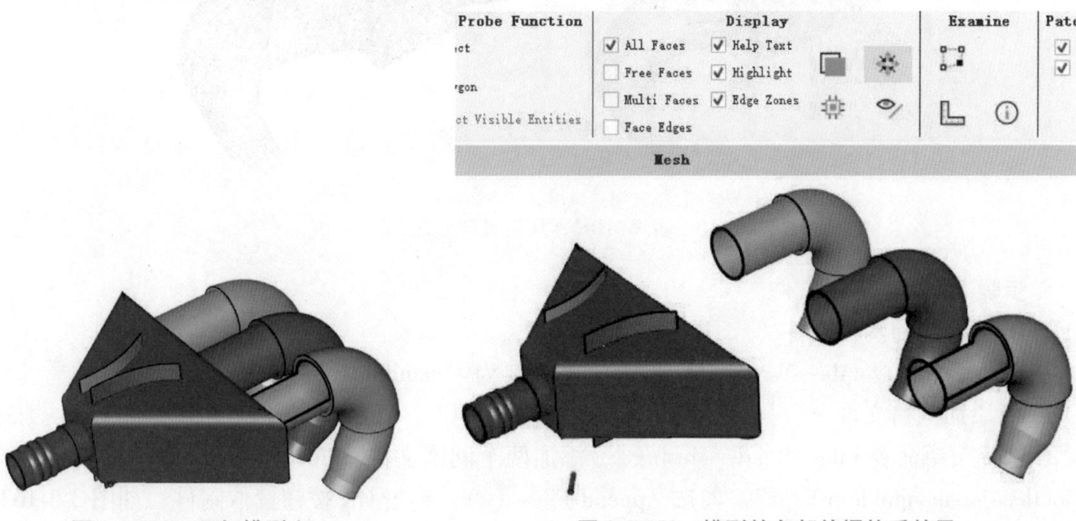

图 3-3-158　几何模型之一　　图 3-3-159　模型的各部件爆炸后效果

步骤 4： 重新命名及合并面区域。

1. 对结构进行重命名

在模型树中右击“object1-16”，选择命令 Rename/Change Properties...，弹出 Change Object Properties 对话框，可进行重命名。重新命名为“outpipe1”，并勾选 Rename object zones，操作过程如图 3-3-160 所示。采用同样方法将“object2-1”命名为“outpipe2”，将“outpipe3-component2”重新命名为“outpipe3”。

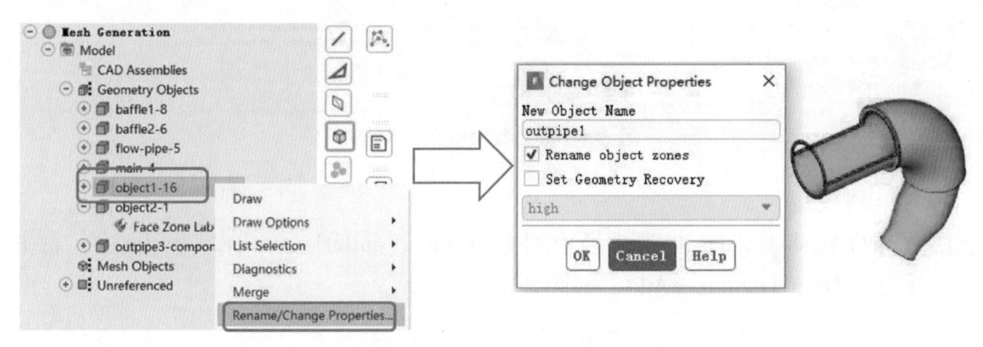

图 3-3-160　重新命名

2. 合并通气孔

在模型树中右击“outpipe1”，并选择命令 Merge→Walls。再次右击“outpipe1”，并选择命令 Merge→Edges，如图 3-3-161 所示。

图 3-3-162a 所示为几何模型，在主界面功能区 Display 选项组中勾选 Free Faces 和 Face Edges，效果如图 3-3-162b 所示。

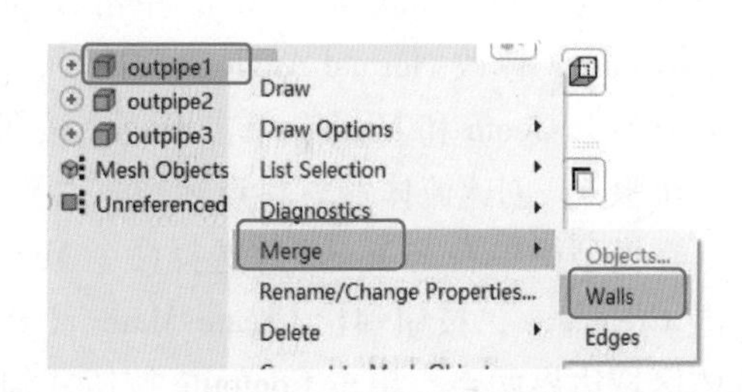

图 3-3-161　合并通气孔

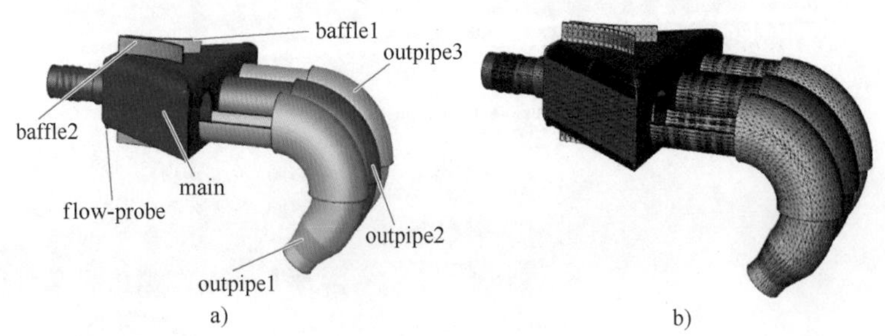

图 3-3-162　几何模型之二

步骤 5：附加网格文件。

1. 保存当前网格文件

选择菜单命令 File→Write→Mesh...，文件名为“manifold1. msh. gz”。

2. 添加网格文件

选择菜单命令 File→Read→Mesh...，添加两个网格文件“inlet-for-manifold. msh. gz”和“outlets-for-manifold. msh. gz”。勾选 Append Files（s），单击 OK 按钮读取附件，如图 3-3-163 所示。

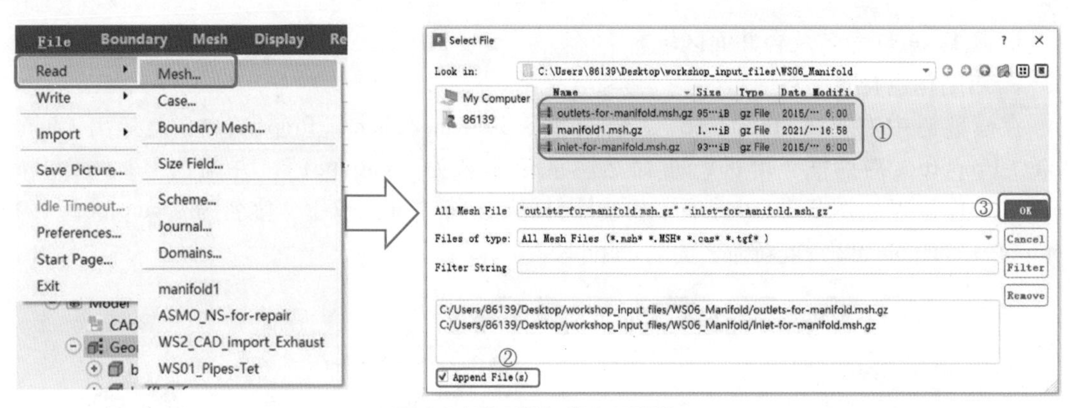

图 3-3-163　添加出入口网格

3. 添加几何模型

在模型树的 Mesh Objects 中选中所有对象（inlet、outlet1、outlet2、outlet3），右击选中对象并选择命令 Draw Options→Add，如图 3-3-164 所示。

步骤 6：创建尺寸函数。

在模型树中右击 Model，选择命令 Sizing→Scoped...，在 Global Scoped Sizing 选项组中设置 Min 为“1”，Max 为“10”，单击 Apply 按钮。在 Local Scoped Sizing 选项组中选择 Type 为 curvature，修改 Normal Angle 为“10”，Scope To 设置为 Object Faces，在 Object Type 一栏中同时勾选 Geom 和 Mesh，单击 Create 按钮，单击 Close 关闭面板，如图 3-3-165 所示。

步骤 7：创建流体域材料点。

在模型树中右击 Model 并选择命令 Material Points...，在弹出的 Material Points 对话框中单击 Create...，按钮弹出 Create Material Point 面板，选中点选择过滤器图标⊡，选择内部流体区域边界两点，单击 Compute 按钮并勾选 Preview 以预览材料点位置。如选择错误则需重新选择。然后单击 Create 按钮，完成后关闭相关面板，如图 3-3-166 所示。

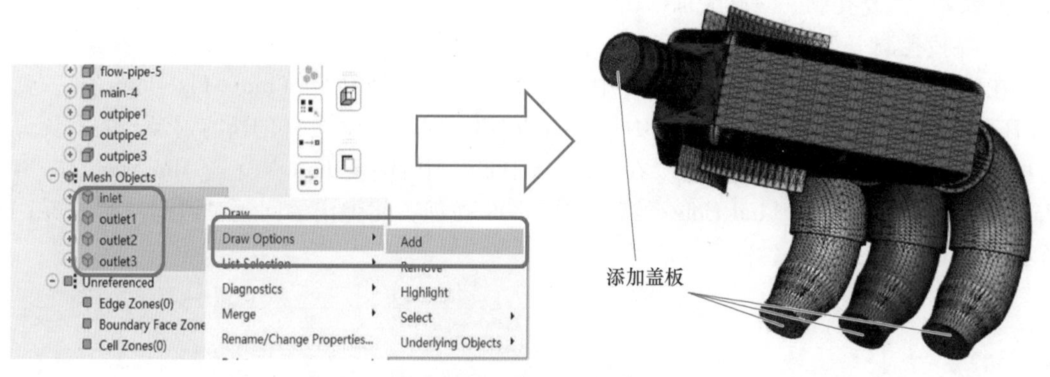

图 3-3-164　加入几何模型

图 3-3-165　创建尺寸函数

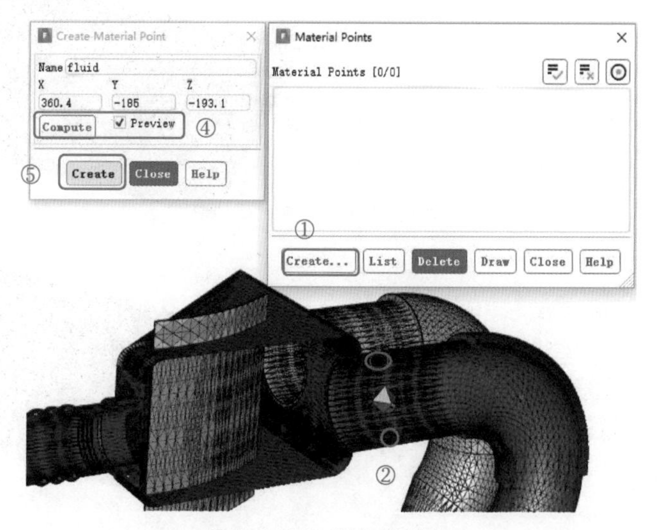

图 3-3-166　添加材料点

步骤 8：修复孔洞——缺失面。

1. 寻找孔洞

在模型树中右击 Geometry Objects 中的一个对象，选择命令 Wrap→Fix Holes...，弹出 Fix Holes 对话框，选择 Objects 列表中除“baffle1-8”“baffle2-6”外的所有对象，不对无厚度挡板（baffles）进行 Wrap 操作。在 Material Point 中选择 fluid。设置 Min. Size 为“4”，Max. Size 为“16”，单击 Find Holes 按钮，单击 OK 按钮关闭弹出的问题对话框，如图 3-3-167 所示。

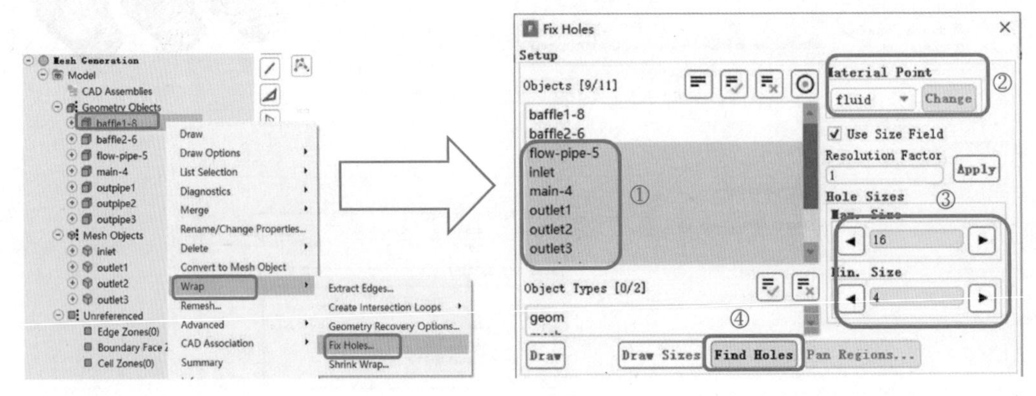

图 3-3-167　寻找孔洞

2. 使用 Pan Regions

在 Fix Holes 对话框中单击 Pan Regions... 按钮打开 Pan Regions 对话框，利用 Pan 区域检查不同包裹区域。Direction 选项设为 Y，通过单击滑块（箭头或滑块附近）平移平板区域，如图 3-3-168 所示。取消选择 Region 列表中的“region：0”后，图形显示由图 3-3-169a 变成图 3-3-169b。

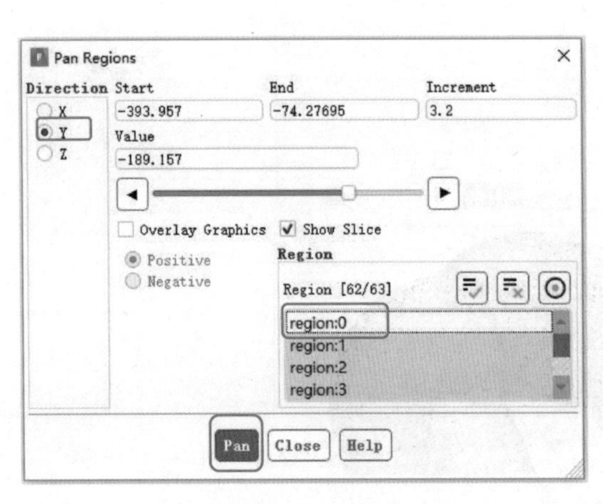

图 3-3-168　检查包裹区域

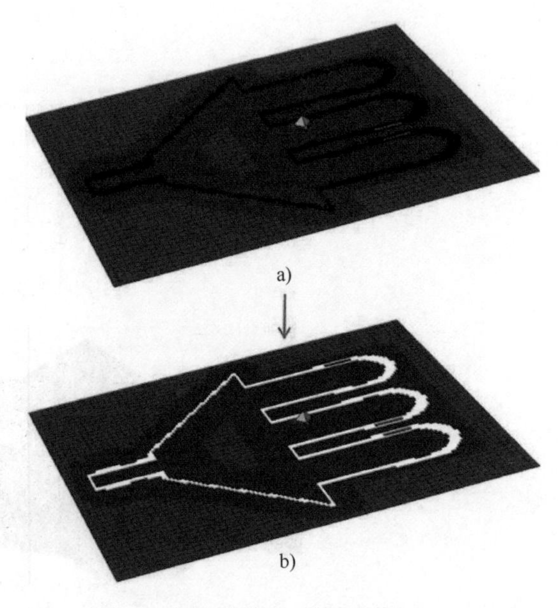

图 3-3-169　流域变化

3. 创建追踪点

在 Trace to Points 的 Target Points 栏中选中 external，单击 Trace 按钮，如图 3-3-170 所示。在图形窗口中，可看到一条从孔洞位置延伸出来的蓝色小块连接而成的锁链（在此操作之前，可重置范围并使用 Draw 操作）。这表明一个大的 CAD 面缺失，必须进行修复，如图 3-3-171 所示。

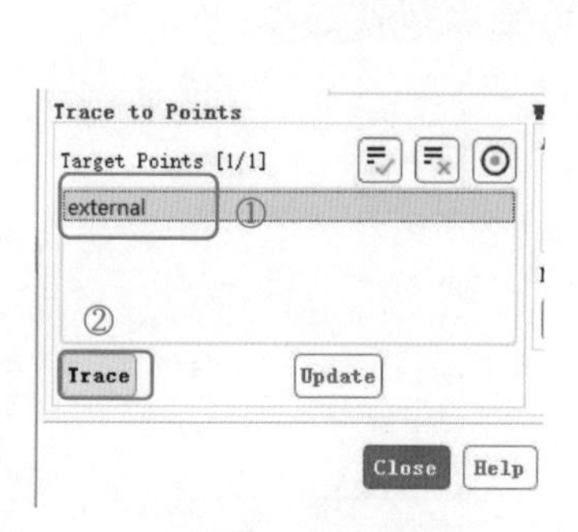

图 3-3-170　创建追踪点

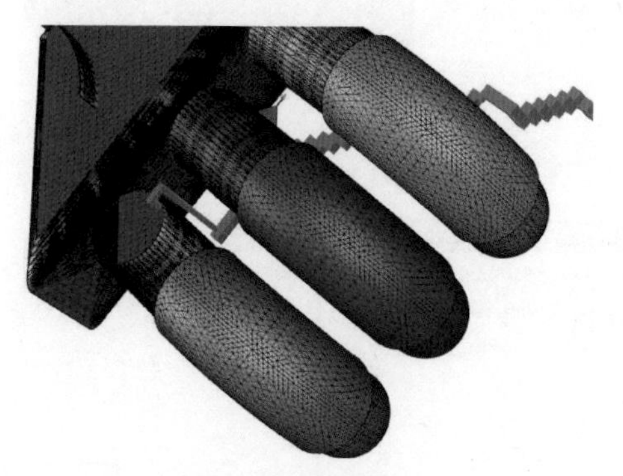

图 3-3-171　追踪点

4. 湿润表面

在 Wetted Surface 栏 Approx. Shape 选项组下单击 Show 按钮，在进行 Wrap 操作前预览流体域，还可用来检查分辨率。关闭 Fix Holes 对话框，在接下来的步骤中，使用模型中一些边缘来扫掠表面，并修复缺失表面的问题，如图 3-3-172 所示。

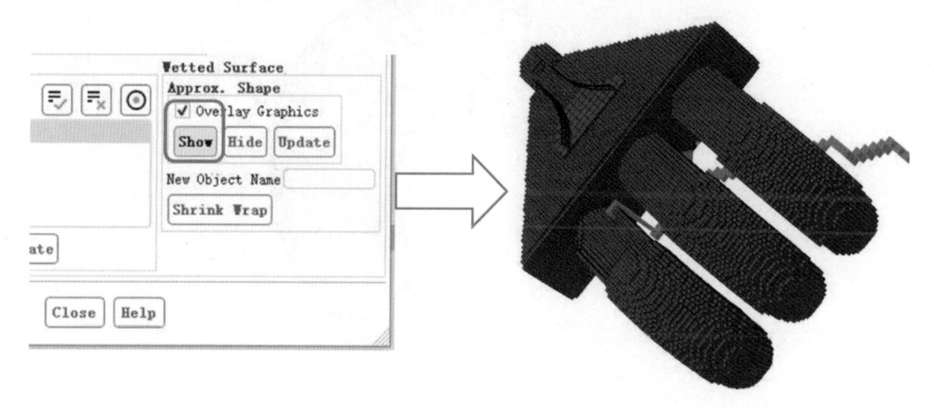

图 3-3-172　湿润近似表面

5. 分离边

选择 Edge Zone Selection Mode 图标，选中边选择过滤器图标，用鼠标右键选择图 3-3-173 的两条边，使用分离图标分离出一条半圆弧边。

6. 创建扫掠表面

现在只展示对象 outpipe1，选择菜单命令 Boundary→Create→Swept Surface...，打开 Swept Surface 对话框，鼠标右键选中新合并的环边（此时 Edge Zones 下拉列表框中的对应区域将被选中），勾选 Create Object，单击 Define 按钮，然后用鼠标右键先后选择两个点作为扫掠表面的矢量方向及起始点。然后单击 Create 按钮，完成后单击 Close 按钮关闭相关操作面板。创建扫掠表面流程如图 3-3-174 所示。

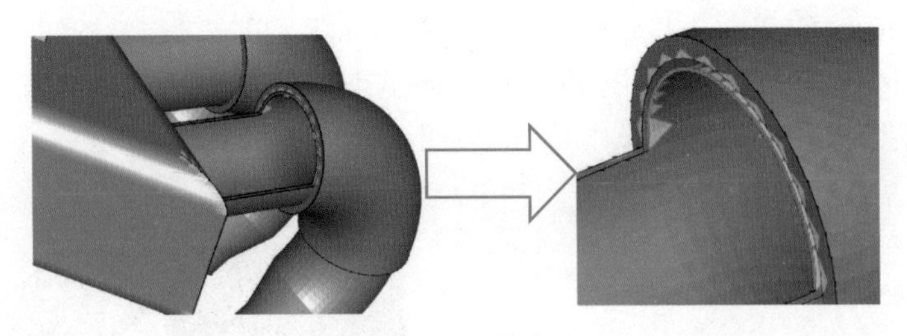

图 3-3-173　分离边

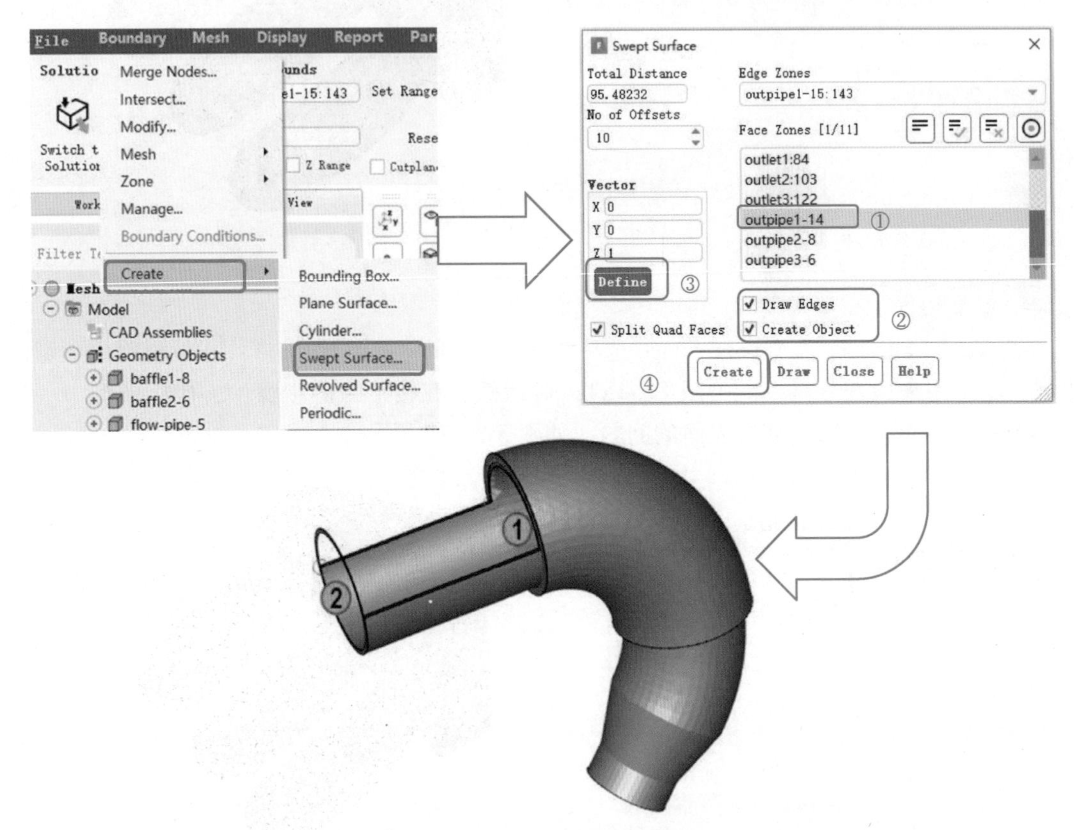

图 3-3-174　创建扫掠表面流程

7. 合并通气

在模型树中右击 Geometry Objects 并选择命令 Draw All，单击 Object Selection Filter 图标，选择图 3-3-175 所示的两个对象，单击 Merge 图标合并对象并重新命名。在模型树中右击 outpipe1，选择命令 Merge→Walls，然后选中所有对象并在右键菜单中选择命令 Draw All。

8. 重新检查孔洞

在模型树中右击 Geometry Objects 中的一个对象，选择命令 Wrap→Fix Holes...。在 Fix Holes 对话框中选择 Objects 列表中所有对象，单击 Update 按钮，单击 Trace 按钮，命令控制窗口中并未发现问题，如图 3-3-176 所示。关闭相关面板，保存网格：选择命令

File→Write→Mesh，文件名为“manifold2. msh. gz”。

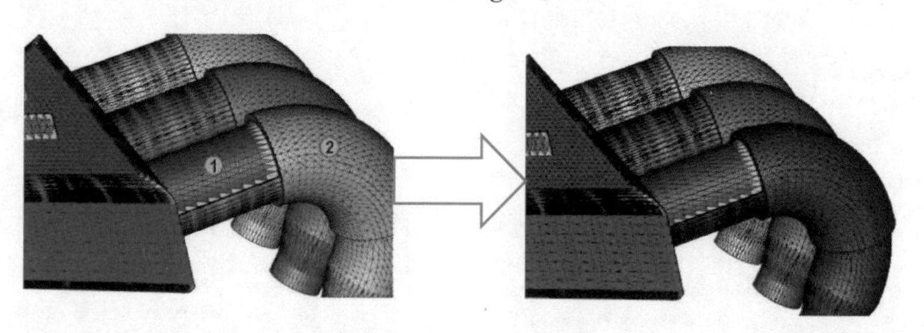

图 3-3-175　合并区域

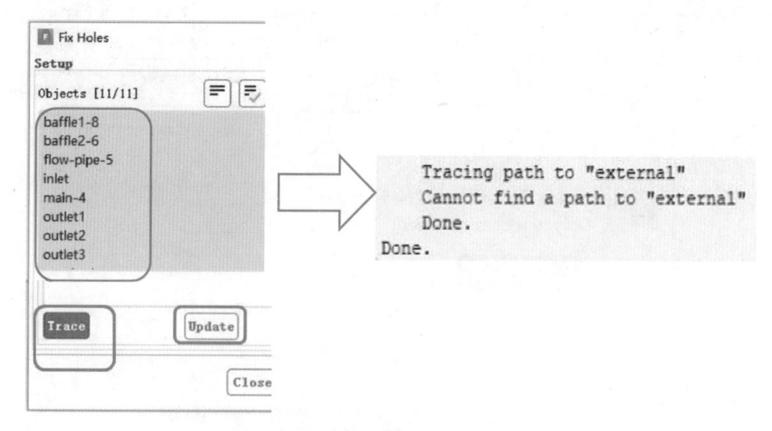

图 3-3-176　重新检查孔洞

步骤 9： 包裹流体域（Wrap the Fluid Region）。

1. 包面

在模型树中选择除了两个零厚度挡板的所有对象，如图 3-3-177 所示。右击选中对象，选择命令 Wrap→Shrink Wrap...，在 Wrap 对话框中保留设置 Target 为 Collectively，在 New Object Name 文本框中输入“wrap1”，在 Material Point 下拉列表框中选择 fluid 作为包裹内部湿润区域的物质点，在 Resolution Factor 文本框中输入“0. 8”（将按此值缩放用于包面的尺寸大小，以更好地捕获特征，但仍保留原始尺寸）。单击 OK 按钮，并在连续弹出的两个 Question 对话框中单击 Yes 按钮。

2. 特征线存在的问题

在包面操作完成后，在网格对象列表中可看到一个名为“wrap1”的新对象，在模型树中右击并选择命令 Draw，如图 3-3-178 所示。发现此对象仍存在没有被很好捕捉的一些局部几何特征。原因可能是这些局部几何特征小于设置的最小尺寸。可用 proximity 和更低的最小尺寸来修复解决这个问题。同时还可发现也没有很好捕捉“main-4”和“flow-pipe-5”交叉部位的特征。下面重新捕获这些特征。

3. 抽取交叉部位的特征环

在模型树中选中“main-4”和“flow-pipe-5”，右击并选择命令 Wrap→Create Intersection Loops→Collectively。然后在模型树 Mesh Objects 列表中选中“wrap1”，右击并选择命令 Delete→Include Faces And Edges，如图 3-3-179 所示。

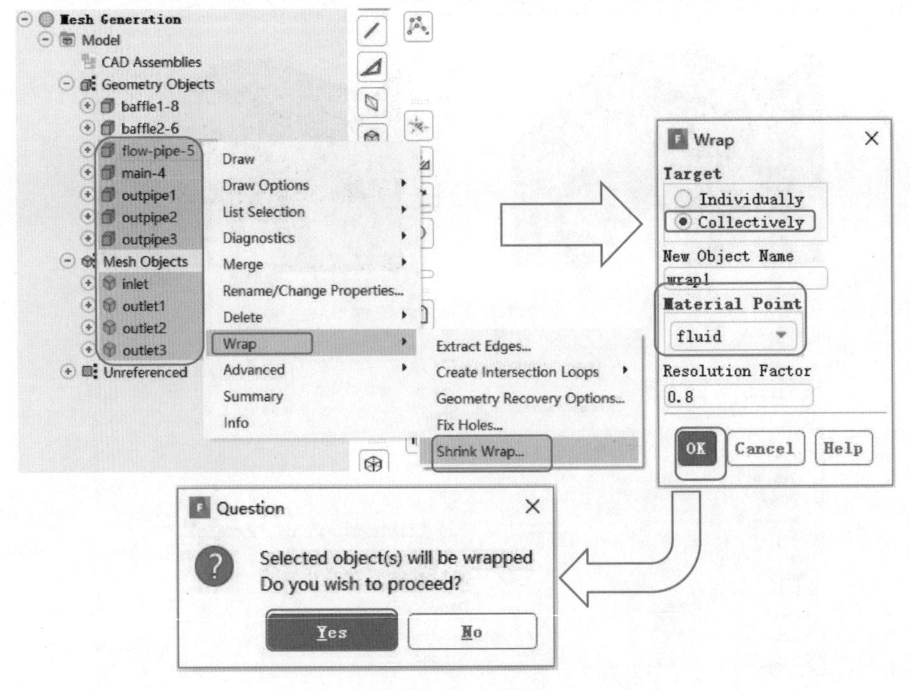

图 3-3-177　包面

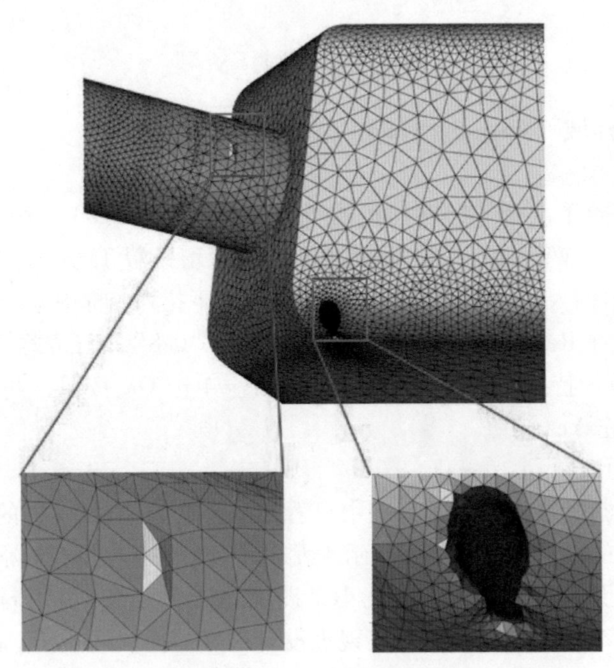

图 3-3-178　特征线提取失败

4. 删除尺寸域并重新定义尺寸函数

在模型树中右击 Model，选择命令 Sizing→Scoped...，单击 Delete Size Filed 删除当前尺寸域。添加 Proximity 尺寸控制。Type 下拉列表框选择 proximity 选项，将最小尺寸 Min 设为

“0. 5”，在 Scope To 下拉列表框中选择 Object Edges，单击 Create 按钮，在弹出的 Question 对话框中单击 Yes 按钮，如图 3-3-180 所示。现有两个尺寸控制函数，单击 Compute 按钮。使用 Draw Size 图标查看网格大小，网格示意如图 3-3-181 所示。

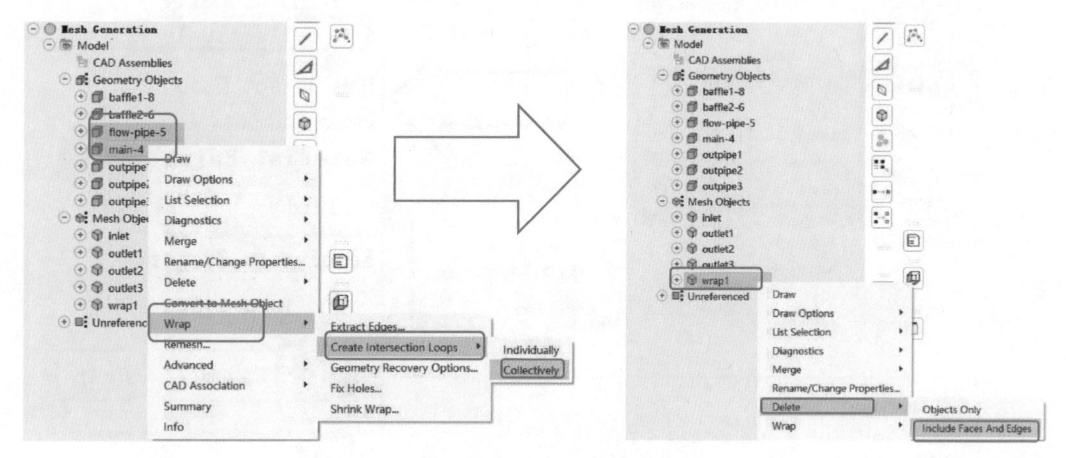

图 3-3-179　提取特征环

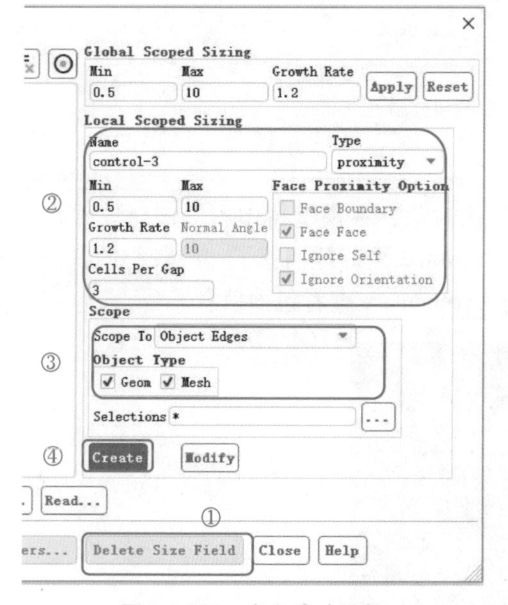

图 3-3-180　定义尺寸函数

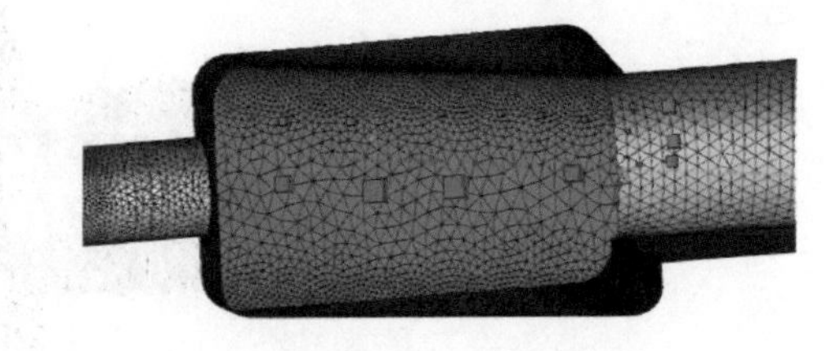

图 3-3-181　网格示意

5. 重新执行包面操作

在模型树中选择除了两个零厚度挡板的所有对象，右击选中的对象，选择命令 Wrap→Shrink Wrap...，在 Wrap 对话框中保留设置 Target 为 Collectively，在 New Object Name 文本框中输入“wrap2”，在 Material Point 下拉列表框中选择 fluid 作为包裹内部湿润区域的物质点，在 Resolution Factor 文本框中输入“0. 8”（将按此值缩放用于包面的尺寸大小，以更好地捕获特征，但仍保留原始尺寸）。单击 OK 按钮，并在连续弹出的两个 Question 对话框中单击 Yes 按钮。再次包面的整体流程如图 3-3-182 所示。

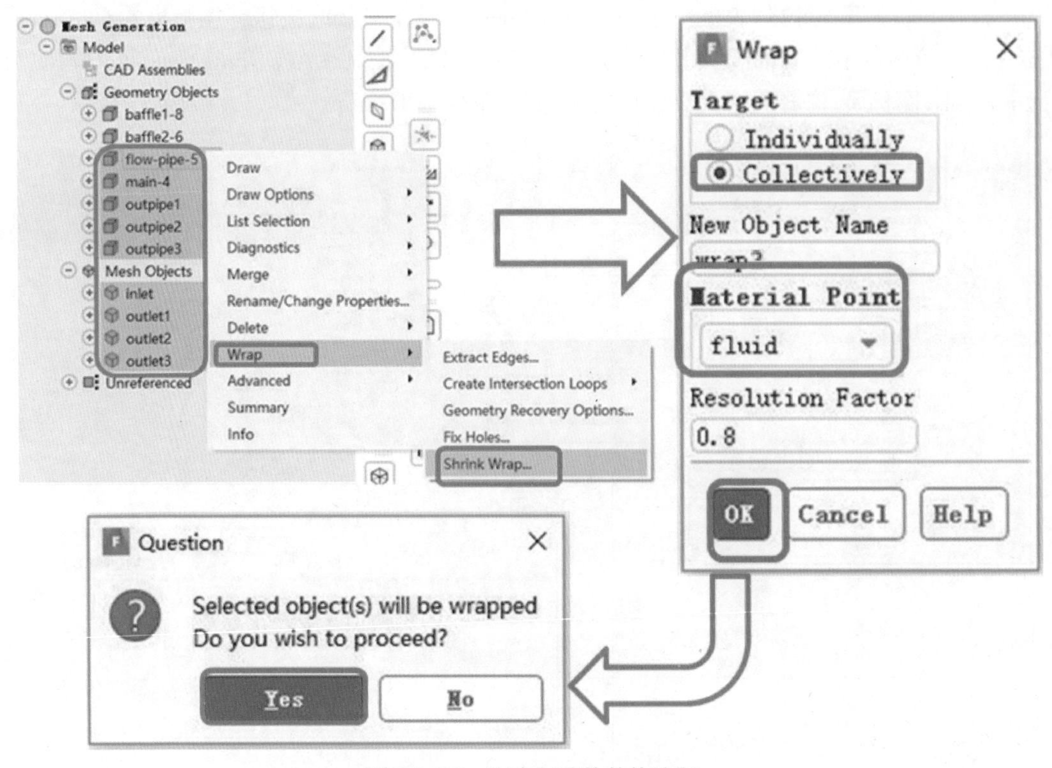

图 3-3-182　再次包面的整体流程

6. 观察 wrap2

在网格对象列表中可看到一个名为“wrap2”的对象，在模型树中右击该对象并在弹出的快捷菜单中选择命令 Draw。与 wrap1 相比，显然 wrap2 更好地捕获了一些较小的特征，如图 3-3-183 所示。在模型树中右击 wrap2，选择命令 Summary 查看包面信息。

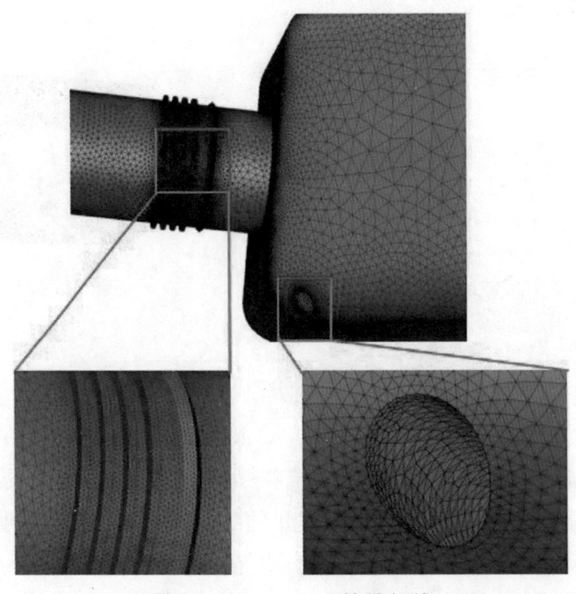

图 3-3-183　wrap2 的特征线

步骤 10：诊断挡板（baffle）。

1）在模型树中选中“baffle1-8”和“baffle2-6”，右击选中对象并选择命令 Diagnostics→Connectivity and Quality...，在弹出的 Diagnostic Tools 对话框中单击 Draw 按钮，可以看到边缘处被诊断存在自由面，单击 Summary 按钮查看信息概要。

2）修复挡板自由面问题。在 Issue 选项组中选择 Free，在 Operations 中选择 Stitch（也可用 Merge Nodes），单击 Apply for All 按钮。单击 Draw 按钮，可以看到挡板中间的自由面已被修复，剩余自由面只存在于挡板边缘，单击 Close 按钮关闭该对话框。修复自由面如图 3-3-184 所示。

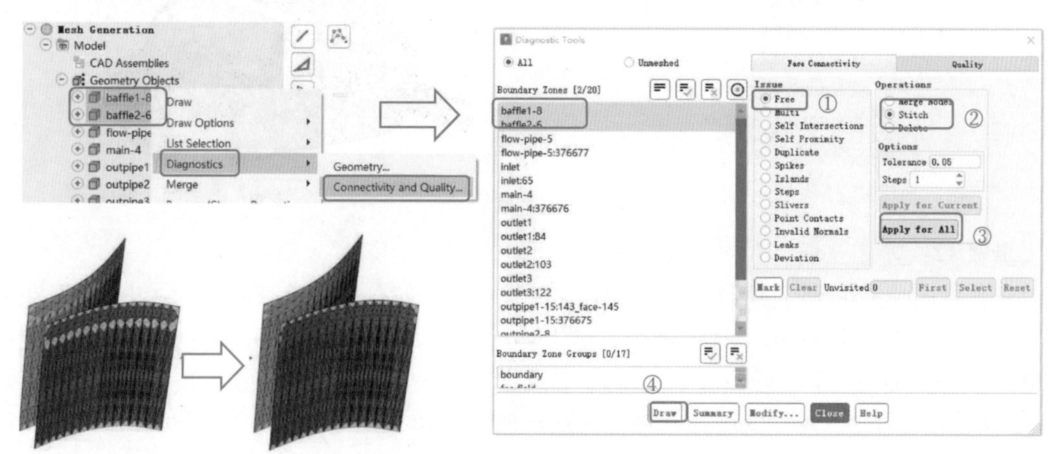

图 3-3-184　修复自由面

3）重构网格。观察发现挡板的质量很差，使用相同尺寸设定对挡板进行网格重构。单击 Zone Selection Filter 图标，在图形显示窗口右击选中两个挡板面（选中后会以红色高亮显示），单击 Remesh 图标，在弹出的 Zone Remesh 对话框中单击 Remesh 按钮，如图 3-3-185 所示。

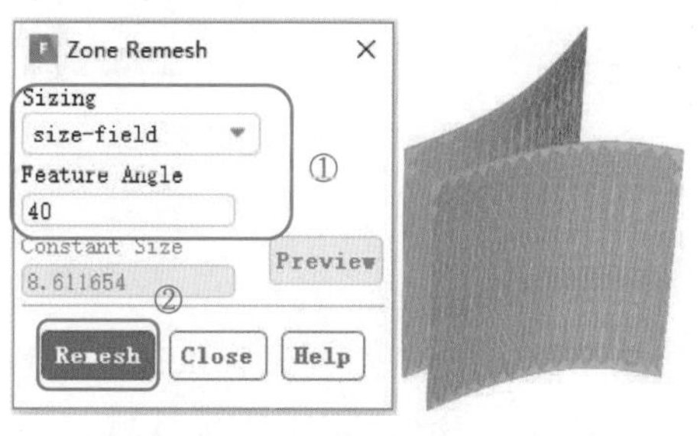

图 3-3-185　重构网格自由面

步骤 11：将两个挡板拖拽到 wrap2 中。

在模型树中选中“baffle1-8”“baffle2-6”和“wrap2”，右击选中对象并选择命令 Draw。单击 Zone Selection Filter 图标，在图形窗口右击选择两个挡板（选中之后以红色高亮显示）。然后单击 Object Selection Filter 图标，右击选中 wrap2（选中之后以绿色高亮显示）。然后单击 Yank 图标将两个挡板拖拽到 wrap2 对象中，如图 3-3-186 所示。在模型树中展开 wrap2（示意图见图 3-3-187），发现两个挡板出现在 wrap2 的 Face Zones Labels 子目录中。

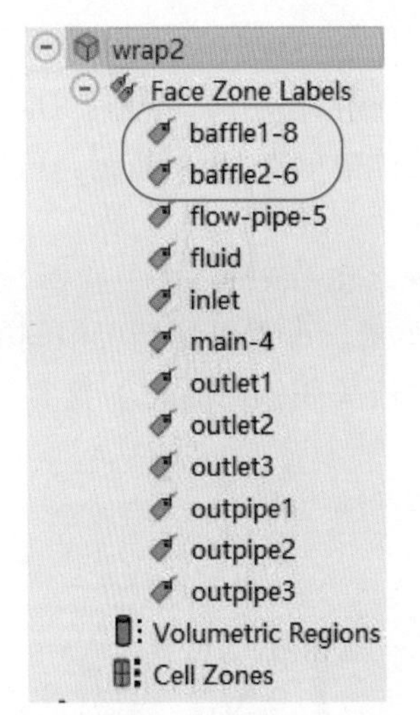

图 3-3-186　挡板加入 wrap2

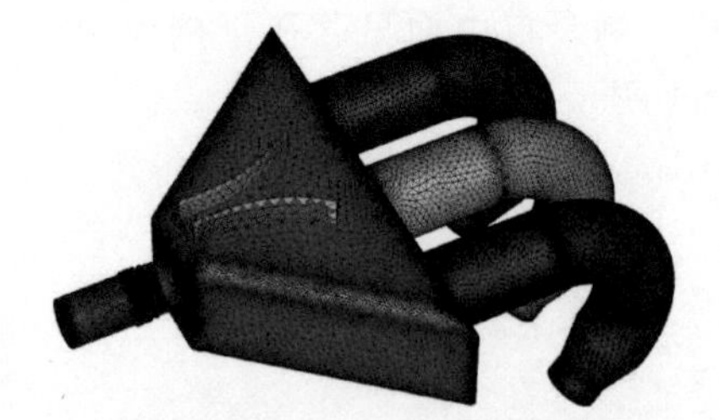

图 3-3-187　wrap2 示意图

步骤 12：连接挡板。

在主界面功能区 Display 选项组中勾选 Multi Faces，如存在 Multi Faces，会以黄色高亮显示。在模型树中右击 wrap2，选择命令 Join/Intersect...，在弹出的 Join/Intersect 对话框中选中所有 Face Zones，在 Operation 选项组中选择 Intersect（挡板完全贯穿 wrap2）。单击 Intersect 按钮（单击 Find Pairs 按钮可查找存在面成对出现的区域），单击 Draw 按钮，然后关闭面板并观察挡板和 wrap2 连接处，如图 3-3-188 所示。

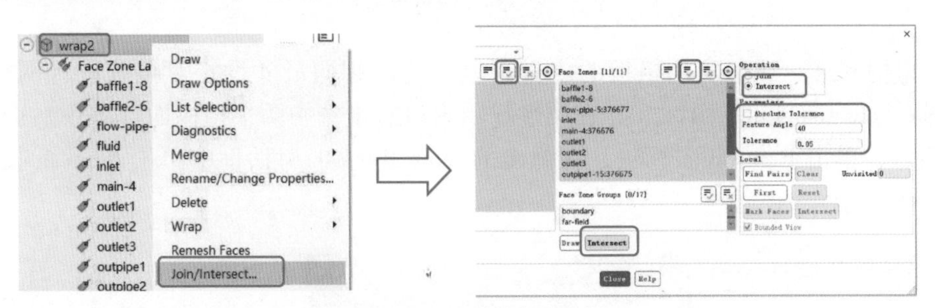

图 3-3-188　连接挡板与主体

步骤 13：抽取流体域。

如图 3-3-189 所示，在模型树中右击 Volumetric Region 并选择命令 Compute...，在弹出的 Compute Regions 对话框中 Material Points 栏中选中 fluid，单击 OK 按钮。流体域抽取完成后，右击 Volumetric Region 并选择命令 Draw All 查看流体域，流体域示意如图 3-3-190 所示。

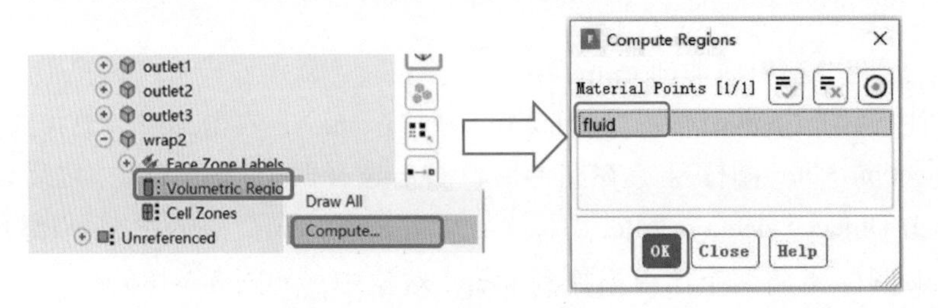

图 3-3-189　抽取流体域

图 3-3-190　流体域示意

步骤 14：诊断网格。

在模型树中右击 Volumetric Region 并选择命令 Summary，网格诊断信息如图 3-3-191 所示，看到信息显示存在 free-faces（存在于无厚度挡板的边缘）和 multi-faces（存在于无厚度挡板和流体域交叉处），但这些面都是合理存在。

volumetric regions	free-faces	multi-faces	duplicate-faces	skewed-faces(> 0.85)	maximum-skewness	all-faces	face-zones
overall-summary	76	270	0	0	0.5353527	172360	11

图 3-3-191　网格诊断信息

步骤 15：输出网格。

在模型树中右击 fluid，选择命令 Diagnostics 检查并解决可能存在的表面网格问题。无问题则输出网格，选择菜单命令 File→Write→Mesh，文件名为“manifold3. msh. gz”。

步骤 16：创建体网格。

在模型树中右击 Cell Zones，选择命令 Auto Mesh...。在弹出的 Auto Mesh 对话框中，Object 下拉列表框保持 wrap2 设置不变，在 Volume Fill 选项组中选择 Tet，在 Vollume Fill Options 选项组中，单击 Compute 按钮计算 Max Cell Volume，Growth Rate 设为“1. 2”，单击 Apply 按钮，单击 Close 按钮关闭该对话框。在 Auto Mesh 对话框中单击 Mesh 按钮，整体过程如图 3-3-192 所示。

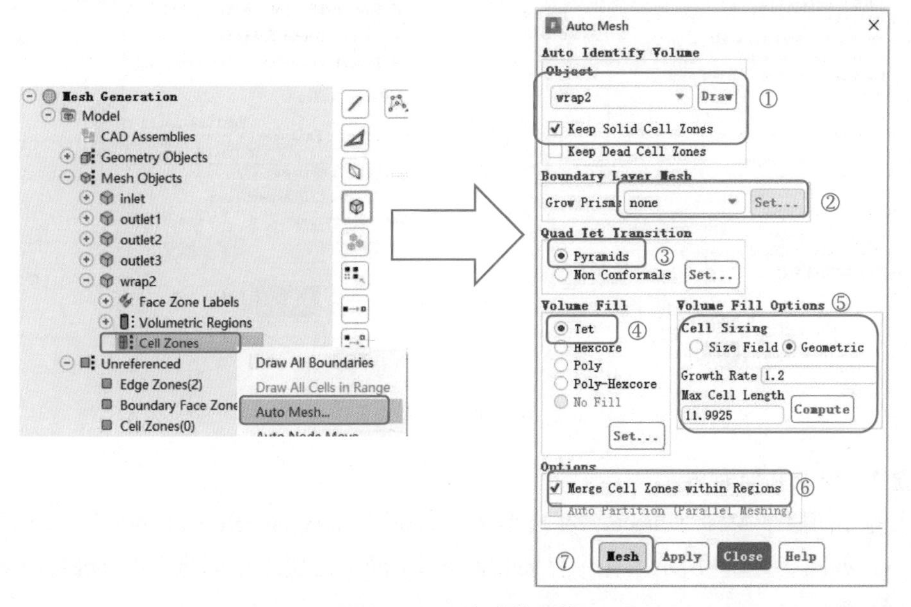

图 3-3-192　生成体网格

步骤 17：保存并输出网格。

在模型树中右击 Cell Zones 并选择命令 Summary。发现网格质量显示较好。如不满意网格质量，可使用 Auto Node Move... 命令进行修复。如满意网格质量，右击 Model 并选择命令 Prepare for Solve，在弹出的对话框中单击 Yes 按钮。保存并输出网格。

案例总结：本案例中需要寻找和修复孔洞，同时存在没有被很好捕捉的一些地方特征。通过 Wrap 操作来抽取对流体域，捕获细小的几何特征以保持原有几何特征。

3.2.8 案例：排气歧管网格 2

学习目标：本案例利用排气歧管模型讲述如何生成 Poly-Hexcore 网格。

应用背景：同本章 3.2.7 节。

步骤 1：导入 CAD 几何。

选择菜单命令 File→Import→CAD...，在弹出的 Import CAD Geometry 对话框中选择文件 “WS08_CutCell_Manifold. igs”，长度单位 Length Unit 下拉列表框中选择 “mm”，其他保留默认设置。单击底部的 Options... 按钮，在弹出的 CAD Options 对话框 Importing 选项栏中勾选 Save PMDB（Intermediary File）。以 CFD Surface Mesh 形式导入几何，设置 Min Size 为 “0. 3”（几何最小圆周长为 30mm，预计使用的最小尺寸大约为 3mm，故建议使用预期最小尺寸的十分之一的公差值，即为 0. 3mm。），Max Size 为 “20”，单击 Import CAD Geometry 对话框下的 Import 按钮，完成后关闭对话框，如图 3-3-193 所示。

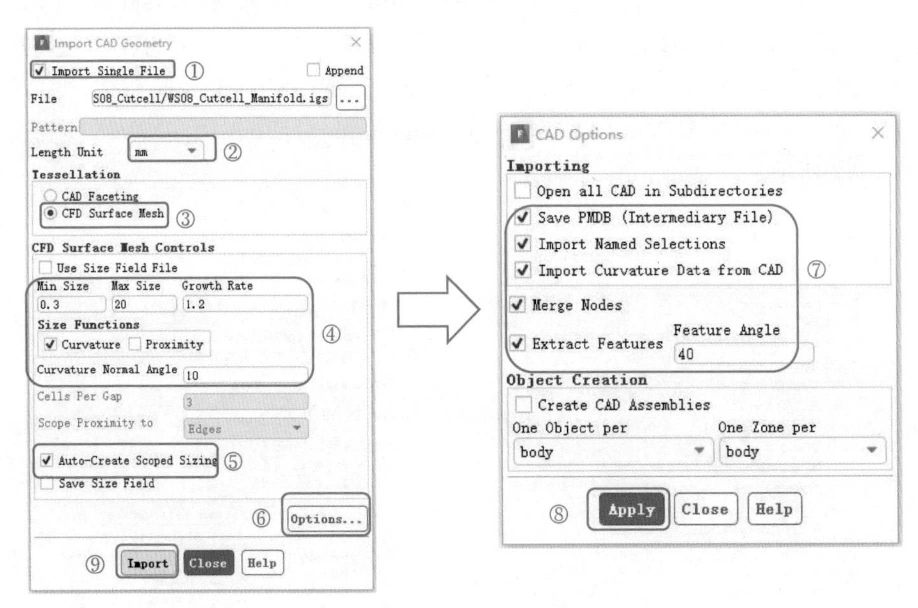

图 3-3-193 导入几何

步骤 2：展示几何对象。

导入的几何属于 Mesh Objects，在模型树中右击 “ws08_cutcell_manifold-freeparts”，选择命令 Draw，如图 3-3-194 所示。在主界面功能区 Display 选项组中勾选 All Faces、Free Faces 和 Edges Faces。

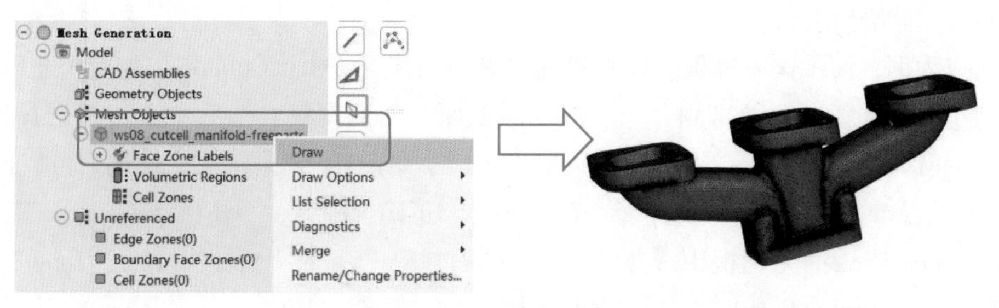

图 3-3-194　展示几何对象

步骤 3：设置面网格尺寸函数。

如图 3-3-195 所示，在模型树中右击 Model，选择命令 Sizing→Scoped…，删除已有尺寸，在 Global Scoped Sizing 选项组中设置 Min 为“0.3”，Max 为“12”，单击 Apply 按钮。在 Local Scoped Sizing 选项组中，Type 下拉列表框设为 curvature，Normal Angle 文本框输入“10”，Scope To 下拉列表框设置为 Object Faces and Edges，在 Object Type 中勾选 Mesh，单击 Create 按钮，完成曲率尺寸函数设置。在 Local Scoped Sizing 选项组中，Type 下拉列表框设为 proximity，Normal Angle 文本框输入为“10”，Scope To 下拉列表框设置为 Object Edges，在 Object Type 中勾选 Mesh，单击 Create 按钮，单击 Close 关闭面板。然后在模型树中右击“ws08_cutcell_manifold-freeparts”，选择命令 Remesh Faces。

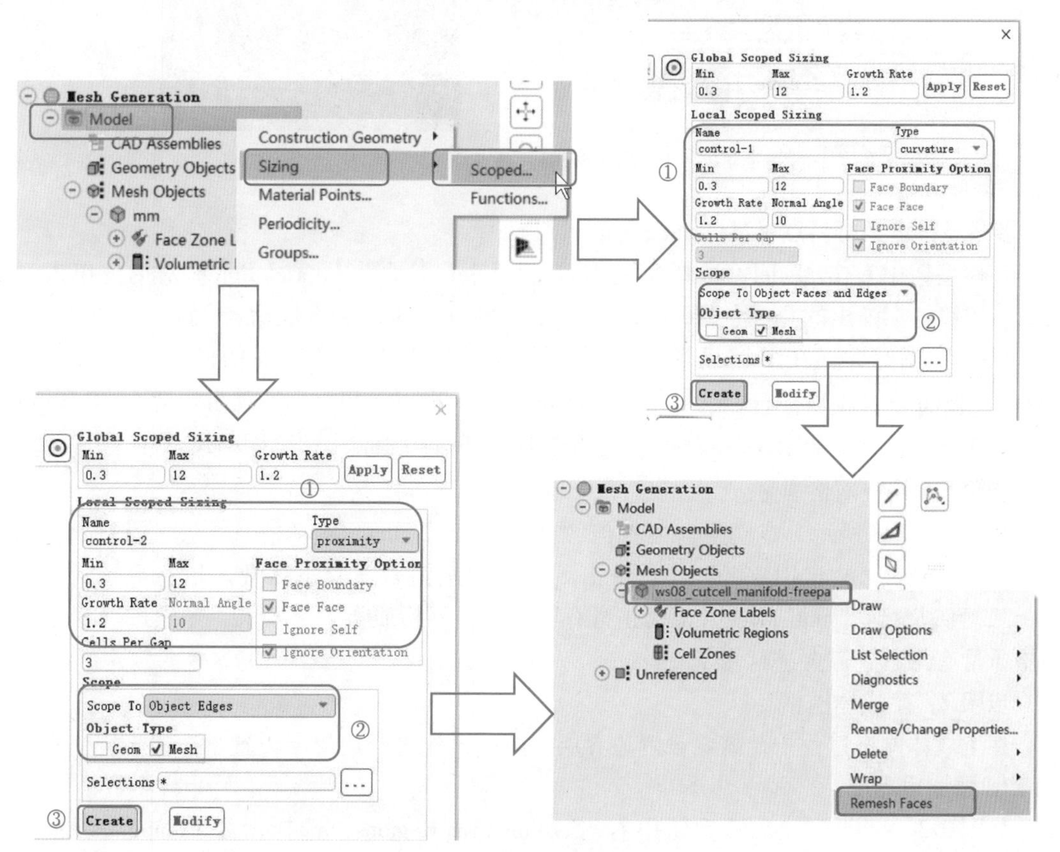

图 3-3-195　全局面网格尺寸

步骤 4：封堵出入口。

以入口为例，演示这一过程。首先勾选主界面功能区 Patch Option 选项组中的 Remesh 选项，对创建的面重新进行网格划分，更好地匹配原几何面网格。然后单击边线选择图标，在图形显示窗口中右击选择需要封闭一个入口边上的一条线。如果错选或误选，可以按键盘上的<Esc>键或者单击图标（图标）取消即可。正确选择后，单击（Create）工具图标，在弹出的 Patch Options 对话框中选择 Add to Object，New Label Name 为 inlet，Zone Type 下拉列表框设为 velocity-inlet，单击 Create 完成封闭入口，如图 3-3-196 所示。用同样方法创建另外 3 个出口面，分别命名为“outlet1”“outlet2”和“outlet3”，类型都设为 pressure-outlet。

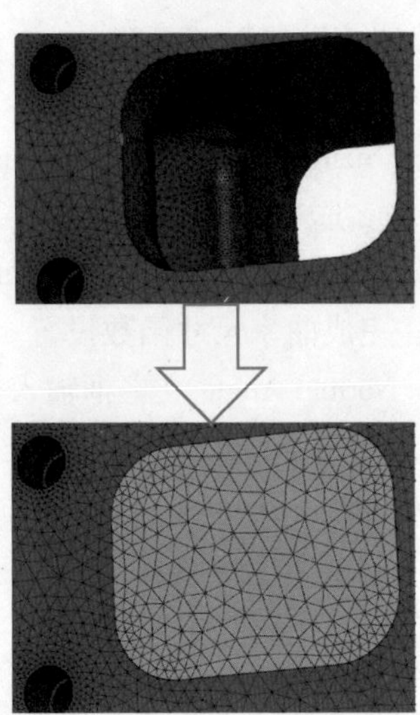

图 3-3-196　封闭入口

步骤 5：定义材料点（Material Point）。

在模型树中右击 Model，选择命令 Material Points... 在 Material Points 对话框单击 Create... 按钮，在弹出的 Create Material Point 对话框中，Name 文本框输入 fluid，单击 Zone Selection Filter 图标，在图形显示窗口中右击选择歧管表面内表面的两个点，然后单击 Compute 按钮并勾选 Preview 选项，在主界面功能区 Clipping Planes 选项组勾选 Insert Clipping Planes 查看材料点，如图 3-3-197 所示，单击 Draw Sizes 图标预览网格尺寸。

步骤 6：检查网格质量。

如图 3-3-198 所示，在模型树中右击“ws08_cutcell_manifold-freeparts”，选择命令 Diagnostics→Connectivity and Quality...，单击 Summary 按钮查看信息概要。信息显示无“free-faces”，且观察到“muti-faces”都为正常存在的面，网格质量满足要求，无须进行修复（如网格质量有问题，需要进行修复）。

步骤 7：生成体网格。

在生成体网格过程中，需要设置边界层。因此，先进行边界层设置。

1. 添加边界层

如图 3-3-199 所示，在模型树中右击 Volumetric Regions，选择命令 Compute...；完成后，右击 Cell Zones，选择命令 Auto Mesh...，在 Auto Mesh 对话框中保留 Keep Solid Cell

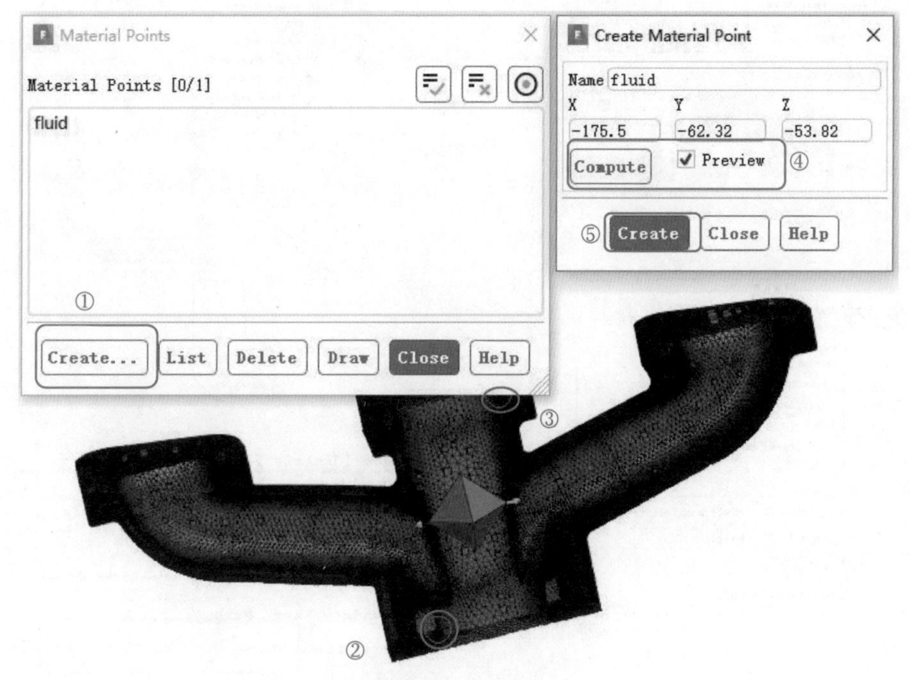

图 3-3-197　定义材料点

Zones 勾选状态。在 Boundary Lawer Mesh 选项组 Grow Prisms 下拉列表框中选择 scoped，并单击后面的 Set... 按钮，进入 Scoped Prisms 对话框。Offset Method 下拉列表框选择 aspect-ratio，Number of Layers（边界层）设为“5”，Grow On 下拉列表框设置为 only-walls，单击 Create 按钮。

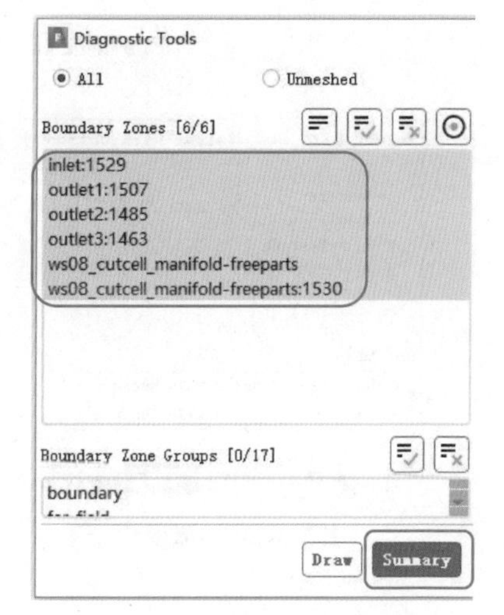

图 3-3-198　检查面网格质量

2. 体网格设置

在 Auto Mesh 对话框中，Volume Fill 选项组设为 Poly-Hexcore，勾选 Merge Cell Zones within Regions，单击 Mesh 按钮，如图 3-3-200 所示。生成的模型体网格如图 3-3-201 所示。

步骤 8：检查网格质量。

在模型树中右击 Cell Zones 并选择命令 Summary，本案例中的网格质量显示较好。如果对网格质量不满意，可以使用命令 Auto Node Move... 进行修复。对网格质量满意后，右击 Model，选择命令 Prepare for Solve，在弹出的对话框中单击 Yes 按钮。

步骤 9：保存并输出网格。

保存网格文件，选择菜单命令 File→Write→Mesh，文件名为“volume-mesh. msh. gz”。

案例总结：本案例对固体区域和流体区域进行了网格划分，采用了 Poly-Hexcore 类型的网格。在保证网格质量的同时，极大缩减了网格数量，并减少四面体网格的存在。

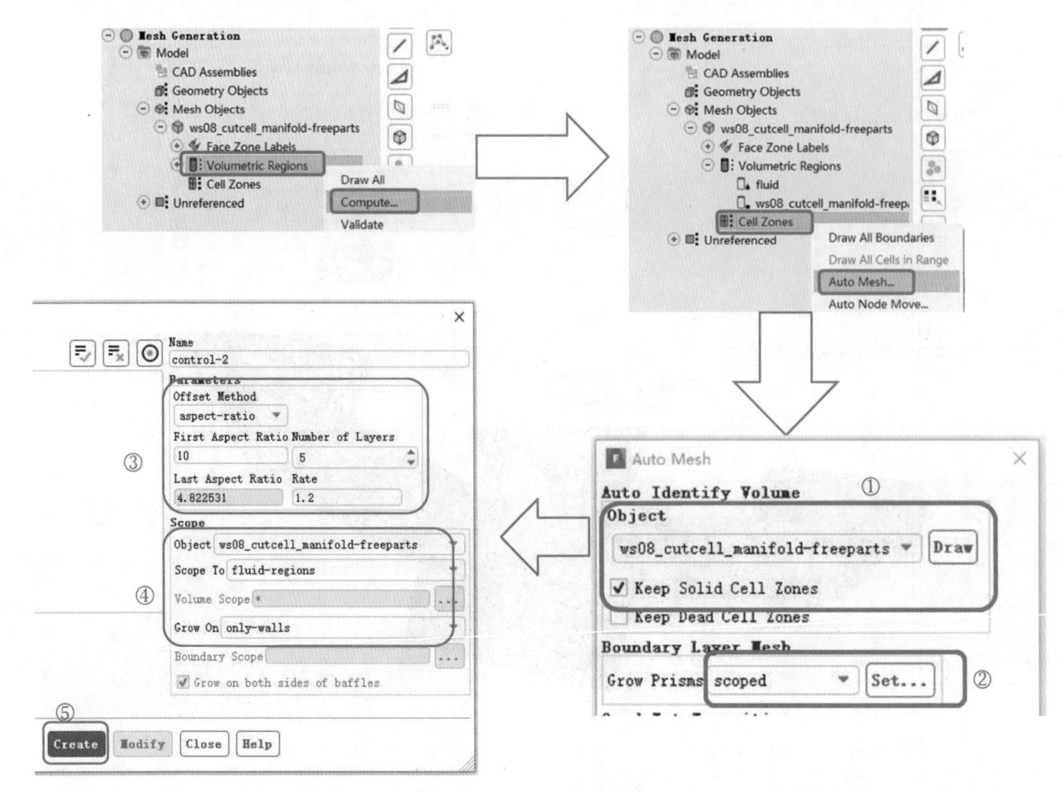

图 3-3-199　边界层设置

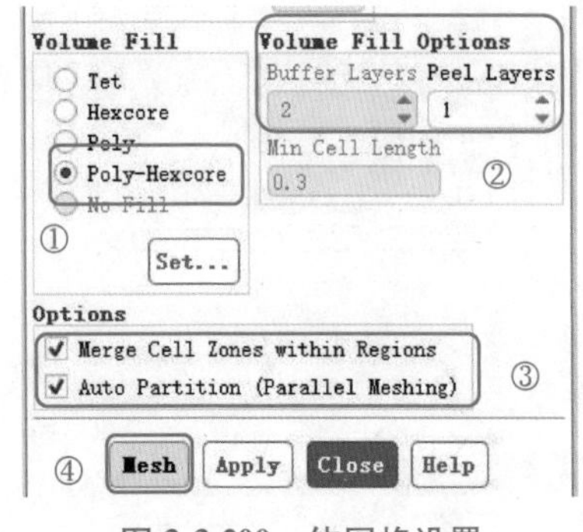

图 3-3-200　体网格设置

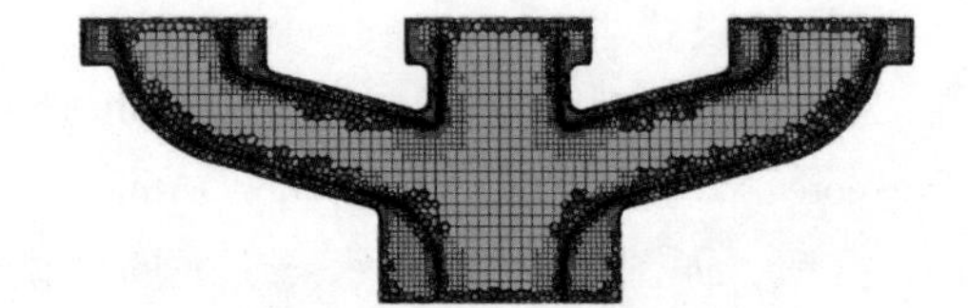

图 3-3-201　模型体网格

第 4 章 Watertight 工作流程

Watertight“水密”几何体，这意味固体或流体域的面和边缘没有泄漏或间隙，一切都相对干净，可在不需要任何表面包面的情况下进行网格划分。值得注意的是，不应将干净误认为简单。此 Watertight 工作流程可处理具有许多细长条的 CAD 几何模型，这些几何模型可能具有成百上千个复杂的面和边，且具有广泛的几何比例，如图 3-4-1 所示。

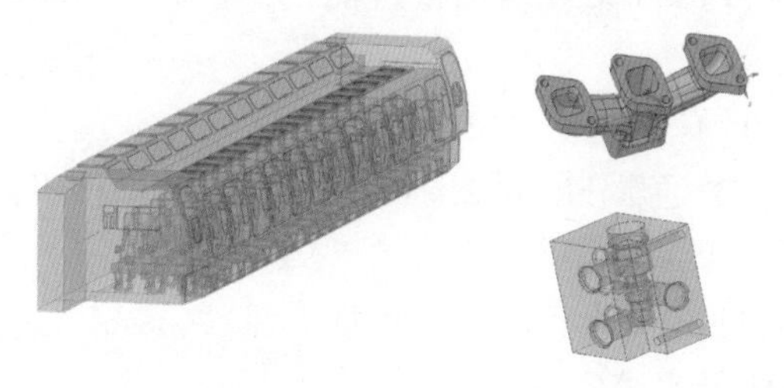

图 3-4-1　Watertight 支持的复杂面和边的几何类型

Watertight 工作流程中许多任务输入面板都包含表格，在表格中，可以执行过滤操作。如图 3-4-2a 所示，字母“out”已输入过滤器中，因此面板中仅显示以“out”开头的条目。同时如图 3-4-2b 所示，可以控制选择列表框中多个条目，如果右击，出现一个快捷菜单，允许同时重命名或更改所选择的边界类型。此外，如图 3-4-2c 所示，还可将过滤操作更改为按类型（Region Type），而不是名称过滤（Region Name）。

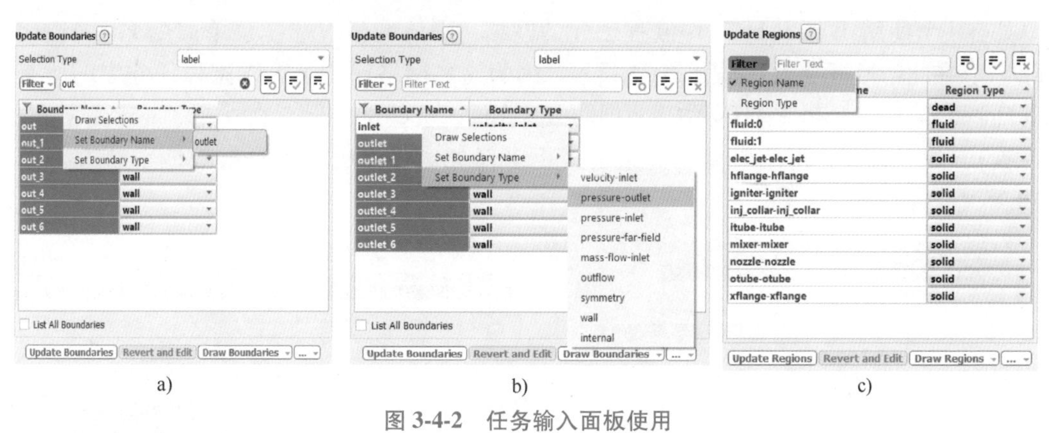

a)　　　　b)　　　　c)

图 3-4-2　任务输入面板使用

4.1 Watertight 支持的 CAD 几何和网格文件

如果几何体只是单个实体，Watertight 工作流程可以处理“水密”的 CAD 模型或面网格；同时，如果多个体之间存在共享拓扑，Watertight 工作流程也可处理多体模型。多体

CAD 模型可包含任意组合和任意数量的流体域、固体域和空隙，或者是纯固体域或纯流体域。

如前所述，多体 CAD 模型需要使用共享拓扑，但无须仅限于 CAD 中提取流体域，可以在 Watertight 工作流程中执行体积域提取。Watertight 工作流程自动创建用于实体网格划分的区域。Watertight 工作流程可用于完全封闭的模型，如飞机或潜艇，而无须预先减去主体或共享拓扑。如果物体与外壳相交，如风洞底部的汽车车轮或穿过物体的对称平面，Watertight 提供在边缘上执行共享拓扑。Watertight 工作流程也可支持薄挡板，搅拌机模型如图 3-4-3 所示。

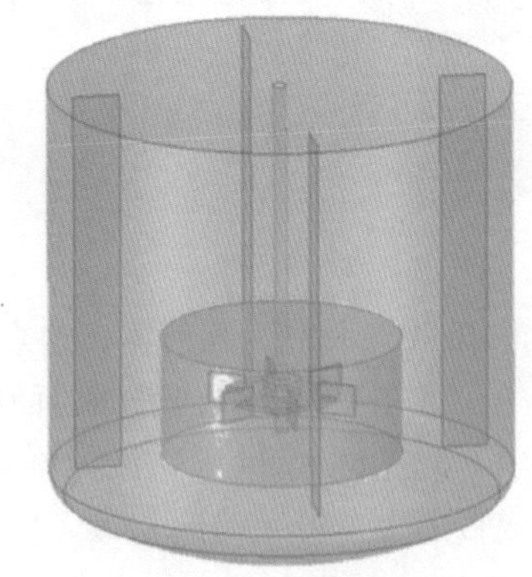

图 3-4-3　搅拌机模型

Watertight 工作流程允许在 Import Geometry 任务中使用某些类型网格文件。通常 Fluent Meshing 允许导入多种不同网格格式，但针对 Watertight 工作流程支持如下类型的网格文件：

1）以 Fluent 为网格文件格式的面网格（扩展名是“. msh”或“. msh. gz”）：网格中的面必须形成一个或多个封闭的水密区域。

2）以 Fluent 为网格文件格式的体网格（扩展名是“. msh”或“. msh. gz”）：如果在导入几何任务中选择体网格，则 Watertight 工作流仅保留面网格，体积单元被丢弃。

3）Case 文件（扩展名是“. cas”或“. cas. gz”）：导入 Case 文件时，Fluent 丢弃边界条件，仅保留网格信息，其余与导入体网格一样。

尽管文件必须使用 Fluent 网格文件格式，但网格可不由 Fluent 创建。其他第三方程序可导出 Fluent 网格格式文件，Fluent Meshing 导入这些文件。

如有一个使用 Watertight 工作流程创建的网格，则该网格应选择菜单命令 File→Read→Mesh...，在此路径下导入，如图 3-4-4 所示。因为这些网格保留了工作流程任务中的所有信息（Fluent Meshing 保存带有任务编辑数据的中间文件，这些文件保存在一个“workflow_files”文件夹）。如有必要，可编辑其中的条目或更多任务，并使用新条目有效地重新进行网格创建。

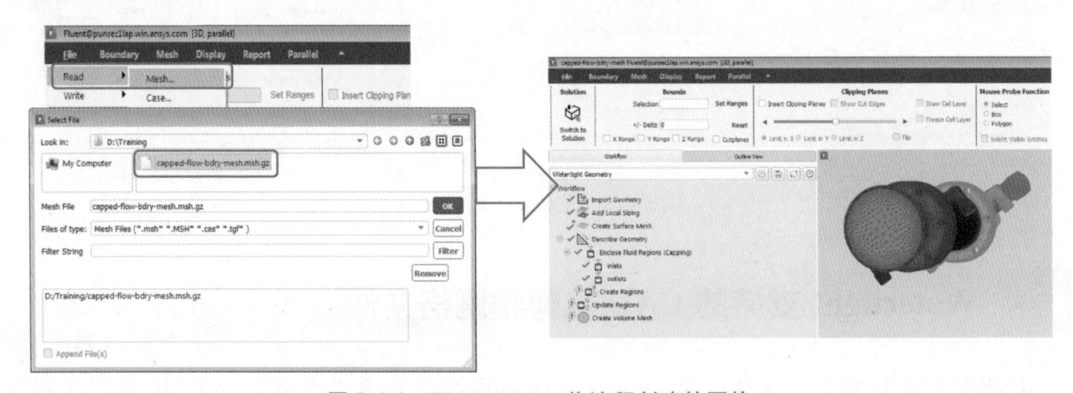

图 3-4-4　Watertight 工作流程创建的网格

4.2 Watertight 在 Fluent Meshing 中的操作流程

图 3-4-5 所示为从导入几何到切换到求解器的整个 Watertight 操作流程。

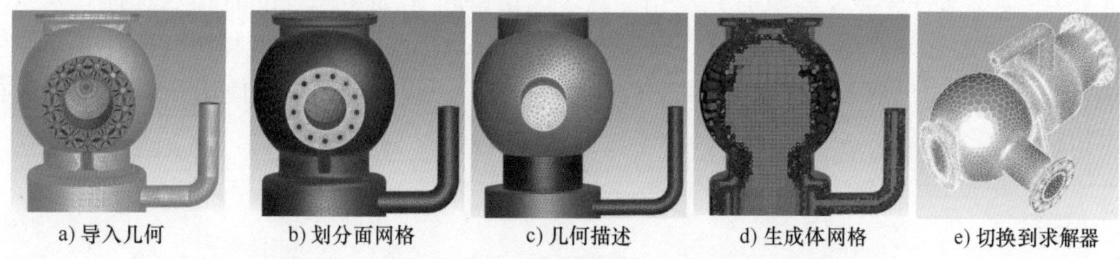

图 3-4-5 Watertight 在 Fluent Meshing 中的操作流程

4.2.1 导入几何

导入几何（Import Geometry）任务是 Watertight 工作流程中的第一个任务。需要设置 File Format，同时设置 Units 并选择要导入的文件。File Format 下拉列表框可选 CAD（几何模型）或者 Mesh（网格文件），而 Units 的设置取决于 File Format，如图 3-4-6 所示。

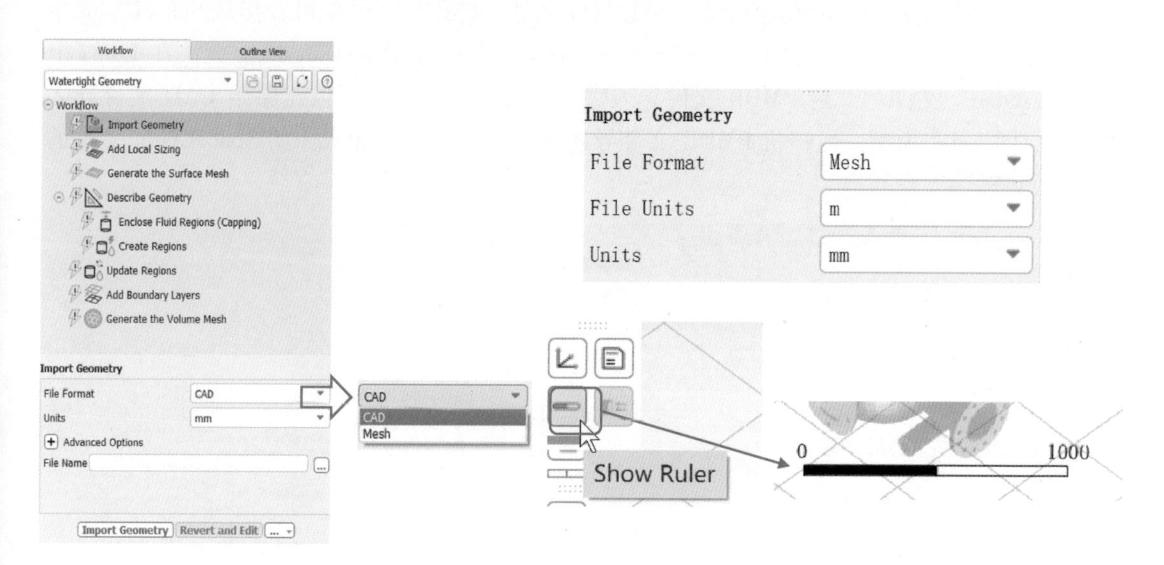

图 3-4-6 导入几何任务界面

1. File Format 下拉列表框选择 CAD

模型物理尺寸取自 CAD 模型，面板中选择的 Units 用于显示几何模型并在其他任务中提供输入。例如，如果在面板中将 Units 设置为“mm”，并导入长 1m 的 CAD 文件，Fluent Meshing 将显示其长度为“1000”。

2. File Format 下拉列表框选择 Mesh

对于 Mesh，File Units 选项是 Fluent 如何确定导入文件的物理尺寸，而 Units 用于在各种工作流程任务面板中显示和输入值。File Units 通常为“m”，但如不确定，可使用标尺显示来验证物理尺寸。如有必要，还可以单击 Revert and Edit 按钮还原任务并选择新单位。

支持的 ANSYS 文件类型有 SpaceClaim（. scdoc）和 DesignModeler（. agdb）以及 PMDB 文件（在使用 Watertight Geometry 工作流程导入 CAD 几何体时由 Fluent Meshing 创建）。这些 ANSYS 类型文件完全支持具有共享拓扑的多体模型和 Named Selections 命名选择。

同样也可以导入其他 CAD 格式，并且在 Watertight Geometry 工作流程执行拓扑共享。但在执行此操作时，仍然要求要共享的实体必须“水密”。这里仍然推荐使用 SpaceClaim 进行共享拓扑。

> **注意：**
>
> - 当使用其他文件类型时，Fluent Meshing 可能会或可能不会识别 Named Selections 命名选择。但这可以通过其他路径得到解决：可以将这些文件加载到 SpaceClaim 中，执行 Named Selections 命名选择和共享拓扑，并保存为 SpaceClaim（. scdoc）文件或从 SpaceClaim 导出为 PMDB 文件。

当使用 Watertight 工作流程时，在导入几何任务中导入 CAD 文件时，Fluent 将创建一个 PMDB 文件。当 Fluent 导入 CAD 文件时，它在后台将文件中的信息转换为自己的格式，而 PMDB 文件是存储转换后的几何信息中间数据库文件。PMDB 文件也可直接从 SpaceClaim 中导出。这里有两个原因：一是 Linux 不支持 SpaceClaim，因此 Fluent Meshing 无法在 Linux 上导入“. scdoc”文件；二是 PMDB 文件导入时不需要转换，因此可以比原始 CAD 文件导入更快。以图 3-4-7 为例，搅拌机 PMDB 文件导入所需时间几乎比导入原始 SpaceClaim 文件的时间少 90%。

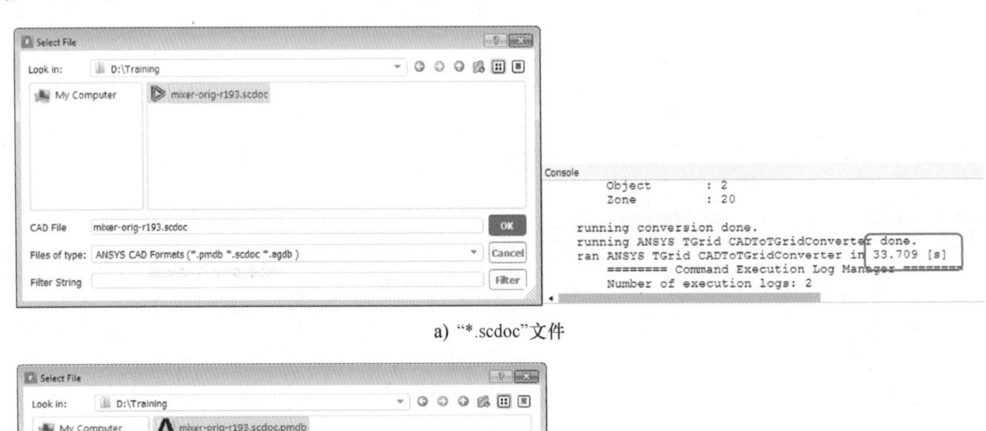

a) “*.scdoc”文件

b) “*.pmdb”文件

图 3-4-7 “ * . scdoc”文件和“ * . pmdb”文件导入速度比较

尽管 Watertight 工作流程支持以 CAD 或网格格式导入几何模型，但通常首选 CAD 导入。因为 CAD 模型包括有关底层的曲面曲率信息。对于图 3-4-8 所示的三通管，左侧是导入的 CAD 几何模型，右侧是导入的网格文件。网格文件仅以刻面的方式表现曲面，且不可增加此显示的保真度，即没有选项可提供保真度的改进。

图 3-4-8　CAD 几何模型和网格格式几何模型对比

4.2.2　划分面网格

Watertight 工作流程从导入 CAD 模型开始，然后使用 CFD 面网格对来自 CAD 模型的表面进行网格划分，面网格有多种作用。

1）第一种作用是使用网格而不是 CAD 来定义模型中体积区域的封闭表面。一旦创建了面网格，Fluent 将使用网格面而不是 CAD 表面。

2）第二种作用是面网格也可以作为体网格的起点。形成边界层网格的棱柱单元是从面网格中生长而来的，高质量的面网格是高质量体网格的先决条件。当考虑工作流程中的主要步骤，如从几何导入到切换到求解模式时，大多数步骤都涉及面网格。

网格面定义了封闭体积区域的边界，包括在定义封盖表面后从实体中提取的流体体积表面。Fluent Meshing 中面网格划分总是使用三角形单元完成，其分布由两种尺寸函数控制：

1）全局尺寸函数：在 Generate the Surface Mesh 任务中定义并应用于所有表面。

2）任意数量可选局部尺寸函数：在插入 Add Local Sizing 任务下定义。可在任何需求的位置定义局部尺寸。

1. 添加局部尺寸

如图 3-4-9 所示，Add Local Sizing 任务是导入几何体后的第一个任务。局部尺寸是“软”尺寸，这意味着由下侧面板整体确定的 Target Mesh Size（目标网格尺寸）就相当于一个局部最大尺寸值，但可存在其他局部尺寸函数或全局尺寸函数施加的更小尺寸区域。

（1）Growth Rate　默认值为“1.2”。可降低 Growth Rate 值，以在远离边界的地方获得更精细的分辨率，但会增加计算机计算量。如受计算机资源限制，网格数不能过大，则可适当增大 Growth Rate 值。图 3-4-10 所示为不同 Growth Rate 值对比。

（2）Select By　该下拉列表框中包括 label 和 zone。label 只是应用了特定名称的一个或多个面，如正在处理 SpaceClaim 文件，那么 Fluent 会从所有 Named Selections 命名选择及模型树中的体创建 label。label 选项使识别和选择面对象更容易。但如果导入的 CAD 文件不是 ANSYS 文件类型之一，则可能没有所有 label。在这种情况下，仍可以按 zone 进行选择。Select By 设为 zone 后，可看到自动生成一个所有面名称的列表。名称可从列表中选择，但有时在图形窗口中选择更容易。为此，首先确保激活工具栏中的选择过滤器 zone 图标，然后右击所需的面。或使用过滤器框，查看这里的列表并评估名称中包含“face”的区域。如得到的文件没有想要的面 label，此时只能使用 zone 进行选择。但建议尽可能使用 label 选项，因为如果返回并更改几何模型，label 保持不变，而底层的 zone 可能会更改并破坏工作流程。图 3-4-11 所示为两种对象选择方式的对比。

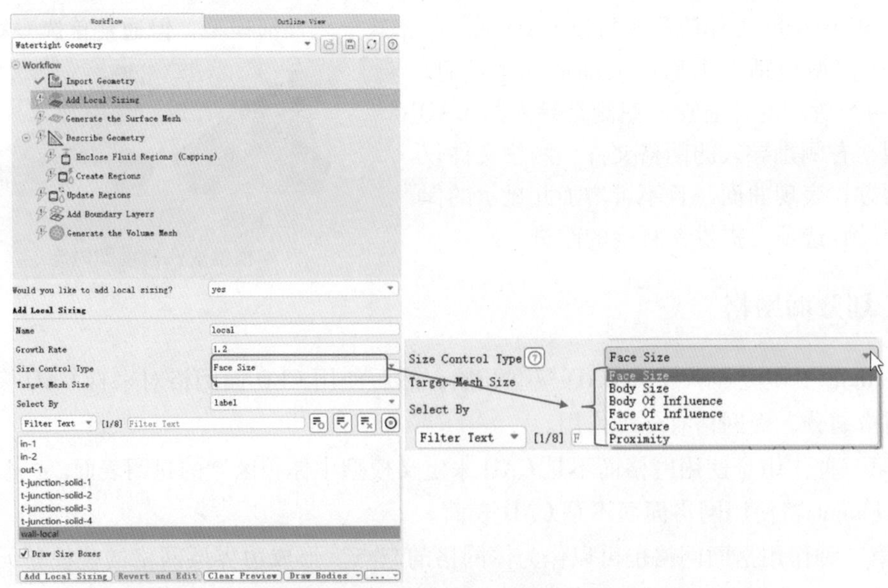

图 3-4-9　Add Local Sizing 任务

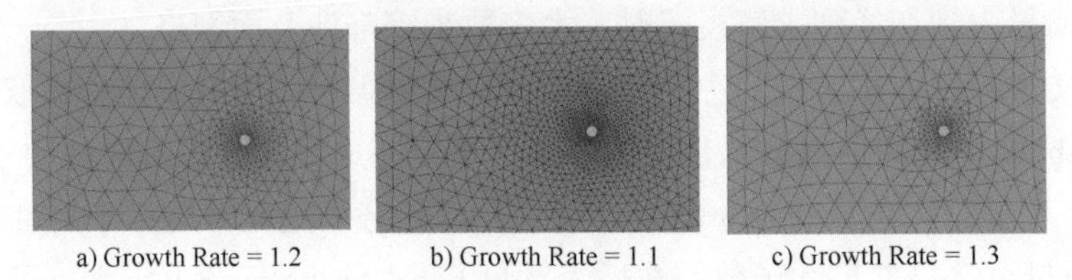

a) Growth Rate = 1.2　　b) Growth Rate = 1.1　　c) Growth Rate = 1.3

图 3-4-10　不同 Growth Rate 值对比

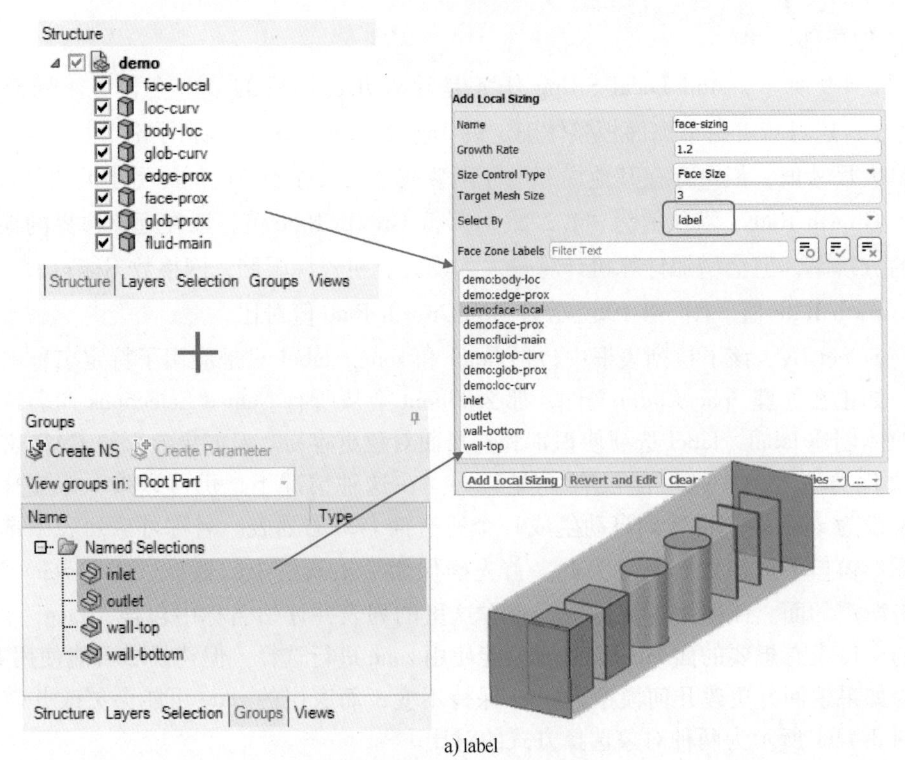

a) label

图 3-4-11　label 和 zone 对比

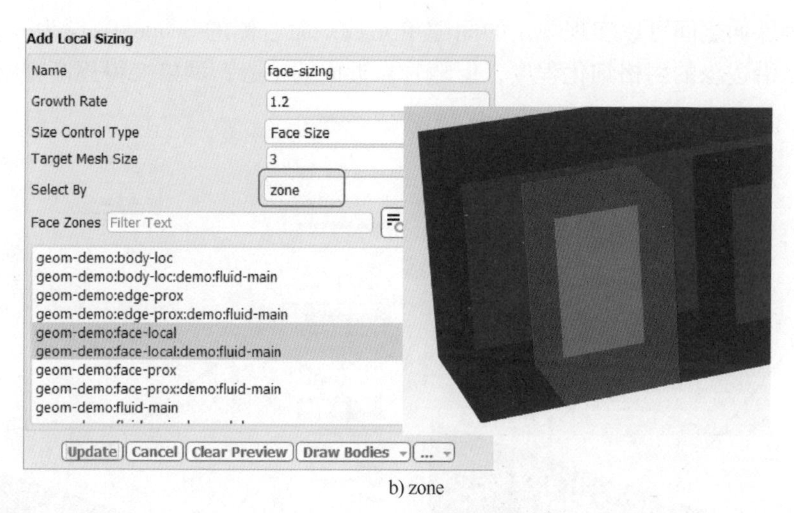

b) zone

图 3-4-11　label 和 zone 对比（续）

（3）Size Control Type　由图 3-4-12 可以看到，局部尺寸有 7 种不同类型（Edge Size、Face Size、Body Size、Body Of Influence、Face Of Influence、Curvature 和 Proximity），可根据需要添加任意数量的局部尺寸，也可包括任何类型的混合。

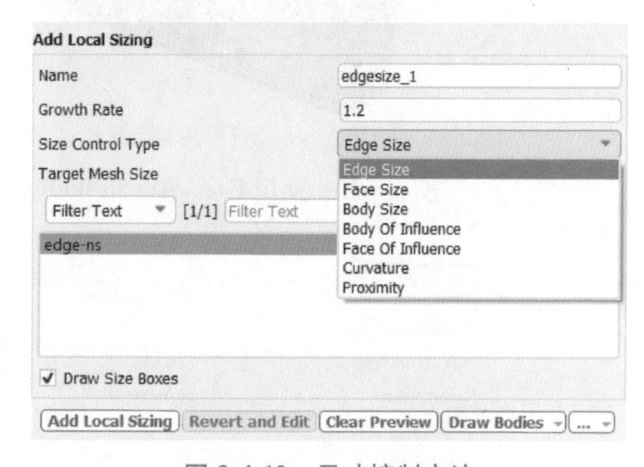

图 3-4-12　尺寸控制方法

图 3-4-13 所示为使用 Face Size 和 Body Size 对面网格和体网格的影响对比。除 Growth，两种类型需要输入的参数都是 Target Mesh Size。可以发现当输入相同的 Growth Rate 和 Target Mesh Size 时，Face Size 和 Body Size 对面网格的影响相同。然而两者对体网格的影响却不同。Face Size 通过单元的增长率间接影响体网格尺寸；而 Body Size 通过设置体内的单元大小直接影响体网格尺寸。

Body Size 是“软”尺寸，这意味着 Target Mesh Size 是体网格尺寸的最大值。如果定义了其他尺寸函数以在体内产生更小的尺寸，则某些网格单元可能会更小。但图 3-4-13 中的情况并非如此，因此生成的网格尺寸统一。

在边缘或面非常接近的区域可能会出现小间隙。Proximity 的作用是用规定数量的单元填充选择实体上的所有间隙，以确保存在小间隙的地方也能有良好网格精度。从图 3-4-14 可以看到，选择 Proximity 控制类型后，除 Growth Rate，输入参数包括 Local Min Size、Max Size、Cells Per Gap、Scope To。其中设置 Local Min Size 和 Max Size 的目的是防止间隙处网格太粗或太细。Scope To 下拉列表框中包含 faces、edges 和 faces and edges 三个选项。当 Scope To 设为 faces 时，表示几何体需要比较精细的网格，如共轭传热中的固体部分。当 Scope To 设为 edges 时，表示影响流场的几何局部细节部分需要更细的网格划分。图 3-4-15 所示为 faces 和 edges 的对比，可以发现，在其他输入参数相同的情况下，左侧的 Scope To 设为 faces，整个面都被细化，以确保面之间可以实现规定的间隙单元数；而右侧的 Scope To 设为 edges，与左侧的体相同的是沿边缘的网格细化程度，但随着靠近面的中心，网格变得逐渐粗糙。

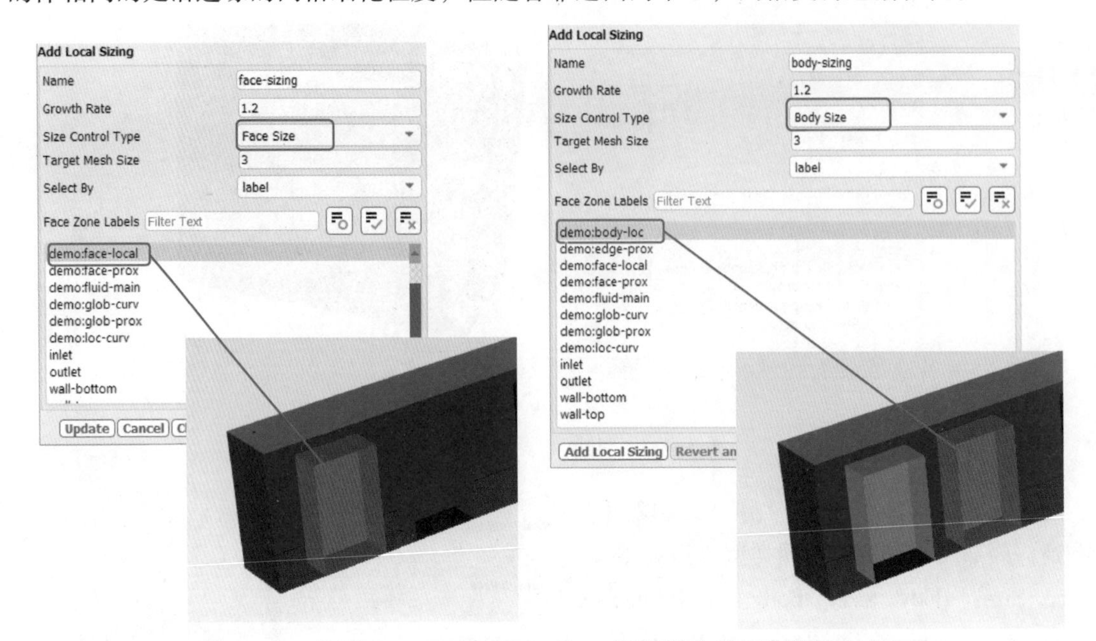

图 3-4-13　使用 Face Size 和 Body Size 对面网格和体网格的影响对比

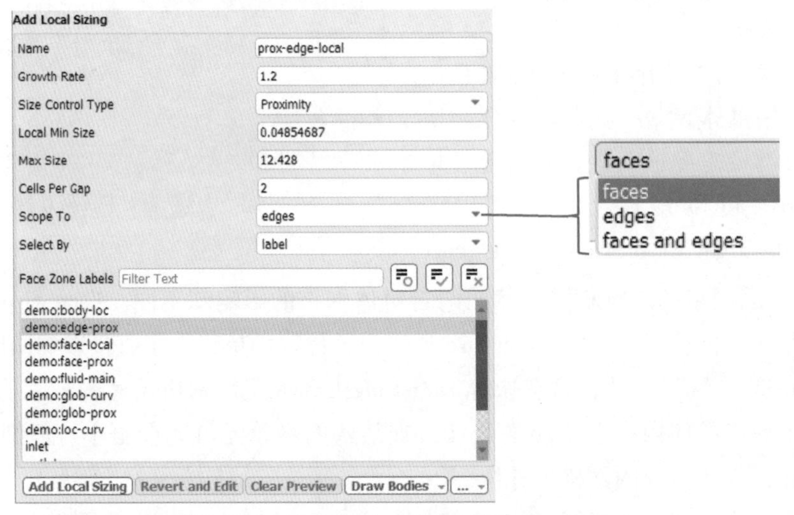

图 3-4-14　Size Control Type 设为 Proximity

当边被定义为 Named Selections 命名选择时，Size Control Type 设为 Edge Size 可用。图 3-4-16 所示为 Size Control Type 设为 Edge Size 与设为 Proximity（且 Scope To 设为 edges）的网格对比。

Size Control Type 设为 Curvature 时，面板中的大部分输入参数和 Proximity 类型类似，主要不同的输入参数为 Curvature Normal Angle，对应文本框输入“20”将导致一个圆的圆周大约生成 18 个网格节点，输入“10”将导致生成大约两倍的网格节点，图 3-4-17 所示为不同值的网格效果。

当 Size Control Type 设为 Body Of Influence（BOI）时，表示将要在面围成的体进行局部

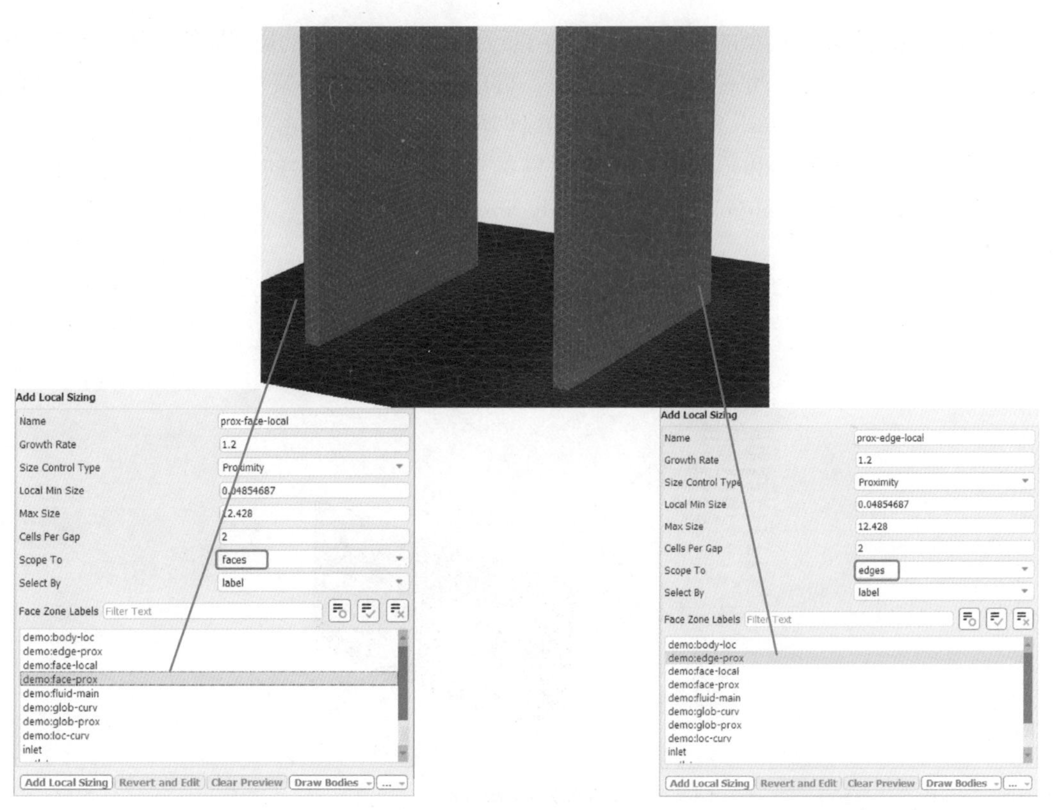

图 3-4-15 Scope To 设为 faces 和 Scope To 设为 edges 的对比

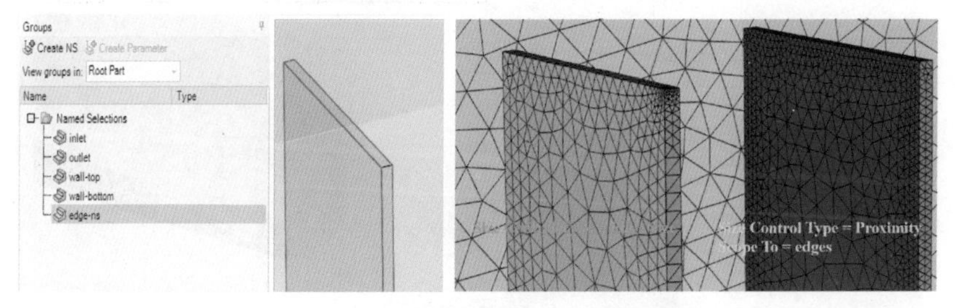

图 3-4-16 Size Control Type 设为 Edge Size 与设为 Proximity 的网格对比

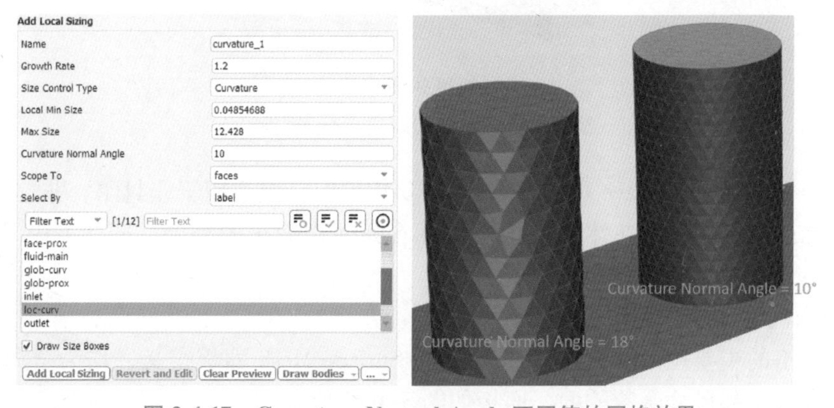

图 3-4-17 Curvature Normal Angle 不同值的网格效果

尺寸设置，但此面并不是模型的一部分。图 3-4-18a 所示为 Face Size 的局部网格定义。图 3-4-18b 所示模型中右边的盒子尺寸控制类型为 BOI，可以发现在完成定义后，盒子消失。体网格根据 BOI 设定的 Target Mesh Size 参数在 BOI 区域内进行划分。由于 BOI 不存在表面，并且在此模型中，BOI 顶部和顶壁之间没有足够的空间来允许更大的 Hexcore 单元发展，因此边界清晰度不如 Size Control Type 设为 Body Size 的效果。

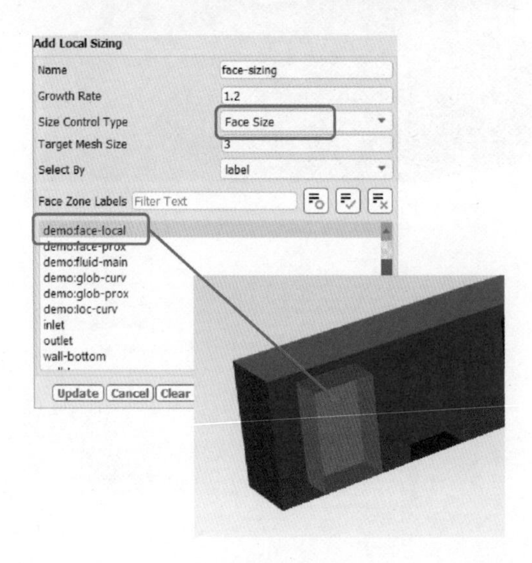

a) 类型为：Face Size

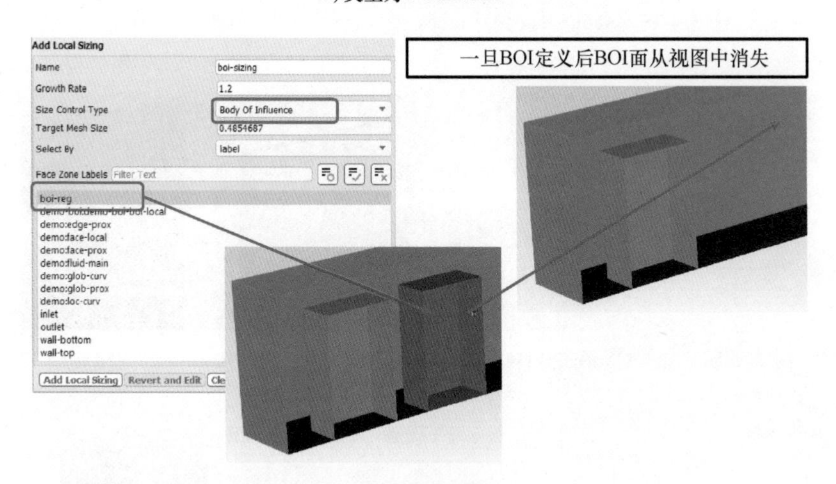

b) BOI局部定义

图 3-4-18 BOI 对网格划分的影响

Size Control Type 设为 Face Of Influence 与 BOI 类似，但适用于非封闭、非连接的面。面在面网格化之前被移除，但在体网格化之后可看到网格细化的结果。图 3-4-19 所示为 Face Of Influence 在子弹后方创建的尾流细化区域。

2. 生成面网格

生成面网格的主要控制参数在 Generate the Surface Mesh 面板定义，均为全局尺寸函数，仅用于没有设置局部尺寸函数的面，面板如图 3-4-20 所示。

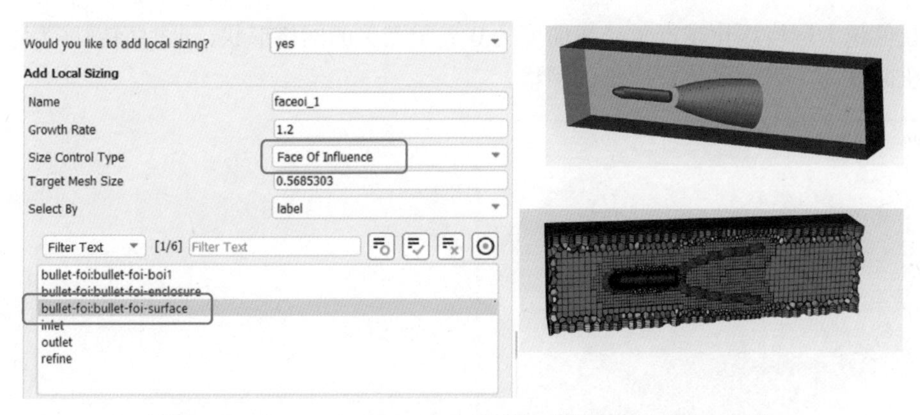

图 3-4-19　Face Of Influence 在子弹后方创建的尾流细化区域

（1）Minimum Size——最小尺寸　约束面网格的最小尺寸。

（2）Maximum Size——最大尺寸　限制面网格的最大尺寸。

（3）Growth Rate——增长率　即相邻面网格长度的增加程度。

以上三项限制网格尺寸的大小和相邻网格的增长情况。

（4）Size Functions——尺寸函数　用于选择面网格的尺寸类型，下拉列表框中有 Curvature、Proximity 和 Curvature & Proximity 三个选项。

1）Curvature——曲率控制。选择此项时只会出现 Curvature Normal Angle 这一个选项，在此处指定法向角度。图 3-4-21 所示为 Curvature Normal Angle 设为“20”和“45”时的对比，可以看出 Curvature Normal Angle 值越小，圆周面上网格越密。

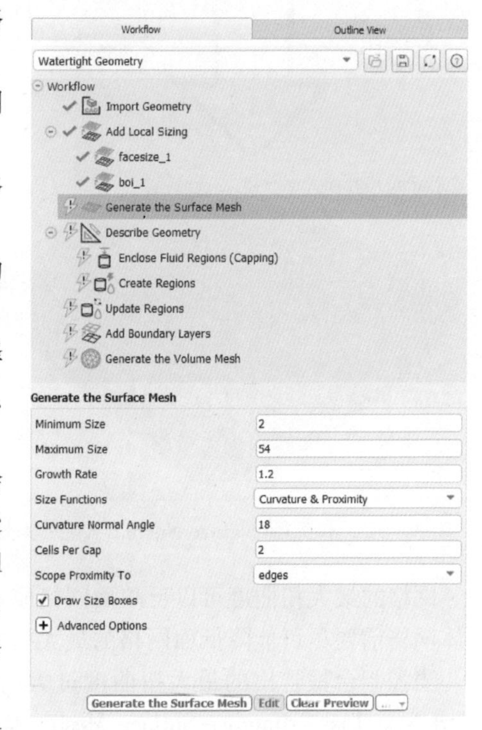

图 3-4-20　Generate the Surface Mesh 面板

2）Proximity——邻近度控制。选择此项时会出现 Cells Per Gap、Scope Proximity To 两个选项：

① Cells Per Gap 选项设定间隙中的最少网格层数。图 3-4-22 所示为 Cells Per Gap 设为“2”和“4”的对比，可看出 Cells Per Gap 越大，在间距较小的面处网格越密。

② Scope Proximity To 选项设定接近度控制所需对象。下拉列表框中的 edges、faces 和 face and edges 三个选项分别表示将接近度控制应用到边、面及同时应用到边和面。

3）Curvature & Proximity——同时激活曲率和邻近度控制。选择此项时会出现 Curvature Normal Angle、Cells Per Gap、Scope Proximity To 三个控制参数。

3. 优化面网格

全局面网格创建完成后，控制台中会报告关于面网格的信息，面网格的最大扭曲度是最需要关注的指标。扭曲度指的是单元面内的扭曲和向外翘起的程度，扭曲度的大小从 0 到 1，扭曲度数值越大网格恶化越严重，扭曲度为 0 表示完美的网格形状，此时面网格为等边三角形，而扭曲度为 1 表示恶化最严重的网格。

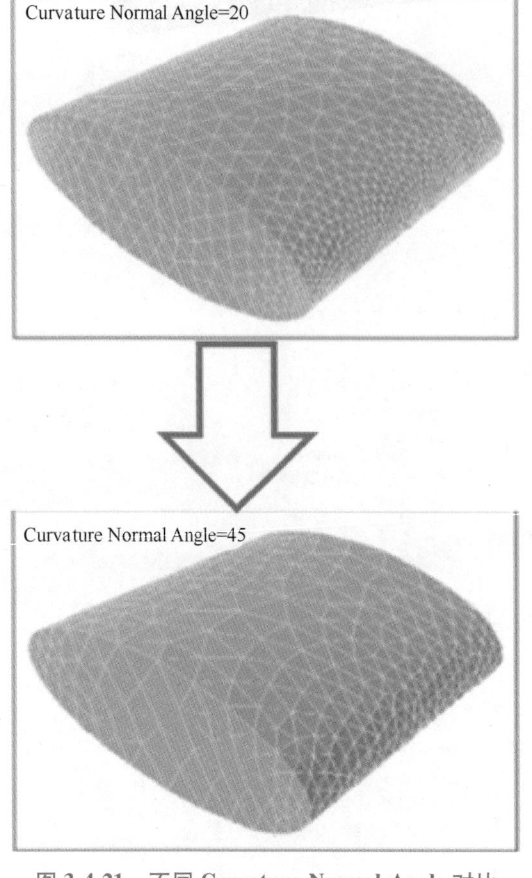

图 3-4-21　不同 **Curvature Normal Angle** 对比

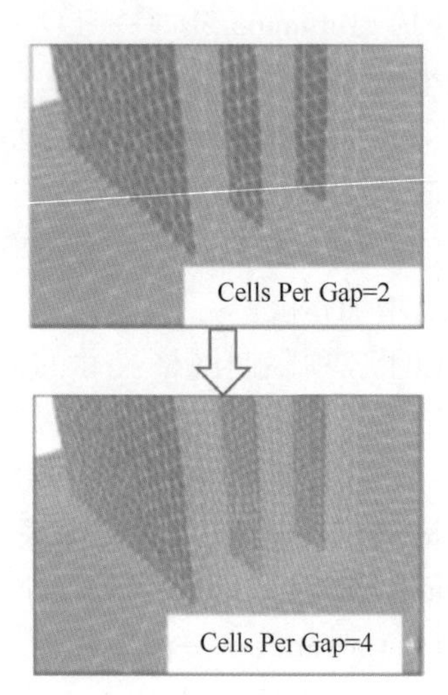

图 3-4-22　不同 **Cells Per Gap** 对比

网格的最大扭曲度可以反映面网格质量，面网格的质量会影响最终的体网格，因此在生成体网格前要尽可能降低面网格的最大扭曲度，推荐扭曲度不大于 0.7。

当控制台报告出的最大扭曲度过大时，可以右击 Generate the Surface Mesh，选择命令 Insert Next Task→Improve Surface Mesh，插入优化面网格（Improve Surface Mesh）任务来减小最大扭曲度，如图 3-4-23 所示。

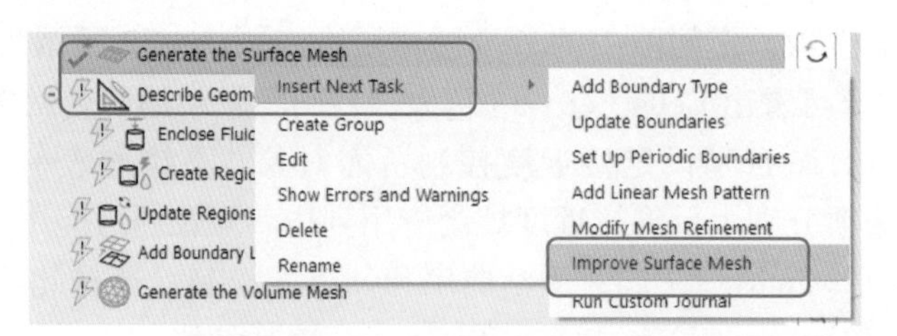

图 3-4-23　插入优化面网格任务

优化面网格的任务面板如图 3-4-24 所示，Face Quality Limit 文本框中是自动优化面网格过程中的最大扭曲度目标值，默认为“0.7”。如果自动优化完成后，最大扭曲度仍然达不到设定的目标值，则扭曲度高于目标值的网格会在图形窗口高亮显示，如图 3-4-25 所示。

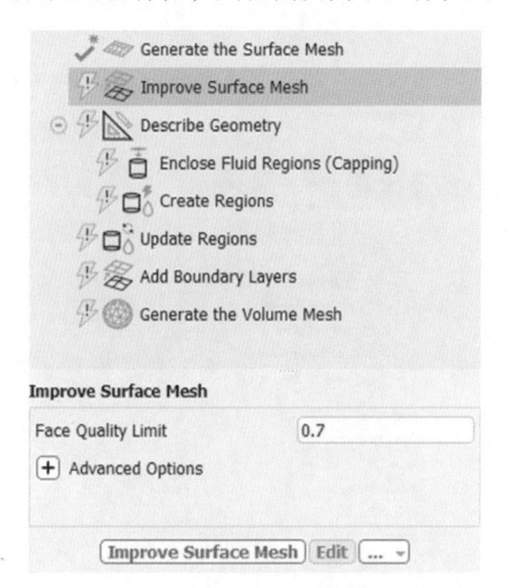

图 3-4-24　Improve Surface Mesh 任务面板

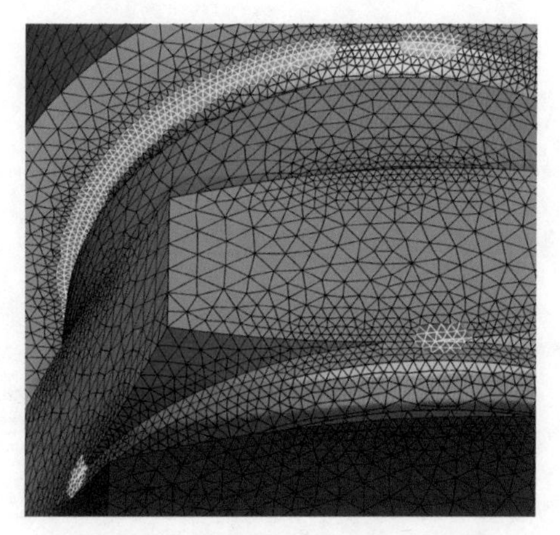

图 3-4-25　高亮显示优化失败的网格

优化面网格最终的目的是生成高质量体网格。在由面网格生成体网格的过程中，后台会自动执行一系列优化操作，有时即使面网格的最大扭曲度高于 0.8 也可能生成高质量体网格，而有时即使面网格质量很高也可能生成低质量体网格，这与计算域体空间拓扑结构有关。所以有必要进一步生成体网格后，再次检查网格质量，以采取适当措施改进整体网格。

4. 面网格细化

在面网格创建的过程中，软件有时会识别模型中不必要的细节。以条形面片为例，面网格在条面处生成网格时，软件会生成更细的网格。所以在全局面网格创建完成后，软件在一些不必要的地方会生成较密的网格。这些不必要的网格会加大计算量，可以使用网格细化（Modify Mesh Refinement）任务来去除这些网格并且重新生成符合标准的新网格。该方法不能应用于高度弯曲的面，仅在可以接受网格对原始 CAD 表面保真度小的区域内使用。

网格细化任务的插入流程如图 3-4-26 所示，右击 Generate the Surface Mesh，在弹出的快捷菜单中选择命令 Insert Next Task→Modify Mesh Refinement。网格细化任务面板如图 3-4-27 所示，包含 Name、Refinement Sequence、Local Size 和 Select By 选项。

（1）Name　提供一个名称，也可以使用默认名称（即“soft_size_1”）。

（2）Refinement Sequence　控制方法。下拉列表框中有 Add 和 Add & Remesh 两个选项。

1）Add：只是将网格细化添加到工作流程中，并没有进行网格重构。

2）Add & Remesh：添加网格细化到工作流程中，并立即重构网格。

（3）Local Size　为要应用的指定区域设定一个局部尺寸。

（4）Select By　选择对象的方式。在下拉列表框中有 label 和 zone 两个选项。

1）label：在列表中选择一个标签，也可以在选择标签之前输入文本过滤掉列表中的可用标签。

2）zone：可在区域列表中选择区域，也可在选择区域前输入文本过滤掉列表中的可用区域。

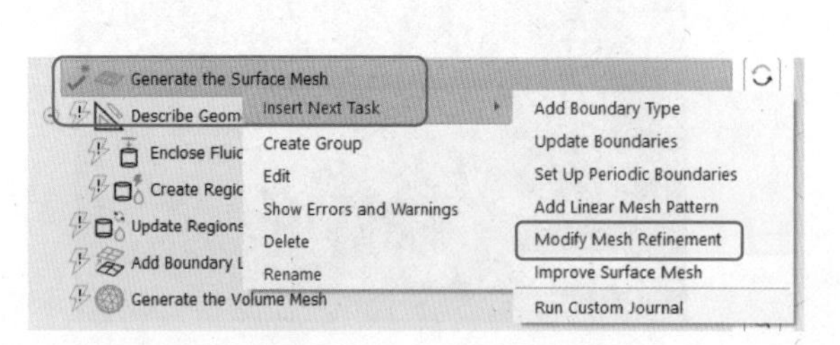

图 3-4-26　网格细化任务插入流程

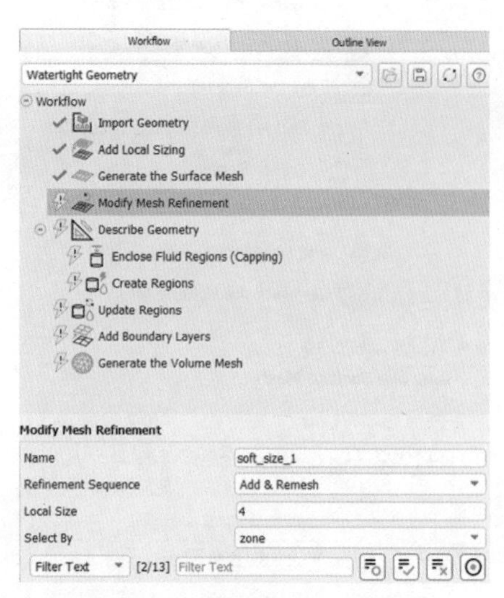

图 3-4-27　网格细化任务面板

4.2.3　几何描述、创建域

面网格创建并修改完毕后，对几何进行描述，几何描述（Describe Geometry）任务面板如图 3-4-28 所示。

（1）Geometry Type　指定几何模型的类别，包含仅有固体域、仅有流体域和流体固体域同时存在三种选择。

（2）“Will you cap openings and extract fluid regions?”　是否要进行封闭开口，进而封闭流体区域，该项在仅有流体域时不存在。

（3）“Change all fluid-fluid boundary types from ‘wall’ to ‘internal’?”　该项默认设为 No。当选择 Yes 时，所有内部边界类型从墙壁转换为内部边界。包含字符串“wall”的已命名边界不包括在此转换中。

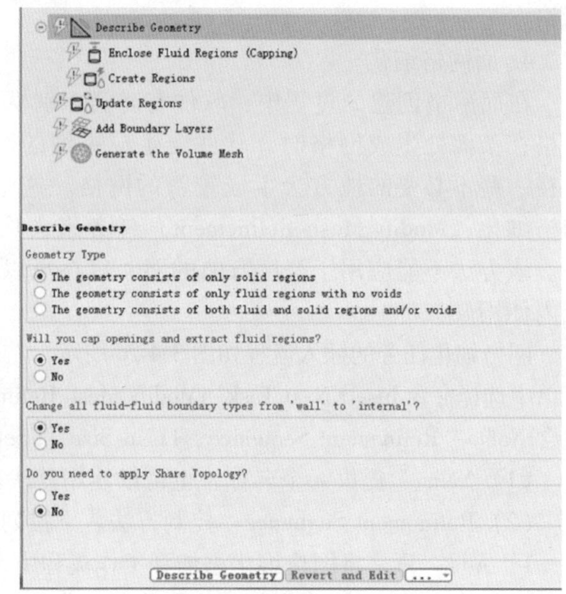

图 3-4-28　几何描述任务面板

（4）“Do you need to apply Share Topology?”　对于包含多个部件的 CAD 组件，可选择是否识别和关闭任何有问题的间隙，以及是否连接和/或交叉有问题的面。选择 Yes 后将在工作流程中添加一个应用共享拓扑（Apply Share Topology）任务。

4.2.3.1　封闭模型

对于未封闭的实体模型，需要使用 Enclose Fluid Regions（Capping）任务来封闭模型，方便以后计算流体区域。Enclose Fluid Regions（Capping）任务面板如图 3-4-29 所示，包含以下选项。

（1）Name　指定封顶面名称或使用默认名称。其中默认名称根据分配的 Zone Type 而改变。

（2）Zone Type　选择封闭面的区域类型，下拉列表框中包括 velocity-inlet、pressure-outlet、symmetry 和 wall 等。

（3）Cap Type　选择盖类型，包含 Single Surface 和 Annular（2 surface）两个选项。注意选择的面不能是倾斜表面。

1）Single Surface：基于单一的表面生成封盖。单一表面可由多个面组成，也可以选择多个单一表面同时生成对应的多个封盖，如图 3-4-30a 所示。

2）Annular（2 surface）：选择内外表面定义环形封盖，如图 3-4-30b 所示。

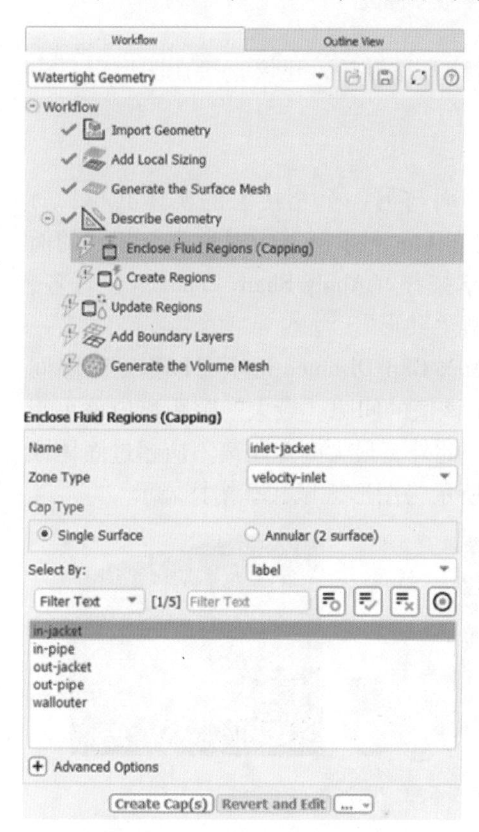

图 3-4-29　Enclose Fluid Regions（Capping）任务面板

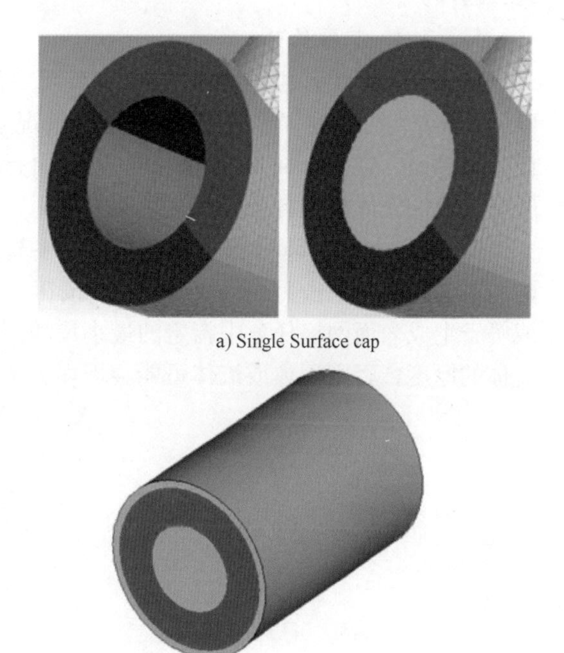

图 3-4-30　两种封盖类型

（4）Select By　选择对象的方式，在下拉列表框中有 label 和 zone 两个选项。

1）label：可以在列表中选择一个标签。但用于为封盖表面创建标签的命名不应包括“inlet”或“outlet”。例如，可以用“in”代替“inlet”，用“out”代替“outlet”，如图 3-4-31 所示。

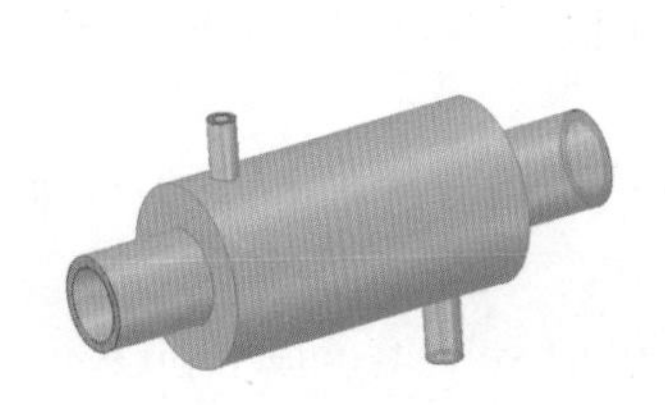

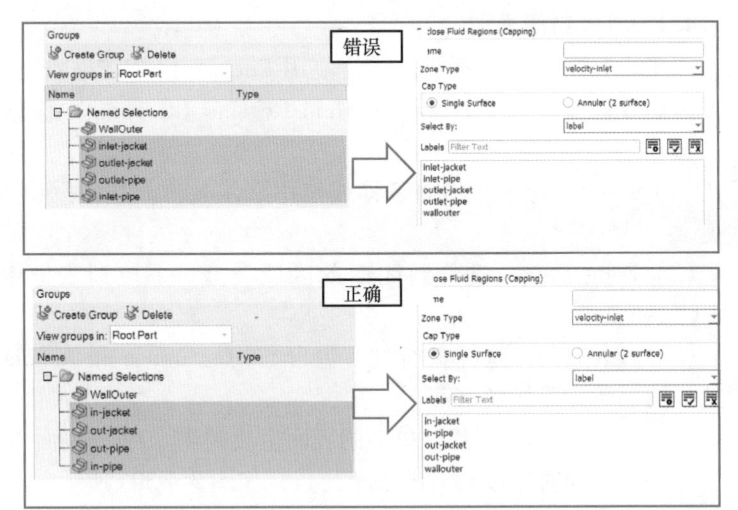

用"in"或"out"代替

图 3-4-31　命名不应包括“inlet”或“outlet”

2）zone：可在区域列表中选择区域。由于区域名称容易混淆，建议直接在图形窗口中进行选择。

4.2.3.2　共享拓扑

在一个实体中，组成该实体的所有面中没有一个面与另一个相接触的实体共享，对 Fluent 来说，可称为“非共形”。在这种情况下，需要在 Fluent 求解器中对这两个相邻的面设置交界面。在 Fluent Meshing 中，通过执行应用共享拓扑（Apply Share Topology）任务，所有接触的实体将在各个接触面之间共享面，并使模型“共形”。

Apply Share Topology 任务面板如图 3-4-32 所示。Max Gap Distance 选项可以指定移除间隙的最大距离。单击后面的 Mark Gaps 按钮可展示小于该值的间隙。最大间隙距离应该小于或等于生成表面网格任务中指定的最小尺寸值的一半。此外，最大间隙距离不应超过固体或流体的厚度，否则固体或流体可能会坍塌，图 3-4-33 所示为图形区域共享拓扑展示。

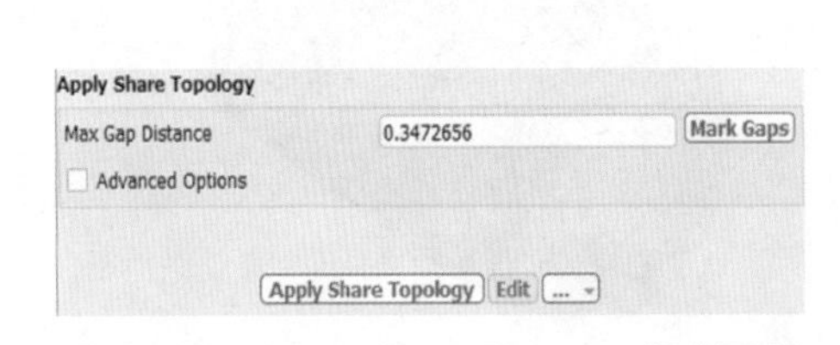

图 3-4-32　Apply Share Topology 任务面板

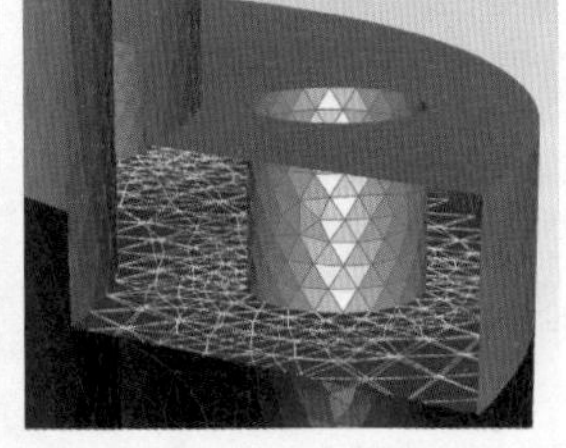

图 3-4-33　图形区域共享拓扑展示

检查共享拓扑的方法：打开爆炸视图，如果组件分成几个部分则共享拓扑失败，这时需要加大最大间隙距离。重复上述操作，直到组件不再分离为止。

4.2.3.3　创建域

创建域（Create Regions）任务可以指定包含在模型中流体域的数量。如图 3-4-34 所示，该任务面板只有 Estimated Number of Fluid Regions 一项内容。该项内容可以指定流体区域的数量或者使用默认数值。

在流体区域创建完毕后，应用 Update Regions 任务可以为区域指定类型。

1. Filter

使用 Filter 按钮根据特定的列过滤表内容。在区域数量较多时，使用该功能可以快速找到需要的域。

2. Region Name 栏

根据需要对域重新命名。可以通过在表中选择一个或多个区域，右击该栏，并在弹出的快捷菜单中选择命令 Set Region Name，然后在菜单中直接提供一个新名称来重命名，也可以双击该区域名称进行重新命名。

3. Region Type 栏

分配区域类型。如图 3-4-35 所示，区域的类型包括 solid、fluid 和 dead 三种，其中 dead 域不会转移到 Fluent 求解器。可以一次性为多个区域分配特定类型：在表中选中多个区域，右击选中区域，在弹出的快捷菜单中选择命令 Set Region Type，然后在右侧的菜单中直接为所选区域指定类型。

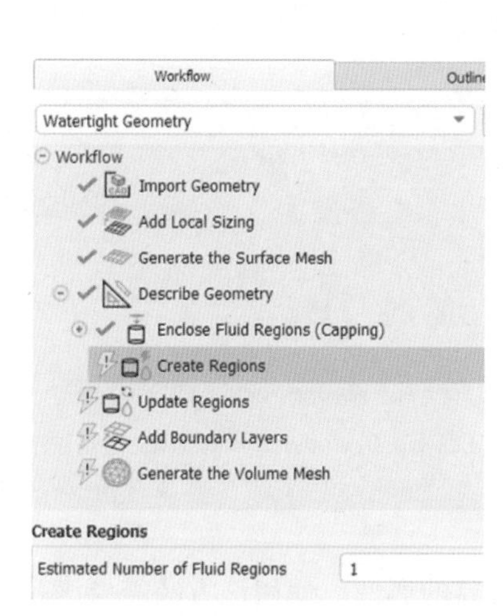

图 3-4-34　创建区域

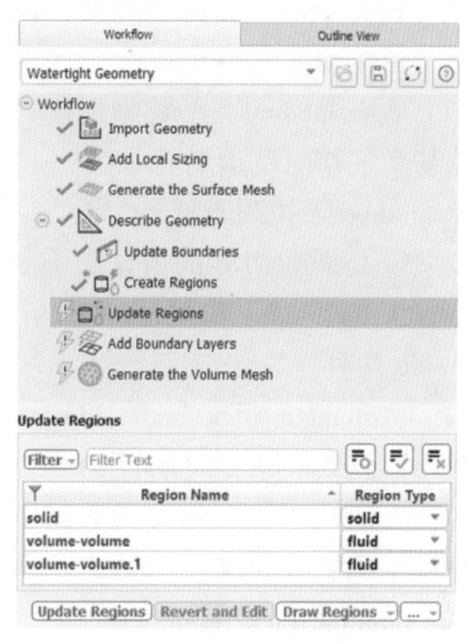

图 3-4-35　更新区域

4.2.3.4　周期性边界

当几何和流动具有周期性时，可使用周期性边界来减小计算域的大小。所谓周期性是指几何和流动由一系列重复的图案组成，周期性有两种形式：一种为旋转，即模型围绕旋转轴重复，如图 3-4-36 所示；另一种是平移，即模型沿着平移向量重复，如图 3-4-37 所示。

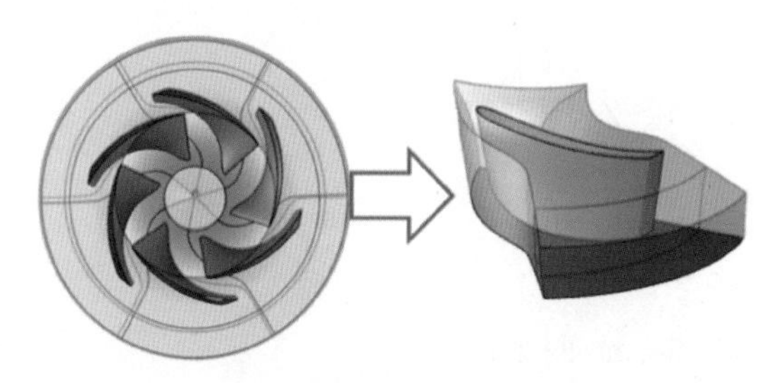

图 3-4-36　旋转周期性边界

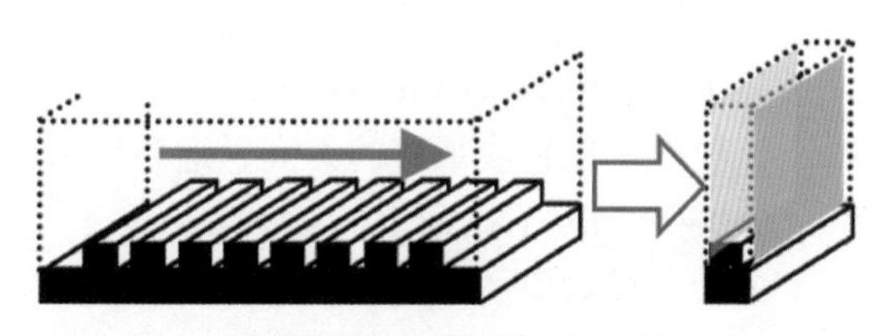

图 3-4-37　平移周期性边界

在周期性模型的计算中，只需要一个周期段就可以完成计算并减少计算量。设置周期性边界任务可用于定义旋转或平移周期性边界。添加设置周期性边界（Set Up Periodic Boundaries）任务的操作为右击 Generate the Surface Mesh，在弹出的快捷菜单中选择命令 Insert Next Task→Set Up Periodic Boundaries，如图 3-4-38 所示，设置周期性边界任务面板如图 3-4-39 所示，选项包含如下内容。

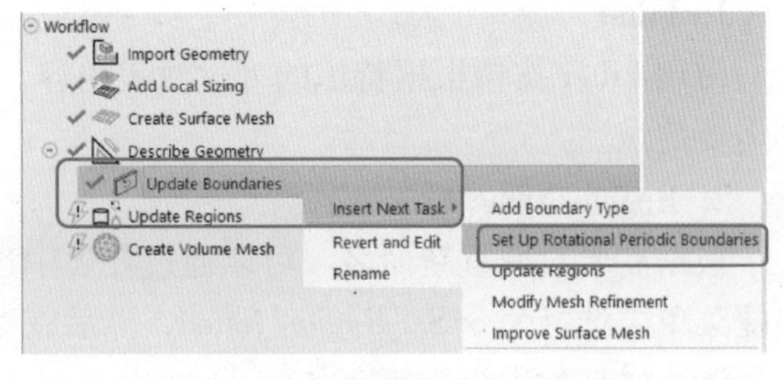

图 3-4-38　添加 Set Up Periodic Boundaries 任务

1. Type 下拉列表框

该项选择周期性边界类型，有平移（Rotational）和旋转（Translational）两种。

（1）Rotational　旋转型周期，模型围绕旋转轴转动。

（2）Translational　平移型周期，模型沿着某个平移向量重复。

2. Method 下拉列表框

该项定义周期边界的方法，有 Automatic-pick both sides 和 Manual-pick reference side 两种。

（1）Automatic-pick both sides　根据区域/标签选择定义周期性边界。当使用这种方法来定义周期性边界时，必须选择两个标签或区域。

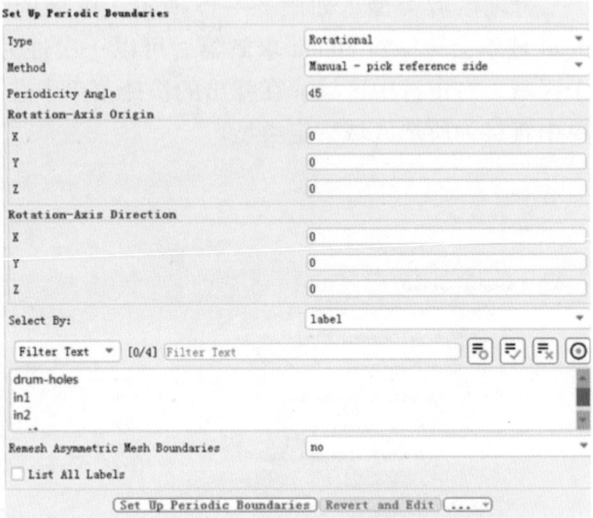

Set Up Periodic Boundaries
Type　Rotational
Method　Manual - pick reference side
Periodicity Angle　45
Rotation-Axis Origin
X　0
Y　0
Z　0
Rotation-Axis Direction
X　0
Y　0
Z　0
Select By:　label
Filter Text　[0/4]　Filter Text
drum-holes
in1
in2
Remesh Asymmetric Mesh Boundaries　no
List All Labels
Set Up Periodic Boundaries　Revert and Edit　...

图 3-4-39　Set Up Periodic Boundaries 任务面板

（2）Manual-pick reference side　手动分配周期性边界的属性。使用该方法需要满足 3 个条件：第一，已知周期角，或者平移位移，原点的分量和矢量的分量，哪边是参考边；第二，所有的周期面为非平面；第三，网格在两个周期面上是不对称的，需要使用细网格的一面作为参考。影响选项有 Rotation-Axis Origin、Periodicity Angle 和 Rotation-Axis Direction。

3. Periodicity Angle 文本框

该项指定周期发生的角度。

4. Rotation-Axis Origin 选项组

该项设置旋转轴的位置，通过输入旋转轴的 X、Y、Z 坐标控制。

5. Rotation-Axis Direction 选项组

该项设置旋转或平移的方向，通过输入 X、Y、Z 坐标控制。

6. Select By 下拉列表框

该项选择对象的方式，在下拉列表框中有 label 和 zone 两个选项。

（1）label　在列表中选择一个标签。

（2）zone　可在区域列表中选择区域。由于区域名称容易混淆，在图形窗口中进行选择更容易。

7. Remesh Asymmetric Mesh Boundaries 下拉列表框

当在周期面上有不对称网格时，下拉列表框设为 yes 将重新重构边界网格，确保周期面和相对应的投影面具有精细的网格。

4.2.3.5　添加边界类型

通过 Add Boundary Type 任务可以创建额外的边界。添加该任务的方法为：右击 Update Regions，在弹出的快捷菜单中选择命令 Insert Next Task→Add Boundary Type，如图 3-4-40 所示。任务面板如图 3-4-41 所示。

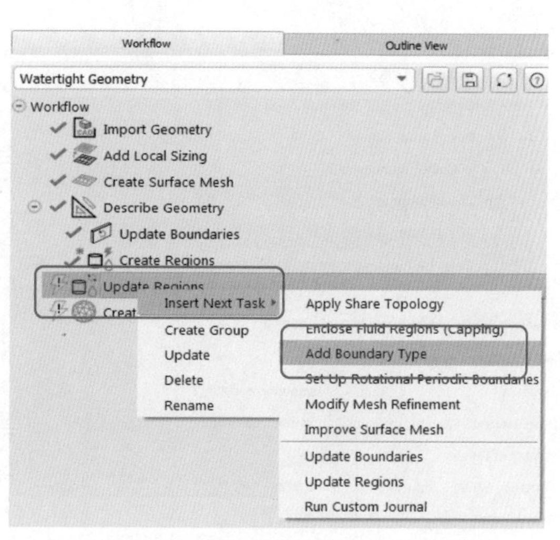

图 3-4-40　添加 Add Boundary Type 任务

1. Name 下拉列表框

该项为新边界提供一个名称，或者使用默认名称。默认名称根据分配的边界类型而改变。

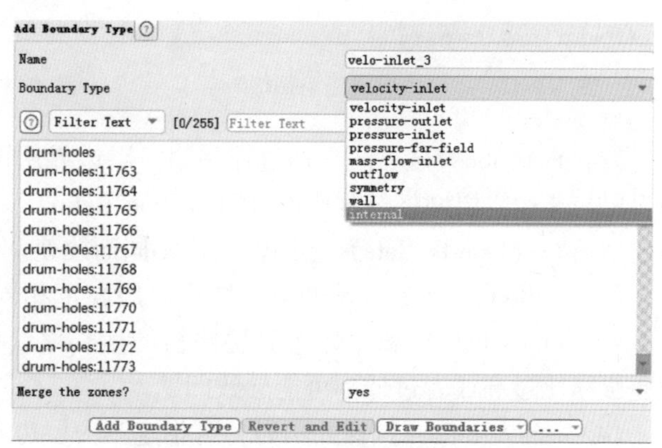

图 3-4-41　Add Boundary Type 任务面板

2. Boundary Type 下拉列表框

该项设置边界类型，从可用选项中选取边界类型。

3. “Merge the zones?” 下拉列表框

该项用于确定是否合并区域。为所选区域划分边界类型，决定是否合并所选区域（默认设置为 yes）。

4.2.3.6　添加边界层

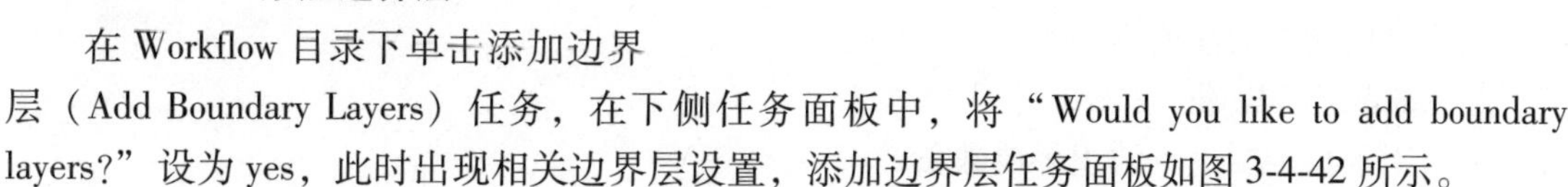

在 Workflow 目录下单击添加边界层（Add Boundary Layers）任务，在下侧任务面板中，将 “Would you like to add boundary layers?” 设为 yes，此时出现相关边界层设置，添加边界层任务面板如图 3-4-42 所示。

1. Name 文本框

该项为边界层指定一个名称，或者使用默认名称。默认名称依赖于偏移方法类型。

2. Offset Method Type 下拉列表框

该项选择边界层偏移方法类型。选择的偏移方法决定了如何生成最接近边界的网格单元格。不同边界层偏移方法类型的控制影响如图 3-4-43 所示。

（1）smooth-transition　选择此项时，可以控制最后一层边界层与非边界层网格过渡比例（Transition Ratio）和相邻边界层网格的生长率（Growth Rate），但是不能控制不同区域第一层边界层网格的高度（First Hight）且不同区域边界层总高度不一致。

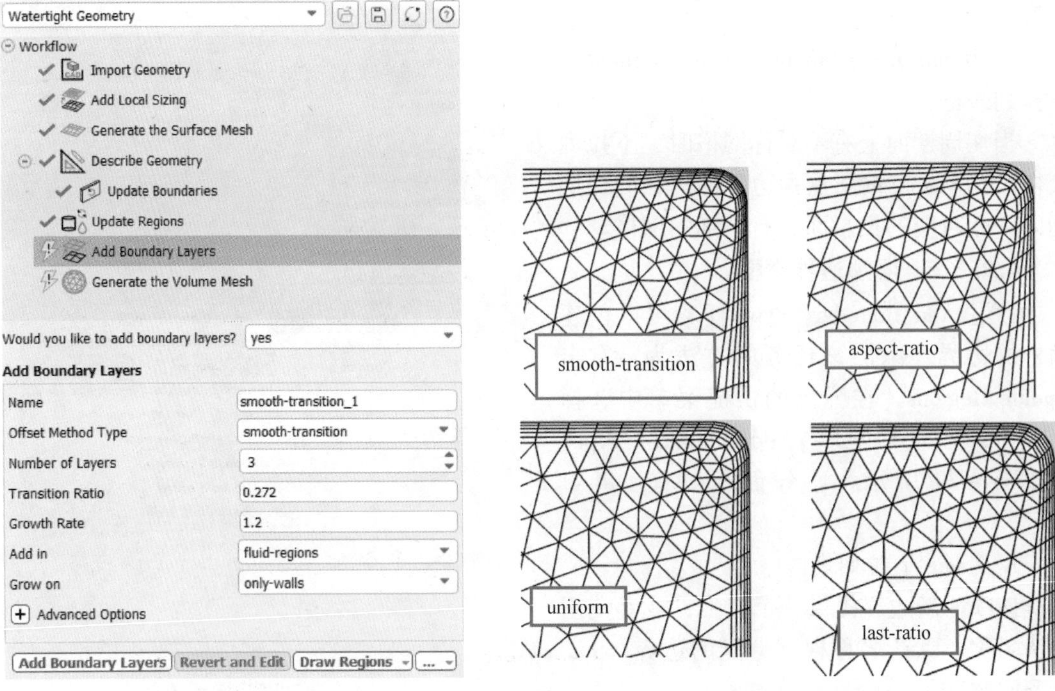

图 3-4-42　添加边界层任务面板

图 3-4-43　不同边界层偏移方法类型的控制影响

（2）last-ratio　该方法是通过控制第一层边界层网格的高度（First Height）和最后一层边界层与非边界层网格过渡比例（Transition Ratio）来控制边界层网格，但是相邻边界层网格的增长率（Growth Rate）会因输入值不同而改变。

（3）uniform　所有区域的第一层边界层高度相同。该方法通过控制第一层边界层网格的高度（First Hight）和相邻边界层网格的生长率（Growth Rate）来控制边界层网格质量，但是纵横比过高或者过低都可能导致问题。

（4）aspect-ratio　选择此项时，可指定第一层边界层的纵横比（First Aspect Ratio）和相邻边界层网格的生长率（Growth Rate），但不能控制第一层边界层网格的高度，且不同区域第一层边界层网格的高度不一致。

3. Number of Layers 文本框

该项用于指定要生成的边界层数量。

4. Growth Rate 文本框

该项用于指定边界层内部的网格生长率。

5. Add in 下拉列表框

该项用于指定添加边界层的区域，可选择以下选项。

1）fluid-regions：仅在流体区域添加边界层。

2）solid-regions：仅在固体区域添加边界层。

3）named-regions：从模拟中可用的命名区域列表中进行选择。

6. Grow on 下拉列表框

该项用于指定要生长边界层的位置，可选择以下选项（一般情况下，默认为 only-walls）。

1）only-walls：仅沿壁面生长边界层。

2）all-zones：在所有的面或者区域生长边界层。

3）solid-fluid-interface：仅在固体和流体界面生长边界层。

4）selected-zones：从区域列表中选择几何图形中可用的命名区域，在所选区域生长边界层。

5）selected-labels：从标签列表中选择几何图形中可用的命名区域，在所选区域生长边界层。

4.2.4　生成体网格

可使用生成体网格（Generate the Volume Mesh）任务为流体体积生成计算网格。在许多情况下，任务面板中保持默认设置即可。任务面板如图 3-4-44 所示。

1. Fill With 下拉列表框

该项用来指定在体网格中使用的单元格类型，下拉列表框中包括 tetrahedral、hexcore、polyhedra 和 poly-hexcore 四种体网格单元类型，默认使用 tetrahedral 进行填充。

（1）tetrahedral　用四面体网格进行填充。影响该方法的只有 Max Cell Length 这一项，该项为单元格的最大长度。

（2）hexcore 与 poly-hexcore　六面体核心网格与六面-多面体网格。影响这两种方法的选项有 Peel Layers、Min Cell Length、Max Cell Length。

1）Peel Layers：指定控制六面体核心和几何体之间间隙的剥离层层数。这个距离被假定为一个理想四面体网格在边界面上的高度，该项取不同值时的对比如图 3-4-45 所示。

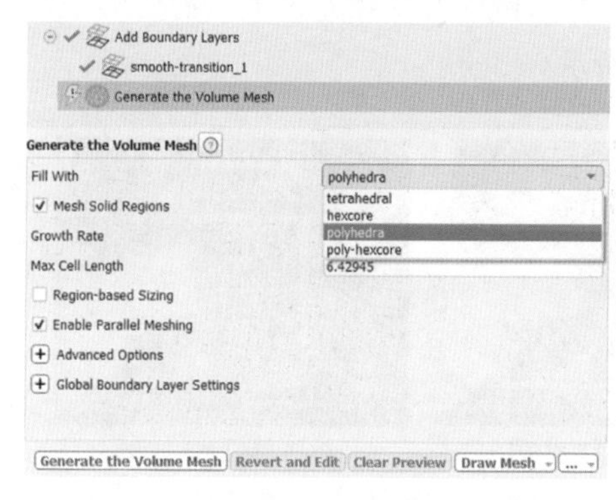

图 3-4-44　体网格

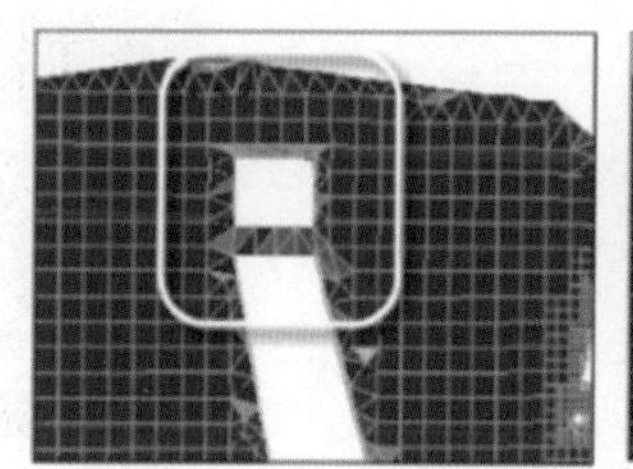

a) Peel Layers=0

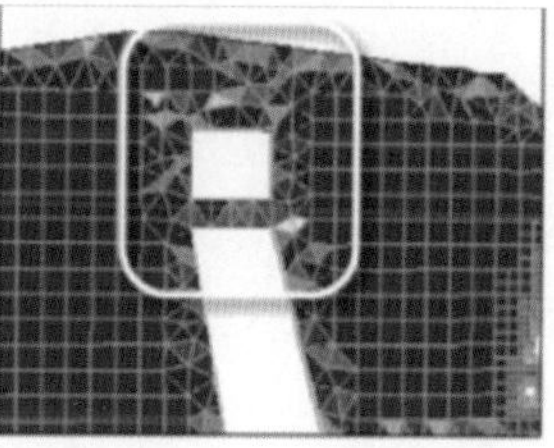
b) Peel Layers=2

图 3-4-45　Peel Layers 取不同值时的对比

2）Min Cell Length：全局体网格单元格的最小长度。

3）Max Cell Length：全局体网格单元格的最大长度。

（3）polyhedra　多面体网格。影响该方法的只有 Max Cell Length 这一项，该项为单元格的最大长度。

2. Mesh Solid Regions 复选框

该项确定是否要对实体区域进行体网格化。在开始时，该项默认开启。

3. Region-based Sizing 复选框

该项为基于区域调整体网格单元的最大长度，在勾选该项后，Max Cell Length 选项失去作用并变成灰色，如图 3-4-46 所示。

4. Enable Parallel Meshing 复选框

该项用于设定是否并行网格划分。如图 3-4-47 所示，在开始界面进行下面的操作：勾选 Double Precision 选项，在 Meshing Processes 文本框中输入大于 1 的数值。默认勾选 Enable Parallel Meshing 选项。

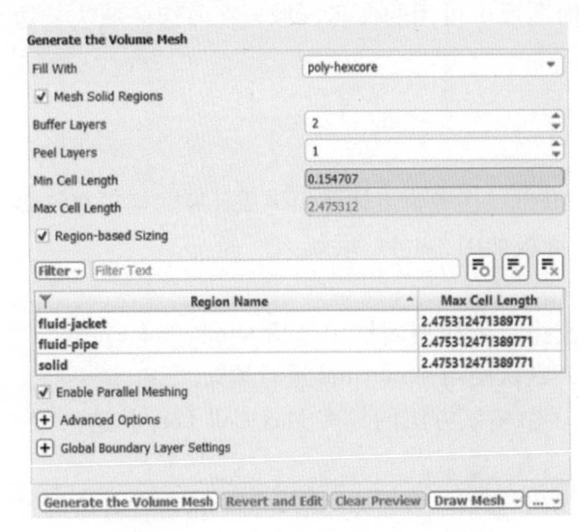

图 3-4-46　Region-based Sizing 复选框

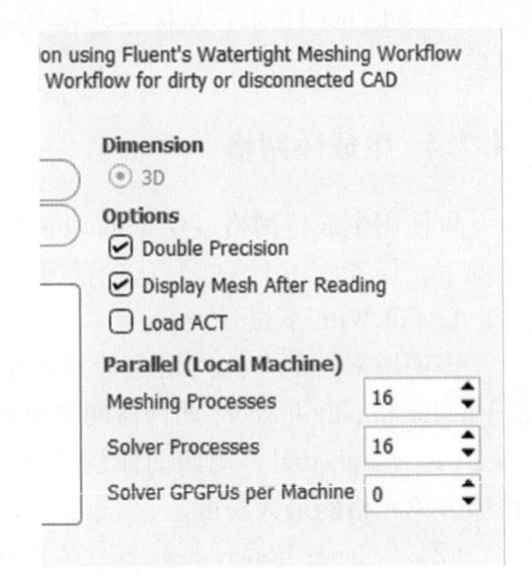

图 3-4-47　开始界面的设置

5. Buffer Layers 文本框

该项用于指定缓冲层的层数。由于笛卡儿网格和边界网格的尺寸相差过大，需要对缓冲层进行过渡处理，该项取不同值时的对比如图 3-4-48 所示。

4.2.4.1　优化体网格

体网格创建完成后，控制台中报告关于体网格的信息，需要注意体网格的正交质量。正交质量的数值从 0 到 1，网格正交质量的数值越小，网格恶化越严重。

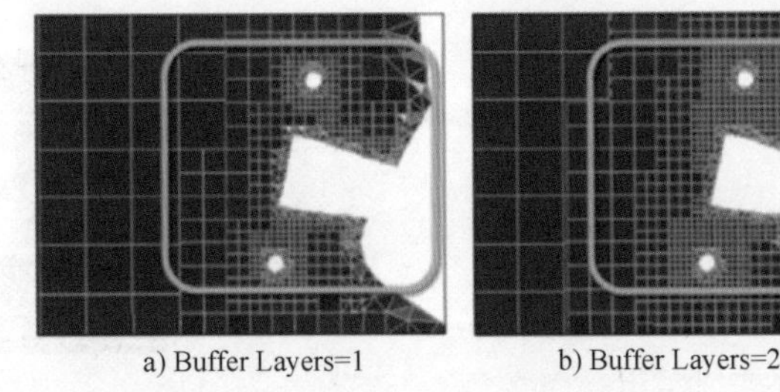

a) Buffer Layers=1　　b) Buffer Layers=2

图 3-4-48　Buffer Layers 取不同值时的对比

体网格的最小正交质量数值可以反映体网格质量。在体网格完成后，正交质量数值若过小，需要尽可能增大其最小值，推荐不小于 0. 1。

当控制台报告出的最小正交质量过小时，可通过插入优化体网格（Improve Volume Mesh）任务来增大最小正交质量。右击 Generate the Volume Mesh，在弹出的快捷菜单中选择命令 Insert Next Task→Improve Volume Mesh，如图 3-4-49 所示。

优化体网格任务面板如图 3-4-50 所示，Cell Quality Limit 文本框中是自动优化体网格过程中的最小正交质量目标值，默认为“0. 15”。如自动优化完成后，最小正交质量仍然达不到设定的目标值，需要改变数值继续优化。如多次调整仍无法达到最小正交质量目标值，应保证最小正交质量的数值接近 0. 1。

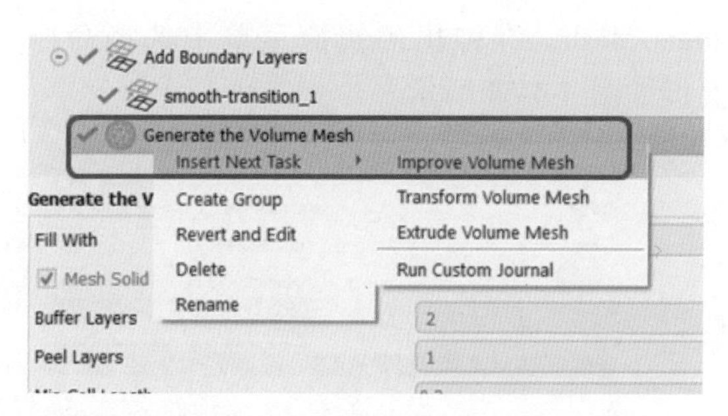

图 3-4-49　插入 Improve Volume Mesh 任务

图 3-4-50　Improve Volume Mesh 任务面板

4.2.4.2　挤压体网格

体网格创建完成后，使用挤压体网格（Extrude Volume Mesh）任务来挤出体网格。这个任务允许使用一个或多个共面边界将体网格扩展到原始域之外。如图 3-5-51 所示，添加该任务的方法：右击 Generate the Volume Mesh，在弹出的快捷菜单中选择命令 Insert Next Task→Extrude Volume Mesh，任务面板如图 3-4-52 所示。

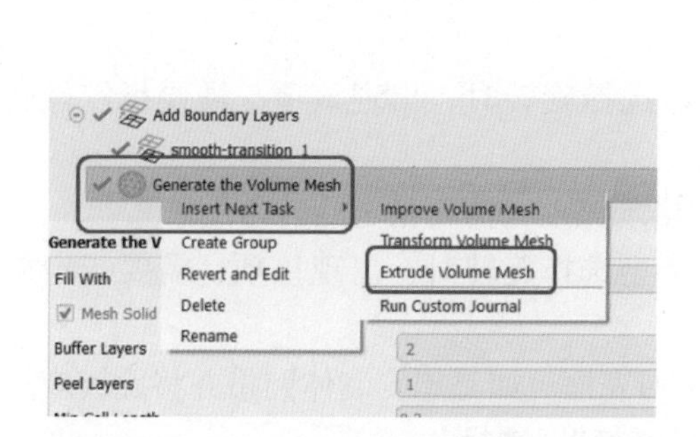

图 3-4-51　插入 Extrude Volume Mesh 任务

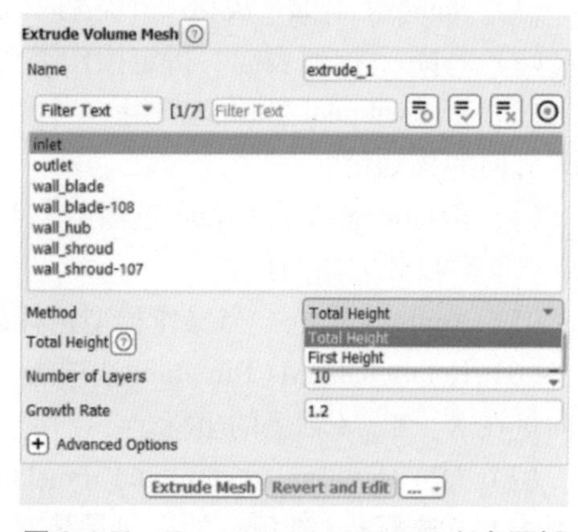

图 3-4-52　Extrude Volume Mesh 任务面板

（1）Name 文本框　提供名称或者使用默认名称。

（2）从列表中选择一个边界面　挤压将垂直于选定的边界执行。当选择多个边界时，这些边界必须共面。图形窗口中将出现一个预览框，其大小取决于在任务中提供的值。不能挤压周期性或阴影面区域。如选择这些挤压区域，Fluent 将提供一个警告，并自动将这些区域指定为键入“wall”的区域，以便完成挤压体网格任务。

（3）Method 下拉列表框　该项用于设定挤压体网格的方式，可选择 Total Height 和 First Height 选项。

1）Total Height：基于指定的总高度值，即挤压的总高度。

2）Frist Height：基于指定的第一高度，即挤压的第一层高度。

（4）Number of Layers 文本框　指定挤压层的层数。

（5）Growth Rate 文本框　指定相邻挤压层的增长率。

4.2.4.3　变换体网格

变换体网格（Transform Volume Mesh）任务可以对体网格进行旋转或平移。插入该任务的流程如图 3-4-53 所示，右击 Generate the Volume Mesh，在弹出的快捷菜单中选择命令 Insert Next Task→Transform Volume Mesh，任务面板如图 3-4-54 所示。

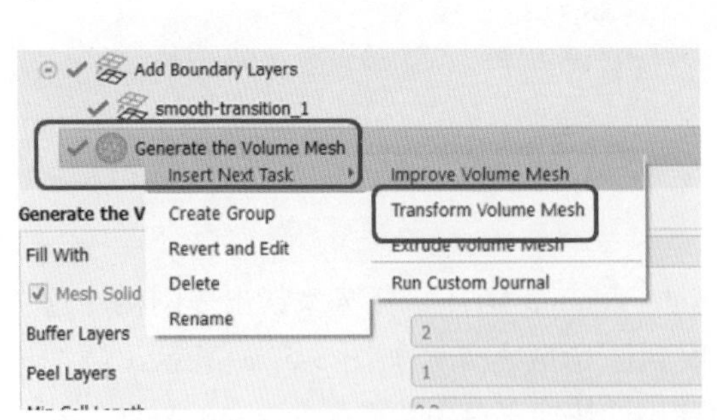

图 3-4-53　插入 Transform Volume Mesh 任务

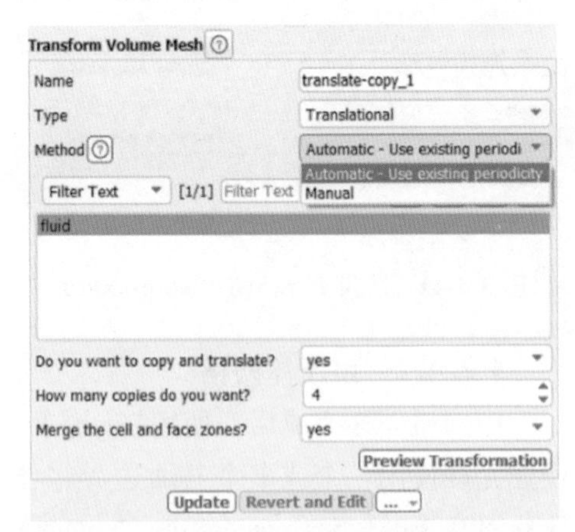

图 3-4-54　Transform Volume Mesh 任务面板

（1）Name 文本框　提供一个名称，也可以使用默认名称。

（2）Type 下拉列表框　指定操作类型为旋转（Rotational）或平移（Translational）。

（3）Translational Shift 选项组　当操作类型选择平移时，出现该项，需要指定在 X、Y 和 Z 方向的移动量。

（4）Rotational-Axis Origin 选项组　当操作类型选择旋转时，出现该项，需要指定旋转轴在 X、Y 和 Z 方向的位置。

（5）Angle 文本框　当操作类型选择旋转时，出现该项，需要指定旋转角度。

（6）Rotational-Axis Direction 选项组　当操作类型选择旋转时，出现该项，需要指定旋转向量在 X、Y、Z 轴上的坐标。

（7）“Do you want to copy and translate?”下拉列表框　如果想复制体网格并将旋转应用到副本上，选择 yes 选项；如果只是想对体网格进行旋转，选择 no 选项。

（8）“How many copies do you want?”文本框　该项为复制体网格的数量，仅在上一项选择 yes 时出现。

（9）“Merge the cell and face zones?”下拉列表框　当检测到周期性，并自动使用模型的周期性设置时，使用该项提示选择在体网格转换期间是否合并单元和面区域，以避免任何区域复制。

4.3　Watertight 工作流程操作案例

4.3.1　案例：静态混合器网格

学习目标：本案例通过水密几何流程图生成满足 Fluent 计算要求的网格，使读者初步了解使用 Watertight Meshing 划分网格的基本操作流程。

应用背景：静态混合器广泛应用于工业领域和日常生活中。在管内流体的混合过程中，常常需要考虑管内流体和管路之间的相互作用，如管内的压力、阻力和管道的保温性能等。

因此，在设计之初非常有必要对管路内的流动进行数值模拟。本案例主要是数值模拟的前处理阶段，对静态混合器内流体域进行网格划分。

步骤 1： 启动 Fluent Meshing。

步骤 2： 创建水密网格划分流程。

在 Workflow 列表中选择 Watertight Geometry（WTM）工作流程，软件自动出现工作流程所需要的任务，Watertight Geometry 工作流程如图 3-4-55 所示。

步骤 3： 导入几何模型。

如图 3-4-56 所示，单击 Workflow 的第一项任务 Import Geometry，左下方跳出细节设置界面。文件格式选择 CAD，设置几何单位为 mm，高级选项为默认选项，点击 File Name 右侧图标[...]浏览并导入“mixer-orig-r192. scdoc”文件，图形窗口会显示出导入的几何模型。

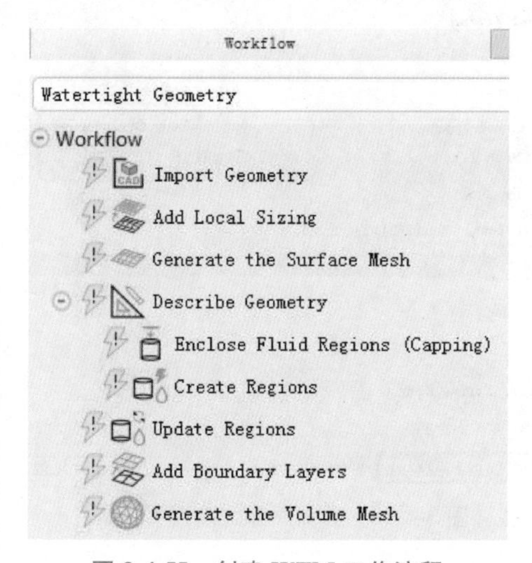

图 3-4-55　创建 WTM 工作流程

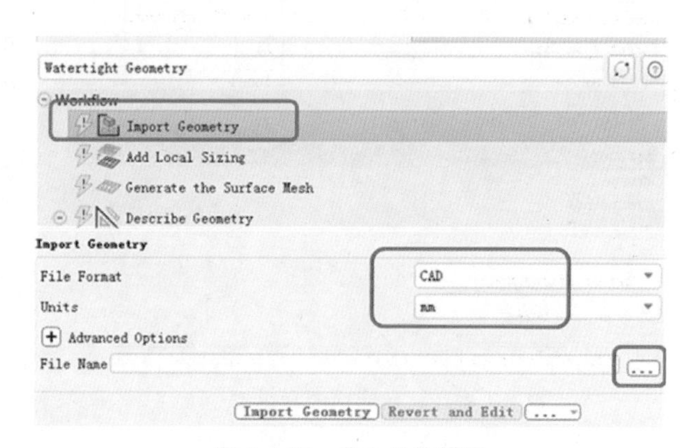

图 3-4-56　导入几何模型

步骤 4： 设置局部网格尺寸。

模型引入完成后，为更好地研究鼓孔及其附近的流体运动，需要对静态混合器的鼓孔和鼓柱部分进行局部网格尺寸设置。单击 Add Local Sizing（添加局部尺寸）选项，将“Would you like to add Local sizing?”（是否添加局部）选项从 no 变更为 yes，然后进行添加局部尺寸操作。

1. 鼓柱设置

在 Name 选项进行命名，在 Size Control Type 选项右侧的下拉列表框中选择 Body Of Influence，Target Mesh Size 设为“15”，在 Select By 选项的下拉列表框中选择 label（一般为默认设置），在下方的区域中选中“boi-solid”，最后单击下方的 Add Local Sizing 按钮，完成局部尺寸添加，具体的设置如图 3-4-57 所示。

2. 鼓孔设置

如图 3-4-58 所示，在 Name 选项进行命名，在 Size Control Type 选项右侧的下拉列表框中选择 Face Size，Target Mesh Size 设为“15”，在 Select By 选项的下拉列表框中选择 label（一般为默认设置），在下方的区域中选中“drum-holes”，最后单击下方的 Add Local Sizing 按钮，完成静态混合器内鼓孔附近的局部尺寸添加。

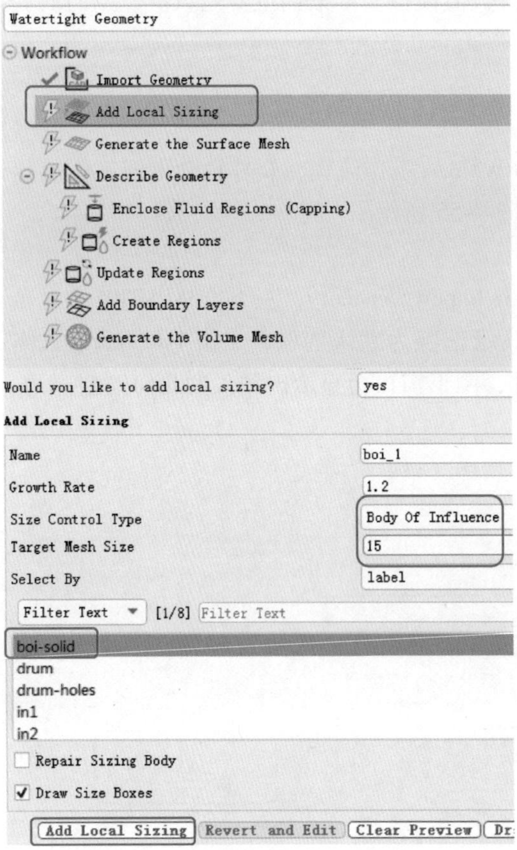

图 3-4-57　鼓柱局部网格设置

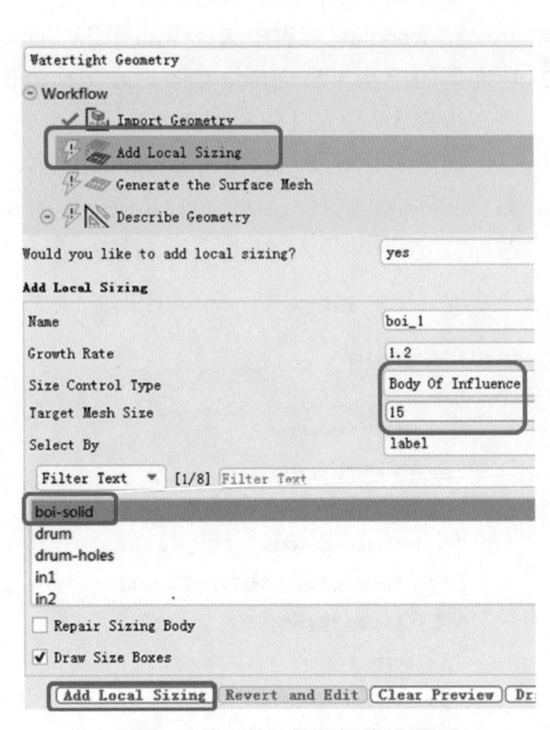

图 3-4-58　鼓孔局部网格设置

步骤 5：全局面网格尺寸设置。

局部网格尺寸创建完成后，需要对模型的整体面网格尺寸进行设置。单击 Workflow 中的 Generate the Surface Mesh，在 Minimum Size 右侧的文本框中输入“5”；在 Maximum Size 右侧的文本框中输入“50”；在 Cells Per Gap 右侧的文本框中输入“2”，其余设置保持不变。最后单击下方的 Generate the Surface Mesh 按钮进行面网格创建。全局面网格设置如图 3-4-59 所示。

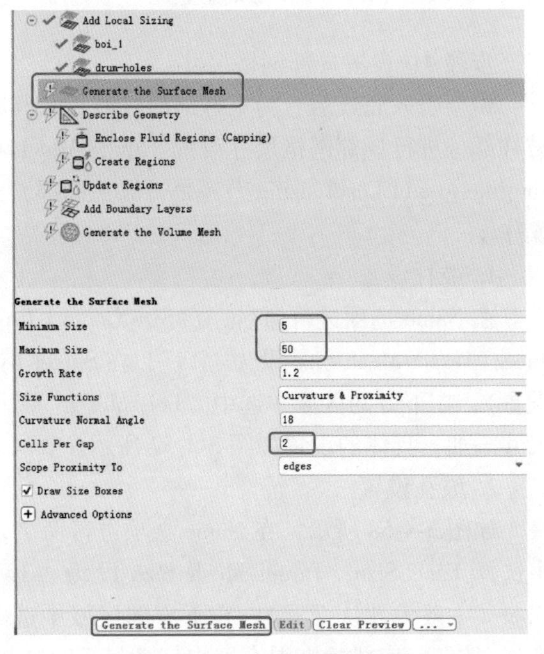

图 3-4-59　全局面网格设置

步骤 6：描述几何模型和流动。

面网格创建完成后，对模型进行几何描述。单击 Workflow 中的 Describe Geometry，并在其下方的操作面板进行设置。在 Geometry Type 下方选择 The geometry consists of only solid regions 选项（一般为默认设置），本案例中的模型需要封口，因此第二个选项选择 Yes，静态混合器内部存在流体之间的混合，因此第三个选项选择 Yes，最后一个选项选择 No。最后单击 Describe Geometry 按钮完成描述，描述几何设置如图 3-4-60 所示。

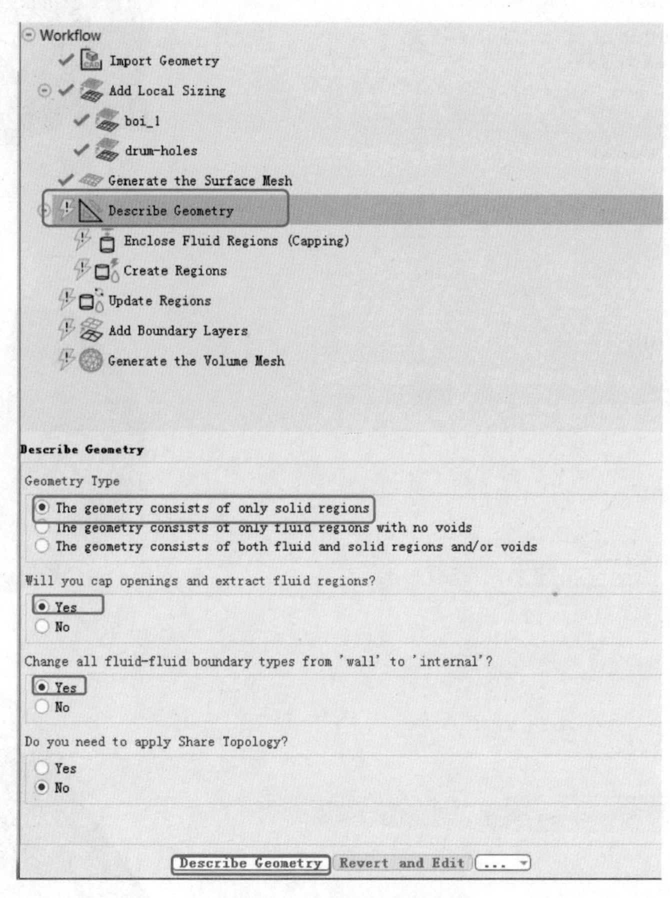

图 3-4-60　描述几何设置

步骤 7：封闭几何模型。

在描述完几何模型后，需要将流体区域进行封闭处理，即封闭开口。在 Workflow 中单击 Enclose Fluid Regions（Capping），在下方的操作面板进行相应设置。

1. 封闭入口

在 Zone Type 的下拉列表框中选择 velocity-inlet，下方的区域部分选中“in1”，单击下方的 Create Cap（s）按钮完成入口 1 的封闭处理，入口设置如图 3-4-61 所示，入口 1 网格变化如图 3-4-62 所示。入口 2 的设置过程与入口 1 大致相同，只需将下方区域位置的选择改为“in2”，其他设置不变，入口 2 设置如图 3-4-63 所示，入口 2 网格变化如图 3-4-64 所示。

2. 出口处理

在 Zone Type 的下拉列表框中选择 pressure-outlet（一般为默认设置），下方的区域部分选中“out1”，单击下方的 Create Cap（s）按钮完成出口的封闭处理。出口设置如图 3-4-65 所示，该部分网格变化如图 3-4-66 所示。

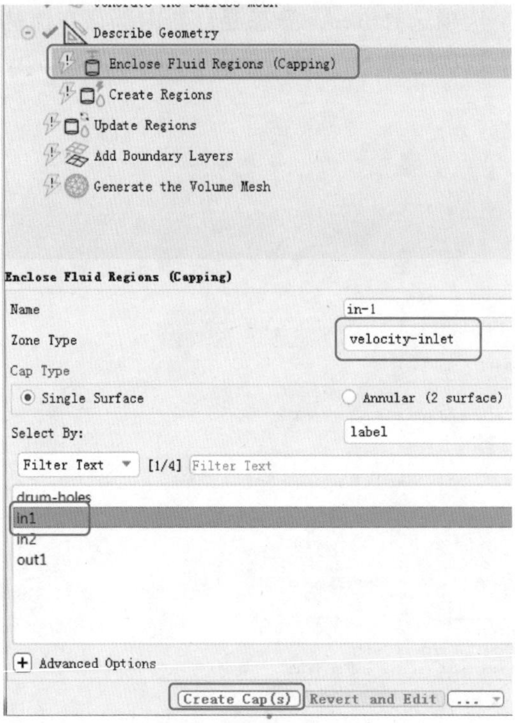

Describe Geometry
Enclose Fluid Regions (Capping)
Create Regions
Update Regions
Add Boundary Layers
Generate the Volume Mesh
Enclose Fluid Regions (Capping)
Name
in-1
Zone Type
velocity-inlet
Cap Type
Single Surface
Annular (2 surface)
Select By:
label
Filter Text
[1/4]
Filter Text
drum-holes
in1
in2
out1
Advanced Options
Create Cap(s)
Revert and Edit

图 3-4-61　入口 1 设置

图 3-4-62　入口 1 网格变化

Enclose Fluid Regions (Capping)
in-1
Create Regions
Update Regions
Add Boundary Layers
Generate the Volume Mesh
Enclose Fluid Regions (Capping)
Name
in-2
Zone Type
velocity-inlet
Cap Type
Single Surface
Select By:
label
Filter Text
[1/3]
Filter Text
drum-holes
in2
out1
Advanced Options
Create Cap(s)
Revert and Edit

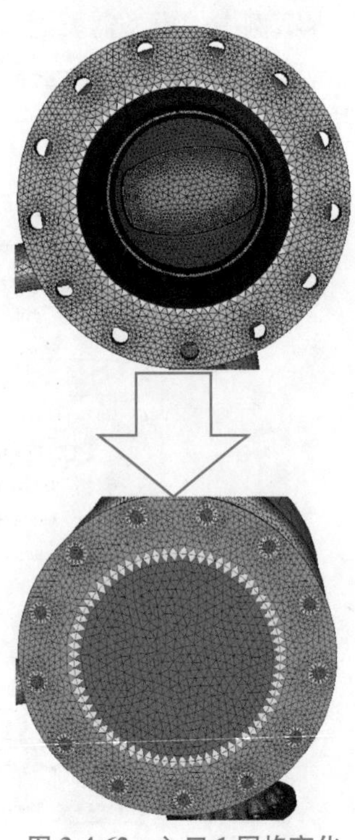

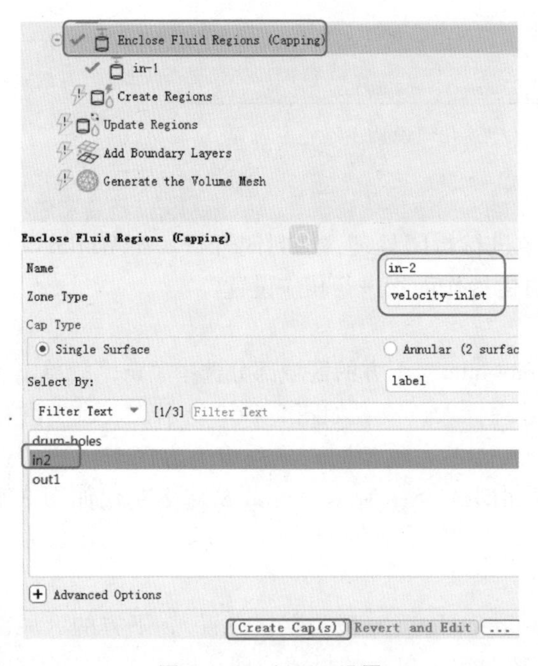

图 3-4-63　入口 2 设置

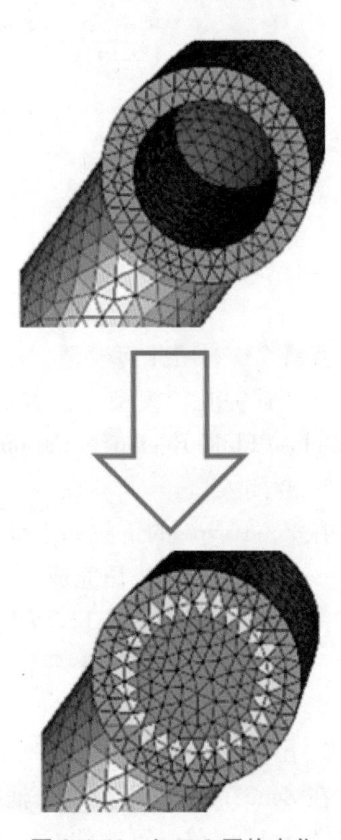

图 3-4-64　入口 2 网格变化

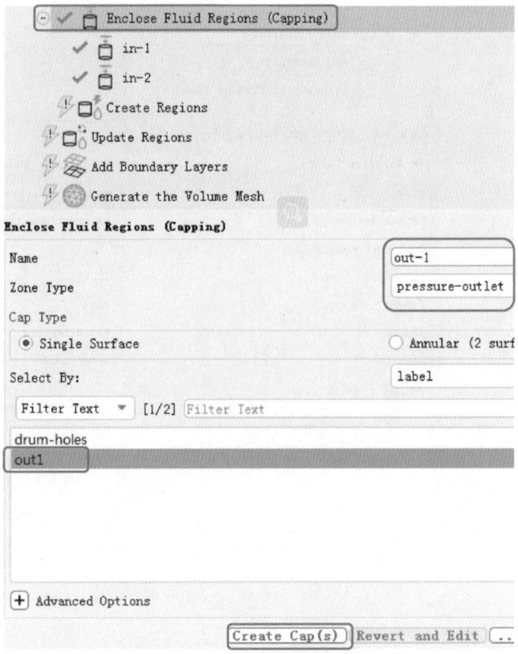

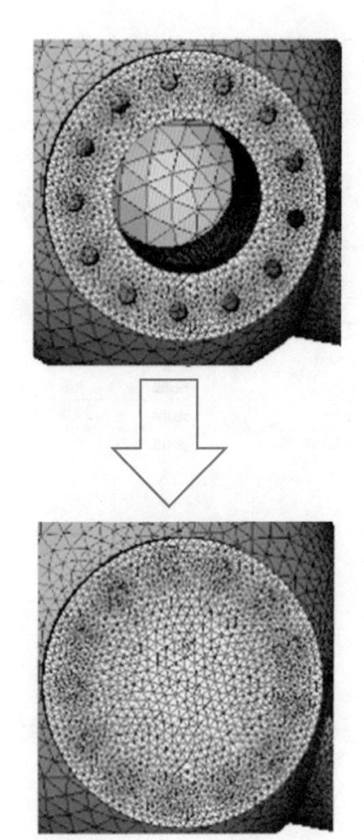

图 3-4-65　出口设置

图 3-4-66　出口网格变化

步骤 8：创建流体区域及更新区域。

在 Workflow 中单击 Create Regions，由于在静态混合器的流体区域为 1 个，Estimated Number of Fulid Regions 对应文本框中输入“1”，单击下方的 Create Regions 按钮进行流体区域创建，具体设置如图 3-4-67 所示。保持流体区域的区域类型不变，在 Workflow 中单击 Update Regions，并单击相应操作面板下方的 Update Regions 按钮完成区域更新，设置如图 3-4-68 所示。更改流体区域名称的方法：双击需要更改流体区域的名称，并重新输入流体名称。

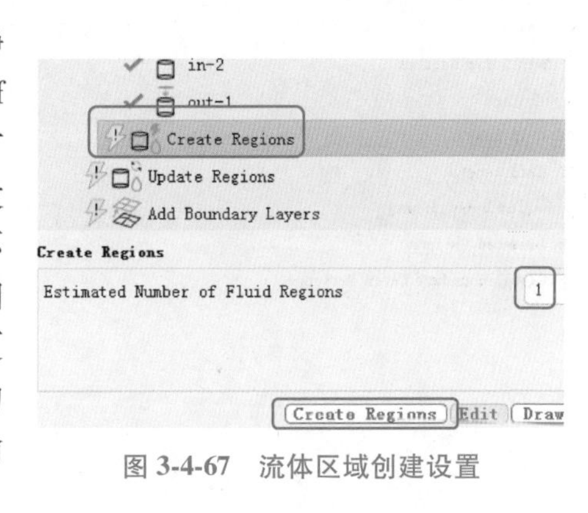

图 3-4-67　流体区域创建设置

步骤 9：增加流体边界层并创建体网格。

在 Workflow 中单击 Add Boundary Layers，在下方操作面板中将“Would you like to add boundary layers?”由 no 变为 yes，保持边界层的设置为默认，单击下方 Add Boundary Layers 按钮完成边界层设置（见图 3-4-69）。边界层创建完成后，对体网格的类型、尺寸等进行设置。在 Workflow 中单击 Generate the Volume Mesh，在 Fill With 右侧的下拉列表框中选择 poly-hexcore，其余设置保持不变，单击下方的 Generate the Volume Mesh 按钮完成体网格创建，体网格设置参数如图 3-4-70 所示。在主界面功能区 Clipping Planes 选项组中勾选 Insert Clipping Planes 选项查看体网格，静态混合器体网格如图 3-4-71 所示。

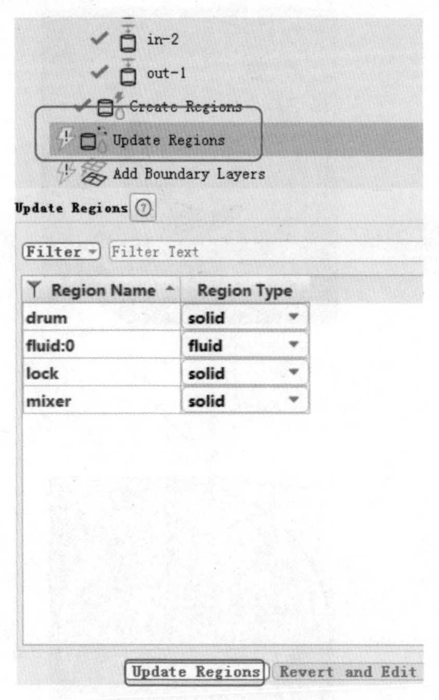

图 3-4-68　更新区域设置

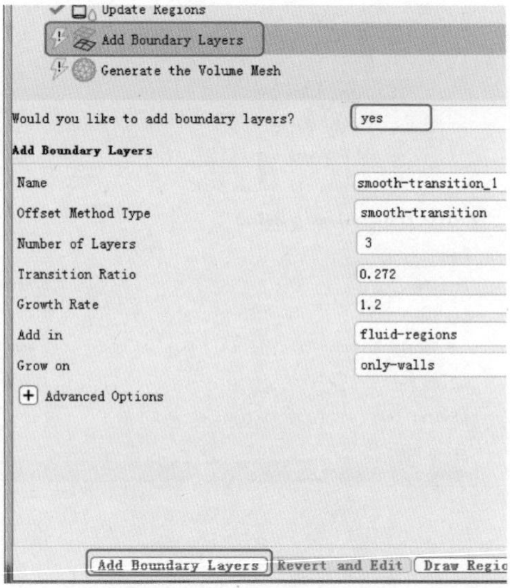

Update Regions
Add Boundary Layers
Generate the Volume Mesh
Would you like to add boundary layers? yes
Add Boundary Layers
Name smooth-transition_1
Offset Method Type smooth-transition
Number of Layers 3
Transition Ratio 0.272
Growth Rate 1.2
Add in fluid-regions
Grow on only-walls
Advanced Options
Add Boundary Layers　Revert and Edit　Draw Regio

图 3-4-69　边界层设置

Generate the Volume Mesh
Generate the Volume Mesh
Fill With poly-hexcore
Mesh Solid Regions
Peel Layers 1
Min Cell Length 2
Max Cell Length 32
Region-based Sizing
Advanced Options
Global Boundary Layer Settings
Generate the Volume Mesh　Revert and Edit　Clear Previ

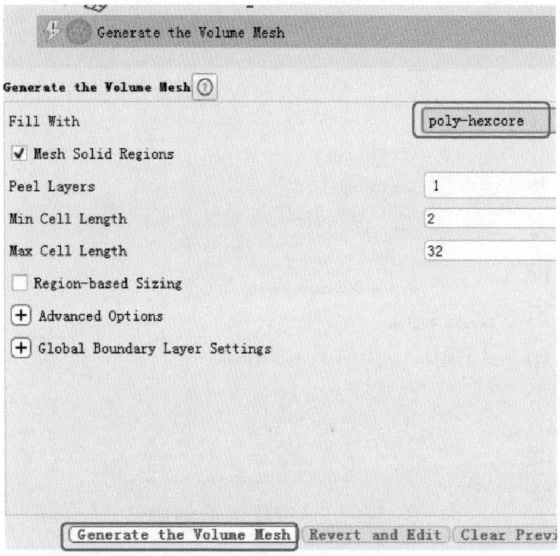

图 3-4-70　体网格设置

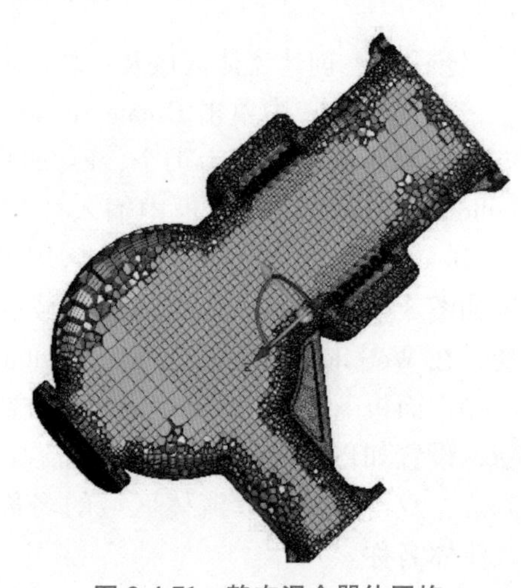

图 3-4-71　静态混合器体网格

步骤 10：保存网格。

在所有操作完成后可先保存网格，方便以后使用及修改。

方法一：选择菜单命令 File→Write→Mesh...。

方法二：点击工作流右侧的保存按钮，如图 3-4-72 所示。

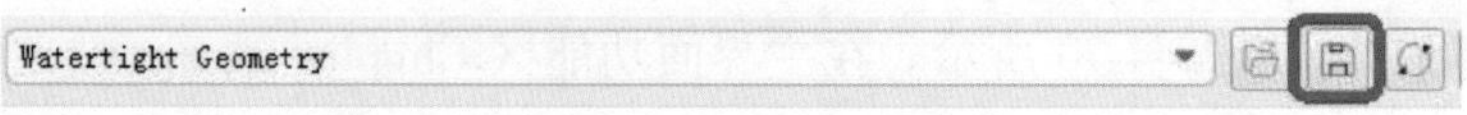

图 3-4-72　保存网格

案例总结：本案例在 Fluet Meshing 中通过 Watertight Geometry 方法对静态混合器进行网格划分。在进行鼓孔处设置时，需将 Size Control Type 改为 Face Size，其原因是在完成鼓柱的局部尺寸设置后，Size Control Type 的设置默认为 Body Of Influence。描述几何时选择将流体与流体的边界从“wall”改为“internal”，这是因为内部流体进行混合而非壁面。

4.3.2 案例：航空飞机外流场网格

学习目标：商用飞机周围流体域的半模型 CAD 文件将被导入到 Watertight Geometry 工作流中，并生成一个体网格。在封盖过程中，将同时使用全局和局部尺寸控制来提取流体区域。采用并行网格和镶嵌网格技术生成体网格。

应用背景：航空飞机在现代生活中普遍存在。航空飞机在飞行过程中与周围流体的情况需要仔细研究。在设计之初对飞机及其周围气体的流动进行严格的数值模拟是非常必要的。本案例主要是数值模拟的前处理阶段，对流体域进行网格划分。

步骤 1：启动 Fluent Meshing。

步骤 2：创建水密几何网格划分流程。

在 Workflow 列表中选择 Watertight Geometry 工作流程，软件自动出现工作流程所需要完成的步骤，具体设置可对照图 3-4-73。

步骤 3：导入几何模型。

按照流程图指示，单击 Workflow 中的 Import Geometry 开始导入几何模型。如图 3-4-74 所示，在下方的输入面板中进行下列操作：File Format（文件格式）选择 CAD，设置几何单位 Units 为“m”，展开 Advanced Options 选项组，在 Separate Zone By 右侧的下拉列表框中选择 region，勾选 Use custom faceting，在 Tolerance 文本框输入“0. 1”，在 Max Facet Length 文本框输入“10”。单击 File Name 右侧图标[...]浏览并选择文件“half-aircraft. scdoc”，导入几何模型。

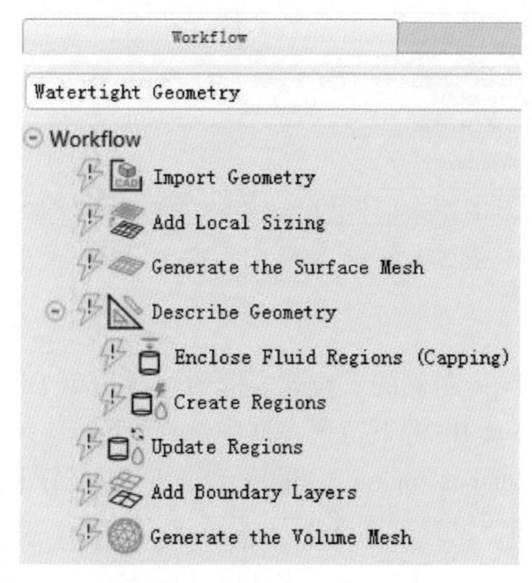

图 3-4-73　创建 WTM 工作流程

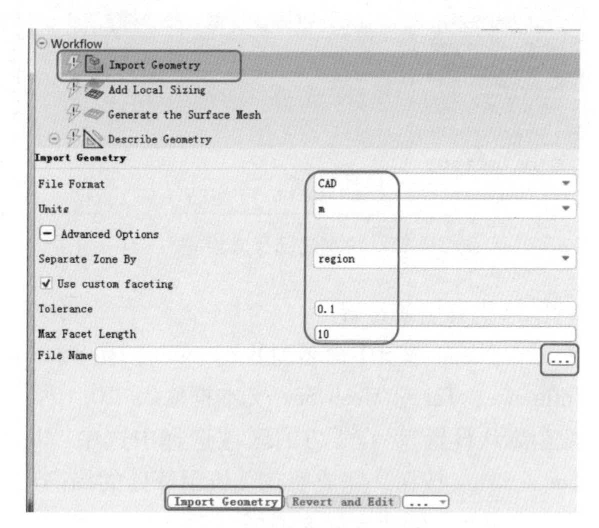

图 3-4-74　导入几何模型

步骤 4：添加局部尺寸。

模型引入完成后，为了更好地研究飞机部分的流体运动，需要对航空飞机的机翼、引擎及周围进行局部网格尺寸设置。单击 Add Local Sizing 选项卡，将是否添加局部选项从 no 变更为 yes，然后进行添加局部尺寸操作。

1. 航空飞机机翼设置

机翼局部尺寸设置如图 3-4-75 所示，在 Name 选项进行命名为 boi-zreo，在 Size Control Type 右侧的下拉列表框中选择 Body Of Influence，Target Mesh Size 文本框输入 0.2，在 Select By 的下拉列表框中选择 label（一般为默认设置），在下方的区域选择中选中“half-aircraft-boi-fin”“half-aircraft-boi-tall”“half-aircraft-boi-tip”和“half-aircraft-boi-wing”四部分。单击下方的 Add Local Sizing 按钮，完成局部尺寸添加。

2. 机翼附近流场的网格设置

在 Name 选项进行命名为 boi_near，在 Size Control Type 右侧的下拉列表框中选择 Body Of Influence，Target Mesh Size 文本框输入“0.65”，在 Select By 的下拉列表框中选择 label（一般为默认设置），在下方的区域选择中选中“half-aircraft-boi-near”。最后单击下方的 Add Local Sizing 按钮，完成航空飞机机翼附近流场设置，如图 3-4-76 所示。

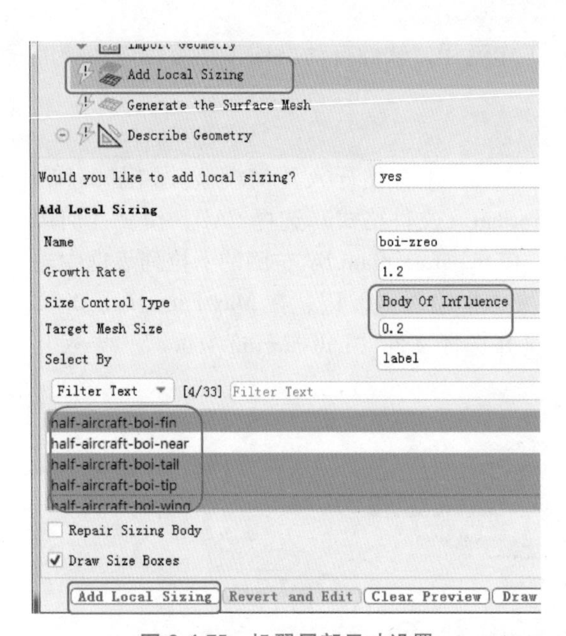

图 3-4-75　机翼局部尺寸设置

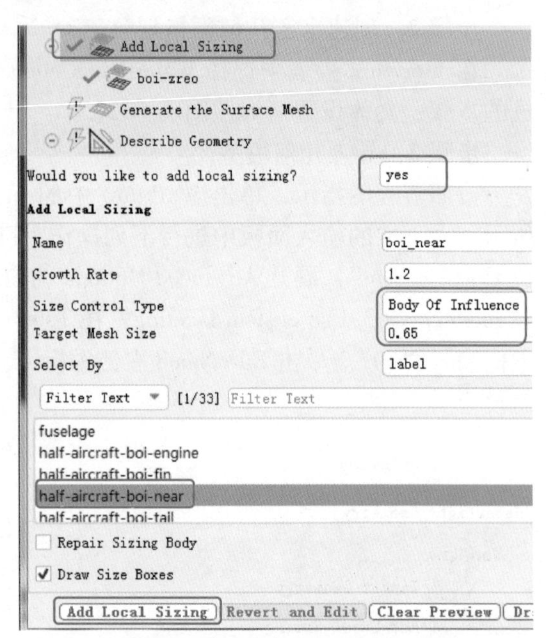

图 3-4-76　机翼附近流场设置

3. 机翼引擎设置

在 Name 选项中命名为 boi_engine，在 Size Control Type 右侧的下拉列表框中选择 Body Of Influence，Target Mesh Size 文本框输入“0.15”，在 Select By 的下拉列表框中选择 label（一般为默认设置），在下方的区域选择中选中“half-aircraft-boi-engine”。最后单击下方的 Add Local Sizing 按钮，完成航空飞机引擎处的局部尺寸添加，设置如图 3-4-77 所示。

步骤 5：创建全局面网格。

局部网格尺寸创建完成后，接下来对全局的面网格进行设置，在 Generate the Surface Mesh 面板下进行这一操作，如图 3-4-78 所示。Minimum Size 右侧的文本框输入“0.003”；Maximum Size 的文本框输入“50”；在 Size Functions 右侧的下拉列表框中选择

Curvature & Proximity（一般为默认设置）；Curvature Normal Angle 右侧的文本框输入“12”，Cells Per Gap 右侧的文本框输入“3”，保持 Scope Proximity To 下拉列表框为 edges 不变；高级选项中的设置保持不变。最后单击下方的 Generate the Surface Mesh 按钮进行面网格创建。完成后的全局面网格如图 3-4-79 所示，飞机附近面网格如图 3-4-80 所示。

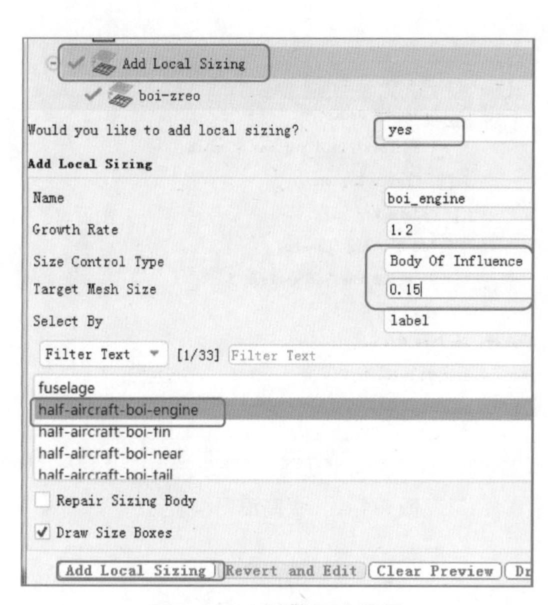

图 3-4-77　引擎尺寸设置

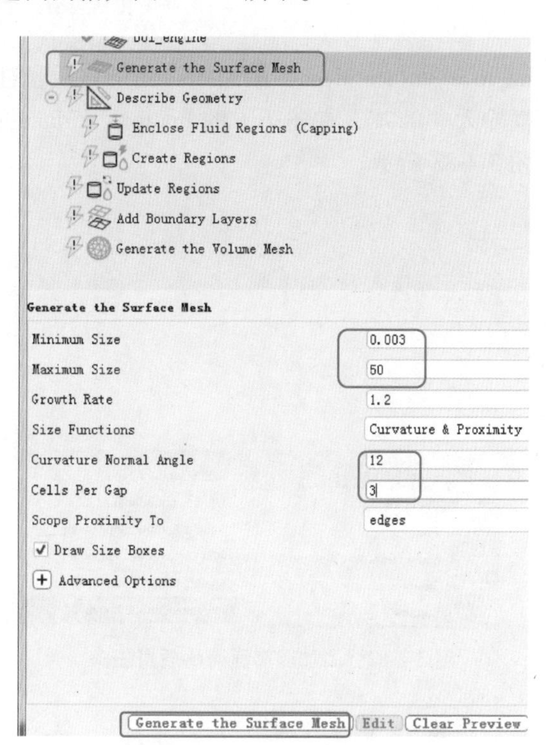

图 3-4-78　全局面网格设置

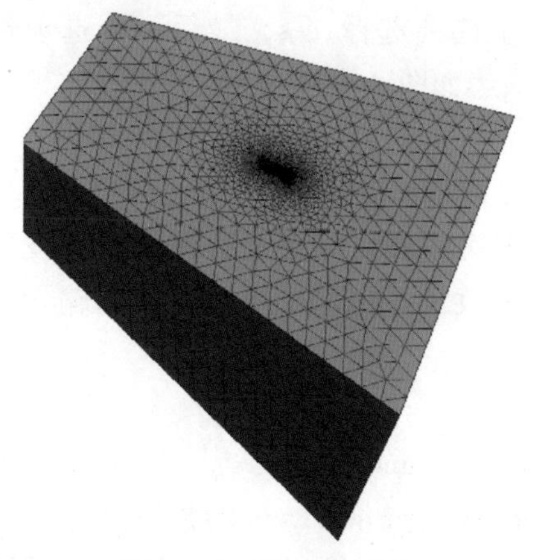

图 3-4-79　全局面网格

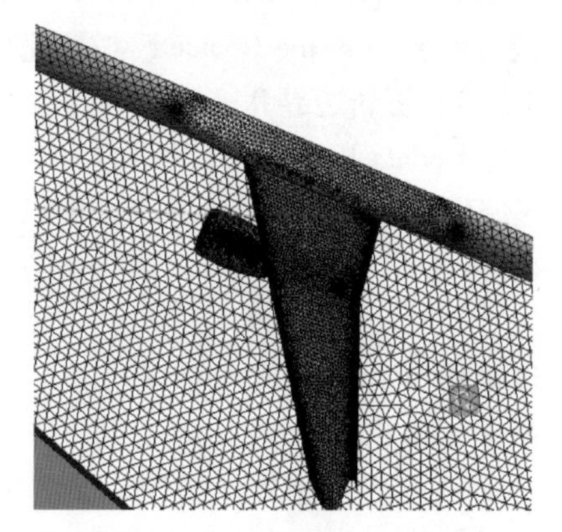

图 3-4-80　飞机附近面网格

补充：当 Fluent 显示面板下方出现图 3-4-81 所示的提示时，说明面网格质量不够，此时为了保证在模拟中可得到较为准确的结果，需要对面网格的质量进行提高。

在 Workflow 中右击 Create Surface Mesh，在弹出的快捷菜单中选择命令 Insert Next Task→

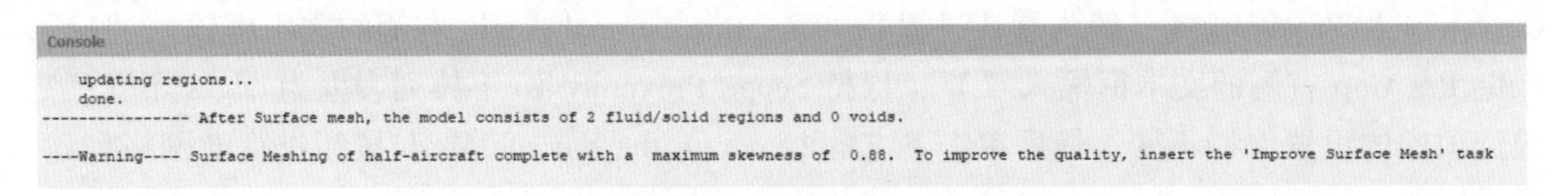

图 3-4-81 面网格质量警告

Improve Surface Mesh，添加提高面网格质量任务（见图 3-4-82）。在 Face Quality Limit 文本框输入“0. 7”，单击下方的 Improve Surface Mesh 按钮完成提高面网格质量的任务，具体如图 3-4-83 所示。

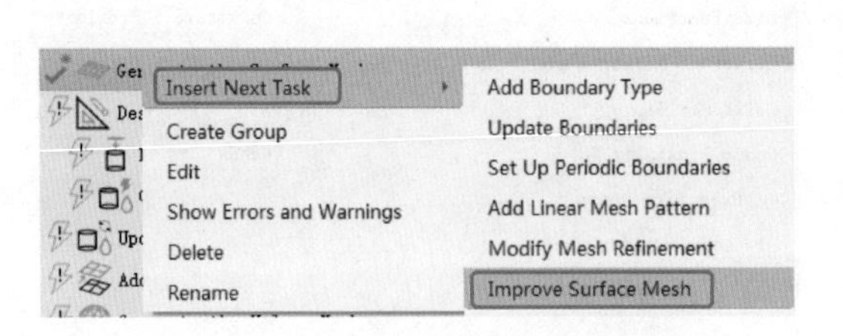

图 3-4-82 添加提高面网格质量任务

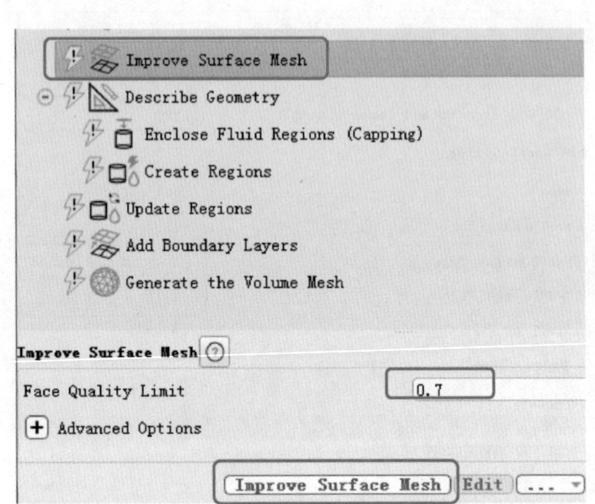

图 3-4-83 提高面网格质量

步骤 6：描述几何结构。

在完成模型的面网格创建后，需要进行几何描述才能进行后续操作。在 Workflow 中单击 Describe Geometry，在下方的操作面板进行设置。在 Geometry Type 下方选择 The geometry consists of only fluid regions with no voids，下方的第二个选项选择 Yes，最后一个选项选择 No。最后单击 Describe Geometry 按钮完成描述，几何描述如图 3-4-84 所示。

步骤 7：更新边界和区域。

保持 Update Boundaries 的设置为默认，单击下方的 Update Regions 进行边界更新。保持更新区域内的设置不变，单击下方的 Update Regions 按钮完成区域更新，区域更新设置如图 3-4-85所示。更改流体区域名称的方法：双击需要更改流体区域的名称，重新输入流体名称。

步骤 8：创建边界层和体网格。

单击 Add Boundary Layers，将“Would you like to add boundary layers?”选项的 no 变为 yes，从而进行添加边界层操作。如图 3-4-86 所示，将 Number of Layers 的数值改为“10”，其余设置保持不变，单击下方 Add Boundary Layers 按钮完成边界层设置。完成边界层设置后，进行体网格设置。单击 Generate the Volume Mesh，在 Fill With 右侧的下拉列表框中选择 poly-hexcore，勾选 Enable Parallel Meshing，其余设置保持不变，单击下方的 Generate the Volume Mesh 按钮完成体网格创建，设置如图 3-4-87 所示。完成后的体网格如图 3-4-88 所示。

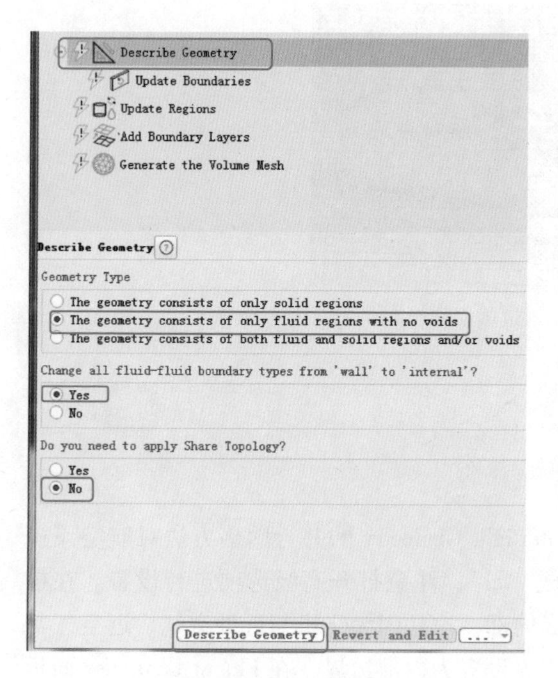

图 3-4-84　几何描述

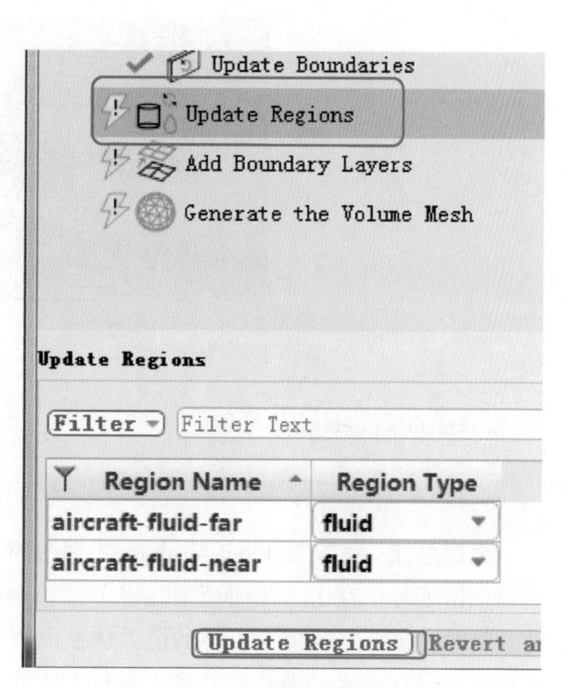

图 3-4-85　区域更新设置

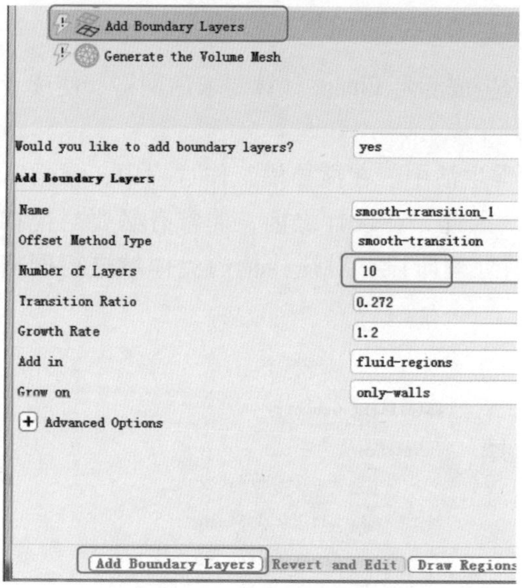

Add Boundary Layers
Generate the Volume Mesh
Would you like to add boundary layers?　yes
Add Boundary Layers
Name　smooth-transition_1
Offset Method Type　smooth-transition
Number of Layers　10
Transition Ratio　0.272
Growth Rate　1.2
Add in　fluid-regions
Grow on　only-walls
Advanced Options
Add Boundary Layers　Revert and Edit　Draw Regions

图 3-4-86　边界层设置

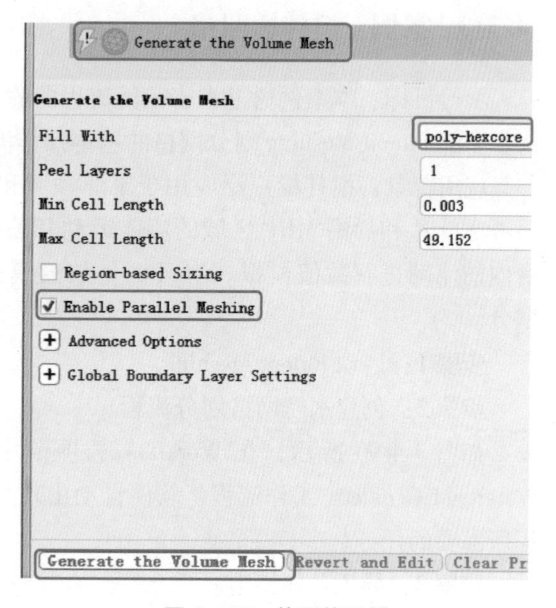

图 3-4-87　体网格设置

步骤 9：保存网格。

为方便更改设置，在体网格完成后，可以先保存网格再进行后续的计算。

方法一：选择菜单命令 File→Write→Mesh...。

方法二：单击工作流右侧的保存按钮，如图 3-4-89 所示。

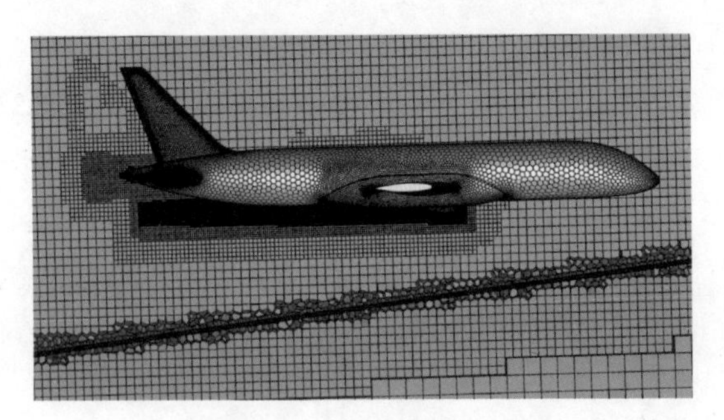

图 3-4-88　飞机附近体网格

Watertight Geometry

图 3-4-89　保存网格

案例总结：本文在 Fluet Meshing 中通过 Watertight Geometry 的并行网格方法对航空飞机进行网格划分。在引入几何模型时将单位统一成“m”，注意打开高级选项进行设置。在描述几何时，需要将流体与流体的边界从壁面调成内部，这是因为飞机与近处空气、近空气与其他空气存在边界，因此需要将流体与流体的边界设置为内部边界。在 Fluent Launcher 面板输入的网格划分过程超过 1 个时，应该勾选 Enable Parallel Meshing 选项。

4.3.3　案例：搅拌槽网格

学习目标：本案例通过水密几何流程图的流程生成满足 Fluent 计算要求的网格，使读者初步了解 Fluent Meshing 划分网格的基本操作流程。

应用背景：搅拌槽广泛应用于工业领域和日常生活中。在搅拌槽工作过程中，常常需要考虑叶片和周围 MRF 区域的流体运动和换热。因此，在设计之前，非常有必要对搅拌槽内的流动进行数值模拟。本案例是数值模拟前处理阶段，对搅拌槽内流体域进行网格划分。

步骤 1：启动 Fluent Meshing。

步骤 2：创建水密网格划分流程。

如图 3-4-90 所示，在 Workflow 选项卡中选择 Watertight Geometry 工作流程，软件自动出现工作流程所需要的任务。

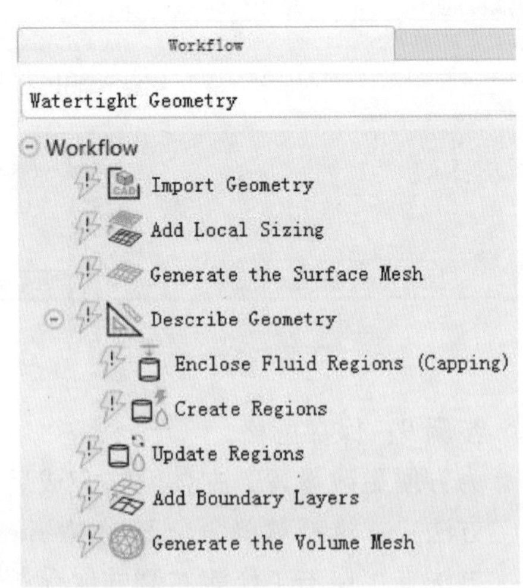

图 3-4-90　创建 WTM 流程

步骤 3：导入几何模型。

按照流程图指示，单击 Workflow 列表的第一项任务 Import Geometry，左下方跳出细节设置界面。如图 3-4-91 所示，File Format（文件格式）选择 CAD，Units（几何单位）设置为“mm”，Advanced Options（高级选项）为默认选项，单击 File Name 右侧图标 ...，浏览并导入“mixer-orig-r192. scdoc”文件，图形窗口会显示出导入的几何模型。

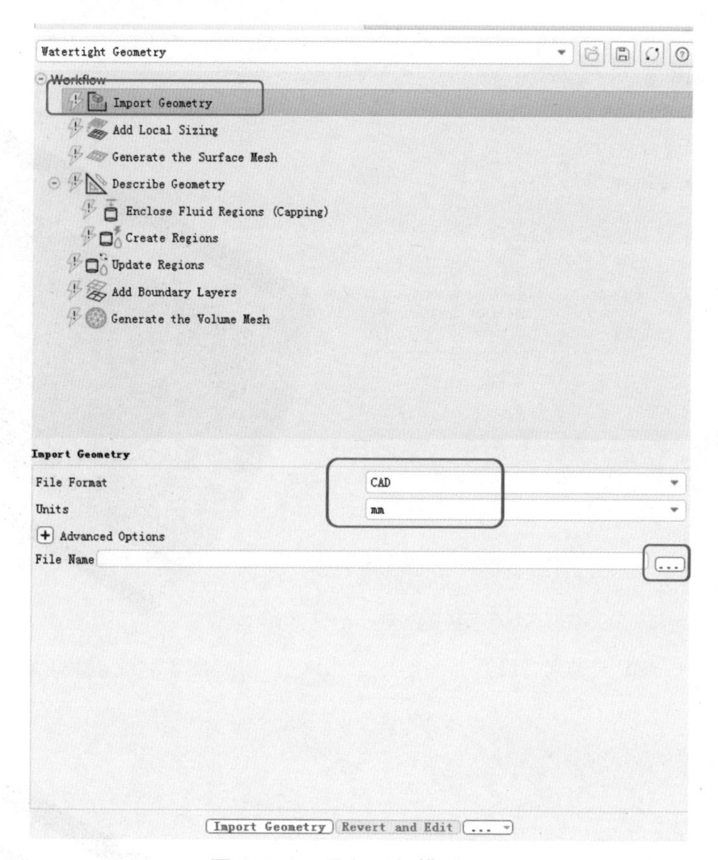

图 3-4-91　导入几何模型设置

步骤 4：添加局部尺寸。

模型导入完成后，为了更好地研究挡板及附近流体的运动，需要对搅拌器的挡板和周围 MRF 流域进行局部网格尺寸设置。单击 Add Local Sizing 选项，将是否添加局部选项从 no 变更为 yes，然后进行添加局部尺寸操作。

1. MRF 流域设置

在 Name 选项进行命名，在 Size Control Type 右侧的下拉列表框中选择 Body Of Influence，将 Target Mesh Size 文本框的数值改为“10”，在 Select By 的下拉列表框中选择 label（一般为默认设置），在下方的区域选择中选中“boi-lower”和“boi-upper”两部分，单击下方的 Add Local Sizing 按钮，完成挡板附近 MRF 部分的尺寸添加。MRF 流域尺寸设置如图 3-4-92 所示，MRF 流域位置如图 3-4-93 所示。

2. 挡板设置

在 Name 选项进行命名，在 Size Control Type 右侧的下拉列表框中选择 Face Size，Target Mesh Size 文本框中输入“4”，在 Select By 的下拉列表框中选择 label（一般为默认设置），在下方的区域选择中选中“wall-impeller-lower”和“wall-impeller-upper”两部分，最后单击下方的 Add Local Sizing 按钮，完成搅拌器内挡板附近的局部尺寸添加。挡板尺寸设置如图 3-4-94 所示，挡板位置如图 3-4-95 所示。

Workflow
Import Geometry
Add Local Sizing
Generate the Surface Mesh
Describe Geometry
Would you like to add local sizing? yes
Add Local Sizing
Name boi_1
Growth Rate 1.2
Size Control Type Body Of Influence
Target Mesh Size 10
Select By label
Filter Text [2/13] Filter Text
boi-lower
boi-upper
fluid-lower-mrf
fluid-main-tank
fluid-upper-mrf
Repair Sizing Body
Draw Size Boxes
Add Local Sizing | Revert and Edit | Clear Preview

图 3-4-92　MRF 流域尺寸设置

图 3-4-93　MRF 流域位置

Add Local Sizing
arf-max-size
Generate the Surface Mesh
Would you like to add local sizing? yes
Add Local Sizing
Name impeller-max-size
Growth Rate 1.2
Size Control Type Face Size
Target Mesh Size 4
Select By label
Filter Text [2/13] Filter Text
mt-2i-boi-upper
sym-top
wall-baffles
wall-impeller-lower
wall-impeller-upper
wall-shaft
Draw Size Boxes
Add Local Sizing | Revert and Edit | Clear Preview

图 3-4-94　挡板尺寸设置

图 3-4-95　挡板位置

步骤 5：创建面网格。

挡板及周围 MRF 流体的局部网格尺寸创建完成后，接下来单击 Generate the Surface Mesh 进行全局面网格的尺寸设置。Minimum Size 右侧的文本框保持默认设置；Maximum Size 文本框输入“30”；在 Size Functions 右侧的下拉列表框中选择 Curvature & Proximity（一般为默认设置）；Curvature Normal Angle 右侧的文本框输入“18”（一般默认数值为 18），将 Cells Per Gap 右侧文本框内的数值改为“1”，保持 Scope Proximity To 下拉列表框为 edges 不变；高级选项中的设置保持不变。最后单击下方的 Generate the Surface Mesh 按钮进行面网格创建。全局面网格设置和完成后的全局面网格分别如图 3-4-96 和图 3-4-97 所示。

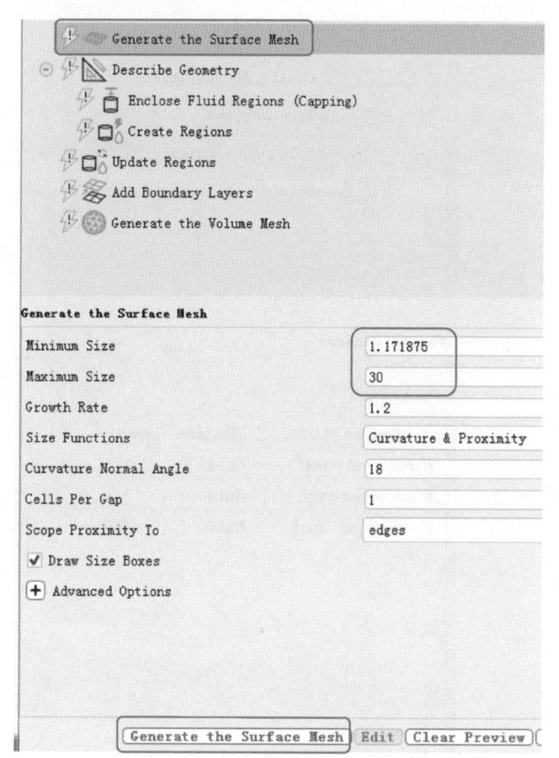

图 3-4-96　全局面网格设置

图 3-4-97　全局面网格

步骤 6：描述几何模型。

全局面网格创建完成后，对几何模型进行描述。单击 Describe Geometry，在下方的操作面板进行设置。如图 3-4-98 所示，在 Geometry Type 下方选择 The geometry consists of only fluid regions with no voids，第二个选项选择 Yes，最后一个选项选择 No。最后单击 Describe Geometry 按钮完成描述。

步骤 7：更新边界条件和区域。

几何描述完成后单击工作流程中的 Update Boundaries 选项进行边界更新，将 sym-top 对应的边界类型由“wall”改为“symmetry”，将 wall-baffels 对应的边界类型从“internal”改为“wall”，单击下方的 Update Boundaries 按钮完成边界条件更新，如图 3-4-99 所示。单击工作流程中的 Update Regions 选项，这个模型的流域有三

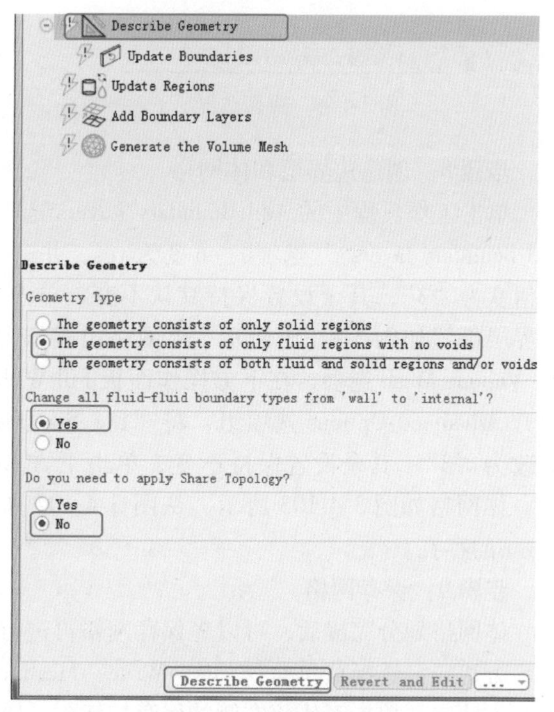

图 3-4-98　描述几何模型

部分，分别是“fluid-lower-mrf”“fluid-main-tank”和“fluid-upper-mrf”，将这三部分的区域类型（Region Type）均设置为流体（fluid）。单击下方的 Update Regions 按钮更新区域，如图 3-4-100 所示。

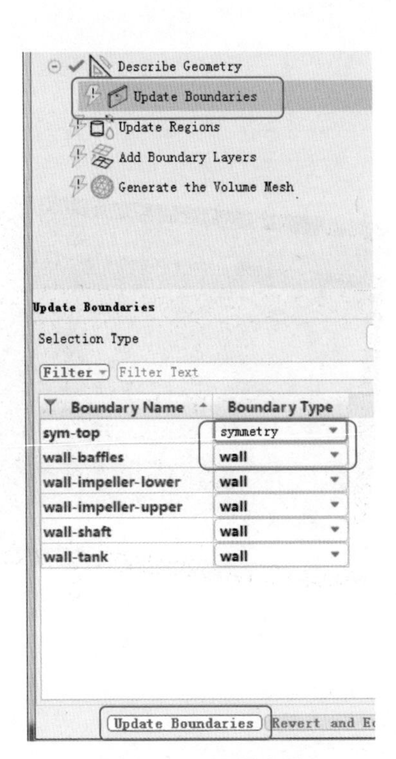

图 3-4-99　更新边界

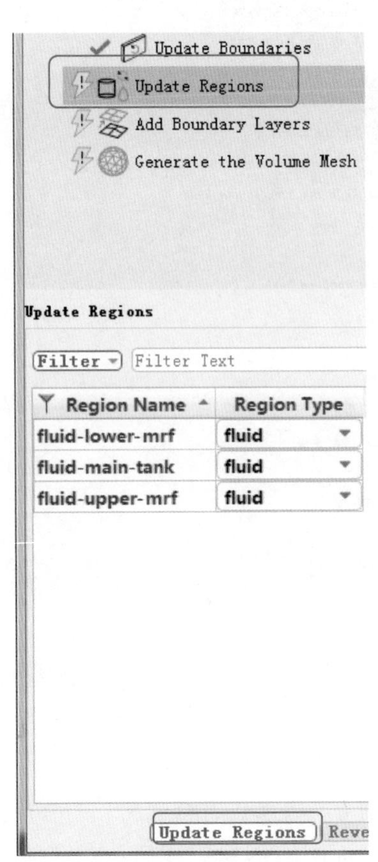

图 3-4-100　更新区域

步骤 8：创建边界层和体网格。

单击工作流程中的 Add Boundary Layers 选项，在下方操作面板中将“Would you like to add boundary layers?”选项的 no 变为 yes，并进行边界层设置。将 Number of Layers 文本框的数值变为“3”，其余设置保持默认不变，单击 Add Boundary Layers 按钮完成边界层设置，边界层设置如图 3-4-101 所示。体网格设置如图 3-4-102 所示，在工作流程中单击 Generate the Volume Mesh 选项，在下方操作面板 Fill With 右侧的下拉列表框选择 poly-hexcore，首先展开 Advanced Options 选项组，将“Use Size Field?”设为 no，将 Buffer Layers 文本框的数值改为“3”。其余设置保持不变，单击下方 Generate the Volume Mesh 按钮完成体网格设置。体网格如图 3-4-103 所示，从图 3-4-104 所示的叶片附近体网格中可明显看到 Buffer Layer 的存在。

步骤 9：保存网格。

体网格划分完成后，可以先保存网格再进行后面操作，以便于后续修改。

方法一：选择菜单命令 File→Write→Mesh...。

方法二：单击工作流右侧的保存按钮，如图 3-4-105 所示。

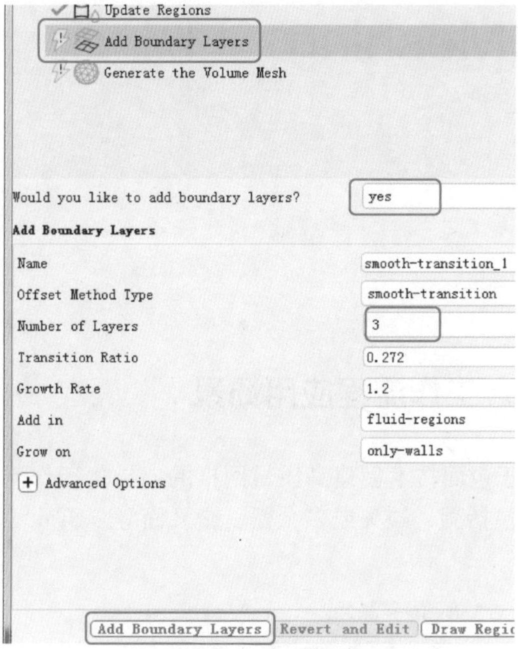

图 3-4-101　边界层设置

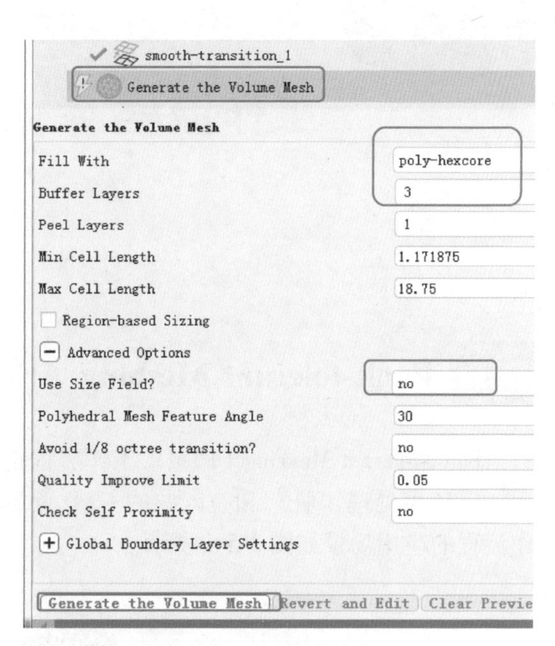

图 3-4-102　体网格设置

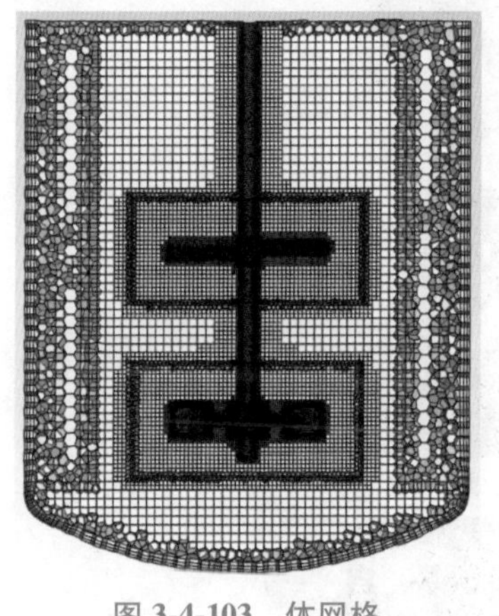

图 3-4-103　体网格

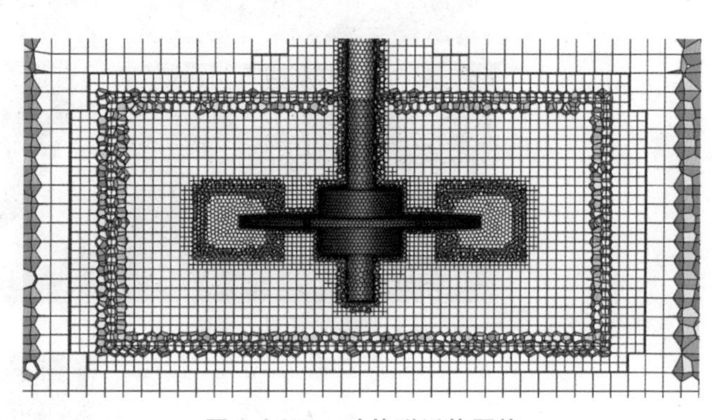

图 3-4-104　叶片附近体网格

图 3-4-105　保存网格

案例总结：本案例在 Fluet Meshing 中通过 Watertight Geometry 方法对搅拌器进行网格划分。该模型包括主储罐区域和两个挡板周围的一个 MRF 区域。将顶部设置为 symmetry 是因为在混合罐模拟中，通常采用不存在表面涡的对称边界来表示自由表面。在设置体网格时，如不关闭高级选项中的“Use Size Field?”，在左下角界面上无 Buffer Layer 选项（此时为默认值 2），故要先关闭“Use Size Field?”才能进行改变 Buffer Layer 的数目。

第 5 章 Fault-tolerant Meshing（FTM）工作流程

5.1 Fault-tolerant Meshing（FTM）工作流程应用场景

Fault-tolerant Meshing（FTM）工作流程是基于包面技术创建高质量网格的向导化工作流程。FTM 可处理“脏”和有问题的 CAD 问题，包括洞、缺失或多余面、交叉面等。FTM 工作流程的应用场景如图 3-5-1 所示。

a) 复杂和“脏”几何模型　b) 生物医学动脉扫描模型

c) 具有复杂表面特征的商务飞机模型　d) 多级CAD部件的海洋平台

图 3-5-1　FTM 工作流程的应用场景

1）当遇到复杂和“脏”几何模型时，将其清理成高质量的“水密”几何体不切实际。而 FTM 工作流程能利用包面技术和自动泄漏修补功能有效地创建流体域，可以大大减少人工操作。

2）STL 格式的几何模型。扫描的 CAD 模型或 FEA 分析获得的 STL 几何模型非常普遍，尤其是在生物医学、石油、天然气及汽车行业。FTM 可直接从 STL 创建流体域，无须进行烦琐、耗时的 STL 到实体的几何转换。

3）具有复杂表面特征的“水密”CAD 几何模型，由于存在大量小的面片，面网格划分导致网格质量十分差。

4）对于部件级流体流动模拟，如废气流动，FTM 可以绕过由实体之间的间隙和部件之间的错位引起的泄漏，这将显著减少清理几何体所需的手动工作。FTM 流程能够非常有效地为完整部件创建流体主管，这些部件通常具有大量子组件、不必要的制造工艺细节特征和错误的几何定义，如海洋平台模型。

5.2　包面技术

包面技术（Wrapping）可比作从外部对行李进行塑料薄膜热缩包装，或通过吹塑成型从几何体内部进行包面，如图 3-5-2 所示。包面技术能够自动处理间隙和重叠，无须手动修复几何体的破洞等。无须具有“水密”形式的几何体，只要接近设定的公差，此公差要小于网格中的最小尺寸。此外，包面技术还能抑制特征。

a) 塑料薄膜热缩包装

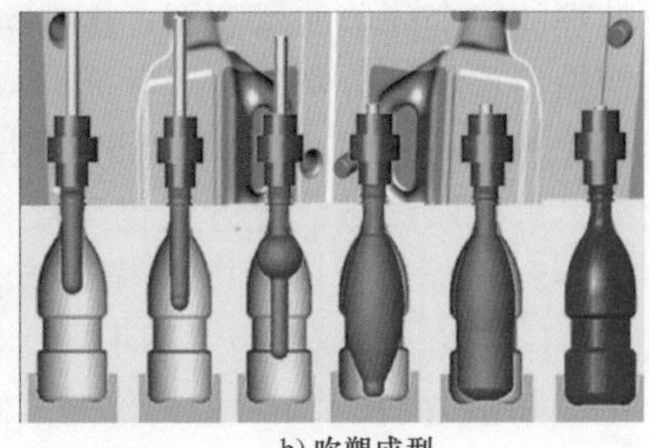
b) 吹塑成型

图 3-5-2　包面技术

如图 3-5-3 所示，包面技术的大致过程如下：

1）首先基于尺寸函数在底层生成的笛卡儿网格，几何模型边界与底层的笛卡儿网格相交，提取“水密”几何区域。尺寸函数对于域提取和网格分辨率都很重要，这是与 Watertight 网格划分工作流程的主要区别。

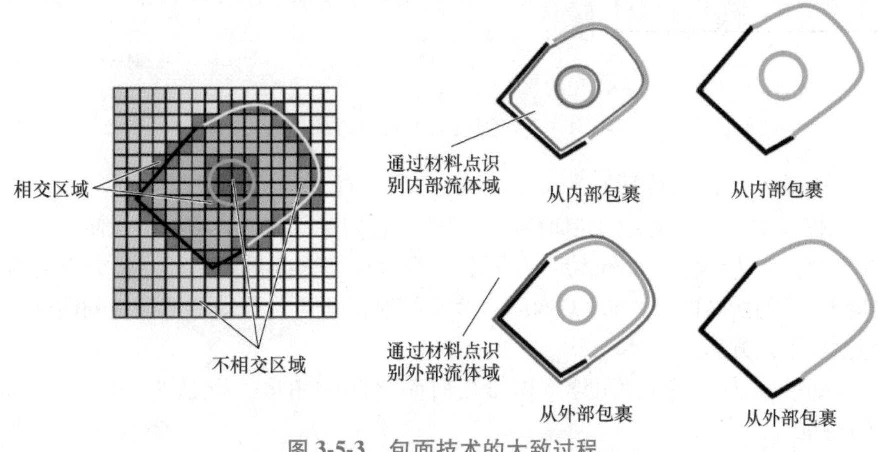

图 3-5-3　包面技术的大致过程

2）然后基于材料点［material point（s）］识别感兴趣的域。材料点的定义可对识别所需的流体域进行包面，可从内部包面，也可从外部包面。已识别区域的边界表面被抽取并投影到输入几何边界上。

3）最后通过边缘特征域捕获输入几何边界中的细节特征。边缘特征对于锐角变化、前缘等几何特征至关重要。

5.3 FTM 关键技术

1. Geometry Handles（几何对象处理）

FTM 工作流可以通过两种方式之一创建表面网格，从而创建体网格，具体取决于起始几何模型。如果存在“干净”且“水密”的流体或固体几何，可以直接对几何表面进行重新网格化，或者可以使用包面。如果存在“脏”且“漏水”的流体和固体几何，必须使用包面技术提取域。包面用于一个或多个对象形成域，材料点用于标识要提取的域，然后使用包面提取该域。包面过程可以处理有缺陷或未连接的 CAD 几何模型。一旦通过任何一种方法获得了防水网格域，就可以使用选择的体网格方法填充它。图 3-5-4 所示为包面技术中几何对象处理的三个简单的示意图：图 3-5-4a 代表一个密封、干净的“水密”CAD，可直接基于此几何模型重新划分网格，然后提取内部的体积域并用所选择的体网格填充它；图 3-5-4b 所示为一个缺失面的 CAD 模型，此模型存在问题，但可以通过材料点识别需要的域，并使用包面技术来提取该域，此方法仍可获得一个“水密”的域，最后使用选择的体网格进行填充；图 3-5-4c 所示为几个 CAD 模型组合，这里不同的 CAD 对象用不同的颜色表示，它们之间相交并有间隙。此模型为“不干净”的多个 CAD 对象的组合，当与内部的材料点结合时，同样可以使用包面技术来提取内部的流体域，然后使用选择的体网格方法填充。

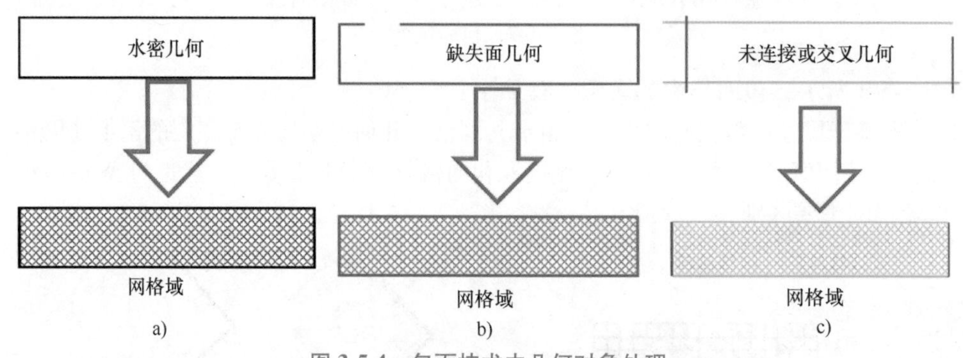

图 3-5-4　包面技术中几何对象处理

2. Edge Feature（边缘特征）

边缘特征提取用于识别重要的几何特征，以便将它们保留在最终网格中，使用它们来确保良好的几何模型捕捉。边缘特征如图 3-5-5 所示，一旦确定了这些重要特征，就会应用额外的操作将它们压印到最终的面网格上。Size Control（大小控制）也可优化这些特征上的网格。边缘特征提取方法包括以下几方面。

（1）Feature Angle（特征角度）　相邻几何面之间的角度，默认为 40°。较小的角度保留了更多的特征。

（2）Intersection Loops（相交环）　保留几何面之间的锐利相交边缘。

（3）Sharp Angle（锐角）　为锐利的内角保留“干净”的边。

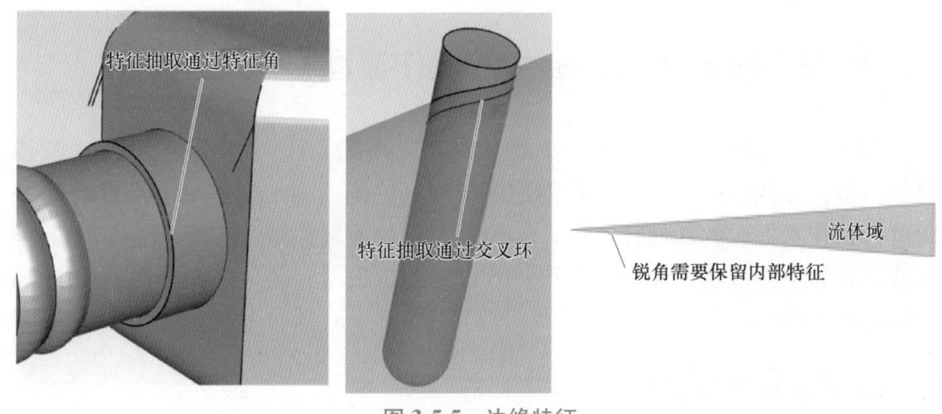

图 3-5-5　边缘特征

3. Leakage Controls（泄漏控制）

包面技术需要密封几何体中有开口或可能发生泄漏的区域。包面技术将自动关闭所有小于局部网格尺寸的泄漏，而当开口或泄漏区域大于局部网格尺寸时，通过局部网格尺寸控制不可行，如图 3-5-6 所示。大开口的自动泄漏修补必须执行。泄漏修补通过 Maximum Leakage Size 进行控制，尺寸小于 Maximum Leakage Size 的开口将自动进行关闭。FTM 包含两种自动泄漏修补方法（见图 3-5-7）：

（1）Void Region（空域）　小于最大泄漏尺寸的流体通道不会将流体泄漏到给定的空域。这将封闭由多个几何对象之间交互创建的区域。

（2）Dirty Object（“脏”对象）　从外部封闭此“脏”对象，使得没有液体会泄漏到该“脏”对象中。

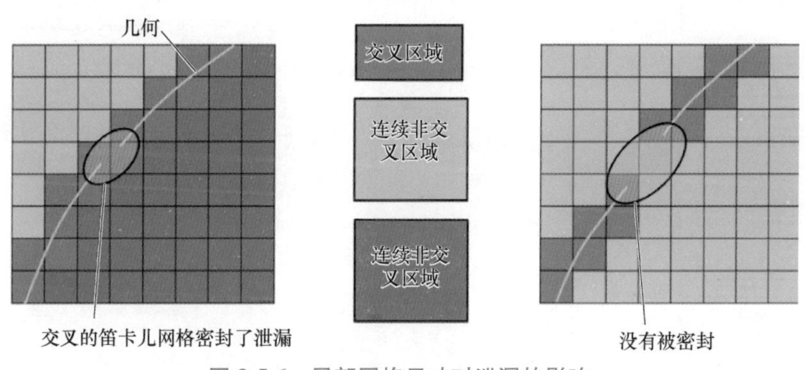

图 3-5-6　局部网格尺寸对泄漏的影响

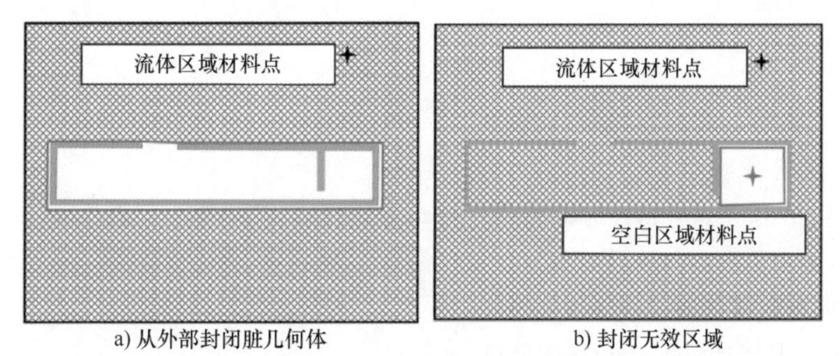

图 3-5-7　自动泄漏修补方法

5.4 FTM 在 Fluent Meshing 中的操作流程

FTM 工作流程主要包含以下 9 个步骤（见图 3-5-8）：①导入几何并创建网格对象；②定义问题类型，并执行附加操作，以创建用于网格控制的附加实体（如多孔介质）；③识别需要通过包面技术提取的任何计算域；④预览和创建泄漏控制；⑤确认需要保留的流体域或者固体域，并为包面域定义体网格类型；⑥设置局部尺寸；⑦生成面网格；⑧定义边界层控制；⑨创建体网格。

5.4.1 导入几何和部件管理

如图 3-5-9 所示，打开 Fluent Meshing 后在左侧的工作流程列表单击 Workflow 选项卡，选择 Fault-tolerant Meshing，可见默认的 Fault-tolerant Meshing 工作流程。此外，也可以加载已经创建的 Fault-tolerant Meshing“＊. wft”文件。

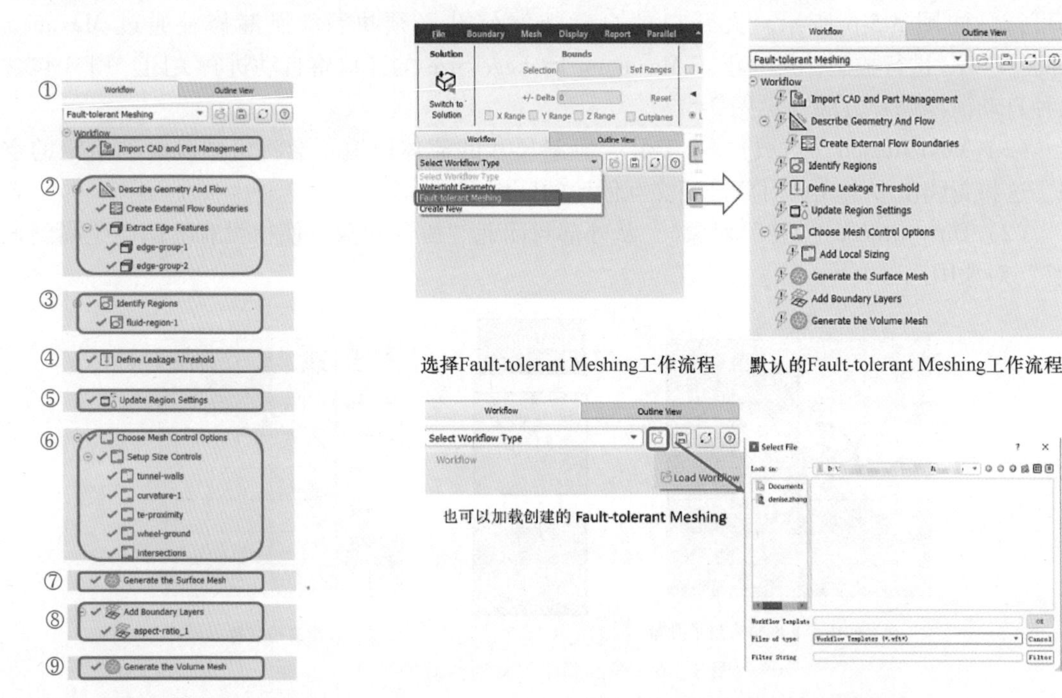

图 3-5-8 FTM 在 Fluent Meshing 中的工作流程

图 3-5-9 启动 FTM 工作流程

创建网格对象的一般工作流程（见图 3-5-10）如下。

1. 设置关键选项

关键选项包括 Part per body、Units 和 Create Meshing Objects。勾选 Part per body 选项时为 On，不勾选为 Off。

1）On：所有的体为独立的 CAD 部件。

2）Off：一个组件创建一个 CAD 部件。

2. 加载几何

支持多个格式的常规 CAD 和刻面几何文件。

3. 几何列表

加载之后几何部件列表出现在左下方的 CAD Model 模型树中。勾选前方的复选框，对应的几何模型显示在图形区域（见图 3-5-11）。

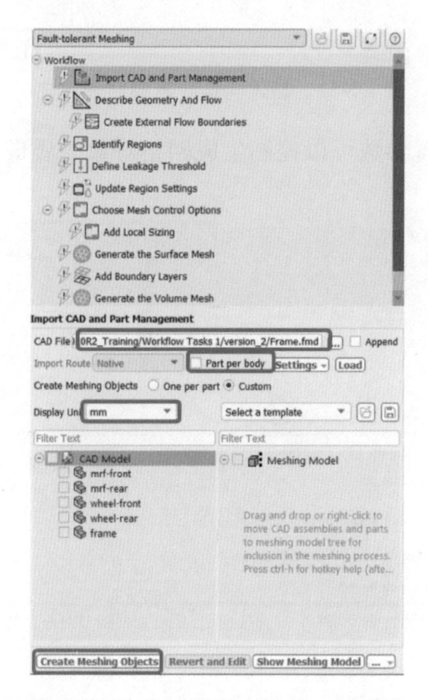

图 3-5-10　创建网格对象的一般流程

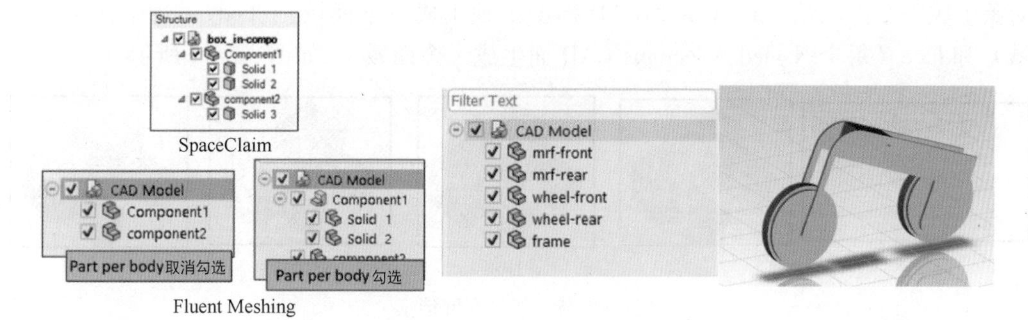

图 3-5-11　部件管理

4. 创建网格对象（见图 3-5-12）

1）分配网格对象。选择 One per part 或者 Custom。One per part 表示对每个 CAD 部件创建网格对象；而 Custom 方式表示用户可以自定义创建网格对象，并手动为其分配 CAD 部件，可通过右击 CAD Model，在右键菜单中选择命令 Meshing Model→Create Object 来创建网格对象，然后可以将左侧的 CAD 对象拖入这些自定义的网格对象中。

2）分配网格对象后，单击 Create Meshing Objects 按钮完成网格对象的创建。

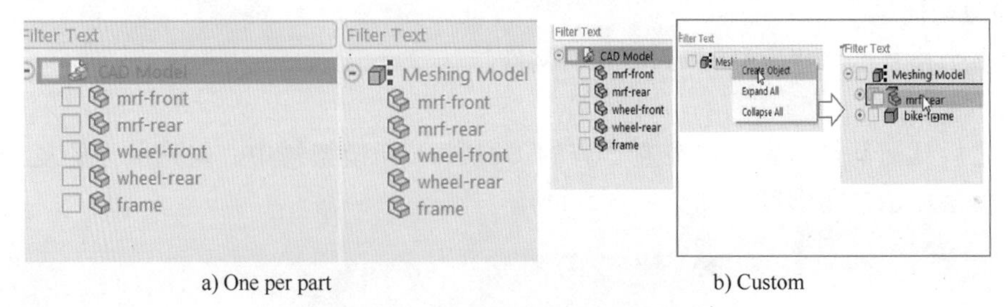

a) One per part　　b) Custom

图 3-5-12　创建网格对象的两种方式

此外，通过一些高级设置参数可以控制生成网格对象的质量，如图 3-5-13 所示。

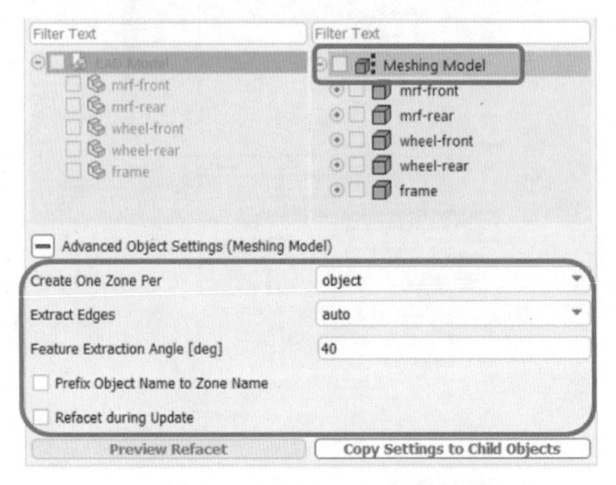

图 3-5-13　控制网格对象的其他参数

（1）Create One Zone Per（创建域）下拉列表框　主要包含四个选项：object（整个网格对象生成一个面域）、part（每个 CAD 模型单独生成一个面域）、body（每个体生成一个面域）和 face（每个 Named Selections CAD 面生成一个面域），如图 3-5-14 所示。

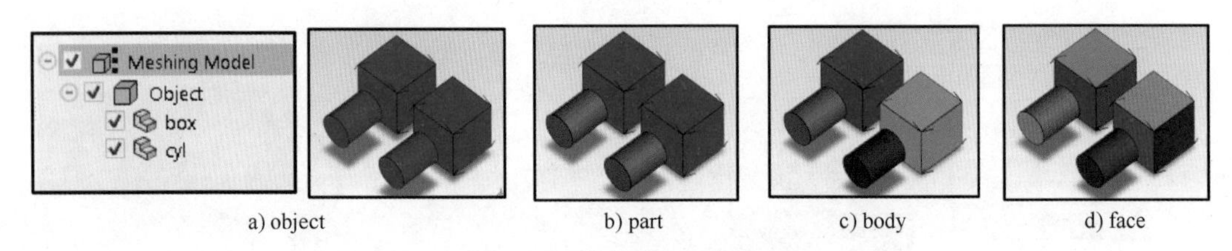

a) object　　b) part　　c) body　　d) face

图 3-5-14　创建面域选项

（2）Extract Edges（抽取特征线）下拉列表框　当对象的数目小于或等于 10000 时，此项自动打开。

（3）Refacet during Update（重新构造几何对象）　如图 3-5-15 所示，有助于精确捕捉曲率。不建议勾选此选项，因为可能导致网格数量和划分时间的大幅度增加。

Refacet during Update 包含以下 3 个选项。

1）Deviation（偏差）。偏差控制刻面边缘距模型的距离。建议取值为最小尺寸的 1/10。图 3-5-16 所示为 Deviation 为“0. 5”和“1. 0”的对比。

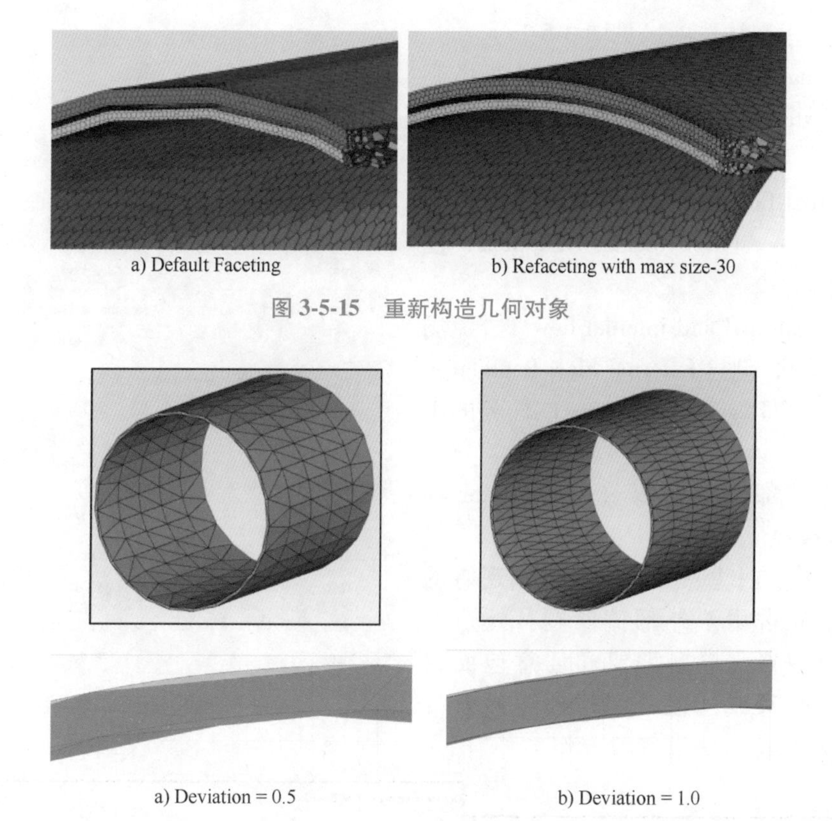

a) Default Faceting　　b) Refaceting with max size-30

图 3-5-15　重新构造几何对象

a) Deviation = 0.5　　b) Deviation = 1.0

图 3-5-16　不同偏差对比

2）Normal Angle［deg］（法向角）。相邻刻面之间的法向角度，减小该值会增加面的数量，如图 3-5-17 所示。

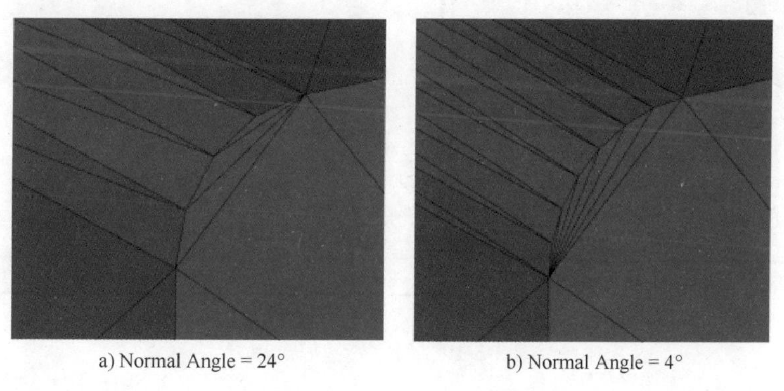

a) Normal Angle = 24°　　b) Normal Angle = 4°

图 3-5-17　不同法向角

3）Max Size（最大尺寸）。在遵守偏差和法向角度后控制刻面的最大尺寸。

5.4.2　定义几何和流动

在划分网格之前需要定义流动的类型以便根据几何模型划分正确的网格。用户需选择要分析的流动类型，FTM 根据选择的分析类型自动加载对应的工作流程。流动类型（Flow

Type）包含以下三种选项（见图 3-5-18）。

1）External flow around object（外流场流动），创建 External Flow Boundaries 任务的工作流程。

2）Internal flow through object（内流场流动），创建 Enclose Fluid Regions（Capping）任务的工作流程。

3）Both external and internal flow（外流场加内流场流动），创建 External Flow Boundaries 和 Enclose Fluid Regions（Capping）任务的工作流程。

1. 创建外部流动边界（Create External Flow Boundaries）

此任务用于创建一个新的或识别现有的外部边界，通常用于外部流问题。外边界将会生成面网格，根据需要和任意包面目标对象产生交叉或连接，创建外边界流程如图 3-5-19 所示。

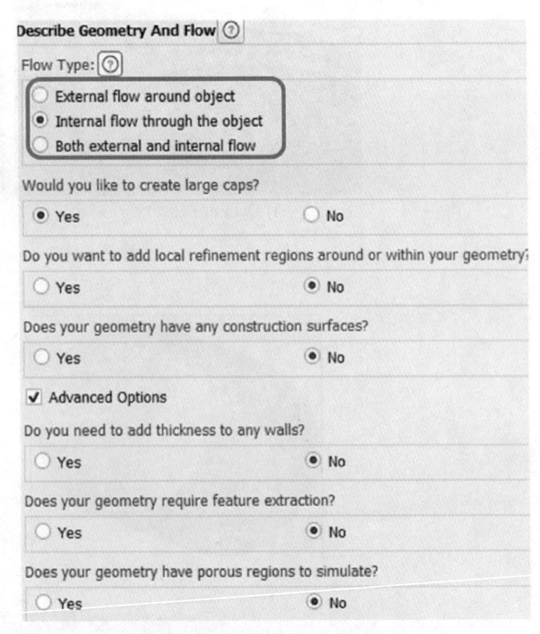

图 3-5-18　定义几何和流动

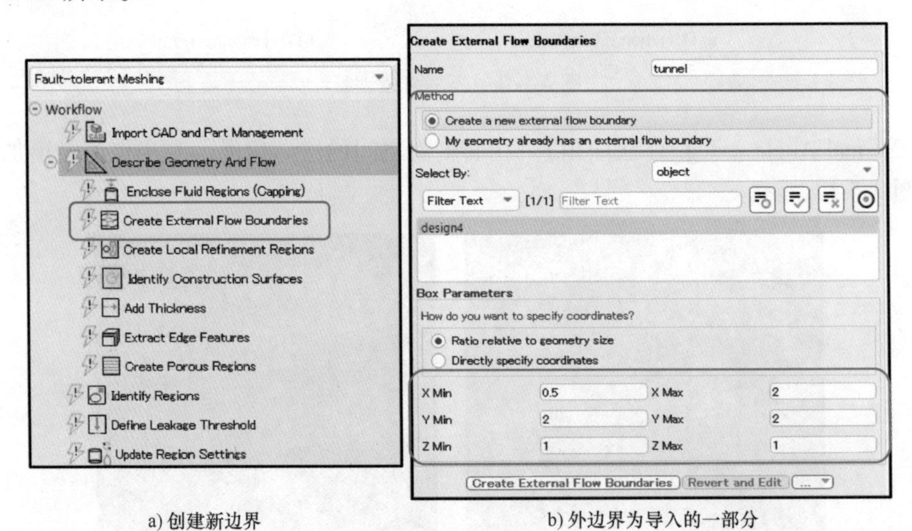

a) 创建新边界　　　b) 外边界为导入的一部分

图 3-5-19　创建外边界流程

创建外部边界需满足的要求包括：①创建的边界需要是水密的；②和几何模型一起导入的已有边界需要水密；③外边界和任意与之相交叉的位置可以创建交叉边（Intersection edge），以提高交叉位置的捕捉质量。

（1）Method（创建外边界的方法）选项组

1）如创建新的外边界，选择 Create a new external flow boundary，选定的实体将用于计算外边界范围。

2）如外边界已经作为导入几何模型的一部分存在，那么选择 My geometry already has an

external flow boundary，选定的实体将成为外边界。

（2）Select By（选择目标对象或域）选项组

使用 Filter Text（选择过滤器）或通配符选项快速在列表中找到指定的目标对象或域。

（3）Box Parameters（盒子参数）选项组

1）Ratio relative to geometry size（与几何尺寸的比值），创建的外边界盒子 X、Y、Z 扩展尺寸将根据所选实体边界框的尺寸定义。

2）Directly specify coordinates（直接定义坐标），直接定义 X、Y、Z 方向最大、最小值的坐标。

2. 封闭流体区域［Enclose Fluid Regions（Capping）］

该任务是创建封盖面覆盖开口，以封闭流体区域。如图 3-5-20 所示，创建的盖面作为额外的网格对象，需要的输入有：

1）Name（名称），根据类型自动赋予。

2）Zone Type（域类型）。

3）Select By（创建盖面的基准），通过标签（一般是导入的 CAD 几何的命名-Named Selection）或面域选择。

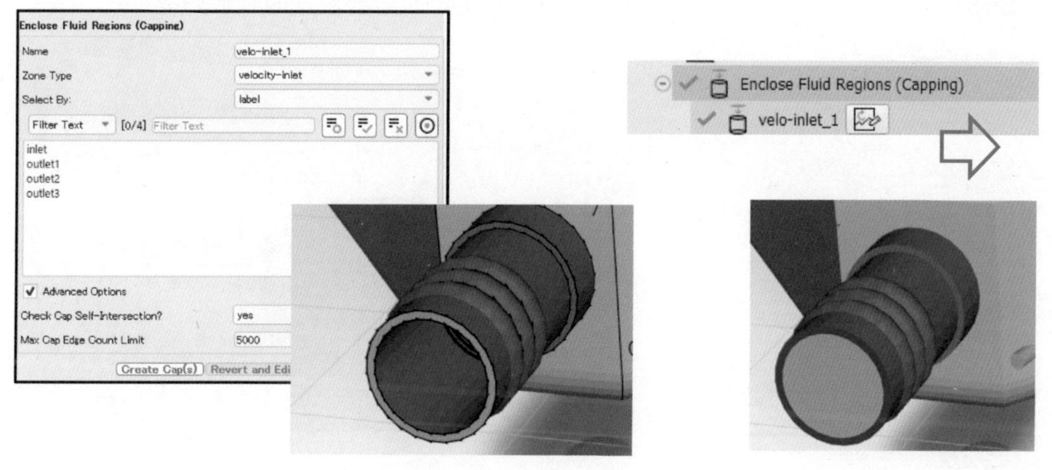

图 3-5-20　创建封盖面

此外，可以勾选 Advanced Options（高级选项）进行进一步操作。

1）“Check Cap Self-Intersection?”（是否检查盖面自相交?），即控制软件是否检查盖面与模型中的任意面是否存在相交叉，默认为 yes，即当查找到存在交叉时，自动删除。如果为了提高创建盖面的效率，可将选项设置为 no。

2）Max Cap Edge Count Limit（最大边数量的限制）。控制盖面上生成的网格边的数量，默认设为“5000”。

3. 创建局部细化区域（Create Local Refinement Regions）

模型中远离几何形状的部位或不存在几何特征的位置，可使用影响体（BOI）尺寸进行细化，一个比较典型的应用就是细化车辆尾流区域网格。软件中 BOI 的尺寸控制应用于已存在几何面或创建新水密表面。图 3-5-21 所示为汽车尾流区域基于偏置面的局部细化示意。

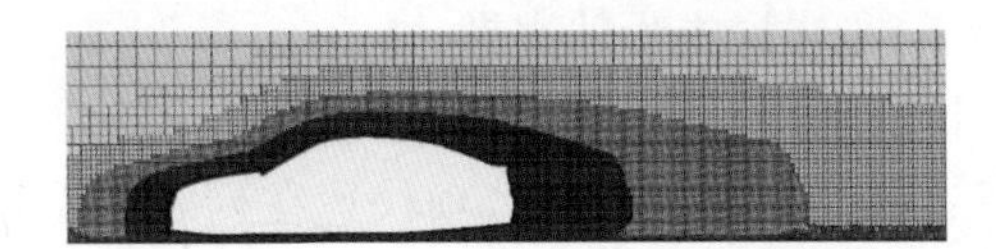

图 3-5-21　汽车尾流区域基于偏置面的局部细化示意

如图 3-5-22 所示，Fluent Meshing 提供的创建局部细化区域的类型（Type）包括以下几种：

（1）Box（长方体）　与外流场边界的设置方式相似，可以指定相对于几何尺寸的比例，也可以直接指定三个方向的坐标范围。

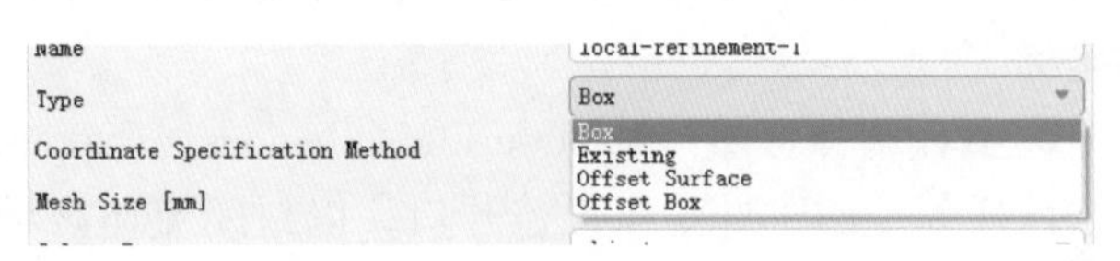

图 3-5-22　局部细化区域类型

（2）Existing　（已存在几何体）　从导入的几何体中选择对应的域，指定影响体尺寸。

（3）Offset Box（偏置盒子）　从已有面产生偏置，基于包裹盒子进行缩放，定义影响体尺寸和流动方向。

如图 3-5-23 所示，Type 下拉列表框设为 Offset Box 时需要设置的参数如下。

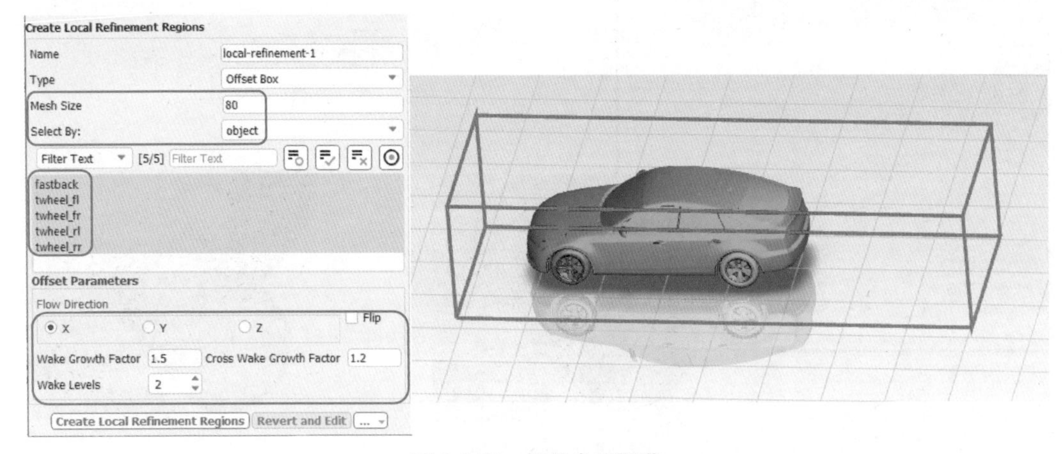

图 3-5-23　偏置盒子预览

1）选择参考几何图形，计算选定几何图形的边框范围。

2）输入参数：①Flow Direction（流动方向）；②Wake Growth Factor（尾流区域增长因子）；③Cross Wake Growth Factor（横向尾流增长因子）；④Wake Levels（尾流水平）。

（4）Offset Surface（偏置面）　从已有几何面进行偏置，基于几何包面进行缩放，定义影响体尺寸和流动方向。参考图 3-5-24，偏置面在概念上与偏置盒子相似，只不过是基于粗糙的几何包面而不是几何的包裹盒子，除了尾流细化影响体，还创建边界层影响体。

其他一些参数包括：

1）Defeaturing Size（损伤尺寸）。使用该尺寸生成粗糙的几何包面，作为基准面。

2）Boundary Layer Height（总厚度）。边界层影响体的总厚度。

3）Boundary Layer Levels（边界层水平）。边界层影响体的数量。

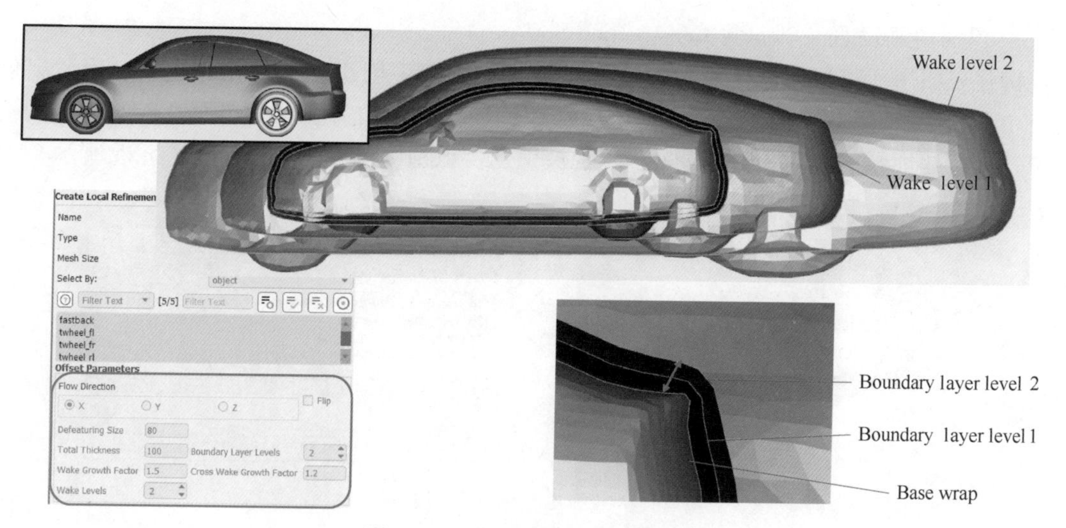

图 3-5-24　偏置面尺寸计算方法

Box、Offset Box、Offset Surface 三种局部细化方法，都可创建面域，用于控制 boi 的尺寸，这三种局部控制域名称分别见表 3-5-1~表 3-5-3。

表 3-5-1　Box 尺寸控制域名称

细化类型	尺寸控制名称	影响体表面名称	尺寸函数	最大尺寸
boi	“name”-boi	“name”	boi	8

表 3-5-2　Offset Box 尺寸控制域名称

细化类型	尺寸控制名称	影响体表面名称	尺寸函数	最大尺寸
Wake level 1	“name”-boi-wake-1	“name”-wake-1	boi	8
Wake level 2	“name”-boi-wake-2	“name”-wake-2	boi	16
Wake level #	“name”-boi-wake-#	“name”-wake-#	boi	2(#-1)×wake-1 size

表 3-5-3　Offset Surface 尺寸控制域名称

细化类型	尺寸控制名称	影响体表面名称	尺寸函数	最大尺寸
Base wrap	“name”-soft	“name”-base	soft	8
Boundary layer level 1	“name”-boi-1	“name”-1	boi	16
Boundary layer level 2	“name”-boi-2	“name”-2	boi	32@
Wake level 1	“name”-boi-wake-1	“name”-wake-1	boi	64 *
Wake level 2	“name”-boi-wake-2	“name”-wake-2	boi	128

注：@ max size = base size×$2^{\#}$，# = boundary layer level　* = 2×last boundary layer level size。

如果选择了默认尺寸，则会自动创建相关尺寸控制：

1）根据在创建局部细化区域时设置的网格尺寸定义，如表格中设置为 8。

2）根据已有表面的名称创建细化操作的名称，显示在模型树中。

如果选择了自动尺寸控制，需要手动创建影响体尺寸控制。

4. 识别构建表面（Identify Construction Surfaces）

构建表面用于将包面流体域分割为多个域，如管路中创建一个多孔介质域、为风扇创建一个 MRF 旋转域等，构建面为几何中已存在的表面，必须为独立于包面几何的单独网格对象，即构建面只能在对象（Object）级别被识别。识别构建表面流程如图 3-5-25 所示。

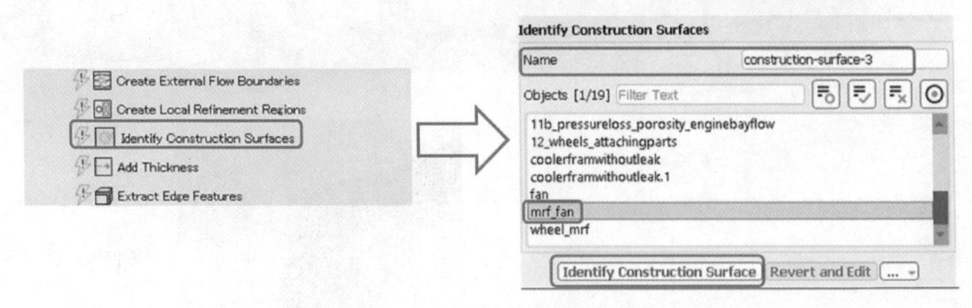

图 3-5-25 识别构建表面流程

构建表面首先生成表面网格，然后再与主包面进行交叉：

1）构建表面形成一个封闭的体积，如 MRF 边界，需为水密的。

2）主包面区域需要在 Update Region Settings 任务中正确识别。

3）为构建表面创建的区域创建流体域，当创建流体域材料点时勾选 Link to Construction Surface（s）选项。

4）最后为构建表面对象和相交叉的对象创建交叉边特征，以便更好地捕捉交叉特征。

图 3-5-26 所示为识别构建表面的案例，为一管路模型，使用构建表面任务创建多孔介质区域。

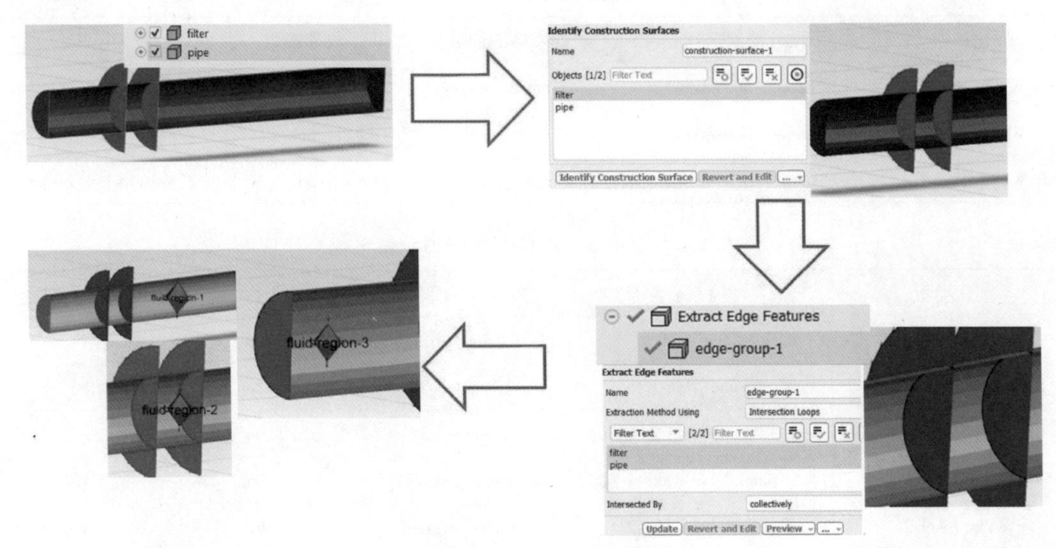

图 3-5-26 构建表面应用

5. 增加厚度（Add Thickness）

流体计算中很多问题会使用零厚度壁面，如挡板。在 Fluent Meshing 中零厚度边界可进行包面操作但质量可能不够，这是由于 FTM 流程自动完成对包面网格两侧进行的分离操作。

如果零厚度面区域对仿真分析很重要，那么可以使用增加厚度任务，能够改善网格质量。增加厚度可以用于对象（Object）或者面域，在图形窗口中能够预览厚度的方向。如图 3-5-27所示，蓝色轴线为厚度方向，如果和预期方向相反，可以使用翻转法向功能调整方向，具体方法：选择菜单命令 Boundary→Manage...，选中 Flip Normals，在 Manage Face Zones 对话框的 Options 选项组中选择 Flip Normals 选项，在 Face Zones 列表中选择对应的零厚度面域，单击 Apply 按钮，如图 3-5-28 所示。

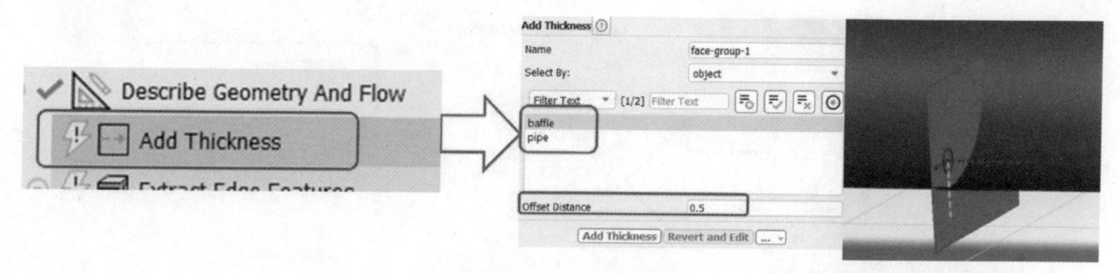

图 3-5-27　增加厚度任务

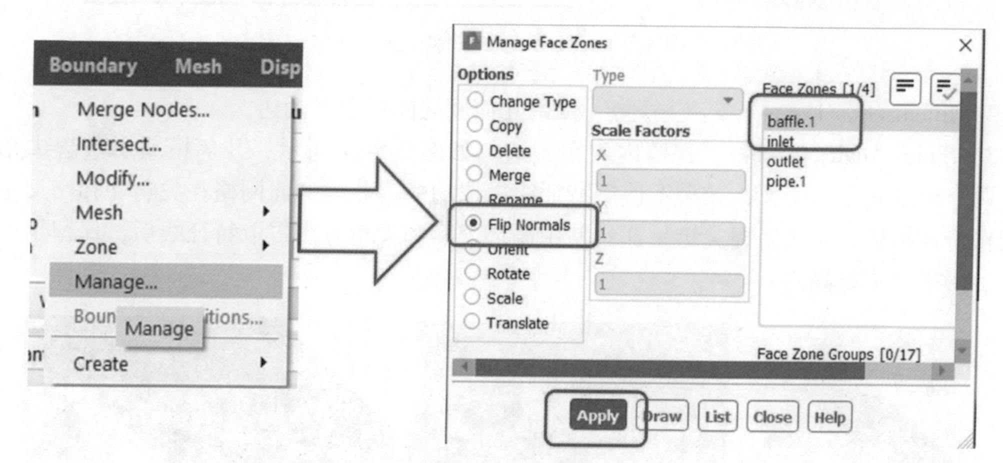

图 3-5-28　改变厚度方向

设置增加厚度任务之后，会创建一个新的网格对象，创建时可赋予名称。该对象的面域基于原始面域生成，生成前后对比情况如图 3-5-29 所示，增加的面会有多个面域，如 “baffle. 1-thickened-base” “baffle. 1-thickmed-cap”。同时需要注意的是，新的网格对象没有特征边，需要通过提取特征线任务添加。

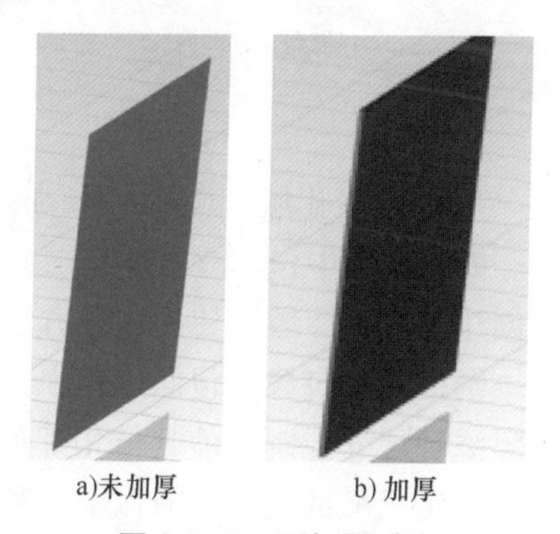

a)未加厚　　b) 加厚

图 3-5-29　面加厚对比

6. 提取特征线（Extract Edge Features）

提取特征线功能主要用来识别重要的几何特征，并在划分的网格中保留这些特征。在识别出这些重要的特征之后，需要一些操作将其映射到最终生成的面网格上，同时也可以为其添加尺寸控制。

提取特征线的方法有三种：特征角、交叉循环和尖角。

1）Feature Angle（特征角），为相邻几何面之间的角度，默认为 40°，角度值越小，保留的特征越多。

在前面的部件管理任务中，默认使用的特征角度是 40°。在提取特征线任务中，可以针对每个对象，使用不同的角度再次进行特征线提取。在提取过程中，软件可测量面之间的角度，如果面之间的角度小于设定的特征角度，则对应曲面的特征线不被提取。需要注意的是，一个对象只能有一组特征线，如果使用特征角 30°提取特征线，则之前的特征线将被覆盖，如图 3-5-30 所示。

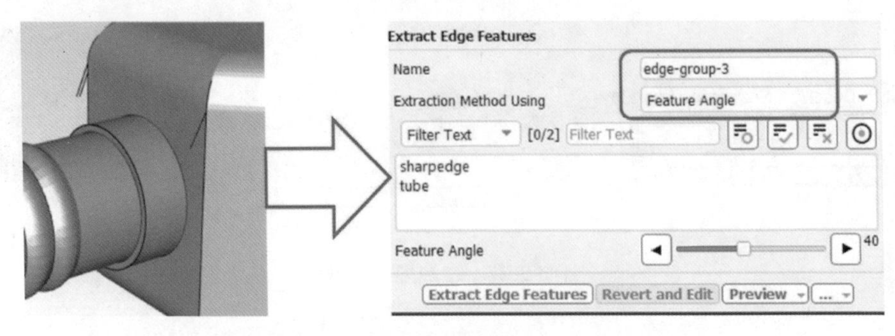

图 3-5-30　特征角提取特征线之一

2）Intersection Loops（交叉循环），保留几何面之间相交叉的边。

3）Sharp Angle（尖角），保留内尖角的边。如图 3-5-31 所示，几何模型中包含尖角结构，两个域之间存在交叉，如果不使用特征线提取功能，获得的面网格在尖角处和交叉位置的网格十分粗糙，无法捕捉关键特征；使用循环交叉和尖角方法提取特征线后，保留了相关特征，网格分辨率高。

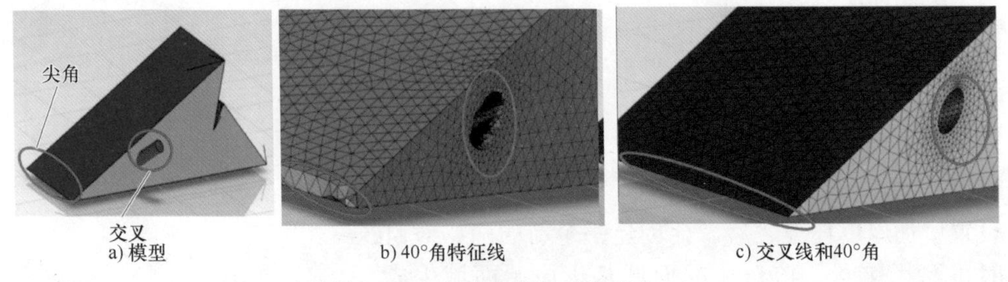

图 3-5-31　特征角提取特征线之二

7. 创建多孔域（Create Porous Regions）

如果模型中包含立方体区域，用来模拟换热器或其他多孔介质，可以使用创建多孔域任务创建相应计算域。使用这种方法创建的域质量高且能用于 Fluent 所有的换热器模型。

网格对象包含在包面过程中，确保包面网格不包括多孔区域所占据的空间。可以针对该对象添加尺寸控制，使其与相邻的多孔区域网格匹配。如图 3-5-32 所示，通过指定 P1 ~ P4 的坐标定义域的范围，有以下 3 种选择方式：

1）在表格中手动输入数值。

2）选择位置（Position Selection）——可选择网格上的任意节点。

3）选择节点（Node Selection）——选择面上的两条边界的交叉点。

可以为每个方向设置网格尺寸，其中缓冲区大小及网格尺寸是可选的，在 Buffer Size Ratio 和 Buffer Size 两处设置缓冲单元的尺寸比和总尺寸，缓冲单元的作用是在多孔介质域前和后两侧增加一层缓冲层，Fluent 的宏观换热器模型（Macro Heat Exchanger Model）需要此项设置。

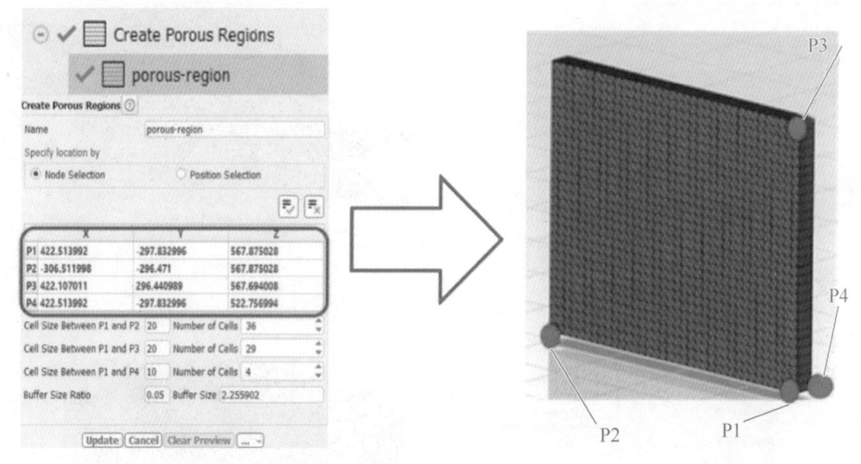

图 3-5-32　创建多孔介质域

创建的多孔介质区域，在求解器中通过非一致交界面（non-conformal interfaces）与主包面实现连接，创建的单元域和几何对象如图 3-5-33 所示，分为带过渡层和不带过渡层两种情况，域和对象的名称与任务中的名称相对应。

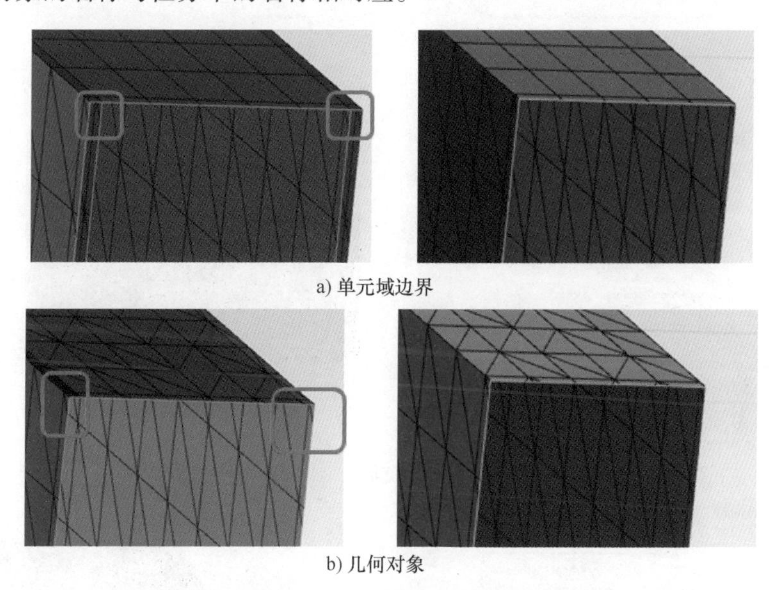

a) 单元域边界

b) 几何对象

图 3-5-33　孔介质边界创建规则

8. 识别域（Identify Regions）

如果计算域通过包面（Wrap）功能来创建，那么这个计算域需要使用材料点进行识别。可以创建多个计算域，计算域有以下两种类型：①Fluid region（流体域），用于识别流体域；②Void region（空域）。用于在泄漏控制中识别空域（在本章 5.4.3 节定义泄漏阈值部分详细介绍）。

域位置的识别（Define Location Using）包含三种方法（见图 3-5-34）：

（1）Centroid of Objects（对象质心）　所选对象或域的质心。

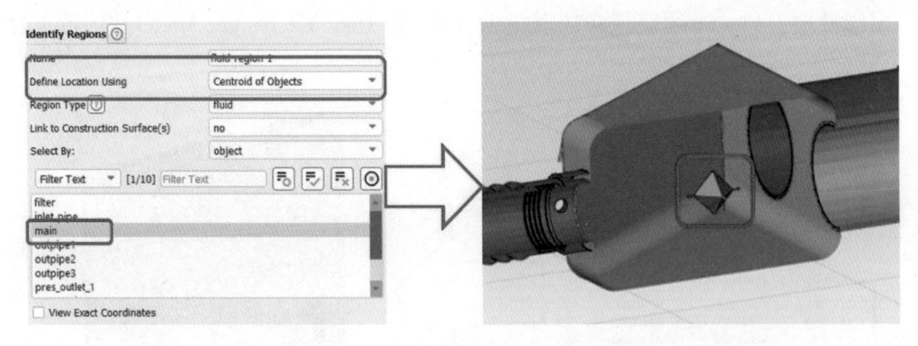

a) 对象质心

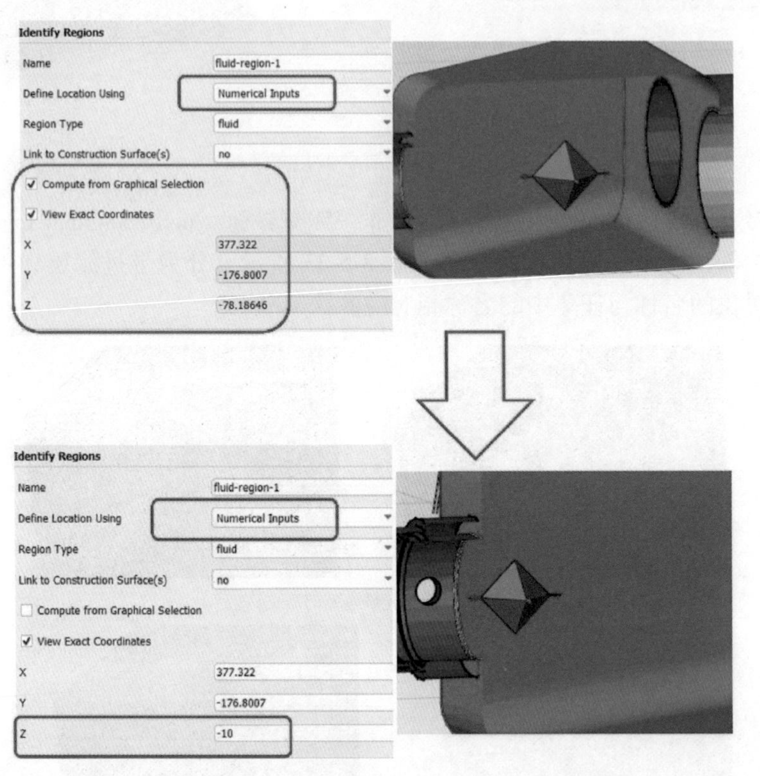

b) 数值输入

c) 偏置

图 3-5-34　创建多孔介质

（2）Numerical Inputs（数值输入）

1）手动输入坐标值。

2）初始坐标的确认，可以先选择另外一种方法，然后改回 Numerical Inputs 选项，再编辑坐标值。

3）可勾选 Compute from Graphical Selection 选项，根据图形窗口中的选择计算坐标值，允许选择节点。

（3）Offset Method（偏置）　根据所选对象或域的质心，设置偏置。

如果计算域是通过构建面来识别的，那么需要在 Link to Construction Surface（s）下拉列表框中选为 yes；勾选 View Exact Coordinates 选项，可以显示材料点的精确坐标。

5.4.3　定义泄漏阈值

当通过包面（Wrap）创建计算域时，如果局部网格尺寸设置在不密封处不发生泄漏，则可以正确捕捉边界。但当网格尺寸与泄漏尺寸相比过小时，会发生泄漏，此时需要定义泄漏阈值。泄漏的密封示意如图 3-5-35 所示。

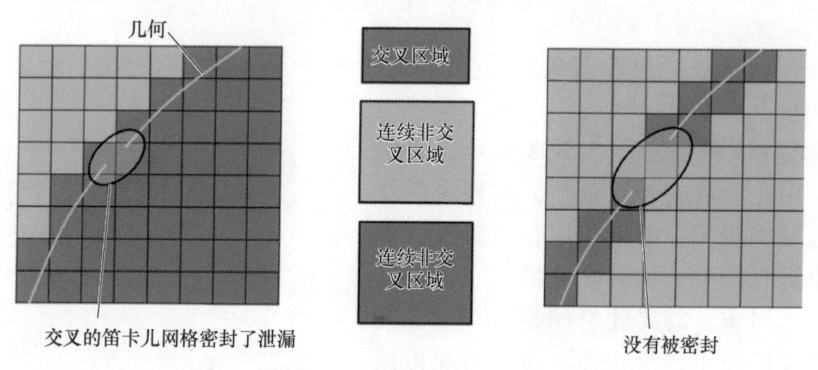

图 3-5-35　泄漏的密封示意

如果用局部尺寸控制导致泄漏，那么需要使用定义泄漏阈值（Define Leakage Threshold）任务。创建泄漏控制将泄漏位置密封，泄漏控制可以应用在对象或者空域上，两种泄漏密封方法如图 3-5-36 所示。

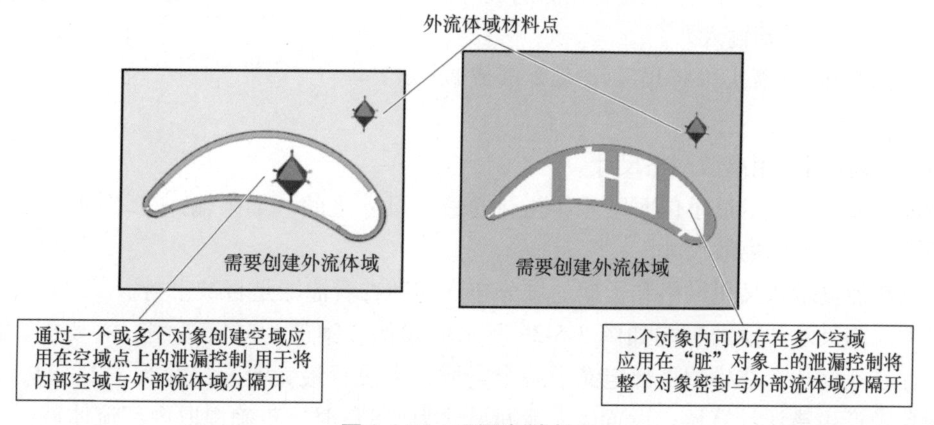

图 3-5-36　泄漏密封方法

在 FTM 流程中，有两种方法可以修补泄漏：

（1）Void Region（空域） 小于最大泄漏尺寸的流体通道不会泄漏流体到给定空域。当使用空域法修补泄漏时，材料点可以位于泄漏区域的内部或者外部。如图 3-5-37 所示，风洞模型中包含 3 个泄漏的对象，目的是修补泄漏处，防止外部流体域泄漏到对象内部。使用对象内部的空域材料点并密封，阻止向该区域泄漏；使用对象外部的空域材料点，将该区域与周围区域隔离开。

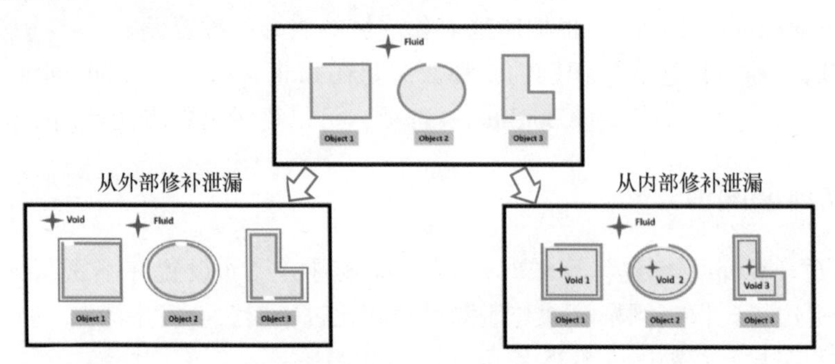

图 3-5-37 泄漏密封方法

（2）Dirty Object（“脏”对象） 当泄漏尺寸小于最大泄漏尺寸时，流体不会泄漏到“脏”对象中。

泄漏阈值定义任务如图 3-5-38 所示，泄漏控制可以应用在空域或者对象上，在列表中仅仅会列出这两类实体，如果应用在对象上，仅针对该对象进行修补；如果在空域点上，修补时会考虑所有对象。需要注意的是，一个泄漏控制一次只能应用于一个实体，每个对象可以定义不同的泄漏尺寸，而所有的空域必须有相同的尺寸。

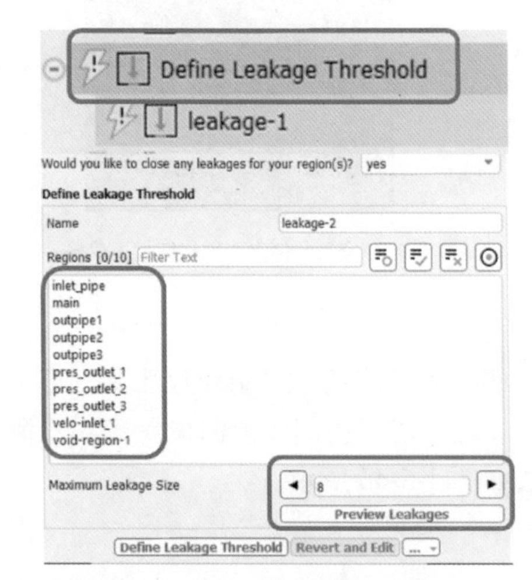

图 3-5-38 泄漏阈值定义任务

在定义最大泄漏尺寸（Maximum Leakage Size）时需要注意以下问题：

1）最大尺寸决定了修补的最大孔洞的尺寸。

2）数值可以手动输入。

3）向上和向下箭头可将尺寸增大 2 倍或减小为原来的 50%。

4）泄漏控制使用离散网格尺寸。

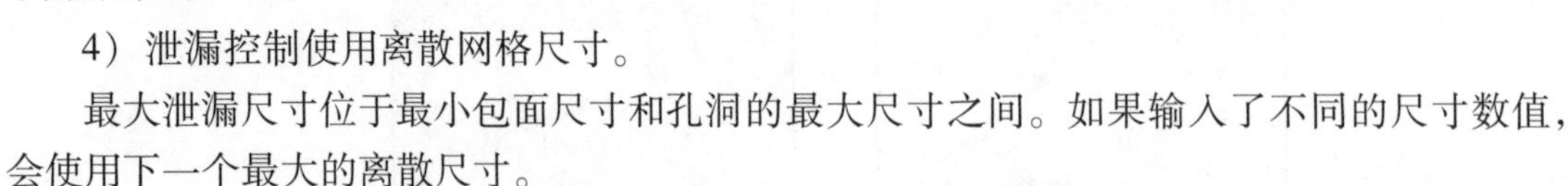

最大泄漏尺寸位于最小包面尺寸和孔洞的最大尺寸之间。如果输入了不同的尺寸数值，会使用下一个最大的离散尺寸。

预览功能显示八叉树网格和预期的域分布，辅助查看泄漏是否被密封。

最大泄漏尺寸数值的影响如图 3-5-39 所示的案例，案例为歧管模型，需要创建内部流体域，存在泄漏孔，在模型外部定义了一个空域，当设置最大泄漏尺寸为“2”时，数值小于泄漏孔，产生错误计算域；设置最大泄漏尺寸为“8”时，正确提取内部流体域。

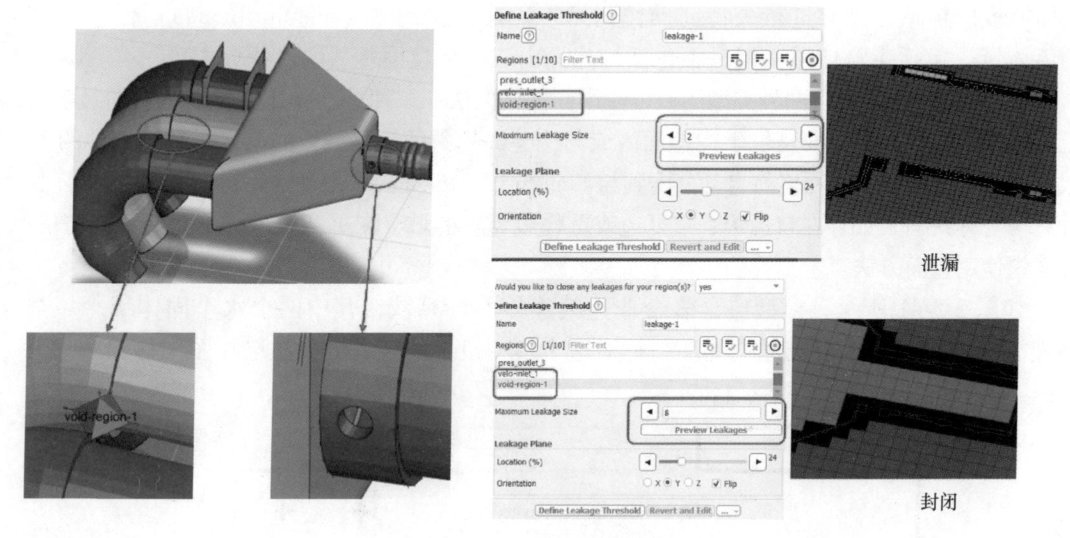

图 3-5-39　泄漏阈值定义案例

5.4.4　更新域设置

在更新域设置（Update Region Settings）任务中，可以检查并更新任意已经定义的域的属性，包括域类型、提取方法和体网格填充类型。参考图 3-5-40 所示的任务界面，主要设置包括以下几项：

1. Main Fluid——主流体域

计算时主流体域被包面，且与构建面和包裹域相交叉，构建面仅与主包面流体域交叉。如默认设置与实际不符，可手动修改。

2. Filter——过滤

过滤器和文本框可以基于不同的分类（如名称、类型、提取方法等）进行过滤，当处理计算域中存在多个几何模型时，可以提高效率。

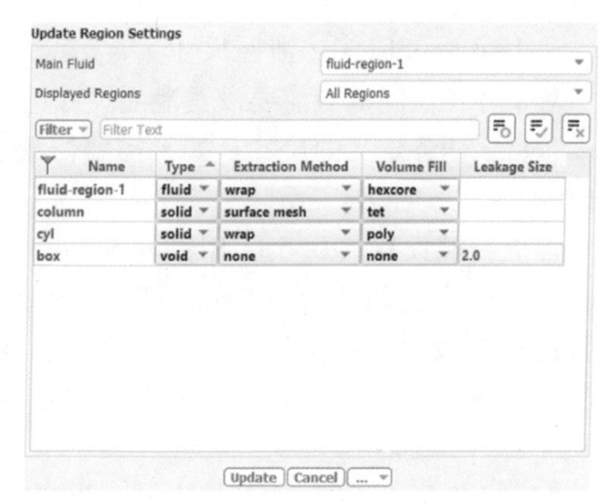

图 3-5-40　更新域任务

3. Type——类型

流体域的类型可以是流体（fluid）、固体（solid）或者空域（void）。

1）流体，对象或通过材料点识别域。

2）固体，对象识别域。

3）空域，对象或通过材料点识别域，用于泄漏控制，默认情况下所有的对象都是空域，可以根据需要改为流体域或固体域。

4. Extraction Method——提取方法

流体域和固体域可通过包面（wrap）或面网格（surface mesh）的方法提取。

（1）包面方法　两种类型的域可以使用包面方法提取：一种是水密的（已有的对象）

流体域或固体域，需要进行去特征操作；另一种是在识别域（Identify Region）任务中定义的流体域，包括主流体域，但是不包括构建面内或与构建面相邻的流体域。

（2）面网格方法　两种类型的域可使用面网格方法：一种是已经处理“干净”的且水密的流体域或固体域；另一种是位于构建面内或与构建面相邻的流体域，如风扇或转子部件的 MRF 域，在创建过程中，面网格将自动分配到与 Link to Construction Surface（s）选项关联的域。如果针对一个有缺陷（如存在自由边、重复边或重叠边等）的域，在更新域过程中会提示警告信息，并建议使用包面方法。

如图 3-5-41 所示，模型包含多个非连续连接的计算域，其中两个水密固体域，一个存在泄漏的流体域，还有辅助构建面，针对这个模型设置的域提取方法已在图中标出。

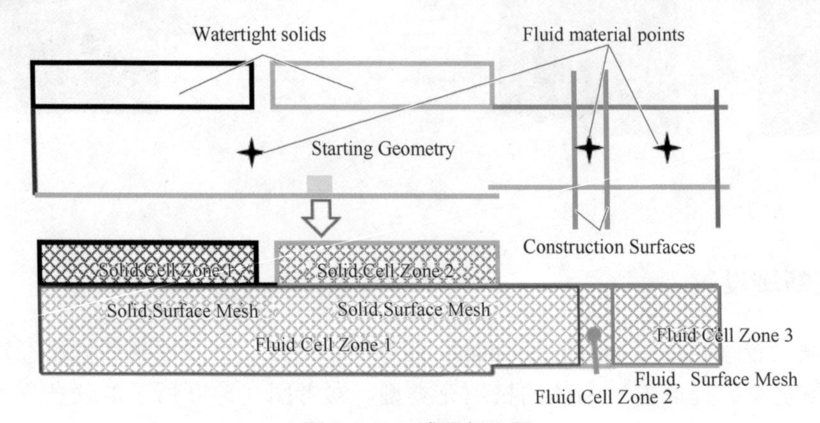

图 3-5-41　域更新设置

5. Leakage Size——泄漏尺寸

对于存在泄漏的域需要设置泄漏尺寸进行修补，自动识别在泄漏阈值（Defined Leakage Threshold）任务定义的尺寸。如果需要修改该尺寸，需要返回泄漏阈值任务，不能在此处修改。

在更新域设置（Update Region Settings）任务之后，可以插入更新边界（Update Boundaries）任务，允许用户修改边界的类型。图 3-5-42 所示为更新边界任务界面。这项任务可选，插入的主要目的有以下两个：

1）将壁面（wall）类型的边界改为非壁面边界，防止当边界层选项设置为“only-wall”时在相应的面上生成边界层。

2）设置正确的域类型，使得切换到求解模式后的设置更顺畅。

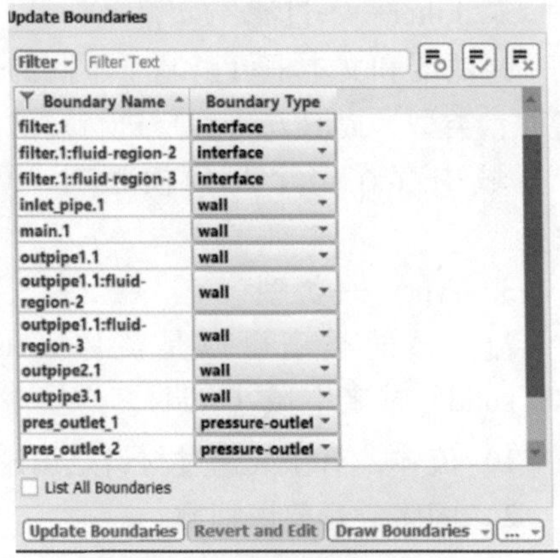

图 3-5-42　更新边界任务界面

任务设置界面可以勾选 List All Boundaries 选项，目的有以下两个：

1）可在列表中看到更多边界。如除了外边界的流体域-流体域之间的内部面。

2）若更新边界任务是在生成面网格任务之前插入的，需要检查所有可用边界。

5.4.5　选择网格控制选项

1. 选择网格控制选项（Choose Mesh Control Options）任务

该任务的作用是设置网格尺寸控制方法，可以选择创建新的尺寸控制或者读取之前运行过程中保存的尺寸控制文件。图 3-5-43 所示为网格尺寸控制任务创建新的尺寸控制，有以下两种方法：

1）Default（默认）：创建全局的曲率加密和近似加密。如果前面的工作流程中定义了外流场域，则为外流场创建一个软纯控制。如果前面定义了局部细化区域，则创建一个影响体（BOI）尺寸控制。

2）Custom（自定义）：所有的尺寸控制都需要手动创建，包括局部细化区域的影响体。

常规设置之外，还包含 3 个高级选项：

（1）Apply quick edge proximity? ——快速边近似

1）默认设置为 Yes，对于具有大量小特征边的几何，能够加速近似尺寸函数的计算和内存需求。

2）如果选择 No，能改善高长宽比面的边之间的近似尺寸函数计算，但是会大大增加尺寸函数的计算代价。

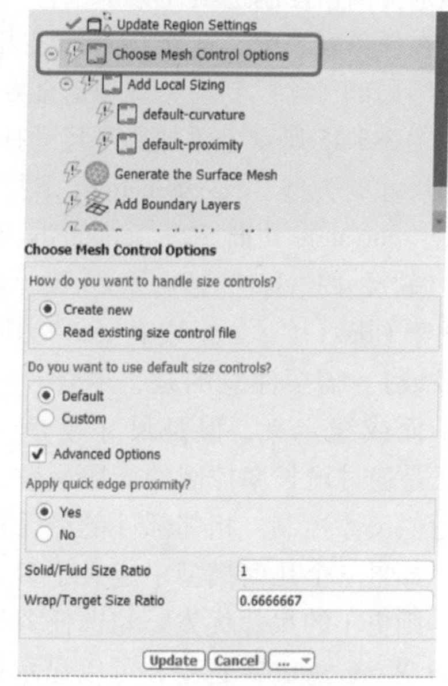

图 3-5-43　选择网格控制选项任务

（2）Solid/Fluid Size Ratio——流体/固体尺寸比　图 3-5-44 所示为该选项对网格的影响。当固体域需要设置不同的网格尺寸时，可以使用该选项，同时控制面网格和体网格尺寸。固体域网格的尺寸为计算得到的尺寸函数乘以设置的因子，比值越大，固体域的网格越粗糙。

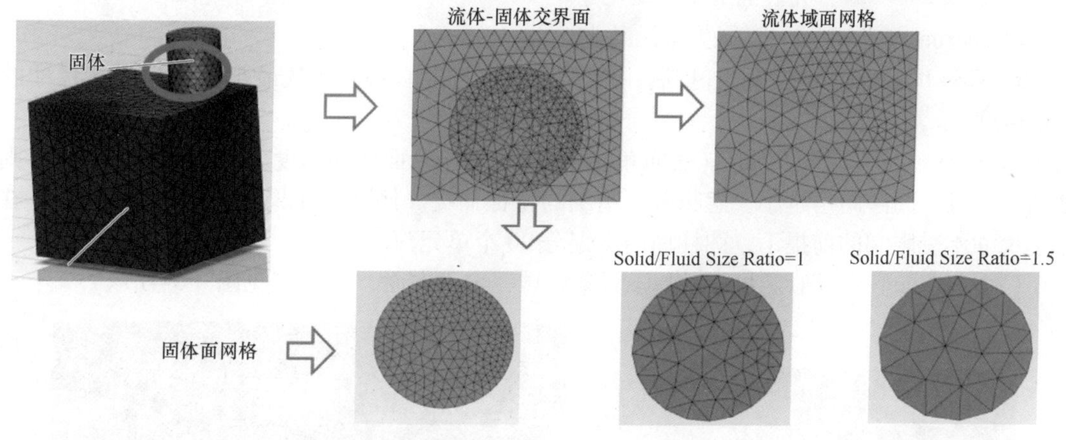

图 3-5-44　Solid/Fluid Size Ratio 对网格的影响

（3）Wrap/Target Size Ratio——包面/目标尺寸比　为了确保包面区域和边界能被合理地捕捉，在为 FTM 流程应用尺寸控制时有一些问题需要格外注意。FTM 有两组尺寸控制：

1）Initial（Wrap），更精细的分辨率，保证良好的几何捕捉和域的识别，这一尺寸是通过包面/目标尺寸比值和目标尺寸来控制的。

2）Target，较粗的尺寸，用于网格重划，这一尺寸通过手动输入控制。默认的 Wrap/Target Size Ratio 值为“2/3”，适用于大多情况。但有些情况需要适当减小 Target 值以更好地捕捉几何特征。

2. 添加局部尺寸（Add Local Sizing）子任务

选择网格控制选项任务中包含一个添加局部尺寸子任务，选择 Default 自动创建的尺寸添加在任务列表中，选择 Custom 自定义方法时，可以在该子任务中手动创建尺寸。下面详细介绍局部尺寸控制的类型和定义方法。

图 3-5-45 所示为添加局部尺寸任务界面。局部尺寸的类型（Size Functions 下拉列表框）包括：curvature（曲率）、proximity（近似）、soft（软尺寸）、boi（影响体）。尺寸函数可以应用于 Object（对象）或者 Zone（域，面域或线域）。需要注意的是，尽管尺寸函数是基于面或线定义，但是尺寸场是一个体积场，是通过增长率控制的光顺函数，即使没有近似尺寸控制，相邻部件的单元尺寸也接近。如果一个几何模型中定义了多个尺寸函数，则更小的尺寸优先。勾选任务界面中的 Show Wrap Settings 选项，可以显示初始包面尺寸并可以手动修改。

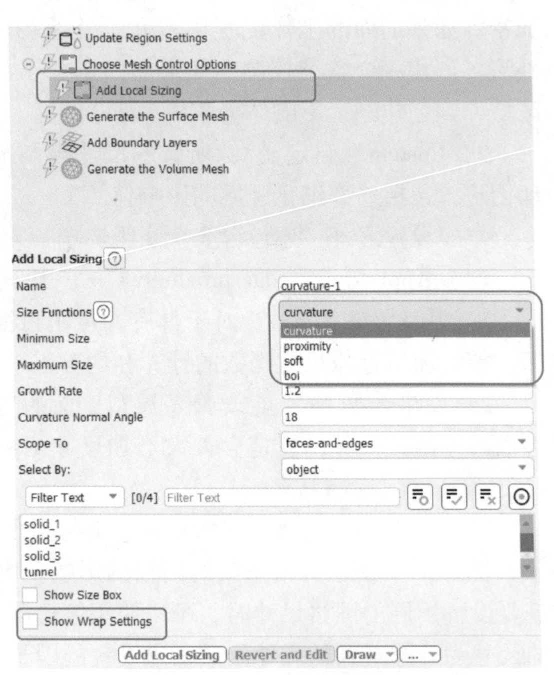

图 3-5-45　添加局部尺寸任务界面

（1）curvature　曲率尺寸函数可以基于对象或域，定义在面、线上（见图 3-5-46）。

1）Minimum Size：允许的最小单元尺寸。

2）Maximum Size：允许的最大单元尺寸。

3）Growth Rate（增长率）：控制在定义的几何上，单元尺寸从最小尺寸到最大尺寸的增长速度。

4）Curvature Normal Angle（法向角）：如果相邻两个面法向角度大于定义的法向角，则被细化。定义的法向角越小，意味着更精细的特征捕捉。例如，如果法向角定义为 18°，在最小尺寸不受限制的前提下，圆柱周向会划分 20 个单元面。

（2）proximity　近似函数可以基于对象或域，定义在面、线上（见图 3-5-47）。

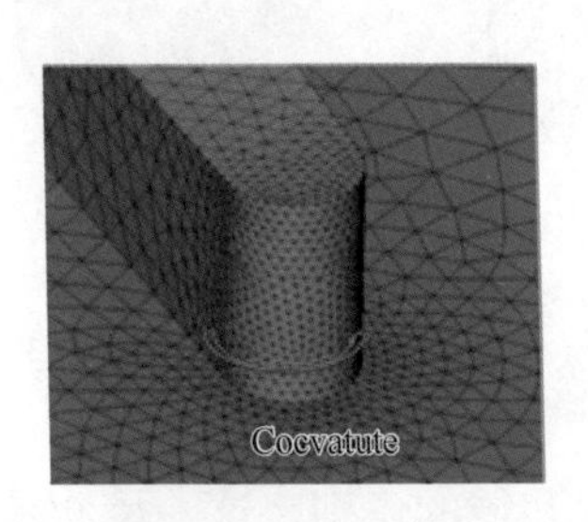

图 3-5-46　曲率控制

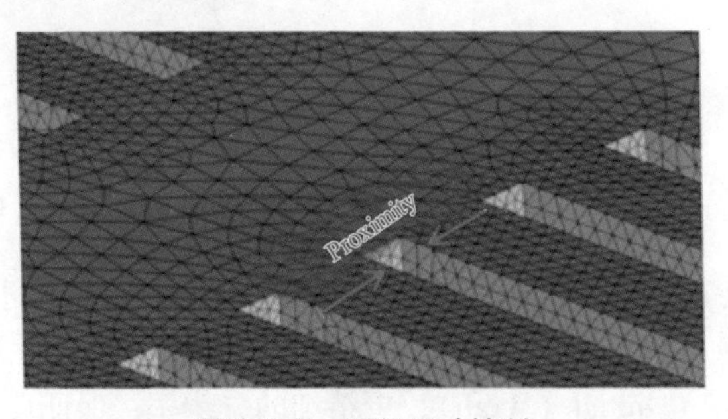

图 3-5-47　近似尺寸控制

1）Scope To 下拉列表框 · 可选择 edges 或 faces 选项。

针对线（edges）的加密推荐用于解析薄区域的前缘线和后缘线。

针对面（faces）的加密在使用时要格外注意，因为可能造成不必要的过度细化，从而造成计算代价增加。

2）Cells Per Gap 文本框：定义线之间或面之间单元的数量，可以定义为小于 1 的数值（不要小于 0.3），当使用多面体填充体网格时，可以减少网格数量。但需要谨慎使用，因为数值太小会产生质量差的单元。不同 Cells Per Gap 值的对比如图 3-5-48 所示。

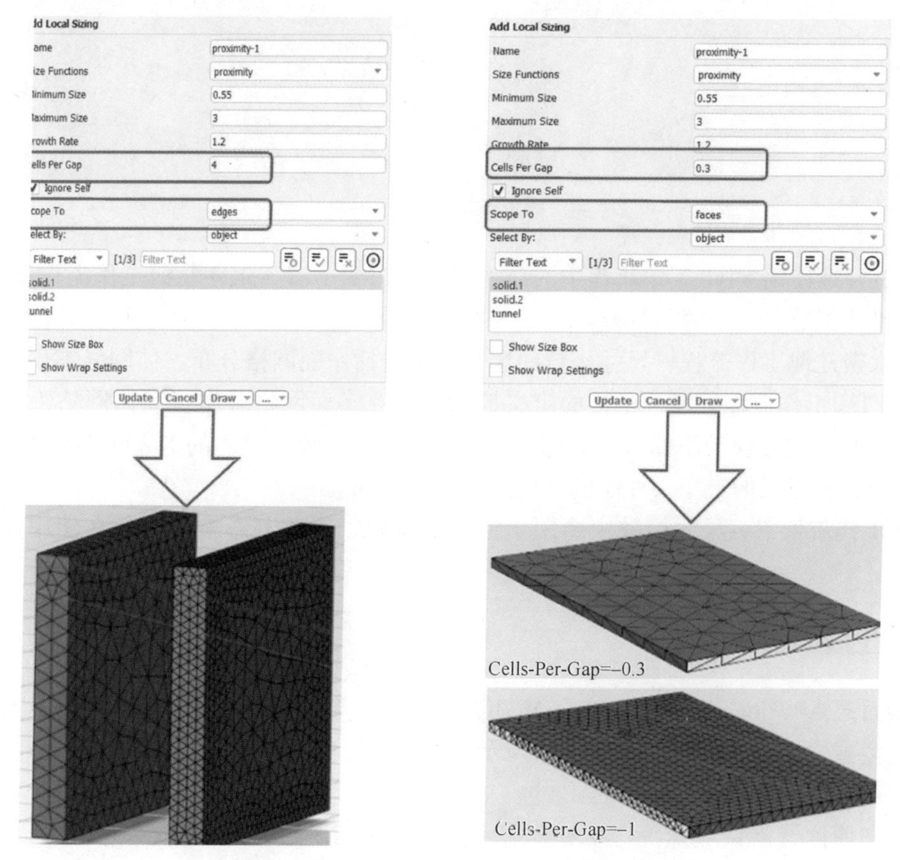

图 3-5-48　不同 Cells Per Gap 值的对比

3）Ignore Self 选项：控制在尺寸函数计算过程中是否考虑面自身的近似。默认设置为取消勾选状态，但当需要考虑面自身的近似时需要勾选此选项。这里的“自身”指的是面域，因此在为一个对象中的面分配近似函数后，不同面域之间的近似总是会被考虑。图 3-5-49 所示为 Ignore Self 选项勾选状态对网格的影响。

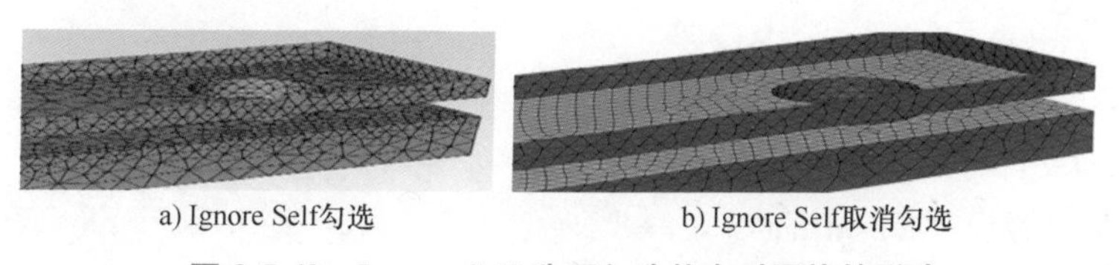

a) Ignore Self勾选　　b) Ignore Self取消勾选

图 3-5-49　Ignore Self 选项勾选状态对网格的影响

（3）soft 与 boi　软尺寸和影响体定义的都是对应域上的最大尺寸，软尺寸可以用于面域或线域，而影响体只能应用于面域，且该面域能形成水密体；软尺寸通常用于定义流体域外边界的最大尺寸，而影响体一般用于定义体域尺寸，如汽车尾流区域。可通过图 3-5-50 所示案例对比两种尺寸函数的区别，左侧图框中区域的面添加了软尺寸，表面最大尺寸分布均匀，但按照一定增长比向内增长；右侧图框中的区域添加了影响体尺寸，整个区域内网格尺寸分布均匀。

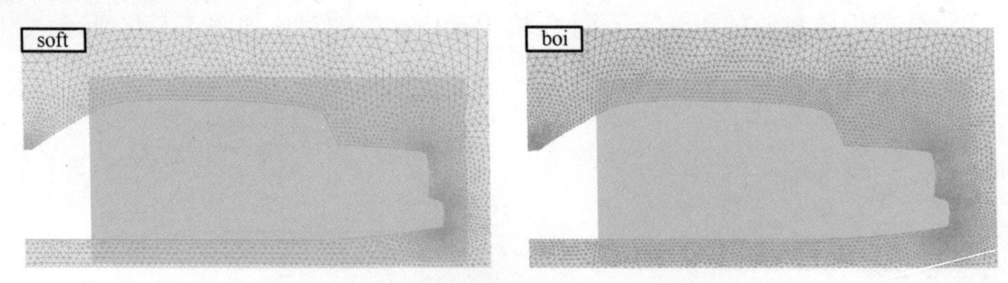

图 3-5-50　软尺寸和影响体的对比案例

为了更好地使用 FTM 工作流程中的尺寸函数，需要了解下水密几何工作流程和 FTM 工作流程在尺寸函数定义上的一些差异。

对于水密几何工作流程，尺寸函数的定义控制包括：面网格分布、体网格细化。

对于 FTM 工作流程，尺寸函数的定义控制包括：①面网格分布；②体网格细化；③流体域提取方法（为保留较小的流道，网格尺寸要小于最小流道尺寸的 1/2）；④移除小的/不需要的特征，比定义的最小尺寸小的几何特征会被去除。

FTM 工作流程中，尺寸函数主要用于流体域提取，因此其影响更大，在使用过程中要充分考虑。

5.4.6　生成面网格

生成面网格（Generate the Surface Mesh）任务的主要目的是为所有的计算域（流体域和固体域）生成面网格，界面如图 3-5-51 所示，主要的选项包括：

1. Surface Mesh Target Skewness

目标扭曲度，默认数值为“0.8”，适用于大部分情况，不必修改。在生成面网格过程中会自动改善网格质量，尽量满足设定的标准。高质量的面网格有助于生成高质量的体网格。

2. Save Mesh

勾选此选项时，可以保存面网格和中间文件，路径可以在 Advanced Options 中设置，如果没有指定保存文件的路径，会自动保存在临时文件夹中。临时文件可用于调试及查找错误，主要的临时文件前缀为“ftm-wf-out-＊＊＊＊”，“＊＊＊＊”为导入的几何文件名减去扩展名。保

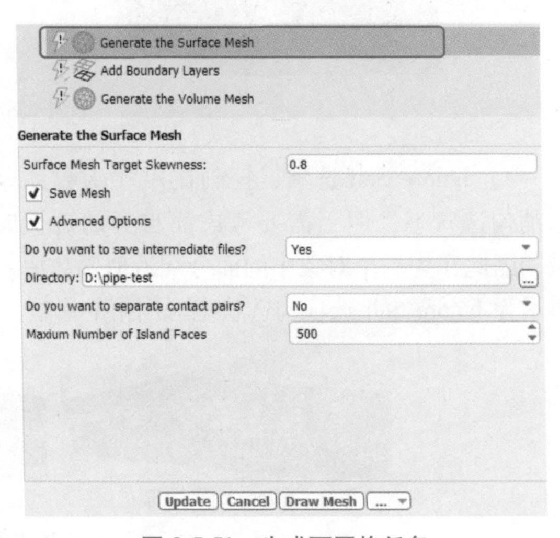

图 3-5-51　生成面网格任务

存的文件主要包含的类型见表 3-5-4。

表 3-5-4　保存的文件类型

类型	文件说明
-initial. szcontrol	初始（包面）尺寸控制文件
-target. szcontrol	目标尺寸控制文件
-initial. sf	初始（包面）尺寸函数
-target. sf	目标尺寸函数
. msh. gz	划分网格前的起始文件
geom. msh. gz	移除的未使用的实体
-fluids-inner_wrap. msh. gz	包面泄漏控制的空域点
-fluids-outer_wrap. msh. gz	包面泄漏控制对象
-fluids-wrap. msh. gz	包面面网格
-fluids-surf. msh. gz	改善的包面面网格
-surface-mesh. msh. gz	最终面网格
-fluids-prisms. msh. gz	边界层
-fluids-postprism. msh. gz	改善的边界层
-fluids-volfill. msh. gz	体填充（域未分离）
-fluids. msh. gz	最终流体网格

3. Do you want to separate contact pairs?

分离接触对，控制是否分离不同流体域和固体域之间的接触对，默认设为 No。一般情况下，不推荐在 Fluent Meshing 中分离接触对，而是在 Fluent 求解器中使用自动配对完成。如果设置为 Yes，那么创建接触对的过程如图 3-5-52 所示。选项只对四面体和六面体核心网格有效，与多面体和多面体-六面体核心（马赛克）网格不兼容。

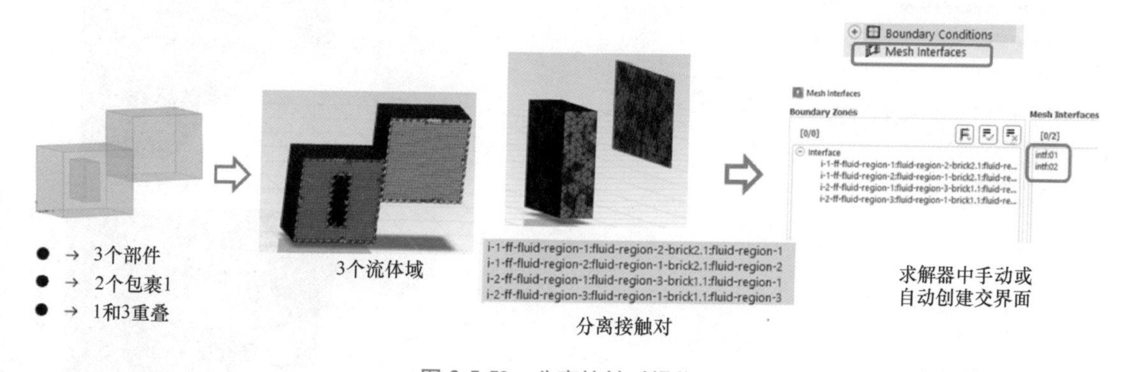

图 3-5-52　分离接触对操作

4. Maximum Number of Island Faces

孤岛面数量。在面网格生成过程中，如果孤立区域数量小于指定数值，孤岛区域会被删除。这一功能对存在很多孤立区域的大型工业案例很有用，大部分情况使用默认值即可。

图 3-5-53 所示为孤岛面数量的影响，包含 5 个独立立方体盒子，现要提取其周围的流体域。若根据网格尺寸，最终每个盒子上的面网格数少于 500（默认的孤岛面数量），则盒子会被移除。

图 3-5-53　孤岛面数量的影响

5.4.7　识别偏离面

在生成面网格之后，可以插入识别偏离面（Identify Deviated Faces）任务，能够帮助判断包面网格与原始几何的偏离程度，同时可以看到哪些尺寸控制或者特征线需要重新编辑来改善几何解析度。

添加的方法为右击 Generate the Surface Mesh，在弹出的快捷菜单中选择命令 Insert Next Task→Identify Deviated Faces。图 3-5-54 所示为识别偏离面任务界面。

（1）Select By 下拉列表框　在界面域列表中，选择关注的域或者对象来对比包面与原始几何的差异。

（2）Auto Compute 选项　勾选此项后最小偏离（Minimum Deviation）和最大偏离（Maximum Deviation）自动计算，可以取消勾选此项以手动定义范围。

图 3-5-55 所示为不同网格设置偏离面差异对比，左侧包面网格没有正确捕捉尖角处几何特征，右侧在添加了尖角特征细化之后最大偏离降低，提高了特征捕捉质量。

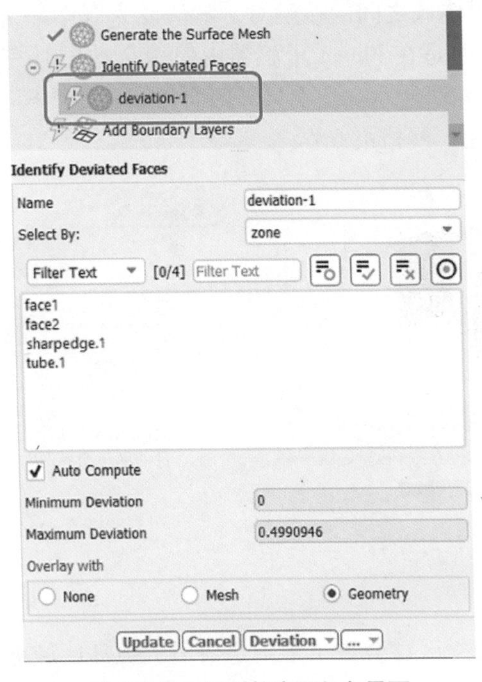

图 3-5-54　识别偏离面任务界面

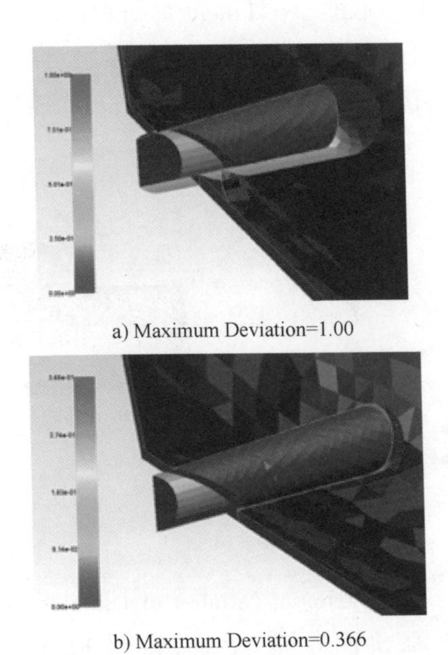

a) Maximum Deviation=1.00

b) Maximum Deviation=0.366

图 3-5-55　不同网格设置偏离面差异对比

5.4.8　添加边界层

在生成面网格后可以进行添加边界层（Add Boundary Layers）任务，即在体网格划分之前定义从表面网格向内生成的棱柱层单元，改善近壁面的网格分辨率，任务中可以添加多个边界层控制。

“Would you like to add boundary layers?”下拉列表框设为 yes 后，出现边界层相关控制选项，如图 3-5-56 所示。

（1）Name　边界层名称，可以使用默认名称，也可以根据添加边界的域定义，方便后期识别和调整。

（2）Offset Method Type　偏置类型，定义边界层单元高度和增长方式。

不同边界层偏置类型对比如图 3-5-57 所示，边界层偏置类型包含：

1）aspect-ratio：长宽比，也叫纵横比。这种方法的优点在于即使边界面网格尺寸不同，增长比也是固定的，缺点是边界层总厚度不一致，不能进行精确的 Y+（即边界层高度的一半）控制。

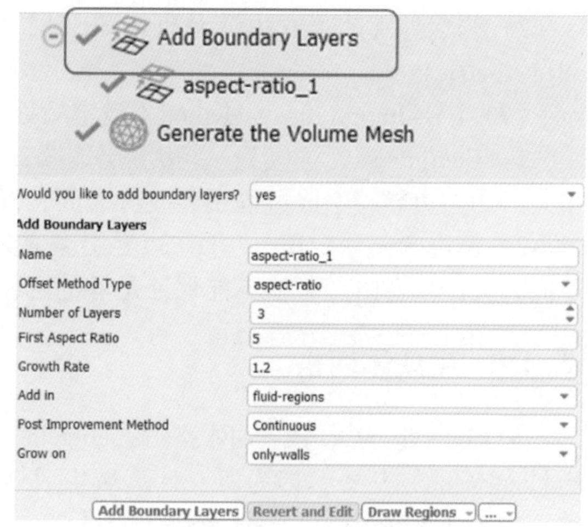

图 3-5-56　添加边界层任务

根据长宽比设置第一层单元的高度：高度 = 长宽比/基础单元尺寸。其他需要输入增长率和层数。使用这种方法生成的边界层，第一层单元高度随着面网格尺寸变化。

2）last-ratio：最后一层过渡比。这种方法有利于精确控制 Y+，且边界层与体网格之间的过渡更光顺。

根据过渡比设置最后一层单元的高度。第一层单元高度在施加域上固定不变，而增长比和总厚度随着面网格尺寸变化。

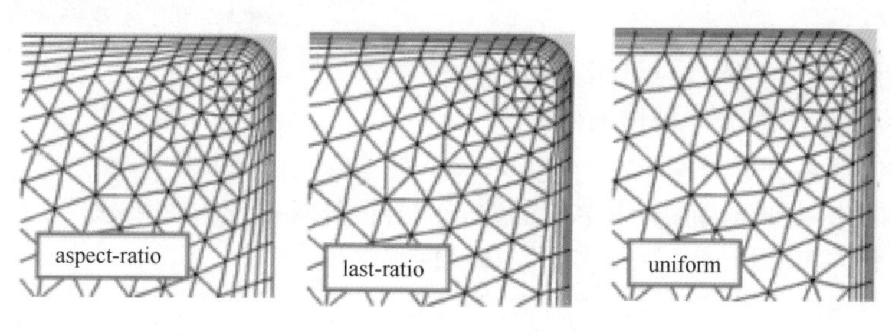

图 3-5-57　不同边界层偏置类型对比

3）uniform：均匀。这种方法有利于精确控制 Y+，且边界层总厚度一致，但可能会产生过高或过低长宽比的单元。

明确定义第一层单元高度，其他需要输入增长比和层数，这种方法生成的边界层在整个施加的域上都一致。

（3）Number of Layers　边界层层数，第一层和最后一层高度的定义，根据选择的偏置类型有所差异。

（4）Growth Rate　增长率。

（5）Add in　定义该边界层应用于哪些域，可以选择所有流体域或一部分指定流体域。

（6）Grow on　定义该边界层在哪些边界上生成，与所选的后处理改善方法（Post Improvement Method）有关：

1）当后处理改善方法设为 Continuous 时，可选择 only-walls（仅在壁面）或 all-zones（所有域）。

2）当后处理改善方法设为 Stair Step 时，可选择 only-walls、all-zones、selected-labels 和 selected-zones。

（7）Post Improvement Method　设定后处理改善方法。

1）Continuous（连续）：①边界层连续，不允许出现台阶，即相邻域的边界层层数必须相同；②在边界层生成过程中会改善表面，保证边界层的质量。

2）Stair Step（台阶）：①在边界层生成过程中不会改善表面；②当相邻域边界层层数不同时会产生台阶，可能不能保证足够的网格质量。

5.4.9 生成体网格

最后一步为生成体网格（Generate the Volume Mesh）任务，即为所有计算域生成体网格。如图 3-5-58 所示，该任务包含的设置有：

（1）Volume Mesh Target Skewness　设置体网格目标扭曲度，默认为“0.96”，在体网格生成过程中会尽最大可能达到该质量标准。

（2）Save Mesh　保存网格，在网格划分完成后自动保存网格。

（3）Enable Region Settings　允许针对每个域定义不同的体网格设置。

（4）Enable Parallel Meshing for Fluids　开启并行网格划分。

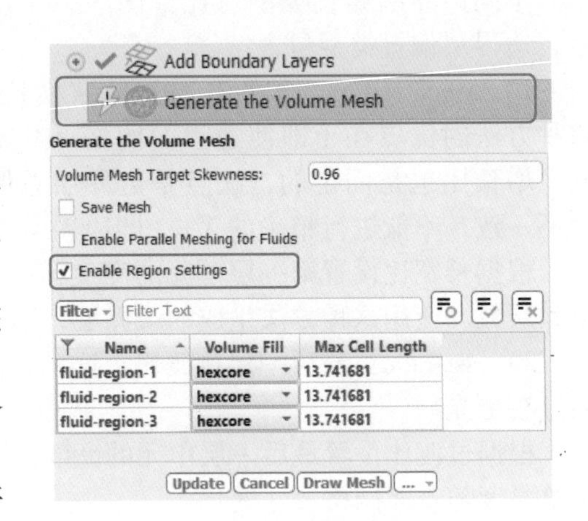

图 3-5-58　生成体网格任务

1）以并行方式启动软件时可用。

2）以并行方式填充流体域体网格。

3）2020 R2 版本支持 hexcore 和 poly-hexcore 类型的网格。

在流体域网格划分完成后，以单核的方式划分固体域网格。如果软件为并行，存在多个固体域，那么允许多个核同时划分多个固体域网格。

连续的和台阶的边界层网格以单核方式生成。

5.5 FTM 工作流程操作案例

5.5.1 案例：电动机网格

案例说明：本案例为一电动机模型，划分的网格用于在 Fluent 求解器进行共轭换热计算，CAD 模型的处理工作在 ANSYS SpaceClaim 中完成。模型包含了外壳、轴、轴承、冷却水套、转子和永磁体等部分，如图 3-5-59 所示。

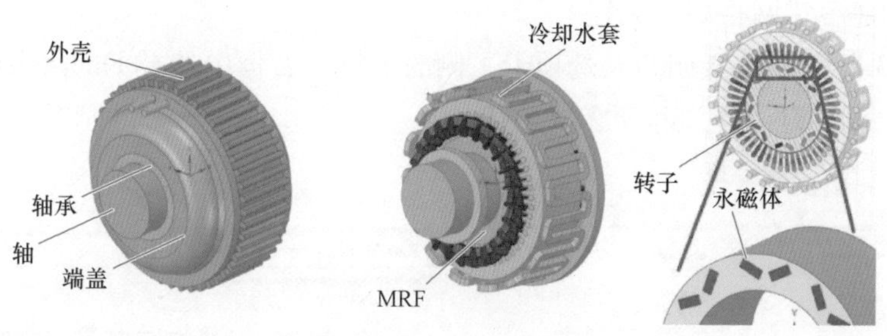

图 3-5-59　电动机构成

永磁体随转子一同旋转，转子与定子之间存在 1.5mm 的气隙。在划分网格之前，需要定义旋转域（MRF）的边界，本例中选择在气隙的 1/2 处作为旋转边界，如图 3-5-60 所示。

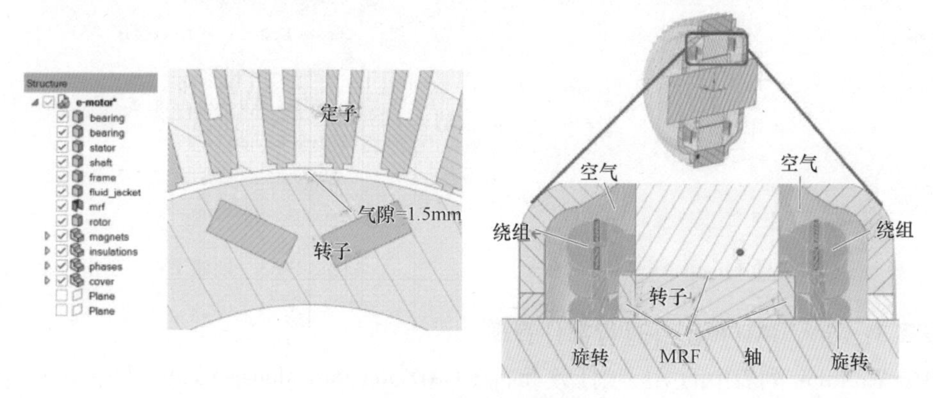

图 3-5-60　计算域和边界层

为了便于在 Fluent Meshing 中针对一些局部区域添加尺寸控制，以及求解器对边界条件的需求，在 SpaceClaim 中声明了一些 Named Selection，具体对应的位置如图 3-5-61 所示。

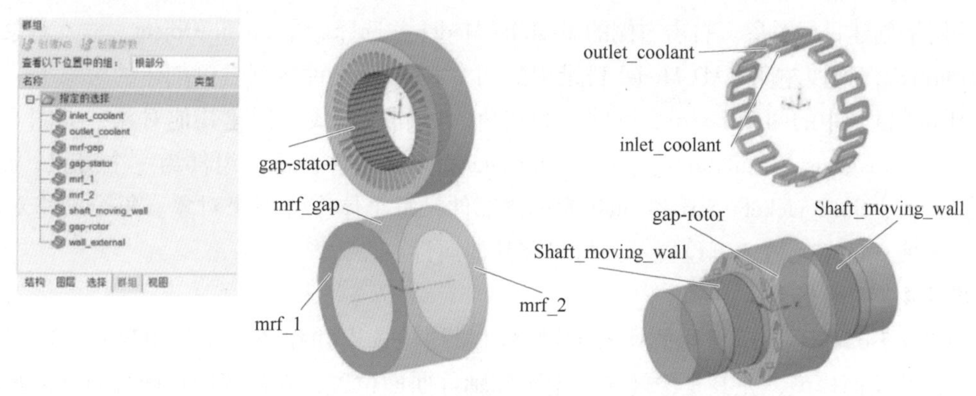

图 3-5-61　计算域和主要边界

步骤 1：启动 Fluent Meshing。

选择菜单命令 Start→All Programs→ANSYS 2021 R1→Fluent 2021 R1，选择 Meshing 模式，设置网格并行核数（根据自身计算机 CPU），将工作路径（Working Directory）设为 CAD 模型的存储路径，注意路径中不可包含中文字符，如图 3-5-62 所示。

步骤 2：创建容错网格划分流程。

如图 3-5-63 所示，在 Workflow 选项卡下侧的下拉列表框中选择 Fault-tolerant Meshing 工作流程，软件自动出现工作流程所需要的任务。

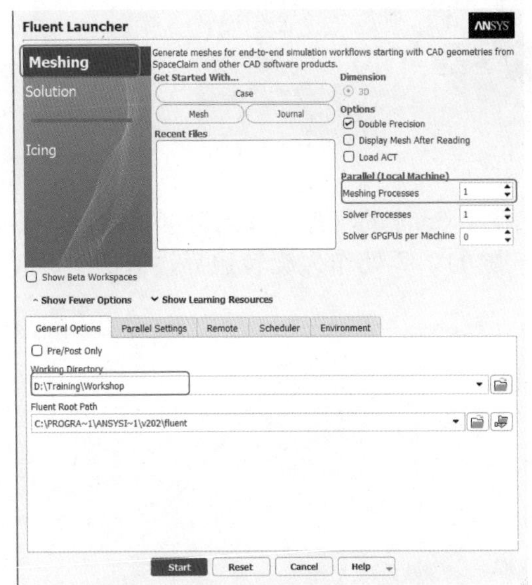

图 3-5-62　启动 Fluent Meshing

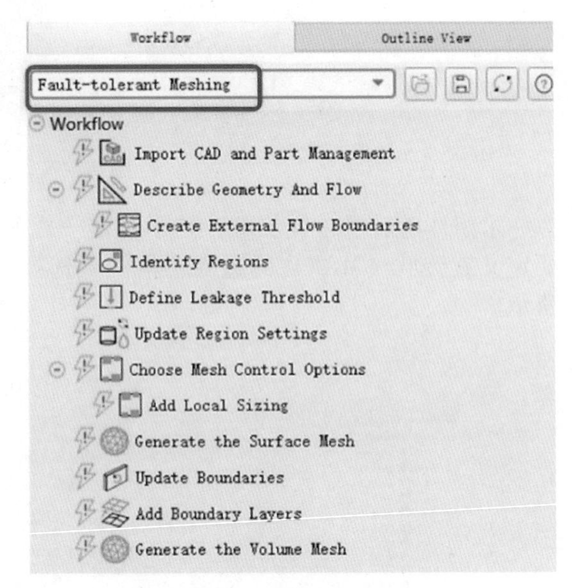

图 3-5-63　创建 FTM 工作流程

步骤 3：导入 CAD 模型并进行部件管理。

单击 Workflow 列表中的第一项任务 Import CAD and Part Management，左下方弹出细节设置界面。单击 CAD File 右侧的图标...，选择路径中的“E-motor. scdoc”文件，勾选 Part per body 选项，Create Meshing Objects 中勾选 Custom 选项，单击 Load 按钮，图形窗口中显示导入的几何模型。

为网格创建目标对象。右击右侧的 Meshing Model 并选择命令 Create Object，输入对象名称为“bearing”，拖拽左侧 CAD Model 目录中的两个 bearing 组件放到右侧创建的对象上，此时 CAD Model 目录中的两个 bearing 组件变为灰色。以同样方式，创建其他对象，如图 3-5-64 所示，其中 magnets、insulations、phases 和 cover 为多体部件，每个组件为一个对象；stator、rotor、frame、fluid_jacket、mrf 和 shaft 为单体部件，每个体作为一个对象。每个网格对象都作为一个独立的单元域，可设置不同材料和其他属性。

步骤 4：面网格重构。

如图 3-5-65 所示，确保右侧所有的网格对象均被选中并在图形窗口中显示，可以看到小平面化的几何模型，尤其是像转子、定子和轴等曲面位置，默认的网格面分布并不足以精确地解析曲率。为了更好地表征几何模型，需要进行面网格重构。

选中右侧的 Meshing Model，展开底部的 Advanced Object Settings（cover）选项组，勾选 Refacet during Update 选项，参数保持默认数值。单击 Preview Refacet 按钮预览重构之后的面网格，符合计算要求之后（若不满足计算要求可调整法向角、最大尺寸数值）单击 Create Meshing Objects 按钮。

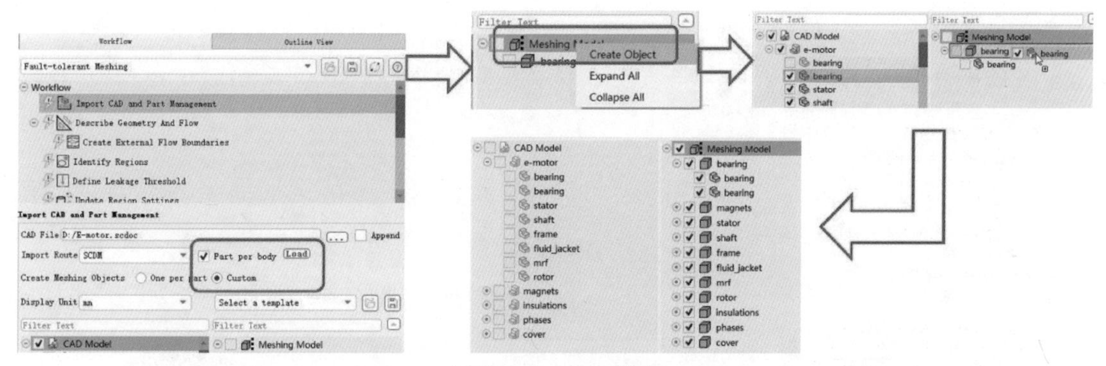

图 3-5-64　导入模型

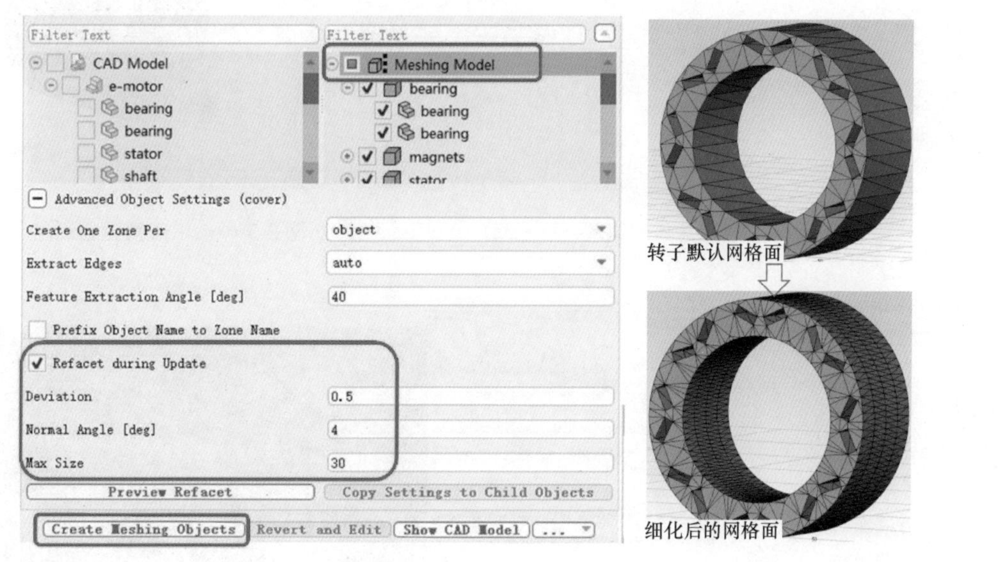

图 3-5-65　面网格重构

步骤 5：描述几何和流动。

本例中的流场为内流场，所需的盖面几何已在 CAD 模型中创建完成，模型包含一个面体 MRF，用于提取 MRF 计算域。选择 Describe Geometry And Flow 任务，在 Flow Type 选项组中选择 Internal flow through the object，其余选项如图 3-5-66 所示。设置完成后单击底部的 Describe Geometry And Flow 按钮。

步骤 6：识别辅助面。

在 Identify Construction Surfaces 列表中选择 mrf 并确认，如图 3-5-67 所示。

步骤 7：确认计算域。

本案例中需要确认两个流体域，一个是静止域，通过包面操作进行提取；另一个是旋转域，通过 mrf 辅助面提取，两个计算域都需要根据材料点进行识别。单击 Identify Regions 任务，“Would you like to identify any fluid or void region（s）?”设为 yes，定义两个计算域的名称分别为“mrf_fluid”和“main_fluid”；Define Location Using 下拉列表框设为 Numerical Inputs，手动输入 X、Y、Z 的坐标值，两个材料点对应的坐标数据分别为（-14，62，47）和（-12，79，88），如图 3-5-68 所示。

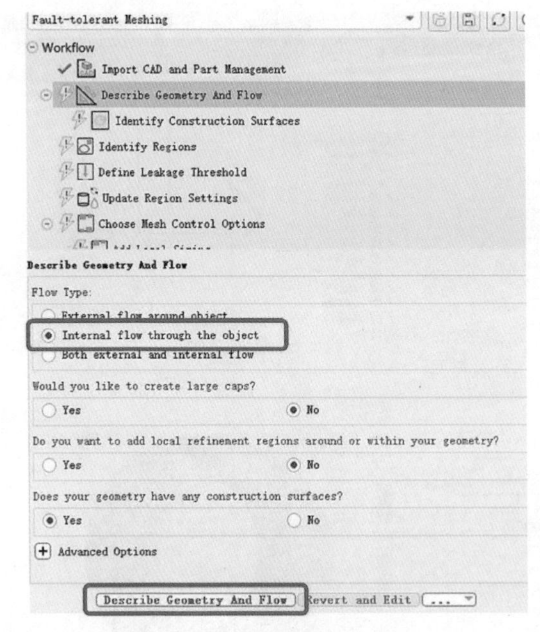

图 3-5-66　描述几何和流动

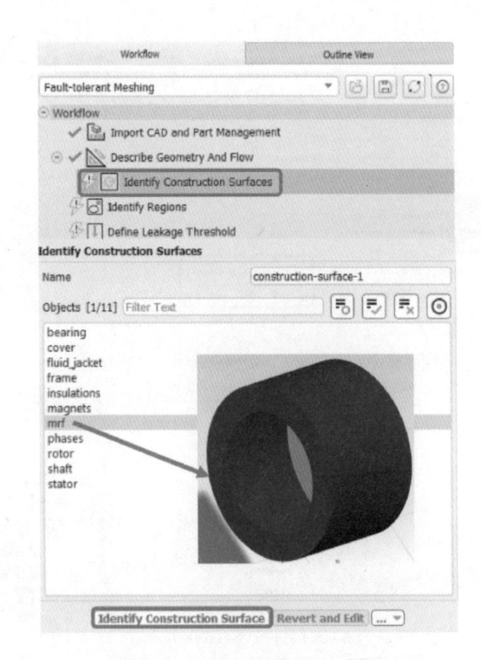

图 3-5-67　识别构建面设置

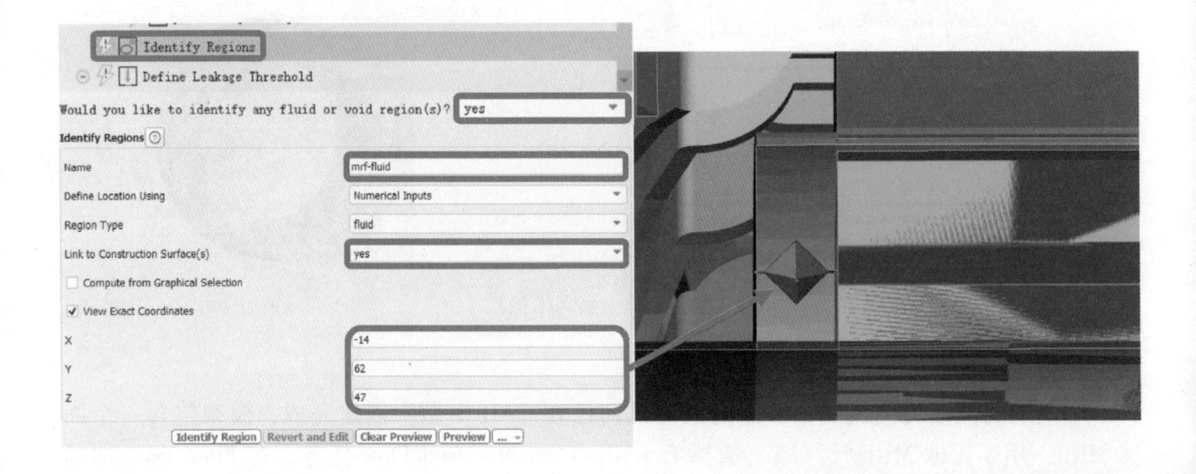

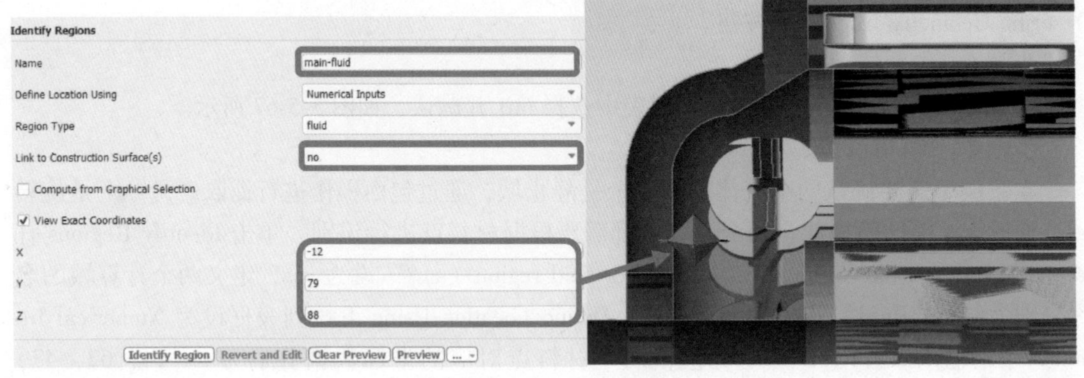

图 3-5-68　定义两个材料点

对于材料点坐标定义方式说明，除了手动直接输入坐标值的方法，也可以采用图形窗口选择两点的方式。具体操作方式为：勾选界面中的 Compute from Graphical Selection 选项，将选择过滤器切换为节点选择模式，在几何的边界上用右键选择两个节点，材料点的位置位于两个节点连线的中心，如图 3-5-69 所示。

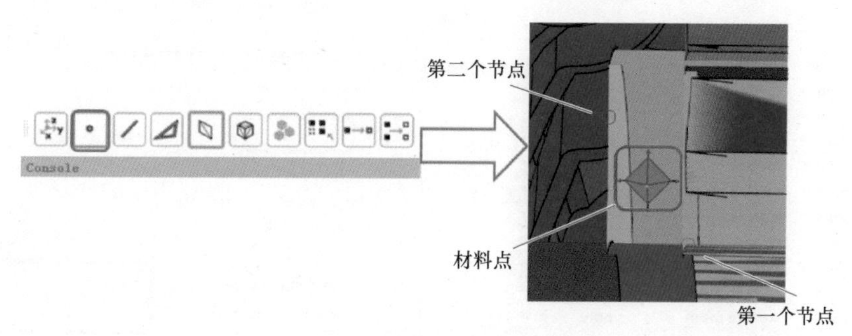

图 3-5-69　使用节点创建材料点

步骤 8：定义泄漏阈值。

本案例中电动机几何模型为水密几何，不存在泄漏区域，该项任务设置为“no”，直接更新。

步骤 9：更新域设置。

在 Update Region Settings 任务的细节设置面板中，Main Region 下拉列表框设为步骤 7 定义好的材料点“main_fluid”，在域列表中，将“fluid_jacket”“main_fluid”和“mrf_fluid”对应的 Type 栏设为 fluid，其余的均设为 solid；将“main_fluid”“fluid_jacket”对应的 Extraction Method 栏设为 wrap，其余均设为 surface mesh；所有域的 Volume Fill 栏类型均设为 poly，如图 3-5-70 所示。设置的时候可以辅助<Ctrl>或者<Shift>键多选，然后右击选中项同时修改多个域的属性。

注意：

- “fluid_jacket”的提取方法设置为 wrap 的原因在于生成的 Mesh Object 网格存在自相交缺陷，使用 wrap 功能改善面网格质量。
- 如果软件版本为 2021 R2，会收到警告信息提示包面流体域多面体填充是 Beta 功能，可以忽略此警告继续工作流程，2021 R1 版本不会出现警告。

步骤 10：选择网格控制选项。

在 Choose Mesh Control Options 任务对应的细节设置面板中，选择 Custom 选项以自定义尺寸控制来定义不同目标对象上的局部尺寸；展开 Advanced Options 选项组，Wrap/Target Size Ratio 设为“0. 33”，将初始包面尺寸设置为最终网格尺寸的 0. 33 倍，如图 3-5-71 所示，确保能更精细地捕捉几何中的高曲率和小间隙特征。

步骤 11：添加局部尺寸控制。

主要是对电动机模型中的高曲率、狭窄区域包括气隙处进行网格控制，保证精确的分辨率，同时也避免过度细化，添加的局部尺寸定义如图 3-5-72 所示。

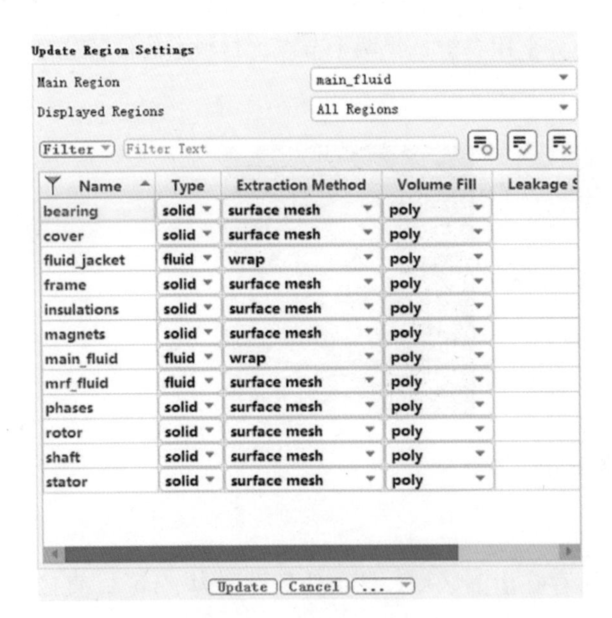

图 3-5-70　域属性控制

图 3-5-71　网格尺寸控制

注意：

- 当列表中的域或目标对象比较多时，可使用通配符“*”进行过滤。

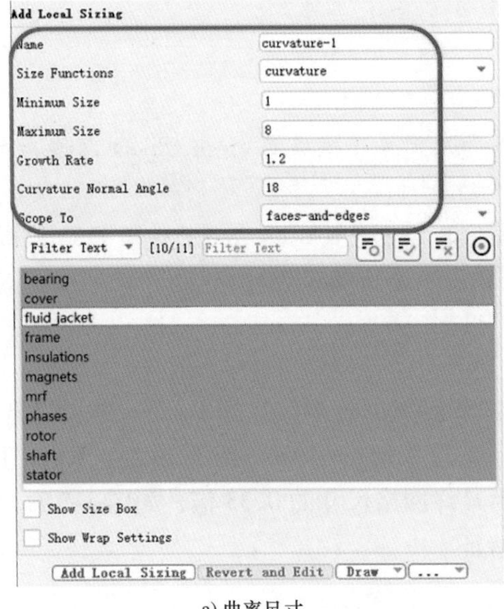

a) 曲率尺寸

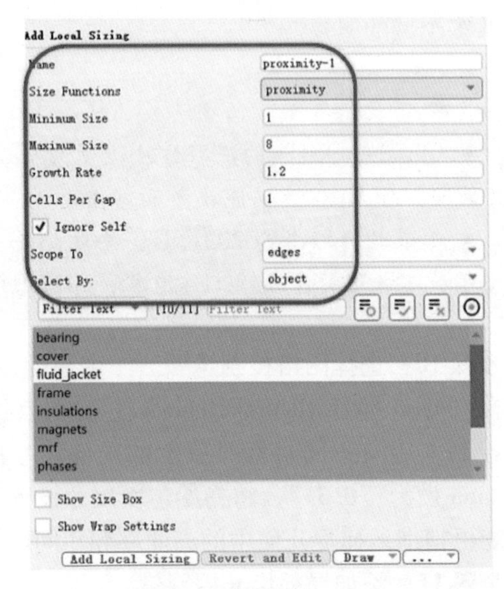

b) 气隙尺寸

图 3-5-72　局部尺寸定义

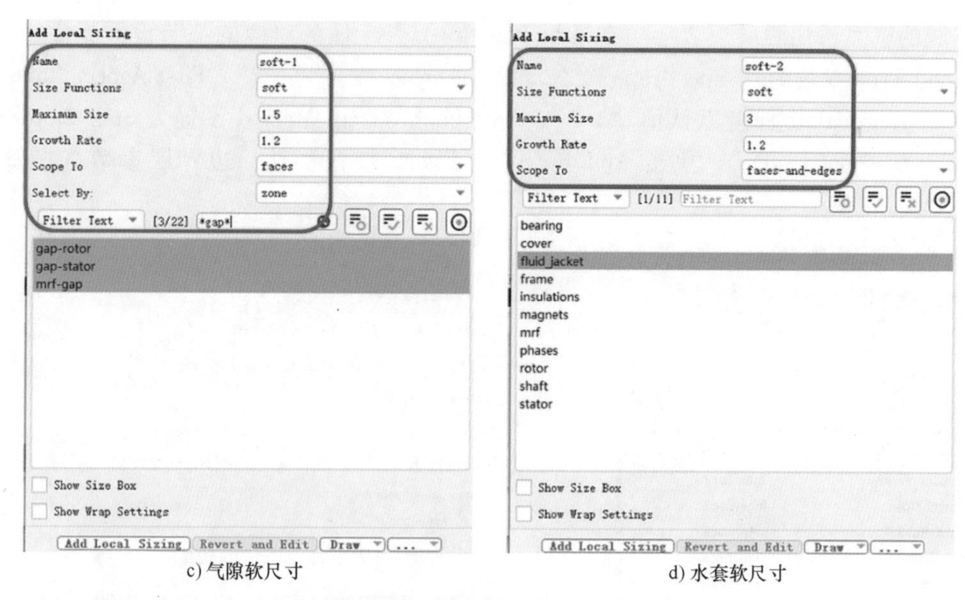

c) 气隙软尺寸　　d) 水套软尺寸

图 3-5-72　局部尺寸定义（续）

步骤 12：生成面网格。

该项任务均保持默认设置，单击 Generate the Surface Mesh 按钮。面网格生成后，在 TUI 控制台显示网格信息，包含面网格生成时间、各个域面网格数量和质量。面网格及网格信息如图 3-5-73 所示。

TOTAL SURFACE MESHING TIME: ------------13.5 MINUTES (0.225 HOURS)

name	skewed-cells (> 0.80)	averaged-skewness	maximum-skewness	face count
cover	0	0.026087952	0.50885976	41552
phases	0	0.036225984	0.68971154	274000
insulations	0	0.042327214	0.6636959	342120
magnets	0	0.046954601	0.44960646	19530
rotor	0	0.028702908	0.61239364	85886
frame	0	0.025990155	0.72138028	162128
shaft	0	0.014784203	0.30176917	5750
stator	0	0.037480634	0.75601221	363398
bearing	0	0.047702887	0.32884992	1836
main_fluid	0	0.0318174	0.79497508	452242
mrf_fluid	0	0.023633242	0.68388831	149292
fluid_jacket	0	0.025090462	0.67345528	49410

name	skewed-cells (> 0.80)	averaged-skewness	maximum-skewness	face count
Overall Summary	0	0.033914782	0.79497508	1947144

图 3-5-73　面网格及网格信息

步骤 13：更新边界。

默认情况下，使用 FTM 工作流程所有的边界域均为 wall 类型，为了修改边界类型，需要添加更新边界任务（见图 3-5-74）。右击 Generate the Surface Mesh，选择命令 Insert Next Task→Update Boundaries（若软件版本为 2021 R1 以上，在生成面网格之后更新边界任务将自动添加）。修改图 3-5-74 所示框选区域的边界类型，避免在这些边界上生长边界层，也避免在 Fluent 求解模式中再进行更改。

步骤 14：添加边界层。

电动机热分析为共轭换热分析，在壁面处添加边界层可更精确地计算传热。本案例中针对流体域的壁面添加两层边界层。在 Add Boundry Layers 任务对应的细节设置界面中，Offset Method Type 设置为“aspect-ratio”，Number of layers 设置为“2”，First Aspect Ratio 设置为“5”，Growth Rate 保持默认值“1.2”，Post Improvement Method 设置为 Stair Step，Grow on 保持默认“only-walls”，单击 Add Boundary Layers 按钮确认，边界层参数如图 3-5-75 所示。

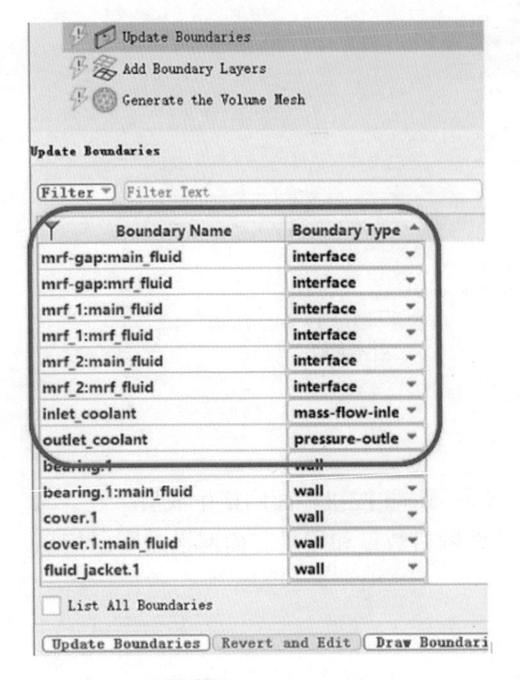

图 3-5-74　修改边界类型

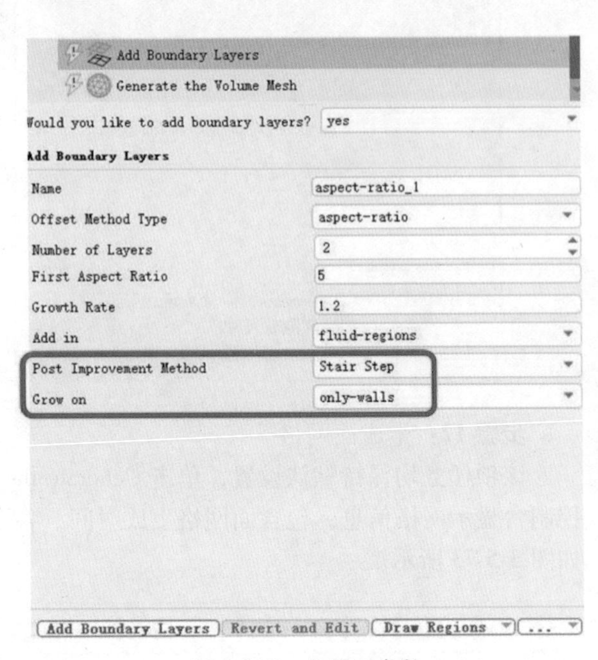

图 3-5-75　边界层参数

步骤 15： 生成体网格。

在这一阶段，仍可改变任意一个域的体网格填充类型，勾选 Enable Region Settings 即可激活域编辑列表。单击 Generate the Volume Mesh 按钮生成体网格，网格信息在 TUI 控制台显示，包含网格数量、质量。时间信息及网格信息和质量分别如图 3-5-76a、b 所示，全局网格和气隙附近的网格如图 3-5-76c、d 所示。

```
Total cell count: 2882087

Wall-Clock Usage (Estimate):
Surface Mesh:
==========================================================================
Computed SF in ------------------------------------0.86666667 minutes (0.014444444 hours).
Merge zones in ------------------------------------0 minutes (0 hours).
Wrapped all material point regions in ------------8.8333333 minutes (0.14722222 hours).
Surface mesh all fluid objects in ----------------1.5333333 minutes (0.025555556 hours).
Surface Improved in ------------------------------1.1833333 minutes (0.019722222 hours).
Surface Improved (resolve_int) in ----------------0.13333333 minutes (0.0022222222 hours).
Connected all fluid mesh objects in --------------0.93333333 minutes (0.015555556 hours).
Compute Volume-Fill Regions in -------------------0.48333333 minutes (0.0080555556 hours).
Solid surface mesh generated and Improved in -----2.6666667 minutes (0.044444444 hours).
==========================================================================
Total (surface mesh)                               16.633333 minutes (0.27722222 hours)

Volume Mesh:
==========================================================================
Continuous Prisms generated and Improved in ------0 minutes (0 hours).
Volume-fill in -----------------------------------2.6833333 minutes (0.044722222 hours).
Solid volume mesh generated and Improved in ------7.2333333 minutes (0.12055556 hours).
Rezoned and final volume mesh improve in ---------1.3666667 minutes (0.022777778 hours).
==========================================================================
Total (volume mesh)                                11.283333 minutes (0.18805556 hours)
==========================================================================
Total                                              27.916667 minutes (0.46527778 hours)
--------------------------------------------------------------------------
```

a) 时间信息

```
Report of Cell Quality (1 - Orthogonal Quality = Inverse Orthogonal Quality):

                   Name       id Quality > 0.90    Quality Cell Count
----------------------- -------- ------------- ---------- ----------
           fluid_jacket   453428             0 0.48394728      98410
             main_fluid   453337             0 0.84863154    1113618
              mrf_fluid   453223             0 0.79986038     161006
                bearing   454572             0 0.24138584       1197
                 stator   454566             0 0.80468156     505471
                  shaft   454563             0 0.50106682      10708
                  frame   454560             0 0.79979344     236888
                  rotor   454504             0  0.7993889     121592
                magnets   454501             0 0.58085494      16420
            insulations   454453             0 0.79977058     358416
                 phases   454309             0 0.79985352     209888
                  cover   453686             0 0.79905587      48473

                   Name       id Quality > 0.90    Quality Cell Count
----------------------- -------- ------------- ---------- ----------
        Overall Summary     none             0 0.84863154    2882087
```

b) 网格信息和质量

图 3-5-76　体网格信息

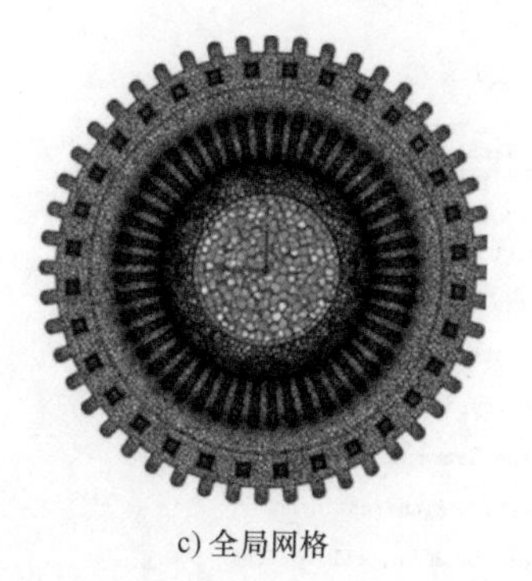

c) 全局网格

d) 气隙附近网格

图 3-5-76 体网格信息（续）

步骤 16：保存网格。选择菜单命令 File→Write→Mesh...，完成相关操作以保存网格。

案例总结：本案例为电动机模型生成了固体域和流体域的网格，用于 CHT 计算。在创建网格目标对象时，使用 Refacet（网格重画）功能改善几何特征捕捉质量；在创建计算域的过程中，使用 Wrap 方法和 Surface Mesh 方法，用辅助表面来构建 MRF 旋转域。

5.5.2 案例：电动摩托车外流场网格

案例说明：本案例的目的在于为电动摩托车外流场仿真划分网格，模型零部件众多，包含了底架、发动机、整流罩、风道格栅、前后悬架、变速杆等，且存在一些干涉、不封闭等缺陷，如图 3-5-77 所示。

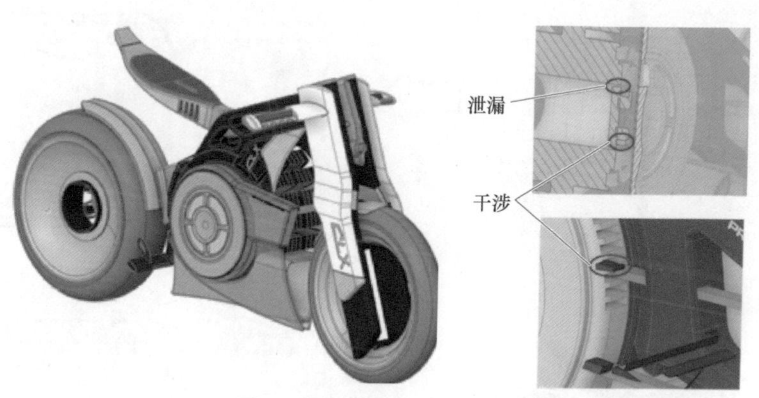

图 3-5-77 模型组成及缺陷

使用 FTM 工作流程，可以不用在 CAD 阶段进行烦琐的几何修复，在网格划分过程中对缺陷进行处理。

步骤 1：启动 Fluent Meshing。

选择菜单命令 Start→All Programs→ANSYS 2021 R1→Fluent 2021 R1，选择 Meshing 模式，设置网格并行核数（根据自身计算机 CPU），将工作路径（Working Directory）设为 CAD 模型的存储路径，注意路径中不可包含中文字符。

步骤 2：创建容错网格划分流程。

在 Workflow 选项卡下侧的下拉列表框中选择 Fault-tolerant Meshing 工作流程，软件自动出现工作流程所需要的任务，如图 3-5-78 所示。

步骤 3：导入 CAD 模型并进行部件管理。

单击 Workflow 列表中的第一项任务 Import CAD and Part Management，左下方弹出细节设置界面。点击 CAD File 右侧的图标[...]，选择路径中的“E-motorbike. scdoc”文件，Create Meshing Objects 设为 Custom，单击 Load 按钮加载模型。

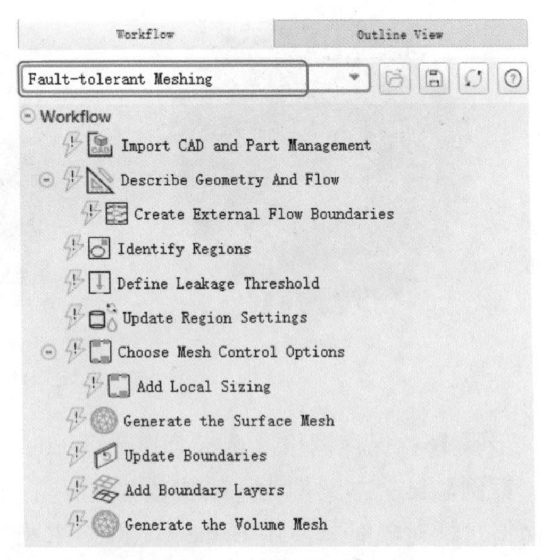

图 3-5-78 创建 FTM 工作流程

如图 3-5-79 所示，右击右侧的 Meshing Model，选择命令创建 5 个网格目标对象，分别为 rear wheel、radiator、engine、chassis 和 front wheel。将左侧的 CAD Model 目录下的相应组件拖拽到对应的目标对象上，其中 Rear wheel and tyre 放到 rear wheel 中，Airduct、Blu glass airduct 和 airduct 放到 radiator 中，engine 和 belt 放到 engine 中，Front wheel and tyre 放到 front wheel 中，其余部件都放到 chassis 中。

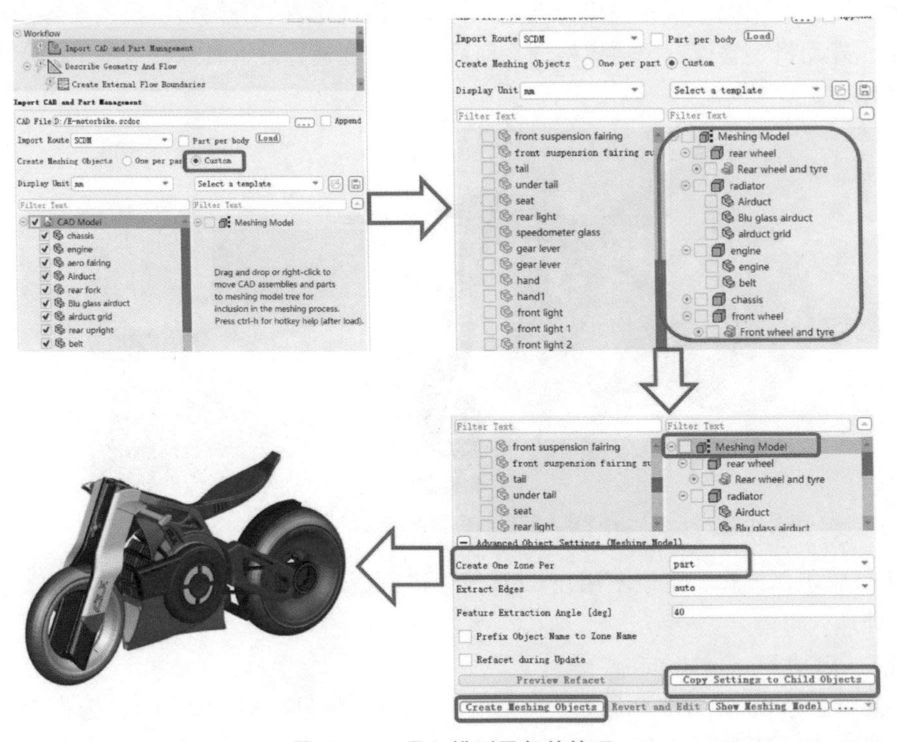

图 3-5-79 导入模型及部件管理

提示：

- 可以使用<Ctrl>或<Shift>键辅助选择多个 CAD Model 目录下子组件以实现同时拖拽。

选中右侧的 Meshing Model，展开底部的 Advanced Object Settings（Meshing Model）选项组，将 Create One Zone Per 设为 part，即每个 CAD 零件作为一个面域，单击 Copy Settings to Child Objects 按钮，将设置应用到每一个子对象上，最后单击 Create Meshing Objects 按钮生成网格对象。

步骤 4：描述几何和流场。

Flow Type 选择外流场 External flow around object 选项，其余设置如图 3-5-80 所示，后面的流程中需要完成的工作包括创建外流场包裹域、添加局部细化区域、提取特征线以及创建多孔介质区域。

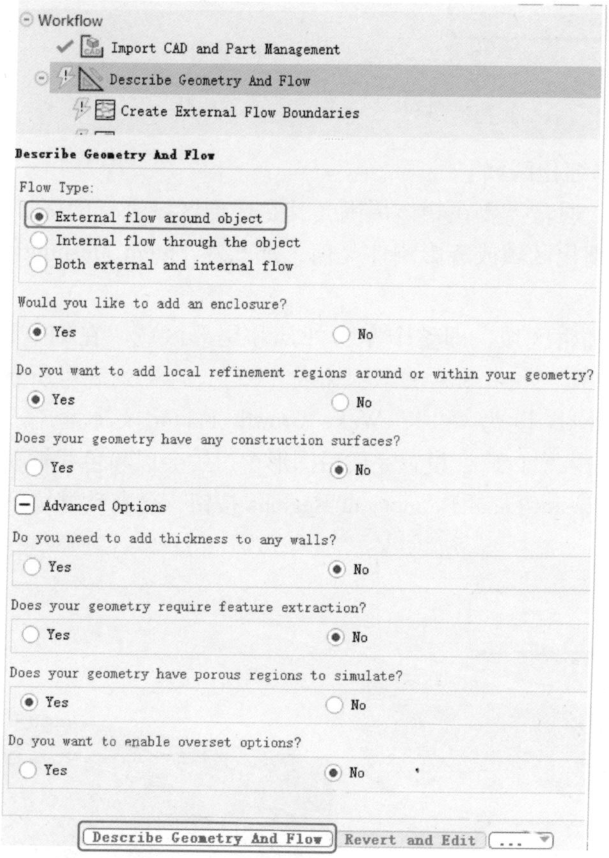

图 3-5-80　描述几何和流场设置

步骤 5：创建外流场边界

该任务的细节设置界面中，Method 设为 Create a new external flow boundary，Extraction Method 下拉列表框设为 surface mesh，将列表中的对象全部选中，Box Parameters 选项组中定义方式设为 Ratio relative to geometry size，X、Y、Z 的最大、最小值设置如图 3-5-81 所示。

提示：

- 此处 Y 对应 Min 设为“-0.01”，是为了使地面与轮胎相交。

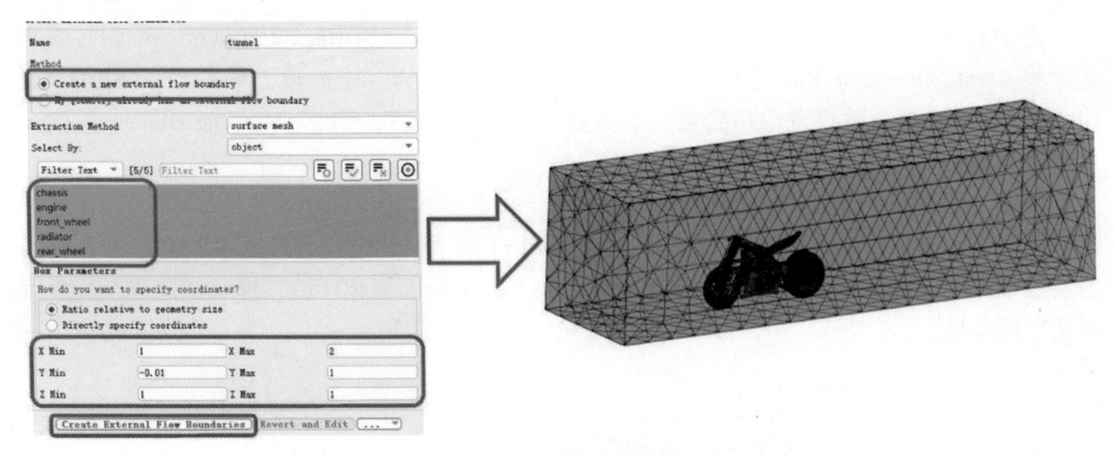

图 3-5-81　创建外流场边界

步骤 6：创建局部细化区域。

对于外流场仿真，通常需要在物体周围尤其是尾部区域进行网格加密。如果几何模型中不包含已经定义好的细化区域或者影响体几何，那么在 Fluent Meshing 中可以通过水密部件进行识别和创建。

首先创建第一个加密区域，即整个车身外部和尾部区域。在细节设置面板中，Type 下拉列表框设为 Offset Box，Mesh Size 文本框输入“32”，选中列表中所有的对象，Flow Direction 设为 X，Wake Levels 设为“2”，Wake Growth Factor 文本框输入“2”，Cross Wake Growth Factor 文本框输入“1.1”，设置完成后图形窗口中会以粉色线框显示当前加密区域，如图 3-5-82 所示。单击 Create Local Refinement Regions 按钮，会自动继续下一个加密区域定义。

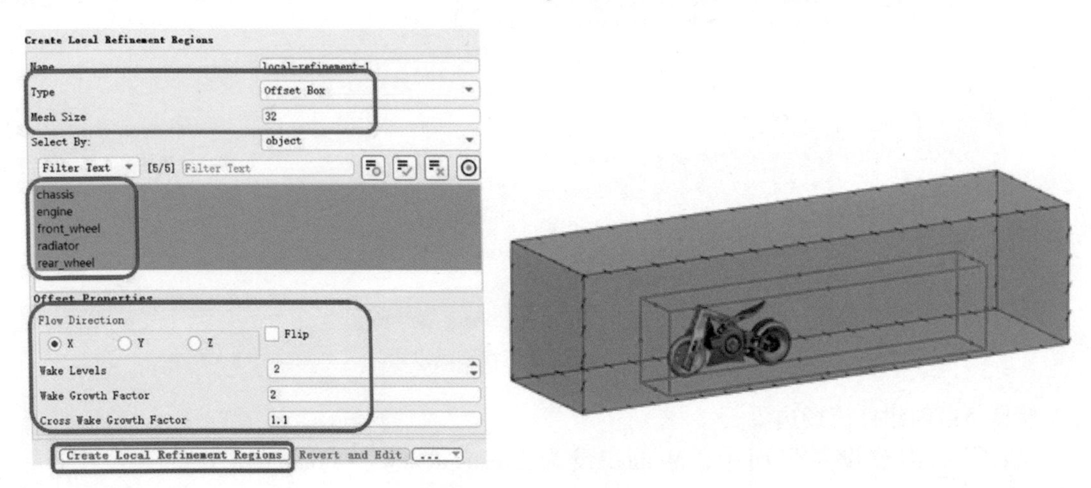

图 3-5-82　局部加密 1

第二个加密区域为后轮尾迹区域，定义更精细的网格。如图 3-5-83 所示，Type 下拉列表框设为 Offset Surface，Mesh Size 文本框输入“8”，在对象列表里选中“rear_wheel”，Flow Direction 设为 X，Defeaturing Size 文本框输入“32”，Boundary Layer Height 文本框输入“50”，Boundary Layer Levels 文本框输入“1”，Wake Growth Factor 文本框输入“2”，Cross Wake Growth Factor 文本框输入“1.1”，设置完成后图形窗口中以粉色线框显示当前加密区域，单击

Create Local Refinement Regions 按钮创建。在任务栏中单击刚创建的 local-refinement-2，图形窗口中会显示偏置面的形状，切换到 Outline View 选项卡，选中 Geometry Objects，在右键菜单中选择命令 Draw Options→Add，显示整个摩托车几何模型，便于更好地查看加密区域的位置。

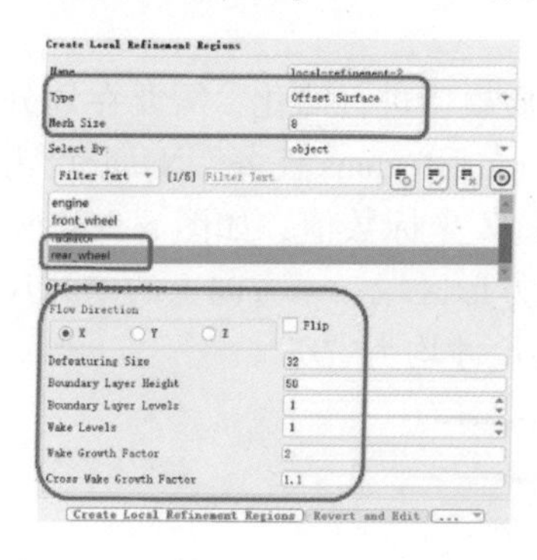

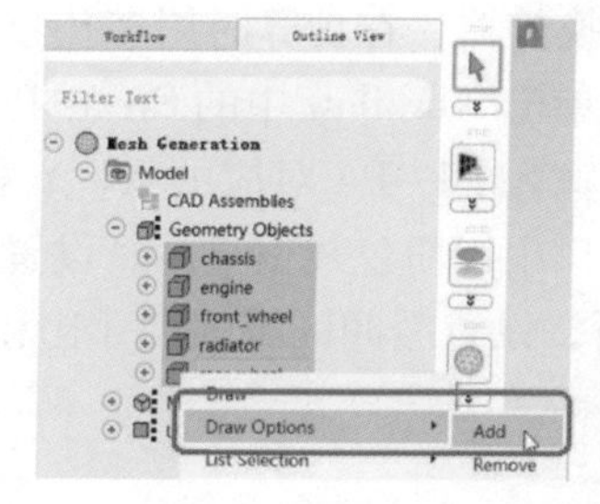

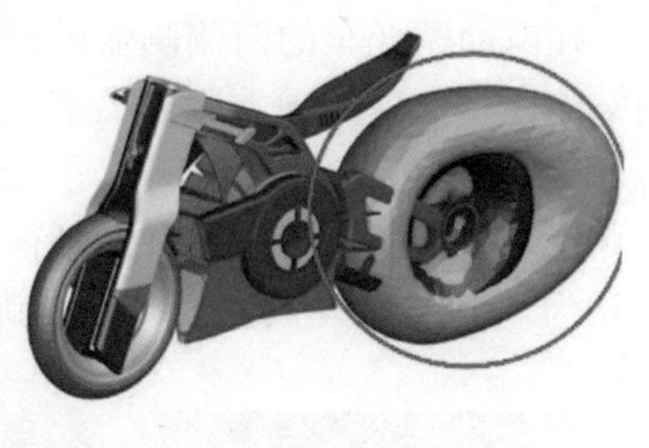

图 3-5-83　局部加密 2

步骤 7：提取特征线。

如图 3-5-84 所示，将模型放大，调整到前轮或后轮与地面接触的位置，可以看到，轮子与地面之间存在相交区域，会产生尖角结构，为了更好地捕捉此处的几何特征，需要提取特征线。单击 Workflow 中 Extract Edge Features 任务，在细节设置界面中将 Extraction Method Using设为 Intersection Loops，在选择列表里选中“front_wheel”“rear_wheel”和“tunnel”，将 Intersected By 设为 collectively，单击 Extract Edge Features，自动继续下一个特征线提取任务。

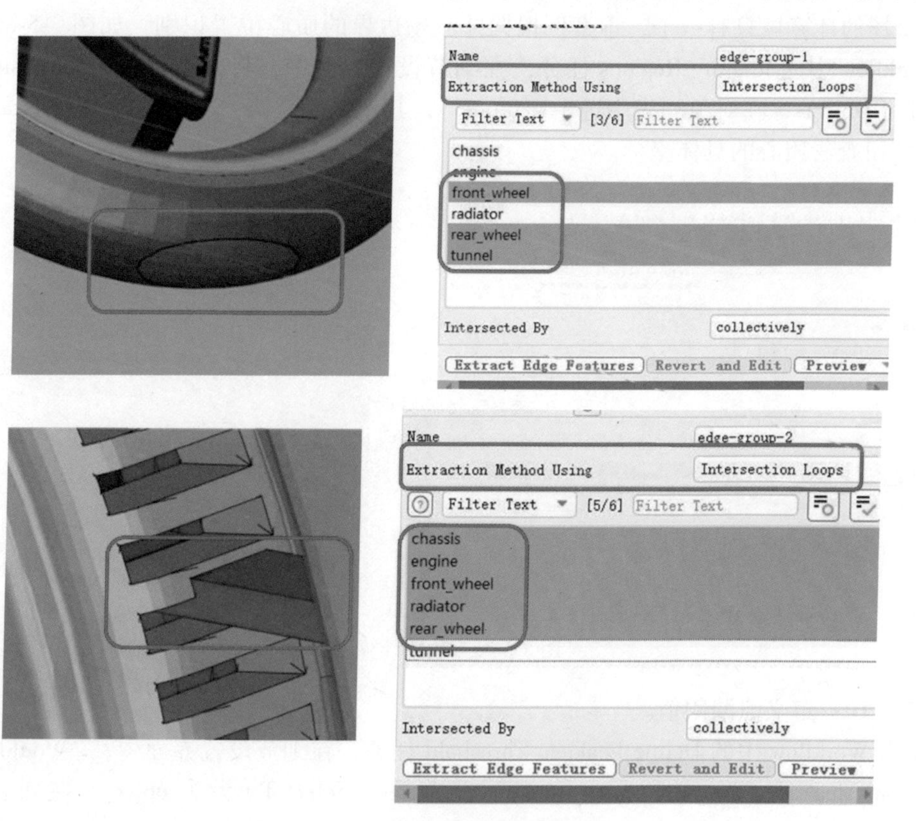

图 3-5-84　提取特征线

第二个特征线是为了处理除外流场边界的所有相交区域。将 Extraction Method Using设为 Intersection Loops，在选择列表里选中除 tunnel 的所有对象，将 Intersected By 设为 collectively，单击 Extract Edge Features 按钮。

步骤 8：设置多孔区域。

在电动摩托车的两侧侧盖里有换热器，在计算时用多孔介质模型进行简化，需要在划分网格阶段将此区域独立区分出来。单击 Workflow 中的 Create Porous Regions 任务，Name 设为 right（同理左侧设置为 left），手动输入 P1～P4 对应的 X、Y 和 Z 坐标数值，如图 3-5-85 所示，区域的位置和范围会在图形窗口中以粉色线框显示；设置方形区域三个方向上的单元尺寸均为“4”，单元数量会自动更新，设置缓冲区域的尺寸比和尺寸均为“0”。

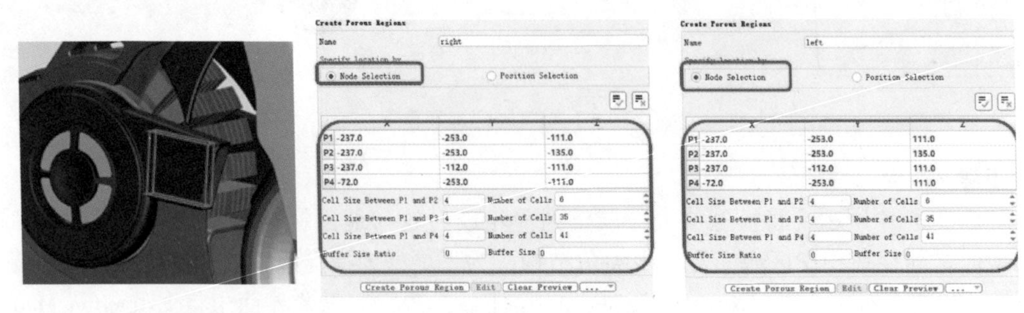

图 3-5-85 多孔区域设置

步骤 9：确认计算域。

外流场的计算域只有一个，本案例根据外流场边界的质心位置识别。如图 3-5-86 所示，单击 Workflow 中的 Identify Regions 任务，在细节设置界面中，将 Define Location Using 设为 Centroid of Objects，在对象列表中选中“tunnel”，其余保持默认，可以勾选 View Exact Coordinates 按钮查看质心的具体坐标。

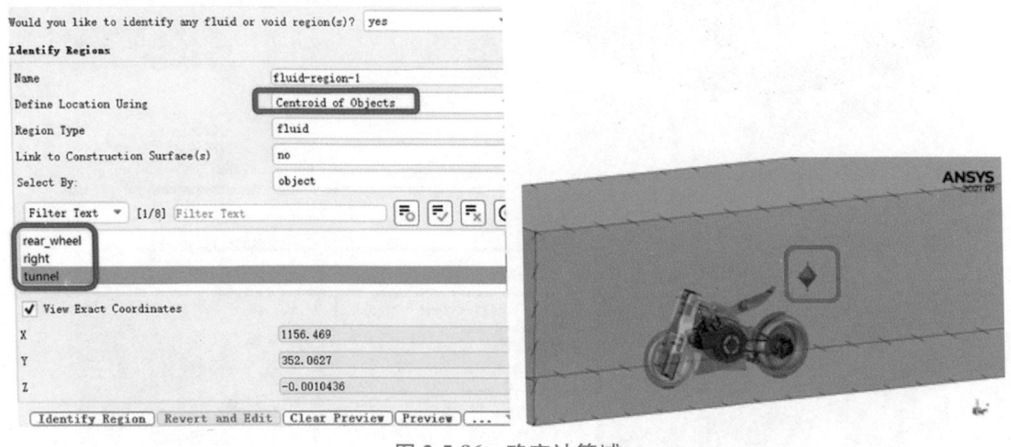

图 3-5-86 确定计算域

步骤 10：定义泄漏阈值。

单击 Workflow 中的 Define Leakage Threshold 任务，在细节设置界面中，“Would you like to close any leakages for your region（s）?”设为 yes，Select By 设为 object，在列表中选中“engine”，Maximum Leakage Size 文本框输入的数值为“8”，单击 Preview Leakages 按钮，在

Orientation 选项组右侧的 Direction 选项选择 X，拖动 Location（%）右侧的滑块将切面移动到适当的位置，如图 3-5-87 所示。

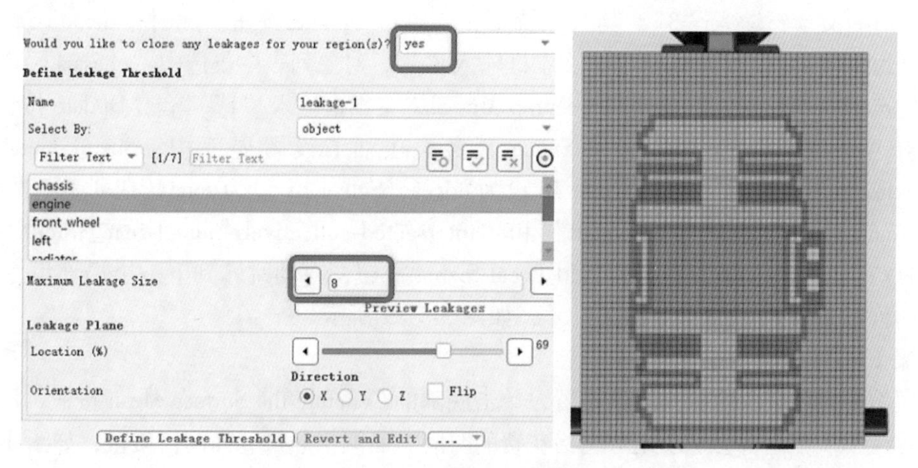

图 3-5-87　设置泄漏阈值

注意：

● 如果此时泄漏平面被灰色面覆盖导致网格显示不清晰，可以在主界面功能区的 Clipping Planes 选项组中勾选 Insert Clipping Planes，勾选 Limit in X，将切片拖动到不覆盖泄漏平面的位置即可。

步骤 11：更新域设置。

单击 Workflow 中的 Update Region Settings 任务，本例中所有设置均保持默认，流体域体网格类型为 hexcore。

步骤 12：选择网格控制选项。

单击 Choose Mesh Control Options 任务，创建新的尺寸控制并使用默认定义，单击 Choose Options 按钮，软件自动创建 8 个局部尺寸控制，如图 3-5-88 所示。

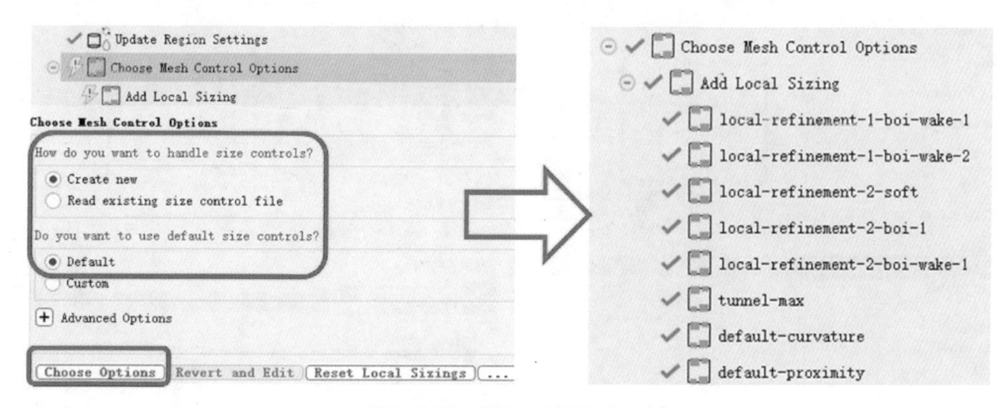

图 3-5-88　添加局部尺寸控制

尺寸包含了针对曲率特征和狭窄特征的网格细化、基于尾迹加密区域的尺寸和外流场区域的最大尺寸，其中“default-curvature”和“default-proximity”尺寸需要进行修改，再额外增加一些局部尺寸控制。

选中定义好的“default-curvature”尺寸控制，单击底部的 Revert and Edit 按钮，Minimum Size 文本框输入“3”，其余保持不变，单击 Update 按钮。此时“default-proximity”自动变更为编辑状态，Minimum Size 文本框输入“3”，对象列表中仅选中“chassis”和“radiator”，勾选 Show Wrap Settings 选项，Wrap Min Size 文本框输入“1”，单击 Update 按钮。

单击 Workflow 中的 Add Local Sizing 任务，在细节设置界面中，Size Function 设为 soft，Maximum Size 设为“2”，Scope To 设为 edges，Select By 设为 zone，在列表中选中“intersected-collectively-tunnel-front_wheel”和“intersected-collectively-tunnel-rear_wheel”（特征线提取时产生的边），单击底部的 Add Local Sizing 按钮，自动跳转到下一个局部尺寸定义界面。以同样的方式再添加 4 个局部尺寸，如图 3-5-89 所示。

步骤 13：生成面网格。

本案例中该项任务均保持默认设置，单击底部的 Generate the Surface Mesh 按钮，面网格生成完成后在 TUI 控制台会显示划分网格花费的时间、面网格数量和面网格质量，如图 3-5-90 所示，可以自行查看整体面网格以及局部网格分布，此处不再详述。

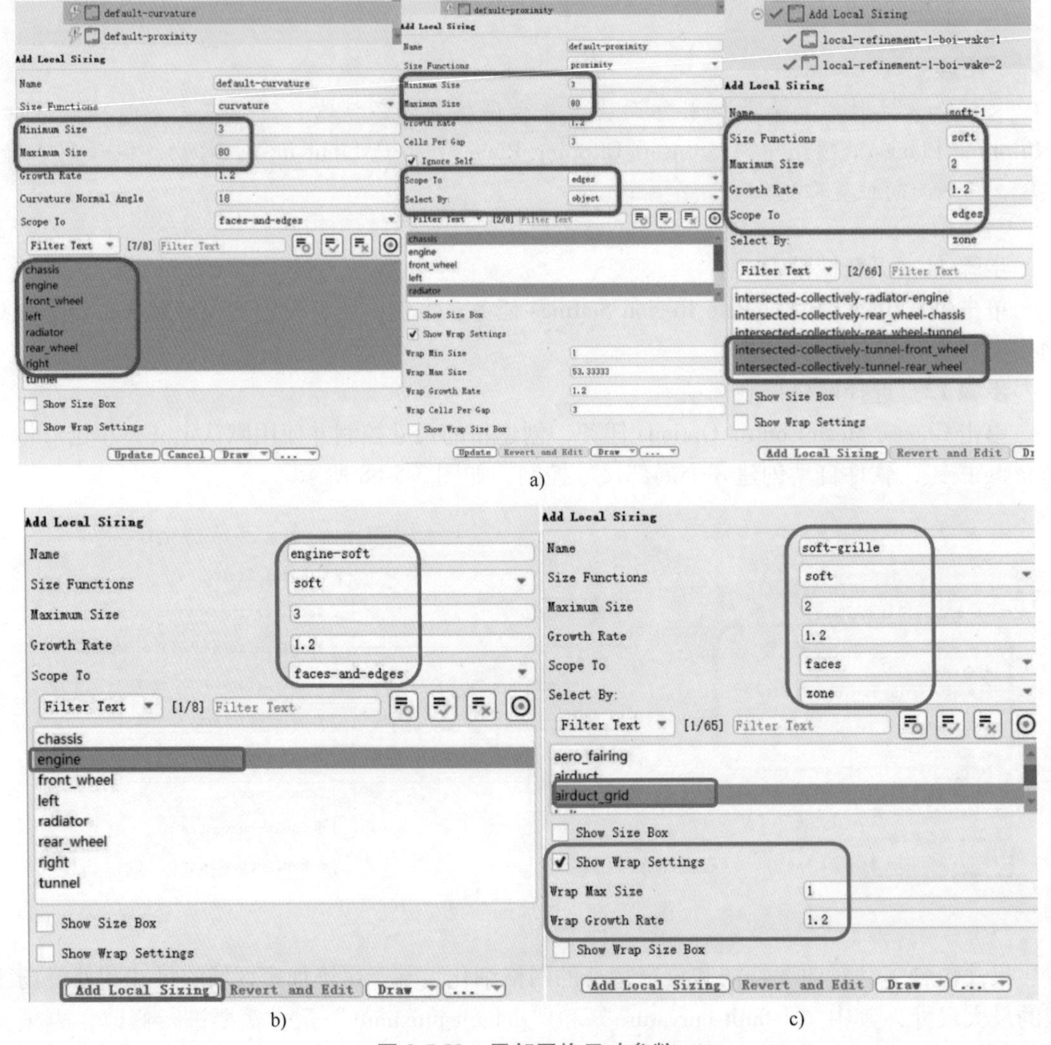

图 3-5-89　局部网格尺寸参数

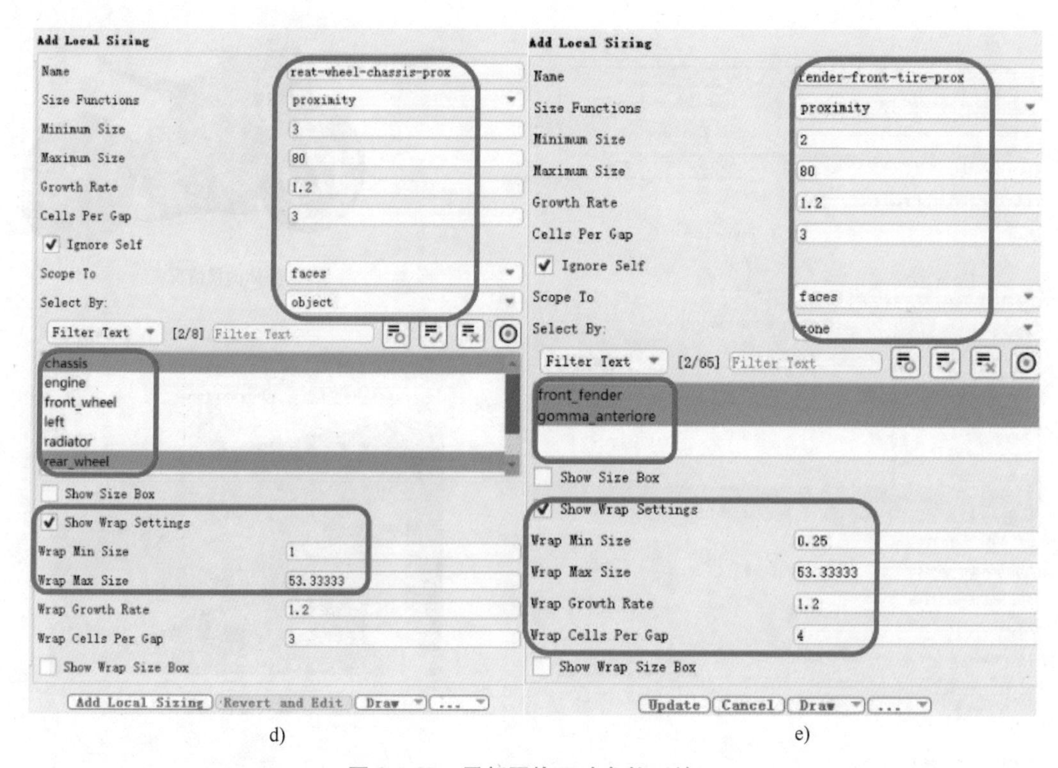

d)　　　　　　　　　　　　e)

图 3-5-89　局部网格尺寸参数（续）

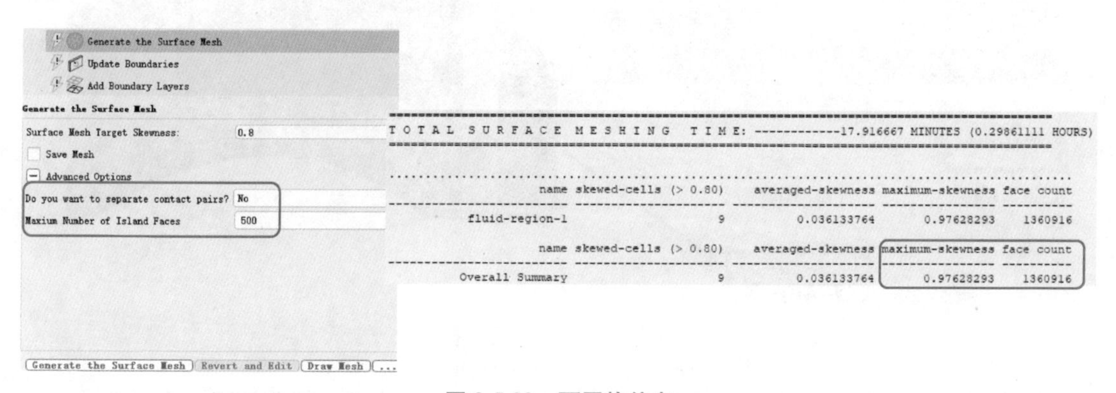

图 3-5-90　面网格信息

步骤 14： 识别偏离面。

该项任务的目的是识别包裹的面网格与原始几何形状差别的大小，尤其是对于存在尖角类结构的模型。在 Generatethe the Surface Mesh 右键菜单中选择命令 Insert Next Task→Identify Deviated Faces，Select By 设为 zone，选中除 tunnel 相关之外的所有域，计算电动摩托车车身所有几何的偏移情况，勾选 Auto Compute 选项，Overlay with 选项组设为 Geometry，单击 Identify Deviated Faces 按钮，计算的最大偏移值约为 8.89。

单击底部的 Deviation 下拉按钮，选择命令 Draw Contour，可以查看整体面网格偏移情况以及最大偏移位置，如图 3-5-91 所示。

图 3-5-91　识别偏离面

再次添加一个 Identify Deviated Faces 任务计算前轮胎和轮辋的偏移情况，在域列表中选中“gomma_anteriore”“cerchio_anteriore”，勾选 Auto Compute 选项，Overlay with 选项组设为 Geometry，单击 Identify Deviated Faces 按钮，可看到最大偏移发生在轮胎与轮辋相接触的位置，最大值约为 1. 19。

步骤 15：更新边界。

因后续要在 wall 类型的边界上增长边界层，故本步骤的目的是修改出入口、对称面等不需要添加边界层的域，具体设置如图 3-5-92 所示。

步骤 16：边界层设置。

更新边界之后，自动跳转到添加边界层任务，Post Improvement Method 下拉列表框设为 Stair Step，其余选项保持默认，如图 3-5-93 所示，单击底部的 Add Boundary Layers 按钮。

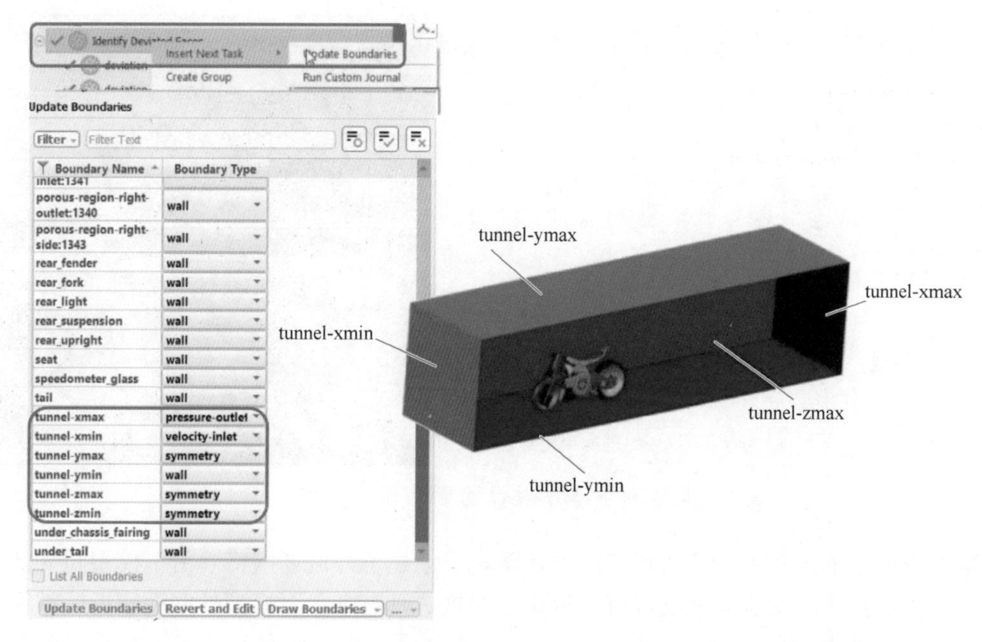

图 3-5-92　更新边界

图 3-5-93　边界层参数

步骤 17：生成体网格。

单击 Workflow 中 Generate the Volume Mesh 任务，在对应细节设置界面，勾选 Enable Parallel Meshing for Fluids 选项，单击底部 Generate the Volume Mesh 按钮，生成体网格。完成后，图形窗口自动显示 Z 截面的体网格，可通过主界面功能区 Clipping Plane 选项组相关功能自行查看其他截面和位置的网格分布，在 TUI 控制台会显示各个域的网格数量、网格质量相关信息。图 3-5-94 所示为体网格设置界面和网格截面。

步骤 18：保存网格文件。选择菜单命令 File→Write→Mesh...，完成相关操作以保存网格。

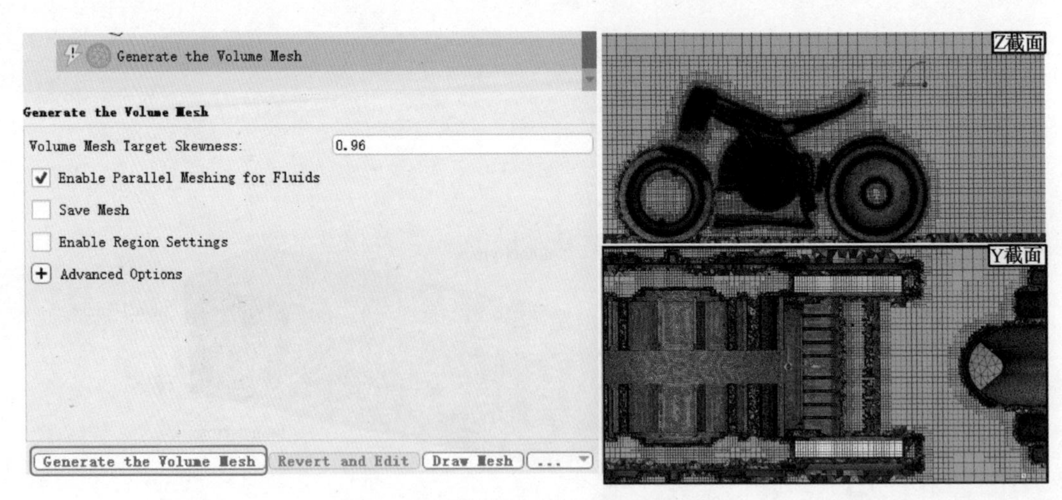

图 3-5-94　体网格设置界面和网格截面

案例总结：本案例为有几何缺陷的电动摩托车创建了外流场网格。由于模型包含的零件太多，采用部件管理功能对模型进行了分组。根据仿真需求，对模型外壁面临近区域和后轮尾流区域分别采用 Offset Box 和 Offset Surface 方法创建了局部加密区域；为左右两侧散热器创建了多孔介质区域；针对几何不封闭问题，设置了合理的泄漏尺寸，并通过切面方法检查了通过控制包面尺寸和局部尺寸，确保能够正确解析必要的几何特征；以云图的形式检查包面与原始几何的偏离程度。